国防电子信息技术丛书

雷达信号处理基础
（第二版）

Fundamentals of Radar Signal Processing

Second Edition

［美］ Mark A. Richards 著

邢孟道 王彤 李真芳 等译

电子工业出版社
Publishing House of Electronics Industry
北京·BEIJING

内 容 简 介

本书作者为国际著名雷达信号处理专家。该书介绍了雷达系统与信号处理的基本理论和方法，包括雷达系统与信号处理概述、雷达信号模型、脉冲雷达数据采集、雷达波形、多普勒处理、检测基础原理、测量与跟踪、合成孔径雷达成像技术及干涉合成孔径雷达、波束形成和空-时处理的介绍。书中包含了大量反映雷达信号处理最新研究成果和当前研究热点的补充内容，提供了大量有助于读者深入探究的示例。该书对基础理论和方法进行了详尽介绍与深入严谨的论述。已根据作者提供的勘误表（2020 年 3 月版）对译文进行了更正。

本书适合于从事雷达成像、检测、数据处理及相关信号处理的研究生作为教材使用，也是相关专业研究人员不可多得的一本参考书。

Mark A. Richards
Fundamentals of Radar Signal Processing, Second Edition
9780071798327
Copyright © 2014 by McGraw-Hill Education.
All Rights reserved. No part of this publication may be reproduced or transmitted in any form or by any means, electronic or mechanical, including without limitation photocopying, recording, taping, or any database, information or retrieval system, without the prior written permission of the publisher.

This authorized Chinese translation edition is jointly published by McGraw-Hill Education and Publishing House of Electronics Industry. This edition is authorized for sale in the People's Republic of China only, excluding Hong Kong, Macao SAR and Taiwan.

Copyright © 2017 by McGraw-Hill Education and Publishing House of Electronics Industry.

版权所有。未经出版人事先书面许可，对本出版物的任何部分不得以任何方式或途径复制或传播，包括但不限于复印、录制、录音，或通过任何数据库、信息或可检索的系统。

本授权中文简体字翻译版由麦格劳-希尔（亚洲）教育出版公司和电子工业出版社合作出版。此版本经授权仅限在中国大陆销售。

版权 © 2017 由麦格劳-希尔（亚洲）教育出版公司与电子工业出版社所有。

本书封面贴有 McGraw-Hill Education 公司防伪标签，无标签者不得销售。

版权贸易合同登记号　图字：01-2014-6332

图书在版编目(CIP)数据

雷达信号处理基础：第 2 版 /（美）理查兹（Richards, M. A.）著；邢孟道等译. —北京：电子工业出版社，2017.3
（国防电子信息技术丛书）
书名原文：Fundamentals of Radar Signal Processing, Second Edition
ISBN 978-7-121-27811-2

Ⅰ. ①雷… Ⅱ. ①理… ②邢… Ⅲ. ①雷达信号处理—研究 Ⅳ. ①TN957.51

中国版本图书馆 CIP 数据核字（2015）第 299915 号

策划编辑：马　岚
责任编辑：马　岚　　特约编辑：姚　旭
印　　刷：北京雁林吉兆印刷有限公司
装　　订：北京雁林吉兆印刷有限公司
出版发行：电子工业出版社
　　　　　北京市海淀区万寿路 173 信箱　　邮编　100036
开　　本：787×1092　1/16　　印张：30.75　　字数：787 千字
版　　次：2008 年 6 月第 1 版
　　　　　2017 年 3 月第 2 版
印　　次：2025 年 6 月第 9 次印刷
定　　价：99.00 元

凡所购买电子工业出版社图书有缺损问题，请向购买书店调换。若书店售缺，请与本社发行部联系，联系及邮购电话：(010)88254888，88258888。
质量投诉请发邮件至 zlts@phei.com.cn，盗版侵权举报请发邮件至 dbqq@phei.com.cn。
本书咨询联系方式：classic-series-info@phei.com.cn。

译 者 序

本书作者 Mark A. Richards 现在是佐治亚理工学院电子和计算工程系的首席研发工程师、副教授，他是专门从事雷达信号处理的知名学者，同时有着丰富的教学经验和科研经历，长期从事关于雷达信号处理、雷达图像处理和相关学科的研究生教学和专业课程教学。他曾被聘为美国国防部高级研究计划署的项目经理，IEEE 2001 年雷达会议的总主席，以及 IEEE 图像和信号处理期刊的副编辑。

本书从数字信号处理的角度出发，对雷达信号处理这一基本的课题进行了深入的探讨。不仅对雷达信号处理的基础技术，包括匹配滤波、脉冲压缩、多普勒处理和阈值检测等进行了详尽的介绍，同时结合当前雷达信号处理的发展，对一些更先进的课题包括合成孔径雷达成像和空-时自适应阵列信号处理等进行了论述。本书在国外高校被作为研究生教材已使用多年，国内现在引入本书，使众多对雷达信号处理这一课题进行学习的研究生和从事这一领域工作或者相关专业的研究人员，可以更深入地了解国际雷达发展动态和更多的技术成果。

全书共分为 9 章及附录，内容安排罗列如下。

第 1 章对雷达的历史和应用进行了简要介绍，并介绍了关于雷达信号处理中的基本概念，引出了雷达成像、检测和后处理等应用。

第 2 章介绍了在雷达信号处理中如何对信号进行模型建立，包括了从各种不同性能需求出发建立的几种雷达信号模型。

第 3 章介绍了脉冲雷达信号在不同域的采样，主要是快慢时间域的采样以及多普勒频谱采样，同时介绍脉冲雷达信号的量化以及补偿问题。

第 4 章在雷达发射信号模型的基础上介绍了有关雷达波形的问题，包括匹配滤波、模糊函数、脉冲压缩、距离旁瓣控制等。

第 5 章则是对雷达信号的多普勒处理，包括各种形式的多普勒谱、动目标识别、脉冲多普勒处理、脉冲对处理以及其他多普勒处理问题，如杂波图和动目标检测器、自适应相位中心偏移天线(DPCA)处理。

第 6 章介绍了雷达检测的基础原理，包括假设检验检测、阈值检测、二元积累和有用的数值近似等。本章还介绍了目标检测中的恒虚警率检测(CFAR)，重点对单元平均 CFAR 检测进行了介绍，分析了这种方法的性能和局限，并提出了改进方法，同时简要介绍了其他多种 CFAR 检测。

第 7 章介绍了测量与跟踪，包括估计量、克拉美罗下界、距离、多普勒、角度估计量、跟踪理论、$\alpha\text{-}\beta$ 滤波器。

第 8 章则对合成孔径雷达(SAR)这一热门研究课题做了详尽介绍，包括了合成孔径雷达基础知识，条带式 SAR 数据的特性及成像算法，聚束式 SAR 的数据特性及成像算法，干涉 SAR 技术等。

第 9 章则讲解了波束形成和空-时二维自适应处理(STAP)，包括了空域滤波、空-时信号环境及建模、空-时信号处理、STAP 计算问题、降维 STAP、高级 STAP 算法和分析以及 STAP 限制等。

在整个翻译至出版的过程中，原作者给予了很多关注和支持，希望该书在中国的翻译出版，能为该领域的广大研究者提供有用的参考。

本书的第 1 章和第 2 章由王彤翻译，第 3 章和第 4 章的翻译工作由白雪茹和周峰完成，第 5 章和第 9 章由李真芳翻译，第 6 章在刘玲和丁金闪翻译的第一版的基础上，邢孟道做了修改和完善，第 7 章由戴奉周翻译，第 8 章在丁金闪翻译的第一版基础上，邢孟道做了修订和完善，附录由邢孟道翻译。全书由邢孟道统稿并审阅。

本书的翻译工作得到了西安电子科技大学雷达信号处理重点实验室的多位专家的帮助，而李学仕、陈溅来、左绍山、邵鹏、张升、高悦欣、曾乐天、符吉祥、景国彬、刘会涛等博士生对本书的第二版翻译工作也提出了诸多建议。值得一提的是，翻译过程中对原书的一些细节错误进行了更正，并在译著付印前根据作者在网站公布的最新勘误文件再次修改译文，以呈现尽可能完善的中译本。另外，译者忠实遵从原著对多普勒频率(frequency)和多普勒频移(shift)的用法，未加变动；遵从原著对横向(cross-range)的用法，需要说明的是，一般对于正侧视 SAR 来说，横向和方位向表述的内容是一致的，但是对于斜视 SAR 来说，横向正交于距离向但与方位向存在斜视角度的偏差；原著中对于 Point Scatterer Response 和 Point Spread Response 缩略词使用不当，译者做出如下统一：PSR Point Scatterer Response(点散射响应)代表的是在脉压之前由点目标生成点目标回波时的响应函数，而 Point Spread Response(点散布响应，PSR)代表的是进行脉压时的响应函数。

需要说明的是，中译本的首要原则是尽可能准确地表达原著的基本知识。由于译者的时间和经验限制，翻译中难免会出现未尽和疏漏之处，敬请广大同行读者批评指正。同时，对所有为本书出版提供帮助的人们表示诚挚的感谢！

前　　言

　　本书这一版与前版的目的相同，即以数字信号处理的角度深入全面地阐述雷达信号处理中的基本概念。本书全文贯彻了对线性系统、滤波、采样和傅里叶分析等技术的应用技巧与诠释，提供了一种流行的、规范的辅导方法。本书的主要内容涵盖了所有雷达系统都依赖的一系列信号处理的基础技术，包括：目标和干扰模型、匹配滤波、波形设计、多普勒处理、阈值检测以及检测精度等。此外，书中还介绍了跟踪滤波技术、合成孔径雷达成像以及空-时自适应阵列信号处理这三种新提出来的技术，以方便读者深入研究相关方向。

　　2005年，本书出版发行了第一版，填补了雷达科技类文献中的一些空白。同时，还有一些优秀的关于雷达系统的图书(如Skolnik、Edde的著作)，提供了对雷达系统整体的一个较好的定量分析介绍。建议对该课题有兴趣的读者，可以把这些著作作为入门级的阅读文献。最早，当我接受与雷达相关的工作时，曾阅读了Skolnik著的 *Introduction to Radar Systems*，希望能避免在新岗位上表现出愚昧无知，尽管在这之前，我已经在研究生阶段注意语言增强，但还是事与愿违，当然，这错不在Skolnik。一些雷达教科书(如Peebles、Mahafza的著作)，对雷达系统和信号处理的问题进行了更具深度的量化分析。同时，还有大量关于雷达信号处理、合成孔径雷达成像(Jakowatz等人、Carrara等人以及Soumekh的著作)和空-时自适应信号处理(Klemm、Guerci的著作)等当下比较热门技术的高质量的教科书。然而，我个人认为，当前著作存在的问题是大量的关于雷达系统的图书和先进的雷达信号处理技术类图书之间缺少衔接；更具体地，就是雷达界缺少一本简明、统一、先进的，可以提供雷达信号处理基础技术的教科书。希望该书能填补这一空白。

　　从本书第一版的读者反馈来看，结果令人高兴。我收到了很多善意的令人鼓舞的建议，并且本书被很多大学和公司采用。我相信本书基本完成了当初的创作目标。然而，也正是该书的成功促使了可以从很多方面改进其内容。

　　新书不断呈现，尤其是优秀的 *Principles of Modern Radar* 系列图书。但某种程度仍令我感到惊讶的是，直到今天，关于雷达的图书仍然存在衔接空缺的问题，大部分的雷达教科书手册一般要么介绍完整的雷达系统，要么介绍非常专业的处理技术，但却几乎不介绍构成先进信号处理技术最基础的、每一部雷达都使用的基本的信号处理概念。因此，本书第二版仍然致力于填补该空缺。第二版除了致力于加强内容覆盖，稍微拓宽研究方向，并纠正和提高语言表述外，还提供了其他内容，以增强本书作为教科书或者专业参考书的可用性。

　　该书作为美国佐治亚理工学院两门课程的教学参考书已经使用了多年，最初是电子和计算工程系的教材，用于研究生第一年一学期课程。同时，这本书的缩简版也在佐治亚理工职业教育部周期性开设的为时一周的同名职业教育课程中使用。自本书第一版出版以来，我一直使用其作为以上两门课程的教材。通过实践和经验的积累，我学会了更多，不仅局限于本书的研究内容，还包括如何表述这些内容，因此也尝试将这些都融入到本书的新版内容中。

除了一些小的改变，第二版相对第一版的最主要改变是增加了新版的第 7 章"测量与跟踪"。这一章介绍的是第一版中遗漏了的一个重要的基础性研究方向——测量精度。主要介绍了克拉美罗下界和最大似然估计，并说明了在使用常见技术，如带峰值检测的匹配滤波、上升沿脉冲检测、离散傅里叶变换和单脉冲测角等，对时延、频率、相位和角度进行测量时，如何应用克拉美罗下界和最大似然估计。此外，本章还包含对基本跟踪滤波器包括 α-β 滤波器和卡尔曼滤波器的概述。这些内容本应该包含在第一版中，现在包括进来正好可以弥补之前的缺失。

第二版其他部分内容的变化不大，主要变化罗列如下。

之前在第 1 章介绍的数字信号处理的基础概念被安排到了附录 B 中，并且内容进行了少量扩充。增加了全新的附录 A，介绍阅读本书所需要了解的随机变量和随机信号的相关的基本信息，具体包括雷达中常见的概率密度函数，估计量与克拉美罗下界，以及随机信号在线性移不变系统中的响应。

第 2 章改进了目标起伏模型的阐述。当前传统的 Swerling 模型在很多情况下不再适用，这不仅因为高分辨率的雷达需要新的概率密度函数，还因为"扫描间"和"脉冲间"不适用于基于相参处理时间(CPI)的处理。然而，分析的策略却仍然有效，因此，我极大程度地保留了基于奈曼-泊松准则检测器设计和分析策略的阐述，而减少了在"扫描间"和"脉冲间"模式下讨论非相干积累的问题，但是还会用这两种模式理解文献资料，并将它们应用于现代系统。第 2 章的另一处改动是适当增加了对杂波反射的阐述。

第 3 章则极大地保留了原内容，但重新命名为"脉冲雷达数据采集"。为了使本章内容更加清晰，对关于一个 CPI 内获取的数据块的阐述顺序做了稍许调整。类似地，第 4 章雷达波形的内容做了一些扩展，增加了线性调频信号旁瓣的时域控制和步进频波形的入门知识，以及二相编码信号滤波器的失配和连续波雷达。

第 5 章多普勒处理扩充了很多内容，包括：关于存在距离和多普勒模糊时，脉冲多普勒谱的行为的更多解释；简单地提及了低、中、高脉冲重复频率体制的优缺点；增加了关于模糊分辨率的内容和盲区的讨论；以脉冲重复间隔的形式，对动目标检测的参差脉冲重复频率重新进行了讨论。

原第 6 章检测基础原理和第 7 章恒虚警率检测经过一些小的改动在新版中合并为新第 6 章。同样，第 8 章合成孔径成像技术也做了一些修正和提炼，并且增加了干涉合成孔径雷达的内容。第 9 章自适应波束形成和空-时自适应滤波也做了修正和提炼。唯一重要的区别是第二版中去除了关于空-时自适应处理(STAP)计算问题的大部分内容(或许以后在第三版中将会有新的一章，阐述所有雷达信号处理技术的计算问题)。虽然合成孔径雷达和自适应干扰抑制在现代雷达中非常重要，但本书的目的是介绍基本原理和为学生深入研究这些问题做准备。

纵观全书，我希望我的工作能够更好地发现并揭示雷达信号处理中一再出现的普遍的主题，包括相位历程、相干积累、匹配滤波、积累增益和最大似然估计。

一学期的雷达信号处理课程可以覆盖本书的第 1 章至第 7 章，或许也可以跳过第 2 章和第 3 章中后几节的部分内容以节省时间。这门课程为检测理论、自适应阵列信号处理、合成孔径雷达成像以及更高级的被动双基系统提供了坚实的理论基础。四分之一学期的课程应该可以涵盖第 1 章至第 5 章以及除去恒虚警检测部分的第 6 章。同时，学习之前必须有关于连续信号处理和离散信号处理的坚实的理论基础，同时要对随机信号处理至少有大概了解。在第二版中，为了增加本书作为大学教材的实用性，我在每章后面增加了练习题，使用本书作为教材的教师可以向出版社索要练习题的答案[①]。

希望读者能够将发现的所有问题发送到邮箱 mrichards@gatech.edu。

Mark A. Richards 博士

---

① 采用本书作为教材的授课教师，可联系 te_service@phei.com.cn 获取相关资料。登录华信教育资源网(www.hxedu.com.cn)可注册并免费下载本书相关资料。——编者注

缩 略 词

1D　One-Dimensional　一维
2D　Two-Dimensional　二维
AC　Alternating Current　交变电流
ACF　Autocorrelation Function　自相关函数
A/D　Analog-to-Digital　模数转换
AF　Ambiguity Function　模糊函数
AGC　Automatic Gain Control　自动增益控制
AMF　Adaptive Matched Filter　自适应匹配滤波器
AMTI　Airborne Moving Target Indication　机载动目标显示
AOA　Angle of Arrival　到达角
AR　Autoregressive　自回归
ASR　Airport Surveillance Radar　机场监视雷达
AWGN　Additive White Gaussian Noise　加性高斯白噪声
BPF　Bandpass Filter　带通滤波器
BSQ　Beam Sharpening Ratio　波束锐化比
BT　Time-Bandwidth Product　时间带宽积
CA　Clutter Attenuation　杂波衰减
CA-CFAR　Cell-Averaging Constant False Alarm Rate　单元平均恒虚警率
CAT　Computerized Axial Tomography　计算机化轴向断层检查
CCD　Coherent Change Detection　相干变化检测
CDF　Cumulative Distribution Function　累积分布函数
CF　Characteristic Function　特征函数
CFAR　Constant False Alarm Rate　恒虚警率
CMT　Covariance Matrix Taper　协方差矩阵锥形
CNR　Clutter-to-Noise Ratio　杂波-噪声比

CRLB　Cramèr-Rao Lower Bound　克拉美罗下界
CRP　Central Reference Point　中心参考点
CRT　Chinese Remainder Theorem　中国剩余定理
CPI　Coherent Processing Interval　相参处理时间
CUT　Cell under Test　检测单元
CW　Continuous Wave　连续波
D/A　Digital-to-Analog　数模转换
dB　Decibel　分贝
dBsm　Decibels relative to 1 square meter　相对于1平方米的分贝数
DBS　Doppler Beam Sharpening　多普勒波束锐化
DC　Direct Current　直流
DCT　Discrete Cosine Transform　离散余弦变换
DF CFAR　Distribution-Free Constant False Alarm Rate　自由分布恒虚警率
DFT　Discrete Fourier Transform　离散傅里叶变换
DOF　Degrees of Freedom　自由度
DPCA　Displaced Phase Center Antenna　相位中心偏移天线
DSP　Digital Signal Processing　数字信号处理
DTED　Digital Terrain Elevation Data　数字地形高程数据
DTFT　Discrete Time Fourier Transform　离散时间傅里叶变换
EA　Electronic Attack　电子攻击
ECM　Electronic Countermeasures　电子干扰
EKF　Extended Kalman Filter　扩展卡尔曼滤波器

EM　Electromagnetic　电磁
EMI　Electromagnetic Interference　电磁干扰
ENOB　Effective Number of Bits　有效位数
ERIM　Environmental Research Institute of Michigan　（美）密歇根州环境研究所
FFT　Fast Fourier Transform　快速傅里叶变换
FIR　Finite Impulse Response　有限冲激响应
FM　Frequency Modulation　调频
FMCW　Frequency Modulated Continuous Wave　调频连续波
FSK　Frequency Shift Keying　频移键控
GLRT　Generalized Likelihood Ratio Test　广义似然比检测
GMTI　Ground Moving Target Indication　地面动目标显示
GOCA CFRA　Greatest-of Cell-Averaging Constant False Alarm Rate　单元平均选大恒虚警率
GPS　Global Positioning System　全球定位系统
GTRI　Georgia Tech Research Institute　（美）佐治亚理工学院
HF　High Frequency　高频
HPRF　High Pulse Repetition Frequency　高脉冲重复频率
I　In-Phase　同相
ICM　Internal Clutter Motion; Intrinsic Clutter Motion　内杂波运动
IDFT　Inverse Discrete Fourier Transform　离散傅里叶逆变换
IF　Intermediate Frequency　中频
IFFT　Inverse Fast Fourier Transform　快速傅里叶逆变换
i.i.d.　Independent, Identically Distributed　独立同分布
IFSAR　Interferometric Synthetic Aperture Radar　干涉合成孔径雷达
IIR　Infinite Impulse Response　无限冲激响应

IMM　Interacting Multiple Models　交互多模型
IMU　Inertial Measurement Unit　惯性测量单元
INS　Inertial Navigation System　惯性导航系统
IPD　Interferometric Phase Difference　干涉相位差
ISAR　Interferometric Synthetic Aperture Radar　逆合成孔径雷达
ISL　Integrated Sidelobe Level, Interference Subspace Leakage　干扰子空间泄漏
JNR　Jammer-to-Noise Ratio　干扰噪声比
KA　Knowledge-Aided　知识辅助
KF　Kalman Filter　卡尔曼滤波器
LCM　Least Common Multiple　最小公倍数
LEO　Low Earth Orbit　近地轨道
LFM　Linear Frequency Modulation　线性调频
LNA　Low Noise Amplifier　低噪声放大器
LO　Local Oscillator　本振
LPF　Lowpass Filter　低通滤波器
LPG　Loss in Processing Gain　处理增益损失
LPRF　Low Pulse Repetition Frequency　低脉冲重复频率
LRT　Likelihood Ratio Test　似然比检测
LSB　Least Significant Bit　最低有效位
LSE　Least Squares Estimate　最小平方估计
LSI　Linear Shift-Invariant　线性移不变
LTI　Linear Time-Invariant　线性时不变
MLE　Maximum Likelihood Estimate（Estimator 或 Estimation）　最大似然估计（或估计器）
MMSE　Minimum Mean-Squared Error, Minimum Means-Squared Estimate　最小均方误差，最小均方估计
MDD　Minimum Detectable Doppler　最小可检测多普勒
MDV　Minimum Detectable Velocity　最小可检测速度
MMW　Millimeter Wave　毫米波

MPRF　Medium Pulse Repetition Frequency　中脉冲重复频率
MSB　Most Significant Bit　最有效位
MSE　Mean-Squared Error　均方误差
MTD　Moving Target Detector　动目标检测器
MTI　Moving Target Indication　动目标显示
MVU　Minimum Variance Unbiased　最小方差无偏
NASA　National Aeronautics and Space Agency　(美)国家航空航天局
NEXRAD　Next Generation Radar　下一代雷达
NLFM　Nonlinear Frequency Modulation　非线性调频
NRL　Naval Research Laboratory　(美)海军研究实验室
OS CFAR　Order Statistic Constant False Alarm Rate　有序统计恒虚警率
PAF　Periodic Ambiguity Function　周期性模糊函数
PC　Principal Components　主分量
PDF　Probability Density Function　概率密度函数
PFA　Polar Format Algorithm　极坐标格式算法
PGA　Phase Gradient Algorithm　相位梯度算法
PL　Processing Loss　处理损失
PPP　Pulse Pair Processing　脉冲对处理
PRF　Pulse Repetition Frequency　脉冲重复频率
PRI　Pulse Repetition Interval　脉冲重复间隔
PSD　Power Spectrum (or Spectral) Density　功率谱密度
PSL　Peak Sidelobe Level　峰值旁瓣电平
PSM　Polarization Scattering Matrix　极化散射矩阵
PSP　Principle of Stationary Phase　驻相原理
PSR　Point Spread Response　点散布响应
Q　Quadrature　正交
RCS　Radar Cross Section　雷达截面积
RCSR　Radar Cross Section Reduction　雷达截面积消减
RD　Range-Doppler　距离-多普勒
RF　Radar Frequency　雷达频率
RMB　Reed-Mallet-Brennan　Reed-Mallet-Brennan 准则
ROI　Region of Interest　关注区域
RSS　Root Sum Square　平方和的平方根
RV　Random Variable　随机变量
RVP　Residual Video Phase　残余视频相位
SAR　Synthetic Aperture Radar　合成孔径雷达
SB　Sampling Bound　采样界
SQNR　Signal-to-Quantization Noise Ratio　信号-量化噪声比
S-CFAR　Switching Constant False Alarm Rate　开关恒虚警率
SCR　Signal-to-Clutter Ratio　信号杂波比
SIR　Signal-to-Interference Ratio; Shuttle Imaging Radar　信号干扰比(信干比); 航天飞机成像雷达
SMI　Sample Matrix Inverse　采样矩阵求逆
SMTI　Surface Moving Target Indication　地表动目标显示
SNR　Signal-to-Noise Ratio　信号噪声比
SOCA CFAR　Smallest-of Cell-Averaging Constant False Alarm Rate　单元平均选小恒虚警率
STALO　Stable Local Oscillator　稳定本振
STAP　Space-Time Adaptive Processing　空-时自适应处理
T/R　Transmit/Receive　发射/接收
UDSF　Usable Doppler Space Fraction　可用多普勒空间比
UHF　Ultra-High Frequency　超高频
UMP　Uniformly Most Powerful　均匀最大功效的
VHF　Very High Frequency　甚高频
ZZB　Ziv-Zakai Bound　Ziv-Zakai 界

目 录

- 第1章 雷达系统与信号处理概述 ………… 1
  - 1.1 雷达的历史和应用 ………… 1
  - 1.2 雷达的基本功能 ………… 2
  - 1.3 脉冲体制雷达的基本组成 ………… 4
    - 1.3.1 发射机和波形产生器 ………… 5
    - 1.3.2 天线 ………… 7
    - 1.3.3 接收机 ………… 11
  - 1.4 雷达信号处理的共同主线 ………… 14
    - 1.4.1 信干比与积累 ………… 15
    - 1.4.2 分辨率 ………… 16
    - 1.4.3 数据积累与相位历程建模 ………… 18
    - 1.4.4 带宽扩展 ………… 20
  - 1.5 基本雷达信号处理概述 ………… 21
    - 1.5.1 雷达的时间尺度 ………… 22
    - 1.5.2 现象学 ………… 22
    - 1.5.3 信号调节和干扰抑制 ………… 23
    - 1.5.4 成像 ………… 25
    - 1.5.5 检测 ………… 27
    - 1.5.6 测量与跟踪滤波器 ………… 28
  - 1.6 雷达文献 ………… 29
    - 1.6.1 雷达系统和组成 ………… 29
    - 1.6.2 基本雷达信号处理 ………… 29
    - 1.6.3 高级雷达信号处理 ………… 29
    - 1.6.4 雷达的应用 ………… 30
    - 1.6.5 当前的雷达研究 ………… 30
  - 参考文献 ………… 30
  - 习题 ………… 32

- 第2章 信号模型 ………… 34
  - 2.1 雷达信号的组成 ………… 34
  - 2.2 幅度模型 ………… 35
    - 2.2.1 简单点目标的雷达距离方程 ………… 35
    - 2.2.2 分布式目标的距离方程 ………… 37
    - 2.2.3 雷达截面积 ………… 42
    - 2.2.4 气象目标的雷达截面积 ………… 43
    - 2.2.5 雷达截面积的统计描述 ………… 44
    - 2.2.6 目标起伏模型 ………… 54
    - 2.2.7 Swerling 模型 ………… 57
    - 2.2.8 目标起伏对多普勒谱的影响 ………… 58
  - 2.3 杂波 ………… 59
    - 2.3.1 σ^0 的性质 ………… 59
    - 2.3.2 信杂比 ………… 61
    - 2.3.3 杂波的时间和空间相关性 ………… 61
    - 2.3.4 雷达截面积的混合模型 ………… 63
  - 2.4 噪声模型和信噪比 ………… 64
  - 2.5 干扰 ………… 67
  - 2.6 频率模型:多普勒频移 ………… 67
    - 2.6.1 多普勒频移 ………… 67
    - 2.6.2 停-跳近似和相位历程 ………… 71
    - 2.6.3 多普勒频移的测量:空间多普勒频移 ………… 72
  - 2.7 空间模型 ………… 73
    - 2.7.1 相干散射 ………… 74
    - 2.7.2 随角度的变化 ………… 75
    - 2.7.3 随距离的变化 ………… 77
    - 2.7.4 非相干积累 ………… 78
    - 2.7.5 投影 ………… 79
    - 2.7.6 多径 ………… 79
  - 2.8 谱模型 ………… 80
  - 2.9 总结 ………… 81
  - 参考文献 ………… 82
  - 习题 ………… 83

- 第3章 脉冲雷达数据采集 ………… 87
  - 3.1 脉冲雷达数据的获取与存储结构 ………… 87
    - 3.1.1 单脉冲:快时间 ………… 87
    - 3.1.2 多脉冲:慢时间和相参处理时间 ………… 89
    - 3.1.3 多普勒和距离模糊 ………… 91

3.1.4 多通道：数据立方 ············· 94
3.1.5 驻留时间 ····················· 95
3.2 多普勒频谱采样 ························ 96
3.2.1 多普勒频谱内的奈奎斯特速率·· 96
3.2.2 跨越损失 ····················· 98
3.3 空间和角度维采样 ···················· 101
3.3.1 空间阵列采样 ··············· 101
3.3.2 角度采样 ···················· 102
3.4 I/Q 通道不均衡以及数字 I/Q ····· 104
3.4.1 I/Q 通道不均衡及其补偿 ···· 104
3.4.2 I/Q 通道误差校正 ··········· 106
3.4.3 数字 I/Q ···················· 108
参考文献 ································· 111
习题 ····································· 112

第 4 章 雷达波形 ···························· 114
4.1 简介 ································· 114
4.2 波形匹配滤波器 ······················ 115
4.2.1 匹配滤波器 ················· 115
4.2.2 简单脉冲匹配滤波器 ······· 117
4.2.3 全距离匹配滤波器 ········· 118
4.2.4 跨越损失 ···················· 119
4.2.5 匹配滤波器的距离分辨率··· 119
4.3 动目标的匹配滤波 ···················· 120
4.4 模糊函数 ····························· 122
4.4.1 模糊函数的定义和性质 ···· 122
4.4.2 简单脉冲的模糊函数 ······· 124
4.5 脉冲串波形 ··························· 126
4.5.1 脉冲串波形的匹配滤波器··· 126
4.5.2 逐个脉冲处理 ··············· 127
4.5.3 距离模糊 ···················· 129
4.5.4 脉冲串波形的多普勒响应··· 131
4.5.5 脉冲串波形的模糊函数 ···· 132
4.5.6 慢时间频谱和周期性模糊函数
的关系 ······················ 135
4.6 调频脉冲压缩波形 ··················· 136
4.6.1 线性调频脉冲压缩波形 ···· 137
4.6.2 驻相原理 ···················· 139
4.6.3 LFM 波形的模糊函数 ······ 140
4.6.4 距离-多普勒耦合 ··········· 142

4.6.5 展宽处理 ···················· 143
4.7 FM 波形的距离旁瓣控制 ············ 147
4.7.1 匹配滤波器频率响应整形··· 147
4.7.2 匹配滤波器冲激响应整形··· 149
4.7.3 波形频谱整形 ··············· 149
4.8 步进频率波形 ························ 151
4.9 步进线性调频波形 ··················· 155
4.10 相位调制脉冲压缩信号 ············· 155
4.10.1 二相编码 ··················· 156
4.10.2 多相编码 ··················· 160
4.10.3 失配相位编码滤波器 ····· 163
4.11 Costas 频率编码 ····················· 164
4.12 连续波雷达 ·························· 165
参考文献 ································· 165
习题 ····································· 166

第 5 章 多普勒处理 ··························· 170
5.1 运动平台对多普勒谱的影响 ······ 171
5.2 动目标指示 ·························· 174
5.2.1 脉冲对消器 ················· 175
5.2.2 匹配滤波器的矢量表示 ···· 177
5.2.3 杂波抑制的匹配滤波器 ···· 178
5.2.4 盲速和参差脉冲重复频率··· 181
5.2.5 质量图 ······················ 186
5.2.6 MTI 性能限制 ·············· 190
5.3 脉冲多普勒处理 ····················· 192
5.3.1 动目标的离散时间傅里叶
变换 ·························· 193
5.3.2 DTFT 采样：离散傅里叶
变换 ·························· 196
5.3.3 噪声的离散傅里叶变换 ···· 197
5.3.4 脉冲多普勒处理增益 ······· 198
5.3.5 基于 DFT 的脉冲多普勒处理的
匹配滤波器和滤波器组解释··· 198
5.3.6 精细多普勒估计 ············ 200
5.3.7 脉冲多普勒处理的现代谱
估计 ·························· 204
5.3.8 CPI 间参差和盲区图 ······· 205
5.4 脉冲对处理 ·························· 208
5.5 其他多普勒处理问题 ··············· 213

5.5.1　MTI 和脉冲多普勒级联处理…… 213
　　5.5.2　暂态影响……………………… 213
　　5.5.3　脉冲重复频率体制…………… 214
　　5.5.4　模糊解决…………………… 218
5.6　杂波图和动目标检测器…………… 220
　　5.6.1　杂波图……………………… 220
　　5.6.2　动目标检测器……………… 222
5.7　运动平台的 MTI：自适应相位
　　中心偏移天线处理……………… 222
　　5.7.1　相位中心偏移天线概念…… 222
　　5.7.2　自适应 DPCA ……………… 224
参考文献…………………………………… 228
习题………………………………………… 229

第 6 章　检测基础原理……………………… 233
6.1　雷达假设检验检测………………… 233
　　6.1.1　奈曼-皮尔逊检测准则……… 234
　　6.1.2　似然比检验………………… 235
6.2　相干系统中的阈值检测…………… 241
　　6.2.1　相干接收机的高斯情况…… 242
　　6.2.2　未知参数和阈值检测……… 244
　　6.2.3　线性检测器和平方律检测器… 249
　　6.2.4　其他未知参数……………… 249
6.3　雷达信号的阈值检测……………… 251
　　6.3.1　相干、非相干和二元积累… 252
　　6.3.2　非起伏目标………………… 253
　　6.3.3　Albersheim 方程…………… 256
　　6.3.4　起伏目标…………………… 259
　　6.3.5　Shnidman 方程……………… 262
6.4　二元积累…………………………… 263
6.5　恒虚警概率检测…………………… 266
　　6.5.1　未知干扰对虚警概率的影响… 266
　　6.5.2　单元平均 CFAR ……………… 268
　　6.5.3　单元平均 CFAR 分析………… 270
　　6.5.4　单元平均 CFAR 的局限……… 274
　　6.5.5　单元平均 CFAR 的改进方法… 278
　　6.5.6　有序统计 CFAR ……………… 282
　　6.5.7　有关 CFAR 的其他问题……… 284
6.6　虚警概率的系统级控制…………… 290
参考文献…………………………………… 290

习题………………………………………… 292

第 7 章　测量与跟踪……………………… 295
7.1　估计量……………………………… 296
　　7.1.1　估计量的性质……………… 296
　　7.1.2　克拉美罗下界……………… 298
　　7.1.3　CRLB 和信噪比……………… 299
　　7.1.4　最大似然估计量…………… 300
7.2　距离、多普勒、角度估计量…… 301
　　7.2.1　距离估计量………………… 301
　　7.2.2　多普勒信号估计…………… 311
　　7.2.3　角度估计量………………… 317
7.3　跟踪导论…………………………… 329
　　7.3.1　序贯最小二乘估计………… 329
　　7.3.2　α-β 滤波器…………………… 333
　　7.3.3　卡尔曼滤波………………… 336
　　7.3.4　跟踪周期…………………… 341
参考文献…………………………………… 345
习题………………………………………… 346

第 8 章　合成孔径成像技术……………… 350
8.1　合成孔径雷达基础………………… 353
　　8.1.1　雷达横向分辨率…………… 353
　　8.1.2　合成孔径的观点…………… 354
　　8.1.3　多普勒的观点……………… 360
　　8.1.4　SAR 的场景覆盖和采样…… 361
8.2　条带式 SAR 的数据特性…………… 364
　　8.2.1　条带式 SAR 的成像几何…… 364
　　8.2.2　条带式 SAR 的回波数据特性… 367
8.3　条带式 SAR 的成像算法…………… 369
　　8.3.1　多普勒波束锐化…………… 369
　　8.3.2　二次相位误差的影响……… 372
　　8.3.3　距离-多普勒算法…………… 375
　　8.3.4　聚焦深度…………………… 379
8.4　聚束式 SAR 的数据特性…………… 380
8.5　聚束式 SAR 的极坐标格式成像
　　算法……………………………… 384
8.6　干涉 SAR 技术……………………… 386
　　8.6.1　地面高程在 SAR 图像中
　　　　　的表现……………………… 386
　　8.6.2　IFSAR 处理步骤……………… 389

8.7 其他考虑 ················ 393
 8.7.1 SAR 运动补偿和自聚焦 ······ 393
 8.7.2 自聚焦 ················ 396
 8.7.3 相干斑抑制 ············ 401
参考文献 ···················· 402
习题 ······················ 404

第9章 波束形成和空-时二维自适应处理导论 ········ 407
9.1 空域滤波 ················ 407
 9.1.1 常规波束形成 ········· 407
 9.1.2 自适应波束形成 ········· 410
 9.1.3 预处理后的自适应波束形成 ···· 414
9.2 空-时信号环境 ············ 416
9.3 空-时信号建模 ············ 418
9.4 空-时信号处理 ············ 422
 9.4.1 最优匹配滤波 ········· 422
 9.4.2 STAP 性能测度 ········· 422
 9.4.3 STAP 与相位中心偏移天线处理之间的关系 ······ 426
 9.4.4 自适应匹配滤波 ········· 428
9.5 降维 STAP ················ 430
9.6 高级 STAP 算法和分析 ······ 431
9.7 STAP 限制 ················ 433
参考文献 ···················· 434
习题 ······················ 435

附录 A 有关概率论和随机过程的课题 ···· 437
附录 B 有关数字信号处理的几个课题 ···· 459

第1章 雷达系统与信号处理概述

1.1 雷达的历史和应用

英文中的"radar(雷达)"原本是一个缩略语，表示"无线电检测与测距"。而今天，由于它已经成为一项非常广泛实用的技术，"radar(雷达)"一词也变成了一个标准的英文名词。很多人对它的直接体验是它可以用来测量棒球或者汽车的速度。

雷达的历史可以追溯到现代电磁理论发展的早期(Swords, 1986; Skolnik, 2001)。1886年，Hertz证明了无线电波具有反射的特性，1900年Tesla在一次访谈中描述了电磁检测和速度测量的概念。1903年和1904年，德国工程师Hülsmeyer利用电磁波反射进行了舰船检测的实验。1922年，Marconi又对这一概念进行了广泛宣传。同年，美国海军实验室的Taylor和Young用实验证实了雷达可以对舰船进行检测。1930年，该实验室的Hyland首次用雷达检测到了飞机。虽然这是一个偶然的发现，但它引起了科技人员更深入的研究，最终于1934年诞生了一项现在称为连续波雷达的美国专利。

雷达技术的快速发展和传播是在20世纪30年代的中后期。在此期间，美国、英国、法国、德国、俄国、意大利和日本都开展了独立研究，取得了重大进展。在美国，海军实验室的R. M. Page于1934年开始研发脉冲雷达，1936年首次实验成功。1936年美国军用信号公司也积极开展雷达研究工作，并于1938年研制出第一部实用的雷达系统——SCR-268对空火控雷达，1939年研制出SCR-270预警雷达，遗憾的是该雷达在珍珠港的检测结果被忽视了。受到战争威胁的刺激，英国的Watson-Watt于1935年积极地开展雷达的研究，同年完成了脉冲雷达的验证。1938年英国建成了著名的Chain Home监视雷达网络，该网络一直工作到二战结束。1939年，英国还研制了第一台机载截获雷达。1940年，美国和英国开始在雷达研究方面交换情报。截至此时，绝大多数雷达都工作在高频和甚高频波段。后来，英国研究人员揭示了临界腔体微波功率磁控管的奥秘，而美国在麻省理工学院建立了辐射实验室，这二者奠定了微波波段雷达成功发展的基础，此后微波雷达成为主流。

二战中，上述各国都对连续波雷达进行了实验，并且研制了能够实际应用的雷达系统。德军的占领中断了法国和俄国的研究。而另一方面，由于在菲律宾缴获了美制雷达，并解密了德国技术，日本的雷达发展得到了促进。德国自己也装备了各种各样的地基雷达、舰载雷达和机载雷达。到二战结束时，各国的研究人员都充分认识到了雷达的价值，也认识到了微波波段和脉冲波形的优点。

雷达的早期发展离不开军事需要的驱动，直到今天，军队仍然是雷达的主要用户和雷达技术的主要开发者。雷达的军事用途包括了陆海空的监视、导航和武器制导。军用雷达的范围非常广，大到弹道导弹防御系统的雷达，小到只有拳头大小的战术导弹导引头雷达。

目前，雷达的用途也越来越多。最常见的有一种警用交通雷达，该雷达用于判断车辆是否超速(也用于测量垒球和网球的发球速度)。另一种是"彩色天气雷达"，在电视新闻中常常能看到它的观测结果，它是气象雷达的一种。复杂的气象雷达被用于对大范围地区的天气进行监视和预测,以及对大气进行研究。再有一种是空中交通管制雷达,它用于对航线和机场附近的商用飞机进行引导。雷达也可以帮助飞机测量高度、规避恶劣天气,在不远的将来还能在恶劣气象条件下对跑道进行成像。在船舶的航行中,雷达被广泛地用于防撞和浮标检测。现在在汽车工业中,雷达也开始发挥同样的作用。最后,值得一提的是天基(包括星载和航天飞机载)和机载雷达已经成为地球地理测绘和环境特性研究的一种重要工具,它们可以对水面、冰面、森林覆盖、土地应用和污染情况进行观测。雷达的应用远不止于此,上述列举并不能涵盖雷达这一重要技术的全部应用范围。

本书力图对雷达的信号处理技术给出一个全面的、易懂的、连贯的描述,注重于绝大多数雷达的基本功能。虽然很多概念对于脉冲雷达和连续波雷达是通用的,但这里着重介绍脉冲雷达。同样,对于发射、接收天线合置的单基雷达(实际上通常是发射接收共用一个天线)以及发射、接收天线分离较远的双基雷达,虽然有很多结果是相同的,但这里更着重介绍单基雷达。这主要是因为绝大多数雷达是按照单基、脉冲体制进行设计的。最后需要说明的是,本书的描述尽可能从数字信号处理的观点出发,这是因为绝大多数新雷达的设计非常依赖数字信号处理,而且采用数字信号处理的描述方法更有利于概念和结果的统一。

1.2 雷达的基本功能

雷达的主要用途可以大致分为检测、跟踪和成像。本书着重讨论这三种用途。由于信号获取和干扰抑制也是实现这些功能的必要技术,所以,也会对其进行重点讨论。

雷达最为基本的用途是对一类物体或者物理现象进行检测。这就需要确定在某一给定时刻接收机的输出究竟是一个反射体的回波,还是只有噪声。通常会将接收机输出的幅度 $A(t)$(t 表示时间)与一个阈值 $T(t)$ 进行比较,以检测判决。这个阈值可以在雷达设计时根据系统情况预先确定,也可以根据雷达回波数据自适应计算得到,第 6 章将会解释这种检测技术的合理性。当一个脉冲传播到距离 R 处后返回,其总的传播路径长度为 $2R$,所需要的时间就是 $2R/c$。这样如果在脉冲发射后的某一时刻 t_0,$A(t) > T(t)$,则可以认为在距离 R 处存在一个目标,该目标的距离为

$$R = \frac{ct_0}{2} \quad (1.1)$$

其中,c 为光速[①]。

一旦雷达检测到了一个目标,则希望能够对它的位置和速度进行跟踪。单基雷达的特点决定了其位置测量是在一个球坐标系中完成的,而这个球坐标系的原点就是雷达天线的相位中心,如图 1.1 所示。在这个坐标系中,天线的指向方向(有时也称视线方向)就是 $+x$ 轴方向,角 θ 为方位角,角 ϕ 为俯仰角。如上所述,距离 R 可以根据脉冲发射到检测的耗时直接计算得出。俯仰角 ϕ 和方位角 θ 以天线指向为参考方向进行确定,这是因为通常只有目标出现在天线的主瓣中才能被检测到。速度通过测量目标回波的多普勒频移进行估计。从目标回波的多普勒频移只能计算出目标的径向速度,但是通过对目标位置和径向速度的连续测量可以推断出目标的三维运动情况。

[①] 在真空中 $c = 2.99\,792\,458 \times 10^8$ m/s。除非需要非常高的精度,通常采用 $c = 3 \times 10^8$ m/s 的近似值。

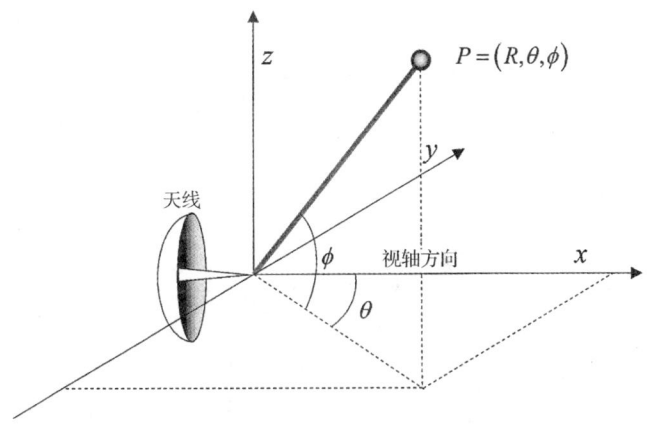

图 1.1 用于雷达测量的球坐标系

因为大多数人对雷达的了解只局限于雷达屏幕上光点的移动情景，所以检测和跟踪自然是人们最容易想到的雷达功能。然而，雷达正越来越多地应用于对区域的二维成像。分析这种图像，可以获得情报和监视信息，可以获得地面的高程图或地理图，可以获得地球资源信息，比如资源地图、土地的使用情况、冰盖情况、森林破坏情况，等等。通过将雷达获得的图像与存储的图像进行比对，雷达也可以用于"地形跟随"导航。虽然雷达目前还无法获得和光学图像一样高的分辨率，但雷达采用的微波波段电磁波的极低衰减特性使雷达可以很好地"看穿"云、雾和降水，这是雷达的一个重要优点。所以，在光学设备根本无法使用的情况下，雷达往往还能获得有用的图像。

考虑到雷达系统的不同功能，其特性可以用不同的指标进行描述。在分析雷达的检测性能时，基本的指标是检测概率 P_D 和虚警概率 P_{FA}。在其他系统参数不变的情况下，增大 P_D 总是以同时增大 P_{FA} 为代价的。实际可以获得的 P_D 和 P_{FA} 的组合是由信号和干扰的统计特性决定的，特别是信干比(SIR)。但当雷达的观测范围内同时存在多个目标时，对检测性能的估计，还需要考虑雷达的分辨率和旁瓣特性。例如，如果雷达不能分辨视野中的两个目标，则会将它们当成一个目标进行登记。如果雷达的旁瓣较高，则强反射目标的回波就可能遮蔽附近的弱目标的回波，这样当两个目标同时出现时，雷达同样会将它们当成一个目标进行登记。在距离向，雷达的分辨率和旁瓣特性取决于雷达的波形；而在角度域，它们取决于雷达的天线方向图特性。

在跟踪功能中，基本的性能指标是距离、角度、速度估计的精度。虽然分辨率可以作为跟踪精度的一个粗略的上界，但通过适当的信号处理后，雷达可以获得的精度最终取决于具体的 SIR。

在成像中，最基本的指标是空间分辨率和动态范围。空间分辨率决定着在最终的合成孔径雷达(SAR)图像中多大尺寸的物体可以被辨识出来，进而决定该雷达图像的应用范围。例如，分辨率1 km×1 km 的图像可以用于对陆地使用情况的研究，却不能用于对机场和导弹阵地的军事监视。动态范围决定着图像的对比度，也决定了从一幅图像中能提取的信息量。

雷达信号处理的目的就是提高这些指标。通过脉冲积累可以提高雷达信号的 SIR。通过脉冲压缩和其他波形设计技术(如频率捷变)可以同时改善雷达的分辨率和 SIR。增大 SIR 和采用插值技术可以提高测量的精度。在信号处理中广泛使用的加窗技术同样可以改善雷达的旁瓣特性。这些问题都将在后续几章中讨论。

雷达信号处理吸收了其他信号处理领域内很多相同的技术和概念，这些领域包括了从最为相近的通信和声呐到差异较大的语音和图像处理。线性滤波和统计检测理论是雷达最基本的任务——目标检测的核心。采用快速傅里叶变换(FFT)技术实现的傅里叶变换在雷达信号处理中被广泛使用，包括匹配滤波器的快速卷积实现、多普勒谱估计、雷达成像，等等。雷达中也采用基于模型的现代谱估计方法和自适应滤波技术进行波束形成和干扰抑制，采用模式识别技术进行目标/杂波鉴别和目标识别。

另外，雷达信号处理还具有一些独特的特性，使其与大多数其他领域的信号处理有所区别。诸如，大多数的现代雷达是相干的，从而其接收信号在解调到基带后是复值的，而非实值的。雷达信号具有非常高的动态范围，通常可达几十分贝，在某些极端情况下更可达到100 dB，所以在雷达中增益控制设计是很常见的。而为了使微弱目标不被强目标遮蔽，旁瓣控制技术往往也是非常关键的技术。雷达中的SIR一般非常低，例如，在目标检测时的SIR也许只有10~20 dB，而在信号处理前单个接收脉冲的SIR往往小于0 dB。

特别重要的是，相对于其他的数字信号处理应用，雷达信号带宽是比较宽的。雷达单个脉冲的瞬时带宽往往是几兆赫的数量级，在某些高分辨[①]雷达中可以达到几百兆赫，甚至1 GHz。对于数字信号处理，处理这种大带宽的信号有很多困难。例如，需要非常高速的模数(A/D)转换器。历史上，设计采样速率达到几兆赫的高性能模数转换器的困难，曾减慢了数字技术在雷达信号处理中应用的进程。即使是在数字技术普遍应用的今天，大带宽雷达系统的字长也通常较短，为8~12位，而不是其他领域普遍采用的16位。历史上，高数据率意味着为了实现数字处理，必须定制专用的硬件以获得足够的吞吐率。相对于其他信号处理技术(比如声呐的信号处理)，数据吞吐率的问题也使雷达只能采用相对简单的信号处理算法。直至20世纪90年代后期，摩尔定律[②]才提供了足够强大的运算能力，使雷达信号处理的算法可以采用更多的商用硬件系统实现。同样，硬件的发展也使雷达信号处理能够应用更新、更复杂的算法，使雷达的检测、跟踪、成像能力大大提高。

1.3 脉冲体制雷达的基本组成

图1.2是一种简单的脉冲单基雷达的组成框图。其中，波形产生器产生需要的脉冲波形。发射机将这个波形调制到射频(RF)上，并将其放大到需要的功率水平。发射机的输出端与天线之间依靠一个双工器连接，该双工器也称为环行器或(发射和接收切换的)收发开关。天线接收到的回波信号通过双工器进入雷达接收机。接收机通常采用超外差设计，第一级通常是一个低噪声射频放大器，随后的一级或者几级的调制将接收信号变换到较低的中频和最终的基带上，基带信号是没有调制任何载波的。每一级调制都通过一个混频器和一个本地振荡器(简称本振)实现。接下来，基带信号被送入信号处理器。信号处理器完成某些信号处理功能，例如脉冲压缩、匹配滤波、多普勒滤波、积累和运动补偿。按照雷达的功能，信号处理器也有不同的输出：跟踪雷达通常输出包括测量距离和角度坐标的检测数据流，而成像雷达输出的则是二维或三维图像。信号处理器的输出将被同时传送到系统显示器和数据处理器，或者其中一个。

[①] 人们通常将具有"好的"或"差的"分辨特性的系统称为"高"或"低"分辨率系统。由于良好的分辨率意味着较小的分辨率数值，文中分别用术语"精细"与"粗糙"进行描述。

[②] Gordon Moore在1965年的著名预言中指出，集成电路上的晶体管的数目将在每18到24个月内翻番，这个预言在近40年的时间内保持了令世人瞩目的正确性，并带来了20世纪80年代的计算和网络革命。

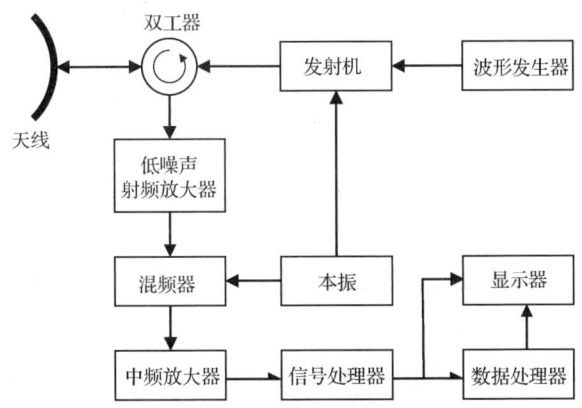

图 1.2 某种脉冲单基雷达的组成框图

图 1.2 所示的脉冲单基雷达的结构并不是唯一的。例如,很多雷达系统在中频而非基带,完成某些信号处理功能,在中频完成的常见的信号处理功能包括:匹配滤波、脉冲压缩、某种类型的多普勒滤波,等等。这些信号处理功能本身也是有重复的,例如脉冲压缩和多普勒滤波都可以看成匹配滤波的一部分。不同雷达系统的结构区别还包括雷达系统是在哪一点将模拟信号数字化的。早期的雷达系统是全模拟的,而现在很多雷达是在信号转换到基带之后,进行数字化的。对于这类雷达,任何在中频进行的信号处理都是依靠模拟技术完成的。目前,越来越多的新的雷达设计在中频就对信号进行数字化,这样 A/D 变换就更加靠近雷达的前端,也使得在中频就可以采用数字信号处理技术。最后需要说明的是,信号处理和数据处理的界限有时是不清楚的,或者人为规定的。

在下面几个子小节中,将简要介绍雷达基本子系统的主要特点。

1.3.1 发射机和波形产生器

发射机和波形产生器对于确定雷达的灵敏度和距离分辨率是非常重要的。目前雷达系统已经使用的工作频率最低低至 2 MHz,最高高至 220 GHz(Skolnik,2001)。激光雷达的工作频率在 $10^{12} \sim 10^{15}$ Hz 的量级,对应波长 0.3~30 μm(Jelalian,1992)。然而,大多数的雷达工作在微波波段,其频率范围为 200 MHz~95 GHz,对应波长 0.67 m~3.16 mm。表 1.1 列举了用字母缩写命名的常见的雷达波段(IEEE,1976)。其中毫米波波段有时进一步划分为子波段,36~46 GHz 为 Q 波段,46~56 GHz 为 V 波段,56~100 GHz 为 W 波段(Richards 等,2010)。

表 1.1 雷达波段的命名

波段	频率	波长
HF	3~30 MHz	100~10 m
VHF	30~300 MHz	10~1 m
UHF	300 MHz~1 GHz	1 m~30 cm
L	1~2 GHz	30~15 cm
S	2~4 GHz	15~7.5 cm
C	4~8 GHz	7.5~3.75 cm
X	8~12 GHz	3.75~2.5 cm
Ku	12~18 GHz	2.5~1.67 cm
K	18~27 GHz	1.67~1.11 cm
Ka	27~40 GHz	1.11 cm~7.5 mm
mm	40~300 GHz	7.5~1 mm

在 HF 到 Ka 波段中，通过国际协议将一些特定的频率分配给雷达使用。另外，在频率高于 X 波段时，大气对电磁波的衰减变得非常严重，所以雷达在这样的波段工作时，通常工作在大气衰减相对较小的"大气窗口"内。图 1.3 给出了一种气象条件下，单程传播的大气衰减随雷达工作频率的变化曲线。大多数的 Ka 波段雷达工作在 35 GHz 附近，大多数 W 波段雷达工作在 95 GHz 附近，是因为这些频率对应的大气衰减相对较小。

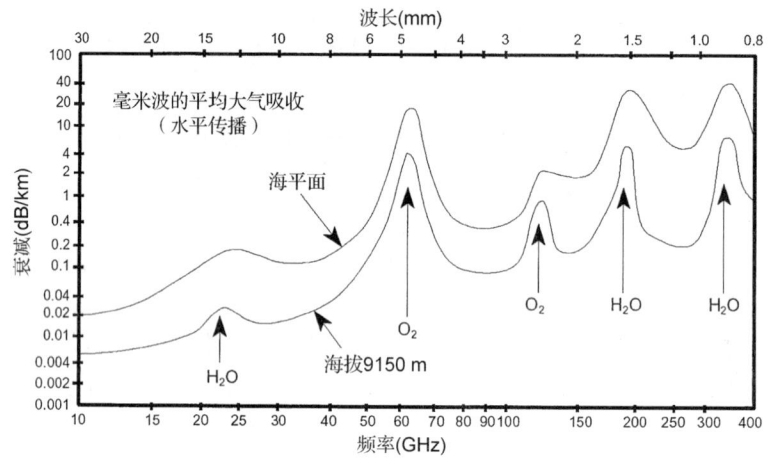

图 1.3　电磁波的单程大气衰减(来源：*EW and Radar Systems Engineering Handbook*, Naval Air Warfare Center, Weapons Division, http://ewhdbks.mugu.navy.mil)

对较远距离进行探测时，人们倾向于使用较低的雷达频率，其原因在于较低频率能够获得较低的大气衰减和较大的功率。对近距离进行较高分辨率的探测，人们倾向于使用较高的雷达频率，是因为在给定天线尺寸的情况下，较高频率可以得到较窄的波束宽度，同时较高的频率也带来了较大的大气衰减和较低的可用功率。

天气条件对于雷达的信号传播也有比较显著的影响。图 1.4 给出了降雨率从毛毛细雨到倾盆大雨各种条件下，信号传播的单程损失随射频频率的变化曲线。X 波段频率(10 GHz 的典型情况)和更低的频率只有在大雨情况下才受到明显影响，而毫米波波段即使在小到中等雨量的情况下也会受到非常大的衰减。

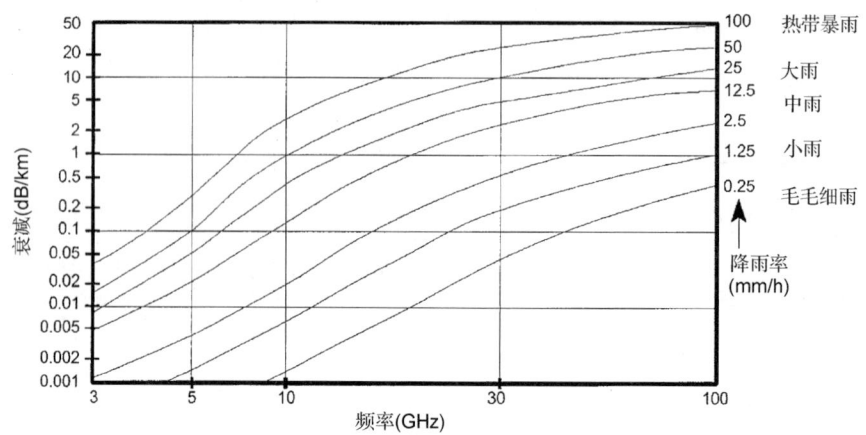

图 1.4　不同降雨率对电磁波单程大气衰减的影响(来源：*EW and Radar Systems Engineering Handbook*, Naval Air Warfare Center, Weapons Division, http://ewhdbks.mugu.navy.mil)

雷达发射机工作的峰值功率范围从毫瓦量级到超过 10 MW 量级。采用更大功率发射机的一个例子是 AN/FPS-108 COBRA DANE 雷达,其峰值功率为 15.4 MW(Brookner,1988)。人们将脉冲之间的间隔称为脉冲重复间隔(PRI),它的倒数称为脉冲重复频率(PRF)。PRF 的范围也很宽,通常的范围是从每秒几百个脉冲(pps)到每秒几万个脉冲。脉冲系统的工作比(占空比)通常较低,往往小于百分之一,所以平均功率很少能超过 10~20 kW。COBRA DANE 雷达也是平均功率非常大的一个例子,其平均功率高达 0.92 MW。绝大多数雷达脉冲宽度为 100 ns~100 μs,也有个别雷达的脉冲宽度短至几纳秒或长至 1 ms。

第 6 章将会看到雷达可获得的检测性能随着发射波形能量的增加而提高。为了获得最大的检测距离,大多数雷达都努力使发射功率最大化。为了做到这一点,有种方法是在脉冲工作期间总让发射机满负荷工作,这样雷达通常就不能对脉冲进行幅度调制。而另一方面,依据第 4 章的结论,雷达的距离分辨率 ΔR 是由波形带宽 β 决定的,即

$$\Delta R = \frac{c}{2\beta} \tag{1.2}$$

对于一个没有调制的脉冲,其带宽反比于时宽。对于给定的脉冲宽度,为了在增加波形带宽的同时不损失能量,很多雷达通常采用对脉冲进行相位调制或频率调制的方法。

距离分辨率的数值与雷达功能有关,在远程监视雷达系统中距离分辨率可以差到几千米,此时倾向于采用较低的射频频率,而在高分辨成像系统中,距离分辨率往往精细至 1 m,甚至更小。相应的波形带宽的数量级为 100 kHz~1 GHz,典型情况下小于射频频率的 1%,但个别雷达能够达到射频频率的 10%。所以大多数雷达的波形可以看成窄带的带通函数。

1.3.2 天线

天线对于确定雷达的灵敏度和角度分辨率是非常重要的。雷达系统可以采用的天线类型是多种多样的。常见的类型包括抛物面反射天线、扫描馈源天线、透镜天线和相控阵天线。

从信号处理的角度,天线最重要的特性是增益、波束宽度和旁瓣电平。这些特性都是从天线的功率方向图得到的。功率方向图 $P(\theta,\phi)$ 描述了发射过程中天线对 (θ,ϕ) 方向的辐射强度,(θ,ϕ) 是以雷达的瞄准线方向为参考方向定义的。对于归一化方向图,撇开不重要的比例因子,功率方向图和辐射的电场强度 $E(\theta,\phi)$ 是密切相关的,$E(\theta,\phi)$ 称为天线电压方向图,对应关系为

$$P(\theta,\phi) = |E(\theta,\phi)|^2 \tag{1.3}$$

对于矩形孔径,如果激励函数在两个孔径维可分离,方向图 $P(\theta,\phi)$ 可以因式分解成两个独立的一维方向图的乘积(Stutzman 和 Thiele,1998)

$$P(\theta,\phi) = P_\theta(\theta)P_\phi(\phi) \tag{1.4}$$

对于大多数工作情况,只关心其远场(也称 Fraunhofer)功率方向图。若天线的孔径为 D,通常定义的远场起始距离为 D^2/λ 或 $2D^2/\lambda$。考虑如图 1.5 所示的一维线孔径的方位方向图。从信号处理的观点,孔径天线(如平面阵和反射抛物面)的重要特性是,远场的电场强度随方位角变化的函数 $E(\theta)$ 是方位孔径上电流分布 $A(y)$ 的逆傅里叶变换(Bracewell,1999;Skolnik,2001),即

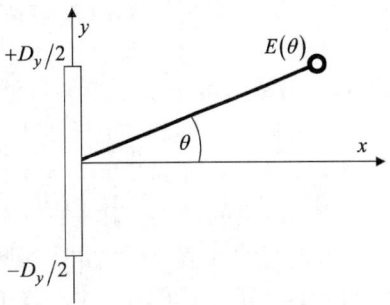

图 1.5 用于矩形孔径一维电场计算的几何关系图

$$E(\theta) = \int_{-D_y/2}^{D_y/2} A(y) e^{j(2\pi y/\lambda)\sin\theta} dy \tag{1.5}$$

其中，频率变量为 $(2\pi/\lambda)\sin\theta$，频率变量的单位为 rad/m。这种空间频率的概念在附录 B 中进行了介绍。

为了使上述关系更加清楚，定义 $s = \sin\theta$，$\zeta = y/\lambda$，代入式(1.5)，可得

$$\frac{1}{\lambda} \int_{-D_y/2\lambda}^{D_y/2\lambda} A(\lambda\zeta) e^{j2\pi\zeta s} d\zeta = \hat{E}(s) \tag{1.6}$$

很显然这是逆傅里叶变换的形式(此处的有限积分限对应孔径的有限支撑区间)。由 ζ 和 s 的定义，该变换将电流分布(经波长规范化了的孔径位置的函数)和空间频率变量(通过非线性映射与方位角关联)联系了起来。当然也可得到

$$A(\lambda\zeta) = \int_{-\infty}^{+\infty} \hat{E}(s) e^{-j2\pi\zeta s} ds \tag{1.7}$$

其中，无限积分界是一个误导，实际为有限积分。这是因为积分变量 $s = \sin\theta$ 只能取 $-1 \sim 1$ 的范围。所以 $\hat{E}(s)$ 在此区间外均为 0。

式(1.5)是一种简化的表达式，它忽略了随距离变化的相位因子以及幅度随距离的微小变化(Balanis, 2005)。第 2 章会看到，天线方向图的傅里叶变换特性使得可以利用线性系统的概念，理解天线的横向分辨率和避免空间模糊所需的脉冲重复频率。

当孔径电流分布为常数，即 $A(y) = A_0$ 时，得到一个式(1.5)的重要的特殊结果。这时归一化远场电压方向图变成了 sinc 函数的形式，即

$$E(\theta) = \frac{\sin[\pi(D_y/\lambda)\sin\theta]}{\pi(D_y/\lambda)\sin\theta} \tag{1.8}$$

如果孔径电流分布是二维可分离的，则远场方向图是两个傅里叶变换的乘积，这两个傅里叶变换一个是方位角 (θ) 的方向图，另一个是俯仰角 (ϕ) 的方向图。

图 1.6 给出了 $E(\theta)$ 的幅度曲线，同时给出了天线方向图的两个重要指标的定义。天线的角度分辨率由天线的主瓣宽度定义，通常采用 3 dB 波束宽度。设 $E(\theta) = 1/\sqrt{2}$，并求解此时的参数 $\alpha = \pi(D_y/\lambda)\sin\theta$。通过数值方法可以求得其解为 $\alpha = 1.4$，可得 -3 dB 点的 θ 值为 $\theta_0 = 0.445\lambda/D_y$。3 dB 波束宽度的范围为 $-\theta_0 \sim +\theta_0$，则

$$3\text{ dB 波束宽度} = \theta_3 = 2\arcsin\left(\frac{1.4\lambda}{\pi D_y}\right) \approx 0.89 \frac{\lambda}{D_y} \quad \text{rad} \tag{1.9}$$

即 3 dB 波束宽度等于 0.89 乘以波长再除以孔径尺寸。可以看到，小的波束宽度需要大的孔径和短的波长。在笔形波束天线中，人们希望波束在方位和俯仰上尽可能窄，典型的波束宽度范围为十分之几度到几度。为了便于搜索，在某些情况下，人们将天线精心设计成具有非常宽的垂直波束的形式，其垂直向波束宽度可达数十度，这种设计通常称为扇形波束天线。

方向图的峰值旁瓣决定了散射体的回波是如何影响其附近散射体的检测的。对于均匀照射的天线，其旁瓣峰值比主瓣峰值低 13.2 dB。在雷达系统中，通常认为这种峰值旁瓣太高，不能满足要求。可以采用非均匀的孔径电流分布压低天线旁瓣(Skolnik, 2001)，有时也称为天线的锥削。实际上，这和信号处理其他领域(如数字滤波器设计)中，使用加窗或加权进行旁瓣控制的方法没有什么区别。采用这种方法，峰值旁瓣电平可以很容易地抑制到 25～40 dB

以下，其代价是主瓣宽度会有一定的展宽。实现更低的旁瓣也是有可能的，但是由于制造的非理想因素和设计的内在局限性，会使具体实现很困难。

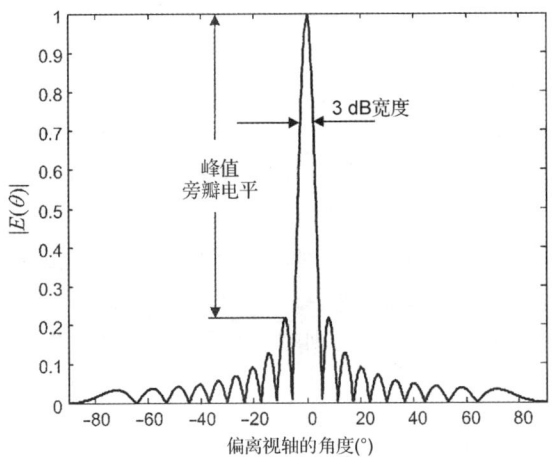

图 1.6 均匀照射孔径的单程辐射方向图。图中说明了 3 dB 波束宽度和峰值旁瓣的定义

人们往往忽略式(1.9)中的系数 0.89，而直接采用 λ/D_y 计算均匀照射孔径的 3 dB 波束宽度。实际上，这是 4 dB 波束宽度，但考虑到孔径加权会展宽主瓣的宽度，这也是 3 dB 波束宽度的一个比较好的经验公式。

天线功率增益 G 定义为：在输入功率相同的条件下，天线辐射的峰值强度与一个无损耗的各向同性(全向)天线的辐射强度的比值。天线的功率增益取决于天线的方向图和损耗。功率增益的一个实用的经验公式(Stutzman，1998)为

$$G \approx \frac{26000}{\theta_3 \phi_3} \quad (\theta_3, \phi_3 \text{的单位为度})$$
$$= \frac{7.9}{\theta_3 \phi_3} \quad (\theta_3, \phi_3 \text{的单位为rad}) \tag{1.10}$$

虽然天线增益的数值可大可小，但典型雷达天线的增益范围是从宽扇形波束搜索天线的 10 dB 到笔形波束搜索和跟踪天线的 40 dB。

天线用于接收时，描述其特性的一个重要指标是有效孔径 A_e。如果功率密度为 W W/m² 的电磁波照射天线传送到天线负载的功率为 P，则天线有效孔径定义为两者之比(Balanis，2005)：

$$A_e = \frac{P}{W} \quad \text{m}^2 \tag{1.11}$$

这样，有效孔径等于面积 A_e 意味着，如果所有照射到面积 A_e 的入射功率都被无损失地收集和传递到了负载，该功率正好等于实际天线输出功率的观测值(然而，必须注意 A_e 并不是天线的实际物理面积，它是被接收天线捕获的入射功率对应的面积，比实际物理面积要小)。有效孔径和天线的方向性直接相关，而天线的方向性又与天线的增益和效率有关。对于大多数天线，效率近似接近 1，此时有效孔径和增益的关系(Balanis，2005)可以表示为

$$G = \frac{4\pi}{\lambda^2} A_e \tag{1.12}$$

关于天线，两个更有用的概念是天线的相位前(或波前)和相位中心(Balanis，2005；Sherman，

1984)。辐射天线的相位前是一个面,在这个面上辐射场的相位处处相等。在远场,相位前通常近似为一个球面,至少在一个局部范围内可以当成球面。天线的相位中心是相位前这个曲面的中心。换言之,如果在空间某个点放置一个各向同性的辐射源,它产生的相位前和实际天线的相位前很好地吻合,那么该点就是实际天线的相位中心。相位中心的概念是非常有用的,因为它定义了天线的有效位置。天线的有效位置对于分析有效路径长度、多普勒频移等是非常有用的。对于对称激励的孔径天线,其相位中心就是孔径平面的中心,但也可能从天线的实际孔径向前或向后移动。参考图 1.5,相位中心位于 $y=0$,但可能有 $x \neq 0$,这取决于具体的天线形状。

另外一种重要的天线类型是阵列天线。阵列天线由很多独立的小天线构成,这些小天线称为阵元。阵元通常是完全相同的偶极子天线或者其他简单天线,它们都具有很宽的方向图。通常这些阵元等间距安装,形成均匀线阵,如图 1.7 所示。图 1.8 给出了两种实际天线的照片,一种是阵列天线,一种是孔径天线。

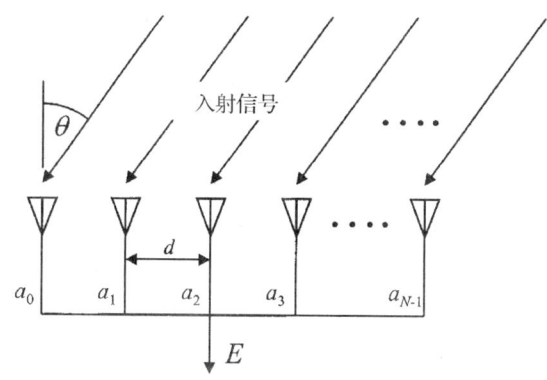

图 1.7 均匀线阵天线的几何关系

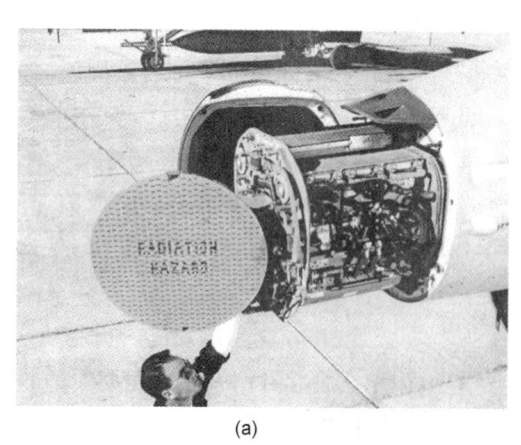
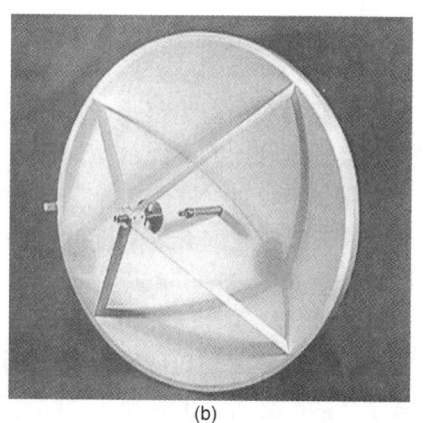

图 1.8 阵列天线和孔径天线的典型示例。(a)F/A-18 飞机的机首上安装的隙缝阵
天线,该天线是 AN/APG-73 雷达的组成部分;(b)卡塞格仑反射面天线
〔图(a)由 Raytheon 公司授权使用,图(b)由 Quinstar 公司授权使用〕

对于线阵,考虑其接收比考虑其发射更容易得到它的电压方向图。假设阵列中有 N 个阵元,阵元是全向的(对所有方向的增益均为 1),将最左边的阵元作为参考单元。对第 n 个阵元

输出的信号加复数权 a_n。若参考单元的入射电场为 $E_0 \exp(j\Omega t)$，阵列总的输出电压可以表示 (Stutzman 和 Thiele，1998；Skolnik，2001) 为

$$E(\theta) = E_0 \sum_{n=0}^{N-1} a_n e^{j(2\pi/\lambda)nd\sin\theta} \quad (1.13)$$

上式在形式上非常类似权序列 $\{a_n\}$ 的离散傅里叶变换 (DFT)。和孔径天线一样，线阵的方向图也包含着傅里叶变换，不过此处是权序列的 DFT（权序列实际上决定着天线上的电流分布）。在 $a_n = 1$ 的情况下，方向图是常见的"模糊 sinc"函数，其幅度为

$$|E(\theta)| = E_0 \left| \frac{\sin[N(\pi d/\lambda)\sin\theta]}{\sin[(\pi d/\lambda)\sin\theta]} \right| \quad (1.14)$$

此函数非常类似于式 (1.8) 和图 1.6 的情况。如果阵元数目 N 相当大（9 或者更大），可以把 N 和阵元间距 d 的乘积 Nd 当成总的孔径尺寸 D。这样，3 dB 波束宽度为 $0.89\lambda/D$，第一旁瓣比主瓣峰值低 13.2 dB，这两个数字都和均匀发射孔径天线是一样的。当然，阵列天线也可以通过改变权值 a_n 的幅度来压低旁瓣电平，其代价也同样是使主瓣展宽。均匀加权阵列天线的相位中心位于阵列的中心。

实际阵列的阵元不可能是各向同性的辐射器。经常使用的、经过一阶近似的典型阵元方向图的简单模型为

$$E_{el}(\theta) \approx \cos\theta \quad (1.15)$$

将式 (1.13) 的右边称为阵因子 $AF(\theta)$，那么总的辐射方向图变为

$$E(\theta) = AF(\theta)E_{el}(\theta) \quad (1.16)$$

因为余弦函数是随 θ 缓慢变化的，在信号到达方向接近于阵列法向（$\theta = 0°$ 附近）时，引入阵元方向图不会使波束宽度和第一旁瓣电平发生明显变化。但阵元方向图确实会降低更远角度的旁瓣，也会降低阵列对于这些角度回波的灵敏度。

到目前为止，讨论了（孔径天线的）发射天线方向图和（阵列的）接收天线方向图，但并没有对它们同时进行讨论，这两种方向图都称为天线单程方向图。互易性理论保证了接收天线方向图和发射天线方向图是完全相同的 (Balanis，2005)。因此，对于单基地雷达，双程天线方向图（功率或电压）是其相应的单程方向图的平方。而且，对于发射和接收，天线相位中心是完全相同的。

1.3.3 接收机

1.3.1 节已经说明雷达信号通常是窄带的、带通的、相位或频率调制的函数。这意味着单个散射体的回波波形 $r(t)$ 具有下面的形式：

$$r(t) = A(t)\sin[\Omega t + \theta(t)] \quad (1.17)$$

其中，幅度调制 $A(t)$ 仅仅表示脉冲的包络。接收机处理的主要功能是将雷达信号中承载信息的部分变换到基带，目的是测量 $\theta(t)$。图 1.9 给出了经典雷达接收机的一种常规设计。

接收到的信号被分到两个通道。其中一个通道称为接收机的同相通道或"I"通道（图 1.9 中的下支路），在这个通道中接收信号和振荡器的信号进行混频，该振荡器称为"本地振荡器（本振）"，其频率和雷达频率相同。这个混频产生了和频与差频两个频率分量，即

$$2\sin(\Omega t)A(t)\sin[\Omega t+\theta(t)] = A(t)\cos[\theta(t)] - A(t)\cos[2\Omega t+\theta(t)] \qquad (1.18)$$

其中，和频分量被低通滤波器滤除，仅仅留下调制项 $A(t)\cos[\theta(t)]$。另外一个通道称为正交相位通道，或"Q"通道。在该通道中，接收信号也和本振的信号进行混频，但在混频前本振信号要移相 90°。Q 通道的混频输出为

$$2\cos(\Omega t)A(t)\sin[\Omega t+\theta(t)] = A(t)\sin[\theta(t)] + A(t)\sin[2\Omega t+\theta(t)] \qquad (1.19)$$

在低通滤波后留下的调制项为 $A(t)\sin[\theta(t)]$。如果输入 $r(t)$ 写成 $A(t)\cos[\Omega t+\theta(t)]$，图 1.9 的上通道就变成了 I 通道，而下通道则变成了 Q 通道，它们的输出分别为 $A(t)\cos[\theta(t)]$ 和 $-A(t)\sin[\theta(t)]$。总的来说，I 通道的振荡波形(正弦或余弦)都和调制信号的振荡波形相同。

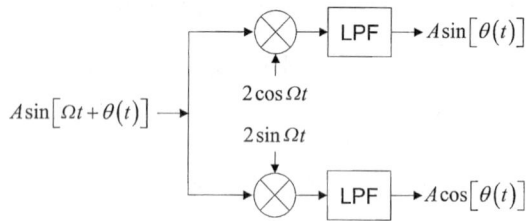

图 1.9 常规正交通道接收机结构。图中，下通道是同相(I)通道，上通道是正交(Q)通道

同时需要 I 和 Q 两个通道的原因在于，这两个通道中单独任何一个都不能提供足够的信息，以无模糊地确定相位调制 $\theta(t)$。图 1.10 说明了这个问题，考虑图 1.10(a)的情况，在复平面中将信号相位 $\theta(t)$ 表示成黑色实线矢量箭头。如果接收机只有 I 通道，那么只能测量出 $\theta(t)$ 的余弦值。这样真实的相位矢量就不能和灰色的矢量 $-\theta(t)$ 相区分。同样，如果接收机中只有 Q 通道，那么只能测量出 $\theta(t)$ 的正弦值，如图 1.10(b)所示，就无法将真实的相位矢量和灰色的 $\pi-\theta(t)$ 的矢量进行区分。只有同时采用 I 通道和 Q 通道，才能无模糊地确定相位矢量的象限[①]。实际上，信号处理通常会将 I 通道的信号当成实部，Q 通道的信号当成虚部，形成一个复信号，即

$$x(t) = I(t) + jQ(t) = e^{j\theta(t)} \qquad (1.20)$$

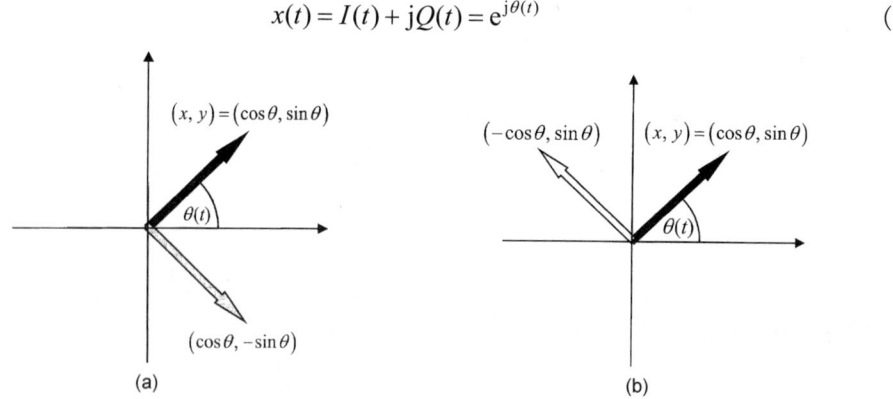

图 1.10 (a)图 1.9 所示接收机的 I 通道只能测量出相位的余弦；(b)Q 通道只能测量出相位的正弦

式(1.20)实际上是理想的相干接收机对发射信号处理效果的一种更为方便的表示方法。它不是把发射信号表示为正弦函数，而是采用一种等效的复指数表示发射信号。式(1.17)中的回

[①] 这类似于在很多编程语言(例如 FORTRAN 和 C)中使用的两个自变量的函数 atan2( )，而不是单自变量函数 atan( )。

波信号可以表示为

$$r(t) = A(t)e^{j[\Omega t + \theta(t)]} \tag{1.21}①$$

图 1.9 中的接收机模型可以用图 1.11 的简化模型代替，即回波与参考振荡器的复信号 $\exp(-j\Omega t)$ 相乘，以完成解调。这种假设的复发射信号和复解调器技术得到的解调结果，与采用实信号模型和 I、Q 双通道解调的结果〔式(1.20)〕是完全相同的，但其表示更加简洁。在本书的后续部分中将一直使用这种复指数的表示和分析方法。必须记住，这只是一种分析技术，实际的模拟硬件电路中仍然只有实值信号工作。然而，一旦完成了数字化，在数字处理器中它们确实可以当成复信号处理。

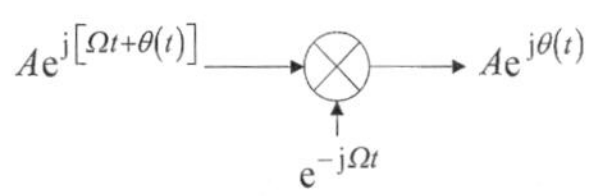

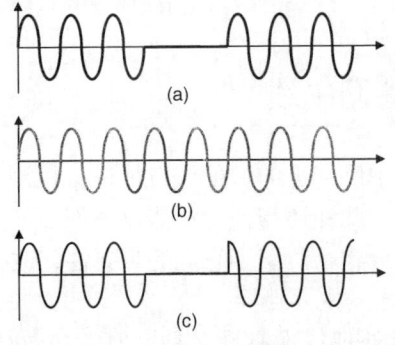

图 1.11 简化的采用复指数表示的发射和接收信号模型

从图 1.9 可以发现高质量接收机设计的一些要求。例如，本振频率和发射机频率必须完全相同。通常在一个雷达系统中只有一个稳定本振(STALO)，它同时向发射机和接收机提供频率参考，保证了本振频率和发射机频率完全相同。而且，很多雷达信号处理需要相干运算。IEEE 的"标准雷达定义"中将"相干信号处理"定义为"采用相干振荡器的信号作为参考信号，利用参考信号的幅度和相位对回波进行积累、滤波和检测的处理"(IEEE，1982)。相干性是比频率稳定性更加严格的要求。实际中，在发射几个或者很多个连续的脉冲时，相干性要求载波信号必须具有一个固定的相位参考。考虑在时刻 t_1 发射的某一脉冲信号形式为 $a(t-t_1)\sin[\Omega(t-t_1)+\phi]$，其中 $a(t)$ 为脉冲的形状(包络)。对于一个相干系统，其在时刻 t_2 发射的脉冲将具有 $a(t-t_2)\sin[\Omega(t-t_1)+\phi]$ 的形式。注意到这两个脉冲在其正弦项中都具有相同的相位角 $(t-t_1)+\phi$，只有包络项在时间轴上的位置发生了变化，所以这两个正弦函数都是以相同的绝对起始时间和相位做参考的。与之相反的情况是第二个脉冲具有 $a(t-t_2)\sin[\Omega(t-t_2)+\phi]$ 的形式，它和 $a(t-t_2)\sin[\Omega(t-t_1)+\phi]$ 有相同的非零时间区间和相同的频率，但任意时刻它们的相位是不同的。图 1.12 形象地说明了它们的区别。在相干情况下，两个脉冲可以看成从同一个连续、稳定的正弦波上截取下来的。而在非相干的情况下，第二个脉冲和第一个脉冲振荡的扩展部分的相位是不同的。基于前面讨论的相位模糊的原因，相干性也要求系统必须同时具有 I、Q 两个通道。

图 1.12 相干信号中的固定相位参考概念的示意图。(a)由参考正弦波产生的相干脉冲对；(b)参考正弦波；(c)非相干脉冲对

---

① 为简单起见，本文中不再详述这些非必须论述的形式化公式，但值得注意的是，式(1.21)中的复信号是式(1.17)中的实信号的解析信号(Analytic Signal)；式(1.21)中的信号虚部是信号实部的希尔伯特变换。

另外一个要求是 I、Q 两个通道在信号的带宽范围内必须具有完全相同的传递函数。信号通过这两个通道时必须获得相同的增益、相同的相位延迟（电长度）。当然，实际接收机中总是不能实现理想的完全相同的通道。增益和相位不均衡的影响将在第 3 章进行讨论。最后，用于解调 I、Q 通道信号的振荡器的信号必须是完全正交的，即它们的相位必须差 90°。

在图 1.9 所示的接收机结构中，经过一个单个的混频处理，信号中载有信息的部分就被接收机从载频解调到了基带。虽然这种表示便于分析，但实际上，脉冲雷达接收机从来没有采用过这种结构。其原因是有源电子器件总会在输出信号中加入各种不同类型的噪声，例如散粒噪声和热噪声。其中有一种噪声，称为闪变效应噪声或 $1/F$ 噪声，其功率谱近似为 F^{-1}，因而在零频附近最强。由于天线接收到的雷达信号非常微弱，如果在放大之前就将其变换到基带，它们就会被 $1/F$ 噪声淹没。

图 1.13 给出了一种更有代表性的超外差接收机的结构。雷达接收到的非常微弱的信号立刻被低噪声放大器（LNA）放大。与其他部分相比，LNA 在决定整个接收机的噪声特性方面是最为重要的。在 2.3 节将会看到接收机噪声特性对于确定雷达的信噪比是很重要的，所以设计性能优良的 LNA 也是非常重要的。超外差接收机的主要特点是，将信号解调到基带这一过程实际是通过两级或更多级的超外差电路来实现的。首先，信号被解调到中频，然后又一次被放大。中频信号的放大更加容易，这是因为信号在整个带宽中的比例更大，而且中频器件比微波器件更加便宜。另外，将信号解调至中频而不是基带具有更小的变换损耗，增加了接收机的灵敏度，在中频进行放大也能减小闪变效应噪声的影响。最终，放大后的信号被解调到基带。有一些接收机会采用更多级的解调处理（所以有两个或者更多个中频），但两级解调是最常见的选择。超外差结构的最后一个优点在于它的适应性好。只要改变本振信号频率使其跟踪发射频率的变化，那么同样的中频电路可以用于不同的射频。

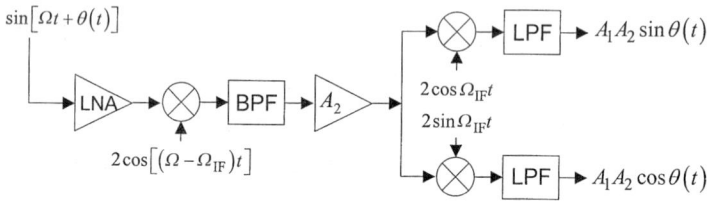

图 1.13　超外差雷达接收机的结构图

1.4　雷达信号处理的共同主线

一个雷达系统能否对环境中感兴趣的目标或特征进行检测、跟踪和成像，受到目标、环境和雷达自身各种特性的影响，此外还与这些物体反射回波的方式有关。两个最基本也是最重要的信号质量测度是 SIR 和分辨率。鉴于它们的重要性，改善 SIR 和提高分辨率是本书中讨论的大部分雷达信号处理技术的主要目标。

尽管后续将要讨论的信号处理技术有许多种，但大多数技术内在的基本思想只有少数的几个，包括：相干和非相干积累、目标相位历程建模、带宽扩展和最大似然估计。本节将给出 SIR 和分辨率的启发式定义，然后以最精简的方式对积累、相位历程建模和带宽扩展等技术，以及它们如何影响 SIR 和分辨率进行阐述。最大似然估计将推后至第 9 章和附录 A 讨论。

1.4.1 信干比与积累

考虑一个离散时间信号 $x[n]$，它由期望信号 $s[n]$ 和干扰信号 $w[n]$ 组成，即

$$x[n] = s[n] + w[n] \tag{1.22}$$

这里的讨论与连续时间信号的情况完全一致。该信号的信干比 χ 定义为期望信号功率与干扰信号功率之比。如果 $s[n]$ 为确定信号，其信号功率通常取自信号峰值处，因此该峰值功率将在某一特定时刻 t_0 出现。然而，在某些确定性信号的情况下，也可以使用平均信号功率代替峰值功率。干扰信号几乎总是被建模为随机过程，功率等于其均方值 $\mathrm{E}\{|w[n]|^2\}$。如果干扰是零均值的，这也是通常的情况，那么干扰的功率也等于干扰的方差 σ_w^2。同样地，如果期望信号可以建模为随机过程，那么其功率也等于其均方值或者方差。

举例说明，令 $s[n]$ 为复正弦信号 $A\exp[j\omega n]$，且 $w[n]$ 为复高斯白噪声，其零均值方差为 σ_w^2，则它们的和信号 $x[n]$ 的 SIR 为

$$\chi_x = \frac{A^2}{\sigma_w^2} \tag{1.23}$$

在该情况下，信号的峰值功率和平均功率相等。如果 $s[n]$ 为实值正弦信号 $A\cos[\omega n]$，且 $w[n]$ 是零均值、方差为 σ_w^2 的实值高斯白噪声，则其峰值 SIR 与复信号的相等，而其平均 SIR 则变为 $A^2/2\sigma_w^2$，这是因为幅度为 A 的实值正弦或余弦的平均功率为 $A^2/2$。

传统 SIR 的一种变异版本为"能量 SIR"，其定义为信号 $s[n]$ 的总能量 $E_s = \sum |s[n]|^2$ 与平均噪声功率之比，即

$$\chi_x = \frac{E_s}{\sigma_w^2} \tag{1.24}$$

E_s 与 A 之间的比例关系取决于信号的形状。对于幅度为 A 且长度为 N 个样本的矩形脉冲或者复指数信号，存在关系 $E_s = N \cdot A^2$。在第 6 章可以看到，当采用匹配滤波器时，滤波器输出信号的峰值 SIR 即为原始信号的能量 SIR。

SIR 影响检测、跟踪和成像性能的方式是各不相同的。一般而言，检测性能的改善与 SIR 有关。在 SIR 增大时，给定 P_{FA} 不变的条件下，P_D 也增大。正如在第 6 章将会看到的那样，对于目标特性和检测算法的某一特定模型，P_D 与 P_{FA} 的关系为

$$P_D = (P_{FA})^{1/(1+\chi)} \tag{1.25}$$

上式表明，对于给定的 P_{FA}，当 $\chi \to \infty$ 时 $P_D \to 1$。作为另一个例子，对于距离、角度、频率或相位这样的典型估计器，由加性噪声造成的精度限制(反复测量的标准差)，将随着 χ 的变大而减小，其趋势为 $1/\sqrt{\chi}$。这一特性将在第 9 章中进行说明。在进行雷达成像时(见第 8 章)，SIR 直接影响图像的对比度或动态范围(最亮可见特征的反射率与最暗可见特征的反射率的比值)。基于上述考虑，尽量增大雷达数据的 SIR 是非常必要的，故本书中讨论的许多雷达信号处理操作均以增加 SIR 为首要目标。这些增加 SIR 的方式将在介绍各个技术时一并讨论。

1.4.2 分辨率

分辨率和分辨单元这两个紧密关联的概念将在本书中频繁出现。考虑两个等强度的散射体，如果它们能够在系统输出端产生两个分离的、可辨识的信号，则认为它们是可以分辨的。与之相对的则是这两个散射体的回波在系统输出端合并成一个不可分辨的输出的情况[①]。分辨率的概念可应用于距离、横向、多普勒频移、速度和到达角。两个散射体可能在某一维可分辨的同时(比如距离维)，在另一维是不可分辨的(比如速度维)。

图 1.14 阐述了分辨率的概念，示例中展示的是频域的情况。图 1.14(a) 展示了两个具有零初始相位的单位幅度余弦信号的和信号的正频率谱的一部分，两个余弦信号的中心频率分别为 1000 Hz 和 1500 Hz。它可用来表示两个强度相同但径向速度不同的动目标的多普勒谱。控制信号的观察时间使 sinc 函数形状主瓣的瑞利宽度(峰值至第一零点的宽度)为 100 Hz。两条竖直虚线标识了两个余弦信号的频率。图中有两个明显的完全分开的谱峰。受另一信号旁瓣的影响，谱峰的实际频率值与理论值之间存在微小的扰动。虽然如此，但仍认为这两个信号被很好地分辨了。图 1.14(b)～图 1.14(d) 分别为两个信号的频率间隔减小至 100 Hz、75 Hz 和 50 Hz 时，重复上述过程的测量结果。当间隔为 100 Hz 时，尽管视在频率有更大的扰动，这两个谱峰仍然是可以很好分辨的。然而，当频率间隔小于瑞利宽度，分别为 75、50 Hz 时，这两个谱峰模糊成单个谱峰。在 50 Hz 时，两个谱峰不能分辨，量测到的频谱不能显示出两个分离的信号。在 75 Hz 时，尽管只要在数据中增加少量噪声就会使结果变得不确定，但两个谱峰仍是部分可分辨的。上述结果表明，为了能清楚地分辨两个频率，需要频率间隔大于或等于瑞利宽度。该示例还表明，单个孤立目标的信号特征宽度是系统分辨率主要的决定性因素。

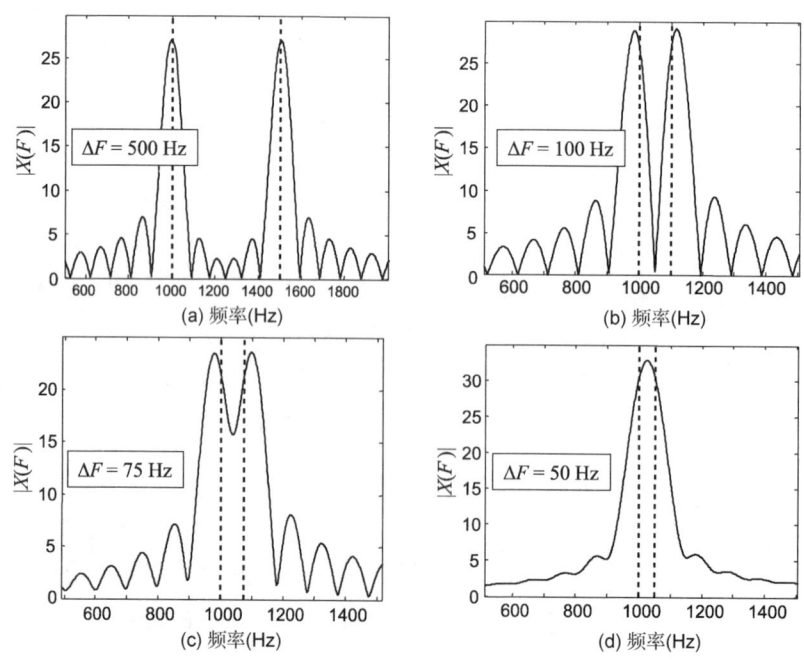

图 1.14 在频域分辨两余弦信号，各信号的瑞利宽度为 100 Hz。(a) 间隔 500 Hz 可良好分辨；(b) 间隔 100 Hz 可良好分辨；(c) 间隔 75 Hz 可部分分辨；(d) 间隔 50 Hz 不能分辨

[①] 关于不等信号强度和噪声对分辨率影响的考虑见文献(Mir 和 Wilkinson, 2008)。

雷达的分辨率反过来决定了分辨单元的尺寸。在距离维、速度维或角度维的分辨单元即为该维上的一个区间，这个区间上的所有散射体都对同一时刻的回波有贡献。图 1.15 说明了一个简单的恒定频率脉冲在距离维上的分辨率和分辨区间。假定一个持续时间为 τ s 的脉冲，其前沿在时刻 $t=0$ 发射，而时刻 t_0 收到的脉冲前沿的回波是位于距离 $ct_0/2$ 处的散射体反射的。与此同时，雷达也接收到位于距离 $c(t_0-\tau)/2$ 处的散射体反射的回波脉冲的后沿。任何在这两个距离之间的散射体同样对时刻 t_0 的电压有贡献。因而，分布于距离范围 $c\tau/2$ 上的任何散射体同时对接收电压有贡献。为了能将来自两散射体的回波能量区分成不同的时间样本，它们的间隔需大于 $c\tau/2$，以使它们的回波在时间上不重叠，故称 $c\tau/2$ 为距离分辨率 ΔR。类似地，通过同时考虑在不同维(如距离、方位角和俯仰角)上的分辨率可定义二维和三维分辨单元。

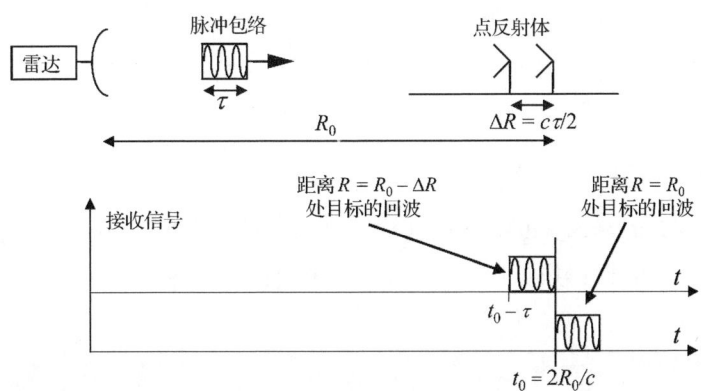

图 1.15　用于描述常规脉冲距离分辨率的示意图

上述关于距离分辨率的描述仅适用于未调制的具有恒定频率的脉冲。第 4 章将会看到，通过将脉冲调制技术与匹配滤波相结合，能获得比 $c\tau/2$ 更好的距离分辨率。

在方位维和俯仰维上的角分辨率由同一平面上的天线波束宽度决定。如果两个同距离但不同方位(或俯仰)角的反射体位于天线主瓣内，则它们将同时被照射，并同时对接收回波产生贡献。为估计角分辨率，通常将主瓣宽度取为天线的 3 dB 波束宽度 θ_3。因而，图 1.16 中位于 3 dB 波束边缘的两个点反射体定义了雷达的角分辨率。该图阐明了具有弧度量纲的角分辨率与具有距离量纲的等效分辨率间的关系，该等效分辨率被称为横向分辨率，用于表示与距离维正交的那一维的分辨率。半径为 R、圆心角为 θ_3 rad 的圆弧的弧长为 $R\theta_3$。横向分辨率 ΔCR 为位于 3 dB 波束边缘的两个反射体的间距，对应图 1.16 中的虚线，具体关系式为

$$\Delta\text{CR} = 2R\sin\left(\frac{\theta_3}{2}\right) \approx R\theta_3 \tag{1.26}$$

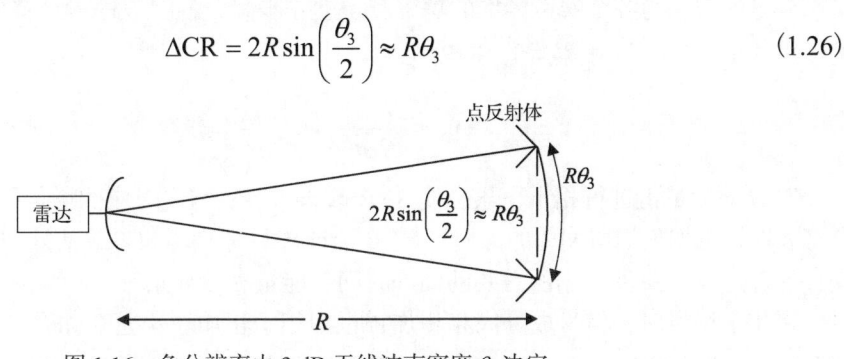

图 1.16　角分辨率由 3 dB 天线波束宽度 θ_3 决定

当 3 dB 波束宽度较小时，上式中的近似成立，这对于笔状波束天线的情况通常是适用的。上述结果同样适用于方位维或俯仰维。

以下 3 点需要注意。首先，文献中通常没有明确指出需要给定的是单程还是双程 3 dB 波束宽度，而对于单基雷达应该采用双程波束宽度。其次，须注意横向分辨率是随距离线性增加的，而距离分辨率则为一常量。最后，与距离分辨率一样(见第 8 章)，横向分辨率可以通过信号处理技术得到改善，使其远远优于常规的 $R\theta_3$ 极限，且不随距离变化。

雷达分辨单元的体积 V 近似等于 3 dB 天线主瓣对应的总立体角(转化为面积量纲)与距离分辨率的乘积。对于一个方位和俯仰波束宽度分别为 θ_3 和 ϕ_3 的椭圆状波束，有

$$\Delta V = \pi \left(\frac{R\theta_3}{2}\right)\left(\frac{R\phi_3}{2}\right)\Delta R = \frac{\pi}{4} R^2 \theta_3 \phi_3 \Delta R \approx R^2 \theta_3 \phi_3 \Delta R \tag{1.27}$$

式中第二行的近似比第一行的表达式大 27%，但是该近似仍被广泛采用。注意，由于波束在远距离上的二维扩展，分辨单元体积随距离平方增加。

1.4.3　数据积累与相位历程建模

为改善 SIR，可采取的一项基本的雷达信号处理操作是积累。相干积累和非相干积累都是人们关注的。前者指的是对复(也即幅度和相位)数据进行积累，而后者指仅仅对数据的幅度(或幅度平方、或对数幅度)进行积累。

假设一个脉冲发射后，经某个目标反射，然后在某个特殊时刻接收机测量到输出信号，该信号由受加性噪声 w 污染了的复回波 $Ae^{j\phi}$ 构成。假设该噪声是某个功率为 σ_w^2 的随机过程的一个样本，则单脉冲信噪比(SNR)为

$$\chi_1 = \frac{信号功率}{噪声功率} = \frac{A^2}{\sigma_w^2} \tag{1.28}$$

现在假定该测量又重复了 $N-1$ 次。期望测量到相同的确定性回波，但每次的噪声样本是独立的。对单个变量 z 的各个测量值进行积累(相加)，这些复数样本的和保留了相位信息，这就是相干积累，即

$$z = \sum_{n=0}^{N-1}\left\{Ae^{j\phi} + w[n]\right\} = NAe^{j\phi} + \sum_{n=0}^{N-1} w[n] \tag{1.29}$$

积累后信号分量的功率为 N^2A^2。假设噪声 $w[n]$ 的样本相互独立且均值为零，则积累后噪声分量的功率为各个噪声样本的功率和。进一步假设各噪声样本具有相同的功率 σ_w^2，则总的噪声功率为 $N\sigma_w^2$。积累后的 SNR 为

$$\chi_N = \frac{N^2 A^2}{N\sigma_w^2} = N\left(\frac{A^2}{\sigma_w^2}\right) = N\chi_1 \tag{1.30}$$

对 N 个测量值进行相干积累会使 SNR 改善 N 倍，与之对应的增量称为积累增益。后续几章将表明，正如人们所期望的，增加 SNR 能改善目标检测和参数估计的性能。代价是采集和联合处理这 N 个脉冲数据所需要的额外时间、能量和计算量等。

在相干积累时，信号成分同相相加，也即相干相加。这通常称为电压相加方式。由于积累后信号分量的幅度变为 N 倍，结果导致信号功率变为 N^2 倍。噪声样本的相位随机变化，对

其进行积累则是采用功率相加的方式。正是由于信号分量的相位是对齐的，才使得信号功率增加得比噪声功率更快。

有时需对数据进行预处理，以使信号相位有序排列，从而获得相干积累增益。如果目标以前述例子中的方式进行运动，测量中的信号成分将具有多普勒频移，此时对于归一化的多普勒频率 f_D，式(1.29)将变为

$$z = \sum_{n=0}^{N-1} \left\{ A e^{j(2\pi f_D n + \phi)} + w[n] \right\} \tag{1.31}$$

该情况中，信号功率将取决于具体的多普勒频移量，除了少数特殊情况，其功率将小于 $A^2 N^2$。然而，如果已提前知道具体的多普勒频移值，则可在进行相加前可对相位的步进量事先进行补偿：

$$z' = \sum_{n=0}^{N-1} e^{-j2\pi f_D n} \left\{ A e^{j(2\pi f_D n + \phi)} + w[n] \right\} = N A e^{j\phi} + \sum_{n=0}^{N-1} e^{-j2\pi f_D n} w[n] \tag{1.32}$$

式中的相位校正对信号相位进行了对齐，以便能相干相加。噪声的相位仍然是随机的。因此，积累后信号功率仍为 $N^2 A^2$，而积累后的噪声功率仍为 $N\sigma_w^2$，所以获得的积累增益仍然是 N。对步进相位进行补偿以便对补偿后的目标信号分量进行同相相加，这是相位历程建模的一种示例。如果目标回波的样本与样本间的相位变化模式是可预测或可估计的(至少属于相位恒定变化的范畴)，那么可以利用补偿相位对数据进行修正以便获得全相干积累增益。相位历程建模对于很多雷达信号处理功能是非常重要的，对于获得足够的 SNR 增益则是必须的。

在非相干积累中，丢弃了相位而增加了一些关于测量数据样本幅度的函数，如幅度、幅度平方或者对数幅度等。如果选择了幅度平方，此时 z 的形式为

$$\begin{aligned} z &= \sum_{n=0}^{N-1} \left| A e^{j\phi} + w[n] \right|^2 \\ &= \sum_{n=0}^{N-1} \left| A e^{j\phi} \right|^2 + \sum_{n=0}^{N-1} \left| w[n] \right|^2 + \sum_{n=0}^{N-1} 2\mathrm{Re}\left\{ A e^{j\phi} \cdot w^*[n] \right\} \\ &= N A^2 + \sum_{n=0}^{N-1} \left| w[n] \right|^2 + \sum_{n=0}^{N-1} 2\mathrm{Re}\left\{ A e^{j\phi} \cdot w^*[n] \right\} \end{aligned} \tag{1.33}$$

有关上式的一个重要事实是：接收信号样本的相位信息被丢弃了。式中的第一行定义了平方律非相干积累。余下两行表明：由于非线性的幅度平方运算，出现了第三项中的信号分量与噪声分量间的互乘项，故而 z 不能表示为只含信号的项与只含噪声的项之和的形式。当选择幅度或者对数幅度进行非相干积累时，也将出现类似的情形。可见，非相干积累增益的定义不像相干积累增益那样容易。

对非相干积累增益进行隐式定义是可行的。例如，在第 6 章中将会看到，对复高斯噪声中一个具有恒定幅度信号的目标进行检测，当要求检测概率为 0.9 且虚警概率为 10^{-8} 时，所需单样本 SNR 为 14.2 dB(线性尺度下大约为 26.3 倍)。通过对 10 个样本进行幅度非相干积累来满足上述检测概率和虚警概率，单个样本所需的 SNR 仅为 5.8 dB(线性尺度下为 3.8 倍)。对这 10 个样本进行非相干积累后，单个样本所需的 SNR 减少量为 8.4 dB(因子 26.3/3.8=6.9)即为非相干积累增益。

对非相干积累进行分析要比对相干积累分析时复杂得多。为确定非相干积累对检测和参数估计的影响，通常需要分别对仅有噪声情况下和信号加噪声情况下的概率密度函数进行推导。

第6章将表明，在许多有用的情形下，非相干积累增益约为 N^α，其中 α 的取值范围为从 0.7 或 0.8（对于小 N）至 0.5（即 $\sqrt{N}$，对于大 N），而不是与 N 直接成正比关系。因此，非相干积累的效率比相干积累的低。这并不奇怪，因为非相干积累并没有利用信号的全部信息。

1.4.4 带宽扩展

傅里叶变换的尺度变换性质表明：如果 $x(t)$ 的傅里叶变换为 $X(\Omega) = F\{x(t)\}$，则有

$$F\{x(\alpha t)\} = \frac{1}{|\alpha|} X\left(\frac{\Omega}{\alpha}\right) \tag{1.34}$$

上式表明如果信号 x 在时域的压缩因子为 $\alpha > 1$，则其在频域的伸长（尺度变化）因子也等于 α（Papoulis, 1987）。当 $\alpha < 1$ 时，式(1.34)表明在时域的伸长导致在频域的压缩。这种按倒数关系扩展的行为在图 1.17 中进行了说明。图 1.17(a)展示了一个频率为 10 MHz、持续时间为 1 μs 的正弦信号脉冲，其傅里叶变换为 sinc 函数，该函数的中心在 10 MHz，且瑞利主瓣宽度为 1 MHz（1 μs 脉冲持续时间的倒数）。图 1.17(b)中的脉冲具有相同的频率，但持续时间只有原来的四分之一，其频谱仍然是中心频率为 10 MHz 的 sinc 函数，但瑞利宽度为 4 MHz，频谱幅度的降低因子也为 4。这一效应还可以从相反的方向考察：如果信号在频率域变宽，则其在时域一定会变窄。

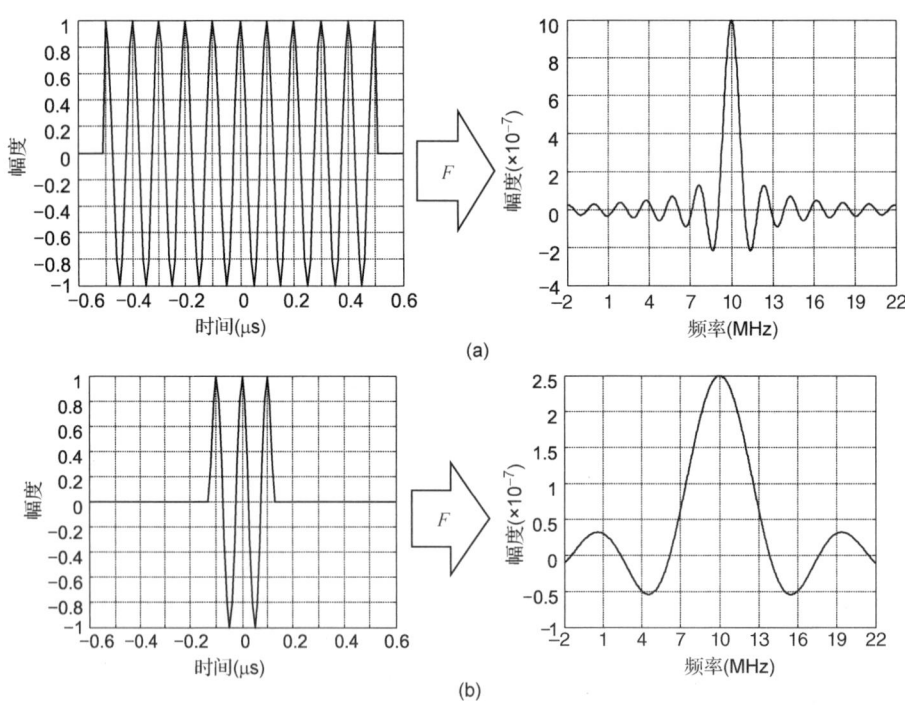

图 1.17 傅里叶变换的倒数扩展性质的示意图。(a)一个正弦信号及其傅里叶变换的主要部分；(b)更窄的脉冲具有更宽的变换域信号

傅里叶变换具有倒数扩展性质，分辨率取决于信号宽度，综合考察这两点可以看出，为改善分辨率需要在对应的频域增加"带宽"。例如在 1.4.2 节所看到的，改善简单脉冲的距离分辨率需要采用更短的脉冲，而图 1.17 表明较短的脉冲意味着较宽的频谱，也即更大的带宽。

第 1 章 雷达系统与信号处理概述

相反地,1.4.2 节还表明改善频域分辨率需要较窄的频谱主瓣,依据图 1.17,在时域需要较长的观测时间(更大的"时宽")。这一特性对于任意两个由傅里叶变换进行关联的函数都是成立的:在某一域的精细分辨率需要在其对等域具有更宽的支撑区间。

雷达设计者已经开发出了多项技术,可以通过增加适宜的带宽,改善各种域的分辨率。例如,改善距离分辨率需要增加波形带宽,这促使设计者们采用相位和频率调制的宽带波形代替简单脉冲(见第 4 章)。改善横向分辨率需要以较宽的角度区间观测场景,增加横向的空间频率带宽,而这促成了第 8 章中的合成孔径技术。改善速度(多普勒)分辨率需要较长的观测时间,而这由多脉冲的波形实现。由于天线的远场方向图是孔径电流分布的傅里叶变换,改善角度分辨率可通过采用更大的孔径(即更大的天线)实现。

1.5 基本雷达信号处理概述

有很多例子可以说明在雷达信号处理链中,前一个部分的设计实际上受到后面某些部分特性的驱动。比如,第 4 章将会看到匹配滤波器能够将 SNR 最大化,但直到推导出匹配滤波器后面的检测器的性能曲线时,才能知道使 SNR 最大化实际上也使检测性能最优化。而在考虑检测器之前,很难理解为什么将 SNR 最大化是如此重要。前面已经介绍了一个典型的脉冲相干雷达系统的主要部分,现在将探索雷达信号处理链中最常用的信号处理操作。通过从头到尾地介绍信号处理的各个部分,可以更容易地理解后面几章中各种信号处理运算的动机和相互关系。

图 1.18 给出了普通雷达信号处理运算的一种可能的流程。这个流程并不是唯一的,也并没有穷尽全部的信号处理运算。而且,在不同的雷达系统中信号数字化的位置也是不同的。信号数字化甚至可以在杂波滤波处理的输出端才进行。信号处理的运算可以大致分类为:信号调节和干扰抑制、成像、检测和后处理。在讨论中,我们还要考虑雷达信号的现象学。在后面的几个小节中,将介绍信号处理链中每一个方框的基本作用和运算。

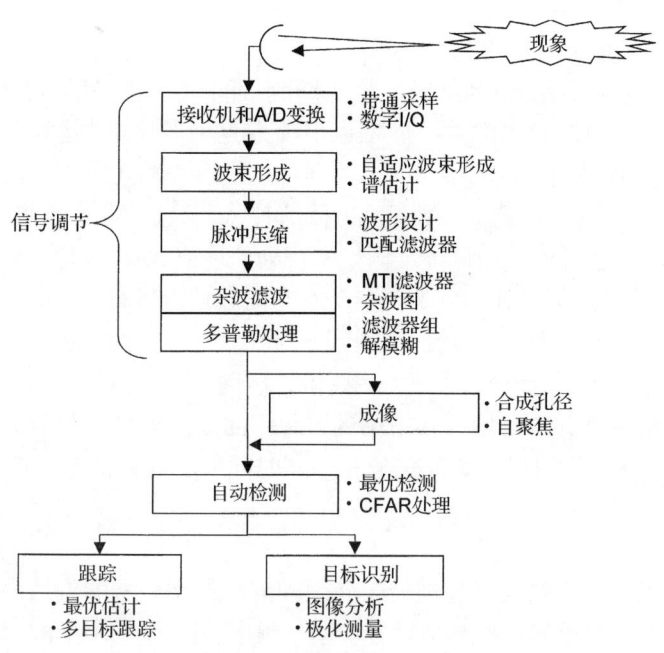

图 1.18 常规雷达信号处理器运算流程示例

1.5.1 雷达的时间尺度

在时间尺度上，雷达信号处理运算发生的时间可以短到小于 1 纳秒，长到几十秒或者更长，它的范围包含了 10 到 12 个数量级。不同类型或者不同层次的运算需要的时间尺度大不相同。图 1.19 给出了运算和时间尺度的一种可能的对应关系。

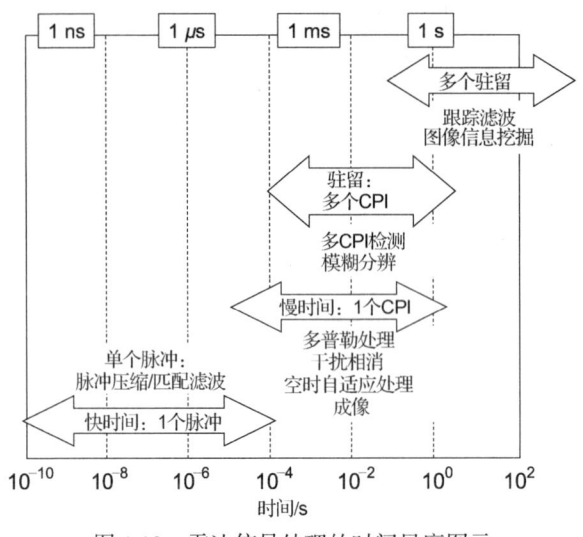

图 1.19　雷达信号处理的时间尺度图示

对于单个脉冲的运算都是在最短的时间尺度上完成的，因为由脉冲的瞬时带宽（见第 2 章）决定的采样率通常都在几百兆赫到几吉赫的范围，所以将这种时间尺度称为快时间。对应的采样间隔的范围从几微秒到零点几纳秒，在这些样本上的信号处理操作倾向于采用与采样间隔相近的时间长度。典型的快时间信号处理运算包括：数字 I/Q 信号形成、波束形成、脉冲压缩或匹配滤波、灵敏度时间控制。

雷达信号处理运算的下一个层次是多个脉冲数据的运算。脉冲间的采样间隔，即 PRI，典型情况下是在数十微秒到几百毫秒的数量级，所以多个脉冲的运算也采用与 PRI 相近的时间尺度。与单个脉冲的采样率相比较，这里的采样非常慢，因此称这种多脉冲运算是在慢时间上进行的。典型的慢时间运算包括：相干和非相干积累、各种类型的多普勒处理、合成孔径成像和空-时自适应处理。第 3 章讨论数据组织概念和数据立方体的时候，还会再次讨论快、慢时间的概念。

通过某种方式相干合并的一组脉冲，例如多普勒处理或 SAR 成像，称为一个相参处理时间（CPI）。更高层次的雷达信号处理就是在多个 CPI 的数据上进行的，所以它们的时间尺度更长，通常是毫秒级到秒级，甚至十秒级。在这个时间尺度上进行的运算包括：多重 CPI 检测、解模糊技术、多视 SAR 成像和跟踪滤波。一些雷达利用多个驻留的数据，在长达几秒钟甚至几分钟的时间上跟踪检测到的目标，其中用到了跟踪滤波的运算。最后，一些成像雷达能对特定区域进行长达数天、数月甚至数年的监视，其时间尺度达到了天、月、年的量级。

1.5.2 现象学

为了设计一个满足要求的信号处理器，必须理解待处理信号的特性。现象学指的是雷达接收到的信号的特性。主要的特性包括信号功率、频率、极化、到达角、信号随时间的变化、随机性，等等。接收信号的现象学既由反射回波的实际物体的特性决定，如它们的物理尺寸，相对于雷达的方向、姿态和速度；还由雷达自身的特性决定，如发射波形、极化、天线增益。例如，如果雷达发射更强的功率，那么在其他因素不变的条件下，雷达就可能得到更强的回波。

第 2 章将推导在设计信号处理器时所涉及的典型信号特性的模型。雷达距离方程提供了预测信号功率的手段。多普勒现象的引入使我们能预测信号的接收频率。我们将会看到真实世界的复杂性导致了雷达信号非常复杂的变化，使我们必须采用随机过程对信号进行建模，以及采用特定的概率密度函数来很好地匹配信号的测量特性。第 2 章还给出了地物和海面回波随观测几何和雷达参数变化这一特性的非常简洁的概述。还将看到测量信号可以表示为代表理想测量的"真实"信号与雷达波形（在距离维）或天线方向图（在方位或俯仰维，这两个维都称为横向维）的卷积。因此，将采用随机过程和线性系统理论对雷达信号进行描述，对雷达信号处理器进行设计和分析。

1.5.3 信号调节和干扰抑制

在图 1.18 中天线后面紧接着的几个方框可以看成对信号进行调节的操作，其目的是在检测、参数测量或成像操作之前提高数据的 SIR。也就是说，这些部分的作用是使雷达数据变得尽可能干净，而这通常需要固定的和自适应的波束形成、脉冲压缩、杂波滤波和多普勒处理相结合来完成。

如果雷达天线采用阵列天线，即雷达可以得到多个不同相位中心的信号（或者多个通道的信号），则可以在信号处理机中应用波束形成技术。固定波束形成是将各种可用的相位中心的输出信号合并起来，形成如图 1.6 所示的有方向性、有增益的方向图。高增益的主瓣和低增益的旁瓣能够有选择性地增强雷达天线观测方向散射体的回波强度，同时抑制其他方向散射体的回波（通常是杂波）。当干扰出现在天线主瓣方向以外时，低的旁瓣也是抑制干扰信号的一种手段。通过恰当地选择合并通道所需的加权，可以将天线波束的主瓣指向不同的方向，同时可以在旁瓣电平和主瓣宽度（角度分辨率）之间折中选择。

自适应波束形成将这种概念进行了发展。通过检查多通道接收数据之间的相关特性，有可能辨别出在天线方向图的副瓣内是否存在干扰和杂波；通过对通道合并的加权进行设计，不仅能使天线获得高增益的主瓣和通常情况下较低的旁瓣，而且还能在干扰的角度方向形成方向图的零点。这种方法能够获得比固定波束形成强得多的干扰抑制能力。同样，这种技术也可以用于增强系统的杂波抑制能力。空-时自适应处理(STAP)技术是联合角域和多普勒域的自适应波束形成处理技术，可以实现对杂波和人为干扰的同时抑制。图 1.20 说明这种技术可以有效地对地杂波和干扰信号进行抑制，使原来看不见的目标信号可以被看见、被检测。图 1.20(a)中两条垂直的条纹表示干扰信号的能量，这些干扰信号来自于固定角度，但信号的形式通常是带宽较宽的噪声，所以它存在于雷达观测的所有多普勒频率上。图 1.20(a)中对角线方向的条纹是地杂波。对于地杂波，其多普勒频移随雷达到地面杂波块的角度变化而变化。图 1.20(b)给出了自适应滤波器的输出响应，它在干扰和杂波分布的地方形成了零陷，使 0° 角和 400 Hz 多普勒频移的目标显现出来。第 9 章将介绍自适应干扰抑制。

脉冲压缩是一种特殊的匹配滤波。很多雷达系统在努力获得检测目标所需的高灵敏度的同时，也努力获得高的距离分辨率（将空间上十分靠近的两个目标区分开的能力）。在接下来的几章中，将会看到雷达的目标检测性能随发射能量的增大而提高，而距离分辨率则随发射波形瞬时带宽的增加而提高。如果雷达采用一个简单的、固定频率的、矩形包络的脉冲作为其发射波形，那么在一定功率水平下，增加发射能量需要增加脉冲的长度。然而，增加脉冲的长度会使瞬时带宽降低，也会降低雷达的距离分辨能力。这样看来，系统灵敏度和距离分辨率是一对矛盾。

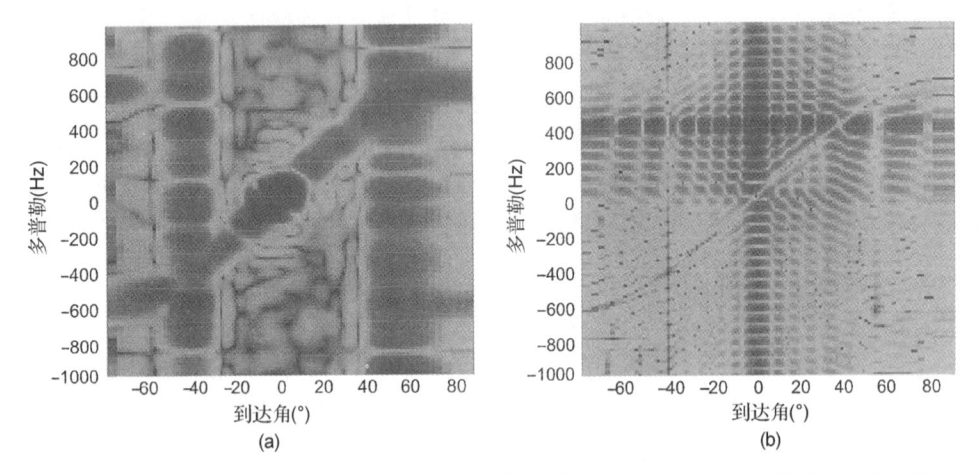

图1.20 自适应波束形成效果示例。(a)接收信号功率图(是到达角和信号多普勒频移的二维函数)；(b)自适应处理后的角度-多普勒图(图像由 W. L. Melvin 博士提供并授权使用)

脉冲压缩提供了一种摆脱这种矛盾的方法，它可以使发射波形的带宽和时间宽度解耦合，使这两个参数可以独立设定，具体通过放弃脉冲的固定频率，重新设计调制波形而实现。一个最常见的选择是线性频率调制(线性调频或"Chirp")波形，如图1.21(a)所示。在脉冲持续时间内，线性频率调制的脉冲的瞬时频率在所需要的频带上进行扫描。频率的扫描可以是由低到高，也可以是由高到低，但频率的变化速率是一个常数。

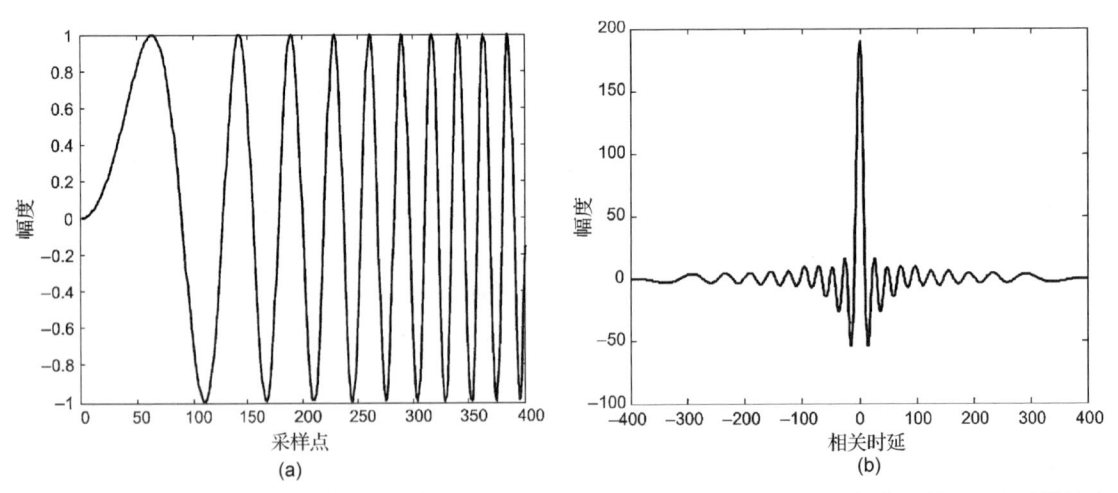

图1.21 (a)线性调频波形的调制函数，瞬时频率随时间增加；(b)图(a)中的线性调频信号的匹配滤波器输出

按照定义，匹配滤波器就是位于雷达接收机之后的一个滤波器，人们对它进行设计，使其输出端的 SNR 最大化。这种滤波器的特点是它的冲激响应和发射波形调制函数一模一样，但是在时间上是翻转的，并且是共轭的。这样它的冲激响应就和特定的发射波形调制相"匹配"。脉冲压缩就是设计一个波形及其相应的匹配滤波器，使匹配滤波器对于单个点散射体回波的响应，能够将绝大多数的能量集中于非常短的时间内，这样既能提供好的距离分辨率又

能采用长脉冲获得高发射能量。图 1.21(b)给出了与图 1.21(a)的线性调频脉冲相对应的匹配滤波器的输出，注意响应的主瓣比原脉冲的时间长度窄得多。第 4 章将介绍匹配滤波、脉冲压缩和波形设计的概念，线性调频信号的特点以及其他常用的波形。可以看到在时间上主瓣的 3 dB 宽度近似为 $1/\beta$ s，其中 β 是所采用波形的瞬时带宽，这个宽度决定了该波形在距离上分辨目标的能力。转换到等效的距离单位，其距离分辨率为

$$\Delta R = \frac{c}{2\beta} \tag{1.35}$$

这个公式与前面给出的式(1.2)相同。

杂波滤波和多普勒处理是紧密联系的。它们都是抑制杂波(通常是雷达天线照射范围内的地形产生的杂波)、提高动目标检测性能的技术。它们都是依靠地杂波的回波和我们感兴趣目标的回波存在不同的多普勒频移来工作的。主要区别在于一个是在时间域实现，一个是在频率域进行处理，它们都沿用历史上的名称。

杂波滤波器通常采用动目标显示(MTI)的形式，它仅仅是对雷达的回波进行脉冲-脉冲的高通滤波，以抑制其中的常数分量。这些常数分量就是不运动的杂波。最简单的方法是在时间域采用非常低阶(最常见的就是一阶或者二阶)的数字滤波器对连续几个发射脉冲的回波采样进行滤波。

多普勒处理通常意味着采用快速傅里叶变换算法(或者偶尔也会采用其他一些谱估计技术)，直接计算多个脉冲的回波数据频谱。由于动目标和杂波多普勒频移不同，它们的能量集中于谱的不同部分，使我们能够对目标进行检测和分离。相对于 MTI 滤波处理，多普勒处理可以从雷达信号中获得更多的信息，例如目标的数目和近似速度；而代价则是需要更多的脉冲，会消耗更多的能量和时间资源，处理起来也更加复杂。很多雷达系统也将这两种技术级联使用。第 5 章会仔细讨论杂波滤波和多普勒处理。

1.5.4 成像

大多数人比较熟悉的雷达概念是雷达会在屏幕上产生"光点"来代表目标，实际上用于检测和跟踪动目标的雷达系统也的确可能就是这个样子。然而也可以通过设计使雷达能够产生场景的高分辨率图像。图 1.22 比较了 20 世纪 90 年代中期的 SAR 图像和同一场景的机载航拍照片的质量。仔细对比，可以发现雷达获得的场景图像和可见光图像之间存在很多相似之处，但也存在很多明显的差别。这一点毫不奇怪，对于人眼，光学照片更容易理解和分析，这是因为其成像的波长(可见光波长)和现象与人的视觉系统是相同的。与此相对，雷达图像则是单色的、不够精细、呈现一种斑斑点点的纹理、而且在很多地方呈现一些不自然的明暗颠倒。那么既然雷达成像有这么多缺点，人们为何对它还如此感兴趣？

虽然雷达不能获得与光学摄影系统相当的分辨率和图像质量，但是它有两个非常重要的优点。首先，由于无线电波具有优良的传播性能，所以雷达可穿透云层并能在恶劣天气条件下对场景进行成像；其次，由于不需要太阳的照射，所以雷达可以 24 小时全天时成像。它们通过发射脉冲为自身的工作提供"光源"。如果图 1.22 中的示例是在下雨的深夜获得的，左边的 SAR 图像不会受到影响，几乎看不出明显的变化，然而右边的光学图像将会完全消失。

为了得到高分辨率的图像，雷达采用了两种技术。一种是采用大带宽的波形获得距离维的高分辨率，另一种是采用合成孔径雷达技术获得横向维的高分辨率。采用脉冲压缩波形，通常是线性调频波形，可以在保证足够信号能量的同时，获得所需的距离分辨率。雷达发射宽脉冲，其频率在足够宽的带宽 β 上扫描，并利用匹配滤波进行脉冲压缩，可以得到非常

好的距离分辨率，计算式为式(1.35)。例如，如果波形的扫描范围为 150 MHz，则可以得到 1 m 的距离分辨率。按照其应用不同，现代成像雷达的距离分辨率也不同，通常不差于 30 m，很多雷达系统的距离分辨率为 10 m 或更好，一些先进雷达的距离分辨率已经可以小于 1 m。

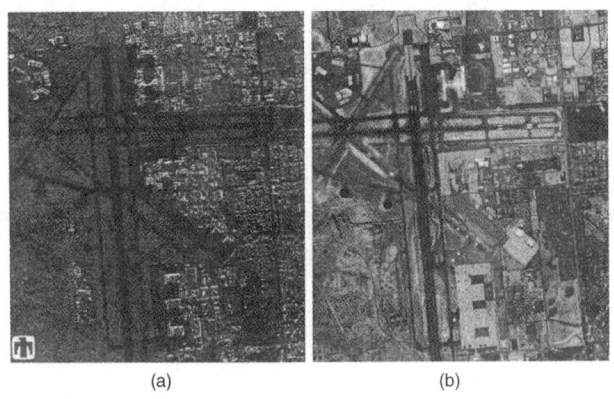

图 1.22 美国 Albuquerque 机场的光学图像和 SAR 图像对比。(a) Ku 波段 (15 GHz) SAR 图像，3 m 分辨率；(b) 航拍照片（图像由美国圣地亚国家实验室提供并授权使用）

传统的非成像雷达称为真实孔径雷达，其横向分辨率由目标距离和天线波束宽度决定，数值为式(1.26)所示的 $R\theta_3$。对于窄波束天线，真实的天线波束宽度通常为 $1° \sim 3°$，即 $17 \sim 52$ mrad。即使是在相当近的 10 km 距离，其横向分辨率也相当差，为 $170 \sim 520$ m。这个分辨率远远差于典型的距离分辨率，以致于过于粗糙而不能得到有用的图像。克服这种问题的方法是采用合成孔径雷达技术。

合成孔径技术的概念是将实际的雷达天线相对于要成像的场景进行移动，以综合出一个非常大的天线。所以，SAR 通常安装在运动的机载或星载平台上，地面固定雷达通常无法直接采用这一技术。图 1.23 说明了机载合成孔径雷达的概念。在每一个特定的位置发射脉冲，采集所有的接收回波数据并对它们进行适当的综合处理，SAR 系统可以创造出一个巨大的相控阵天线的效果，其长度等于真实天线采集数据时飞过的路径长度。如式(1.9)说明的那样（虽然一些细节和 SAR 系统不同），非常大的孔径尺寸可以产生非常窄的天线波束，从而得到非常好的横向分辨率。第 8 章将对 SAR 的概念进行更全面的解释，给出一个更加现代、适用性更好的观点。该观点将合成孔径技术理解为一定角度区间上的积累。

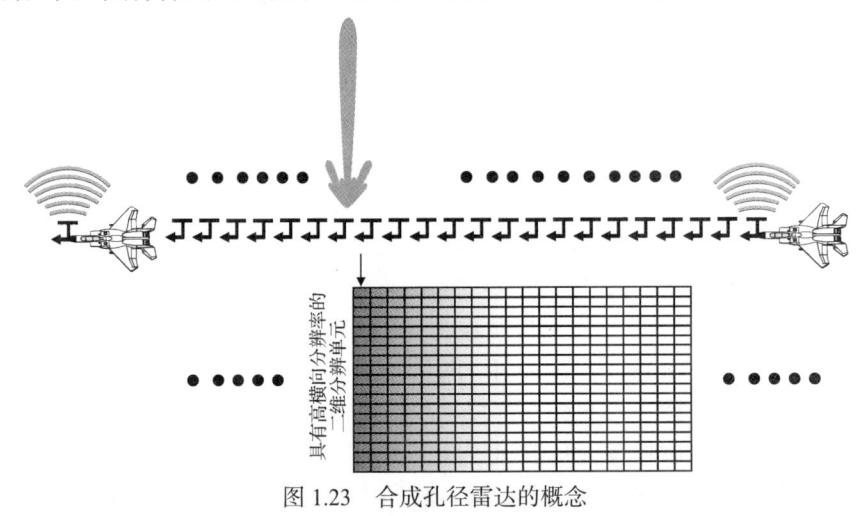

图 1.23 合成孔径雷达的概念

1.5.5 检测

雷达信号处理最基本的功能是检测感兴趣的目标是否存在。目标是否存在的信息包含在雷达脉冲的回波中。这些目标回波不仅要与接收机噪声竞争，与杂波回波竞争，或许还要与有意的及无意的干扰竞争。信号处理器必须采用某些方法对这些接收回波进行分析，确定其中是否包含感兴趣目标信号的回波。如果有目标回波，还要确定它的距离、角度和速度。

雷达信号的复杂性迫使我们必须采用统计模型，在干扰信号中检测目标回波实际上是统计判决理论中的问题。第 6 章将介绍雷达检测的相关理论，可以看到，在大多数情况下，采用阈值检测的技术能够获得最优的检测性能。在这种方法中，雷达回波信号的每个复样本的幅度都要和一个预先计算好的阈值进行比较。当然这里的雷达回波信号可能已经经过了信号调节和干扰抑制。如果信号幅度低于阈值，则可以认为在信号中只存在噪声和干扰。如果信号高于阈值，则可以认为是噪声和干扰信号背景上叠加的目标回波造成了这样一个强信号，系统就报告检测到一个目标。大体上，检测器做判决的依据是每个接收信号样本中的能量是否过强，以至于它看起来不像是仅仅由噪声和干扰产生的。如果是这样，则认为样本中存在目标的回波。图 1.24 说明了这个概念。对于单个脉冲的回波，"杂波+目标"信号反映了接收信号的回波强度随距离(快时间)的变化。图中，该信号在 3 个不同的时间超过阈值，说明在不同距离上存在 3 个目标。

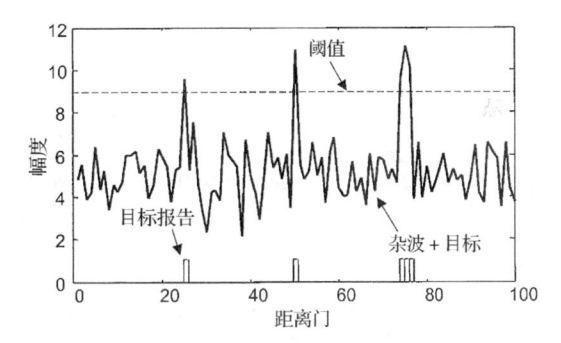

图 1.24 阈值检测示意图

这种阈值检测的判决是统计处理的结果，因而有一定的错误概率。例如，噪声中的尖峰信号也有可能超过阈值，导致系统检测到虚假目标，通常称为"虚警"。如果目标的尖峰信号比噪声、干扰背景信号突出很多，即 SIR 非常大，就可以减少这种错误。这时可以将阈值设置得相对较高，就可以在保持较少虚警的同时仍能检测到大多数的目标。这一现象还解释了匹配滤波在雷达系统中的重要性。因为匹配滤波能最大化 SIR，所以能提供最佳的阈值检测性能。此外，能够获得的 SIR 随发射脉冲能量 E 的增加而单调增加，这促使人们采用更长的脉冲来获得更高的目标能量。采用更长的简单脉冲会降低距离分辨率，所以为了在保持较好检测性能的同时，获得较好的分辨率，脉冲压缩技术就显得非常重要。

阈值检测的概念可以用于不同的雷达信号处理系统。图 1.24 说明了它可以用于快时间(距离)信号流，而它同样也可以用于一个固定范围的多普勒频率信号，或者用于 SAR 图像的二维信号。

在进行阈值检测的时候有很多重要的细节。不同的检测器设计采用不同的信号和阈值进行比较，包括复信号采样的幅度、幅度平方、幅度的对数。而阈值是按照噪声和干扰的统计特性进行计算得到的，其目标是将虚警率控制在一个可接受的范围。然而在实际系统中，噪声和干扰的统计特性很少能够足够精确地预先得到，这就很难预先计算一个固定的阈值。实际上，所需的阈值通常利用从数据中估计得到的统计量进行设置，该过程称为恒虚警率(CFAR)检测。检测处理将在第 6 章进行讨论。

1.5.6 测量与跟踪滤波器

在目标检测环节之后，雷达系统可以采用各种各样的后处理。目标跟踪是许多雷达系统的基本组成部分，是最常见的检测后处理步骤之一，也是本书重点介绍的三大功能之一。跟踪包括对检测到的目标位置(通常是多个)进行测量和轨迹滤波。

雷达信号处理器利用阈值检测法检测目标。被检测目标的距离、角度和多普勒分辨单元提供了目标坐标位置的粗略估计。检测完成后，雷达会利用信号处理的方法精确估计过阈值时刻相对于脉冲发射时刻的时间延迟，以提高目标距离的估计精度，同时也会精确估计目标相对于天线波束中心方向的角度，有些情况下还要精确估计目标的径向速度。受干扰的影响，在某一时刻得到的目标位置和运动状况的测量值都是受到噪声污染的快拍，因此都是有误差的。

术语"跟踪滤波"代表了一种高层次的长时间尺度的处理，为获得目标随时间变化的完整轨迹，该处理对一系列的测量进行了积累。通常将跟踪滤波称为"数据处理"而不是"信号处理"。由于可能存在多个目标轨迹交叉或者非常接近的情况，跟踪滤波还须解决测量与已被跟踪目标进行关联的问题，以便正确地分辨接近的或交叉的轨迹。已有多种实现目标跟踪的最优估计的技术出现。文献 Bar-Shalom(1988)是这方面极好的参考资料。

图 1.25 展示了一维位置空间内两个目标的一系列受噪声污染了的测量，同时还给出了利用极为简易的 α-β 滤波器对这些受噪声污染了的轨迹进行滤波的结果，该方法将在第 9 章介绍。图中灰线表示目标随时间变化的 x 方向位置。这两个目标以不同的速度沿着 x 轴运动，且在第 32 个时间点附近轨迹相交。圆圈与菱形表示目标受噪声污染了的测量的位置。黑线为由 α-β 滤波器产生的平滑的位置估计。图 1.25(a)中，当目标轨迹交叉时，滤波器正确地对各个目标的测量进行了关联，这样，在观测时间内各个平滑的估计均能与各自的目标相对应。图 1.25(b)中，噪声的方差比较高，导致在第 40 个时间点附近滤波器错误地交换了两个轨迹。这是测量到轨迹跟踪处理过程中进行数据关联时出现的错误。已有多种技术可解决此类问题，其中的一些技术将在第 9 章讨论。

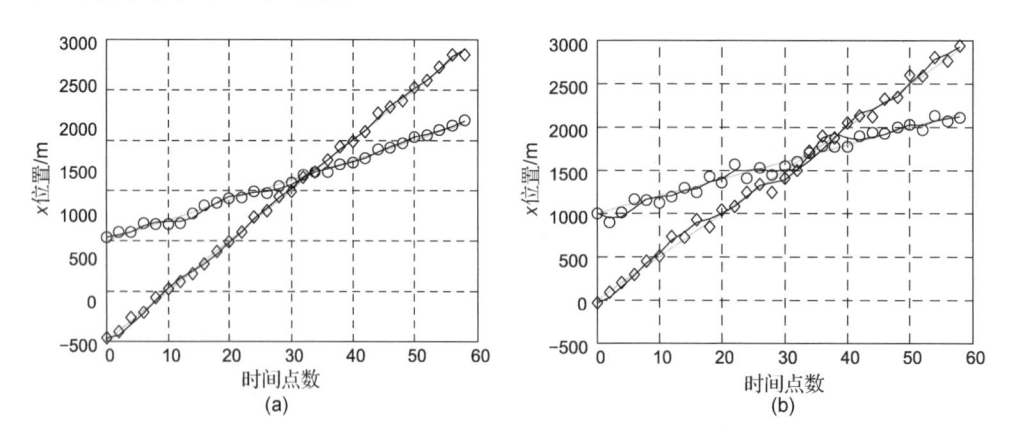

图 1.25 利用 α-β 滤波器对两个目标的受噪声污染了的测量在一维进行跟踪滤波的实验结果图，其中，圆圈和菱形为单次测量的位置，灰线为真实位置，而黑线为滤波后的位置估计。(a)低测量噪声情况；(b)高测量噪声情况(目标偏离正确轨迹)

1.6 雷达文献

本书介绍雷达信号处理的中级基础知识,是用数字信号处理的观点讲述基本的雷达信号处理。除非是在解释信号处理内容时必须涉及,否则本书没有深入讲述雷达系统、雷达组成部分或现象学方面的内容。本书也没有深入覆盖高级雷达信号处理的内容。幸运的是,有很多非常好的雷达方面的参考书可以满足读者的各种需要。

1.6.1 雷达系统和组成

目前关于雷达系统的最经典的介绍性书籍是《雷达系统导论(第三版)》(Skolnik,2001)。最新同时也是最佳的"雷达101"导论之一的是Richards 等(2010),即三卷本中的第一卷。在20世纪90年代出现了几本关于常规雷达系统的教科书。著作Edde(1995)附带了一个自学教程;Peebles(1998)对雷达系统进行了更新更全面的介绍;而Mahafza(2000)则提供了一些有用的MATLAB文件,供读者仿真实验之用;Morris 和 Harkness(1996)对机载脉冲多普勒雷达系统进行了很好的介绍。Alabaster(2012)给出了更新的关于脉冲多普勒系统的论述。Scheer 和 Melvin(2014)给出了传统和现代雷达应用的最新论述,展现了如何将这些导论性著作以及下面将要介绍的专著中所讨论的众多技术纳入一个完整体系中。

1.6.2 基本雷达信号处理

作为本书的作者,我的观点是,总的来说已经有很多非常好的雷达系统方面的书籍,这些书籍介绍了雷达分系统和系统的设计,其中一些也介绍了高级雷达信号处理的内容,特别是合成孔径雷达成像。然而,在基本雷达信号处理的中级基础方面,比如讲述脉冲压缩、多普勒滤波、恒虚警检测的书籍却很少。我们需要这样的书籍,因为它对雷达信号处理的论述比一般雷达系统方面的书籍深得多,但又不会完全限定在某个单一的先进应用领域内,而本书的目标正是要填补这一空白。虽然如此,还是有其他的一些书籍非常适合学习雷达的中级基础知识。Nathanson(1991)是一本非常优秀的著作,现在已经出了第二版,它概述了雷达系统的内容,但实际上重点讲述的是信号处理方面的问题,特别是雷达截面积(RCS)、杂波模型、波形、MTI和检测。也许最接近中级基础的是文献Levanon(1988),它对雷达信号处理的很多基本功能进行了非常好的分析。Levanon 和 Mozeson(2004)仔细讨论了各种各样的雷达波形。Sullivan(2000)也是一本令人感兴趣的书,特别是它介绍了SAR和STAP,所以是基本信号处理向更高级的SAR、STAP信号处理过渡的教科书。

1.6.3 高级雷达信号处理

雷达的高级信号处理研究中两个非常活跃的领域是SAR成像和STAP。SAR的研究可以追溯到1951年,但直到20世纪90年代才有公开的教科书上市。目前在SAR方面至少有很多好的教科书。第一部全面论述SAR的著作是Curlander 和 McDonough(1991),作者利用在美国国家航空航天局(NASA)喷气推进实验室获得的经验,重点讲述了天基SAR,书中也包括很大一部分讲述散射理论的内容。Cumming 和 Wong(2005)是新近出版的SAR书籍,它的重点也是介绍天基 SAR。聚束式 SAR 在 20 世纪 90 年代中期得到了重要发展，在此期间两个主要的研究团队争相出版了专著。Carrara，Goodman 和 Majewski（1995）展示了美国密歇根环境研究所（ERIM，现在是 General Dynamics 公司的一部分）的研究成果，Jakowatz Jr.等（1996）展示了美国能源部圣地亚国家实验室的研究小组的研究成果。Franceschetti 和 Lanari（1999）对 SAR 成像的两种主要模式，即条带式和聚束式，进行了简洁的统一论述。Soumekh（1999）是合成孔径雷达最完整的学术著作，包括了很多 MATLAB 仿真资料。

STAP 是雷达信号处理研究范围内最活跃的领域之一。它的研究最早开始于 1973 年，远没有 SAR 处理成熟。在这方面，Klemm（1988）是第一本重要的公开著作。正如 SAR 领域内 Curlander 和 McDonough（1991）这本书，Klemm 的书是一个信号，它预示着随着研究和应用的成熟将会出现一系列的 STAP 著作。Guerci（2003）是本书撰写时最新的一本 STAP 专著。Van Trees（2002）这本书是检测和估计系列书籍中最新的，其中包含了对 STAP 内容的详细论述。此外，还有很多其他的著作论述了自适应干扰抑制的内容。其中一个很好的例子是 Nitzberg（1999）这本书，该书讨论了几种形式的旁瓣对消器。Melvin 和 Scheer（2013）是 Richards 等（2010）的姊妹篇，其涵盖了非常广泛的先进雷达信号处理技术，包括一些新的论题，如多输入多输出雷达和压缩感知等。

1.6.4　雷达的应用

上一节中给出了一些关于常规雷达应用（如成像和脉冲多普勒等）的书籍。然而，还有一定数量的文献致力于一些更为具体的应用领域。Scheer 和 Melvin（2014）这本书对雷达的广泛应用进行很好的介绍，进一步完善了《现代雷达原理》系列丛书。

1.6.5　当前的雷达研究

当前雷达研究的成果主要发表在一些科学和技术刊物上。在美国，最重要的刊物包括电气和电子工程师协会（IEEE）的会刊：*Transactions on Aerospace and Electronic Systems*，*Transactions on Geoscience and Remote Sensing*，*Transactions on Signal Processing* 和 *Transactions on Image Processing*。在最后这个会刊中，雷达方面的内容主要是 SAR 处理方面的文章，尤其是三维干涉 SAR。在英国，雷达技术方面的文章经常发表在工程技术协会（IET），即以前的电气工程师学会（IEE）的期刊 *IET Radar, Sonar, and Navigation* 中。

参考文献

Alabaster, C. M., *Pulse Doppler Radar: Principles, Technology, Applications*. SciTech Publishing, Raleigh, NC, 2012.

Balanis, C. A., *Antenna Theory*, 3d ed., Harper & Row, New York, 2005.

Bar-Shalom, Y., and T. E. Fortmann, *Tracking and Data Association*. Academic Press, Boston, MA, 1988.

Bracewell, R. N., *The Fourier Transform and Its Applications*, 3d ed., McGraw-Hill, New York, 1999.

Brookner, E. (ed.), *Aspects of Modern Radar*. Artech House, Boston, MA, 1988.

Carrara, W. G., R. S. Goodman, and R. M. Majewski, *Spotlight Synthetic Aperture Radar*. Artech House, Norwood, MA, 1995.

Cumming, I. G., and F. N. Wong, *Digital Processing of Synthetic Aperture Radar Data*. Artech House, Norwood, MA, 2005.

Curlander, J. C., and R. N. McDonough, *Synthetic Aperture Radar. J. Wiley*, New York, 1991.

Edde, B., *Radar: Principles, Technology, Applications*. Prentice Hall PTR, Upper Saddle River, NJ, 1995.

EW and Radar Systems Engineering Handbook, Naval Air Warfare Center, Weapons Division. Available at http://ewhdbks.mugu.navy.mil/.

Franceschetti, G., and R. Lanari, *Synthetic Aperture Radar Processing*. CRC Press, New York, 1999.

Guerci, J. R., *Space-Time Adaptive Processing for Radar*. Artech House, Norwood, MA, 2003.

Institute of Electrical and Electronics Engineers, "IEEE Standard Letter Designations for Radar-Frequency Bands," Standard 521-1976, Nov. 30, 1976.

Institute of Electrical and Electronics Engineers, "IEEE Standard Radar Definitions," Standard 686-1982, Nov. 30, 1982.

Jakowatz, C. V., Jr., et al., *Spotlight-Mode Synthetic Aperture Radar: A Signal Processing Approach*. Kluwer, Boston, MA, 1996.

Jelalian, A. V., *Laser Radar Systems*. Artech House, Boston, MA, 1992.

Johnson, D. H., and D. E. Dudgeon, *Array Signal Processing: Concepts and Techniques*. Prentice Hall, Englewood Cliffs, NJ, 1993.

Klemm, R., *Space-Time Adaptive Processing: Principles and Applications*. INSPEC/IEEE, London, 1998.

Levanon, N., *Radar Principles*. J. Wiley, New York, 1988.

Levanon, N., and E. Mozeson, *Radar Signals*. J. Wiley, New York, 2004.

Mahafza, B. R., *Radar Systems Analysis and Design Using MATLAB®*. Chapman & Hall/CRC, New York, 2000.

Melvin, W. L., and J. A. Scheer (eds.), *Principles of Modern Radar: Advanced Techniques*. SciTech Publishing, Raleigh, NC, 2013.

Mir, H. S., and J. D. Wilkinson, "Radar Target Resolution Probability in a Noise-Limited Environment," *IEEE Transactions on Aerospace and Electronic Systems*, vol. 44(3), pp. 1234–1239, July 2008.

Morris, G. V., and L. Harkness (eds.), *Airborne Pulsed Doppler Radar*, 2d ed. Artech House, Boston, MA, 1996.

Nathanson, F. E., (with J. P. Reilly and M. N. Cohen), *Radar Design Principles*, 2d edition. McGraw-Hill, New York, 1991.

Nitzberg, R., *Radar Signal Processing and Adaptive Systems*, 2d ed. Artech House, Boston, MA, 1999.

Oppenheim, A. V., and R. W. Schafer, *Discrete-Time Signal Processing*, 2d ed. Prentice Hall, Englewood Cliffs, NJ, 1999.

Papoulis, A., *The Fourier Integral and Its Applications*, 2d ed. McGraw-Hill, New York, 1987.

Peebles, Jr., P. Z., *Radar Principles*. Wiley, New York, 1998.

Richards, M. A., J. A. Scheer, and W. A. Holm (eds.), *Principles of Modern Radar: Basic Principles*. SciTech Publishing, Raleigh, NC, 2010.

Scheer, J. A. and W. L. Melvin (eds.), *Principles of Modern Radar: Radar Applications*. SciTech Publishing, Edison, NJ, to appear 2014.

Sherman, S. M., *Monopulse Principles and Techniques*. Artech House, Boston, MA, 1984.

Skolnik, M. I., *Introduction to Radar Systems*, 3d ed. McGraw-Hill, New York, 2001.

Soumekh, M., *Synthetic Aperture Radar Signal Processing with MATLAB Algorithms*. J. Wiley, New York, 1999.

Stutzman, W. L., "Estimating Gain and Directivity of Antennas," *IEEE Transactions on Antennas and Propagation*, vol. 40(4), pp. 7–11, Aug. 1998.

Stutzman, W. L., and G. A. Thiele, *Antenna Theory and Design*. J. Wiley, New York, 1998.

Sullivan, R. J., *Microwave Radar: Imaging and Advanced Concepts*. Artech House, Boston, MA, 2000.

Swords, S. S., *Technical History of the Beginnings of RADAR*. Peter Peregrinus Ltd., London, 1986.

Van Trees, H. L., *Optimum Array Processing: Part IV of Detection, Estimation, and Modulation Theory*. J. Wiley, New York, 2002.

习题

1. 分别计算回波时延 t_0 为 1 ns、1 μs、1 ms 和 1 s 时的距离 R。
2. 当雷达到目标的距离分别为 100 km、100 英里和 100 英尺时,分别计算雷达回波的双程传播时延。
3. 雷达经常用作测量空间中某物体距离的手段。例如,雷达已经用于计算木星的轨道参数和旋转速率。地球至木星距离的变化范围为 $588.5\times10^6 \sim 968.1\times10^6$ km。雷达向木星方向发射一个脉冲,从发射至接收的最小和最大时延是多少分钟?如果以每秒 100 脉冲的速率发射脉冲,那么在任何给定时刻共有多少脉冲在往返途中传播?
4. 表 1.1 定义了毫米波(MMW)波段的范围为 $40\sim300$ GHz。在该波段中,仅某些特定的频率在雷达领域中被广泛采用。这在一定程度上可归因于频率分配规则(何种频率可用于何种服务),但也和大气传播有关。利用图 1.3,从毫米波段挑出两个适用于雷达工作的频率和两个不适用于雷达的频率,并解释原因。
5. 计算达到 1 m、1 km 和 100 km 距离分辨率所需的带宽 β。对于矩形脉冲,为获得这样的瑞利带宽(傅里叶变换后峰值至第一零点的宽度),脉冲的长度应是多少?
6. 用 D_y 和 λ 表示,某孔径天线均匀照射所形成的方向图的峰值至零点的波束宽度(称为瑞利波束宽度)。同时给出一般性的结果和小角度下的近似结果。
7. 为使一个均匀照射的孔径天线的 3 dB 波束宽度为 1°,天线的长度(D_y 之值)应为多少个波长?基于式(1.10)中的近似,一个方位向和俯仰向波束宽度均为 1°(即 $\theta_3=\phi_3=1°$)的天线增益估计值是多少分贝?
8. 假设交警的"测速枪"雷达采用矩形天线,希望它在四分之一英里处的横向分辨率 ΔCR 为 10 英尺。如果雷达工作频率为 9.4 GHz,所需的天线宽度为多少英寸?重复计算工作频率为 34.4 GHz 时的情况。
9. 继续上题,当给定天线宽度为 6 英寸时,工作于上述两个频率的雷达的实际横向分辨率是多少英尺?
10. 令 $a_n=1$,由式(1.13)推导式(1.14)。
11. 式(1.26)的最后一步是对横向分辨率 $R\theta_3$ 进行近似,为使近似误差不超过百分之一,最大的 3 dB 波束宽度 θ_3 是多少度?
12. 当 3 dB 波束宽度 θ_3 为 3° 时,确定距离 10 km、100 km 和 1000 km 处的横向分辨率 ΔCR(单位为 m)。
13. 当 $R=20$ km、$\Delta R=100$ m 且 $\theta_3=\phi_3=3°$ 时,确定体分辨单元的近似体积 ΔV(单位为 m^3)。
14. 假定式(1.31)被修改为信号加噪声数据的幅度平方的形式,即

$$z=\sum_{n=0}^{N-1}\left|Ae^{j(2\pi f_D n+\phi)}+w[n]\right|^2$$

证明 z 不能表示为一个仅含信号的项和一个仅含噪声的项之和的形式。

接下来的习题与附录 B 所涉及的论题有关。

15. 对于具有如下图所示频谱 $X(F)$ 的信号 $x(t)$，其奈奎斯特采样频率（避免混叠的最小采样率）是多少？画出从信号 $x(t)$ 按奈奎斯特采样频率进行采样所获得的样本中，恢复一个新信号 $\hat{x}(t)$ 的系统框图，这一框图必须使得 $\hat{X}(F)$ 频谱与 $X(F)$ 具有相同的形状，但中心频率为 $F=0$。

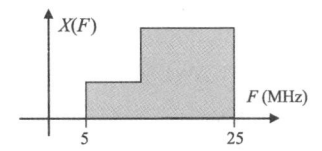

16. 某些情况下，采样信号频谱的周期重复性质可用于解调处理。对于具有如下图所示频谱结构的信号 $x_a(t)$，为使采样信号的频谱不混叠，且使某个周期重复的频谱中心为 $F=0$，所需的最低采样频率为多少？

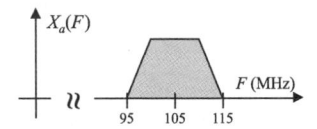

17. 在 A/D 转换器中，需要多少位来提供至少 40 dB 的动态范围？假定 $k=3$，在该位数条件下，期望的信号量化噪声比（Signal-to-quantization noise ratio，SQNR）是多少？

18. 空间频率的数值与惯用的时间频率值区别很大。对于 1 GHz 的电磁波，其空间频率为多少周期/m？

19. 对于波形为 $x(t) = \exp[j\exp(-\alpha t)]$ 的信号，其瞬时频率为多少赫兹？

20. 确定一个相位函数 $\psi(t)$，使得波形为 $x(t) = \cos[\psi(t)]$，$-\tau/2 \leqslant t \leqslant \tau/2$（单位为 s）的信号的瞬时频率线性扫过 $-\dfrac{\beta}{2}$ Hz ~ $+\dfrac{\beta}{2}$ Hz。

21. 假设信号 x_1 的功率比信号 x_2 强 30 dB，则其功率之比为多少（采用线性单位，即不求 dB）？相应的电压之比又是多少？

第 2 章 信 号 模 型

2.1 雷达信号的组成

雷达发射一个确定的已知信号,在接收机输出端可以测得该信号的响应。这个响应信号是几个主要分量的叠加,而所有这些分量中没有任何一个是雷达设计者能够完全控制的。这些主要的信号分量包括目标、杂波和噪声,在有些情况下还包括干扰。有时还可将这些信号分量进一步细分,例如,杂波可以分为地杂波和气象杂波(如雨杂波),干扰可以分为有源干扰(噪声发射机)和无源干扰(如箔条云)。对这个复合的信号进行处理的目的是提取其中的有用信息,包括判断目标是否存在,提取目标的特性,或者产生目标的雷达图像。噪声和干扰都是有害的信号,它们的存在会使雷达对目标的探测能力下降。杂波有时候也是有害的信号,比如在对飞机进行检测的时候;但有时杂波又是需要的信号,比如在地面成像雷达工作的时候。信号处理的效能可以通过对各种指标参数,如检测概率、信干比(SIR)、测角精度等的改善程度进行衡量。

第 1 章已经介绍过,传统的脉冲雷达发射的是窄带的带通信号。约束脉冲的幅度调制波形为矩形可以使发射能量最大化,而在需要提高分辨率的时候,可以采用相位调制扩展信号的瞬时带宽。这样,发射脉冲可以写为

$$\bar{x}(t) = a(t)\sin[2\pi F_t t + \theta(t)] \tag{2.1}$$

其中,$a(t)$ 是幅度恒定的脉冲包络;F_t 是雷达的载频;$\theta(t)$ 可以是常数,也可以是脉冲的相位调制。通常假设 $a(t)$ 是幅度为 A、时间长度为 τ s 的理想矩形脉冲包络。容易得到信号的平均功率为 $P_s = A^2/2$。接收机输出的信号包括目标和杂波反射的 $\bar{x}(t)$ 的回波、噪声以及可能存在的干扰信号。

因为目标分量和杂波分量都是发射脉冲的延迟回波,所以虽然在通常情况下它们的幅度调制和相位调制都变了(如由传播损失和多普勒频移造成),但它们仍然是窄带信号,而接收机噪声信号是加性的随机信号。这样,距离为 $R_0 = ct_0/2$ 的散射体反射的单个脉冲的回波可以表示为

$$\bar{y}(t) = k \cdot a(t-t_0) e^{j[2\pi F_t(t-t_0) + \theta(t-t_0) + \phi(t)]} + n(t) \tag{2.2}$$

其中,$n(t)$ 表示接收机噪声;k 表示由传播损失以及目标反射率引起的回波幅度调制;$\phi(t)$ 表示目标引起的回波相位调制。

$\bar{y}(t)$ 中的重要参数包括时间延迟 t_0、回波分量的幅度 $k \cdot |a(t)|$、回波与噪声的功率比以及回波的相位调制函数 $\theta(t-t_0) + \phi(t)$。这些参数可用于估计目标的距离、散射强度和径向速度,还可以用于干扰抑制、杂波抑制以及成像等。

幅度和相位调制函数还决定了测量的距离分辨率 ΔR。比如,当 $\theta(t)$ 等于常数且 $\bar{x}(t)$ 是脉宽为 τ s 的点频脉冲信号时,$\Delta R = c\tau/2$。而对于非成像雷达,角度分辨率以及横向分辨率是由天线方向图的 3 dB 宽度决定的。

为了设计出高性能的信号处理算法,需要给出良好的信号模型。本章给出散射过程对雷达测量的幅度、相位以及频率特性的影响模型,便于逐步理解与信号处理有关的雷达信号的特点。虽然确定性模型对于分析简单散射体是足够的,但对于复杂的真实目标,还需要对散射过程进行统计描述。

2.2 幅度模型

2.2.1 简单点目标的雷达距离方程

雷达距离方程(Richards 等,2010; Skolnik,2001)是一种确定性模型,它通过各种系统参数将接收回波的功率与发射功率联系起来,是雷达系统设计和分析的基础。由于接收信号是形如式(2.2)的窄带脉冲,根据距离方程估计出来的接收功率 P_r 可以直接与接收脉冲的幅度相联系。

为了推导距离方程,假设一个无方向性天线单元向无损耗的介质发射了功率为 P_t W 的信号。由于发射是无方向性的,而且在介质中没有功率损耗,所以距离 R 处的功率密度等于总的辐射功率 P_t 除以半径为 R 的球体的表面积,即

$$\text{全向辐射功率密度} = \frac{P_t}{4\pi R^2} \quad \text{W/m}^2 \tag{2.3}$$

不同于天线全向辐射,在实际情况中,雷达会采用有方向性的天线以使辐射的能量更集中。根据第 1 章可知,天线的增益 G 等于最大功率密度与无方向发射的功率密度之比。所以,在辐射强度最大的方向,距离 R 处的功率密度为

$$\text{峰值发射功率密度} = Q_t = \frac{P_t G}{4\pi R^2} \quad \text{W/m}^2 \tag{2.4}$$

如果目标恰好处于天线最大增益方向,则上式就是雷达照射目标的功率密度。

当功率密度如式(2.4)所示的电磁波照射到距离 R 处单个离散散射体或点目标上时,有一部分入射功率会被散射体吸收,其余功率被散射到各个方向。特别是其中有一部分入射能量被再次辐射向雷达,即后向散射。假设面积为 σ 的目标能够接收全部入射能量,而且可以将所有这些能量无方向性地再次辐射出去,那么总的辐射功率为

$$\text{后向散射功率} = P_b = \frac{P_t G \sigma}{4\pi R^2} \quad \text{W} \tag{2.5}$$

其中,σ 称为目标的雷达截面积(RCS)。注意 RCS 不等于目标的实际物理截面积,它是将目标受到的照射功率密度和接收机收到的反射功率密度相联系起来的一个等效面积。在 2.2.3 节将对 RCS 进一步讨论。

因为 RCS 是在后向散射功率无方向性辐射的假设下定义的,距离 R 处的后向散射功率密度可以通过将式(2.5)中的功率除以半径为 R 的球体表面积进行计算,这和式(2.3)中的情况一样。这样就得到了雷达接收处的后向散射功率密度为

$$\text{后向散射功率密度} = Q_b = \frac{P_t G \sigma}{(4\pi)^2 R^4} \quad \text{W/m}^2 \tag{2.6}$$

如果雷达天线的有效孔径面积为 A_e m^2,则接收天线获得的总的后向散射功率为

$$接收功率 = P_r = \frac{P_t G A_e \sigma}{(4\pi)^2 R^4} \quad \text{W} \tag{2.7}$$

第 1 章已经得到了天线的有效孔径与其增益、工作波长的关系，即 $A_e = \lambda^2 G / 4\pi$，所以

$$P_r = \frac{P_t G^2 \lambda^2 \sigma}{(4\pi)^3 R^4} \quad \text{W} \tag{2.8}$$

上式描述的是工作在自由空间的理想雷达在不采用信号处理技术提高灵敏度情况下的接收功率。通常针对不同情况，上式应当额外增加特定的损耗因子或增益因子。例如收发转换开关、功分器、波导和天线罩（包围天线起保护作用的罩子）中的损耗，以及非自由空间中的传播损失都会使接收功率减小，它们可以合计为系统损耗因子 L_s。典型情况下系统损耗的范围为 3～10 dB，但并不限于此。作为最重要的损耗因子之一，大气衰减 $L_a(R)$ 对 X 波段以及更高频波段雷达的影响尤为显著。与系统损耗不同，大气损耗是距离的函数。如果将图 1.3 中每 km 的单程损耗分贝数记为 α，则距离 R m（而不是 km）处目标的损耗分贝数为

$$L_a(R)(\text{dB}) = 2\alpha(R/1000) = \alpha R/500 \quad \text{dB} \tag{2.9}$$

若采用线性单位，则损耗可以表示为

$$L_a(R) = 10^{\alpha R/5000} \tag{2.10}$$

对于 10 GHz 的工作频率和中等的雷达探测距离，大气损耗可以忽略不计。而对于 60 GHz 的工作频率，短短几千米距离的大气损耗就高达数十分贝（这就是为何 60 GHz 不是雷达常用工作频率的原因）。这还说明如同系统损耗一样，大气损耗也会随着雷达频率显著变化。

综合考虑大气损耗以及系统损耗因素，式 (2.8) 可以写为

$$P_r = \frac{P_t G^2 \lambda^2 \sigma}{(4\pi)^3 R^4 L_s L_a(R)} \quad \text{W} \tag{2.11}$$

上式是雷达距离方程的一种简单形式。它将接收到的回波功率与雷达系统参数以及目标参数联系了起来，这些参数包括发射功率、工作频率、天线增益、雷达截面积、距离等。由于雷达信号的功率正比于电场强度的平方，距离方程也可以作为信号中目标和杂波分量的幅度模型。注意，在一般情况下，式 (2.11) 中有几个变量常采用分贝做单位，如大气损耗、天线增益、RCS，但在该式中所有变量都必须采用线性单位，而非分贝。另外，还应该注意的是 P_r 是接收到的瞬时功率，而非平均功率。最后，还要意识到发射以后要经过 $2R/c$ s 的延迟时间，雷达才能接收到距离 R 处散射点的后向散射电磁波。

举例来说，考虑一部峰值功率为 1 kW、波束宽度为 1° 的笔形波束天线的 X 波段（10 GHz）雷达，假设雷达接收到距离 10 km 处、RCS 为 100 m² 的一架大型喷气式飞机反射的回波，利用式 (2.11) 可以计算雷达接收到的功率。根据式 (1.10) 可知雷达天线的增益为 $G = 26000/(1)(1) = 26000$，即 44 dB，波长为 $\lambda = c/F = 3\times 10^8/(10\times 10^9) = 3\times 10^{-2}$ m $= 3$ cm。假设大气损耗和系统损耗可以忽略不计，接收到的功率为

$$P_r = \frac{(1000)(26000)^2(0.03)^2(100)}{(4\pi)^3(10000)^4} = 3.07\times 10^{-9} \quad \text{W} \tag{2.12}$$

尽管目标较大且距离较近，但雷达接收到的回波功率仅有 3.07 nW，比发射功率小 12 个数量级。然而，在很多情况下，这个信号电平是足以可靠地检测出目标的。这个例子说明在雷达发射信号功率和接收信号功率之间存在非常大的动态范围。

式(2.11)的一个重要的结论是,对于点目标,接收功率随雷达到目标距离的4次方衰减。所以,雷达检测一个给定RCS的目标的能力随着距离的增加而快速下降。虽然提高发射功率可以增大雷达的作用距离,但是由于R^4的关系,功率必须增加到原来的16倍(12 dB)才能使雷达的作用距离增加一倍。或者,将天线增益增加到原来的4倍(6 dB)也可以使作用距离增加一倍,不过这意味着要将天线的面积增加到原来的4倍。从另一方面,隐身飞机和其他飞行器、车辆、船舶的设计者必须将目标的RCS减小到原来的1/16才能使雷达系统对它的检测距离下降一半。

距离方程是雷达系统设计和分析的基本工具。我们也可以构造比距离方程更复杂或者更特殊的形式来说明其他变量的影响,这些变量包括脉冲宽度、中频(IF)带宽、信号处理增益等。文献Richards等(2010)分析了这些变量的影响。距离方程还是雷达系统校准的基础。通过认真地分析雷达系统的功率、增益和损耗,可以计算出给定RCS的测试目标对应的回波功率,然后可以计算出使这些回波产生的接收机电压与入射功率密度相对应的校正表。

信号处理技术可以增加有效接收功率,所以它也可以增加雷达的作用距离。在后面几章介绍每一种信号处理技术时,也会讨论其对接收功率的影响。

2.2.2 分布式目标的距离方程

并非所有的散射现象都可以表征成单个点散射体的散射。例如,地杂波最好建模为由平面产生的分布式散射,而气象杂波,如雨和冰雹,则最好建模成由三维体积产生的分布式散射。可以采用更加一般化的方法重新推导雷达距离方程,使其能够适应点散射、面散射和体散射这三种情况。

仍然把式(2.3)作为推导的起点。考虑分布式散射体,由于天线的增益随着方位和俯仰角变化,式(2.4)必须进行修改,新的公式必须考虑到天线功率方向图$P(\theta,\phi)$对特定方向(θ,ϕ)的辐射功率密度的影响,即

$$Q_t(\theta,\phi) = \frac{P_t P(\theta,\phi)}{4\pi R^2} \tag{2.13}$$

假设天线的视线方向为$\theta = \phi = 0$。通常情况下,天线的视线方向是使天线增益最大的方向,所以$P(0,0) = G$。

现在考虑位于距离和角度坐标(R,θ,ϕ)处的一个微小增量体积$\mathrm{d}V$的散射。假设该体积单元的增量RCS为$\mathrm{d}\sigma$ m^2,一般来说,$\mathrm{d}\sigma$是随该散射单元的空间位置变化的。那么,$\mathrm{d}V$对应的增量后向散射功率为

$$\mathrm{d}P_b(\theta,\phi) = \frac{P_t P(\theta,\phi)\mathrm{d}\sigma(R,\theta,\phi)}{4\pi R^2} \tag{2.14}$$

像前面一样,$\mathrm{d}\sigma$的定义中假设它将接收到的功率无方向性地再次辐射出去,其中一部分功率被天线有效孔径截获,这里的天线有效孔径和到达角有关。代入有效孔径的公式,并考虑各种损耗,可以得到增量接收功率为

$$\mathrm{d}P_r = \frac{P_t P^2(\theta,\phi)\lambda^2 \mathrm{d}\sigma(R,\theta,\phi)}{(4\pi)^3 R^4 L_s L_a(R)} \tag{2.15}$$

需要再次说明的是,雷达依然是在信号发射$2R/c$ s后才接收到回波。将增量在全空间进行积分,就得到了总的接收功率,即广义的雷达距离方程为

$$P_r = \frac{P_t \lambda^2}{(4\pi)^3 L_s} \int_V \frac{P^2(\theta,\phi)}{R^4 L_a(R)} \mathrm{d}\sigma(R,\theta,\phi) \tag{2.16}$$

上式是在整个三维空间上进行积分的。然而，并非所有距离的后向散射能量都同时被雷达接收到。正如 1.4.2 节讨论的那样，在任意给定时刻，雷达接收机的输出只包含一个距离分辨单元 ΔR 内全部散射体的回波。所以，雷达接收功率是时间的函数，广义雷达距离方程的更恰当的形式为

$$P_r\left(t_0 = \frac{2R_0}{c}\right) = \frac{P_t \lambda^2}{(4\pi)^3 L_s} \int_{\Delta R, \Omega} \frac{P^2(\theta,\phi)}{R^4 L_a(R)} \mathrm{d}\sigma(R,\theta,\phi) \tag{2.17}$$

其中，ΔR 表示距离 R_0 处分辨单元的距离维长度；Ω 表示角度维积分区间。

以上的公式都是对功率进行积分，实际上已经假设每个体积单元的后向散射是非相干相加，而不是相干相加。这意味着由两个或者更多个散射单元的后向散射电磁波构成的合成电磁波的功率是各个散射单元对应电磁波的功率之和。与之相反的情况是，总的电压（电场强度）等于各个散射单元的电压和，功率就等于电压和的平方。当各个散射单元的相位是随机的，且彼此之间互不相关，则非相干相加；而若各个散射单元是同相的，则相干相加。2.7 节中还会重复这一点。

当对点散射、体散射和面散射情况进行计算时，式(2.17)给出的一般性结果更为有用。首先，对于点散射体，分辨单元内的微分 RCS 可以表示为权值为 σ 的狄拉克脉冲函数，即

$$\mathrm{d}\sigma(R,\theta,\phi) = \sigma \delta_D(R-R_0, \theta-\theta_0, \phi-\phi_0)\mathrm{d}V \quad \text{(点散射体)} \tag{2.18}$$

将式(2.18)代入式(2.17)，得到 (R_0, θ_0, ϕ_0) 处点目标的距离方程：

$$P_r(t_0) = \frac{P_t P^2(\theta_0,\phi_0) \lambda^2 \sigma}{(4\pi)^3 R_0^4 L_s L_a(R_0)} \quad \text{(点目标)} \tag{2.19}$$

如果点散射体位于天线视线方向，$\theta_0 = \phi_0 = 0$，$P(\theta_0, \phi_0) = G$，则式(2.19)与式(2.11)完全相同。

下面来考虑体散射的情况，假设雷达看到的 RCS 是由空间内均匀分布的散射体，而非一个孤立的散射点造成的。在这种情况下，σ 采用每立方米的 RCS 来表示，称为体积散射率，记为 η，其单位为 $\mathrm{m}^2/\mathrm{m}^3 = \mathrm{m}^{-1}$。一个微分体积单元 $\mathrm{d}V$ 的 RCS 即为

$$\mathrm{d}\sigma = \eta \mathrm{d}V = \eta R^2 \mathrm{d}R \mathrm{d}\Omega \quad \text{(体散射)} \tag{2.20}$$

其中，$\mathrm{d}\Omega$ 是微分立体角单元。距离方程变为

$$P_r(t_0) = \frac{P_t \lambda^2 \eta}{(4\pi)^3 L_s} \int_{\Delta R, \Omega} \frac{P^2(\theta,\phi)}{R^2 L_a(R)} \mathrm{d}R \mathrm{d}\Omega \tag{2.21}$$

若大气损耗在一个距离分辨单元内是缓慢变化的，则可以用 $L_a(R_0)$ 取代 $L_a(R)$，并将其从积分中提取出来，其中 R_0 表示分辨单元的中心距离。如果距离分辨率小于绝对距离（这个假设在一般情况下都是成立的），则上式中距离上的积分变成

$$\int_{R_0-\frac{\Delta R}{2}}^{R_0+\frac{\Delta R}{2}} \left(\frac{\mathrm{d}R}{R^2}\right) = \frac{\Delta R}{R_0^2 - (\Delta R/2)^2} \approx \frac{\Delta R}{R_0^2} \tag{2.22}$$

将式(2.22)代入式(2.21)，可得

$$P_r(t_0) = \frac{P_t \lambda^2 \eta \Delta R}{(4\pi)^3 R_0^2 L_s L_a(R_0)} \int_\Omega P^2(\theta,\phi) \mathrm{d}\Omega \tag{2.23}$$

在角度坐标上的积分运算需要知道天线的方向图。高斯函数是一个常用的天线主瓣近似模型(Sauvageot，1992)。在方向图高斯近似情况下，式(2.23)中横向变量上的积分可以很好地近似(Probert-Jones，1962)为

$$\iint_\Omega P^2(\theta,\phi)\sin\phi\mathrm{d}\theta\mathrm{d}\phi \approx \frac{\pi\theta_3\phi_3}{8\ln 2}G^2 = 0.57\theta_3\phi_3 G^2 \quad (2.24)$$

其中，θ_3 和 ϕ_3 分别表示方位和俯仰 3 dB 波束宽度。对于这样的一阶计算，人们常常采用更为简单的假设，即假设天线的功率方向图 $P(\theta,\phi)$ 在 3 dB 波束宽度内为常数，等于增益 G，而在其他方向均为 0，所以积分简化为 $G^2\theta_3\phi_3$，比式(2.24)中的数值高 2.5 dB。采用这种更简单的近似后，式(2.23)就进一步简化为最终的体散射的距离方程：

$$P_\mathrm{r}(t_0) = \frac{P_\mathrm{t}G^2\lambda^2\eta\Delta R\theta_3\phi_3}{(4\pi)^3 R_0^2 L_\mathrm{s}L_\mathrm{a}(R_0)} \quad (\text{体散射}) \quad (2.25)$$

与式(2.11)和式(2.19)描述的点散射情况不同，式(2.25)所描述的体散射的情况下，接收功率随距离衰减的规律是 R^2，而不是 R^4。这是因为任意时刻对雷达接收功率有贡献的散射体的范围取决于雷达分辨单元的大小，而分辨单元的大小是随着 R 增加的。当距离较远时，天线波束的展宽导致分辨单元大小增加，与 R^2 成正比。

最后，考虑面散射的情况。这种模型适用于地面、森林、海洋，以及其他面散射的情况。根据回波对应的散射表面的距离范围是受天线俯仰波束限定还是受距离分辨率限定，可将面散射进一步分成两类情况。

首先假设散射表面是一个平面[①]，仅考虑主瓣范围内的散射表面。照射区域的横向宽度为 $R_0\theta_3$，其中 R_0 是雷达到照射中心的距离。为了估计散射面距离向的宽度，考虑图 2.1 所示的情况，此时天线的视线矢量与散射平面相交，其夹角称为擦地角，表示为 δ rad，则波束"足迹"的距离向宽度为 $R_0\phi_3/\sin\delta$ m。如图 2.2 所示，现在假设雷达发射一个距离分辨率为 ΔR 的脉冲。不考虑天线"足迹"，任意时刻雷达回波对应散射体的范围，即分辨单元内散射表面的距离向范围为 $\Delta R/\cos\delta$ m。

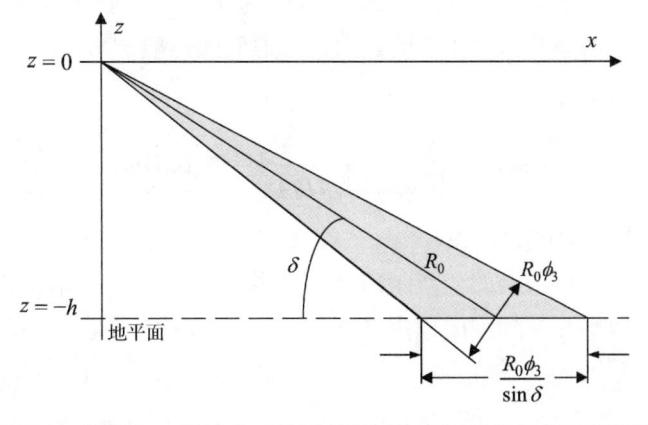

图 2.1 斜距 R_0、擦地角 δ 情况下俯仰波束宽度在水平面的投影

[①] 这种假设忽略了地球曲率的影响。地球曲率在非常远的距离或星载雷达中是非常重要的，读者可以参考文献(Nathanson，1991；Skolnik，2001)获得更详细的内容。

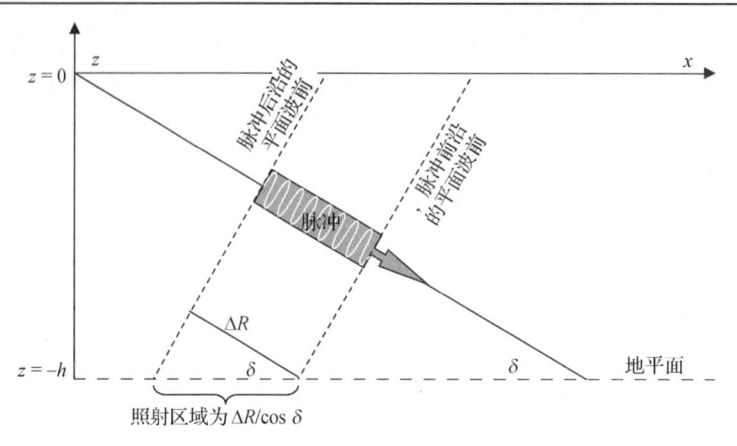

图 2.2 斜距 R_0、擦地角 δ 情况下距离分辨率在水平面的投影

散射表面要对雷达的接收信号产生影响，它必须既要被雷达照射到（这样才能产生后向散射），又要位于天线的主瓣内（这样其对应的后向散射才不会被明显衰减）。因此，分辨单元的有效距离向宽度是投影到散射面上的距离分辨率和投影到散射面上的俯仰波束宽度中的较小值。实际上，距离向宽度与距离、距离分辨率和擦地角的相对数值有关，它们都有可能成为限制因素。距离向宽度若受限于距离分辨率，则为受脉冲限制；而若受限于天线主瓣宽度，则为受波束限制。图 2.3 给出了这两种情况的示意图。使发射脉冲和俯仰波束二者对应的地面投影长度相等，则可以得到一个界，这个界可以帮助我们判断雷达回波究竟受到哪一种限制。

$$\text{波束限制：} \quad \frac{\Delta R}{R_0}\tan\delta > \phi_3$$
$$\text{脉冲限制：} \quad \frac{\Delta R}{R_0}\tan\delta < \phi_3 \tag{2.26}$$

在面散射中，微分 RCS 正比于散射表面的微分面积，可以表示为

$$\mathrm{d}\sigma = \sigma^0(\delta)\cdot\delta_{\mathrm{D}}(R-R_0)\mathrm{d}A \tag{2.27}$$

式中，σ^0（读作"西格玛零"）表示面散射率，单位为 $\mathrm{m}^2/\mathrm{m}^2$，因而是无量纲的量。实际上，许多类型的表面的面散射率是擦地角 δ 的函数。考虑面散射率 σ^0 的影响之后，雷达距离方程〔式(2.17)〕变为

$$P_{\mathrm{r}}(t_0) = \frac{P_{\mathrm{t}}\lambda^2\sigma^0}{(4\pi)^3 R_0^4 L_{\mathrm{s}} L_{\mathrm{a}}(R_0)}\int_{\Delta A}P^2(\theta,\phi)\mathrm{d}A \tag{2.28}$$

式中，ΔA 表示距离 R_0 处的照射面积。

如果照射面积是受波束限制的，对距离 R_0 处的微分散射单元采用图 2.3(a) 的几何关系，可得任意时刻对后向散射有贡献的面积为 $R^2\phi_3\theta_3/\sin\delta$。这样对接收功率有贡献的微分面积的形式为

$$\mathrm{d}A = \frac{R_0^2}{\sin\delta}\mathrm{d}\theta\mathrm{d}\phi \quad \text{（波束限制的情况）} \tag{2.29}$$

将上式代入式(2.28)，并再次使用天线 3 dB 波束宽度内增益近似为常数的假设，即可以得到波束限制情况的面散射体的距离方程为

$$P_\mathrm{r}(t_0) = \frac{P_\mathrm{t} G^2 \lambda^2 \phi_3 \theta_3 \sigma^0}{(4\pi)^3 R_0^2 L_\mathrm{s} L_\mathrm{a}(R_0) \sin\delta} \quad \text{(面散射体,波束限制的情况)} \tag{2.30}$$

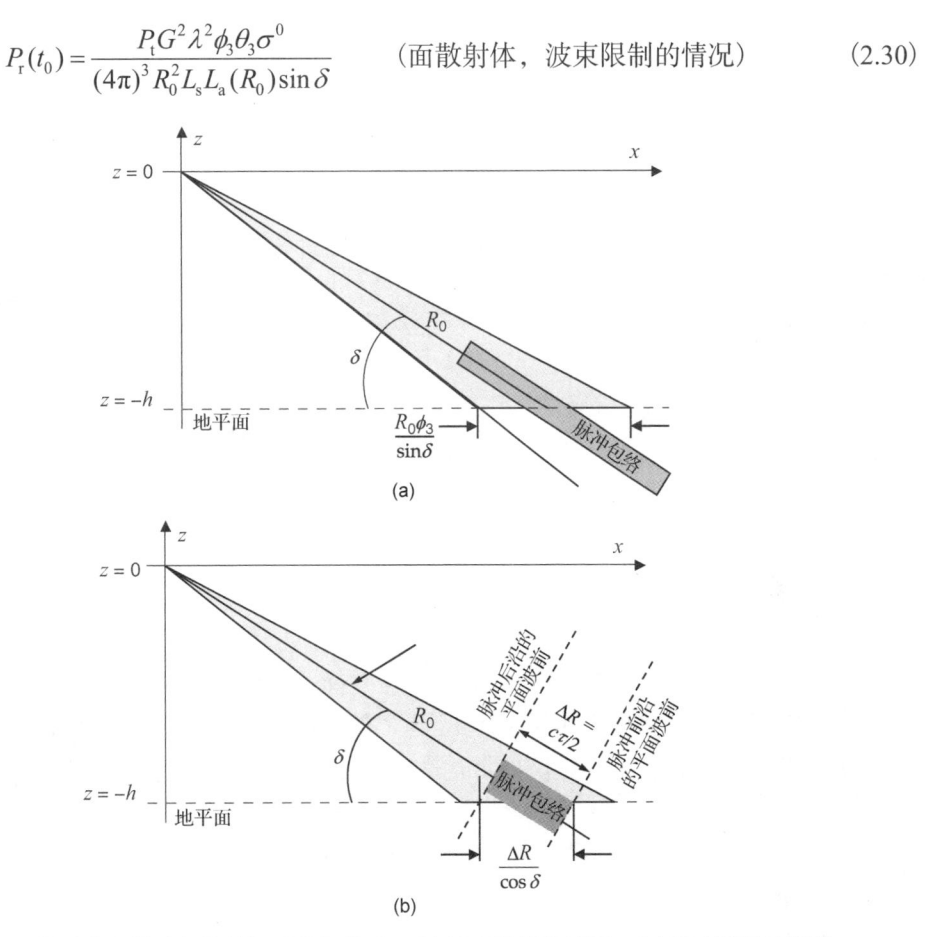

图 2.3 天线足迹和脉冲包络的相对几何关系。(a)波束限制的情况;(b)脉冲限制的情况

如果照射面积是脉冲限制的,图 2.3(b)的几何关系说明任意时刻对后向散射有贡献的面积为 $R\theta_3 \Delta R / \cos\delta$。这样微分面积为

$$\mathrm{d}A = \frac{R_0 \Delta R}{\cos\delta} \mathrm{d}\theta \quad \text{(脉冲限制的情况)} \tag{2.31}$$

虽然此时在 ϕ 上的积分受限于脉冲对应的距离宽度在地面上的投影范围,但仍然可以近似认为在主瓣内天线的增益为常数,则式(2.28)变为

$$P_\mathrm{r}(t_0) = \frac{P_\mathrm{t} G^2 \lambda^2 \sigma^0 \Delta R \theta_3}{(4\pi)^3 R_0^3 L_\mathrm{s} L_\mathrm{a}(R_0) \cos\delta} \quad \text{(面散射体,脉冲限制的情况)} \tag{2.32}$$

注意在波束限制的情况下,功率是随着 R^{-2} 变化的。这是因为和体散射一样,分辨单元的横向以及距离向的宽度都是随着距离的增加而增加的。而在脉冲限制的情况下,功率随 R^{-3} 变化,这是因为随着距离的增加,只有横向宽度随距离增加。

如果感兴趣目标的距离发生了显著变化,则对应的擦地角 δ 会发生明显变化,同时天线波束以及脉冲"足迹"的宽度也会显著变化。例如,当雷达的高度以及其距目标的距离都恒定,分别为 h 和 R 时,则 $\sin\delta = h/R$。对于波束限制雷达,当距离 R 增加时,天线足迹面积随 R^3 增加而非 R^2,此时杂波功率随 R^{-1} 衰减。然而,σ^0 会随着擦地角的变化而发生明显变化(见 2.3.1 节)。更为复杂的是,虽然在较近距离或较大擦地角情况下,雷达是受波束限制的,但随着距离 R 的增加,擦地角逐渐变小,甚至进入临界区,则此时雷达受脉冲限制,杂波功率衰减的变化率也由 R^{-1} 变为 R^{-3}。在较低擦地角情况下,衰减的甚至更快(Long, 2001; Currie, 2010)。

2.2.3 雷达截面积

2.2.1 节引入了雷达截面积的概念,用于计算目标辐射回雷达发射机的功率。为了解释这一概念,假设目标处的入射功率密度为 Q_t,发射机处的后向散射功率密度为 Q_b。如果后向散射的功率密度源于目标的无方向性辐射,那么对于总的后向散射功率 P_b,Q_b 需要满足

$$Q_b = \frac{P_b}{4\pi R^2} \tag{2.33}$$

RCS 是一个虚拟面积,表示在发射功率密度为 Q_t 的条件下截获能量而产生总功率 P_b 时所对应的截面积,而 P_b 可以用来计算接收功率密度。换句话说,σ 必须满足

$$P_b = \sigma Q_t \tag{2.34}$$

合并式(2.33)和式(2.34),可以得到

$$\sigma = 4\pi R^2 \frac{Q_b}{Q_t} \tag{2.35}$$

这个定义也经常用电场强度来表示。而且,为了使 σ 的定义只与目标的特性有关,令 $R \to \infty$ 以消除距离的影响。这样,前面定义的雷达散射截面积可写为(Knott 等,1985)

$$\sigma = 4\pi \lim_{R \to \infty} \left[R^2 \frac{|\boldsymbol{E}^b|^2}{|\boldsymbol{E}^t|^2} \right] \tag{2.36}$$

式中,$|\boldsymbol{E}^b|$ 和 $|\boldsymbol{E}^t|$ 分别表示后向散射的电场强度以及发射的电场强度。

刚才定义的 RCS 是一个实标量。这种定义隐含的是发射波采用单极化,接收也采用单极化,且通常与发射同极化。然而,平面横波的极化状态是一个二维矢量,所以需要两个正交的极化基矢量才能完整地描述电磁波。最常见的极化基矢量是线极化(水平极化和垂直极化)矢量和圆极化(左旋极化和右旋极化)矢量。而且,通常情况下目标也会改变电磁波的极化方式,比方说垂直极化入射波的后向散射会同时包含垂直极化以及水平极化分量。为了完整地表征极化效应,RCS 必须推广为极化散射矩阵(PSM),记为 $\boldsymbol{S}$,它可以将入射场和后向散射场的场强联系起来。例如,对于采用线极化的雷达,这个关系(Knott 等,1985; Mott, 1986; Holm, 1987)为

$$\begin{bmatrix} E_H^b \\ E_V^b \end{bmatrix} = \begin{bmatrix} S_{HH} & S_{HV} \\ S_{VH} & S_{VV} \end{bmatrix} \begin{bmatrix} E_H^t \\ E_V^t \end{bmatrix} = \boldsymbol{S} \begin{bmatrix} E_H^t \\ E_V^t \end{bmatrix} \tag{2.37}$$

现在目标的后向散射特性是用 4 个复数描述,而不是仅用 1 个实数。举例来说,如果雷达的发射和接收都采用垂直极化,则 RCS 值 σ 与 $\boldsymbol{S}$ 的关系为

$$\sigma = |S_{VV}|^2 \tag{2.38}$$

可以设计使雷达具有测量完整复 PSM 的功能,也可以使它只测量 PSM 中每个元素的幅度(而不是相位),或者测量两个 PSM 元素的幅度。极化测量可以用于目标分析等用途。然而,

关于极化技术的讨论已经超出了本书的范畴。在此之后，本书的论述中都假设发射和接收采用单一的固定极化方式，所以 RCS 都是标量函数，而不是矩阵函数。如果对极化雷达和极化信号处理感兴趣，可以参考文献(Holm, 1987; Mott, 1986)。

感兴趣目标的 RCS 值的典型范围为 $0.01\ m^2$(相对于 $1\ m^2$ 为 $-20\ dB$，也可表示为 $-20\ dB\ m^2$)到数百 m^2($\geqslant +20\ dB\ m^2$)。当然，有些情况也需要观测更大或更小 RCS 的目标。表 2.1 列出了不同类型目标的 RCS 典型值。

表 2.1 微波波段目标的典型 RCS 的数值

目标	RCS (m^2)	RCS (dBm^2)
常规的无人驾驶的有翼导弹	0.5	−3
小型单引擎飞机	1	0
小型战斗机或 4 座喷气式飞机	2	3
大型战斗机	6	8
中型轰炸机或喷气式客机	20	13
大型轰炸机或喷气式客机	40	16
巨型喷气式飞机	100	20
小型敞舱船	0.02	−17
小型游艇	2	3
观光游艇	10	10
零擦地角情况下的大型船只	10 000+	40+
轻型货车	200	23
小汽车	100	20
自行车	2	3
人	1	0
鸟	0.01	−20
昆虫	0.00 001	−50

注：来源于 Skolnik(2001)。

2.2.4 气象目标的雷达截面积

雷达气象学常采用称为散射率(本书中称为体散射率)的归一化因子，以表示气象目标(如雨或雪)的散射特性，通常用符号 Z 表示(Sauvageot, 1992; Doviak 和 Zrnic, 1993)。气象目标是体杂波的一个例子，实际观测到的回波是由雷达分辨单元内众多的雨滴、悬浮水粒、冰雹或者雪花的后向散射复合而成的。

假定第 i 个独立散射体的 RCS 为 σ_i，而且非相参积累，则在体积 V 内包含 N 个这样散射体的总 RCS 为 $\sum \sigma_i$，体散射率为

$$\eta = \frac{1}{\Delta V} \sum_{i=1}^{N} \sigma_i \tag{2.39}$$

我们常把水滴建模成小的导电球体。当球半径 a 远小于雷达波长 λ 时，特别是 $2\pi a / \lambda \ll 1$ 时，第 i 个散射体的雷达截面积可以表示为

$$\sigma_i = \frac{\pi^5 |K|^2 D_i^6}{\lambda^4} \tag{2.40}$$

式中，D_i 为雨滴的直径，单位通常为 mm，且

$$K = \frac{m^2 - 1}{m^2 + 2} \tag{2.41}$$

其中，m 表示复折射指数。折射指数是温度和波长的函数。然而，当波长在 3~10 cm〔雷达频率在 X 波段（10 GHz）和 C 波段（3 GHz）之间〕，且温度在 0~20℃时，对于由水构成的散射体，$|K|^2$ 的数值近似为常数 0.93；对于由冰构成的散射体，$|K|^2$ 的数值近似为常数 0.197。将式(2.40)代入式(2.39)，可得

$$\eta = \frac{1}{\Delta V} \sum_{i=1}^{N} \frac{\pi^5 |K|^2 D_i^6}{\lambda^4} = \frac{\pi^5 |K|^2}{\lambda^4} \frac{1}{\Delta V} \sum_{i=1}^{N} D_i^6 \tag{2.42}$$

现在定义

$$Z \equiv \frac{1}{\Delta V} \sum_{i=1}^{N} D_i^6 \tag{2.43}$$

称 Z 为散射率因子，单位通常为 mm^6/m^3。由于观测到 Z 的变化范围非常大，所以通常采用分贝表示，即为 dBZ。将该定义代入式(2.42)，可以得到 RCS 表达式为

$$\eta = \frac{\pi^5 |K|^2}{\lambda^4} Z \tag{2.44}$$

这样，给出一个回波功率测量值，就可以用雷达方程估计出 η，然后利用式(2.44)将 η 换算成 Z。

由于 Z 仅和体积密度、散射体的尺寸有关，气象学家更喜欢用散射率 Z 而非雷达截面积 η 作为参数表示雷达的回波强度。Z 的数值与空气中的含水量或降雨量有关，实际上现在已有许多模型可以将 Z 的观测值与降雨量联系起来。这些模型依赖于降水的类型，如雪、雷阵雨或者地形雨[①]。表 2.2 给出了最常见的模型，这是美国 NEXRAD 国家气象雷达系统中采用的模型，显示了观测到的 Z 值(dBZ)和降水率之间的 6 个对应关系。电视节目天气预报中采用的商用"多普勒气象雷达"也使用的相似的模型。

表 2.2 dBZ 散射率和降雨率之间的对应关系

等级	降雨率(mm/h)	散射率(dBZ)	种类
1	0.49~2.7	≥18 且<30	小雨
2	2.7~13.3	≥30 且<41	中雨
3	13.3~27.3	≥41 且<46	大雨
4	27.3~48.6	≥46 且<50	强降雨
5	48.6~133.2	≥50 且<57	暴雨
6	≥133.2	≥57	大暴雨

需要注意的是，表 2.2 中的 dBZ 值是 10 倍的以 10 为底的 Z 的对数，其中 Z 的单位为 mm^6/m^3。如果 Z 的单位是 $m^6/m^3 = m^3$，它必须乘以 10^{18} 以转换到 mm^6/m^3 的单位，再转换成分贝数，然后才能使用表 2.2 进行计算。

2.2.5 雷达截面积的统计描述

一个简单的常数不能有效描述真实目标的雷达截面积。通常情况下，RCS 是视角、频率、极化的复杂函数，即使对于简单的目标也是如此。例如，图 2.4 所示的导电的三面角反射器常

---

① 当潮湿的空气越过山区等障碍物时会伴随冷却过程，冷凝成的降雨就称为地形降雨。

用作靶场测量的校准目标。当视线沿对称轴方向(即向三面角里面看)时，通过理论计算即可以确定它的 RCS(Knott 等，1985)，即

$$\sigma = \frac{12\pi a^4}{\lambda^2} \tag{2.45}$$

从上式可以看出，三面角反射器的 RCS 值随频率的增加而增加。另一方面，至少存在一种与频率和角度都无关的散射体，即导体球。当导体球的半径 $a \gg \lambda$ 时，导体球的 RCS 值为常数 πa^2。由于导体球是球对称的，故其 RCS 值与视线角无关。

RCS 与频率和视线角都有关的一个简单例子是图 2.5 所示的由两个散射体构成的"哑铃"型目标。如果距离 R 远大于散射体的间距 D，雷达到两个散射体的距离可以近似为

$$R_{1,2}(\theta) \approx R \pm \frac{D}{2}\sin\theta \tag{2.46}$$

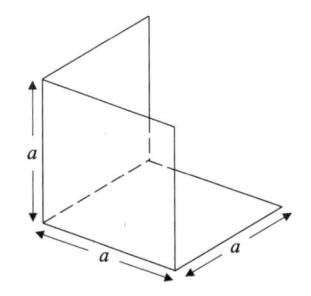

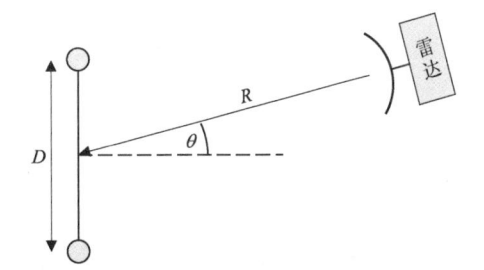

图 2.4　方形三面角反射器　　　图 2.5　用于确定"哑铃"型目标相对 RCS 的几何示意图

如果发射信号为 $a \cdot \exp(\mathrm{j}2\pi Ft)$，每个散射体的回波将正比于 $a \cdot \exp\left[\mathrm{j}2\pi F(t - 2R_{1,2}(\theta)/c)\right]$。合成回波的电压 $\bar{y}(t)$ 正比于

$$\begin{aligned}\bar{y}(t) &= a\mathrm{e}^{\mathrm{j}2\pi F(t-2R_1(\theta)/c)} + a\mathrm{e}^{\mathrm{j}2\pi F(t-2R_2(\theta)/c)} \\ &= a\mathrm{e}^{\mathrm{j}2\pi F(t-2R/c)}\left[\mathrm{e}^{-\mathrm{j}2\pi FD\sin\theta/c} + \mathrm{e}^{+\mathrm{j}2\pi FD\sin\theta/c}\right] \\ &= 2a\mathrm{e}^{\mathrm{j}2\pi F(t-2R/c)}\cos(2\pi FD\sin\theta/c)\end{aligned} \tag{2.47}$$

由于 RCS 正比于合成回波的功率，故对式(2.47)的幅度进行平方运算并简化，可得

$$\sigma = 4a^2\left|\cos(\pi FD\sin\theta/c)\right|^2 = 4a^2\left|\cos(\pi D\sin\theta/\lambda)\right|^2 \tag{2.48}$$

上式表明"哑铃"型目标的 RCS 是关于雷达频率和视角的周期性函数。散射体的间距与波长的比值越大，RCS 随视角和频率的变化就越快。图 2.6 给出了"哑铃"型目标 RCS 变化的精确计算结果，其中 $D = 10\lambda$，$R = 10\,000D$。对计算结果进行归一化后，图中最大值对应 0 dB。注意，由于平面波到两散射体的距离是变化的，导致两散射体的合成回波在同相增强和反向减弱之间交替变化，因而形成了多瓣的结构。此外，还应注意到，90°和 270°(端射)时，波瓣的宽度最宽；而在视角为 0°和 180°的正侧方向，波瓣的宽度最窄。图 2.7 给出了传统的极坐标下的 RCS 曲线图。

由多个散射体构成的目标的相对 RCS 是视角 θ 和波长 λ 的函数，可以用式(2.47)的推广形式计算出来。假设该目标由 N 个散射体构成，每一个散射体对应的 RCS 为 σ_i，其到雷达的距离为 $R_i(\theta)$。注意，距离 R_i 是随视角 θ 变化的。回波的复电压正比于

$$\bar{y}(t) = \sum_{i=1}^{N} \sqrt{\sigma_i} e^{j2\pi F(t-2R_i(\theta)/c)} = e^{j2\pi Ft} \sum_{i=1}^{N} \sqrt{\sigma_i} e^{-j4\pi FR_i(\theta)/c} = e^{j2\pi Ft} \sum_{i=1}^{N} \sqrt{\sigma_i} e^{-j4\pi R_i(\theta)/\lambda} \quad (2.49)$$

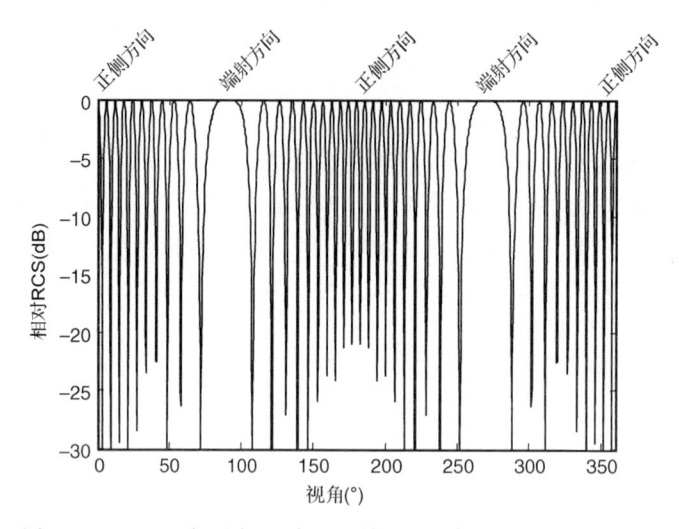

图 2.6　$D=5\lambda$ 时，图 2.5 中"哑铃"型目标的相对雷达截面积

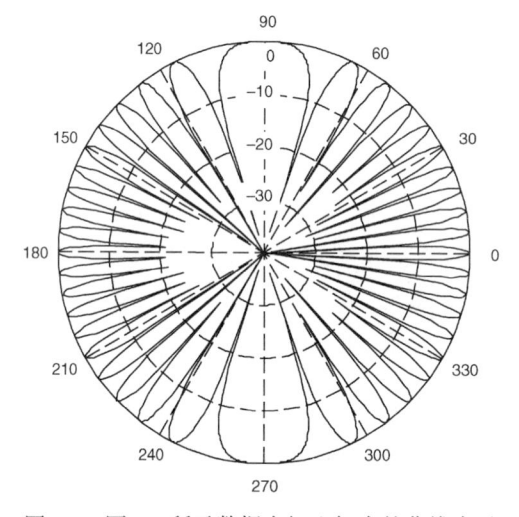

图 2.7　图 2.6 所示数据在极坐标内的曲线表示

式(2.49)中的每一项都代表一个散射体的回波。式(2.49)凸显了这些回波的极其重要的一个特性，即除了受散射体反射率调制，每一项相对于载波还有 $-4\pi R/\lambda$ rad 的相移。后面将会看到，这种由距离变化引起的相移是诸如多普勒处理、成像以及自适应波束形成之类的相干雷达信号处理运算的基础。这种相移对距离变化非常敏感，但也很容易发生模糊。这是因为距离每变化 $\lambda/2$，相位即发生 2π 变化。

因为 RCS 的值 σ 正比于 $|\bar{y}|^2$，故定义

$$\zeta \equiv |\bar{y}| = \left| \sum_{i=1}^{N} \sqrt{\sigma_i} e^{-j4\pi R_i(\theta)/\lambda} \right| \quad (2.50)$$

和

$$\sigma = \zeta^2 = \left| \sum_{i=1}^{N} \sqrt{\sigma_i} \mathrm{e}^{-\mathrm{j}4\pi R_i(\theta)/\lambda} \right|^2 \tag{2.51}$$

对于由很多具有不同的独立 RCS 的散射体构成的复杂目标，图 2.6 所示的 RCS 变化曲线将变得非常复杂。图 2.8 给出了一个"目标"，它是由 50 个随机分布在宽 5 m、长 10 m 的矩形范围内的点散射体构成，且每个散射体的 RCS 都相同，为常数 $\sigma_i = 1.0$。假设雷达到目标中心的观测距离为 10 km，雷达工作频率为 10 GHz。图 2.9 画出了利用式(2.51)计算出的相对 RCS 值，其中角度的变化步长为 0.2°。从图 2.9 可以看出，该目标的 RCS 动态范围和"哑铃"型目标的 RCS 动态范围类似，但波瓣的结构却要复杂得多[①]。

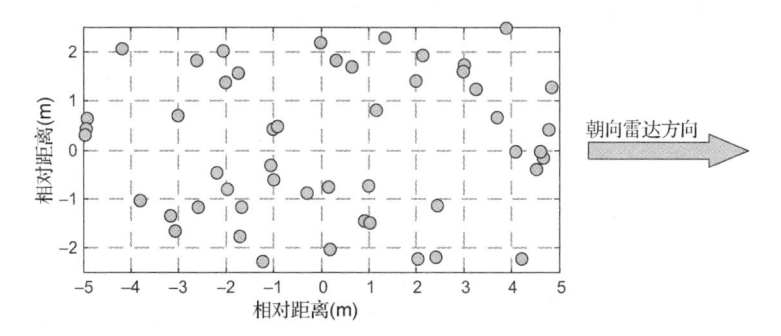

图 2.8　用于计算图 2.9 的 50 个点散射体随机分布的示意图

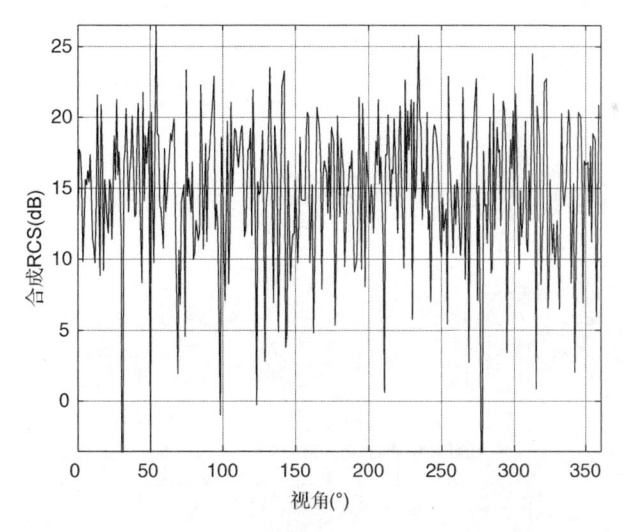

图 2.9　距离为 10 km、雷达频率为 10 GHz 情况下，图 2.8 中复杂目标的相对 RCS

即使对于不是特别复杂的目标，观测到的 RCS 也会随雷达工作频率以及目标的视角发生复杂的变化。此时使用统计方法描述目标的 RCS 更合理(Levanon，1988；Nathanson，1991；Skolnik，2001)。这意味着，可以认为一个分辨单元内的散射体所对应的 RCS 值 σ 是一个服从特定概率密度函数(PDF)的随机变量。通常用 RCS 的平均值或者中值计算雷达距离方程。在第 6 章将会看到，计算检测概率时则需要用到目标 RCS 的 PDF。

通常采用不同的 PDF 描述不同目标 RCS 的统计特性。考虑一个由大量独立散射体构成的

---

① 三维角度空间内 RCS 值随角度的变化情况是类似的，而非只限于二维平面。

目标(类似于图 2.8 的情况),每一个散射体的 RCS 值都是独立且不变的,但它们在空间中的位置是随机的。由于回波相位对微小的距离变化都非常敏感,因此可以认为这些散射体的回波相位是在 $(0,2\pi]$ 区间均匀分布的随机变量。此时,根据中心极限定理可知,复合回波的实部和虚部为统计独立的零均值高斯随机变量,它们的方差都为 α^2(Papoulis 和 Pillai,2001;Beckmann 和 Spizzichino,1963),则平方幅度 σ 服从指数分布,即

$$p_\sigma(\sigma) = \begin{cases} \dfrac{1}{\bar{\sigma}}\exp\left[\dfrac{-\sigma}{\bar{\sigma}}\right], & \sigma \geq 0 \\ 0, & \sigma < 0 \end{cases} \quad (2.52)$$

式中,$\bar{\sigma} = 2\alpha^2$ 表示 RCS 值 σ 的均值。对应的幅度 ζ 服从瑞利分布,即

$$p_\zeta(\zeta) = \begin{cases} \dfrac{2\zeta}{\bar{\sigma}}\exp\left[\dfrac{-\zeta^2}{\bar{\sigma}}\right], & \zeta \geq 0 \\ 0, & \zeta < 0 \end{cases} \quad (2.53)$$

复合回波的相位在 $(0,2\pi]$ 区间均匀分布。

虽然瑞利/指数模型只在散射体数目非常多的情况下才是严格准确的,但是对于只有 10 或 20 个强散射体的目标,它仍然是一个很好的模型。图 2.10 将图 2.9 所示的目标 RCS 数值的直方图,与具有相同均值 $\bar{\sigma}$ 的式(2.52)所给出的指数曲线进行了比较。从该图可以看出,虽然只有 50 个散射体,总的 RCS 的直方图与瑞利/指数分布曲线还是能够吻合得很好。如果这些随机分布的散射体也具有独立但服从同一高斯分布的随机 RCS,那么也可以观察到相同的结果,这才是比固定 RCS 更加一般、更加接近实际的情况。

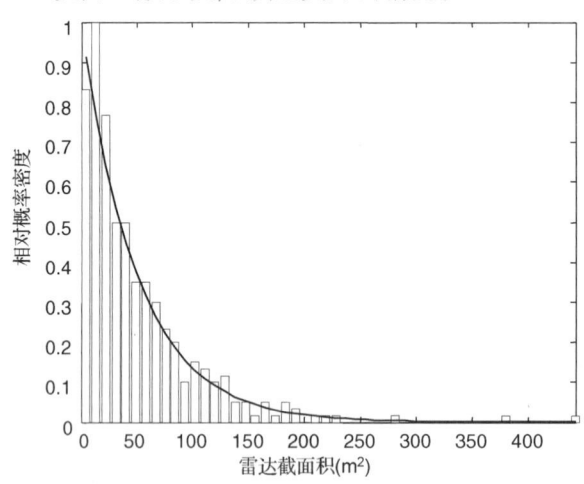

图 2.10 图 2.9 中 RCS 数据的直方图和具有相同均值的指数 PDF

与等强度散射体集合的模型不同的是,有些雷达目标被建模成由一个或若干个强散射体以及一些弱散射体组成的复合体更为合适。这时,强散射体对雷达目标的 RCS 贡献较大,弱散射体贡献较小。人们已提出了多种 PDF 模型表征此类目标,表 2.3 给出了几种较为常用的 PDF 模型,它们能够有效地反映在有强散射体和无强散射体情况下,目标 RCS 值随视角以及雷达工作频率的变化[①]。对于 PDF 不能写成 RCS 均值 $\bar{\sigma}$ 的显式函数的情况,给出了 $\bar{\sigma}$ 的表达

[①] 雷达术语中存在一个不好的倾向:通常将功率 PDF 称为幅度 PDF。最常见的例子是"瑞利 RCS"型目标或其他类似的目标。在这种情况下,目标 RCS 服从指数分布几乎一定是指目标功率服从指数分布。因此建议关注所涉 PDF 是指幅度还是功率。

式，同时也给出了对应方差 var(σ) 的表达式。但表 2.3 中不包含另外两种常用的 PDF，任意阶的偏正 χ^2 分布和 K 分布。附录 A 给出了这些 PDF 及它们之间相互关系的信息，包括这些 PDF 的更一般形式和在某些情况下的特征函数。2.3.4 节对杂波环境下的 PDF 模型进行了讨论。

表 2.3 雷达截面积的常用统计模型

模型名称	RCS 值 σ 的概率密度函数	注释
单参数概率密度函数		
非起伏、Marcum、Swerling 0 或者 Swerling 5	$p_\sigma(\sigma) = \delta_D(\sigma - \bar{\sigma})$ $\text{var}(\sigma) = 0$	回波功率恒定，如，校正球或者雷达和目标都不运动的情况下的完全静止的目标
指数分布，二自由度 χ^2 分布	$p_\sigma(\sigma) = \dfrac{1}{\bar{\sigma}} \exp\left[\dfrac{-\sigma}{\bar{\sigma}}\right]$ $\text{var}(\sigma) = \bar{\sigma}^2$	随机分布的很多散射体，没有占主导作用的强散射体。适用于 Swerling 1 和 Swerling 2 模型
四自由度 χ^2 分布	$p_\sigma(\sigma) = \dfrac{4\sigma}{\bar{\sigma}} \exp\left[\dfrac{-2\sigma}{\bar{\sigma}}\right]$ $\text{var}(\sigma) = \bar{\sigma}^2/2$	目标近似为由一个强散射体及许多个弱散射体构成。适用于 Swerling 3 和 Swerling 4 模型
双参数概率密度函数		
$2m$ 自由度 χ^2 分布，Weinstock 分布	$p_\sigma(\sigma) = \dfrac{m}{\Gamma(m)\bar{\sigma}} \left[\dfrac{m\sigma}{\bar{\sigma}}\right]^{m-1} \exp\left[\dfrac{-m\sigma}{\bar{\sigma}}\right]$ $\text{var}(\sigma) = \bar{\sigma}^2/m$	前两种情况的推广。Weinstock 分布的适用范围是 $0.6 \leq 2m \leq 4$。高自由度对应存在单个较强散射体的情况
二自由度的偏正 χ^2 分布	$p_\sigma(\sigma) = \dfrac{1}{\bar{\sigma}}(1+a^2)\exp\left[-a^2 - \dfrac{\sigma}{\bar{\sigma}}(1+a^2)\right] \times$ $I_0\left[2a\sqrt{1+a^2(\sigma/\bar{\sigma})}\right]$ $\text{var}(\sigma) = \dfrac{(1+2a^2)}{(1+a^2)^2}\bar{\sigma}^2$	一个强散射体与很多小散射体的精确解，对应于幅度服从莱斯分布的情况。其中，a^2 表示强散射体的 RCS 与弱散射体 RCS 和的比，$I_0(\cdot)$ 表示第一类零阶修正贝塞尔函数
韦布尔分布	$p_\sigma(\sigma) = CB\sigma^{C-1}\exp\left[-B\sigma^C\right]$ $\bar{\sigma} = \Gamma(1+1/C)B^{-1/C}$ $\text{var}(\sigma) = B^{-2/C}\left[\Gamma(1+2/C) - \Gamma^2(1+1/C)\right]$	很多测量目标和杂波分布的经验拟合结果。能够建立长拖尾模型或尖峰模型，难以写成变量 $\bar{\sigma}$ 的表达式
对数正态分布	$p_\sigma(\sigma) = \dfrac{1}{\sqrt{2\pi}s\sigma}\exp\left[-\ln^2(\sigma/\sigma_m)/2s^2\right]$ $\bar{\sigma} = \sigma_m \exp(s^2/2)$ $\text{var}(\sigma) = \sigma_m^2 \exp(s^2)\left[\exp(s^2)-1\right]$ $= \bar{\sigma}^2\left[\exp(s^2)-1\right]$	很多目标和杂波分布测量的经验拟合结果，能够建立长拖尾模型或尖峰模型，其中 σ_m 是 σ 的中值，难以写成变量 $\bar{\sigma}$ 的表达式

RCS 的 PDF 形状直接影响检测的性能，这将在第 6 章进一步说明。图 2.11(a) 比较了 RCS 方差均为 0.5 时的指数分布、四自由度 χ^2 分布、二自由度偏正 χ^2 分布、韦布尔分布和对数正态分布的概率密度函数曲线。指数分布的均值必然为 $\sqrt{0.5}$，四自由度 χ^2 分布均值必然为 1，而其他 PDF 的参数经过仔细选择后，其 PDF 的均值为 1。图 2.11(b) 给出了这些 PDF 曲线在半对数坐标系中的结果，从该图可以更明显地看出 PDF 的拖尾。注意，在此处的参数情况下，韦布尔分布和二自由度偏正 χ^2 分布的形状非常相似，χ^2 分布的形状也与之相似，但它的拖尾比较小。在已给出的分布当中，对数正态分布具有最窄的峰和最长的拖尾。和其他分布不同的是，指数分布没有在其 RCS 均值附近形成明显的峰。而其他分布都有一个明显的峰，这使得它们更适于描述包含一个或者少数几个强散射体的目标。

表 2.3 给出的各种 RCS 模型有一个基本的区别，即有些概率密度函数是单参数的，而有些概率密度函数则是双参数的。非起伏、指数分布以及所有的 χ^2 分布（指定阶数）都是单参数

分布，其参数均为 RCS 的均值 $\bar{\sigma}$。偏正 χ^2 分布、韦布尔分布、对数正态分布均为双参数分布，变自由度的 χ^2 分布也是双参数分布。其中，偏正 χ^2 分布的参数为 $\bar{\sigma}$ 和 a^2，变阶 χ^2 分布的参数为 $\bar{\sigma}$ 和 m，韦布尔分布的参数为 B 和 C，对数正态分布的参数为 σ_m 和 s。对于单参数分布，均值就可以完整表征 PDF；而对于双参数分布，需要知道两个参数才能完整表征 PDF，通常情况下为方差和均值或中值。在第 6 章的自动检测算法的设计中，这种区别是非常重要的。

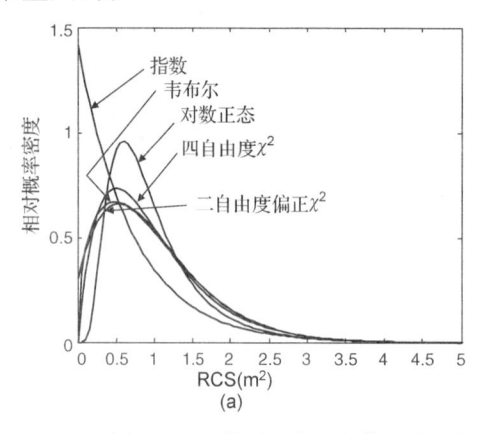

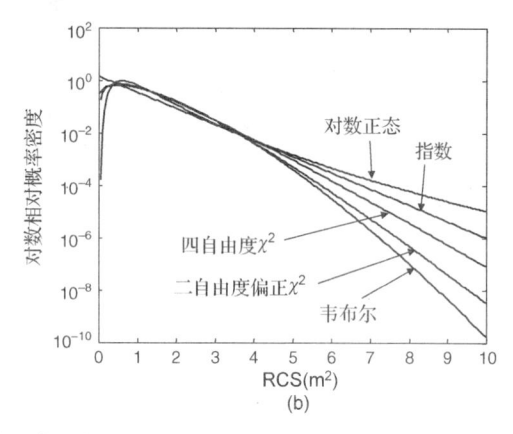

图 2.11 5 种雷达截面积模型的概率密度函数比较。(a)线性尺度；(b)对数尺度

大多数雷达的分析和测量程序强调对 RCS 的测量，它和接收功率成正比。但有时也对电压 ζ 感兴趣，特别是在利用式(2.50)对由多个散射体构成的目标的回波进行建模仿真时。这时需要知道电压的概率密度函数，以便对复数和的概率变化进行建模。利用随机变量的基本公式(Papoulis 和 Pillai, 2001)就可以由 σ 的 PDF 推导出 ζ 的 PDF。因为 RCS 是非负的，从 RCS 到电压的变换[①]为

$$\zeta = \sqrt{\sigma} \tag{2.54}$$

对于给定的 σ，上式变换只有一个实数解，即 $\sigma = \zeta^2$。因此，ζ 的 PDF 为

$$p_\zeta(\zeta) = \frac{p_\sigma(\zeta^2)}{d\zeta/d\sigma} = 2\zeta p_\sigma(\zeta^2) \tag{2.55}$$

利用式(2.55)即可计算表 2.3 中各种雷达截面积 PDF 对应的电压 PDF，见表 2.4，其中所列参数与表 2.3 中 RCS 的 PDF 模型相对应，更多的信息参见附录 A。

表 2.4 常用的雷达截面积统计模型对应的电压分布

模型名称	电压 ζ 的概率密度函数	注释
单参数概率密度函数		
非起伏、Marcum、Swerling 0 或者 Swerling 5	$p_\zeta(\zeta) = \delta_D(\zeta - \sqrt{\bar{\sigma}})$ $\bar{\zeta} = \sqrt{\bar{\sigma}}, \quad \text{var}(\zeta) = 0$	仍是非起伏模型，与 RCS 模型相比，只是参数 $\bar{\sigma}$ 变为 $\sqrt{\bar{\sigma}}$
瑞利分布，二自由度 χ^2 分布	$p_\zeta(\zeta) = \frac{2\zeta}{\bar{\sigma}} \exp\left[\frac{-\zeta^2}{\bar{\sigma}}\right]$ $\bar{\zeta} = \frac{1}{2}\sqrt{\pi\bar{\sigma}}, \quad \text{var}(\zeta) = \bar{\sigma}(1 - \pi/4)$	对应的 RCS 服从指数分布。Swerling 1 以及 Swerling 2 模型目标的等效电压

续表

---

① 由于实正弦的功率 P 和其幅度 A 的关系为 $P = A^2/2$，而不是 $P = A^2$，文献(Levanon, 1988)给出的电压分布的形式略有不同。

第 2 章 信 号 模 型

模型名称	电压 ζ 的概率密度函数	注释
四自由度 χ^2 分布	$p_\zeta(\zeta) = \dfrac{8\zeta^3}{\bar{\sigma}^2}\exp\left[\dfrac{-2\zeta^2}{\bar{\sigma}}\right]$ $\bar{\zeta} = \dfrac{3}{4}\sqrt{\dfrac{\pi\bar{\sigma}}{2}}, \quad \mathrm{var}(\zeta) = \bar{\sigma}\left(1 - \dfrac{9}{32}\pi\right)\bar{\sigma}$	对应的 RCS 服从四自由度的 χ^2 分布。Swerling 3 以及 Swerling 4 模型目标的等效电压
双参数概率密度函数		
$2m$ 自由度中心 χ^2 分布	$p_\zeta(\zeta) = \dfrac{2\zeta m}{\Gamma(m)\bar{\sigma}}\left(\dfrac{m\zeta^2}{\bar{\sigma}}\right)^{m-1}\exp\left[\dfrac{-m\zeta^2}{\bar{\sigma}}\right]$ $\bar{\zeta} = \dfrac{\Gamma(m+0.5)}{\Gamma(m)}\sqrt{\dfrac{\pi\bar{\sigma}}{m}}$ $\mathrm{var}(\zeta) = \bar{\sigma}\left\{1 - \dfrac{1}{m}[\Gamma(m+0.5)/\Gamma(m)]^2\right\}$	Weinstock RCS 模型对应的等效电压
莱斯分布，二自由度的偏正 χ 分布	$p_\zeta(\zeta) = \dfrac{2\zeta(1+a^2)}{\bar{\sigma}}\exp\left[-a^2 - \dfrac{\zeta^2}{\bar{\sigma}}(1+a^2)\right] \times$ $\qquad I_0\left(2a\zeta\sqrt{(1+a^2)/\bar{\sigma}}\right)$ $\bar{\zeta} = \dfrac{1}{2}\sqrt{\dfrac{\pi\bar{\sigma}}{1+a^2}}e^{-a^2}{}_1F_1[1.5,1;a^2]$ $\mathrm{var}(\zeta) = \left(\dfrac{\bar{\sigma}}{1+a^2}\right)e^{-a^2} \times$ $\qquad \left[{}_1F_1(2,1;a^2) - \dfrac{\pi}{4}e^{-a^2}{}_1F_1^2(1.5,1;a^2)\right]$	二自由度的偏正 χ^2 分布对应的等效电压。其中 ${}_1F_1(\alpha,\beta,\chi)$ 是流体超几何函数，也称为 Kummer 函数
韦布尔分布	$p_\zeta(\zeta) = 2CB\zeta^{2C-1}\exp[-B\zeta^{2C}]$ $\bar{\zeta} = \Gamma(1+1/2C)B^{-1/2C}$ $\mathrm{var}(\zeta) = B^{-1/C}\left[\Gamma(1+1/C) - \Gamma^2(1+1/2C)\right]$	仍然是韦布尔分布，与 RCS 模型相比，只是其中一个参数 C 变为 $2C$
对数正态分布	$p_\zeta(\zeta) = \dfrac{2}{\sqrt{2\pi}s\zeta}\exp\left[-4\ln^2\left(\zeta/\sqrt{\sigma_\mathrm{m}}\right)/s^2\right]$ $\bar{\zeta} = \sqrt{\sigma_\mathrm{m}}\exp(s^2/8)$ $\mathrm{var}(\zeta) = \sigma_\mathrm{m}\exp(s^2/4)[\exp(s^2/4) - 1]$ $\qquad = \bar{\zeta}^2[\exp(s^2/4) - 1]$	仍然是对数正态分布，与 RCS 模型相比，只是参数 s 和 σ_m 分别变为 $s/2$ 和 $\sqrt{\sigma_\mathrm{m}}$

可以看到，复杂目标的 RCS 随发射频率和视角变化。目标信号的另外一个重要特性是时间、频率和角度上的"去相关间隔"。时间、频率以及角度的变化是引起目标回波幅度在一定程度上去相关的原因。如果一连串相同的雷达脉冲照射一个刚体目标，比如建筑物，而且雷达和目标之间没有相对运动，那么可以期望每个脉冲的接收复电压 y 都相同（忽略接收机噪声）。然而，如果这二者之间存在相对运动，雷达到构成目标的不同散射体之间的相对路径长度就会发生变化，进而导致合成回波的幅度发生波动，如图 2.9 所示。所以，刚体目标的去相关效应主要是由距离和视角变化引起的。另一方面，如果雷达照射的是自然杂波，比如海面或者一片树林，即使雷达和目标彼此之间没有相对运动，信号也会去相关，这主要是由杂波的内部运动，如海面的波动、风吹树叶和树枝的摆动等引起的。去相关的程度取决于外部环境因素，比如风速。当然，距离和视角变化也会引起杂波信号的去相关。

虽然真实目标的特性可能相当复杂，但从下面的简单讨论中，我们仍能得到使目标或杂波小块的信号去相关所需的频率或角度变化量的估计。考虑如图 2.12 所示的目

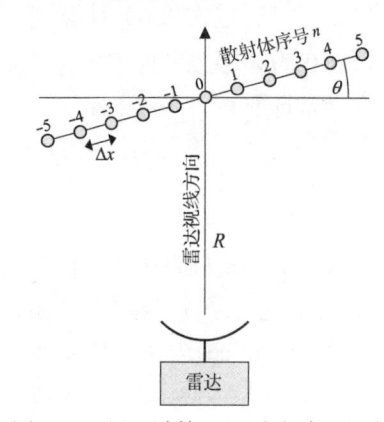

图 2.12 用于计算 RCS 在频率和视角上的去相关间隔的几何示意图

标，它由间隔 Δx 的均匀线性排列的点散射体构成，且相对于天线视线方向的倾斜角为 θ。假设这 $2M+1$ 散射体的编号分别为 $-M$ 到 M，目标的总长度为 $L = (2M+1)\Delta x$。如果其到雷达的距离 R_0 远大于目标的尺寸(即 $R_0 \gg L$)，那么平面电磁波从一个散射点到另一个散射点的波程差为 $\Delta x \sin\theta$。若雷达发射波形为 $A\exp(j\Omega t)$，则接收信号为

$$\bar{y}(t) = \sum_{n=-M}^{M} A e^{j\Omega(t-2(R_0+n\Delta x \sin\theta)/c)}$$

$$= A e^{j\Omega(t-2R_0/c)} \sum_{n=-M}^{M} e^{-j4\pi n\Delta x \sin\theta F/c} \tag{2.56}$$

为简化表示，定义

$$K_\theta = \frac{2\pi F}{c}\sin\theta = \frac{2\pi}{\lambda}\sin\theta, \qquad \alpha = 2\Delta x \tag{2.57}$$

式中，K_θ 表示空间频率，单位是 rad/m，详见附录 B。则 $\bar{y}(t)$ 可以写成 t 和 K_θ 的函数 $\bar{y}(t;K_\theta)$。我们感兴趣的是信号关于变量 K_θ 的相关性，K_θ 中包含着视角和雷达工作频率。注意，$\bar{y}(t;K_\theta)$ 是 K_θ 的周期函数，周期 $2\pi/\alpha$。因此，以 ΔK_θ 为间隔的 $\bar{y}(t;K_\theta)$ 的自相关函数为

$$s_{\bar{y}}(\Delta K_\theta) = \int_{-\pi/\alpha}^{\pi/\alpha} \bar{y}(t;K_\theta)\bar{y}^*(t;K_\theta+\Delta K_\theta)dK_\theta$$

$$= \int_{-\pi/\alpha}^{\pi/\alpha} \left[A e^{j\Omega(t-2R_0/c)}\sum_{n=-M}^{M} e^{-j\alpha K_\theta n}\right]\left[A^* e^{-j\Omega(t-2R_0/c)}\sum_{l=-M}^{M} e^{+j\alpha(K_\theta+\Delta K_\theta)l}\right]dK_\theta \tag{2.58}$$

式中，求和符号外的复指数项可以相互抵消，交换积分和求和顺序并合并同类项后，可得

$$s_{\bar{y}}(\Delta K_\theta) = |A|^2 \sum_{l=-M}^{M} e^{+j\alpha\Delta K_\theta l} \sum_{n=-M}^{M}\left[\int_{-\pi/\alpha}^{\pi/\alpha} e^{-j\alpha(n-l)K_\theta}dK_\theta\right] \tag{2.59}$$

令 $K'_\theta = \alpha K_\theta$，则可以清晰地看出上式中的积分实际上是常数谱 $S(\Delta K_\theta) = 2\pi/\alpha$ 的离散时间傅里叶逆变换，所以这个积分就是离散脉冲函数 $(2\pi/\alpha)\delta[n-l]$。利用此点，可以将式(2.59)简化成关于变量 l 的单重求和，整理可得

$$s_{\bar{y}}(\Delta K_\theta) = \frac{2\pi|A|^2}{\alpha}\frac{\sin[\alpha(2M+1)\Delta K_\theta/2]}{\sin[\alpha\Delta K_\theta/2]} = \frac{\pi|A|^2}{\Delta x}\frac{\sin[L\cdot\Delta K_\theta]}{\sin[\Delta x\cdot\Delta K_\theta]} \tag{2.60}$$

这样，可以通过式(2.60)计算 s_y 下降到一个给定的水平来确定去相干间隔 ΔK_θ，此时 ΔK_θ 值可以转化为频率或者视角的等效变化量。

通常选取相关函数的第一个零点对应的 ΔK_θ 值，即式(2.60)的分子中的自变量等于 π 时的 ΔK_θ 值作为去相关间隔。该值也称为自相关函数的瑞利宽度。因为 $L=(2M+1)\Delta x$，故有

$$\pi = L\cdot\Delta K_\theta \quad\Rightarrow\quad \Delta K_\theta = \frac{\pi}{L} \tag{2.61}$$

已知 $K_\theta = (2\pi/c)F\sin\theta$，因此 K_θ 的全微分可以写为 $dK_\theta = (2\pi/c)[\sin\theta dF + F\cos\theta d\theta]$。为了确定给定雷达工作频率时角度的去相干间隔，令 $dF = 0$，得 $dK_\theta = (2\pi/c)F\cos\theta d\theta$，因此 $\Delta K_\theta \approx (2\pi/c)F\cos\theta\Delta\theta$。类似地，固定视角 θ 可以计算出目标去相关所需的频率变化量。此时令 $d\theta = 0$，得 $\Delta K_\theta \approx (2\pi/c)\sin\theta\Delta F$。结合式(2.61)可得回波幅度去相关所需的角度变化量或者频率变化量为

$$\Delta\theta = \frac{c}{2L\cdot F\cos\theta}, \qquad \Delta F = \frac{c}{2L\sin\theta} \tag{2.62}$$

注意，$L\cos\theta$ 是目标在垂直于雷达视线方向上的投影长度，而 $L\sin\theta$ 则是目标在雷达视线方向上的投影长度。因此，角度上的去相关间隔取决于从雷达视线方向看去的目标宽度，而频率上的去相关间隔取决于从雷达视线方向看去的目标深度。一个适用于由任意多个点散射体构成的目标的去相关间隔表达式为

$$\Delta\theta = \frac{c}{2F \cdot L_w}, \qquad \Delta F = \frac{c}{2L_d} \tag{2.63}$$

式中，L_w 和 L_d 分别指从雷达视线方向看去目标的宽度和深度。

举例来说，考虑一个汽车大小的目标，大约长 5 m。雷达工作在 L 波段(1 GHz)，从车身方向(车的正侧面)看过去，可以预料当视角转过 $(3\times10^8)/(2\times5\times10^9) = 30$ mrad，即约 1.7°时，目标信号就会去相关。而对于 W 波段(95 GHz)，去相关角度缩小为 0.018°。当雷达迎头看过去时(目标的深度为 5 m)，去相关所需的频率变化量为 30 MHz，与原来的发射频率无关。

下面给出另外一个去相关的例子。目标由多个散射体构成，类似于图 2.8 中所示的情况，但雷达的视角仅限于±3°范围。图 2.13(a)给出了 20 个不同的随机目标的角度维自相关曲线的平均值[①]，其中每个目标都是由 20 个随机分布在 5 m×10 m 矩形框内的点散射体构成。图中黑线是由雷达从垂直于目标 5 m 边的方向看去得到的，而灰线则是由雷达从垂直于目标 10 m 边的方向看去得到的，这分别对应于从图 2.8 所示矩形框的右边和上边看目标。对于工作频率为 $F = 10$ GHz 的雷达，当雷达从右边看去时，去相关角度间隔的期望值为 0.34°；而当雷达从上边看去时，去相关角度间隔的期望值为 0.17°，如图 2.13(a)的垂直虚线所示。在这两种情况中，相关函数的第一个最小值出现在去相关角度间隔的预测值处。图 2.13(b)给出了 30 个随机目标的频率维自相关曲线的平均值。在这组仿真实验中，自相关函数没有明显的最小值，但它们的第一个过零点与预测的去相关频率间隔非常接近。

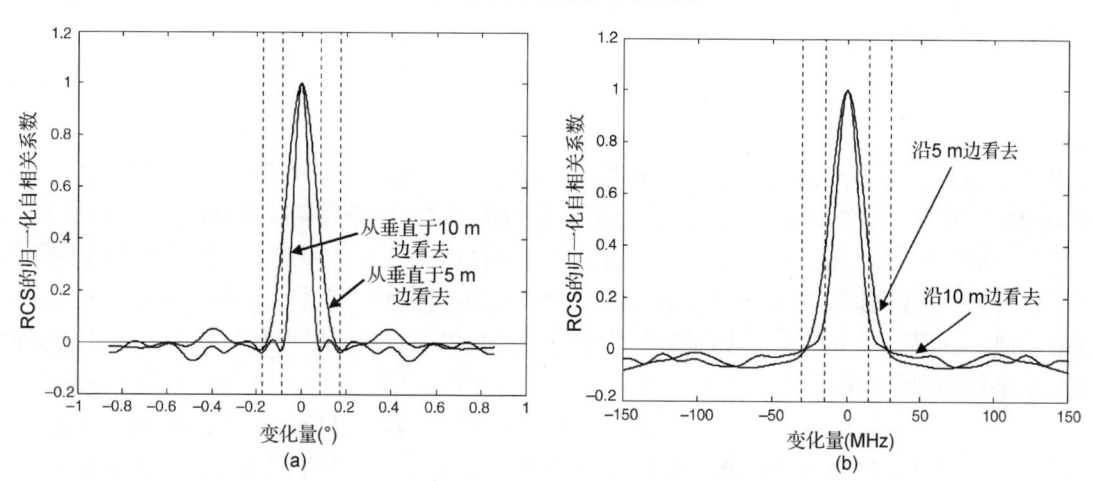

图 2.13 由众多散射点所组成的目标的平均自相关函数。(a)角度自相关函数；(b)频率自相关函数

图 2.9 说明只要视角变化足够大就会使复杂目标的 RCS 发生去相关，即 RCS 值发生明显变化。图 2.14 将说明频率捷变技术具有使 RCS 变化的能力。雷达从 54°方向观察一个由 20 个随机散射体构成的 5 m×10 m 目标，这样目标的有效深度近似为 $10\sin(54°) = 8.1$ m。如果雷达

[①] 对于任意一个由多个散射体构成的目标，其自相关可能会明显不同于此处所给出的预测值，也异于图 2.13 所给出的平均值，必须对大量类似目标的自相关值进行平均运算，才可以估计出期望值。

每个脉冲的工作频率都相同，则这些脉冲对应的 RCS 都严格相等，接收功率也严格相等。但是如果每个脉冲对应的工作频率不同，从 10 GHz 开始每次增大 18.5 MHz〔根据式(2.63)计算得到〕，目标的相对 RCS 值大约变化了 38 dB，即最大值与最小值相差 6300 倍。

第 6 章可以看到，在某些情况下，若目标连续测量间去相关，检测性能将得到改善。为此，很多雷达采用"频率捷变"技术使雷达的连续测量去相关(Ray，1996)。在这个过程中，相邻脉冲间雷达频率增加 ΔF Hz 或者更多〔其中 ΔF 由式(2.63)确定〕，以保证相邻脉冲的回波去相关。一旦获得了足够数量的样本，雷达就重复这个增加频率的循环来得到下一组测量。

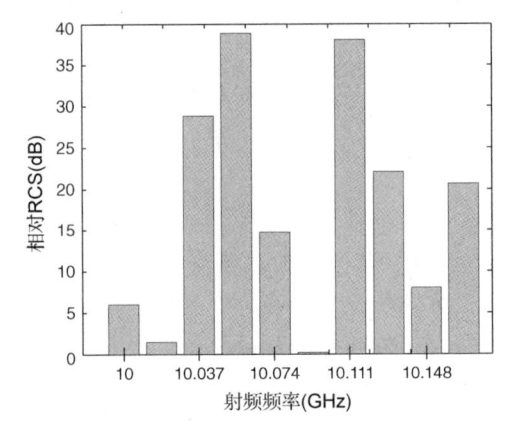

图 2.14 视角不变的情况下，RCS 值随频率捷变的变化情况

基于高度简化的目标模型及关于去相关间隔构成的假设，人们推导出了式(2.63)。除此之外，我们也可以把"去相关"间隔定义为相关函数值首次降为其峰值的 1/2 或 1/e 的两点之间的宽度，这会明显减小去相关所需的角度或者频率的变化量。而且，很多雷达是对回波幅度的平方进行检测，而非前面推导过程中所采用的幅度。平方率检测器产生的相关函数正比于式(2.60)的平方(Birkmeier 和 Wallace，1963)。这种情况下第一零点对应的 ΔK_θ 值不变，前面的结论依然适用。但是，如果采用其他的相关间隔定义(比如相关函数的峰值的 50% 作为去相关点)，平方率检测时去相关所需的 ΔK_θ 就要小于线性检测器的 ΔK_θ。

2.2.6 目标起伏模型

在雷达检测理论中，人们通常会对一组 N 个测量结果进行非相参组合，判断指定分辨单元中是否存在目标，而非基于单个测量结果做出判断。地基警戒雷达可以产生如下所述的一组测量结果，这可能是提出非相干积累算法的初始动机。考虑一个雷达，假设它的天线以 Ω rad/s 的恒定角速度旋转，其方位波束宽度为 θ rad，脉冲重复频率(PRF)[①]为 PRF Hz，而且目标是固定的，如图 2.15(a)所示。假设只有目标位于波束主瓣内时，雷达才能接收到强回波，则天线每扫描 360° 就有 $N = (\theta/\Omega)PRF$ 个脉冲的回波含有目标信号。因此，在进行目标检测前，可以将同一距离单元的连续 N 个脉冲回波积累起来，以提高信噪比。早期的雷达只能做这种非相干积累。

但这不是产生这样一组测量值的唯一办法。一般情况下，现代雷达可以通过固定或者近似固定的方向以恒定的脉冲重复频率发射 M 个脉冲，形成一个相干积累间隔(CPI)数据。正如第 4 章将看到的那样，这 M 个脉冲组成的序列是常用的波形，它特别适用于多普勒测量以及干扰抑制。雷达可以重复这个测量过程，在同一个方向上接收 N 个 CPI 数据。连续 CPI 的参数可以相同，也可以不同，如改变脉冲重复频率、波形或者工作频率(捷变频)。人们通常对同一 CPI 内的同一距离单元数据进行相干积累处理，如估计该距离单元的多普勒谱。然而，

[①] 本书中特意约定，缩写词 PRF 等既作为首字母缩写词，也作为数学变量。当作为缩写词时为正体(PRF)；当作为数学变量时为斜体(PRF)。

不同 CPI 之间一般需要进行非相干处理。图 2.15(b) 给出了同一距离多普勒单元 N 个 CPI 数据之间的非相干积累过程，该过程一般位于目标检测过程之前。

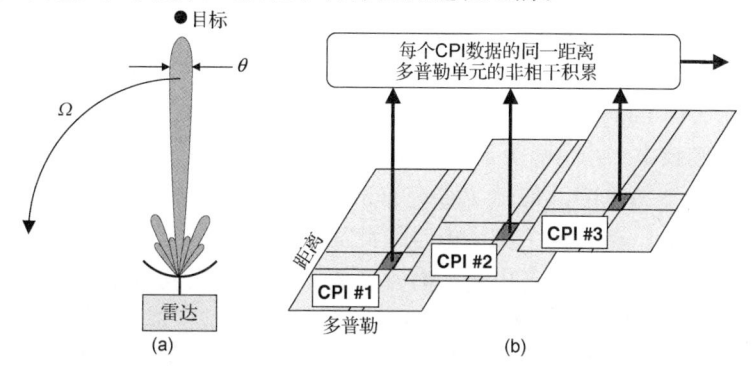

图 2.15　多个非相干观测数据采样场景示意图。(a) 非相干监视雷达的旋转天线；(b) 相干雷达的多个 CPI 数据

在雷达接收 N 个测量值期间，若目标和雷达之中的一个或者两个是运动的，那么自然就会产生一个问题：在此期间目标的 RCS 是恒定的还是变化的？换句话说，假设不考虑频率捷变，在 N 组脉冲或者 N 个 CPI 期间，若雷达和目标之间的视角变化较小，那么是否可以认为目标的 RCS 是一个不变的随机量？或者，视角变化是否足够快以使不同脉冲或者不同 CPI 之间的 RCS 是去相关的，以至于可以认为每次观测的 RCS 是服从某种 PDF 分布的独立随机变量？第 6 章可以看到该问题的答案对检测概率的计算过程及结果会产生重大影响。

在解决这一问题时，需要按照式 (2.63) 给出的角度去相关间隔来考虑雷达与飞机相遇过程中的变化。以图 2.16(a) 为例说明二者相遇过程，飞机 1 上的 X 波段 (10 GHz) 雷达从 5 km 外观测飞机 2。假设飞机 2 长 10 m (若沿雷达视线方向看去则称宽 10 m)，其飞行速度为 100 m/s，雷达以 1 kHz 的脉冲重复频率发射一个脉冲数 M 为 10 的序列。在这个 10 ms 的 CPI 期间，飞机 2 运动了 1 m，其相对于飞机 1 的角度近似变化了 1/5000=0.2 mrad。根据式 (2.63) 可知，角度去相关长度为 $(3\times10^8)/(2\times10\times10\times10^9)$=1.5 mrad，因为在一个 CPI 内的实际角度变化小于非相干角度间隔，故可以认为同一 CPI 内所有脉冲对应的 RCS 值都相同。现在假设雷达发射一组脉冲序列，每个脉冲序列之间间隔 100 ms，则飞机 1 与飞机 2 之间的角度在相邻 CPI 期间变化了 2 mrad，这显然要大于角度去相关长度 1.5 mrad。因此，可以认为一个 CPI 期间的飞机 RCS 与其他 CPI 对应的 RCS 是不相关的。

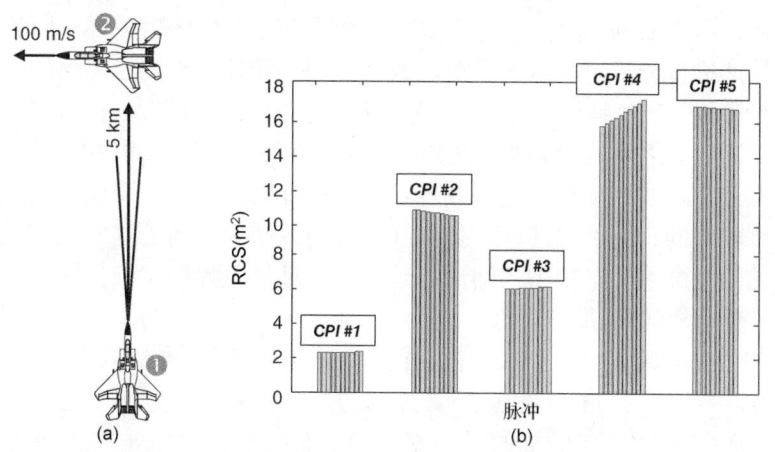

图 2.16　垂直穿过的目标场景。(a) 相遇几何关系模型；(b) 5 个 10 脉冲 CPI 对应的目标 RCS 值

图 2.16(b)给出了另一个 10 m×5 m 的随机复合目标的 RCS 值随 CPI 的变化情况,雷达系统参数及目标运动情况同上。图中画出了每个 CPI 期间每个脉冲的 RCS 值,一共是 5 组 CPI。注意,在每个 CPI 期间,RCS 值近似是常数,最大的变化仅为 0.4 dB。而不同 CPI 之间的 RCS 变化非常大,本例中变化了 9 dB 左右。因此,对于这 5 组数据,可以用一个服从指数分布的随机变量表示每个 CPI 期间的 RCS 值。在一个 CPI 期间,所有脉冲的 RCS 值相同。但是,如果采用脉间捷变频技术,且频率步长大于 30 MHz,即大于式(2.63)给出的频率去相关间隔,则每个脉冲对应的 RCS 值都与其他脉冲对应的 RCS 值不相关,尽管它们服从相同的指数分布。

传统上,若非相干积累的 N 个测量值是彼此完全相关的,但它们与另外一组 N 个测量值是完全不相关的,则称为扫描间去相关;而若这 N 个测量值之间都是互不相关的,则称为脉冲间去相关,这两个术语可能源于类似图 2.15(a)所示的场景。在该场景中,这 N 个测量值是雷达扫过目标一次对应的 N 个脉冲。若目标以某一速度移动,该速度足够慢,以使这 N 个脉冲对应相同的 RCS 值;但该速度又不够慢,致使雷达扫描一圈后再次扫描到目标时,所测量到的 N 个脉冲所对应的 RCS 值完全不同于前一圈 N 个脉冲所对应的 RCS 值,则这时就是"扫描间去相关"。如果雷达采用频率捷变技术,或者雷达与目标之间的相对运动较快导致不同脉冲之间的 RCS 值相差较大,则是"脉冲间去相关"。

在非相干积累雷达的性能分析中,曾长期使用"扫描间"和"脉冲间"这两个术语,它们常见于经典文献,但对于现代的相干积累雷达,它们与实测数据以及实际的处理方法关联得不是很好。在图 2.15(b)所示的基于 CPI 的数据录取过程以及图 2.16 的例子中,数据是脉冲间相关的,但不同 CPI 之间是不相关的。CPI 内数据常采用相干积累处理,而不同 CPI 之间的数据常采用非相干积累处理,如对同一距离多普勒单元的不同 CPI 数据进行非相干积累处理。在此例中,由于实际用于非相干积累的数据(同一距离多普勒单元在不同 CPI 的数据)是不相关的,故尽管同一 CPI 不同脉冲的数据之间是高度相关的,仍然会用"脉冲间"去相关模型来分析雷达的检测性能。

另外一个容易引起混淆的例子是,雷达在一个较短的时间内连续发射多个 CPI 的信号观测目标(也常称为驻留),这些 CPI 是在同一扫描周期内对同一方向观测获得的。与之相反的是,通过多个扫描周期对某一方向进行观测来获得多个 CPI。前一种情况对应的时间比较短,不同 CPI 之间的目标没有发生去相关;而后一种情况对应的时间较长,目标有可能发生去相关。在进行跨 CPI 非相干积累时,第一种情况最好使用"扫描间"去相关模型,因为用于积累的数据是近似相同的。而在第二种情况中则不同,可能对数据进行非相干积累更好,即经典的"脉冲间"去相关情况。

在对检测性能进行分析时,这些术语就成为了一个问题。许多已出版的文献中使用的去相关术语是"扫描间"和"脉冲间"。在阅读关于现代雷达的文献时,读者应当仔细分析用于非相干积累的观测数据之间的相关性。这其中的关键在于,这些观测数据是否是高度相关的,即所有的观测都近似为同一随机变量;或者是否是高度去相关的,即不同的随机变量。如果这些测量是高度相关的,就可以使用"扫描间"模型的结论;而若这些观测数据之间是不相关的,则应当使用"脉冲间"模型的结论。较新的文献较少使用"扫描间"和"脉冲间"这两个术语,以避免这样的问题。

我们知道,PDF 主要用于描述 RCS 值随视角、雷达频率及其他重要参数的变化,去相关模型主要用于描述非相干积累的测量数据之间的相关性,而目标起伏模型则是这两个模型的综合。我们可以使用任何适于描述雷达目标的 RCS 的 PDF,包括表 2.3 所示的全部 PDF 模型。对于人造目标,人们一般使用两类比较极端的去相关模型,即完全相关或者完全不相关,利用这样的去相关模型可以给出检测性能界。实际上,进行非相干处理的观测数据常是部分相关的。有时给出脉冲之间的相关系数或自相关函数来确定部分相关的模型,这在杂波建模中是更为常见的。

2.2.7　Swerling 模型

雷达检测理论中相当一部分结果是建立在关于目标 RCS 起伏以及非相干积累的 4 种 Swerling 模型之上的(Swerling, 1960; Meyer 和 Mayer, 1973; Nathanson, 1991; Skolnik, 2001),2 种 PDF 和 2 种相关性的组合产生了 4 种 Swerling 模型。2 个 PDF 分别是指数分布和四自由度的 χ^2 分布(见表 2.3)。指数分布描述的是由很多散射体组成的复杂目标的特性,在这些散射体中没有一个是绝对占优的。四自由度的 χ^2 分布描述的是由很多较弱的散射体和一个特别强的散射体构成的目标的特性。虽然莱斯分布能够精确描述后一种目标的特性,但 χ^2 分布是更容易分析的近似形式。这种近似的基础是莱斯分布和四自由度 χ^2 分布具有相匹配的一阶矩和二阶矩(Meyer 和 Mayer, 1973)。当强散射体的 RCS 是小散射体 RCS 之和的 $1+\sqrt{2}=2.414$ 倍时,这些矩是匹配的,所以四自由度 χ^2 分布在这种情况下是最为适用的。对于更一般的情况,自由度为 $2m=1+[a^2/(1+2a)]$ 的 χ^2 分布是莱斯分布的更好的近似,其中 a^2 是强散射体 RCS 与小散射体 RCS 之和的比。然而,Swerling 模型中仅考虑四自由度 χ^2 分布这一特殊情况。

Swerling 模型称为"Swerling 1"、"Swerling 2"等。表 2.5 给出了这 4 种模型的定义。非起伏的目标常采用"Swerling 0"或者"Swerling 5"模型表示。

表 2.5　Swerling 模型

RCS 的概率密度函数	非相干积累测量之间的相关性	
	相关	不相关
瑞利/指数分布	情况 1	情况 2
四自由度 χ^2 分布	情况 3	情况 4

图 2.17 和图 2.18 给出了 2 种 Swerling 模型的区别。在这 2 个例子中,均给出了单个点散射体的接收功率,该散射体的 Swerling RCS 的平均值都为 1。此外,还假设雷达扫描了 3 个扫描周期或 CPI,且在每一次扫描中都获得了目标的 10 个样本。图 2.17 给出的是 Swerling 1 模型(指数 PDF、完全相关)下的样本序列。而图 2.18 给出的是 Swerling 4 模型(四自由度 χ^2 分布,完全去相关)下的样本序列,该模型下样本之间都是互相独立的。

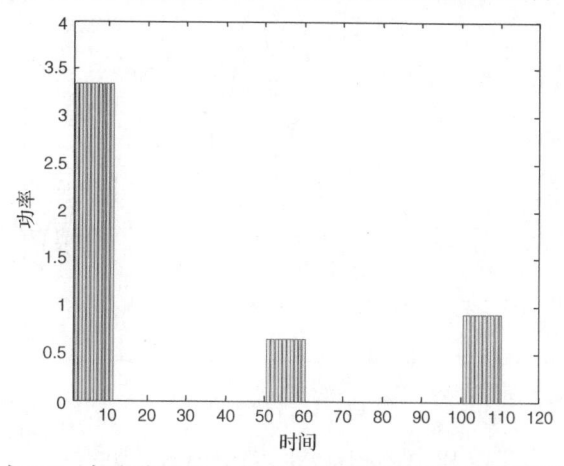

图 2.17　3 个扫描周期或 CPI,每次获得 10 个样本的功率序列(目标服从均值为 1 的 Swerling 1 模型)

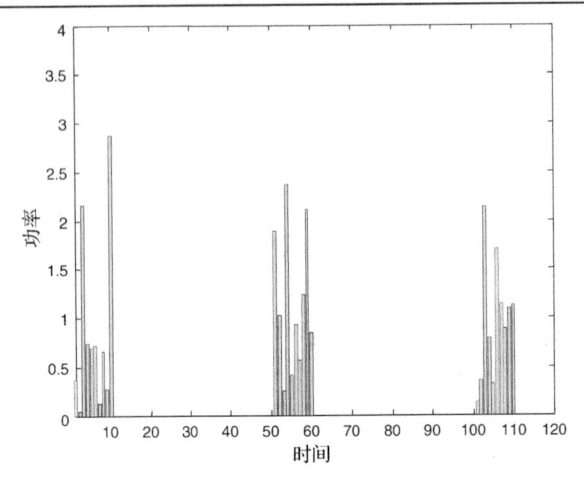

图 2.18　3 个扫描周期或 CPI，每次获得 10 个样本的功率序列(目标服从均值为 1 的 Swerling 4 模型)

2.2.8　目标起伏对多普勒谱的影响

在雷达信号处理中，常利用离散时间傅里叶变换(DTFT)技术对同一 CPI 内同一距离单元的回波进行处理。DTFT 主要用于对短 CPI 回波进行相干积累，这时目标的 RCS 以及幅度都没有发生明显的去相关效应。第 4 章将会看到，对于恒定速度的目标，同一 CPI 内的采样序列可以形成离散时间正弦波。因此，混叠 sinc 函数(也称为 asinc，dsinc，或狄利克雷函数)是常用的 DTFT 变换模型，其峰值旁瓣比为 13.2 dB，偏离主瓣越远，旁瓣越低。

若同一 CPI 内目标的 RCS 发生明显的起伏变化，则目标的幅度以及相位都会发生变化，这时进行 DTFT 变换的数据就不再是幅度恒定的离散正弦波。图 2.19 给出了目标起伏对 DTFT 的影响，图中灰色曲线是未加窗的零频率正弦波的谱。当雷达从固定角度观测静止的 10 m × 5 m 的多散射点目标时，该灰色曲线可有效表征 20 个脉冲回波的回波谱。而黑线是同一雷达对同一目标的观测结果，只是相邻脉冲的视角变化了 0.7 mrad。这样，在 20 个脉冲期间视角总共变化了 13.3 mrad，几乎是去相关角度间隔 1.5 mrad 的 9 倍。因此，目标回波的幅度以及相位发生了明显的变化，导致目标幅度谱的旁瓣升高，目标能量扩散，会显著地白化目标功率谱。

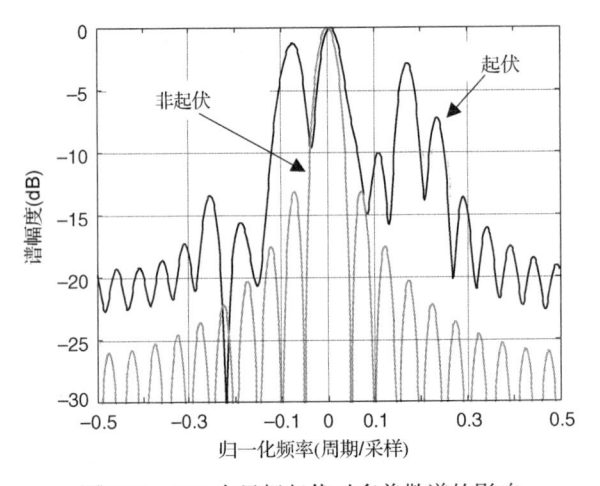

图 2.19　CPI 内目标起伏对多普勒谱的影响

2.3 杂波

杂波指的是接收信号中由体散射或者面散射引起的回波分量。这些散射体包括地球表面（陆地和海洋）、气象散射（如雨云）、人造的分布式散射体（比如空中的箔条云，通常由大量的轻质反射材料构成）。杂波有时是干扰，而有时又是人们感兴趣的期望信号。例如，利用合成孔径成像雷达对地球表面进行成像时，地形杂波就是 SAR 雷达的目标；而对于致力于发现地面运动车辆的机载或者星载监视雷达，目标周围的地形杂波就是干扰信号。

从信号处理的角度，主要关心的是如何对杂波回波进行建模。同人造目标一样，地形杂波也是由多个散射体构造的复杂目标，因而其回波也高度依赖于雷达系统参数以及地面与雷达之间的相对几何关系。所以，如同复杂目标一样，杂波也被建模成随机过程。除了时间相关，杂波还呈现出空间相关性，即相邻分辨单元的回波也有可能相关。两部非常好的关于陆地杂波和海杂波的著作是（Ulaby 和 Dotson，1989；Long，2001）。Currie（2010）一书也对杂波进行了非常好的简明介绍。

杂波和目标具有不同的 PDF、时间相关性、空间相关性、多普勒特性以及功率，正如第 5 章和第 9 章将要研究的，利用这些差异可以有效分离出目标和杂波信号。杂波和噪声有两个主要的区别：首先杂波的功率谱不是白的（即，它是相关干扰）；其次，由于杂波回波是发射信号的回波，它的功率与雷达和场景的参数密切相关，这些参数包括天线增益、发射功率以及雷达到地形的距离。而噪声则完全不受这些因素的影响，它只与雷达接收机的噪声系数以及带宽有关。

2.3.1 σ^0 的性质

面杂波（陆地和海洋的表面）的散射特性是由它的雷达截面积的均值或者中值、散射率 σ^0（无量纲的量）、散射率变化的 PDF 以及它的空间和时间相关性来刻画的。2.2.5 节中所给出的多个 PDF 也可以很好地表征 σ^0，常用的有指数分布、对数正态分布以及韦布尔分布。

雷达观测到的地形杂波的面散射率 σ^0 与地形、环境（如表面粗糙度、湿度）、气象（风速、方向、降雨量）、相对几何关系（特别是擦地角），以及雷达系统参数（波长、极化）有关。因此，只利用 PDF 这一个参数不足以表征杂波，还需要对 σ^0 与上述参数的关系进行建模。考虑陆地杂波，σ^0 通常的变化范围是 $-60 \sim -10$ dB。多年来通过很多测量计划人们已经总结出了各种条件下陆地散射的统计特性，得到了各种地形和条件下 σ^0 的表格，也建立了 σ^0 变化的模型。图 2.20 给出了沙漠地形的面散射率随雷达频率以及擦地角变化的一组典型数据。注意，一般情况下，σ^0 随雷达频率的增加而增加，随擦地角的减小而减小。当工作频率一定时，σ^0 随擦地角的变化范围是 $20 \sim 25$ dB；而当擦地角一定时，σ^0 随频率变化的范围约为 10 dB。图 2.21 给出了当雷达频率（S 波段）一定时，不同地形条件下 σ^0 随擦地角的变化情况。一般情况下，反射率随地形粗糙度的增加而增加，大致趋势是从平滑的沙漠地形到复杂的城市地形，反射率逐渐增加。

如图 2.21 所示，散射率 σ^0 随擦地角的变化而发生明显变化。通常，当擦地角较小时，σ^0 随擦地角的变小而快速减小；当擦地角较大时（雷达视线垂直于地面），σ^0 随擦地角的增大而快速增大；而在这之间的"平坦区"，σ^0 的变化则比较缓慢。图 2.22 给出了 σ^0 随擦地角变化的示意图。在平坦区，常用"恒定 γ"模型描述 σ^0 (Long, 2001)，即

$$\sigma^0 = \gamma \sin \delta \tag{2.64}$$

式中，γ 表示指定雷达频率以及极化方式条件下特定杂波的散射系数。该模型表明 σ^0 在法线方向可以取得最大值，而当擦地角趋于零时，σ^0 也慢慢减小而趋于零。但是，"恒定 σ"模型并不能准确反映出当擦地角接近于 $0°$ 和 $90°$ 时，σ^0 的变化情况。对于这两种极端情况，必须采用其他模型表示 σ^0。

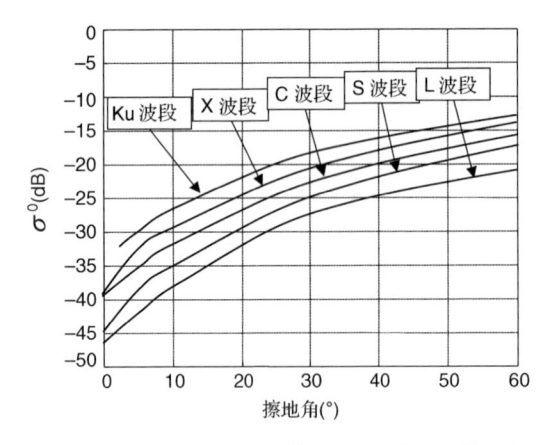

图 2.20 沙漠地形的散射率 σ^0 随雷达频率以及擦地角的变化特性［数据来自文献(Currie, 2010)］

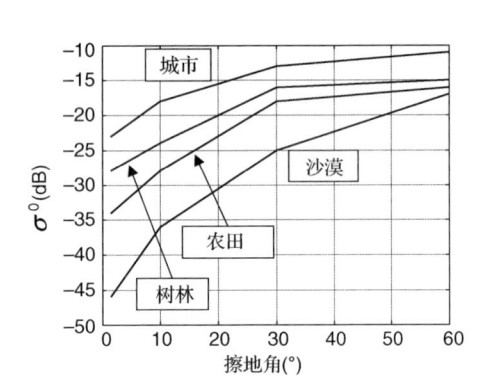

图 2.21 S 波段雷达地形散射率 σ^0 随地形以及擦地角的变化特性［数据来自文献(Currie, 2010)］

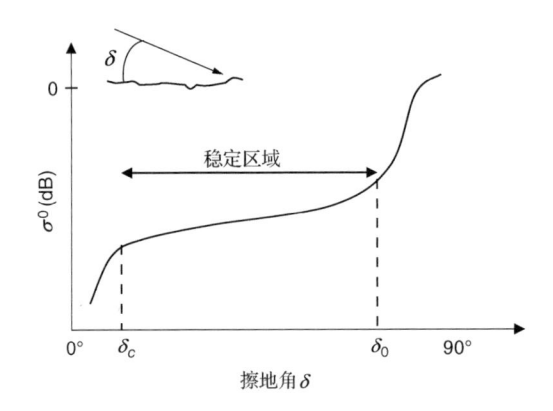

图 2.22 陆地杂波 σ^0 随擦地角变化的一般特性［数据来自文献(Long, 2001)］

此外，许多文献认为 σ^0 与一些重要参数有关，并给出了 σ^0 的预测模型。美国佐治亚理工学院(GTRI)的模型是其中的典型，表示为

$$\sigma^0 = A(\delta + C)^B \exp\left[\frac{-D}{1 + \sigma_h/(10\lambda)}\right] \tag{2.65}$$

式中，σ_h 表示 RMS 表面粗糙度；A、B、C 和 D 是与地形以及雷达频率有关的参数。表 2.6 给出了 X 波段雷达的测量值。

表 2.6 GTRI X 波段雷达陆地杂波模型的参数

参数	杂波类型						
	土壤/沙子	草地	庄稼	树木	城市	湿雪	干雪
A	0.25	0.023	0.006	0.002	2.0	0.0246	0.195
B	0.83	1.5	1.5	0.64	1.8	1.7	1.7
C	0.0013	0.012	0.012	0.002	0.015	0.0016	0.0016
D	2.3	0	0	0	0	0	0

注：摘自 Currie(2010)。

海面杂波的散射率 σ^0 也存在类似的模型，它除了与雷达频率、擦地角和极化方式等参数有关，还与风速、风向、浪高以及多路径等参数有关，详见文献 Currie(2010)中由 GTRI 提出的典型海杂波模型。

2.3.2 信杂比

在很多情况下，影响雷达检测性能的主要干扰不是噪声，而是杂波。所以，信杂比(SCR)往往比信噪比(SNR)更重要。信杂比很容易得到，它是式(2.11)给出的接收信号功率与接收杂波功率之比，其中分别采用式(2.25)、式(2.30)和式(2.32)计算体杂波、波束限制条件下的面杂波以及脉冲限制条件下的面杂波的功率，可以得到

$$
\begin{aligned}
\mathrm{SCR} &= \frac{\sigma}{R^2 \eta \cdot \Delta R \cdot \theta_3 \phi_3} \quad \text{（体杂波）} \\
&= \frac{\sigma \sin \delta}{R^2 \theta_3 \phi_3 \sigma^0} \quad \text{（波束限制条件下的面杂波）} \\
&= \frac{\sigma \cos \delta}{R \sigma^0 \cdot \Delta R \cdot \theta_3} \quad \text{（脉冲限制条件下的面杂波）}
\end{aligned} \tag{2.66}
$$

在每一种情况中，发射功率以及天线增益之类的系统参数都被消掉了。这是因为，杂波和目标信号都是雷达脉冲的回波，增加发射功率或者增大天线增益后，杂波功率和目标信号功率也同时增大。因此，SCR 就变成了目标 RCS 与杂波的总的有效 RCS 之比。

2.3.3 杂波的时间和空间相关性

杂波随时间去相关的原因有两种，一是由于杂波的内部运动，比如风中树叶的飘动和海浪的波动，二是雷达和杂波之间观测几何的变化。多个不同的研究已经用实验方法刻画了由内部运动引起的杂波回波去相关特性，或者说，刻画了杂波的功率谱。例如，人们建议采用立方谱(Currie，2010)模型估计有叶树木杂波或者雨杂波的功率谱，即

$$ S_\sigma(F) = \frac{A}{1+(F/F_c)^3} \tag{2.67} $$

式中，F_c 表示角频率。对于树木，F_c 与波长和风速有关；而对于降雨，它则与波长和降雨率有关。表 2.7 给出了某些情况下的参数取值。更高的角频率（宽功率谱）意味着更短的去相关长度（更窄的自相关函数），而短的去相关时间使杂波信号更像白噪声，从而会降低第 5 章将介绍的杂波抑制技术的性能。注意，当气象条件一定时，雷达频率越高，杂波去相关越快。图 2.23 给出了有风情况下树木杂波的相关长度，从该图可以看出当杂波运动更快或者雷达频率增大时，杂波的相关时间都会减小。

表 2.7 雨和树木杂波的立方功率谱的角频率

目标	雷达频率(GHz)		
	10	35	95
雨(5 mm/h)	35	80	140
雨(100 mm/h)	70	120	500
树(风速 6～15 mile/h)	9	21	35

注：摘自 J. L. Eaves and K. E. Reedy（eds.），*Principles of Modern Radar*. Van Nostrand Reinhold, New York, 1987 的第 10 章 Currie, N. C. "Clutter Clutter Characteristics and Effects"

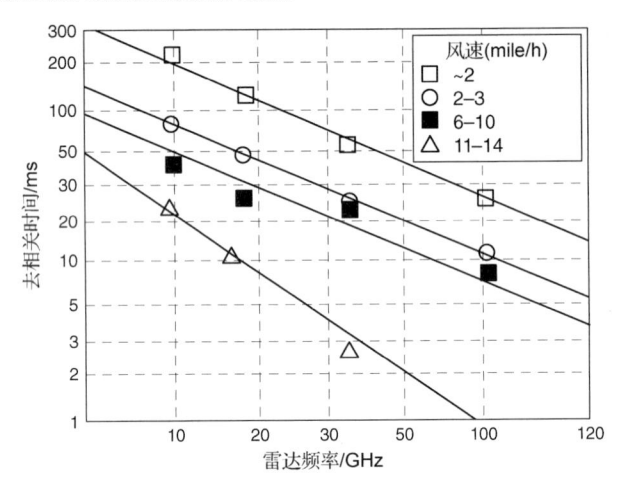

图 2.23 树木杂波的去相关时间与雷达频率以及风速的关系〔数据来自文献 Currie（2010）〕

另一个常用的功率谱模型是高斯谱，即

$$S_\sigma(F) = A\exp\left[-\alpha\left(\frac{F}{F_0}\right)^2\right] \quad (2.68)$$

气象雷达中常使用该模型，它是第 5 章要讨论的利用"脉冲对"估计多普勒速度的基础。

利用低阶自回归（AR 模型、或者称全极点模型）谱模型可以很好地拟合立方型和高斯型功率谱（Haykin 等，1982），模型可表示为

$$S_\sigma(F) = \frac{A}{1+\sum_{k=1}^{N}\alpha_k F^{2k}} \quad (2.69)$$

当 N 的取值范围为 2～4 时，上式可以很好地匹配地基雷达的实测杂波谱。研究表明，对于机载雷达的陆地杂波，$N>10$ 时（Baxa，1991），才能较好地匹配实际杂波谱。AR 杂波谱模型的优点是它的参数可以直接根据测量数据计算得出，而且可以采用 Levinson-Durbin 算法或其他类似算法对其进行实时调整（Kay，1988）。另外，第 5 章还将看到 AR 参数可以用于设计最优的自适应杂波抑制滤波器，但该模型的缺点是随着模型阶数的增加，计算量会迅速增大。

在利用运动平台载雷达检测地面目标时，常用另外一个去相关模型，即 Billingsley 模型，它是近些年才提出来的。该模型能够较好地表征被风吹动的树木及其他草本植物杂波的相关特性，这类杂波是最常见的地杂波（Billingsley，2001）。在该模型中，假设杂波时域功率谱是双边指数衰减函数与多普勒频率原点处的冲激函数之和，即

$$S_\sigma(F) = \sigma_c^2 \left[\underbrace{\frac{\alpha}{1+\alpha} \delta_D(F)}_{\text{直流项}} + \underbrace{\frac{1}{1+\alpha}\left(\frac{\beta\lambda}{4}\right) \exp\left(-\frac{\beta\lambda}{2}|F|\right)}_{\text{交流项}} \right] \quad (2.70)$$

式中，α 是直流分量与交流分量的比值，与风速以及雷达频率有关；β 决定了功率谱交流分量的宽度，主要与风速有关。对应的自相关函数为

$$s_\sigma(\nu) = \sigma_c^2 \left(\frac{\alpha}{1+\alpha} + \frac{1}{1+\alpha} \frac{(\beta\lambda)^2}{(\beta\lambda)^2 + (4\pi\nu)^2} \right) \quad (2.71)$$

通过对大量的观测结果进行分析，Billingsley 给出了 α 和 β 的经验公式，即

$$\alpha = 489.8 \cdot w^{-1.55} F_0^{-1.21} \quad (2.72)$$

$$\beta^{-1} = 0.1048 [\log_{10} w + 0.4147] \quad (2.73)$$

式中，w 表示风速(单位为 mile/h)；F_0 表示雷达工作频率(单位为 GHz)。

注意：β 和去相关时间都与雷达工作频率无关，这与早期的模型有点冲突。在应用式(2.73)时，要注意变量的单位。在此特别指出，w 的单位是 mile/h，而 β 的单位是 m/s。

式(2.70)和式(2.71)中的直流项代表杂波回波中恒定的非随机分量，有时候也称为接收信号的"持续分量"，该分量对应杂波反射率的幅度和相位都是不变的。这种直流分量是由裸地、岩石以及树干等固定散射体引起的；而交流分量则是由树叶、树枝以及草叶等运动散射体引起的。在仿真过程中可以利用 AR 滤波器产生去相关模型(Mountcastle, 2004)。

2.3.4 雷达截面积的混合模型

第 6 章将会看到，要依靠目标和杂波 RCS 的精细模型才能对雷达的检测性能进行评估。由于 RCS 的统计特性会随着很多因素的改变发生显著变化，这些因素包括几何关系、分辨率、波长和极化等，所以，研究合适的 RCS 统计模型是实验研究和分析研究中一个非常活跃的领域。下面给出 3 个例子，它们是对前面所描述的基本建模方法的扩展，以使杂波模型能够更好地刻画杂波的复杂性。在许多文献中，人们从回波幅度(电压) ζ 的角度推导雷达 RCS，而不是直接计算 RCS(即 σ)，因此，在本节的其余部分，将对回波幅度的 PDF 进行讨论。

一些幅度 PDF 模型是从物理概念推导得到的，特别是瑞利模型(指数型 RCS，根据中心极限定理推导得出)和莱斯模型(在瑞利模型基础上多了一个较强散射体)。其他模型则是通过对实测数据进行拟合而得到的经验结果，如对数正态模型和韦布尔模型。在人们尝试从物理原理上对非瑞利模型的合理性进行解释时，放弃了采用单一 PDF 的表示方法，而是假设表示回波幅度(电压)的随机变量可以写成两个独立随机变量的乘积，即 $\zeta = x \cdot y$。那么由贝叶斯公式可知 ζ 的 PDF 为

$$p_\zeta(\zeta) = p_x(x) p_{\zeta|x}(\zeta|x) \quad (2.74)$$

人们已经采用这种模型描述海杂波的分布(Jakeman 和 Pusey, 1976; Ward, 1981)。其中，随机变量 x 被看成电压分布服从 $2m$ 自由度的 χ^2 分布 ($m \geq 2.5$) 的缓慢去相关分量。通过引入这种分量来说明由雷达和海洋波浪结构之间的几何关系引起的散射体"聚集"现象，也可以用它来表示回波幅度均值随时间变化的情况。$p_{\zeta|x}(\zeta|x)$ 表示众多散射体回波的分布，此时回波的电压服从瑞利分布。可以证明，全概率密度函数 $p_\zeta(\zeta)$ 是 K 分布，即

$$p_\zeta(\zeta) = \begin{cases} \dfrac{4c}{\Gamma(a)}(c\zeta)^a K_{a-1}(2c\zeta), & \zeta \geqslant 0 \\ 0, & \zeta < 0 \end{cases} \quad (2.75)$$

式中，$K_{a-1}(\cdot)$ 表示第二类 $a-1$ 阶修正贝塞尔函数；$c = b\sqrt{\pi/4}$。上式说明，在标准的瑞利变量的基础上调制一个服从中心 χ 分布的变量可以用来描述海杂波的分布特性。关于 K 分布的详细信息参见附录 A。

更近的研究工作开始致力于将散射的物理观测与 Ward、Jakeman 和 Pusey 等人倡议的复合杂波模型联系起来，对产生瑞利分布的"众多散射体"的物理模型进行改进，文献 Sangston (1994) 对这些工作进行了总结。特别是，在对式(2.50)的模型进行改进时，假设散射体数目 N 是一个随机变量，而非固定的常数。这种模型称为"数量起伏模型"。鉴于选取的散射体个数 N (在任何时刻对回波有贡献的散射体个数)服从的不同的统计特性，改进的式(2.50)用以描述 K、韦布尔、伽马、Nakagami-m 等分布，也可用于描述任意个其他分布的组合，即所谓的瑞利混合分布。

在海杂波的分析过程中，经过对复合 RCS 模型的大量研究，人们发现，海杂波并不服从韦布尔、K 和对数正态之类的非瑞利分布。由于数量起伏模型可以和海浪的物理特性联系起来，所以直观上它更适用于海杂波分析。特别地，散射理论认为海面的主要散射体并不是大的波浪，而是小的表面张力波，这些小的散射体只聚集在海尖峰的附近，在两个尖峰之间的散射体则非常少。换句话说，它们在海面上是非均匀分布的。所以，随着海尖峰移入移出指定的分辨单元，雷达收到的回波对应散射体的个数 N 是变化的。这样，通过将可变数目散射体的回波相加，数量起伏模型可以预测海杂波的韦布尔分布和 K 分布。同时，也可将海杂波散射的现象学模型与实验观测到的分布联系起来。

2.2.5 节描述的所有统计模型都可以用于描述单个分辨单元的散射特性，即它们可以表示对物理空间内同一区域进行多次观测得到的 RCS 的变化情况。例如，在同一方向发射多个脉冲，并在每一次发射后的同一时延测量回波功率。式(2.74)中的乘积模型还可以用于描述杂波反射率的空变性。如果雷达的观测场景是非均匀的，那么不同分辨单元的 RCS 之间存在明显差异。如，岸基扫描雷达在一个方向观测到的杂波的主要分量可能是城市杂波，而在另外一个方向观测到的杂波的主要分量则可能是海杂波。再如，当仅部分扫描区域存在降雨时，雷达回波中一部分单元含有雨杂波，而另一部分单元中则没有雨杂波。

用乘积模型中的缓慢去相关项 x 表示接收电压局部平均值的空变性，则可以对上述情况进行建模。如果 x 的 PDF 是方差很大的对数正态分布，并且 ζ 对 x 的条件 PDF 是伽马分布(瑞利分布是伽马分布的一个特例)，那么乘积 ζx 的全 PDF 是对数正态分布(Lewinski, 1983)。所以，乘积模型意味着，不同单元的局部均值的对数正态变化可用于说明在地杂波建模时常用的对数正态分布模型的合理性。类似地，将目标 RCS 随视角的变化建模成对数正态过程，可以说明目标 RCS 的对数正态模型的合理性。

2.4 噪声模型和信噪比

目标和杂波不可避免地要和噪声竞争。噪声源有两个：一是从天线进入雷达接收机的外部噪声，二是雷达接收机本身产生的噪声。

外部噪声会随雷达天线指向变化发生显著变化，其主要来源是太阳。如果天线指向夜空，且周围环境中没有干扰源，则噪声主要来源于银河系(也称宇宙噪声)。内部噪声包括欧姆损耗引起的热噪声(也称 Johnson 噪声)、电流量子特性造成的起伏噪声以及电流分配噪声、导体和半导体器件表面泄漏效应造成的闪烁噪声(Carlson，1976)。

通常情况下，在这些噪声中，热噪声是最主要的。统计理论和量子力学表明电路中的热噪声的电压是零均值的高斯随机过程(Curlander 和 McDonough，1991)，该随机过程的平均能量是 $kT/2$ J，其中 T 是单位为 K 的噪声源温度(绝对温度)，$k = 1.38 \times 10^{-23}$ J/K 是玻尔兹曼常数。传递到匹配负载上的热噪声的功率谱 $S_n(F)$ 为

$$S_n(F) = \frac{hF}{\exp(hF/kT) - 1} \quad \text{W/Hz} \tag{2.76}$$

式中，$h = 6.6254 \times 10^{-34}$ J/s 是普朗克常数。若 $hF/kT \ll 1$，由级数近似可知 $\exp(hF/kT) \approx 1 + hF/kT$，因此，式(2.76)可简化为白噪声谱的形式，即

$$S_n(F) = kT \quad \text{W/Hz} \tag{2.77}$$

注意，若将式(2.77)对频率进行积分，则白噪声过程的功率无穷大。然而在实际中，并不是白噪声〔式(2.76)〕，而且任何实际系统的带宽都是有限的。当频率小于 100 GHz 时，式(2.77)的成立要求等效噪声温度(将在下面进行定义)大于 50 K，雷达遇到的情况几乎总满足这一条件，所以，可以认为热噪声的功率谱是白的。对于很多实际的系统，将系统的温度假定为"标准"温度 $T_0 = 290$ K $= 62.3$ °F 是合理的。这时，$kT_0 \approx 4 \times 10^{-21}$ W/Hz。

在相参雷达接收机中，系统前端的噪声会使正交解调后的 I 和 Q 通道都含有噪声。I 和 Q 通道中的噪声都是零均值的高斯随机过程，且两个通道的噪声功率相等。由于总的噪声谱密度为 kT W/Hz，所以每个通道的噪声谱密度为 $kT/2$ W/Hz。而且，如果输入噪声的功率谱是白的，那么 I 和 Q 通道的噪声是互不相关的，并且它们的功率谱也是白的，从而可以认为它们是相互独立的(Papoulis 和 Pillai，2001)。另外，由于 I 和 Q 通道是独立的零均值高斯过程，可以证明复信号 $I + jQ$ 的幅度服从瑞利分布，幅度平方服从指数分布，相角 $\arctan(Q/I)$ 在 $(0, 2\pi]$ 上均匀分布。

接收机中不同器件的带宽是不同的，但最窄的带宽通常近似等于发射脉冲的带宽。如果接收机中某器件的带宽比发射脉冲带宽更窄，就会存在能量损失，导致系统的灵敏度下降。如果带宽最小的器件的带宽明显大于脉冲带宽，那么信号就不得不和更多不必要的噪声功率竞争，也会降低系统的灵敏度。所以，从噪声功率的角度，接收机的频率响应应近似为一个带通滤波器，且滤波器的中心频率等于发射频率，带宽等于发射波形的带宽。

实际的滤波器不可能具有理想的矩形通带。为了分析噪声的功率，通常使用噪声等效带宽 β_n 的概念，它可以用传递函数 $H(F)$ 进行描述，如图 2.24 所示。噪声等效带宽是一个理想矩形滤波器的带宽，该矩形滤波器的增益等于实际滤波器的峰值增益，而且这两个滤波器的平方频率响应曲线下的面积还要相同。这个条件可以保证当输入指定的白噪声时，两个滤波器输出的噪声功率相同，即有

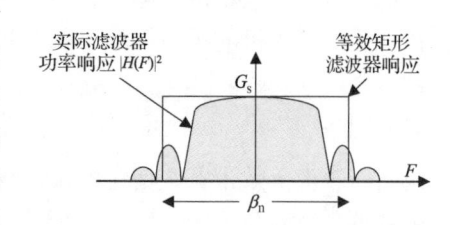

图 2.24 滤波器噪声等效带宽的示意图

$$\beta_{\mathrm{n}} = \frac{\int_{-\infty}^{\infty} |H(F)|^2 \, \mathrm{d}F}{\max\left[|H(F)|^2\right]} = \frac{1}{G_{\mathrm{s}}} \int_{-\infty}^{\infty} |H(F)|^2 \, \mathrm{d}F \tag{2.78}$$

式中，接收机功率增益 G_{s} 定义为 $|H(F)|^2$ 的最大值。那么，滤波器 $H(F)$ 输出的总的噪声功率为

$$N = \int_{-\infty}^{\infty} |H(F)|^2 S_{\mathrm{n}}(F) \mathrm{d}F = kT \int_{-\infty}^{\infty} |H(F)|^2 \mathrm{d}F = kT\beta_{\mathrm{n}}G_{\mathrm{s}} \tag{2.79}$$

白噪声通过滤波器 $H(F)$ 后就不再是白噪声了，它的功率谱变成了 $|H(F)|^2$。如果 $|H(F)|^2$ 可以近似成一个双边带宽为 β_{n} Hz 的矩形滤波器，则滤波器输出端的噪声的自相关函数近似为 sinc 函数，且第一零点在 $1/\beta_{\mathrm{n}}$ s 处。第 3 章将会看到，接收机输出端的采样间隔一般为 $1/\beta_{\mathrm{n}}$ s，这时不同样本中的噪声分量仍然是不相关的。

任何噪声源或电路输出的白噪声的功率谱密度都可以用玻尔兹曼常数与某个等效温度 T' 的乘积进行描述，类似于式(2.77)。源噪声功率通常是指系统输入端的噪声功率，因此需要考虑系统的功率增益 G_{s}（若 $G_{\mathrm{s}} < 1$，则为功率损失）。即，若观测到的输出端噪声功率谱密度（假设是白的）为 S_{n}，那么噪声在输入端的等效温度 T' 为

$$T' \equiv \frac{S_{\mathrm{n}}}{kG_{\mathrm{s}}} \tag{2.80}$$

所以，$S_{\mathrm{n}} = kT'G_{\mathrm{s}}$，总的噪声功率为

$$N = kT'\beta_{\mathrm{n}}G_{\mathrm{s}} \tag{2.81}$$

我们主要关心的是接收机输出的噪声总功率。在雷达系统中，噪声的来源包括外部噪声、内部热噪声 $kT_0\beta_{\mathrm{n}}$，以及天线结构和接收机非理想特性造成的加性热噪声。对这些噪声进行逐项分析时，可以为系统的每一级都分配一个等效噪声温度。文献 Curlander 和 McDonough(1991) 对这方面的内容进行了很好的介绍。当把系统当成一个整体进行考虑的时候，通常将总的输出噪声功率表示为输入端最小噪声密度 kT_0 的功率和非理想系统造成的加性噪声的功率的和，即

$$N = kT_0\beta_{\mathrm{n}}G_{\mathrm{s}} + kT_{\mathrm{e}}\beta_{\mathrm{n}}G_{\mathrm{s}} \tag{2.82}$$

式中，G_{s} 是整个接收机系统的功率增益，其中考虑了天线的损耗；用等效温度 T_{e} 表示噪声功率中大于理论最小值的部分，称 T_{e} 为系统的有效温度。

对于低噪声接收机，利用噪声温度描述噪声功率是比较恰当的。此外，还常使用噪声系数 F_{n} 描述噪声功率，它是系统输出端实际噪声功率与最小噪声功率 $kT_0\beta_{\mathrm{n}}G_{\mathrm{s}}$ 的比值(Skolnik, 2001)。类似于噪声温度，也可以定义不同的噪声系数，如可以只考虑接收机的影响，可以同时考虑天线和接收机的影响，也可以采用其他的方式。如果没有特殊说明，这里所说的噪声系数就是指接收机的噪声系数，所以有

$$F_{\mathrm{n}} = \frac{N}{kT_0\beta_{\mathrm{n}}G_{\mathrm{s}}} \tag{2.83}$$

这说明当噪声等效带宽、增益以及系统噪声系数确定时，利用 $N = kT_0\beta_{\mathrm{n}}F_{\mathrm{n}}G_{\mathrm{s}}$ 可以计算出系统噪声功率。将式(2.82)代入式(2.83)可知，$T_{\mathrm{e}} = (F_{\mathrm{n}} - 1)T_0$。典型的雷达噪声系数可以低至 2～3 dB，也可以高达 10 dB 以上。对应的有效温度范围为 170～2600 K，甚至更高。

2.2 节的式(2.11)、式(2.25)、式(2.30)和式(2.32)称为雷达距离方程，这些公式描述了不

同的系统和传播条件下的雷达接收功率。第 6 章会看到，从本质上，雷达的检测性能取决于检测时的 SNR，而非接收功率。利用式(2.83)可将功率距离方程转化为 SNR 距离方程。

为了说明这一点，考虑点目标距离方程〔式(2.11)〕，它表示的是接收机输入端的信号功率 P_r。假定信号带宽完全包含在接收机带宽 B_n 内，则接收机输出端的信号功率为 $P_o = G_s P_r$。根据式(2.83)可知，输出噪声功率为 $N_o = kT_0\beta_n F_n G_s$。因此，SNR 为

$$\chi = \frac{P_o}{N_o} = \frac{G_s P_t G^2 \lambda^2 \sigma}{(4\pi)^3 R^4 L_s L_a(R)} \cdot \frac{1}{kT_0\beta_n F_n G_s} = \frac{P_t G^2 \lambda^2 \sigma}{(4\pi)^3 R^4 kT_0\beta_n F_n L_s L_a(R)} \tag{2.84}$$

上式是用发射机和接收机的特性、目标 RCS、距离和损耗因子表示 SNR。同样，只要加上分母 $kT_0\beta_n F_n$，描述体散射和面散射回波功率的式(2.25)、式(2.30)和式(2.32)也可以变成描述 SNR 的公式。

式(2.84)表示接收机输出端未经过任何信号处理时的 SNR。本书所讨论的大部分技术都是通过信号处理的手段来提高 SNR〔使之高于式(2.84)的数值〕，以获得更好的检测、测量和成像结果。通过在距离方程中增加信号处理增益项 G_{sp}，可以表征信号处理技术对 SNR 的影响，即

$$\chi = \frac{P_t G^2 \lambda^2 \sigma G_{sp}}{(4\pi)^3 R^4 kT_0\beta_n F_n L_s L_a(R)} \tag{2.85}$$

在后续的几章中，会用与具体信号处理技术(如匹配滤波和多普勒处理)有关的参数表示 G_{sp}。

类似于式(2.11)，式(2.85)也常称为雷达距离方程。在本书的其余部分提及的"距离方程"或者"雷达距离方程"都指的是式(2.85)所示的 SNR 形式的雷达方程。体散射和面散射情况与之类似。

2.5 干扰

干扰是指敌方发射机有意释放的指向雷达系统的信号。干扰是电子对抗(ECM)或者电子攻击(EA)的一种方式。如前所述，大多数雷达信号处理的目的是提高回波的 SIR，以改善检测、跟踪和成像的性能。与此相反的是，干扰的目的是减小 SIR 以降低雷达系统的检测性能。

最基本的干扰形式是简单的噪声干扰。敌方发射机将一个放大的噪声波形发射向雷达，主要是为了增加雷达接收机的噪声水平。如果噪声的功率谱填满了雷达接收机的整个带宽，那么接收机输出的噪声就类似白噪声，并且可以用白噪声过程建模。更为先进的噪声干扰形式还会采用幅度和频率调制。除了噪声干扰，干扰还可以采用特殊设计的波形来模仿目标的回波，以欺骗雷达去检测和跟踪一个不存在的目标。

即使是对 ECM 的有限讨论也已超出了本书的范围，这一方面是由于本书讨论的范围有限，另一方面在于 ECM 方面公开发表的文献也非常有限。读者可以参考文献 Lothes 等(1990)来了解雷达中的干扰。

2.6 频率模型：多普勒频移

2.6.1 多普勒频移

如果雷达和散射体之间不是相对静止的，由于多普勒效应，接收回波的频率 F_r 不同于发射频率 F_t。利用多普勒频移可以在强杂波背景下检测出动目标，也可以大幅提高雷达的横

向分辨率。但未补偿的多普勒频移也会带来一些副作用，特别地，它会使某些波形的灵敏度下降。因此，在雷达中，多普勒频移的特性和测量一直都是重要的研究内容。

考虑一部发射脉冲信号或其他波形的单基雷达，该波形 $x(t)$ 可以被任意时变距离 $R(t)$ 处的完全导电目标反射回雷达接收机。例如，对于恒距目标，$R(t)$ 为常量 R_0 m；而对于匀速运动目标，$R(t) = R_0 - vt$ m[①]。雷达和目标一个运动、另一个静止，或者两者都运动的情况是相同的，即雷达与目标之间的距离都可以表示为 $R(t)$。因此，不失一般性，可以假设雷达静止，而目标运动，所有的测量结果都以雷达为参考。这时，雷达接收到的回波信号可以表示为 (Cooper, 1980; Gray 和 Addison, 2003) 为

$$\bar{y}(t) = -k \cdot [1 - 2\dot{h}(t)] \bar{x}[2h(t) - t] \tag{2.86}$$

式中，k 包含了雷达距离方程中所有与幅度有关的因子；函数 $h(t)$ 需要满足

$$h(t) + \frac{1}{c} R[h(t)] = t \tag{2.87}$$

式(2.86)中 $h(t)$ 上的点表示关于时间的导数。为了满足完全导电体的边界条件，式(2.86)中有一个负号(180°相移)。函数 $h(t)$ 的单位是 s，表示时刻。为了在时刻 t 接收到 $R(t)$ 距离处目标的回波，雷达需要在 $h(t)$ 时刻发射信号。例如，若 $R(t)$ 为常数 R_0，则 $h(t) = t - R_0/c$。

对于瞬时速度 $\dot{R}(t)$ 远小于光速的情况(本书讨论的都是这种情况)，一般采用"准静止"假设。在信号从雷达发射机传播到目标的这段时间内，距离的变化可以忽略不计，即 $R[h(t)] \approx R(t)$，因此有 (Cooper, 1980)

$$h(t) \approx t - \frac{1}{c} R(t)$$
$$\bar{y}(t) \approx -k \cdot \left[1 - 2\dot{h}(t)\right] \bar{x}\left[t - \frac{2R(t)}{c}\right] = -k \left[\frac{2\dot{R}(t)}{c} - 1\right] \bar{x}\left[t - \frac{2R(t)}{c}\right] \tag{2.88}$$
$$\approx k \cdot \bar{x}\left[t - \frac{2R(t)}{c}\right]$$

式中，最后一行也利用了 $\dot{R}(t) \ll c$ 的假设。当目标静止时 ($R(t) = R_0$)，这一结果是准确的，$h(t) = t - R_0/c$，$\bar{y}(t) = k \cdot \bar{x}[t - 2R_0/c]$ 也精确成立。

我们对匀速运动目标特别感兴趣。考虑式(2.86)和式(2.87)的准确结果，令 $R(t) = R_0 - vt$，$\beta_v \equiv v/c$，可以比较容易地证明

$$h(t) = \frac{1}{1 - \beta_v}\left(t - \frac{R_0}{c}\right)$$
$$[1 - 2\dot{h}(t)] = -\frac{1 + \beta_v}{1 - \beta_v} \equiv -\alpha_v \tag{2.89}$$

因此有 (Gleiser, 1979; DiFranco 和 Rubin, 2004; Peebles, 1998)

$$\bar{y}(t) = k\alpha_v \cdot \bar{x}\left(\alpha_v\left(t - \frac{2R_0}{(1 + \beta_v)c}\right)\right) \tag{2.90}$$

若发射的波形是标准的射频脉冲，即

[①] 一般情况下定义匀速运动目标的正速度为距离增加的方向，而此处定义的正速度为产生正多普勒频移的方向。

$$\bar{x}(t) = A(t)\exp[\mathrm{j}(2\pi F_{\mathrm{t}}t + \varphi_0)] \tag{2.91}$$

式中，$A(t)$表示脉冲包络，则接收回波波形为

$$\begin{aligned}
\bar{y}(t) &= k\alpha_v \cdot A\left(\alpha_v\left(t - \frac{2R_0}{(1+\beta_v)c}\right)\right) \exp\left[\mathrm{j}\left(2\pi F_{\mathrm{t}}\alpha_v\left(t - \frac{2R_0}{(1+\beta_v)c}\right) + \varphi_0\right)\right] \\
&= k\alpha_v \cdot A\left(\alpha_v t - \frac{2R_0}{(1-\beta_v)c}\right) \exp\left[\mathrm{j}\left(2\pi\alpha_v F_{\mathrm{t}}t - \frac{4\pi R_0}{(1-\beta_v)\lambda} + \varphi_0\right)\right]
\end{aligned} \tag{2.92}$$

考察式(2.92)，可以发现接收信号的几个特征，它的频率为$\alpha_v F_{\mathrm{t}}$ Hz，频率变化量为多普勒频移F_{D}，其表达式为

$$F_{\mathrm{D}} = \alpha_v F_{\mathrm{t}} - F_{\mathrm{t}} = (\alpha_v - 1)F_{\mathrm{t}} = \frac{2v}{(1-\beta_v)\lambda} \quad \text{Hz} \tag{2.93}$$

当目标向着接近雷达的方向($v > 0$)运动时，多普勒频移为正；反之，当目标向着远离雷达的方向运动时，多普勒频移为负。由于目标的相对运动，接收信号的相位减少量为

$$\Delta\varphi = -\frac{4\pi R_0}{(1-\beta_v)\lambda} \cdot \beta_v \quad \text{rad} \tag{2.94}$$

由于目标的相对运动，接收波形的时间宽度会变化α_v倍。例如，当目标向着接近雷达的方向运动时，$\alpha_v > 1$，接收到的脉冲时宽被压缩为发射脉冲时宽的$1/\alpha_v$；而当目标向着远离雷达的方向运动时，接收到的脉冲时宽被拉伸为发射脉冲时宽的$1/\alpha_v$。由于傅里叶变换的倒谱特性，时域信号被压缩(或拉伸)α_v倍，则对应的信号带宽被拉伸(或压缩)α_v倍。最后，当时间尺度变化α_v倍时，回波的幅度也会变化α_v倍(距离方程因素除外)，这是能量守恒的结果。

在雷达中，比值$|\beta_v| = |v|/c$是非常小的。例如，一辆速度为 60 mile/h (26.82 m/s) 的小汽车对应的比值为 8.94×10^{-8}，ma=1 (1 倍音速，在海平面大约为 340.3 m/s) 的飞机对应的比值为 1.13×10^{-6}，即使速度为 7.8 km/s 的近地轨道(LEO)卫星对应的比值也只不过为 2.6×10^{-5}。对 $1/(1\pm\beta_v)$ 和 $\alpha_v = (1+\beta_v)/(1-\beta_v)$ 进行二项级数展开并只保留至一阶项，有

$$\begin{aligned}
\frac{1}{1\pm\beta_v} &= 1 \mp \beta_v + \beta_v^2 \mp \beta_v^3 + \cdots \approx 1 \mp \beta_v \\
\alpha_v &= \frac{1+\beta_v}{1-\beta_v} = (1+\beta_v)\left(\frac{1}{1-\beta_v}\right) = (1+\beta_v)(1+\beta_v+\beta_v^2+\beta_v^3+\cdots) \approx 1+2\beta_v
\end{aligned} \tag{2.95}$$

由式(2.90)以及式(2.92)中的正弦脉冲情况可以推导出

$$\begin{aligned}
\bar{y}(t) &\approx k(1+2\beta_v) \cdot \bar{x}\left[(1+2\beta_v)t - (1+\beta_v)\frac{2R_0}{c}\right] \\
&= k(1+2\beta_v) \cdot A\left[(1+2\beta_v)t - \frac{2(1+\beta_v)R_0}{c}\right] \exp\left[\mathrm{j}\left(2\pi(1+2\beta_v)F_{\mathrm{t}}t - \frac{(1+\beta_v)4\pi R_0}{\lambda} + \varphi_0\right)\right]
\end{aligned} \tag{2.96}$$

(正弦脉冲)

回波的脉冲时宽为$\tau' = \tau/\alpha \approx (1-2\beta_v)\tau$，时宽变化$2\beta_v\tau$是非常小的，可以忽略不计。与距离方程引起的幅度变化相比，幅度因子$\alpha \approx (1+2\beta_v)$引起的幅度变化也非常小，可以忽略不计。回波时延由$2R_0/c$变为$2(1+\beta_v)R_0/c$，其变化部分的比例为$\beta_v$。尽管对于高分辨率雷达系统，当距离足够远时，时延产生的误差可能会达到一个距离分辨单元宽度的几分之一，但通常情

况下可以忽略。但是，不能忽略 β_v 对相位的影响，这是因为 $4\pi\beta_v R_0/\lambda$ 往往比较大，甚至可能是 π 的许多倍。有了对包络和幅度的 3 个近似，表示多普勒频移对正弦脉冲影响的式(2.96)可以简化为

$$\begin{aligned}\bar{y}(t) &\approx k \cdot A\left(t-\frac{2R_0}{c}\right)\exp\left[j\left(2\pi(F_t+2\beta_v F_t)t-(1+\beta_v)\frac{4\pi R_0}{\lambda}+\varphi_0\right)\right] \\ &= k \cdot A\left(t-\frac{2R_0}{c}\right)\exp\left(-j(1+\beta_v)\frac{4\pi}{\lambda}R_0\right)\exp\left[+j2\pi\left(\frac{2v}{\lambda}\right)t\right]\exp\left[j(2\pi F_t t+\varphi_0)\right]\end{aligned} \quad (2.97)$$

即匀速运动目标回波的多普勒频移可以很好地近似为 $2vF_t/c = 2v/\lambda$ Hz，相移可以很好地近似为 $-(1+\beta_v)(4\pi/\lambda)R_0$ rad。

表 2.8 给出了 1 m/s 的匀速运动目标被不同工作频率的雷达照射所产生的多普勒频移。可以看到，同雷达发射的射频频率相比，多普勒频移的数值非常小。即使是 ma=1 的飞机被工作频率 1 GHz 的 L 波段雷达照射，产生的多普勒频移也仅为 2.27 kHz。

表 2.8 速度 1 m/s 对应的多普勒频移

波段	频率(GHz)	v=1 m/s 时的多普勒频移(Hz)
L	1	6.67
C	6	40.0
X	10	66.7
Ka	35	233
W	95	633

对于单基雷达和匀速运动目标，观测到的多普勒频移正比于目标速度在雷达方向上的分量，即正比于径向速度。如果雷达与目标之间的相对速度为 v (单位为 m/s)，速度方向与雷达目标连线之间的夹角为 ϕ (有时称为锥角)，则径向速度为 $v \cdot \cos\phi$ (单位为 m/s)。图 2.25 给出了二维情况下的几何示意图。当目标朝向或背离雷达运动时，多普勒频移值最大；若目标运动方向垂直于雷达视线方向，则无论目标速度为多少，多普勒频移都为零。

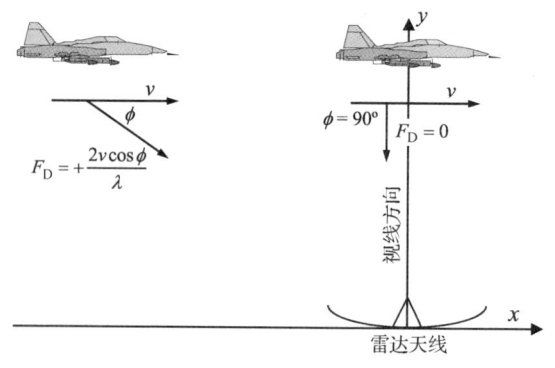

图 2.25 多普勒频移是由雷达和目标之间相对速度的径向分量确定的

式(2.86)和式(2.87)也可以描述雷达与目标之间的运动关系为其他情形时的精确特性。文献 Gray 和 Addison(2003)给出了匀加速运动目标的精确解。即使在很难或者不能找出 $h(t)$ 的闭式解的情况下，也可以使用迭代近似的方法进行求解。

2.6.2 停-跳近似和相位历程

式(2.88)中的准静止假设提供了一种简单但有效的动目标回波的建模方法。假设发射波形为 $A(t)\exp[j(2\pi F_t t + \varphi_0)]$，利用推导式(2.97)过程中所采用的包络近似，可以得出

$$\bar{y}(t) = k \cdot A\left(t - \frac{2R(t)}{c}\right)\exp\left[j\left(2\pi F_t\left(t - \frac{2R(t)}{c}\right) + \varphi_0\right)\right]$$
$$\approx k \cdot A\left(t - \frac{2R_0}{c}\right)\exp\left(-j\frac{4\pi}{\lambda}R(t)\right)\exp[j(2\pi F_t t + \varphi_0)] \tag{2.98}$$

式中，R_0 表示脉冲发射时刻的初始距离。该式表明接收回波存在时延，该时延与脉冲发射时刻的距离相对应，而且还存在一个与距离有关的时变相位调制，这就是通常进行雷达分析时所做的停跳假设的"停"部分。所谓停跳假设是指雷达发射脉冲后，接收到的回波包络好像是从运动已经停止的目标反射回来的。稍后将讨论"跳"部分。

利用式(2.98)不仅能够恰当地描述恒定多普勒频移的情况，还可以描述时变多普勒频移的情况。如果目标相对于雷达以恒定速度运动，即 $R(t) = R_0 - vt$，则有

$$\bar{y}(t) = k \cdot A\left(t - \frac{2R_0}{c}\right)\exp\left(-j\frac{4\pi}{\lambda}R_0\right)\exp\left[+j2\pi\left(\frac{2v}{\lambda}\right)t\right]\exp[j(2\pi F_t t + \varphi_0)] \tag{2.99}$$

除了将常数相移由 $-(1+\beta_v)4\pi R_0/\lambda$（单位为 rad）替换为 $-4\pi R_0/\lambda$（单位为 rad），式(2.99)与式(2.97)的第二行完全一样。这个常数项的差异不影响回波的幅度以及多普勒频移，可不予考虑。因此，在所有重要的细节上，式(2.99)的分析方法与之前的结果一致。

使用式(2.99)的更令人感兴趣的例子是重新考虑图 2.25 的情景。假设雷达在坐标系 (x,y) 中的坐标为 $(x_r=0, y_r=0)$，雷达视线方向沿+y 轴。假设目标机的坐标为 $(x_t=vt, y_t=R_0)$。这意味着，在 $t=0$ 时刻，目标机位于雷达视线内，距离为 R_0，且以 v（单位为 m/s）的速度垂直于雷达的视线向前飞行。那么，任意时刻 t 雷达和飞机之间的距离为

$$R(t) = \sqrt{R_0^2 + (vt)^2} = R_0\sqrt{1 + \left(\frac{vt}{R_0}\right)^2} \tag{2.100}$$

虽然可以直接采用式(2.100)，但通常情况下还是将平方根展成幂级数的形式，即

$$R(t) = R_0\left[1 + \frac{1}{2}\left(\frac{vt}{R_0}\right)^2 - \frac{3}{8}\left(\frac{vt}{R_0}\right)^4 - \cdots\right] \tag{2.101}$$

在计算这个表达式的时候，必须考虑到 t 的取值范围，它可能受到几个因素的制约，如飞机被雷达主波束照射的时间，或者参与后续处理的相参处理时间长度。

假设目标在感兴趣的时间段内移动的距离 vt 远小于目标到雷达的距离 R_0，则可以忽略 vt/R_0 的高次项，从而有

$$R(t) \approx R_0 + \left(\frac{v^2}{2R_0}\right)t^2 \tag{2.102}$$

上式表明对于图 2.25 中的目标穿越雷达波束主瓣的情况，目标到雷达的距离可以近似为时间的二次函数。将此处的截断级数表示代入式(2.98)，可以得到

$$\bar{y}(t) \approx k \cdot A\left(t - \frac{2R_0}{c}\right)\exp\left(-j\frac{4\pi}{\lambda}R_0\right)\exp\left[-j2\pi\left(\frac{v^2}{R_0\lambda}\right)t^2\right]\exp(j2\pi F_t t + \varphi_0) \tag{2.103}$$

当目标匀速运动时，除了中间的指数项，上式中其他所有项都与式(2.99)中的相同。我们知道，瞬时频率正比于相位的时间导数，故上式中的二次相位函数能够表示目标与雷达之间相对几何关系变化引起的多普勒频移，该多普勒频移随时间线性变化，即

$$F_D(t) = \frac{1}{2\pi}\frac{d}{dt}\left[-2\pi\left(\frac{v^2}{R_0\lambda}\right)t^2\right] = -\frac{2v^2}{R_0\lambda}t \quad (2.104)$$

在图 2.25 中，当目标飞机从左边接近雷达的时候($t<0$)，瞬时多普勒频移是正的。当目标和雷达并肩时($t=0$)，由于目标的径向速度为零，所以多普勒频移也等于零。当目标越过雷达后($t>0$)，多普勒频移为负值，就像一个远离雷达的目标一样。这种将距离表示为时间二次函数的方法，对于合成孔径雷达很重要，将在第 8 章做进一步的讨论。

式(2.98)中的指数项 $\exp(-j4\pi R(t)/\lambda)$ 称为接收信号的相位历程，这一术语既可以用于复指数项，也可用于相位函数 $(-4\pi R(t)/\lambda)$。这个相位历程可有效表示在数据录取期间，目标和雷达之间的距离变化。对于式(2.99)中的匀速运动目标，相位历程是时间的线性函数，对应于一个恒定频率的正弦波，即恒定多普勒频移。对于式(2.103)中所示的交叉目标情况，相位历程是时间的二次函数，即多普勒频移随时间线性变化。目标和雷达相对运动的其他方式会产生其他形式的相位历程。

更一般的情况是，相位历程可以表示雷达数据任意维的相位变化(或对应的复指数项变化)。描述调频或调相波的快时间相位函数，给定时刻阵列天线上的相位变化，是另外两个经常使用相位历程的例子。后面会看到，相位历程是雷达信号处理的核心。许多雷达信号处理技术都高度依赖于对所录取数据的相位历程的精确建模，如脉冲压缩、自适应干扰抑制以及成像等。

2.6.3 多普勒频移的测量：空间多普勒频移

在大多数情况下，雷达观测到的多普勒频移非常小，以至于单个脉冲无法对其进行测量。第 7 章可以看到，在利用离散傅里叶变换(DFT)技术测量未知幅度、频率和相位的复正弦波的频率时，会产生一定的误差，其标准差为 $\sigma_F = \sqrt{6/\left[(2\pi)^2\chi T_{obs}^2\right]}$ Hz，其中 T_{obs} 表示观测时间，χ 表示输入 SNR。在测量多普勒频移时，若要得到合理的测频精度，σ_F 必须远小于多普勒频移，从而观测时间须满足 $T_{obs} \gg \sqrt{6/\left[(2\pi)^2\chi F_D^2\right]}$。对于多普勒频移为 10 kHz，SNR 高达 30 dB ($\chi=1000$) 的情况，T_{obs} 必须远大于 123 μs。为了利用单个脉冲测量多普勒频移，脉冲时宽要大于 1 ms，远大于常用的次毫秒级(100 μs)脉宽。对于多普勒频移 1 kHz，SNR 为 20 dB 的信号，脉冲时宽要大于 10 ms。因此，大多数雷达不能基于单脉冲测量多普勒频移，尽管一些针对极高速度目标(如卫星和导弹)的雷达可以使用极长脉冲做到这一点。

我们可以利用多个脉冲实现对目标的长时间观测。假设发射 M 个脉宽为 τ 的脉冲，其中第 m 个脉冲的发射时刻为 $t_m = mT$，T 表示脉冲重复间隔(PRI)，则第 m 个发射脉冲及其回波可以写为

$$\tilde{x}_m(t) = A(t-mT)\exp\left[j(2\pi F_t t + \varphi_0)\right] \quad (2.105)$$

$$\tilde{y}_m(t) \approx k \cdot A\left[t-mT-\frac{2R(mT)}{c}\right]\exp\left\{j\left[2\pi F_t\left(t-\frac{2R(t)}{c}\right)+\varphi_0\right]\right\} \quad (2.106)$$

解调后的基带接收信号可以表示为

$$y_m(t) = k' \cdot A\left(t - mT - \frac{2R(mT)}{c}\right) \exp\left[-\mathrm{j}\frac{4\pi}{\lambda}R(t)\right] \tag{2.107}$$

式中，k' 包括了指数项 $\exp(\mathrm{j}\varphi_0)$。假设基带脉冲回波采样在发射脉冲之后 $2R_s/c$ s 后进行，与距离 R_s 对应。对回波基带信号进行采样，而且在 mT s 时间内，目标的回波一直在该距离单元中，即 $R(t)$ 在 $[R_s - c\tau/2, R_s]$ 距离范围内[①]，那么该距离单元的第 m 次采样为

$$\begin{aligned} y_m\left(mT + \frac{2R_s}{c}\right) &= k' \cdot A\left(\frac{2}{c}[R_s - R(mT)]\right) \exp\left[-\mathrm{j}\frac{4\pi}{\lambda}R\left(mT + \frac{2R_s}{c}\right)\right] \\ &= \hat{k} \cdot \exp\left[-\mathrm{j}\frac{4\pi}{\lambda}R\left(mT + \frac{2R_s}{c}\right)\right] \\ &\equiv y[m] \end{aligned} \tag{2.108}$$

式中，常数 $\hat{k}$ 包含了 k' 以及采样脉冲包络 $A(\cdot)$ 的幅度。采样回波 $y[m]$ 的序列构成了该距离单元的慢时间采样序列，第 3 章会进一步讨论。

在式 (2.98) 中应用了"停"假设，将该假设应用于如式 (2.107) 这样的一串脉冲时，称为"停-跳近似"。相对于雷达，假设目标是停在每次雷达发射脉冲的时刻，对应的距离为 $R(mT)$。当雷达发射下一个脉冲时，目标瞬间跳跃到下一个脉冲时刻对应的距离，而不是连续移动的。

考虑一个匀速运动的目标，$R(T) = R_0 - vt$，慢时间数据序列可以写为

$$\begin{aligned} y[m] &= \hat{k} \cdot \exp\left[-\mathrm{j}\frac{4\pi}{\lambda}\left(R_0 - v \cdot \left(mT + \frac{2R_s}{c}\right)\right)\right] \\ &= \hat{k} \cdot \exp\left[-\mathrm{j}\frac{4\pi}{\lambda}(R_0 - 2\beta_v R_s)\right] \exp\left[+\mathrm{j}2\pi\left(\frac{2v}{\lambda}\right)mT\right] \end{aligned} \tag{2.109}$$

对于所有的慢时间采样 $y[m]$，式 (2.109) 中第一个指数项是常数相位项，不影响最后的处理结果。第二个指数项是归一化频率为 $2vT/\lambda$ 的复正弦波的离散采样，对应期望的多普勒频率为 $2v/\lambda$ Hz。因此，通过发射多个脉冲获取动目标的相位历程，是测量多普勒频率的一个有效方法。这种方法的精度更高，这是因为脉冲串信号的观测时间要远大于单个脉冲。

表现为慢时间上相位变化的目标多普勒频移，有时也称为空间多普勒频移。这是为了强调多普勒频移不是由脉冲内的频率变化测量得到的，而是由给定距离单元的一连串脉冲的回波的相位变化测得的。由于大多数系统不能测量脉内频率的变化，所以在雷达中，多普勒处理是指对空间多普勒信息进行感知和处理。

2.7 空间模型

前面几节已经介绍了单个分辨单元内，雷达回波的多普勒频移模型和接收回波功率(均值和统计起伏)模型。在这一节，将要考虑的是接收功率或者复电压随距离和角度的空间维变化。观测到的复电压可以看成线性滤波器的输出，而散射率随距离和角度的变化就是滤波器的输入。若反射场的相位变化是随机的，也可以得到类似的结果。这些关系将为后面几章中分析数据采样要求和距离、角度分辨率奠定基础。

[①] 当雷达和目标相对高速运动时，动目标的回波跨越了多个距离单元，这种情况称为距离徙动。常见于成像雷达。这是因为成像雷达的观测时间较长，将在第 8 章对其进一步讨论。

2.7.1 相干散射

考虑一个静止的脉冲雷达。在零时刻，它发射的等效复信号为

$$\bar{x}(t) = \sqrt{P_t}x(t)\exp[j(2\pi F_t t + \varphi_0)] \quad (2.110)$$

假设 $x(t)$ 具有单位幅度，则发射信号的幅度可以用 $\sqrt{P_t}$ 表示。雷达接收到坐标为 (R,θ,ϕ)、截面积为 $d\sigma(R,\theta,\phi)$ 的微分散射体产生的回波。根据式(2.50)可知，微分散射体的基带复反射率（简称反射率）为 $d\zeta(R,\theta,\phi)\exp[j\psi(R,\theta,\phi)]$，因此有 $d\sigma=|d\zeta|^2$。包含 ψ 的项表示散射体表面反射可能造成的常数相移。假设雷达天线在一维或者二维角度上进行机械扫描[①]，其单程电压方向图为 $E(\theta,\phi)$，且发射时天线指向 (θ_0,ϕ_0) 方向。类似于式(2.16)，对接收到的电压进行微分处理，可得

$$d\bar{y}(\theta_0,\phi_0,t;R,\theta,\phi) = \sqrt{\frac{P_t\lambda^2}{(4\pi)^3R^4L_sL_a(R)}}E^2(\theta-\theta_0,\phi-\phi_0)\cdot d\zeta(R,\theta,\phi)\times \\ \exp[j\psi(R,\theta,\phi)]x\left(t-\frac{2R}{c}\right)\exp\left[j2\pi F_t\left(t-\frac{2R}{c}+\varphi_0\right)\right] \quad (2.111)$$

式中，$E(\theta,\phi)$ 是单程天线电压方向图。通过将与空间位置有关的项和与反射率有关的项分离，并将其他的与系统参数有关的幅度项合并为常数 $A_r=\sqrt{P_t\lambda^2/(4\pi)^3L_s}$，式(2.111)可以简化。$d\zeta\exp(j\psi)$ 称为微分散射体的基带复反射率或微分散射体的反射率，记为 $d\rho$。将 $d\rho$ 代入式(2.111)，由于相干解调会去掉载波项，因此对于单个微分散射体，只剩下基带复接收电压 dy，即

$$dy(\theta_0,\phi_0,t;R,\theta,\phi) = A_r d\rho(R,\theta,\phi)\left[\frac{E^2(\theta-\theta_0,\phi-\phi_0)}{\sqrt{L_a(R)}R^2}x\left(t-\frac{2R}{c}\right)\exp\left(-j\frac{4\pi}{\lambda}R\right)\right] \quad (2.112)$$

上式给出了坐标为 (R,θ,ϕ) 的微分散射单元的回波电压。在整个空间对上述的微分电压进行积分可以得到总的接收电压，即

$$y(\theta_0,\phi_0,t) = \int_{\phi=-\pi/2}^{\pi/2}\int_{\theta=-\pi}^{\pi}\int_{R=0}^{\infty}dy(\theta_0,\phi_0,t;R,\theta,\phi) \quad (2.113)$$

上式是一个相参散射模型，即假设微分散射体以复电压的形式叠加，这样的模型非常适合描述用相对静止的散射体分布（如人造的车辆和城市等）来刻画的反射场。而对于散射体非静止的情况，将在 2.7.4 节进行讨论。

现在，记 $d\rho(R,\theta,\phi) = \rho(R,\theta,\phi)dV = \rho(R,\theta,\phi)R^2\cos\phi dRd\theta d\phi$，可得

$$y(\theta_0,\phi_0,t) = A_r\int_{\phi=-\pi/2}^{\pi/2}\int_{\theta=-\pi}^{\pi}\int_{R=0}^{\infty}\left\{\frac{\exp[-j(4\pi/\lambda)R]}{\sqrt{L_a(R)}}\rho(R,\theta,\phi)\right\}\times \\ \left[E^2(\theta-\theta_0,\phi-\phi_0)x\left(t-\frac{2R}{c}\right)\cos\phi dRd\theta d\phi\right] \quad (2.114)$$

定义有效散射率 ρ'，包含大气损耗衰减、双程传播距离造成的相位旋转，以及微分体散射单元的 $\cos\phi$ 项，即

---

① 当雷达采用电子扫描天线时，天线方向图是扫描角的函数，本节给出的结果需要做些修改。

$$\rho'(R,\theta,\phi) \equiv \frac{\exp[-j(4\pi/\lambda)R]}{\sqrt{L_a(R)}} \rho(R,\theta,\phi)\cos\phi \tag{2.115}$$

将式(2.115)代入式(2.114)，可以看到接收信号类似于有效散射率和一个卷积核的三维卷积，该卷积核由角度维的天线双程电压方向图和距离维的脉冲调制函数构成。最终，可以得到

$$y(\theta_0,\phi_0,t) \approx A_r \rho'(ct/2,\theta_0,\phi_0) *_t *_\theta *_\phi \left[E^2(-\theta_0,-\phi_0)x(t) \right] \tag{2.116}$$

式中，符号 $*_t$、$*_\theta$ 和 $*_\phi$ 表示在指定坐标上的卷积。现在假设天线方向图在两个角度坐标上是对称的(这是常见的情况)，将时间变量变换成距离变量，并将 θ_0 和 ϕ_0 替换为常用的角度变量 θ 和 ϕ，则有

$$y(\theta,\phi,R) \approx A_r \rho'(R,\theta,\phi) *_R *_\theta *_\phi \left[E^2(\theta,\phi) x\left(\frac{2R}{c}\right) \right] \tag{2.117}$$

受天线方向图的空间周期性以及场景反射率因素的影响，所以只在角度变量上做有限积分处理，式(2.116)和式(2.117)因此称为近似卷积。文献 Baddour(2010)对类似于式(2.114)的球卷积公式进行了讨论。尽管如此，如同线性卷积一样，利用式(2.117)能够计算出空间指定位置处的输出，可以将其看成受天线方向图和波形调制的反射率分布的局部均值。对于大多数的天线方向图和脉冲，天线方向图只在波形持续期间有能量，且主要集中在天线主瓣方向，是一个相对较小的有限区域。因此，可以认为输出信号就是真正的线性卷积。

式(2.117)的卷积模型是一个十分重要的结果。它的重要性在于：可以将实测数据解释为线性滤波过程，因此可以建立起 $y(\theta,\phi,R)$、$\rho'(R,\theta,\phi)$、$E^2(\theta,\phi)$ 和 $x(t)$ 之间的傅里叶变换关系，并用其表征信号、确定采样频率等。例如，实测反射率函数的距离分辨率受脉冲宽度限制(第4章可以看到，随着匹配滤波器的引入，该表述需要做出明显的修改)。类似地，对于传统的机械扫描雷达，其角度分辨率主要取决于天线的波束宽度(第8章可以看到，随着合成孔径技术的引入，该表述需要做出修改)。由 $x(t)$ 和 $E^2(\theta,\phi)$ 的滤波作用可知，在距离向和角度上，测得的反射率函数的带宽受调制波形的带宽和天线功率方向图的限制。第3章将根据该结论确定信号在距离维和角度维进行采样时的要求。

2.7.2 随角度的变化

考察距离 R_0 处的反射率随角度的变化情况。定义距离平均有效反射率为

$$\begin{aligned}\hat{\rho}(\theta,\phi;R_0) &= \int_R x\left[\frac{2}{c}(R_0-R)\right] \rho'(R,\theta,\phi) dR \\ &= \left[\rho'(R,\theta,\phi) *_R x\left(\frac{2R}{c}\right) \right]_{R=R_0} \end{aligned} \tag{2.118}$$

这就是考虑脉冲长度有限后，对每个角度进行距离平均得到的散射率随角度的变化公式。注意在距离分辨非常高的极限情况下，即脉冲调制函数 $x(2R/C) \to \delta_D(R-R_0)$，有 $\hat{\rho}(\theta,\phi;R_0) \to \rho'(R_0,\theta,\phi)$。这就是说"距离平均反射率"将精确地等于距离 R_0 处的有效反射率。

将式(2.118)代入式(2.117)，可得

$$\begin{aligned}y(\theta,\phi;R_0) &= A_r \int_{\xi=-\pi/2}^{\pi/2} \int_{\zeta=-\pi}^{\pi} E^2(\zeta-\theta,\xi-\phi) \hat{\rho}(\zeta,\xi;R_0) d\zeta d\xi \\ &\approx \hat{\rho}(\theta,\phi;R_0) *_\theta *_\phi E^2(\theta,\phi) \end{aligned} \tag{2.119}$$

式中第二行，再次假设了天线方向图具有对称性。式(2.119)是式(2.117)的一个特例，它表示采用扫描天线对特定距离处的目标进行观测时，相干接收机输出的复电压是在距离 R_0 处估计得到的距离平均有效散射率函数 $\hat{\rho}(\theta,\phi;R_0)$ 和天线功率方向图 $E^2(\theta,\phi)$ 在角度维的卷积。

如前所述，可以近似认为式(2.119)是一个线性卷积。假设俯仰角 ϕ 不变，仅考虑方位角 θ 的变化。由于在整个 2π rad 上进行积分，且被积函数具有周期性（在 θ 维的周期为 2π），所以在方位角上的积分实际上是周期函数的循环卷积。

如果 θ 固定，ϕ 变化，由于被积函数的自变量的变化范围只有 π rad，将不会出现上述情况。然而，式(2.119)也可以写成

$$y(\theta,\phi;R_0) = A_r \int_{\xi=-\pi}^{\pi} \int_{\zeta=-\pi/2}^{\pi/2} E^2(\zeta-\theta,\xi-\phi)\hat{\rho}(\zeta,\xi;R_0)\mathrm{d}\zeta\mathrm{d}\xi \qquad (2.120)$$
$$= \hat{\rho}(\theta,\phi;R_0) *_\theta *_\phi E^2(\theta,\phi)$$

当方位角固定时，上式是关于俯仰角的周期函数的循环卷积。总的来说，角度维的二重积分是在 (θ,ϕ) 空间进行二维加权平均。只要天线波束宽度小于 2π，则在 (θ,ϕ) 附近，这个循环卷积可以非常好地近似成线性卷积。

图 2.26 以一个角度维为例直观地说明了式(2.119)描述的过程。假设俯仰角 $\phi=0°$，仅考虑方位角的变化。雷达在方位维进行扫描扫过目标场，场景中包含一个由理想点散射体构成的阵列。当雷达的视线指向某一散射体时，其响应最大；当雷达视线移开时，由于照射到该散射体的能量以及接收时天线对该方向的敏感度都比天线照射该方向时要小，其回波强度下降。对于单个散射体，接收机输出端的相参基带接收信号 $y(\theta,0;R_0)$ 正比于 $E^2(\theta,0)$。此时，接收信号随角度的变化图就和天线的双程方位向电压方向图非常相似。

假设接收机是线性的，这样就可以应用叠加原理。两个离得非常近的点散射体的响应，正比于两个天线方向图的叠加。如果两个散射体离得足够近，天线就不能分辨单个散射体的响应，这两个散射体的响应就会混在一起形成一个尖峰，如图 2.26 所示。混合响应的详细情况取决于这两个散射体响应的相对相位，可能是同相的，也可能是反相的，相对相位的不同会产生很大的差异。然而，多大的间隔能够分辨这两个散射体，取决于天线方向图 $E^2(\theta,0)$，特别是天线的主瓣宽度。

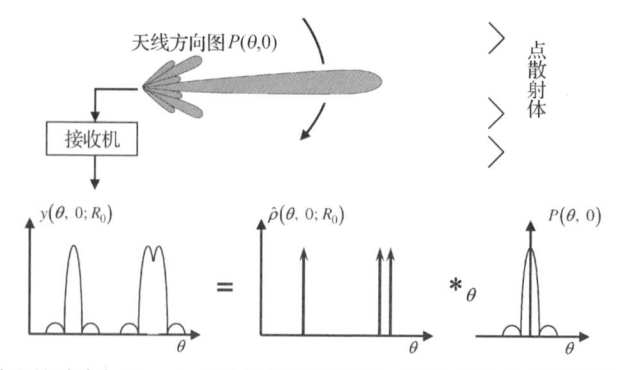

图 2.26 当雷达的波束扫过一个点散射体阵的时候，接收机的输出是天线方向图的叠加

因为式(2.119)的近似线性卷积关系，观测信号的空间傅里叶变换等于输入的空间傅里叶变换乘以天线方向图的傅里叶变换。实际天线方向图具有低通特性，可知宽度为 D 的圆形和矩形孔径的理想双程方位电压方向图(Balanis, 2005)为

$$E^2(\theta,0) = \left[\frac{J_1(\pi D\sin\theta/\lambda)}{\pi D\sin\theta/\lambda}\right]^2 \quad (\text{圆形孔径})$$

$$E^2(\theta,0) = \left[\frac{\sin(\pi D\sin\theta/\lambda)}{\pi D\sin\theta/\lambda}\right]^2 \quad (\text{矩形孔径}) \tag{2.121}$$

图 2.27 给出了 $D = 40\lambda$ 情况下的方向图(用分贝表示)。

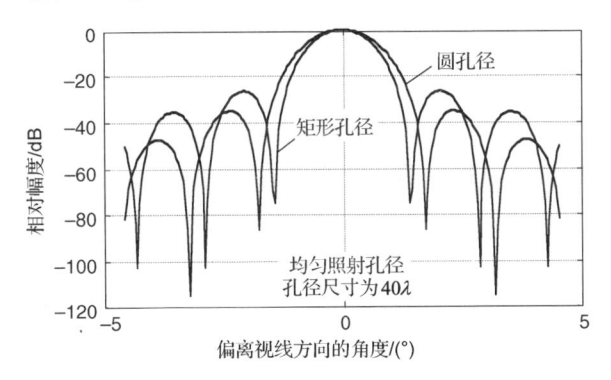

图 2.27　理想均匀照射圆孔径和矩形孔径的双程天线电压方向图

图 2.28 给出了相应的空间谱。对于矩形孔径,空间谱是一个支撑区间长度为孔径宽度2倍的三角函数。其原因很容易理解:单程电压方向图等于孔径函数的逆傅里叶变换,对于均匀照射,其孔径函数为一个宽度等于孔径宽度的矩形脉冲。当对这个方向图进行平方得到双程方向图时,平方方向图的傅里叶变换是非平方方向图的傅里叶变换的自卷积,所以,矩形孔径函数和自己卷积就得到了孔径宽度翻倍的三角函数。圆孔径的谱有相同的宽度,但它更平滑一些。

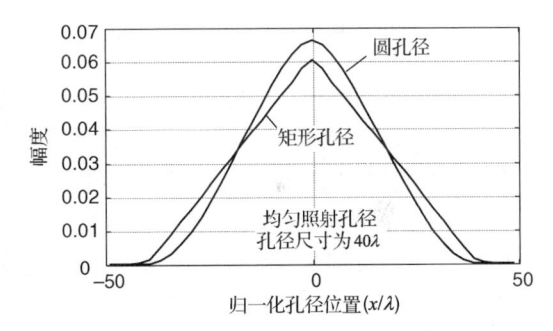

图 2.28　图 2.27 中天线方向图的空间谱

这些理想化的典型天线方向图的空间谱是低通函数,这样,观测数据空间谱中的较高频率分量会被严重衰减,实际是被有效地抑制掉了。由于分辨率正比于带宽,式(2.121)和图 2.28 说明天线方向图会降低空间谱的分辨率,因为其空间谱具有非常明显的低通特性。

2.7.3　随距离的变化

类似于 2.7.2 节,对式(2.117)进行专门分析,得到沿着视线方向 (θ_0,ϕ_0) 观测的接收电压随着距离变化的情况[①]。首先,交换式(2.114)的积分次序,使外层的积分变成对距离的积分。其次,定义一个新的量,即

$$\begin{aligned}\tilde{\rho}(R;\theta_0,\phi_0) &= \iint_{\theta,\phi} E^2(\theta-\theta_0,\phi-\phi_0)\rho'(R,\theta,\phi)\mathrm{d}\theta\mathrm{d}\phi \\ &= \rho'(R,\theta,\phi)*_\theta*_\phi E^2(\theta,\phi)\Big|_{\theta=\theta_0,\phi=\phi_0}\end{aligned} \tag{2.122}$$

---

① 对于偏离视线的方向,也可采用类似的方式进行分析,唯一的区别是要用天线在该方向的增益代替天线的峰值增益 G。

这就是考虑天线的非理想功率方向图，而对每个距离进行方位和俯仰平均后的散射率随距离的变化。注意在天线功率方向图趋近于理想方向图 $E^2(\theta,\phi) \to G\delta_D(\theta,\phi)$ 的极限情况下有 $\tilde{\rho}(R;m) \to \rho'(R,\theta_m,\phi_m)$。这就是说极限情况下，"角度平均"散射率等于沿天线视线方向的有效散射率。

将式(2.122)代入式(2.117)，可以得到(Munson 和 Visentin，1989)

$$y\left(\frac{2R}{c};\theta_0,\phi_0\right) = A_r \tilde{\rho}(R;\theta_0,\phi_0) *_R \left[x\left(\frac{2R}{c}\right)\right]$$
$$= A_r \int_{R'=0}^{\infty} x\left[\frac{2}{c}(R-R')\right] \tilde{\rho}(R';\theta_0,\phi_0) dR' \tag{2.123}$$

也可以用时间变量代替距离变量得到等效公式

$$y(t;\theta_0,\phi_0) = A_r \tilde{\rho}\left(\frac{ct}{2};\theta_0,\phi_0\right) *_t [x(t)]$$
$$= A_r \int_{t'=0}^{\infty} x(t-t') \tilde{\rho}\left(\frac{ct'}{c};\theta_0,\phi_0\right) dt' \tag{2.124}$$

式(2.123)或式(2.124)表明，给定一个天线视线方向，相参接收机输出端的复电压随时间的变化是该方向的角度平均有效反射率 $\tilde{\rho}(R;\theta_0,\phi_0)$ 和波形调制函数 $x(t)$ 沿距离维的卷积。

2.7.4 非相干积累

在推导式(2.114)及其近似式(2.117)的过程中，假设了微分散射体回波是相参积累的。也就是说，总的响应的复幅度(幅度和相位)是微分散射体回波的复数和。对于由大量具有随机相位的散射体构成的分布式杂波和体杂波，如雨、自然地面杂波(草地、树木、水等)，将散射体的反射率建模成相位随机、幅度随机或固定的模型更为有用。接收到的总的回波就是一个随机变量，此时所关心的分量就是接收功率的期望值。

由式(2.112)和式(2.113)可知，积分后的接收电压的功率可以写成

$$|y(\theta_0,\phi_0,t)|^2 = \left\{ A_r \int_V \frac{\exp[-j(4\pi/\lambda)R_1]}{R_1^2 \sqrt{L_a(R_1)}} \rho(R_1,\theta_1,\phi_1) E^2(\theta_1-\theta_0,\phi_1-\phi_0) x\left(t-\frac{2R_1}{c}\right) dV_1 \right\} \times$$
$$\left\{ A_r \int_V \frac{\exp[+j(4\pi/\lambda)R_2]}{R_2^2 \sqrt{L_a(R_2)}} \rho^*(R_2,\theta_2,\phi_2) \left[E^2(\theta_2-\theta_0,\phi_2-\phi_0)\right]^* x^*\left(t-\frac{2R_2}{c}\right) dV_2 \right\} \tag{2.125}$$

式中，下标"1"和"2"用于区分两个积分中的空间变量。

回顾反射率 $\rho(R,\theta,\phi)$ 的表达式，将其写成相位项 $\exp[j\psi(R,\theta,\phi)]$ 和幅度项 $\zeta(R,\theta,\phi)$ 的乘积，其中，相位项 ψ 在 $(0,2\pi)$ 上均匀分布且在三个空间变量上都是白的，而 ζ 既可以是随机的也可以是确定的。若是随机的，它与 ψ 统计独立，这样 ρ 的自相关函数为 $s_\rho(R,\theta,\phi) = |\zeta(R,\theta,\phi)|^2 \delta_D(R)\delta_D(\theta)\delta_D(\phi)$，接收到的平均功率为

$$\overline{|y(\theta_0,\phi_0,t)|^2} = A_r^2 \int_V \frac{1}{R^4 L_a(R)} |\rho(R,\theta,\phi)|^2 \left|E^2(\theta-\theta_0,\phi-\phi_0)\right|^2 \left|x\left(t-\frac{2R}{c}\right)\right|^2 dV$$
$$= A_r^2 \int_V \frac{1}{R^4} |\rho'(R,\theta,\phi)|^2 \left|E^2(\theta-\theta_0,\phi-\phi_0)\right|^2 \left|x\left(t-\frac{2R}{c}\right)\right|^2 dV \tag{2.126}$$

假设方向图是对称的，上式可以写成

$$\overline{|y(\theta_0,\phi_0,t)|^2} \approx A_r^2 \frac{|\rho'(R,\theta,\phi)|^2}{R^2} *_R *_\theta *_\phi \left[|E^2(\theta,\phi)|^2 \cdot \left|x\left(\frac{2R}{c}\right)\right|^2 \right] \quad (2.127)$$

上式是式(2.117)的非相参等效形式，说明在非相参散射情况下，接收功率是R^{-2}加权后的平方反射率与双程天线功率方向图以及波形功率包络的三维卷积。因此，接收功率依然遵循卷积定律，只不过与距离有关。Doviak 和 Zrnic(1993)一书的 4.4 节在介绍气象杂波时也得出了类似的结果。

2.7.5 投影

式(2.118)的距离平均散射率$\hat{\rho}(\theta,\phi;R_0)$和式(2.122)的角度平均散射率$\tilde{\rho}(R;\theta_0,\phi_0)$都是投影的特例。在每种情况下，通过在一维或二维上进行积分，可以使三维散射率的维数降低。通过在距离上进行积分，则得到的距离平均散射率是二维函数；通过在两个角度维进行积分，则得到的角度平均散射率是一维函数。

投影的思想，特别是角度平均投影$\tilde{\rho}(R;\theta_0,\phi_0)$对于后面第 8 章中推导极坐标格式的聚束模式 SAR 成像算法是十分重要的。我们需要的投影是沿着直线或者平面的积分。式(2.122)的平均是在球面上进行的。然而，对于小的波束宽度来说，只有方位角θ_3 rad 和俯仰角ϕ_3 rad 的限定范围对积分有主要贡献，在远距离上，这个有限的区域可以近似为平面。

2.7.6 多径

后向散射场相互叠加，回波到达时间和距离一一对应(即$t \to R = ct/2$)，这两个假设是测量距离像时采用卷积模型的基础。电场的相互叠加是一个正确的假设，但时间和距离的对应可能不是一个严格的假设。为了说明这一问题，考虑图 2.29，它给出了和该假设矛盾的两种现象。图 2.29(a)给出的是多径问题的图示，同一个目标的回波经过两个不同的路径到达雷达接收机。第一个路径是直达波的路径，其总长为$2R_0$。第二个路径是"多径"路径或者称为"地面反射"路径，其总长为$R_0 + R_1 + R_2 > 2R_0$。虽然这里没有画出，但实际上在图 2.29(a)也可能有一部分发射能量通过地面反射到达目标，然后沿着上述两种不同的路径返回雷达。这意味着这里还有一个回波，其时延对应双程路径长度$2(R_0 + R_1 + R_2)$。所以，当多径存在的时候，一个散射体可能产生三种不同观测距离的回波。这些回波是否会以距离上明显分开的多个离散回波的形式出现，取决于路径长度差和脉冲宽度的关系。通常，相对于直达波，地面反射回波的能量是明显衰减了的，但也并不总是如此。衰减的程度取决于反射表面的双基散射特性、天线方向图特性(因为多径反射的方向并不在主瓣的峰值方向)和几何关系。假设多径和直达路径的长度差是两个接收回波的叠加。当目标和雷达的距离变化时，多径和直达路径的长度差也会改变，所以多径和直达路径的回波有时同相相加，有时反相相加，交替变化。对于良好反射面(比如相对光滑的地面、平静的海面)上空的低高度目标，或者远距离的目标(此时雷达照射地面的擦地角非常小)，多径通常是非常重要的。

图 2.29(b)给出了两个散射体情况下多次散射回波的例子。较远散射体的一部分能量反射到较近的散射体，再第二次反射回较远的散射体，最后返回到雷达。当然，这种情况下也可能出现更多次的散射。对图中给出的情况，可以得到 3 个明显的回波，其中第三个回波是由一个并不存在的"虚假"散射体反射得到的，它比第二个真实散射体滞后了$2\Delta R$的距离。和

多径一样，多次散射回波的幅度通常也会衰减得非常严重，它也可能和原来的回波同相或者反相迭加。

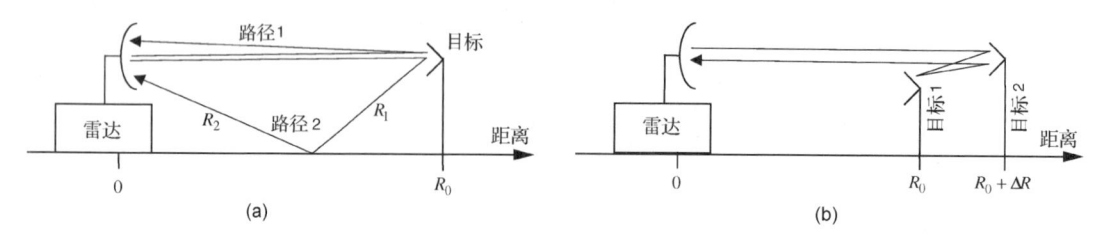

图 2.29 违反时间-距离——对应假设的两种反射现象。(a)多径；(b)多次反射

测得的散射率分布和真实散射率分布可能出现的这些区别并不表示距离像的观测就没有用处。它实际上说明在可能出现严重的多径或多次散射的情况下，对距离像的解释必须格外注意。

2.8 谱模型

对于雷达的接收信号，还有另外一种解释方法，这种方法在后面几章中是很有用的。前面两节已经重点介绍了将接收的复基带信号和空间散射率分布联系起来的线性滤波模型，然而，雷达截面积是随着包括雷达频率在内的很多因素变化的，所以，研究雷达发射频率 F_t 对散射率测量的影响很有意义。

为了理解发射频率的作用，需要对频率为 F_t 的雷达信号进行研究。如果重复从式(2.110)到式(2.124)的推导过程，但在此过程中不将信号解调到基带，则可以得到信号随距离变化的式(2.124)的射频形式

$$\bar{y}(t;\theta_0,\phi_0) = A_r \int_{t'=0}^{\infty} x(t-t')\tilde{\rho}\left(\frac{ct'}{2};\theta_0,\phi_0\right)\exp(j2\pi F_t t')dt' \\
= A_r \left[\tilde{\rho}\left(\frac{ct'}{c};\theta_0,\phi_0\right)\exp[j(2\pi F_t t + \varphi)]\right] *_t [x(t)] \tag{2.128}$$

现在在时间(距离) t 上对 $\bar{y}(t;\theta_0,\phi_0)$ 进行傅里叶变换，利用傅里叶变换的简单特性可以得到

$$\bar{Y}(F;\theta_0,\phi_0) = \frac{2A_r}{c}e^{j\varphi}X(F)\tilde{P}\left[\frac{2(F-F_t)}{c}\right] \tag{2.129}$$

图 2.30 给出了假设发射波形 $x(t)$ 为窄带波形的情况下，该公式的图形解释。在这种情况下

$$\bar{Y}(F;\theta_0,\phi_0) \approx \frac{2A_r}{c}e^{j\varphi}\tilde{P}\left(\frac{-2F_t}{c}\right)X(F) \tag{2.130}$$

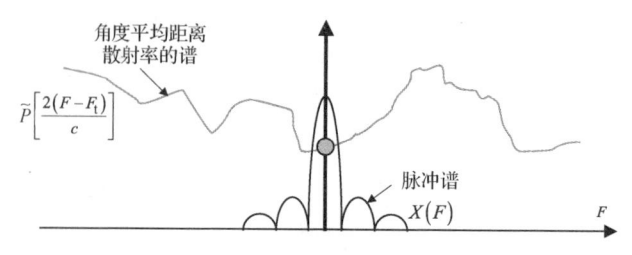

图 2.30 式(2.130)的图形解释，窄带雷达脉冲的谱采样效应

这说明接收脉冲的谱的幅度，以及接收脉冲本身，均正比于角度平均距离散射率频谱的一维像在发射频率处的幅度值。由于式(2.124)中得出的是复数谱，回波脉冲的幅度和相位都会受到散射率谱采样的幅度和相位的影响。式(2.130)显示窄带的雷达脉冲可以理解为是对角度平均散射率随距离变化的函数的频谱的一个频率采样。

带宽为 β Hz 的宽带脉冲 $x(t)$ 是我们关心的另外一种情况。对于某些波形，如线性调频的脉冲波形，其谱 $X(F)$ 的幅度近似为矩形，如图 2.31 所示。这样，接收波形 $\bar{y}(t;\theta_0,\phi_0)$ 的谱近似为脉冲带宽上的角度平均距离像的谱，不过需要利用脉冲谱的相位对其进行相位修正，即

$$\bar{Y}(F;\theta_0,\phi_0) \approx \frac{2A_r}{c} \tilde{P}\left[\frac{2(F-F_t)}{c}\right] \exp\{j \cdot \arg[X(F)]\} \quad -\frac{\beta}{2} \leq F \leq +\frac{\beta}{2} \quad (2.131)$$

换句话说，脉冲谱就像一个窗函数，它选择了接收信号对应角度平均散射率函数的频谱的某一特定部分。这个结论对于理解第 4 章中利用线性调频和其他调制波形得到高的距离分辨率是非常有用的。

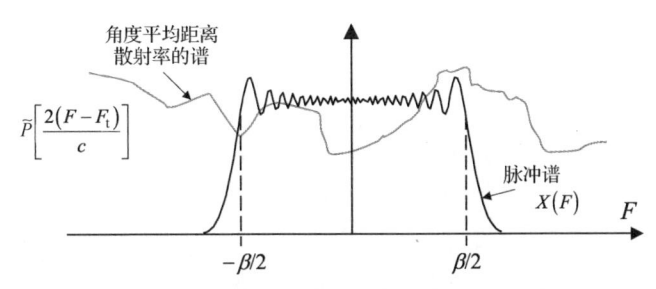

图 2.31 式(2.131)的图形解释，宽带雷达脉冲的谱加窗效应

2.9 总结

在设计性能良好的信号处理系统前，理解信号的特性是非常重要的。本章介绍了设计和分析雷达信号处理器时所常用的信号模型，并从多个方面考察了雷达回波，包括回波的幅度、空间、时间和频率的变化，以及这些变化的确定性和统计性解释。

在雷达信号建模中，通常更加关心幅度的模型，即雷达截面积。从原理上，如果可以对散射过程进行精确建模，根据麦克斯韦方程可知，RCS 可以看成一个确定的、可预测的量。雷达距离方程有多种形式(这里只是介绍了其中很小的一部分)，它们是估计接收信号幅度或确定所需系统特性(如发射功率和天线增益)的最基本的工具。

雷达系统是一个用以观测空间 RCS 变化的设备，它的脉冲函数(调制和载波)和天线功率方向图决定着它的测量特性，进而又决定着它可以获得的分辨率以及所需要的采样率。雷达测量系统对观测 RCS 的空间变化是有影响的，对这种影响可以进行很好的建模，这一过程是利用包含着脉冲、天线方向图测量的核函数与三维散射率函数进行卷积实现的。这一重要的结果表明，可以借助线性系统分析工具分析和理解雷达系统的性能。载波频率和多普勒频移共同决定着脉冲采样是散射率谱的哪一部分，这个结果说明了雷达测量的频域分析的重要性。在本书的其他部分，将始终坚持线性系统和频域分析的观点。

虽然 RCS 是一个确定量，但它对雷达频率、视角、距离的敏感性，还有典型目标的复杂性，都使得目标的幅度观测量也具有了非常复杂的特性。我们采用统计模型描述这种复杂性。

各种各样的统计模型，包括概率密度函数和相关特性，已经能够和很多不同的场景相符合。这些模型也成为很多分析的基础，特别是计算两个最重要的雷达性能参数(检测概率和虚警概率)时。

参考文献

Baddour, N., "Operational and Convolution Properties of Three-Dimensional Fourier Transforms in Spherical Polar Coordinates," *J. Optical Society of America*, vol. 27, no. 3, pp. 2144–2155, Oct. 2010.

Balanis, C. A., *Antenna Theory*, 3d ed. Harper & Row, New York, 2005.

Baxa, E. G., Jr., "Airborne Pulsed Doppler Radar Detection of Low-Altitude Windshear—A Signal Processing Problem," *Digital Signal Processing*, vol. 1, no. 4, pp. 186–197, Oct. 1991.

Beckmann, P., and A. Spizzichino, *The Scattering of Electromagnetic Waves from Rough Surfaces*. MacMillan, New York, 1963.

Billingsley, J. B., *Radar Clutter*. Artech House, Norwood, MA, 2001.

Birkmeier, W. P., and N. D. Wallace, *AIEE Transactions on Communication Electronics*, vol. 81, pp. 571–575, Jan. 1963.

Carlson, A. B., *Communication Systems*. McGraw-Hill, New York, 1976.

Cooper, J., "Scattering of Electromagnetic Fields by a Moving Boundary: The One-Dimensional Case," IEEE *Transactions on Antennas & Propagation*, vol. AP-28, no. 6, pp. 791–795, Nov. 1980.

Curlander, J. C., and R. N. McDonough, *Synthetic Aperture Radar*. Wiley, New York, 1991.

Currie, N. C., "Characteristics of Clutter," Chap. 5 in M. A. Richards, J. A. Scheer, and W. A. Holm (eds.), *Principles of Modern Radar: Basic Principles*. SciTech Publishing, Raleigh, NC, 2010.

DiFranco, J. V., and W. L. Rubin, *Radar Detection*, Appendix A. SciTech Publishing, Raleigh, NC, 2004.

Doviak, D. S., and R. J. Zrnic, *Doppler Radar and Weather Observations*, 2d ed. Academic Press, San Diego, CA, 1993.

Gleiser, R. J., "Doppler Shift for a Radar Echo," *Amer. J. Physics*, vol. 47, no. 8, pp. 735–737, Aug. 1979.

Gray, J. E., and S. R. Addison, "Effect of Nonuniform Target Motion on Radar Backscattered Waveforms," *IEE Proceedings Radar, Sonar, Navigation*, vol. 150, no. 4, pp. 262–270, Aug. 2003.

Haykin, S., B. W Currie, and S. B. Kesler, "Maximum Entropy Spectral Analysis of Radar Clutter," *Proceedings of the IEEE*, vol. 70, no. 9, pp. 953–962, Sep. 1982.

Holm, W. A., "MMW Radar Signal Processing Techniques," Chap. 6 in N. C. Currie and C. E. Brown (eds.), *Principles and Applications of Millimeter-Wave Radar*. Artech House, Boston, MA, 1987.

Jakeman, E., and P. N. Pusey "A Model for Non-Rayleigh Sea Echo," *IEEE Transactions on Antennas and Propagation*, vol. 24, no. 6, pp. 806–814, Nov. 1976.

Kay, S. M., *Modern Spectral Estimation*. Prentice Hall, Englewood Cliffs, NJ, 1988.

Knott, E. F., J. F. Shaeffer, and M. T. Tuley, *Radar Cross Section*. Artech House, Boston, MA, 1985.

Levanon, N., *Radar Principles*. Wiley, New York, 1988.

Lewinski, D. J., "Nonstationary Probabilistic Target and Clutter Scattering Models," *IEEE Transactions on Antennas and Propagation*, vol. AP-31, no. 3, pp. 490–498, May 1983.

Long, M. W., *Radar Reflectivity of Land and Sea*, 3d ed. Artech House, Boston, MA, 2001.

Lothes, R. N., M. B. Szymanski, and R. G. Wiley, *Radar Vulnerability to Jamming*. Artech House, Boston, MA, 1990.

Meyer, D. P., and H. A. Mayer, *Radar Target Detection*. Academic Press, New York, 1973.

Mott, H., *Polarization in Antennas and Radar*. Wiley, New York, 1986.

Mountcastle, P. D., "New Implementation of the Billingsley Clutter Model for GMTI Data Cube Generation," *Proceedings of IEEE 2004 Radar Conference*, pp. 398–401, April 2004.

Munson, D. C., and R. L. Visentin, "A Signal Processing View of Strip-Mapping Synthetic Aperture Radar," *IEEE Transactions on Acoustics, Speech, and Signal Processing*, vol. 27, no. 12, pp. 2131–2147, 1989.

Nathanson, F. E., *Radar Design Principles,* 2d ed. McGraw-Hill, New York, 1991.

Papoulis, A., and S. U. Pillai, *Probability, Random Variables and Stochastic Processes*, 4th ed. McGraw-Hill, New York, 2001.

Peebles, Jr., P. Z., *Radar Principles*, pp. 12-17. Wiley, New York, 1998.

Probert-Jones, J. R., "The Radar Equation in Meteorology," *Quarterly Journal of the Royal Meteorological Society*, vol. 88, pp. 485–495, 1962.

Ray, H., "Improving Radar Range and Angle Detection with Frequency Agility," *Microwave Journal*, p. 64ff, May 1966.

Richards. M. A., J. A. Scheer, and W. A. Holm (eds.), *Principles of Modern Radar: Basic Principles*. SciTech Publishing, Raleigh, NC, 2010.

Sangston, K. J., and K. R. Gerlach, "Coherent Detection of Radar Targets in a Non-Gaussian Background," *IEEE Transactions on Aerospace and Electronic Systems*, vol. AES-30, no. 2, pp. 330–340, April 1994.

Sauvageot, H., *Radar Meteorology*, Artech House, Boston, MA, 1992.

Skolnik, M. I., *Introduction to Radar Systems*, 3d. ed. McGraw-Hill, New York, 2001.

Swerling, P., "Probability of Detection for Fluctuating Targets," *IRE Transactions on Information Theory*, vol. IT-6, pp. 269–308, April 1960.

Ulaby, F. T., and M. C. Dobson, *Handbook of Radar Scattering Statistics for Terrain.* Artech House, Norwood, MA, 1989.

Ward, K. D., "Compound Representation of High Resolution Sea Clutter," *Electronics Letters*, vol. 17, no. 16, pp. 561–563, Aug. 6, 1981.

习题

1. 工作频率为 95 GHz 的雷达照射 3 km 外的一个目标，雷达发射功率为 100 W，天线方位和俯仰波束宽度分别为 2°和 5°，系统损耗为 5 dB，目标的 RCS 为 20 m^2。假设雷达工作在海平面附近，利用图 1.3 估计大气损失。雷达接收到的功率 P_r 为多少？接收功率与发射功率的比值是多少（用分贝表示）？

2. 当天气由晴天变为雨天（降雨量为 25 mm/h）时，上题中的雷达接收功率减少了多少分贝？其中所需的参数可参考图 1.4。

3. 假设某雷达系统刚好可以检测到 50 mile 外的特定目标。如果目标的 RCS 降低 10 dB，那么新的检测距离是多少？如果检测距离降为 5 mile，那么 RCS 需要降低多少分贝？

4. 据美国国家航空航天博物馆，B-52 轰炸机的 RCS 约为 1000 m^2，而 B-2 隐形轰炸机的 RCS 为 10^{-6} m^2。假设大气损失可以忽略不计，若某雷达可在 100 km 处检测到 B-52 轰炸机，那么该雷达可以在多远处探测到 B-2 轰炸机？如果 B-2 的飞行速度为 550 mile/h，该雷达可以提供多长的预警时间？

5. 式 (2.12) 示例中雷达接收 10 km 处目标的回波功率为 $P_r = 3.07 \times 10^{-9}$ W。如果雷达系统噪声系数为 10 dB，接收机噪声等效带宽为 10 MHz，则对于相同距离的同一目标，输出 SNR 的期望值是多少分贝？假设接收机的等效噪声温度为 290 K。

6. 考虑小型导弹上常用的毫米波雷达，射频频率为 95 GHz，天线的方位和俯仰 3 dB 宽度均为 1°，雷达系统距离分辨率 ΔR 为 5 m，天线波束相对于地面的擦地角为 20°，到地面的斜距为 5 km，地形对应的后向反射系数为 $\sigma^0 = -10$ dB。该雷达系统的距离分辨率是受波束限制还是受脉冲限制的？一个分辨单元在地面上的投影面积是多少？该分辨单元总的 RCS 值 σ 又是多少？

7. 考虑地杂波背景下雷达检测一个特定点目标的问题。雷达系统和场景的参数满足以下要求，10 km 处的目标 SNR 为 30 dB，而相同距离处的杂噪比(CNR)为 20 dB。这时杂波是主要的干扰源，雷达系统的检测性能受杂波限制。那么对于脉冲限制的杂波，在多远距离处 SNR 与 CNR 相等？在多远距离处 SCR 等于 1(即 0 dB)？

8. 考虑美国国家气象服务中心所使用的 WSR-88D 型 S 波段(3 GHz)气象雷达"NEXRAD"。在"短脉冲"模式下，脉冲宽度为 1.57 μs，天线的方位和俯仰波束宽度都为 0.88°，其测得的 50 km 外暴雨区的 RCS 为 20 m²。利用简化的体杂波分辨单元模型计算式(2.25)，即 $\Delta V = \Delta R \cdot (R\theta_3) \cdot (R\phi_3) = \Delta R \cdot R^2 \theta_3 \phi_3$。该系统的距离、方位、俯仰分辨率分别为多少？分辨单元的体积 ΔV 又是多少？体杂波反射率 η 又为多少？根据式(2.44)计算出气象反射因子 Z (单位采用 mm⁶/m³)。根据表 2.2 判断这场雨是什么级别？注意：若波长的单位是 m，则式(2.44)中 Z 的单位是 m⁶/m³=m³。在转化为 dBZ 之前，Z 值需要乘以 10^{18} 以使单位由 m⁶/m³ 变为 mm⁶/m³。

9. 雷达与散射体之间的距离变化多少个波长才能使接收到的回波的相位变化 180°？当雷达的工作频率分别为 1 GHz(L 波段)、10 GHz(X 波段)和 95 GHz(MMW 波段)时，这个距离分别是多少？

10. 四自由度的 χ^2 分布和二自由度的偏正 χ^2 分布，都可以描述由一个强散射体和若干个弱散射体构成的目标的分布情况，其中后者可以精确建模，而前者是后者的近似形式。表 2.3 给出了这两种分布的 PDF 公式及方差公式。证明当这两种分布具有相同的均值 $\bar{\sigma}$，且偏正 χ^2 分布的参数为 $a^2 = 1 + \sqrt{2}$ 时，这两种分布的方差相同。

11. 假设一个目标是由一个强散射体和若干个弱散射体构成的，强散射体的 RCS 与弱散射体 RCS 之和的比值 a^2 为 1(按照自由度为 4 的卡方分布模型来说，该值为 $1+\sqrt{2}$)。若 $2m$ 自由度的 χ^2 分布与二自由度的偏正 χ^2 分布的均值相同，那么 $2m$ 为多少时，两种分布的方差相等？当 a^2 为 10 时，$2m$ 值又应该为多少？注意：m 不一定是整数。

12. 选择 PDF 作为目标(或杂波、干扰)RCS 模型的重要性，在于 PDF "拖尾"的差别会对观测到大信号值概率产生严重影响，这种大信号值有时也称为"信号尖峰"。我们知道，PDF 为 $p_x(x)$ 的随机变量 x 大于某一特定值 T 的概率为

$$P\{x > T\} = \int_T^{+\infty} p_x(x) \mathrm{d}x$$

目标 RCS 的均值为 1.0(线性尺度)，计算当目标 RCS 服从指数分布时，RCS 值 $\sigma > 2$ 的概率是多少？当服从四自由度的 χ^2 分布时，概率又是多少？这两者的比值是多少？当 $\sigma > 10$ 时，上述各数值又为多少？

13. 某地基机场监视雷达的天线旋转速度为 10 r/min，方位 3 dB 波束宽度为 3°，脉冲重复频率决定的雷达无模糊(unambiguous)距离为 150 km。在单次扫描过程中，某一目标位于天线主瓣期间，该雷达发射了多少个脉冲？

14. 假设一复杂目标的大小为 2 m×4 m，雷达的工作频率固定为 3 GHz，那么视角变化多少时，目标的 RCS 会去相关？当雷达工作频率为 35 GHz 时，又是多少？

15. 如上题中的目标，目标与雷达之间的相对视角不变，频率变化为多少时，目标的 RCS 会去相关？

16. 如果一部工作频率固定的静止雷达接收到静止复合目标的多个 CPI 回波数据，每个 CPI 包含多个脉冲。每个 CPI 内的数据适用什么相关模型？不同 CPI 之间呢？请给出相关证明。

17. 若雷达离地面的高度为 h m，雷达视线与地面的交点的斜距为 R m。证明：当杂波回波受波束限制，且地面反射率 σ^0 采用式(2.64)所给出的等 γ 模型，那么雷达接收到的杂波功率正比于 R^{-2}。如果 σ^0 与擦地角无关，该比率为多少？

18. X 波段雷达的波长为 3 cm，采用式(2.65)给出的 GTRI 杂波模型，假设 $\sigma_h=10\lambda$，利用表 2.6 计算出当擦地角 δ 从 10°变化到 70°时，草地、树木以及城市杂波对应的 σ^0 的变化情况，然后将其画在一张图上。

19. 证明当 $\sigma_h \ll 10\lambda$ 时，GTRI 计算出的 σ^0 与地面粗糙度无关。

20. 考虑雷达系统的 4 个参数：天线方位口径长度、天线俯仰口径长度、发射功率以及脉冲宽度，哪些参数影响波束限面杂波情况下的 SCR？哪些参数影响脉冲限面杂波情况下的 SCR？请予以证明。

21. 雷达工作频率为 1 GHz，采用 Billingsley 模型可以估计去相关的交流功率占到杂波总功率 10%（即最大相关值）时，对应的去相关时间。当风速分别为 5 mile/h、15 mile/h 和 25 mile/h 时的去相关时间是多少？如果雷达工作频率为 10 GHz，这些时间又是多少？

22. 标准温度 290 K 时，在多少 Hz 频率处式(2.76)所给出的 $S_n(F)$ 的值，比其在 0 Hz 处的值低 3 dB？可以采用数值计算的方法得到结果，但在对指数函数进行级数近似时，可保留一些项以得到好的初始估计。

23. 噪声系数为 3 dB 的雷达系统的有效噪声温度为多少（用开氏温度表示）？噪声系数为 6 dB 和 10 dB 的情况又为多少？

24. 飞机以 ma=2（即 660 m/s）的速度远离静止的 L 波段雷达（工作频率 1 GHz），利用式(2.93)计算出来的多普勒频移与式(2.97)所给出的近似结果相差多大？注意：有些计算器精度不够无法算出差异，如果这样，可以使用 MATLAB 或其他类似的工具。可以使用 MATLAB 中的 "format long" 命令显示精度更高的分贝数。这个差异可以采用级数展开中丢掉的最大项〔见式(2.95)〕估计。

25. 两架飞机在同一高度水平直线飞行。若在某一时刻，其中一架飞机以 100 m/s 的速度向正北方向飞行，而另一架飞机以相同速度从西南方向径直朝第一架飞机飞去，则该时刻两架飞机的径向速度是多少？多普勒频移（包含正负号）为多少 Hz？

26. 一部采用旋转天线的静止雷达（如机场进场雷达）观测一架以 200 mile/h 速度直线飞过机场上空的飞机。该机自东向西飞过雷达。画出在此过程中飞机相对于雷达的径向速度的变化曲线示意图，并标出其中重要数值。

27. 在一个 CPI 期间雷达共发射 M 个 PRI 为 T s 的脉冲，雷达波束照射一个恒径向速度目标。若要使在整个 CPI 期间，目标的距离徙动不超过一个距离分辨单元 $c\tau/2$，推导目标的最大径向速度，用 τ、T 和 M 表示。若 $M=30$，$T=1$ ms，脉宽 $\tau=10$ μs 时，该数值为多少？

28. 式(2.100)~式(2.104)给出了运动雷达和静止目标之间的时变距离，利用级数展开可以将该距离近似为二次函数(特别的如抛物线函数)，这时可以证明瞬时多普勒频移是时间的线性函数。如果没有对平方根进行近似，那么应该用什么曲线描述距离的变化？推导出这种情况的瞬时多普勒频移公式。

29. 考虑上题中距离的级数展开，若要使级数近似中所丢弃的 t 的四阶项〔见式(2.101)〕的大小不超过所保留的二阶项的 10%，t 的最大绝对值应该是多少(在采用原来的距离近似前提下该数值限制了可录取的数据量)？当速度为 100 m/s，距离为 10 km 时，符合条件的最大的 t 为多少？

30. 假设反射率分布 $\rho(\theta,\phi,R)$ 是由位于 (θ_t,ϕ_t,R_t) 处的孤立散射体构成的，即 $\rho(\theta,\phi,R) = \rho_t \delta_D(\theta-\theta_t) \delta_D(\phi-\phi_t) \delta_D(R-R_t)$，利用式(2.114)计算出 $y(\theta_0,\phi_0,R_0)$。当 ϕ 和 t 固定时，该函数沿方位维 θ 的形状是什么？另两维确定的条件下，沿俯仰维 ϕ 以及快时间维 t 的变化情况又是怎么样的？

31. 函数 $J_1(x)$ 的第一零点为 $x \approx 3.8317$，当口径为 D 的天线采用均匀照射时，圆孔径天线的方位瑞利宽度与矩形天线的方位瑞利宽度之比为多少？可以用图 2.27 对该结果进行近似检验。

32. 假设散射点距地面高度为 h m，入射电磁波的擦地角为 δ rad，则直达波(图中的路径1)与二次反射波(路径2)之间的波程差是多少？用 δ 和 h 表示。如果 $h = 50$ m，雷达斜距分辨率 ΔR 为 20 m，直达波与二次反射波会否位于同一距离单元？

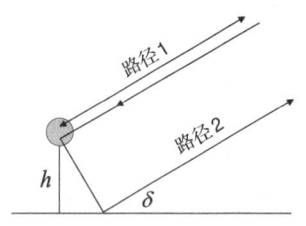

33. 接着上题，假设雷达系统的距离分辨率比上述路程差大，则两个回波处于同一距离单元中。用 δ、h 以及波长 λ 表示两者之间的相位差。如果直达波与二次反射波的幅度相同(几乎不可能)，当 h 为多少时，回波信号的幅度最大？h 为多少时，回波信号的幅度为 0？

34. 在下图中，δR 表示圆心角为 θ、半径为 R 的扇形上，与圆心距离为 R、并且与圆心角中心线垂直的直线间的最大路程差。当 θ 的最大值是多少时，$\delta R \leq \lambda/8$ (用 R 表示)。该路程差对应的回波相位变化是 $-4\pi\delta R/\lambda = -\pi/2$ rad，在许多计算中这是允许的相位误差的上限。

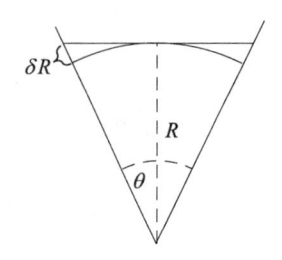

第3章 脉冲雷达数据采集

众所周知,雷达在由距离、方位角和俯仰角所构成的三维球坐标系中测量散射体的空间分布。脉冲调制雷达通过发射一系列独立的脉冲并记录随时间变化的回波电压,回波的时延与目标距离等价。现代脉冲雷达利用相干检波接收机,可以测得复数的电平值,并以数字形式对数据进行存储和处理。类似于任何一种数字数据采集系统,采样率和量化位数的选择对雷达系统设计来说是至关重要的,它影响着信号保真度、分辨率、混叠以及噪声等特性,同时还影响着处理器存储和计算量的需求。

3.1 脉冲雷达数据的获取与存储结构

3.1.1 单脉冲:快时间

假设雷达发射了一段时长为 τ s 的单脉冲。脉冲前沿对应 $t=0$ 时刻。第 2 章已讨论过,接收机接收到的目标以及杂波信号功率随着距离或时间的变化逐渐衰减,典型的是以 R^{-1} 到 R^{-4} 的速率衰减,而由接收机产生的噪声功率则可以认为是一个常数。图 3.1 对这种现象在概念上进行了解释图示。依据特定雷达工作模式,雷达只会在 R_1 到 R_2 这段距离间隔中接收回波能量。间隔 $R_2 - R_1$ 称为距离测绘带或者距离窗 R_w。很多因素可能会影响测绘带的起始距离 R_1。例如,对于机载下视雷达而言,由于不可能有更近的杂波,所以其 R_1 可以认为与飞机高度相同。这样,在地面成像模式中,R_1 将由到天线主瓣最近边缘的距离所决定。类似地,不同雷达的测绘带的终点距离 R_2 可根据地面上的主瓣远边缘的距离设定,或者根据所感兴趣目标所需的最大探测距离设定。同时 R_2 也会受到无模糊距离的限制,相关内容将在下文中进行简要介绍。

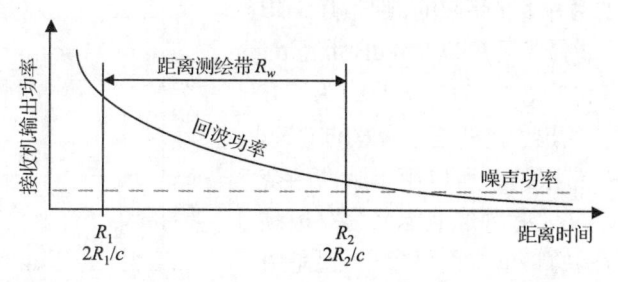

图 3.1 信号电平随距离、测绘带或者距离窗 R_w 的变化

在单基地雷达中,雷达接收机在脉冲发射期间必须与天线隔离开,以避免大功率发射信号的泄漏破坏敏感的接收电路。因此,接收机在脉冲发射后的 τ s 内是关闭的,所以接收机接收到回波的最近距离为 $R_{\min} = c\tau/2$ m。事实上,考虑到雷达发射脉冲后,天线与接收机重连的切换时间以及避免接收机接收到近程杂波,$R_{\min}$ 通常比 $c\tau/2$ 稍大。任何距离雷达小于 $R_{\min}$ 的杂波或目标散射点的回波,都会在雷达发射后的 τ s 内出现,而这部分的脉冲回波是无法被接收机接收的。由于这一原因而不能接收到的回波脉冲的全部或部分区域称为盲区。

利用第 1 章提到的相干接收机对接收到的信号进行解调。产生的复基带信号具有较高的采样率，通常在几百千赫到几十兆赫，甚至更高。为了达到所设定的测绘带，采样在脉冲发射后的时刻 $t_1 = 2R_1/c$ 开始，时刻 $t_2 + \tau = 2R_2/c + \tau$ 结束。在采样区间最后所增加的 τ s 用来获取测绘带远边缘的回波脉冲信号。将产生的样本储存在如图 3.2(a)所示的数字存储器中，存储器中每一个立方体表示一个独立的基带样本。这一系列由单发射脉冲得到的 L 个样本可以认为是距离门、距离波门、距离单元或者快时间采样[①]。复数样本的相位指的是脉冲回波数据的快时间相位历程。

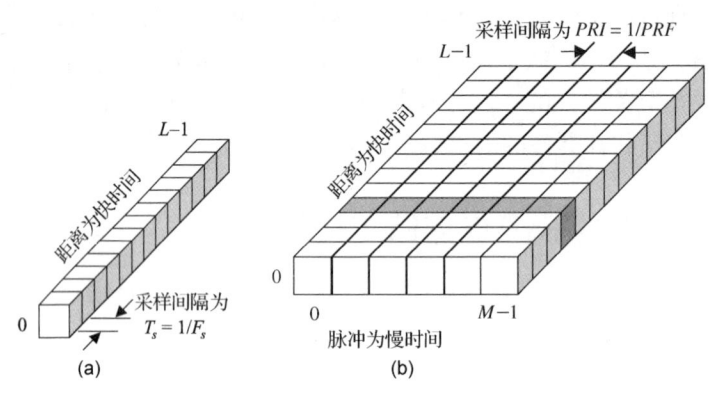

图 3.2 接收数据的结构。(a)单脉冲快时间采样数据矢量；
(b)一个相参处理时间内的快时间/慢时间采样数据矩阵

应当以多快的速度对所接收的单脉冲回波进行采样，即距离单元的间距应当是多大？奈奎斯特定理表明，采样速率 F_s 应当等于或者大于接收信号的带宽（见附录 B）。第 2 章将距离维的接收信号看成距离向反射函数与发射波形调制函数 $x(t)$ 的卷积，因此接收信号的频谱是距离向反射函数谱与调制函数谱的乘积。这表明，快时间维接收信号的带宽受到发射脉冲带宽的限制。因此，快时间维的奈奎斯特采样率即为发射脉冲的带宽。

如附录 B 所示，频率为 F_0 的简单复指数信号的频谱，在频域是以频率 F_0 Hz 为中心的 sinc 函数。从严格意义上，它的谱并不是带限的，但是其 3 dB 带宽 β_3 为 $0.89/\tau$ Hz，瑞利带宽 β_r 以及 4 dB 带宽 β_4 均为 $1/\tau$ Hz，第一零点间带宽 β_{nn} 为 $2/\tau$ Hz。为了方便，设定 $F_0 = 0$ Hz，图 3.3 给出了这些近似带宽的度量。

因为 sinc 函数不是带限的，所以简单脉冲的奈奎斯特带宽不好明确定义。有种近似定义为双边频率的间隔，超出这个范围的频谱幅度可忽略，但是由于 sinc 的慢衰落性，使得这一方法在该情况下并不是非常有效。例如，在频谱上以比峰值小 40 dB 的准则选取的近似奈奎斯特带宽大约是 3 dB 带宽的 66 倍。在雷达中通常用 3 dB 带宽，因此简单脉冲的带宽 β_3 被定义为 $0.89/\tau$ Hz。更为保守的带宽定

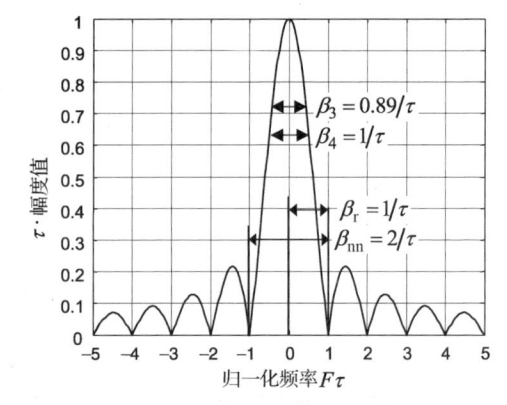

图 3.3 一个持续时间为 τ 的矩形脉冲的频谱中带宽的 4 种定义

---

① 分辨单元有时也和距离单元同义使用，并且在大多数的情况下是相同的；但是距离上的采样间隔并不总是等于距离分辨率，所以在解释后面两个词时要慎重。

义采用瑞利带宽 β_r，即 $1/\tau$ Hz 以及第一零点间带宽 $2/\tau$ Hz，这两个带宽分别占据了频谱能量的 78% 和 91%。尽管有局限性，这里仍采用瑞利带宽 β_r 估计距离维的近似采样速率，即 $F_s = \beta_r$，这样，快时间的采样间隔为 $T_s = 1/F_s = 1/\beta_r$。因此，相符合的距离单元间隔为

$$\Delta R_s = \frac{cT_s}{2} = \frac{c}{2\beta_r} \quad \text{m} \tag{3.1}$$

在实际应用中，常用大于奈奎斯特采样率的速率对快时间维信号进行采样。这样既可以补偿接收机抗混叠滤波器的过渡带宽，又可以补偿由普通脉冲波形的非带限性所产生的影响。一般地，采样速率都要具有 20% 到 50% 的余量。

第 4 章将看到，为了增加脉冲带宽，常常对脉冲进行相位调制，这时脉冲的频谱将不再是 sinc 函数。实际上，许多相位调制脉冲的频谱在所需带宽 β 上被设计成幅度近似恒定（但是有复杂的相位特征），此时 β 远大于简单脉冲的近似带宽 $1/\tau$。因此，将雷达接收到的理想相位调制脉冲转换到基带后，其理想化频谱模型为

$$Y(F) = \begin{cases} A\exp[j\Phi(F)], & |F| < \frac{\beta}{2} \\ 0, & |F| > \frac{\beta}{2} \end{cases} \tag{3.2}$$

其中，$\Phi(F)$ 是某个相位函数。图 3.4 给出了该频谱的一个例子，它是时间带宽积为 100 的线性调频信号（或 "Chirp" 信号）的频谱，第 4 章将会进一步研究该信号的波形。如图 3.4 中归一化频率尺度所示，当支撑域 $f \in (-0.5, +0.5)$ 时，即对应 $\pm \beta/2$ Hz 范围时，频谱近似为矩形。该例子提供了脉冲带宽（即 β Hz）的相对无模糊（unambiguous）定义，它直接将奈奎斯特准则应用到了距离采样中。

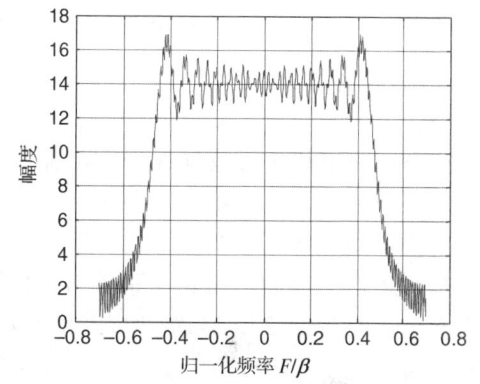

图 3.4　时间带宽积为 100 的线性调频 (chirp) 信号傅里叶变换后的幅度谱

3.1.2　多脉冲：慢时间和相参处理时间

雷达发射的并不是单个脉冲，而是周期性脉冲序列。在一些场景（比如旋转的气象或者监视雷达）下，虽然发射了连续的脉冲序列，但是在很多情形中会以 M 个脉冲为一组进行处理。定义脉冲之间间隔为脉冲重复间隔（PRI）或者脉冲内间隔（IPP），间隔时间为 T。其倒数为脉冲重复频率（PRF）。脉冲重复频率可能在几百赫到几万甚至几十万赫范围变化。

如图 3.2(b) 所示，快时间样本矢量集 L 的每 M 个脉冲数据可看成一个二维矩阵 $y[l,m]$。脉冲数所在的维度是慢时间轴，采集数据所需的时间为 MT s。相参处理时间（CPI）既可指数据矩阵，也可指采集数据所需的时间。除去一些特殊情况，一个 CPI 内的数据采集通常采用固定的 PRI 和雷达频率，同时在一个 CPI 内所有的脉冲都具有相同的波形。

虽然一个 CPI 内的数据是按照脉冲顺序采集而来的，但是一旦将其存储在内存中后，就可以任意方式进行访问。在图 3.2(b) 中，每个脉冲的第 4 个距离单元被标记为灰色。数据矩阵中的这一行样本称为该距离单元的慢时间信号。这些样本代表着脉冲发射后经历相同时延接收到的回波。假设在不同发射脉冲时刻天线视轴并不发生明显移动，则这些样本表示相同距离和角度下的反射率，即为对三维空间里的相同区域以 PRI 进行的测量。因此慢时间采样频率就是脉冲重复频率。

如何选择脉冲重复频率？脉冲重复频率会影响雷达和环境的多个方面，并且也会受其影响。由第 2 章对空域多普勒的讨论可知，慢时间相位历程反映了接收信号的多普勒分量。选择脉冲重复频率的一个准则是避免由频谱搬移所产生的混叠而保留多普勒谱信息，以用于诸如脉冲多普勒目标检测、合成孔径成像等方面的子序列处理。因此，在慢时间轴上的奈奎斯特采样率的要求就是脉冲重复频率至少等于慢时间信号的带宽。

非零的多普勒带宽有两个来源：被测区域内散射体本身的运动以及雷达平台的运动。如果被测区域从常规意义上属于人造交通工具，那么该目标本身的运动就是交通工具的运动[①]。如果被测区域为杂波区，则其自身运动可能是由风吹动树叶或者草叶、海洋波浪、下落并旋转的雨滴、建筑物顶上的空调叶片等引起的。例如，表 2.7 中的多普勒功率谱的角频率表明，在 X 波段，雨滴自身的多普勒展宽在 0.5～1.0 m/s 的量级。对于人造动目标，多普勒展宽可能会更大。设想在一个市区杂波场景中有一部固定的雷达用于观测交通，汽车速度最大为 55 mile/h，包括朝向雷达和背离雷达的运动。因此，雷达观测到的目标速度范围为 110 mile/h，即大约 50 m/s。再举一个更极端的例子，有两架沿相反方向飞行的亚音速(200 m/s)喷气式飞机，雷达就装在其中一架飞机上。当它们靠近时，接近速度为 400 m/s；一旦开始远离，它们就以 400 m/s 的速度分开。这段时间内装载在飞机上的雷达观测到的速度变化为 800 m/s。

运动的雷达也可以使波束中静止目标的多普勒带宽发生扩展。这种情况主要与空—地雷达有关。图 3.5 说明了在二维坐标中估计小块地形多普勒带宽的方法，该带宽是由雷达平台运动引起的。雷达波束的 3 dB 宽度为 θ_3 rad。回顾第 2 章，当雷达以速度 v 运动，视轴与速度矢量的夹角为 ψ rad 时，其多普勒频移为

$$F_D = \frac{2v}{\lambda}\cos\psi \quad \text{Hz} \tag{3.3}$$

现在考虑 3 个散射点 $P1$，$P2$ 和 $P3$，每个散射点到雷达的距离相同。$P1$ 和 $P3$ 在天线波束的 3 dB 边沿，而 $P2$ 在视轴上。因为

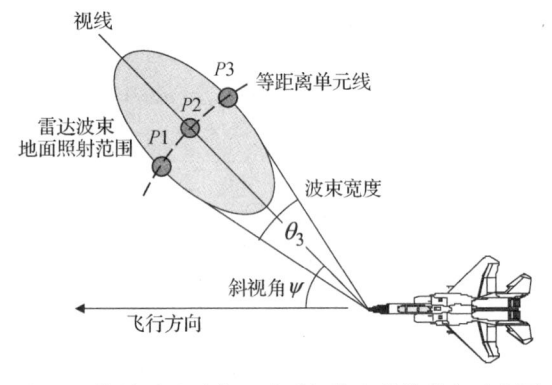

图 3.5 估计雷达平台运动引起的多普勒带宽示意图

这 3 个点都在距雷达相同的距离上，所以位于对应时延上的接收回波是这 3 个散射点回波的叠加。然而它们与飞机速度矢量的夹角却稍有不同。$P2$ 位于视轴上，其斜视角为 ψ rad。但是 $P1$ 和 $P3$ 的斜视角为 $\psi \pm \theta_3/2$ rad。$P1$ 和 $P3$ 回波的多普勒频移差为

$$\begin{aligned}\beta_D &= \frac{2v}{\lambda}\left[\cos(\psi - \theta_3/2) - \cos(\psi + \theta_3/2)\right] \\ &= \frac{4v}{\lambda}\sin\left(\frac{\theta_3}{2}\right)\sin\psi\end{aligned} \tag{3.4}$$

雷达的天线波束宽度非常窄，一般都小于 5°。对式(3.4)中的 $\sin(\theta_3/2)$ 项采用小角度近似后，可以得到由平台运动产生的多普勒带宽的简单表达式为

[①] 注意交通工具某些部分的速度可能不同于其整体的标称速度。对应于标称速度的多普勒频率常常称为 skin return。然而对于有轮运输工具，轮子上方螺帽的速度会是交通工具标称速度的 0～2 倍。一些激光雷达甚至尝试测出由交通工具振动而产生的多普勒频移。车辆上不同部位的多普勒频移的谱有时称为微多普勒谱。

第 3 章 脉冲雷达数据采集

$$\beta_D \approx \frac{2v\theta_3}{\lambda}\sin\psi \quad \text{Hz} \tag{3.5}$$

从图 3.5 可以看出，式(3.4)或式(3.5)假设雷达斜视角足够大，以使其主波束不包含速度矢量，即 $|\psi| > \theta_3/2$。如果雷达前视或接近前视，那么在式(3.4)中代表主波束内最大多普勒频移的 $\cos(\psi - \theta_3/2)$ 项将被 1 取代。因此，对于由平台运动产生的多普勒带宽，其更为完整的表达式为

$$\beta_D \approx \begin{cases} \dfrac{2v\theta_3}{\lambda}\sin\psi & \text{Hz}, \quad |\psi| > \dfrac{\theta_3}{2} \quad (\text{斜视}) \\ \dfrac{2v}{\lambda}[1-\cos(\psi+\theta_3/2)] & \text{Hz}, \quad |\psi| < \dfrac{\theta_3}{2} \quad (\text{前视}) \end{cases} \tag{3.6}$$

例如，当一部波束宽度为 3° 的 L 波段（1 GHz）正侧视雷达（$\psi = 90°$）以 100 m/s 的速度运动时，产生的多普勒带宽 $\beta_D \approx 35$ Hz。当波束宽度为 1° 的 X 波段（10 GHz）正侧视雷达以 200 m/s 速度运动时，产生的多普勒带宽为 $\beta_D \approx 233$ Hz。这两个雷达在前视结构下分别产生的多普勒带宽仅有 0.9 Hz 和 0.5 Hz。因此，基于平台运动形成的绝对多普勒频移在前视系统中达到最大，而多普勒带宽延展在正侧视系统中最大。

在前面的这个例子中雷达观测目标是一块地面，固定雷达所探测到的多普勒带宽是 0 Hz。非零的多普勒带宽 β_D 完全是由观测雷达的运动造成的，而不是由目标场景本身的特性所引起的。总的多普勒带宽近似为平台运动产生的带宽〔参见式(3.6)〕和被测场景自身带宽的和。对于慢时间信号，所选 PRF 应当不小于该值，以满足奈奎斯特采样准则的要求。

虽然地形与平台的相对运动，使被照射地形的多普勒频谱发生遵循式(3.3)的偏移以及遵循式(3.6)的扩展，但是中心频率的频移与 PRF 的选择无关；只有带宽决定奈奎斯特速率。同时应当注意，在空域范围内并未严格限制天线的类型，因此，由运动产生的多普勒频谱并不是严格带限于式(3.6)所给的 3 dB 带宽。但是，式(3.6)为估计运动产生的带宽提供了一个好的基础。

3.1.3 多普勒和距离模糊

对于任何采样后的时间信号而言，采样频率决定了该信号进行离散时间傅里叶变换（DTFT）的混叠间隔。在距离单元里进行慢时间信号的 DTFT，得到的是多普勒谱。慢时间采样率也就是 PRF，该参数决定了多普勒谱的混叠间隔。第 5 章将会看到，这个间隔称为盲多普勒频移 F_{Db}。同理，径向速度间隔称为盲速 v_b。则有：

$$\begin{aligned} F_{Db} &= PRF = \frac{1}{T} \quad \text{Hz} \\ v_b &= \frac{\lambda}{2}PRF = \frac{\lambda}{2T} \quad \text{m/s} \end{aligned} \tag{3.7}$$

因为经常在 $[-F_{Db}/2, +F_{Db}/2]$ 或 $[-v_b/2, +v_b/2]$ 的区间间隔内描述多普勒谱或者径向速度谱，所以有时候也把 $F_{Db}/2$ 和 $v_b/2$ 称为无模糊多普勒 F_{Dua} 或者无模糊速度 v_{ua}。这里必须注意，需要仔细确认涉及的多普勒频移与速度的值到底指的是完整无模糊间隔 F_{Db} 与 v_b 的值，还是频移（速度）截断点 $\pm F_{Dua}$ 与 $\pm v_{ua}$ 的值。

因为由短促脉冲串波形测量得到的多普勒谱在频率上呈周期性,若目标的多普勒频移 F_D(或者径向速度 v)在无模糊(unambiguous)多普勒或者径向速度间隔之外,将会导致 F_D 或 v 在该间隔发生混叠。混叠后的多普勒频移 F_{Da} 或者径向速度 v_a 表达式为

$$F_D = F_{Da} + n \cdot F_{Db}$$
$$v = v_a + n \cdot v_b \quad (3.8)$$

这里,整数 n 使得 F_{Da} 和 v_a 处于无模糊间隔内。

举一个给出具体数值的例子,假设一个 10 GHz 的雷达正在观测一个径向速度 v 为+100 m/s 的目标,那么它的多普勒频移 F_D 是 6.67 kHz。如果雷达以脉冲重复频率 3 kHz 进行 CPI 数据采集,并且在合适的距离单元里通过慢时间信号的 DTFT 获取多普勒谱,其中盲多普勒频移 F_{Db} 和速度 v_b 分别为 3 kHz 和 45 m/s。无模糊多普勒频移和速度是 1.5 kHz 和 22.5 m/s。DTFT 的区间为[−1.5, +1.5) kHz 和[−22.5, +22.5) m/s。目标的多普勒频移和速度在这些区间外,就会发生混叠。在式(3.8)中令 $n=2$,可以看出混叠后的多普勒 F_{Da} 和速度 v_a 分别为 0.67 kHz 和+10 m/s。

测绘带也会影响脉冲重复频率的设定。特别地,在下一个脉冲发射之前能够接收到的上一个脉冲回波的起始沿所对应的最大距离就是无模糊距离。无模糊距离必须满足 $2R_{ua}/c = T$ 的条件,所以

$$R_{ua} = \frac{cT}{2} = \frac{c}{2PRF} \quad (3.9)$$

采样的测绘带边缘(见图 3.1 中的 R_2)必须不大于 R_{ua},这样才能确保处在 R_2 的散射点的脉冲回波在下一个脉冲到来之前被全部接收。

通常需要选择的脉冲重复频率要能同时满足所需的无模糊距离和多普勒带宽。然而,当脉冲重复频率减小时,无模糊距离增大;当脉冲重复频率增大时,无模糊的多普勒带宽增大。实际上无模糊的多普勒带宽就是脉冲重复频率,结合式(3.7)和式(3.9),可以得到一个更明了的关系式:

$$R_{ua}F_{Db} = \frac{c}{2}, \quad R_{ua}v_b = \frac{\lambda c}{4} \quad (3.10)$$

由于式(3.10)中两个等式的右边对一个给定的雷达频率来说都是常数,所以 R_{ua} 的增大就会导致 F_{Db} 和 v_b 的减小。因此在许多情况下不可能采用单脉冲重复频率体制,而同时获得所需的多普勒带宽和无模糊距离。

为了更加全面地说明脉冲重复频率对距离模糊的影响,考虑图 3.6(a)所示的理想信号。在第一行,脉冲在 $t=0$ 时发射。假设两个目标位于距离 R_1 和 R_2 处,且脉冲重复频率设定为其对应的无模糊距离处于 R_1 和 R_2 之间。如图所示,脉冲发射后两个目标回波的时间为 $2R_1/c$ 和 $2R_2/c$。现在假设第二个脉冲在 PRI 为 $T = 2R_{ua}/c$ 时发射。当 $\tau \ll T$ 时,可以采用式(3.9)中的近似表示,即 $R_{ua} \approx cT/2$。如第二行所示,同一个目标回波波形相同,只是延时了 T s。第三行及以下表示后续脉冲发射后,目标的回波信息。

图 3.6(b)所示为雷达观测的所有回波数据。在第一段 PRI($0 < t < T$)中,只观测到了一个目标回波的原因是第二个目标不在无模糊距离内。在第二段 PRI($T < t < 2T$)中,两个目标的回波都被观测到了,其中,目标 1 对应脉冲 2,目标 2 对应脉冲 1。这种模式一直持续下去,直到脉冲序列结束。如果雷达接收到的距离上的可检测回波达到不模糊距离的 N 倍,则每次

脉冲发射之后的观测回波将会在第 N 个 PRI 中达到一个稳定的状态。图 3.6 在第 2 个 PRI 中达到稳定。

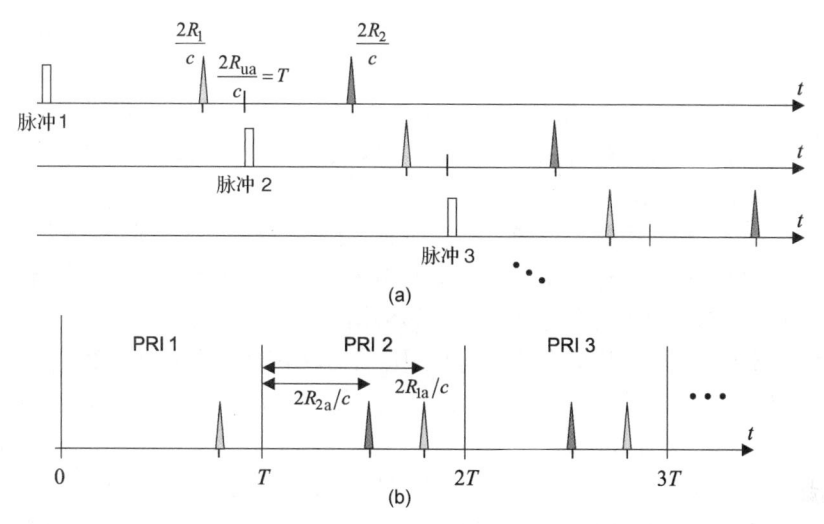

图 3.6 存在距离模糊的目标回波示意图。(a) 3 个脉冲发射后的接收数据模式；(b) 所有的接收信号

一旦达到了稳定状态，如图 3.6(b) 所示，每一个脉冲在距离 R_{1a} 和 R_{2a} 会导致两个探测结果。很明显，对于 1 号目标，探测距离是真实的距离；但是 2 号目标实际距离比 R_{ua} 大一些，所以混叠之后的视在距离是 $R_{2a} = R_2 - R_{ua}$。一般，如果雷达在给定脉冲重复频率的情况下，在无模糊距离之外探测目标足够灵敏，那么得到的视在距离就是模糊的。尤其，若在视在距离 R_a 处探测到目标，则目标的真实距离 R_0 的值满足

$$R_0 = R_a + n \cdot R_{ua} \tag{3.11}$$

并且 R_0 在雷达真实的最大探测距离之内。在图 3.6 所举的示例中，1 号目标 $n=0$，2 号目标 $n=1$。处理距离和多普勒模糊的方法将会在第 5 章讨论。

图 3.7 展示了该示例获取的 CPI 数据结构。假设无模糊距离对应第 7 个距离单元①。规定 1 号目标的距离和 2 号目标的距离对应着第 6 个和第 11 个距离单元。在第一段 PRI 内，仅仅检测到第一个目标，所以第一列快时间数据只在第 6 个距离单元内检测到目标。2 号目标由于混叠将会在第 11−7=4 个距离单元内检测到，所以第二个和接下来的脉冲将会在第 4 个和第 6 个距离单元内检测到目标。

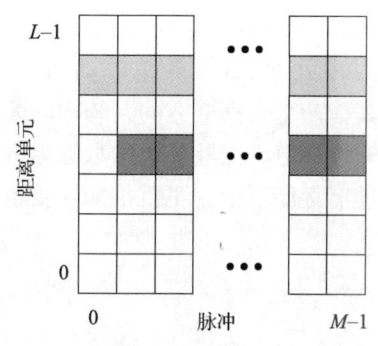

图 3.7 在图 3.6 场景下，稳定状态下的距离模糊回波

该示例也说明了当回波存在距离模糊时，处理过程中存在的启动暂态。如果场景和脉冲重复频率的设定值导致目标在 $(N-1)R_{ua}$ 到 NR_{ua}（该例子里 $N=2$）个距离单元范围内可以检测到，那么接收到的信号在第 N 个 PRI 之前都不会达到稳定状态（该例子里是第 2 个 PRI）。

距离模糊同时也影响着地杂波。如果距离向上大于 R_{ua} 的杂波的回波功率在接收机噪声之

---

① 在大多数场景下 7 个距离单元几乎不存在，但是这里为了简化示例，所以采用 7 个距离单元。

上，杂波回波也将会发生重叠，因此在稳定状况下，伴随着目标的杂波也许会是距离无模糊和距离模糊混叠之后联合的杂波。与目标情况类似，在给定 PRI 的情况下，若杂波距离存在模糊，那么在发射一定数量的脉冲之前，杂波水平都不会达到稳定状态。如果在第 N 个 PRI 中杂波达到了稳定状态，则前面的 $N–1$ 个脉冲就称为杂波填充脉冲。处理这些非稳态数据通常会得到性能较差的结果，因此最好舍弃这些杂波填充脉冲，并且仅仅只用获得稳定状态之后得到的数据。相反地，为了随后处理所需的一些稳定状态的 PRI，脉冲数目会在所需的杂波填充脉冲数目的基础上有所增加。

很容易得出结论：距离模糊可以通过检测所有脉冲内目标是否出现来解决。在一个 CPI 的前 n 个脉冲内均未出现检测目标，这表明真实的距离是由视在距离加上 n 倍的无模糊距离得到的。如果检测算法分别应用于每个脉冲的快时间数据，而且如果信噪比(SNR)足够高，也就是漏检概率很小，那么上述观点将会有效。但是用这种方法实现一个 CPI 的数据是很少见的。更常见的是，由于单个脉冲数据的 SNR 对可信检测来说是不够的，因此不能得知在前 n 个脉冲内目标是否空缺。相反地，慢时间数据将会进行相干或非相干整合，以便获得完整的 SNR。

除了造成距离模糊的可能性，多重脉冲的使用还会加剧盲区现象。在任何模糊距离 $R_{ua} \approx cT/2$ 的整数倍处或满足时延是 PRI 整数倍的目标，将会在下一个脉冲发射之时生成一个回波。在该间隔内接收机是被锁定的，因此目标回波不会被接收。对于任何整数 n，在 $(nT - \tau, nT + \tau)$ 时延内的目标将会部分接收不到。因此，脉冲串在距离或者时延上创造了一系列的盲区。位于盲区的目标即使有很大的 SNR 也将很难或者不可能被检测到。第 5 章将探讨如何克服这些限制。

3.1.4 多通道：数据立方

一些雷达拥有提供多路瞬时输出的天线。最为人熟知的就是多子阵的相控阵天线系统，每一子阵都有自己的接收机，甚至在有些情况下每一个阵元都有一个接收机。每个接收机会在每一个脉冲串期间产生如图 3.2(b)所示的数据矩阵。如图 3.8 所示，从所有 N 个通道中得到的完整的数据集合 $y[l,m,n]$ 称为数据立方。通常第三维指的是接收通道维或者相位中心维。其他产生数据立方的系统用的是单脉冲天线，这对一些跟踪雷达很常见。单脉冲天线有 3 条输出通道，因此产生的数据立方有 3 层。雷达数据通常很明确地以数据立方的格式存储在处理器存储器中，也就是如同复数数据的三维结构。

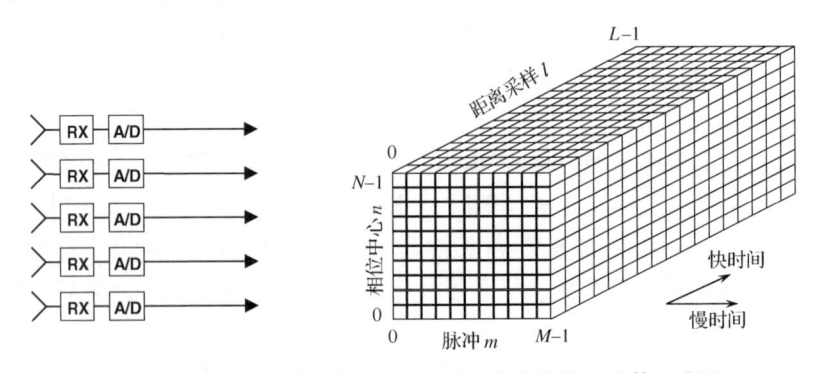

图 3.8 对于多通道脉冲雷达一个 CPI 内的数据立方体示意图

那么数据立方有多大？每一维上样本的数目是由所需的雷达测量特性决定的。距离维的

采样点数 L 是由测绘带宽度除以距离单元间隔得到的，即 $L = R_w/\Delta R_s$。测绘带的宽度由任务要求而定，而距离单元间隔由式(3.1)所示的波形带宽决定。上述两点对于同一雷达，当其在不同搜索范围和距离分辨率以不同操作模式转换时，可能会有显著不同。

在一个 CPI 内，脉冲数目 M 的决定因素是所需的多普勒分辨率(也就是速度分辨率)。多普勒谱是对慢时间数据做 DTFT 产生的。慢时间信号的持续时间是时长为 MT s 的 CPI。多普勒分辨率大约为 $\Delta F_D = 1/MT$[①]，所需脉冲的数量为 $M = 1/\Delta F_D T = PRF/\Delta F_D$，因此，$M$ 由脉冲重复频率和多普勒分辨率决定，并且可以广泛变化。在基本目标检测与跟踪的脉冲多普勒处理中，M 常常是数十个脉冲，然而在精细分辨率成像里也可能是数百甚至数千个脉冲。

对于多信道接收机，信道的数量 N 更是难以表征。而对于每个阵元都含有一个接收机的相控阵天线，则可能含有成百上千个相位中心，每个相位中心都构成一个接收通道。一个子阵架构可能会有许多相位中心，也许少到三四个，大到几十个。单脉冲天线有 3 个相位中心。天线的类型、尺寸和结构都会对 N 有显著影响。

在多脉冲雷达一个 CPI 内的数据立方体视图，则为理解大多数数字雷达信号处理操作提供了良好的概念模型。在本文的其余部分介绍了许多基本的雷达信号处理操作，都分别对应着数据立方体的各个维度的一维子矢量或二维子矩阵。图 3.9 展示了它们之间的联系。接下来的几章将讨论具体的操作。例如，脉冲压缩(见第 4 章)通过快时间(距离)维上单个矢量的一维卷积实现。脉冲压缩可以为每个脉冲和接收通道，在每个距离矢量上单独进行。

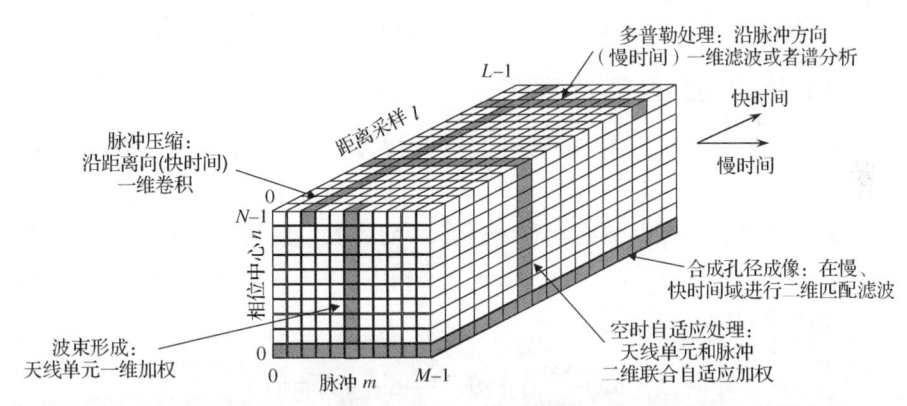

图 3.9 雷达数据立方体上的重要雷达信号处理功能和操作的对应关系

3.1.5 驻留时间

驻留时间，有时也称为目标驻留时间，是雷达数据采集时间的另一个术语。与 CPI 类似，驻留时间既可以指一个时间间隔，也可指在这段时间内收集到的数据。在雷达定义的 IEEE 标准中驻留时间是指"数据获取、检测或测量的时间"(IEEE, 2008)。如图 2.15(a)所示的转台雷达，假设其波束宽度是 3°，天线以每秒 60°的速度进行扫描。点目标在每次扫描期间有 50 ms 时间在波束内。如果雷达脉冲重复频率为 2000 脉冲/s，则目标在主波束扫描期间将会被 100 个脉冲照射到。因为已知如果目标回波存在，就会在 100 个脉冲中出现，那么在执行探测测试之前为了改进 SNR 一次性集成 100 个脉冲是明智的。

在这种情况下，驻留时间为 50 ms。如果一次性只整合了 50 个脉冲，那么驻留时间为 25 ms。

[①] 分辨率的精确值取决于所用主瓣宽度的定义以及是否使用加权旁瓣控制。

驻留时间的想法并不局限于机械扫描雷达。假设有电子扫描天线的脉冲多普勒雷达指向某个特定方向。该雷达发射的一个CPI的数据包含20个PRF=2 kHz的脉冲。CPI为10 ms。假设雷达照射到相同区域的时候收集3个这样的CPI，从一个CPI的开始到下一个的开始需要50 ms。则从第一个CPI开始到第三个CPI结束的110 ms数据收集时间是雷达在观测方向的驻留时间。

"驻留时间"与"CPI"有时候是同义词，但有时如前述例子所示它们又是不相同的。对于将数据分为多个CPI的相干雷达，驻留时间可对应一个或多个CPI。对于旋转和类似机械扫描雷达，驻留时间通常指的是需要扫描点目标的时间。

3.2 多普勒频谱采样

所选的脉冲重复频率决定了慢时间信号的采样频率。慢时间信号的频谱通常称为多普勒谱，这是因为非零的频谱分量是由于雷达和目标场景相对运动产生的多普勒效应造成的。对隐含在多普勒频谱中的目标场景信息的分析和调制就是多普勒处理，这也是第5章的主题。以上所说的多普勒处理有时是直接在慢时间域实现的，即直接处理$y[l,m]$中某行所代表的时间信号，但通常要分别计算出每一行信号的多普勒频谱。在数字处理器中，这一过程必须通过离散傅里叶变换（DFT）或其他离散频谱分析技术实现。在本节中假设频谱是由传统的DFT技术得到的，而没有考虑非线性频谱估计方法或其他方法。就会产生这样一个问题，对于计算所得的多普勒频谱应当以多密集的连续采样来把它间隔开，即多普勒采样间隔应当是多大？

3.2.1 多普勒频谱内的奈奎斯特速率

奈奎斯特准则的概念可以应用于频率中的采样以及更常用的时间上的采样，其结果是频率采样率依赖于时域中的"带宽"。

频域的奎斯特采样速率可以通过观察采样多普勒频谱与慢时间信号的关系得到。将有限持续时间的慢时间信号（$y[l,m]$的一行）表示为$y_s[m]$，$0 \le m \le M-1$，则其DTFT由下式（Oppenheim和Schafer，2010）决定：

$$Y_s(\omega) \equiv \sum_{m=-\infty}^{\infty} y_s[m]\mathrm{e}^{-\mathrm{j}\omega m} \quad \omega \in (-\pi, \pi) \tag{3.12}$$

尽管$y_s[m]$是离散的，但$Y_s(\omega)$是频率变量的连续函数，并且沿ω轴以2π为周期。

考虑对$Y_s(\omega)$在$[0, 2\pi)$内均匀采样得到的K点离散频谱$Y_s(k)$，则

$$Y_s[k] = Y_s\left(\frac{2\pi k}{K}\right) \quad k \in [0, K-1] \tag{3.13}$$

$Y_s(k)$称为K点的DFT。为了求得它与原始信号$y_s[m]$的关系，计算其逆DFT变换

$$\begin{aligned}
\hat{y}_s[m] &= \frac{1}{K}\sum_{k=0}^{K-1} Y_s\left(\frac{2\pi k}{K}\right) \mathrm{e}^{\mathrm{j}2\pi mk/K} \quad m \in [0, K-1] \\
&= \frac{1}{K}\sum_{k=0}^{K-1}\sum_{p=-\infty}^{\infty} y_s[p]\mathrm{e}^{-\mathrm{j}2\pi pk/K}\mathrm{e}^{\mathrm{j}2\pi mk/K} \\
&= \sum_{p=-\infty}^{\infty} y_s[p]\left[\frac{1}{K}\sum_{k=0}^{K-1}\mathrm{e}^{\mathrm{j}2\pi(m-p)k/K}\right]
\end{aligned} \tag{3.14}$$

其中的求和项可以表示为

$$\frac{1}{K}\sum_{k=0}^{K-1}\mathrm{e}^{\mathrm{j}2\pi(m-p)k/K} = \sum_{q=-\infty}^{\infty}\delta[m-p-qK] \tag{3.15}$$

其中，$\delta[\cdot]$ 是离散时间单位脉冲函数[①]。将式(3.15)代入式(3.14)，得

$$\hat{y}_s[m] = \sum_{q=-\infty}^{\infty} y_s[m-qK] \quad m \in [0, K-1] \tag{3.16}$$

虽然在前面的分析中假设 $y_s[m]$ 是有限长度的，但是结果也适用于无限长信号。

式(3.16)表明，与时域采样过程对偶的频谱采样是将时域信号进行周期延拓，延拓的周期与频率采样速率成比例。特别地，如果慢时间信号频谱是通过 K 个频率点计算得到的，则对这些频率采样进行逆 DFT 变换所得的时间域信号，就是以 K 个采样点时间间隔进行延拓的慢时间信号。考虑到 $y_s[m]$ 被限制在间隔 $[0, M-1]$ 内，当 $K \gg M$ 时，在所关心的间隔 $[0, K-1]$ 内对所有 $q \neq 0$ 的点有 $y_s[m-qK]=0$，因此 $\hat{y}_s[m]=y_s[m]$。当 DFT 运算的长度至少与原始数据序列的长度相等时，这种情况是很常见的。

现在频域奈奎斯特采样速率就显而易见了。当 $K \gg M$ 时，原始慢时间信号 $y_s[m]$ 不会因为频域采样而发生混叠，因此，通过提取主值区间 $m \in [0, K-1]$ 的对应信号 $\hat{y}_s[m]$，可以将其从周期延拓的信号中恢复出来。该方法与采样慢时间信号重构中的低通滤波器是等价的。在以上对频域采样的讨论中，时域和频域仅仅进行了相互转换。

由于 $K \gg M$，则频域取样间隔 ω_s 必须满足

$$\omega_s \leq \frac{2\pi}{M} \quad \mathrm{rad} \tag{3.17}$$

对应的频域采样率为[②]：

$$K \geq M \quad (\text{每个多普勒谱周期中的样本个数}) \tag{3.18}$$

因此，支撑域内该信号的宽度(即其长度或"带宽")中的时域的 M 个样本对频率采样起着同样的作用，就像信号支撑域内频率的宽度(实际带宽)对时间的采样一样。

在一些系统中，所需的多普勒采样点数少于可用的数据样本数，即 $K < M$。这种情况发生在系统设计所需频谱样本只是有限个时。在早期的雷达处理器中，出现该问题最可能的原因是，在雷达数据率下要实现大点数的 DFT 很困难。而在大多数情况下，该问题因为计算机的摩尔定律而避免了。当 $K < M$ 时，一种对 M 点序列计算 K 点 DFT 的方法是保留 K 点样本并计算其 K 点 DFT。但是，当采样样本数 $M > K$ 时，进行 K 点 DFT 是不合适的，原因有两个：首先，保留下来的 K 点样本的 DTFT 与全部的 M 点序列的 DTFT 是不同的，即将从 DFT 得到低分辨率 DTFT 的样本；其次，未采用全部 M 点样本时，所得频谱的信噪比会降低，因为仅有 K 个样本而不是 M 个可用样本参与了求和。所以，为获得最高测量质量而抛弃被测数据不是一种很好的方法。

[①] 不要与连续时间分析中的狄拉克 δ 脉冲函数 $\delta_\mathrm{D}(\cdot)$ 混淆。
[②] 将长度 K 大于时间样本数目 M 的 DFT 通常称为零时间填充。这个术语由传统软件计算快速傅里叶变换演变而来，意思是将用于输入时间样本的相同变量上的频率样本的矢量返回。当 $K > M$ 时，输入矢量就在末尾加上 $K-M$ 个零。该术语与 DFT 的数学意义没有任何关系。

在这种情况下，如果仍要求多普勒谱样本与 $y_s[m]$ 的离散傅里叶变换谱采样相等，则式(3.13)~式(3.16)表明：需要构造一个新的，长度被减小到 K 点的序列 $\hat{y}_s[m]$，它是由慢时间数据序列 $y_s[m]$ 按照式(3.16)进行混叠得到的。如图3.10所示，该操作有时称为数据扭转。由于使用了所有的样本，它使多普勒频谱的信噪比最大化，该方法实际上在比较老的作战雷达中还在继续使用。

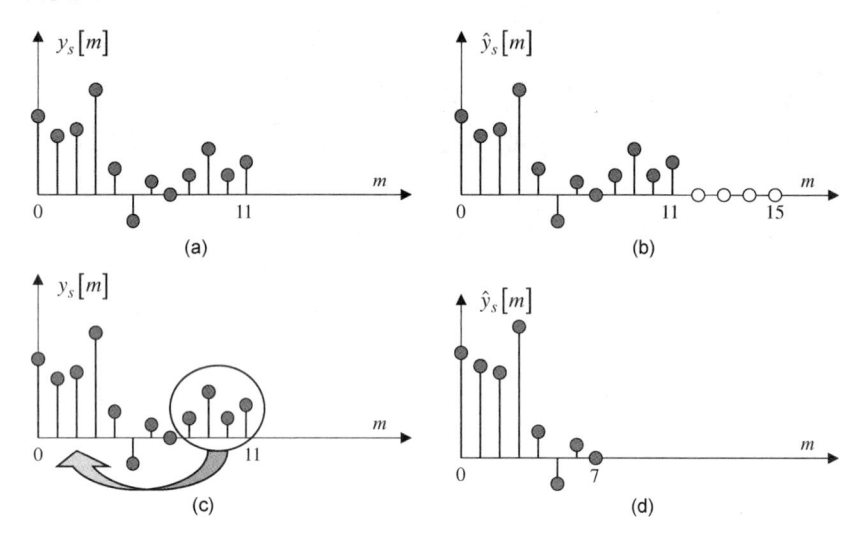

图3.10 "补零"和"数据扭转"操作的示意图。(a)原始的12点数据序列；(b)将数据通过补零填充到16点，进行16点DFT；(c)通过数据扭转产生如图(d)所示的混叠的8点序列，用以完成8点的DFT

3.2.2 跨越损失

3.2.1节确定多普勒频率的奈奎斯特采样率。当实际计算采样频谱时，不论是通过DFT还是其他方法，人们总是确信采样后的频谱保留了DTFT的所有潜在重要特征。例如：DTFT中存在重要的峰值点，那么我们希望有一个频谱样本落在峰值或者非常接近峰值，以使采样后的频谱也具有这一峰值特征。

研究该问题的一个合适的信号模型是单纯复正弦信号。例如，一个在观测时间内相对于雷达以固定速度运动的目标会显示出固定的多普勒频移。因此，慢时间信号 $y_s[m]$ 的模型为

$$y_s[m] = Ae^{j\omega_D m} \quad m \in [0, M-1] \tag{3.19}$$

其中，ω_D 是多普勒频移，它以归一化角频率为单位。$y_s[m]$ 的DTFT为

$$Y_s(\omega) = A\frac{\sin[(\omega-\omega_D)M/2]}{\sin[(\omega-\omega_D)/2]}\exp\left[-j\left(\frac{M-1}{2}\right)(\omega-\omega_D)\right] \quad \omega \in (-\pi,\pi) \tag{3.20}$$

$Y_s(\omega)$ 就是所说的数字 sinc 函数，混叠的 sinc 函数(asinc)，或者狄利克雷函数，在频域中它被循环移位，所以其峰值出现在 $\omega = \omega_D$ 处。图3.11给出了当 $\omega_D = \pi/2$（$f_D = \omega_D/2\pi = 0.25$），$M=20$ 时的例子。该DTFT的重要特征包括峰值的幅度以及频率、主瓣的带宽、旁瓣结构。特别地，振幅为 A 的单纯复正弦曲线的 M 点DTFT其峰值为 MA，旁瓣峰值比主瓣峰值低13.2 dB。以归一化频率单位所表示的主瓣 3 dB 带宽为 $\beta_3 = 0.89/M$ 周期/采样，瑞利带宽为 $\beta_r = 1/M$ 周期/采样，因此两个零点间的主瓣宽度为 $\beta_{nn} = 2/M$ 周期/采样。图3.11对这些度量做了进一步的说明。

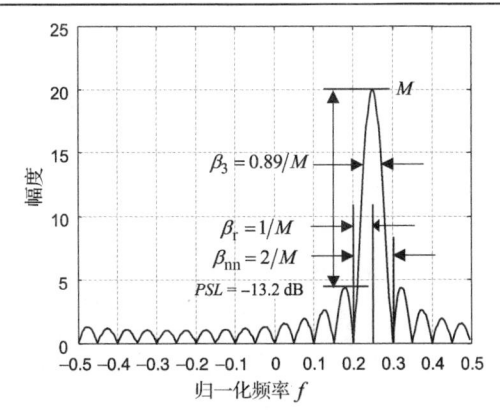

图 3.11 采样长度为 20，归一化频率为 0.25，振幅为 1 的单复正弦波的 DTFT 幅度谱

DFT 计算该频谱在归一化频率 $2\pi k/K$ rad 处的样本点。图 3.12 给出当 $K=M$ 时，正弦曲线的频率等于某个 DFT 频率分量，即对某个 k_0 点有 $\omega_D = 2\pi k_0/K$（在本例中，$k_0 = 5$，$K=20$，对应于 $\omega_D = \pi/2$ rad/采样）。DFT 的一个样本落在 asinc 函数的峰值，而其他采样都落在 asinc 函数的零点，所以 DFT 成为一个冲激函数。由于离散频谱只反映了在其正确频点处的一个单正弦曲线，所以它可以被看成一个理想的测量手段，但却不能反映 DTFT 中实际的主瓣宽度和旁瓣结构信息。

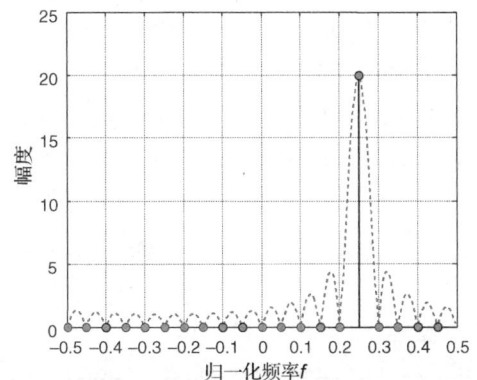

图 3.12 采样长度为 20，归一化频率为 0.25，振幅为 1 的单纯复正弦信号的 20 点 DFT 谱。虚线为图 3.11 中相同数据 DTFT 谱的欠采样结果

更重要的是，能够得到如图 3.12 那样好的结果，是由于正弦曲线的实际频率与 DFT 变换的一个频率分量匹配。如果不匹配的话，DFT 的样本将落在 asinc 函数的其他位置，而非它的峰值或零点。图 3.13 给出了将图 3.11 和图 3.12 的归一化频率由 0.25 改为 0.275（即令 $\omega_D = 0.55\pi$）后的结果，此时它恰好落在两个 DFT 采样频率之间。这时，一对 DFT 样本跨越在 asinc 函数的实际峰值两边，而其他样本也落在旁瓣峰值的附近。即使这两种情况中 asinc 函数的形状是相似的，唯一的不同点是多普勒频率存在半个单元的频移，但是它对 DFT 所测频谱的影响还是很明显的：主瓣被展宽和衰减了，原本不存在的旁瓣也出现了。

因为 DFT 采样频率跨越在 DTFT 真实峰值的两边，所以图 3.13 中表面峰值幅度为 13，而 DTFT 的实际峰值幅度为 20（见图 3.12 中的离散傅里叶变换）。测量幅度比真实峰值减小的这类损失称为跨越损失（因为此时样本跨越在真实峰值的两侧）[①]。

---

① 也有些作者称跨越损失为扇形损失（scallop loss）(Harris，1978)。

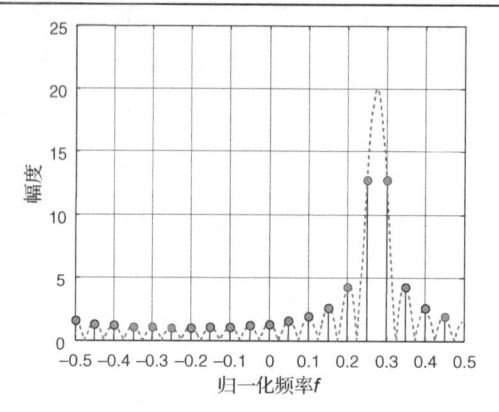

图 3.13 数据同图 3.12 一样，将正弦频率平移 1/2 个 DFT 单元后，归一化频率为 0.275 时的 DFT 谱

一种减小跨越损失的直观方法是更密集地对多普勒频率轴进行采样，即所选择的频谱采样数满足 $K>M$。这样得到的样本间距会更小，从而在最大程度上减小样本频率错过 DTFT 峰值频率的可能性，而相应的跨越损失也同时被减小。与图 3.13 类似，图 3.14 给出了正弦曲线频率与 DFT 的某个采样频率相等时的情况，但是每个多普勒周期内的采样密度被加倍，达到 $2M$ 个样本（这个情况是 40 个样本），之后采样密度又被增加到 $12.8M$ 个样本（256 个样本）。增大采样密度，即使每周期的采样数仅增加到 $2M$，都会使 DFT 的频谱明显具有 DTFT 的 asinc 函数形状。当每周期采样样本数为 $12.8M$ 时，DFT 很好地体现了 DTFT 实际的细节特征。

通过选择适合的采样速率 K（频谱的采样样本数），就可以把错过峰值点的采样损失（跨越损失）限制为一个确定的值，至少对于理想信号是这样。例如，当 K 满足采样间隔 $2\pi/K$ 不超过 asinc 函数的 3 dB 宽度时，跨越损失就小于或者等于 3 dB。为了方便，只考虑计算式(3.20)中 $\omega_D = 0$ 时的幅度就可以求得 3 dB 宽度。由于 asinc 函数的峰值为 MA，所以只须找到频率 ω 中幅值对应于 $MA/\sqrt{2}$ 的点 ω_3 即可。这个问题可以用数值方法有效解决。当 M 很小时，其解是 M 的一个强函数。当 $M \geqslant 10$ 时，得到 $\omega_3 = 2.79/M$，时间带宽积迅速接近一个渐进值 2.79。由此得出 asinc 函数的 3 dB 带宽为 $\Delta\omega = 5.58/M$ rad。

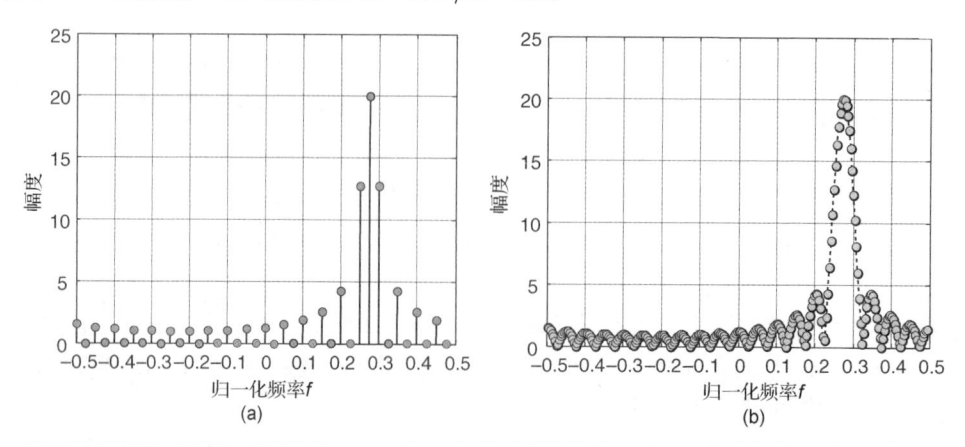

图 3.14 图 3.13 的继续。(a)归一化频率为 0.275 的 20 点复正弦信号的 40 点 DFT；(b)对相同序列做 256 点的 DFT

对于每周期 K 个样本的采样速率，其采样间隔为 $2\pi/K$ rad。代入 3 dB 宽度的关系式并求解，可以得到所需的将偏离峰值的采样衰落限制到 3 dB 的采样速率，它是由每个多普勒谱周期 M 个样本的奈奎斯特速率表示的，即

$$K \geq \frac{2\pi}{5.58}M = 1.13M \quad \text{(每个多普勒谱周期中的样本个数)} \tag{3.21}$$

该采样率比多普勒奈奎斯特速率高出 13%。如果要求跨骑损失保持在小于 3 dB，则多普勒谱就要过采样更多。

由分析所得的式(3.21)可以在任何可容许程度的跨骑损失中使用。图 3.15 展示了最坏情况下的跨骑损失与过采样函数因子 κ 的函数关系(即 $K = \kappa M$)，此时 $M=100$。图中分别展示了欠采样($\kappa<1$)和过采样($\kappa>1$)。当时间序列很短($M<10$)时损失相对更小，但是对于更大的 M 来说变化不大。

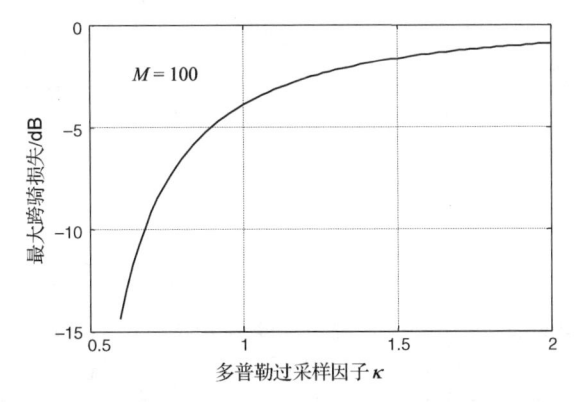

图 3.15 对于正弦慢时间信号，当以每个多普勒周期采样 κM 个样本时，由偏离峰值产生的最大多普勒频谱采样损失

3.3 空间和角度维采样

如前所述，雷达系统所关心的是两种截然不同的空间采样类型。一种类型涉及相控阵天线的设计。相控阵天线在各个阵元到来的波前进行采样。因此，这些阵元的间距须满足对各种入射角波前采样的要求。另一种关心的是波束指向。机械扫描或者电扫描的天线都能够改变其波束指向。由于波束扫描需要对空间区域进行搜索或匹配，因此需要确定在发射下一个脉冲之前，雷达能够扫描多远，从而使外部环境被充分采样。下面的两小节会讨论这两个问题。

3.3.1 空间阵列采样

第 1 章介绍了空间频率和波数的概念。图 3.16 是一个间隔为 d 的均匀线阵。如图所示，一个波长为 λ 的射频信号以偏离阵列法向 θ rad 为波达方向射向阵列天线，则其波数(空间角频率)为

$$K_x = \frac{2\pi}{\lambda}\sin\theta \quad \text{rad/m} \tag{3.22}$$

在循环单元内对应的空间频率为

$$F_x = \frac{1}{\lambda}\sin\theta \quad \text{周期/m} \tag{3.23}$$

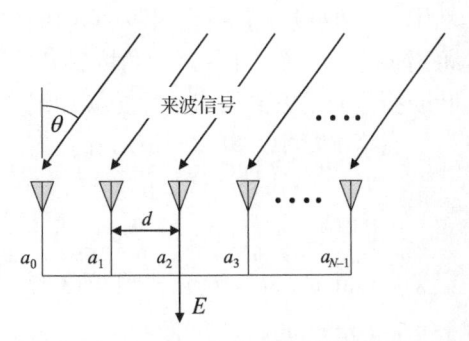

图 3.16 均匀线阵天线的几何模型

到达角 θ 可以在 $-90°\sim 90°$ 变化，则空域频率带宽为

$$\beta_x = \frac{1}{\lambda}\sin\left(\frac{\pi}{2}\right) - \frac{1}{\lambda}\sin\left(-\frac{\pi}{2}\right) = \frac{2}{\lambda} \quad \text{周期/m} \tag{3.24}$$

根据奈奎斯特准则，得到所需的空间采样间隔为

$$d \leqslant \frac{1}{\beta_x} = \frac{\lambda}{2} \quad \text{m} \tag{3.25}$$

因此，为避免空间频率混叠，阵列中阵元的间距应不大于 $\lambda/2$ m[①]。

很多实际的阵列，尤其是大型宽带系统，采用更复杂的两个空间采样间隔的架构。完整的天线阵列是由相对少量的子阵列组成，子阵列服从式(3.25)给出的奈奎斯间隔。由于包含多个阵元的天线子阵之间的间隔一定是 d 的整数倍，由此造成的整个天线的方向图一定会出现空间混叠。因此，总的天线方向图在一定条件下会出现混叠，这取决于导向矢量中的相位和时延是否跨过天线子阵直接用于天线的各个独立阵元、天线的导向方向，以及雷达波形的带宽等因素。文献 Bailey(2010)介绍了这些问题。

3.3.2 角度采样

考虑某个 3 dB 波束宽度为 θ_3 rad 的转向天线或扫描天线，无论是机械转向的(如典型的抛物面天线、开有槽沟的平板阵列，或其他类型)，还是电子转向的(如相控阵)。每个发射脉冲都对天线所指方向上的环境反射性进行采样。如果要对角空间某个区域进行搜索，就会产生以下问题：应该以多密集的角度对空间进行采样？即在下一个脉冲发送之前，天线应转过多大的角度？当然，以较小的角度作为采样间隔能更好地反映被搜索空间的特性，但须发送较多的脉冲，从而会花费更多的搜索时间。由于天线的电压起伏图会压制与天线视轴夹角大于 $\pm\theta_3/2$ rad 的回波。因此，为了充分地对天线扫描场景的反射系数进行采样，我们直观地希望每当扫描超过 θ_3 的整数倍时，就重新进行一次测量。奈奎斯特准则可以应用于该空间的采样问题，从而使我们的期望量化。

由第 2 章的式(2.119)可知，对于某个固定距离，以角度表示的被测反射系数是距离平均散射率和双程天线电压方向图的卷积。为简单起见，对只有一个角度维，如方位维，可以得到等价表达式为

$$y(\theta;R_0) = \hat{\rho}(\theta;R_0)*_\theta E^2(\theta) = A_r\int_{-\pi}^{\pi} E^2(\zeta-\theta)\hat{\rho}(\zeta;R_0)\mathrm{d}\zeta \tag{3.26}$$

其中，$y(\theta;R_0)$ 为距离 R_0 处以方位角 θ 为函数的复相干接收机的输出；$\hat{\rho}(\theta;R_0)$ 为距离 R_0 处的距离平均散射率；$E^2(\theta)$ 为角度维 θ 的双程电压方向图。它也可以解释为，y 在角度维的傅里叶变换是天线方向图傅里叶变换和距离平均散射率傅里叶变换的乘积。

在第 1 章中，以理想矩形孔径天线的方向图为代表，其双程天线功率方向图为

$$E^2(\theta) = \left[\frac{\sin(\pi D\sin\theta/\lambda)}{\pi D\sin\theta/\lambda}\right]^2 \tag{3.27}$$

定义 $s = \sin\theta$，$\alpha = D/\lambda$，则式(3.27)可以改写为

[①] 在有关天线的文献中，可以推导出相同的结果，但是要求天线方向图不包含栅瓣。栅瓣是由于用阵元对相控阵天线孔径采样而产生的对天线方向图的复制。

$$E^2(s) = \left[\frac{\sin(\pi\alpha s)}{\pi\alpha s}\right]^2 \tag{3.28}$$

可以看出，这是一个 sinc² 函数。根据傅里叶变换对的知识，立即可得其傅里叶变换是归一化变量 (x/λ) 的三角函数，其中 x 为天线孔径的空间尺寸(Bracewell，1999)。图 3.17 对该函数进行了描述。

由于天线方向图的傅里叶变换的宽度为 2α，考虑到 $s = \sin\theta$，以 s 表示的采样间隔必须满足

$$T_s \leqslant \frac{1}{2\alpha} \tag{3.29}$$

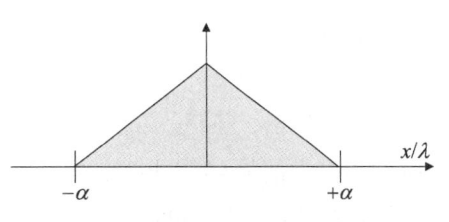

图 3.17 均匀照射的理想矩形天线双程天线电压方向图的傅里叶变换

为了把 T_s 转换成以 θ 为单位的采样间隔，考虑微分 $ds = \cos\theta d\theta$，则 $d\theta = ds/\cos\theta$。因此，s 域的小间隔 T_s 近似对应于 θ 域的间隔 $T_\theta = T_s/\cos\theta$。当 $\theta = 0$ 时，T_θ 取得最小值，此时 $T_\theta = T_s$。因此以角度表示的采样间隔(以 $\alpha = D/\lambda$ 作为第二步)为

$$T_\theta \leqslant \frac{1}{2\alpha} = \frac{\lambda}{2D} \tag{3.30}$$

这就是尺寸为 D 的均匀照射的矩形孔径在角域的奈奎斯特采样间隔。

最后，这一结果也可以用 3 dB 波束宽度表示。孔径天线的 3 dB 波束宽度为(Balanis, 2005)

$$\theta_3 = k\frac{\lambda}{D} = \frac{k}{\alpha} \qquad \text{rad} \tag{3.31}$$

在均匀照射情况下，$k = 0.89$。联立式(3.30)和式(3.31)，可得

$$T_\theta \leqslant \frac{\theta_3}{2k} \tag{3.32}$$

当 $k = 0.89$ 时，根据上式得出的奈奎斯特采样速率是 3 dB 波束宽度的 0.56 倍，即每个 3 dB 带宽中有 1.8 个样本。实际中，许多系统在角域的采样大约为每 3 dB 带宽采 1 个样本。这种搜索间隔在角域是欠采样的，至少从奈奎斯特准则角度是欠采样的。

以上由均匀照射孔径得出的结论，可以推广到全孔径天线。对于一个尺寸为 D 的有限孔径，可以通过改变孔径的照射函数获得不同的功率方向图(例如，以加宽主瓣为代价获得较低的旁瓣)，典型做法是通过类似信号处理中加窗操作的方法使其逐渐降低。这些天线功率方向图的傅里叶变换仍旧是相应照射函数的自相关。由于孔径照射函数的支撑区有限，所以其自相关函数在 s 域被限制在 2α 宽度范围，如图 3.17 所示，只是函数的细节形状有所改变。因此式(3.32)可以应用于任何有限孔径天线，其差别是，不同的照射函数对应不同的 k 值。低旁瓣天线的 k 值范围约为 1.4~2.0，对应的奈奎斯特采样速率近似为每 3 dB 波束宽度有 2.8~4 个样本。

对于旋转雷达，式(3.31)所表示的角采样率代表了脉冲重复频率的下界。假设旋转速率是 Ω_0 rad/s。为了使规定方向上发射的连续脉冲差别小于式(3.31)中的 T_θ，则 PRI 和 PRF 必须满足

$$PRI \leqslant \frac{(\theta_3/2k)}{\Omega_0} = \frac{\theta_3}{2k\Omega_0} \Rightarrow PRF \geqslant \frac{2k\Omega_0}{\theta_3} \tag{3.33}$$

式(3.33)和式(3.9)说明在一个旋转的搜索雷达中，搜索范围和搜索速度之间存在一定的制约。对于给定的天线设计，θ_3 和 k 是固定的，然而，搜索速度将会随扫描速率 Ω_0 的增大而

增大，同时，这也将需要增大脉冲重复频率；但是，较高的脉冲重复频率使无模糊距离减小，也减少了可搜索的无模糊范围。

3.4　I/Q 通道不均衡以及数字 I/Q

第 1 章指出，当正交接收机的输入为实的带通信号时，其输出等价于对复信号 $\exp(-j\Omega_0 t)$ 相应的模拟复信号（单边频谱）进行解调得到的结果。也就是说，正交接收机的作用是选择带通信号的高频部分并将其搬移至基带。能实现上述结果的任何系统均可用来产生后续信号处理所需的同相及正交信号。

从原理上，正交接收机可以完全数字化地实现。输入信号在通过低噪声放大器后被转换为数字信号。混频操作将由乘法运算代替，而模拟低通滤波器将被数字滤波器所取代。但是，在实际中并没有这样做，因为对模拟信号直接进行上述操作，要求模数（A/D）转换器的工作频率近似为载频的 2 倍，而不是信号信息带宽的 2 倍（即为 $2F_0 + \beta$ 样本/s 而非 β 样本/s），从技术角度上该要求是不合理的。另一方面，如第 1 章所述，传统的模拟正交接收机在技术上也存在局限性。这是因为其正确的操作要求在所需的波段内的两通道的时延以及增益完全匹配，而且任何一个通道都不存在直流偏压，且两个参考振荡器的相位精确相差 90°。本节分析了 I/Q 通道不均衡的影响，之后介绍了两种消除不均衡误差的数字 I/Q 接收机结构。

3.4.1　I/Q 通道不均衡及其补偿

图 3.18 重复给出了图 1.9 中描述的传统正交接收机，但同时在同相通道（I）和正交通道（Q）分别引入了幅度失配因子 $(1+\varepsilon)$，相位失配因子 ϕ，以及直流偏置 γ 和 κ。为不失一般性，将 I 通道作为增益以及相位的参考，从而可以将增益及相位误差均置于 Q 通道中（图的上半部分）。如图所示，这些引入的误差体现为 Q 通道输出的额外增益和相移，以及每个通道的直流偏置。在处理时，I 和 Q 通道的输出会按通常方式进行合成，从而得到一个复信号 $x(t) = I(t) + jQ(t)$。当不存在失配误差时，得到 $x(t) = A\exp[j\theta(t)]$。那么，失配误差如何在 $x(t)$ 中体现？

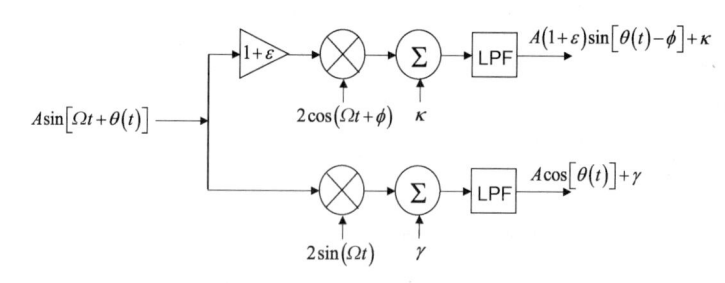

图 3.18　图 1.9 中包含幅度、相位失配误差和直流偏置的传统相干接收机

观察图 3.18 可以得到

$$\begin{aligned}
x(t) &= A\cos\theta + \gamma + j[A(1+\varepsilon)\sin(\theta - \phi) + \kappa] \\
&= A\{[1 - j(1+\varepsilon)\sin\phi]\cos\theta + j(1+\varepsilon)\cos\phi\sin\theta\} + (\gamma + j\kappa) \\
&\equiv A(\alpha\cos\theta + j\beta\sin\theta) + (\gamma + j\kappa)
\end{aligned} \tag{3.34}$$

为了简化表达，这里没有考虑 $\theta(t)$ 的时变性。注意常数 α 为复数，而 β 为实数。当不存在失

配误差，即 $\varepsilon = \phi = 0$ 时，$\alpha = \beta = 1$。将：

$$\alpha = \frac{\alpha+\beta}{2} + \frac{\alpha-\beta}{2}$$
$$\beta = \frac{\alpha+\beta}{2} - \frac{\alpha-\beta}{2} \tag{3.35}$$

代入式(3.34)，再合并相同幅度项，得到

$$\begin{aligned} x(t) &= A\left[\frac{\alpha+\beta}{2}(\cos\theta+\mathrm{j}\sin\theta)+\frac{\alpha-\beta}{2}(\cos\theta-\mathrm{j}\sin\theta)\right]+(\gamma+\mathrm{j}\kappa) \\ &= A\left[\frac{\alpha+\beta}{2}\exp(+\mathrm{j}\theta)+\frac{\alpha-\beta}{2}\exp(-\mathrm{j}\theta)\right]+(\gamma+\mathrm{j}\kappa) \end{aligned} \tag{3.36}$$

上式指出当存在幅度或相位误差时，复信号 $x(t)$ 不仅包含所需的信号分量 $A\exp[\mathrm{j}\theta(t)]$（伴有轻微的幅度变化），而且有不同幅度、共轭相位函数的镜像分量，同时还包含一个复的直流偏置。其中，镜像分量是由幅度和相位失配引起的误差，直流分量是单独通道中直流偏置的直接结果。

回顾相位函数 $\exp[\mathrm{j}\theta(t)]$，它既可以表示雷达信号波形的相位调制，也可以表示周围环境对信号波形的相位调制(例如空域多普勒引起的相位移动)，或者二者均可表示。当相移由空域多普勒引起时，对于某些归一化多普勒频率 ω_D，第 m 个脉冲的 $\theta(t)$ 应该是 $\omega_\mathrm{D} m$ 形式。而镜像分量的相位平移为 $-\omega_\mathrm{D} m$。因此 M 个脉冲后，除了所需的信号，失配会产生一个虚假信号，而它的频率是每个实际多普勒频率的负值。另外，直流分量等于零多普勒频移处的虚假信号，即杂波、静止目标回波等。

再举一个例子，假设 $\theta(t)$ 表示构成线性调频信号的正交相位调制，即 $\theta(t) = \alpha t^2$（细节部分见第 4 章），则镜像分量的相位调制为 $-\alpha t^2$，它表示与发送脉冲斜率相反的线性调频信号。匹配滤波器无法对该脉冲进行正确的压缩，会使噪声下限明显增加(Sinsky 和 Wang，1974)。

为了对增益和相位失配的重要性进行评价，可以考虑镜像分量相对于所需分量的功率比 P_r。从式(3.36)中可以得到

$$\begin{aligned} P_\mathrm{r} &= \frac{|(\alpha-\beta)/2|^2}{|(\alpha+\beta)/2|^2} \\ &= \frac{[1-(1+\varepsilon)\cos\phi]^2+[(1+\varepsilon)\sin\phi]^2}{[1+(1+\varepsilon)\cos\phi]^2+[(1+\varepsilon)\sin\phi]^2} \end{aligned} \tag{3.37}$$

图 3.19 说明了 P_r 随相位及幅度失衡的变化。

当仅存在较小的幅度失衡，或仅存在较小的相位失衡时，有必要考虑化简式(3.37)。首先考察仅存在较小的幅度失衡($\varepsilon \ll 1$)时的情况，这时 $\phi = 0$，则

$$P_\mathrm{r} = \frac{[1-(1+\varepsilon)]^2}{[1+(1+\varepsilon)]^2} = \frac{\varepsilon^2}{(2+\varepsilon)^2} \approx \frac{\varepsilon^2}{4} \tag{3.38}$$

通常幅度失配用分贝表示，同样镜像信号分量的相对功率也用分贝表示。如果失配为 k dB，则表

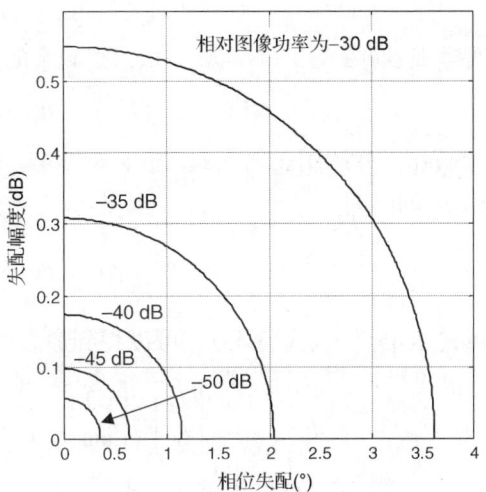

图 3.19 由 I/Q 失配引起的，以幅度和相位失配为自变量的镜像信号相对功率

示 $20\log_{10}(1+\varepsilon) = k$。将该式代入式(3.38)，并将结果用分贝表示，可得

$$P_r(\text{dB}) = 20\log_{10}(10^{k/20} - 1) - 6.02 \quad (k\text{用dB表示}) \tag{3.39}$$

例如，0.1 dB 的幅度失配会产生一个低于理想信号 44.7 dB 的镜像分量。

当仅存在较小的相位失配($\phi \ll 1$)，即 $\varepsilon = 0$ 时，类似式(3.38)的结果同样成立。在这种情况下，式(3.37)可以化简为

$$P_r = \frac{[1-\cos\phi]^2 + \sin^2\phi}{[1+\cos\phi]^2 + \sin^2\phi} = \frac{1-\cos\phi}{1+\cos\phi} \approx \frac{\frac{1}{2}\phi^2}{2+\frac{1}{2}\phi^2} \approx \frac{\phi^2}{4} \tag{3.40}$$

这里假设 ϕ 角较小，采用近似 $\cos\phi \approx 1 - \phi^2/2$ 得到上式中的近似结果。注意这里 ϕ 用弧度表示。以分贝表示的镜像分量的相对功率为

$$P_r(\text{dB}) = 20\log_{10}(\phi) - 6.02 \tag{3.41}$$

例如，1° 的相位失配会产生一个低于理想信号 41.2 dB 的镜像分量。

3.4.2 I/Q 通道误差校正

如图 3.18 所示，当存在失配时，I 和 Q 信号的模型可表示为

$$I = A\cos\theta + \gamma, \quad Q = A(1+\varepsilon)\sin(\theta-\phi) + \kappa \tag{3.42}$$

为了表达简单，这里继续忽略其随时间的变化。同相信号 I 的期望值为 $A\cos\theta$，正交信号 Q 的期望值为 $A\sin\theta$。从已知结果式(3.42)中能否恢复期望输出？

考虑设置新的 I' 和 Q'，它们是测得的 I 和 Q 信号的线性组合。所要求的是 $I' = A\cos\theta$，$Q' = A\sin\theta$。尽管解决该问题简单明了，但很明显直流偏置应该被移除，之后会得到由零偏置数据形成的线性组合

$$\begin{bmatrix} I' \\ Q' \end{bmatrix} = \begin{bmatrix} A\cos\theta \\ A\sin\theta \end{bmatrix} = \begin{bmatrix} a_{11} & a_{12} \\ a_{21} & a_{22} \end{bmatrix}\left(\begin{bmatrix} I \\ Q \end{bmatrix} - \begin{bmatrix} \gamma \\ \kappa \end{bmatrix}\right) = \begin{bmatrix} a_{11} & a_{12} \\ a_{21} & a_{22} \end{bmatrix}\begin{bmatrix} A\cos\theta \\ A(1+\varepsilon)\sin(\theta-\phi) \end{bmatrix} \tag{3.43}$$

通过观察可知 $a_{11} = 1$，$a_{12} = 0$，则剩余的方程为

$$Q' = A\sin\theta = a_{21}(I-\gamma) + a_{22}(Q-\kappa) = a_{21}A\cos\theta + a_{22}A(1+\varepsilon)\sin(\theta-\phi) \tag{3.44}$$

对 $\sin(\theta-\phi)$ 运用三角等式，并令式(3.44)两边包含 $\sin\theta$ 以及 $\cos\theta$ 的项相等，从而可以得到 a_{21} 和 a_{22} 的解为

$$a_{21} = \tan\phi, \quad a_{22} = \frac{1}{(1+\varepsilon)\cos\phi} \tag{3.45}$$

将式(3.45)代入式(3.43)，可以得到最终的变换为

$$\begin{bmatrix} I' \\ Q' \end{bmatrix} = \begin{bmatrix} 1 & 0 \\ \tan\phi & 1/((1+\varepsilon)\cos\phi) \end{bmatrix} = \left(\begin{bmatrix} I \\ Q \end{bmatrix} - \begin{bmatrix} \gamma \\ \kappa \end{bmatrix}\right) \tag{3.46}$$

一旦确定 I/Q 的误差 ε，ϕ，γ 和 κ，对每组测得的 I/Q 样本对，可用式(3.46)计算新的正交通道样本值 Q'。当然，难点在于误差的确定，而校正则相对简单。通常估计误差的方法是对接收机注入已知的指示信号(一般为单纯正弦)，并观察输出。文献 Churchill 等(1981)详

细介绍了一种估计增益和相位误差的方法，并同时推导出由噪声所引起的失配校正和镜像分量抑制的局限性，即会在 ε 和 ϕ 的估计中引入误差。

第二种估计 I/Q 误差的方法是基于以下思想：即发射复合脉冲，对每个脉冲的初始相位以相等间隔进行赋值，并将测得结果进行合成。为了了解该方法是如何工作的，对于某个固定的整数 N 以及整数变量 k，假设图 3.18 的输入信号可以写为 $A\sin[\Omega t + \theta(t) + k(2\pi/N)]$，即对 N 个连续的脉冲序列，其初始相位以 $2\pi/N$ rad 为间隔递增。对于 $k = 0,1,\cdots,N-1$，传送到输出信号的额外相移为

$$I_k = A\cos\left[\theta(t) + k\frac{2\pi}{N}\right] + \gamma$$
$$Q_k = A(1+\varepsilon)\sin\left[\theta(t) + k\frac{2\pi}{N} - \phi\right] + \kappa \tag{3.47}$$

对于 $k = 0,1,\cdots,N-1$，重复使用式(3.36)中的推导方式，获得该情况下的合成信号(忽略 θ 随 t 的变化)

$$x_k(t) = A\left[\frac{\alpha+\beta}{2}e^{j(\theta+2\pi k/N)} + \frac{\alpha-\beta}{2}e^{-j(\theta+2\pi k/N)}\right] + (\gamma + j\kappa) \tag{3.48}$$

现在，将 N 个脉冲对应的 x_k 进行合成，得到单一的测量结果。对每个脉冲进行反向相位旋转，以对齐相位，得

$$\begin{aligned}x(t) &= \frac{1}{N}\sum_{k=0}^{N-1}x_k(t)e^{-jk2\pi/N} \\ &= \frac{A}{N}\frac{\alpha+\beta}{2}\sum_{k=0}^{N-1}e^{j\theta} + \frac{A}{N}\frac{\alpha-\beta}{2}\sum_{k=0}^{N-1}e^{-j\theta}e^{-j4\pi k/N} + \frac{(\gamma+j\kappa)}{N}\sum_{k=0}^{N-1}e^{-j2\pi k/N} \\ &= A\frac{\alpha+\beta}{2}e^{j\theta} + A\frac{\alpha-\beta}{2}e^{-j\theta}\sum_{k=0}^{N-1}e^{-j4\pi k/N} + \frac{(\gamma+j\kappa)}{N}\sum_{k=0}^{N-1}e^{-j2\pi k/N}\end{aligned} \tag{3.49}$$

可以用闭式对式(3.49)中间项以及最后一项的求和进行分析，得

$$\sum_{k=0}^{N-1}e^{-j4\pi k/N} = \begin{cases}N, & N=1,2 \\ 0, & N \geq 3\end{cases} \tag{3.50}$$

以及

$$\sum_{k=0}^{N-1}e^{-j2\pi k/N} = \begin{cases}1, & N=1 \\ 0, & N \geq 2\end{cases} \tag{3.51}$$

从而有

$$x(t) = A\frac{\alpha+\beta}{2}e^{j\theta} \quad (N \geq 3) \tag{3.52}$$

因此只要采用至少 3 个脉冲，则旋转发射相位、补偿接收信号以及合成的过程，将同时抑制不需要的镜像分量以及直流分量。

作为信号处理操作，式(3.46)所给出的代数校正技术将被用于单独的 I/Q 样本对中，对于每一个时间采样，需要 2 次实数乘法以及 3 次实数加法(假设校正系数已经预先算出)。该技术的主要优点是可以独立地应用于数据的每个脉冲；而主要的缺点是需要发射机/接收机控制，

并且需要添加模拟部件以插入指示信号,从而确定校正系数。在 ε 和 ϕ 慢变的假设条件下,该指示信号操作不会频繁执行。

相反,式(3.47)~式(3.49)所给出的相位旋转以及合成技术,需要合成至少 3 个脉冲的,同时对每个脉冲都要进行发射相位校正。因此,该技术既需要高速的发射相位调制,又需要较多的时间进行测量,因为必须收集复合脉冲。所需时间的增加还意味着,在复合脉冲所需时间内被测场景未发生变化,以及场景的去相关操作会降低该技术的有效性的假设。同时,该方法为信号处理机带来了沉重的负担,因为对每一个时间样本的合成,将需要 N 次复数乘法以及 $N-1$ 次复数加法;或当 $N>3$ 时,将相当于需要 $4N$ 次实数乘法以及 $4N-2$ 次实数加法。但是,合成方法具有一个非常重要的优点,它并不需要误差 ε、ϕ、γ 和 κ 的信息。同时,脉冲组的合成可以顺便提高最终结果 $x(t)$ 的信噪比。基于这些考虑,合成方法经常用于固定装置的测量系统中,例如转台雷达截面积(RCS)测量设备等。在这些系统中,N 通常为 16~64,在某些情况下可能会达到 65 536(64 K)。

同时注意式(3.47)~式(3.49),假设对于每个脉冲 $x_k(t)$,相位调制 $\theta(t)$ 相同。如果 $\theta(t)$ 表示波形调制(例如线性调频 Chirp 信号),则该假设成立。但是,当 $\theta(t)$ 包含反映环境变化的相位调制项,例如多普勒频移时,则该方法假设对每一个合成脉冲,$\theta(t)$ 的适宜分量相同。静止目标就对应该种情况(假设雷达也静止)。对于多普勒恒定的目标,每个脉冲中,$\theta(t)$ 蕴含的频率相同,但总体而言绝对相位会发生变化,从而使目标响应无法进行有效合成。对于加速目标,假设将完全失效。因此相位旋转以及合成技术最适于静止或者类似静止的目标(在 N 个 PRI 内)。代数校正技术并没有这种局限性,因为它仅对单一脉冲进行操作。

3.4.3 数字 I/Q

数字 I/Q 或数字 I/F 是指为克服模拟接收机通道的匹配限制,而采用数字方法形成 I、Q 通道信号的一系列技术的统称。文献中介绍了许多类似的方法。总体而言,这些方法均具有以下两个特征。首先,在进行 A/D 转换之前,采用模拟混频以及滤波方法将单一的实输入信号搬移到较低的中频,这样,与射频(RF)波段采样相比,会大大降低对 A/D 转换速度的要求。此外,选择 IF 波段会使对信号 $\exp(j\omega_0 n)$ 的复数乘法运算变为相当简单的形式。其次,这类方法通过数字滤波以及降采样联合处理,以获得最终的输出,它仅包含所需的原始频谱的边带信号,而且近似奈奎斯特采样率为每秒 β 个复数样本。这里简要介绍两种方法。

文献 Rader(1984)中,对第一种方法进行了描述,这种方法非常好。假设 RF 信号的频谱为带通,信息带宽为 β Hz。图 3.20 为系统的流程图,图 3.21 为系统中各点信号频谱的示意图。第一步为模拟频率搬移操作,它将原始频谱降为 β Hz 的中频。带通滤波器丢弃了由混频器产生的双倍频率项,因此频谱被限制在 $\pm 3\beta/2$ Hz,奈奎斯特采样率变为每秒 3β 个样本。但是,通常采用的采样频率为每秒 4β 个样本(原因将在后面说明),所得离散信号的频谱如图 3.21(c)所示。

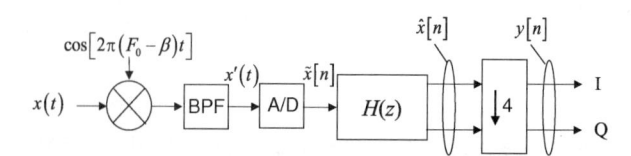

图 3.20 Rader 系统中用数字产生同相和正交信号的结构图(Rader,1984)

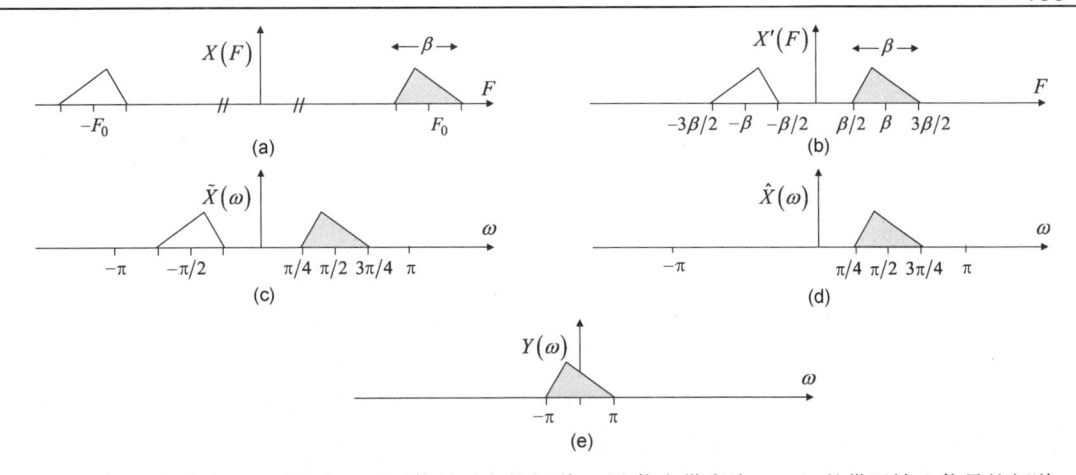

图 3.21 图 3.20 数字 I/Q 系统中一系列信号对应的频谱。(a) 信息带宽为 β Hz 的带通输入信号的频谱；(b) 频谱移至中频为 β Hz 处的结果；(c) A/D 转换后得到的一个周期内频率归一化频谱；(d) 滤波后仅保留上边带的频谱；(e) 抽取操作后，以直流为中心的上边带的一个副本 (Rader，1984)

正交解调的目的是选择带通信号的一个边带，并将其转移到基带。假设信号的上边带被保留，因此下一步就是滤出实信号 $\tilde{x}[n]$ 以消除下边带。由于所得的频谱将不是厄米特的，所以输出一定是复信号。图 3.20 给出了一个单输入、双输出滤波器的图示。从图 3.21 的频谱图中可以明显得到所需的频率响应，即

$$H(\omega) = \begin{cases} 1, & \dfrac{\pi}{4} < \omega < \dfrac{3\pi}{4} \\ 0, & -\dfrac{3\pi}{4} < \omega < -\dfrac{\pi}{4} \\ \text{不考虑} & \text{其他} \end{cases} \tag{3.53}$$

很明显，该不对称的滤波频率响应对应于一个复数冲激响应，从而使单实输入信号得到复输出信号。

虽然式 (3.53) 指出直流附近的 $H(\omega)$ 值不受限制，但实际上它应该接近于零。因此，该滤波器可以滤除信号中的任何直流分量(图 3.21 中并未画出)，这些直流分量可能是第一次模拟频率变换时，由非理想混频引入的。所以，该数字 I/Q 结构更易抑制混频偏置项。注意，当频谱已经被变换到可能的最低中频，即 β Hz 时，这一作用无法实现，这是因为感兴趣的信号已搬移到零频附近，导致仅包含直流分量的零频频谱区域不复存在。

要使滤波器 $H(z)$ 成为一对低阶递归滤波器，基于相位分裂网络的数学模型是相当有效的。文献 Rader (1984) 详细介绍了这个方法。但是，滤波器的特殊设计并非该方法结构的中心。

最后一步是将以 $\omega_0 = \pi/2$ 为中心的剩余频谱边带变换到基带，并将采样率从 4β 降为最终的奈奎斯特采样率 β。该操作可以通过对复数滤波器的输出 $\tilde{x}[n]$ 乘以序列 $\exp(-j\pi n/2) = (-j)^n$，并将每 4 个样本中的 3 个舍弃来实现。由于乘数的特殊形式，复数乘法将通过符号变换，以及实部和虚部互换实现，而非实际的复数乘法。注意，这是将原始的采样率选为 4β，而非 3β 的结果。

但是，图 3.20 中并未体现出该乘法运算，事实上也没有必要。最终抽取得到的 $y[n]$ 频谱与 $\tilde{x}[n]$ 频谱有以下关系：

$$\Upsilon(\omega) = \frac{1}{4}\sum_{k=0}^{3}\hat{X}\left(\frac{\omega-2\pi k}{4}\right) = \frac{1}{4}\sum_{k=0}^{3}\hat{X}\left(\frac{\omega}{4}-k\frac{\pi}{2}\right) \tag{3.54}$$

上式表明，抽取过程会使频谱以 $\pi/2$ rad 为间隔进行复制。由于频谱的非零部分被带限于 $\pi/2$ rad，这些副本将邻接但不会混叠。另外，由于抽取之前的频谱以 $\omega = \pi/2$ 为中心，其中一个副本($k=3$ 时)以 $\omega = 2\pi$ 为中心。因此离散时间信号频谱的周期性确保在 $\omega = 0$ 处也存在一个副本，而该副本就是最终所需的频谱。所以，抽取器输出的实部和虚部即对应所需的 I 和 Q 通道信号。文献 Rice 和 Wu(1982)介绍了另一种使用抽取的频谱复制性的系统。

注意，为避免最终复数频率变换而采用的抽取操作的成功关键在于，信号带宽和中心频率间的适宜关系，以及抽取因子的选择。这就是将中频选为 β 而非 $\beta/2$ (或其他可能值)，将采样率选为 4β 而非 3β (或其他值)的原因。

Rader 的数字 I/Q 结构将所需的模拟信号通道个数由两个减少为一个，它使关于正交振荡器以及增益、相位匹配的问题变得毫无意义，同时也提供了一种简便地滤除由剩余模拟混频器引入的直流偏置的机会。另外，传统正交接收机输出端所需的两个用于后续数字处理的 A/D 转换器也可以减少到一个。这些改进需要付出两个代价。第一，所需的 A/D 转换器速度将提高到 4 倍，传统的基带采样率 β 采样/s 在 Rader 系统中将变为 4β 采样/s。对于雷达信号带宽而言，这可能是很困难的。第二，因为巨大的运算量，需要引入高速的数字滤波器(尽管 Rader 的有效滤波器设计减少了该成本)。

图 3.22 和图 3.23 给出了第二种数字 I/Q 处理器的概念性结构以及相关信号的结构图(Shaw 和 Pohlig, 1995)。在这种情况下，采用模拟频率变换将信号的频谱搬移到比 Rader 所用频率更低的中频，即 0.625β。之后，以 2.5β 样本/s 对信号进行 A/D 转换，得到如图 3.23 所示的，频谱中心位于 $\omega = \pi/2$ 的信号 $\hat{x}[n]$。之后直接用信号 $\exp(+j\pi n/2) = j^n$ 进行复调制，将下边带移至基带，从而得到如图 3.23(d)所示的频谱。显然，由于进行了复调制，$\bar{x}[n]$ 为复信号。

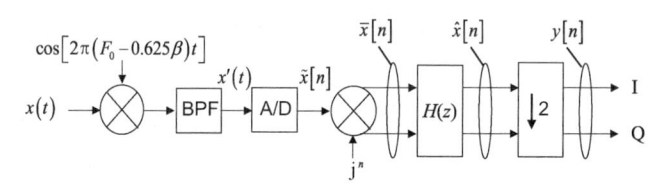

图 3.22 林肯实验室数字产生同相和正交信号系统的概念性结构图(Shaw 和 Pohlig, 1995)

下一步骤是对 $\bar{x}[n]$ 进行低通滤波去除上边带，仅留下频谱的基带部分。文献 Shaw 和 Pohlig(1995)提到了一个可用于此任务的 16 点的有限冲激响应(FIR)数字滤波器。一旦低通滤波完成后，频谱仅在 $\omega \in (-0.4\pi, 0.4\pi)$ 这一区间内非零。采样速率通过丢弃间隔的输出样本而降低为一半。最后的结果是所需的数字 I 和 Q 信号，采样速率为 1.25β 样本/s。

与 Rader 的系统相同，由于利用抽取操作以及 FIR 滤波器，运算复杂度实际上有所降低。进行 A/D 转换之后，立刻进行抽取运算，它是通过将数据分裂成偶数、奇数采样流实现的。同时意味着符号变换以及实/虚部转换的 j^n 复调制，被缩减为仅需在各个通道中每间隔一个样本进行一次符号变换，同时在不降低滤波质量的情况下，各个通道的 16 位 FIR 滤波器被降为 8 位 FIR 滤波器。

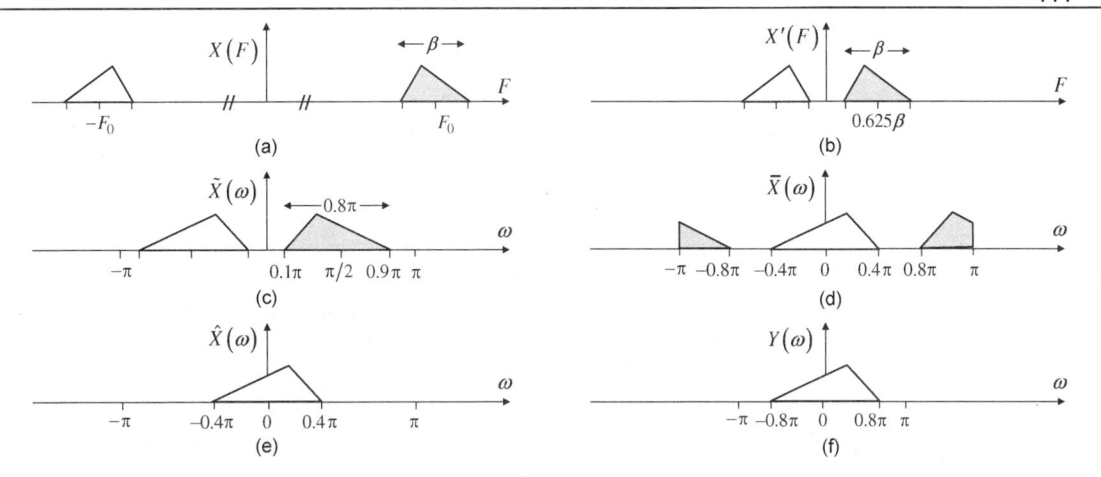

图 3.23　图 3.22 数字 I/Q 系统中一系列信号对应的频谱。(a)信息带宽为 β Hz 的带通输入信号的频谱；(b)将频谱平移到中频为 0.625β Hz 处的结果；(c)A/D 转换后得到的一个周期内频率归一化的频谱；(d)数字复调制使下边带以直流为中心；(e)低通滤波后，仅保留下边带；(f)以 2 为间隔进行抽取操作后，采样率被降为 1.25β（Shaw 和 Pohlig，1995）

与 Rader 的系统相比，该系统的主要优点是 A/D 转换器的频率只要为信号信息带宽的 2.5 倍即可，而不是 4 倍，这对于宽带雷达来说是重要的改进。但该系统也存在 3 个缺点。第一，较低的中频和采样率要求数字滤波器具有更陡峭的过渡带，从而增加了实现给定截止频带抑制所需的滤波器阶数，同时增加了滤波器的运算量。第二，需要确切乘以 j^n。尽管该操作可以化简为符号变换以及实/虚部互换，但它也意味着额外的操作。第三，最终的采样率比信号的奈奎斯特采样率增加 25%，但 Rader 的系统采样率同奈奎斯特采样率相同。采样率的增加会使计算量比整个剩余数字处理中所需的最小计算量增加 25%。在实际中这可能构不成问题。采样率一般设置得比奈奎斯采样率高以提供安全余量，因为实际信号从不是理想带限的。

这里再详细介绍两个优点。很容易发现，在滤波之前将边带信号调制到基带后，将不能再使用数字滤波器压制模拟混频器输出的直流偏置误差。但是，相同的调制会将混频器产生的直流项移动到 $\omega=\pi/2$ 处，从而同样可以采用低通滤波器进行移除。最后，在雷达系统中，I/Q 信号是从原始带通信号的上边带产生的，而 Shaw 和 Pohlig 的系统则采用下边带。由于原始信号是实值的，则其频谱是厄米特的，因此两个系统复输出的频谱 $Y_1(\omega)$ 和 $Y_2(\omega)$，有关系 $Y_2(\omega)=Y_1^*(-\omega)$，从而有 $y_2[n]=y_1^*[n]$。所以，两个系统中 I 通道的输出在理想情况下是相等的，而 Q 通道的输出仅符号不同。显然，两个系统中的任何一个都可被修改，以使用相反的边带。

参考文献

Bailey, C. D., "Radar Antennas," Chap. 9 in M. A. Richards, J. A. Scheer, and W. A. Holm (eds.), *Principles of Modern Radar: Basic Principles*. SciTech Publishing, 2010.

Balanis, C. A., *Antenna Theory*, 3d ed. Harper & Row, New York, 2005.

Bracewell, R. N., *The Fourier Transform and Its Applications*, 3d ed. McGraw-Hill, New York, 1999.

Churchill, F. E., G. W. Ogar, and B. J. Thompson, "The Correction of *I* and *Q* Errors in a Coherent Processor," *IEEE Transactions on Aerospace and Electronic Systems*, vol. 17, no. 1, pp. 131–137, Jan. 1981. See also "Corrections to 'The Correction of *I* and *Q* Errors in a Coherent Processor,'" *IEEE Transactions on Aerospace and Electronic Systems*, vol. 17, no. 2, p. 312, Mar. 1981.

IEEE Standard Radar Definitions. IEEE Standard 686-2008, May 21, 2008, New York.

Oppenheim, A. V., and R. W. Schafer, *Discrete-Time Signal Processing*, 3d ed. Prentice Hall, Englewood Cliffs, NJ, 2010.

Rader, C. M., "A Simple Method for Sampling In-Phase and Quadrature Components," *IEEE Transactions on Aerospace and Electronic Systems*, vol. 20, no. 6, pp. 821–824, Nov. 1984.

Rice, D. W., and K. H. Wu, "Quadrature Sampling with High Dynamic Range," *IEEE Transactions on Aerospace and Electronic Systems*, vol. 18, no. 4, pp. 736–739, Nov. 1982.

Shaw, G. A., and S. C. Pohlig, "I/Q Baseband Demodulation in the RASSP SAR Benchmark," Project Report RASSP-4, Massachusetts Institute of Technology Lincoln Laboratory, Aug. 24, 1995.

Sinsky, A. I., and P. C. P. Wang, "Error Analysis of a Quadrature Coherent Detector Processor," *IEEE Transactions on Aerospace and Electronic Systems*, vol. 10, no. 6, pp. 880–883, Nov. 1974.

习题

1. 计算脉冲长度分别为 1 ns，1 μs，1 ms 时雷达的最短距离。
2. 雷达发射了一串脉冲长度为 10 μs 的脉冲，PRI 为 100 μs。确定目标的最大和最短距离范围，使得至少脉冲的部分回波在下一个脉冲的传播期间到达接收机。此范围外的目标信号将不被接收或部分接收。请问多大的范围会完全探测不到目标回波？
3. 假设雷达的脉冲长度为 100 ns，其脉冲频谱瑞利带宽是多少（单位为 Hz）？3 dB 带宽是多少（单位为 Hz）？
4. 考虑两个信号：长度为 τ s 的矩形脉冲 $x_1(t)$ 和长度为 2τ s 的三角形脉冲 $x_2(t)$，同时 $x_2(t)$ 是由矩形脉冲与其自身卷积得到：$x_2(t) = x_1(t) * x_1(t)$。两个频谱 $X_1(F)$ 和 $X_2(F)$ 之间是什么关系？确定 $X_1(F)$ 和 $X_2(F)$ 的 3 dB 带宽之间的关系。$X_1(F)$ 和 $X_2(F)$ 的瑞利带宽之间有什么关系？
5. 有两个频率为 5.0 GHz 和 5.01 GHz 的 RF 脉冲，若它们的中心频率采取单脉冲瑞利分辨可分离，则认为这两个脉冲在频率内是可分辨的，那么两个脉冲频域内可分辨对应的最小脉冲长度是多少？
6. 一串有限的脉冲波形是由 20 个脉冲组成，每个脉冲长度为 10 μs，PRI 为 1 ms，那么该波形的 CPI 是多少？
7. 考虑一个 X 波段（10 GHz）的载机雷达，飞机飞行速度为 100 m/s。假设天线的 3 dB 方位波束宽度是 3°。计算天线主轴散射体的多普勒频移 F_D，以及斜视角 ψ 分别为 0°、30°、60° 和 90° 时对应的波束多普勒带宽 β_D。
8. 设雷达的脉冲重复频率为 5 kHz，那么雷达的最大无模糊距离是多少（单位 km）？如果目标位于 50 mile 处，那么在该目标第一个雷达回波到达接收机前需要发射多少个脉冲？目标的视在距离是多少（km）？
9. 假设雷达位于正侧视工作（$\psi = 90°$），满足慢时间的奈奎斯特采样率，确定最大无模糊距离 R_{ua} 与天线波束宽度 θ_{ax} 的关系。忽略信号叠加，利用 $\theta_{ax} = \lambda / D_{az}$，确定最大无模糊距离与天线方位向长度 D_{az} 之间的关系。
10. 雷达工作在 C 波段（5 GHz），距离雷达 10 km 处存在一个目标，其相对于雷达的径向速度为+50 m/s。确定目标在距离上和速度上是否存在模糊，以及脉冲重复频率分别为 1 kHz，10 kHz 和 100 kHz 情况下的视在距离 R_a 和视在速度 v_a。无模糊速度间隔认为是 $[-v_{ua}/2, +v_{ua}/2]$。

11. 假设一个 C 波段(5 GHz)的雷达，快时间采样率为 2 MHz，脉冲重复频率为 5000 Hz。当距离间隔为 30 km，速度分辨率为 10 m/s 时会收集单个 CPI 内的数据。请问单个 CPI 内数据的矩阵尺寸是多少？

12. 有时我们会关注在搜集单个 CPI 数据时间内目标是否处在相同的距离单元内。有些情况下会考虑该问题，但是大多数情况下都进行了忽略。使用上题中的脉冲重复频率和单个 CPI 内的脉冲数，那么 CPI 持续的时间是多少(单位 s)？假设目标以 100 m/s 运动，那么一个 CPI 时间内目标能移动多远？距离分辨单元的大小是多少？目标的最小速度是多少才能使一个 CPI 内目标移动超出一个距离分辨单元？

13. 假设时域数据的 N 个样本以采样率为 F_s 进行采样，运算得到 K 点的 DFT 数据。根据 K 和 N 的相对值，计算出补零或数据转向值。推导出 DFT 的频率分辨率的表达式。

14. 假设 20 个脉冲重复频率为 2 kHz 的慢时间数据，若已计算数据 1000 点 DFT，那么频率分辨率是多少(Hz)？

15. 与式(3.21)类似，对长度为 K 点的 DFT 进行推导，得到最大跨越损失为 1 dB，其结果将取决于 M 的值。取代了数字上计算相应的方程，通过对 $\sin(x)$ 进行泰勒级数展开后的前两项来得到一个闭式解。图 3.15 可作为 $M=100$ 时的近似结果。

16. 考虑抛物面天线孔径 $D=10$ m，并工作在 1 GHz(L 波段)的搜索雷达。假设波束宽度为 $\theta_3=2°$。那么式(3.31)上的天线参数 k 为多少？该天线的奈奎斯特角采样速率是多少？如果天线每 6 s 旋转一次，那么达到该采样角速率所需的脉冲重复频率是多少？

17. 当增益失配为 0.1 dB，并且相位失配为 1° 时，计算 I/Q 接收机输出的图像分量的相对功率比率 P_r(结果用 dB 表示)。根据图 3.19 核对答案。

18. 考虑类似的 Rader 数字 I/Q 架构。从图 3.21(a)的原始信号频谱图开始，假定信号已由原始中心频率 F_0 解调到 β Hz 的 IF。那么实数值数据所需的最小采样速率 F_s 是多少？假定 F_s 已知，并且最后一步中为了防止混叠，采样率减少至最低，与图 3.21 类似，绘制出从原始模拟频谱 $X(F)$ 至最终的离散时间频谱 $Y(\omega)$ 的完整频谱图。假设的上边带已经被保留，同时求出数字滤波器所需的频率响应 $H(\omega)$。讨论从图 3.21(d)到图 3.21(e)频谱重新回归中心的步骤，可以使用抽取式解调吗？如果不能，为什么？如果乘以复指数时，被乘数能否假设成简化的形式？总结此系统对比 Rader 系统的优点和缺点。

第4章 雷达波形

4.1 简介

雷达发射信号的模型一般可表示为

$$\bar{x}(t) = a(t)\sin[\Omega t + \theta(t)] \tag{4.1}$$

其中，正弦函数的变量 Ω 为射频(RF)载波频率，单位 rad/s；$a(t)$ 为射频载波的幅度调制，在脉冲雷达中，它通常为矩形窗函数，从而以脉冲形式控制波形的开关；$\theta(t)$ 为载波的任意相位或频率调制，可以为零，也可以为非零常数，还可以为非平凡函数；$\bar{x}(t)$ 上的横线表示目标信号位于载波上，即信号还未被解调。图 4.1 给出了脉冲雷达 3 种常见波形的例子。简单脉冲仅为位于 RF 频率的恒定幅值脉冲串。在脉冲开启时，线性调频(LFM)脉冲的频率随时间增加。第三个例子为二进制相位调制脉冲。在这种波形中，频率是恒定的，但是在脉冲内波形的绝对相位从 $0 \sim \pi$ rad 变化了好几次。即在脉冲内的特定时间，$\theta(t)$ 的取值在 0 到 π 之间变化。

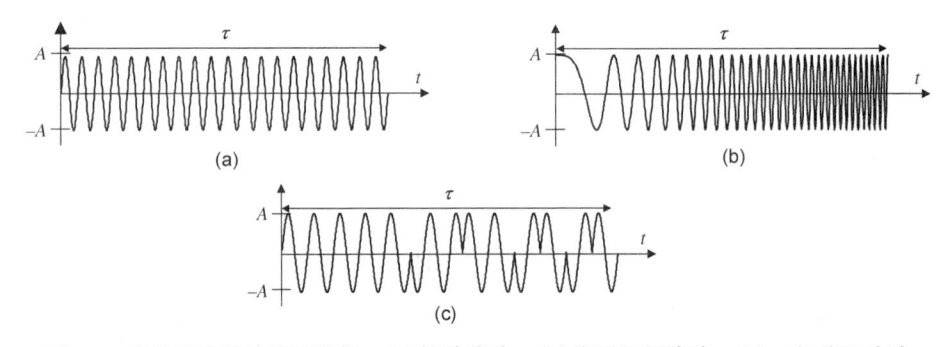

图 4.1 常见雷达脉冲波形举例。(a)简单脉冲；(b)线形调频脉冲；(c)二相编码脉冲

如第 1 章所述，为方便起见通常采用式(4.1)的复数表达式对其实值波形进行描述，即

$$\bar{x}(t) = a(t)e^{j[\Omega t + \theta(t)]} \tag{4.2}$$

$\bar{x}(t)$ 非载波项的部分，即解调后得到的复基带信号，称为信号波形的复包络，即

$$x(t) = a(t)e^{j\theta(t)} \tag{4.3}$$

该式描述了应用于 RF 载波的幅度、相位或频率调制，这就是本章考虑的"波形"。

可以用多种方法对雷达信号波形进行描述。首先可以根据该信号是连续波(CW)还是脉冲进行分类，有时也有如"断续连续波"这样的变化。可以基于单个脉冲定义脉冲波形，也可以认为"波形"是多脉冲序列。脉冲波形和连续波都可按照是否存在频率或相位调制进行进一步划分。如果存在，则调制可以为脉内调制(intrapulse，适用于独立脉冲)、脉间调制(interpulse，适用于多脉冲波形)，也可以两种调制兼有。调相可以为二相调制(两种可能状态)或多相调制(两种以上的相位状态)。频率调制可以是线性的，也可以是非线性的。也可以使用幅度调制(但通常不用)。

波形的选择会直接或很大程度上影响到几个基本的雷达系统性能参数，包括：信噪比(SNR) χ、距离分辨率ΔR、多普勒(速度)分辨率$\Delta F_D(\Delta v)$、距离和多普勒模糊、距离和多普勒旁瓣，以及距离-多普勒耦合等。这些指标由波形的脉冲宽度、带宽、幅度、频率以及相位调制等因素决定。这里虽然对以上所有参数都进行了讨论，但重点是对 SNR、距离分辨率以及多普勒分辨率进行论述，因为它们是决定信号波形的最基本因素。例如，图 4.1 中简单脉冲的脉宽为 τ s，幅值为 A V，SNR 与波形的能量成正比，而能量可以表示为功率与脉冲宽度的乘积，即 $A^2\tau$ (关于这点，后面会证明)。如前所述，距离分辨率$c\tau/2$与脉冲宽度τ成正比。之后可以看到，简单脉冲的波形带宽以及多普勒分辨率与脉冲宽度成反比。

这里介绍两本经典的关于雷达信号波形的参考书，Cook 和 Bernfeld(1993)以及 Rihaczek (1996)。大多数有关雷达系统的书籍都涵盖了雷达波形的基本知识(如 Nathanson，1991；Peebles，1998)。另外，Levanon 和 Mozeson(2004)也是一本出色的现代雷达波形参考书，而 Keel(2010)以及 Keel 和 Baden(2012)也对基本和先进的波形做了简要的综述。本书除了介绍了主要的脉冲串及 LFM 等波形，还介绍了相位编码波形的发展。另一本比较新的书 Gini (2012)则更侧重于先进波形及其应用。

4.2 波形匹配滤波器

4.2.1 匹配滤波器

到目前为止，总是默认地假设雷达接收机总的频率响应具有带通特性，其带宽大于或等于发射信号的带宽。也就是说，一旦载波被解调，有效频率响应就是一个带宽与复包络信号带宽相等的低通滤波器。第 6 章将看到雷达的探测性能随 SNR 的提高而改善。因此，需要考虑什么样的接收机频率响应 $H(\Omega)$ 会得到最大的 SNR。

为了回答这个问题，注意到接收机输出信号 $y(t)$ 的频谱 $Y(\Omega)$ 可以表示为 $Y(\Omega) = H(\Omega)X(\Omega)$，其中 $X(\Omega)$ 是发射信号的频谱(即因时延造成的接收目标回波的频谱除外)。考虑在特定的 T_M 时刻使 SNR 最大，则该时刻输出信号分量的功率为

$$|y(T_M)|^2 = \left|\frac{1}{2\pi}\int_{-\infty}^{\infty} X(\Omega)H(\Omega)e^{j\Omega T_M} d\Omega\right|^2 \tag{4.4}$$

为了计算输出的噪声功率，考虑白噪声干扰，其功率谱密度为 σ_w^2 W/Hz，则接收机输出端的噪声功率谱密度为 $\sigma_w^2|H(\Omega)|^2$ W/Hz，总的输出噪声功率为

$$n_p = \frac{\sigma_w^2}{2\pi}\int_{-\infty}^{\infty}|H(\Omega)|^2 d\Omega \tag{4.5}$$

T_M 时刻的 SNR 为

$$\chi = \frac{|y(T_M)|^2}{n_p} = \frac{\left|(1/2\pi)\int_{-\infty}^{\infty} X(\Omega)H(\Omega)e^{j\Omega T_M} d\Omega\right|^2}{(\sigma_w^2/2\pi)\int_{-\infty}^{\infty}|H(\Omega)|^2 d\Omega} \tag{4.6}$$

很明显，χ 取决于接收机的频率响应。通过施瓦兹不等式可以确定使 χ 最大化的 $H(\Omega)$。施瓦兹不等式的一种形式为

$$\left| \int A(\Omega)B(\Omega)\mathrm{d}\Omega \right|^2 \leq \left\{ \int |A(\Omega)|^2 \mathrm{d}\Omega \right\} \left\{ \int |B(\Omega)|^2 \mathrm{d}\Omega \right\} \tag{4.7}$$

当且仅当 $B(\Omega) = \alpha A^*(\Omega)$ 时，等号成立，其中 α 为任意常量。将式(4.7)代入式(4.6)的分子中，可得

$$\chi \leq \frac{(1/2\pi)^2 \int_{-\infty}^{\infty} \left| X(\Omega)\mathrm{e}^{\mathrm{j}\Omega T_M} \right|^2 \mathrm{d}\Omega \int_{-\infty}^{\infty} |H(\Omega)|^2 \mathrm{d}\Omega}{(\sigma_\mathrm{w}^2/2\pi)\int_{-\infty}^{\infty} |H(\Omega)|^2 \mathrm{d}\Omega} \tag{4.8}$$

当满足下式时，得到最大 SNR 值：

$$H(\Omega) = \alpha X^*(\Omega)\mathrm{e}^{-\mathrm{j}\Omega T_M} \quad \text{或} \quad h(t) = \alpha x^*(T_M - t) \tag{4.9}$$

这种选择接收机滤波器频率或冲激响应的方式称为匹配滤波，因为响应与信号的波形相匹配。因此，为获得最大输出 SNR 所需的波形和接收机滤波器是相互匹配的。如果雷达改变波形，接收机滤波器的冲激响应也必须随之改变以维持匹配关系。通过时间反转以及对复波形取共轭，可以求得匹配滤波器的冲激响应。恒定增益 α 通常被置为 1，在本章后续部分可以看到，它对可获得的 SNR 没有影响。使 SNR 最大化的时间点 T_M 是任意的。但是，为了使 $h(t)$ 具有因果性，应该满足 $T_M \geq \tau$。

已知某个输入信号 $x'(t)$ 同时包含目标和噪声分量，则滤波器的输出由卷积给出，即

$$\begin{aligned} y(t) &= \int_{-\infty}^{\infty} x'(s)h(t-s)\mathrm{d}s \\ &= \alpha \int_{-\infty}^{\infty} x'(s)x^*(s+T_M-t)\mathrm{d}s \end{aligned} \tag{4.10}$$

上式第二行可看成包含噪声的目标信号 $x'(t)$ 与发射波形 $x(t)$ 在时延为 $T_M - t$ 时的互相关。因此，匹配滤波器是以发射波形为参考信号的相关器。

计算通过匹配滤波器获得的最大 SNR 是很有意义的。将式 $H(\Omega) = \alpha X^*(\Omega)\exp(-\mathrm{j}\Omega T_M)$ 代入式(4.6)，有

$$\begin{aligned} \chi &= \frac{\left| (1/2\pi)\int_{-\infty}^{\infty} X(\Omega)[\alpha X^*(\Omega)\mathrm{e}^{-\mathrm{j}\Omega T_M}]\mathrm{e}^{\mathrm{j}\Omega T_M}\mathrm{d}\Omega \right|^2}{(\sigma_\mathrm{w}^2/2\pi)\int_{-\infty}^{\infty} \left|\alpha X^*(\Omega)\mathrm{e}^{-\mathrm{j}\Omega T_M}\right|^2 \mathrm{d}\Omega} \\ &= \frac{\left| (1/2\pi)\alpha \int_{-\infty}^{\infty} |X(\Omega)|^2 \mathrm{d}\Omega \right|^2}{|\alpha|^2 \sigma_\mathrm{w}^2/2\pi \int_{-\infty}^{\infty} |X(\Omega)|^2 \mathrm{d}\Omega} \\ &= \frac{1}{2\pi\sigma_\mathrm{w}^2} \int_{-\infty}^{\infty} |X(\Omega)|^2 \mathrm{d}\Omega \end{aligned} \tag{4.11}$$

信号 $x(t)$ 的能量为

$$E = \int_{-\infty}^{\infty} |x(t)|^2 \mathrm{d}t = \frac{1}{2\pi}\int_{-\infty}^{\infty} |X(\Omega)|^2 \mathrm{d}\Omega \tag{4.12}$$

其中，第二步的推导由帕塞瓦尔关系得到。把式(4.12)代入式(4.11)中，得

第 4 章 雷达波形

$$\chi = \frac{1}{2\pi\sigma_w^2}\int_{-\infty}^{\infty}|X(\Omega)|^2\,d\Omega = \frac{E}{\sigma_w^2} \quad (4.13)$$

上式说明了一个重要结论,即所能达到的最大 SNR 只取决于波形的能量,而不是诸如调制方式等这样的细节。只要它们经过各自的匹配滤波器处理,两个能量相同的不同波形将产生相等的最大 SNR。

虽然同样是峰值信号分量功率与噪声功率的比值,式(4.13)的信噪比称为能量信噪比,因为能匹配滤波器输出的信号峰值功率等于传播信号的能量。匹配滤波器的输出端的峰值信号由式(4.10)在 $t=T_M$ 时给出,即

$$y(T_M) = \int x(s)\alpha x^*(s)\,ds = \alpha E \quad (4.14)$$

同时由于它是长度为 τ s 的脉冲与长度为 τ s 的匹配滤波器冲激响应的卷积,故匹配滤波器输出的信号分量长度为 2τ s。

可以将以上的结论进行推广,从而当干扰信号功率谱不再是白色时,设计一种使输出的信干比(SIR)最大的滤波器。在雷达系统中,这种方法是很有用的,例如当主要干扰为具有色功率谱的杂波时。此时,设计结果可以用两阶段滤波操作描述。第一阶段为白化滤波,它将干扰功率谱转化为平坦谱(同时在处理中也修正了信号的频谱)。第二个阶段为前面提及的传统匹配滤波,但它是为经过修正的信号频谱而设计的。细节请参考文献 Kay(1998)。

4.2.2 简单脉冲匹配滤波器

为了说明以上观点,考虑宽度为 τ 的简单脉冲

$$x(t) = \begin{cases} 1, & 0 \leq t \leq \tau \\ 0, & \text{其他} \end{cases} \quad (4.15)$$

相应匹配滤波器的冲激响应为

$$h(t) = \alpha x^*(T_M - t) \\ = \begin{cases} \alpha, & T_M - \tau \leq t \leq T_M \\ 0, & \text{其他} \end{cases} \quad (4.16)$$

这里,为满足因果关系,要求 $T_M \geq \tau$。由于 $x(t)$ 相对于其傅里叶变换(sinc 函数)更为简单,所以采用式(4.10)的相关解释更易计算输出。图 4.2 画出了被积函数中的两项,以便于建立积分区域。图 4.2(a)表明

$$y(t) = \begin{cases} 0, & t < T_M - \tau \\ \int_0^{t-T_M+\tau}(1)(\alpha)\,ds, & T_M - \tau \leq t \leq T_M \end{cases} \quad (4.17)$$

图 4.2(b)可以帮助确定剩下的两个区域

$$y(t) = \begin{cases} \int_{t-T_M}^{\tau}(1)(\alpha)\,ds, & T_M \leq t \leq T_M + \tau \\ 0, & t > T_M + \tau \end{cases} \quad (4.18)$$

卷积结果为

$$y(t) = \begin{cases} \alpha[t-(T_M-\tau)], & T_M-\tau \leq t \leq T_M \\ \alpha[(T_M+\tau)-t], & T_M \leq t \leq T_M+\tau \\ 0, & \text{其他} \end{cases} \quad (4.19)$$

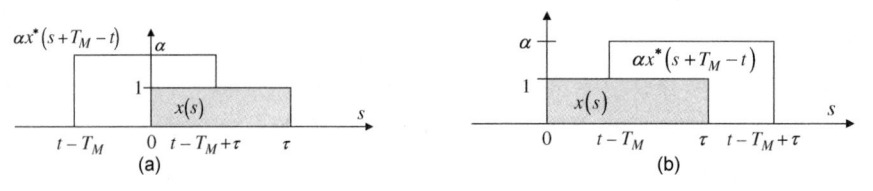

图 4.2 简单脉冲与其匹配滤波器的卷积。(a) $T_M-\tau \leq t \leq T_M$；(b) $T_M \leq t \leq T_M+\tau$

图 4.3 给出了输出波形。匹配滤波器的输出是时宽为 2τ s 的三角函数，正如之前的预测，在 $t=T_M$ 时达到峰值 $\alpha\tau$。因为单位幅度脉冲的能量为 τ，故峰值等于 $\alpha\tau$，与预测值相同。

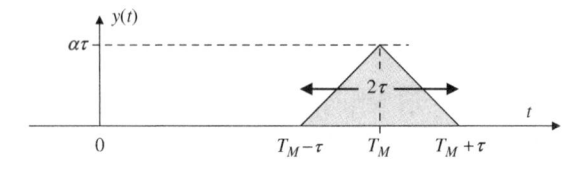

图 4.3 简单脉冲的匹配滤波器输出

匹配滤波器输出端的噪声功率为

$$\begin{aligned} n_p &= \frac{\sigma_w^2}{2\pi} \int_{-\infty}^{\infty} |H(\Omega)|^2 \, d\Omega \\ &= \sigma_w^2 \int_{-\infty}^{\infty} |h(t)|^2 \, dt \quad \text{(帕塞瓦尔关系)} \\ &= \sigma_w^2 |\alpha|^2 \tau \end{aligned} \quad (4.20)$$

因此 SNR 为

$$\chi = \frac{|\alpha\tau|^2}{\sigma_w^2 |\alpha|^2 \tau} = \frac{\tau}{\sigma_w^2} = \frac{E}{\sigma_w^2} \quad (4.21)$$

与式(4.13)的结果一致。

4.2.3 全距离匹配滤波器

设计匹配滤波器是为了在 T_M 时刻获得最大的 SNR。这会产生几个问题，即应该如何选择 T_M？目标距离如何与所得结果相联系？如果接收信号包含不同距离的多个目标回波会怎样？

首先取 $T_M = \tau$，它是保证因果匹配滤波器的最小值。假设匹配滤波器的输入是位于未知距离 R_0 处目标的回波，对应的时延 $t_0 = 2R_0/c$，匹配滤波器输出信号的分量为

$$y(t) = \int_{-\infty}^{\infty} x(s-t_0) \alpha x^*(s+\tau-t) \, ds \quad (4.22)$$

这恰好是接收到的延迟回波与匹配滤波器冲激响应函数的相关运算。输出波形仍将是一个三角波，它的峰值出现在相关时延为零处，即 $s-t_0 = s+\tau-t$ 或 $t = t_0+\tau$ 处。图 4.4 给出了匹配滤波器的输出波形。峰值将出现在 $t_{\text{peak}} = t_0+\tau$ 时刻，它对应于目标回波实际时延与因果匹配滤波器时延之和。通过观察滤波器的输出可以很容易地计算出目标距离为 $R_0 = c(t_{\text{peak}}-\tau)/2$。

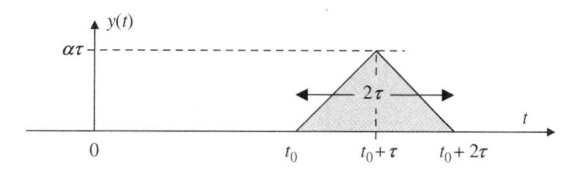

图 4.4 位于 $R_0 = ct_0/2$ 处目标的匹配滤波器输出

以上讨论表明，匹配滤波器的参数 T_M 可以随意选择(通常选为 $T_M = \tau$)。只要知道 T_M，则目标的距离可以按以下方法求出：探测匹配滤波器输出信号峰值出现的时刻，从中减去 T_M 以得到信号到达目标并反射回来的时延，并将其转化为距离。这样，只要选出 T_M，就可以在所有距离上探测目标。对匹配滤波器的输出信号在一系列快时间样本点 t_k 进行采样，如果峰值出现在 t_k 时刻，则它与距离为 $c(t_k - T_M)/2$ 处的目标对应。如果接收的回波信号包含位于不同距离处的多个目标回波，则通过叠加运算，匹配滤波器的输出将包含单脉冲三角响应的多个副本，每个副本以不同目标的时延(加滤波器的时延)为中心。

4.2.4 跨越损失

在实践中，将匹配滤波器进行数字化后，$y(t)$ 是以快时间采样率 $F_s = 1/T_s$ 进行的采样。传统的 F_s 等于或者略大于带宽 β。距离维采样间隔是 $cT_s/2$ m。一般地，目标不精确对应距离采样点，所以雷达接收回波就不能精确地采样到目标峰值。这将会导致信号幅度的降低，信噪比也会相应降低。

这正是第 3 章介绍 DFT 的频率域时讨论过的跨越损失问题。在这两种情况下，有限的采样率都会允许处理器"丢失"峰值响应，这与它是匹配滤波器在快时间的输出，还是慢时间的频谱无关。跨越损失也在对扫描天线的角度采样中存在。不管在哪种情况下，都可以通过提高采样率或者使用各种内插方法来降低这一损失。这些方法将会在第 5 章的脉冲多普勒分析和第 7 章的时延、频率和角度估计分析中考虑。所有这些方法都可以应用到对这一章中各种波形的快时间跨越损失上。

4.2.5 匹配滤波器的距离分辨率

通过计算不会使回波发生混叠的距离间隔，第 1 章中已经得到脉宽为 τ 的简单脉冲所对应的距离分辨率为 $c\tau/2$ m。当使用匹配滤波器时，每个散射对应的输出信号长度均为 2τ s，但在形状上不是矩形波而仍是三角波。更长的匹配滤波器输出是否会产生更高的距离分辨率呢？

在考虑该问题之前，先要明确对 R_0 处散射点解调后的回波中不仅包含 $t_0 = 2R_0/c$ s 的时延，还包含 $\exp[j(-4\pi/\lambda)R_0]$ rad 的总相移[①]。当距离仅变化 $\lambda/4$ 时，就会产生 180° 的相位变化，因此，两个发生混叠的目标响应可能会使相位相长或相消，但它们之间很小的距离变化就会使合成响应发生很大的变化。考虑位于 $ct_0/2$ 和 $ct_0/2 + c\tau/2$ 处的两个目标，假设 τ 使两个匹配滤波器的响应在相位上相长。图 4.5(a) 给出了匹配滤波器输出的合成响应，该响应是平顶梯形。显然，若两个散射点之间的距离增加，即使距离使其相位不变，其合成响应也会出现一个凹口。若两个散射点之间的距离减小，则同相响应将仍为梯形，只是由于响应的重叠区域增大而会有更高的峰值及更短的平坦区域。由于只要距离增加，就会在两个响应间产

[①] 在第 2 章中，相移项被有效反射系数 ρ' 吸收。

生一个凹口，故将间隔 $c\tau/2$ m 称为匹配滤波器输出的距离分辨率。因此，使用匹配滤波器并未降低距离分辨率。为了进一步强化该观点，可以回顾瑞利分辨率的定义即峰值到第一零点间的距离。观察图 4.3 可看出，$c\tau/2$ 同时还是简单脉冲匹配滤波器输出的瑞利分辨率。

如果间隔距离使每个单一响应都非同相相加，那么间距小于瑞利分辨率的散射点也有可能被分辨。图 4.5(b) 给出了另一种与图 4.5(a) 不同的情况。在重叠区域中相消干扰使合成响应产生了一个很深的空缺。但是，该空白区域对散射点的微小间距非常敏感，所以不能用它来分辨两个目标。

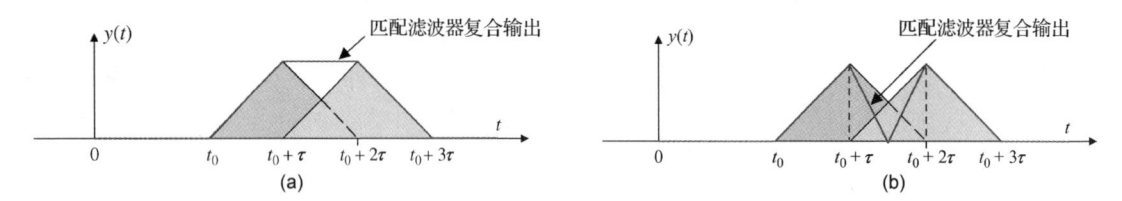

图 4.5 相距 $c\tau/2$ m 的两个散射点对应的合成匹配滤波器输出。(a) 同相目标响应；(b) 相位相差 180° 时的目标响应

4.3 动目标的匹配滤波

假设发射简单脉冲 $x(t)=1$，$0 \leq t \leq \tau$，以径向速度 v m/s，朝向雷达运动的目标上返回。经过解调，接收到的回波波形（忽略总的时间延迟）为 $x'(t) = x(t)\exp(j\Omega_D t)$，其中 $\Omega_D = 4\pi v/\lambda$。由于回波与 $x(t)$ 不同，所以与信号 $x(t)$ 匹配的滤波器不再与 $x'(t)$ 匹配。如果已知目标的运动速度，则可以将 $x'(t)$ 的匹配滤波器构造为

$$h(t) = \alpha x'^*(-t) = \alpha x^*(-t)e^{+j\Omega_D t} \tag{4.23}$$

该匹配滤波器的频率响应为

$$\begin{aligned} H(\Omega) &= \alpha \int_{-\infty}^{\infty} x^*(-t)e^{+j\Omega_D t}e^{-j\Omega t}dt, \quad t' = -t \\ &= \alpha \left[\int_{-\infty}^{\infty} x(t')e^{-j(\Omega-\Omega_D)t'}dt' \right]^* \\ &= \alpha X^*(\Omega - \Omega_D) \end{aligned} \tag{4.24}$$

因此，将 $x(t)$ 匹配滤波器的中心频率简单平移至预期的多普勒频移处，就能得到 $x'(t)$ 的匹配滤波器。

当预先未知速度时，接收机滤波器与目标多普勒频移会失配。更一般地，假设滤波器与某个多普勒频移 Ω_i rad/s 匹配，但实际目标回波的多普勒频移为 Ω_D。为简便起见设 $T_M = 0$，则当 $|t| > \tau$ 时，匹配滤波器的输出为 0。当 $0 \leq t \leq \tau$ 时，响应为

$$y(t) = \alpha \int_t^\tau \exp(j\Omega_D s)\exp[-j\Omega_i(s-t)]ds \tag{4.25}$$

如果事实上滤波器与实际的多普勒频移相匹配，即 $\Omega_i = \Omega_D$，则输出为

$$y(t) = \alpha \exp(j\Omega_D t)\int_t^\tau (1)ds = \alpha e^{j\Omega_D t}(\tau - t), \quad 0 \leq t \leq \tau \tag{4.26}$$

对于$-t$，即$-\tau \leqslant t \leqslant 0$时的分析结果类似，则完整的结果为

$$y(t) = \begin{cases} \alpha e^{j\Omega_D t}(\tau - |t|), & -\tau \leqslant t \leqslant \tau \\ 0, & 其他 \end{cases} \quad (4.27)$$

因此，$|y(t)|$就是常见的三角函数，峰值位于$t=0$处。

如果存在多普勒失配，即$\Omega_i \neq \Omega_D$，则期望峰值出现时刻$t=0$处的响应为

$$\begin{aligned} y(t)|_{t=0} &= \alpha \int_0^\tau \exp(j\Omega_D s)\exp(-j\Omega_i s)\mathrm{d}s \\ &= \alpha \int_0^\tau \exp[+j(\Omega_D - \Omega_i)s]\mathrm{d}s \\ &= \frac{\alpha}{j(\Omega_D - \Omega_i)}\exp[+j(\Omega_D - \Omega_i)s]\bigg|_0^\tau \end{aligned} \quad (4.28)$$

定义$\Omega_{\text{diff}} \equiv \Omega_D - \Omega_i$，则

$$|y(0)| = \left|\frac{2\alpha \sin(\Omega_{\text{diff}}\tau/2)}{\Omega_{\text{diff}}}\right| \quad (4.29)$$

式(4.29)绘制在了图 4.6 中。当$F_{\text{diff}} = 1/\tau$ Hz 时，得到该 sinc 函数的第一零点[①]。相对较小的多普勒失配($F_{\text{diff}} \ll 1/\tau$)仅会使匹配滤波器输出峰值的幅度有轻微的衰减。但是，大的失配会产生相当大的衰减。

多普勒失配的影响可能是好的也可能是坏的。如果目标运动并且速度未知，则失配现象会使观测到的峰值衰减，而如果衰减特别严重则无法对其进行检测。信号处理器必须要么估计出目标的多普勒，从而调整匹配滤波器；要么为不同的多普勒频率设计多个匹配滤波器，并观测每个滤波器的输出以跟踪目标。另一方面，如果只是为了监测某一特定多普勒频移处对应的目标，则滤波器需要具备能够抑制其他多普勒频移处目标的能力。

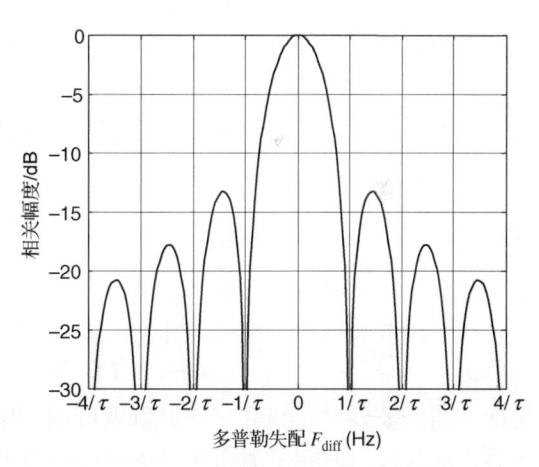

图 4.6 在期望峰值时刻多普勒失配对匹配滤波器响应的影响

从图 4.6 中可以很清楚地看到，多普勒失配响应的瑞利分辨率为$1/\tau$ Hz。因此速度分辨率为$\lambda/2\tau$ m/s，对于一般的脉冲长度，这是相当大的值。以宽度为 10 μs 的脉冲为例，其多普勒的瑞利分辨率为 100 kHz，若载频在 X 波段(10 GHz)，其速度的瑞利分辨率则为 1500 m/s。很多雷达系统不能检测如此高的多普勒频移，因此多普勒失配效应毫无意义，并且在单脉冲条件下，在多普勒域也检测不到目标的存在。如果要求更高的多普勒分辨率，则可能需要更长的脉冲。例如，在 X 波段 1 m/s 的速度分辨率需要宽度为 15 ms 的脉冲，则距离分辨率为 2250 km。高距离分辨率与高多普勒分辨率之间的矛盾可以通过使用脉冲串波形解决，这将在 4.5 节介绍。

---

① 注意对于宽度为 τ s 的脉冲，1/τ Hz 的频率分量经过一个完整的周期。

4.4 模糊函数

4.4.1 模糊函数的定义和性质

在前几节中分析了当存在多普勒失配时,简单脉冲波形匹配滤波器的响应在时域和频域的性能。模糊函数(AF)是波形设计与分析的模拟工具,它可以方便地刻画波形与对应匹配滤波器的特征。模糊函数在分析给定波形的分辨率、副瓣性能以及多普勒和距离模糊方面非常有用,另外也可用于对距离-多普勒耦合的分析(在4.6.4节中介绍)。

考虑对于波形 $x(t)$,当输入为多普勒频移响应 $x(t)\exp(j2\pi F_D t)$ 时的匹配滤波器输出。同时假设滤波器具有单位增益($\alpha=1$),并且设计为在 $T_M=0$ 时达到峰值,这仅意味着滤波器输出端的时间轴与目标距离期望的峰值输出时间相关。则滤波器的输出为

$$y(t;F_D) = \int_{-\infty}^{\infty} x(s)\exp(j2\pi F_D s)x^*(s-t)ds \equiv \hat{A}(t,F_D) \quad (4.30)$$

上式即为复模糊函数 $\hat{A}(t,F_D)$。应用基本的傅里叶变换性质,可以得到用信号频谱形式表示的等效定义,即

$$\hat{A}(t,F_D) = \int_{-\infty}^{\infty} X^*(F)X(F-F_D)\exp(j2\pi Ft)dF \quad (4.31)$$

模糊函数[①]可以定义为 $\hat{A}(t,F_D)$ 的幅度函数,即

$$A(t,F_D) \equiv |\hat{A}(t,F_D)| \quad (4.32)$$

这是一个二变量函数:一个变量是相对于期望匹配滤波峰值输出的时延,另一个变量是为滤波器设计的多普勒频移与实际接收的回波的多普勒频移之间的失配。例如对于距离为 R_0 处的目标,在时刻 $t=0$ 计算的模糊函数实际与匹配滤波器在时刻 $t=\dfrac{2R_0}{c}+\tau$ 的输出对应。模糊函数的特殊形式完全由 $x(t)$ 的复波形决定。

模糊函数具有3个重要的性质。第一个性质是如果波形能量为 E,则

$$|A(t,F_D)| \leq |A(0,0)| = E \quad (4.33)$$

因此,当滤波器对距离和多普勒都匹配时,响应将取到最大值。如果滤波器不匹配,或者采样有不同的延迟时间,那么响应值将小于最大值。

第二个性质是:任何模糊函数曲线下的区域为恒值,并由下式确定:

$$\int_{-\infty}^{\infty}\int_{-\infty}^{\infty} |A(t,F_D)|^2 dt dF_D = E^2 \quad (4.34)$$

该能量守恒性质说明,在设计波形时不能从模糊平面中移走一部分能量而不将其补充到其他位置,它只能绕着模糊表面被移动。

第三个性质是对称关系,即

$$A(t,F_D) = A(-t,-F_D) \quad (4.35)$$

为了证明第一个性质,先计算式(4.32)的平方,即

[①] 有的作者将模糊函数定义为 $|\hat{A}(t,F_D)|^2$ 或者 $\hat{A}(t,F_D)$。另外,也有作者把模糊函数定义为 $\left|\int_{-\infty}^{\infty} x(s)\exp(j2\pi F_D s)x^*(s+t)ds\right|$ 而非 $\left|\int_{-\infty}^{\infty} x(s)\exp(j2\pi F_D s)x^*(s-t)ds\right|$。这里用到的定义与文献 Rihaczek(1996)中的定义一致。

$$|A(t,F_D)|^2 = \left|\int_{-\infty}^{\infty} x(s)x^*(s-t)\exp(\text{j}2\pi F_D s)\text{d}s\right|^2 \tag{4.36}$$

对上式应用施瓦兹不等式，得

$$\begin{aligned}|A(t,F_D)|^2 &\leq \int_{-\infty}^{\infty}|x(s)|^2\,\text{d}s \int_{-\infty}^{\infty}|x^*(s-t)\exp(\text{j}2\pi F_D s)|^2\,\text{d}s \\ &= \int_{-\infty}^{\infty}|x(s)|^2\,\text{d}s \int_{-\infty}^{\infty}|x^*(s-t)|^2\,\text{d}s\end{aligned} \tag{4.37}$$

每个积分恰好是 $x(t)$ 的能量 E，即

$$|A(t,F_D)|^2 \leq E^2 \tag{4.38}$$

仅当对所有 s 满足 $x(s) = x(s-t)\exp(-\text{j}2\pi F_D s)$，即当且仅当 $t = F_D = 0$ 时，等号成立。将上述关系代入式(4.38)可得式(4.33)。

为证明第二个性质，先定义模糊函数的复共轭形式为

$$\begin{aligned}\hat{A}^*(t,F_D) &= \int_{-\infty}^{\infty} x^*(s)x(s-t)\exp(-\text{j}2\pi F_D s)\text{d}s \\ &= \int_{-\infty}^{\infty} X(F)X^*(F-F_D)\exp(-\text{j}2\pi Ft)\text{d}F\end{aligned} \tag{4.39}$$

则模糊函数幅度的平方可写为

$$\begin{aligned}|A(t,F_D)|^2 &= \hat{A}(t,F_D)\hat{A}^*(t,F_D) \\ &= \int_{-\infty}^{\infty}\int_{-\infty}^{\infty} x(s)x^*(s-t)X(F)X^*(F-F_D)\exp[\text{j}2\pi(F_D s - Ft)]\text{d}s\text{d}F\end{aligned} \tag{4.40}$$

在模糊曲面下的总能量为

$$\int_{-\infty}^{\infty}\int_{-\infty}^{\infty}|A(t,F_D)|^2\,\text{d}t\text{d}F_D = \frac{1}{2\pi}\int_{-\infty}^{\infty}\int_{-\infty}^{\infty}\int_{-\infty}^{\infty}\int_{-\infty}^{\infty} x(s)x^*(s-t)X(F)X^*(F-F_D)\times \\ \exp[\text{j}2\pi(F_D s - Ft)]\text{d}s\text{d}F\text{d}t\text{d}F_D \tag{4.41}$$

将对 t 以及 F_D 的积分项进行分离，得到以下两个关系式：

$$\int_{-\infty}^{\infty} x^*(s-t)\exp(-\text{j}2\pi Ft)\text{d}t = \exp(-\text{j}2\pi Fs)X^*(F) \tag{4.42}$$

$$\int_{-\infty}^{\infty} X^*(F-F_D)\exp(\text{j}2\pi F_D s)\text{d}F_D = \exp(\text{j}2\pi Fs)x^*(s) \tag{4.43}$$

把以上关系式代入式(4.41)，得

$$\begin{aligned}\int_{-\infty}^{\infty}\int_{-\infty}^{\infty}|A(t,F_D)|^2\,\text{d}t\text{d}F_D &= (1/2\pi)\int_{-\infty}^{\infty}\int_{-\infty}^{\infty} x(s)X^*(F)X(F)x^*(s)\text{d}s\text{d}F \\ &= \left\{\int_{-\infty}^{\infty}|x(s)|^2\,\text{d}s\right\}\left\{1/2\pi\int_{-\infty}^{\infty}|X(F)|^2\,\text{d}F\right\}\end{aligned} \tag{4.44}$$

上式右边的第一个积分刚好是时域中脉冲的能量 E，第二个积分由帕塞瓦尔定理可知也是能量，因此

$$\int_{-\infty}^{\infty}\int_{-\infty}^{\infty}|A(t,F_D)|^2\,\text{d}t\text{d}F_D = E^2 \tag{4.45}$$

在式(4.30)定义中分别用 $-t$ 和 $-F_D$ 代替 t 和 F_D 可以证明对称性，即

$$\hat{A}(-t,-F_D) = \int_{-\infty}^{\infty} x(s)\exp(-\text{j}2\pi F_D s)x^*(s+t)\text{d}s \tag{4.46}$$

现在定义变量变化为 $s' = s + t$，则

$$\hat{A}(-t,-F_D) = \int_{-\infty}^{\infty} x(s'-t)\exp(-j2\pi F_D(s'-t))x*(s')ds'$$
$$= \exp(j2\pi F_D t)\int_{-\infty}^{\infty} x(s'-t)\exp(-j2\pi F_D s')x*(s')ds' \quad (4.47)$$
$$= \exp(j2\pi F_D t)\hat{A}*(t,F_D)$$

由于 $A(t,F_D) \equiv |\hat{A}(t,F_D)|$，可以很容易地推知式(4.35)。

那么，什么才是理想的模糊函数？由于系统设计的目的不同，所以答案也不同，但是设计通常采用的目标是如图 4.7 所示的图钉形模糊函数，其特征是具有单一的中心峰值，而其他的能量则均匀分布于延时多普勒平面。狭窄的中心峰值意味着具有很高的距离和多普勒分辨率；不存在任何第二峰值说明没有距离或多普勒模糊；均匀的平坦区域说明具有低且均匀的旁瓣，从而可以使遮挡效应最小化。对于为实现目标距离和多普勒的良好分辨率测量，或为雷达成像而设计的系统，以上所有特征是非常有益的。另一方面，为进行目标搜索而采用的波形最好能容许更大的多普勒失配，从而使未知速度的目标多普勒频移不会由于匹配滤波器输出响应过于微弱而影响到雷达的检测。因此，模糊函数是否"理想"取决于波形的用途。

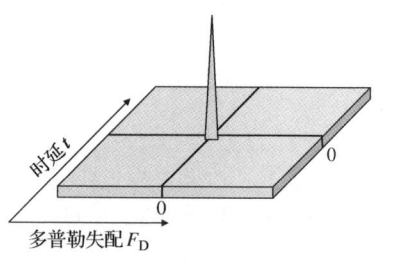

图 4.7 "图钉"状模糊函数

4.4.2 简单脉冲的模糊函数

作为模糊函数的第一个例子，考虑一个简单脉冲。为简便起见，它以原点为中心并且具有归一化单位能量($E=1$)，即

$$x(t) = \frac{1}{\sqrt{\tau}}, \quad \frac{-\tau}{2} \leqslant t \leqslant \frac{\tau}{2} \quad (4.48)$$

根据式(4.30)可知，对 $t > 0$ 有

$$\hat{A}(t,F_D) = \int_{-\tau/2+t}^{\tau/2} \frac{1}{\tau}\exp(j2\pi F_D s)ds$$
$$= \frac{\exp[j2\pi F_D \tau/2] - \exp[j2\pi F_D(-\tau/2+t)]}{\tau j2\pi F_D} \quad (4.49)$$
$$= \frac{1}{\tau j2\pi F_D}e^{j2\pi F_D t/2}\left\{\exp\left[j2\pi F_D\left(\frac{\tau}{2}-\frac{t}{2}\right)\right] - \exp\left[-j2\pi F_D\left(\frac{\tau}{2}-\frac{t}{\tau}\right)\right]\right\}$$

$t > 0$ 时对应的模糊函数是式(4.49)的幅度值，即

$$A(t,F_D) = |\hat{A}(t,F_D)| = \left|\frac{\sin(\pi F_D(\tau-t))}{\tau\pi F_D}\right|, \quad 0 \leqslant t \leqslant \tau \quad (4.50)$$

在 $t < 0$ 时重复上述推导，可以得到类似的结果，只是将 $\tau-t$ 替换成了 $\tau+t$。因此，简单脉冲完整的模糊函数为

$$A(t,F_D) = \left|\frac{\sin[\pi F_D(\tau-|t|)]}{\tau\pi F_D}\right|$$
$$= \left(1-\frac{|t|}{\tau}\right)\left|\frac{\sin[\pi F_D \tau(1-|t|/\tau)]}{\pi F_D \tau(1-|t|/\tau)}\right|, \quad -\tau \leqslant t \leqslant \tau \quad (4.51)$$

第 4 章 雷达波形

图 4.8 给出了式(4.51)的三维平面图,图 4.9 给出了其等高线图,由于这样表示更易于解释,所以在本章其余部分会继续用到。简单脉冲的模糊函数为沿时延轴的三角形脊线。如前所示,近似或大于 $1/\tau$ Hz 的多普勒失配会减小并展宽匹配滤波器的输出峰值。

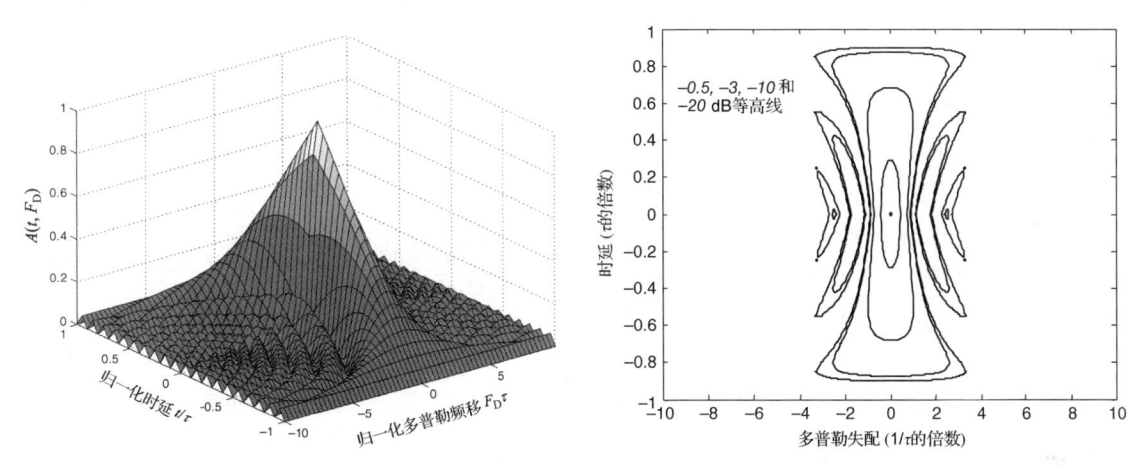

图 4.8 脉宽为 τ,具有单位能量的简单脉冲的模糊函数

图 4.9 图 4.8 中简单脉冲模糊函数的等高线图

当不存在多普勒失配时,零多普勒响应 $A(t,0)$ 就是匹配滤波器的输出。令式(4.51)中的 $F_D=0$,并采用洛必达法则求解不确定形式,得到

$$A(t,0) = \left|\frac{\pi(\tau-|t|)\cos[\pi F_D(\tau-|t|)]}{\tau\pi}\right|_{F_D=0} = \frac{\tau-|t|}{\tau}, \quad -\tau \leqslant t \leqslant \tau \tag{4.52}$$

同样,零延时截线 $A(0,F_D)$ 给出了在期望峰值时刻($t=0$)匹配滤波器的输出,将 $t=0$ 代入式(4.51)中,立即得到

$$A(0,F_D) = \left|\frac{\sin(\pi F_D \tau)}{\tau \pi F_D}\right| \tag{4.53}$$

式(4.52)和式(4.53)是以前推导得到的三角函数和 sinc 函数。图 4.10 给出了它们的图形。

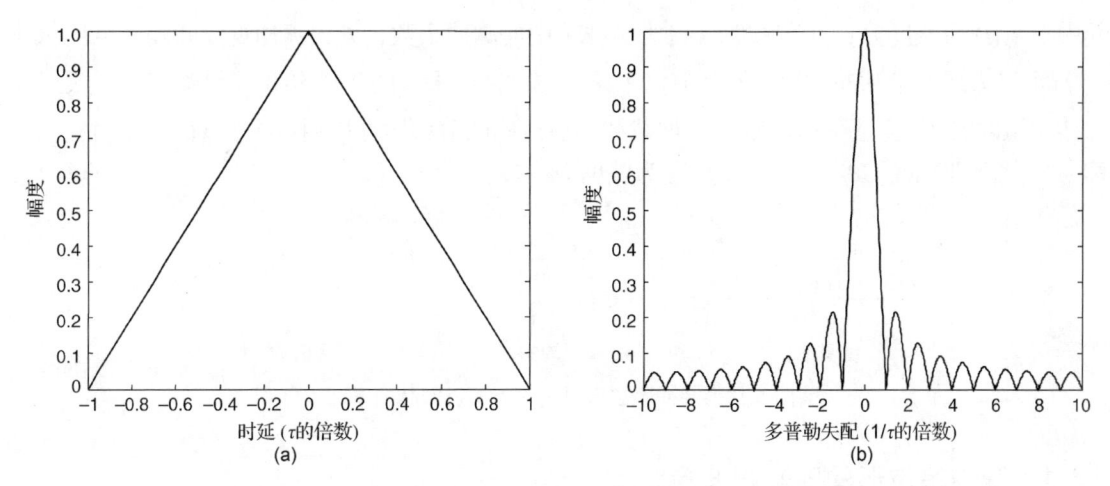

图 4.10 (a)简单脉冲模糊函数的零多普勒截线;(b)零延时截线

多普勒失配不仅会降低峰值幅度,当失配严重时,还将完全改变匹配滤波器距离响应的

形状。图 4.11 给出了不同多普勒失配对匹配滤波器距离响应的影响。将这些曲线与图 4.10(a) 进行比较：$0.31/\tau$ Hz 的失配将会使峰值幅度降低大约 16%，但是峰值仍出现在正确的时延处；像 $0.94/\tau$ Hz 这样的大偏移，不仅使输出最大峰值降低 65%，同时还消除了中心峰值；当失配为 $1/\tau$ 的好几倍时，响应将是完全无组织的。注意 n/τ Hz 的失配意味着在脉冲持续时间 τ 内会有 n 个多普勒频率周期。回顾一般的脉冲长度，会发现 $1/\tau$ Hz 是个很大的多普勒频移，因此简单脉冲仍可被归为相对多普勒容许波形。例如，如果 $\tau = 10\,\mu s$，对于 465 m/s (1040 mile/h)的速度，$0.31/\tau$ 的多普勒频移为 31 kHz。这就是说，即使存在如此大的多普勒

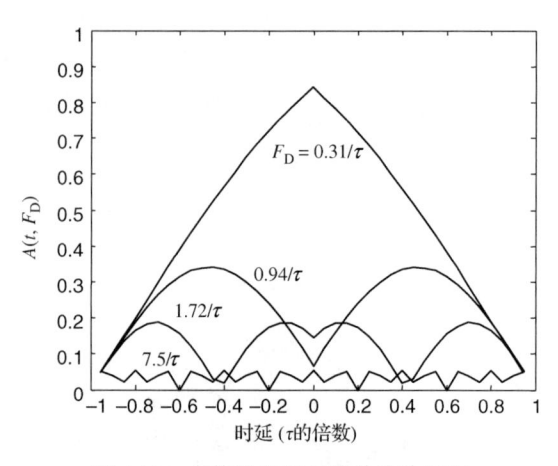

图 4.11 多普勒失配对简单脉冲匹配滤波器输出距离响应的影响

失配，简单脉冲匹配滤波器的输出仍会保持基本形状和准确的峰值位置，仅是幅度损失 16%(1.5 dB)。

4.5 脉冲串波形

对于前面例子中所描述的简单脉冲，其多普勒容限的缺点是多普勒分辨率非常低。如果设计者仅需要雷达对特定速度的目标进行响应，并且排除具有相近速度的目标，波形是不能选为简单脉冲的。为获得高分辨率需要更长的观测时间。脉冲串波形是满足该条件的一个途径，其定义为

$$x(t) = \sum_{m=0}^{M-1} x_p(t - mT) \tag{4.54}$$

其中，$x_p(t)$ 为长度为 τ 的单脉冲；M 为脉冲串中的脉冲个数；T 为脉冲重复间隔。虽然脉冲 $x_p(t)$ 可以为任意单脉冲波形，但目前仅考虑简单脉冲波形。图 4.12 给出了该波形。形成正弦脉冲包络的实线是实际的基带波形。加载载波后得到的射频脉冲串通常记为 $\bar{x}(t)$，总时宽 MT 称为相参处理时间(CPI)，有时候也称为驻留时间。

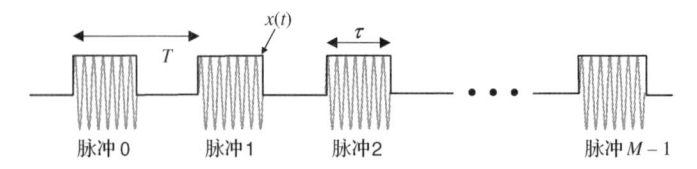

图 4.12 脉冲串波形以及对应的射频脉冲序列

4.5.1 脉冲串波形的匹配滤波器

脉冲串的匹配滤波器($\alpha = 1$，$T_M = 0$ 时)为

$$h(t) = x*(-t) = \sum_{m=0}^{M-1} x_p^*(-t - mT) \tag{4.55}$$

对于距离相当于时延 t_0 的目标回波,其匹配滤波器输出为

$$y(t) = \int_{-\infty}^{\infty} \left\{ \sum_{m=0}^{M-1} x_p(s - t_0 - mT) \right\} \left\{ \sum_{n=0}^{M-1} x_p^*(s - t - nT) \right\} ds$$

$$= \sum_{m=0}^{M-1} \sum_{n=0}^{M-1} \int_{-\infty}^{\infty} x_p(s - t_0 - mT) x_p^*(s - t - nT) ds \tag{4.56}$$

内项积分为简单脉冲成分的匹配滤波器输出。为简便,本节令 $t_0 = 0$,对于其他不为零的任何时延值 t_0,利用时移不变性进行调整可以获得输出结果。将式(4.19)简单脉冲匹配滤波器的输出记为 $s_p(t)$,则式(4.56)变为

$$y(t) = \sum_{m=0}^{M-1} \sum_{n=0}^{M-1} s_p(-t - (m-n)T) = \sum_{m=0}^{M-1} \sum_{n=0}^{M-1} s_p^*(t - (n-m)T) \tag{4.57}$$

上式最后一步的推导中运用了 $s_p(t)$ 的对称性。该式表明匹配滤波器输出是 $s_p(t)$ 的一系列平移副本的叠加。注意到所有包含 $(n-m)$ 项的值相等,可以被合并,从而可以将二重加法运算进行简化。例如,对于 m 和 n,存在使 $m-n=0$ 的 M 种组合,即均满足 $m=n$。而对于 $m-n=1$,则有 $M-1$ 种组合(另外,$m-n=-1$ 时也对应 $M-1$ 种组合)。因此

$$y(t) = \sum_{m=-(M-1)}^{M-1} (M - |m|) s_p^*(t - mT) \tag{4.58}$$

脉冲串波形的匹配滤波器输出仅是单个组成脉冲匹配滤波器输出的具有不同尺度和平移量的副本的简单加和。

由于组成脉冲 $x_p(t)$ 的脉宽为 τ,故 $s_p(t)$ 的长度为 2τ。通常情况下,如果 $T > 2\tau$,$s_p(t)$ 的各个副本就都不重叠。图 4.13 给出了该种情况下脉冲串波形以及对应的匹配滤波器输出,此时 $M=3$。对于式(4.58),令 $t = T_M = 0$,可以很快得到峰值输出为

$$y(0) = \sum_{m=-(M-1)}^{M-1} (M - |m|) s_p^*(-mT) = \sum_{m=-(M-1)}^{M-1} (M - |m|) s_p(mT)$$

$$= M s_p(0) = M E_p = E \tag{4.59}$$

得出第二行结果的条件为 $T > \tau$,这使得当 $|m| > 0$ 时,$s_p(mT) = 0$。在该式中,E_p 是单个脉冲 $x_p(t)$ 的能量,而 E 是所有 M 个脉冲波形的总能量。注意到峰值响应是具有相同幅值单冲激响应的 M 倍。回顾式(2.85)中雷达距离方程信号处理增益因素 G_{sp},对于脉冲串波形,匹配滤波器输出峰值的增加代表着连贯信号的影响因素 $G_{sp} = M$ 的处理增益,与单脉冲波形相比,这会提高信噪比以及探测能力。

4.5.2 逐个脉冲处理

式(4.58)的结构表明,没有必要为整个脉冲串波形 $x(t)$ 构造一个明确的匹配滤波器,可以对每个单一脉冲采用单脉冲匹配滤波器进行滤波,然后通过合成输出实现。该过程称为"逐个脉冲处理",它提供了一种更方便的实现方法,并且和脉冲串波形在真实系统中的处理是一致的。

下面定义脉冲串中每个独立脉冲匹配滤波器的冲激响应,为简单假设 $T_M = 0$,则

$$h_p(t) = x_p^*(-t) \tag{4.60}$$

设目标时延为 t_l,则第 m 个发射脉冲的滤波器的输出为

$$\begin{aligned} y_m(t) &= x_p(t - t_l - mT) * h_p(t) \\ &= s_p^*(t - t_l - mT) = s_p(-t + t_l + mT), \quad 0 \leq m \leq M-1 \end{aligned} \tag{4.61}$$

假设在 $t = t_l$ 时刻,对第一个脉冲($m=0$ 时的脉冲)的独立脉冲匹配滤波器进行采样,则采样值为 $y_0(t_l) = s_p(0)$。之后对每个后续发射脉冲,以同样的时延对其滤波器响应进行采样(即对每个脉冲在相同的距离窗进行采样)。则第 m 个脉冲滤波器输出的采样点位于时刻 $t = t_l + mT$,同样也得到采样值 $y_m(t_l + mT) = s_p(0)$。

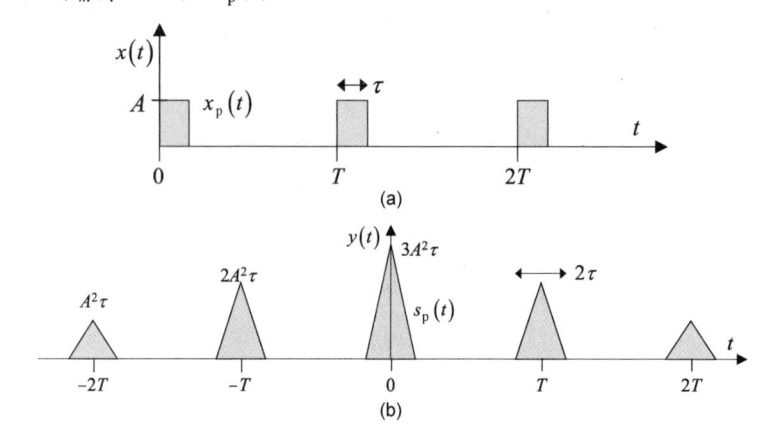

图 4.13 (a) $M=3$ 时的脉冲串波形;(b) 匹配滤波器输出

如果在脉冲发射后,t_l 时刻获得的采样值与距离单元 l 关联,则得到的 M 个样本会形成离散的恒值采样序列 $y[l,m] = s_p(0)$,$0 \leq m \leq M-1$。对于该序列的慢时间维离散时间因果匹配滤波器为 $h[m] = \alpha y^*[M-1-m]$,其中 $\alpha = 1/s_p(0)$,$h[m] = 1$,$0 \leq m \leq M-1$。该离散时间匹配滤波器的输出为

$$z[m] = \sum_{r=0}^{M-1} y[l,r]h[m-r] = \begin{cases} \sum_{r=0}^{m} y[l,r](1), & 0 \leq m \leq M-1 \\ \sum_{r=m-M+1}^{M-1} y[l,r](1), & M-1 \leq m \leq 2(M-1) \end{cases} \tag{4.62}$$

当两个函数完全重叠,即 $m = M-1$ 时,会产生峰值输出,则

$$z[M-1] = \sum_{r=0}^{M-1} y[l,r] = Ms_p(0) = ME_p = E \tag{4.63}$$

上式表明,在逐个脉冲处理过程中,对于某个给定距离单元对应的慢时间序列的匹配滤波,可以简化为对每个距离单元中慢时间样本的合成,同时得到的峰值输出与式(4.55)中全波形连续匹配滤波器得到的峰值输出相同。图 4.14 说明了对慢时间样本的某行进行合成(在快时间域对单个脉冲进行匹配滤波后),从而完成对脉冲串的匹配滤波。该操作被独立作用于每个距离单元中。

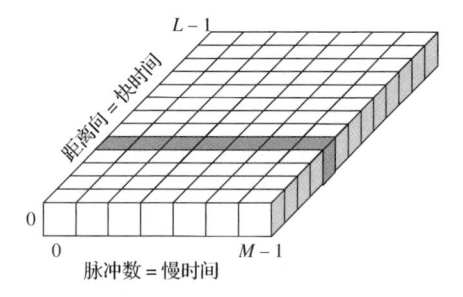

图 4.14 脉冲串序列中用于合成并进行匹配滤波的慢时间序列

4.5.3 距离模糊

在时刻 $t=0$ 分析脉冲串的匹配滤波器输出,可以给出在所考虑时延 t_0 处目标的峰值输出。通常情况下 $t_0<T$,如果此时出现峰值,则认为目标出现在 $R_0=ct_0/2$ m 位置处。然而假设数据包含的是附加 T s 时延的目标回波,接收的波形不会发生改变,只是根据距离方程会存在 T s 的时延以及幅度上的衰减。幅度上的衰减与下面的讨论无关,可以被忽略。根据时延不变性,匹配滤波器的输出也将延迟 T s,则

$$y(t) = \sum_{m=-(M-1)}^{M-1} (M-|m|)s_p^*[t-(m+1)T] \tag{4.64}$$

现在分析 $t=0$ 时匹配滤波器的输出,结果为

$$y(0) = \sum_{m=-(M-1)}^{M-1} (M-|m|)s_p^*[-(m+1)T] \tag{4.65}$$

在上式中(继续假设 $T \gg 2\tau$),只有 $m=-1$ 项不为零,因此

$$y(0) = (M-1)s_p(0) = (M-1)E_p \tag{4.66}$$

上式表明,采样时刻的输出从 ME_p 减小为 $(M-1)E_p$。图 4.15 从全波形匹配滤波器和逐个脉冲的角度说明了这种情况。根据图 4.15(a) 可知,虽然对匹配滤波器的局部峰值进行了采样,但是全局峰值被错过了,因为滤波器被设置在了错误的时延上。虽然采样结果并不为零,但它采样的幅度降低了,从而会降低 SNR。根据图 4.15(b) 可知,回波仅出现在 M 个慢时间积累样本中的 $M-1$ 个样本中,因为它的第一个回波是在第二次信号发射后的采样窗中被接收,而非第一次信号发射后的采样窗。

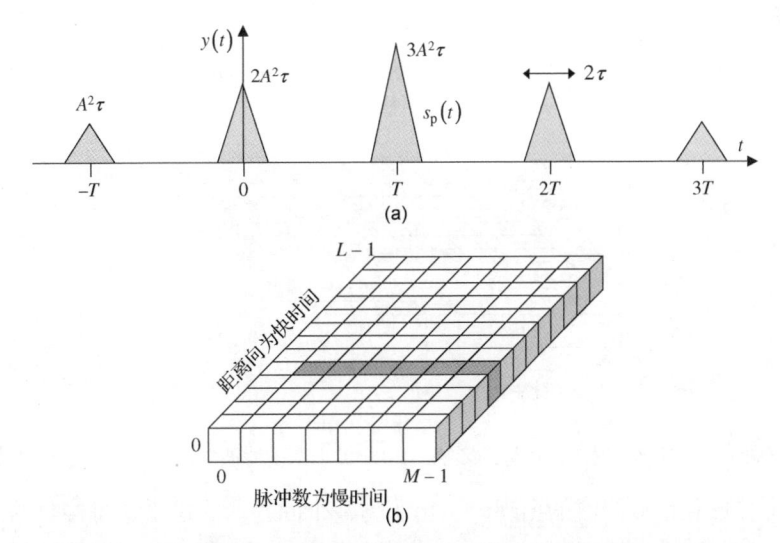

图 4.15 输入延迟一个脉冲重复间隔时,脉冲串的匹配滤波器输出。(a) 和图 4.13(b) 相比较,全波形匹配滤波器的输出;(b) 和图 4.14 相比较,逐个脉冲处理法的慢时间数据

这种情况会产生两个问题。匹配滤波器输出部分中目标幅度的降低减小了 SNR,同时也降低了目标的检测概率。假设降低的幅度响应能够检测到,则处理器认为目标出现在时延 t_0 处,而目标实际上是出现在 t_0+T 处。由此,一个检波对应着不止一个可能的距离,这种现象

即距离模糊。在第 3 章曾讨论过，这是脉冲串波形的一个特征。因此，匹配滤波器输出的峰值指示的是实际检测目标的距离，还是由于距离上模糊多次后的无模糊距离 $R_{ua} = cT/2$ m，这个问题就难以确定了。

第 5 章还将说明，通常一些雷达工作的脉冲重复频率使得无模糊距离小于其最大探测距离，所以需要找方法解决这两个问题。第 5 章将会介绍，在不同的脉冲重复频率下，用多个脉冲串波形可以解决距离模糊的问题。对于距离模糊目标，匹配滤波器输出幅度和 SNR 的降低，是由于目标时延 $t_0 > T$ 时，在输出采样时刻脉冲串回波与匹配滤波器参考脉冲串不是完全重叠的而造成的。这个问题的解决方法就是扩展发射的信号波形，假设雷达探测目标的距离增大到 $P \cdot R_{ua}$，将发射的波形从 M 个脉冲扩展到 $M+P-1$ 个，接收机的匹配滤波器仍然是 M 个脉冲波形，还是令 $t_0 = 0$ 和 $T_M = 0$，则匹配滤波器的输出波形如图 4.16(a)所示。该图表示，在时延 T_M（图中的 0 点）处的目标将会获得 $MA^2\tau = ME_p$ 的积累目标能量，对于在模糊时延 $T_M + pT$，$p = 0, \cdots, P-1$ 的目标也一样。对于时延 T_M，在 0 和 T 之间估计匹配滤波器的输出，允许最大时延为 $T_M + (P-1)T$，对应于最大探测距离 $P \cdot R_{ua}$ 的匹配滤波输出。图 4.16(b)给出了逐个脉冲的效果。在第 P 个时延间隔〔即 $(P-1)T \leq t_0 < PT$〕的目标将会在对应距离单元的第 P 个及随后的慢时间采样中产生一个响应。通过在每个距离单元对样本 P 到 $M+P-1$ 的积累，会使在 $P \cdot R_{ua}$ 距离内所有目标达到增益 M。

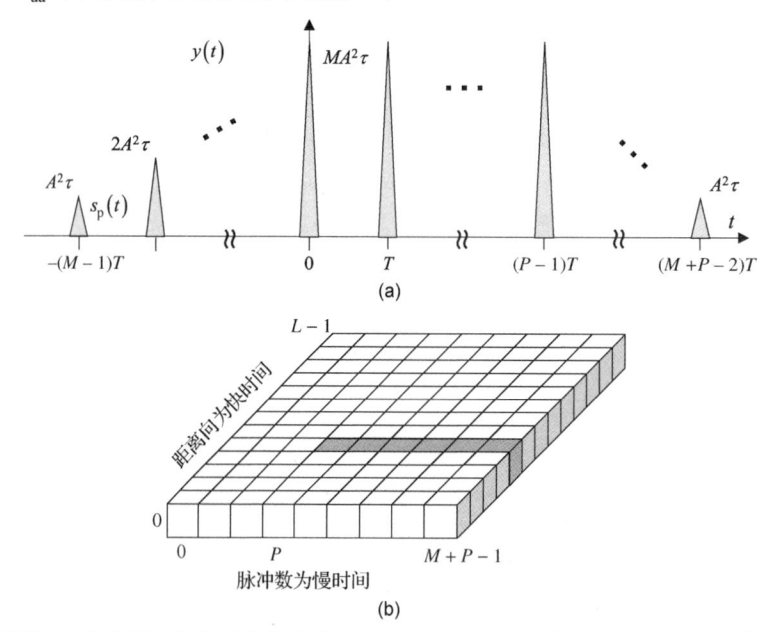

图 4.16 P 距离模糊时，额外脉冲的扩展信号的影响。(a)全波形匹配滤波器输出；(b)逐个脉冲处理慢时间数据

随着脉冲串波形和杂波回波的出现，引出了另一个问题。假设雷达可接收的杂波回波的距离可达到 $P \cdot t_{ua}$，在逐个脉冲处理观点中，考虑给定距离单元内慢时间信号的杂波分量。若感兴趣的距离单元是在第一个脉冲发射后的 $t_0 < T$ 的采样点，则该采样点中只有来自相应距离 $ct_0/2$ 的杂波回波。若感兴趣的距离单元是在第二个脉冲发射之后，则当再一次对距离单元采样时，采样中包括来自第二个脉冲距离 $ct_0/2$ 的杂波分量，以及第一个脉冲在距离 $c/2(t_0 + T)$ 处的回波。这两种情况代表来自两种不同途径的散射体的回波。第一种慢时间样本，仅仅包含了来自较近处物体的回波，这在功率和统计学表现上会与第二种慢时间样本有很大不同。对于第二种，

包含了来自两种情况的回波。在第 P 个及其以后的慢时间样本中，将会包含所有的 P 个距离间隔的回波，因此会表现为恒定的杂波功率电平，需要利用统计学特征进行有效的杂波滤除和目标检测。如上所述，将发射的波形扩展到 $M+P-1$ 个脉冲，就可以使 M 个恒稳态杂波的测量得到积累。在第 5 章中，这些增加的脉冲称为"杂波填充"脉冲。在每个距离单元，前 $P-1$ 个慢时间样本会被舍弃，只有剩余的 M 个样本会用于杂波滤波、相干积累和检波处理。

4.5.4 脉冲串波形的多普勒响应

为了研究多普勒失配对脉冲串波形及其匹配滤波器的影响，考虑以速度 v m/s 朝向雷达运动的目标，在时刻 t 该目标到雷达的距离为 $R_0 - vt$。同时，假设"一步一停"的模型在该情况下有效，且目标在 CPI 内运动不会超过一个距离单元，即 $MvT < c\tau/2$。该假设保证了在 CPI 中给定目标的所有回波会在相同的距离单元中出现。解调后的回波会有 $-(4\pi/\lambda)R(t) = -(4\pi/\lambda)(R_0 - vt)$ 的相移。采用逐个脉冲处理的观点，同时将标称距离 R_0 产生的相位分量 $\exp(-j4\pi R_0/\lambda)$ 并入总体增益中，则每个脉冲的独立匹配滤波器输出为

$$y_m(t) = x_p(t - mT) * h_p(t)$$
$$= e^{j(4\pi v/\lambda)mT} s_p(-t + mT), \quad 0 \le m \le M - 1 \tag{4.67}$$

与之对应的慢时间序列为

$$y[l, m] = y_m(mT) = e^{j(4\pi v/\lambda)mT} s_p(0), \quad 0 \le m \le M - 1$$
$$= e^{j\omega_D m} E_p \qquad (\omega_D = 4\pi vT/\lambda) \tag{4.68}$$

对慢时间样本进行求和，得到

$$\sum_{m=0}^{M-1} y[l, m] = E_p \sum_{m=0}^{M-1} e^{j\omega_D m} \equiv Y[l, \omega_D]$$
$$= E_p \frac{\sin[\omega_D M/2]}{\sin[\omega_D/2]} \exp\left[-j\left(\frac{M-1}{2}\right)\omega_D\right] \tag{4.69}$$

上式给出了在任意距离单元 l 处，脉冲串波形的系统响应随归一化多普勒失配 ω_D 的变化情况。$\dfrac{\sin[\omega_D M/2]}{\sin[\omega_D/2]}$ 是熟悉的 asinc 函数。图 4.17 给出了该函数幅值的中心部分。零值出现在归一化频率 $1/M$ 周期处，因此以多普勒表示的瑞利分辨率为 $1/M$ 周期，或 $1/MT$ Hz。MT 为整个脉冲串波形的持续时间，因此，多普勒分辨率由整个波形的持续时间，而非单个脉冲的持续时间决定。依此可知，在保持相同距离分辨率的同时，脉冲串波形相比于宽度相同的单个脉冲，可以得到更高的多普勒分辨率。当然，代价是发射并接收 M 个脉冲，而非单个脉冲所需的时间和能量，同时对每个距离单元中的 M 个样本进行合成也增加了计算量。

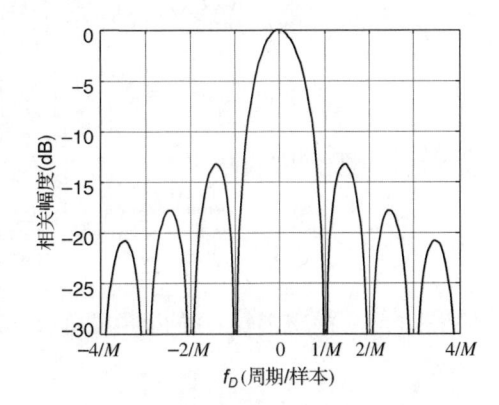

图 4.17 脉冲串波形慢时间序列的多普勒失配响应的中心部分

对脉冲串回波慢时间样本的合成对应于在慢时间对一个零多普勒频移信号进行匹配滤波。在这种情况下，期望的慢时间信号仅是一个常数。

对于一个多普勒频移脉冲串的匹配滤波器，可以通过在快时间继续使用单脉冲匹配滤波器，并为给定多普勒频移处期望的信号构造合适的慢时间匹配滤波器来实现。

假设感兴趣的归一化多普勒频移为 ω_D（单位为 rad/采样），则期望的慢时间信号形式为 $A\exp(j\omega_D m)$，因此在进行共轭以及时间反转运算后，慢时间匹配滤波器的系数同样为 $h[m] = \exp(+j\omega_D m)$ 的形式。当信号的实际多普勒频移为 ω 时，考虑匹配滤波器的响应。当冲激响应与数据序列完全重叠时，匹配滤波器输出达到峰值，则

$$\begin{aligned} Y[l,\omega;\omega_D] &= \sum_{m=0}^{M-1} e^{-j\omega_D m} y[l,m] \\ &= E_p \sum_{m=0}^{M-1} e^{-j\omega_D m} e^{j\omega m} = E_p \sum_{m=0}^{M-1} e^{-j(\omega-\omega_D)m} \\ &= E_p \frac{\sin[(\omega-\omega_D)M/2]}{\sin[(\omega-\omega_D)/2]} \exp\left[-j\left(\frac{M-1}{2}\right)(\omega-\omega_D)\right] \end{aligned} \quad (4.70)$$

除了 asinc 函数的峰值移到 $\omega = \omega_D$（单位为 rad/采样），上式与式(4.69)是相同的。

注意到式(4.70)的第一行仅仅是慢时间数据序列的离散时间傅里叶变换（DTFT）。因此，对于脉冲串波形以及多普勒频移 ω_D（单位为 rad）的匹配滤波器，可以通过在快时间使用单个脉冲匹配滤波器，在慢时间 ω_D 频率处进行 DTFT 分析实现。如果 ω_D 为离散傅里叶变换（DFT）频率，即具有 $2\pi k/K$（其中 k，K 为整数）的形式，则慢时间匹配滤波器可以通过 DFT 运算实现。因此可以在慢时间域对数据 $y[l,m]$ 进行 K 点 DFT 变换，同时计算 K 个匹配滤波器在每个 DFT 频率处的输出。这些频率与 $F_k = k/KT$（单位为 Hz）的多普勒频移或者 $v_k = \lambda k/2KT$（单位为 m/s）的径向速度对应，其中 $k = 0,\cdots,K-1$。通过对慢时间数据矩阵的每一行进行快速傅里叶变换（FFT），可以提高对具有不同多普勒频移目标数据的搜索效率。

4.5.5 脉冲串波形的模糊函数

将式(4.54)的脉冲串波形定义代入式(4.30)的复模糊函数定义中，得到

$$\begin{aligned} \hat{A}(t,F_D) &= \int_{-\infty}^{\infty} \left(\sum_{m=0}^{M-1} x_p(s-mT)\right)\left(\sum_{n=0}^{M-1} x_p^*(s-t-nT)\right) e^{j2\pi F_D s} ds \\ &= \sum_{m=0}^{M-1}\sum_{n=0}^{M-1} \int_{-\infty}^{\infty} x_p(s-mT) x_p^*(s-t-nT) e^{j2\pi F_D s} ds \end{aligned} \quad (4.71)$$

令 $s' = s - mT$，则

$$\hat{A}(t,F_D) = \sum_{m=0}^{M-1} e^{j2\pi F_D mT} \sum_{n=0}^{M-1} \int_{-\infty}^{\infty} x_p(s') x_p^*(s'-t-nT+mT) e^{j2\pi F_D s'} ds' \quad (4.72)$$

如果将单个简单脉冲 $x_p(t)$ 的复模糊函数记为 $\hat{A}_p(t,F_D)$，上式中的积分项记为 $\hat{A}_p(t+(n-m)T,F_D)$，则有

$$\hat{A}(t,F_D) = \sum_{m=0}^{M-1} e^{j2\pi F_D mT} \sum_{n=0}^{M-1} \hat{A}_p(t-(m-n)T,F_D) \quad (4.73)$$

上式中的双重求和是比较难处理的。很明显，在第二重求和中 m 和 n 的所有组合具有相同的

差 $m-n$,从而会产生相同的加数项。但是,指数项与 m 的相关性使得对所有这类项的直接组合变得困难。令 $n'=m-n$,并通过列举所有组合可以得到函数 $f[m,n]$ 的双重求和(Rihaczek,1996)为

$$\sum_{m=0}^{M-1}\sum_{n=0}^{M-1}f[m,n] = \sum_{n'=-(M-1)}^{0}\sum_{m=0}^{M-|n'|-1}f[m,m-n'] + \sum_{n'=1}^{M-1}\sum_{m=0}^{M-|n'|-1}f[m+n',m] \quad (4.74)$$

把式(4.74)的分解应用于式(4.73),得

$$\hat{A}(t,F_D) = \sum_{n'=-(M-1)}^{0}\hat{A}_p(t-n'T,F_D)\sum_{m=0}^{M-|n'|-1}e^{j2\pi F_D mT} + \sum_{n'=1}^{M-1}e^{j2\pi F_D n'T}\hat{A}_p(t-n'T,F_D)\sum_{m=0}^{M-|n'|-1}e^{j2\pi F_D mT} \quad (4.75)$$

对上式右半边的几何级数求和,可得

$$\sum_{m=0}^{M-|n'|-1}e^{j2\pi F_D mT} = \exp[j\pi F_D(M-|n'|-1)T]\frac{\sin(\pi F_D(M-|n'|)T)}{\sin(\pi F_D T)} \quad (4.76)$$

应用式(4.75)中的结果,把剩下的两个对 n' 的求和合并成一个,并将求和系数重新记为 m,得

$$\hat{A}(t,F_D) = \sum_{m=-(M-1)}^{M-1}\hat{A}_p(t-mT,F_D)e^{j\pi F_D(M-1+m)T}\frac{\sin(\pi F_D(M-|m|)T)}{\sin(\pi F_D T)} \quad (4.77)$$

上式表示根据连续简单脉冲和 PRI 所构造的复模糊函数的连续脉冲串。

回顾 $\hat{A}_p(t,F_D)$ 在时延轴上的支撑域为 $|t|\leq\tau$。通常情况下,如果 $T>2\tau$,式(4.77)中 $\hat{A}_p$ 的复本就不会混叠,当 m 值变化时,对所有项求和的幅度与对每项幅度求和所得的结果相等。因此,脉冲串波形的模糊函数可写为

$$A(t,F_D) = \sum_{m=-(M-1)}^{M-1}A_p(t-mT,F_D)\left|\frac{\sin(\pi F_D(M-|m|)T)}{\sin(\pi F_D T)}\right|, \quad T>2\tau \quad (4.78)$$

为了理解该模糊函数,可以首先观察零多普勒与零延迟响应。在式(4.78)中令 $F_D=0$,并利用 $A_p(t,0)=1-|t|/\tau$,则可以得到零多普勒响应为

$$A(t,0) = \begin{cases} \sum_{m=-(M-1)}^{M-1}(M-|m|)\left(1-\frac{|t-mT|}{\tau}\right), & |t-mT|<\tau \\ 0, & \text{其他} \end{cases} \quad (4.79)$$

上式描述了单脉冲匹配滤波器的三角函数输出,它每隔 T s 重复一次,并由总体三角函数进行 $M-|m|$ 的加权。图 4.18 给出了 $M=5$,$T=4\tau$ 时该函数的图形。由于采用信号能量 E 对模糊函数进行归一化,所以其最大值为 1.0。注意到对于任何波形,模糊函数的最大值出现在时刻 $t=0$,并且时宽为总波形时宽的两倍(在这种情况下为 $2MT$)。每隔 T s 出现的局部峰值重现了 4.5.3 节讨论的距离向模糊函数,图 4.15(a) 对其进行了说明。如果发射的波形被扩展了 P 个脉冲,而参考波形仍然如同前面所讲的保持 M 个脉冲长度的话,那么将会出现 P 个拥有全峰值 1.0 的连续窄脉冲,和图 4.16(a) 相似。

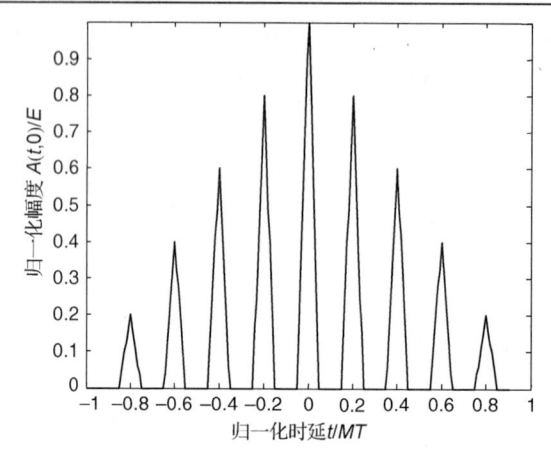

图 4.18 $M=5$，$T=4\tau$ 时，脉冲串波形模糊函数的零多普勒截线

令式(4.78)中的 $t=0$，可以得到零延迟曲线，回顾 $A_p(0,F_D)=|\sin(\pi F_D\tau)/\pi F_D\tau|$（假设为单位能量简单脉冲），有

$$A(0,F_D)=\left|\frac{\sin(\pi F_D\tau)}{\pi F_D\tau}\right|\left|\frac{\sin(\pi F_D MT)}{\sin(\pi F_D T)}\right| \qquad (4.80)$$

该响应为 asinc 函数，第一零点位于 $F_D=1/MT$ Hz 处，并且以 $1/T$ Hz 为间隔进行重复。该基本响应由一个更加缓变的标准 sinc 函数进行加权，第一零点位于 $1/\tau$ Hz 处。从图 4.19 可以很明显地看出这一结构，图 4.19 给出的是 $M=5$，$T=4\tau$ 时，同条件下的部分零延迟曲线。在零延迟响应中，这个重要的峰值间隔 $1/T$ 就是盲多普勒频移(定义见第 3 章)。

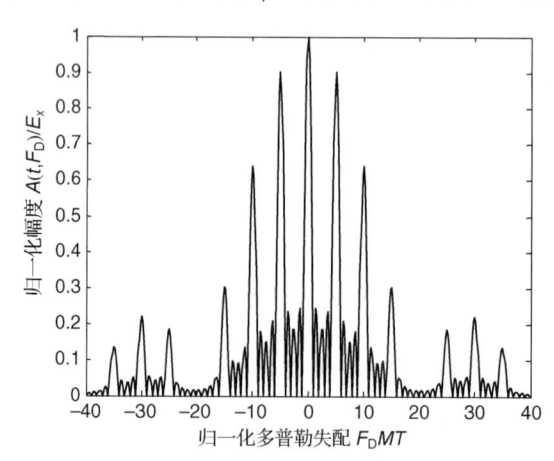

图 4.19 $M=5$，$T=4\tau$ 时，脉冲串波形模糊函数的零延迟截线

图 4.20 是该波形完整复模糊函数部分结构的等高线图。注意到以距离模糊时延(如 4τ 或 8τ)对其进行采样时，多普勒域的峰值响应将会展宽(与等高线图上归一化的时延尺度 ±0.2 和 ±0.4 相对应)。这种现象由式(4.78) asinc 项中的 $(M-|m|)$ 项产生，它反映出在这些距离模糊时延处，对匹配滤波器局部峰值输出有影响的脉冲少于 M 个这一事实。减少的观测时间会降低多普勒分辨率。如果发射波形扩展至 P 个脉冲，那么将会产生 P 个连续的距离峰值，这保证了全部的多普勒分辨率。该图同时也给出了当多普勒失配达到 $1/\tau$ Hz 时，明确定义的峰值将会分裂(对应于图中归一化多普勒尺度的 20)。

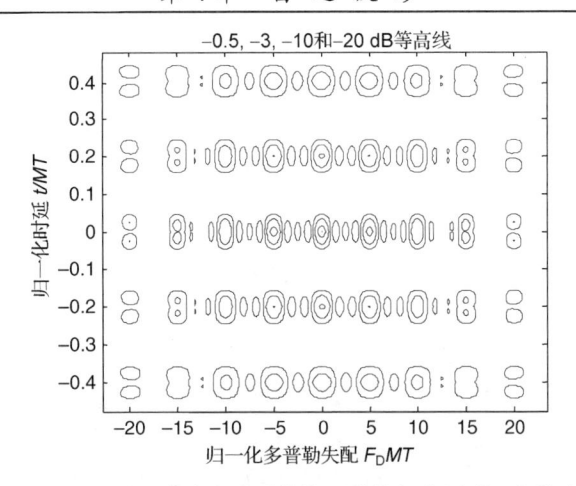

图 4.20 $M=5$，$T=4\tau$ 时，脉冲串波形模糊函数的部分图形，仅给出了正频部分

图 4.21 是脉冲串模糊函数中心峰值，以及距离向和多普勒向第一次模糊的概念性图示。该图总结了各种波形参数如何影响距离域和多普勒域的分辨率以及模糊度。将独立脉宽选为 τ，以实现需要的距离分辨率（$c\tau/2$ m）。脉冲重复频率 T 同时确定了距离以及多普勒模糊间隔（分别为 $cT/2$ m 和 $1/T$ Hz）。最终，一旦选定了 PRI，脉冲串中脉冲的数目就决定了多普勒分辨率（$1/MT$ Hz）。

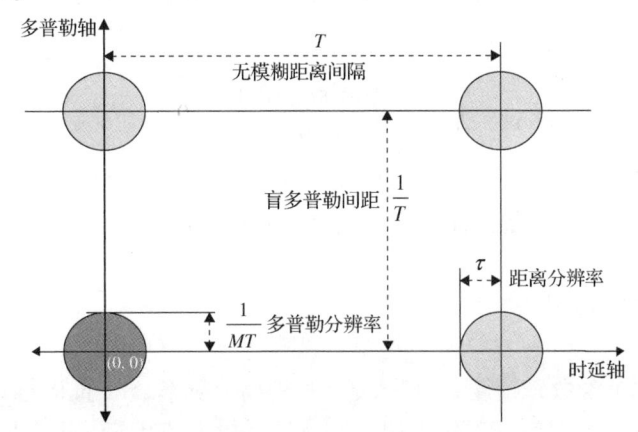

图 4.21 脉冲串波形参数与距离、多普勒分辨率以及模糊的关系

4.5.6 慢时间频谱和周期性模糊函数的关系

看起来慢时间序列 $y[l,m]$ 的 DTFT $Y[l,\omega_D]$ 应该与以多普勒表示的复模糊函数 $\hat{A}(t,F_D)$ 的变化相关。在脉冲发射后，对每个简单脉冲匹配滤波器的输出 $s_p(t)$ 在相同时延处采样，可以得到慢时间序列 $y[l,m]$。假设同距离分辨率相比，目标在 CPI 中移动的距离很小（即在 CPI 中，目标移动的距离仅仅是距离单元的很小一部分），则对每个脉冲的采样样本幅度将相同。如果采样时间准确对应于目标距离，则该幅度将会达到最大值 $s_p(0)$。如果采样时间与目标距离对应的时间相差 Δt s，则测得的每个脉冲幅值将是 $s_p(\Delta t)$。因此，在给定距离单元中的慢时间序列具有恒定的幅度，但是波形的模糊函数将决定幅度的大小，这个幅度是基于目标距离直线和距离单元采样次数决定的。

如果雷达和目标存在相对运动，则在慢时间域的每个采样值之间会有 $-4\pi mvT/\lambda$ 的附加相移。如果目标在第一个无模糊距离间隔内，则对于合适的距离单元，目标回波会出现在所有 M 个慢时间样本中，进行 DTFT 运算后为式 (4.80) 所示的 $|\sin(\pi F_D MT)/\sin(\pi F_D T)|$ 形式。由单独脉冲波形产生的 $|\sin(\pi F_D \tau)/\pi F_D \tau|$ 项在 DTFT 中是看不到的，但是该项将对整个 DTFT 的幅度进行加权。最终，如果目标距离超过 R_{ua}，目标回波将不会出现在所有的慢时间样本中，并且 $\Upsilon[l,\omega_D]$ 的多普勒分辨率会像 $\hat{A}(t,F_D)$ 的多普勒分辨率一样减小。

对于扩展超过 P 个距离模糊的目标，为了提供 M 的全增益，当发射的脉冲串波形扩展至 P 个脉冲时，匹配滤波器的输出仍然如图 4.16(a) 所示，在 P 个距离模糊（时延间隔从 0 到 $(P-1)T$）中保持着最大峰值 ME_p。仅仅在这个时延间隔中，通过至少两种等效的估计方法可以得到一样的结果，即 M 个脉冲的发射波形和一个无限扩展的参考信号相关（估计区间为 $[0,(P-1)T]$）；或者 M 个脉冲波形和 M 个脉冲参考信号循环相关。周期性模糊函数（PAF）是式 (4.30) 复周期性模糊函数的改进形式，当对一个脉冲串波形应用周期性模糊函数时，在时延间隔会产生全增益周期性模糊函数，周期性模糊函数的典型定义（Levanon，2010；Levanon 和 Mozeson，2004）为

$$PA(t,F_D) \equiv \left| \int_0^{MT} x(s)\exp(j2\pi F_D s)x^*(s-t)ds \right|, \quad 0 \leq t < P \cdot T \tag{4.81}$$

当 $T > 2\tau$①时，周期性模糊函数的一个重要特性就是它和单成分脉冲模糊函数在脉冲串中的关系为

$$PA(t,F_D) = A_p(t,F_D)\left|\frac{\sin(\pi F_D MT)}{\sin(\pi F_D T)}\right|, \quad 0 \leq t < P \cdot T \tag{4.82}$$

即周期性模糊函数可以表示成单成分脉冲模糊函数和离散的 M 个样本脉冲的 DTFT 的乘积。这正是 DTFT $\Upsilon[l,\omega_D]$，这也是前面所描述的逐个脉冲处理的结果。

4.6 调频脉冲压缩波形

简单脉冲仅有两个参数，幅度 A 和脉宽 τ。距离分辨率 $c\tau/2$ 直接与 τ 成正比，较高的分辨率要求较短的脉宽。绝大部分现代雷达工作在发射机饱和状态，即发射脉冲时，其幅度被维持在最大值 A，且幅度调制没有采用开/关转换。因此脉冲的能量为 $A^2\tau$。这种操作能使脉冲能量达到最大，并且与 τ 成正比。第 6 章和第 7 章将会看到，脉冲能量的增加会改善雷达的探测性能。因此，改善分辨率要求较短的脉宽，而提高探测性能则要求大的脉宽。很不幸，这两个因素是耦合的，因为在进行简单脉冲波形设计时，只有一个有效的自由变量 τ。

脉冲压缩波形对能量和分辨率进行了解耦。回顾简单脉冲的瑞利带宽为 $\beta = 1/\tau$ Hz，在匹配滤波器的输出端的时间瑞利分辨率为 τ s。因此，简单脉冲的时间带宽积为 $\tau(1/\tau)=1$。相反，脉冲压缩波形的带宽 $\beta \gg 1/\tau$。同样，其脉宽 τ 也远大于具有相同带宽的简单脉冲，即 $\tau \gg 1/\beta$。这两个条件中的任何一个都可以说明脉冲压缩波形的时间带宽积远大于 1。

通过对简单波形增加频率或相位调制可以实现脉冲压缩波形。有文献介绍了多种脉冲压缩波形，本书只介绍几种最常用的类型，包括线性调频、二相编码、某些多相编码，以及非

---
① 当 $T \leq 2\tau$ 时，这种结果有一种更复杂的版本成立（Levanon 和 Mozeson，2004）。

线性调频。其他的多种波形在 Levanon 和 Mozeson(2004)以及 Keel 和 Baden(2012)中有详细介绍。

4.6.1 线性调频脉冲压缩波形

线性调频波形的定义为

$$x(t) = \cos\left(\pi\frac{\beta}{\tau}t^2\right), \quad 0 \leq t \leq \tau \tag{4.83}$$

这里使用复数表达式，有

$$x(t) = e^{j\pi\beta t^2/\tau} = e^{j\theta(t)} \quad 0 \leq t \leq \tau \tag{4.84}$$

该波形的瞬时频率是相位函数的微分，即

$$F_i(t) = \frac{1}{2\pi}\frac{d\theta(t)}{dt} = \frac{\beta}{\tau}t \quad \text{Hz} \tag{4.85}$$

该函数见图 4.22，图中假设 $\beta > 0$。很明显，在 τ s 的脉宽内 $F_i(t)$ 线性地扫过了整个 β Hz 带宽。当 $\beta\tau = 50$ 时，图 4.23 给出了对应的波形 $x(t)$，如式(4.83)所示，或式(4.84)的实数部分。LFM 波形经常称为"鸟鸣"线性调频(chirp)信号，它与具有线性变化频率的正弦波声音信号类似。当 β 为正时，脉冲为正调频(upchirp)；当 β 为负时，则为负调频(downchirp)。LFM 脉冲的 BT 积就是 $\beta\tau$，因此当 LFM 脉冲符合脉冲压缩波形时，$\beta\tau \gg 1$。

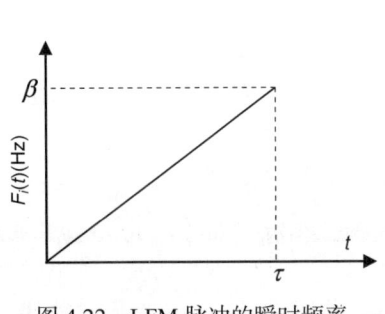

图 4.22 LFM 脉冲的瞬时频率

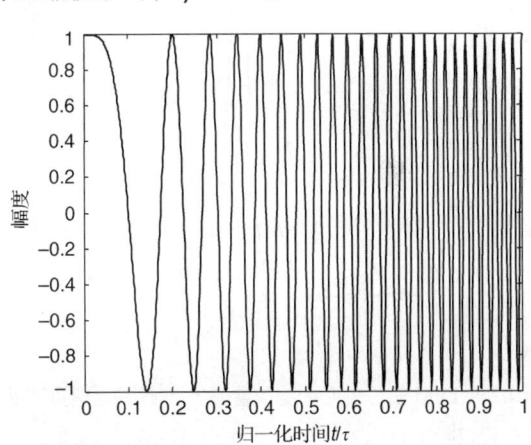

图 4.23 时间带宽积 $\beta\tau$ 为 50 时的 LFM 波形

图 4.24 给出了一个具有相对较低的时间带宽积($\beta\tau = 10$)的 LFM 波形的幅度谱，同时也给出了一个具有较大的时间带宽积($\beta\tau = 100$)的 LFM 波形的幅度谱。对于较低的时间带宽积，其波形频谱不是很明显。随着时间带宽积的增大，频谱逐渐呈现为矩形。直观上来看，这个结论是合理的，由于是线性扫描，所以波形的能量均匀分布于频谱之上。

图 4.25 给出了两个相同线性调频波形的匹配滤波器输出。叠加在输出波形上的虚线是具有相同脉宽简单脉冲的匹配滤波器输出。通常，匹配滤波器输出的总时宽为 2τ s。注意，在这两种情况下，LFM 波形匹配滤波器的输出会使瑞利分辨率比 τ 窄。实际上在这两种情况下，瑞利分辨率都很接近 $1/\beta$（稍后会进行证明）。相比于简单脉冲，分辨率改进了时间带宽积 $\beta\tau$ 倍。

对于拥有同样幅值和脉宽的简单脉冲和 LFM 脉冲，其在匹配滤波器的输出端会有同样的峰值能量〔这与式(4.13)一致〕，也会有同样的输出 SNR。然而，为了在匹配滤波器输出同样的快时间瑞利分辨率,对于有着同样幅度的 LMF 脉冲和简单脉冲,简单脉冲宽度则需要缩短至 LFM 脉冲的 $1/\beta\tau$。换句话说,与有着同样瑞利分辨率的简单脉冲相比,合适的匹配滤波 LMF 波形可以得到 $G_{sp} = \beta\tau$ 的信号处理增益。

图 4.24 LFM 波形的频谱。(a) $\beta\tau = 10$;(b) $\beta\tau = 100$

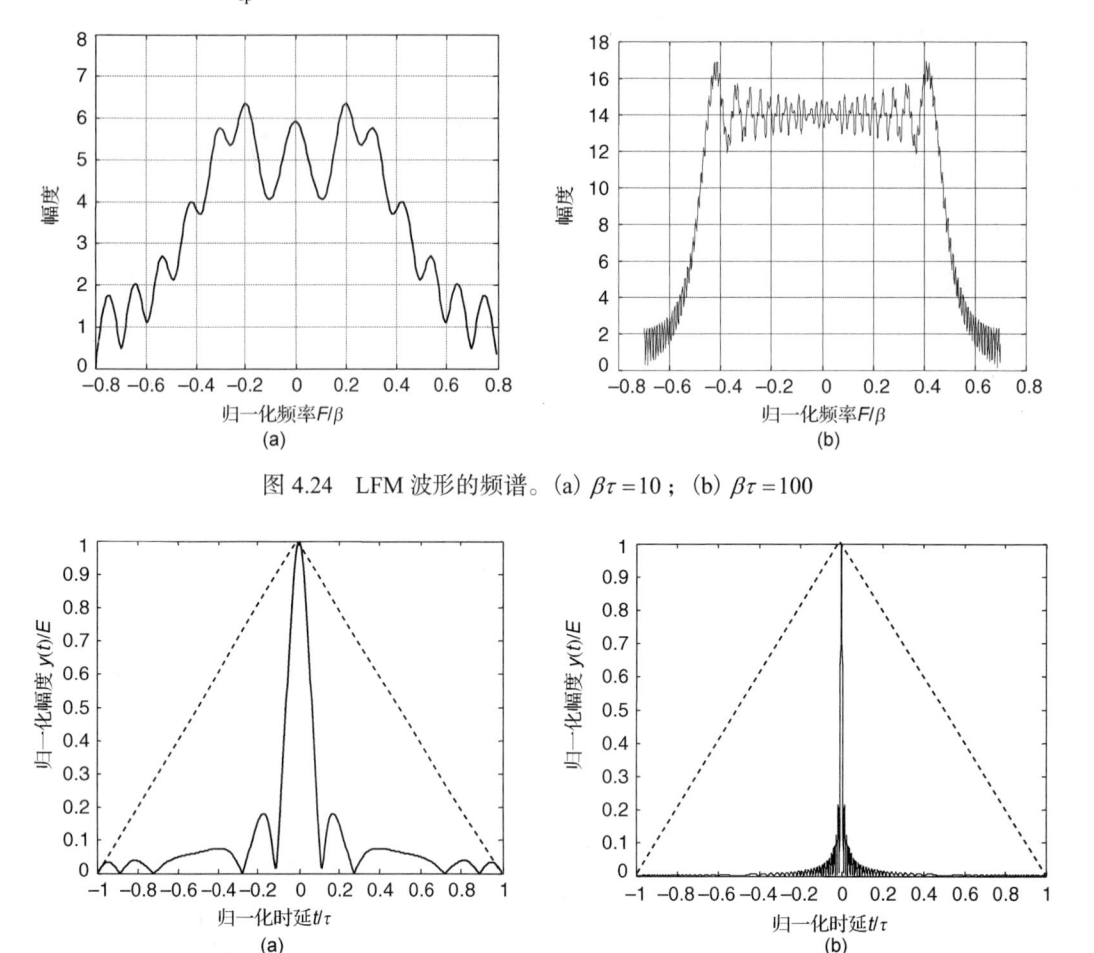

图 4.25 LFM 信号的匹配滤波器输出,虚线为具有相同脉宽简单脉冲的匹配滤波器输出。(a) $\beta\tau = 10$;(b) $\beta\tau = 100$

与简单频脉冲不同,LFM 脉冲的匹配滤波器输出会呈现出副瓣结构。图 4.26 对图 4.25(b) 的中间部分进行了放大,可以明显看到类似于 sinc 函数的主瓣以及一些第一副瓣。这并不奇怪,因为波形谱 $X(F)$〔见图 4.24(b)〕接近于宽度为 β Hz 的矩形,所以匹配滤波器输出的频谱 $|X(F)|^2$ 应该也近似为宽 β 的矩形。因此,期望的匹配滤波器时域输出也应近似为瑞利分辨率是 $1/\beta$ s 的 sinc 函数。

总而言之,LFM 使对脉冲能量(在脉冲持续期)以及距离分辨率(在脉宽内)的分别控制成为

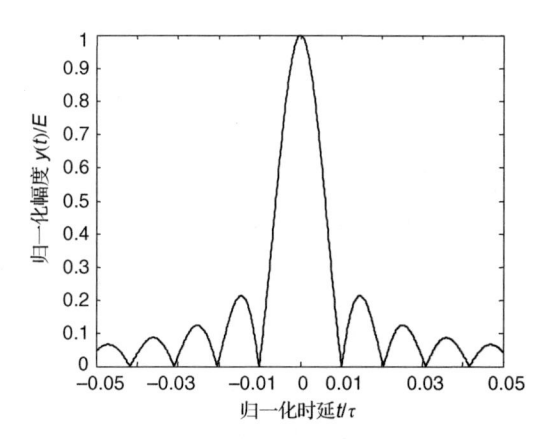

图 4.26 图 4.25(b) 中心部分的放大图

可能。匹配滤波器使脉冲压缩成为可能。匹配滤波器的输出不是发射信号 $x(t)$ 的复制,而是其自相关函数 $s_x(t)$。因此,如果可以将一个波形设计为具有较长的脉宽、较窄的自相关函数,则可以同时得到高的距离分辨率和能量。这可以通过对一个长脉冲进行调制,以使其带宽扩展到通常的 $1/\tau$ 之外来实现。由于自相关函数的频谱恰好是波形频谱幅度的平方,谱宽为 β Hz 的频谱会产生绝大部分能量集中在 $1/\beta$ s 主瓣宽度内的滤波器输出。LFM 脉冲是这种波形的第一个例子,但是相位编码波形会给出更多该种波形的例子。

4.6.2 驻相原理

由文献 Rihaczek(1996) 所导出的式(4.84)的傅里叶变换,是一个包含正弦积分函数 $Si(F)$ 的复杂结果。通过采用驻相原理(PSP)这一高级傅里叶分析工具,可以得到非常有用、且更为简便的近似表达。当被积函数振荡较快时,利用 PSP 原理可以有效地对积分结果进行近似分析,因此很适合应用于傅里叶变换。将 $x(t)$ 写成幅度和相位的形式,即 $x(t) = A(t)\exp[j\theta(t)]$,并考虑其傅里叶变换,即

$$X(\Omega) = \int_{-\infty}^{+\infty} \underbrace{A(t)e^{j\theta(t)}}_{x(t)} e^{-j\Omega t} dt \tag{4.86}$$

将傅里叶积分的相位 $\phi(t,\Omega)$ 定义为信号相位以及傅里叶核相位的组合,即

$$\begin{aligned} X(\Omega) &= \int_{-\infty}^{+\infty} A(t)e^{j\theta(t)}e^{-j\Omega t} dt = \int_{-\infty}^{+\infty} A(t)e^{j[\theta(t)-\Omega t]} dt \\ &\equiv \int_{-\infty}^{+\infty} A(t)e^{j\phi(t,\Omega)} dt \end{aligned} \tag{4.87}$$

当然,对于具有相对简单相位 $\tau(t)$ 的函数,其傅里叶变换形式是已知的。当信号的相位函数,即整体的积分相位 $\phi(t,\Omega)$ 连续且非线性,或形式较为复杂时,驻相原理非常有用。

将被积函数的驻相点定义为 $t = t_0$,该时刻积分相位的一阶微分满足 $\phi'(t_0,\Omega) = 0$。之后频谱可以近似(Born 和 Wolf,1959;Papoulis 和 Pillai,2002;Raney,1992)为

$$X(\Omega) \approx \sqrt{\frac{-2\pi}{\phi''(t_0,\Omega)}} e^{-j\pi/4} A(t_0) e^{j\phi(t_0,\Omega)} \tag{4.88}$$

其中,$\phi''(t_0,\Omega)$ 是 $\phi(t,\Omega)$ 在 $t=t_0$ 时刻的二阶导数。如果存在多重驻相点,则频谱为各个驻相点对应的项之和。式(4.88)表明,在给定频率 Ω 处的频谱幅度与驻相点处信号包络的幅度成正比,更重要的是,它还与该时刻频率变化 $\phi''(t_0,\Omega)$ 的平方根成反比。PSP 同时指出,仅仅是驻相点会对 $X(\Omega)$ 产生很大的影响。

可以采用 PSP 估计 LFM 波形的频谱,信号波形定义为

$$x(t) = A(t)e^{j\alpha t^2}, \quad A(t) = \begin{cases} 1, & -\tau/2 \leqslant t \leqslant +\tau/2 \\ 0, & \text{其他} \end{cases} \quad \alpha \equiv \pi\frac{\beta}{\tau} \tag{4.89}$$

因此其频谱为

$$X(\Omega) = \int_{-\infty}^{+\infty} x(t)e^{-j\Omega t} dt = \int_{-\infty}^{+\infty} A(t)e^{j(\alpha t^2 - \Omega t)} dt \tag{4.90}$$

则积分相位及其导数为

$$\phi(t,\Omega) = \alpha t^2 - \Omega t$$
$$\phi'(t,\Omega) = 2\alpha t - \Omega \tag{4.91}$$
$$\phi''(t,\Omega) = 2\alpha$$

通过令 $\phi'(t,\Omega) = 0$，并对 t 值进行求解，可以得到驻相点。在这种情况下，仅存在唯一的驻相点，即

$$0 = \phi'(t_0,\Omega) \quad \Rightarrow \quad t_0 = \frac{\Omega}{2\alpha} \tag{4.92}$$

将式(4.92)代入式(4.88)，得

$$\begin{aligned} X(\Omega) &\approx \sqrt{\frac{-2\pi}{\phi''(t_0,\Omega)}} \mathrm{e}^{-\mathrm{j}\pi/4} A(t_0) \mathrm{e}^{\mathrm{j}\phi(t_0,\Omega)} \\ &= \sqrt{\frac{-2\pi}{2\alpha}} \mathrm{e}^{-\mathrm{j}\pi/4} A\!\left(\frac{\Omega}{2\alpha}\right) \mathrm{e}^{\mathrm{j}[\alpha(\Omega/2\alpha)^2 - \Omega(\Omega/2\alpha)]} \\ &= \mathrm{j}\sqrt{\frac{\pi}{\alpha}} \mathrm{e}^{-\mathrm{j}\pi/4} A\!\left(\frac{\Omega}{2\alpha}\right) \mathrm{e}^{-\mathrm{j}\Omega^2/4\alpha} \end{aligned} \tag{4.93}$$

回顾信号包络 $A(t)$ 的有限支撑域，则 $A(\Omega/2\alpha)$ 项（采用 $\alpha = \pi\beta/\tau$）可写为

$$A\!\left(\frac{\Omega}{2\alpha}\right) = \begin{cases} 1, & -\tau/2 \leq \dfrac{\Omega}{2\alpha} \leq +\tau/2 \\ 0, & \text{其他} \end{cases} \Rightarrow$$
$$A\!\left(\frac{\Omega}{2\alpha}\right) = \begin{cases} 1, & -2\pi\!\left(\dfrac{\beta}{2}\right) \leq \Omega \leq +2\pi\!\left(\dfrac{\beta}{2}\right) \\ 0, & \text{其他} \end{cases} \tag{4.94}$$

因此，最终结果为

$$X(\Omega) \approx \mathrm{j}\sqrt{\frac{\pi}{\alpha}} \mathrm{e}^{-\mathrm{j}\pi/4} \mathrm{e}^{-\mathrm{j}\Omega^2/4\alpha}, \quad -2\pi\!\left(\frac{\beta}{2}\right) \leq \Omega \leq +2\pi\!\left(\frac{\beta}{2}\right) \tag{4.95}$$

图 4.27 给出了上述近似值与 $\beta\tau = 100$ 时频谱的精确值的对比结果。式(4.95)表明，在 $\pm\beta/2$ Hz 范围内 $|X(\Omega)|$ 具有恒定值，而在该范围之外则具有零值。从直观上看，这两个条件应该是满足的，因为这就是 LFM 信号瞬时频率变化的范围。同时，这与图 4.23 中观察到的精确频谱随着时间带宽积的增大，其形状逐渐趋近于矩形的情形也是一致的。PSP 的结果也给出了对频谱相位的估计，同波形 $x(t)$ 的相位类似，它也是一个平方项。

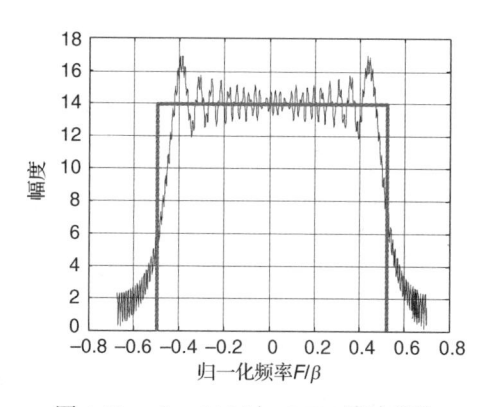

图 4.27 $\beta\tau = 100$ 时，LFM 脉冲的准确频谱与 PSP 近似频谱的比较

4.6.3 LFM 波形的模糊函数

与简单波形类似，通过直接计算可以得到 LFM 波形的模糊函数，但过程比较冗长。一个较为简单的方法是引入模糊函数的线性调频特性，然后将其应用于 LFM 的情形中。假设波形

$x(t)$ 的模糊函数为 $A(t,F_D)$。通过利用 LFM 复线性调频信号对 $x(t)$ 进行调制，设计出修正的波形 $x'(t)$，并且计算其复模糊函数，即

$$x'(t) \equiv x(t)e^{j\pi\beta t^2/\tau}$$

$$\begin{aligned}\hat{A}'(t,F_D) &= \int_{-\infty}^{\infty} x'(s)x'^*(s-t)e^{j2\pi F_D s}ds \\ &= \int_{-\infty}^{\infty} x(s)e^{j\pi\beta s^2/\tau}x^*(s-t)e^{-j\pi\beta(s-t)^2/\tau}e^{j2\pi F_D s}ds \\ &= e^{-j\pi\beta t^2/\tau}\int_{-\infty}^{\infty} x(s)x^*(s-t)e^{j2\pi(F_D+\beta t/\tau)s}ds \\ &= e^{-j\pi\beta t^2/\tau}\hat{A}\left(t,F_D+\frac{\beta}{\tau}t\right)\end{aligned} \quad (4.96)$$

提取 $\hat{A}'(t,F_D)$ 的幅度可以得到由原始的、非线性调频信号的模糊函数表示的线性调频信号的模糊函数，即

$$A'(t,F_D) = A\left(t,F_D+\frac{\beta}{\tau}t\right) \quad (4.97)$$

上式表明，对信号增加线性调频调制会使其模糊函数在时延-多普勒平面发生扭曲。将该性质应用到简单脉冲的模糊函数〔式(4.51)〕中，可以得到 LFM 波形的模糊函数为

$$\begin{aligned}A(t,F_D) &= \left(1-\frac{|t|}{\tau}\right)\left|\frac{\sin[\pi(F_D+\beta t/\tau)\tau(1-|t|/\tau)]}{\pi(F_D+\beta t/\tau)\tau(1-|t|/\tau)}\right| \\ &= \left(1-\frac{|t|}{\tau}\right)\left|\frac{\sin[\pi(F_D\tau+\beta t)(1-|t|/\tau)]}{\pi(F_D\tau+\beta t)(1-|t|/\tau)}\right|, \quad -\tau \leqslant t \leqslant \tau\end{aligned} \quad (4.98)$$

图 4.28 是脉宽 $\tau=10\ \mu s$，带宽 $\beta=1\ MHz$ 的 LFM 脉冲模糊函数的等高线图，其时间带宽积为 10。该模糊函数保持了简单脉冲三角形脊线，但是如同式(4.97)的预测，它在时延-多普勒平面上有倾斜。

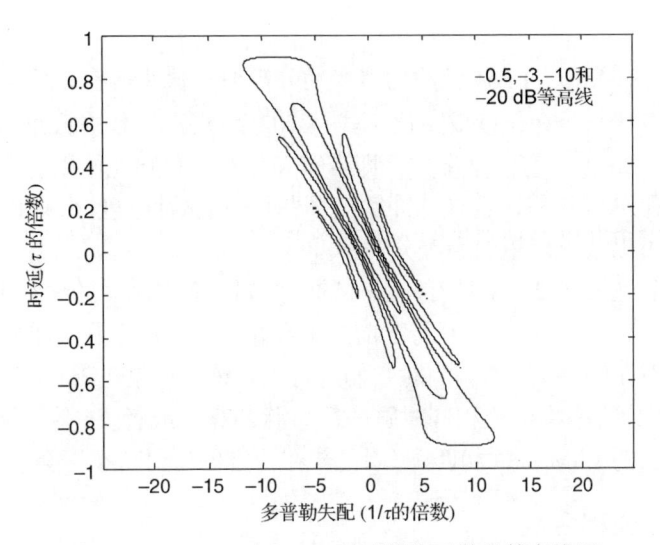

图 4.28 $\beta\tau=10$ 时，LFM 波形模糊函数的等高线图

LFM 模糊函数的零多普勒线，即不存在多普勒失配时的输出为

$$A(t,0) = \left| \frac{\sin[\pi\beta t(1-|t|/\tau)]}{\pi\beta t} \right|, \quad -\tau \leqslant t \leqslant \tau \tag{4.99}$$

图 4.25 给出了时间带宽积为 10 和 100 两种情况下该函数的图像。观察式(4.99)可以获得 LFM 脉冲的瑞利分辨率。很明显 $A(t,0)$ 的峰值出现在时刻 $t=0$。第一零点出现在分子变量为 π 时，即满足条件 $\beta t(1-|t|/\tau) = 1$。对于正数 t，该式变为

$$\beta t - \frac{\beta t^2}{\tau} = 1 \quad \Rightarrow \quad t^2 - \tau t + \tau/\beta = 0 \tag{4.100}$$

上式的根为 $t = \left(\tau \pm \sqrt{\tau^2 - 4\tau/\beta}\right)/2 = \tau\left(1 + \sqrt{1 - 4/\beta\tau}\right)/2$。由于最后一个表达式中平方根的变量小于 1，选择负号会使正根接近于零，因此会使时间上的瑞利分辨率也接近于零。但是，该结果可以通过以下平方根的级数展开进行简化：

$$\sqrt{1-x} = 1 - \frac{x}{2} - \frac{x^2}{8} - \cdots \approx 1 - \frac{x}{2}, \quad x \ll 1 \quad \Rightarrow$$
$$t \approx \frac{\tau}{2}\left[1 - \left(1 - \frac{2}{\beta\tau}\right)\right] \approx \frac{1}{\beta}, \quad \beta\tau \gg 1 \tag{4.101}$$

因此，时间上的瑞利分辨率近似为 $1/\beta$ s，对应的距离瑞利分辨率 ΔR 为

$$\Delta R = \frac{c}{2\beta} \quad \text{m} \tag{4.102}$$

零延迟响应为

$$A(0, F_D) = \left| \frac{\sin(\pi F_D \tau)}{\pi F_D \tau} \right| \tag{4.103}$$

这就是一个标准的 sinc 函数。因此，LFM 脉冲的多普勒分辨率与简单脉冲的多普勒分辨率相同，即

$$\Delta F_D = \frac{1}{\tau} \quad \text{Hz} \tag{4.104}$$

上式表明，与简单脉冲类似，LFM 脉冲的多普勒分辨率与脉冲长度成反比。另外，LFM 脉冲的能量仍为 $A^2\tau$，直接与脉冲长度成正比。式(4.102)表明，与简单脉冲不同，距离分辨率与扫描带宽成反比。LFM 波形有两个参数，即带宽和脉宽，独立地使用这两个参数，就可以分别控制脉冲能量和距离分辨率。选择脉冲宽度(同时包括脉冲幅度 A)可以设置所需的能量，而选择扫描带宽则可以获得期望的距离分辨率。

距离分辨率的表达式 $c/2\beta$ 是具有一般性的。例如，简单脉冲的瑞利带宽为 $\beta = 1/\tau$ Hz，将其代入 $c/2\beta$ 中，得到 $\Delta R = c\tau/2$，与之前的推导相一致。由于在简单脉冲中，带宽和脉宽是直接相联系的，对 LFM 波形的调制对它们进行了解耦。如果 LFM 脉冲中，$\beta\tau > 1$，则由于 $\beta\tau$ 的原因，距离分辨率将会比相同时宽的简单脉冲高，或者 $\beta\tau$ 会使脉宽为 τ 的简单脉冲的距离分辨率与较长的 LFM 脉冲相匹配(因此，在给定的发射功率下会获得更高的能量)。

4.6.4 距离-多普勒耦合

LFM 脉冲模糊函数的倾斜产生了一个很有趣的现象。考虑式(4.98)的模糊函数，该类似于 sinc 函数的峰值在满足以下条件：

$$F_D + \frac{\beta}{\tau}t = 0 \quad \Rightarrow \quad t = \frac{\tau F_D}{\beta} \tag{4.105}$$

时出现。也就是说，当存在多普勒失配时，匹配滤波器输出的峰值并非出现在期望的 $t=0$ 时刻。相反地，峰值输出位置的移动量将与多普勒频移成比例。由于对目标距离的估计是基于该峰值出现的时间，所以多普勒失配将引起测距误差。相应的距离误差为

$$\delta R = -\frac{c\tau F_D}{2\beta} \tag{4.106}$$

峰值的幅度也会由于因子 $(1-|t|/\tau) = (1-F_D/\beta)$ 而减小。

图 4.29 给出了 LFM 模糊函数的倾斜脊线以及多普勒频移和距离测量误差间的关系。

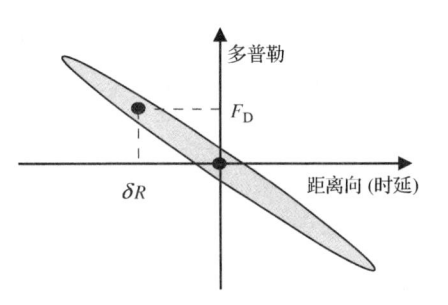

图 4.29 距离-多普勒耦合对表面目标距离的影响

虽然距离的测量误差是不可避免的，但是在某些系统中，距离-多普勒耦合是一个有用的现象。脉宽为 τ 的简单脉冲的多普勒分辨率为 $1/\tau$ Hz，而具有较大多普勒失配的目标将会产生具有极大衰减的匹配滤波器输出，并且有可能检测不到。具有相同脉宽的 LFM 脉冲在很宽的多普勒频移范围内仍会产生很大的输出峰值，尽管峰值在距离向上的分布是错位的。但是，目标很有可能被检测到。LFM 脉冲比简单脉冲具有更大的多普勒容许度，从而更适合于侦察应用，这是因为采用 LFM 脉冲可以搜索到较大范围内的多普勒频移。至少对于孤立目标，可通过重复使用具有相反斜率的 LFM 脉冲进行测量，以消除距离误差，即一个负调频跟随一个正调频。在这种情况下，距离误差的符号会被反转。对两次测量结果进行平均就可以得到真实的距离，同时也可以确定多普勒频移量。

4.6.5 展宽处理

LFM 波形通常用于带宽非常大的雷达系统中，这些系统的扫描带宽 β 可达到数百兆赫，甚至达到 1 GHz 的数量级。在这类系统中很难采用数字处理技术，因为波形的大瞬时带宽需要模数(A/D)转换器具有很高的采样率。对于现有的技术，很难得到采样率如此高且位数大于 8 的高质量数模转换器，而采样率达到 1 GHz 且字长位数达到 11 位的数模转换器可能要到 2020 年才能实现(Jonsson, 2010)。另外，所产生的大量样本数据会增加信号处理机的负担。

展宽处理是针对大带宽 LFM 波形匹配滤波的专用技术。同时该技术也称为去斜处理、接收去斜、解线性调频(dechirp)或单路处理。从本质上讲，它与线性调频连续波(FMCW)雷达的处理方式是一致的。展宽处理适用于在相对较短的距离间隔得到很高的距离分辨率(称为距离窗)。

图 4.30 给出了分析展宽处理方式的场景。中心参考点(CRP)位于距离 R_0 m 处，在所感兴趣的距离窗中央，即对应 t_0 s 的时延。考虑位于距离 R_b 处，时延为 $t_b = t_0 + \delta t_b$ 的一个散射点。可以从相对于 CRP 的距离差或者时延差方面对该问题进行分析，分别记为 δR_b 和 δt_b。发射信号是如式(4.84)所示的 LFM 脉冲，因此包含载频的散射点回波可写为

$$\bar{x}(t) = \rho \exp\left[j\pi\frac{\beta}{\tau}(t-t_b)^2\right]\exp[j\Omega(t-t_b)], \quad 0 \leq t-t_b \leq \tau \tag{4.107}$$

其中，ρ 与散射点反射系数成比例。如图 4.31 所示，该回波由修正过的相关接收机用等效复数形式进行处理。该展宽接收机的特殊之处是参考振荡器和傅里叶变换。它包含了传统的

exp(-jΩt) 项来去掉载频；然而，它同时也包含了所发射线性调频信号的副本，与 CRP 对应的时间相比存在 t_0 s 的时延。对傅里叶变换的推论将会立刻变得简单明了。

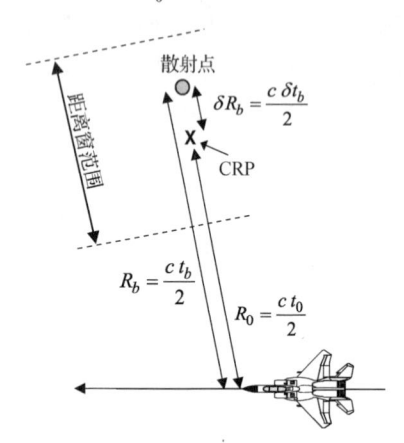

图 4.30 展宽处理分析示意图

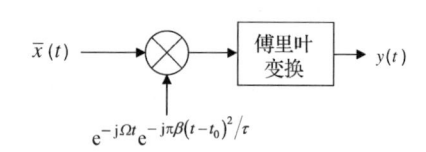

图 4.31 展宽处理器的等效复接收机

经过一些运算后，令 $t_b = t_0 + \delta t_b$，则输出 $y(t)$ 为

$$y(t) = \rho \exp\left(-j\frac{4\pi R_b}{\lambda}\right) \exp\left[-j2\pi\frac{\beta}{\tau}\delta t_b(t-t_0)\right] \exp\left[j\pi\frac{\beta}{\tau}(\delta t_b)^2\right], \quad t_0 \leq t - \delta t_b \leq t_0 + \tau \quad (4.108)$$

式中，与 δt_b 平方项有关的相位项是一个复常量，在合成孔径成像系统中，称为残余视频相位（RVP）；中间的复指数项为 t 的线形函数，代表恒定频率的复正弦。通过观察，正弦频率为 $F_b = -\beta \delta t_b / \tau$ Hz。F_b 与 δt_b 成正比，从而与相对于 CRP 的散射点距离成正比。从混频器的输出频率可以得到距离差为

$$\delta R_b = -\frac{cF_b\tau}{2\beta} \quad (4.109)$$

从中可以得到启发，散射点在展宽接收机的输出端产生了一个恒定频率，因为接收机不仅从 LFM 回波中去掉了载频，而且在混频器中将其与相对于 CRP 存在时延的 LFM 波形副本进行了结合。与图 1.13 所示传统的实信号接收机一样，混频器会产生和频与差频。通过低通滤波器（LPF）可以滤除和频（在复表达式中不需要 LPF，因此并未在图 4.31 中画出）。差频是 LFM 回波瞬时频率与 LFM 参考频率的差，由于两者具有相同的扫频速率，故差频为常量。

如果在距离向 R_i 和时延 δt_i 处分布有多个散射点，展宽处理机的输出只是多个如式(4.108)所示形式的简单叠加，即

$$y(t) = \sum_i \rho_i \exp\left(-j\frac{4\pi R_i}{\lambda}\right) \exp\left[-j2\pi\frac{\beta}{\tau}\delta t_i(t-t_0)\right] \exp\left[j\pi\frac{\beta}{\tau}(\delta t_i)^2\right] \quad (4.110)$$

因此对于每个散射点，展宽接收机的输出中包含一个不同的差频。图 4.31 中，傅里叶变换模块的原因现在就很清楚了。对 $y(t)$ 进行频谱分析可以识别出混频器中的差频，以及确定合成回波中散射点的距离和幅度。图 4.32 为包含 3 个散射点（一个在中间，其他在场景边缘）的信号，及它们的瞬时频率和时间的关系。

我们希望参考线性调频信号能够完全覆盖距离窗里任意一个散射点的回波。假设距离窗长 $R_w = cT_w/2$ m，则位于最近距离 $R_0 - R_w/2$ 处的散射点回波上升沿，将在发射后经过时延 $t_0 - T_w/2$ s 到达，如图 4.32 所示。位于距离窗最远处 $R_0 + R_w/2$ 的散射点回波的下降沿，将在

发射后经过 $t_0 + T_w/2 + \tau$ s 到达。因此，距离窗中数据的总时宽为 $T_w + \tau$ s。为了保证参考的线性调频信号与距离窗中任何部分的回波完全重叠，参考线性调频信号的长度应该为 $T_w + \tau$ s，从而扫描频率应该为 $(1 + T_w/\tau)\beta$ Hz。

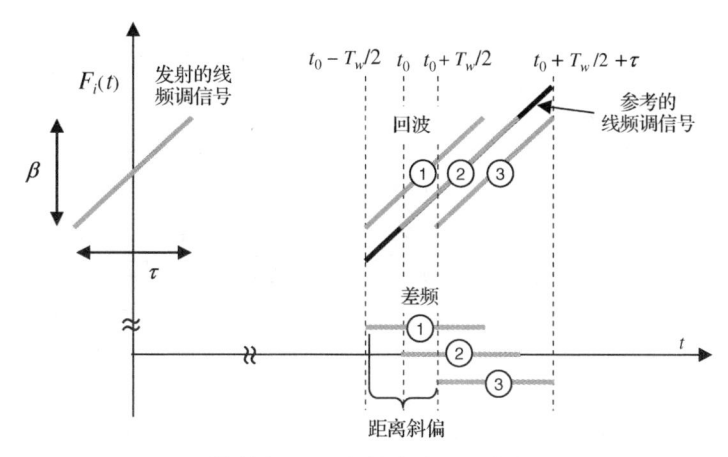

图 4.32　三散射点 LFM 发射脉冲和回波的时频关系图

如图 4.32 所示，距离斜偏是一个很明显的问题。这是一种现象，尽管时宽相同（假设参考信号是延长的），对于不同距离的散射点，差频信号的起止时间也不同。因此，在进行频谱分析之前，为了控制距离旁瓣，必须对混频器的输出进行更复杂的加权处理。如果窗与中心散射点的差频响应重合，那么将不能与前面和后面的散射点响应重合。如果延长到足以覆盖全部混频器的输出时宽 $T_w + \tau$ s，所有的差频将都不会被全窗加权，并且对应每一个差频都会有一个不同的窗函数。另一方面，对旁瓣的抑制也会变弱。

这个问题可以通过在混频器输出和傅里叶变换之间，放置一个额外的滤波器来解决。注意到在时延 δt_b 处，和散射中心有关的散射点产生的差频是 $-\beta \cdot \delta t_b / \tau$ Hz。现在需要一个滤波器，该滤波器的频率响应对于任何频率都具有单位幅度，以至于不会使散射点幅值损失，但同时在频率 $-\beta \cdot \delta t_b / \tau$ 处又有一个 $-\delta t_b$ s 的群延时[①]。所需要的频率响应用模拟弧度单位可以表示为 $H(\Omega) = \exp(j\Omega^2 \tau / 2\beta_\Omega)$，这对于所有的频点都具有单位幅度且在频域有二次相位（见习题 15）。所有的差频会在滤波器的输出端对齐，除此之外，该滤波器也校正了 RVP（Carrara 等，1995）。

通过计算距离窗中最远和最近边沿处的散射点差频变化，可以求得接收机的输出带宽，即

$$F_{\text{near}} - F_{\text{far}} = \left[-\frac{\beta}{\tau}\left(-\frac{T_w}{2}\right)\right] - \left[-\frac{\beta}{\tau}\left(+\frac{T_w}{2}\right)\right] \\ = \frac{T_w}{\tau}\beta \tag{4.111}$$

如果 $T_w < \tau$，则接收机输出端的带宽将小于原信号的带宽 β。因此可以采用较慢速的模数转换器对混频器输出进行采样，从而降低所需的用于表示距离窗中数据的距离样本数。因此，对于在有限的距离窗中进行高距离分辨率处理的系统，展宽技术最为有效。同时也应注意到，

[①] 群时延是 $H(\Omega) = |H(\Omega)|\exp[j\Phi(\Omega)]$ 中频域相位函数 $\Phi(\Omega)$ 关于 Ω 的导数的负值。这是一种测量给定频率输入信号的滤波器时延的方法（Oppenheim 和 Schafer，2010）。

由于数字处理速度被大大减低，LFM 混频器中的模拟接收机硬件必须有能力处理全部的瞬时信号带宽。

例如，考虑脉宽为 100 μs，扫描带宽为 750 MHz 的信号，其时间带宽积为 75 000。假设所需距离窗为 R_w =1.5 km，对应的采样窗为 T_w =10 μs。传统接收机的采样速率为每秒 750×10^6 个样本，距离窗外散射点数据的持续时间将超过 $T_w+\tau$ s，所以需要用 (750 MHz)(10 μs + 100 μs) = 82 500 个采样样本来表示距离窗。作为对比，展宽接收机的输出带宽为 $(T_w/\tau)\beta$ =75 MHz。采样时间间隔不变，所以仅需要 8250 个采样点。如果将分析限制在 1/10 脉冲长度的距离窗中并采用展宽技术，则所需采样率以及需要数字处理的样本数会降低到原来的 1/10。

对 LFM 波形进行展宽处理既保留了传统 LFM 处理的分辨率，又保留了距离-多普勒耦合性质。假设散射点与中心参考点距离差为 δt_b，考虑其展宽混频器输出。该信号将是频率为 $F_b=-\beta\delta t_b/\tau$ Hz 的复正弦，观测脉宽为 τ s。在不进行加窗处理时，该信号的傅里叶变换是峰值位于 F_b 处的 sinc 函数，瑞利分辨率为 $1/\tau$ Hz。处理器能够将频率差异大于 $\Delta F_b=1/\tau$ Hz 的散射点区分开来。与可分辨频率间隔对应的时延间隔应该满足：

$$\frac{1}{\tau} = \left|\frac{\beta}{\tau}\delta t_b\right| \quad \Rightarrow \quad \delta t_b = \frac{1}{\beta} \tag{4.112}$$

对应的距离间隔是距离分辨率的通常结果，即

$$\delta R_b = \frac{c}{2}\delta t_b = \frac{c}{2\beta} \tag{4.113}$$

如果参考振荡器扫描扩展没有像前面的讨论那样完全覆盖来自距离窗内任意散射点的回波，那么距离分辨率将会降低。特别地，对于除位于窗中心的任何时延的散射点外，由于不完全覆盖，差频的脉宽 τ' 将会少于 τ s。散射点差频傅里叶变换的瑞利分辨率将会增大到 $1/\tau'>1/\tau$，相应地引起式 (4.113) 的距离分辨率的上升，而处理增益也会较理想的 $\beta\tau$ 有所下降。

为了考虑多普勒频移对展宽处理器的影响，用

$$\bar{x}(t) = \rho\exp\left[j\pi\frac{\beta}{\tau}(t-t_b)^2\right]\exp(j2\pi F_D t)\exp[j\Omega(t-t_b)], \quad 0 \leq t-t_b \leq \tau \tag{4.114}$$

替代式 (4.107) 中的 $\bar{x}(t)$，重复之前的分析，式 (4.108) 可写为

$$y(t) = \rho\exp\left(-j\frac{4\pi R_b}{\lambda}\right)\exp\left[-j2\pi\left(\frac{\beta}{\tau}\delta t_b - F_D\right)t - 2\pi\frac{\beta}{\tau}\delta t_b t_0\right]\exp\left[j\pi\frac{\beta}{\tau}(\delta t_b)^2\right] \tag{4.115}$$

上式表明，多普勒频移会使差频 F_b 增大 F_D Hz，由于展宽处理机根据 $\delta R_b=-cF_b\tau/2\beta$ 将差频映射到不同的距离，这意味着测量距离发生了平移，平移量为

$$\delta R = -\frac{c\tau}{2\beta}F_D \quad \text{m} \tag{4.116}$$

这与之前得到的距离-多普勒耦合关系是相同的。

展宽处理，尤其是式 (4.110)，在第 8 章还会进一步用到。在第 8 章，该技术对于聚束合成孔径雷达成像的极坐标格式算法是至关重要的。文献 Keel 和 Baden (2012) 对于展宽处理进行了详细的描述。

4.7 FM 波形的距离旁瓣控制

在前几节中看到，LFM 匹配滤波器的输出会产生距离向（即时延）旁瓣。这是由于 LFM 匹配滤波器的输出频谱为近似矩形，从而会产生类似 sinc 函数状的距离响应。因此，对于中等或较大的时间带宽积，第一距离旁瓣大约比输出峰值低 13 dB；而对于较小的时间带宽积则大约比峰值低 15 dB。在许多系统中，这么大的旁瓣是无法接受的，因为在距离向会由于目标遮挡而出现多重目标，图 4.33(a) 给出了该现象的图示，这时，即使在大约 16 倍的瑞利分辨率下，较强目标旁瓣上的较小目标也几乎不可见。在这种情况下不可能可靠地检测到较小目标。如果将旁瓣减小，则该遮挡效应就会大大减小，如图 4.33(b) 所示。

对于简单脉冲，匹配滤波器的输出是没有旁瓣的三角函数。因此，这种波形不存在旁瓣衰减问题，也不需要进一步讨论。对于 LFM 脉冲，有两个基本的方法可以推迟旁瓣衰减：对接收机频率响应进行整形或对波形频谱进行整形。

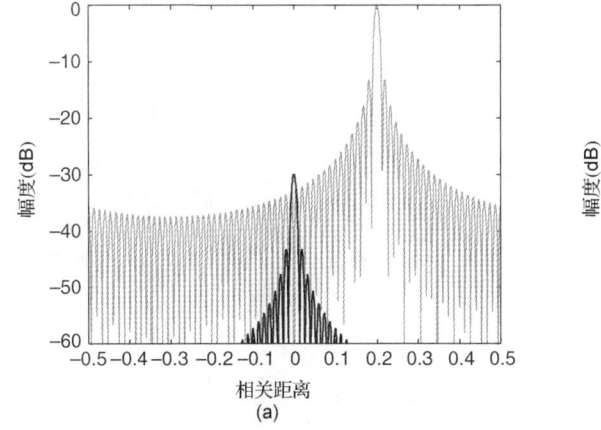

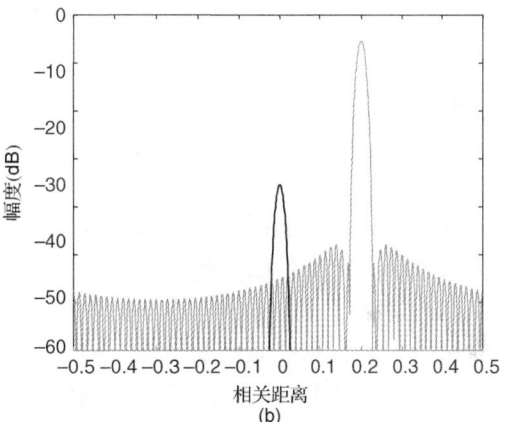

图 4.33 加窗对目标遮挡的影响。(a) 不加窗；(b) 加汉明窗

4.7.1 匹配滤波器频率响应整形

回顾在有限冲激响应 (FIR) 数字滤波器的设计过程中，为了减低数字滤波器频率响应的旁瓣，可以在时间域对冲激响应加窗。而这里的目的也是减小对应于时间域的距离向旁瓣，因此类似的方法就是在频域对接收机频率响应加窗。

匹配滤波器的频率响应为 $H(F) = X^*(F)$，因此至少对于大时间带宽积信号，频率响应为近似矩形。对 $H(F)$ 乘以窗函数 $w(F)$[①]可以得到修正后的频率响应 $H'(F)$，即

$$H'(F) = w(F)H(F) = w(F)X^*(F) \tag{4.117}$$

图 4.34(a) 给出了一个落在 $\beta\tau = 100$ 的 LFM 波形匹配滤波器频率响应上的汉明窗。$H'(F)$ 是这两个函数的乘积，图 4.34(b) 给出了相应的冲激响应 $h'(t)$。图 4.35 给出了不加窗 LMF 回波的匹配滤波器和图 4.34(b) 滤波器的响应。这种 LMF 波形 $\beta\tau = 100$，窗函数在 $\pm\beta/2$ Hz 处中止，峰值旁瓣降低了 23.7 dB，从主瓣以下的 13.5 dB（不加窗时）降到了 37.2 dB（加窗时）。这样做的代价是，主瓣峰值增益降了 5.35 dB，瑞利时间（距离）分辨率增加了 93%。

---

① 这里采用小写的 w 表示频域窗函数 $w(F)$。以强调在乘积中是窗函数本身（如"汉明窗"）而非其傅里叶变换。

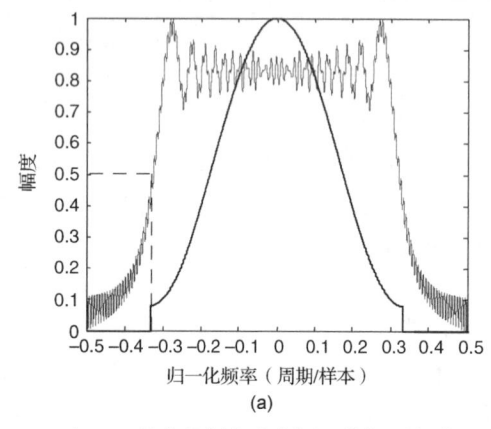

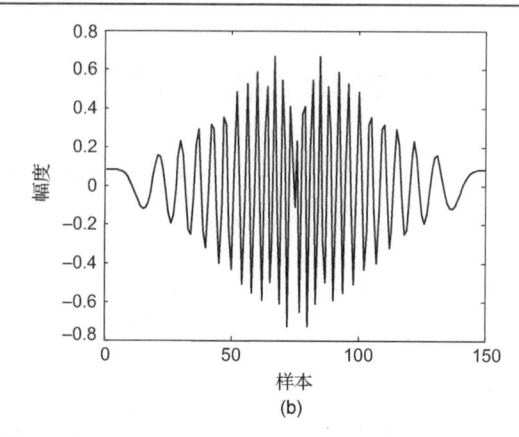

图 4.34 对 LFM 接收机频率响应加汉明窗。(a)对匹配滤波器频率响应加汉明窗；(b)相应的滤波器冲激响应 $h'(t)$

由于匹配频率响应没有明显的截止频率，因此在哪个位置令窗函数来截断频率是不确定的。在本例中，窗函数支撑域的作用相当于对瞬时频率的截断，对该特定的已采样的 LFM 波形，归一化的截断频率尺度为 0.36。但是，这种选择会截掉旁瓣上的部分波形能量，从而增加了滤波器失配损失。如果采用较窄的支撑域，那么窗函数仅对频谱中较为平坦的部分起作用，这样可以使距离旁瓣与所选窗期望的旁瓣更加匹配，但是却会降低有效带宽，进一步降低距离分辨率。还有一种方法是增加支撑域而使输出能量最大，但是这种方法可能会由于在 LFM 频谱边界上浪费了一部分窗函数而使距离向旁瓣增加。

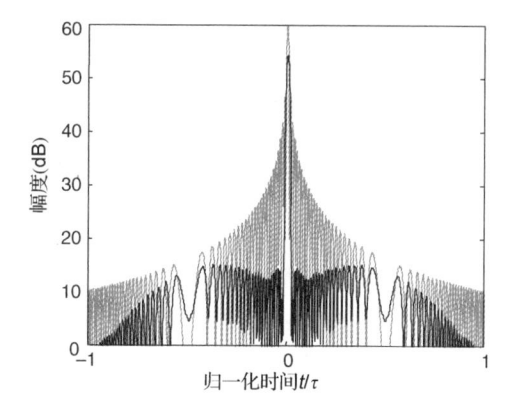

图 4.35 频域有(黑线)无(灰线)汉明加权的接收机滤波器输出

最后，由于 $H'(F) \neq X^*(F)$，所以修正后的接收机不再与发射的 LFM 波形匹配，因此输出峰值和 SNR 与其最大值相比会有一定的减小。在图 4.33(b)中这种影响是很明显的，主要目标响应的峰值比图 4.33(a)中未加窗时减小了好几分贝。从窗函数 $w(F)$ 中可以估计得到输出峰值幅度与 SNR 的损失。在实际中会对 $H(F)$ 的离散频率形式 $H[k]$ 加离散窗 $w[k]$。将匹配滤波器输出信号峰值的损失记为处理增益损失(LPG)，近似为

$$LPG = \frac{K^2}{\left|\sum_{k=0}^{K-1} w[k]\right|^2} \tag{4.118}$$

其中，K 是窗函数的长度。匹配滤波器输出端的 SNR 损失称为处理损失(PL)，近似为

$$PL = \frac{K\sum_{k=0}^{K-1}|w[k]|^2}{\left|\sum_{k=0}^{K-1} w[k]\right|^2} \tag{4.119}$$

根据定义，LPG 和 PL 均大于 1，所以用分贝表示的损失都是正数。对于相对较长的汉明窗，LPG 近似为 5.4 dB，而 PL 约为 1.4 dB。它们均是 K 的弱函数，对于较小的 K，LPG 和 PL 都

会略微增大。在对 LFM 进行加窗时,由于其频谱为有限宽度以及设计者对窗的截断频率的选择不同,所以这些公式为近似表达式。在上面的例子中,LPG 是 5.35 dB。第 5 章将对这些公式进行推导,它们会在多普勒处理中再次出现并得到准确结果。

4.7.2 匹配滤波器冲激响应整形

图 4.34(b) 中所示的匹配滤波器冲激响应,可以通过 LFM 波形的时域加窗得到类似的结果。考虑到式(4.89)中的信号包含一个任意值幅度函数 $A(t)$,且具有二次相位,式(4.93)给出了利用驻相点法求其频谱的方法,频谱的幅度和时间维的幅值成正比,即

$$|X(\Omega)| \propto \left| A\left(\frac{\Omega}{2\alpha}\right) \right| \tag{4.120}$$

假设 $A(t)$ 定义域为 $-\tau/2 \le t \le \tau/2$,则可以得出 $X(\Omega)$ 的取值范围为 $-\beta/2 \le F \le \beta/2$,在此区间,$|X(\Omega)|$ 拥有和窗大小 $|A(t)|$ 同样的形状。因此,一个汉明形状的频谱可以通过在冲激响应 $h(t)$ 处加汉明窗,来代替频率响应 $H(F)$。注意,此结果是 LFM 波形的特定用法。

如图 4.36 所示,滤波器的输出结果重叠在匹配滤波器响应上。它和频率维加权结果一样,拥有一些相同的普遍特性,但是在旁瓣结构的细节上又有一些不同。加权后,峰值从 60 dB 降到了 54.64 dB,和 LPG 的 5.36 dB 几乎一致。加权响应的峰值旁瓣在对应的主瓣以下的 40.7 dB,比频率维的情况好了 3.5 dB。在频率维加权例子中,瑞利宽度从 93% 上升到 97%,这与时域情况下的旁瓣性能较好是一致的。关于 LFM 波形频率与时间维加权的更多细节见文献 Richards(2006)。

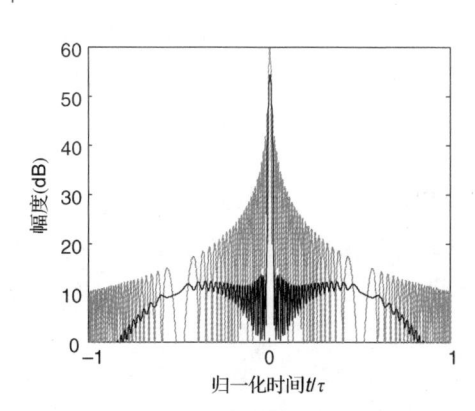

图 4.36 时域有(黑线)无(灰线)汉明加权的接收机滤波器输出

4.7.3 波形频谱整形

通过对接收机加权实现距离旁瓣控制的主要限制是所得的滤波器与发射波形不匹配,从而导致信噪比的损失。一种可替代的方法是设计一种修正的脉冲压缩波形,其固有的匹配滤波器输出与标准 LFM 波形相比具有较小的旁瓣。波形应被设计为其频谱形状与具有所需旁瓣特性的窗函数类似。这种波形将具有真实匹配滤波器的最大 SNR 和较低的旁瓣。通常可以采用两种方法对频谱进行整形,而这两种方法的出发点都是 LFM 类似矩形的频谱是由线性扫描斜率结合恒值脉冲幅度产生的,这就可以使信号能量在频谱带宽范围内相对均匀的分布。然后,令扫描速率恒定而降低脉冲边沿的信号幅度;或者令脉冲幅度恒定,而在脉冲边沿处提高扫描速率,以在接近边缘的每一个频谱间隔内花费较少的时间;或者两种方法都采用,以降低在边沿处的频谱能量;都可以得到窗型的频谱。采用扫描频率变化的技术称为非线性 FM(NLFM)。

幅度调制技术意味着在脉冲宽度内,在小于全功率的情况下,对功率放大器进行操作。它需要更复杂的发射机控制,更重要的是,在给定的脉冲长度内会产生小于最大可能能量的脉冲。本书不对该技术做进一步讨论,更多内容见文献 Levanon 和 Mozeson(2004)。

目前已经提出了两种用于 NLFM 波形设计的方法:驻相点法和经验技术。驻相点法的原理是根据原型谱幅度函数设计出一个相位函数,并从相位中得到瞬时频率。从常见的汉明窗、泰勒窗等窗函数出发设计 NLFM 波形的例子在文献 Keel 和 Baden(2012)中有所描述。

一种根据经验得出的瞬时频率函数(Price, 1979)为

$$F_i(t) = \frac{t}{\tau}\left(\beta_L + \beta_C \frac{1}{\sqrt{1-4t^2/\tau^2}}\right), \quad |t| \leq \frac{\tau}{2} \tag{4.121}$$

其中，$\beta_L t/\tau$ 项表示 LFM 部分；包含 β_C 的项设计用于对切比雪夫型(旁瓣为恒值)频谱进行近似。由于 $F_i(t) = (1/2\pi)(\mathrm{d}\theta(t)/\mathrm{d}t)$，对该瞬时频率函数进行积分和尺度变换可得所需的相位调制，即

$$\theta(t) = \frac{\pi\beta_L}{\tau}t^2 - \frac{\pi\beta_C\tau}{2}\sqrt{1-4t^2/\tau^2}, \quad |t| \leq \frac{\tau}{2} \tag{4.122}$$

图 4.37 给出了在 $\beta_L\tau = 50$，$\beta_C\tau = 20$ 时该 NLFM 的状态，这里以 10 倍于线性项(即 $T_s = 1/10\beta_L$)带宽的采样率对波形进行采样。如图 4.37(a)所示，在脉冲中心瞬时频率近似为线性，但是在脉冲边沿扫描速率更快，从而降低了脉冲边沿的频谱密度，获得的频谱如图 4.37(c)所示。与近似为矩形的 LFM 频谱不同，它具有类似锥形窗的形状。图 4.37(d)给出了匹配滤波器的输出，其第一旁瓣为−29 dB，其他旁瓣处于−48∼−51 dB 之间。作为比较，图 4.38 给出了令 $\beta_C=0$ 时相同波形的频谱，结果为具有类似矩形频谱的 LFM 波形。两幅图有相等的频率归一化尺度。通过比较这两个频谱可以看出，非线性项是如何将 LFM 频谱进行延伸并调整为锥形，从而降低匹配滤波器输出旁瓣的。LFM 匹配滤波器输出的峰值旁瓣为−13.5 dB，在较高频率中降低了大概 $1/F$。时域中 NLFM 波形的瑞利分辨率约为 $0.8/\beta_L$，比 LFM 波形情况下的观测值 $1/\beta_L$ 小，却比 $1/(\beta_L+\beta_C)$ 大。

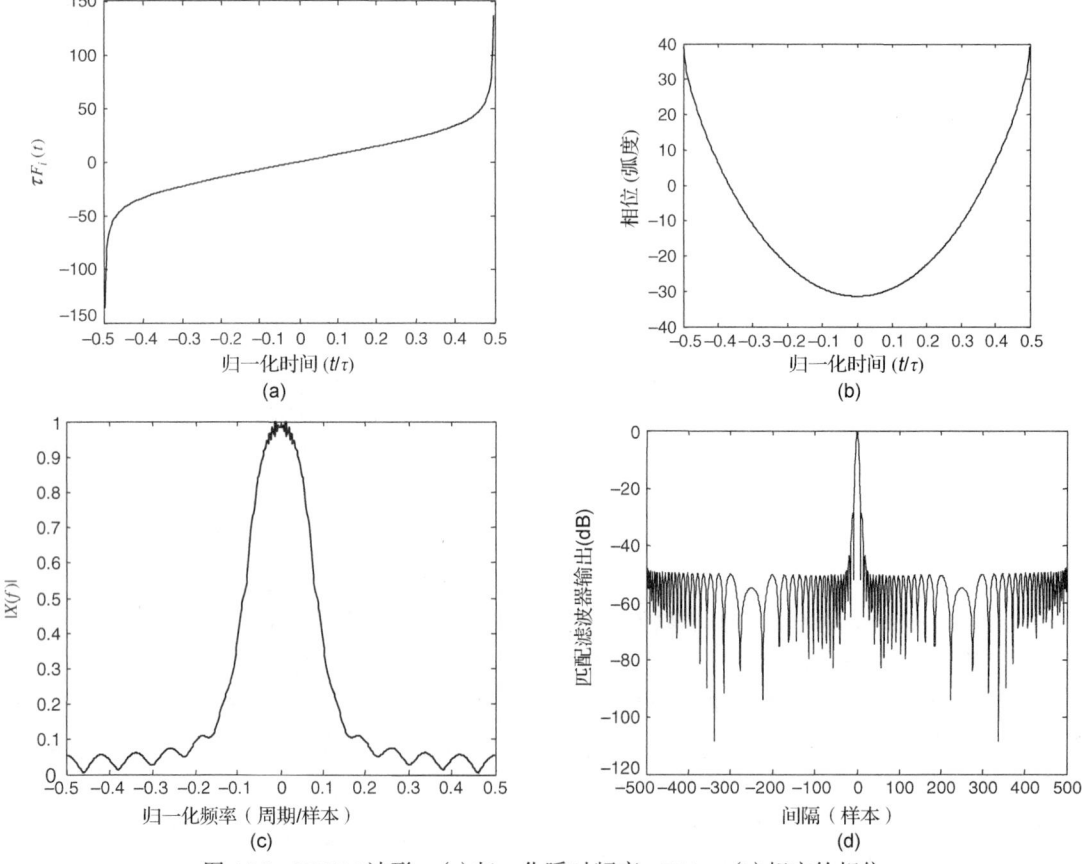

图 4.37 NLFM 波形。(a)归一化瞬时频率 $\tau F_i(t)$；(b)相应的相位调制函数；(c)傅里叶幅度谱；(d)匹配滤波器输出的幅度

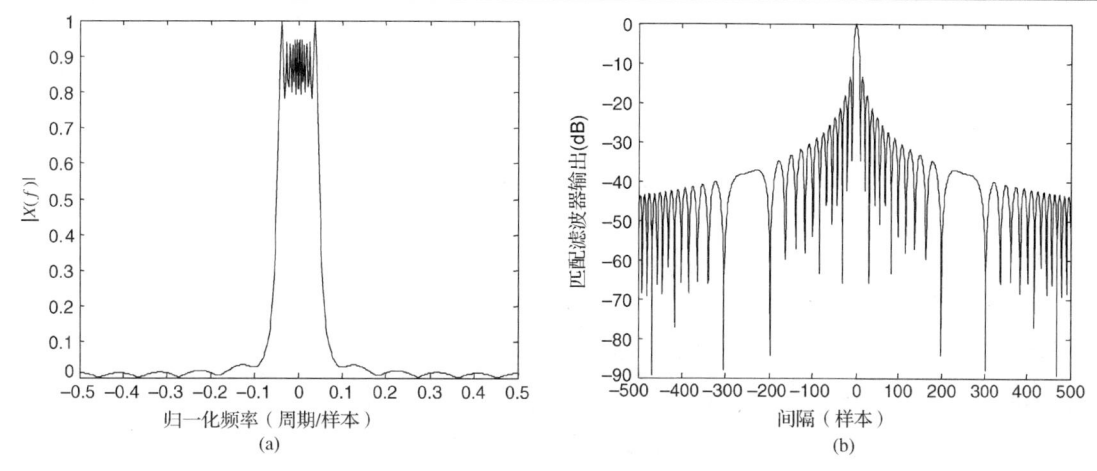

图 4.38 具有图 4.33 中相同线性分量，但不具有非线性分量的
FM 波形。(a)傅里叶幅度谱；(b)匹配滤波器输出的幅度

文献 De Witte 和 Griffiths(2004)描述了一种混合技术的例子，该技术结合了类似调频函数与匹配滤波器的冲激响应的振幅逐渐变细的方法。文中表明，远区旁瓣主要受最大瞬时频率影响，而近区旁瓣受幅度加权影响。

除了需要更复杂的相位控制，NLFM 波的主要缺点为不具有多普勒容许度。图 4.39 给出了当存在 $7/\tau$ Hz 多普勒失配时，图 4.37 所介绍波形的匹配滤波器输出。虽然总体旁瓣水平大致不变，但是主瓣被严重衰减，从而显示出由近距离较高旁瓣所引起的距离-多普勒耦合(峰值平移)以及严重的频谱扩散和模糊。与接收机加权的 LFM 波形相比，NLFM 波形的主要优点是其接收机滤波器为匹配滤波器，因此旁瓣较低且匹配滤波器的输出峰值不会衰减。

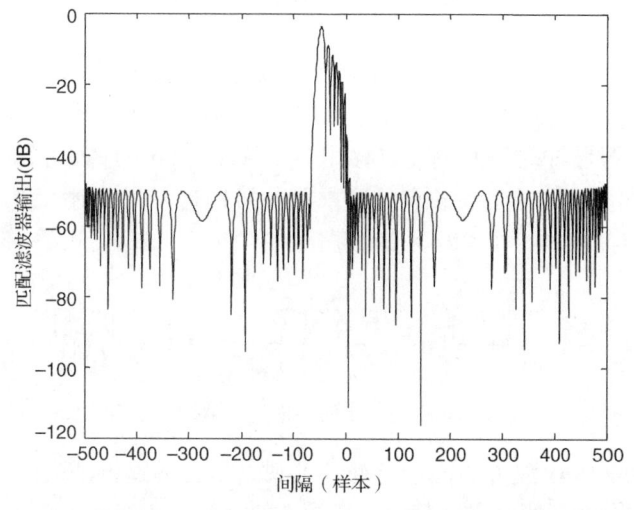

图 4.39 当 $F_D = 7/\tau$ Hz 时 NLFM 的匹配滤波器输出

4.8 步进频率波形

通过在脉冲中对所需距离 β 内的瞬时频率进行扫描，LFM 大大增加了简单脉冲的分辨率。该技术是很有效、很普遍的，但在某些系统中，尤其是在带宽达到数百兆赫的系统中存在一

些缺陷。首先，发射机的硬件必须能够产生 LFM 扫描。其次，所有的模拟器件必须能够在不产生失真的条件下支持一个 β Hz 的瞬时带宽。即使采用展宽处理，从接收机的部件一直到解线性调频混频器和参考振荡器也必须符合这些条件。

使用相控阵天线的系统会产生第二个问题。回顾第 1 章内容，相控阵天线的天线模式主要由阵列因子决定，即

$$E(\theta) = E_0 \sum_{n=0}^{N-1} a_n e^{j(2\pi/\lambda)nd\sin\theta} \tag{4.123}$$

其中，d 为阵元间距；$\{a_n\}$ 为每个子阵输出的复加权。通过下式设置导向权重 a_n，可以使天线转向特定的视线方向 θ_0[①]。

$$a_n = |a_n| e^{-j(2\pi/\lambda)nd\sin\theta_0} \tag{4.124}$$

选择权值的幅度以获得所需的旁瓣水平。在 $\theta = \theta_0$ 时，$E(\theta)$ 达到峰值。例如，如果 $|a_n|=1$，则 $E(\theta)$ 为 asinc 函数，在 $\theta = \theta_0$ 时达到峰值。注意所需权值 $\{a_n\}$ 的相位是波长 λ 的函数。但是，如果发射 LFM 脉冲，则在脉冲扫描的过程中有效波长是变化的。如果该系统为宽带系统，波长的变化会很严重，并且 $E(\theta)$ 峰值点对应的 θ 也会变化。也就是说，天线的视角会在 LFM 扫描中变化（见习题 18）。这种非理想频率变化特性是造成 SNR 损失的另一个原因。

步进频率波形是实现大带宽的另一种技术，可以在不进行脉内频率调制的情况下获得高分辨率。步进频率波形是脉冲串波形。脉冲串中的每个脉冲都是简单的恒定频率脉冲，但是 RF 在每个脉冲间都发生变化。最常见的步进频率波形采用线性频率步进模式，即每个脉冲内的 RF 频率与前一个脉冲相比增加 ΔF Hz。除去初始 RF 频率，可以得到基带波形为

$$x(t) = \sum_{m=0}^{M-1} x_p(t-mT) e^{j2\pi m\Delta F(t-mT)} \tag{4.125}$$

图 4.40 给出了线性步进频率波形。由于每个组成脉冲仅采用简单脉冲，发射机和接收机只要具有 $1/\tau$ Hz 的瞬时带宽即可。波形的总体带宽为 $M\Delta F$ Hz。相控阵天线中有效波长在脉冲间变化时，可以通过脉冲时间间隔设置移相器，从而对 $\{a_n\}$ 序列进行更新，并保持近似恒定的导向方向 θ_0。这个波形的最大缺点是要求脉冲间具有可调发射机和接收机，并且在所需带宽上需要 M 个 PRI，而非一个 PRI 采集数据。

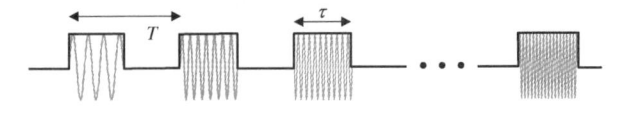

图 4.40 线性步进频率脉冲

应用于恒定频率脉冲串波形的逐个脉冲处理观点，也可以再一次被应用于对步进频率波形匹配滤波器响应的分析。假设雷达静止，某静止的目标位于时延 $t_l + \delta t$ 所对应的距离处，其中 δt 代表在对应距离单元 l 处、时延 t_l 的增加量。像往常一样，独立脉冲经过与特定脉冲和频率调制相匹配的滤波器处理。处理后产生的输出波形（假设 $T_M = 0$）为

[①] 可以使用每个元素或者一个子阵列间的相位转向的组合的时延单元以及子阵列间时延转向来实现阵列天线的转向。基于宽带波形的特点，纯时延转向阵列没有天线转向错误。

$$y_m(t) = s_p^*[t-(t_l+\delta t)-mT]e^{j2\pi m\Delta F[t-(t_l+\delta t)-mT]} \quad (4.126)$$

之后在 $t = t_l + mT$ 处对其进行采样（即在当前脉冲发射后经过 t_l s），与之相应的距离为 $R_l = ct_l/2$。采样结果为当前脉冲的第 l 个距离单元，即

$$y[l,m] = y_m(t_l - mT) = s_p^*(\delta t)e^{j2\pi m\Delta F\delta t} \quad (4.127)$$

上式表明当采用线性步进频率波形时，固定距离单元 l 处的慢时间序列为离散时间正弦信号。频率与散射点到标称距离单元位置 $R_l = ct_l/2$ m 的偏移成正比。序列的幅度在增量延时 $s_p(\delta t)$ 处被三角形简单脉冲的匹配滤波器响应加权。

继续之前对传统脉冲串波形进行逐个脉冲处理的讨论，对位于标称时延 $t_l + \delta t$ 处的目标，其慢时间匹配滤波器冲激响应为 $h[m] = \exp(-j2\pi m\Delta F\delta t)$。因此，对每个不同的 δt 值，匹配滤波器冲激响应是不同的。考虑慢时间数据的 DTFT 为

$$\begin{aligned}\Upsilon[l,\omega] &= \sum_{m=0}^{M-1} y[l,m]e^{-j\omega m} = \sum_{m=0}^{M-1} s_p^*(\delta t)e^{j2\pi m\Delta F\delta t}e^{-j\omega m} \\ &= s_p^*(\delta t)\sum_{m=0}^{M-1} e^{-j(\omega - 2\pi\Delta F\delta t)m}\end{aligned} \quad (4.128)$$

求和会得到峰值位于 $\omega = 2\pi\Delta F\delta t$ 处的 asinc 函数。因此当采用线性步进频率数据时，固定距离单元中慢时间数据 DTFT 的峰值提供了测量散射点相对于标称时延 t_l 的方法。特别地，如果 DTFT 的峰值位于 $\omega = \omega_p$，则散射点处增量延迟为

$$\delta t = \frac{\omega_p}{2\pi\Delta F} = \frac{f_p}{\Delta F} \quad \text{s} \quad (4.129)$$

同时注意，在 ω_p 处计算得到的 DTFT 是慢时间序列的匹配滤波，因此样本数据在相位上进行合成，得

$$\begin{aligned}\Upsilon[l,\omega_p] &= \sum_{m=0}^{M-1} s_p^*(\delta t)e^{j2\pi m\Delta F\delta t}e^{-j\omega_p m} \\ &= s_p^*(\delta t)\sum_{m=0}^{M-1}(1) = Ms_p^*(\delta t)\end{aligned} \quad (4.130)$$

因子 M 是使用 M 脉冲的相干积累增益。如果 $\delta t = 0$，则意味着匹配滤波输出在它的峰值处采样，$\Upsilon(l,\omega_p) = ME_p = E$ 是波形的总能量。如果 $\delta t \neq 0$，则单个脉冲的模糊函数使慢时间样本的幅度减小 $|s_p(\delta t)|$，这是一个跨越损失。

由此可以得出，对慢时间序列进行 K 点 DFT 运算就是进行了 K 次滤波，每一个都与不同的增量时延 δt 相匹配。因此对于步进频率波形，在单个距离单元中慢时间数据的 DFT 是以不同距离为变量的回波幅度图。

M 点正弦曲线的 DTFT 的瑞利频率分辨率为 $\Delta f = 1/M$。由式(4.129)得到 f 和 t 的缩放比例，对应的时间分辨率为 $\Delta t = 1/(M\Delta F)$，单位为 s，因此距离分辨率为

$$\Delta R = \frac{c}{2M\cdot\Delta F} = \frac{c}{2\beta} \quad \text{m} \quad (4.131)$$

其中，β 为总的步进带宽 $M\Delta F$。因此，线性步进频率波形与带宽为 β 的简单脉冲具有相同的分辨率。如果采用 K 点 DFT 处理慢时间数据，则 DFT 输出对距离测量的间隔为

$$\delta R = \frac{c}{2K \cdot \Delta F} = \frac{M}{K} \Delta R \qquad (4.132)$$

由于通常 $K \geq M$，所以 DFT 输出的回波幅度样本间距小于或等于距离分辨率。这个高分辨率反射图常称为高分辨率距离像[①]或距离像。

步进频率波形的总带宽 β 由要求的距离分辨率决定。通过不同阶数 M 和频率步长 ΔF 的组合可以实现不同的带宽。为了决定如何选择这些参数，注意到慢时间数据 DTFT 中的 ω 以 2π rad/采样为周期。由于 DTFT 的峰值出现在 $\omega_p = 2\pi \Delta F \delta t$ 处，对于 δt，距离像以 $1/\Delta F$ 为周期。这种周期性确定了所需距离单元的间隔，而为了避免距离模糊，在距离向要求 $c/2\Delta F > L_t$，其中 L_t 是最大目标尺寸。一旦 ΔF 确定，那么选择合适的 M 对带宽进行扩展，就可以得到需要的距离高分辨率。DFT 的距离像有效地将每个相对较大的距离单元($c/2\Delta F$ m)分解为 M 个高分辨距离单元($c/2\beta$ m)，在粗距离单元中进行 K 点采样。若 $K = M$，则距离采样间隔等于距离分辨率；若 $K > M$，则分辨率相比距离像的过采样率为 K/M。选择脉冲长度 τ 来平衡跨越损失和距离模糊。由于单脉冲匹配滤波的输出 $s_p(t)$ 为 2τ s。选择 $\tau < 1/2\Delta F$ 意味着 $s_p(t)$ 不大于 $1/\Delta F$ s，因此散射对测量量的影响不会超过一个粗距离单元，避免了距离模糊。另一方面，τ 越小，对位于固定采样距离内的目标，潜在的跨距离单元损失就越大。对这些细节的讨论见文献 Keel 和 Baden (2012)。

文献 Levanon 和 Mozeson (2004) 对线性步进频率波形的多普勒响应和模糊函数进行了详细的介绍。图 4.41 给出了 $M=8$，PRI 为 $T=10\tau$，频率步长为 $\Delta F = 0.8/\tau$ 时，对应波形模糊函数的中心部分。最终带宽为 $\beta = M \cdot \Delta F = 6.4/\tau$ Hz。这个模糊函数具有 LFM 调制典型的斜偏响应，以及脉冲串波形特有的距离-多普勒模糊。距离模糊在时延方向（距离方向）的 T s 间隔处比较明显，对应于图中 $1/8=0.125$ 的归一化尺度。多普勒脊线的第一个零点在 $1/MT$ Hz 处出现，对应于归一化多普勒尺度 1。

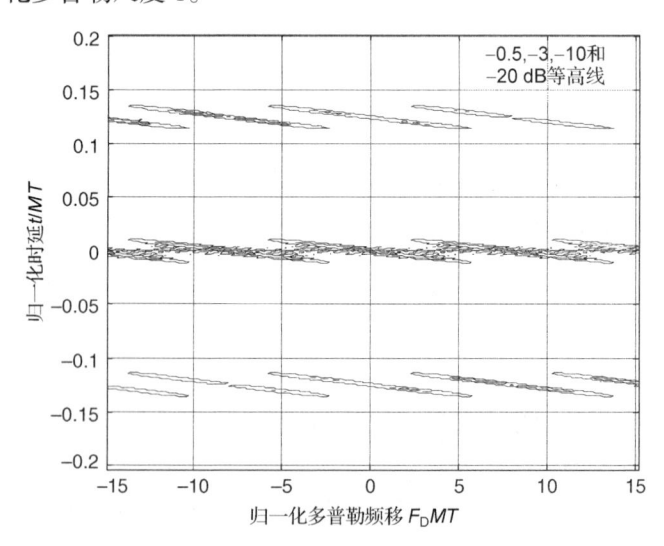

图 4.41 脉冲串波形模糊函数中心部分的等高线图，其中 $M=8$，$T=10\tau$，$\Delta F = 0.8/\tau$

在图 4.42(a) 中进一步放大模糊函数的时延坐标，此时时延坐标在归一化尺度上的范围为

[①] 尽管原文更喜欢用"好(fine)"替代"高(high)"来描述小分辨率，但术语"高分辨率图"却使用更广泛。

$\pm\tau=\pm0.0125(\pm1/80)$。零时延轴和零多普勒轴用深灰色的线标出。预期的时延瑞利分辨率为 $1/\Delta F=\tau/6.4$，在该尺度中为 0.002，在图中用深灰色的点线标出时延+0.002 的位置。可知，模糊函数在零多普勒轴的第一个零点获得展宽的分辨率。

选择 $\Delta F>1/\tau$ 使得可以利用较少的脉冲获得大的总带宽，因此数据采集时间减少。但是欠采样会引起额外的距离模糊。在 $\Delta F\cdot\tau=2.5$，其他参数保持不变时，图 4.42(b)给出了一个相似的现象。这时带宽为 $20/\tau$ Hz，对应的时延分辨率更高。然而沿零多普勒轴有 5 个峰值，代表在±1 脉冲长度里有 5 个距离模糊。

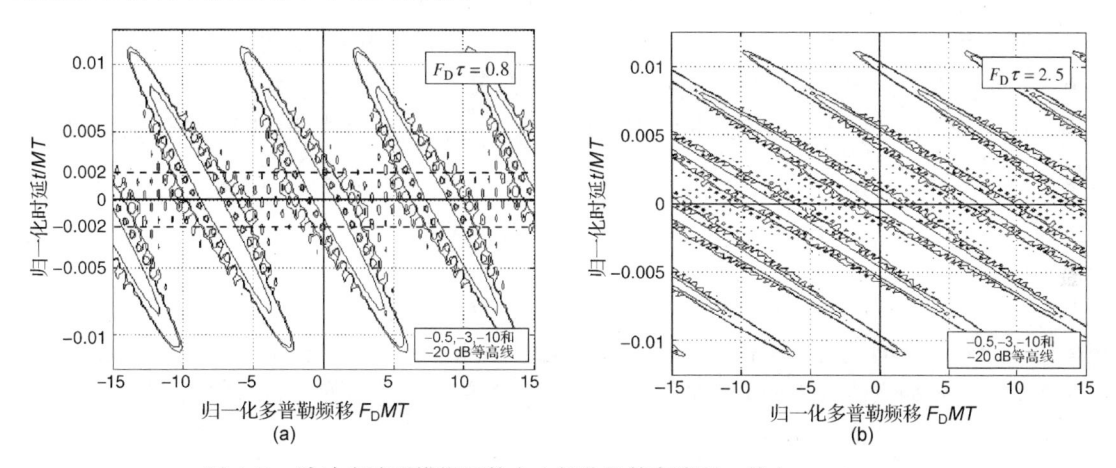

图 4.42 脉冲串波形模糊函数中心部分的等高线图，其中 $M=8$，$T=10\tau$。(a) $\Delta F=0.8/\tau$（波形同图 4.41 一样）；(b) $\Delta F=2.5/\tau$

4.9 步进线性调频波形

步进线性调频波形是一种用 LFM 脉冲代替上节恒定频率脉冲的步进频率波形。它可以在不进行延展处理的情况下对宽带进行操作，从而避免了短距离窗的限制。由于单独的脉冲带宽并不大，所以避免了前面提到的阵列频率转向效果。

步进线性调频波形允许频率步长 $\Delta F>1/\tau$，却不会像传统的步进频率波形那样出现混淆的现象。为实现对模糊度的有效抑制，LFM 脉冲宽度和 RF 的步长需要精心设计，详细设置见文献 Levanon 和 Mozeson(2004)。波形的处理需要单独解调，对单个脉冲进行匹配滤波，然后通过对整体进行后处理，从而构造一个新的全带宽信号。这种后处理既可以在时域中进行，也可以在频域中进行，具体见文献 Keel 和 Baden(2012)。

4.10 相位调制脉冲压缩信号

第二种主要的脉冲压缩波形指的是相位编码波形。相位编码波形具有恒定的 RF 频率，但在脉冲持续时间内绝对相位以固定的间隔在两个或多个确定值之间进行转换。这种脉冲可以被看成 N 个脉宽为 τ_c 的连续子脉冲 $x_n(t)$ 的集合，每个子脉冲具有相同的频率，但是(可能)具有不同相位，即

$$x(t) = \sum_{n=0}^{N-1} x_n(t - n\tau_c)$$
$$x_n(t) = \begin{cases} \exp(j\phi_n), & 0 \leq t \leq \tau_c \\ 0, & \text{其他} \end{cases} \tag{4.133}$$

总的脉冲宽度 $\tau = N\tau_c$。单独的子脉冲通常称为码片。相位编码波形分为二相编码和多相编码。二相编码仅有两个可选择的相位状态 ϕ_n，通常为 0 和 π。多相编码具有两个以上的相位状态。每种编码都有许多常见的子类。图 4.1(c) 是二相编码波形的例子。

文献 Levanon 和 Mozeson (2004) 详细推导了相位编码脉冲的匹配滤波器输出，可以总结如下。将式 (4.133) 中单独脉冲码片 $x_n(t)$ 的复幅度序列记为 $\{A_n\} = \{\exp[j\phi_n]\}$，并用码片的持续时间 τ_c 以及截止时间 η 表示时间变量 t，得到 $t = k\tau_c + \eta$，$0 \leq \eta < \tau_c$。匹配滤波器的输出为 $x(t)$ 的自相关函数，即

$$y(t) = s_x(t) = y(k\tau_c + \eta) = \left(1 - \frac{\eta}{\tau_c}\right) s_A[k] + \frac{\eta}{\tau_c} s_A[k+1] \tag{4.134}$$

其中，$s_A[k]$ 是复幅度序列 $\{A_n\}$ 的离散自相关函数。该式表明 $s_x(t)$ 在 $t = k\tau_c$ 处取值为 $s_A[k]$，并在相邻的样本点间进行线性插值（在复平面内）。因此，匹配滤波输出可通过计算幅度序列和这些值之间的插入值的自相关函数求得。从这个结果和 $\{A_n\}$ 具有单位量级的事实出发，可知相关函数的峰值总是 $s_x(0) = N$。

4.10.1 二相编码

雷达系统中最重要的二相编码是巴克码，巴克码是一组特定的二元序列，可以使匹配滤波器输出峰值与最高旁瓣之比为 $N:1$。图 4.43 给出了 $N=13$ 时的低频巴克码波形。在 $t = 5\tau_c$，$7\tau_c$，$9\tau_c$，$10\tau_c$，$11\tau_c$ 和 $12\tau_c$ 处可以看到相位的转换。由于仅存在两个相位状态，通常采用如图 4.44 所示的图表表示其波形，即采用 "+"、"−"，或者 +1、−1 表示。注意二相编码没有必要在每一次子脉冲转换时都改变相位状态。

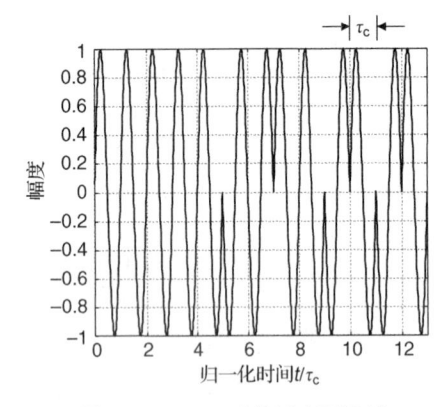

图 4.43 $N=13$ 时的巴克码波形

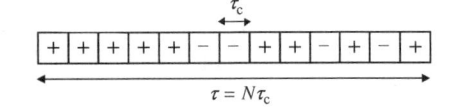

图 4.44 用二元序列对图 4.43 中的巴克码进行描述

回顾脉冲压缩波形的带宽 $\beta \gg 1/\tau$。由于相位编码波形具有恒定的频率，故其频谱展宽可能不明显。但是，由相位转换所引起的不连续性却会展宽信号频谱。例如，图 4.45 显示了 LFM 信号相位转换 180° 时，对恒定频率波形频谱的影响。尽管该影响取决于相位转换点在脉冲中

发生的位置，但显然该影响会使以频率表示的信号能量有很大扩展。而多相转换加剧了这种影响，图 4.46 对 13 位巴克码波形以及具有相同脉宽简单脉冲的频谱进行了比较。巴克码频谱的瑞利带宽为 $\beta = 1/\tau_c$ Hz（巴克码波形的主瓣宽度大约是简单脉冲主瓣宽度的 13 倍）。另外与简单脉冲相比，巴克码波形频谱旁瓣的衰减速度也慢了许多。

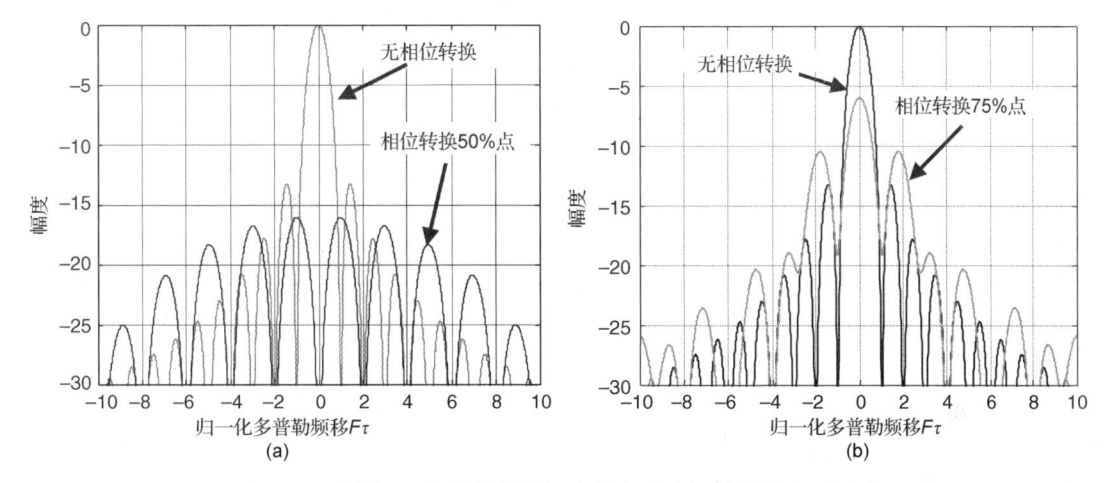

图 4.45 进行 180°相位转换对恒定频率脉冲频谱的影响。(a) 在 $t = \tau/2$ 处发生相位转换；(b) 在 $t = 3\tau/4$ 处发生相位转换

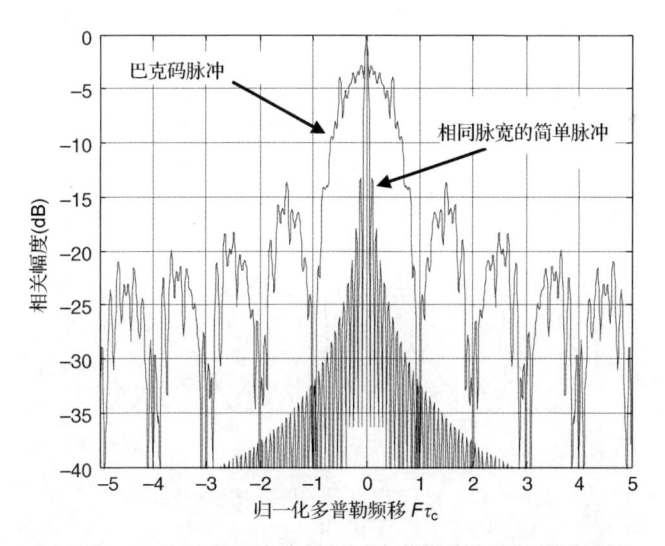

图 4.46 13 位巴克码脉冲与相同脉宽简单脉冲的频谱比较

因为带宽的增加，用于 LFM 波形的典型巴克码和通常所用的相位编码的脉冲压缩得到的信号处理增益，具有和 LFM 波形相同的因子 $G_{sp} = \beta\tau$。这又是因为单脉冲的时长短于相位编码脉冲的，因此需要通过该因子 $\beta\tau$ 去实时产生相同的瑞利分辨率。这里说明的是在相位编码情况下，$\beta\tau$ 也可表示成 τ/τ_c。

巴克码的一个主要缺点是数目太少。只可以找到从 N 到 13 的编码。表 4.1 列出了所有的巴克码，某些长度存在多个编码；而 $N=6, 8\sim10, 12$ 时，不存在编码。表中同时列出了峰值旁瓣比 (PSL)，为 $20\log_{10}(1/N)$。由于长度合适，所以不可能得到低 PSL。

表 4.1 巴 克 码

N	编码序列		峰值旁瓣(dB)
	+/−格式	八进制数字	
2	+ −	2	−6.0
2	+ +	3	−6.0
3	+ + −	6	−9.5
4	+ + − +	15	−12.0
4	+ + + −	16	−12.0
5	+ + + − +	35	−14.0
7	+ + + − − + −	162	−16.9
11	+ + + − − − + − − + −	3422	−20.8
13	+ + + + + − − + + − + − +	17465	−22.3

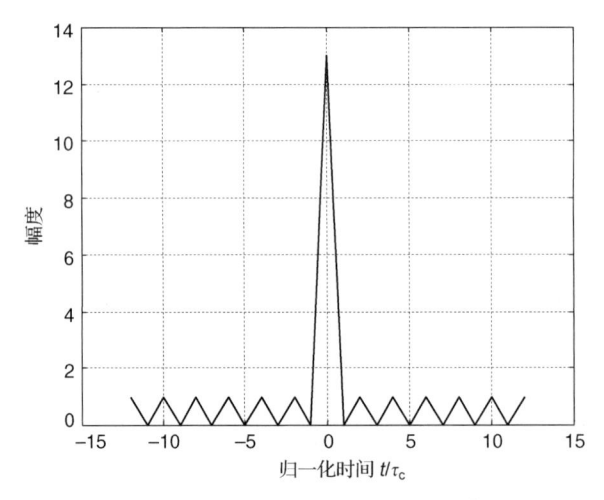

例如，考虑 $N=13$ 时的巴克码。表 4.1 中的编码序列可写为 $\{A_n\}=\{1,1,1,1,1,-1,-1,1,1,-1,1,-1,1\}$，其自相关序列为 $\{1,0,1,0,1,0,1,0,1,0,1,0,13,0,1,0,1,0,1,0,1,0,1,0,1\}$。图 4.47 给出了通过对离散自相关样本进行差值得到的自相关函数。所有的相位编码在 $t=0$ 时都有自相关峰值 N，其中 N 为编码长度。巴克编码还有一个性质，即所有的旁瓣值为 1，并且离散自相关序列的旁瓣值总在 0 和 1 之间跳变。因此时间上的瑞利分辨率为 τ_c s，或距离上的瑞利分辨率为 $c\tau_c/2$ m。所以，分辨率取决于码片长度而不是完整的波长。

图 4.47 13 位巴克码的匹配滤波器输出

巴克码有两大主要缺点。首先，比 $N=13$ 长的巴克码全部未知，这就限制了可能的旁瓣抑制程度。其次，它们的多普勒容许度很差。在全脉冲中，多普勒相位旋转 360° 足以将匹配滤波器输出的结构完全破坏，如图 4.48 中 13 位巴克码模糊函数的等高线图所示。因此，通常设计的巴克码波形能够将多普勒相位旋转控制在 1/4 周或更小的范围内，它要求最大多普勒频移和目标速度应满足：

$$F_{D_{\max}}\tau < \frac{1}{4} \quad \Rightarrow \quad v_{\max} < \frac{\lambda}{8\tau} \tag{4.135}$$

该条件将多普勒失配损失限制在了 1 dB 以下。

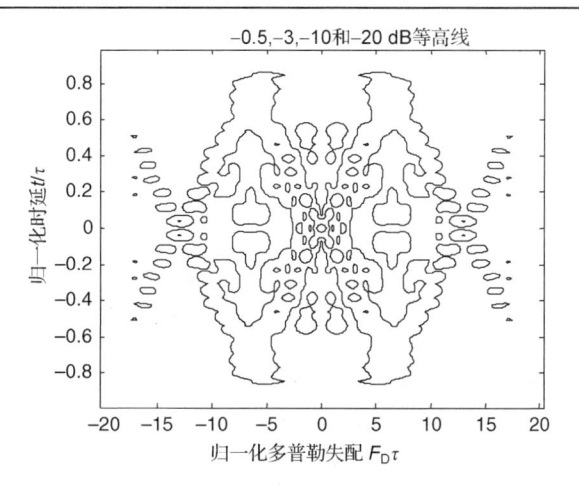

图 4.48 13 位巴克码模糊函数的等高线图

巴克码数目和长度的限制引出了对构造具有良好旁瓣特性的较长二相编码技术的研究。作为两个较短巴克码的克罗内克积，合成巴克码或嵌套巴克码组成了较长的编码序列。如果将 N 位巴克码序列记为 B_N，则通过 $B_M \otimes B_N$ 可以构造 MN 位的编码。克罗内克积是将 B_N 码重复 N 次，每次重复都与 B_M 码中对应的元素相乘。例如，20 位编码可以通过 $B_4 \otimes B_5$ 构成，即

$$\begin{aligned}B_4 \otimes B_5 &= \{1,1,1,-1\} \otimes \{1,1,1,-1,1\} \\ &= (1)\{1,1,1,-1,1\} + (1)\{1,1,1,-1,1\} + (1)\{1,1,1,-1,1\} + \cdots \\ &\quad \cdots + (-1)\{1,1,1,-1,1\} \\ &= \{1,1,1,-1,1,1,1,1,-1,1,1,1,1,-1,1,-1,-1,-1,1,-1\}\end{aligned} \quad (4.136)$$

这些编码的旁瓣值大于 1。例如，图 4.49 给出了式(4.136)中编码的自相关函数。注意旁瓣峰值的幅度为 5，因此旁瓣峰值仅是自相关峰值的 1/4，而不是采用 20 位巴克码时对应的 1/20。

另一种技术采用伪随机噪声序列产生更长的二相编码。对某一 P 而言，伪随机序列的长度为 $N = 2^P - 1$，同时表现出的距离旁瓣值约为 $-10\log_{10} N$。例如，对于常见的 $N=1023(P=10)$ 编码，匹配滤波器输出的旁瓣峰值大约为 -30 dB，如图 4.50 所示。

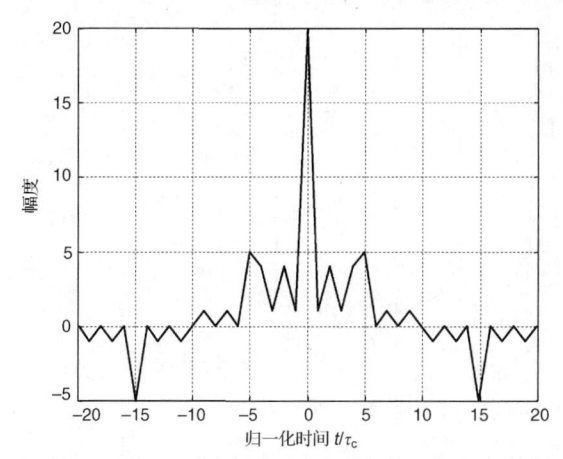

图 4.49 $B_4 \otimes B_5$ 组合码的自相关函数

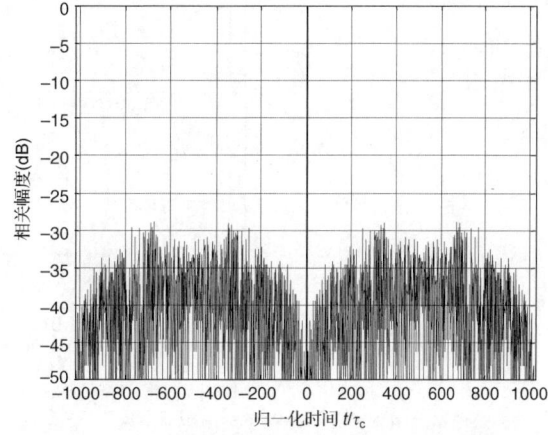

图 4.50 1023 位伪随机双相码的匹配滤波器输出

虽然在已知的二相编码中只有巴克码的旁瓣峰值为1,但还是可以寻找具有所需长度的最小旁瓣峰值(MPS)的较长编码。通过穷举搜索技术可以找到这样的MPS编码,当然也可以利用二相编码自相关函数的一些性质来删减部分搜索。例如,$N=20$时,MPS编码的最大旁瓣峰值为2,峰值旁瓣比为1/10,而不是由前面巴克码得到的1/4。相关结论见文献Keel(2010)。对于$N=2\sim 5, 7, 11, 13$的MPS编码(巴克码),旁瓣峰值为1。对于$N=6, 8\sim 10, 12, 14\sim 21, 25, 28$的编码,旁瓣峰值为2。对于$N=22\sim 24, 26\sim 27, 29\sim 48, 51$的编码,旁瓣峰值为3。对于$N=49\sim 50, 52\sim 82$的编码,旁瓣峰值为4。对于$N=83\sim 105$的编码,旁瓣峰值为5。在这里,编码长度大于105的MPS码不讨论。表4.2列出了每个旁瓣状态下最长编码的一个样本码,相关文献中列出了其他长度的样本码。很明显,当脉冲长度增加时,以dB为单位的旁瓣值增加是非常缓慢的。

表4.2 二相编码最小旁瓣峰值样本

编码长度 N	样本编码(十六进制)	峰值旁瓣比	PSL(dB)
13(巴克码)	1F35	1	−22.3
28	8F1112D	2	−22.9
51	0E3F88C89524B	3	−24.6
82	3CB25D380CE3B7765695F	4	−26.2
105	1C6387FF5DA4FA325C895958DC5	5	−.26.4

4.10.2 多相编码

如前所述,二相编码的多普勒容许度是很小的。同时它们也受预压缩带宽限制效应的影响。如图4.51所示,典型二相编码的频谱不仅显示出主瓣展宽,同时也反映出较远处旁瓣的慢衰落特性。这是相位存在较大不连续性的结果。实际接收机中有一个限制噪声的带通滤波器,它将对二相波形的频谱进行带限,并使相位的转换变得平滑。这会使接收波形与相关器产生失配,从而降低峰值增益并展宽主瓣。

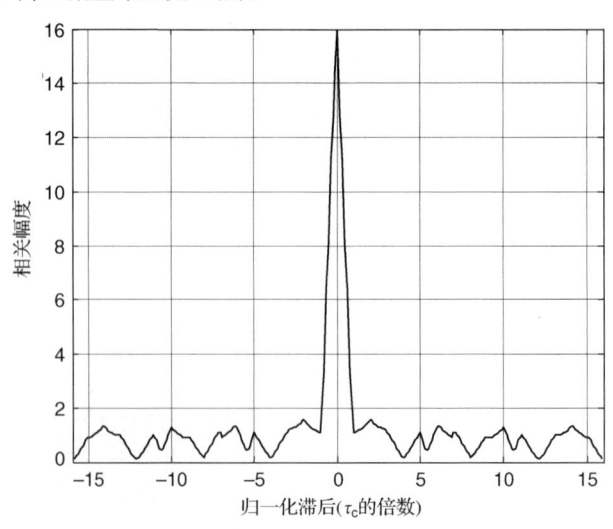

图4.51 16位Frank码的匹配滤波器输出

多相编码允许对码片相位ϕ_n以任意值进行编码。与二相编码相比,它们具有较低的旁瓣水平和较大的多普勒容许度。现在常用的多种相位编码,包括"多相巴克码",弗兰克(Frank)

码以及 P1，P2，P3，P4，P(n,k)码，均与 LFM 和 NLFM 波形相关联。同时还提出了其他的多相编码(Levanon 和 Mozeson，2004)。

Frank 码的长度是某些 M 值的平方，即 $N=M^2$。Frank 码的相位序列为

$$\phi_n = \phi(Mp+q) = \frac{2\pi}{M}pq, \quad p=0,1,2,\cdots,M-1, \quad q=0,1,2,\cdots,M-1 \quad (4.137)$$

例如，如果 $M=4$，$N=16$，则相位序列为

$$\phi_n = \{\underbrace{0\ 0\ 0\ 0}_{p=0}\ \underbrace{0\ \frac{\pi}{2}\ \pi\ \frac{3\pi}{2}}_{p=1}\ \underbrace{0\ \pi\ 0\ \pi}_{p=2}\ \underbrace{0\ \frac{3\pi}{2}\ \pi\ \frac{\pi}{2}}_{p=3}\} \quad (4.138)$$

图 4.51[①]给出了 $N=16$ 时的匹配滤波器输出。注意在 $t=\tau_c$ 时刻，主瓣有局部最小值。与巴克码不同，在该点的自相关函数不为 0，最大旁瓣为 $\sqrt{2}$，比巴克码大。旁瓣为 $\sqrt{2}/16$ 或 -21.1 dB。图 4.52 给出了模糊函数的等高线图。注意在时延-多普勒平面上的主脊线存在斜偏，这与 LFM 波形模糊函数的距离-多普勒耦合是相似的。

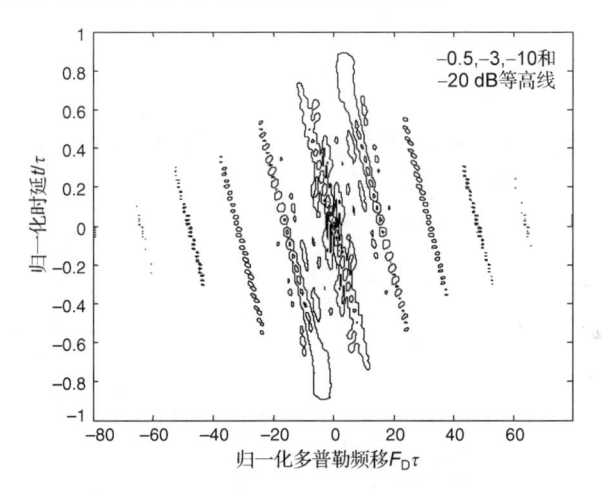

图 4.52　16 位 Frank 码模糊函数的等高线图

下面分别给出了长度为 N 的 P3，P4 码：

$$\text{P3:}\ \phi_n = \begin{cases} \dfrac{\pi}{N}n^2, & n=0,2,\cdots,N-1 \quad (N\text{为奇数}) \\ \dfrac{\pi}{N}n(n+1), & n=0,1,2,\cdots,N-1 \quad (N\text{为偶数}) \end{cases} \quad (4.139)$$

$$\text{P4:}\ \phi_n = \frac{\pi}{N}n^2 - \pi n, \quad n=0,1,2,\cdots,N-1$$

与 Frank 码不同，对任意 N 均可产生 P3、P4 码。图 4.53 给出了 $N=20$ 时 P3 码的匹配滤波器输出。图 4.54 给出了相应的模糊函数。同样，距离-多普勒耦合现象是非常明显的。

从式(4.137)至式(4.139)可以看出，Frank 码、P3 和 P4 码都是基于二次相位变化的，因此与 LFM 波相联系。图 4.55 给出了当 $N=16$ 时，这 3 种编码的相位级数(非缠绕)。P3 和 P4 码的确是二次的，它们的区别在于最小相位斜率出现在波形的开始(P3 码)还是中间(P4 码)。

[①] 该图似乎与前面所说的理论相违背，前面描述的是连续自相关函数是编码序列 $\exp(j\phi_n)$ 的离散自相关函数值中的一种线性插值，然而，复数的线性插值不产生幅度的线性插值，见习题 24。

实际中，RF 波形的最小相位增量，即最小不连续性出现在相位的最小斜率处。Frank 码采用分段线形变化近似二次相位变化。每次 M 位的相位增量为常数，之后在下 M 位时增加。这可以看成对 M 阶、步长为 M 的步进频率波形的相位编码近似（Lewis 和 Kretschmer，1986）。因此，Frank 码的多普勒容许度比 P3 和 P4 码低。

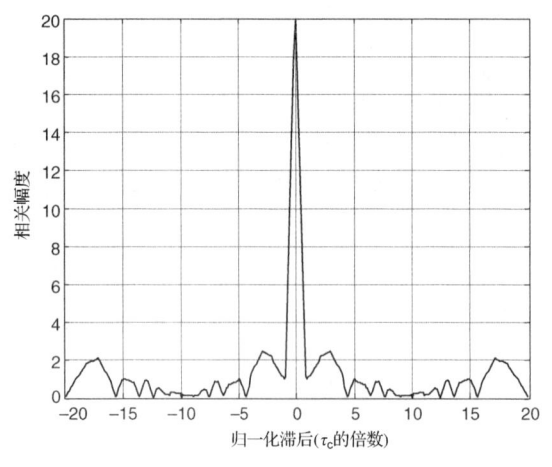

图 4.53　20 位 P3 码的匹配滤波器输出

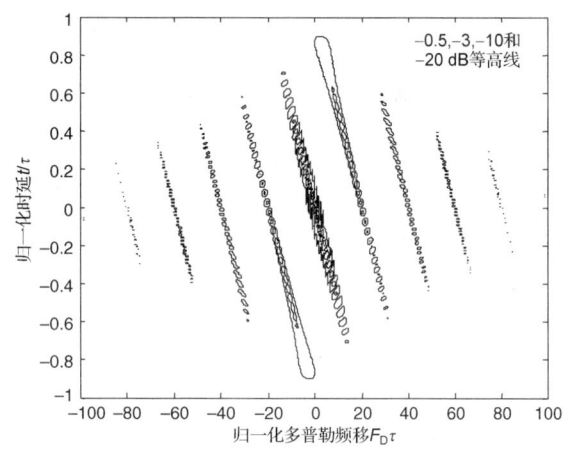

图 4.54　20 位 P3 码模糊函数的等高线图

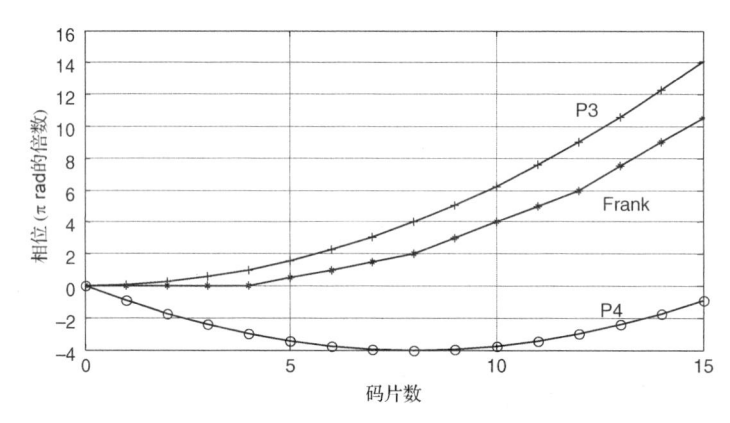

图 4.55　16 位 Frank 码、P3 码以及 P4 码的非缠绕相位序列

在匹配滤波器之前，相位编码波形的带限性质增加了主瓣宽度，但同时减小了在编码中具有最小相位增量编码的旁瓣峰值电平（Lewis 和 Kretschmer，1986；Levanon 和 Mozeson，2004），这样，最后具有最大相位增量的编码却有相反的性质。因此在所给的 3 种编码中，从保持或改善匹配滤波器输出端旁瓣水平的意义上讲，P4 码具有最大的预压缩带限容许度。

正如可以基于 LFM 波形设计相位编码，也可以基于 NLFM 波形设计相位编码。文献 Felhauer（1994）介绍了一类基于 NLFM 波形的编码，它采用了之前所述的驻相点原理。$P(n,k)$ 码不存在闭合表达式，必须通过数字方法进行寻找。得到的典型结果与之前所述的经验化 NLFM 波形非常相似。同时，多普勒失配也与图 4.39 中的情况相似。对于容易在编码尾部出现明显旁瓣增大，并且在多数情况下虚假峰值超过普通旁瓣的传统多相编码，这是一种改进。与基于 LFM 的编码相比，$P(n,k)$ 编码显示出对预压缩带限更大的容许度，因为它们的频谱已经对基本的 NLFM 波形设计方法进行了修正。这种波形的主要缺点就是比较难设计。

另一个降低频谱旁瓣,从而提高预压缩带限容许度的方法是四相编码。这种编码可以通过一个从二项编码到四项编码的特别映射获得,还可以通过两倍带宽的半余弦码片取代矩形子脉冲码片而获得。与二项编码相比,得到的编码有着明显更低的旁瓣以及几乎相同的自相关旁瓣,但存在时域(距离向)分辨率的损失(Keel 和 Baden,2012)。

多相巴克码是最大旁瓣峰值比展宽到 1 的多项编码。长度为 N 的编码相位是没有约束的,或到第 P 个根截止,$\phi_n = 2\pi p_n / P$,其中 p_n 和 P 为整数,$n \in [0, N-1]$。图 4.56 给出了 $N=51$,$P=50$ 时,多相巴克码的离散自相关图。$\{p_n\}$ 序列如下:

0,0,4,4,18,20,27,25,25,26,24,15,15,14,9,32,36,
2,21,17,9,27,46,49,19,29,9,32,7,45,21,46,22,47,
18,35,0,22,9,31,44,5,29,21,4,49,33,24,9,49,29

峰值旁瓣比为 −34.2 dB,比表 4.2 中 51 点的 MPS 码的结果 −24.6 dB 好。

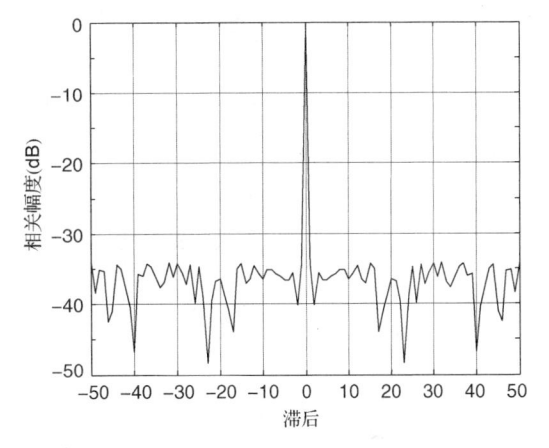

图 4.56 $N=51$ 时,多相巴克码的自相关

4.10.3 失配相位编码滤波器

正如应用步进频率波形和 FM 波形来改善它们的旁瓣结构一样,相位编码波形的旁瓣结构也可通过使用失配滤波器来改善。对于相位编码波形,这意味着编码序列和另一个时间离散序列的相关,可以不受系数的幅度和相位因子的限制,从而得到最佳旁瓣结构标准。可以通过设计失配滤波器来得到最小的 PSL 输出和最小的积分旁瓣比(ISL)输出(所有的编码和滤波器的离散相关的旁瓣值的平方和除以峰值的平方),或降低输出旁瓣响应,比如,以远旁瓣为代价来降低近旁瓣。滤波器通常要求阶数 L 比编码长度大。在很多情况下,设计失配滤波器的系数可以通过计算加权最小平方得到,这里很多数字化算法都是可用的。另外还有其他的优化算法,比如采用凸优化算法得到 L^1 的最小值。

图 4.57 给出了失配滤波器设计的两个例子。这两个例子中的波形相位编码和 $N=64$ 的 MPS 二相编码相同。该长度的匹配滤波输出的旁瓣峰值为 4,以 dB 表示的峰值旁瓣比为 $20\log_{10}(4/64) = -24.1$ dB。匹配滤波器的积分旁瓣比为 −6.7 dB。图中的实线为设计长度 $L=130$ 的失配滤波器得到的最小 PSL 的结果。滤波器的冲激响应进行归一化后,与该编码和它的匹配滤波器冲激响应有相同的能量,即 64。该滤波器的 PSL 为 −31.4 dB,比匹配滤波器提高了 8.3 dB。ISL 为 −9.8 dB,比匹配滤波器提高了 3.1 dB,然而,出现了和匹配滤波器相关 1.11 dB 的 LPG。

图 4.57 中虚线是设计长度 $L=130$ 的失配滤波器得到的最小 ISL 结果,归一化后能量仍为 64。它的 PSL 为 −23.1 dB,比匹配滤波器降低了 1 dB,比具有最小 PSL 的滤波器降低了 7.3 dB。它的 ISL 为 −12 dB,比匹配滤波器改善了 5.3 dB,比具有最小 ISL 的滤波器改善了 2.2 dB。然而,和匹配滤波器相关的 LPG 为 0.85 dB,与最小 PSL 滤波器相比,提高了 0.26 dB。

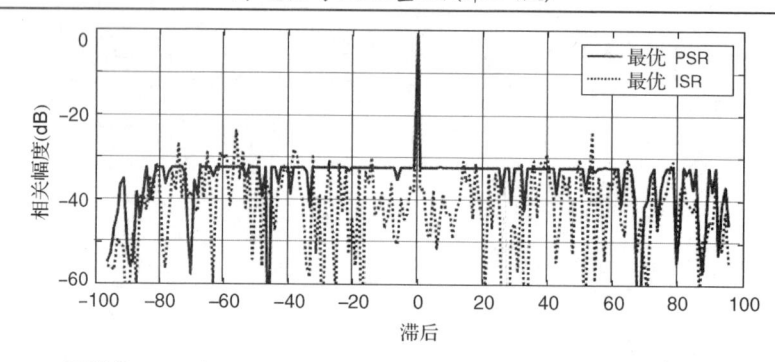

图 4.57 同样的 $N=64$ 的 MPS 码，$L=130$ 时，两个失配滤波器自相关，其中实线为最优 PSR 滤波器响应，点线为最优 ISR 滤波器响应 (Keel 和 Baden，2012)

4.11 Costas 频率编码

科斯塔斯(Costas)波形是一种同时具有相位编码和步进频率脉冲串波形的脉冲压缩波形(Costas, 1984)。Costas 波形将一个单脉冲波形分成 N 个子波，这与多相编码波形相似。同时，与线性步进频率波形类似的是，该波形并非在每个子波中保持恒定频率而改变相位，它以 ΔF Hz 为间隔对子脉冲频率进行 N 次步进。但是与步进频率脉冲串不同的是，Costas 波形的频率步进是非线性的。Costas 脉冲可以表示如下：

$$x(t) = \sum_{n=0}^{N-1} x_n(t - \eta \tau_c)$$
$$x_n(t) = \begin{cases} \exp(jc[n] \cdot \Delta F \cdot t), & 0 \leq t \leq \tau_c \\ 0, & \text{其他} \end{cases} \quad (4.140)$$

式中，序列 $c[n]$ 表示步进频率的顺序。

图 4.58 给出了一个典型的低阶 Costas 波形。通过设计合适的频率步进序列，Costas 波形可设计成比线性步进波形更具图钉形的模糊函数。图 4.59 给出了 $N=15$ 时，Costas 波形的模糊函数。频率步进序列为 $c[n]=\{1, 7, 8, 11, 3, 13, 9, 14, 12, 6, 5, 2, 10, 0, 4\}$。注意该波形在时延-多普勒平面上具有较低和相对均匀的旁瓣结构。文献 Levanon 和 Mozeson(2004)详细介绍了 Costas 波形的设计、性质以及示例。

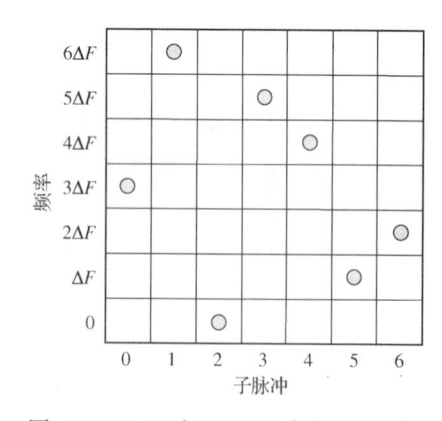

图 4.58 $N=7$ 时，Costas 波形的频率序列

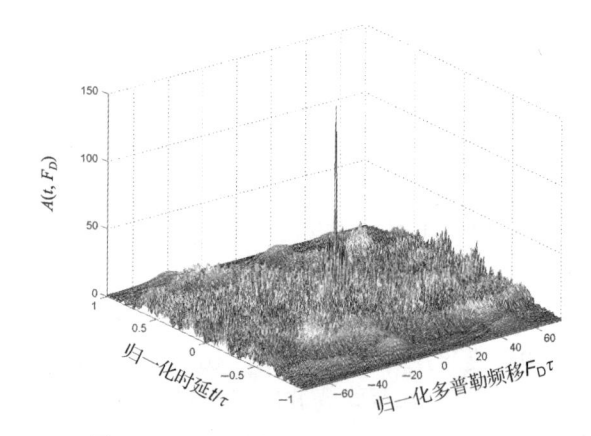

图 4.59 $N=15$ 时，Costas 波形的模糊函数

4.12 连续波雷达

在本节之前，甚至本书的几乎所有讨论都是围绕脉冲雷达展开的。脉冲雷达能够作用于远距离，可以很轻松地测量距离和速度，并且可以实现高分辨率成像。然而，脉冲雷达为了达到良好的平均功率需要很高的峰值功率，而且会产生漏检和盲区现象。

连续波雷达是另一种类型的雷达系统，连续波雷达可以进行不间断的发射和接收，而且不像脉冲雷达系统那样需要复杂的收发器。因为连续波雷达的发射是连续的，所以平均功率等于峰值功率，这种情况更适用于固态或其他峰值功率受限的发射源。特别地，固态发射源可以促进低成本雷达系统的发展。这也意味着可以在峰值功率不高的情况下达到良好的平均功率，这在截获概率低的情况下是很有帮助的。不发生漏检，意味着连续波系统对于短距离的测量性能卓越。此外，连续波系统并不会因为距离或者速度的影响产生盲区。鉴于这些特点，连续波雷达对各种低功耗、短程应用，特别是涉及速度测量时的应用很适用。常见的例子有警察和体育赛事中所用的"测速枪"、雷达高度计和引信、导弹搜寻器、气象观测，以及汽车巡航控制和防撞用雷达。当然也有许多更复杂或不寻常的应用方向，如短程合成孔径成像、RCS 测量以及储罐液位测量。

与脉冲雷达类似，连续波雷达也可以用不同的波形来操作，这些波形包括恒定频率、线性和非线性调频、双相和多相编码、频率编码，以及在脉冲雷达中不太常见的技术，如频移键控(FSK)、正弦调制和噪声调制。最常见的连续波波形是线性调频，即 FMCW。

文献 Piper(2014)对连续波雷达的配置，包括设计、波形和应用提供了一个全面的概述。文献 Rohling 和 Kronauge(2012)对连续波、FMCW 和 FSK 的波形进行了比较。

参考文献

Born, M., and E. Wolf, *Principles of Optics*. Pergamon Press, London, 1959.

Carrara, W. G., R. S. Goodman, and R. M. Majewski, *Spotlight Synthetic Aperture Radar*. Artech House, Norwood, MA, 1995.

Cook, C. E., and M. Bernfeld, *Radar Signals: An Introduction to Theory and Application*. Artech House, London, 1993.

Costas, J. P., "A Study of a Class of Detection Waveforms Having Nearly Ideal Range-Doppler Ambiguity Properties," *Proceedings of the IEEE*, vol. 72(8), pp. 996–1009, Aug. 1984.

De Witte, E., and H. D. Griffiths, "Improved Ultra-Low Range Sidelobe Pulse Compression Waveform Design," *Electronics Letters*, vol. 40, no. 22, pp. 1448–1450, 2004.

Felhauer, T., "Design and Analysis of New $P(n, k)$ Polyphase Pulse Compression Codes," *IEEE Transactions on Aerospace and Electronic Systems*, vol. 30, no. 3, pp. 865–874, Jul. 1994.

Gini, F., A. De Maio, and L. Patton (eds.), *Waveform Design and Diversity for Advanced Radar Systems*. Institution of Engineering and Technology (IET), London, 2012.

Jonsson, B. E., "A Survey of A/D Converter Performance Evolution," *Proceedings 17th IEEE Intl. Conf. Electronics, Circuits, and Systems* (ICECS), pp. 766–769, 2010.

Kay, S. M., *Fundamentals of Statistical Signal Processing, Vol. II: Detection Theory*. Prentice Hall, Upper Saddle River, NJ, 1998.

Keel, B. M., "Fundamentals of Pulse Compression Waveforms," Chap. 20 in M. A. Richards, J. A. Scheer, and W. A. Holm (eds.), *Principles of Modern Radar: Basic Principles*. SciTech Publishing, Raleigh, NC, 2010.

Keel, B. M., and J. M. Baden, "Advanced Pulse Compression Waveform Modulations and

Techniques," Chap. 2 in W. L. Melvin and J. A. Scheer (eds.), *Principles of Modern Radar: Advanced Techniques*. SciTech Publishing, Edison, NJ, 2012.

Levanon, N., "The Periodic Ambiguity Function—Its Validity and Value," *Proceedings 2010 IEEE International Radar Conference*, pp. 204–208, Arlington, VA, 2010.

Levanon, N., and E. Mozeson, *Radar Signals*. Wiley, New York, 2004.

Lewis, B. L., F. K. Kretshcmer, Jr., and W. W. Shelton, *Aspects of Radar Signal Processing*. Artech House, Canton, MA, 1986.

Nathanson, F. E., (with J. P. Reilly and M. N. Cohen), *Radar Design Principles*, 2d ed. McGraw-Hill, New York, 1991.

Oppenheim, A. V., and R. W. Schafer, *Discrete-Time Signal Processing*, 3rd ed. Pearson, Englewood Cliffs, NJ, 2010.

Papoulis, A., and S. U. Pillai, *The Fourier Integral and Its Applications*, 6th ed. McGraw-Hill, New York, 2002.

Peebles, P. Z., Jr., *Radar Principles*. Wiley, New York, 1998.

Piper, S. O., "Continuous Wave Radar," Chap. 2 in J. A. Scheer and W. L. Melvin (eds.), *Principles of Modern Radar: Radar Applications*. SciTech Publishing. to appear, 2014.

Price, R., "Chebyshev Low Pulse Compression Sidelobes via a Nonlinear FM," URSI National Radio Science meeting, Seattle, WA, June 18, 1979.

Raney R. K., "A New and Fundamental Fourier Transform Pair," *Proceedings of the IEEE 12th International Geoscience & Remote Sensing Symposium (IGARSS' 92)*, pp. 26–29, 106–107 May, 1992.

Richards, M. A., "Time and Frequency Domain Weighting of LFM Pulses," unpublished technical note, Sep. 29, 2006. Available at http://www.radarsp.com.

Rihaczek, A. W., *Principles of High-Resolution Radar*. Artech House, Boston, MA, 1996.

Rohling, H., and M. Kronauge, "Continuous Waveforms for Automotive Radar Systems," Chap. 7 in F. Gini et al. (eds.), *Waveform Design and Diversity for Advanced Radar Systems*. Institution of Engineering and Technology (IET), London, 2012.

习题

1. 考虑固定雷达发射一个时宽为 τ 的简单方波脉冲(仅调制，不包括载波):

$$x(t) = \begin{cases} 1, & 0 \leq t \leq \tau \\ 0, & \text{其他} \end{cases}$$

接收机使用 $T_M = \tau$ 的因果匹配滤波器，即 $h(t) = x^*(\tau - t)$。脉冲是与在 $t = 0$ 时刻发出的前沿一起发射的。接收到的回波是距离 R m 远的固定目标所反射的。那么，匹配滤波器的峰值输出会在哪个时刻 t_{peak} 被观测到？写出所有步骤。

2. 考虑与上题中所用到的相同匹配滤波器和脉冲。假设当脉冲照射到目标时，目标正在 R m 远处，但是它正以 $k\lambda/2\tau$ m/s 的径向速度朝着雷达运动，其中 k 为任意整数(除了 $k \neq 0$)。接收到的信号(去除载波后)可以写成

$$r(t) = x\left(t - \frac{2R}{c}\right)\exp\left(j2\pi F_D\left(t - \frac{2R}{c}\right)\right)$$

其中，F_D 是多普勒频移，单位为 Hz。求出因果匹配滤波器的输出波形。在 $t = 2R/c + \tau$ s 时它的值是多少？

3. 假设某一持续时间为 $\tau = 1$ ms 的模糊函数波形为

$$A(t, F_D) = \exp\left\{-\left[\left(\frac{t}{3\tau}\right)^2 + (2F_D\tau)^2\right]\right\}$$

(注意：这不是一个可能的模糊函数，因为在延时坐标下，它不是时间限制到 $\pm\tau$ s 的持续时间，但是对于这个问题来说是可行的。)假设有两个目标位于雷达视线里，一个在 $R=10$ km，另一个在 $R=10.1$ km。同时假定这两个目标具有相同的 RCS，并忽略小距离差异对接收回波能量所产生的影响。雷达和第一个目标是固定的。第二个目标正在以 100 m/s 的速度朝着雷达运动。该雷达工作在 1 GHz。第二个目标回波的多普勒频移(单位为 Hz)是多少？如果匹配滤波器输出以与第一个目标距离一致的时间间隔(即 $2\times(10\text{ km})/c=66.67$ μs)进行采样，那么采样信号将包含两个目标的分量。使用 $A(t,T_D)$ 来定义第二个目标与第一个目标相比的相对幅度(用 dB 表示)。

4. 考虑一个 $M=30$，每个脉冲持续时间为 10 μs，且 PRI 为 $T=100$ μs 的简单脉冲串波形。假设没有经过加权处理，那么这个波形的距离分辨率、多普勒分辨率、无模糊范围以及无模糊多普勒频移分别是多少？

5. 考虑一个范围为 9.5~10.5 GHz，宽度为 20 μs 的 LFM 波形。带宽 β 是多少？时间带宽积是多少？匹配滤波器输出的瑞利分辨率(峰值到第一个零点，单位为 m)是怎样的？具有相同能量的方形脉冲(假设两者幅度相同)的瑞利分辨率(单位为 m)又是多少？

6. 继续考虑和上一题相同的 LFM 波形，模糊函数零延时截断的第一零点频率(单位为 Hz)是多少(即该脉冲的多普勒分辨率，或多普勒灵敏度)？

7. 考虑一个带宽为 $\beta=1$ MHz，脉冲宽度为 $\tau=1$ ms 的 LFM 信号。假设收到一个由 10 km 真实距离外的目标反射的，多普勒频移为 1 kHz 的回波。测得的目标距离是多少，就是说与匹配滤波器输出峰值对应的时间一致的距离是多少？

8. 考虑一个带宽 $\beta=50$ MHz，时宽为 $\tau=1$ ms 的 LFM 脉冲。计算用 3 个瑞利距离分辨单元替代匹配滤波器输出所需的多普勒频移。不对旁瓣使用窗控制。计算在 10 GHz 时与这一多普勒频移值相对应的径向速度。计算由于多普勒频移而引起的峰值幅度损失(用 dB 表示)。

9. 假设一个雷达使用时宽为 τ s 的简单矩形脉冲，并且通过相应的匹配滤波器来处理它。以与瑞利带宽相等的采样率来对匹配滤波器输出信号进行采样。最坏情况的跨越损失(用 dB 表示)是多少？一个时间带宽积足够大的 LFM 信号，它的频谱可以很好地近似为一个宽度为 β Hz 的矩形。假定任一波形没有对旁瓣控制使用加权。

10. 考虑一个时宽为 $\tau=1$ ms 的 LFM 脉冲。假设距离窗仅在 1.5 km 的长度范围内有效，所以需要使用伸展处理。距离窗中心在标称距离 100 km 处(把它认为在 100 km 处对目标的放大)，需要 1.5 m 的距离分辨率。需要的带宽 β 是多少？LFM 脉冲的 $\beta\tau$ 是多少？伸展混频器输出的带宽是多少？

11. 继续考虑和上一题相同的场景及 LFM 波形。假设在混频器输出中观察到了一个 100 kHz 的差频。相对于距离窗的 100 km 中心，目标的距离是多少？忽略匹配滤波器中的任何延时。

12. 考虑一个固定的 X 波段(10 GHz)雷达发射一个带宽 $\beta=500$ MHz 的 LFM 波形，并在接收机中使用伸展处理。脉冲宽度是 $\tau=10$ μs。如果一个雷达的百分比带宽(定义为 β 除以 RF 频率)小于 10%，则称为"窄带"；否则，为"宽带"。那么，这个雷达是窄带还是宽带？期望的距离分辨率(单位为 m)是多少？

13. 继续考虑相同的 LFM 波形，假设在进行 FFT 之前，汉明窗被用于伸展混频器的输出信号。那么基于瑞利分辨率定义的期望分辨率新值是多少？（提示：长度为 τ s 的汉明窗做 DTFT 之后的峰值-零宽度是 $2/\tau$ Hz；而矩形窗是 $1/\tau$ Hz。）如果用汉明窗来保持低距离旁瓣，那么要达到 0.3 m 的分辨率需要多大带宽 β？

14. 继续考虑与上两题相同的雷达和 500 MHz LFM 脉冲，假设展宽处理器被认为中心距离 $R_0 = 200$ km，距离窗为 300 m（200 km±150 m）的标称距离（距离窗中心）。但是，又假设参考 LFM 信号只有 $\tau = 10$ μs 长，即它的长度不允许信号从距离窗的前沿或后沿到达。参考信号定时成正好与距离 R_0 处的目标回波重叠。在距离窗（200 km − 150 m）前沿的散射体反射的回波与参考 LFM 信号之间的差频调混合输出的持续时间是多少？假定一个矩形窗（即没有汉明窗），窗前沿的距离分辨率是多少？

15. 已知展宽处理器输出的距离斜偏可以用一个频率响应为 $H(\Omega) = \exp(-j\Omega^2 \tau / 2\beta_\Omega)$ 的滤波器来校正，其中 $\beta_\Omega = 2\pi\beta$ 以角频率为单位。写出这个滤波器满足条件的群延时函数 $d_g(\Omega)$，即 $d_g(-\beta_\Omega \cdot \delta t_b / \tau)$ s。群延时（单位为 s）的定义为 $d_g(\Omega) \equiv -d\Phi(\Omega)/d\Omega$，其中 $\Phi(\Omega) = \arg[H(\Omega)]$。

16. 假想以采样率 F_s 来对伸展混频器的输出进行采样，将上题中的模拟频率响应 $H(\Omega)$ 转换成等效的离散时间频率响应 $H(\omega)$。当 F_s 与式（4.111）所示的伸展混频器的输出带宽匹配时，请给出在这种特定情况下 $H(\omega)$ 的表达式。

17. 用下式精确计算处理过程中增加 LPG 和 PL 的损失，定义一下关于 K 的长度为 $K+1$ 阶的矩形窗（$K+1$ 为奇数，K 为偶数）的方程为

$$\omega[k] = \begin{cases} 2k/K, & 0 \le k \le K/2 \\ 2 - 2k/K, & K/2 \le k \le K \\ 0, & 其他 \end{cases}$$

对于 $K = 4$ 和 $K = 20$ 的情况进行数值估计（结果用 dB 表示）。当 $K \to \infty$ 时，LPG 和 PL 的值（用 dB 表示）将趋向多少？下面的事实可能会有所帮助（注意限制）：

$$\sum_{k=1}^{n} k = n(n+1)/2, \quad \sum_{k=1}^{n} k^2 = n(n+1)(2n+1)/6$$

（提示：只需计算三角形的第一半之和，然后利用对称性得到整个函数和。注意不要计算两次采样信号。）

18. 考虑式（4.123）的矩阵因子 $E(\theta_0)$，并使用式（4.124）给出的权值 $|a_n| = 1$。假想已经计算出了波长为 λ_0，转向角为 θ_0 的权重相位，但是波形带宽大约是标称频率的 10%，以至于有效波长范围为 $(1 \pm 0.05)\lambda_0$。推导方程给出新角度 θ，使 $E(\theta)$ 最大在 λ_0、θ_0 和真实波长 λ。当真实波长比 λ_0 大 5%，并且设计转向角是 $\theta_0 = 10°$ 时，实际转向角（使 $E(\theta)$ 最大的角度）是多少？重复计算 $\theta_0 = 30°$ 和 $\theta_0 = 70°$ 时的情况。

19. 计算表 4.1 中巴克码的积分旁瓣比。

20. 给一个脉冲雷达设计双相编码波形的码片长度和脉冲长度，使其满足下列要求：
    a. 瑞利距离分辨率为 0.3 m；
    b. 脉冲压缩增益大于 15 dB；
    c. 在第一距离模糊范围内的允许盲距为 50 m；
    d. 小于 1/4 多普勒相位周期，多普勒频移最高为 2000 Hz。

其中有一两个参数可能有一个允许值范围。如果是这种情况，请给出范围区间。

21. 考虑巴克码、MPS 码和伪随机双相编码。讨论各个编码类型能否满足上题的要求。如果不能，说明原因；如果可以，至少给出一个有效的特定长度。

22. 精确计算 $N = 4 = 2^2$ 的 Frank 码。编码中的相位序列(以弧度角表示，例如，$0, \pi/3$，等等)是什么？动手精确计算探测编码序列的自相关函数。相对于自相关函数的峰值，峰值旁瓣水平(用 dB 表示)是多少？

23. 当编码为 $M = 4$ 的 P4 码时，再次考虑上题(保证使用复杂的自相关函数)。

24. 式(4.134)表示了相位编码波形的连续自相关函数 $s_x(t)$，其中 $t = k\tau_c + \eta$ 是在编码序列 $s_A[k]$ 复杂离散自相关值 $s_A[k]$ 和 $s_A[k+1]$ 之间的线性插值。说明这个复数值的线性插值也线性地插入了 $s_A[k]$ 和 $s_A[k+1]$ 的实部和虚部，但是插入值的量级是不同于 $s_A[k]$ 和 $s_A[k+1]$ 的线性插值的。

25. 一些波形/匹配滤波器比其他滤波器对多普勒失配更敏感("低多普勒容许度")。考虑 3 个不同的波形，全部使用长度为 τ s 的脉冲：一个单模简单脉冲、一个 $\beta\tau = 1000$ 的 LFM 脉冲和一个由 30 个长度为 τ，PRI 为 10τ s 的简单脉冲组成的脉冲串。当没有多普勒频移时，用 $t_{\max}$ 来表示匹配滤波器峰值输出时刻。假设有一个多普勒频移为 $F_D = 1/\tau$ Hz 的目标。匹配滤波器不对这个多普勒频移做补偿。对于每个波形，当没有多普勒频移时，与在 $t_{\max}$ 时的值相比较，匹配滤波器输出波形的幅度在 $t = t_{\max}$ 时的量级是多少？在这种情况下，这些波形中哪个是多普勒容许度最高的？哪个是最低的？

第5章 多普勒处理

多普勒处理是指对接收到的来自某一固定距离单元、一段时间内(对应于几个脉冲)的信号，进行滤波或谱分析处理。目的一般是在存在严重杂波的情况下抑制杂波，并使目标检测成为可能。

图 5.1(a)给出了一个静止的下视雷达观察地面杂波背景中的 4 个动目标的示意场景。图中，灰色虚线表示距离单元。远离的目标在第 4、11、18 距离单元，而一个接近的目标在第 11 距离单元。图 5.1(b)是对该场景产生的距离多普勒功率谱的格式化表述。图中，浅灰色的背景表示接收机噪声电平，它均匀分布在距离多普勒图上。地杂波的能量带横跨所有距离单元。由于雷达是静止的，所以杂波集中在零多普勒频移处，其能量按照距离方程随距离增大而减小。4 个小椭圆代表动目标的回波，回波能量位于相应的距离单元上，而多普勒坐标则由各目标相对于雷达的运动方向和运动速度决定。

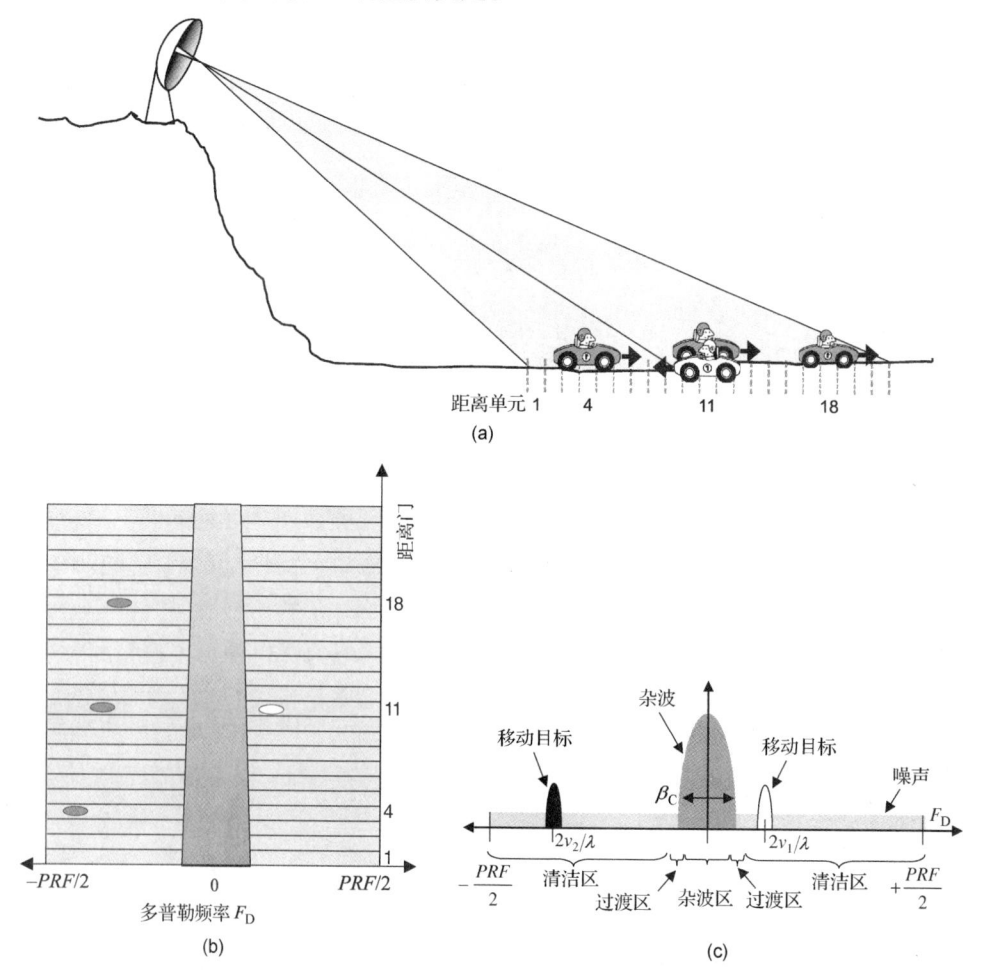

图 5.1 静止的下视雷达得到的多普勒谱的示意图。其中，噪声、杂波和目标分类都有显示。(a)场景；(b)距离多普勒回波功率分布；(c)第 11 距离单元的多普勒谱

图 5.1(c) 给出了第 11 距离单元的慢时间信号的理论多普勒谱,包含了中间的两个动目标。由于慢时间数据是按照雷达脉冲重复频率进行采样的,所以其多普勒谱是周期性的,其周期等于脉冲重复频率(PRF),因此只画出了从 $-PRF/2$ 到 $+PRF/2$ 之间的多普勒谱的"主周期"。谱区中以杂波作为主要干扰的部分通常称为杂波区。杂波区的宽度 β_C Hz 由实际杂波运动、载频和脉冲重复频率决定。而以噪声作为主要干扰的谱区通常称为清洁区。特别需要注意的是,清洁区所指的清洁是相对于杂波来说的,而不是对于所有的干扰。杂波区和清洁区之间的过渡部分有时被定义为过渡区。在过渡区内,噪声和杂波都是主要的干扰源。动目标可以出现在谱的任何位置,具体的位置取决于它们相对于雷达的径向速度。

多普勒处理过程通常很有趣,当杂波、目标和噪声信号的相对幅度的关系为:目标信号幅度高出噪声电平(信噪比远大于 1),但低于杂波幅度(信杂比远小于 1)。在这种情况下,单独依靠慢时间信号幅度不可能可靠地检测出目标,这是因为目标的存在与否对整个信号的能量影响不大。多普勒处理被用来在多普勒域分离目标和杂波信号。可以把杂波信号滤除掉,保留下来的目标信号便成为最强的信号;也可以把多普勒谱直接计算出来,从而使位于杂波区外的目标信号可以根据其远远超过噪声电平的频率分量被检测出来。

本章将讨论两大类的多普勒处理,即动目标指示(MTI)和脉冲多普勒处理。这里,MTI 指的是完全在时域对慢时间信号进行处理的情况,而脉冲多普勒处理指的是在多普勒域对信号进行处理的情况[①]。后面会说明,MTI 处理需要的运算量较低,但也只能获得有限的信息;脉冲多普勒处理要求较大的运算量,但能获得更多信息和更高的信干比(SIR)。本书只考虑利用数字技术实现的相干多普勒处理,这是因为大多数现代雷达普遍采用该方法(Richards, 2010;Schleher, 2010)。利用非相干多普勒处理的可选系统及其基于模拟技术的实现可见 Eaves 和 Reedy(1987)、Nathanson(1991)和 Schleher(2010)。

5.1 运动平台对多普勒谱的影响

图 5.1 所示的多普勒谱的示意图只代表了一种非常简单的情况。在许多现实场合中,由于多种因素,例如一个运动的雷达平台,或者是由于目标多普勒信号的混叠而导致的距离及多普勒模糊,这些都会使某一给定距离单元的多普勒谱变得非常复杂。

在多普勒维,脉冲重复频率的影响是直观的。如上所述,脉冲重复频率决定了多普勒谱一个周期的长度。位于 $\pm PRF/2$ 区间外的杂波或者目标信号将会混叠进这个区间。图 5.2 说明了当脉冲重复频率降低 40% 时,图 5.1(c) 中谱可能的形式。杂波谱没有改变但是占据了整个谱宽度的更大一部分。也就是说,杂波区域占比变大将使清洁区占据整个谱的更小部分。原来速度在 v_1 的目标未混叠并出现在多普勒频移 $2v_1/\lambda$ 处。原来速度 v_2 的目标的多普勒频移在新的谱区间 $\pm PRF'/2$ 之外,因此混叠到新的多普勒频移 $2v_2/\lambda + PRF'$。

现在考虑机载或星载平台运动误差对距离多普勒谱的影响。第 3 章已经介绍过,对任意目标和杂波散射体,观测到的多普勒频移随着平台引入的多普勒分量 $F_D = 2v\cos\psi/\lambda$ Hz 而增加,其中 ψ 为平台速度矢量和雷达视线矢量(LOS)之间的锥角。图 5.3(a) 显示了水平飞行的飞机,飞机上装有照射地面杂波的前向下视雷达。在这种情况下,锥角 ψ 即为图中所示俯角 ψ_{MLC}。

[①] 文献 Skolnik(2001)将脉冲多普勒定义为利用高脉冲重复频率避免盲速的系统,以此区分 MTI 和脉冲多普勒处理(见 5.2.4 节)。本书基于所用的处理方式和所得到的信息来区分 MTI 处理和脉冲多普勒处理。

回波能量的主要部分将位于雷达主波束，利用前视和后视旁瓣，一般也可以获得可检测(高于噪声电平)的杂波。从不同方向返回的地杂波，由于锥角不同会出现在不同的多普勒频移处，而且由于到达地面的不同距离也处于不同的距离单元上。目标回波也会出现在相应的多普勒频移和距离单元上，其中多普勒频移正比于由平台运动和目标运动产生的整体径向速度。

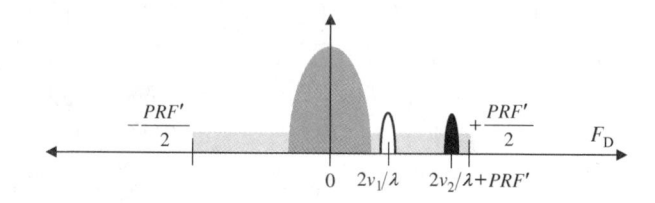

图 5.2　脉冲重复频率降低 40%对图 5.1(c)中多普勒谱的影响

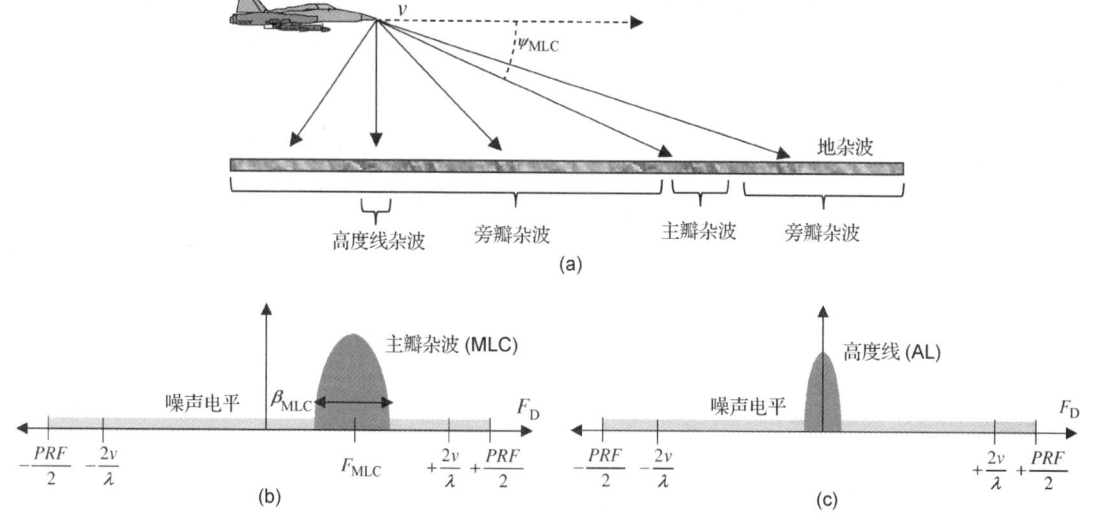

图 5.3　运动雷达平台所观测地杂波的多普勒谱示意图。(a)杂波源；(b)视线斜距单元的杂波谱；(c)高度线距离单元中的谱

如图 5.3(a)所示，主瓣杂波(MLC)会出现在正多普勒频移和相应的距离单元。接收自飞行器下面的杂波将会出现在对应于载机高度的近距离单元和零多普勒频移上。该杂波分量称为高度线(AL)杂波。虽然高度线杂波是由天线的旁瓣发射与接收的，但是，由于相对较短的垂线距离和垂直入射时大多数杂波的高反射率，所以高度线杂波仍然表现出相对较强的能量。其他距离上可能会显示通过天线旁瓣照射到的杂波，称为旁瓣杂波(SLC)。旁瓣杂波弱于主瓣杂波，因为它是由低增益的旁瓣所观测到的。由于更长的距离和非垂直的入射角，它同样弱于高度线杂波。尽管在那些最大多普勒频移上幅度会由于距离增加而迅速下降，但是旁瓣杂波仍然能够从近似多普勒频移 $+2v/\lambda$ (雷达正前方)扩展到 $-2v/\lambda$ (雷达正后方)。

图 5.3(b)是对对应于雷达视线的距离单元上的理论主瓣杂波谱的简单描述，并假设脉冲重复频率足够高能够避免任何的混叠。主瓣杂波将集中于 $F_{MLC} = 2v\cos\psi_{MLC}/\lambda$ 处，其中 ψ_{MLC} 为水平速度矢量和雷达视线矢量间的俯角。主瓣杂波的宽度 β_{MLC} 近似为固有杂波谱的宽度 β_C 和由雷达运动引起的主瓣展宽 $\beta_D = 2v\theta\sin\psi_{MLC}/\lambda$ 之和，其中 θ 是以 rad 表示的天线方位波束宽度。图 5.3(c)是对高度线杂波的近似描述，高度线杂波出现在很近的距离单元上。比高度线杂波更近的距离单元上只包含噪声。

图 5.4 是一个观测平坦均匀地杂波的下视机载雷达的更详尽的距离多普勒杂波谱仿真。该飞行器以 134.1 m/s 的速度水平飞行在高度 3048 m 处，载频是 10 GHz，雷达天线波束宽度 2.5°。雷达视线可以沿速度向顺时针 45°，沿高度向上向下 10°扫描，视线与地面相交于 17.3 km 处。沿视线方向的速度分量（即 $v\cos\psi_{MLC}$）是 93.4 m/s，引起主瓣杂波中心多普勒频移 6.23 kHz。能够被观测到的最大杂波多普勒频移是 ±89.4 kHz，对应的相对速度为 ±134.1 m/s，即飞机速度。

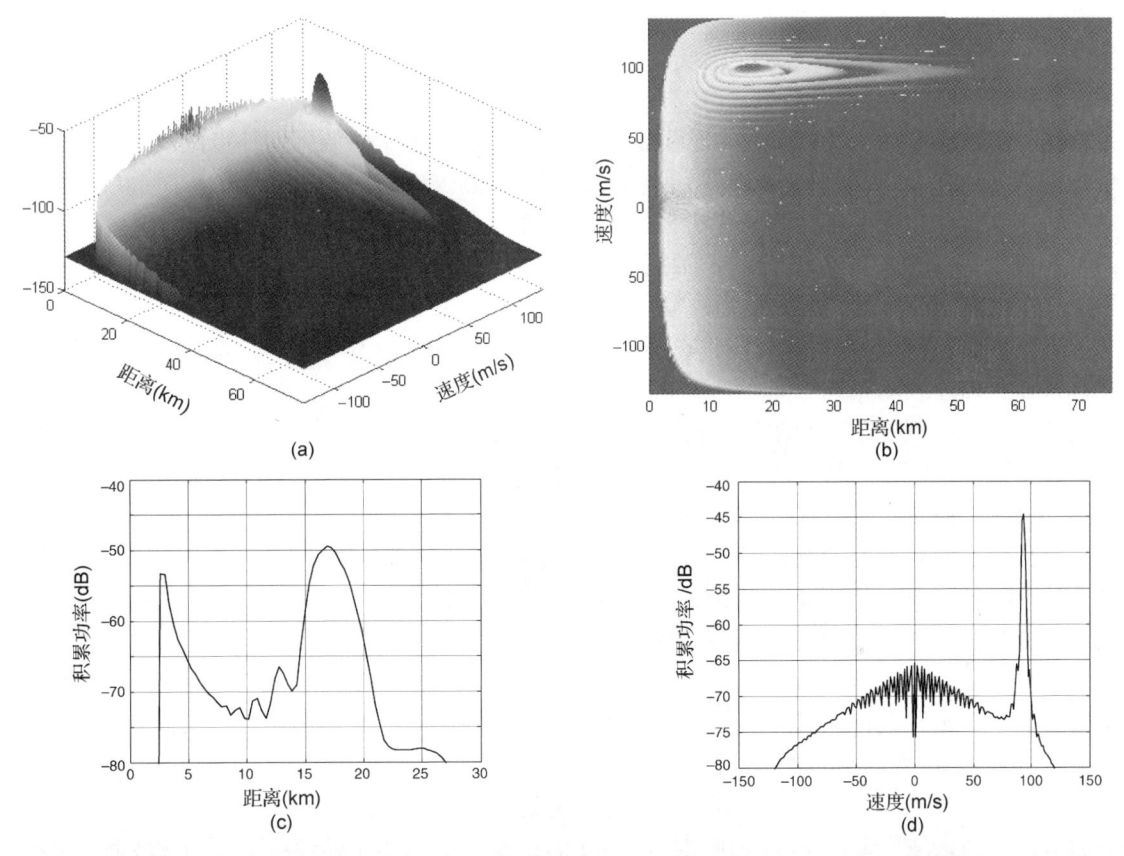

图 5.4　一个观测地杂波的机载雷达的仿真杂波的距离速度谱。(a) 透视；(b) 俯视；
(c) 距离对应的杂波功率（速度向积分）；(d) 速度对应的杂波功率（距离向积分）

仿真使用常数 γ 模型作为杂波散射系数，用 sinc^2 作为双程天线功率增益，同时考虑了接收机噪声、杂波单元大小、能量随距离的变化以及其他因素。产生的距离多普勒杂波谱如图 5.4 所示，其中因为脉冲重复频率足够高而没有造成任何距离或多普勒谱混叠。图 5.4(a) 给出了三维视角，图 5.4(b) 则给出了可能更有用的二维视角。容易看出，最大杂波能量出现在主瓣峰值处，集中于 93.4 m/s 和 17.3 km 处。高的天线旁瓣（未进行加权）造成主瓣周围的杂波出现明显的振铃现象。最短距离的杂波出现在零速度和 3 km 处，这是相对较强的高度线杂波。可以发现，在其他更远的距离上，杂波存在一定角度而不是处于雷达正下方，它们具有非零值的速度，所以杂波能量随距离增加会扩展到最大相对速度 ±134.1 m/s（多普勒频移 ±89.4 kHz）处。在图 5.4 中，正速度（多普勒频移）必然来自于飞机前方的杂波，而负速度必然来自于飞机后方的杂波。图 5.4(c) 显示了沿速度方向积分的情况下，所有杂波能量随距离的变化。它描述了强高度线杂波、杂波随距离的衰减，以及杂波再次衰减前的主瓣杂波。图 5.4(d)

显示了沿距离方向积分的情况下，所有杂波能量随速度的变化(距离积分)，并且说明了主瓣杂波、相对强的高度线杂波和高速衰减，这意味着更大的锥角、更长的距离和更平缓的观测角，以及随之产生的低杂波散射率。

这些示例仅简单地揭示了距离多普勒谱的复杂性。这些内容将会在 5.3 节作为脉冲多普勒处理中的一部分重新讨论。忽略潜在的复杂性，图 5.1(c)中的简化频谱包含了 MTI 的全部特征。

5.2 动目标指示

图 5.5 显示了由一个 CPI 内的连续 M 个脉冲回波经过相干解调后的基带数据，形成的一个二维数据矩阵。此矩阵对应于图 3.8 所示的雷达三维数据块的一个二维水平切面。也就是说，对于每个天线相位中心都接收一个类似的数据矩阵。对于一个单孔径天线系统，或阵列天线的某一位置(在此处，多个相位中心数据相干联合)，只能形成单个的如图所示的二维数据矩阵[①]。

二维数据矩阵中的每一列都对应于对一个脉冲回波的连续采样，即连续的距离单元。列中的每一个元素都是一个复数，代表一个距离单元的实部和虚部(I 和 Q)分量。因此，二维数据矩阵中的每一行代表对同一距离单元的一连串脉冲测量。快时间或距离维(图 5.5 中的垂直方向)的采样率至少为发射脉冲的带宽，因此量级在几百千赫到几十甚至几百兆赫之间。慢时间或脉冲数维(图 5.5 中的水平方向)按雷达的脉冲重复间隔进行采样。因此慢时间维的采样率为脉冲重复频率，量级为几到几十千赫，有时达到几百千赫。如图 5.5 中的阴影部分所示，多普勒滤波是对矩阵的行数据(同一距离单元的数据)进行操作。

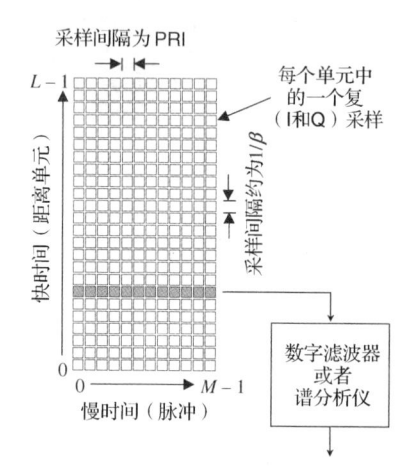

图 5.5 二维数据矩阵的示意图，每一个单元代表一个复数

MTI 处理器对慢时间数据序列执行线性滤波处理，以抑制数据中的杂波分量。图 5.6 中描述了 MTI 的处理过程。MTI 处理所需要的滤波器类型可以由图 5.7 来理解。图 5.7 假定已经利用平台运动和场景的几何信息把杂波多普勒谱中心搬移到零多普勒频率处。显然，一些高通滤波器，如图中所示的频率响应 $|H(F_D)|$，可以用来衰减杂波，而不会滤掉位于多普勒谱清洁区中的动目标。

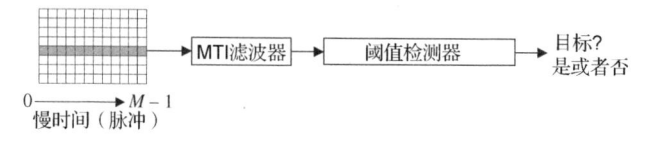

图 5.6 MTI 滤波和检测过程

高通 MTI 滤波器的输出会成为一个新的慢时间信号，它包含噪声以及可能存在的一个或多个动目标信号。此慢时间信号再通过由服从阈值检测的匹配滤波器所组成的检测器。如果 MTI 滤波输出峰值超过检测阈值(即它的能量足够大，以超过任何噪声的可能值)，就表明目

[①] 并不是所有处理器都要求必须形成一个类似图 5.5 的数据矩阵。特别地，如 MTI 处理器的实现就比较简单。然而，此数据矩阵在其他许多处理器中会直接用到，而且在解释多普勒滤波概念时非常有用。

标存在。应该注意到，在 MTI 处理中只能给出在感兴趣的距离单元中是否存在目标的判决信息。如图 5.6 所示的滤波过程并没有提供任何关于目标多普勒频率的估计信息，甚至关于它的正负符号的信息也没有提供。也就是说，它能够判断目标的存在，但不能确定目标是朝向还是背向雷达运动，或以多大的径向速度运动。而且，它也不提供目标存在的数目这样的信息。如果多个动目标同时存在于某个特定距离单元的慢时间信号中，那么 MTI 的处理结果也仍然只是给出一个"目标存在"的判决。另一方面，MTI 处理非常简单、运算量较低。尽管处理形式简单，但一个精心设计的 MTI 处理器还是能够把信杂比(SCR)改善几到 20 dB，对于某些杂波环境甚至改善得更多。

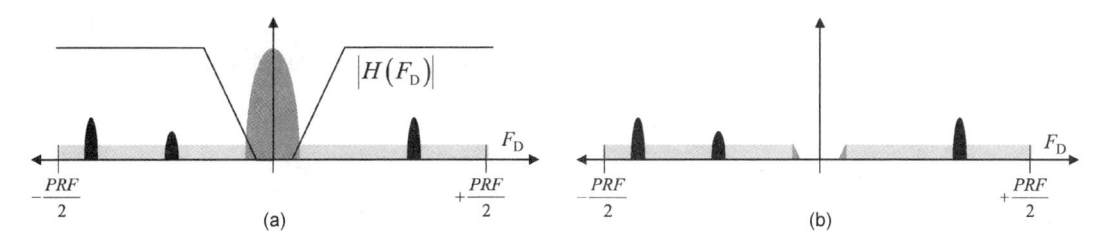

图 5.7 MTI 滤波概念。(a)多普勒谱和 MTI 滤波器频率响应；(b) MTI 滤波后的多普勒谱

5.2.1 脉冲对消器

MTI 设计的主要任务是选择所要使用的特定 MTI 滤波器。典型的 MTI 滤波器是低阶的简单形式。实际上，许多最普通的 MTI 滤波器都是基于非常简单的启发式(探索式)设计方法。假设一个固定雷达照射一个被理想静止杂波包围的动目标。对于每一个脉冲，其回波信号中的杂波分量都相同，而动目标分量的相位会随距离的变化(由于目标运动)而改变。减去连续脉冲对的回波，就可以完全对消杂波分量。而目标信号由于其相位的改变，通常不会被对消(或不会被完全对消)。

由上面例子的观察，引出了二脉冲 MTI 对消器，也称为单阶或一阶相消器。图 5.8(a)给出了二脉冲对消器的流程图。输入数据为对同一距离单元连续脉冲采样的基带复数据(I 和 Q)序列 $y[m]$。$y[m]$ 是一个离散时间序列，有效采样时间间隔 T 等于脉冲重复间隔。此线性有限冲激响应(FIR，也称为抽头延迟线或非递归)滤波器的离散时间传递函数(也称为系统函数)为 $H(z) = 1 - z^{-1}$。把 $z = e^{j2\pi FT}$ 代入传递函数中，得到以模拟频率 F Hz 为变量的频率响应函数，即

$$\begin{aligned} H(F) &= (1-z^{-1})|_{z=e^{j2\pi FT}} \\ &= 1 - e^{-j2\pi FT} \\ &= e^{-j\pi FT}(e^{+j\pi FT} - e^{-j\pi FT}) \\ &= 2j e^{-j\pi FT} \sin(\pi FT) \end{aligned} \tag{5.1}$$

图 5.8 基本 MTI 对消器的流程图和传递函数。(a)二脉冲对消器；(b)三脉冲对消器

实际经常会用到归一化频率 $f = FT$ 周期/采样，或用弧度表示的归一化频率 $\omega = \Omega T = 2\pi FT$ rad/采样。用归一化弧度频率表示，二脉冲 MTI 对消器的频率响应为

$$H(\omega) = 2j e^{-j\omega/2} \sin(\omega/2) \quad \text{rad/采样} \tag{5.2}$$

注意模拟频率 F 的范围为 $-1/2T \sim +1/2T$，f 的范围为 $-0.5 \sim +0.5$，ω 的范围为 $-\pi \sim +\pi$。

图 5.9(a)中给出了二脉冲对消器的频率响应的幅度。二脉冲对消器确实在零多普勒频率处形成了一个凹口以抑制杂波能量，使得动目标的谱分量要么被部分衰减要么被放大，到底是衰减还是放大最终取决于谱分量在多普勒频率轴的位置。如同所有的离散时间滤波器，其频率响应是周期性的，其周期为 1(对于归一化的周期频率 f)，或 2π(对于归一化的角频率 ω)，或 $1/T = PRF$(对于实际的模拟频率 F Hz)。图中的阴影区突出显示了 $-PRF/2 \sim +PRF/2$ 之间的主周期，通常只须画出主周期谱。只考虑主周期的频率范围，显然此频率响应具有高通特性。周期性所隐含的问题将在 5.2.4 节讨论。

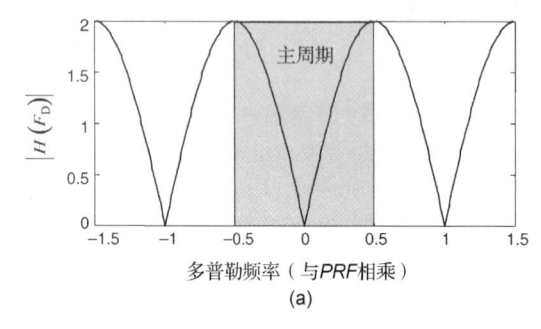

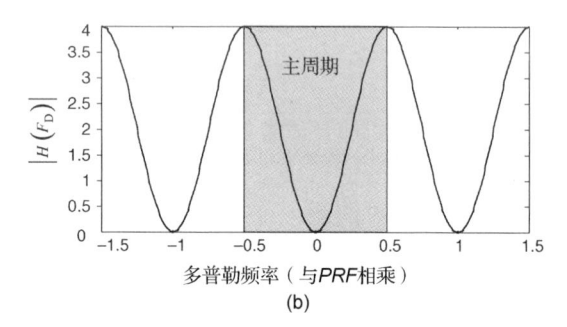

图 5.9 基本 MTI 对消器的频率响应。(a)二脉冲对消器；(b)三脉冲对消器

二脉冲对消器是一个非常简单的滤波器，它的实现不需要乘法运算，每一次输出采样只需要做一次减法运算。然而，如图 5.9(a)所示，与理想的高通滤波器相比，它是一个很差的近似。二脉冲对消器的一个常规改进就是三脉冲对消器(二阶滤波器)，由两个二脉冲对消器级联得到。三脉冲对消器的流程图和频率响应分别如图 5.8(b)和图 5.9(b)所示。三脉冲对消器能够明显地改善零多普勒附近的凹口宽度，但并不能改善非零多普勒频率处的动目标的响应。三脉冲对消器的每一次输出采样只需要做两次减法运算。

尽管结构简单，但对于具有中等和较高脉冲间相关性的杂波，二脉冲和三脉冲对消器是非常有效的。图 5.10 给出了一个仿真的杂波序列。此杂波序列的仿真过程如下：白噪声序列通过一个具有高斯功率谱的低通滤波器，在归一化频率轴上的标准方差为 $\sigma_f = 0.05$，即标准方差为整个谱宽的 5%。图中也给出了经过二脉冲对消器和三脉冲对消器的输出序列。二脉冲对消器的输出功率衰减了 13.4 dB，而三脉冲对消器，输出功率则衰减了 21.9 dB。

通过级联二脉冲对消器得到高阶滤波器的思想可以推广到 N 脉冲对消器，即 N 脉冲对消器可以通到级联 $N-1$ 个二脉冲对消器获得。因此 N 脉冲对消器的传递函数为

$$H_N(z) = (1 - z^{-1})^{N-1} \tag{5.3}$$

相应的滤波器的冲激响应系数由下面的二项式级数给出：

$$h_N[m] = (-1)^m \binom{N-1}{m} = (-1)^m \frac{(N-1)!}{m!(N-1-m)!}, \quad m = 0, \cdots, N-1 \tag{5.4}$$

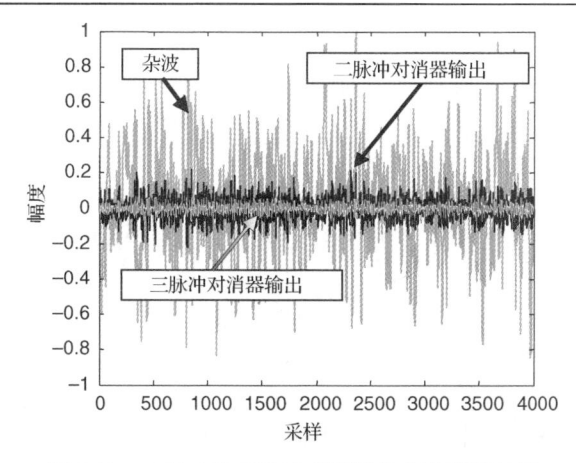

图 5.10 二脉冲和三脉冲对消器的杂波相消结果

其他类型的数字高通滤波器也可以设计成 MTI 滤波器。例如，一个 FIR 高通滤波器可以利用标准的数字滤波器设计技术实现，例如窗方法或 Parks-McClellan 算法。为了适用于 MTI 滤波器，FIR 滤波器的频率响应必须在 $F = 0$ 处具有零点。对于众所周知的 4 大类 FIR 数字滤波器(Oppenheim 和 Schafer，2010，5.7 节)，MTI 滤波器可以利用 I 类(偶数阶，具有对称冲激响应)或IV类(奇数阶，具有非对称冲激响应)滤波器来设计。IV类滤波器的传递函数总是在 $z = 1$ 处具有零点，即频率响应在 $f = 0$ 处具有零点，因此适合于 MTI 滤波器。二脉冲对消器(阶数为 1)是IV类滤波器的一个特例。I 类滤波器并不一定在 $f = 0$ 处形成零点，但可以通过约束冲激响应系数 $h[m]$ 之和等于零来设计满足上述要求的滤波器。三脉冲对消器是 I 类中满足 MTI 滤波器要求的一个特例。

II类和III类滤波器不适合于 MTI 滤波器，因为这些滤波器总是在 $z = -1$ 处具有零点，对应的频率响应在归一化频率 $f = 0.5$ 处形成零点，这会产生额外的盲速(见 5.2.4 节)。另外，无限冲激响应(IIR)高通滤波器也可以用来设计 MTI 滤波器。然而，由于二脉冲或三脉冲对消器的计算简单，许多工作的雷达系统仍然把它们作为首要的 MTI 滤波器。

5.2.2 匹配滤波器的矢量表示

前面描述的 N 脉冲对消器非常有效，而且已得到了广泛应用。尽管如此，但它们都是基于猜测法(即没有考虑对目标信号的损失情况)的思想设计的。那么是否能够设计一个更加有效的脉冲相消器？既然 MTI 滤波的目的是为了改善信杂波，那么第 4 章中匹配滤波器的概念就有可能用来设计 MTI 滤波器。为了应用于离散时间信号，匹配滤波器必须首先采用矢量形式进行表达。这在某种程度上也可以辅助归一化匹配滤波器。

考虑一个复信号列矢量 $y_m = [y[m]\ y[m-1]\ \cdots\ y[m-N+1]]^T$ 和一个滤波器的权矢量 $h = [h[0]\ \cdots\ h[N-1]]^T$。上标 T 表示矩阵转置操作，因此 y 和 h 都是 N 元列矢量。滤波器的某一输出采样 z 表示为 $z = h^T y$。输出采样的功率为

$$z \text{的功率} = |z|^2 = z^* z^T = h^H y^* y^T h \tag{5.5}$$

式中，$(\cdot)^H$ 表示矢量或矩阵的厄米特共轭转置操作。

通过寻找使滤波输出信干比最大化的滤波器的系数矢量 h 可以构造出匹配滤波器。假定 t 表示期望的目标信号矢量，w 表示干扰矢量，则 $y = t + w$。干扰是一个随机的过程，但它并

不能假定为白噪声或高斯噪声,因此可以对噪声和杂波进行建模。滤波后的信号和干扰分别为 $h^T t$ 和 $h^T w$,相应的信号和干扰功率分别为 $h^H t^* t^T h$ 和 $h^H w^* w^T h$。干扰功率是一个随机变量,因此只有它的期望值才能给出有意义的结果。用干扰协方差矩阵 S_I 表示 $w^* w^T$ 的期望值,即

$$S_I \equiv E\{w^* w^T\} \tag{5.6}$$

干扰协方差矩阵 S_I 的下列关系成立:$S_I^T = S_I^*$,$S_I = S_I^H$,$(S_I^{-1})^T = (S_I^{-1})^*$。利用上述定义,信干比变为

$$SIR = \frac{h^H t^* t^T h}{h^H S_I h} \tag{5.7}$$

根据第 4 章的内容,使式(5.7)最大化(使 SIR 最大化)的滤波器 h 可以利用施瓦兹不等式得到。利用矢量-矩阵形式操作的施瓦兹不等式为

$$|p^H q|^2 \leqslant \|p\|^2 \|q\|^2 \tag{5.8}$$

其中,$\|p\| \equiv \sqrt{p^H p}$。当且仅当 $p = kq$ 时(k 为一标量常数),上面的等式成立。为了应用式(5.8),首先需要注意到干扰协方差矩阵 S_I 是一正定矩阵,因此它可以分解为如下形式 $S_I = A^H A$,A 为某一矩阵,A 在某种意义下可以看成 S_I 的"平方根"。定义 $p = Ah$ 和 $q = (A^H)^{-1} t^*$。上述定义的目的是为了得到 $p^H q = h^H t^*$,因此式(5.7)的分子可以表示成 $|p^H q|^2 = h^H t^* t^T h$。于是,由施瓦兹不等式得到

$$h^H t^* t^T h \leqslant \|Ah\|^2 \|(A^H)^{-1} t^*\|^2 = (h^H S_I h)(t^T S_I^{-1} t^*) \tag{5.9}$$

把式(5.9)代入式(5.7),得到 SIR 为

$$SIR \leqslant t^T S_I^{-1} t^* \tag{5.10}$$

当且仅当 $p = kq$ 时(k 为一标量常数),等式成立。因此最优权矢量满足 $Ah_{opt} = k(A^H)^{-1} t^*$,或当 $k = 1$ 时的最优权矢量为

$$h_{opt} = S_I^{-1} t^* \tag{5.11}$$

利用 $(S_I^{-1})^T = (S_I^{-1})^*$,滤波后的数据变为

$$z = h_{opt}^T y = t^H (S_I^{-1})^* y \tag{5.12}$$

式(5.11)在信号处理,尤其是雷达信号处理中有着根本的重要性和通用性。在本书中,它不仅用于杂波滤除和脉冲多普勒处理,同样也用于空-时自适应处理、检测和估计。

5.2.3 杂波抑制的匹配滤波器

上节的最优匹配滤波器所得到的结果可以用来设计 N 点($N-1$ 阶)MTI 滤波器,以获得比 N 脉冲对消器更优化的性能。式(5.11)表明,在加性干扰情况下,具有最优检测性能的线性滤波器为 FIR 匹配滤波器,其滤波器系数由下面的矩阵表达式给出:

$$h \equiv \begin{bmatrix} h[0] \\ \vdots \\ h[N-1] \end{bmatrix} = S_I^{-1} t^* \tag{5.13}$$

式中,h 为滤波器系数 N 维列矢量;S_I 为 $N \times N$ 维干扰协方差矩阵;t^* 为期望的目标信号的 N 维列矢量(即滤波器所要匹配的信号),上标的星号表示复共轭。

为确定最优滤波器系数 $\boldsymbol{h}$，需要对干扰 $\boldsymbol{S}_I$ 和目标特性 $\boldsymbol{t}$ 进行建模。举一个简单的例子，考虑一个一阶（$N=2$）匹配滤波器。假定干扰 $w[m]$ 包含功率（方差）为 σ_n^2 的零均值平稳白噪声 $n[m]$ 和功率（方差）为 σ_c^2 的零均值平稳色杂波 $c[m]$，即

$$w[m] = n[m] + c[m]$$
$$\boldsymbol{w} = [w[m] \quad w[m-1]]^{\mathrm{T}} \tag{5.14}$$

杂波在脉冲与脉冲之间表现出的相关性为 $\mathrm{E}\{c[m]c^*[m+1]\} = \mathrm{E}\{c^*[m]c[m-1]\} = s_c[1] = \sigma_c^2 \rho_c[1]$。为了简化该表达式，把单延迟的归一化自相关系数 $\rho_c[1]$ 简单地写为 ρ，且假定杂波和噪声之间互不相关。

定义干扰协方差矩阵 $\boldsymbol{S}_I$ 为

$$\boldsymbol{S}_I = \mathrm{E}\{\boldsymbol{w}^* \boldsymbol{w}^{\mathrm{T}}\} \equiv \begin{bmatrix} s_{11} & s_{12} \\ s_{21} & s_{22} \end{bmatrix} \tag{5.15}$$

考虑式中矩阵的元素 s_{11}。根据噪声和杂波互不相关且都为零均值的假设，很容易得到 s_{11} 的表达式为

$$s_{11} = \mathrm{E}\{(n[m]+c[m])^*(n[m]+c[m])\} = \sigma_n^2 + \sigma_c^2 \tag{5.16}$$

下面考虑 s_{12} 元素，即

$$\begin{aligned} s_{12} &= \mathrm{E}\{(n[m]+c[m])^*(n[m-1]+c[m-1])\} \\ &= \mathrm{E}\{n^*[m]n[m-1]\} + \mathrm{E}\{n^*[m]c[m-1]\} + \\ &\quad \mathrm{E}\{c^*[m]n[m-1]\} + \mathrm{E}\{c^*[m]c[m-1]\} \end{aligned} \tag{5.17}$$

由于噪声和杂波为零均值且互不相关，而且噪声为白色，该式前 3 项的期望值为零，而最后一项为杂波的脉冲间的相关性，因此

$$s_{12} = 0 + 0 + 0 + \mathrm{E}\{c^*[m]c[m-1]\} = \rho \sigma_c^2 \tag{5.18}$$

容易得出 $s_{22} = s_{11}$ 和 $s_{21} = s_{12}^*$。利用上述结果，得到 $\boldsymbol{S}_I$ 为

$$\boldsymbol{S}_I = \begin{bmatrix} \sigma_c^2 + \sigma_n^2 & \rho \sigma_c^2 \\ \rho^* \sigma_c^2 & \sigma_c^2 + \sigma_n^2 \end{bmatrix} \tag{5.19}$$

进而得到 $\boldsymbol{S}_I$ 的逆矩阵为

$$\begin{aligned} \boldsymbol{S}_I^{-1} &= \frac{1}{(\sigma_c^2+\sigma_n^2)^2 - |\rho|^2 \sigma_c^4} \begin{bmatrix} \sigma_c^2 + \sigma_n^2 & -\rho \sigma_c^2 \\ -\rho^* \sigma_c^2 & \sigma_c^2 + \sigma_n^2 \end{bmatrix} \\ &\equiv k \begin{bmatrix} \sigma_c^2 + \sigma_n^2 & -\rho \sigma_c^2 \\ -\rho^* \sigma_c^2 & \sigma_c^2 + \sigma_n^2 \end{bmatrix} \end{aligned} \tag{5.20}$$

式中，k 包含了矩阵逆的所有常数。

$\boldsymbol{S}_I$ 表示干扰的可利用信息。主对角线元素总是完全一致且等于总干扰能量，即所有独立干扰源能量的叠加。非对角线元素表明了在一个脉冲期间干扰的相关特性。噪声为白噪声，因此对非对角线元素没有贡献，与此同时，杂波的贡献为 $\rho = \rho_c[1] \neq 0$。更一般地，一个 N 阶滤波器需要 $N \times N$ 维互相关矩阵，并且需要多达 $\rho_c[N-1]$ 的相关系数。

为了最后得到 $\boldsymbol{h}$，还需要对假定的目标信号相位历程 $\boldsymbol{t}$ 进行建模。对于一个具有恒定径向

速度的动目标，期望的目标信号为一个具有多普勒频率 F_D 的离散复正弦。接着 2.6.3 节做进一步讨论，假定雷达发射波形为一连串脉冲重复间隔为 T、载频为 F_t 的简单脉冲。如果目标所在的距离为 R_0，朝向雷达运动，径向速度为 v m/s，则其慢时间相位历程具有如下形式：

$$y[m] = A\exp\left[-j\frac{4\pi}{\lambda}(R_0 - 2\beta_v R_s)\right]\exp\left[+j2\pi\left(\frac{2v}{\lambda}\right)mT\right] \\ = A\exp[+j2\pi F_D mT] \tag{5.21}$$

式中，$F_D = 2v/\lambda$ 为多普勒频移；$R_s \approx R_0$ 为对应于采样时间的距离；A 包含每一步的所有常数项。

在分析一个 N 脉冲对消器时，只需要考虑 $y[m]$ 的 N 个采样。假定 $N \le M$，并且联系附录 B 中关于线性滤波器的矢量表示结果，把 N 个采样序列（假定采样时刻为 $m = m_0$，$\{y[m_0], y[m_0-1], \cdots, y[m_0-N+1]\}$）表示成矢量形式为

$$\boldsymbol{t} = A[\mathrm{e}^{j2\pi F_D m_0 T} \quad \mathrm{e}^{j2\pi F_D(m_0-1)T} \quad \cdots \quad \mathrm{e}^{j2\pi F_D(m_0-N+1)T}]^{\mathrm{T}} \\ = A[1 \quad \mathrm{e}^{-j2\pi F_D T} \quad \cdots \quad \mathrm{e}^{-j2\pi F_D(N-1)T}]^{\mathrm{T}} \tag{5.22}$$

式中，A 包含 m_0 时刻采样的时延相位，而且假定采样仅仅包含目标分量，因此采样序列用 $\boldsymbol{t}$ 表示。对于特定的 $M = 2$ 的情况，采样序列 $\boldsymbol{t}$ 变为

$$\boldsymbol{t} = A[1 \quad \mathrm{e}^{-j2\pi F_D T}]^{\mathrm{T}} \tag{5.23}$$

在实际中，目标速度也就是目标多普勒是未知的，目标可以位于多普勒谱的任意位置。目标多普勒频率 F_D 可以建模为一个在 $[-PRF/2, +PRF/2)$ 上均匀分布的随机变量，因此，需要计算 $\boldsymbol{t}$ 的期望值。常数 1 的期望值显然为 1。目标模型 $\boldsymbol{t}$ 的第二个分量的期望值为

$$\mathrm{E}\{\mathrm{e}^{-j2\pi F_D T}\} = \frac{1}{PRF}\int_{-PRF/2}^{+PRF/2} \mathrm{e}^{-j2\pi F_D T} \mathrm{d}F_D \\ = \frac{1}{PRF}\int_{-PRF/2}^{+PRF/2} \mathrm{e}^{-j2\pi F_D/PRF} \mathrm{d}F_D = 0 \tag{5.24}$$

因而，目标模型 $\boldsymbol{t}$ 变为

$$\boldsymbol{t} = A[1 \quad 0]^{\mathrm{T}} \tag{5.25}$$

最后，将式(5.20)和式(5.25)代入式(5.13)，得到最优二脉冲滤波器的权系数矢量为

$$\boldsymbol{h} = [\sigma_c^2 + \sigma_n^2 \quad -\rho^*\sigma_c^2]^{\mathrm{T}} \tag{5.26}$$

在上式中，常数 A 对目标、杂波和噪声有相同的影响，因而无关紧要，可以舍弃掉。

为了解释式(5.26)的结果，首先考虑当杂波为主要干扰的情况。也就是，相对于 σ_c^2，σ_n^2 可以忽略掉，且 $\boldsymbol{h} \approx [1 \quad -\rho^*]^{\mathrm{T}}$。现在假定杂波在脉冲间高度相关，因此 ρ 接近于 1，则 $\boldsymbol{h} \approx [1 \quad -1]^{\mathrm{T}}$ 与二脉冲对消器的权系数非常接近。因此，尽管二脉冲对消器的结构简单，然而当杂噪比(CNR)足够高，且杂波在脉冲间高度相关时，二脉冲对消器近似为一个一阶 MTI 匹配滤波器。当杂噪比高达极限，与脉冲间的杂波完全相关时，二脉冲对消器与一阶 MTI 匹配滤波器完全相同。

前面关于最优二脉冲 MTI 滤波器的矢量匹配滤波器的推导，可以容易地推广到高阶 MTI 匹配滤波器。但随着阶数的增加，N 脉冲对消器与相应的 MTI 匹配滤波器的近似程度会变差(Schleher, 2010)。

下面考虑噪声(而非杂波)是主要干扰(即 $\sigma_c^2 \ll \sigma_n^2$)时的最优滤波器形式。在这种情况下，

式(5.26)的最优一阶 MTI 滤波器简化(再次忽略以上比例因子)为

$$h \approx [1 \quad 0]^T \tag{5.27}$$

上式表明，在干扰完全去相关和目标速度未知的情况下，滤波器的冲激响应可简化为一个单冲激，即 $h[m] = \delta[m]$。因此，当任何信号和 $\delta[m]$ 卷积时，仅仅返回相同的信号，滤波器不进行任何操作。在杂波作为主要干扰的情况下，滤波器对消两个慢时间采样，这是因为即使不能保证对目标信号进行同相相加，杂波的脉冲间高相关性也可以保证杂波能够被有效抑制，在平均意义上，其作用对整体效果是有益的。在噪声是主要干扰的情况下，仍然不能保证对目标信号的同相相加，而且也不能保证噪声能被抑制，因此，滤波器最终不会联合这两个慢时间采样。

前面的分析假定目标多普勒频移是未知的，因此认为目标多普勒频率在多普勒谱上是均匀分布的。上述分析可以很容易地改进到某一指定多普勒频率，或某一段多普勒谱(假定目标的多普勒频率只位于此段谱内)的最优 MTI 滤波器。这些假设就是需要设计期望的目标信号模型 t。对于第二种情况，文献(Schleher, 2010)和习题 8 已进行了讨论。下面只考虑已知目标多普勒频率和二脉冲 MTI 滤波器的情况。干扰和信号模型与前面给出的完全相同，这里假定 t 中的目标多普勒频率不再是一个随机变量，而是一个已知的固定值。因此，不再需要计算 t 的期望值。则滤波器的权系数矢量变为

$$
\begin{aligned}
h = S_I^{-1} t^* &= \begin{bmatrix} \sigma_c^2 + \sigma_n^2 & -\rho \sigma_c^2 \\ -\rho^* \sigma_c^2 & \sigma_c^2 + \sigma_n^2 \end{bmatrix} \begin{bmatrix} 1 \\ e^{+j2\pi F_D T} \end{bmatrix} \\
&= \begin{bmatrix} (\sigma_c^2 + \sigma_n^2) - \rho \sigma_c^2 e^{+j2\pi F_D T} \\ (\sigma_c^2 + \sigma_n^2) e^{+j2\pi F_D T} - \rho^* \sigma_c^2 \end{bmatrix}
\end{aligned}
\tag{5.28}
$$

式中，所有的常数项都被舍弃了。尽管在干扰统计特性已知时，上面的滤波器很容易实现，但它却很难解释。而在噪声限制($\sigma_n^2 \gg \sigma_c^2$)情况下，该式可以简化为

$$h = [1 \quad e^{+j2\pi F_D T}]^T \tag{5.29}$$

上式表明，在噪声限制情况下，最优滤波器先对第二个目标采样补偿一个相位项，使这两个目标采样同相，再同相相加这两个目标采样。换句话说，最优滤波器对这两个目标采样执行相干积累。

5.2.4 盲速和参差脉冲重复频率

所有离散时间滤波器的频率响应都是周期性的，其周期在归一化频率域为单位 1，在实际的模拟频率域周期为 $PRF = 1/T$ Hz。图 5.9 给出了二脉冲和三脉冲对消器的周期化频率响应。既然 MTI 滤波器设计在零多普勒频率处形成凹口，那它们也同样会在整数倍 PRF 的多普勒频率处形成凹口。因此，当动目标的多普勒频率等于整数倍 PRF 时，这些动目标也会被 MTI 滤波器抑制掉。对应于这些多普勒频率(即脉冲重复频率的整数倍)的径向速度称为盲速，这是因为具有这些径向速度的动目标也会被抑制掉。也就是说，系统对于这些目标是"盲"的。从数字信号处理的角度看，盲速代表那些混叠到零多普勒频率的目标速度。

对于一个给定的脉冲重复频率，距离的无模糊范围为

$$R_{ua} = \frac{c}{2PRF} \tag{5.30}$$

第一个盲速为

$$v_b = \frac{\lambda \, PRF}{2} = \frac{c \, PRF}{2F_0} \tag{5.31}$$

其对应的多普勒频移 F_b 与 PRF 相等。对于给定的 RF，当脉冲重复频率增加时，距离的无模糊范围 R_{ua} 减小，而第一个盲速增加。图 5.11 给出了可能的无模糊距离-多普勒覆盖区。图中，标志为"1 GHz"线上的每个点都代表一对 R_{ua} 和 v_b 的组合，且对应于某一脉冲重复频率。而虚线所标志的那一点，对应于第一个盲速 400 m/s，及无模糊距离 56.25 km。利用式(5.31)计算得到，此组合所对应的脉冲重复频率为 2667 Hz。

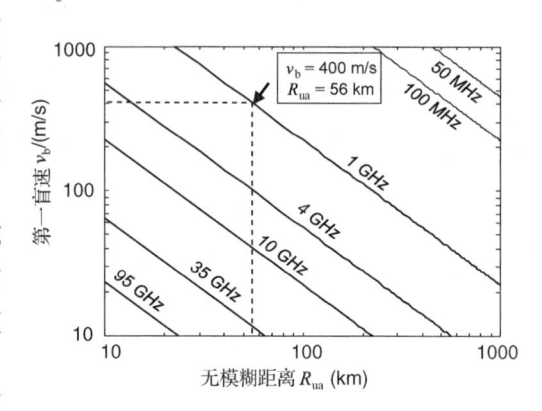

图 5.11 无模糊的距离-多普勒覆盖区域

在术语上，对于"无模糊速度"和"无模糊多普勒频率"的含义存在一些混淆。式(5.31)中定义的盲速是 MTI 滤波器响应为零值的速度区间。一般认为可以无模糊地测量到的速度范围是 $[-v_b/2, +v_b/2]$。之所以认为无模糊速度为 $v_b/2$，是由于速度幅值大于该值的目标会发生混叠。用多普勒频率表示，盲多普勒频率为 PRF（单位为 Hz），容许在区间 $[-PRF/2, +PRF/2]$ 上无模糊地测量，无模糊多普勒频率被认为是 $PRF/2$。但是，在一些资料中，无模糊速度（多普勒频率）被认为是 v_b（单位为 m/s），即 PRF（单位为 Hz），所以在理解文献时需要加以注意。本书中，无模糊速度或者多普勒频率表示第一盲速或者多普勒频率的一半。

无模糊距离可视为在给定脉冲重复频率下雷达的距离覆盖范围，同时相应的盲速或多普勒可视为速度或多普勒范围。联合式(5.30)和式(5.31)可知，对于给定的单个脉冲重复频率，距离速度范围是一个与脉冲重复频率无关的常数。距离速度范围也和载频无关，即

$$R_{ua} v_b = \frac{c}{2PRF} \cdot \frac{\lambda PRF}{2} = \frac{\lambda c}{4}$$
$$R_{ua} F_b = \frac{c}{2PRF} \cdot PRF = \frac{c}{2} \tag{5.32}$$

盲速可以通过选择足够高的脉冲重复频率来避免，因为当脉冲重复频率足够高时，可以使第一个无模糊的速度超过任何可能的实际目标速度。然而遗憾的是，较高的 PRF 对应于较短的无模糊距离，所以通常情况下，无法使一个脉冲重复频率能同时满足所需的无模糊距离和多普勒覆盖区。例如，假定设计一个无模糊距离为 100 km 和非模糊速度至少为 ±112.5 m/s 的雷达系统，其对应盲速为 225 m/s。由图 5.11 得到，使之可能的最大载频为 1 GHz。如果雷达要求工作在 X 波段(10 GHz)，则 100 km 的无模糊距离和 112.5 m/s 的非模糊速度的组合是不能同时得到的，即模糊必须出现在距离或多普勒上，或两者都存在模糊。

一种解决方法是利用参差的脉冲重复频率(或参差的 PRI)，它能够大大提高第一个盲速而仅仅有限地减少非模糊距离(Levanon, 1988; Schleher, 2010)。参差脉冲重复频率的实现既可基于脉间，也可基于 CPI。后者在机载脉冲多普勒雷达中普遍应用，将在 5.3.8 节讨论。脉间参差要求在一个 CPI(或驻留时间)内改变脉冲间的重复间隔。一般方法是在含有 P 个预选择 PRI 的集合中循环，重复此过程直到所有 PRI 均被利用。图 5.12 给出了当 $P = 2$ 时的脉冲时间序列。对于一个给定的距离单元，其产生的慢时间数据随后会经过

一个 MTI 滤波器。后面会说明，脉间参差的优点是能够在一个驻留时间内，提高无模糊的多普勒覆盖区。

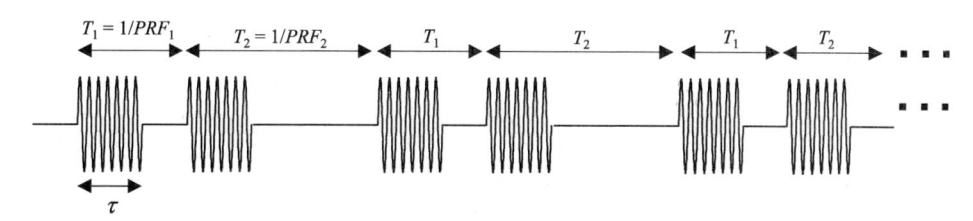

图 5.12 两个参差 PRI 的脉冲序列时刻

脉间参差的一个缺点是慢时间数据是非均匀采样的序列，这使得应用相干多普勒处理不可行，而且也使分析变得复杂。另一个缺点是模糊的主瓣杂波会导致脉冲间的杂波幅度随着 PRI 的变化而变化，这是由于距离模糊的杂波（来自前面脉冲的杂波）会随着 PRI 的变化而折叠到不同距离单元中去。因此，脉间 PRI 参差通常只用在无距离模糊的低脉冲重复频率模式下。

参差 PRI 操作可以从 PRI 或相应的脉冲重复频率的角度分析。因为前一种更为直观，所以这里采用前一种。考虑一个系统，利用 P 个参差 PRI，即 $\{T_0, T_1, \cdots, T_{P-1}\}$。相应的 PRF 为 $\{PRF_p\} = \{1/T_p\}$。假设每个 PRI 均选为基础间隔 T_g 的整数倍，即

$$T_p = k_p T_g, \quad p = 0, \cdots, P-1 \tag{5.33}$$

对于既定的脉冲重复频率，对应有 $PRF_p = 1/T_p$ 和 $F_g = 1/T_g$。这在很多雷达系统中是可实现的，其中，T_g 对应于快时间采样间隔，整数集 $\{k_p\}$ 对应于每个脉冲重复间隔中的距离单元点数。这组整数 $\{k_p\}$ 称为参差码[1]，而它们中的任意两个之间的比值 $k_m : k_p$ 称为参差比。在很多实际情况下，参差码会选择互质的整数。

对于一个固定 PRI 系统，任何 MTI 滤波器都会在所有整数倍 PRF 处形成盲速多普勒频率。因此，对于一个利用参差 PRI 的系统，其第 1 个真正的盲速多普勒频率 F_{bs} 对于所有相应的参差脉冲重复频率都是盲速的最低多普勒频率，即参差脉冲重复频率组的最小公倍数（LCM），则有

$$\begin{aligned} F_{bs} &= \text{lcm}(PRF_0, \cdots, PRF_{P-1}) = \text{lcm}(1/T_0, \cdots, 1/T_{P-1}) \\ &= F_g \text{lcm}(1/k_0, \cdots, 1/k_{P-1}) \end{aligned} \tag{5.34}$$

一组参差 PRI 的一个完整周期 T_{tot} 等于组中所有参差 PRI 之和，即

$$T_{\text{tot}} = \sum_{p=0}^{P-1} T_p = T_g \sum_{p=0}^{P-1} k_p \tag{5.35}$$

我们关心的是，参差脉冲重复频率系统相比于类似的非参差系统，盲速多普勒提高了多少。非参差系统作为基线参考的合理选择是使其 PRI 和参差系统的平均 PRI 相等。因此，两个系统收集 N 个脉冲所需的时间相同。平均 PRI 为

$$T_{\text{avg}} = \frac{T_{\text{tot}}}{P} = \frac{T_g}{P} \sum_{p=0}^{P-1} k_p \tag{5.36}$$

---

[1] 许多作者用 PRF（而非 PRI）来描述参差系统，并且"参差码"指的是 PRF_n 的比值。

对于一个 PRI 等于此平均 PRI 的非参差波形，其第一个盲速多普勒频率为

$$F_b = \frac{1}{T_{avg}} \tag{5.37}$$

根据式(5.34)、式(5.36)和式(5.37)以及 $F_g T_g = 1$，可以得到参差脉冲重复频率系统的第一个盲速多普勒频率的表达式(利用 $\{k_p\}$ 和对应的非参差系统的盲速多普勒频率 F_{bs} 来表达)

$$\frac{F_{bs}}{F_b} = \frac{1}{P} \text{lcm}(1/k_0, \cdots, 1/k_{P-1}) \left(\sum_{p=0}^{P-1} k_p\right) \tag{5.38}$$

例如，对于一个参差比为 3:4 的 2-PRI 系统，其第一个盲速多普勒频率是对应的具有相同平均 PRI 的非参差系统的 3.5 倍。如果再增加第三个脉冲重复频率，使得参差数变为 {3,4,5}，其第一个盲速多普勒频率为对应的非参差系统的 4 倍。

如果所有的参差数互质，上述公式可以简化。这时，反参差数集合 $\{1/k_p\}$ 的最小公倍数等于 1(见习题 14)。那么参差系统的盲速多普勒频率[式(5.34)]等于 F_g，并且对应非参差系统盲速多普勒频率的展宽系数恰好是参差数的平均[式(5.38)]。

如果将一个纯正弦波 $A\exp(j\Omega t)$ 输入一个线性时不变(LTI)系统，其输出是另一个具有相同频率的纯正弦波 $B\exp(j\Omega t + \phi)$，只是幅度和相位可能存在差别。然而，如果一个纯正弦波在非均匀时间间隔进行采样，相应的采样序列如果仍然按常规的离散时间序列对待，则它不能等效于具有正确频率的纯正弦波的均匀采样，因此采样信号将包含多个频率分量。任何后续处理，即使是一个 LTI 系统，都仍然会导致输出谱中包含多个频率分量。因此，一个非均匀时间采样系统不是 LTI 系统，而且一个脉间参差系统的频率响应在传统意义上也不存在。相反，对于感兴趣的 MTI 滤波器结构，可以计算二脉冲对消器对任意频率和初始相位的复正弦波的影响。重复每个可能的正弦频率，可以确定参差采样和 MTI 滤波对不同多普勒频移目标的共同作用效果(Roy 和 Lowenschuss，1970；Levanon，1988；Schleher，2010)。

一个固定 PRI 为 T 的系统发射脉冲，按 N 点脉冲序列在时刻 t_m 发射第 m 个脉冲，其中 $t_m = mT$，$m = 0, \cdots, N-1$。一个 P 参差系统的采样时刻序列 $\{t_m\}$ 为

$$t_m = \begin{cases} 0, & m = 0 \\ \sum_{p=0}^{m-1} T_{((p))_P}, & m = 1, \cdots, N-1 \end{cases} \tag{5.39}$$

式中，符号 $((\cdot))_P$ 表示计算模 P 函数(即计算自变量以 P 为模的余数)。注意到 $\{T_p\}$ 为采样时刻的增量，而非绝对采样时刻。而且，$t_m - t_{m-1} = T_{((m-1))_P}$。对于一个常量 PRI 和常速目标，式(5.21)所表示的慢时间相位历程可以直接推广到如下形式的参差 PRI 系统：

$$y[m] = k\exp[+j2\pi F_D t_m] \tag{5.40}$$

现在考虑图 5.8(a)中二脉冲对消器的流程图[1]。利用式(5.39)和式(5.40)，输出 $z[m] = y[m] - y[m-1]$ 可以详尽地写为

---

[1] 需要特别强调的是，系统所用的参差数目与对消器的阶数无关。一个二脉冲对消器既可以应用于 2 参差的系统，也可以应用于 10 参差的系统。

$$\begin{aligned}z[m] &= k\exp[j2\pi F_0 t_m] - k\exp[j2\pi F_0 t_{m-1}] \\ &= ke^{j\pi F_0(t_m+t_{m-1})}\{\exp[+j\pi F_0(t_m-t_{m-1})] - \exp[-j\pi F_0(t_m-t_{m-1})]\} \\ &= ke^{j\pi F_0(t_m+t_{m-1})}\{\exp[+j\pi F_0 T_{((m-1))_p}] - \exp[-j\pi F_0 T_{((m-1))_p}]\} \\ &= 2jke^{j\pi F_0(t_m+t_{m-1})}\sin(\pi F_0 T_{((m-1))_p})\end{aligned} \qquad(5.41)$$

采样滤波系统的频率响应幅值可以定义为滤波输出序列功率与输入序列功率之比的平方根。每一个输入采样的功率为 $|y[m]|^2=|k|^2$，输出采样的功率 $|z[m]|^2$。由于 PRI 的变化，输出采样功率与采样时刻序号 m 有关。因此，平均输出功率可以利用参差 PRI 一个周期内的输出采样信号功率进行估算。$T_{((m-1))_p}$ 从 $m=0,\cdots,P-1$ 的和与 T_m 的和相等。因此，二脉冲对消器的平均功率响应的幅值平方可以表示为

$$|H_{2,P}(F_0)|^2 = \frac{\frac{1}{P}\sum_{m=0}^{P-1}|z[m]|^2}{|x[m]|^2} = \frac{4k^2\sum_{m=0}^{P-1}\sin^2(\pi F_0 T_m)}{Pk^2} \qquad(5.42)$$

式中，$|H_{N,P}(F)|^2$ 表示当输入为频率 F_0 的正弦信号时，一个参差数为 P 的系统的 N 脉冲对消器的功率增益或衰减。把指定的频率 F_0 推广到任意频率 F，得到参差 PRI 的二脉冲对消器的频率响应的幅度平方为

$$|H_{2,P}(F)|^2 = \frac{4}{P}\sum_{p=0}^{P-1}\sin^2(\pi F T_p) = \frac{4}{P}\sum_{p=0}^{P-1}\sin^2(\pi F/PRF_p) \qquad(5.43)$$

在上式中使用了实际的模拟频率（单位为 Hz）而非归一化频率，这是由于非均匀采样使得通常的归一化频率的定义无效。其他 MTI 滤波器的频率响应可以用类似的方法得到。

图 5.13(a) 中比较了 2($P=2$) 参差脉冲重复频率系统和参考的原始单个脉冲重复频率系统的二脉冲对消器的频率响应。参差系统利用的两个 PRI 分别是 4/3 ms 和 1 ms（即 PRF 分别为 750 Hz 和 1000 Hz）。$T_g=1/3$ ms，因此 $F_g=3$ kHz。一组参差码 k_p 为 $\{3,4\}$。第一个盲速多普勒频移 F_{bs} 出现在 750 Hz 和 1000 Hz 的最小公倍数处，即 3000 Hz 处。参考的非参差脉冲重复频率和盲速多普勒频率 F_b 为 857.14 Hz，是平均 PRI，即 $T_{avg}=7/6$ ms 的倒数。原始 PRI 为 T_{avg} 的非参差系统的频率响应表明在 857.14 Hz 的整数倍多普勒频率处出现盲速。因此，参差脉冲重复频率使盲速提高了 3.5 倍（3000/857.14=3.5），与式 (5.38) 的结果一致。

脉冲参差对无模糊距离的影响依然可以确定。参差 PRI 系统的无模糊距离 R_{uas} 可以简单地认为是各单独 PRI 的无模糊距离中的最小值，即

$$R_{uas} = \frac{c}{2}\min[\{T_p\}] = \frac{cT_g}{2}\min[\{k_p\}] \qquad(5.44)$$

参考的非参差系统的无模糊距离是 $R_{ua}=cT_{avg}/2$，二者的比值可表示为

$$\frac{R_{uas}}{R_{ua}} = \frac{(cT_g/2)\min[\{k_p\}]}{(cT_{avg}/2)} = \frac{P\min[\{k_p\}]}{\sum_{p=0}^{P-1}k_p} \qquad(5.45)$$

该例中两者比值为 6/7，大约有 14% 的下降。整个距离多普勒覆盖范围的增加等于式 (5.38) 和式 (5.45) 的乘积，即

$$\frac{R_{\text{uas}} F_{\text{bs}}}{R_{\text{ua}} F_{\text{b}}} = \min\left[\{k_p\}\right] \text{lcm}\left(\{1/k_p\}\right) \tag{5.46}$$

对于互质的参差数，$\text{lcm}(\{1/k_p\})=1$，上次可以简化为 $\min[\{k_p\}]$，因此上述例子中两者的比值为 3。因而，利用参差比为 3:4 的两个 PRI 降低了 14%无模糊距离，却扩展了 350%的多普勒覆盖范围和 300%的距离多普勒覆盖范围。

图 5.13(b)给出了二脉冲对消器的频率响应，其中 $T_g = 100\ \mu s$，并且使用了 5 个互质的参差数，比值依次为 51:62:53:61:58[①]，这里仅仅给出了参差响应。等效的非参差响应每隔 175.4 Hz 将会出现凹口，这使得零多普勒频移附近的功率谱展宽，从而杂波凹口更加明显。第一盲速多普勒频率是在 10 kHz 处，与式(5.38)相比增加了 57 倍，无模糊距离降低了 10.5%，整体距离多普勒覆盖范围增加了 51 倍。

更多的实例、适合气象雷达的特殊情况、IIR 滤波器和 MTI 时变滤波器的运用见文献 Shrader 和 Gregers-Hansen(2008)。另一种可选的设计方法是利用随机 PRI 来扩展盲速(Vergara-Domingues，1993)。

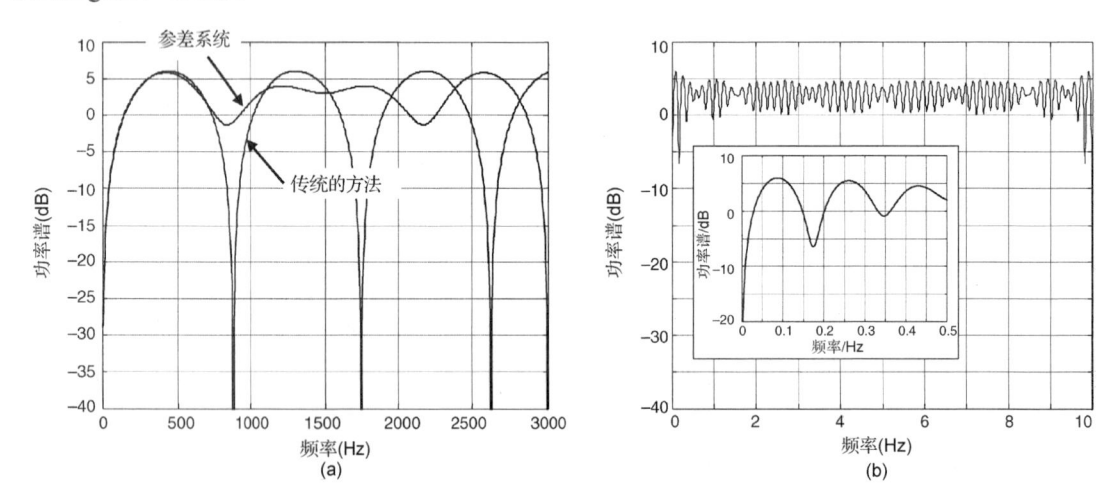

图 5.13　使用参差比为 3:4 的参差波形和相应的非参差波形的二脉冲对消器的频率响应比较。(a)参差比为 3:4 的 2 个 PRI；(b)参差比为 51:62:53:61:58 的 5 个 PRI。嵌入图放大了图像中零频附近的部分

5.2.5　质量图

MTI 滤波的目的是为了抑制杂波。在抑制杂波的同时，MTI 滤波器也会衰减或放大目标信号，具体取决于特定的目标多普勒频率。信号和杂波功率的变化会影响系统的检测概率和虚警概率，其影响程度与检测系统的特定设计有关。

通常主要使用 3 种质量图来评估 MTI 滤波质量。杂波衰减(CA)仅仅测量 MTI 滤波器的输出杂波功率相对于输入杂波功率的减少量。改善因子(I)量化了 MTI 滤波的信杂比改善，它不仅考虑 MTI 滤波器对杂波的影响，同时还考虑对目标的影响。杂波下可见度(SV)是一个比较复杂的测量，它需要同时考虑检测和虚警概率，以及检测器的特性。由于它的复杂性，实际中不经常使用。在本章，主要讨论杂波衰减和改善因子。

---

① PRI 的顺序对功率谱没有影响。替换更短和更长的 PRI 可保证发射机工作周期更近乎恒定。

改善因子的计算通常有如下 3 种方法：利用杂波功率谱和 MTI 滤波器传递函数的频率域方法；MTI 滤波器的输入和输出自相关函数法；矢量方法。下面分别介绍这 3 种方法，首先从可能最直观的频率域方法开始。

杂波衰减定义为 MTI 滤波器的输入杂波功率与输出杂波功率之比，即

$$CA = \frac{\sigma_{ci}^2}{\sigma_{co}^2} = \frac{\int_{-PRF/2}^{PRF/2} S_c(F) dF}{\int_{-PRF/2}^{PRF/2} S_c(F) |H(F)|^2 dF} \quad (5.47)$$

式中，σ_{ci}^2 和 σ_{co}^2 分别为 MTI 滤波器的输入端和输出端杂波功率；$S_c(F)$ 为用模拟频率表示的采样杂波功率谱；$H(F)$ 为离散时间 MTI 滤波器的频率响应。

因为 MTI 滤波器的设计是为了减少杂波功率，所以杂波衰减是一个大于 1 的数值。事实上，在理想条件下杂波衰减可以达到 13 dB，甚至更大。然而，杂波衰减也取决于杂波自身的功率谱 $S_c(F)$。杂波功率谱的形状和散布取决于物理现象和载频。一个给定的杂波谱的数字周期谱百分比宽度依赖于脉冲重复频率，所以也就取决于系统设计。因此，载频、脉冲重复频率，或由改变的地形、气象条件引起的杂波功率谱的变化，都会改变系统所能实现的杂波抑制。

改善因子 I 的规范定义为滤波器的输出 SCR 与滤波器的输入 SCR 之比，并且为所有期望的目标径向速度的平均结果(IEEE，2008)。暂且仅考虑一个指定的目标多普勒频率，改善因子可以写为

$$I = \frac{(S/C)_{out}}{(S/C)_{in}} = \left(\frac{S_{out}}{S_{in}}\right)\left(\frac{C_{in}}{C_{out}}\right) = G \cdot CA \quad (5.48)$$

式中，G 为滤波器增益。图 5.9 清楚地表明 MTI 滤波器对目标信号的影响是目标多普勒的函数，因此 G 是目标速度的函数，而杂波衰减与目标速度无关。由 MTI 滤波可知，改善因子等于雷达距离方程中信号处理增益 G_{sp}。

为了把改善因子 I 变为一个单数值，而非目标多普勒的函数，要求对所有"期望的"目标多普勒频率进行均匀平均。如果一个目标已知具有某一特定速度，就可以直接针对此已知目标多普勒频率计算式(5.48)，从而得到此目标的改善因子。通常假定目标的速度是未知信息，因此需要利用所有可能的目标多普勒频率的平均目标增益。平均目标增益为

$$G = \frac{1}{PRF} \int_{-PRF/2}^{PRF/2} |H(F)|^2 dF \quad (5.49)$$

将上式转为归一化频率单位，并利用帕塞瓦尔定理，可得到一种对该增益的替代表达式，它对于简单 MTI 滤波器常常更容易进行计算，即

$$G = \frac{1}{PRF} \int_{-PRF/2}^{PRF/2} |H(F)|^2 dF = \frac{1}{2\pi} \int_{-\pi}^{\pi} |H(\omega)|^2 d\omega = \sum_{m=-\infty}^{\infty} |h(m)|^2 \quad (5.50)$$

例如，一个二脉冲对消器只有两个非零系数+1 和-1，可知 $G = 2$。结合式(5.47)和式(5.49)，可以给出改善因子的表达式

$$I = G \cdot CA \frac{\int_{-PRF/2}^{PRF/2} S_c(F) dF \int_{-PRF/2}^{PRF/2} |H(F)|^2 dF}{PRF \int_{-PRF/2}^{PRF/2} S_c(F) |H(F)|^2 dF} \quad (5.51)$$

事实上，改善因子的等效表达式可以由杂波的自相关函数和 MTI 滤波器的冲激响应得到 (Levanon, 1988; Nathanson, 1991)。对于由低阶滤波器(例如二脉冲或三脉冲对消器)的测量或解析推导出的杂波功率谱(或杂波自相关函数)，由自相关法得到的改善因子表达式比频率域方法更容易计算。

作为自相关方法的一个例子，考虑输入仅仅为杂波时的二脉冲对消器的输出，即 $c'[m] = c[m] - c[m-1]$。滤波器输出功率的期望值为

$$\mathrm{E}[|c'[m]|^2] = \mathrm{E}[|c[m]|^2 - 2\mathrm{Re}\{c[m]c^*[m-1]\} + |c[m-1]|^2] \tag{5.52}$$

式中，$\mathrm{Re}\{\}$ 表示取实数部分[①]。假定 $c[m]$ 是平稳过程，则

$$\mathrm{E}[|c'[m]|^2] = 2s_c[0] - 2\mathrm{Re}\{s_c[1]\} \tag{5.53}$$

其中

$$s_c[k] \equiv \mathrm{E}[c[m]c^*[m+k]] \tag{5.54}$$

即 $c[m]$ 的自相关函数。注意到 $s_c[k] = s_c^*[-k]$。定义归一化的自相关函数为

$$\rho_c[k] \equiv \frac{1}{s_c[0]} s_c[k] \tag{5.55}$$

于是，改善因子〔式(5.48)〕中的杂波衰减分量可以写为

$$\begin{aligned} CA &= \frac{\mathrm{E}\{|c[m]|^2\}}{\mathrm{E}\{|c'[m]|^2\}} = \frac{s_c[0]}{2(s_c[0] - \mathrm{Re}\{s_c[1]\})} \\ &= \frac{1}{2(1 - \mathrm{Re}\{\rho_c[1]\})} \end{aligned} \tag{5.56}$$

按上述内容，二脉冲对消器的增益为 $G = 2$，因此二脉冲对消器的改善因子为

$$I = CA \cdot G = \frac{1}{1 - \mathrm{Re}\{\rho_c[1]\}} \tag{5.57}$$

类似的分析可以用来推导出三脉冲对消器的改善因子，即

$$I = CA \cdot G = \frac{1}{1 - \frac{4}{3}\mathrm{Re}\{\rho_c[1]\} + \frac{1}{3}\mathrm{Re}\{\rho_c[2]\}} \tag{5.58}$$

为了说明如何应用这些公式，考虑杂波功率谱为方差 σ_ω^2 (归一化的弧度频率)的高斯形状的情况，即 $S_c(\omega) = A\exp(-\omega^2/\sigma_\omega^2)$。假定 $\sigma_\omega \ll \pi$，从而一个很好的近似是利用高斯函数的连续时间傅里叶变换对来计算自相关函数，则 $c[m]$ 延迟 k 的归一化的自相关函数 (Richards, 2006)为

$$\rho_c[k] \approx \mathrm{e}^{-(\sigma_\omega k)^2/2} \tag{5.59}$$

把式(5.59)的结果应用于式(5.57)和式(5.58)中，可以分别得到高斯杂波功率谱的二脉冲和三脉冲对消器的改善因子为

[①] 既然功率谱是实值的，则自相关函数必须是厄米特对称的。而且它是复值的。然而，杂波通常利用一个频率偶函数(即关于 $F=0$ 对称)的功率谱来建模，例如零均值的高斯杂波谱。在此额外的约束下，自相关函数必须也是实值，因此可以去掉式(5.52)和本节其他表达式中的 $\mathrm{Re}\{\}$ 操作符。

$$I = \begin{cases} \dfrac{1}{1-\mathrm{e}^{-\sigma_\omega^2/2}} & \text{(二脉冲对消器)} \\ \dfrac{1}{1-\dfrac{4}{3}\mathrm{e}^{-\sigma_\omega^2/2}+\dfrac{1}{3}\mathrm{e}^{-2\sigma_\omega^2}} & \text{(三脉冲对消器)} \end{cases} \quad (5.60)$$

表 5.1 中列出了利用式(5.60)预测出的针对各种不同谱宽(即方差)的高斯杂波功率谱的二脉冲和三脉冲对消器的改善因子。如果杂波功率谱比脉冲重复频率窄,则简单的二脉冲对消器的改善因子就可以达到 13 dB 或更高。如果杂波功率谱较宽,则会有许多杂波功率进入 MTI 高通滤波器的通带中,因此改善因子较小。

表5.1 高斯杂波功率谱的改善因子

杂波功率谱的标准差(Hz)	改善因子(dB)	
	二脉冲对消器	三脉冲对消器
$PRF/3$	0.5	0.7
$PRF/10$	7.5	12.5
$PRF/20$	13.2	21.7
$PRF/100$	24	51

第三种计算改善因子的方法,采用前面推导 MTI 匹配滤波器时所采用的矢量分析技术。为了与前面给出的自相关方法进行比较,这里仍然假设 $\sigma_n^2 = 0$(即数据中只包含杂波)和 $\boldsymbol{h} = [1 \ -1]^\mathrm{T}$(即二脉冲对消器)。改善因子为滤波器的输出 SIR 与输入 SIR 之比。尽管最优 MTI 滤波器是通过平均所有可能的目标多普勒频率得到的,但在计算改善因子时,假定任意一个特定的目标都具有一个特定的多普勒频率。改善因子分别对每一个特定的目标多普勒频率进行计算,然后对所有目标多普勒频率进行平均。既然输入 SIR 与多普勒频率无关,因此只需要对输出 SIR 进行平均。

考虑由式(5.23)给出的信号矢量和由式(5.19)给出的杂波协方差矩阵($\sigma_n^2 = 0$)。输入 SIR 为 $|A|^2/\sigma_c^2$。式(5.7)给出了一个输出 SIR 的显式表达式,此表达式的分子为

$$\boldsymbol{h}^\mathrm{H}\boldsymbol{t}^*\boldsymbol{t}^\mathrm{T}\boldsymbol{h} = |A|^2 [1 \ -1] \begin{bmatrix} 1 & \mathrm{e}^{-\mathrm{j}2\pi F_D T} \\ \mathrm{e}^{+\mathrm{j}2\pi F_D T} & 1 \end{bmatrix} \begin{bmatrix} 1 \\ -1 \end{bmatrix} \quad (5.61)$$
$$= 2|A|^2 (1-\mathrm{Re}\{\mathrm{e}^{\mathrm{j}2\pi F_D T}\})$$

上式为二脉冲对消器的输出信号功率,对应的目标多普勒频移为 F_D Hz。对所有目标多普勒频移进行平均,可得到式(5.7)的分子为

$$\mathrm{E}_{F_D}\{\boldsymbol{h}^\mathrm{H}\boldsymbol{t}^*\boldsymbol{t}^\mathrm{T}\boldsymbol{h}\} = 2|A|^2 \quad (5.62)$$

分母为

$$\boldsymbol{h}^\mathrm{H}\boldsymbol{S}_t\boldsymbol{h} = \sigma_c^2[1 \ -1]\begin{bmatrix} 1 & \rho_c \\ \rho_c^* & 1 \end{bmatrix}\begin{bmatrix} 1 \\ -1 \end{bmatrix} \quad (5.63)$$
$$= 2\sigma_c^2(1-\mathrm{Re}\{\rho_c\})$$

把式(5.62)与式(5.63)相除,得到二脉冲对消器的输出 SIR;进一步把输出 SIR 与输入 SIR 相除,得到只有杂波情况下(无噪声)的二脉冲对消器的改善因子为

$$I = \frac{1}{1-\mathrm{Re}\{\rho_c\}} \quad (5.64)$$

既然矢量表达式中的 ρ_c 就是 $\rho_c[1]$,那么该式与用(5.57)式的自相关方法得到的改善因子完全相同。在矢量分析中简单运用多普勒平均的目标模型矢量 $\boldsymbol{t} = [1 \ 0]^\mathrm{T}$ 可以得到相同的结果。

也可以定义其他 MTI 测度。改善因子 I 是 SCR 改善在一个多普勒周期内的平均值。在某

些多普勒频率处，目标高出杂波能量，而在另一些多普勒频率处目标低于杂波，因而不可检测。改善因子 I 并没有给出目标可被检测的多普勒谱的百分比，因此，人们提出 MTI 可见度因子或目标可见度 V 的概念，用来量化此影响(Kretschmer，1986)。目标可见度 V 的定义为指定多普勒频率的目标改善因子超过或等于平均改善因子 I 所占的多普勒谱的百分比。一个有关的度量标准是可用多普勒空间分数(UDSF)，它由最小可检测速度(MDV)或最小可检测多普勒频率(MDD)决定。这些度量标准在空-时自适应处理中很常见，所以将在第 9 章讨论。

5.2.6 MTI 性能限制

MTI 处理的基本思想是对静止目标进行重复测量，得到幅度和相位相同的回波，这样一连串测量值彼此相减时，就能够相互对消掉。任何导致静止目标回波变化的因素，无论它们是来自雷达内部还是外部，都将会导致不彻底的回波对消，从而限制改善因子。

一个可能最简单的例子是发射机幅度的不稳定。考虑双脉冲对消器的情况，假设各脉冲的幅度与标称幅度相差最大±5%（等效于 $20\log_{10}(1.05/1) = 0.42 \text{ dB}$）。来自同一个完全静止目标的两次回波间进行相减，则剩余信号的幅度为标称回波幅度的 10%。因此，即使杂波完全静止，其衰减也可能低至 $20\log_{10}(1/0.1) = 20 \text{ dB}$。对于一个平均信号增益 G 为 2(3 dB)的二脉冲对消器，最大可以获得的改善因子为 26 dB。

对于由脉冲幅度抖动而导致的 MTI 限制，更实际的分析是把第 m 次发射脉冲的幅度建模为 $A[m] = k(1+a[m])$，其中 $a[m]$ 是一个零均值、方差为 σ_a^2 的白随机过程，$a[m]$ 用来表示发射脉冲幅度的百分比变化，k 是一个常数。接收信号的复幅度形式为 $k'(1+a[m]\exp(j\phi)$，其中 ϕ 为慢时间采样的相位，常数 k' 包含所有雷达距离方程的因子。脉冲对消器输入的信号平均功率为

$$E\{|y[m]|^2\} = k'^2 E\{1+2a[m]+a^2[m]\} = k'^2(1+\sigma_a^2) \tag{5.65}$$

二脉冲对消器输出功率的期望值为

$$\begin{aligned} E\{|z[m]|^2\} &= E\{|y[m]-y[m-1])|^2\} = E\{|k'e^{j\phi}(a[m]-a[m-1])|^2\} \\ &= k'^2 E\{a^2[m]\} - 2E\{a[m]a[m-1]\} + k'^2 E\{a^2[m-1]\} \\ &= 2k'^2 \sigma_a^2 \end{aligned} \tag{5.66}$$

因此可以获得的杂波衰减为

$$\frac{\text{输入功率}}{\text{输出功率}} = \frac{k'^2(1+\sigma_a^2)}{2k'^2 \sigma_a^2} = \frac{1+\sigma_a^2}{2\sigma_a^2} \tag{5.67}$$

例如，幅度方差变化 1%（$\sigma_a^2 = 0.01$）会限制二脉冲杂波对消器的杂波抑制只能使改善因子达到 50.5 或 17 dB。注意到，由于二脉冲对消器的平均目标增益 G 为 2(3 dB)，因此对改善因子 I 的限制为 $50.5 \times 2 = 101$ 或 $17+3 = 20 \text{ dB}$。

另一个例子是发射机或接收机的相位漂移。这是由于发射机端的波形产生部分或者接收机端的检波链等，它们其中的相干本振的不稳定性而引起的。对 M 个回波采样 $y[m]$ 的加权相干积累如下所示，其中 $\phi[m]$ 表示一个零均值平稳的白相位误差：

$$Z = \sum_{m=0}^{M-1} a_m y[m] e^{j\phi[m]} \tag{5.68}$$

式中，$\{a_m\}$ 为相干积累权系数。假定每一个数据采样 $y[m]$ 都是一个常数（或者复常数）A。则

当不存在相位误差$\phi[m]$时，加权相干积累的功率为

$$|Z|^2 = |A|^2 \left|\sum_{m=0}^{M-1} a_m\right|^2 \qquad (5.69)$$

而当一个白高斯相位误差存在时，加权相干积累的功率变为（Richards，2003）

$$|Z|^2 = |A|^2 \left(\sum_{m=0}^{M-1} |a_m|^2 + \exp(-\sigma_\phi^2) \sum_{\substack{m=0 \\ m \neq k}}^{M-1} \sum_{k=0}^{M-1} a_m a_k^*\right) \qquad (5.70)$$

式中，σ_ϕ^2 为相位噪声方差，单位 rad。令 $M = 2$，$a_0 = 1$，$a_1 = -1$，就可以得到二脉冲对消器的情况。由该式可得到，二脉冲对消器的输出杂波功率为 $2|A|^2(1-\exp(-\sigma_\phi^2))$。对消器的输入杂波功率为 $|A|^2$。由此得到，相位噪声对二脉冲对消器杂波衰减的限制为 $(1/2)\left[1-\exp(-\sigma_\phi^2)\right]$。

当相位误差很小时，高斯概率密度函数是合理的，但当误差很大时则不再适用，因为概率密度函数不再限于区间 $[-\pi,\pi]$。该分析的扩展形式对相位使用 Tikhonov 分布，即

$$\rho_\phi(\phi) = \frac{1}{2\pi I_0(\alpha)} e^{\alpha \cos\phi} \qquad (5.71)$$

如图 5.14 所示，随着参数 α 从 0 变化到∞，概率密度函数会从均匀随机变化到 0 值。利用此概率密度函数可以获得类似高斯分析的结果，差别仅在于替换掉了式(5.70)中的 $\exp(-\sigma_\phi^2)$，以及双脉冲对消器改善因子受限于 $[I_1(\alpha)/I_0(\alpha)]^2$。其中，$I_1(\alpha)$ 和 $I_0(\alpha)$ 是改进的第一类一阶和零阶贝叶斯函数（Richards，2011）。

其他由于雷达系统的不稳定而导致的 MTI 限制因素来源，包括发射机或振荡器的频率不稳定、发射机相位漂移、相干振荡器锁相误差、PRI 抖动、脉宽抖动和量化噪声等。由于每一种误差源（以及其他前面未提到的误差源）所导致的杂波衰减范围，其表

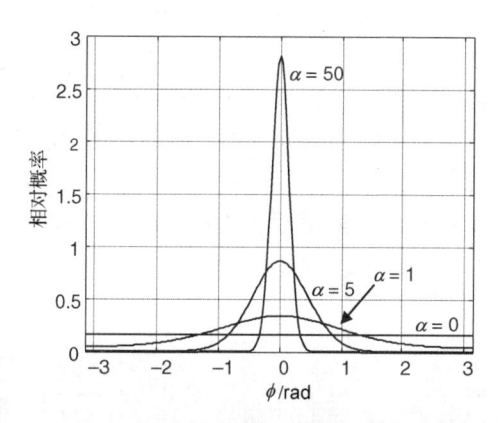

图 5.14 相位的 Tikhonov 概率密度函数

达式已被推导。MTI 限制因素的另一个来源还是 PRI 参差。当在距离模糊的场景中使用 PRI 时，结果是不同远距的杂波在不同 PRI 时会混叠到相同近距，因而杂波不再静止，且杂波衰减也变差。这些情况及其他的额外信息和分析可见文献 Shrader 和 Gregers-hansen(2008)，Nathanson(1991)和 Schleher(2010)。

对于限制 MTI 性能的雷达外部因素，其中一个主要因素是杂波谱本身的宽度。较宽的杂波谱导致位于MTI滤波器凹口之外的杂波能量变多,从而可被抑制掉的杂波能量变少。式(5.47)明确地表达了杂波谱宽的影响，其数值定量描述列在表 5.1 中。雷达系统的不稳定、测量的几何关系和动态的变化都将会导致杂波谱宽度增加。例如，一个扫描天线会对杂波回波增加一个幅度调制，即天线扫描过程中会对杂波回波进行天线方向图加权。于是，天线调制的杂波功率谱在频率域即为实际的杂波功率谱和幅度调制频域函数（即天线扫描引起的幅度调制函数的傅里叶变换的幅度平方）的卷积。此卷积会增加杂波谱的宽度。在某些情况下，杂波功率谱的中心不一定位于零多普勒频率处。一个典型的例子是雨杂波。运动的气象系统具有一个

非零的平均多普勒,平均多普勒代表雨团靠近或远离雷达系统的速度。如果不检测并且补偿掉此平均运动(即平均多普勒中心),MTI 滤波器的凹口就不会对准杂波多普勒谱中心,杂波抑制将会变得很差。

导致杂波谱偏移和扩展的一个最大因素是雷达平台的运动。回顾第 3 章的式(3.5),运动引起的杂波谱带宽为

$$\beta_D \approx \frac{2v\theta_3}{\lambda}\sin\psi \tag{5.72}$$

运动引起的杂波谱的中心频率偏移能够达到几千赫(对于较快的飞机),而杂波谱展宽可以达到几十到几百 Hz。运动雷达平台引起的杂波谱展宽增加了固有杂波谱宽度(由于潜在杂波运动引起),并且通常是决定杂波谱宽度的关键因素,因此决定了 MTI 性能的极限。

5.3 脉冲多普勒处理

脉冲多普勒处理是第二大类的多普勒处理。回顾前面的 MTI 处理,在 MTI 处理中沿慢时间维对快时间-慢时间数据矩阵进行高通滤波,得到一个新的快时间/慢时间数据矩阵,其中的杂波分量已被衰减。脉冲多普勒处理与 MTI 处理不同,它直接对每一个距离单元内的慢时间数据序列执行谱分析从而替代滤波处理。目标检测直接在距离多普勒矩阵数据上进行。因为距离-多普勒矩阵是脉冲多普勒处理中的根本数据,所以第一步是通过计算每个距离单元慢时间信号的一维频谱,从快时间-慢时间 CPI 矩阵中得到它。最常用的谱分析方法是计算数据矩阵中每一行慢时间数据序列的离散傅里叶变换(DFT),如图 5.15 所示。但也会采用其他方法。计算得到的 DFT 是慢时间信号的离散时间傅里叶变换(DTFT)的频率采样。图中强调了频率采样数 K 不须等于慢时间采样 M,通常 $K > M$。

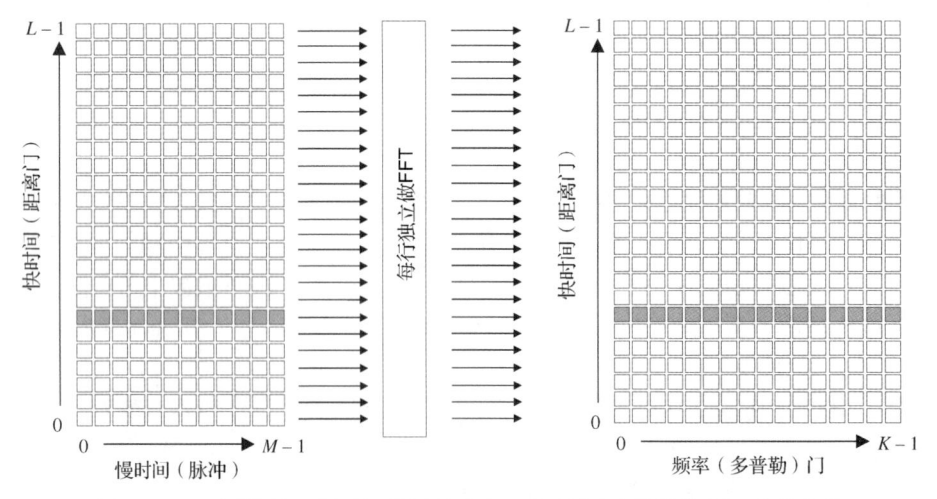

图 5.15 一个快时间-慢时间数据矩阵向一个距离-多普勒数据矩阵的变换

图 5.16 给出了一个脉冲多普勒谱的示意图。图中,数据的 DTFT 以类似前面图像的方式显示,白点表示 DFT 计算后 DTFT 的采样点,这些是实际上仅有的可用数据。假定杂波谱的中心在零多普勒频率处,尽管存在噪声分量,但靠近或位于零频率处的多普勒谱采样中强杂波信号占主要部分。清洁区中的谱采样仅仅包含热噪声,这会干扰目标检测。把每一个清洁

区谱采样分别与基于噪声的检测阈值进行比较，以判断此距离-多普勒单元中的信号仅仅包含噪声，还是包含目标和噪声。如果谱采样超过指定阈值，则不但可以确定此距离单元中存在一个动目标，而且还可以由该目标所在的多普勒单元近似地估计出此目标的径向速度。位于杂波谱区的采样通常会被丢弃，这是由于这些谱采样的信干比太低，以至于目标难以被检测到。然而，也有其他系统利用杂波图技术，尝试使用基于杂波的阈值检测杂波谱区中的强目标，此杂波图技术将在 5.6.1 节中再讨论。

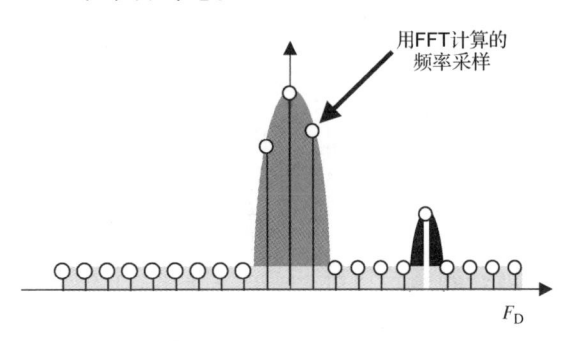

图 5.16　计算的脉冲多普勒谱是基础离散时间傅里叶变换的频率采样

脉冲多普勒处理的优势是它至少可以提供动目标径向速度分量的粗略估计，而且提供了检测多个目标的一种途径，但前提是假定这些目标在多普勒域上分隔得足够开以能分辨。与 MTI 滤波相比，脉冲多普勒处理的主要的缺点是计算复杂性较高，而且需要较长的驻留时间以获得足够的多普勒分辨。关于脉冲多普勒处理的详细讨论可参阅 Morris 和 Harkness（1996），Stimson（1998）和 Alabaster（2012）。

5.3.1　动目标的离散时间傅里叶变换

为了理解脉冲多普勒处理的工作情况，理解噪声、杂波和目标信号在距离多普勒图中的表征是有用的。首先再次考虑理想恒定径向速度的运动点目标的傅里叶谱以及采样多普勒谱的影响。这里所考虑的情况与第 3 章中讨论多普勒谱采样时的情况一样。假定一个动目标位于某一特定距离单元中，雷达对其 CPI 为 M 个脉冲。如果目标的径向速度使其多普勒频率为 F_D Hz，则经过正交解调后的慢时间接收信号为

$$y[m] = Ae^{j2\pi F_D mT} \qquad m = 0, \cdots, M-1 \tag{5.73}$$

式中，T 为雷达的脉冲重复间隔，也就是慢时间维的有效采样间隔。该式的信号正是第 3 章中考虑的信号形式，即式（3.19），唯一的差别是这里所用的是模拟频率 F_D（单位为 Hz），而式（3.19）用的是归一化弧度频率 ω_D；它们之间的关系是 $\omega_D = 2\pi F_D T$。式（3.20）给出了此信号的 M 个脉冲采样的离散时间傅里叶变换，把它转换成用模拟频率表示，得到

$$\begin{aligned} Y(F) &= \sum_{m=-\infty}^{\infty} y[m]\exp(-j2\pi FTm) \\ &= A\frac{\sin[\pi(F-F_D)MT]}{\sin[\pi(F-F_D)T]}e^{-j\pi(M-1)(F-F_D)T}, \quad F\in[-PRF/2, +PRF/2) \end{aligned} \tag{5.74}$$

$Y(F)$ 是一个 asinc[①] 函数，其峰值如预期位于 $F = F_D$ 处，且幅度峰值为 MA。在图 5.17(a) 中给

[①] "混叠 sinc" 又称为狄利克雷函数。它是常用连续变量 sinc 函数的离散变量形式。

出了其幅度，该图对应于 $F_D = PRF/4$，$M = 20$，$A = 1$ 的情况。只要 $M \geq 4$，瑞利主瓣宽度（峰到零点）为 $1/MT$ Hz，这也是 4 dB 带宽。在 –3 dB 处的主瓣宽度为 $0.89/MT$ Hz。第一个旁瓣比峰值主瓣低 13.2 dB。这些主瓣宽度的测量决定雷达系统的多普勒分辨率。需要注意的是，无论采用哪种主瓣宽度测量，它们都与 MT 成反比，即与谱测量所用脉冲的总驻留时间成反比。因此，如第 1 章最初讨论的，多普勒分辨率取决于所用的观测时间。事实上，较长的观测时间可以获得较高的多普勒分辨率。

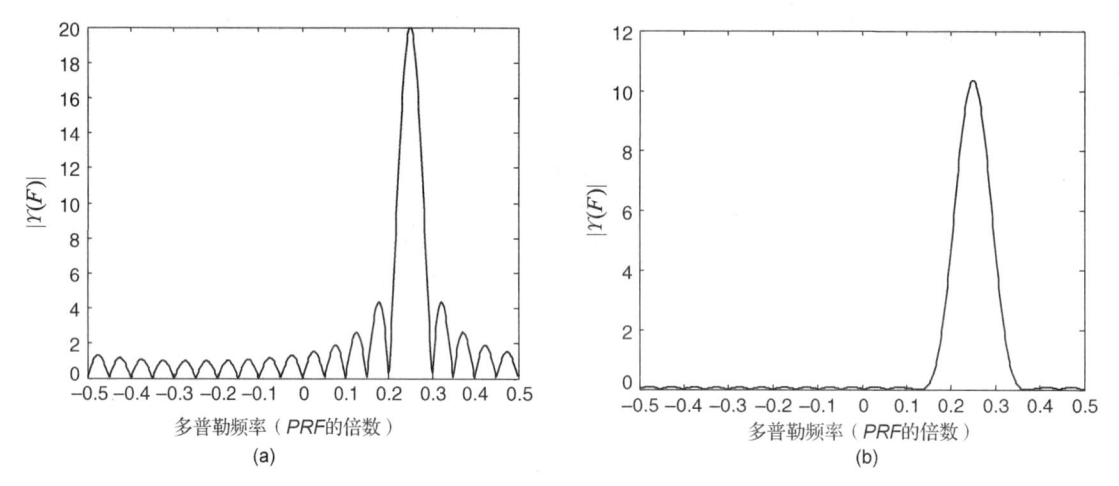

图 5.17 一个理想动目标的慢时间数据序列的离散时间傅里叶变换的幅度图，对应于 $F_D = PRF/4$，$M = 20$：(a) 未加窗；(b) 加汉明窗

为了降低旁瓣影响，通常在计算 DTFT 或 DFT 之前先利用一个非矩形窗对慢时间数据采样 $y[m]$ 进行加权。为了分析窗加权情况，在计算 DTFT 时用 $w[m]y[m]$ 替换 $y[m]$，而且对特殊形式的 $y[m]$ 再次运用式 (5.73)，则 $\Upsilon(F)$ 变为

$$\Upsilon_w(F) = A \sum_{m=0}^{M-1} w[m] e^{-j2\pi(F-F_D)mT} = W(F - F_D) \tag{5.75}$$

式中，$\Upsilon_w(F)$ 用来强调此傅里叶谱是利用加窗的数据计算得到的 DTFT。此傅里叶谱为窗函数本身的傅里叶变换，并且傅里叶谱的中心偏移到目标多普勒频率 F_D（而不是零多普勒频率）处。图 5.17(b) 显示了数据加窗对 DTFT 的影响，所用数据与图 5.17(a) 所用的完全相同。事实上，图 5.17(a) 中的 asinc 函数正是矩形窗函数（等效于未对数据加窗）的傅里叶变换。文献 Harris (1978) 详尽地描述了各种窗函数及其特点。一般来说，非矩形窗会导致主瓣宽度增加、主瓣峰值减小和信噪比降低，但同时也可以获得较大的峰值旁瓣电平降低。

给定一个窗函数 $w[n]$，很容易计算出此窗函数所引起的峰值幅度减少量和信噪比 (SNR) 损失。下面首先考虑峰值增益。由式 (5.74) 可得，未加窗时 $|\Upsilon(F)|^2$ 的峰值为 $A^2 M^2$。计算式 (5.75) 在 $F = F_D$ 处的值，得到对数据加窗后的峰值功率为

$$|\Upsilon(F_D)|^2 = \left| A \sum_{m=0}^{M-1} w[m] e^{-j2\pi(0)mT} \right|^2 = A^2 \left| \sum_{m=0}^{M-1} w[m] \right|^2 \tag{5.76}$$

比值 $|\Upsilon(F)|^2 / |\Upsilon(F_D)|^2$ 称为处理增益损失 (LPG)，即

$$\text{LPG} = \frac{M^2}{\left|\sum_{m=0}^{M-1} w[m]\right|^2} \tag{5.77}$$

按上述定义，LPG≥1，如果以分贝表示，则为正数。利用该式可以计算任意窗的 LPG。通常的 LPG 为 5~8 dB，具体的大小取决于所指定的窗函数。然而，LPG 是窗长 M 的一个典型的弱函数，对于较小的 M 值，LPG 达到最大，并且快速地趋近于一个渐进值(数量级为 100 或者更大)。

虽然非矩形窗减少了 DTFT 的峰值幅度，但它也同时减少了噪声功率。对于一个纯正弦输入，处理损失(LP)指的是 DTFT 峰值处的 SNR 减少量。未加窗和加窗后的 SNR 分别用 χ 和 χ_w 表示，而且还需要区分开窗对目标分量和噪声分量的影响，则处理损失可表示为

$$\frac{\chi}{\chi_w} = \frac{(S/N)}{(S_w/N_w)} = \left(\frac{S}{S_w}\right)\left(\frac{N_w}{N}\right) = \text{LPG}\left(\frac{N_w}{N}\right) \tag{5.78}$$

为了确定窗对噪声功率的影响，假定 $y[m]$ 为一个方差为 σ^2 的零均值平稳白噪声过程，则加窗后的噪声功率为

$$\begin{aligned}\sigma_w^2 &= \text{E}\left\{\left(\sum_{m=0}^{M-1} w[m]y[m]\right)\left(\sum_{l=0}^{M-1} w^*[l]y^*[l]\right)\right\} \\ &= \text{E}\left\{\left(\sum_{m=0}^{M-1} |w[m]y[m]|^2\right) + \text{交叉项}\right\} \\ &= \sigma^2 \sum_{m=0}^{M-1} |w[m]|^2 = N_w\end{aligned} \tag{5.79}$$

而未加窗的噪声功率 N 也可以由该式计算，只要令 $w[m]=1$ (对于所有 m)，就可以得到 $N = M\sigma^2$。由式(5.77)和式(5.79)的 N 和 N_w，可以得到处理损失为

$$PL = \frac{M \sum_{m=0}^{M-1} |w[m]|^2}{\left|\sum_{m=0}^{M-1} w[m]\right|^2} \tag{5.80}$$

类似于前面的 LPG，LP 也是窗长 M 的弱函数，对于较小的 M 值，处理损失较高，但能够快速地趋近于一个渐近值。例如，对于汉明窗，当窗长较小时($M=8$)，SNR 损失为 1.75 dB，对于较长的窗，处理损失下降约 1.35 dB。表 5.2 中总结了几个常用窗的四大关键特征，包括 3 dB 分辨率、峰值旁瓣、处理增益损失和处理损失。窗口的所有特性和第 4 章距离旁瓣控制中讨论的内容相同。文献 Harris(1978)[①]给出了一个更加详尽的窗函数表，包括更多测度和更多类型的窗。

---

① 这些数据都来自文献 Harris(1978)，在此文献中许多窗的定义与大多数数据分析和仿真包(由于需要利用 DFT 的对称特性)中的定义稍微不同。Harris 版本的 M 点非矩形窗(例如汉明窗)为通常的 $M+1$ 点对称版本的前 M 个点。此差别只有较小的影响，特别是当 M 变得较大时。详见文献 Harris(1978)。

表 5.2 几种常用窗函数的特性

窗类型	窗长 M	3 dB 主瓣宽度（相对于矩形窗）	峰值增益损失（相对于矩形窗）(dB)	峰值旁瓣(dB)	处理损失(dB)	最差跨越损失(dB)
矩形窗	20	1.0	0.0	13.2	0.0	3.9
	100	1.0	0.0	13.3	0.0	3.9
汉宁窗	20	1.71	6.5	31.5	2.0	1.3
	100	1.65	6.1	31.5	1.8	1.4
汉明窗	20	1.52	5.7	40.4	1.5	1.6
	100	1.49	5.4	42.6	1.4	1.7
凯撒窗，$\beta = 3$	20	1.26	3.6	25.3	0.7	2.4
	100	1.25	3.4	24.0	0.6	2.5
切比雪夫窗（50 dB 等波纹）	20	1.55	5.8	50	1.6	1.6
	100	1.53	5.7	50	1.5	1.7

5.3.2 DTFT 采样：离散傅里叶变换

在实际中，由于 DTFT 的频率变量是连续的，所以 DTFT 不能直接计算出来。作为替代的 DFT 的计算如下：

$$Y[k] = \sum_{m=0}^{M-1} y[m] e^{-j2\pi mk/K}, \quad k = 0, \cdots, K-1 \tag{5.81}$$

如同第 3 章的讨论，对于一个有限长度的数据序列，$Y[k]$ 正是 $Y(F)$ 在 $F = k/KT = k(PRF/K)$ Hz 处的值。这些采样点称为多普勒门。因此，DFT 要计算 DTFT 一个周期内的 K 点均匀采样。DFT 几乎全部采用快速傅里叶变换(FFT)算法计算。利用 DFT 计算出的多普勒谱图是实际 DTFT 形状和 DFT 采样频率点数及位置之间关系的一个强函数。

在一些情况下，获得的数据采样数目会大于期望的 DFT 长度，即 $M > K$。这些情况多是因为出于运算的考虑需要减少 DFT 长度，或雷达接收了较多脉冲数超过了 DTFT 采样（"多普勒门"）要求，而希望利用额外的脉冲来提高多普勒谱测量的信噪比。第 3 章和图 3.10 中介绍的数据旋转过程能够充分利用所有数据计算 K 点 DFT。

对一个经过补零或旋转修改的数据序列进行加窗处理时需要额外小心。在任何一种情况下都需要在数据序列补零或旋转之前，对其应用一个 M 长度的窗加权。对一个已补零的数据序列应用一个 K 点窗，其结果等效为利用一个截短的、非对称窗与原始数据序列相乘（即此窗与 M 点非零数据序列的交叠部分），将会导致旁瓣大大增加。对一个已旋转的数据序列应用一个 K 点窗，会导致 DFT 采样与原始的 M 点数据序列的 DTFT 采样不能精确相等。

由于 DFT 是采样版本的 DTFT，所以当纯正弦信号的多普勒频率与 DFT 采样频率精确一致时，其 DFT 峰值达到最大；而当其多普勒频率位于 DFT 采样频率之间时，该峰值降低。这种峰值幅度的减少称为多普勒跨越损失。损失量取决于所用的特定窗函数和 K/M。对于给定信号长度 M，当信号频率精确位于两个 DFT 采样频率的中间时，跨越损失总是达到最大。假设信号频率 $F_D = 0$，可得 $y[m] = w[m]$，然后用 $k = 0$（DFT 采样在正弦峰值处）和 $k = 1/2$（偏离正弦峰值 1/2 个单元）计算式(5.81)，这样计算过程可以得到简化。为了显式表达，考虑矩形窗的情况，可以得到

$$|Y[k]| = \left|\sum_{m=0}^{M-1} e^{-j2\pi mk/K}\right| = \left|\frac{\sin(\pi Mk/K)}{\sin(\pi k/K)}\right| \tag{5.82}$$

假设 $K \geq M$，并计算 $k=1/2$ 时的值，得到

$$\left|\Upsilon\left[\frac{1}{2}\right]\right| = \frac{\sin(\pi M/2K)}{\sin(\pi/2K)} \approx \frac{2K}{\pi}\sin(\pi M/2K) \tag{5.83}$$

上式的最后一步是假定 K 足够大，则分母中的正弦值可以近似为角度值。$\Upsilon[0]$ 的值既可以通过对式(5.82)的第二种形式应用洛必达法则得到，也可以由第一种形式直接计算得到，其结果为 $\Upsilon[0] = M$。对于未加窗情况下，DFT 滤波器组的最大跨越损失为

$$\text{最大跨越损失} \approx \frac{\pi M}{2K\sin(\pi M/2K)} = \frac{1}{\text{sinc}(M/2K)} \tag{5.84}$$

上式验证了损失量是视 K/M 而定的。最坏的情况出现在 sinc 项最小时，此时 $K=M$。矩形窗最坏情况的损失是 $\text{sinc}(1/2) = \sin(\pi/2)/(\pi/2) = 2/\pi$，以分贝表示等效为 $-3.92\,\text{dB}$。

如表 5.2 所示，特定窗的跨越损失在某种程度上随 M 变化。一个类似导出是式(5.84)针对汉明窗计算得到的较小的最大跨越损失：当窗很长（如 $M>300$ 左右）时，由汉明窗加权的最大跨越损失只有 1.75 dB；而当窗很短（$M=8$）时，则下降到 1.5 dB。因此，尽管非矩形窗加权会导致峰值增益降低，但典型的非矩形窗加权也会带来一个优势特性，即当目标的多普勒频率变化时，输出增益变化较小，此优势特性如图 5.18 所示。图中分别给出了矩形窗和汉明窗加权，且假定 $M=K=16$ 时，最大 DFT 输出幅度随目标多普勒频率变化的关系。可以看出，相比于未加窗数据，汉明窗加权数据峰值幅度有一个整体减少。另一方面，加窗数据的幅度波动大大降低（1.6 dB 对 3.9 dB），即幅度响应更加一致，这是加窗时未充分意识到的优势。

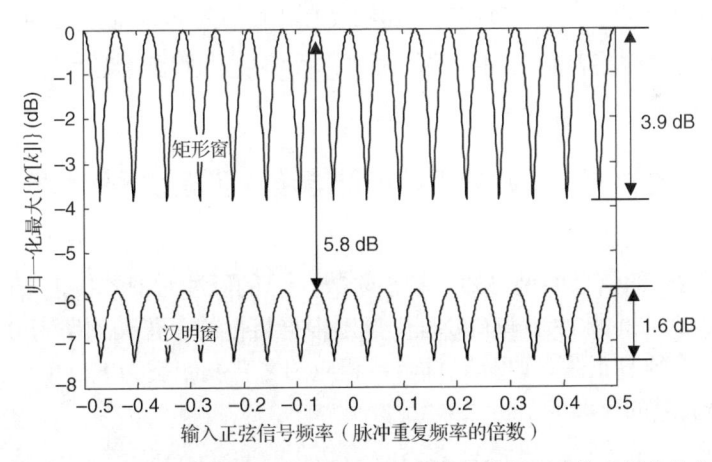

图 5.18　对于两种不同的数据分析窗，DFT 输出随复正弦输入频率的变化

5.3.3　噪声的离散傅里叶变换

前几节中的目标信号会与干扰竞争，干扰主要是噪声和杂波，所以干扰的 DTFT 和 DFT 特性是我们感兴趣的。现在先考虑噪声。假设在 M 点慢时间信号 $y[m]$ 中有方差为 σ_w^2 的常用加性复高斯白噪声模型。在任意特定频率或者 DFT 采样点上，DTFT 的值是 M 个独立同分布的复高斯时间采样的加权和，因此是复高斯随机变量。如果不加窗，权值就是 DTFT 或 DFT 核的值，即 $\exp(-j\omega m)$ 或 $\exp(-j2\pi km/K)$。这些权值具有单位幅度，所以产生的频谱（DTFT 或 DFT）采样点方差为 $M\sigma_w^2$。如果对慢时间数据加窗，方差变为 $E_w\sigma_w^2$，其中 $E_w = \sum_w |w[m]|^2$

是窗序列的能量。由于 DTFT 和 DFT 采样点是复高斯的,所以,频谱采样的幅度服从瑞利概率密度函数,其幅度平方服从指数分布概率密度函数,相位则服从$[-\pi,\pi]$上的平均概率密度函数。第 6 章将会说明,概率密度函数及其参数在设定检测阈值时十分重要。噪声 DTFT 或 DFT 的这些及其他特性见文献 Richards(2007)。

一般来说,DTFT 和 DFT 在随机输入的不同频率或者指数处的值是相关的。未加窗时,频率表示的归一化自相关函数是一个峰值幅度为 1 且零间距为 $2\pi/M$(单位为 rad/采样)的 asinc 函数。在加窗情况下,归一化自相关函数服从窗函数 DTFT 的形状。当未加窗的 DFT 长度 $K=M$ 时,DFT 采样间隔和 asinc 函数的零间距相符,则 DFT 采样将不相关。又由于复数采样是高斯的,所以此时它们同样独立。

5.3.4 脉冲多普勒处理增益

DTFT 和 DFT 表征了慢时间域相干累加的形式,并会产生处理增益。式(5.74)表明 $y[m]$ 的每个采样点都通过和 DTFT 核相乘,进行相位调整然后累加。如果未加窗,在与信号频率 $(F=F_D)$ 匹配的 F 处,DTFT 核的值可以精确补偿数据的相位历程,以使所有信号采样点相位叠加。在该频率处,$Y(F_D) = A \cdot M$,此处噪声分量的值将是 $M\sigma_w^2$。因此,信噪比是 $(A \cdot M)^2/M\sigma_w^2 = M \cdot (A^2/\sigma_w^2)$,即相对于 DTFT 前慢时间信号 SNR 的处理增益 $(G_{sp}=M)$ 因子。同样的结果适用于 DFT。注意,在 DFT 中,处理增益由慢时间采样点数 M 决定,并且不受 DFT 长度 K 限制。计算长度大于时域采样点的 DFT,即 $K>M$ 时,不能增加处理增益。

不同的问题可以降低 G_{sp}。当 DTFT 或 DFT 加窗时,G_{sp} 被前面式(5.80)描述的处理损失降低。在这种情形下,因多普勒处理导致的距离方程信号处理增益变为 $G_{sp}=M/PL$。当采用 DFT 时,G_{sp} 也会被可能出现的跨越损失降低。

5.3.5 基于 DFT 的脉冲多普勒处理的匹配滤波器和滤波器组解释

在式(5.13)中定义了多普勒匹配滤波器的系数。在 MTI 滤波中,假定目标多普勒频率是未知的。根据式(5.25)的信号模型可知,较小阶数(N)的脉冲对消器接近于一个最优 MTI 滤波器。相反,基于 DFT 的脉冲多普勒处理则试图根据目标的多普勒频率来分离开目标信号。假定目标信号为一个纯复正弦(理想动目标),相应的多普勒频率为 F_D(单位为 Hz)。根据式(5.21),可得信号矢量的模型为

$$\begin{aligned}\boldsymbol{t} &= [y[m]\ y[m+1]\ \cdots\ y[m+M-1]]^T \\ &= A[1\ \ e^{j2\pi F_D T} \cdots\ e^{j2\pi F_D(M-1)T}]^T\end{aligned} \quad (5.85)$$

其中,复标量 A 包含所有常数。如果干扰仅仅包含白噪声分量(即没有相关的杂波分量),则干扰协方差矩阵 $\boldsymbol{S_I}$ 可以简化为 $\sigma_n^2 \boldsymbol{I}$。对于一个任意的数据矢量 $\boldsymbol{y}$,匹配滤波器的输出 $\boldsymbol{h}^T\boldsymbol{y}$ 为

$$\boldsymbol{h}^T\boldsymbol{y} = A\sum_{m=0}^{M-1} y[m]e^{-j2\pi F_D mT} \quad (5.86)$$

这与 $y[m]$ 的 DTFT 仅相差一个定标因子 A。如果 $F_D = k/KT = k\text{PRF}/K$,其中 k 为某一整数,式(5.86)正是数据序列 $y[m]$ 的 K 点 DFT(仅仅相差一个定标因子 A)。因此,如果目标的多普勒频率等于 DFT 采样频率,并且在干扰只是白噪声的情况下,则离散傅里叶变换是理想的、

具有固定径向速度的动目标信号的匹配滤波器。此结果与 5.2.3 节讨论的特定目标多普勒和仅考虑噪声干扰时的二脉冲对消器密切相关。

因为 K 点 DFT 对每一个输入矢量计算 K 个不同的输出,所以它可以一次完成一组 K 个匹配滤波器的输出,而且每一个匹配滤波器都分别调谐到一个不同的多普勒频率上。每一个匹配滤波器的频率响应幅度正好为 asinc 函数。为使其明显,把 $F_D = k/MT$ 时式(5.86)中的冲激响应矢量表示为 $\boldsymbol{h}_k$。除了相差一个比例因子,$\boldsymbol{h}_k$ 的表达式为

$$\boldsymbol{h}_k = [1 \quad \mathrm{e}^{-\mathrm{j}2\pi k/K} \quad \mathrm{e}^{-\mathrm{j}4\pi k/K} \quad \cdots \quad \mathrm{e}^{-\mathrm{j}2\pi(K-1)k/K}]^\mathrm{T} \tag{5.87}$$

相应的离散时间频率响应 $H_k(\omega)$ 为

$$H_k(\omega) = \sum_{m=0}^{K-1} h_k[m]\mathrm{e}^{-\mathrm{j}\omega m} = \sum_{m=0}^{K-1} \mathrm{e}^{-\mathrm{j}(\omega + 2\pi k/K)m} \tag{5.88}$$

上式的求和结果为式(5.74)中的 asinc 函数,且中心频率偏移到 $\omega = -2\pi k/K$,等效为 $\omega = 2\pi(K-k)/K$。DFT 的第 k 个采样相当于数据通过一个带通滤波器的滤波结果,而带通滤波器的频率响应为 asinc 函数,中心在频率 $\omega = 2\pi(K-k)/K$ 处。

如果在处理之前先利用一个窗函数 $w[m]$ 对数据进行加权,则式(5.86)变为(同样对于 $F_D = k/KT$)

$$\boldsymbol{h}_k^\mathrm{T} \boldsymbol{y} = A\sum_{m=0}^{M-1} w[m]y[m]\mathrm{e}^{-\mathrm{j}2\pi mk/K} \tag{5.89}$$

相应的冲激响应矢量和频率响应分别为

$$\boldsymbol{h}_k = [w[0] \quad w[1]\mathrm{e}^{-\mathrm{j}2\pi k/K} \quad w[2]\mathrm{e}^{-\mathrm{j}4\pi k/K} \quad \cdots \quad w[M-1]\mathrm{e}^{-\mathrm{j}2\pi(M-1)k/K}]^\mathrm{T} \tag{5.90}$$

$$H_k(\omega) = \sum_{m=0}^{M-1} w[m]\mathrm{e}^{-\mathrm{j}(\omega + 2\pi k/K)m} = W\left(\omega + \frac{2\pi k}{K}\right) \tag{5.91}$$

DFT 的执行效果仍等同于一个带通滤波器,中心频率位于 DFT 采样频率处,而滤波器的频率响应则变为窗函数的傅里叶变换。

DFT 和滤波器组之间的关系可以用更加明确的显式形式表达出来。考虑由一长串脉冲得到的一个慢时间信号 $y[m]$ 和一个 M 点窗函数 $w[m]$。窗函数可以沿数据序列滑动,以选取其中某一部分的数据用于谱分析,如图 5.19 所示。选取的数据序列 $w[m-p]y[p]$ 的 DTFT(用模拟频率 F 表示)为

$$\begin{aligned}\varUpsilon_m(F) &= \sum_{p=-\infty}^{\infty} w[m-p]y[p]\mathrm{e}^{-\mathrm{j}2\pi FpT} \\ &= \mathrm{e}^{-\mathrm{j}2\pi FmT}\sum_{p=-\infty}^{\infty} w[m-p]\mathrm{e}^{-\mathrm{j}2\pi F(p-m)T}y[p] \\ &= \mathrm{e}^{-\mathrm{j}2\pi FmT}\{(w[p]\mathrm{e}^{+\mathrm{j}2\pi FpT}) * y[p]\}_{p=m}\end{aligned} \tag{5.92}$$

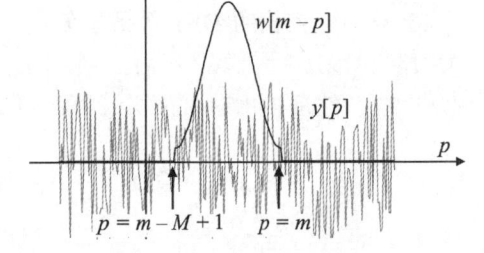

图 5.19 数据序列 $y[m]$ 和 M 点滑动窗 $w[m]$ 之间的关系

上式表明,除了一个相位因子,DTFT 在某一特定频率处的值等效为输入序列和一个已调制窗函数的卷积在时刻 m 处的值。而且,如果 $W(F)$ 是窗函数 $w[m]$ 的 DTFT(转换成模拟频率尺度),则 $w[p]\exp(+\mathrm{j}2\pi F_D pT)$ 的 DTFT 为 $W(F+F_D)$,即中心频率偏移到 $-F_D$ Hz 的窗函数的傅里叶变换。这意味着测量频率 F_D 处的 DTFT 等效为信

号通过一个中心频率位于 $-F_D$，频率响应为窗函数的傅里叶变换的带通滤波器。既然 DFT 能够一次计算 DTFT 在 K 个特定频率处的值，那么基于 DFT 的脉冲多普勒谱分析等效于使数据通过一个带通滤波器组。

当然，构建一组逐个设计的带通滤波器也是可能的，即每个滤波器都进行单独设计，而且某些系统也确实采用了这种方式，例如，滤波器组中的零多普勒滤波器可以进行优化以匹配期望的杂波谱，或能够自适应跟踪变化的杂波环境。然而，最常见的是利用 DFT 进行多普勒谱分析。这对有效的滤波器组设计施加了几个限制条件：滤波器组中有 K 个滤波器，其中 K 为 DFT 的长度；滤波器的中心频率均匀分布，等于 DFT 的采样频率；所有滤波器的频率响应都相同，由所用窗口决定，差别仅仅在于中心频率不同。这种方法的优势是简单、速度快，而且具有合理的灵活性。FFT 提供了一个计算高效的滤波器组的实现方法：滤波器的数目可以简单地通过改变 DFT 的长度来改变；滤波器的频率响应可以简单地通过选择一个不同的窗函数来改变；在只有噪声干扰的环境下，滤波器能够最优化那些多普勒频率与 DFT 滤波器中心频率相同的目标的输出信噪比。

5.3.6 精细多普勒估计

如果 DFT 输出中的某些峰值远远高出噪声电平，而且超过一个适当的检测阈值，则认为这些峰值是动目标的响应，即由式(5.74)给出的 asinc 函数的峰值采样。正如前面所强调的，不能保证 DFT 采样精确落在 asinc 函数的峰值位置。因此，DFT 采样的幅度和频率估计仅仅是 asinc 函数峰值的实际幅度和频率的近似。具体一点说，由此 DFT 峰值所估计的多普勒频率会偏离真实的频率高达半个多普勒门，即 $PRF/2K$ Hz。

如果 DFT 的长度 K 远远超过慢时间数据序列长度 M，则会在 asinc 主瓣执行多个 DFT 采样，而最大的 DFT 采样会给出一个 asinc 峰的幅度和频率的良好估计。然而，通常情况下 $K=M$，在应用数据旋转时甚至要求 $K<M$，这时，多普勒采样之间相距较远，半个多普勒门的误差可能是无法容忍的。所以有一种提高真实多普勒频率 F_D 估计精度的方法就是在检测到的峰值附近内插 DFT。

最显而易见的内插 DFT 的方法是先对数据补零，然后再对补零后的数据计算一个较长的 DFT。当没有噪声时，插值是精确的。但这种方法需要对整个谱进行内插，所以计算费时。如果只需要对可检测峰周围的小部分谱进行精细内插，那这种补零方法效率就会变低。

计算一个较长的 DFT 等效于使用一个 asinc 内插核进行内插。为了理解这点，考虑仅仅利用已有的 DFT 采样，计算任一频率值 ω 处的 DTFT。这需要首先计算逆 DFT 以恢复原始的时域数据，然后再由时域采样计算 DTFT，过程如下：

$$\begin{aligned} Y(\omega) &= \sum_{m=0}^{M-1} y[m]\mathrm{e}^{-\mathrm{j}\omega m} \\ &= \sum_{m=0}^{M-1} \left(\frac{1}{K} \sum_{k=0}^{K-1} Y[k]\mathrm{e}^{+\mathrm{j}2\pi mk/K} \right) \mathrm{e}^{-\mathrm{j}\omega m} \\ &= \frac{1}{K} \sum_{k=0}^{K-1} Y[k] \left\{ \sum_{m=0}^{M-1} \exp\left[-\mathrm{j}m\left(\omega - \frac{2\pi k}{K}\right) \right] \right\} \end{aligned} \quad (5.93)$$

上式中大括号内的项为内插核。它可以表示成下面的闭式形式：

$$\sum_{m=0}^{M-1} \exp\left[-\mathrm{j}m\left(\omega - \frac{2\pi k}{K}\right)\right]$$

$$= \exp\left[-\mathrm{j}\left(\omega - \frac{2\pi k}{K}\right)(m-1)/2\right] \frac{\sin\left[\left(\omega - \frac{2\pi k}{K}\right)M/2\right]}{\sin\left[\left(\omega - \frac{2\pi k}{K}\right)/2\right]} \tag{5.94}$$

$$\equiv Q_{M,K}(\omega, k)$$

联合上面的式子，可以得到

$$Y(\omega) = \frac{1}{K}\sum_{k=0}^{K-1} Y[k] Q_{M,K}(\omega, k) \tag{5.95}$$

利用式(5.94)和式(5.95)，可以由 DFT 采样计算任意频率 ω 处的 DTFT。因此，可以按任意期望的采样间隔内插局部区域的 DFT 值，而且当不存在噪声时，插值是精确的。然而，这个过程仍然需要相对较高的计算量。

一种比较简单但却非常有用的内插局部峰的方法如图 5.20 所示。在 DFT 输出的幅度中，对于每一个检测到的峰，利用一个二阶多项式来拟合此峰和它相邻的两个采样的幅度。一旦得到多项式系数，其峰的幅度和频率就可以很容易地算出，即通过对此多项式求导，并令结果为零。3 个采样点的二阶多项式可表示为

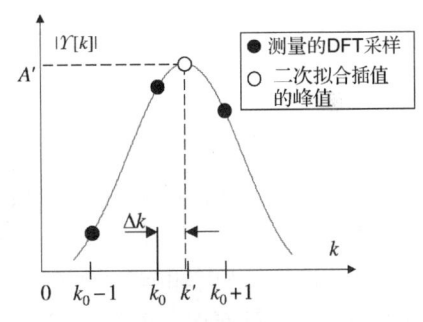

图 5.20 在 DFT 峰值附近通过二次多项式内插改善目标幅度和多普勒频率的估计

$$|Y[k_0 + \Delta k]| = \frac{1}{2}\{(\Delta k - 1)\Delta k |Y[k_0 - 1]| - 2(\Delta k - 1)(\Delta k + 1)|Y[k_0]| + (\Delta k + 1)\Delta k |Y[k_0 + 1]|\} \tag{5.96}$$

其中，Δk 为插值峰相对于真实峰值 k_0 的位置，因此估计的峰值位置为 $k' = k_0 + \Delta k$（如图 5.20 所示）。求此方程对 Δk 的导数并令结果为零，可以解出 Δk，从而得到此抛物线峰值相对于 k_0 的估计位置，即

$$\Delta k = \frac{-\frac{1}{2}\{|Y[k_0+1]| - |Y[k_0-1]|\}}{|Y[k_0-1]| - 2|Y[k_0]| + |Y[k_0+1]|} \tag{5.97}$$

通过计算 Δk，然后将其结果代入式(5.96)，可以得到估计峰的幅度为 $A' = |Y[k_0 + \Delta k]|$。注意，Δk 的计算式从直观上看可以得到令人满意的结果。如果第一个和第三个 DFT 幅度采样相等，则 $\Delta k = 0$，而中间采样为估计的峰。如果第二个和第三个采样相等，则 $\Delta k = 1/2$，表示估计的峰位于这两个采样的中间。如果第一个和第二个采样相等，则也可以得到类似的结果。

当需要内插的主瓣响应的宽度太窄，以至于 DFT 采样峰和它的两个相邻采样不在同一个响应主瓣上时，此内插技术将不再有效。当下面的条件之一满足时，就会发生这种情况：多普勒谱以奈奎斯特采样率进行采样，即 $K = M$ 时；数据未加窗处理时；目标频率碰巧没有落到 DFT 频率采样位置(这正是最需要内插的情况)时。图 5.21(a)给出了这种情况的一个例子：对一个频率为 1.35 kHz 的复正弦，以 5 kHz 采样频率进行采样，得到 $M = 20$ 个采样数据；利用 $K = 20$ 点 DFT 计算此数据序列的多普勒谱。在内插之前，最大的 DFT 幅度采样的值为 15.15。

此 DFT 采样峰值(15.15)与真实的 DTFT 峰值(20)相比,误差高达 24.3%。DFT 采样间隔为 5000/20=250 Hz(即每隔 250 Hz 采样一次),因此 DFT 采样峰所在的频率为 1500 Hz,与真实的频率相差 150 Hz。

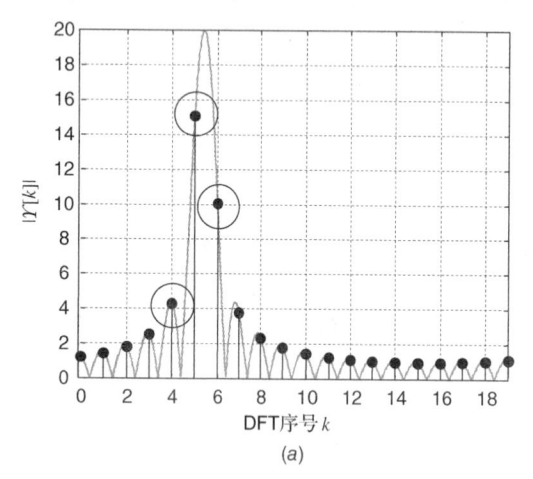

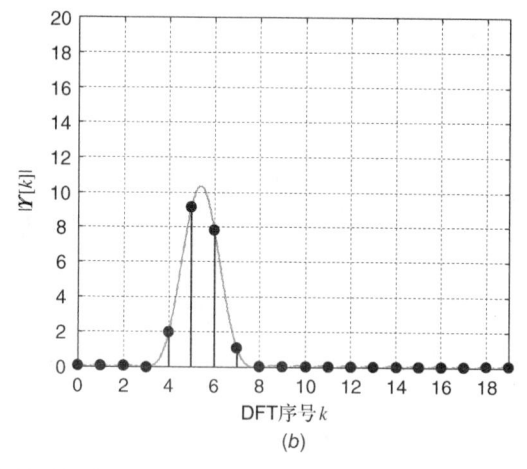

图 5.21 动目标的理想多普勒谱,多普勒谱按奈奎斯特采样率进行采样。(a)未加窗;(b)加汉明窗

如果对上例中的数据应用内插处理,将会得到比较差的结果,这是由于 DFT 最大采样及其两个相邻采样位于同一个抛物线上的假设不再成立造成的。对于上例中的数据序列,由内插技术估计的谱峰的频率和幅度分别为 1295.4 Hz 和 15.41。幅度估计的改善非常有限,误差仅仅减少 23%;而频率误差虽大大减少,变为 54.6 Hz,但仍然比较大。

避免此问题的方法是通过增加足够的采样密度,以保证这 3 个用于估计的 DFT 采样全部位于主瓣上。其中,一种方法是过采样多普勒谱,即选择 $K > M$;另一种方法是对数据加窗。对于大多数常用的窗,主瓣的展宽足够保证最大 DFT 采样及其两个相邻采样位于同一个主瓣上,从而使抛物线段的基本假设更加有效。对图 5.21(a)中的数据应用一个汉明窗加权,同样也执行一个 20 点 DFT,得到的谱如图 5.21(b)所示。注意到,由于汉明窗的影响,此时 DTFT 的幅度峰值为 10.34。对该谱使用二次多项式内插,得到估计谱峰的频率和幅度分别为 1336.6 Hz 和 9.676,相应的幅度误差减少到仅 6.4%,频率误差减少为 13.4 Hz。可以定义一种混合技术,使其联合抛物线内插的特点和更精确的 asinc 内插。利用抛物线方法确定谱峰的频率,然后再利用式(5.95)估计出谱峰的幅度。此混合方法提高了幅度估计精度,同时还避免了重复计算式(5.95)。

对于一个长度 $M = 30$ 的正弦数据序列,图 5.22 给出了二次多项式内插器的频率估计性能,包括汉明窗加权和未加窗两种情况。图 5.22(a)对应最低采样情况,即 $K = M$。当实际频率非常接近 DFT 采样频率或位于两个采样频率中间时,内插器的频率估计结果最好。如果未对数据加窗,最坏情况下的误差为 0.23 个单元(多普勒单元,PRF/K),对应于实际频率偏离 DFT 采样频率 0.35 个单元;而汉明窗可以把最大误差减少为 0.067 个单元,对应于频率偏移 0.31 个单元。图 5.22(b)给出了当谱采样密度增加稍微超过一倍,即 $K = 64$ 时的性能。最大频率估计误差在不加窗时只有 0.022 个单元,加汉明窗时仅有 0.014 个单元。

图 5.23 显示了相应的幅度估计性能。从图 5.23(a)可以看出,当未应用窗时,内插器把最差时的跨越损失从 3.92 dB 减少到了 3.22 dB;当应用汉明窗时,跨越损失从 1.68 dB 减少为 0.82 dB。利用 $K = 64$ 时的过采样谱,最坏时的幅度误差在未加窗和加汉明窗时分别降至 0.17 dB 和 0.05 dB。

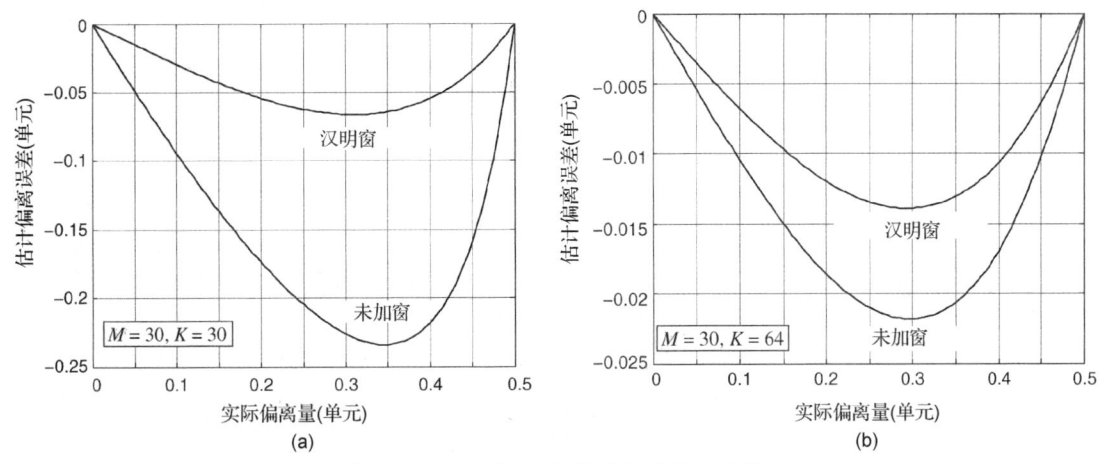

图 5.22 无噪声时二次多项式内插器的频率估计性能($M=30$)。
(a)最少采样情况($K=30$); (b)过采样情况($K=64$)

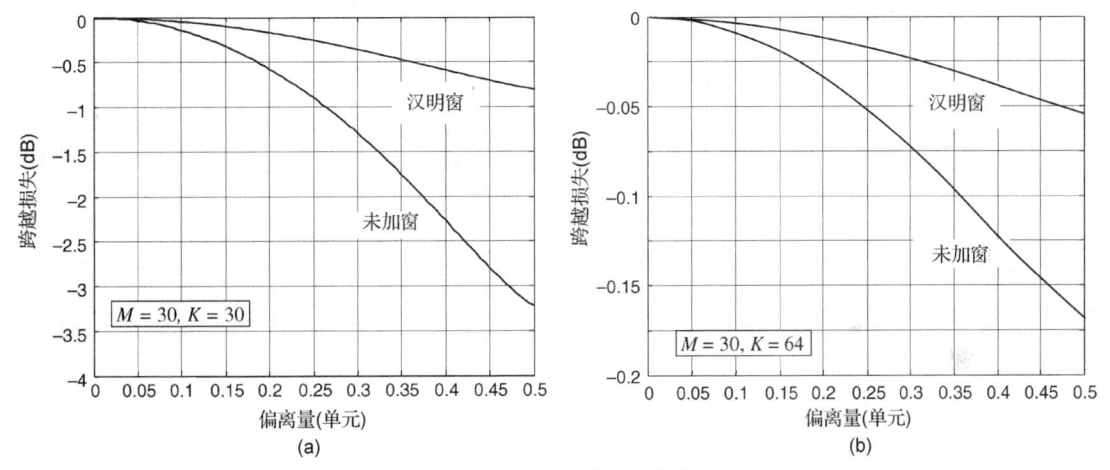

图 5.23 无噪声时二次多项式内插器的幅度估计性能($M=30$)。
(a)最少采样情况($K=30$); (b)过采样情况($K=64$)

对于 DFT,已经提出很多其他的基于插值的估计器(Jacobsen 和 Kootsookos,2007; MacLeod,1998)。它们包含式(5.96)和式(5.97)应用复数 DFT 数据 $\Upsilon[k]$(而不是其幅度)的版本,并且在无噪声数据中获得了明显更优的频率估计精度。在对数据进行加窗操作时,无论是在复数还是幅度版本中改变加权系数,同样都可以提高精度。另一类插值器使用真实峰值和邻值中的较大值计算 Δk,即

$$\Delta k = \frac{|\Upsilon[k_0]|}{|\Upsilon[k_0] + \Upsilon[k_\pm]|} \tag{5.98}$$

其中,$\Upsilon[k_\pm]$ 是 $\Upsilon[k_0-1]$ 和 $\Upsilon[k_0+1]$ 中的较大值。该估计器直观上只使用了 2 个 DFT 值,但隐含地使用了 3 个值,因为其中确定 $\Upsilon[k_\pm]$ 需要 2 个值。该估计器的复数形式和幅度形式也同样存在。在无噪声情况下,频率估计性能出乎意料的好。

这些插值技术不仅仅限于多普勒频率估计,在快时间匹配滤波器输出、采样密度和跨越损失中,也同样适用。例如,同样的插值技术可以用来提升距离估计。时间延迟(距离)估计的应用及其仿真结果和可选择的技术将在第 7 章讨论。

上述结果全部是针对无噪声数据的，这个假设并不现实。第 7 章将更正式地回顾估计精度和插值算法的影响。可以看出，两点插值器在噪声情况下并不适用，但在高信噪比时，二次多项式插值器仍然有效。在中低信噪比的情况下，和插值无关的其他影响决定了估计精度。

5.3.7 脉冲多普勒处理的现代谱估计

到目前为止，离散傅里叶变换被广泛用来计算脉冲多普勒处理的谱分析。其他的谱估计器也可以用于脉冲多普勒处理。其中，在雷达中已被应用的一个谱估计器是递归(AR)模型，它把慢时间信号的实际离散时间谱 $\varUpsilon(\omega)$ 建模为下面的递归形式：

$$\hat{\varUpsilon}(\omega) = \frac{\alpha}{1 + \sum_{p=1}^{P} a_p \mathrm{e}^{-\mathrm{j}\omega p}} \tag{5.99}$$

对于给定的模型阶数 P，此算法通过一组模型系数 $\{a_p\}$ 把 $\hat{\varUpsilon}(\omega)$ 最优拟合为 $\varUpsilon(\omega)$。这些模型系数可以通过解一组由慢时间数据 $y[m]$ 的自相关导出的正态函数获得(Hayes, 1996)，而并不需要实际谱的 $\varUpsilon(\omega)$。最后，把模型系数 $\{a_p\}$ 代入式(5.99)中计算估计的谱，则可以对此估计的谱进行目标检测处理、脉冲对处理或其他处理。

把谱建模为式(5.99)的形式，等效于把慢时间信号 $y[m]$ 建模为一个频率响应为 $(1 + \sum_{p=1}^{P} a_p \mathrm{e}^{-\mathrm{j}\omega p})^{-1}$ 的 IIR 滤波器的输出。其逆滤波器是一个 FIR 滤波器，冲激响应系数为 $h[m] = a_m$，且 $a_0 = 1$。如果 $y[m]$ 通过此滤波器，输出功率谱近似为常数〔假定实际的信号谱由式(5.99)精确建模〕。如果系数 $\{a_p\}$ 已选择使 $|\hat{r}(\omega)|^2$ 成为随机过程数据(如噪声和杂波)功率谱的良好模型，那么使数据通过该逆滤波器将可以得到新的随机过程，此过程有着近乎平坦的功率谱。因此，由此模型系数设计的 FIR 滤波器对输入信号 $y[m]$ 进行白化，能去除任何具有相关性的信号分量，例如杂波。

图 5.24 显示了一个应用 AR 谱估计，设计杂波滤波器以增强机载雷达监测切变风能力的例子(Keel, 1989)。图 5.24(a)为某一距离单元的慢时间数据的傅里叶谱。可以看出，谱中有两个明显的峰高出噪声电平，其中，在零速的峰为地杂波，在近似 8 m/s 处的一个较低的峰为风雨信号。图 5.24(b) 为由 AR 模型系数 $\{a_p\}$ 设计的最优杂波滤波器的频率响应。图 5.24(c)为经过杂波滤波器滤波处理后的慢时间数据的傅里叶谱。可以看出，地杂波被大大抑制，气象回波现在成为主要的谱特征。

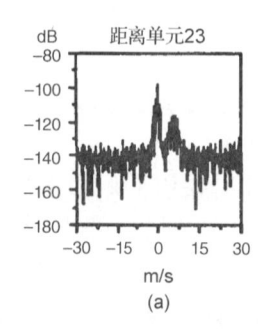

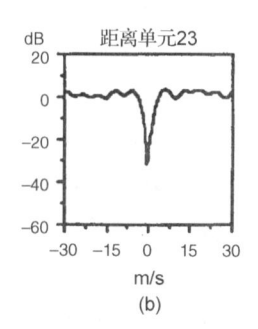

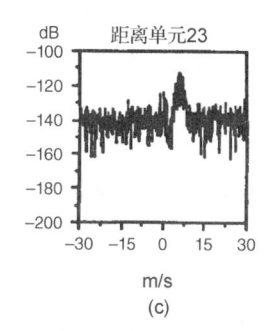

图 5.24 利用递归模型多普勒谱估计进行杂波抑制和切变风检测。(a)原始数据的傅里叶谱；(b)杂波抑制滤波器的频率响应，由递归模型系数设计；(c)滤波后数据的傅里叶谱(由 GTRL 的 Byron M. Keel 博士授权使用)

5.3.8 CPI 间参差和盲区图

脉冲多普勒处理有时需要与脉冲对消器联合应用。在这种情况下，盲速的概念是明显的。如果没有应用脉冲对消器，即没有对数据进行高通滤波，那么多普勒频率等于整数倍脉冲重复频率的目标就不会像 MTI 处理那样被滤除掉。然而，这些目标仍然会模糊到多普勒谱的直流部分(即零频)，与杂波能量混合在一起，因为目标能量不能与杂波能量区分开。这样，具有多普勒频率等于整数倍脉冲重复频率的目标将不能被检测到，相应的目标速度仍然是盲速。

对于一个 CPI 间的脉冲重复频率参差，在一个 CPI 内按某一固定的脉冲重复频率发射 M 个脉冲，在第二个 CPI 内按另一个不同但固定的脉冲重复频率发射脉冲。由于每一个脉冲重复频率所对应的盲速都是不同的，因此落入某一脉冲重复频率盲速中的目标并不一定会落入其他脉冲重复频率的盲速中，从而可以实现对该目标的检测。此概念可以用图 5.25 中的例子说明，图中给出了两个不同脉冲重复频率的多普勒谱的示意图，并且它们以相同的频率刻度进行显示。首先考虑第一个多普勒谱图，对应于数据的脉冲重复频率为 PRF_1。一个多普勒频率等于 PRF_1 的目标会模糊到零多普勒频率处，在杂波存在的情况下此目标是无法被检测到的。如果利用一个较低的脉冲重复频率 PRF_2 测量此目标环境，如第二个多普勒谱图所示，目标的多普勒频率不再与脉冲重复频率相等，则目标能量模糊到一个非零多普勒频率处，它不再与杂波能量竞争，因而可被检测到。

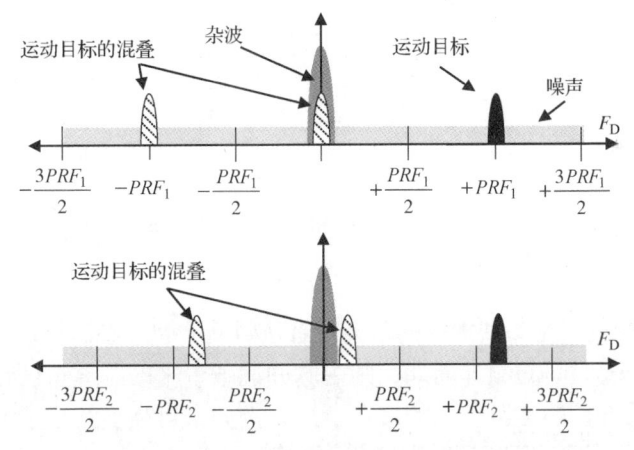

图 5.25 利用两个脉冲重复频率以避免脉冲多普勒雷达的盲速。在上图中目标多普勒频率等于脉冲重复频率，而在下图中它们不相等

在某些系统中，参差脉冲重复频率的数目可以高达 8 个。第一个(即最小的)对于所有脉冲重复频率都完全不可见的目标速度是所有脉冲重复频率盲速的 LCM，其结果会远远高于任何单个脉冲重复频率的盲速。只有当目标被小部分脉冲重复频率都检测到时，例如 2 个参差 PRF 中的 2 个，或 8 个中的 3 个检测到目标，目标检测才能确定并提交后续处理。

脉组间参差系统的优点是，距离混叠的杂波可以在每个 CPI 内，利用相干 MTI 抑制掉，并且对雷达系统的稳定性，尤其是发射机的稳定性的要求，不像脉间参差系统那样苛刻(Schleher, 1991)。缺点是整体速度响应可能不是非常好，而且在驻留期间发射的多个脉冲消耗了大量雷达时间资源和能量。

这个讨论表明，对于给定的脉冲重复频率，在以脉冲重复频率为间隔的多普勒上存在周期性的盲区。如果目标的多普勒频移使它处于杂波区或者混叠到杂波区，那么该目标将很可能检测不到。等效地，如果目标因为周期重复的杂波谱进入了杂波区，那么该目标也可能检测不到。图5.26(a)解释了这个观点，图中显示了在零多普勒的杂波，及其在±PRF Hz处的第一个周期重复。目标恰好高于PRF Hz，但仍然处于杂波区，则被认为处于以$F_D = PRF$ Hz为中心的盲区中。

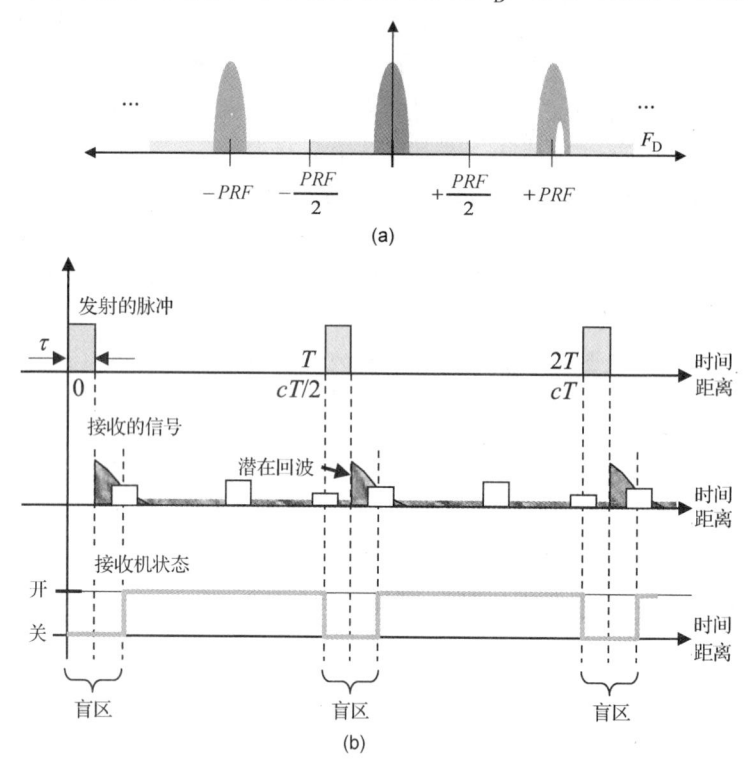

图5.26 多普勒和距离盲区。(a)由主瓣杂波频谱周期重复产生的多普勒盲区；(b)由脉冲发射和单基雷达中潜在回波产生的距离盲区，以及其中两个目标回波的不完全消隐

如3.1.3节所讨论的，在单基雷达的距离或者快时间上也存在盲区。通过使接收机和天线失联一个大于脉冲长度时间的额外周期，则由脉冲遮蔽带来的距离盲区在某些系统中就会被刻意地延伸。这么做的目的是避免强的潜在杂波，例如来自高度性线杂波的潜在杂波，使接收机饱和。图5.26(b)说明了距离盲区和遮蔽。图中，最上面一行表明持续时间τ的脉冲每T s发射一次；中间一行表明每个脉冲后的3个目标回波和强的潜在杂波；最下面一行表明接收机在脉冲发射和潜在杂波接收期间停止工作。停止周期代表了距离上的盲区。在这个例子中，第一个目标足够近，以至于它的回波被遮蔽了50%，这是因为它是在潜在杂波期间到达的。第三个目标也遮蔽了50%，这是因为它足够远，以至于一部分回波是在下一脉冲的发射期间接收到的。中间的回波没有遮蔽。

距离和多普勒盲区共同联合可以形成图5.27中的二维盲区图。无论多普勒是多少，落于距离盲区的目标都是无法检测的。而落在多普勒盲区的目标在任何距离上也无法检测。盲区在二维上的间隔由雷达脉冲重复频率决定。如果脉冲重复频率增加，则多普勒盲区扩展并分隔更远，但是距离盲区收缩且变得更近。这个发现引出了一个想法，即使用CPI参差结合"M/N"（N选M）检测逻辑，能够最大化目标可检测的距离多普勒组合。

图5.28显示了一个雷达在后续CPI使用两种PRI(100 μs和120 μs)的盲区图，其脉冲长

度为 10 μs，载频为 10 GHz。对于潜在杂波，距离盲区并没有延伸。杂波速度范围被假定为 ±20 m/s。速度轴仅显示了正速度，它的负数部分是正速度的镜像。所有盲区图在距离和速度上以相同比例显示。注意，对于任意脉冲重复频率，第一距离盲区和零速盲区相同，所以它们在所有用到的脉冲重复频率上一直重叠。当脉冲重复频率改变时，这并不符合因为周期的变化而导致的盲区在距离和多普勒上的重复。例如，一个速度 300 m/s，距离 30 km 处的目标，其距离和速度在 PRI=100 μs 时均不可见；但在 PRI=120 μs 时，则不处于盲区中。

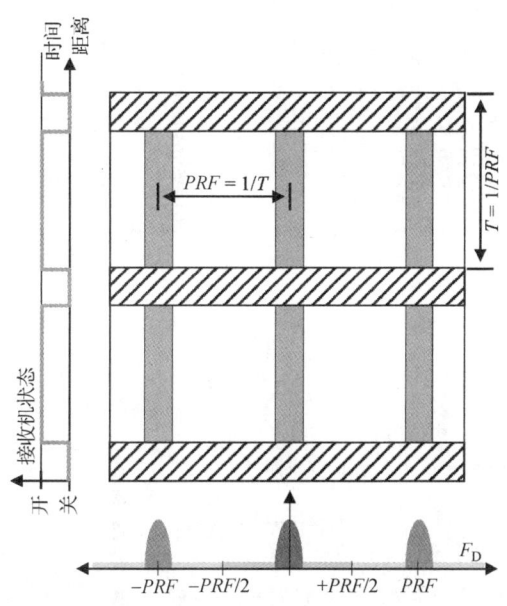

图 5.27 单个脉冲重复频率时的盲区图，通过结合距离盲区和多普勒盲区产生

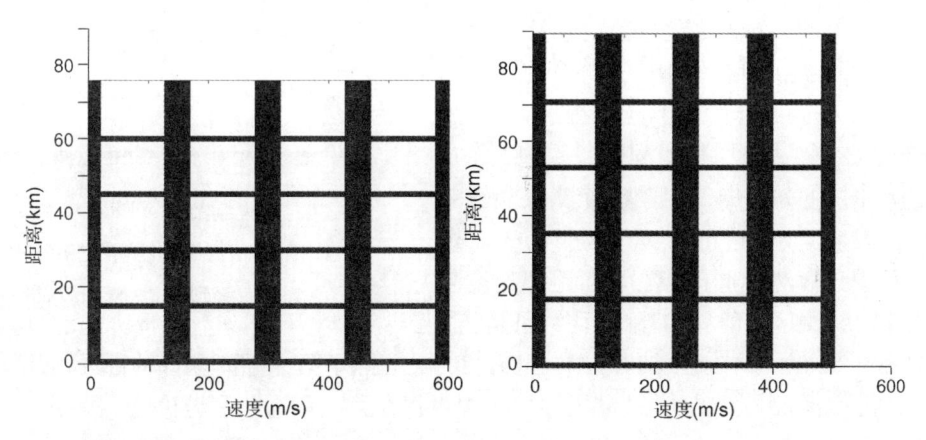

图 5.28 按照相同的速度和距离尺度绘制的两个不同 PRI 的盲区图，左图 PRI=100 μs，右图 PRI=120 μs

图 5.29 中的左图是重叠图 5.28 中两个盲区图得到的，距离向和速度向的间隔一致。在两个脉冲重复频率条件下，距离、速度坐标均在盲区内的显示为黑色，只在其中一个盲区内的显示为灰色，均不在盲区内的显示为白色。例如，上面提到的速度 300 m/s，距离 30 km 处的目标落在灰色区域，意味着雷达在两个 PRI 时只采集到一个 CPI 数据，则也将只在其中一种情况（120 μs）下检测到目标。右图是利用两个 PRI 和 "1/2" 检测逻辑产生的盲区图。这表明，特定距离速度坐标上的检出可以被认为是一个真实目标，只要这个检出是在两个 CPI 的至少

一个中被检测到的，而不需要在两个上都被检测到。利用这个逻辑，在左图白色或灰色区域中，任意距离速度对的目标预计都是可检测的（假定有充分的 SIR）。只有左图黑色区域中的坐标对被认为不可见，因此它产生了右图所示的盲区图。

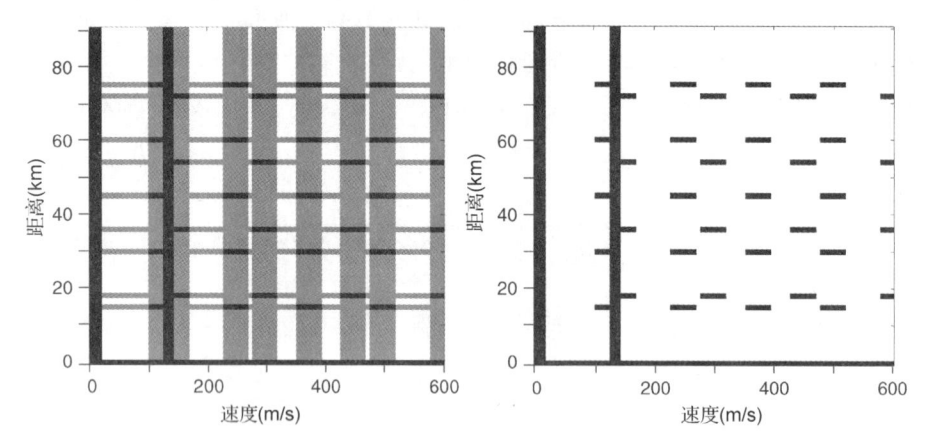

图 5.29　两个不同 PRI 和"1/2"检测准则时的盲区图，左图为图 5.28 两幅盲区图的重叠显示，右图为使用"1/2"检测逻辑产生的盲区图

应用"$1/N$"准则会产生一个问题，即单个虚警会被认为是目标。更稳妥的"2/2"准则意味着，仅当在两个 PRI 均可见时，目标才是可检测的。有效的盲区图是图 5.29 左图中黑色区域和灰色区域，这导致很少的距离速度组能对应可检测目标。因此，目标可检测到的距离速度覆盖范围与虚警保护和其他误差源，这两者之间存在折中。使用大于 2 的 N 可以提供更多的折中选择和更优的结果。图 5.30 显示了一个非常好的盲区图，系统采用了 8 个 PRF 和"3/8"检测准则。雷达工作在 10 GHz，脉冲长度为 1 μs，消隐 10 个潜在杂波单元，主瓣杂波范围为 ±17 m/s，CPI 为 10 ms。可以使用一种进化算法，选择能在所示距离速度限制内最大化可检测区域的 PRI 组合，结果是{51,

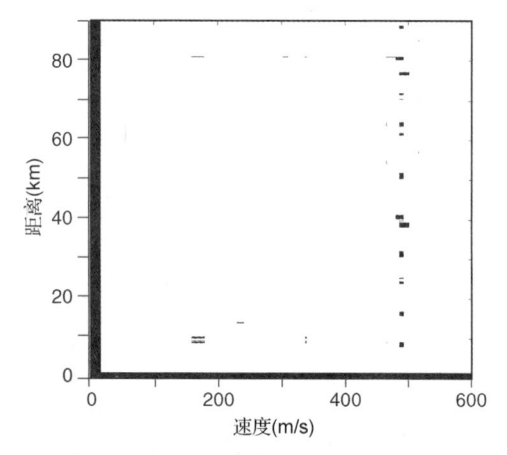

图 5.30　使用进化算法选择 PRI 得到的"3/8"盲区图

53, 60, 63, 67, 84, 89, 93}μs（Davis 和 Hughes，2002）。除了第一距离多普勒盲区，几乎所有显示的距离速度空间都是可见的。"M/N"检测逻辑将在第 6 章进一步讨论。

5.4　脉冲对处理

脉冲对处理(PPP)是在气象雷达中常见的一种多普勒处理形式。与本章前面讨论的 MTI 处理和脉冲多普勒处理技术不同，PPP 的目的不是抑制杂波以检测动目标。在 PPP 中，通常假定慢时间数据谱中包含噪声和一个通常不位于零多普勒频率的谱峰（尽管也可能位于零多普勒频率），谱峰是由于运动的气象事件回波产生的，典型的例子为被风吹的雨或其他微粒。PPP 的目的是估计这些谱峰的参数。在地基和机载气象雷达中，这些参数之后可作为一些高

级算法的输入，这些算法可以估计降水类型和速率，继而预报恶劣天气，等等。在机载雷达中，它也是风切变检测技术的一种。

PPP 假定雷达通常是向上观测（地基雷达），或向前观测（机载雷达）。因此，可以假定与气象信号竞争的地杂波很小，或可忽略，或已经被 MTI 滤波器滤掉。PPP 假定的多普勒谱 $S_y(F)$ 的示意图如图 5.31 所示。此多普勒谱只包含白噪声和一个气象现象的后向散射回波的谱峰，即

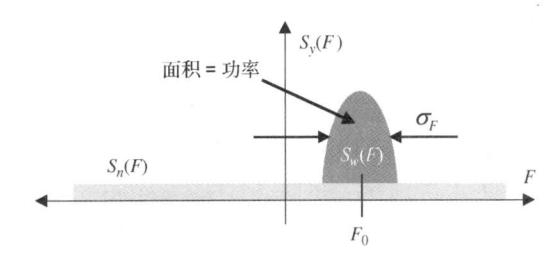

$$S_y(F) = S_w(F) + S_n(F) \quad (5.100)$$

图 5.31 脉冲对处理所假设的慢时间功率谱的示意图

这里，气象谱峰 $S_w(F)$ 通常假定为近似高斯形状，其特征由它的幅度、均值和标准方差决定。功率谱 $S_w(F)$ 的总面积等于气象回波的功率。PPP 常用来估计气象分量的功率、平均多普勒频率 F_0 和方差 σ_F^2（常称为谱宽度）。每一个参数可以利用时域或频域算法进行估计，所有这些处理都包括在 PPP 的范畴中。

首先考虑时域测量。某一特定距离单元中由 M 个脉冲得到的慢时间数据序列 $y[m]$，$m = 0, \cdots, M-1$ 的自相关函数和功率谱分别为

$$s_y[k] \equiv \sum_{m=0}^{M-k-1} y[m]y^*[m+k] \quad (5.101)$$

$$S_y(\omega) = F\{s_y[k]\} = |Y(\omega)|^2 \quad (5.102)$$

慢时间信号的功率可以由时域自相关函数的峰值估计得到

$$\hat{P}_y = \frac{1}{M} s_y[0] = \frac{1}{M} \sum_{m=0}^{M-1} y[m]y^*[m] = \frac{1}{M} \sum_{m=0}^{M-1} |y[m]|^2 \quad (5.103)$$

为了看清如何估计平均频率，暂且忽略噪声，并假定信号分量为一纯正弦，有限长度矩形窗的功率谱为一个 asinc 函数的平方。现在计算第一个迟延的自相关为

$$\begin{aligned}
y[m] &= A\mathrm{e}^{\mathrm{j}2\pi F_0 Tm}, \quad m = 0, \cdots, M-1 \\
s_y[1] &= \sum_{m=0}^{M-2} y[m]y^*[m+1] \\
&= \sum_{m=0}^{M-2} A\mathrm{e}^{+\mathrm{j}2\pi F_0 Tm} A^* \mathrm{e}^{-\mathrm{j}2\pi F_0 T(m+1)} = |A|^2 \sum_{m=0}^{M-2} \mathrm{e}^{-\mathrm{j}2\pi F_0 T} \\
&= |A|^2 \mathrm{e}^{-\mathrm{j}2\pi F_0 T} \sum_{m=0}^{M-2} (1) = |A|^2 (M-1)\mathrm{e}^{-\mathrm{j}2\pi F_0 T}
\end{aligned} \quad (5.104)$$

式中，指数 $\mathrm{e}^{-\mathrm{j}2\pi F_0 T}$ 的相角仅仅为模拟频率为 F_0 Hz 的正弦信号在一个采样周期内的相位旋转量的负数。因此，由该式可以估计出此频率为

$$\hat{F}_0 = \frac{-1}{2\pi T} \arg\{s_y[1]\} \quad \text{Hz} \quad (5.105)$$

把 $\hat{F}_0$ 的结果与 $\lambda/2$ 相乘，可以得到单位为 m/s 的速度量。虽然该结果是由理想正弦信号推导

出的，但该时域 PPP 频率估计器也适用于更加一般的信号，只要该信号具有一个适当的信噪比并且包含一个主频率分量。如果多普勒频率超出 $\pm PRF/2$，则频率估计的结果是模糊的。

因为式(5.104)中求和符号内的指数项与 m 无关，所以，可以把它提到和式的外面，这样就不需要计算所有采样的第 1 个迟延的自相关值 $s_y[1]$，从而利用两个慢时间采样只须计算一次 $y[m]y^*[m+1]$ 就够了。然而，事实上所有采样中都存在噪声，利用所有 M 个采样进行自相关求和计算，可以平均噪声和提高估计质量。

为了得到 σ_F^2 的时域估计，假定多普勒功率谱呈现为标准方差为 σ_F 的高斯分布。F_0 的估计结果可以用于去掉平均多普勒频率分量，这样就能得到一个多普勒中心在零频处的改进的数据序列 $y'[m]$。为了方便推导，先以它的连续时间形式(即 $y'(t)$)开始。$S_{y'}(F)$ 为一个零均值高斯函数，即

$$S_{y'}(F) = \frac{|A|^2}{\sqrt{2\pi}\sigma_F} e^{-F^2/2\sigma_F^2} \tag{5.106}$$

相应的连续时间自相关函数也是高斯形式，即

$$s_{y'}(z) = |A|^2 e^{-2\pi^2\sigma_F^2 z^2} \tag{5.107}$$

式中，变量 z 表示自相关延迟。如果采样间隔 T 选得足够小，可以保证 $S_{y'}(1/2T) \approx 0$，则离散时间功率谱和自相关函数也形成一对高斯变换(具有足够高的近似程度)。于是，采样的自相关函数变为

$$s_{y'}[k] = s_{y'}(z)|_{z=kT} = |A|^2 e^{-2\pi^2\sigma_F^2 k^2 T^2} \tag{5.108}$$

相应的 DTFT，用模拟频率(单位 Hz)可以表示为

$$S_{y'}(F) = \frac{|A|^2}{\sqrt{2\pi}\sigma_F T} e^{-F^2/2\sigma_F^2} \tag{5.109}$$

由于 $s_{y'}[0] = |A|^2$，则第一个迟延的自相关可以写为

$$s_{y'}[1] = |A|^2 \exp(-2\pi^2\sigma_F^2 T^2) = s_{y'}[0]\exp(-2\pi^2\sigma_F^2 T^2) \tag{5.110}$$

只需要利用 $s_{y'}[0]$ 和 $s_{y'}[1]$，就可以由上式很容易地解得高斯功率谱的方差估计值为

$$\hat{\sigma}_F^2 = -\frac{1}{2\pi^2 T^2} \ln\left\{\frac{s_{y'}[1]}{s_{y'}[0]}\right\} \quad \text{Hz}^2 \tag{5.111}$$

因此，式(5.103)、式(5.105)和式(5.111)即为时域 PPP 的估计器。这些时域估计器只须利用每一距离单元慢时间数据的两个迟延的自相关值就可计算得出。

有时，为了避免计算自然对数，需要对式(5.111)进行简化。考虑 $\ln(x)$ 的级数展开式及其近似，有

$$\ln x = \frac{x-1}{x} + \frac{1}{2}\left(\frac{x-1}{x}\right)^2 + \frac{1}{3}\left(\frac{x-1}{x}\right)^3 + \cdots$$
$$\approx \frac{x-1}{x} = 1 - \frac{1}{x} \tag{5.112}$$

把式(5.112)代入式(5.111)，可得到简化的谱宽估计器为

$$\hat{\sigma}_F^2 = -\frac{1}{2\pi^2 T^2}\left\{1 - \frac{s_{y'}[0]}{s_{y'}[1]}\right\} \quad \text{Hz}^2 \tag{5.113}$$

对信号功率、频率和谱宽进行的基本 PPP 测量也可以在频域内实现。对式(5.103)应用帕塞瓦尔定理，得到功率表达式为

$$\hat{P}_y = \frac{1}{2\pi M}\int_{-\pi}^{+\pi}S_y(\omega)\mathrm{d}\omega = \frac{1}{2\pi M}\int_{-\pi}^{+\pi}|\varUpsilon(\omega)|^2\,\mathrm{d}\omega \tag{5.114}$$

实际计算采用 DFT 版的帕塞瓦尔定理。假定 $\varUpsilon[k]$ 为 $y[m]$ 的离散傅里叶变换，则

$$\hat{P}_y = \frac{1}{M^2}\sum_{k=0}^{M-1}|\varUpsilon[k]|^2 \tag{5.115}$$

对于信号平均频率的估计，有两种基于频域的方法：第一种方法是式(5.105)的直接频域表示，即

$$\begin{aligned}\hat{F}_0 &= \frac{-1}{2\pi T}\arg\{s_y[1]\}\\ &= \frac{-1}{2\pi T}\arg\left\{\frac{-1}{2\pi}\int_{-\pi}^{+\pi}|\varUpsilon(\omega)|^2\,\mathrm{e}^{\mathrm{j}\omega}\mathrm{d}\omega\right\}\quad\mathrm{Hz}\end{aligned} \tag{5.116}$$

上式中的被积函数，除了 $\mathrm{e}^{\mathrm{j}\omega}$ 项，其余均为实数。注意到，对于一个复数 z，$\arg\{z\} = \arctan\{\mathrm{Im}(z)/\mathrm{Re}(z)\}$，则由式(5.116)得到的估计器变为

$$\hat{F}_0 = \frac{-1}{2\pi T}\arctan\left\{\frac{\int_{-\pi}^{+\pi}|\varUpsilon(\omega)|^2\,\sin\omega\,\mathrm{d}\omega}{\int_{-\pi}^{+\pi}|\varUpsilon(\omega)|^2\,\cos\omega\,\mathrm{d}\omega}\right\}\quad\mathrm{Hz} \tag{5.117}$$

实际中，使用 DFT 版，即

$$\hat{F}_0 = \frac{-1}{2\pi T}\arctan\left\{\frac{\sum_{k=0}^{K-1}|\varUpsilon(\omega)|^2\,\sin(2\pi k/K)}{\sum_{k=0}^{K-1}|\varUpsilon(\omega)|^2\,\cos(2\pi k/K)}\right\}\quad\mathrm{Hz} \tag{5.118}$$

另一个基于频域的平均频率估计器以及谱宽估计器的推导思想是把图 5.31 的信号谱看成一个概率密度函数。一个有效的概率密度函数必须为实数且非负，此条件功率谱均能满足；而且，一个概率密度函数必须具有单位面积，因此功率谱必须进行归一化处理才可确保满足此条件。根据帕塞瓦尔定理，$|\varUpsilon(\omega)|^2$ 的积分为 $2\pi E_y$，其中 E_y 为 $y[m]$ 的能量。$2\pi E_y$ 即为需要的归一化的因子。对于任意概率密度函数 $p_z(z)$，z 的均值和方差分别为

$$\begin{aligned}\overline{z} &= \int_{-\infty}^{+\infty}zp_z(z)\mathrm{d}z\\ \sigma_z^2 &= \int_{-\infty}^{+\infty}(z-\overline{z})^2 p_z(z)\mathrm{d}z\end{aligned} \tag{5.119}$$

把上式的均值定义应用于功率谱，则得到另一个平均频率估计器为

$$\hat{F}_0 = \frac{1}{2\pi T}\int_{-\pi}^{+\pi}\omega(|\varUpsilon(\omega)|^2/2\pi E_y)\mathrm{d}\omega = \frac{1}{4\pi^2 TE_y}\int_{-\pi}^{+\pi}\omega|\varUpsilon(\omega)|^2\,\mathrm{d}\omega\quad\mathrm{Hz} \tag{5.120}$$

类似地，可得到谱宽的估计器为

$$\begin{aligned}\hat{\sigma}_F^2 &= \frac{1}{(2\pi T)^2}\int_{-\pi}^{+\pi}(\omega-\omega_0)^2(|\varUpsilon(\omega)|^2/2\pi E_y)\mathrm{d}\omega\\ &= \frac{1}{8\pi^3 T^2 E_y}\int_{-\pi}^{+\pi}(\omega-\omega_0)^2|\varUpsilon(\omega)|^2\,\mathrm{d}\omega\quad\mathrm{Hz}^2\end{aligned} \tag{5.121}$$

一般而言,当信噪比较低或谱宽非常窄时,应该首选时域估计器(Doviak 和 Zrnić, 1993)。对于后一种情况(即谱宽非常窄),信号接近于理想正弦模型假设,这正是时域估计器推导时所假设的。此外,时域方法不需要傅里叶变换操作,计算效率比较高。相反地,频域估计器在信噪比较高和谱宽较宽时,可以提供比较好的估计。频域估计器还允许在执行估计之前先对噪声进行衰减,从而减少估计偏差。此过程称为谱相减,如图 5.32 所示,步骤是:首先从一个假定的清洁谱区中估计出噪声的功率谱 $N(\omega)$,然后再从原始的功率谱中减掉此噪声功率谱,得到一个噪声减少的功率谱,即

$$S'_y(\omega) = S_y(\omega) - N(\omega) \tag{5.122}$$

对于任意一个给定数据的统计变化,$S'_y(\omega)$ 中有可能存在负值,通常把这些负值设置为零。

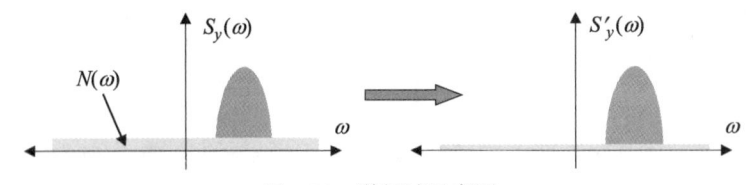

图 5.32 谱相减示意图

图 5.33 显示了由 KFFC WSR-88D NEXRAD 气象雷达得到的两幅图像,该雷达位于美国亚特兰大南部的佐治亚州蜜桃树市(Peachtree City),由美国国家气象局运作。图像收集于 1996 年 3 月 19 日,此图像显示当地存在一阵强暴风雨。虽然这些图像用彩色显示比用灰度显示更易观察,但是仍然可以从灰度图中看到一些特征:左边的图像是回波的估计功率图,正比于体散射率 η,较亮的灰度级代表较强降雨的区域;右边的图像是雷达测量出的径向速度图,即风速图;在右图的左侧和左上角以圆为内边界的大片区域代表距离模糊的区域,在这些区域中不能获得可靠的速度估计;雷达位于此边界的圆的中心;在此圆的内半径,顶部的黑色区域代表朝向雷达的一个高风速,而左侧和底部的暗灰度区域代表远离雷达的高风速,这表明风从图像的顶部吹向底部。在功率和速度图像中的各种方块和圆形标志由分析软件产生,它们用来标识暴风雨的各种特征。

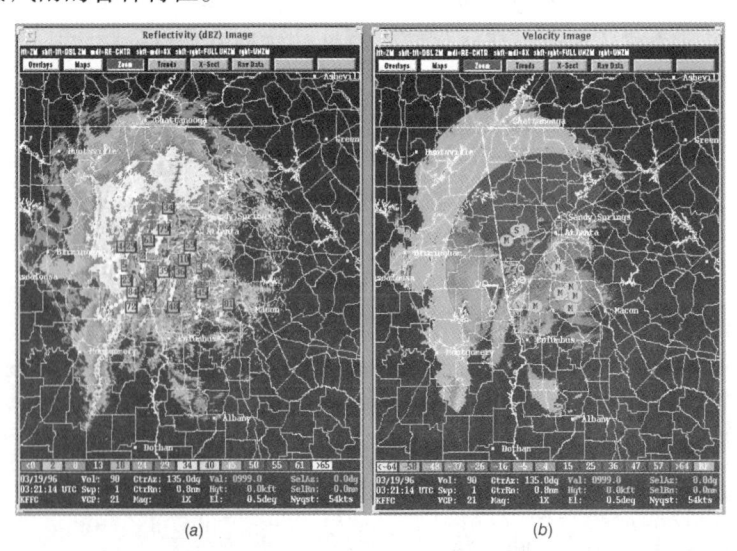

图 5.33 气象雷达利用脉冲对处理的例子。(a)功率图像;(b)速度图像(由美国国家强风暴实验室(National Severe Storms Laboratory)授权使用)

5.5 其他多普勒处理问题

5.5.1 MTI 和脉冲多普勒级联处理

有时系统需要同时利用 MTI 和脉冲多普勒处理，即先利用 MTI 滤波处理进行总的杂波抑制，再利用脉冲多普勒谱分析对脉冲多普勒谱进行详细检测。因为这两个操作都是线性的，所以对于最后用于检测的多普勒谱，它们的执行顺序似乎没有差别。但是，考虑到硬件影响，当使用有限字长的硬件时，信号动态范围的差别使得它们的执行顺序至关重要。

杂波通常是最强的信号分量，它可以超出目标信号几十分贝。如果在 MTI 滤波之前就计算慢时间信号的 DFT，直流附近杂波响应的旁瓣可能会淹没附近速度的潜在目标响应，从而导致这些目标无法被检测到。如果处理器的动态范围也受到限制，强杂波信号对处理器的自动增益控制，会导致目标信号幅度低于处理器的最小可检测信号幅度，相当于滤掉了目标。

基于这些原因，如果 MTI 和脉冲多普勒处理同时应用，MTI 滤波器通常放在前面。MTI 滤波器具有选择性地衰减杂波分量的功能，使得目标信号成为主要的信号分量，而接下来的有限字长处理便会适应目标信号的动态范围，而不是适应已被抑制掉的杂波信号。对于越来越普及的浮点处理器，动态范围不是一个限制问题。

5.5.2 暂态影响

本章的所有讨论都是假定稳态情况，即假定杂波谱是平稳的，忽略滤波器的暂态影响。在距离模糊的中重频或高重频模式下，每一个距离单元的接收信号采样包含来自多个距离单元的贡献。只要雷达的脉冲重复频率改变，那么在回波达到稳态之前，就必须发射几个附加的暂态脉冲，称为杂波填充脉冲。这里的"稳态"意味着对给定距离单元物理杂波间隔的贡献与每个脉冲的相同，因此可期望杂波特性从一个脉冲到下一脉冲是静止的。例如，假定在稳态时每一距离单元包含来自 $L=4$ 个脉冲的贡献(即 4 个距离模糊)，那么每个距离单元中的杂波信号达到稳态的条件是，当且仅当第 4 个脉冲和后续脉冲在一个 CPI 内时。这种情形在第 4 章中已讨论过。

当 MTI 处理的数字滤波器进入稳态操作时，输出值仅与实际的数据输入值有关，而与任何初始化数字滤波器的值(通常为零值)无关。对于一个长度为 N 的 FIR 滤波器，当滤波器的冲激响应无法与有限长数据序列完全重叠时，完全卷积中第一个和最后 $N-1$ 个采样点为暂态，则这些暂态输出通常会被丢弃。

这两个影响是独立的。为了明白获得 M 点非暂态的稳态序列 $y_{ss}[m]$ 总共需要多少脉冲，可考虑如图 5.34 所示，假设总共发射 P 个脉冲，距离模糊 $L=4$，使用三脉冲($N=3$)相消 MTI 滤波器，一般用 L 和 N 标记。如图所示，理论数据序列 $y[m]$ 在最初 L 个采样点幅度向上倾斜；实际数据随着杂波场景有着无法预测的变化，这表明每个采样点出现更多的距离模糊点数，点数在 $m=3$ (第 4 个采样点)处稳定为 4。已知 h 和 y 的卷积是 $y_{ss}[n]=\sum y[m]h[n-m]$，则图中的三点序列代表三脉冲相消滤波器系数 $h[n-m]$（实际系数值是 $\{+1,-2,+1\}$）。由图可见，一般当 $L-1=n-N+1$，即 $n=L+N-2$（此例中 $n=5$）时，出现使滤波器系数仅和稳态测量数据重叠的情况成立的 n 的初值；当 $n=P-1$ 时，出现使其成立的终值。在此间隔中输出采样数是 $M=(P-1)-(L+N-2)+1$，因此，需要 $P=M+L+N-2$ 个脉冲才能获得用于进一步处理的 M 个有效输出。

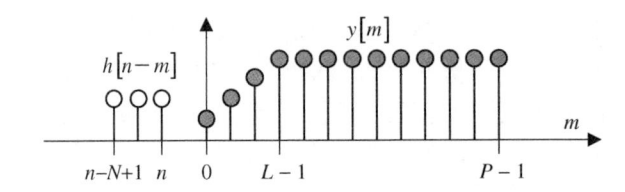

图 5.34　为获得 M 个非暂态点所需的稳态慢时间采样点 P，与距离模糊数 L、滤波器长度 N 之间关系的确定

例如，假设需要 20 个有效静止脉冲进行脉冲多普勒 DFT。同样假定，采用三脉冲（$N=3$）相消器，而且无模糊距离和雷达灵敏度可以使得在测量数据中出现 $L=4$ 的距离模糊。那么，CPI 应该采集 25 次脉冲的数据，舍弃 MTI 滤波器的前 5 个输出（其中，3 个是因为距离模糊组合，2 个是因为滤波器暂态），并且向脉冲多普勒 DFT 或其他处理仅传递后 20 个输出。额外的脉冲可能会用来设定接收机的自动增益控制，但不会用于多普勒处理。

5.5.3　脉冲重复频率体制

正如第 4 章所看到的，脉冲突发波形所获得的测量在距离、多普勒，或两者上，都有可能存在模糊。对于脉冲多普勒雷达，经常会出现距离模糊、多普勒模糊，或距离和多普勒同时模糊。现代的机载脉冲多普勒雷达具有多种操作模式，包括各种距离、多普勒覆盖区域以及分辨率的要求。常见的脉冲突发波形所用的基本脉冲包括简单脉冲、线性调频（LFM）和巴克相位码。为了满足各种模式下的要求，所用的脉冲重复频率范围会从几百 Hz 到 100 kHz，甚至更高。

根据模糊特征的不同，脉冲多普勒雷达的操作可分为 3 种脉冲重复频率模式。很多雷达可在全部 3 种模式工作，视当前需求而定。分界线并不绝对，由任务需要决定。给定期望的无模糊距离 R_{ua} 和无模糊速度 v_{ua}（盲速 v_b 的一半），如果脉冲重复频率足够低，可以保证期望区间的距离上无模糊，而在速度上是模糊的（这意味着期望目标的速度超过 $\pm v_{ua}$），则认为雷达工作于低 PRF 模式下。相反地，如果系统在距离上是模糊的，而在速度上是无模糊的，则认为雷达工作于高 PRF 模式下。在中 PRF 模式下，雷达系统在距离和速度上都是模糊的。这 3 种模式的折中总结在图 5.35 中。图中的曲线是雷达工作频率为 10 GHz 时所能实现的 R_{ua} 和 v_{ua} 的组合。假设期望的距离和速度覆盖范围分别为 60 km 和 300 m/s（± 150 m/s）。因为，距离限制受限于雷达期望最大检测距离，而速度受限于期望目标的最大期望相对速度，所以，图中的阴影区域所指示的脉冲重复频率范围（在此情况下，脉冲重复频率范围为 2.5～20 kHz）会导致距离和速度都存在模糊。PRF 低于 2.5 kHz，则只会导致多普勒模糊；脉冲重复频率在 2.5～20 kHz 之间，会导致距离模糊和多普勒模糊；脉冲重复频率超过 20 kHz，则只会导致距离模糊。

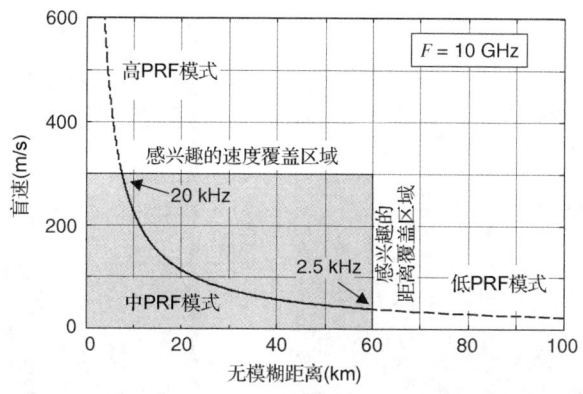

图 5.35　一个 X 波段雷达的低 PRF、中 PRF 和高 PRF 模式

脉冲重复频率体制的选择对距离多普勒目标和杂波谱有重大影响。再次考虑图 5.4 有关的杂波场景和雷达，并假设最大距离为 75 km，感兴趣的速度区间为 ±150 m/s。现在考虑分别按照低、中、高的 PRF（分别为 2、10、30 kHz）观测相同场景。作为参考，表 5.3 列出了每一种 PRF 时的非模糊的距离、多普勒和速度区间。

表 5.3　对选定 PRF 和 10 GHz 载频时无模糊的距离、多普勒和速度区间

PRF	PRF 体制	无模糊距离(km)	无模糊多普勒频率区间(kHz)	无模糊速度区间(m/s)
2	低	75	±1	±15
10	中	15	±5	±75
30	高	5	±15	±225

图 5.36 对比了图 5.4(b)中无混叠距离多普勒杂波谱与各脉冲重复频率时的混叠谱。在所有情形中，远至 75 km 的杂波都纳入计算。为方便对比，图 5.36(a) 重新给出了无混叠的谱，其主瓣杂波中心位于 17.3 km，速度为 93.4 m/s，旁瓣杂波扩散到 ±134.1 m/s 的范围，但大部分被限定在 15 km 处，甚至更近。

图 5.36(b) 是低 PRF 谱。主瓣杂波集中在非模糊距离 17.3 km 处，但速度从真实值 93.4 m/s 混叠到模糊速度 3.4 m/s（即 93.4−3×30）。旁瓣杂波在速度上严重混叠但随斜距衰减，以至于大部分目标不与其竞争。如果应用 MTI 滤波区抑制主瓣杂波，在受影响的距离单元上，每 30 m/s 将会出现一次盲速。

图 5.36(c) 是中 PRF 时的情况。主瓣旁瓣在距离和多普勒上均是模糊的，混叠到斜距 2.3 km（即 17.3−15）处和速度 −56.6 m/s（即 93.4−150）处。注意，主瓣杂波及其旁瓣在距离维缠绕，而旁瓣杂波在多普勒维缠绕。旁瓣杂波在所有距离和多普勒上基本可见，尽管在不同距离单元上量值和形式有变化。旁瓣杂波同样在距离上缠绕，但没有主瓣杂波的明显。

图 5.36(d) 是高 PRF 时的情况。主瓣杂波也缠绕到模糊距离 2.3 km（即 17.3−3×5）处，但完全均匀地散布在 5 km 非模糊距离内，处于无模糊速度 93.4 m/s 处。主瓣杂波在速度上的窄散布特性使得可用一相对窄的 MTI 或其他凹口滤波器滤除掉，且没有滤除动目标的风险。在这个脉冲重复频率时，远至 75 km 的杂波混叠了 15 次，正好吻合在 5 km 非模糊距离内。在所有距离上旁瓣杂波都很重要并相对恒定，虽然高线性杂波和其他潜在杂波在稍远于 2 km 处仍然可见。另一方面，雷达在多普勒上无模糊，分布在 ±134.1 m/s 内的全部旁瓣杂波都是可见的。另外，对于幅度在 134.1～225 m/s 的速度，在多普勒谱中存在一个清洁区（在其他图中并未出现），这使得在这些高相对速度处目标的噪限检测成为可能。

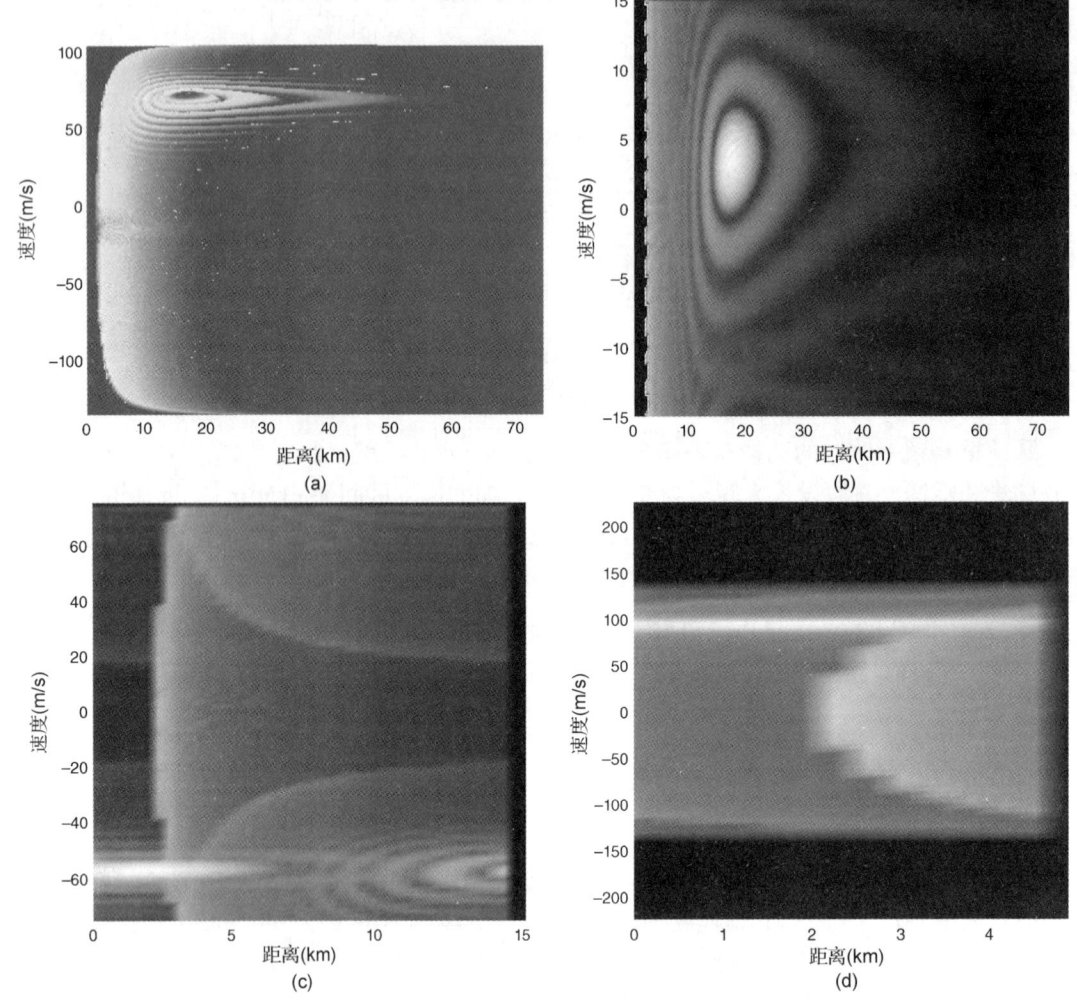

图 5.36 低 PRF、中 PRF 和高 PRF 模式对地杂波距离多普勒谱的影响。(a)无混叠谱；(b)以 2 kHz PRF 观测；(c)以 10 kHz PRF 观测；(d)以 30 kHz PRF 观测

表 5.4 总结了低 PRF、中 PRF、高 PRF 操作时的主要优点和缺点，特别是从机载雷达的视角。总的来说，低 PRF 模式对测距、测绘和成像模式十分有效，但由于缺乏大的清洁区而使动目标检测表现很差。高 PRF 操作会因为清洁区大，而在高杂波中对高多普勒频率目标(如快速靠近的飞机或导弹)的检测很有效，但对低多普勒频率目标(慢速接近或者远离的目标)的检测较差，这是因为高的旁瓣杂波和低的距离选通能力造成的。中 PRF 操作是一种折中选择，既保留了两者各自的优点，又不会使其各自的固有缺点太过严重。对这 3 种体制的特性和处理的深入讨论见 Alabaster(2012)，Morris 和 Harkness(1996)及 Stimson(1998)。

表 5.4 机载雷达 PRF 体制的部分优缺点

PRF 体制	优点	缺点
低	● 没有距离模糊 ● 精确距离测量 ● 距离分辨率高 ● 通过距离选通进行旁瓣杂波抑制 ● 处理简单	● 盲速的存在 ● 高的多普勒模糊，特别在更高载频时 ● 下视模式时，检测性能低 ● 高峰值功率或需要距离压缩

PRF 体制	优点	缺点
中	● 宽范围内目标多普勒的良好检测 ● 有效抑制主瓣杂波及旁瓣杂波 ● 精确测距 ● 相对于高 PRF 操作,遮蔽降低	● 所有速度上存在旁瓣杂波 ● PRF 和脉冲宽度的乘积大 ● 复杂的距离多普勒解模糊处理 ● 对旁瓣中大目标的检测性能低
高	● 高的平均功率 ● 无模糊多普勒 ● 没有盲速 ● 主瓣杂波抑制的同时不会抑制目标	● 高模糊距离 ● 目标遮蔽增加 ● 测距复杂且精度降低 ● 由于旁瓣杂波,对低多普勒目标的敏感度降低

对于给定的 PRF 体制,仍然存在选择特定 PRF 的难题。2 种常常引用的方法是"主次法"和"M/N 法"。主次法在期望体制中选择至少 2 个(更可能是 3 个)"主"PRF。这些 PRF 至少要间隔主瓣杂波的多普勒宽度 β_{MLC},以保证在各 PRF 上多普勒谱中第一复制主瓣部分没有重叠,因此可使得零多普勒杂波区外的目标检测大概成为可能,至少在一个 PRF 上有可能。对每个主 PRF,2 个次 PRF 被选来用于解决距离模糊。该技术会产生 PRF 集(总共含 6 或 9 个 PRF)。

M/N 法决定了将会使用的 PRF 总数(机载雷达中常常是 8 个)和检测所需的个数(经常为 3)。任意 3 个可观测到检出的 PRF 都可用于距离模糊解算。已经有多种技术用于在最大最小 PRF 限制内,寻找可产生良好盲区图的集合,图 5.30 所示是一个特别好的实例。经典的方法是选择至少间隔 $\beta_{\text{MLC}}/(N-M)$ Hz 的 PRF,这样可以保证在有多于 $N-M$ 个 PRF 时,各 PRF 的第一多普勒盲区不会重叠,这意味着在该范围内的任意目标多普勒频率在至少 M 个 PRF 时是清晰可见的。

每个方法中都存在一些需要 PRF 满足的限制。处于主瓣杂波区外的多普勒谱所占的最小期望百分比决定了最小 PRF。雷达发射机的最大容许重访周期和脉冲长度(当使用简单脉冲时可由期望的距离分辨率得到)确立最大 PRF。经常调整候选 PRF,从而可以使在每个 PRI 的无模糊距离中存在整数个距离单元;这使模糊解决变得容易。除了要考虑这些实际因素,用于距离和速度去模糊的 PRF 集合还必须满足"可解码限制",即

$$\begin{aligned} \text{lcm}(\text{pri}_1,\ldots,\text{pri}_M) &\geq \frac{2R_{\text{ua}}}{c} \quad \text{(距离可解码限制)} \\ \text{lcm}(\text{pri}_1,\ldots,\text{pri}_M) &\geq F_{\text{Db}} \quad \text{(多普勒可解码限制)} \end{aligned} \quad (5.123)$$

其中,R_{ua} 和 F_{Db} 分别是期望的最大距离和多普勒频率范围。这些限制保证了接下来讨论的模糊解决算法能在该范围区域内给出唯一解。稳健操作的其他限制包括可解码性、在距离和多普勒上的盲"边",以及最小发射时间。一般地,最好的 PRF 集可利用先进的限制搜索技术获得,而不用更简单的主次法或 M/N 法。

文献 Alabaster(2012)给出了 PRF 选择要素的详细讨论和机载多模式雷达的重要示例。随着任务的相对不变化和环境的相对不复杂,雷达 PRF 选择也会变得不那么复杂。例如,气象雷达通常使用更少且更简单的 PRF 集测出周围区域的气象条件。在气象雷达中,体杂波是期望目标,地杂波最小,因为雷达一般并不是下视的(虽然机载气象雷达可以下视)。气象雷达通常需要相对长的无模糊距离和低 PRF,以提供充足的场景范围。美国国家气象局使用的用于长距离气象观测的 WSR-88D 雷达使用 322~1282 Hz 的 PRF,无模糊距离在 466~117 km。载频近似 3 GHz,所以对应的无模糊速度区间是 ±8 m/s 和 ±32 m/s。这离气象学家认为的足够近似的 ±100 mile/h 速度区间只差一点。所以,模糊风速测量是气象雷达中的一个常见问题。

因为气象雷达对三维分布的连续反射区域(气流，暴风雨等)敏感，而对非离散目标不敏感，所以气象雷达可以利用基于测量速度连续性或其他测量数据特征的特殊的模糊解决方法(Doviak 和 Zrnić，1993)。另一种方法结合 PPP 和两个参差 PRF 来计算两个互相关值，这两个值可以联合以延伸无模糊距离。还有一种新技术是使用一种脉间相位码，这与第 4 章讨论的类 LFM 的 P3 和 P4 码相似。利用接收码组中特定元素相关可以突出特定的距离折叠区，但代价是其他区域被弱化。后面这两种技术见文献 Zrnić(2008)。

5.5.4 模糊解决

当有多个 PRF 数据可用时，有一些技术可以解决距离和多普勒模糊。首先考虑距离模糊的解决方法。一旦 PRF 选定，由此确定的无模糊距离为 $R_{ua} = c/2\text{PRF}$。如果一个目标的实际距离 $R_t > R_{ua}$，则此目标将在模糊距离 R_a 处被检测到，它们之间的关系满足

$$R_t = R_a + kR_{ua} \tag{5.124}$$

式中，k 为整数。等效地有

$$R_a = ((R_t))_{R_{ua}} \tag{5.125}$$

式中，$((\cdot))_x$ 表示模 x 操作。以距离单元间距 ΔR 对距离测量进行归一化，例如 $n_a = R_a/\Delta R$，则

$$n_t = n_a + kN \quad \Rightarrow \quad n_a = ((n_t))_N \tag{5.126}$$

解决距离模糊的基本途径是利用多个 PRF。假设第 i 个 PRF 的无模糊距离间隔内有 N_i 个距离单元，即 $R_{ua_i} = N_i \Delta R$。注意到，无模糊距离对于每一个 PRF 都是不同的。为简单起见，假定距离单元间距对于所有 PRF 都相同，可以得到

$$n_t = n_{a_0} + k_0 N_0 = n_{a_1} + k_1 N_1 = \cdots \quad \Rightarrow \quad n_{a_i} = ((n_t))_{N_i} \tag{5.127}$$

该组等式称为同余式组。

这组同余式可以利用中国余数定理(CRT)解出(Trunk 和 Brockett，1993)。中国余数定理指出：给定的一组 r 个互质整数 $N_0, N_1, \cdots, N_{r-1}$，以及由式(5.127)给出的同余式组，则存在 n_t 的唯一解(模 $N = N_0 N_1 \cdots N_{r-1}$)，由下式给出：

$$\begin{gathered} n_t = k_0 \beta_0 n_{a_0} + k_1 \beta_1 n_{a_1} + \cdots + k_{r-1} \beta_{r-1} n_{a_{r-1}} \\ k_i = N/N_i = \prod_{j=0, j \neq i}^{r-1} N_j, \quad \beta_j = ((k_i^{-1}))_{N_i} \quad \Rightarrow \quad ((\beta_i k_i))_{N_i} = 1 \end{gathered} \tag{5.128}$$

为了更清楚地说明此过程，考虑 PRF 的数目只有 $r = 3$ 的情况。那么 n_t 满足

$$n_t = ((\alpha_0 n_{a_0} + \alpha_1 n_{a_1} + \alpha_2 n_{a_2}))_{N_0 N_1 N_2} \tag{5.129}$$

式中

$$\alpha_i = \beta_i k_i = \beta_i \prod_{j=0, j \neq i}^{2} N_j \tag{5.130}$$

例如，$\alpha_1 = \beta_1 N_0 N_2$。$\beta_i$ 为满足下式的最小整数：

$$((\beta_0 N_1 N_2))_{N_0} = 1, ((\beta_1 N_0 N_2))_{N_1} = 1, ((\beta_2 N_0 N_1))_{N_2} = 1 \tag{5.131}$$

为了说明此过程，假定某一目标归一化的实际距离为 $n_t = 19$(用距离单元数表示)，进一步假设 3 个 PRF 所对应的无模糊距离内的距离单元数分别为 $N_0 = 11$，$N_1 = 12$，$N_2 = 13$。

在第 1 个 PRF 中，目标所在的模糊距离单元为 $n_{a_0} = ((19))_{11} = 8$。类似地，$n_{a_1} = ((19))_{12} = 7$，$n_{a_2} = ((19))_{13} = 6$。根据式（5.131），$\beta_0$ 为满足 $((\beta_0 \cdot 12 \cdot 13))_{11} = 1$ 的最小整数，即 β_0 满足 $\beta_0 \cdot 12 \cdot 13 = 156\beta_0 = 11k + 1$，其中 k 为某个整数。可得出解为 $\beta_0 = 6$。按照同样的方式，得到 $\beta_1 = 11$ 和 $\beta_2 = 7$。然后由式（5.130）得到 $\alpha_0 = 6 \times 12 \times 13 = 936$，$\alpha_1 = 1573$，$\alpha_2 = 924$。最后，式（5.129）给出真实距离单元的估计为

$$\hat{n}_t = ((\alpha_0 n_{a_0} + \alpha_1 n_{a_1} + \alpha_2 n_{a_2}))_{N_0 N_2 N_3} = 19 \tag{5.132}$$

这就是正确结果。

中国余数定理的一个严重问题是它对噪声和距离量化带来的误差极度敏感。在实际中，并不能保证如前面假定的那样，真实斜距 R_t 正好是距离单元 ΔR 的整数倍，事实上目标可能会跨越在距离单元之间。另外，测量中的噪声也可能会导致目标位于一个不正确的距离单元中。重复前面的例子以说明此误差的影响，但此时假定 n_{a_2} 的测量结果变为 7，取代前面正确的值 6。执行前面的计算得到 $\hat{n}_t = 943$ 而不是 19。显然，这是一个极大的误差。

文献 Li 等（2010）提出了一种可以控制最大误差的"稳健 CRT"。但是，该文献中介绍的用于确定 n_t 的重叠算法更为有用。此算法在本质上是 CRT 的图形方法实现（Hovanessian, 1976; Morris 和 Harkness, 1996）。为了最好地说明该方法，举个例子：同样假定 PRF 的数目为 $r = 3$，并假定存在两个目标，且它们所在的真实距离单元分别为 $n_a = 6$ 和 $n_b = 11$；进一步假设 PRF 所对应的无模糊距离内的距离单元数分别为 $N_0 = 7$，$N_1 = 8$，$N_2 = 9$，这意味着第 1 个目标对于所有 PRF 都是无模糊的，而第 2 个目标对于所有 PRF 都是模糊的。因此，测量的距离单元分别为

$$\begin{aligned} n_{a_0} = n_{a_1} = n_{a_2} = 6 \\ n_{b_0} = 4, \quad n_{b_1} = 3, \quad n_{b_2} = 2 \end{aligned} \tag{5.133}$$

此测量情形如图 5.37 所示。

图 5.37 演示解决距离模糊的重叠算法的测量数据

此图形算法的执行步骤是：首先取出每个 PRF 的距离检测响应，并沿距离对其进行复制，如图 5.38 所示。本质上，此复制是执行式（5.126），即在雷达最大可检测距离内的每一个距离单元 $n_a + kN_0$（或 $n_b + kN_0$）处放置一个检测结果，而这些检测结果代表目标对于每一个 PRF 可能的距离。然后，此算法搜索对于所有 PRF 都检测出目标的那个距离单元，由此表明此距离单元对于所有 PRF 的测量结果是一致的。如图 5.38 所示，此过程能够正确地检测出本例中的真实距离单元 $n_a = 6$ 和 $n_b = 11$。

图 5.38 在复制距离数据中目标距离的重合检测

图形算法解释表明存在多种方法可以用来减少 CRT 对测量误差的敏感性。有一种方法是，确定目标距离位置并不要求精确重合。替代的办法是：建立一个容许度 N_T，如果在所有 PRF 的距离单元 $n_t \pm N_T$ 中检测出目标，就可以认为检测到目标的真实距离单元为 n_t。该结果取决

于距离单元大小和 SNR，N_T 通常只有 1 或 2 个距离单元。基于此思想的一个更加完善的方法见文献 Trunk 和 Kim(1994)。此方法结合一种成系统的方法，利用计算最大似然性，将每个 PRF 中的可能距离聚类到候选目标距离，以识别多个目标的情况。

前面的例子证明了 3 个 PRF 能够分辨出 2 个不同距离模糊的目标。一般来说，N 个 PRF 可以成功地解决 $N-1$ 个目标的距离模糊问题。如果目标数目超过 $N-1$，则会出现重影(Morris 和 Harkness, 1996)。重影是不同目标的距离模糊重叠而导致的虚假目标。该问题可以用图 5.39 的例子来说明，此图与图 5.38 类似，但只利用了其中的 2 个 PRF。尽管此时仍然能够确定目标的正确距离单元 $n_a=6$ 和 $n_b=11$，但目标 1 和目标 2 在距离单元 $n_c=20$ 处出现第 3 个重叠，这个重叠意味着存在第 3 个目标。如果没有附加的可用数据(例如跟踪信号)，信号处理器就无法识别出第 3 个重叠是来自 2 个不同目标。因此，处理器会"宣布"在本例中存在 3 个目标，即 2 个正确的目标和 1 个重影。如同图 5.38，利用第 3 个 PRF 就可以排除掉此重影。关于距离多普勒重影和因虚警产生的重影见文献 Alabaster(2012)。

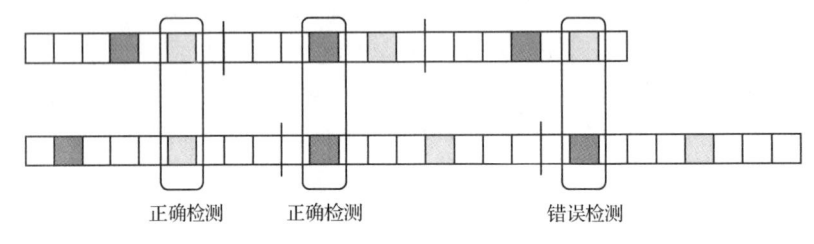

正确检测　　　正确检测　　　　　　错误检测

图 5.39　解决距离模糊时重影的形成

在中 PRF 或高 PRF 模式下，雷达也会遭受速度模糊的影响。此情况与距离模糊相似，给定一个测量的多普勒频率 F_t，真实的多普勒频率必须具有如下形式：$F_t + k \cdot PRF$，其中 k 为某个整数。利用 DFT 处理相当于把多普勒谱量化成多普勒单元(等效为速度单元)，类似于沿距离维的距离单元，因此，解决距离模糊所用的方法同样也可用于解决速度模糊。

重合算法可以很容易地扩展到距离和多普勒的同步去模糊检测。其他扩展形式以及其他去模糊算法见文献 Alabaster(2012)。这些扩展形式针对以下雷达系统：在每个 PRF 上未使用相同的距离分辨率(通常为了保持恒定的重访周期)或速度分辨率。文献 Shaban 和 Richards(2013)提出了一种更新的利用新兴的稀疏重建技术的方法。该方法也可在距离和多普勒维同步工作，并且容忍了对因盲区或其他原因产生的失检合理数、虚警以及其他数据不一致性。

5.6　杂波图和动目标检测器

5.6.1　杂波图

到目前为止，前面讨论的所有 MTI 和脉冲多普勒处理，都集中在减少与动目标信号竞争的杂波功率上，从而提高信干比和最终的检测概率。然而，这些技术对于具有很低或零多普勒频率的目标不是很有效，因此这样的目标无法从多普勒频率上将其与杂波分开。杂波图是用于检测具有极低或零多普勒频率的动目标的一种技术，目的是为了检测横过雷达视线(即目标速度垂直于雷达视线)的动目标，而这样的目标在 MTI 和脉冲多普勒处理中是被丢弃了的。

当目标的 RCS 相对较高而竞争杂波相对较低时，杂波图技术是有效的，此类情况，如在地基空中监视雷达中出现的情况显示在图 5.40 中。在这种情况下，天线朝上倾斜，因此主瓣地杂波将不会出现而干扰目标回波(尽管气象杂波有可能会)，此时的杂波主要来自于旁瓣。

杂波图的概念如图 5.41 所示，这里假定常规的脉冲多普勒处理是把具有足够多普勒频移的目标和地杂波(如多普勒谱清洁区中的地杂波)分离开。零多普勒单元的输出和清洁区内做其他杂波用来生成雷达搜索区域内所有距离-方位单元的

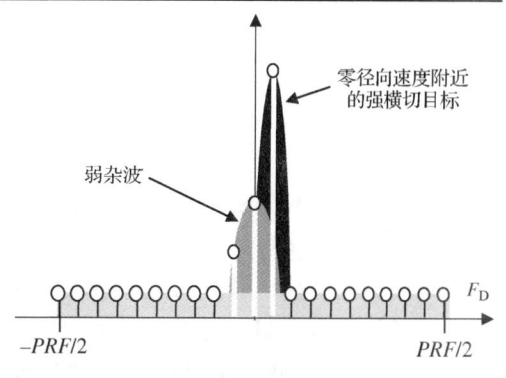

图 5.40 位于弱杂波中具有强 RCS 的切向动目标的脉冲多普勒谱

最新杂波回波功率的存储图。此杂波存储图需要持续更新，以跟踪由于天气或其他环境变化而导致的杂波变化。每一次扫描，都将清洁区多普勒单元的接收功率应用于一个传统的阈值检测器，此阈值取决于在这些多普勒单元中作为主要干扰的噪声电平。现在，将每一个距离-方位单元内的清洁区多普勒接收功率应用于另一个分开的阈值检测器而不是丢弃掉，该阈值取决于每个距离-方位单元内存储的杂波功率。杂波图的处理过程也是恒虚警(CFAR)检测的一种，只是通过时域平均而非空域平均来估计干扰功率。阈值检测和 CFAR 的细节讲在第 6 章讨论。

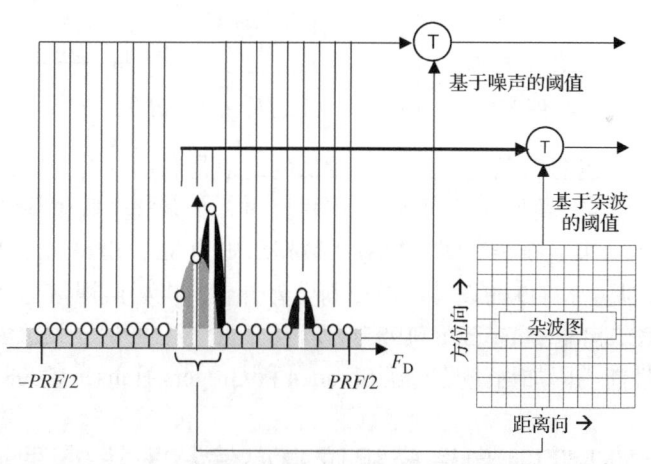

图 5.41 检测杂波中强动目标的杂波图概念

许多杂波图系统直接使 I/Q 慢时间数据通过一个单独的"零速滤波器"，如图 5.42 所示，并以此替代脉冲多普勒处理器(通常对慢时间数据执行 FFT)的零多普勒输出。该零速滤波器与 MTI 滤波器的处理目的相反：零速滤波器是一个低通滤波器，其输出只包含地面杂波和切向动目标的回波；零速滤波器的设计可以根据特定雷达站点的杂波环境进行优化，也可以自适应地跟踪杂波变化，例如由于区域气象变化而引起的杂波变化。

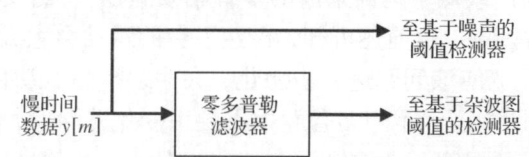

图 5.42 用于分离出低速目标和杂波的零多普勒滤波器

5.6.2 动目标检测器

动目标检测器(MTD)是多普勒处理系统中的一个术语，在许多机场监视雷达中有着广泛应用。MTD 联合了前面讨论的所有技术及其他技术，以期获得好的全局动目标检测性能。一个最原始的 MTD 框图如图 5.43 所示(Nathanson, 1991)。上面的通道首先执行一个标准的三脉冲对消器。杂波对消后的输出再应用于一个 8 点 FFT，进行脉冲多普勒谱分析，并采用两个 CPI 间参差 PRF，以扩展无模糊的速度范围。"频率域加权"实现数据的时域加窗处理，以进行多普勒旁瓣控制。对于某些窗，包括汉明窗，在频率域可以有效地实现为频域数据与一个三点核的卷积。每个 FFT 采样分别应用于一个 16 距离单元的 CFAR 阈值检测器(将在第 6 章讨论)，阈值对每一个频率门分别进行选择。

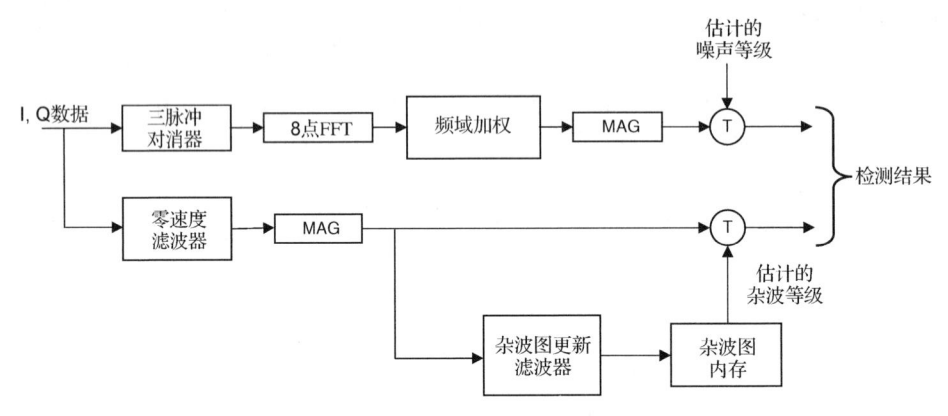

图 5.43 一个完整"动目标检测器"的框图

为了提供对切向速度目标的检测能力，较低的通道是利用一个与雷达站点有关的零速滤波器，来分离杂波和低多普勒目标的回波，输出也经过一个杂波图阈值检测器。此原始的 MTD 是利用 8-扫描滑动平均来更新杂波图，相应的数据历史为 32 s(Skolnik, 2001)。

在该实现方法之后，MTD 的设计已经更新了好几代。机场监视雷达 ASR-9 和 ASR-12 中所用的 MTD 见文献 Taylor 和 Brunins(1985)，以及 Cole 等(1998)。关于多普勒滤波器组和零速滤波器的设计及性能的附加讨论见文献 Shrader 和 Gregers-Hansen(2008)。

5.7 运动平台的 MTI：自适应相位中心偏移天线处理

5.7.1 相位中心偏移天线概念

MTI 滤波和脉冲多普勒处理提供了一种有效的途径，以检测多普勒谱位于清洁区(至少对于一个 PRF)中的动目标。空中目标通常可以用这种方式检测到。然而，慢速地面动目标的多普勒频率只是稍微高出或低于地面杂波的多普勒频率，它将出现在杂波谱或者所有 PRF 的过渡区，因此检测非常困难。由前述可知，雷达平台的运动会大大展宽地面杂波谱〔见式(5.72)〕，而主瓣杂波的展宽使该问题进一步恶化，大大地提高了动目标的最小可检测速度。此现象如图 5.44 所示，图中展示了当多普勒中心频率变化移除后，由平台的运动导致的主瓣杂波扩展。由于杂波谱的展宽，杂波能量直接与相对低速的动目标("慢速目标"通常是地表动目标,例如陆地上的车辆和海面上的船舶)竞争,使得 MTI 处理不再有效,也使检测变得困难。运动雷达平台对慢速目标检测的处理技术称为地面动目标检测(GMTI)或地表动目标检测(SMTI)。

图 5.44 运动雷达平台对多普勒谱和"慢速动目标"检测的影响。不考虑多普勒中心频率的变化

相位中心偏移天线(DPCA)处理是解决由平台运动导致杂波谱展宽的一种技术。通过最小化杂波谱宽度,DPCA 可以提高慢速动目标的检测概率。DPCA 是第 9 章中介绍的空-时二维自适应处理(STAP)的一个特例。DPCA 的基本思路是:在平台向前运动过程中,通过电子方式向后移动接收孔径,从而产生静止天线的效果,以避免杂波扩散。更确切地说,DPCA 处理试图通过以下方式补偿载机运动:利用多个接收子孔径产生能够被精确控制的多个等效相位中心,使得某一子孔径接收的数据,与经过一段时延后另一个不同子孔径接收的数据具有相同的等效相位中心位置。联合不同子孔径接收的慢时间数据流和经过正确脉冲时延后的同一距离单元,可以实现有效的 MTI 对消。基础 DPCA 的说明见文献 Skolnik(2001),Shaw 和 McAulay(1983),Staudaher(1990),以及 Lightstone 等(1991)。

图 5.45 利用具有两个子孔径的电子天线来说明 DPCA 的概念。为了获得最大增益,全孔径天线用于发射,因此发射相位中心位于天线的中点 T。此时将天线分成两半,每一半天线都具有各自的接收通道,这说明天线具有两个接收子孔径,其接收相位中心分别为 R1 和 R2,与发射相位中心 T 的间距都为 d_{pc} m。如果发射相位中心在发射第一个脉冲时所在的位置为 x_0,则前面的接收相位中心位于 $x_0 + d_{pc}$,而后面的接收相位中心位于 $x_0 - d_{pc}$,接收相位中心的间距为 $2d_{pc}$。一个完整收发路径的等效相位中心,近似位于发射相位中心和接收相位中心之间的中点位置。因此,对于前面的全孔径发射和两个子孔径接收的天线,其等效的收发相位中心分别位于 $x_0 + d_{pc}/2$ 和 $x_0 - d_{pc}/2$,相距 d_{pc} m。

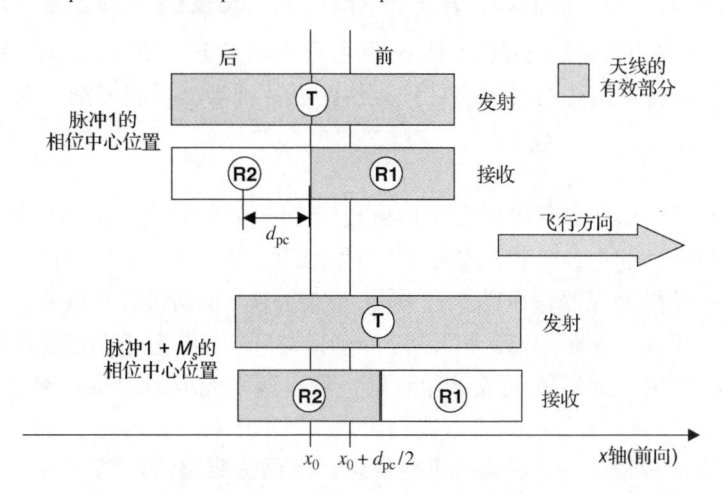

图 5.45 DPCA 处理中,发射和接收孔径的相位中心之间的关系

现在考虑 M_s 个脉冲时间内平台的运动。如果 PRI 为 T，平台速度为 v，那么在 M_s 个 PRI 时间内，等效的收发相位中心向前移动了 vM_sT。DPCA 处理的思路是：联合具有相同空间位置的等效收发相位中心接收的脉冲，以实现有效的 MTI 对消。确切地说，如果 T-R1 等效相位中心在第一个脉冲时所在位置为 $x_0 + d_{pc}/2$，那么 M_s 脉冲后，T-R2 等效相位中心的位置为 $x_0 - d_{pc}/2 + vM_sT$。使这两个位置相等，可以得到

$$M_s = \frac{d_{pc}}{2vT} \tag{5.134}$$

式中，M_s 为用脉冲数表示的"时间移动"。该式给出的时间移动的重要意义是：后面的接收孔径所接收的慢时间信号中的杂波分量，与前面的接收孔径在 M_s 个脉冲前所接收的同一距离单元的慢时间信号高度相关，这是因为它表征的是在空间上同一点测得的相同的地杂波。因此，来自 R1 数据流的采样，与来自 M_s 个脉冲后 R2 数据流的采样进行相减，就可以实现二脉冲对消，如图 5.46 所示。虽然这些数据采样来自于不同的接收孔径，而且时间上也分开了不止一个脉冲，但是它们的等效收发相位中心相同，因此它们可以看成来自同一静止天线的连续脉冲。此等效天线静止意味着杂波谱宽没有被平台运动展宽，因此可以提高杂波对消和慢速地面动目标检测的性能。

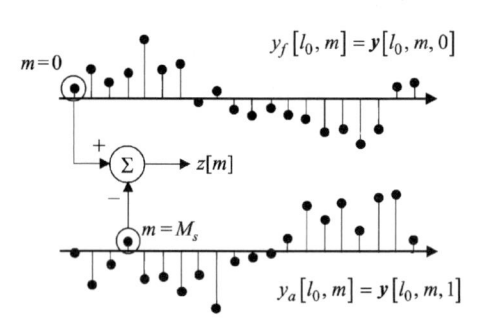

图 5.46 DPCA 中，前面通道的数据流经过时间移动 $M_s = 3$ 个
PRI 后，与后面通道的数据流执行二脉冲对消的说明

通常，M_s 不一定是整数。例如，若 $d_{pc} = 3 \text{ m}$，$v = 200 \text{ m/s}$，$T = 2 \text{ ms}$，则 $M_s = 3.75$ 个脉冲。一个典型的 DPCA 的实现，首先是把 M_s 四舍五入到最近的整数，以粗配准这两个脉冲数据；然后再利用下面将要描述的自适应处理方法，以实现好的杂波抑制性能。

5.7.2 自适应 DPCA

虽然传统的带限内插技术可以用来实现分数级 PRI 的定时调整，但即使时间配准非常理想，实际中通道间的失配也会导致高杂波对消比不可实现。自适应处理可以与基本的 DPCA 对消技术相结合，使得处理器输出的杂波剩余达到最小，从而最大化改善因子。下面关于自适应 DPCA 的讨论模仿了文献 Shaw 和 McAulay（1983）的"准最优匹配滤波器算法"。该算法假定一个通道相对于另一通道的整数脉冲时延，可以用来完成两个联合通道的粗时间配准。每个接收信号通道经 DFT 后分散到多普勒门上，在每个子带可以独立实现 MTI 对消。这使得自适应杂波抑制权分别对每一多普勒门进行优化，从而提高整体性能。

下面用矢量分析方法建模信号，并推导自适应滤波器。发射一个 CPI，其中有 $M + M_s$ 个

脉冲，并且每个脉冲和每个相位中心（$N=2$）各有 L 个距离单元的数据，最后可得一个 $L\times(M+M_s)\times 2$ 的数据块 $y[l,m,n]$。在每一距离单元上，将后一通道（$n=1$）的慢时间数据提前，使其与前一通道（$n=0$）粗对准，仅保留重叠的慢时间采样点，可得到一个 $L\times M\times 2$ 的数据块，即

$$\tilde{y}[l,m,n]=\begin{bmatrix} y[l,m,0] \\ \text{-------} \\ y[l,m+M_s,1] \end{bmatrix}=\begin{bmatrix} y_f[l,m] \\ \text{-------} \\ y_a[l,m+M_s] \end{bmatrix} \quad (5.135)$$

其中，$y_f[l,m]$ 是"前"通道数据平面；$y_a[l,m]$ 是"后"通道数据平面；水平虚线表明数据平面的级联。脉冲数（慢时间）序号 m 的范围是 $0\leq m\leq M-1$。为简单起见，数据立方拆分到相位中心平面，这是因为 DPCA 滤波器仅在该维进行加权。现在对每个距离单元做 K 点 DFT，可得到 $L\times K\times 2$ 距离-多普勒数据块，即

$$\tilde{Y}[l,k,n]=\begin{bmatrix} Y_f[l,k] \\ \text{-------} \\ e^{-j2\pi M_s k/K}Y_a[l,k] \end{bmatrix} \quad (5.136)$$

从上式可以看出，时间移动配准对后通道数据的 DFT 增加了一个线性相位项，并且此线性相位项同时作用于目标和干扰信号的分量。对于给定距离单元 $[l,k]$，$\tilde{Y}[l,k,n]$ 是一个 2×1 的列矢量。

每一个子孔径的接收信号中包含杂波、噪声和目标（如果存在的话）分量。由于是在相位中心维加权，下面在每一个距离-多普勒单元上建立类似于式（5.19）的相位中心数据的协方差矩阵 $\mathbf{S}_I=E\{\tilde{Y}^*\tilde{Y}^T\}$ 模型。从杂波开始，由于其在慢时间域是非白化的，因此功率谱不平坦，杂波的协方差是距离序号为 l，多普勒序号为 k 的函数 $\sigma_c^2[l,k]$。在空间相位中心通道中，相同的距离-多普勒单元杂波具有相关性，而其相关度在某种程度上，取决于平台运动以及时间移动的校正。相关矩阵用归一化相位中心维相关函数 $\rho[k]$ 表示，它随着多普勒单元变化。假定热噪声在通道之间是互不相关的，且为白噪声，那么修正的距离-多普勒块 $\mathbf{S}_I$ 具有如下形式：

$$\mathbf{S}_I[l,k]=\mathbf{S}_I[k]=\begin{bmatrix} \sigma_c^2[k]+\sigma_n^2 & \rho[k]\sigma_c^2[k] \\ \rho^*[k]\sigma_c^2[k] & \beta[k](\sigma_c^2[k]+\sigma_n^2) \end{bmatrix} \quad (5.137)$$

式中，系数 $\beta[k]$ 代表两通道在增益、频率响应或子孔径的天线方向图中的任何失配。

接下来，需要建立类似于式（5.23）和式（5.25）的多普勒域的目标信号模型。位于距离单元 l_t 处的 CPI 的运动点目标的快时间-慢时间数据可建模为

$$t[l,m]=A_t\delta[l-l_t]e^{j2\pi F_D mT}\begin{bmatrix} \gamma_f \\ \gamma_a \end{bmatrix} \quad (5.138)$$

式中，γ_f 和 γ_a 为复标量常数，分别表示前后接收通道中未知的目标相位和幅度（可能不相等）；A_t 为目标幅度；$\delta[\cdot]$ 为离散冲激函数。由 γ_f 和 γ_a 所表示的目标相位取决于绝对距离和到达角（AOA）以及接收路径的电长度。

下面讨论到达角和前后天线子孔径观测信号相位差之间的关系，此关系会经常用到。图5.47显示了一个波前入射到两个接收通道（代表两个天线相位中心）上，两个接收通道分开的距离为 d_{pc}，波前的到达角为 θ_a（与两个接收通道之间连线的垂线方向的夹角，如图所示）。波前到

达第 1 个接收通道后,必须再传播距离 $d_{pc}\sin\theta_a$ 才能到达第 2 个接收通道。因此,两个通道接收信号的相位差为

$$\Delta\phi = \frac{2\pi}{\lambda_k}d_{pc}\sin\theta_a \tag{5.139}$$

式中,波长符号的下标 k 用来强调应用式(5.139)时每个多普勒单元应该采用相应的正确波长。

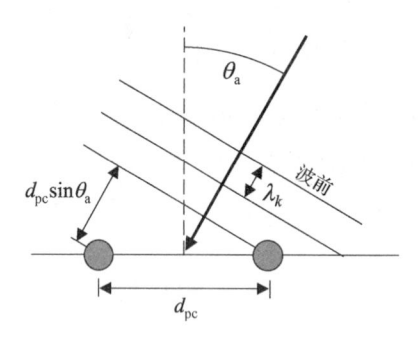

图 5.47 到达角和两个子孔径接收信号的相位差之间关系的几何描述,图中的到达角为负值,正的到达角为垂直于相位中心连线沿顺时针方向

利用式(5.139),假设 $|\gamma_f|=|\gamma_a|=1$,R 为散射体到前孔径之间的距离(图 5.47 最右边的距离),式(5.138)中的 γ_f 和 γ_a 可以分别表示为

$$\begin{aligned}\gamma_f &= \exp\left[j\left(\frac{4\pi}{\lambda_k}R + \psi_f\right)\right] \\ \gamma_a &= \exp\left[j\left(\frac{4\pi}{\lambda_k}R + \psi_a - \Delta\phi\right)\right]\end{aligned} \tag{5.140}$$

式中,ψ_f 和 ψ_a 表示接收通道的相位偏移,一般来说每个通道的相位偏移都是不相同的。

在进行多普勒 DFT 之后,由式(5.138)的目标数据模型和式(5.140)的结果,可以得到距离-多普勒域的目标信号模型为

$$\boldsymbol{t}[l,k] = MA_t\delta[l-l_t]\delta[k-k_t]\begin{bmatrix}\gamma_f \\ e^{-j2\pi M_s k/K}\gamma_a\end{bmatrix} \tag{5.141}$$

式中,$k_t = (F_D KT/2\pi)$ 为用等效的 DFT 频点数表示的目标多普勒频移;两个冲激函数用来约束位于距离单元 l_t 和多普勒单元 k_t 的目标响应。如果 $K > M$,那么在目标 DTFT 的主瓣上将会有多重 DFT 采样,则目标响应本质上约束到一个多普勒单元内的假设将不再有效。

如前所述,利用匹配滤波器处理可以获得最大 SIR,即计算每个距离-多普勒门的标量为

$$z[l,k] = (\boldsymbol{S}_I^{-1}[k]\boldsymbol{t}^*)^T\boldsymbol{\varUpsilon}[l,k] = \boldsymbol{t}^H[l,k](\boldsymbol{S}_I^{-1}[k])^*\boldsymbol{\varUpsilon}[l,k] \tag{5.142}$$

既然目标的到达角不是一个已知量,就需要通过平均 $[-\pi/2,\pi/2]$ 内所有到达角来计算目标信号矢量。把所有统一常数提出到复振幅中,新的目标矢量变为

$$\boldsymbol{t}[l,k] = \boldsymbol{t} = M\hat{A}_t\begin{bmatrix}1\\0\end{bmatrix} \tag{5.143}$$

由于距离-多普勒空间的目标位置未假定已知,因此每个距离-多普勒门中都使用同样的目标模型。

除了假设未知的到达角,还可以假设一个特定的 θ_a 值。例如,可以生成并应用在等于天线主瓣宽度范围内的一系列值,这些值主要集中于发射时标定的导向角。然而,使用较为简单的式(5.143),SIR 损失会很小(Shaw 和 McAulay,1983)。

杂波和噪声的精确统计特性不是已知的先验量,因此 S_I 也不能精确已知,但它可以从数据中估计出来。既然杂波协方差矩阵假定对于所有距离单元在本质上具有相同的形式,那么得到估计 S_I 的一种方法是计算几个距离单元的采样平均,即

$$\hat{S}_I[k] = \frac{1}{L_2 - L_1 + 1} \sum_{l=L_1}^{L_2} \boldsymbol{\Upsilon}^*[l,k] \boldsymbol{\Upsilon}'[l,k] \tag{5.144}$$

然后,用此估计的协方差矩阵 $\hat{S}_I$ 替换式(5.142)中的 S_I。既然用于联合前后通道数据流的权系数是由数据自身计算得到的,那么此处理器就是自适应的 DPCA 处理器。这种估计 S_I 的方法可以类比将在第 6 章讨论,第 9 章中修正的单元-平均的 CFAR 干扰估计。

毫无疑问,在式(5.144)中假设了在邻近 k 的距离单元的协方差矩阵和其自身的协方差矩阵是相同的。即便在平均间隔上物理杂波相同,这种假设也需要一步预处理增益控制来补偿在距离向杂波能量上 R^3 的预期变化[①]。噪声能量不会随着距离或多普勒变化而变化。

联合式(5.136)、式(5.137)、式(5.142)和式(5.143),计算 DPCA 处理器的输出。假定 $\hat{S}_I$ 是 S_I 的一个好的近似,并把所有常数集成在一个常数 α 中,可以得到 DPCA 处理器的输出为

$$z[l,k] = \alpha \left\{ \beta[k]\left(1 + \frac{\sigma_n^2}{\sigma_c^2}\right)\boldsymbol{\Upsilon}_f[l,k] - \rho^*[k] \mathrm{e}^{+\mathrm{j}2\pi M_s k/K} \boldsymbol{\Upsilon}_a[l,k] \right\} \tag{5.145}$$

尽管形式复杂,但 $\boldsymbol{\Upsilon}_a[l,k]$ 和 $\boldsymbol{\Upsilon}_f[l,k]$ 的相减形式明显呈现出二脉冲对消器的结构。如果杂波是主要干扰,即 $\sigma_c^2 \gg \sigma_n^2$,且在相位中心上具有高度相关性,即 $\rho[k] \to 1$(表示粗校正很成功),则输出可以简化为

$$z[l,k] = \alpha\{\beta[k]\boldsymbol{\Upsilon}_f[l,k] - \mathrm{e}^{+\mathrm{j}2\pi M_s k/K}\boldsymbol{\Upsilon}_a[l,k]\} \tag{5.146}$$

现在二脉冲对消器的结构更加清晰。与多普勒单元 k 有关的复指数 $\mathrm{e}^{+\mathrm{j}2\pi M_s k/K}$ 等效为时域移动 M_s 个脉冲采样,这与前面讨论的 DPCA 条件符合。因子 $\beta[k]$ 提供一个与多普勒有关的加权因子,对其进行优化以最大化每一多普勒通道中的杂波抑制。

匹配滤波器设计中假定 $\hat{S}_I$ 是一个只包含干扰的协方差矩阵估计,即它不包含任何目标信号分量。实际系统必须采取措施以确保满足此条件,例如,跳过包含已跟踪目标的距离单元,平均足够多的距离单元以使得任何未知目标的影响达到最小,剔除掉可能包含目标的具有较大幅度的数据,或采取其他措施。这里应用的许多技术类似于恒虚警检测中的技术,恒虚警检测将在第 6 章中进行讨论。

DPCA 是一种杂波抑制技术,只有应用到杂波区的多普勒单元中才有意义。显而易见,如果噪声为主要干扰,DPCA 处理将失去作用(见习题 36)。总之,DPCA 技术不应该用到多普勒谱的清洁区。

[①] 校正因子假定如第 2 章中描述的脉冲限制地杂波。如果不是这种情况,可采用其他合适的因子。

参考文献

Alabaster, C., *Pulse Doppler Radar: Principles, Technology, Applications.* SciTech Publishing, Edison, NJ, 2012.

Cole, E. L. et al., "ASR-12: A Next Generation Solid State Air Traffic Control Radar," *Proceedings of the 1988 IEEE Radar Conference*, Dallas, TX, pp. 9–13, May 1998.

Davis, P. G. and E. J. Hughes, "Medium PRF Set Selection Using Evolutionary Algorithms," *IEEE Transactions on Aerospace and Electronic Systems*, vol. 38, no. 3, pp. 933–939, Jul. 2002.

Doviak, D. S., and R. J. Zrnić, *Doppler Radar and Weather Observations*, 2d ed. Academic Press, San Diego, CA, 1993.

Eaves, J. L., and E. K. Reedy (eds.), *Principles of Modern Radar.* Van Nostrand Reinhold, New York, 1987.

Harris, F J., "On the Use of Windows for Harmonic Analysis with the Discrete Fourier Transform," *Proceedings of the IEEE*, vol. 68, no. 1, pp. 51–83, Jan. 1978.

Hayes, M. H., *Statistical Digital Signal Processing and Modeling.* Wiley, New York, 1996.

Hovanessian, S. A., "An Algorithm for Calculation of Range in a Multiple PRF Radar," *IEEE Transactions on Aerospace and Electronic Systems*, vol. 12, no. 2, pp. 287–290, Mar. 1976.

IEEE Standard Radar Definitions, IEEE Standard 686-2008. Institute of Electrical and Electronics Engineers, New York.

Jacobsen, E., and P. Kootsookos, "Fast, Accurate Frequency Estimators," *IEEE Signal Processing Magazine*, pp. 123–125, May 2007.

Keel, B. M., "Adaptive Clutter Rejection Filters for Airborne Doppler Weather Radar," M.S. Thesis, Clemson University, Clemson, AL, 1989.

Kretschmer, F. F., Jr., "MTI Visibility Factor," *IEEE Transactions on Aerospace and Electronic Systems*, vol. AES-22, no. 2, pp. 216–218, Mar. 1986.

Levanon, N., *Radar Principles.* Wiley, New York, 1988.

Lightstone, L., D. Faubert, and G. Rempel, "Multiple Phase Center DPCA for Airborne Radar," *Proceedings of the 1991 IEEE National Radar Conference*, pp. 36–40, Mar. 1991.

MacLeod, M. D., "Fast Nearly ML Estimation of the Parameters of Real of Complex Single Tones or Resolved Multiple Tones," *IEEE Transactions on Signal Processing*, vol. 46, no. 1, pp. 141–148, Jan. 1998.

Morris, G. V., and L. Harkness (eds.), *Airborne Pulse Doppler Radar*, 2d ed. Artech House, Boston, MA, 1996.

Nathanson, F. E., *Radar Design Principles*, 2d ed. McGraw-Hill, New York, 1991.

Oppenheim, A. V., and R. W. Schafer, *Discrete-Time Signal Processing*, 3d ed. Prentice Hall, Englewood Cliffs, NJ, 2010.

Richards, M. A., "Coherent Integration Loss due to White Gaussian Phase Noise," *IEEE Signal Processing Letters*, vol. 10, no. 7, pp. 208–210, Jul. 2003.

Richards, M. A., "Discrete-Time Gaussian Fourier Transform Pair, and Generating a Random Process with Gaussian PDF and Power Spectrum," unpublished technical note, Oct. 3, 2006. Available at http://www.radarsp.com.

Richards, M. A., "The Discrete-Time Fourier Transform and Discrete Fourier Transform of Windowed Stationary White Noise," unpublished technical note, Oct. 27, 2007. Available at http://www.radarsp.com.

Richards, M. A., "Doppler Processing," Chap. 17 in M. A. Richards, J. A. Scheer, and W. A. Holm (eds.), *Principles of Modern Radar: Basic Principles.* SciTech Publishing, Raleigh, NC, 2010.

Richards, M. A., "A Slight Extension of 'Coherent Integration Loss due to White Gaussian Phase Noise,'" unpublished technical note, Mar. 3, 2011. Available at http://www.radarsp.com.

Roy, R., and O. Lowenschuss, "Design of MTI Detection Filters with Nonuniform Interpulse Periods," *IEEE Transactions on Circuit Theory*, vol. CT-17, no. 4, pp. 604–612, Nov. 1970.

Schleher, D. C, *MTI and Pulse Doppler Radar*, 2d ed. Artech House, Boston, MA, 2010.

Shaban, F., and M. A. Richards, "Application of L^1 Reconstruction of Sparse Signals to Ambiguity Resolution in Radar," *Proceedings IEEE 2013 Radar Conference*, Ottawa, May 2013.

Shaw, G. A., and R. J. McAulay "The Application of Multichannel Signal Processing to Clutter Suppression for a Moving Platform Radar," *IEEE Acoustics, Speech, and Signal Processing (ASSP) Spectrum Estimation Workshop II*, Nov. 10–11, Tampa, FL, 1983.

Shrader, W. W., and V. Gregers-Hansen, "MTI Radar," Chap. 2 in M. I. Skolnik (ed.), *Radar Handbook*, 3d ed. McGraw-Hill, New York, 2008.

Skolnik, M. I., *Introduction to Radar Systems*, 3d ed. McGraw-Hill, New York, 2001.

Staudaher, F. M., "Airborne MTI," Chap. 16 in M. I. Skolnik (ed.), *Radar Handbook*, 2d ed. McGraw-Hill, New York, 1990.

Stimson, G. W., *Introduction to Airborne Radar*, 2d ed. SciTech Publishing, Mendham, NJ, 1998.

Taylor, J. W., Jr., and G. Brunins, "Design of a New Airport Surveillance Radar (ASR-9)," *Proceedings of the IEEE*, vol. 73, no. 2, pp. 284–289, Feb. 1985.

Trunk, G., and S. Brockett, "Range and Velocity Ambiguity Resolution," *Record of the 1993 IEEE National Radar Conference*, pp. 146–149, Apr. 20–22, 1993.

Trunk, G., and M. W. Kim, "Ambiguity Resolution of Multiple Targets Using Pulse-Doppler Wave forms," *IEEE Transactions on Aerospace and Electronic Systems*, vol. 30, no. 4, pp. 1130–1137, Oct. 1994.

Vergara-Dominguez, L., "Analysis of the Digital MTI Filter with Random PRI," *IEEE Proceedings, Part F*, vol. 140, no. 2, pp. 129–137, Apr. 1993.

Zrnić, D., "Weather Radar—Recent Developments and Trends," *Proceedings Microwaves, Radar and Remote Sensing Symposium, 2008* (MRRS 2008), pp. 174–178, Kiev, Ukraine, Sept. 2008.

习题

1. 一飞行器具有 4°的 3 dB 方位带宽，载频为 10 GHz，天线指向的斜视角为 30°。如果飞机以 100 m/s 速度飞行，那么由飞行器运动引起的杂波多普勒扩散是什么样的？

2. 假设上题中的飞行器的 PRF 为 10 GHz，简要画出如图 5.1(c)的多普勒谱，仅包含噪声和主瓣杂波分量即可。哪个斜距的多普勒频移处于谱中主瓣杂波区域中？哪个斜距的多普勒频移处于谱中清洁区中？清洁区占整个频谱宽度[–PRF/2, +PRF/2]的百分比是多少？

3. 如果上题中的 PRF 改为 1 kHz，整个频谱宽度的多少位于清洁区中？

4. 考虑一个在 30000 ft 高度上，以 200 mile/h 速度直线水平飞行的机载雷达，其载频为 10 GHz。天线指向方位角为 0°，俯仰角为–20°，类似于图 5.3(a)。下列位置上静止目标回波的径向速度分别是多少(单位为 m/s)：(a)飞机正前方，(b)天线视线和地面的交点处，(c)飞机正下方，(d)飞机正左/右方地面点(方位角 ±90°)，(e)飞机正后方。

5. 验证文中给出的有关图 5.4 的所有计算。包括到地面的视线斜距、沿视线向的速度分量、主瓣杂波中心处的多普勒频移、杂波最大多普勒频移，以及杂波最大径向速度。

6. 对习题 4 中的飞机，使用类似于图 5.36(a)的"鸟眼"格式，简画出近似无混杂的地面杂波（主瓣+旁瓣）的斜距速度分布。图中，斜距轴须覆盖 0～100 km，速度轴须覆盖 $\pm v_{max}$，其中 v_{max} 是雷达前方可观测散射体的最大可能径向速度，单位为 m/s。注意，不须表现天线增益效应，只要集中说明主瓣杂波的中心处和可见杂波能量处的斜距间隔和速度即可。

7. 假设上题中的雷达工作频率为 10 GHz，脉冲重复频率为 3 kHz，那么无模糊斜距 R_{ua} 和盲速 v_b 区间是多少？使用类似于图 5.36(c)的"鸟眼"格式，简画出近似无混杂的地面杂波

(主瓣+旁瓣)的斜距速度分布。图中,斜距轴须覆盖 $0\sim R_{ua}$,速度轴须覆盖 $\pm v_{ua}=\pm v_{ub}/2$。注意,集中说明主瓣杂波的中心处和可见杂波能量处的斜距间隔和速度。

8. 利用匹配滤波器的矢量形式区寻找最优的二脉冲 MTI 滤波器系数,这里假设:(a)干扰仅为白噪声,(b)只有接近的目标才是期望的,即期望目标的多普勒频移为正。但是,目标以 0 到 $\lambda \cdot PRF/4$(对应于 $F_D = PRF/2$)间的任何速度接近的可能相等。重复计算目标后退时的系数。说明结果,即解释对于这个目标干扰模型特殊形式的滤波器系数是如何最大化滤波器输出信干比的。

9. 假设 MTI 雷达安放在运动平台上,因此杂波谱集中在 $w=\pi/2$,而不是归一化频率 $w=0$ 处。如果静止平台观测到的杂波是 $c[m]$,那新的杂波过程可以大致建模为 $c'[m]=c[m]\exp(\mathrm{j}\pi m/2)$(该模型过于简化,因为没有考虑平台运动导致的杂波谱展宽,这里为了简单将影响忽略了)。假设目标在任何速度的概率相同。忽略噪声,如假设 $\sigma_n^2 = 0$。假设静止杂波 $c[m]$ 功率为 σ_c^2,且第一个自相关延迟等于 $\rho \sigma_c^2$。使用矢量方法寻找该情况下最优二脉冲匹配滤波器系数。对比静止雷达 $N=2$ 的矢量匹配滤波器,解释说明杂波功率谱中心频率的偏移是如何改变系数的。说明上题的结果系数。

10. 在以下假设中,使用匹配滤波器的矢量形式寻找最优二脉冲 MTI 滤波器的系数:(a)干扰为白噪声,在某些特定归一化弧度频率 ω_J 处附加一个纯复正弦;(b)目标速度在整个谱上是正态随机的。具体地,干扰信号如下:

$$w[m] = n[m] + q[m]$$
$$q[m] = A_J \exp(\mathrm{j}\omega_J m)$$

其中,$n[m]$ 是静态白噪声,功率为 σ_n^2。这是一个符合频率 ω_J 处干扰的简单模型。拥有结果系数的滤波器的频率响应 $H(\omega)$ 是怎样的?解释频率响应将对干扰和目标信号有何影响。

11. 考虑一个脉冲间参差 PRF 系统,其采用了一组 $P=3$ 的脉冲重复间隔,即 $\{66.\overline{6}\ \mu s, 83.\overline{3}\ \mu s, 100\ \mu s\}$

   a. 基础间隔 T_g 和参差码组 $\{k_p\}$ 是多少?
   b. 平均脉冲重复间隔 T_{avg} 是多少?
   c. 该参差系统的第一盲速多普勒频率 F_{bs} 是多少?
   d. 该参差系统的第一盲速多普勒相对于固定 PRF 系统(拥有平均脉冲重复间隔 T_{avg})的第一盲速多普勒之比 F_{bs}/F_b 是多少?

12. 考虑上题中参差 PRI 对距离覆盖范围的影响。

   a. 对应于上题的平均 PRI,无模糊距离 R_{us} 是多少?(这将是固定 PRI 系统的非模糊距离,系统使用和参差 PRF 系统相同的时间收集 N 个脉冲。)
   b. 对于上题中的 3 个 PRF,最大无模糊距离 R_{uas} 是多少?
   c. 相对于非参差系统上题中的参差 PRF 系统距离覆盖范围(无模糊距离),降低因子是多少?

13. 利用上两题的数值结果,确定参差系统相比于非参差系统的整体距离速度覆盖范围提升了多少百分比,该范围定义为非模糊距离和第一盲速多普勒的乘积。换句话说,计算 $R_{uas}F_{bs}/R_{ua}F_b$。说明数值结果和式(5.46)的预测结果吻合。

第 5 章 多普勒处理

14. 假设一组整数参差码 $\{k_p\}$ 互质，可知最小公倍数 $\text{lcm}\{1/k_p\} = 1$。提示 1：对任一组数 β 有，$\alpha \cdot \text{lcm}\{\beta_1, \cdots, \beta_p\} = \text{lcm}\{\alpha\beta_1, \cdots, \alpha\beta_p\}$。提示 2：利用提示 1 和 $\alpha = \beta_1 \cdot \beta_2 \cdot \cdots \cdot \beta_p$ 及基本因数分解方法寻找最小公倍数。

15. 考虑一个三脉冲对消器，滤波器系数为 $h[m] = \{1, -2, 1\}$。假设对消器输入的杂波 $c[m]$ 有如下自相关函数：

$$s_c[k] = \sigma_c^2(\delta[k] + 0.5\delta[|k|-1] + 0.25\delta[|k|-2])$$

a. 寻找在归一化弧度频率上的杂波功率谱 $S_c(\omega)$。
b. 改善因子 I 表示为增益和杂波衰减的乘积，即式 (5.48) 中的 $I = G \cdot CA$。利用式 (5.49) 寻找三脉冲对消器的增益 G。
c. 利用自相关方法寻找结合该杂波过程的三脉冲对消器的改善因子。

16. 利用频域方法计算习题 15(c)，习题 15(b) 中的增益 G 可以再次使用。

17. 利用矢量匹配滤波器方法计算习题 15(c)。使用矢量方法重新计算 G 和 CA。

18. 当使用二脉冲对消器时，计算杂波衰减 CA，这里假设杂波多普勒功率谱有如下形式：

$$S_c(F_D) = \begin{cases} \sigma_c^2, & |F_D| \leq F_{c0} \\ 0, & F_{c0} \leq |F_D| \leq PRF/2 \end{cases}$$

假设 $F_{c0} \leq PRF/2$，并使用 F_{c0} 表示答案。

19. 考虑一个 $M = 32$ 的慢时间脉冲序列，$PRF = 10 \text{ kHz}$。用一个以 2 为底的 FFT 算法用来计算数据的多普勒谱。如果多普勒频率采样以 100 Hz 为间隔甚至更低，那么所需的最小 FFT 大小 K 是多少？最终的多普勒频率采样是多少 Hz？

20. 考虑一个脉冲重复频率为 3500 Hz 的 C 波段 (5 GHz) 雷达。雷达采集了 30 个脉冲的数据。对于给定距离，慢时间数据序列需要补零并输入 64 点 DFT 以计算多普勒谱。在归一化频率 (如 $-\pi$ 到 $+\pi$) 上 DFT 采样点间隔是多少？用 Hz 表示是多少？用 m/s 表示是多少？多普勒上的瑞利分辨率 (峰值到第一凹口的宽度) 是多少？用 Hz 表示是多少？用 m/s 表示是多少？

21. X 波段 (10 GHz) 脉冲多普勒雷达采集了一组快时间-慢时间数据矩阵，大小为 30 脉冲×200 距离单元。通过对每一行慢时间数据附加汉明窗和 64 点 FFT，可以将其转到距离-多普勒矩阵。假设在距离单元 100 对应的斜距上，有一目标以 30 m/s 的常数径向速度接近雷达。$PRF=6000$ Hz，地杂波不存在，噪声同样可以忽略。在哪一个 FFT 采样点 k_0 上，$|Y[k_0]|$ 最大？(记住多普勒中心采样点为 $k = 0$ 处。) 该采样点对应的速度是多少，单位 m/s？基于最大 FFT 采样点的表面速度和真实速度间的误差是多少？

22. 继续上题。利用窗函数 $w[m]$，给出加窗数据的 DTFT (不是 DFT) 在距离单元 100 处峰值的表达式。这里假设加窗前每个慢时间采样点的幅度为 1。该峰值的数值是多少？(可利用 MATLAB 或者类似计算工具计算该值)。现在假定该数据 FFT 后幅度的峰值 $|Y[k_0]| = 15.45$，那么跨越损失是多少，以 dB 表示？

23. 继续习题 21 和习题 22。同样假定 $|Y[k_0 - 1]| = 11.61$ 和 $|Y[k_0 + 1]| = 14.61$，利用式 (5.96) 和式 (5.97) 中的基于幅度的二次多项式插值技术，估计目标速度和 DTFT 的峰值幅度。计算速度误差和跨越损失的新值，然后与习题 21 和习题 22 中的比较。

24. 考虑两个雷达。第一个是 3 GHz 的天气雷达，期望的无模糊距离 $R_{ua} = 300 \text{ km}$，非模

糊速度 $v_{ua} = v_b/2 = 50$ m/s。第二个是 10 GHz 的机载雷达，期望的无模糊距离 $R_{ua} = 100$ km，无模糊速度 $v_{ua} = v_b/2 = 250$ m/s。对于每个雷达，1 kHz 的 PRF 是低、中，还是高？

25. 对于上题中的每个雷达，"高" PRF 的最低值是多少？

26. 考虑使用 3 个 PRF 时的距离模糊分辨率。假设 3 个 PRF 分别对应于 $N_0 = 4$，$N_1 = 5$，$N_2 = 7$ 个距离单元。有一个单独目标在第一 PRF 的距离单元 1、第二 PRF 的距离单元 4 和第三 PRF 的距离单元 2 被检测到，即 $n_{a_0} = 1$，$n_{a_1} = 4$，$n_{a_2} = 2$。假设雷达灵敏到可检测最远第 15 距离单元的目标。使用重合方法确定目标的真实距离门数。

27. 利用中国余数定理方法计算上题。

28. 考虑使用 3 个 PRF 时的距离模糊分辨率。假设 3 个 PRF 分别对应于 $N_0 = 3$，$N_1 = 4$，$N_2 = 5$ 个距离门。两个目标分别在第一 PRF 的距离门 1 和距离门 2、第二 PRF 的距离门 1 和距离门 4、第三 PRF 的距离门 2 和距离门 4 被检测到。假设雷达灵敏到可检测最远第 25 距离门的目标。使用重合方法可得到多少目标，它们的位置在哪个距离门？

29. 假设在上题中在第三 PRF 的距离门 3 上有一虚警出现。那么，使用重合方法将会得到多少目标，它们的位置在哪个距离门？

30. 假设在习题 28 中，在第三 PRF 的距离门 4 上的目标没有检测到（失检）。那么，使用重合方法将会得到多少目标，它们的位置在哪个距离门？

31. 假设在习题 28 中仅有第二和第三 PRF 被利用。那么，使用重合方法将会得到多少目标，它们的位置在哪个距离门？

32. 假设雷达脉冲长度 $\tau = 10$ μs，PRF = 10 Hz。假设雷达观测的杂波有双边，且频谱宽度为 1 kHz（例如，杂波谱占据 $-500 \sim +500$ Hz 的区间）。画出这些工作条件下的盲区图。垂直轴上，时间为 $0 \sim 400$ μs，单位 s；水平轴上，多普勒频率为 $-10\,000 \sim 10\,000$ Hz，单位 Hz。

33. 一个天气雷达的脉冲重复频率为 2 kHz。采用特定距离门和观测方向的一组 50 点数据，自相关函数有以下值：$s_y[0] = 50$，$s_y[1] = 30\exp(j\pi/3)$。运用 PPP 时域方法计算回波的平均频率估计，单位 Hz。

34. 利用与上题相同的天气雷达计算，将平均多普勒频移从数据中移除，可以得到新的序列 $y'[m]$，自相关延迟有 $s_{y'}[0] = 50$，$s_{y'}[1] = 30$。使用 PPP 时域算法计算回波频宽估计，单位 Hz。使用包含 $\ln(\cdot)$ 函数的频宽估计器。记住，频宽是频谱的方差，而不是标准差。

35. 使用式 (5.113) 中给出的 $\ln(x)$ 的近似序列，重新计算频宽。和上题中的估计值相比，该估计值的误差百分比是多少？

36. 假设式 (5.143) 中的简化目标模型，且自适应 DPCA 系统在特定多普勒单元上是噪限的，即 $\sigma_n^2[l,k] \gg \sigma_c^2[l,k]$。说明式 (5.145) 的输出 $z[l,k]$ 如何使 $\Upsilon_f[l,k]$ 降到一个尺度因子内。这里，处理器没有联合噪限多普勒单元的前后通道。

第6章　检测基础原理

第1章已经提到，雷达信号处理机的基本功能包括检测、跟踪和成像。本章主要讨论检测问题。在雷达中，检测是指判断一个给定的雷达测量值是目标回波还是干扰。当测量值确定是目标回波时，才会做进一步处理，例如通过精确的距离、角度或多普勒的测量值来对目标进行跟踪。

检测判决可应用于雷达信号处理的各个阶段，从原始回波到经过预处理后的数据，如多普勒频谱，甚至是合成孔径雷达图像。在最简单的情况下，如果一个目标出现在相应的距离单元内，对每一个脉冲对应的距离单元(快时间采样)以及该脉冲对应于天线指向的立体角度进行检测可以用于判决。因为距离向采样单元数成百上千，脉冲重复频率也从几千赫到数百兆赫不等，所以雷达每秒能得到成千上万个检测判决结果。

第2章提到，统计信号模型可以描述干扰及复杂目标的回波。因此，判定测量结果是目标还是干扰，这是一个统计假设检验的问题。本章将讲述如何利用这一基本决策，推导雷达领域中的最普遍的检测逻辑，即阈值检测原理。此外，本章还将推导出最基本的信号及干扰模型的性能曲线。

杂波(地面回波)有时是干扰，有时又是目标。如果要检测运动车辆，那么地面杂波、噪声及人为干扰就是干扰项；若是对地面某一区域成像，则同样的地面杂波就成为期望目标，仅噪声和人为干扰是干扰项。

文献Johnson和Dudgeon(1993，第5章)提出了较好的简明现代检测理论。Kay(1998)从数字信号处理角度进行了深入的讨论。另一本检测理论的经典教材是Van Trees(1968)。Meyer和Mayer(1973)就雷达应用进行了经典深入的分析，并提供了一些检测曲线。

6.1　雷达假设检验检测

对任一雷达测量值，在检测其是否存在目标时，以下两个假设中必有一个成立：
1. 测量值仅为干扰；
2. 测量值为干扰与目标回波之和。

将第一个假设表示为零假设 H_0，第二个假设表示为非零假设 H_1。检测逻辑必须对每一个雷达测量值进行检测，以选择一个假设来对测量值进行最佳的说明。如果 H_0 成立，则系统将提示该测量值对应的距离、角度或多普勒坐标处不存在目标。如果 H_1 成立，则表明目标存在[①]。

由于信号是在统计意义上描述的，两个假设中到底哪个成立，属于统计决策理论范畴。很多文献如Kay(1998)都描述了解决该问题的一般方法。分析始于概率密度函数(PDF)的统计描述，PDF描述了基于任一假设情况下需要检验的测量值。若需要检验的样本值为 y，则需要以下两个PDF。

---

① 在一些检测问题中，还存在第三种假设，即未知状态。然而，大多数雷达系统在检测时只考虑"目标存在"和"目标不存在"两种情况。

目标不存在时样本 y 的 PDF：$p_y(y|H_0)$

目标存在时样本 y 的 PDF：$p_y(y|H_1)$

因此，检测问题的部分任务就是对这两个 PDF 建模。事实上，雷达性能的分析取决于待估计的系统和场景的 PDF，而且，大多数雷达系统的设计都旨在巧妙处理这两个 PDF 以获得最优的检测性能。

通常，检测是基于 N 个采样数据 y_n 的，将其组成列矢量 y，即

$$y \equiv [y_0 \cdots y_{N-1}]^T \tag{6.1}$$

于是须使用 N 维联合概率密度函数 $p_y(y|H_0)$ 和 $p_y(y|H_1)$。

假定两个 PDF 已成功建模，可定义以下几个感兴趣的概率。

检测概率 P_D：目标确实存在情况下，被检测出(假设 H_1 被选中)的概率。

虚警概率 P_{FA}：目标不存在的情况下，被检测出(假设 H_1 被选中)的概率。

漏检概率 P_M：目标确实存在情况下，未被检测出(假设 H_0 被选中)的概率。

注意到 $P_M=1-P_D$，因此，P_D、P_{FA} 能充分说明所有感兴趣的概率。后两个概率定义中隐含着一个必须注意的重要细节，既然检测问题是基于统计意义上的，就会存在一定的作出错误决策的概率[①]。

6.1.1 奈曼-皮尔逊检测准则

检测的下一步是要决定使用哪种准则，以便从两种假设中挑选出最优假设。这是一个很复杂的研究领域。贝叶斯最优化准则为真实状态(目标存在与否)及决策(选择 H_0 还是 H_1)的 4 种可能组合分别指定了一个代价或风险。在雷达领域，通常使用的是贝叶斯准则的一种特殊情况，称为奈曼-皮尔逊准则，即将虚警概率 P_{FA} 约束在一个指定常数范围内的情况下，使检测概率 P_D 达到最大。在这一准则下获得的 P_D 和 P_{FA} 通常受雷达系统质量及信号处理机设计的影响。然而可以看出，对一个指定的雷达系统，提高检测概率 P_D 意味着虚警概率 P_{FA} 也会增大。系统设计者通常要决定可承受的虚警率值，因为虚警率太高可能会带来一些不良后果，如对虚假目标进行跟踪，甚至极端情况下对其进行攻击。考虑到雷达每秒须进行成百上千个，甚至上百万个检测决策，P_{FA} 的值通常非常小，介于 10^{-4} 及 10^{-8} 之间，但仍可能在几秒内造成虚警。利用后数据处理实现的更高水准的逻辑检测，通常用来减少虚警的数目或由其带来的影响，这不在本书的讨论范围内。

实测数据任一矢量 y 可被看成 N 维空间里的一个点。为获得完整的决策准则，必须对空间里的任一点(N 个实测数据的任一组合)进行判定，判断两种假设 H_0、H_1 到底哪个成立。当雷达测量得到具体数据(观测值) y，系统会根据 y 属于 H_0 还是 H_1 这个先验信息，来判定目标"不存在"或"存在"。将所有符合假设 H_1 的观测值 y 组成的区域表示为 $\Re_1$，注意 $\Re_1$ 不一定连通。至此，可以写出检测概率及虚警概率的表达式，它们是联合概率密度在 N 维空间内 $\Re_1$ 上的积累，即

$$\begin{aligned} P_D &= \int_{\Re_1} p_y(y|H_1) dy \\ P_{FA} &= \int_{\Re_1} p_y(y|H_0) dy \end{aligned} \tag{6.2}$$

[①] 可以定义第四种概率，也就是当目标不存在，检验样本仅为干扰时选择假设 H_0 的概率。这一概率等于 $1-P_{FA}$，通常对这个概率的兴趣不大。

因为 PDF 非负，所以式(6.2)验证了之前所做的一个判断，就是说 P_D 和 P_{FA} 必然同时升高或降低。当区域 $\mathfrak{R}_1$ 扩展，包含更多可能的观测值 y 时，以上两个积累项包含的 N 维空间更大，有更多的非负概率密度参与积累，P_D 和 P_{FA} 同时增大。若 $\mathfrak{R}_1$ 收缩时，P_D 和 P_{FA} 将同时降低[①]。为增大检测概率，必须允许虚警概率也增大。一般来说，为在性能上达到平衡，可将那些对 P_D 贡献比对 P_{FA} 大的点归到区域 $\mathfrak{R}_1$ 内。如果在设计系统时能够使 $p_y(y|H_0)$ 和 $p_y(y|H_1)$ 尽可能地不相交，那问题就会更简单且有效。后面还会讨论到这一点。

6.1.2 似然比检验

奈曼-皮尔逊准则的目的在于保证在虚警率不超出可容忍范围的情况下，使检测性能达到最优。因此，该准则主要完成

$$\text{以 } P_{FA} \leq \alpha \text{ 为条件，选择 } \mathfrak{R}_1 \text{ 使 } P_D \text{ 最大} \tag{6.3}$$

其中，α 是允许的最大虚警概率[②]。可用拉格朗日乘子法解决这一最优化问题，建立方程

$$F \equiv P_D + \lambda(P_{FA} - \alpha) \tag{6.4}$$

为寻找最优解，使 F 值最大，选择满足约束条件 $P_{FA} = \alpha$ 的 λ 值。将式(6.2)代入式(6.4)中，得

$$\begin{aligned} F &= \int_{\mathfrak{R}_1} p_y(y|H_1)\mathrm{d}y + \lambda\left(\int_{\mathfrak{R}_1} p_y(y|H_0)\mathrm{d}y - \alpha\right) \\ &= -\lambda\alpha + \int_{\mathfrak{R}_1} \{p_y(y|H_1) + \lambda p_y(y|H_0)\}\mathrm{d}y \end{aligned} \tag{6.5}$$

注意这里的设计变量是选择区域 $\mathfrak{R}_1$。上式第二行第一项与 $\mathfrak{R}_1$ 无关，所以为获得最大的 F 值，需要使 $\mathfrak{R}_1$ 内的积累值最大。因为 λ 值可正可负，所以积累值也可正可负，具体取决于 λ 值和相关的 $p_y(y|H_0)$、$p_y(y|H_1)$ 的值。进而可得到，当区域 $\mathfrak{R}_1$ 由所有且仅仅在 N 维空间里满足 $p_y(y|H_1) + \lambda p_y(y|H_0) > 0$ 的点组成时，该积累值最大，此时，区域 $\mathfrak{R}_1$ 内所有点 y 满足 $p_y(y|H_1) > -\lambda p_y(y|H_0)$，因此可直接推导出决策准则为

$$\frac{p_y(y|H_1)}{p_y(y|H_0)} \begin{array}{c} H_1 \\ > \\ < \\ H_0 \end{array} -\lambda \tag{6.6}$$

上式即为似然比检验(LRT)。尽管该推导过程是从确定哪些 y 值可被归到 $\mathfrak{R}_1$ 内的角度出发，但事实上并不需要确切给出 $\mathfrak{R}_1$ 区域，就能得到一个最优的猜测准则，在奈曼-皮尔逊准则下，目标存在与否仅仅取决于观测值 y 及检测阈值 $-\lambda$（仍需要计算）。该式还表明，由特定观测值 y 计算得到的两个 PDF 的比值需要和检测阈值进行比较。如果似然比值超过阈值，则选择假设 H_1，确定目标存在；反之，如果比值没有超过阈值，则选择假设 H_0，表明目标不存在。在奈曼-皮尔逊最优化准则下，虚警概率不能超过预先设定的 P_{FA}。注意这里需要模型 $p_y(y|H_0)$ 和 $p_y(y|H_1)$ 计算 LRT。最后，在计算 LRT 的时候，对观测值 y 的数据处理操作被具体化。真正需要的操作取决于具体的 PDF。

[①] 存在特殊情况，即当 $p_y(y|H_0)$ 或 $p_y(y|H_1)$ 为零或者均为零时，增加或者减少区域 $\mathfrak{R}_1$ 内的点，此时对应的概率不发生改变。
[②] 一些在 PDF 不连续时引起的细微情况的产生在本文中没有加以讨论(Johnson 和 Dudgeon, 1993)。

LRT 在检测理论及统计假设检验里普遍存在，就如傅里叶变换在信号滤波及分析中普遍存在一样。它作为解决问题的方法出现在各种不同的决策准则下的假设检验问题中，如贝叶斯最小代价准则或正确检测概率最大化准则。Johnson 和 Dudgeon(1993)与 Kay(1998)都提供了许多附加细节。为方便起见，这里将 LRT 简写为

$$\Lambda(\boldsymbol{y}) \underset{H_0}{\overset{H_1}{\gtrless}} \eta \tag{6.7}$$

从式(6.6)可以得到，$\Lambda(\boldsymbol{y}) = p_y(\boldsymbol{y}|H_1)/p_y(\boldsymbol{y}|H_0)$，$\eta = -\lambda$。

因为决策取决于 LRT 是否超出阈值，所以在式(6.7)两边可进行任何单调递增[①]操作，而不至于影响到观测值 $\boldsymbol{y}$，因为检测阈值由观测值决定，阈值也因此不受影响。从而不会影响检测性能(P_D 和 P_{FA})。一个适当的变换有时可以大大简化实际的 LRT 计算量。通常的做法是在式(6.7)两边取自然对数，得到对数似然比，即

$$\ln \Lambda(\boldsymbol{y}) \underset{H_0}{\overset{H_1}{\gtrless}} \ln \eta \tag{6.8}$$

为使该过程更具体，考虑最简单的例子，在均值为 0，方差为 σ_w^2 的高斯白噪声中，检测是否存在一个常量。令 $\boldsymbol{w}$ 为独立同分布、零均值高斯随机变量构成的矢量。当常量不存在(假设 H_0 成立)时，数据矢量 $\boldsymbol{y} = \boldsymbol{w}$，服从 N 维正态分布，其协方差矩阵是标量与单位矩阵的乘积。如果常量存在(假设 H_1 成立)，则 $\boldsymbol{y} = \boldsymbol{m} + \boldsymbol{w} = m\boldsymbol{1}_N + \boldsymbol{w}$，其分布仅简单地移动至正的非零均值处[②]，即

$$\begin{aligned} H_0 &= \boldsymbol{y} \sim N(\boldsymbol{0}_N, \sigma_w^2 \boldsymbol{I}_N) \\ H_1 &= \boldsymbol{y} \sim N(m\boldsymbol{1}_N, \sigma_w^2 \boldsymbol{I}_N) \end{aligned} \tag{6.9}$$

在这里，$m > 0$，$\boldsymbol{0}_N$，$\boldsymbol{1}_N$ 和 $\boldsymbol{I}_N$ 分别代表全 0 的 N 维矢量，全 1 的 N 维矢量，N 阶单位矩阵。需要的 PDF 模型为

$$\begin{aligned} p(\boldsymbol{y}|H_0) &= \prod_{n=0}^{N-1} \frac{1}{\sqrt{2\pi\sigma_w^2}} \exp\left\{-\frac{1}{2}\left(\frac{y_n}{\sigma_w}\right)^2\right\} \\ p(\boldsymbol{y}|H_1) &= \prod_{n=0}^{N-1} \frac{1}{\sqrt{2\pi\sigma_w^2}} \exp\left\{-\frac{1}{2}\left(\frac{y_n - m}{\sigma_w}\right)^2\right\} \end{aligned} \tag{6.10}$$

从上式可以直接得到似然比 $\Lambda(\boldsymbol{y})$ 及对数似然比，分别表示如下：

$$\Lambda(\boldsymbol{y}) = \frac{\prod_{n=0}^{N-1} \exp\left\{-\frac{1}{2}\left(\frac{y_n - m}{\sigma_w}\right)^2\right\}}{\prod_{n=0}^{N-1} \exp\left\{-\frac{1}{2}\left(\frac{y_n}{\sigma_w}\right)^2\right\}} \tag{6.11}$$

[①] 单调递增操作仅简单地翻转了阈值检测的方向。

[②] 对于 m 为负或未知形式，只需进行类似的推导。稍后可以看到，雷达检测通常是对信号的幅度进行处理，因此处理 m 为正的情况就足够了。

$$\ln \Lambda(y) = \sum_{n=0}^{N-1} \left\{ -\frac{1}{2}\left(\frac{y_n - m}{\sigma_w}\right)^2 + \frac{1}{2}\left(\frac{y_n}{\sigma_w}\right)^2 \right\} \tag{6.12}$$

$$= \frac{1}{\sigma_w^2}\sum_{n=0}^{N-1} m y_n - \frac{1}{2\sigma_w^2}\sum_{n=0}^{N-1} m^2$$

为简单起见，这里采用对数似然比。将式(6.12)代入式(6.8)中，重新整理得到决策准则为

$$\sum_{n=0}^{N-1} y_n \underset{H_0}{\overset{H_1}{\gtrless}} \frac{\sigma_w^2}{m}\ln(-\lambda) + \frac{Nm}{2} \equiv T \tag{6.13}$$

式中，右边被等效为常量 T，注意该式的右边仅仅由常数项组成，但有些常数是未知的。式(6.13)表明，决策准则将已知数据采样 y_n 进行积累，并将积累值与检测阈值进行比较。积累示意了 LRT 如何对测量值进行处理。可以看到，该式并不需要具体计算 PDF，仅须决定 N 维空间里哪些区域组成了 $\Re_1$，以及观测值 y 是否在其中。

在许多场合，对数似然比的具体形式可进一步重新整理，将明确包含数据采样 y_n 的项放在等式左边，将其余的常数项移至等式右边，式(6.13)就是这样从式(6.8)和式(6.12)整理得来的。Σy_n 项在这里称为充分统计量，用 $\Upsilon(y)$ 表示。充分统计量是数据 y 的函数，似然比(或对数似然比)可写成 $\Upsilon(y)$ 的函数，也就是说数据仅通过 $\Upsilon(y)$ 体现在似然比中(Van Trees, 1968)。这就意味着在奈曼-皮尔逊准则下，做最优决策时，已知充分统计 $\Upsilon(y)$ 的值等同于已知了真实值 y。特别地，可将式(6.8)表示为

$$\Upsilon(y) \underset{H_0}{\overset{H_1}{\gtrless}} T \tag{6.14}$$

充分统计的概念很丰富，它可被理解为一种几何坐标变换，用来将所有有用的信息放到第一坐标上(Van Trees, 1968)。Kay(1993)给出了判断一个统计是否为充分统计的方法，这与奈曼-费舍尔用因式分解理论来判别充分统计的方法类似。充分统计的具体性质的讨论超出了本书的范围，读者可参考提及的文献加深理解。

到目前为止，还没有得到能满足理想条件 $P_{FA} = \alpha$ 的检测阈值 $\eta = -\lambda$。式(6.2)给出了 P_{FA} 的最原始表达式，但这一表达式意义不大，因为该式既要求解出 P_{FA}，还需要知道 y 的 N 维联合概率密度分布和区域 $\Re_1$ 的确切定义，但其仅隐含地被定义为 N 维空间里，由超过检测阈值(仍未知)的点构成的区域。因为 Λ 和 Υ 是随机数据 y 的函数，所以也为随机变量，都有各自的 PDF。因为充分统计与对数似然比在此问题中是类似的，所以仅需考虑 Λ 和 Υ。用 Λ 和 Υ 代替 y 来表达 P_{FA}，然后从表达式求解出 η 或 T，就可以计算出 LRT 的检测阈值。需求解以下表达式：

$$P_{FA} = \int_{\eta=-\lambda}^{+\infty} p_\Lambda(\Lambda|H_0)\mathrm{d}\Lambda = \alpha \tag{6.15}$$

或

$$P_{FA} = \int_{T}^{+\infty} p_\Upsilon(\Upsilon|H_0)\mathrm{d}\Upsilon = \alpha \tag{6.16}$$

由于虚警是由干扰信号造成的，并没有包括目标，所以检测阈值结果取决于目标不存在时的似然比〔式(6.15)〕或充分统计〔式(6.16)〕的 PDF。对于给定的具体 PDF 模型，就可计算出具体的 η(等价于 λ)或 T 值。

为阐明以上得出的结果，仍使用"高斯噪声中的常量"这一例子来找出检测阈值，然后评价一下使用充分统计 $\Upsilon(y)$ 进行操作的性能。在这里，$\Upsilon(y)$ 是各个数据采样 y_n 的和。基于 H_0（没有目标）的假设，这些采样都是独立同分布的，服从分布 $N(0,\sigma^2)$。Υ 服从分布 $N(0,N\sigma_w^2)$。只要 $\Upsilon > T$，就会发生虚警，于是有

$$\begin{aligned}\alpha = P_{\text{FA}} &= \int_T^{+\infty} p_\Upsilon(\Upsilon | H_0) \text{d}\Upsilon \\ &= \int_T^{+\infty} \frac{1}{\sqrt{2\pi N\sigma_w^2}} \exp\left[\frac{-\Upsilon^2}{2N\sigma_w^2}\right] \text{d}\Upsilon\end{aligned} \quad (6.17)$$

上式是高斯 PDF 的积累，因此解中将会出现误差函数 $\text{erf}(x)$，其标准定义（Abramowitz 和 Stegun，1972）[①] 为

$$\text{erf}(x) \equiv \frac{2}{\sqrt{\pi}} \int_0^x e^{-t^2} \text{d}t \quad (6.18)$$

类似于误差函数 $\text{erf}(x)$，补偿误差函数 $\text{erfc}(x)$ 的定义为

$$\text{erfc}(x) \equiv \frac{2}{\sqrt{\pi}} \int_x^{+\infty} e^{-t^2} \text{d}t = 1 - \text{erf}(x) \quad (6.19)$$

一般是对决定 $\text{erf}(x)$ 或 $\text{erfc}(x)$ 函数值的变量 x 感兴趣，也即对反误差 $\text{erf}^{-1}(z)$ 及反补偿误差函数 $\text{erfc}^{-1}(z)$ 感兴趣。该式表明，二者之间的关系为 $\text{erfc}^{-1}(z) = \text{erf}^{-1}(1-z)$ [②]。

通过变量代换 $t = \Upsilon/\sqrt{2N\sigma_w^2}$，式(6.17)可改写为

$$\begin{aligned}\alpha = P_{\text{FA}} &= \frac{1}{\sqrt{\pi}} \int_{T/\sqrt{2N\sigma_w^2}}^{+\infty} e^{-t^2} \text{d}t \\ &= \frac{1}{2}\left[1 - \text{erf}\left(\frac{T}{\sqrt{2N\sigma_w^2}}\right)\right]\end{aligned} \quad (6.20)$$

最后，从上式中可求解出检测阈值 T，T 表示成反误差函数的形式，即

$$T = \sqrt{2N\sigma_w^2}\,\text{erf}^{-1}(1 - 2P_{\text{FA}}) \quad (6.21)$$

式(6.20)及式(6.21)给出了在 T 已知的情况下，计算 P_{FA} 的方法；反之亦然。

现在，要用来计算式(6.14)给出的以充分统计形式表示的 LRT 的所有信息都已得到。$\Upsilon(y)$ 是数据采样和，检测阈值 T 可通过 N 个数据采样、假设已知的噪声方差 σ_w^2 及期望的虚警率 P_{FA} 计算得到。

此检测器的性能可通过构造接收机运算特性（ROC）曲线计算得出。这里有 4 个相关变量：P_D、P_{FA}、噪声功率 σ_w^2 和待检测是否存在的常量 m。后两个变量是给定信号的特性，而 P_{FA} 通常被固定为系统能承受的水平，仅剩 P_D 需要确定。其求解方法与用来确定 P_{FA} 的方法相同：先确定基于假设 H_0 下充分统计 Υ 的 PDF，然后求其从检测阈值到 $+\infty$ 的积累。

继续上个例子，注意到基于假设 H_1 时，唯一的变化在于各个数据采样 y_n 其各均值为 m，所以它们的和 Υ 的均值为 Nm，进而，$\Upsilon(y) \sim N(Nm, N\sigma_w^2)$，且有

---

① 式(6.18)及式(6.19)的定义与 MATLAB 中用到的相同。
② 尽管 $\text{erfc}^{-1}(\cdot)$ 表达式稍微更紧凑些，但还是经常使用 $\text{erf}^{-1}(\cdot)$，因为在 MATLAB 及类似的计算软件包中，$\text{erf}^{-1}(\cdot)$ 比 $\text{erfc}^{-1}(\cdot)$ 的应用更广泛。

第6章 检测基础原理

$$P_D = \int_{+T}^{+\infty} p_T(\Upsilon \mid H_1) d\Upsilon$$
$$= \int_T^{+\infty} \frac{1}{\sqrt{2\pi N\sigma_w^2}} \exp\left[\frac{-(\Upsilon - N_m)^2}{2N\sigma_w^2}\right] d\Upsilon \tag{6.22}$$

利用式(6.18)给出的误差函数定义，可得

$$P_D = \frac{1}{2}\left[1 - \mathrm{erf}\left(\frac{T - Nm}{\sqrt{2N\sigma_w^2}}\right)\right] \tag{6.23}$$

既然主要关注 P_D 和 P_{FA} 的性能关系，那么将式(6.21)代入式(6.23)，可将检测阈值 T 消去，从而得到

$$P_D = \frac{1}{2}\left[1 - \mathrm{erf}\left\{\mathrm{erf}^{-1}(1 - 2P_{FA}) - \frac{\sqrt{N}m}{\sqrt{2\sigma_w^2}}\right\}\right]$$
$$= \frac{1}{2}\mathrm{erfc}\left\{\mathrm{erfc}^{-1}(2P_{FA}) - \frac{\sqrt{N}m}{\sqrt{2\sigma_w^2}}\right\} \tag{6.24}$$

在充分统计 $\Upsilon(y)$ 中，Nm 成为感兴趣的信号电压，其对应的功率为 $(Nm)^2$。$\Upsilon(y)$ 的噪声分量功率为 $N\sigma_w^2$。因此，表达式 $m\sqrt{N}/\sigma_w$ 是信噪比 χ 的均方根，则式(6.24)可改写为

$$P_D = \frac{1}{2}\left[1 - \mathrm{erf}\left\{\mathrm{erf}^{-1}(1 - 2P_{FA}) - \sqrt{\chi/2}\right\}\right]$$
$$= \frac{1}{2}\mathrm{erfc}\left\{\mathrm{erfc}^{-1}(2P_{FA}) - \sqrt{\chi/2}\right\} \tag{6.25}$$

图 6.1 给出了检测概率和虚警概率随两种假设及检测阈值下的 PDF 变化情况，及其相对值如何取决于两个 PDF 之间的关系。两个方差为 1 的高斯分布 PDF 如图所示，左边函数的均值为 0，右边均值为 1。$N\sigma_w^2 = 1$，$m = 1/N$，符合式(6.9)中的模型和后面的分析。P_D 和 P_{FA} 分别为右边和左边两个 PDF 从检测阈值(图中所示直线处，在这里大约为 $\Upsilon = 1.5$)到 $+\infty$ 的面积。

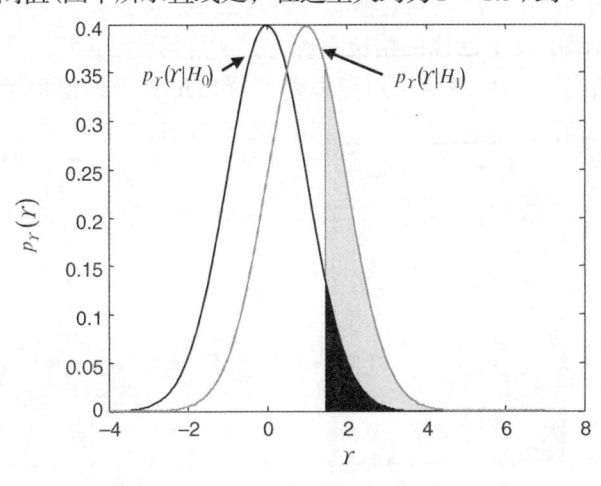

图 6.1 $N\sigma_w^2 = 1$ 时，假设 H_0(左边)和假设 H_1(右边)下的充分统计的 PDF

接收机的设计包括调整检测阈值位置，直到黑色区域面积等于可接受的虚警概率，此时

的检测概率为灰色区域面积(包含黑色区域)。该图再一次证明了 P_D 和 P_{FA} 随着检测阈值的左右移动同增减。P_D 和 P_{FA} 的可实现组合取决于两个分布的重合程度。

图 6.2 说明了以信噪比 χ 为参数时的 ROC。图 6.2(a) 给出了 P_{FA} 和 P_D 使用线性刻度时的 ROC。这里需要注意一些特性,首先,当 $\chi = 0$ (亦指 $m = 0$)时,$P_{FA} = P_D$。这是可以预料到的,因为在该情况下,$\Upsilon(y)$ 的 PDF 在两种假设下相同。对一个给定的 P_{FA} 及 $\chi > 0$,P_D 随着 SNR 的增加而增加,直观上来看,结果也是令人满意的。最后,还要注意到,当 SNR 增加时,近 0 和近 1 之间的检测概率发生了突变。这是个小小的误导,因为雷达通常工作时,P_{FA} 值一般非常小,根据系统的种类不同,P_{FA} 的典型值不会超过 10^{-3},通常介于 10^{-6} 和 10^{-8} 之间,甚至更低。图 6.2(b) 在 P_{FA} 的对数刻度上给出了同样的数据,更好地反映出雷达信号处理中感兴趣的虚警率的 ROC 曲线。

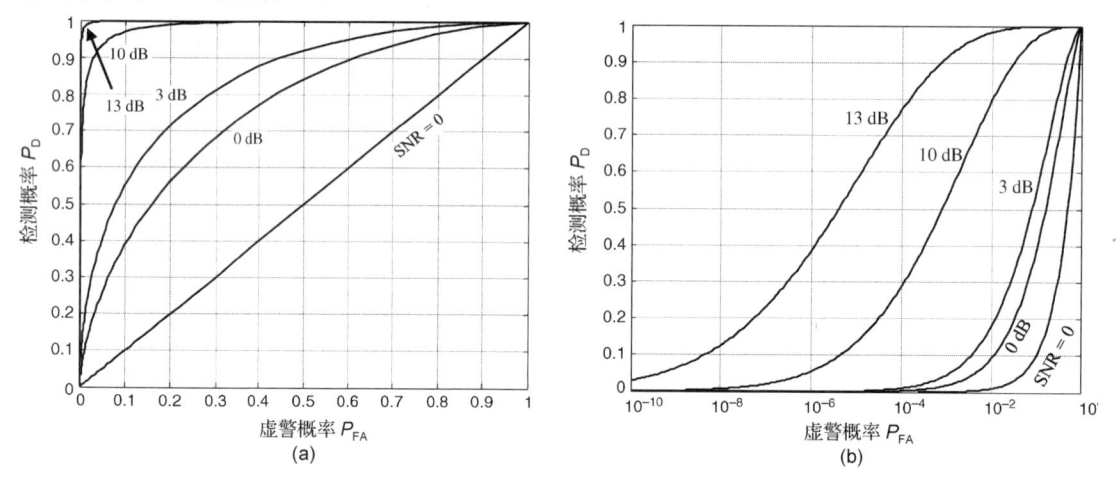

图 6.2 高斯例子的 ROC 曲线。(a) 用线性 P_{FA} 刻度显示;(b) 用对数 P_{FA} 刻度显示

如果 P_D 和 P_{FA} 的组合不能满足性能要求时,该怎么办呢?图 6.1 给出了两种建议:第一,对于给定的 P_{FA},当目标存在时,可以通过进一步分开两个 PDF 来增大 P_D。也就是说,目标存在会导致充分统计分布均值 m 更大的移动。因为 SNR 等于 m^2 / σ_w^2,所以一种改善检测和虚警概率的方案就是增加 SNR。这一结论在图 6.2 中得到了证实。图 6.3(a) 说明了采用与图 6.1 相同的检测阈值时,SNR 增加对两种假设下的 PDF 以及性能概率的影响。

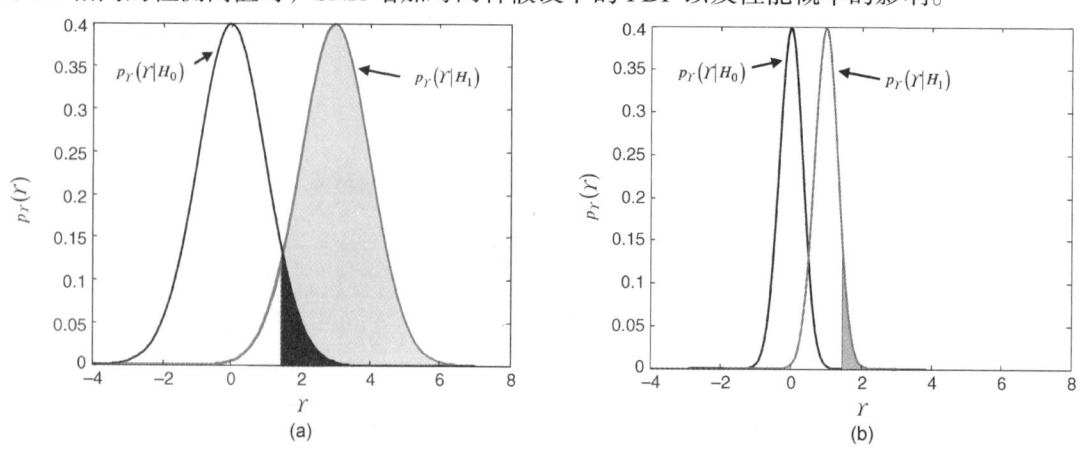

图 6.3 改善图 6.1 中所示的 PDF,以改善检测及虚警的两种方法。(a) 提高系统 SNR;(b) 减小噪声功率

第二种改善的方法是减小两个 PDF 的方差,以减少二者间的重合部分。减小噪声功率 σ_w^2 可以减小两个 PDF 的方差,导致图 6.3(b)(这里 P_{FA} 下的面积小到几乎看不见)的情况发生,并且能够改善检测性能。与第一种增加 m 的方法一样,减小 σ_w^2 可提高信噪比。这样,与式(6.25)相一致,改善检测及虚警概率需要增加信噪比 χ。这一结论在接下来的讨论中还会经常用到。

根据不同的情况,如具体的距离、目标类型和干扰环境等,雷达系统设计的目的是为了达到特定的 P_D 和 P_{FA} 值。设计者需要考虑天线设计、发射功率、波形设计和信号处理技术,所有这些都需要在约束的代价函数及波形因数的考虑范围内。设计者的主要任务就是设计目标存在和目标不存在时的两个 PDF,使它们在检测点处的重合部分足够小,以满足 P_D 和 P_{FA} 的要求。如果设计没有达到要求,那么必须设计一个或更多的参数,以减小 PDF 的方差,使两个函数足够分开,或是将两个方差都减小,直到满足期望的性能。因此,雷达系统设计的一个重要目标在于控制两个 PDF 的重叠部分,如图 6.1 所示,或等价于使 SNR 达到最大。

6.2 相干系统中的阈值检测

上面考虑的高斯问题对于介绍解释奈曼-皮尔逊检测原理,如似然比检测、检测和虚警概率、ROC,以及接下来的主要设计之间的权衡很有用。另外,高斯问题与雷达问题是相似的:在一种假设下,仅观测到高斯噪声;在另一假设下,在噪声中加入一常数,这可被解释为固定目标的回波。图 6.4 总结了现已使用的设计和分析的方法。从 H_0 和 H_1 假设下的数据模型的 PDF 开始,似然比和对数似然比用来分离包括实测数据的项,必要时也可用一个简化的检测法则来替代(见 6.2.3 节)。在 H_0 假设条件下对 PDF 进行积分,可得到其与阈值 T P_{FA} 之间的关系,通过解析或数值方法求解积分,可得到阈值 T,进而给出理想的 P_{FA}。这种相同的分析方法会被重复运用,以提高检测器的设计,并评估不同数据模型的性能。唯一的区别是第一步被假定的原始数据的概率密度函数 $P_y(y|H_0)$ 和 $P_y(y|H_1)$。然而,改变 PDF 要通过完整的处理流程实现:改变似然比,然后确定充分统计量和检测器,设定阈值,最后检测性能。

高斯白噪声是常量的例子并不适用于所有雷达检测问题,因为存在至少 3 个主要限制。首先,能得到复数测量值的相干雷达系统才是人们主要感兴趣的雷达系统,所以必须把迄今为止讨论的只适用于实数据的方法扩展到复数情况。第二,还存在一些未知的参数。迄今为止的分析都假设了一些信号参数,如噪声方差和目标幅度已知,然而事实上,它们并不先验已知,而是在必要的时候须进行估计。有些参数之间互有制约会使情况变得更加复杂。特别地,在雷达中,根据不同的雷达

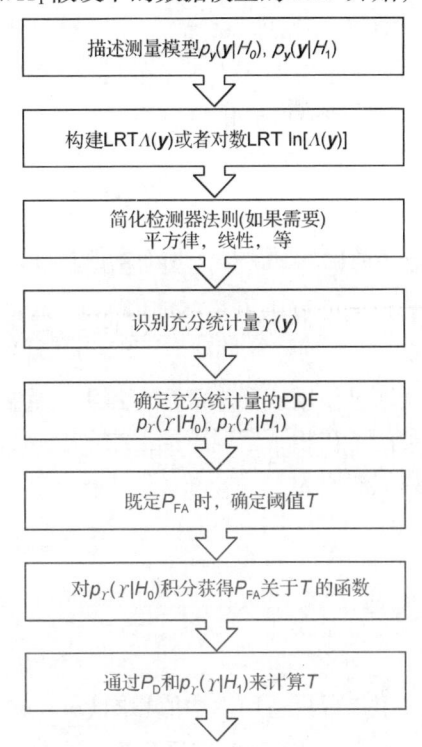

图 6.4 雷达检测器设计、分析和性能评估方案

距离方程，(未知)回波的幅度随着(未知)回波到达时间而变。因此，必须将 LRT 方法扩展为一种通用技术，以便能在一些信号参数未知情况下使用。最后，第 2 章已经为许多必须考虑的信号现象建立了模型。这对起伏目标尤其有必要。当起伏目标存在时，实测数据中目标成分的幅度会发生统计变化。此外，就算噪声符合高斯分布模型，在很多情况下，主要的干扰是杂波，这在第 2 章已讨论过，其 PDF 很显然不是高斯分布。接下来几小节会通过将 LRT 方法扩展到相干系统，来对这些缺点进行讨论。

6.2.1 相干接收机的高斯情况

第 2 章提出了一种在相干接收机输出端的新的噪声模型，并指出如果系统在正交信号发生器前的噪声为零均值高斯白过程，则噪声功率为 $\sigma_w^2 = kT$ [①]，那么 I 和 Q 通道都将包含一个独立同分布的零均值高斯白过程，功率为 $kT/2 = \sigma_w^2/2$。即噪声功率独立的平分于两个通道中。对于一个复噪声过程，若其实部及虚部皆为独立同分布的，则称为循环随机过程。N 个循环随机过程的复采样的联合 PDF 为

$$p_y(y) = \frac{1}{\det\{\pi S_y\}} \exp\{-(y-m)^H S_y^{-1}(y-m)\} \tag{6.26}$$

式中，m 是 $N\times 1$ 维信号矢量 $y = m + w$ 的 $N\times 1$ 均值矢量；S_y 是 y 的 $N\times N$ 维协方差矩阵，则有

$$S_y = E\{yy^H\} - mm^H \tag{6.27}$$

式中，H 为厄米特(共轭转置)算子。在大多数情况下，噪声采样都是独立同分布的，所以有 $S_y = \sigma_w^2 I_N$，也即 $\det\{\pi S_y\} = \pi^N \sigma_w^{2N}$。噪声采样的方差不相等以及色噪声条件下 S_y 甚至不是对角矩阵的情况，不在本书的讨论范围(Dudgeon 和 Johnson, 1993; Kay, 1998)。

式(6.26)可简化为

$$p_y(y) = \frac{1}{\pi^N \sigma_w^{2N}} \exp\left\{-\frac{1}{\sigma_w^2}(y-m)^H(y-m)\right\} \tag{6.28}$$

进一步简化，假设 H_1 下所有均值相等，使得 $m = m\mathbf{1}_N$ 时，其中 m 可为复数。此时，该式可简化为

$$p_y(y) = \frac{1}{\pi^N \sigma_w^{2N}} \exp\left\{-\frac{1}{\sigma_w^2}(y-m\mathbf{1}_N)^H(y-m\mathbf{1}_N)\right\} \tag{6.29}$$

通过使用式(6.28)中的 PDF，重复执行例中式(6.10)～式(6.25)的步骤，可得到前面高斯分布例子在相干情况下的 LRT，当然在这里，假设为 H_0 时，$m = \mathbf{0}_N$，假设为 H_1 时，$m \neq \mathbf{0}_N$。对数似然比为

$$\begin{aligned}\ln \Lambda &= \frac{1}{\sigma_w^2}\left\{2\mathrm{Re}[m^H y] - m^H m\right\} \\ &= \frac{2}{\sigma_w^2}\mathrm{Re}\left\{\sum_{n=0}^{N-1} m_n^* y_n\right\} - \frac{1}{\sigma_w^2} N|m|^2\end{aligned} \tag{6.30}$$

上式第二行只适用于均值相同 ($m = m\mathbf{1}_N$) 的情况。

下面对式(6.30)进行分析。$m^H y$ 项是复矢量 m 和 y 的点积。由附录 B 可知，该点积代表

[①] 这里的 T 为接收机温度，不是检测阈值。在本章的内容中，T 所指含义必须从上下文中明确。

有限冲激响应(FIR)滤波操作,将在等效冲激响应 m^H 和数据矢量 y 完全重合的时刻进行估计。因为滤波器冲激响应与 H_1 假设下的待检测信号相同,称为 $m\mathbf{1}_N$,则该滤波器为匹配滤波器。同样的论证也能应用于 m 元素为调制波形或其他感兴趣函数的采样值的情况。

第二项 $\ln \Lambda$ 是 m 与其自身的复点积,可展开为 $m^H m = \sum_{n=0}^{N-1} |m_n|^2$,这也是 m 的能量 E。等均值时,可表示为 $E = N|m|^2$。

最后,注意到 $\text{Re}\{\cdot\}$ 是对匹配滤波器的输出 $m^H y$ 进行操作,因为 m 和 y 都为复数,点积结果可能为纯虚数或近似纯虚数,此时,$\text{Re}\{m^H y\} \approx 0$。这表明测量值 y 对阈值检测影响极小,甚至没有影响。此例中,在假设 H_0 下,$m = \mathbf{0}_N$,$\text{Re}\{\cdot\}$ 操作没有意义。假设 H_1 下,m 中任一元素都为复数,形式为 $m_n e^{j\theta_n}$。如果目标的确存在,则测量值向量 $y = m + w$ 的元素形式为 $m_n e^{j\theta_n} + w_n$,w_n 为零均值复高斯噪声采样,如此可得

$$m^H y = m^H m + m^H w$$
$$= \sum_{n=0}^{N-1} |m_n|^2 + \sum_{n=0}^{N-1} w_n m_n e^{-j\theta_n} \tag{6.31}$$

式中,第一项仍为信号 m 的能量 E,该项为实数,不受 $\text{Re}\{\cdot\}$ 操作影响;第二项仅为噪声采样的加权积累。因为噪声分量的相位是随机的,所以 $\text{Re}\{\cdot\}$ 算子的结果也是随机的,它对积累相位的影响,在 SNR 很小时会变得很大,当 SNR 很大时会变得很小。

通过分析式(6.30),明显可知,此时的充分统计为 $\text{Re}\{m^H y\}$。将复数情况下的 LRT 表示为充分统计的形式,即

$$\Upsilon = \text{Re}\{m^H y\} \underset{H_0}{\overset{H_1}{\gtrless}} \frac{\sigma_w^2}{2} \ln(-\lambda) + \frac{E}{2} = T \tag{6.32}$$

注意:如果 $m = m\mathbf{1}_N$,则 $\text{Re}\{m^H y\} = m \sum y_n$,上式与式(6.13)非常相似。

下面考虑复高斯情况下的 P_D 和 P_{FA}。充分统计 $\Upsilon = \text{Re}\{m^H y\} = \text{Re}\{\sum m_n^* y_n\}$ 是高斯随机变量的和,因此也是高斯的。为确定相干检测的性能,必须确定 Υ 在每个假设下的 PDF。为此很有必要首先考虑复高斯变量 $z = m^H y$。先假定假设 H_0 成立,如此,$\{y_n\}$ 及 z 的均值为零。因为 $\{y_n\}$ 是统计独立的,所以变量 z 仅为独立加权采样变量的和,即

$$\text{var}(z) = \sum_{n=0}^{N-1} \text{var}(m_n^* y_n)$$
$$= \sum_{n=0}^{N-1} |m_n|^2 \sigma_w^2 = E\sigma_w^2 \tag{6.33}$$

因此,在假设 H_0 下,$z \sim N(0, E\sigma_w^2/2)$。类似地,在假设 H_1 下,$y = m + w$ 且 $z \sim N(E, E\sigma_w^2/2)$。注意到两种假设下,$z$ 的均值皆为实数。复高斯噪声的能量等分成两份,分别在 z 的实部和虚部。既然 $\Upsilon = \text{Re}\{m^H y\}$,则有:在假设 H_0 下,$\Upsilon \sim N(0, E\sigma_w^2/2)$;在假设 H_1 下,$\Upsilon \sim N(E, E\sigma_w^2/2)$。采用 6.1.2 节的推导过程,可得

$$P_{FA} = \frac{1}{2}\left[1 - \text{erf}\left(\frac{T}{\sqrt{E\sigma_w^2}}\right)\right] \tag{6.34}$$

重复式(6.22)和式(6.24)的推导,可得检测概率为

$$P_\mathrm{D} = \frac{1}{2}\left[1 - \mathrm{erf}\left\{\mathrm{erf}^{-1}(1 - 2P_\mathrm{FA}) - \sqrt{\frac{E}{\sigma_w^2}}\right\}\right]$$
$$= \frac{1}{2}\mathrm{erfc}\left\{\mathrm{erfc}^{-1}(2P_\mathrm{FA}) - \sqrt{\frac{E}{\sigma_w^2}}\right\} \tag{6.35}$$

注意上式的最后一项为信号 m 能量除以噪声功率 σ_w^2 的均方根,也即信噪比。因此该式又可表示为

$$P_\mathrm{D} = \frac{1}{2}\left[1 - \mathrm{erf}\left\{\mathrm{erf}^{-1}(1 - 2P_\mathrm{FA}) - \sqrt{\chi}\right\}\right]$$
$$= \frac{1}{2}\mathrm{erfc}\left\{\mathrm{erfc}^{-1}(2P_\mathrm{FA}) - \sqrt{\chi}\right\} \tag{6.36}$$

最后,在 $m = m\mathbf{1}_N$ 的等均值情况下,式(6.35)与式(6.24)类似(但不相同)。因为相干情况下信号能量仅为噪声功率的一半,所以用 $\sqrt{Nm^2/\sigma_w^2}$ 项取代 $\sqrt{Nm^2/2\sigma_w^2}$。

此例的 ROC 如图 6.5 所示,其大致形状与图 6.2 所示的实数情况相同,但对于给定的信噪比,检测性能更好。这是因为对于相干接收机,信号能量仅为噪声功率的一半。例如,相干情况下,信噪比为 13 dB,虚警概率 $P_\mathrm{FA} = 10^{-6}$ 时,检测概率 $P_\mathrm{D} = 0.94$。而图 6.2 所示的实数情况下,对于同样的信噪比 χ 和 P_FA,检测概率低于 0.39。

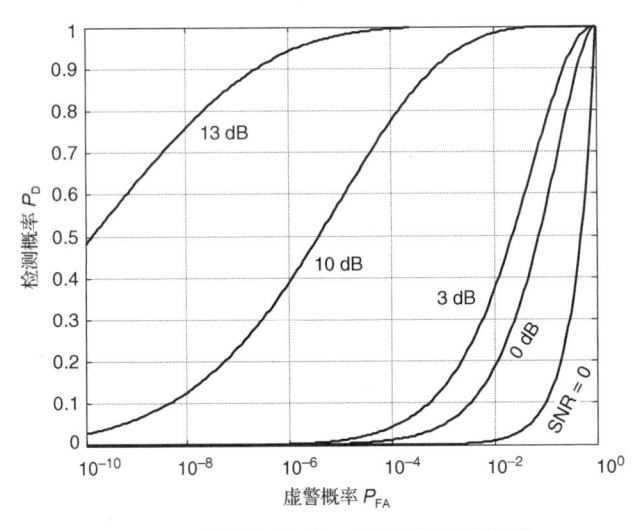

图 6.5 高斯情况下相干接收机的性能图

6.2.2 未知参数和阈值检测

总的来说,为计算出 LRT,需要确切知道概率密度函数 $p_Y(Y|H_0)$、$p_Y(Y|H_1)$ 的每个参数值,这通常也意味着确切知道概率密度函数 $p_y(y|H_0)$、$p_y(y|H_1)$。例如高斯情况下,会假定在各种假设下,期望信号 y 和噪声采样方差 σ_w^2 已知。而在实际情况中,并非如此,构成似然比的 PDF 可能取决于一个或多个未知参数 ξ。具体可分为如下 3 种情况:

1. ξ 为 PDF 已知的随机变量;

2. ξ 为 PDF 未知的随机变量;

3. ξ 为一个未知的可确定量。

处理以上几种情况,须采用不同的技巧。第一种情况是最重要的,因为它对最优奈曼-皮尔逊检测器结构的影响最大。

为说明处理 PDF 已知的随机参数的方法,这里仍采用复高斯情况。最优检测器执行匹配滤波操作 $\boldsymbol{m}^{\mathrm{H}}\boldsymbol{y}$ 后,再对滤波结果进行 $\mathrm{Re}\{\cdot\}$ 操作。成功的匹配滤波结构取决于在假设 H_1 下 $\boldsymbol{y}=\boldsymbol{m}+\boldsymbol{w}$ 中的常数分量,只有这样,才能把滤波系数设置为与 $\boldsymbol{m}$ 相等,从而使滤波器输出为实数。在雷达应用中,假设 H_0 下 $\boldsymbol{y}$ 一般仅包含接收机噪声采样值 $\boldsymbol{w}$,假设 H_1 下 $\boldsymbol{y}$ 通常由多个脉冲的雷达目标回波和噪声采样 $\boldsymbol{m}+\boldsymbol{w}$ 组成,或由一个目标的单脉冲回波波形的交替连续快时间采样组成。

$\boldsymbol{m}$ 精确已知暗含目标距离精确已知,单程距离变化 $\lambda/4$ 会造成接收信号的相位变化 180°。在 L 波段,$\lambda/4$ 为 30 cm,在 95 GHz 时仅为 3.16 mm。由于这一精度难以实现,所以假定已知 $\boldsymbol{m}$ 在相位因子 $\exp(\mathrm{j}\theta)$ 内更合理,此时相角可为在 $(0,2\pi]$ 内均匀分布的随机变量,且独立于随机变量 $\{m_n\}$。也即,$\boldsymbol{m}=\tilde{\boldsymbol{m}}\exp(\mathrm{j}\theta)$,其中 $\tilde{\boldsymbol{m}}$ 已知但 θ 为随机相位。注意到 $\tilde{\boldsymbol{m}}$ 的能量与 $\boldsymbol{m}$ 的相等,也就是说,$\boldsymbol{m}^{\mathrm{H}}\boldsymbol{m}=\tilde{\boldsymbol{m}}^{\mathrm{H}}\tilde{\boldsymbol{m}}$。因为未知相位假设在雷达领域通常不可避免,那么它对最优检测器及其性能的影响如何呢?

目标仍须计算出 LRT,有必要返回到式(6.6)的基本定义,决定出 $p_y(\boldsymbol{y}|H_0)$、$p_y(\boldsymbol{y}|H_1)$,这两个 PDF 现在都取决于 θ,对概率密度已知的随机参数可使用一种称为贝叶斯的技巧(Kay,1998)[①]。具体地,可分别通过对 θ 内的条件概率密度函数 $p_y(\boldsymbol{y}|H_i)$ 求平均,计算出 H_i 假设下的 PDF,即

$$p_y(\boldsymbol{y}|H_i)=\int p_y(\boldsymbol{y}|H_i,\theta)p_\theta(\theta)\mathrm{d}\theta,\quad i=0,1 \tag{6.37}$$

则非条件概率密度函数 $p_y(\boldsymbol{y}|H_i)$ 被用来定义似然比。

仍采用复高斯情况作为随机参数贝叶斯方法的例子,但现在数据中有一个未知相位,$\boldsymbol{m}=\tilde{\boldsymbol{m}}\exp(\mathrm{j}\theta)$。此时观测值 $\boldsymbol{y}$ 在两种假设下的条件 PDF 分别为

$$\begin{aligned}p_y(\boldsymbol{y}|H_0,\theta)&=\frac{1}{\pi^N\sigma_w^{2N}}\exp\left[-\frac{1}{\sigma_w^2}\boldsymbol{y}^{\mathrm{H}}\boldsymbol{y}\right]\\ p_y(\boldsymbol{y}|H_1,\theta)&=\frac{1}{\pi^N\sigma_w^{2N}}\exp\left[-\frac{1}{\sigma_w^2}(\boldsymbol{y}-\tilde{\boldsymbol{m}}\mathrm{e}^{\mathrm{j}\theta})^{\mathrm{H}}(\boldsymbol{y}-\tilde{\boldsymbol{m}}\mathrm{e}^{\mathrm{j}\theta})\right]\end{aligned} \tag{6.38}$$

将式(6.38)中的指数项展开,得

$$\begin{aligned}p_y(\boldsymbol{y}|H_1,\theta)&=\frac{1}{\pi^N\sigma_w^{2N}}\exp\left[-\frac{1}{\sigma_w^2}(\boldsymbol{y}^{\mathrm{H}}\boldsymbol{y}-2\mathrm{Re}\{\tilde{\boldsymbol{m}}^{\mathrm{H}}\boldsymbol{y}\mathrm{e}^{-\mathrm{j}\theta}\}+E)\right]\\ &=\frac{1}{\pi^N\sigma_w^{2N}}\exp\left[-\frac{1}{\sigma_w^2}(\boldsymbol{y}^{\mathrm{H}}\boldsymbol{y}-2|\tilde{\boldsymbol{m}}^{\mathrm{H}}\boldsymbol{y}|\cos(\phi-\theta)+E)\right]\end{aligned} \tag{6.39}$$

式中,ϕ 未知,但是内积 $\tilde{\boldsymbol{m}}^{\mathrm{H}}\boldsymbol{y}$ 的相位固定。

[①] 许多检测理论书籍,如 Kay(1998)讨论了一种称为广义似然比检验的替代法,其中的未知参数都用它们的最大似然估计代替。

注意到 $p_y(y|H_0,\theta)$ 并不取决于 θ（这无须惊讶，因为该假设下并不存在目标，所以也就不存在未知相位），所以没必要应用式(6.37)。然而，$p_y(y|H_1)$ 很明显取决于 θ。假定统一的随机相位，定义 $\theta' = \phi - \theta$，并对假设 H_1 应用式(6.37)，可得

$$p_y(y|H_1) = \frac{1}{\pi^N \sigma_w^{2N}} e^{-(y^H y + E)/\sigma_w^2} \frac{1}{2\pi} \int_0^{2\pi} \exp\left[\frac{2}{\sigma_w^2}\left|\tilde{m}^H y\right| \cos\theta'\right] d\theta' \tag{6.40}$$

上式是一个标准积累。具体地，在文献(Olver 等, 2010)中给出的积累 9.6.16 如下：

$$\frac{1}{\pi} \int_0^\pi e^{\pm z \cos\theta} d\theta = I_0(z) \tag{6.41}$$

式中，$I_0(z)$ 为第一类修正贝塞尔函数，使用此结果和余弦函数的性质，式(6.40)可改写为

$$p_y(y|H_1) = \frac{1}{\pi^N \sigma_w^{2N}} \exp[-(y^H y + E)/\sigma_w^2] I_0\left(\frac{2\left|\tilde{m}^H y\right|}{\sigma_w^2}\right) \tag{6.42}$$

此时的对数似然比检测为

$$\ln \Lambda = \ln\left[I_0\left(\frac{2\left|\tilde{m}^H y\right|}{\sigma_w^2}\right)\right] - \frac{E}{\sigma_w^2} \underset{H_0}{\overset{H_1}{\gtrless}} \ln(-\lambda) \tag{6.43}$$

或以充分统计的形式表示为

$$\Upsilon = \ln\left[I_0\left(\frac{2\left|\tilde{m}^H y\right|}{\sigma_w^2}\right)\right] \underset{H_0}{\overset{H_1}{\gtrless}} \ln(-\lambda) + \frac{E}{\sigma_w^2} = T \tag{6.44}$$

上式给出了有未知相位存在情况下，最优检测所需的信号处理。先求出匹配滤波器输出 $\tilde{m}^H y$ 的幅度，将其通过无记忆的非线性算子 $\ln[I_0(\cdot)]$ 的结果与阈值进行比较。匹配滤波器仍然可以利用已知信号内部的相位结构并使累积增益最大化。但是，因为绝对相位是未知的，所以要对结果进行取模操作。而且，可观察到贝塞尔函数的自变量是滤波器输出能量除以噪声功率的一半，也为信噪比。出现噪声功率的一半是因为复数情况下，总的噪声功率在信号的实部和虚部通道被等分。

实际应用中，希望能避免对每一阈值检测求自然对数和贝塞尔函数，在某些系统中，每秒可能有数百万次检测。因为函数 $\ln[I_0(\cdot)]$ 是单调递增的，通过将其自变量 $2|\tilde{m}^H y|/\sigma_w^2$ 与修正阈值进行比较，可得到同样的检测结果。因此式(6.44)可简化为

$$\left|\tilde{m}^H y\right| \underset{H_0}{\overset{H_1}{\gtrless}} T' \tag{6.45}$$

图 6.6 给出了含未知相位的最优相干检测器。

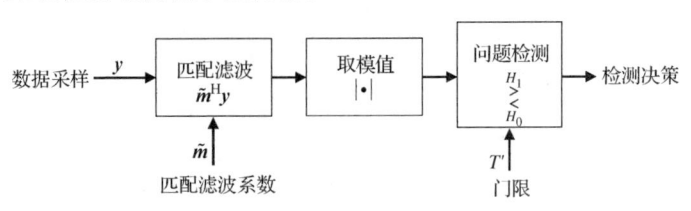

图 6.6 信号绝对相位未知时的最优检测器结构

现在可建立此检测器的性能。令 $z=\left|\tilde{\boldsymbol{m}}^{\mathrm{H}}\boldsymbol{y}\right|$。检测条件简化为 $z \gtrless T'$；因而，需要知道 z 在两种假设下的分布。对于相位已知的情况，假设 H_0（目标不存在）下，$\tilde{\boldsymbol{m}}^{\mathrm{H}}\boldsymbol{y} \sim N(0, E\sigma_w^2)$，因而 $\tilde{\boldsymbol{m}}^{\mathrm{H}}\boldsymbol{y}$ 的实部和虚部相互独立，且都服从分布 $N(0, E\sigma_w^2/2)$。由第 2 章或附录 A 可知，z 服从瑞利分布，即

$$p_z(z \mid H_0) = \begin{cases} \dfrac{2z}{E\sigma_w^2} \exp\left(-\dfrac{z^2}{E\sigma_w^2}\right), & z \geqslant 0 \\ 0, & z < 0 \end{cases} \tag{6.46}$$

虚警概率为

$$P_{\mathrm{FA}} = \int_{T'}^{+\infty} p_z(z \mid H_0) \mathrm{d}z = \exp\left(\dfrac{-T'^2}{E\sigma_w^2}\right) \tag{6.47}$$

将该式取反，可得到以 P_{FA} 为参数的阈值，即

$$T' = \sqrt{-E\sigma_w^2 \ln P_{\mathrm{FA}}} \tag{6.48}$$

接下来考虑假设 H_1，也就是目标存在时的情况。对于一个特定的目标及一个特定的 θ 值，$\tilde{\boldsymbol{m}}^{\mathrm{H}}\boldsymbol{y}$ 的实部和虚部分别服从 $N(E\cos\theta, E\sigma_w^2)$ 和 $N(E\sin\theta, E\sigma_w^2)$。不考虑 θ 的取值时，$z=\left|\tilde{\boldsymbol{m}}^{\mathrm{H}}\boldsymbol{y}\right|$ 的概率密度函数为

$$p_z(z \mid H_1) = \begin{cases} \dfrac{2z}{E\sigma_w^2} \exp\left[-\dfrac{1}{E\sigma_w^2}(z^2 + E^2)\right] I_0\left(\dfrac{2z}{\sigma_w^2}\right), & z \geqslant 0 \\ 0, & z < 0 \end{cases} \tag{6.49}$$

式中，$I_0(z)$ 也是第一类修正贝叶斯函数。该式是莱斯 PDF，通过对 z 从 T' 到 $+\infty$ 积累，可得到检测概率。

标准形式所需的积累项为

$$Q_{\mathrm{M}}(\alpha, \gamma) = \int_{\gamma}^{+\infty} t \exp\left[-\dfrac{1}{2}(t^2 + \alpha^2)\right] I_0(\alpha t) \mathrm{d}t \tag{6.50}$$

表达式 $Q_{\mathrm{M}}(\alpha, \gamma)$ 称为 Marcum 的 Q 函数，经常出现于雷达检测计算中。目前还不知道这一积累的闭式。Cantrell 和 Ojha(1987) 比较了计算 $Q_{\mathrm{M}}(\alpha, \gamma)$ 的算法。MATLAB 的可选工具包的"通信工具箱"和"信号处理工具箱"中包含了 marcumq 函数用以评估 $Q_{\mathrm{M}}(\alpha, \gamma)$，另一 MATLAB 算法由 Kay(1998) 给出。

通过定义变量代换，式(6.49)的积累可表示为式(6.50)的形式。具体地，令 $t = z/\sqrt{E\sigma_w^2/2}$，$\alpha = \sqrt{2E}/\sigma_w$，代入式(6.49)并积累，可得

$$P_{\mathrm{D}} = Q_{\mathrm{M}}\left(\sqrt{\dfrac{2E}{\sigma_w^2}}, \sqrt{\dfrac{2T'^2}{E\sigma_w^2}}\right) \tag{6.51}$$

最后，注意到 E/σ_w^2 为信噪比 χ，将阈值表示为式(6.48)的虚警概率形式，可得

$$P_{\mathrm{D}} = Q_{\mathrm{M}}\left(\sqrt{2\chi}, \sqrt{-2\ln P_{\mathrm{FA}}}\right) \tag{6.52}$$

通常情况下，$\boldsymbol{m}$ 和 $\tilde{\boldsymbol{m}}$ 的能量 E 是未知的。幸运的是式(6.52)并不直接取决于 E（或噪声功率 σ_w^2），而是取决于它们的比值 χ，所以有可能在没有这部分信息的情况下获得 ROC。然而，如式(6.48)所示，真正执行检测时需要具体的阈值 T'，这时需要确切知道 E 和 σ_w^2。有一种方

法可以避免这个问题,就是用归一化系数矢量 $\hat{m} = \tilde{m}/E$ 取代匹配滤波系数 $\tilde{m}$。这种方法将匹配滤波的输出归一化。修正序列的能量为 $\hat{E} = 1$,如此修正的阈值为

$$\hat{T} = \sqrt{-\sigma_w^2 \ln P_{\text{FA}}} \tag{6.53}$$

改进匹配滤波的输出,减小阈值,对 ROC 不会造成影响,所以式(6.52)仍有效。阈值 $\hat{T}$ 的设置仍须知道噪声功率 σ_w^2,如何去除这一约束是 6.5 节的论题。未知幅度参数的处理将在 6.2.4 节中详细讨论。

本例中的包络检测器性能如图 6.7 所示。大致情况与图 6.5 所示的已知相位相干检测器很类似。但如果仔细推敲,可以发现,对于给定的 P_{FA},相干检测器的检测概率 P_D 更高。图 6.8 用两种不同的方式对相干检测器和包络检测器(分别用已知和未知相位)的检测曲线进行比较。图 6.8(a)部分仅重复画出了前两幅图中的 10 dB 曲线。例如,对 $P_{\text{FA}} = 10^{-4}$ 和 $\chi = 10$ dB 的点,相干检测器的 P_D 大约为 0.74,但对于包络检测器,则降到 0.6。

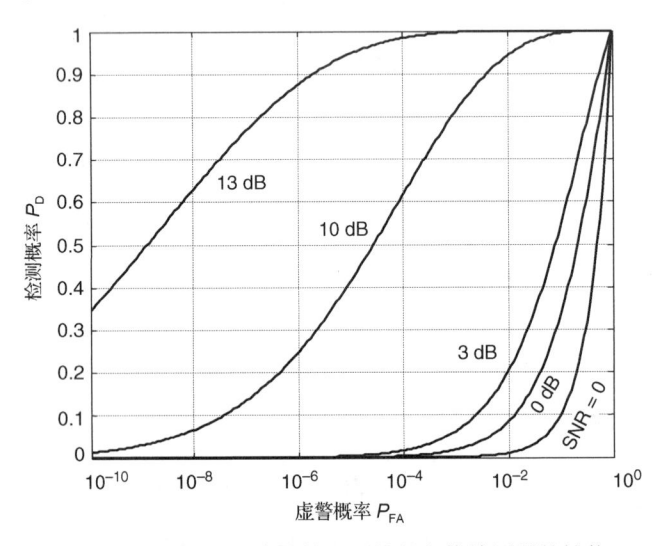

图 6.7 相位未知的高斯情况下线性包络检测器的性能

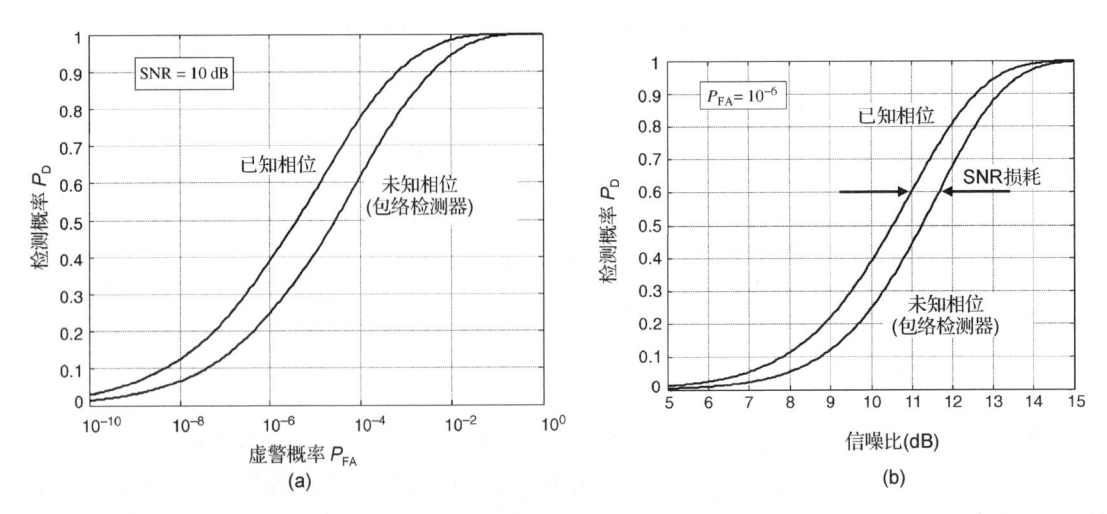

图 6.8 高斯情况下,相干检测器与包络检波器的性能差异。(a) $\chi = 10$ dB 时的 P_D 差异;(b) $P_{\text{FA}} = 10^{-6}$ 时的 P_D 差异

图 6.8(b)给出了 P_{FA} 固定(此例中为 10^{-6})，χ 变化时的检测性能。该图表明，为达到相同的检测概率：当 $P_D = 0.9$ 时，包络检测器的 SNR 要比相干检测器高 0.6 dB 左右；当 $P_D = 0.5$ 时，则要高 0.7 dB。为使包络检测器的检测性能与相干情况相同，须附加的信噪比称为信噪比损失。许多因素会导致信噪比损失。这种情况称为检测损失。它代表为使包络检测器性能与理想相干检测器相匹配，必须通过一些途径获取的附加 SNR。提高 SNR 要求雷达系统具有更大的发射功率、更大的天线增益、更小的距离覆盖面，等等。

检测损失现象说明了检测理论中很重要的一点：对待检测信号知道的越少，SNR 就越高，以便实现给定的 P_D 和 P_{FA}。在此例中，信号的绝对相位未知，使损失达到 0.6 dB。尽管可能不方便，结果还是很直观，且令人满意的：信号细节知道得越少，检测器的性能越差。

6.2.3 线性检测器和平方律检测器

式(6.44)为数据相位未知的高斯模型定义了最优的奈曼-皮尔逊检测器。前面指出，用 $\ln[I_0(x)]$ 的自变量 x 代替 $\ln[I_0(x)]$ 可不改变检测性能。6.3.2 节将介绍一种适合非相干积累的简单检测器，比 $\ln[I_0(\cdot)]$ 更典型，但是仅用简单检测器来代替任何单调递增函数是不太可能的。因此，对 $\ln[I_0(\cdot)]$ 做一些近似很有必要。

贝塞尔函数的标准级数展开式为

$$I_0(x) = 1 + \frac{x^2}{4} + \frac{x^4}{64} + \cdots \tag{6.54}$$

当 x 较小时，$I_0(x) \approx 1 + x^2/4$。此外，自然对数的一种级数展开式为 $\ln(1+z) = z - z^2/2 + z^3/3 + \cdots$，结合这些，可得

$$\ln[I_0(x)] \approx \frac{x^2}{4}, \quad x \ll 1 \tag{6.55}$$

上式表明，当 x 较小时，最优检测器近似于匹配滤波，称为平方律检测器，即幅度平方的操作。分母中的常数因子 4 可以合并到式(6.44)的阈值中。

对较大的 x 值，$I_0(x) \approx e^x/\sqrt{2\pi x}$，则

$$\ln[I_0(x)] \approx x - \frac{1}{2}\ln(2\pi) - \frac{1}{2}\ln(x) \tag{6.56}$$

上式右边的常数项可以加到式(6.44)的阈值中，同时当 $x \gg 1$ 时，线性项 x 迅速决定了对数项的值。这就使得在大 x 的情况下，线性检测器近似于线性检测，即

$$\ln[I_0(x)] \approx x, \quad x \gg 1 \tag{6.57}$$

平方律检测器和线性近似与 $\ln[I_0(\cdot)]$ 的吻合情况如图 6.9 所示。对 $x < 3$ dB，平方律检测器吻合度很高，而 $x > 10$ dB 时，线性检测器的吻合度很高。

最后，须注意到计算复数检验样本的幅度的平方很简单，只需要将实部和虚部的平方求和即可。而线性幅度需要求平方根，计算起来不方便。

6.2.4 其他未知参数

上面几小节讨论了接收信号相位未知对最优检测器的影响。然而实际应用中，接收信号的其他参数也可能未知。回波幅度取决于雷达距离方程中的所有参数，尤其是取决于未知的

目标雷达散射面积(至少需要成功检测到目标)和距离。此外，目标可能相对雷达运动，因此回波被多普勒频移调制。

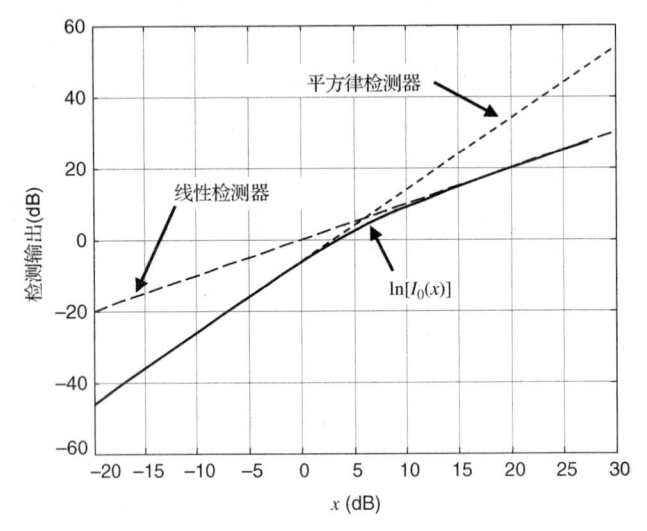

图 6.9 $\ln[I_0]$ 检测器的性能近似，自变量较小时的平方律检测器以及自变量较大时的线性检测器

6.2.2 节和 6.2.3 节中，基于幅度的检测器推导过程包含了一个假设，就是接收信号的幅度已知。具体来说，就是假设除了绝对相位，接收信号采样矢量 $\tilde{m}$ 已知。然而通常情况下，绝对幅度也是未知的。为确定未知幅度的影响，假设接收信号为 $A\tilde{m}$，这里 A 为一个未知但确定的尺度因子[①]。在这一假设下，可重复 6.2.2 节的分析。与期望的一样，假设 H_0 下检测器输出不变，因为此时幅度未知的目标回波不存在。假设 H_1 下，检测器输出变为 $\text{Re}\{\tilde{m}^H y\} \sim N(A^2 E, E\sigma_w^2/2)$。注意到，检测器依然考虑量 $\tilde{m}^H y$，而不是 $A\tilde{m}^H y$，这时因为 $\tilde{m}$ 是从应用于数据的匹配滤波器中得到的，因此不包含信号回波的未知幅度因子 A。此外，$E = \tilde{m}^H m$ 此时是匹配滤波参考信号的能量，而实际信号的能量为 $A^2 E$。

此时，式(6.51)等效为

$$P_D = Q_M\left(\sqrt{\frac{2A^2 E}{\sigma_w^2}}, \sqrt{\frac{2T'^2}{E\sigma_w^2}}\right) \tag{6.58}$$

与之前一样，上式的第二个变量可表示为虚警概率形式。此外，因为现在的实际信号能量为 $A^2 E$，第一个变量仍为 $\sqrt{2\chi}$。因此，检测性能仍可用式(6.52)表示。未知幅度既不会改变检测结构，也不会改变检测性能。

尽管幅度未知，但充分统计量并不会改变。而且幅度未知时，也可以计算出虚警概率。这两个条件都成立时，检验称为一致最大功效检验(UMP)(Dudgeon 和 Johnson, 1993)。

UMP 不会出现在信号时延(距离)未知的情况下，这也是雷达中唯一真实的假设。于是有必要采取广义似然比检验(GLRT)，其中似然比被表示为未知信号时延 Δ 的函数，之后再找出能使似然比最大的 Δ 值(Dudgeon 和 Johnson, 1993)。估计时延或范围以取最大似然比的问题是第 7 章的主题，其结果只需对匹配滤波器的输出进行评估，以确定能输出的最大值的范围。

---

① 例如，之前讨论未知信号能量时，相应地取 $A = 1/E$。

实际中,每个匹配滤波器的输出都要与一个阈值相比较。如果超过阈值,则确定目标存在。此外,最大值出现处的 $\varDelta$ 值作为目标时延的估计值。

如果目标是运动的,则必须将一个未知的多普勒频移加到入射信号上。接收回波不再正比于 $\tilde{m}$,而正比于修正信号 $\tilde{m}'$,该修正信号由参考信号 $\tilde{m}$ 采样值乘以复指数序列 $\exp(j\omega_D n)$ 得到,其中 ω_D 为归一化多普勒频移。此时,匹配滤波冲激响应变为 $\tilde{m}'$。如果 $\tilde{m}'$ 代替 $\tilde{m}$ 用于 6.2.2 节的推导过程中,可得到与前面相同的性能。因为 ω_D 未知,所以通过对多个可能的 ω_D 值进行检测测试来检验可能的不同多普勒频移是必要的,这与前面用来检验未知距离的过程相似。如果需要检验 K 个可能的均匀分布于 $-PRF/2$ 与 $+PRF/2$ 之间的多普勒频移,可使用第 5 章描述的脉冲多普勒处理技术,在所有 K 个频率点完成匹配滤波。

6.3 雷达信号的阈值检测

前面几节的结果可用于一些合理的实际场合,以从噪声中检测出雷达目标。这些场合通常大多包含待检测信号(目标)的未知参数,具体包括幅度、绝对相位、到达时间和多普勒频移。感兴趣的是对目标信号的单一采样,以及可获得的多个采样的检测。后一种情况在第 2 章已讨论过,目标信号通常被建模为随机过程,而不仅仅为常数。本章主要围绕 4 种 Swerling 模型进行讨论,说明这些情况下的检测方法,以及获得的经典但有用的结果。此外,可看到多采样情况下需要引入脉冲积累思想。最后,给出了平方律检测器,并介绍了线性检测器的一个比较重要的近似。图 6.10 给出了一种可能的分类图,其中包含了最普遍的雷达检测问题。

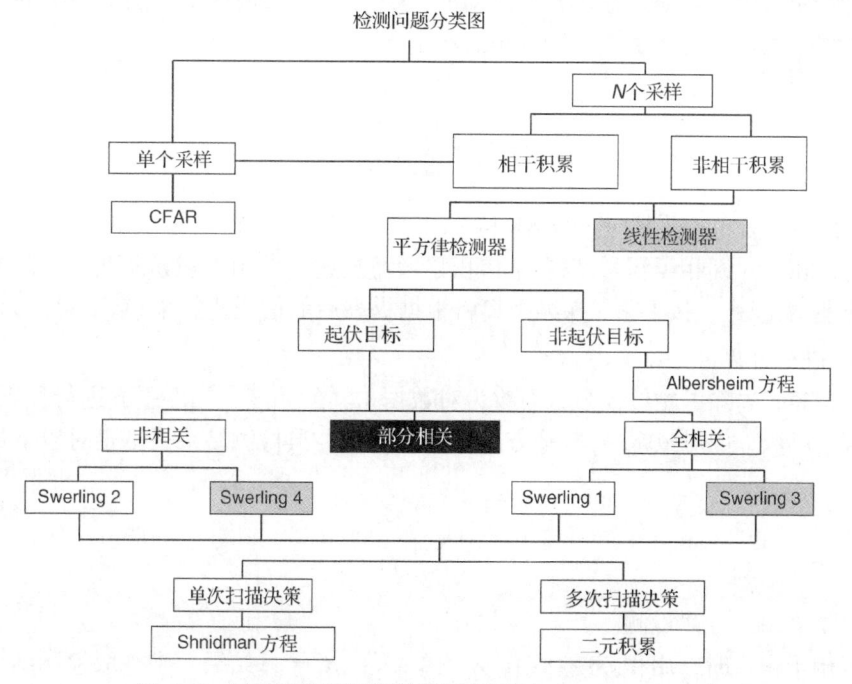

图 6.10 讨论的检测问题分类图(改编自 Levanon, 1988)

除了 Swerling 3 和 Swerling 4 模型,本节将对这些问题依次进行讨论,对于 Swerling 3 和 Swerling 4 模型本章仅给出策略但是不具体讨论细节问题。部分相关的情况在此不予考虑,并且自适应阈值的 CFAR 检测将在 6.5 节给出。

6.3.1 相干、非相干和二元积累

目标的检测能力受到噪声和杂波抑制。二者都被建模为随机过程。采样与采样间的噪声是不相关的，采样与采样间的杂波部分相关(也可能不相关)。目标既可为非起伏的(也即常数)，也可建模为采样与采样间完全相关、部分相关或不相关的随机过程(Swerling 模型)。通过对多个目标和干扰进行采样积累，可改善信干比(SIR)及检测性能，这源于多个采样相加可消去干扰的思想(第 1 章曾讨论过该思想)。因此，通常检测都是基于对目标和干扰的 N 个采样进行的。对代表相同距离和多普勒分辨单元的采样积累时，必须小心。

处理过程中，主要在以下 3 个阶段对数据进行积累。

1. 相干解调后，对基带复数据(I 和 Q，或幅度和相位)求积累。复数据采样相加称为相干积累。

2. 包络检测后，对幅度(或幅度的平方、幅度的对数)求积累。将相位信息去除后，对幅度采样求和称为非相干积累。

3. 阈值检测后，对目标存在或不存在的决策求积累称为二元积累。

系统可选择不采用这些技术、采用其中一种或几类技术的任意组合。许多系统都至少采用一种积累技术，相干或非相干与检测后采用二元积累的组合方式也比较常见。积累的主要开销是时间和能量，它们被用来获取同一距离、多普勒和(或)角度单元的多个采样(或对该单元作出的多个阈值检测决策)，这段时间不能用来搜索其他区域的目标，或跟踪已知目标，或对感兴趣的区域成像。积累还会增加信号处理的计算负担。根据要求操作简单的同时，是否需要满足高效率执行，现代系统可以有很大的不同。

对于相干积累，复数据采样 y_n 相加可形成一个新的复变量 y，即

$$y = \sum_{n=0}^{N-1} y_n \tag{6.59}$$

第 1 章已讨论过，若单一采样 y_n 的 SNR 为 χ_1，那么积累后数据 y 的 SNR 为 $\chi_N = N\chi_1$，是所有采样的同相相加，即相干积累获得 N 倍积累增益。这是由相干积累而在雷达距离方程中获得的信号处理增益 G_{sp}。接下来，探测距离将根据提高后的信噪比结果(基于对目标+噪声信号采样的结果)进行计算。

非相干积累，去除了相位信息，而改为对数据采样的幅度或幅度平方进行积累(有时会使用幅度的另一函数，如对数幅度)。平方律检测的多数经典检测结果是基于对以下量值进行检测的：

$$z = \sum_{n=0}^{N-1} |y_n|^2 \tag{6.60}$$

本节讨论主要采用平方律检测。

当使用相干积累时，用积累 χ_N 代替 χ_1 的单采样($N = 1$)结果，来获取检测结果。非相干情况更为复杂。如第 1 章所述，积累后的信号 z 不能表示为仅有目标信号的部分与仅有噪声信号的部分之和，所以，不能对信噪比直接定义，需要确定积累变量 z 的实际 PDF，来计算检测结果，这些会在下一节中完成。

二元积累建立在有初始检测决策的基础上。初始决策可能基于单一采样的数据，也可能

基于经过相干或非相干积累处理后的数据。不管阈值检测前的处理是什么样的,阈值检测后都须做出如下选择:是假设 H_0 成立,代表目标不存在;还是假设 H_1 成立,代表目标存在。因为每次阈值检验完成只有两种可能的输出,所以输出称为二元的。为进一步提高性能,可从 N 个决策逻辑中取出 M 个进行相加以获得多元决策。这种类型的积累将在 6.4 节讨论。

6.3.2 非起伏目标

现在考虑基于高斯白噪声环境下,非起伏目标(有时也称为"Swerling 0"或者"Swerling 5"情况)的 N 个采样的非相干积累检测。目标分量的幅度和绝对相位未知,因此,独立数据采样 y_n 是实幅度 $\tilde{m}$、相位 θ 构成的复常量 $m = \tilde{m}\exp(j\theta)$,与 I、Q 通道功率皆为 $\sigma_w^2/2$ (总噪声功率为 σ_w^2)的高斯白噪声采样 w_n 的和,即

$$y_n = m + w_n \tag{6.61}$$

假设 H_0 下,目标不存在且 $y_n = w_n$。$z_n = |y_n|$ 的 PDF 为瑞利分布,即

$$p_{z_n}(z_n | H_0) = \begin{cases} \dfrac{2z_n}{\sigma_w^2} e^{-z_n^2/\sigma_w^2}, & z_n \geq 0 \\ 0, & z_n < 0 \end{cases} \tag{6.62}$$

假设 H_1 下,z_n 为莱斯电压密度,即

$$p_{z_n}(z_n | H_1) = \begin{cases} \dfrac{2z_n}{\sigma_w^2} e^{-(z_n^2+\tilde{m}^2)/\sigma_w^2} I_0\left(\dfrac{2\tilde{m}z_n}{\sigma_w^2}\right), & z_n \geq 0 \\ 0, & z_n < 0 \end{cases} \tag{6.63}$$

由 N 个此类采样组成的矢量 z,对任一 $z_n \geq 0$,其联合 PDF 为

$$p_z(z|H_0) = \prod_{n=0}^{N-1} \frac{2z_n}{\sigma_w^2} \exp[-z_n^2/\sigma_w^2] \tag{6.64}$$

$$p_z(z|H_1) = \prod_{n=0}^{N-1} \frac{2z_n}{\sigma_w^2} \exp[-(z_n^2+\tilde{m}^2)/\sigma_w^2] I_0\left(\frac{2\tilde{m}z_n}{\sigma_w^2}\right) \tag{6.65}$$

LRT 和对数 LRT 分别为

$$\Lambda = \prod_{n=0}^{N-1} \exp(-\tilde{m}^2/\sigma_w^2) I_0\left(\frac{2\tilde{m}z_n}{\sigma_w^2}\right) = e^{-N\tilde{m}^2/\sigma_w^2} \prod_{n=0}^{N-1} I_0\left(\frac{2\tilde{m}z_n}{\sigma_w^2}\right) \underset{H_0}{\overset{H_1}{\gtrless}} \lambda \tag{6.66}$$

$$\ln \Lambda = -\frac{N\tilde{m}^2}{\sigma_w^2} + \sum_{n=0}^{N-1} \ln\left[I_0\left(\frac{2\tilde{m}z_n}{\sigma_w^2}\right)\right] \underset{H_0}{\overset{H_1}{\gtrless}} \ln(-\lambda) \tag{6.67}$$

将上式左边包含信号功率和噪声功率比值的项,添加到阈值里,可得

$$\sum_{n=0}^{N-1} \ln\left[I_0\left(\frac{2\tilde{m}z_n}{\sigma_w^2}\right)\right] \underset{H_0}{\overset{H_1}{\gtrless}} \ln(-\lambda) + \frac{N\tilde{m}^2}{\sigma_w^2} \equiv T \tag{6.68}$$

上式表明,给定白噪声中一个非起伏目标的 N 个非相干采样,最优的奈曼-皮尔逊检测检验对每个采样都乘上了比例因子 $2\tilde{m}/\sigma_w^2$,并将该结果通过单调非线性操作 $\ln[I_0(\cdot)]$,然后对处理

后的采样积累,再将积累结果执行阈值检验。这一方程中存在两个实际问题:第一,需要避免每秒数百万次的计算函数 $\ln[I_0(\cdot)]$;第二,为执行比例操作,必须知道目标幅度 $\tilde{m}$ 和噪声功率 σ_w^2。利用 6.2.3 节的结果可简化此检验。将式(6.65)中的平方律检测近似应用到式(6.68)中,可得

$$\sum_{n=0}^{N-1}\left(\frac{\tilde{m}^2 z_n^2}{\sigma_w^4}\right) \begin{array}{c} H_1 \\ > \\ < \\ H_0 \end{array} T \tag{6.69}$$

将所有常数组合到阈值,可得最终的检测准则为

$$z = \sum_{n=0}^{N-1} z_n^2 \begin{array}{c} H_1 \\ > \\ < \\ H_0 \end{array} \frac{\sigma_w^4 T}{\tilde{m}^2} \equiv T' \tag{6.70}$$

上式说明,数据采样的幅度平方只是简单积累(求和),将其积累和与阈值进行比较才能确定目标是否存在。这里,积累变量 z 即为充分统计 Y。

现在来确定式(6.70)给出的检测器的性能。对 z_n 乘以比例因子很方便,可用新变量 $z'_n = z_n / \sigma_w$ 代替 z_n,则 z 可用 $z' = \sum (z'_n)^2 = z / \sigma_w^2$ 代替,该比例不会影响性能,仅会根据具体的 P_D、P_{FA} 相应改变阈值。z'_n 的 PDF 仍然为式(6.62)和式(6.63)所示的瑞利函数或莱斯电压,只是噪声方差单位化了,即

$$p_{z'_n}(z'_n | H_0) = \begin{cases} 2z'_n e^{-z'^2_n}, & z'_n \geq 0 \\ 0, & z'_n < 0 \end{cases} \tag{6.71}$$

$$p_{z'_n}(z'_n | H_1) = \begin{cases} 2z'_n e^{-(z'^2_n + \chi)} I_0(2z'_n \sqrt{\chi}), & z'_n \geq 0 \\ 0, & z'_n < 0 \end{cases} \tag{6.72}$$

这里,$\chi = \tilde{m}^2 / \sigma_w^2$ 为 SNR,因为使用平方律检测,定义 $r_n = (z'_n)^2$,因而有 $z' = \sum r_n$。r_n 的 PDF 在假设 H_0 下为指数概率密度,在 H_1 下为广义偏正 χ^2 分布,即

$$p_{r_n}(r_n | H_0) = \begin{cases} e^{-r_n}, & r_n \geq 0 \\ 0, & r_n < 0 \end{cases} \tag{6.73}$$

$$p_{r_n}(r_n | H_1) = \begin{cases} e^{-(r_n + \chi)} I_0(2\sqrt{\chi r_n}), & r_n \geq 0 \\ 0, & r_n < 0 \end{cases} \tag{6.74}$$

既然 z' 是 N 个随机变量 r_n 的等比例的和,则其 PDF 为式(6.73)和(6.74)给出的 PDF 的 N 维折叠卷积。通过特征函数(CF,见附录 A)对其求解是最简单的方法。如果 $p_z(z)$ 对应的特征函数为 $C_z(q)$,则 PDF 的 N 维折叠卷积的特征函数为各 PDF 的特征函数的积,即 $C_z^N(q)$。

假设 H_0 下,可得 r_n 的 CF 为

$$C_{r_n}(q) = \frac{1}{1 - jq} \tag{6.75}$$

则 z' 的特征函数为

$$C_{z'}(q) = [C_{r_n}(q)]^N = \left(\frac{1}{1 - jq}\right)^N \tag{6.76}$$

通过对特征函数做类似傅里叶逆变换的特征函数逆变换,可得 z' 的 PDF 为

$$p_{z'}(z'|H_0) = \frac{1}{2\pi}\int_{-\infty}^{\infty} C_{z'}(q)\mathrm{e}^{-\mathrm{j}qz'}\mathrm{d}q \tag{6.77}$$

将式(6.76)代入式(6.77)，参考任何好的傅里叶变换表（须允许特征函数定义中傅里叶核的符号反转），可得到厄兰密度为

$$p'_{z}(z'|H_0) = \begin{cases} \dfrac{(z')^{N-1}}{(N-1)!}\mathrm{e}^{-z'}, & z' \geqslant 0 \\ 0, & z' < 0 \end{cases} \tag{6.78}$$

当 $N=1$ 时，该 PDF 退化为指数 PDF，这与预期是一样的，因为此时 z' 是复高斯噪声单一采样的幅度平方。

对式(6.78)从阈值到 $+\infty$ 积累，可得虚警概率(Olver 等，2010)为

$$P_{\mathrm{FA}} = \int_T^{\infty} \frac{(z')^{N-1}}{(N-1)!}\mathrm{e}^{-z'}\mathrm{d}z' = 1 - I\left(\frac{T}{\sqrt{N}}, N-1\right) \tag{6.79}$$

其中

$$I(u, M) = \int_0^{u\sqrt{M+1}} \frac{\mathrm{e}^{-\tau}\tau^M}{M!}\mathrm{d}\tau \tag{6.80}$$

是不完全伽马函数[①]的皮尔逊形式。对于单一采样 ($N=1$)，式(6.79)退化成特别简单的结果，即

$$P_{\mathrm{FA}} = \mathrm{e}^{-T} \quad \Rightarrow \quad T = -\ln P_{\mathrm{FA}} \quad (\text{归一化的数据}) \tag{6.81}$$

该阈值适用于归一化的统计 $z' = z/\sigma_w^2$。相应的非归一化统计的结果为

$$P_{\mathrm{FA}} = \mathrm{e}^{-T/\sigma_w^2} \quad \Rightarrow \quad T = -\sigma_w^2 \ln P_{\mathrm{FA}} \quad (\text{非归一化的数据}) \tag{6.82}$$

式(6.79)可用来确定给定阈值下的虚警概率 P_{FA}，或对期望的 P_{FA} 确定需要的阈值 T。

现在来确定相同阈值下的检测概率 P_{D}。首先，在 H_1 假设条件下计算样本平方积累的归一化 PDF。每个独立数据样本 r_n 均服从广义偏正 χ^2 分布〔见式(6.74)〕，对应的 CF 为

$$C_{r_n}(q) = \frac{1}{1-\mathrm{j}q}\exp\left[\frac{\mathrm{j}xq}{1-\mathrm{j}q}\right] \tag{6.83}$$

N 个样本和 z' 的 CF 为

$$C_{z'}(q) = \left(\frac{1}{1-\mathrm{j}q}\right)^N \exp\left[\frac{\mathrm{j}N\chi q}{1-\mathrm{j}q}\right] \tag{6.84}$$

z' 的 PDF 为[②]

$$p_{z'}(z'|H_1) = \left(\frac{z'}{N\chi}\right)^{\frac{N-1}{2}}\exp(-z'-N\chi)I_{N-1}(2\sqrt{N\chi z'}) \tag{6.85}$$

对上式积累可得 P_{D}，其中一个版本(Meyer 和 Mayer，1973)为

[①] 式(6.80)关于不完全伽马函数的定义与 MATLAB 中的 gammainc 函数并不一致，两者之间的关系是 $I(\mu, M) = \mathrm{gammainc}(\mu\sqrt{M+1}, M+1)$，与之相对应地，式(6.79)中的等号右侧公式在 MATLAB 中可以表示为 $1-\mathrm{gammainc}(T, N)$。

[②] 注意，$I_{N-1}(x)$ 是第一类 $N-1$ 阶修正贝塞尔函数，切勿与不完全伽马函数 $I(u, M)$ 混淆。

$$P_D = \int_T^\infty \left(\frac{z'}{N\chi}\right)^{\frac{N-1}{2}} \exp(-z' - N\chi) I_{N-1}(2\sqrt{N\chi z'}) dz'$$

$$= Q_M(\sqrt{2N\chi}, \sqrt{2T}) + e^{-(T+N\chi)} \sum_{r=2}^{N} \left(\frac{T}{N\chi}\right)^{\frac{r-1}{2}} I_{r-1}(2\sqrt{N\chi T}) \quad (6.86)$$

注意到，上式第二行中的求和项只有当 $N \geq 2$ 时才起作用。式(6.79)和式(6.86)定义了使用平方律检测非平稳目标时，非相干积累能得到的检测性能(Meyer 和 Mayer，1973；DiFranco 和 Rubin，1980)。

图 6.11 显示了 $P_{FA} = 10^{-8}$ 时，非相干积累的采样数目 N 对接收机运算性能的影响。该图表明，非相干积累降低了给定 P_D、P_{FA} 所要求的单采样 SNR，不同于相干积累时获得的 SNR 的增加量 N。例如，为达到 $P_D = 0.9$ 所需的单采样 SNR，在 $N = 1$ 时为 14.2 dB，$N = 10$ 时降为 6.1 dB，减幅是 8.1 dB，但小于参与积累的脉冲数增加量 10 对应的 10 dB。需要的单采样 SNR 下的减小量，称为非相干积累增益。

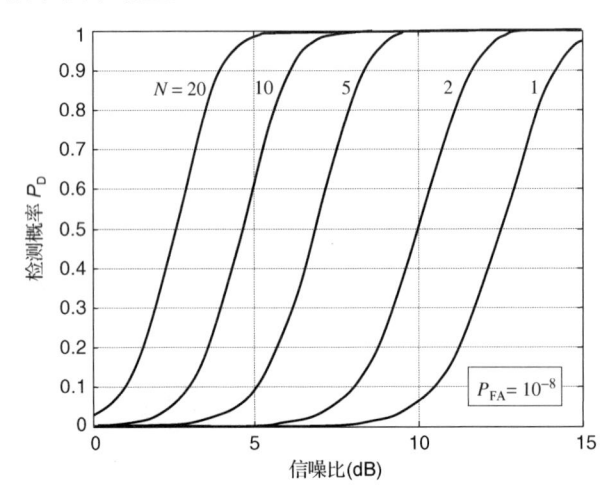

图 6.11 相干积累对于在复高斯噪声中检测非起伏目标的影响，以单一采样的 SNR 为自变量

6.3.3 Albersheim 方程

式(6.79)和式(6.86)给出了从复高斯噪声中检测非起伏目标的检测性能。用现代软件分析系统，如 MATLAB 计算这两个方程相对简单，所以就不用再人工计算了。幸运的是，有一个可通过简单科学计算器就能计算的简单闭式表达式，该表达式与 P_D、P_{FA} 和信噪比 χ 有关，称为 Albersheim 方程(Albersheim，1981；Tufts 和 Cann，1983)。

Albersheim 方程是对文献 Robertson(1967)结果的经验近似，该结果用来计算给定 P_D、P_{FA} 下的单采样信噪比 χ_1。使用该方程须满足以下条件：

- 高斯(I、Q 通道独立同分布)噪声中的非起伏目标；
- 线性(不是平方律)检测；
- N 个采样的非相干积累。

估计值由一连串计算式给出：

$$A = \ln\left(\frac{0.62}{P_{\text{FA}}}\right), \quad B = \ln\left(\frac{P_D}{1-P_D}\right)$$

$$\chi_1 = -5\log_{10} N + \left[6.2 + \frac{4.54}{\sqrt{N+0.44}}\right] \cdot \log_{10}(A + 0.12AB + 1.7B) \quad \text{dB} \tag{6.87}$$

注意，χ_1 的单位为 dB。在非常有用的参数范围 $10^{-7} \leq P_{\text{FA}} \leq 10^{-3}$，$0.1 \leq P_D \leq 0.9$，$1 \leq N \leq 8096$ 内，χ_1 的估计误差小于 0.2 dB。对于 $N=1$ 的特殊情况，式(6.87)可简化为

$$A = \ln\left(\frac{0.62}{P_{\text{FA}}}\right), \quad B = \ln\left(\frac{P_D}{1-P_D}\right)$$

$$\chi_1 = 10\log_{10}(A + 0.12AB + 1.7B) \quad \text{dB} \tag{6.88}$$

在线性尺度情况时(非分贝情况)，上式的最后一行仅为 $\chi_1 = A + 0.12AB + 1.7B$。

为说明问题，假设线性检测系统中为检测一非起伏目标，要求 $P_D = 0.9$，$P_{\text{FA}} = 10^{-6}$。若检测基于单采样，那么该采样的 SNR 需要达到多少？这是对 Albersheim 方程的直接应用，可计算得出：$A = \ln(0.62 \times 10^6) = 13.34$，$B = \ln(9) = 2.197$。由式(6.88)得 $\chi_1 = 13.14$ dB，线性尺度时为 20.59。

如果有 $N = 100$ 个采样参与非相干积累，就可能以更低的单采样 SNR 获得相同的 P_D 和 P_{FA}。可用式(6.87)来证明这一点。中间参数 A 和 B 不变，而 χ_1 减小至 -1.26 dB，和线性因子 27.54 相一致，减少了 14.4 dB。该值与使用确切表达式得到的非常匹配。这比非相干积累增益的经验值 $\sqrt{N}$ 要高得多，如 $N=100$ 个采样积累的非相干积累增益仅为 10，因此，增益近似为 $N^{0.7}$。后面将利用 Albersheim 方程推导出估计非相干积累增益的表达式。

Albersheim 方程很有用，因为在其计算过程中，除了自然对数和平方根，无须其他特殊的函数，所以可用几乎任何科学计算器进行计算。如果在一定程度上允许更大的误差，那么该方程也可被用在平方律检测中，以检测高斯噪声下的非起伏目标。具体来说，平方律检测结果在线性检测结果的 0.2 dB 以内(Robertson，1967；Tufts 和 Cann，1983)，所以，该方程可用来对之前给的参数范围进行粗略计算，且使误差不超过 0.4 dB。

式(6.87)和式(6.88)提供了给定 P_D、P_{FA} 和 N 时，χ_1 的计算方法。然而，只要给出 χ_1 和 N，以及 P_D 或 P_{FA} 中的任一个，就可能通过求解式(6.87)获得 P_D 或 P_{FA} 中的另一个，这进一步扩展了 Albersheim 方程的应用。例如，在给定其他参数(χ_1 单位为 dB)时，可通过下式估计 P_D：

$$A = \ln\left(\frac{0.62}{P_{\text{FA}}}\right), \quad Z = \frac{\chi_1 + 5\log_{10} N}{6.2 + (4.54/\sqrt{N+0.44})}, \quad B = \frac{10^Z - A}{1.7 + 0.12A}$$

$$\Rightarrow P_D = \frac{1}{1+e^{-B}} \tag{6.89}$$

在上式中，A 和 B 的值与式(6.87)中相同，但是不能通过 P_D 来计算 B，因为此时 P_D 是未知的。类似于式(6.89)，可推导出计算 P_{FA} 的方法(见习题 11)。

Albersheim 方程也可以用来编写一个相对紧凑的公式，以为非起伏目标估计非相干积累增益 G_{nc}。G_{nc} 是在 N 个样本联合的情况下，为了达到特定 P_D 和 P_{FA} 所需的单次采样 SNR 所减少的增益，也是非相干积累的距离方程的信号处理增益，用 dB 来表示，定义如下：

$$G_{\text{nc}}(N)(\text{dB}) = \chi_{1|1\text{pulse}} - \chi_{1|N\text{pulse}}$$
$$= 5\log_{10} N - \left[6.2 + \left(\frac{4.54}{\sqrt{N+0.44}}\right)\right]\cdot \log_{10}(A + 0.12AB + 1.7B) + $$
$$10\log_{10}(A + 0.12AB + 1.7B) \quad \text{dB}$$
$$= 5\log_{10} N - \left[\left(\frac{4.54}{\sqrt{N+0.44}}\right) - 3.8\right]\cdot \log_{10}(A + 0.12AB + 1.7B) \quad \text{dB}$$
(6.90)

使用线性尺度时，为

$$G_{\text{nc}}(N) = \frac{\sqrt{N}}{k^{f(N)}} \tag{6.91}$$

其中

$$k = A + 0.12AB + 1.7B$$
$$f(N) = \left(\frac{0.454}{\sqrt{N+0.44}}\right) - 0.38 \tag{6.92}$$

常数 k 只取决于 P_D 和 P_{FA}，而 $f(N)$ 是只与 N 有关的慢衰减函数。

图 6.12 显示了 $P_D=0.9$ 和 $P_{FA}=10^{-6}$ 时，在 Albersheim 非起伏、线性检测情况下，以 dB 表示的估计 G_{nc} 随 N 的变化曲线，同时给出了 $N^{0.7}$ 和 $N^{0.8}$ 的对应曲线。采样数很小($N = 2$ 或 3) 时，非相干增益比 $N^{0.8}$ 稍好，随着 N 增大，N 的有效指数慢慢减小。G_{nc} 介于 $N^{0.7}$ 和 $N^{0.8}$ 之间，直到采样数超过 $N = 100$；N 很大时，增益最终慢慢趋近于与 $\sqrt{N}$ 成正比。从式(6.91)和式(6.92)可看出，当 $N \to \infty$ 时，$f(N) \to -0.38$，G_{nc} 与 $\sqrt{N}$ 成比例[1]。大的 N 值可以达到给定的 P_D 和 P_{FA}，也就意味着非常差的单采样 SNR 需要长时间的积累，而小 N 则意味着相对大的单采样 SNR。还能得出另一个结论，当单采样以高 SNR 开始时，非相干积累更有效。在任何情况下，由于非相干积累的简单性和鲁棒性，其不需要相位的先验信息，这意味着可以将非相干积累广泛应用于阈值检测前，以提高信噪比。

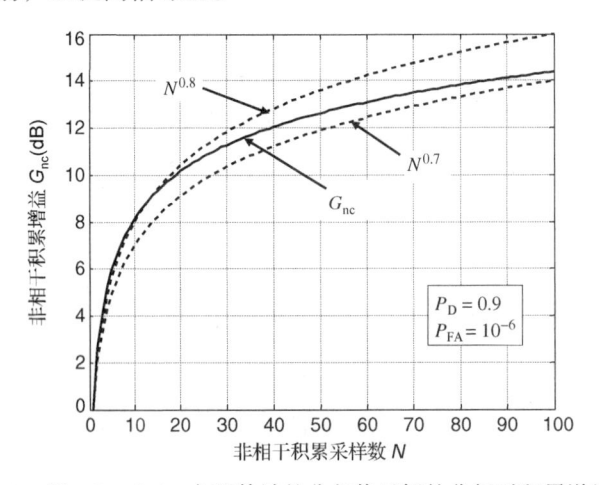

图 6.12 用 Albersheim 方程估计的非起伏目标的非相干积累增益 G_{nc}

---

[1] $N > 100$ 时超出了 Albersheim 方程具有良好精度的范围。然而，在较大 N 和起伏目标模型的情况下，G_{nc} 趋向于 $\sqrt{N}$ 的总体趋势趋于稳定。

6.3.4 起伏目标

前一节的分析只考虑了非起伏目标,通常称为"Swerling 0"或"Swerling 5"模型,一种更为实际的模型适用于起伏目标。如果其中一种Swerling起伏模型被使用,如第2章所述,那么,目标的RCS服从指数或χ^2概率密度函数,N个采样的组合的RCS服从不相关或全相关模型。注意到,使用起伏目标模型不会对虚警概率有影响,因为虚警概率仅由不存在目标时的PDF确定,所以式(6.79)仍然成立。

检测概率的确定方法取决于所使用的目标起伏模型。具体的方法如图6.13所示。所有情况下,单采样幅度平方的PDF为莱斯分布,所以用平方律检测时,单采样的CF仍由式(6.83)给出。然而,此时的SNR为随机变量,这是因为目标的RCS为随机变量。

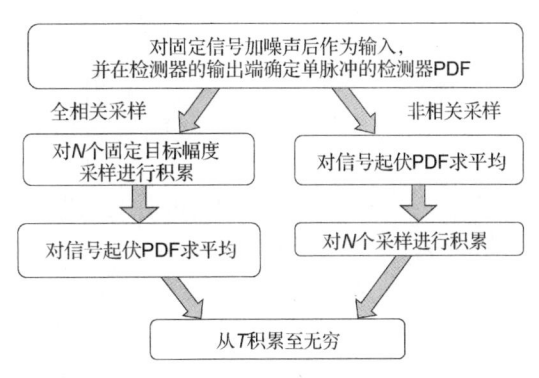

图6.13 对Swerling目标起伏模型求P_D的方法

对于全相关的情况(如Swerling 1或Swerling 3模型),目标RCS对被积累成z'的所有N个脉冲都是固定的。因此,z'的CF为式(6.83)与其自身的N折叠乘积,即

$$C_{z'}(q;\chi,N) = \left(\frac{1}{1-jq}\right)^N \exp\left[\frac{jN\chi q}{1-jq}\right] \tag{6.93}$$

这与式(6.84)的相同,除了$C_{z'}$被明确表示为q,χ和N的函数。接下来,在RCS上提取目标CF值的期望值,即

$$\overline{C}_{z'}(q;\overline{\chi},N) = \int_0^\infty p_\chi(\chi) C_{z'}(q;\chi,N) d\chi \tag{6.94}$$

其中,$p_\chi(\chi)$为SNR的PDF。

对Swerling 1情况,SNR的PDF满足指数分布,即

$$P_\chi(\chi) = \frac{1}{\overline{\chi}} e^{-\chi/\overline{\chi}} \tag{6.95}$$

其中,$\overline{\chi}$是SNR均值。将式(6.93)和式(6.95)代入式(6.94),得到信号起伏上平均的CF为

$$\overline{C}_{z'}(q;\overline{\chi},N) = \frac{1}{(1-jq)^{N-1}[1-j(1+N\overline{\chi})q]} \tag{6.96}$$

这里分开处理$N=1$和$N>1$时的情形。当$N=1$时,CF简化为$\overline{C}_{z'}(q;\overline{\chi},1) = (1-j(1+\overline{\chi})q)^{-1}$。逆CF是Swerling 1模型和$N=1$下基于假设$H_1$的$z'$的PDF,即

$$p_{z'}(z'|H_1) = \frac{1}{1+\overline{\chi}} \exp\left[\frac{-z'}{1+\overline{\chi}}\right], \quad N=1 \tag{6.97}$$

$N>1$时,式(6.96)的逆CF为

$$p_{z'}(z'|H_1) = \frac{1}{N\overline{\chi}}\left(1+\frac{1}{N\overline{\chi}}\right)^{N-2} I\left[\frac{z'}{(1+1/N\overline{\chi})\sqrt{N-1}}, N-2\right] \exp\left[\frac{-z'}{1+N\overline{\chi}}\right], \quad N>1 \tag{6.98}$$

将式(6.97)和式(6.98)的 PDF 从阈值 T 积累到 $+\infty$，可得到 Swerling 1 模型下的检测概率表达式(Meyer 和 Mayer，1973)为

$$N=1: P_D = e^{-T/(1+\bar{\chi})}$$

$$N>1: P_D = 1 - I\left[\frac{T}{\sqrt{N-1}}, N-2\right] + \left(1+\frac{1}{N\bar{\chi}}\right)^{N-1} I\left[\frac{T}{\left(1+\frac{1}{N\bar{\chi}}\right)\sqrt{N-1}}, N-2\right] \exp[-T/(1+N\bar{\chi})] \quad (6.99)$$

当 $P_{FA} \ll 1$ 或 $N\bar{\chi} > 1$ 时，可对上式进行简化。这两个条件在任何能成功检测出目标的场合总是成立的。简化后的结果为

$$P_D \approx \left(1+\frac{1}{N\bar{\chi}}\right)^{N-1} \exp[-T/(1+N\bar{\chi})], \quad P_{FA} \ll 1, \ N\bar{\chi} > 1 \quad (6.100)$$

进一步说，当 $N=1$ 时，式(6.100)是确切的。在这种情况下简化为 $N=1$ 的式(6.99)。对 $N=1$ 的情况，可将式(6.81)代入式(6.99)，写出 Swerling 1 目标的单采样的 P_D 和 P_{FA} 间的直接关系为

$$P_D = (P_{FA})^{1/(1+\bar{\chi})} \quad (6.101)$$

对于非相关起伏模型，例如 Swerling 2 或 Swerling 4 模型，对 N 个样本进行非相干积累，每个非相干积累的信噪比都不同，因此，可对单采样 CF 在信噪比上求平均，即

$$\bar{C}_{r_n}(q;\bar{\chi}) = \left(\frac{1}{1-jq}\right)\int_0^\infty p_\chi(\chi)\exp\left(\frac{jq\chi}{1-jq}\right)d\chi \quad (6.102)$$

然后求平均的单采样 CF 的 N 次幂，得到积累数据的 CF 为

$$\bar{C}_{z'}(q;\bar{\chi},N) = [\bar{C}_{r_n}(q;\bar{\chi})]^N \quad (6.103)$$

具体地，对 Swerling 2 模型，仍使用式(6.95)所示的指数分布 PDF 作为 SNR 的 PDF，将其代入式(6.102)，可得

$$\bar{C}_{r_n}(q;\bar{\chi}) = \frac{1}{[1-jq(1+\bar{\chi})]} \quad (6.104)$$

因而有

$$\bar{C}_{z'}(q;\bar{\chi},N) = \frac{1}{[1-jq(1+\bar{\chi})]^N} \quad (6.105)$$

求式(6.105)的逆变换，即得 Swerling 2 模型下基于假设 H_1 的 z' 的 PDF 为

$$p_{z'}(z'|H_1) = \frac{z'^{N-1}e^{-z'/(1+\bar{\chi})}}{(1+\bar{\chi})^N (N-1)!} \quad (6.106)$$

对式(6.106)求积累，得检测概率(Meyer 和 Mayer，1973)为

$$p_D = 1 - I\left[\frac{T}{(1+\bar{\chi})\sqrt{N}}, N-1\right] \quad (6.107)$$

当 $N=1$ 时，相关模型是不相干的。因为对于 Swerling 1 和 Swerling 2 模型的 RCS 而言，它们都基于相同的 PDF，所以会产生相同的结果。通过观察检测统计变量 z' 在式(6.96)和

式(6.105)中每种情况下的 CF 和与其对应的式(6.97)和式(6.106)的 PDF，很容易看出它们是等价的。因此，式(6.99)和式(6.101)的简单结论对两种模型都适用。

对于 Swerling 3 和 Swerling 4 的目标，可重复以上用于 Swerling 3 和 Swerling 4 模型的分析，只是需要将 SNR 从指数 PDF 替换为 χ^2 概率密度函数，即

$$p_\chi(\chi) = \frac{4\chi}{\bar{\chi}^2} e^{-2\chi/\bar{\chi}} \tag{6.108}$$

P_D 表达式的推导过程见 Meyer 和 Mayer(1973)，DiFranco 和 Rubin(1980)及其他一些雷达检测文献。表 6.1 总结出了结果表达式的一种形式。对于 $N=1$，Swerling 1 和 Swerling 2 模型实际上是一样的。

表 6.1 平方律检测时，Swerling 模型起伏目标的检测概率表

模型	P_D	评论
0 或 5	$Q_M\left(\sqrt{2N\chi}, \sqrt{2T}\right) + e^{-(T+N\bar{\chi})} \sum_{r=2}^{N} \left(\frac{T}{N\bar{\chi}}\right)^{\frac{r-1}{2}} I_{r-1}\left(2\sqrt{NT\bar{\chi}}\right)$	非起伏模型
1	$\left(1+\frac{1}{N\bar{\chi}}\right)^{N-1} \exp\left[\frac{-T}{1+N\bar{\chi}}\right]$	对于 $P_{FA} \ll 1$ 和 $N\bar{\chi} > 1$ 是近似的；对于 $N=1$ 是准确的
2	$1 - I\left[\frac{T}{(1+\bar{\chi})\sqrt{N}}, N-1\right]$	
3	$\left(1+\frac{2}{N\bar{\chi}}\right)^{N-2} \left[1+\frac{T}{1+(N\bar{\chi}/2)} - \frac{2(N-2)}{N\bar{\chi}}\right] \exp\left[\frac{-T}{1+N\bar{\chi}/2}\right]$	对于 $P_{FA} \ll 1$ 和 $N\bar{\chi}/2 > 1$ 是近似的；对于 $N=1$ 或 2 是准确的
4	$c^N \sum_{k=0}^{N} \left(\sum_{l=0}^{2N-1-k} \frac{e^{-cT}(cT)^l}{l!}\right) \frac{N!}{k!(N-k)!} \left(\frac{1-c}{c}\right)^{N-k}, \quad T > N(2-c)$ $1 - c^N \sum_{k=0}^{N} \left(\sum_{l=2N-k}^{\infty} \frac{e^{-cT}(cT)^l}{l!}\right) \frac{N!}{k!(N-k)!} \left(\frac{1-c}{c}\right)^{N-k}, \quad T < N(2-c)$	$c \equiv \frac{1}{1+(\bar{\chi}/2)}$

在所有情况下，$P_{FA} = 1 - I\left(\frac{T}{\sqrt{N}}, N-1\right)$

$I(\cdot,\cdot)$ 是不完全伽马函数的皮尔逊形式。$I_k(\cdot)$ 是第一类 k 阶修正贝塞尔函数。

令 $P_{FA} = 10^{-8}$，采样数 $N=10$，图 6.14 以 SNR 为变量对 4 种 Swerling 模型起伏目标和非起伏目标的检测性能进行了比较。假定主要对相对较高的 P_D（>0.5）感兴趣，主要看图的上半部分。此时，非起伏目标的效果最好，对给定的检测概率，其所需的 SNR 最低。最糟糕的情况（要求较高的 SNR 才能达到给定检测概率）是 Swerling 1 模型，对应于完全相关、目标 RCS 为指数 PDF 的情况。例如，$P_D = 0.9$ 时，非起伏目标要求 $\chi \approx 0.61\,\text{dB}$，而 Swerling 1 目标则要求 $\chi \approx 14.5\,\text{dB}$，差值达到将近 8.4 dB。

从图 6.14 中，至少可以得到两个结论。第一，对于 $N\bar{\chi}$ 在十几分贝的时候（当然这是非常有可能被检测的情况），对非起伏目标 P_D 是最大的。显然，目标的起伏使检测更难，也就是说，需要更大的 SNR 以达到给定的 P_D 和 P_{FA}。第二，考虑到目标表现出波动的 RCS，对比于相关波动（例如，Swerling 1 和 Swerling 3），不相关波动（例如，Swerling 2 和 Swerling 4）有助于目标的可探测性。我们期望能够使从复杂目标处获取的并经过后续非相关结合的数据完全去相关。许多雷达使用频率捷变来实现这一点。如第 2 章所讨论的，雷达射频从一个 CPI 或脉冲步进到下一个，在适当情况下，将会使测量条件是频率步长为 $\Delta F \geq c/2L_d$ 的连续目标的 RCS 去相关，其中 L_d 是从雷达观察的目标深度。

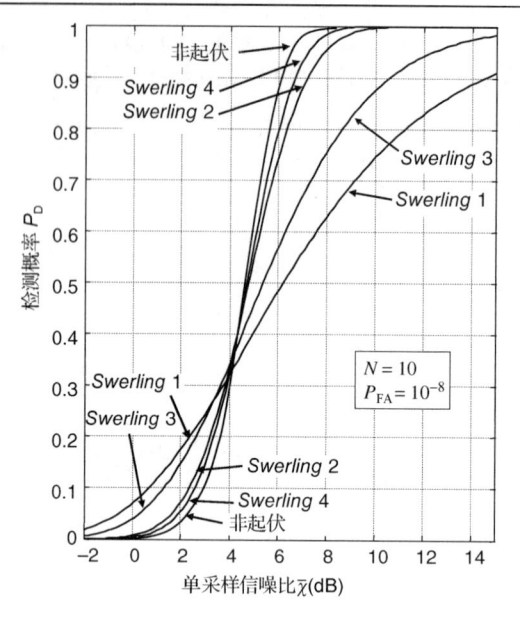

图 6.14　$P_{FA} = 10^{-8}$，采样数 $N = 10$ 时，以 SNR 为变量，4 种 Swerling 模型起伏目标和非起伏目标的检测性能比较

6.3.5　Shnidman 方程

表 6.1 中的分析结果对于简单计算器，甚至是可编程计算器的计算来说，都太复杂。Albersheim 方程针对非起伏目标提供了一种简单的近似方法，但是总的来说它不能应用于起伏目标，特别是 Swerling 模型。这是个很严重的限制，因为在大多感兴趣的参数范围内非起伏情况所提供的结果很理想。

幸运的是，也已经有适合 Swerling 情况的经验近似。其中一个就是 Shnidman 方程（Shnidman，2002）。与 Albersheim 方程类似，Shnidman 给出了一系列方程，通过对 N 个采样进行非相干积累，计算给定 P_D，P_{FA} 下的单采样信噪比 χ_1。与 Albersheim 方程不同的是 Shnidman 方程的结果被用于平方律检测器上。正如前面提到的，用于线性和平方律检测器所需信噪比的差异通常不超过 0.2 dB。

Shnidman 方程由以下一系列式子给出：

$$K = \begin{cases} \infty, & \text{非起伏目标("Swerling 0 或 5")} \\ 1, & \text{Swerling 1} \\ N, & \text{Swerling 2} \\ 2, & \text{Swerling 3} \\ 2N & \text{Swerling 4} \end{cases}$$

$$\alpha = \begin{cases} 0 & N < 40 \\ 1/4 & N \geq 40 \end{cases} \tag{6.109}$$

$$\eta = \sqrt{-0.8\ln(4P_{FA}(1-P_{FA}))} + \operatorname{sgn}(P_D - 0.5)\sqrt{-0.8\ln(4P_D(1-P_D))}$$

$$X_\infty = \eta\left(\eta + 2\sqrt{\frac{N}{2} + \left(\alpha - \frac{1}{4}\right)}\right) \tag{6.110}$$

$$C_1 = \{[(17.7006P_D - 18.4496)P_D + 14.5339]P_D - 3.525\}/K$$

$$C_2 = \frac{1}{K}\left\{\exp(27.31P_D - 25.14) + (P_D - 0.8)\left[0.7\ln\left(\frac{10^{-5}}{P_{FA}}\right) + \frac{(2N-20)}{80}\right]\right\} \quad (6.111)$$

$$C_{dB} = \begin{cases} C_1, & 0.1 \leq P_D \leq 0.872 \\ C_1 + C_2, & 0.872 < P_D \leq 0.99 \end{cases}$$

$$C = 10^{C_{dB}/10}$$

$$\chi_1 = \frac{C \cdot X_\infty}{N} \quad (6.112)$$

$$\chi_1(dB) = 10\log_{10}(\chi_1)$$

函数 $\mathrm{sgn}(x)$ 在 $x > 0$ 时为 $+1$，在 $x < 0$ 时为 -1。注意到非起伏情况下，即 $K = \infty$ 时，一些方程能简化。具体地，有 $C_1 = C_2 = 0$，因而依次有 $C_{dB} = 0$ 和 $C = 1$。

Shnidman 方程的精度相比 Albersheim 方程要差一些。除了 Swerling 1 情况下 P_D 的极端值，对于 $0.1 \leq P_D \leq 0.99$，$10^{-9} \leq P_{FA} \leq 10^{-3}$ 及 $1 \leq N \leq 100$，χ_1 的估计误差小于 0.5 dB。P_D 的范围相比 Albersheim 方程中要求的宽得多。N 的范围减小了很多，但对于感兴趣的问题来说还是足够大的。图 6.15 给出了对于 $P_{FA} = 10^{-6}$，$N = 5$，P_D 从 0.1 变化到 0.99 时，使用 Shnidman 方程得到的单脉冲信噪比 χ_1 的估计误差图。

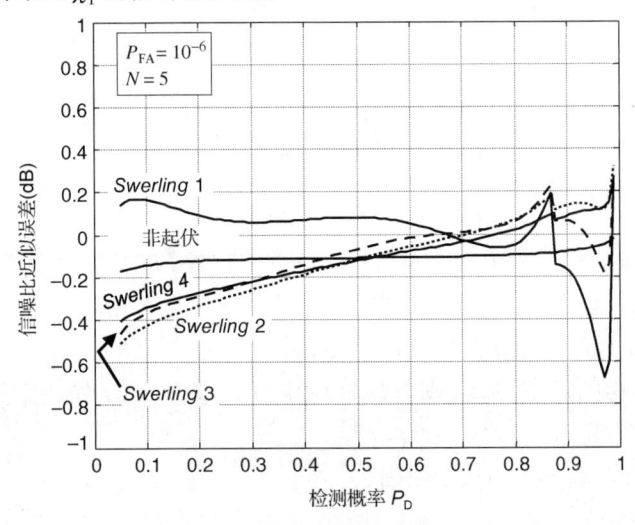

图 6.15　$P_{FA} = 10^{-6}$，$N = 5$ 时，使用 Shnidman 方程估计 χ_1 的误差图

最近，文献 Hmam(2003) 提出了一种对非起伏目标和 Swerling 1 情况的更精确的近似。不过，不能用于所有的 Swerling 情况，且计算过程虽然简单，但计算量较大。

6.4　二元积累

任何相干和非相干积累最终都要将积累值与阈值相比较。比较结果在两种假设中进行选择："目标存在"和"目标不存在"。也就是说，从仅可能的两种结果中选择一种，从这个角度来看，输出结果是二元的。如果对给定的距离、多普勒或角度单元，整个检测过程重复了 N 次，就会得到 N 元决策。每个"目标存在"的决策正确的概率为 P_D，不正确的概率为 P_{FA}。

为提高检测结果的可信度，可要求在 N 次决策中有 M 次检测到目标时才能最终确定有效目标存在。这一过程称为二元积累、"M/N"检测或一致性检测（Levanon，1988；Skolnik，2001）。

为分析二元积累，首先假定目标非起伏，则对于 N 次阈值检验，检测概率 P_D 都相同。单次试验中，目标存在但未检测到的概率（也即漏检概率）为 $1-P_D$。对 N 次独立的实验，都未检测到目标的概率为 $(1-P_D)^N$。则 N 次实验中至少检测到一次目标的概率，可以表示为二元积累概率 P_{BD}，即

$$P_{BD} = 1 - (1-P_D)^N \tag{6.113}$$

表6.2列出了为达到 $P_{BD}=0.99$，对于 N 次实验，所需的单次实验检测概率。很明显，"$1/N$"准则能以较低的单次检测概率获得很高的二元积累概率。换句话说，"$1/N$"准则能有效提高实际的检测概率。这具有减少达到最终目标值 P_D 所需的信噪比的效果。

表6.2 为达到 $P_{BD}=0.99$ 所需的单次实验检测概率 P_D

N	1	2	4	10	20	100
P_D	0.99	0.90	0.68	0.37	0.2	0.045

"$1/N$"准则的问题在于，它同时也会提高虚警概率。N 次实验中至少有一次虚警的概率为二元积累虚警概率 P_{BFA}，即

$$P_{BFA} = 1 - (1-P_{FA})^N \tag{6.114}$$

假定 $P_{FA} \ll 1$，则上式可近似为

$$\begin{aligned} P_{BFA} &= 1 - (1-P_{FA})^N \\ &= 1 - \left(1 - N \cdot P_{FA} + \frac{N(N-1)}{2}P_{FA}^2 - \cdots\right) \\ &\approx 1 - (1 - N \cdot P_{FA}) + N \cdot P_{FA} \end{aligned} \tag{6.115}$$

其中，第二行是由二项式级数展开得到的。上式表明，"$1/N$"准则以近似于 N 的比例增加 P_{FA}，这是一个不良的结果。真正需要的二元积累准则必须满足：与 P_D 相比，P_{BD} 增大的同时，使 P_{BFA} 等于或小于 P_{FA}。"M/N"策略能提供更好的结果。

设单次试验中成功的概率为 p，则 N 次实验中有 M 次成功的累积概率 P_B 为

$$P_B = \sum_{r=M}^{N} \binom{N}{r} p^r (1-p)^{N-r} \tag{6.116}$$

其中

$$\binom{N}{r} \equiv \frac{N!}{(N-r)!r!} \tag{6.117}$$

式(6.116)可以用来计算累积虚警概率，只要令 $p=P_{FA}$；也可以用来计算检测概率，令 $p=P_D$ 即可。对前一种情况，"成功"代表虚警，是概率为 p 的事件；后一种情况，"成功"代表正确检测到目标。考虑具体的例子："2/4"准则，即 $N=4$，$M=2$。将这些参数代入式(6.116)，可得

$$\begin{aligned} P_B &= \sum_{r=2}^{4} \frac{24}{(4-r)!r!} p^r (1-p)^{4-r} \\ &= 6p^2(1-p)^2 + 4p^3(1-p) + p^4 \end{aligned} \tag{6.118}$$

为确定这一准则对虚警概率的影响，令 $p = P_{FA}$。假定 $P_{FA} \ll 1$，则式(6.118)可由其第一项近似简化为

$$P_{BFA} \approx 6P_{FA}^2 \tag{6.119}$$

因此，"2/4"准则获得的二元积累虚警概率如期望的一样，小于单次试验虚警概率。因为单次试验的检测概率 P_D 不可能非常接近于1，所以式(6.118)不能简单地近似为类似于式(6.119)的形式。表6.3列出了使用"2/4"准则时，对应于不同的单次试验概率 p 所能得到的二元积累概率值。表中左侧的3种情况近似对单次实验检测概率的影响，而右侧的2种情况为对近似单次实验虚警概率的影响。该表说明，只要单次实验检测概率 P_D 足够高，"2/4"准则不仅能减小虚警概率，还能提高检测概率。

表 6.3 使用"2/4"准则时的二元积累概率

p	P_B	p	P_B
0.5	0.688	10^{-3}	5.992×10^{-6}
0.8	0.973	10^{-6}	6.0×10^{-12}
0.9	0.996		

这个例子说明了"M/N"准则要求的特性：p 很小时，P_B 应该不大于 p 以减小虚警概率；p 很大时，P_B 应该不小于 p 以使二元积累能提高检测概率。为显示"M/N"准则对大的或小的单次试验概率的影响，图6.16给出了 $N=4$ 及 M 取所有4种可能情况下 P_B 与 p 的比值。比值大于1意味着 P_B 大于 p，此时的 p 值适用于单次试验检测概率。相反地，p 值很小时适用于虚警概率的情况，此时比值应该小于1。图6.16表明，"1/4"准则下，对所有的 p 值，比值都大于1，这与之前的讨论结果相符。类似地，"4/4"准则下的比值总是小于1，有利于减小虚警，但不利于改善检测。"2/4"和"3/4"准则对于小的 p 值都能很好地减小虚警，对于大的 p 值都能改善检测。然而，"3/4"准则仅有近似于0.75或更高的 p 值能改善检测，范围相对较窄，且增幅较小。"2/4"准则对小至0.23的 p 值都能改善检测，0.23比任何可能的单次实验虚警概率 P_{FA} 都大得多。因此，$N=4$ 时，"2/4"准则看起来是最优选择。

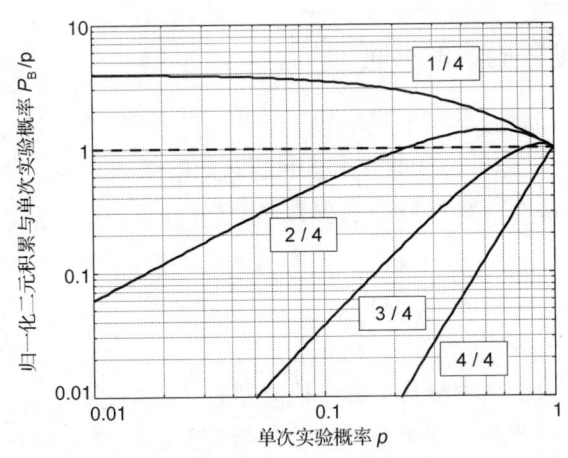

图 6.16 "M/4"二元积累准则下，二元积累概率与单次试验概率的比值

注意到前面的分析中目标假定为非起伏的，因为单次试验概率 P_D 在每次试验中都认为是相同的。上述结果可拓展到起伏目标的情况(Weiner, 1991；Shnidman, 1998)。这些分析的

一个结论为：对于给定的 Swerling 模型、P_{FA} 准则、SNR 和采样数 N，存在一个 M 值 M_{opt}，使得对于给定的 P_{BFA} 和 N，P_D 最大。可用下式对 M_{opt} 进行估计：

$$M_{opt} = 10^b N^a \tag{6.120}$$

其中，参数 a 和 b 由表 6.4 给出，对应于各种 Swerling 模型，并且有 $P_D = 0.9$，$10^{-8} \leq P_{FA} \leq 10^{-4}$（"Swerling 0" 代表非起伏情况，Shnidman, 1998）。M_{opt} 必须四舍五入到最接近的整数。

表 6.4 估计 M_{opt} 的参数表

Swerling 模型	a	b	N 的范围
0	0.8	−0.02	5 ~ 700
1	0.8	−0.02	6 ~ 500
2	0.91	−0.38	9 ~ 700
3	0.8	−0.02	6 ~ 700
4	0.873	−0.27	10 ~ 700

有时用于二元积累概率的另一个术语是累积概率。然而，该术语更常用于描述 N 次检测中至少检测到一次目标的概率，例如监视雷达的 N 个连续扫描（IEEE, 2008）。如果单个扫描 P_D 对每个扫描相同，那么累积概率 P_{CD} 就是式(6.113)中的二元积累概率。如果在 N 次扫描过程中，目标距离发生显著变化，单次扫描的 SNR 和 P_D 也会相应地改变，就需要使用更一般的公式。

6.5 恒虚警概率检测

标准雷达阈值检测假设干扰电平是已知常数，这点已在前面几节中进行了讨论。这就允许我们精确地设定一个对应于特定 P_{FA} 的阈值。事实上，干扰电平通常是变化的，恒虚警概率（CFAR）检测就是致力于在实际干扰环境下提供可预知的检测和虚警的一组技术，又称为"自适应阈值检测"或"自动检测"。

6.5.1 未知干扰对虚警概率的影响

在上一节中，基于高斯白噪声干扰下的平方律检波器对单个目标的检测和虚警性能进行了讨论，其为 Swerling 目标模型和非相干测量积累数的函数。如式(6.82)所示，对于一个非起伏目标的非标准化数据采样（$N = 1$），其虚警概率和阈值为

$$P_{FA} = e^{-T/\sigma_w^2} \quad \Rightarrow \quad T = -\sigma_w^2 \ln P_{FA} \tag{6.121}$$

注意到阈值 T 的值和干扰功率成正比，即具有 $T = \alpha \sigma_w^2$ 的数学形式，其中比例系数 α 是虚警概率期望值的函数。

需要对某一特定雷达系统调整其平方律检波器时，必须选择一个合适的虚警概率值，然后根据式(6.121)计算所需阈值，而可获得的检测概率由目标的 SNR 决定。

精确已知的干扰功率 σ_w^2 是准确设定检测阈值的前提条件。它对一些雷达系统，可能是已知的，但对更多的系统则是未知的。当接收机噪声是干扰的主要来源时，可以测量到 σ_w^2 的大小并对检波器进行校准处理。然而，在每天的运作过程中，接收机噪声电平会随着环境温

度变化和元件的老化而变化,如果可能,可以通过温度补偿和周期性重复校准的方法来解决这个问题。如果整体干扰功率主要是由外部源引入的,则波动会更加剧烈。对于超低噪声雷达系统,噪声功率的一个重要部分是宇宙噪声,因此在这种情况下,接收机噪声电平是随雷达波束视角和天时的不同而变化的。对于传统雷达系统,带内的电磁干扰(EMI)会影响整体干扰功率的大小。例如,UHF 波段的雷达会受电视信号影响,而特定的无线通信服务也会与更高频率的雷达信号发生竞争,尤其在城市地区。如果地杂波是决定性的干扰来源,则噪声电平会随着雷达波束观察地区的地形,甚至是天气和季节,而发生明显的变化。例如,开阔的沙漠地表的反射率相对较低,而结冰的雪地却具有很高的反射率系数。最后需要说明的是,主要干扰也可能来自于敌方故意施放的针对性电磁干扰(人为干扰),这种情况下的干扰功率可能会很大。

在上述任一种情况下,实际的虚警概率均会偏离预期值。为了分析这个偏离值能有多大,当假设实际干扰电平功率等于预期值 σ_{w0}^2 时,所得虚警概率为 P_{FA0},则有 $T = -\sigma_{w0}^2 \ln P_{FA0}$。再假设实际干扰功率为 σ_w^2,将预期干扰电平功率 σ_{w0}^2 代入式(6.121)得出阈值的表达式,则实际的虚警概率可表示为

$$P_{FA} = \exp\left(\frac{\sigma_{w0}^2 \ln P_{FA0}}{\sigma_w^2}\right) = \exp\left[\ln P_{FA0}^{(\sigma_{w0}^2/\sigma_w^2)}\right] \tag{6.122}$$
$$= P_{FA0}^{(\sigma_{w0}^2/\sigma_w^2)}$$

虚警概率的增量变化因子为

$$\frac{P_{FA}}{P_{FA0}} = (P_{FA0})^{[(\sigma_{w0}^2/\sigma_w^2)-1]} \tag{6.123}$$

图 6.17 给出的是在 3 种不同的设计虚警概率下,式(6.123)所表示的增量因子函数。由图可见,即使噪声功率电平变化有限的 2 dB,也会导致虚警概率增长 1.5 至 3 个数量级,并且在期望 P_{FA} 比较低的区间上,函数变化率越大。当增量 3 dB 时,$P_{FA} = \sqrt{P_{FA0}}$。很明显,干扰电平功率很小的变化,或等效地说阈值设置很小的误差,都会由于虚警概率的高敏感性而对雷达的性能有较大的影响。

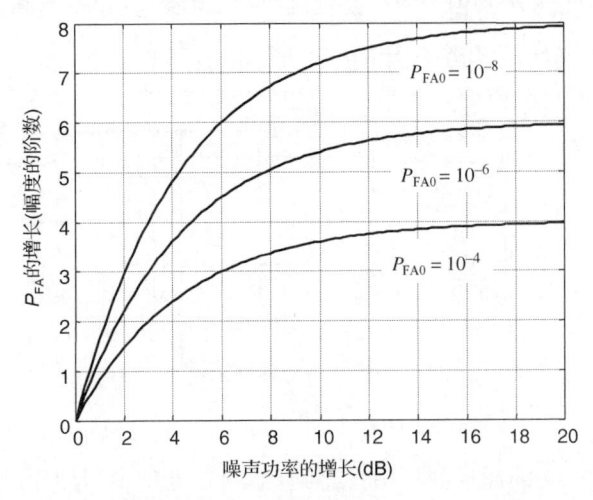

图 6.17 固定阈值条件下虚警概率随噪声功率的变化情况

虚警概率剧烈变化的原因在于，对应于干扰功率 σ_w^2 所设的检测阈值不正确，如图 6.17 所示。更一般地讲，当雷达接收机输出的干扰功率变化时，实际的虚警概率会在一个较大的尺度范围内变化。从雷达系统的角度看，这绝对是不希望出现的。当干扰功率增加时，虚警数也会增加，且可能成数量级地增加。看起来 10^{-8} 和 10^{-6} 的虚警概率的差别似乎并不明显，但是我们来看一个具体的例子，假设雷达系统的脉冲重复频率(PRF)为 10kHz，待检测距离单元为 200 个。如果每个距离单元均进行自动检测，则系统每秒需要进行 2 百万次检测判决。若虚警率为 10^{-8}，则平均每 50 s 仅发生 1 次虚警。若虚警率上升到 10^{-6}，则雷达系统平均每秒将要产生 2 次虚警。上述虚警的增加所产生的后果到底有多严重，取决于虚警的发生会对整个雷达系统产生怎样的影响。可能会使得雷达或者信号处理机需要增加额外的系统资源，来确认或是拒绝这次虚警；也可能使得雷达开启不必要的跟踪程序；或使得操作员显示器的显示杂波增加；或者减少搜索和跟踪其他目标的时间。

如果干扰噪声功率电平低于计算阈值时所假设的功率值，则虚警概率会下降。这似乎是无关紧要的，甚至正是期望的，但是要知道下降的虚警概率也意味着，设定的检测阈值将会高于为达到系统设计目标所需要的大小。如前所述，虚警概率 P_{FA} 和检测概率 P_D 总是同时增加或减小，所以此时雷达的检测概率也低于正确设定的阈值下所能获得的大小。

6.5.2 单元平均 CFAR

为了获得可预知且稳定的检测性能，雷达系统设计者通常倾向于设计使雷达具有恒定的虚警概率。为了达到这个目的，实际干扰噪声功率电平必须实时地从数据中进行估计，从而相应地调整雷达检测阈值以获得期望的虚警概率 P_{FA}。可以保持恒定虚警概率的检波处理机称为 CFAR 处理机。

一般的雷达检波处理机如图 6.18 所示，这类检波器用于具有距离-多普勒处理能力的雷达系统，而其他系统在进行检测判决时有可能仅考虑距离单元的一维信息。当然也可能有的系统基于获得的雷达图像进行判决处理，此时各个单元在雷达二维图像中表现为像素。无论数据是怎样的形式，检波处理机通过对每个获得的数据采样进行检测来判断目标的有无。如图 6.18 所示，用 x_i 表示当前待检测单元(CUT)，该单元将与干扰功率电平决定的阈值进行比较。如果待检测单元中的采样值大于阈值，则检波处理机判决在对应的距离和速度(也可能仅是距离单元，或者是图像位置单元)单元内存在目标。接下来再检测下一个单元，直到所有感兴趣的单元检测完毕。

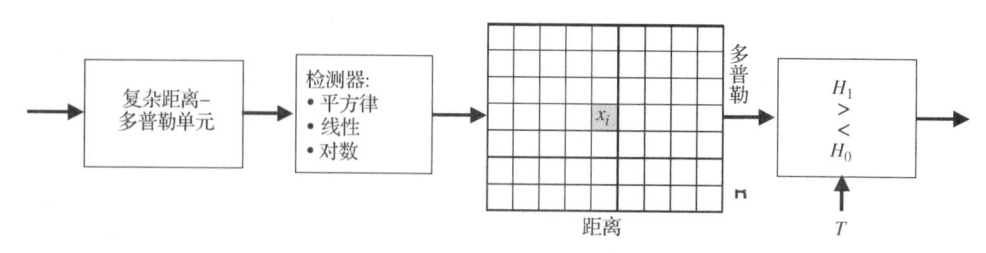

图 6.18 一般雷达检波处理机功能示意图

为了设定检测单元 x_i 所需的阈值电平，同一个单元的干扰功率电平必须已知。由于干扰功率电平是变化的，所以必须通过数据估计得到。CFAR 处理中所使用的方法基于以下两个主要的假设。

- 邻近单元所含杂波的统计特性与待检单元的一致(称为均匀干扰)，因此它们代表影响潜在目标检测的干扰。
- 邻近单元不包含任何目标，仅为干扰噪声。

在上述条件下，CUT 的干扰杂波统计特性可以从邻近单元的数据估计得到。

待估计的统计量由完成阈值检测所需要的量决定。对于高斯干扰噪声下的线性和平方律检波器，干扰分别为瑞利分布和指数分布。在每种情况下，干扰的 PDF 均仅有一个自由参数，即平均干扰功率，因此，CFAR 处理机须利用周围邻近单元中的数据值对待检单元的平均干扰功率进行估计。

给出一个更具体的例子，考虑平方律检波器的情况。假设干扰噪声是独立同分布的，且 I 通道和 Q 通道的信号功率均为 $\sigma_w^2/2$(全功率为 σ_w^2)，则某待检单元 x_i 的 PDF 为

$$p_{x_i}(x_i) = \frac{1}{\sigma_w^2}\exp(-x_i/\sigma_w^2) \tag{6.124}$$

根据式(6.121)，设定阈值需要已知参数 σ_w^2 的大小。当无法获得准确的 σ_w^2 值时，必须估计得到该参数值。

假设待检单元周围有 N 个相邻单元可以用来估计 σ_w^2，且每个单元的干扰是独立同分布的，则 N 个样本数据组成的矢量 $\boldsymbol{x}$ 的联合 PDF 为

$$\begin{aligned}p_x(\boldsymbol{x}) &= \frac{1}{\sigma_w^{2N}}\prod_{i=1}^{N}\exp(-x_i/\sigma_w^2) \\ &= \frac{1}{\sigma_w^{2N}}\exp\left[-\left(\sum_{i=1}^{N}x_i\right)/\sigma_w^2\right] \equiv \ell(\boldsymbol{x})\end{aligned} \tag{6.125}$$

上式为观测数据矢量 $\boldsymbol{x}$ 的似然函数，记为 ℓ(见第 7 章)。约束 $\sum x_i$ 为常数，最大化式(6.125)，可以得到 σ_w^2 的最大似然估计(Kay，1993)。更方便的一个等效方法是利用其对数似然函数，即

$$\ln\ell = -N\ln(\sigma_w^2) - \frac{1}{\sigma_w^2}\left(\sum_{i=1}^{N}x_i\right) \tag{6.126}$$

设上式关于 σ_w^2 的导数等于 0，得

$$\frac{\mathrm{d}(\ln\ell)}{\mathrm{d}(\sigma_w^2)} = 0 = -N\left(\frac{1}{\sigma_w^2}\right) - \left(-\frac{1}{(\sigma_w^2)^2}\right)\sum_{i=1}^{N}x_i \tag{6.127}$$

解上式，可以得到 σ_w^2，结果与预期一样，即最大似然估计恰好是已知数据样本的平均：

$$\widehat{\sigma_w^2} = \frac{1}{N}\sum_{i=1}^{N}x_i \tag{6.128}$$

则要求的阈值可以由估计到的干扰功率乘以一个系数得到，即

$$\hat{T} = \alpha\widehat{\sigma_w^2} \tag{6.129}$$

因为干扰功率以及相应的检测阈值是由待检单元周围的邻近单元干扰功率求平均获得的，所以这种 CFAR 方法称为单元平均 CFAR(CA CFAR)。由于干扰功率不是精确已知而是通过估计得到的，所以式(6.129)中的尺度因子 α 与式(6.121)中尺度因子的大小不同，这将在 6.5.3 节进行推导。

式(6.128)表明，平方律检波后数据的指数形式 PDF 中的参数，可以从 N 个邻近单元数据平均值估计得到。图 6.19 给出了如何选择参与平均的数据的两种方法。图 6.19(a)为仅对距离单元处理所用的一维参考窗，其中待检单元 x_i 位于中间。两边灰色单元的数据分别为相对中心待检单元距雷达近和远的数据，被用来平均以估计噪声参数。这些单元称为参考单元。交叉线标出的紧邻待检单元的距离单元称为保护单元(guard cell)，在平均处理时不包括其对应的数据样本。这样处理的原因在于可能存在的目标也许跨越了多个距离单元，此时，单元 x_i 的邻近单元里的能量不仅仅含有干扰，还含有目标的反射能量，所以其不仅仅代表干扰噪声。来自于目标的额外能量往往会使干扰参数的估计值变大。例如，对于平方律检波器，对 σ_w^2 的估计会过高，导致过高的检测阈值，从而使得系统的虚警概率和检测概率低于期望值。如果雷达的距离分辨率足够高，使潜在的目标可能占据多个距离单元时，那么在待检单元两侧均要设置多于一个的保护单元。参考单元、保护单元和待检单元合在一起称为 CFAR 处理窗。

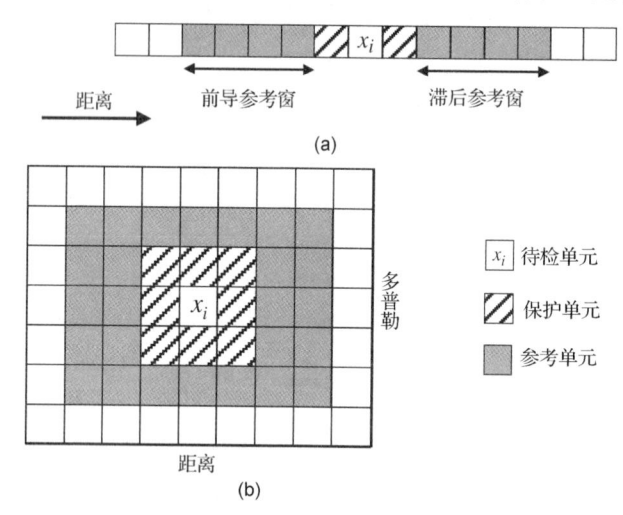

图 6.19 CFAR 处理参考窗。(a)距离维处理机所用的一维参考窗；(b)距离-多普勒处理机所用二维参考窗

图 6.19(b)给出了典型距离-多普勒处理机二维数据处理的情况。类似于一维处理，此时将参考窗应用到二维的距离-多普勒数据矩阵。保护单元同参考窗现在均是二维的。对于合成孔径雷达图像也需要使用二维的 CFAR 窗进行检测处理，此时所谓的二维就是距离和横向维。在距离-多普勒处理的情况下，CA CFAR 可能仅适用于特定范围的距离和多普勒单元，这是因为地杂波会使干扰在多普勒域，甚至是距离维具有非均匀性。

6.5.3 单元平均 CFAR 分析

自适应计算检测阈值的目的是为了在干扰噪声功率电平变化的条件下，保持 CFAR。本节，为了检验是否能达到此目的，假设使用平方律检波器，对检波器性能进行分析。根据式(6.129)计算得到的阈值为随机变量，因此虚警概率也是随机变量。如果虚警概率 P_{FA} 的数学期望不依赖于实际噪声功率 σ_w^2 的大小，则可以认为检波器具有 CFAR 的性能。

结合式(6.128)和式(6.129)，可得通过估计最终得到的检测阈值表达式为

$$\hat{T} = \frac{\alpha}{N} \sum_{i=1}^{N} x_i \qquad (6.130)$$

定义 $z_i = (\alpha/N)x_i$,则有 $\hat{T} = \sum_{i=1}^{N} z_i$。考虑到式(6.124),由概率论知识易得 z_i 的 PDF 为

$$p_{z_i}(z_i) = \frac{N}{\alpha \sigma_w^2} e^{-N z_i / \alpha \sigma_w^2} \tag{6.131}$$

$\hat{T}$ 的 PDF 为厄兰密度函数,即

$$p_{\hat{T}}(\hat{T}) = \begin{cases} \left(\dfrac{N}{\alpha \sigma_w^2}\right)^N \dfrac{\hat{T}^{N-1}}{(N-1)!} e^{-N\hat{T}/\alpha \sigma_w^2}, & \hat{T} > 0 \\ 0, & \hat{T} < 0 \end{cases} \tag{6.132}$$

在估计的阈值下所对应的虚警概率 P_{FA} 为 $\exp(-\hat{T}/\sigma_w^2)$,也是一个随机变量,其数学期望值为

$$\begin{aligned}\overline{P}_{\mathrm{FA}} &= \int_0^{\infty} \exp(-\hat{T}/\sigma_w^2) p_{\hat{T}}(\hat{T}) \mathrm{d}\hat{T} \\ &= \left(\frac{N}{\alpha \sigma_w^2}\right)^N \frac{1}{(N-1)!} \int_0^{\infty} \hat{T}^{N-1} \exp\{-[(N/\alpha)+1]\hat{T}/\sigma_w^2\} \mathrm{d}\hat{T}\end{aligned} \tag{6.133}$$

解这个标准积累式,并做代数运算,可得最终的结果为

$$\overline{P}_{\mathrm{FA}} = \left(1 + \frac{\alpha}{N}\right)^{-N} \tag{6.134}$$

对于给定的预期平均虚警概率 $\overline{P}_{\mathrm{FA}}$,所需的阈值乘积因子可通过解式(6.134)得到

$$\alpha = N(\overline{P}_{\mathrm{FA}}^{-1/N} - 1) \tag{6.135}$$

需要指出,平均虚警概率 $\overline{P}_{\mathrm{FA}}$ 不依赖于实际干扰噪声功率 σ_w^2 的大小,而仅和参与平均的邻近单元样本数 N 及阈值乘积因子 α 有关。因此,单元平均处理技术表现出 CFAR 的特点。

只要 CA CFAR 处理的检测阈值选择规则确定,则检测性能也就确定。式(6.99)表明,对于 Swerling 1 或 Swerling 2 目标的检测单元数据,在给定的阈值 $\hat{T}$ 下的检测概率为 $P_D = \exp[-\hat{T}/(1+\overline{\chi})]$,其中 $\overline{\chi}$ 为平均 SNR。检测概率 P_D 的数学期望可以通过对检测概率在阈值区间上进行平均得到,即

$$\overline{P}_D = \int_0^{\infty} \exp[-\hat{T}/(1+\overline{\chi})] p_{\hat{T}}(\hat{T}) \mathrm{d}\hat{T} \tag{6.136}$$

该积累式和式(6.133)具有同样的形式,结果为

$$\overline{P}_D = \left(1 + \frac{\alpha}{N(1+\overline{\chi})}\right)^{-N} \tag{6.137}$$

需要指出,上式的值也不依赖于干扰噪声功率。然而,这个结果是特定于复杂高斯白噪声、平方律检波器、Swerling 1 或 Swerling 2 目标,以及单测试样本的假设的。

图 6.20 显示了 CA CFAR 操作。仿真数据对应加性复高斯白噪声,功率为 $10\log_{10}(\sigma_w^2) = 20$ dB。非起伏的单一目标位于第 50 个距离单元内,回波功率为 35 dB。因此信噪比为 $10\log_{10}(\chi) = 15$ dB。若期望的虚警概率 $P_{\mathrm{FA}} = 10^{-3}$,则由式(6.121)可得理想检测阈值为 $T = 691$,即 28.4 dB。这个阈值电平在图 6.20 中由虚线表示。事实上,理想阈值是 $-\ln(P_{\mathrm{FA}}) = 6.91$ 乘以实际干扰功率的值,等效地,该阈值高于干扰功率电平 8.4 dB。

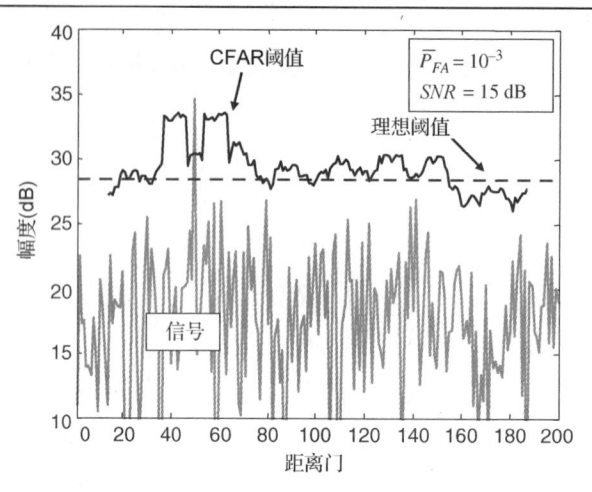

图 6.20 单元平均 CFAR 检测的实例过程

假设 CA CFAR 处理的前后参考窗内均包括 3 个保护单元和 10 个数据参考单元,即 $N=20$ 个单元数据做平均,以估计干扰噪声功率[①]。由式(6.135)可得,阈值乘积因子 α 为 8.25,设定的阈值高于估计的平均功率 9.2 dB。标注为"CFAR 阈值"的曲线为参考窗滑过数据序列时所计算得到的阈值。除了在目标附近区域,估计阈值和理想检测阈值吻合良好,在绝大部分待检测单元上的波动在 2 dB 内。仅在第 50 个距离单元,雷达信号数据超过 CFAR 阈值。此时,CFAR 检波器工作性能很好:当 CFAR 检测单元位于第 50 个距离单元时,正确地报告一次成功目标检测,但在其他所有距离门都没有虚警(超过阈值)。

目标位置单元两侧的阈值偏高是 CA CFAR 处理的特点。对于此处应用的特定 CFAR 参考窗,当待检单元在第 37 个和第 46 个距离单元之间时,包含目标的单元将落在前参考窗内,从而参与了估计干扰噪声功率的平均处理过程。因此,估计得到的功率 σ_w^2 以及此后计算得到的阈值 $\hat{T}$ 将会显著上升。这个现象也存在于待检单元位于第 54 个和第 63 个距离单元内时,此时目标落在后参考窗内。参考窗内存在目标,违反了所有的参考单元与待检单元的干扰具有同样统计特性的假设,从而使得估计的干扰功率不可靠。然而,当待检单元位于含有目标的单元时,参考窗内仅含有噪声样本,所以阈值落到一个合适的水平上以利于检测目标。目标单元两侧阈值被提高的区域大小程度由前后参考窗的大小决定。两个高阈值区域中间的正常阈值区间大小等于全部保护单元的个数加 1(考虑到待检单元)。

随着参考单元数 N 的增加,估计量收敛于真实值 σ_w^2,同时平均检测概率和虚警概率也将分别收敛于 6.3.4 节中所得出的值。为了更容易地验证这个结论,使用变量 $\ln \hat{P}_{FA}$,而不使用 $\hat{P}_{FA}$ 本身,即

$$\begin{aligned}\ln \overline{P}_{FA} &= \ln\left\{\left(1+\frac{\alpha}{N}\right)^{-N}\right\} \\ &= -N\ln\left(1+\frac{\alpha}{N}\right) = -N\left\{\frac{\alpha}{N} - \frac{1}{2}\left(\frac{\alpha}{N}\right)^2 + \cdots\right\}\end{aligned} \quad (6.138)$$

取 $N \to \infty$ 时,上式的极限为

[①] 除非特别说明,本章所有的例子中使用的前后参考子窗和保护单元均相同。

$$\lim_{N \to \infty} \{\ln \overline{P}_{\mathrm{FA}}\} = -N\left\{\frac{\alpha}{N}\right\} \quad \Rightarrow \quad \lim_{N \to \infty} \overline{P}_{\mathrm{FA}} = \mathrm{e}^{-\alpha} \tag{6.139}$$

类似地,有

$$\lim_{N \to \infty} \{\overline{P}_{\mathrm{FA}}\} = \mathrm{e}^{-\alpha/(1+\bar{\chi})} \tag{6.140}$$

比较式(6.139)和式(6.140),可得

$$\overline{P}_{\mathrm{D}} = (\overline{P}_{\mathrm{FA}})^{1/(1+\bar{\chi})} \tag{6.141}$$

这与 Swerling 1 目标在没有非相干积累且干扰功率已知的情况下,所得结果式(6.101)相同。

先前所有的讨论是基于平方律检波器。类似的分析可以用于线性检波器,然而,后者要获得闭式解的结果很难。假设 $\{w_i\}$ 为线性检波器的输出,则检测阈值将根据下式设定,即

$$\hat{T} = \kappa \left(\frac{1}{N}\sum_{i=1}^{N} w_i\right) \tag{6.142}$$

文献 Raghavan(1992)得到了一个联系 $\overline{P}_{\mathrm{FA}}$ 和 $\hat{T}$ 的关系式,但要获得该关系式,必须经过迭代,计算比较困难。然而精确的结果同近似结果保持了很好的一致性(Di Vito 和 Moretti,1989),即

$$\kappa = \sqrt{N(\overline{P}_{\mathrm{FA}}^{-1/N} - 1)[c - (c-1)\mathrm{e}^{1-N}]} \tag{6.143}$$

其中,$c = 4/\pi$。注意到上式与式(6.135)相似。出现平方根是因为使用了线性检波器而不是平方律检波器。当 $N > 4$ 时,$(c-1)\exp(1-N)$ 项可以忽略,且 $c \approx 1.27$,则有 $\kappa \approx 1.13\sqrt{\alpha}$。进一步,尽管平方律检波器下的 CA CFAR 的边际性能优于线性检波器下的性能,但是对于实际中使用的参数值,它们的实际性能相同。

回到图 6.20 的例子中,在给定的参数下,若干扰功率精确已知,则理想的检测阈值高于平均功率 8.4 dB。但如果干扰功率需要从数据中估计得到,且参考窗 $N = 20$,则阈值高于估计到的功率电平 9.2 dB。相对干扰功率电平,需要设定更高的阈值来弥补未知干扰功率的不足,以保证达到虚警概率的期望值 $\overline{P}_{\mathrm{FA}}$。由于恒虚警处理中的阈值乘积因子的增大,对于给定信噪比的目标其平均检测概率要低于干扰电平已知的情况下的值。事实上,在给定 $\overline{P}_{\mathrm{FA}}$ 下为了达到某个检测概率 $\overline{P}_{\mathrm{D}}$,相对干扰功率精确已知的情况下需要更高的信噪比。在给定的检测概率下,由于使用恒虚警处理而需要增加的信噪比称为 CFAR 损失。

下面定量分析 CA CFAR 中的恒虚警损失。利用式(6.134)和式(6.137)消去因子 α,从而解出为获得特定 $\overline{P}_{\mathrm{FA}}$ 和 $\overline{P}_{\mathrm{D}}$ 性能所需的 SNR。得到的结果是参与平均处理的单元数目的函数,记为 $\bar{\chi}_N$,有

$$\bar{\chi}_N = \frac{(\overline{P}_{\mathrm{D}}/\overline{P}_{\mathrm{FA}})^{1/N} - 1}{1 - \overline{P}_{\mathrm{D}}^{1/N}} \tag{6.144}$$

当 $N \to \infty$ 时,干扰功率的估计量收敛于真值,从而虚警概率和检测概率的期望值分别收敛于式(6.139)和式(6.140)所给出的值。类似地利用这两个式子可得到,当干扰的估计值为真值时,为达到某个虚警和检测概率所需要的 SNR,即

$$\bar{\chi}_\infty = \frac{\ln(\overline{P}_{\mathrm{FA}}/\overline{P}_{\mathrm{D}})}{\ln(\overline{P}_{\mathrm{D}})} \tag{6.145}$$

则 CFAR 损失就等于上两式的比值(Levanon, 1988; Hansen 和 Sawyers, 1980), 即

$$\text{CFAR loss} = \frac{\bar{\chi}_N}{\bar{\chi}_\infty} \tag{6.146}$$

设 $\bar{P}_D$ 为 0.9, 针对 3 个不同的 $\bar{P}_{FA}$ 值画出式(6.146), 如图 6.21 所示。对于更小的 $\bar{P}_{FA}$ 值, CFAR 损失更大; 而当参考单元数增加时, 正如预计的那样, CFAR 损失下降。对于较小的参考窗($N<20$), CFAR 损失可达几分贝。当 N 的值低于 10 时, 高的 CFAR 损失对于大多数情况是不可接受的。图中虽未给出, 但需要说明的是, 对于给定的 $\bar{P}_{FA}$ 和 N, CFAR 损失也随 $\bar{P}_D$ 的增大而增大。尽管上述结果是基于 Swerling 1 和 Swerling 2 目标得到的, 但是文献 Nathanson(1991) 表明 CFAR 损失对于所有的 Swerling 目标模型大体一致, 也包括非起伏的情况。

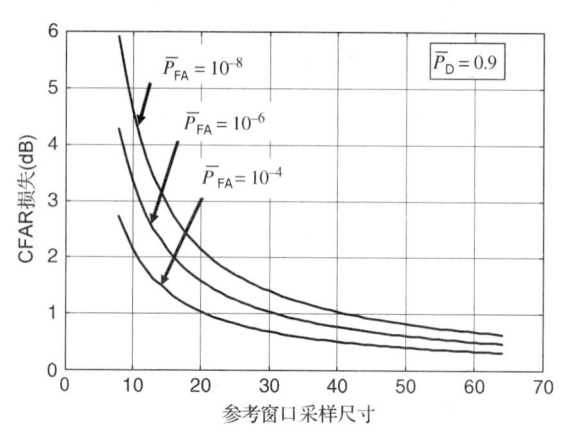

图 6.21 $P_D = 0.9$, 且 I/Q 通道存在复高斯白噪声情况下, Swerling 1 和 Swerling 2 目标单元平均 CFAR 检测的恒虚警损失

6.5.4 单元平均 CFAR 的局限

单元平均 CFAR 的概念基于两个主要的假设。

1. 目标是独立的。具体是, 目标间分开至少一个参考窗的长度, 以使得参考窗内不会有同时存在两个目标的可能。
2. 参考窗内的所有干扰数据样本是独立同分布的, 且和包含目标的单元内的干扰同分布。换句话说, 干扰是均匀的。

尽管在一些情况下上述假设是成立的, 但是实际情况经常会违反两个条件中的一个或全部, 当主要的干扰是地杂波, 即干扰来自于地面的回波而不是热噪声时, 第二个假设尤其可能不正确。本节讨论上述条件得不到满足时, 对 CA CFAR 处理的影响, 以及解决问题的一些改进方法。

当存在两个或两个以上的目标, 且一个目标位于待检单元, 而其余一个或多个目标落在参考单元内的时候, 会出现目标遮蔽现象。假设位于参考单元内的目标回波功率超过了周围干扰的功率, 那么它的存在就会提高对干扰功率的估计值, 进而提高 CFAR 的检测阈值。参考单元内的目标可能会遮蔽待检单元内的目标, 这是因为被提高的检测阈值会降低检测概率, 即增加了丢失目标可能性。等效地, 为了获得给定的检测概率期望值 $\bar{P}_D$, 需要更高的信噪比。

图 6.22 给出了一个发生目标遮蔽效应的例子。同前, 干扰功率电平为 20 dB, 位于第 50 个距离单元内的目标信噪比为 15 dB, 利用 20 个参考单元计算 CFAR 阈值, $\bar{P}_{FA}$ 的期望值设为

10^{-3}。但是，当第一个目标处于待检单元位置时，位于第 58 个距离单元内的信噪比为 20 dB 的第二个目标提高了干扰功率的估计值。这个例子中，提高的阈值使得无法检测到第一个目标。另一方面，此 15 dB 的目标不足以影响到第二个更强目标的检测阈值。

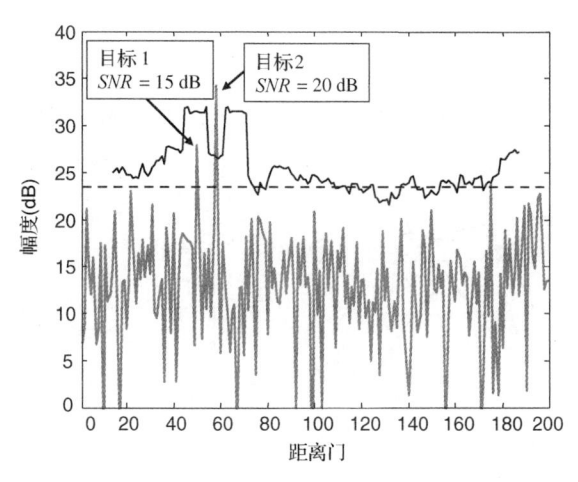

图 6.22 目标遮蔽效应的实例

精确分析参考单元内存在目标的影响从概念上是简单的，但是在实际中却有一定复杂性。然而，可以以一个相对简单的方法，给出对干扰目标近似影响的评估。假设唯一的干扰目标功率为 γ_i，仅存在于 N 个 CFAR 参考单元其中的一个内。这个干扰目标的信噪比为 $\bar{\chi}_i = \gamma_i / \sigma_w^2$，则新阈值的期望值为

$$E\{\hat{T}'\} = E\left\{\frac{\alpha}{N}\left(\gamma_i + \sum_{i=0}^{N-1} x_i\right)\right\}$$
$$= \frac{\alpha \gamma_i}{N} + \alpha \sigma_w^2 = \alpha\left(1 + \frac{\bar{\chi}_i}{N}\right)\sigma_w^2 \tag{6.147}$$

可见，$E\{\hat{T}'\}$ 仍是干扰功率 σ_w^2 的乘积形式，如式 (6.129)，但乘积因子不同，具体为

$$\alpha' \equiv \alpha\left(1 + \frac{\bar{\chi}_i}{N}\right) \tag{6.148}$$

抬高阈值会同时降低 P_D 和 P_{FA}。将式 (6.148) 和 (6.135) 代入式 (6.137)，可以得到以原先设计值 $\bar{P}_{FA}$ 作为变量的新的检测概率的表达式

$$\bar{P}_D' = \left[1 + (\bar{P}_{FA}^{-1/N} - 1)\left(\frac{1 + \bar{\chi}_i / N}{1 + \bar{\chi}}\right)\right]^{-N} \tag{6.149}$$

注意到，当 $\chi_i \to 0$（不存在干扰目标），或者 $N \to \infty$ 时（干扰目标的影响可以忽略），有 $\bar{P}_D' \to \bar{P}_D$。图 6.23(a) 正是这样的例子，其中 $\bar{P}_{FA} = 10^{-3}$，N 分别取 20 和 50，当不存在干扰目标时，对这两种情况的检测概率分别约为 0.78 和 0.8。

另一种描述干扰目标影响的方法是，在保证原先的检测概率 $\bar{P}_D$ 的基础上提高信噪比。假设使用被抬高的阈值 $\hat{T}'$ 进行检测，而要获得原先的检测概率 $\bar{P}_D$ 所需的信噪比为 $\bar{\chi}'$。式 (6.137) 是用原始信噪比 $\bar{\chi}$ 和阈值乘积因子 α 来表示 $\bar{P}_D$。类似地，可以以同样的关系式表示在新的阈值乘积因子 α' 和信噪比 $\bar{\chi}'$ 下的检测概率 $\bar{P}_D'$。因此，当满足下面的条件时，$\bar{P}_D'$ 等于 $\bar{P}_D$：

$$\frac{\alpha}{N(1+\bar{\chi})} = \frac{\alpha'}{N(1+\bar{\chi}')} \tag{6.150}$$

将式(6.148)代入到式(6.150)中，得

$$\bar{\chi}' = \left(1 + \frac{\bar{\chi}_i}{N}\right)(1+\bar{\chi}) - 1 \tag{6.151}$$

图 6.23(b)中的曲线就是目标遮蔽损失 $\bar{\chi}'/\bar{\chi}$ 的近似值，单位 dB，其他参数同图 6.23(a)。

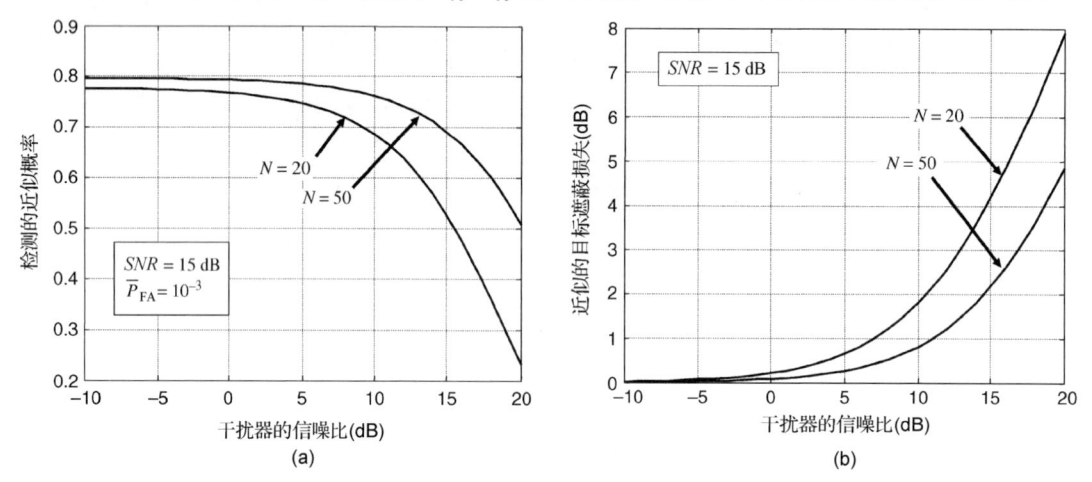

图 6.23　干扰目标对单元平均 CFAR 检测的近似影响，$\bar{P}_{FA} = 10^{-3}$。(a)检测概率损失；(b)等效遮蔽损失

式(6.149)和式(6.151)均为近似结果。更加严格的分析可以仿照 6.5.3 节对经典 CA CFAR 技术的分析方法，即先求得存在干扰目标时的检测阈值的 PDF，然后利用该 PDF 计算得到 P_D 和 P_{FA} 的数学期望值。因为干扰目标改变了其所在单元的 PDF，所以使得这个方法复杂化。例如，若干扰目标是非起伏的，则对应单元的功率 PDF 就是广义偏正 χ^2 分布的，而其他所有单元仍为指数分布。因此，阈值的 PDF 表达式是广义偏正 χ^2 分布和指数分布的混合形式。为了避免计算这个概率密度，不存在干扰目标时，可在表达式中使用阈值的期望值来代替，这样就得到了一个简单的近似结果，且精确度在大或小的干扰目标信噪比下均满足需要。

图 6.24 所给出的是一个相关现象，即分布目标的自我遮蔽效应。干扰、检波器和目标特性与图 6.20 的相同，但有所区别的是图 6.24 中的目标物理尺寸超过一个距离单元的长度，因此目标的回波散布在 3 个连续单元上。不使用保护单元进行 CFAR 处理的结果如图 6.24(a)所示。当 3 个目标信号距离单元中的任何一个作为待检单元时，另两个单元都会影响对干扰功率的估计，从而使得阈值抬高到一定程度进而使雷达检波器漏过目标。这种效应正是使用保护单元的原因所在，其功能如图 6.24(b)所示。在进行 CFAR 检测时，两边各使用了 3 个保护单元。这种处理方法稍微拉长了参考窗的长度，但可以确保当待检单元处于目标的中心位置时，邻近单元不会干扰对噪声功率的估计，从而可以成功检测到目标。

如果主要的干扰来自于杂波，而不是热噪声或人为干扰，则这些杂波往往具有严重的非均匀性。雷达波束照射的区域可能包括部分开阔地和部分植被覆盖地，也可能是部分陆地和部分水域。当待检单元位于或靠近具有不同反射率的区域边界时，则 CFAR 处理的前后参考窗内的数据统计特性会有区别。此类杂波边缘效应会导致在边缘处的检测发生虚警，也可能会遮蔽掉低反射率区域内靠近边缘的目标。

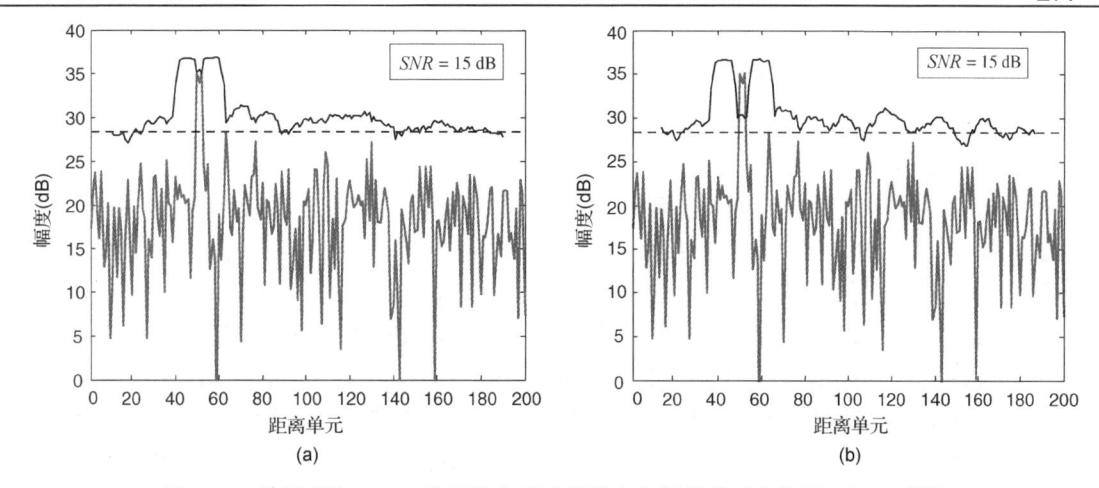

图 6.24 单元平均 CFAR 检测的自我遮蔽效应和保护单元的使用。(a)无保护单元的阈值设定；(b)待检单元两边各有 3 个保护单元的阈值设定

图 6.25 展示了杂波边缘的虚警影响。其中前 100 个距离单元的平均干扰功率为 20 dB，而杂波功率在后 100 个距离门内突然从 10 dB 提高到了 30 dB，用这个方法来仿真地貌的突变，例如从开阔地过渡到树木繁茂地区。假设在第 50 个距离单元内存在一个目标。对应于虚警概率 $P_{FA}=10^{-3}$ 的两个理想检测阈值如图中虚线所示，一种杂波类型一个阈值。由 CA CFAR 处理估计得到的检测阈值在各自的区域内工作正常，但在第 87 个和第 113 个距离单元之间存在一个过渡带。在这个例子中的杂波恰好在杂波边缘附近存在一个高幅度的起伏值，而由于恒虚警阈值只能在过渡带截止几个单元后，才能提高到对应于新杂波特性的正确值上去，所以，这个起伏杂波穿过了 CFAR 阈值，并产生了一个虚警。但位于第 50 个距离单元内的目标可以正常检测到。

图 6.26 展示了非均匀杂波边缘的另一个影响。除了具体的杂波数据不同，其他条件与图 6.25 中的一致。一个信噪比为 15 dB 的目标位于第 95 个距离单元内，距离杂波边缘有 5 个距离单元。CFAR 处理所用的前后参考窗均由 10 个单元组成，且待检单元的每侧还有 3 个保护单元，从而使全部参考窗的长度达到 27 个单元。因此，当目标所在单元作为待检单元时，前参考窗绝大部分由来自高反射率区域的杂波单元组成，从而抬高了检测该目标时的所用阈值，导致了漏警(需要指出，此例子中也可能不存在杂波边缘附近的虚警)。

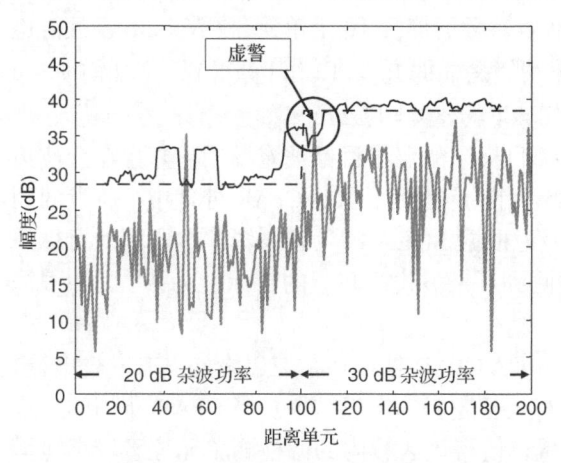

图 6.25 杂波边缘的虚警影响 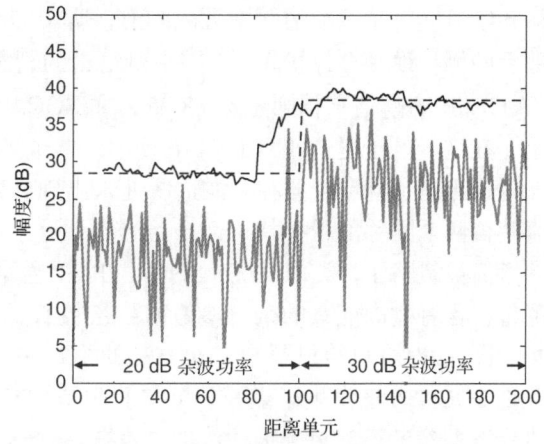　　　　图 6.26 杂波边缘的目标遮蔽(杂波参数同图 6.25)

6.5.5 单元平均 CFAR 的改进方法

因为非均匀杂波和干扰目标所引起的性能局限性的存在，促使人们对 CA CFAR 进行了发展，从而出现了众多改进方法，而每一种方法均是致力于排除一个或几个不利因素的影响。这些改进方法一定程度上经常是由某种启发促动的，并且因为在杂波非均匀性、目标及干扰目标的信噪比、CFAR 参考窗长度，以及 CFAR 检测选择逻辑等方面存在许多不同，所以对这些方法进行彻底分析存在一定难度。这里描述技术的其他信息见文献 Keel(2010)。

一种常用的 CFAR 改进方法是单元平均选小恒虚警处理技术(SOCA CFAR)，也称为最小 CA CFAR。这种技术用来抑制图 6.22 所示参考单元内存在干扰目标时，所引起的目标遮蔽效应。在 N 个单元的 SOCA CFAR 处理中，前后参考窗内的数据分别进行平均处理，得到两个独立的干扰功率的估计值，记为 σ_{w1}^2 和 σ_{w2}^2，两次估计均基于 $N/2$ 个数据单元。然后利用两个估计值里最小的那个值作为对干扰功率的估计值，类似于式(6.129)，可计算得到阈值为

$$\hat{T} = \alpha_{SO} \min(\sigma_{w1}^2, \sigma_{w2}^2) \tag{6.152}$$

如果干扰目标存在于两个子参考窗中的一个时，则将会使得这个子窗的估计值增大，这时，两个估计值里更小的那个可能更接近于真实的干扰功率，所以应该使用该值来计算检测阈值。

因为干扰功率是从 $N/2$ 个单元，而不是从 N 个单元中估计得到的，所以对应于一定的预设 $\bar{P}_{FA}$ 值的阈值乘积因子 α 会增大。很容易得出结论，SOCA CFAR 处理的阈值因子 α_{SO} 可以直接使用式(6.135)计算，仅需要将其中的 N 用 $N/2$ 代替即可。然而，经过认真分析表明所要求的 α_{SO} 应该是以下方程的解(Weiss，1982)：

$$\bar{P}_{FA} / 2 = \left(2 + \frac{\alpha_{SO}}{(N/2)}\right)^{-N/2} \left\{ \sum_{k=0}^{\frac{N}{2}-1} \binom{\frac{N}{2}-1+k}{k} \left(\frac{2+\alpha_{SO}}{N/2}\right)^{-k} \right\} \tag{6.153}$$

上式需要通过迭代方法求解。例如，当 $\bar{P}_{FA} = 10^{-3}$ 且 $N = 20$ 时，$\alpha_{SO} = 11.276$。作为对比，同样条件下的 CA CFAR 处理中 $\alpha = 8.25$。

图 6.27(a) 基于仿真数据比较了传统 CA CFAR 和 SOCA CFAR 的处理过程。该仿真包括两个相邻很近的目标，信噪比分别为 15 dB 和 20 dB，杂波边缘的跨度为 10 dB，信噪比为 15 dB 的第 3 个目标位于杂波边缘附近。同前，所用的前后参考窗均含 10 个单元(故 $N = 20$)，且待检单元两侧各设 3 个保护单元。图中所给出的理想阈值是根据 $\bar{P}_{FA} = 10^{-3}$ 计算得到的。如前所述，CA CFAR 的阈值乘积因子 $\alpha = 8.25$，而 SOCA CFAR 的 $\alpha_{SO} = 11.276$。

在这个例子里，CA CFAR 处理中，两个紧邻目标中的弱小目标被淹没了，并且在杂波边缘附近出现了漏警，但在杂波边缘处未出现虚警。作为对比，SOCA CFAR 处理中，所设的阈值使得两个紧邻的目标均可以被检测到，这是因为根据 SOCA 的处理逻辑，包含其他目标的参考窗被忽略了。类似情况，SOCA CFAR 也检测到了杂波边缘附近的目标，这也是因为根据逻辑，含有过高能量的杂波参考窗被忽略了。

图 6.27(a) 也给出了 SOCA 方法的主要缺点。CA CFAR 处理在杂波边缘处没有发生虚警，但是 SOCA 方法发生了虚警。事实上这是 SOCA 处理逻辑的自然结果。当 CFAR 所用的干扰估计数据参考窗滑过杂波边缘时，存在一个区域，使得该区域内的待检测单元位于较高能量的干扰区域，同时，前后参考窗之一主要甚至全部由低能量的干扰数据样本组成。SOCA 的

判断逻辑确保了检测阈值的值是基于较低干扰功率参考窗计算得到的，这样就极大地增加了待检单元的杂波超过阈值的概率。

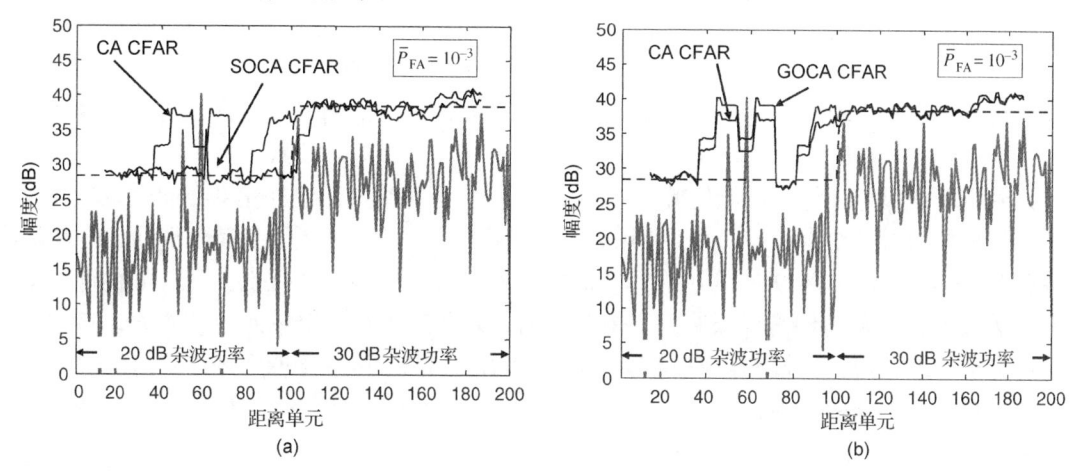

图 6.27　单元平均 CFAR 技术的传统方法，取小方法和取大方法在存在多个目标和一个杂波边缘情况下的对比。(a) 传统 CA CFAR 和 SOCA CFAR；(b) 传统 CA CFAR 和 GOCA CFAR

对于不大可能出现紧邻目标，但杂波严重不均匀的场合，则相对于目标遮蔽效应，应该更加关注杂波边缘的虚警。此时，上述的观察结果提示使用单元平均选大 CFAR（GOCA CFAR）选择逻辑。类似于 SOCA 的处理，GOCA CFAR 也分别对前后参考窗内的数据进行平均处理，但阈值由两个估计量中的较大值决定，即

$$\hat{T} = \alpha_{GO} \max(\sigma_{w1}^2, \sigma_{w2}^2) \tag{6.154}$$

类似于 SOCA 的处理，GOCA 阈值乘积因子是以下方程的解（Weiss，1982）：

$$\overline{P}_{FA}/2 = \left(1 + \frac{\alpha_{GO}}{(N/2)}\right)^{-N/2} - \left(2 + \frac{\alpha_{GO}}{(N/2)}\right)^{-N/2} \times \left\{ \sum_{k=0}^{(N/2)-1} \binom{N/2 - 1 + k}{k} \left(2 + \frac{\alpha_{GO}}{(N/2)}\right)^{-k} \right\} \tag{6.155}$$

取 $N = 20$，$\overline{P}_{FA} = 10^{-3}$，则 $\alpha_{GO} = 7.24$。

图 6.27(b) 给出了对于图 6.27(a) 中的同一个例子的 GOCA CFAR 处理性能。现在的 GOCA 阈值大于或等于 CA CFAR 的阈值。正如所预计的，GOCA 在杂波边缘处成功地避免了虚警，但强目标淹没了弱目标。此外，尽管在此例子中成功检测到了目标，但弱目标会使强目标的检测也处于邻近检测不到的边缘。GOCA CFAR 也因为杂波遮蔽效应的抬高，而在杂波边缘处丢失了目标。文献 Pace 和 Taylor（1994）给出了针对线性检波器情况下 GOCA CFAR 的附加分析。

SOCA 和 GOCA CFAR 仍只是利用参考单元的一半来估计阈值。因此，它们相对传统 CA CFAR 处理会产生一个附加的恒虚警处理损失。GOCA CFAR 的此附加损失在较大参数范围内小于 0.3 dB（Hansen 和 Sawyers，1980），但是 SOCA CFAR 的附加损失较大，尤其是当 N 较小时，所以必须取 $N>32$ 的值，以近似地确保附加损失在较大的 $\overline{P}_{FA}$ 取值范围内低于 1 dB（Weiss，1982）。但这两种方法也存在有益的一面，即因为使用的是半个参考窗，所以相对传统的 CA CFAR 可以使用更大的 N 值。之所以存在这样的结果，是因为在 CA CFAR 处理

中,限制所能使用的窗长度的因素是必须满足杂波均匀性的条件。但很明显,在上述两种处理方法中实际使用的均是窗长度的一半,所以可以接受较大的参考窗长度取值。

解决目标遮蔽效应的另一种方法是采用审核 CFAR(Ritcey,1986)。在该方法中,N 个参考单元中的 M 个($M<N$)拥有最大功率值的数据单元被舍弃,而只使用剩余的 $N-M$ 个单元来估计干扰功率大小。在审核 CFAR 方法的一些具体实现上,最高能量和最低能量的参考单元均被舍弃不用。考虑一个 $M=2$ 的例子,若存在一个干扰目标,但其仅散布于 1~2 个单元内(或者存在两个干扰目标,每个目标仅散布在一个单元内),则检查处理过程将会彻底去除掉它们对干扰估计的提升效应。并且,由于使用 $N-M$ 个而不是 N 个参考单元,其附加的 CFAR 损失很少(Ritcey 和 Hines,1989)。为了选择合适的 M 值,需要获得一些先验知识,如预计的干扰目标最大数目,以及它们是仅限制在一个单元内,还是散布在多个单元内。通常,参考窗内的 1/4 或者 1/2 的单元会被舍弃掉(Nathanson,1991)。另外,该技术的实现需要有一对参考单元数据进行排序的选择准则,并且实现速度是重点要考虑的,通常实时 CFAR 运算必须在该速度下完成。

实际还有许多基于前面方法的综合方法可供使用。例如,检查处理可以和单元平均、SOCA 或 GOCA 技术的任何一个结合起来使用。一种更精细的方法是先测量前后参考窗内的干扰特性,再选择一个合适的 CFAR 算法。此类方法的一种实现是,先分别计算前后参考窗内数据的均值和方差,如果某个子窗内的数据方差超过某个设定阈值,则认为该窗内的数据不满足干扰成均匀锐利分布的条件,而很可能受到了干扰目标的污染。此后,使用一系列的选择逻辑决定或者结合两个数据窗使用 CA CFAR 方法,或者仅仅利用其中一个窗内的数据使用 CA CFAR 方法,或者使用 GOCA 或 SOCA CFAR 处理技术(Smith 和 Varshney,2000)。例如,当两个均值之差小于一个特定阈值,而每个窗内的数据方差小于方差阈值时,可以使用传统的 CA CFAR 处理方法来设定检测阈值。如果反过来,两均值的差超过了特定阈值,则使用 GOCA CFAR。如果一个子窗内的数据方差超过了方差阈值,而另一个子窗没有超过该阈值,使用仅基于低方差参考数据窗的 CA CFAR。如果两个子窗内的数据方差均超过了方差阈值,则使用 SOCA CFAR 方法进行恒虚警处理。

最近发展起来的另一种恒虚警算法称为开关 CFAR(S-CFAR)。这种算法对杂波边缘效应和目标遮蔽效应具有良好的抑制性能,且在均匀杂波背景下的性能接近于 CA CFAR。在该算法实现中,先将 CFAR 参考窗一分为二,且各自包含的样本在时间上不一定连续。具体做法是,以小于待检单元样本值的某个值作为阈值,参考窗内高于此阈值的所有单元归为一组,而低于该阈值的所有其他单元为另一组。如果较低幅度值所在的组包含的单元数超过某个阈值 N_t,则参考窗内的所有 N 个样本被用于进行单元平均处理,而 N_t 一般取为所有参考单元数的一半。如果较低幅度值所在的组包含的单元数小于 N_t,则 CFAR 阈值根据低幅值组的样本数据来定。相对于有序统计 CFAR 处理(将在 6.5.6 节讨论),S-CFAR 的主要优点在于减小了由于目标遮蔽效应引入的 CFAR 损失,并在某种程度上提高了杂波边缘的处理性能,同时还避免了 OS CFAR 处理所需要的排序操作。

另一种提出来用于抑制遮蔽效应的方法是使用其他检波准则,而不再是线性检波器或平方律检波器。目前为止,最通用的是对数 CFAR,它对接收回波数据相应的对数序列,进行传统的 CA CFAR 处理[①]。似乎不存在一种类似于式(6.124)到式(6.129)的分析过程的简单解析方

---

① 所用对数的底值会影响到用来设定阈值的具体偏置量,但在其他方面的影响不重要。式(6.156)中求取对数后的数值单位默认为 dB。

法，可以确定在对数检波处理后数据平均值和干扰功率的关系。然而，受到平方律检波器条件下阈值计算式(6.130)求取对数所得结果的启发，对数 CFAR 处理的检测阈值可以通过在对数检波后的数据平均值加上一个偏置量得到，即

$$\hat{T}_{\log} = \frac{1}{N}\sum_{i=1}^{N} 10\log_{10}(x_i) + \alpha_{\log} \tag{6.156}$$

一般来说，对数据进行对数变换后，会使得其数值动态范围变小。这一点对于由模拟器件以及只能进行定点运算的数字器件组成的老系统来说，是一个重要的实现上的优点，但对于现在更先进的处理系统则不再是一个问题。然而，使用对数检波后的数据，进行 CFAR 阈值计算还有另一个优点，那就是参考窗内的孤立干扰目标不会对干扰功率的估计平均值的大小产生大的影响，从而减弱了目标遮蔽效应，如图 6.28 所示。图中所用的数据和前面的例子中的相同，包括了两个紧邻的目标，信噪比分别为 15 dB 和 20 dB，并有 10 dB 的杂波边缘。使用该方法处理，两个紧邻目标可以较容易地检测到，但是，对于杂波边缘的处理性能较差，特别是在杂波边缘处存在虚警。在这个处理例子中，不仅在杂波边缘处发生了一个虚警，而且在杂波边缘附近的目标也没有成功检测到。

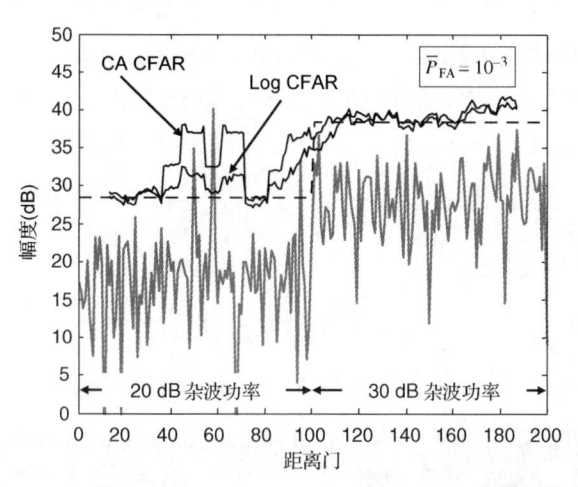

图 6.28 单元平均 CFAR 和对数 CFAR 的对比，所用数据同图 6.27

所需的阈值偏置量 $\alpha_{\log}$ 是变量 $\overline{P}_{FA}$ 的函数，但其直接函数关系表达式仍未知。对于给定的 $\overline{P}_D$ 和 $\overline{P}_{FA}$，可以通过数值计算的方法找到合适的阈值(Novak，1980)。为了得到图 6.28，反复使用蒙特卡罗仿真实验来得到所需的值。当参考单元数 $N = 20$，$\overline{P}_{FA} = 10^{-3}$ 时，可得 $\alpha_{\log} = 11.85$ dB。

文献(Hansen 和 Ward，1972)利用蒙特卡罗方法对对数 CFAR 检测器的 CFAR 损失进行了分析。他们得出的结论为：对数 CFAR 相对于线性检波器 CFAR 的恒虚警损失有所增加，并且在均匀杂波背景下，对数 CFAR 处理所需要的参考单元数 $N_{\log}$，与使用线性检波器的 CA CFAR 处理所需要的参考单元数，在 CFAR 损失相同的前提下，有关系式：

$$N_{\log} \approx 1.65N - 0.65 \tag{6.157}$$

因此，为了避免增加 CFAR 的损失，对数 CFAR 需要增加 65%的参考单元数。而且，若 $N > 8$，则以 dB 为单位的对数 CFAR 的恒虚警损失，比使用相同参考单元数的线性检波器 CFAR 的损失高出大约 65%。

6.5.6 有序统计 CFAR

另一类能与 CA CFAR 类算法并列的是一系列基于有序统计量的算法,称为有序统计 CFAR(OS CFAR)类方法。这类算法的主要目的是抑制遮蔽效应引起的性能恶化,它保留了 CA CFAR 算法使用的一维或二维滑窗结构,如果需要也可以使用保护单元,但是彻底摒弃了后者通过对参考单元的数据进行平均,从而直接估计干扰功率电平的方法。取而代之的是,OS CFAR 对参考单元的数据 $\{x_1, x_2, \cdots, x_n\}$ 进行排序,形成一个升序排列的新序列,记为 $\{x_{(1)}, x_{(2)}, \cdots, x_{(N)}\}$。排完序的序列的第 k 个元素称为第 k 个有序统计量。例如,第一个有序统计量是最小的,第 N 个是最大的,而第 $N/2$ 个是该序列 $\{x_{(1)}, x_{(2)}, \cdots, x_{(N)}\}$ 的中值。OS CFAR 选取第 k 个有序统计量的值作为干扰功率电平的估计,并设阈值为该值和一个因子的乘积,即

$$\hat{T} = \alpha_{\text{OS}} x_{(k)} \tag{6.158}$$

因此,干扰实际上是从一个数据样本估计得到的,而不是取所有数据样本的平均值作为估计值。然而,该阈值本质上依赖于所有的样本数据,这是因为第 k 个数据是由所有的样本值决定的。

下面将证明 OS CFAR 算法实际上具有 CFAR 性质(即不依赖于干扰功率 σ_w^2),并且将给出对应于某个 $\bar{P}_{\text{FA}}$ 所需的阈值乘积因子,分析如下(Levanon,1988)。为了表达简洁,将平方律检波器的输出值 x_i 均值归一化,即有 $y_i = x_i / \sigma_w^2$,这样 PDF 是一个具有单位均值的指数函数。记排完序的参考序列 $\{y_i\}$ 为 $\{y_{(i)}\}$。则对于给定阈值 T,虚警概率为

$$P_{\text{FA}}(T) = \int_T^{+\infty} e^{-y} dy = e^{-T} \tag{6.159}$$

因此可计算得到平均虚警概率为

$$\bar{P}_{\text{FA}} = \int_0^{+\infty} P_{\text{FA}}(T) p_T(T) dT \tag{6.160}$$

其中,$p_T(T)$ 为阈值的 PDF。因为 T 正比于排在第 k 位的参考样本值 $y_{(k)}$,所以需要求得 $y_{(k)}$ 的 PDF,N 个独立同分布的随机变量中的第 k 个最大的随机变量,结果可以在很多书中找到,即

$$p_{y(k)}(y) = k \binom{N}{k} P_{y_i}^{k-1}(y) [1 - P_{y_i}(y)]^{N-k} p_{y_i}(y) \tag{6.161}$$

其中,$P_{y_i}(y)$ 是 y_i 的累积分布函数(CDF)。对于复高斯白噪声,一个平方律的 PDF 和 CDF 的检测和归一化参考样本 y_i 是:

$$p_{y_i}(y) = e^{-y}$$
$$P_{y_i}(y) = \int_0^y p_{y(k)}(y') dy' = 1 - e^{-y} \tag{6.162}$$

将上式代入式(6.161),可以得到排在第 k 个的样本的 PDF 为

$$p_{y(k)}(y) = k \binom{N}{k} [e^{-y}]^{N-k+1} [1 - e^{-y}]^{k-1} \tag{6.163}$$

由 $\hat{T} = \alpha_{\text{OS}} y_{(k)}$,则 $\hat{T}$ 的 PDF 可写为 $p_{\hat{T}}(\hat{T}) = (1/\alpha_{\text{OS}}) p_{y(k)}(\hat{T}/\alpha_{\text{OS}})$,进一步有

$$p_{\hat{T}}(\hat{T}) = \frac{k}{\alpha_{\text{OS}}} \binom{N}{k} [e^{-\hat{T}/\alpha_{\text{OS}}}]^{(N-k)+1} [1 - e^{-\hat{T}/\alpha_{\text{OS}}}]^{k-1} \tag{6.164}$$

将上式代入式(6.160)，得

$$\begin{aligned}\bar{P}_{\mathrm{FA}} &= \int_0^{+\infty} \mathrm{e}^{-\hat{T}} \frac{k}{\alpha_{\mathrm{OS}}} \binom{N}{k} [\mathrm{e}^{-\hat{T}/\alpha_{\mathrm{OS}}}]^{N-k+1} [1-\mathrm{e}^{-\hat{T}/\alpha_{\mathrm{OS}}}]^{k-1} \mathrm{d}\hat{T} \\ &= \frac{k}{\alpha_{\mathrm{OS}}} \binom{N}{k} \int_0^{+\infty} \mathrm{e}^{-(\alpha_{\mathrm{OS}}+N-k+1)\hat{T}/\alpha_{\mathrm{OS}}} [1-\mathrm{e}^{-\hat{T}/\alpha_{\mathrm{OS}}}]^{k-1} \mathrm{d}\hat{T} \end{aligned} \tag{6.165}$$

为了表达式更简洁，设 $T' = \hat{T}/\alpha_{\mathrm{OS}}$，则有

$$\bar{P}_{\mathrm{FA}} = k \binom{N}{k} \int_0^{+\infty} \mathrm{e}^{-(\alpha_{\mathrm{OS}}+N-k+1)T'} [1-\mathrm{e}^{-T'}]^{k-1} \mathrm{d}T' \tag{6.166}$$

利用文献(Gradshteyn 和 Ryzhik，1980)中的积累公式 3.312(1)，可得

$$\begin{aligned}\bar{P}_{\mathrm{FA}} &= k \binom{N}{k} \mathrm{B}(\alpha_{\mathrm{OS}}+N-k+1, k) \\ &= k \binom{N}{k} \frac{\Gamma(\alpha_{\mathrm{OS}}+N-k+1)\Gamma(k)}{\Gamma(\alpha_{\mathrm{OS}}+N+1)} \end{aligned} \tag{6.167}$$

其中，$\mathrm{B}(\cdot,\cdot)$ 表示 β 函数，可以再用伽马函数 $\Gamma(\cdot)$ 表示，如式中所示。对于整数自变量，有 $\Gamma(n) = (n-1)!$，因此上式当 α_{OS} 为整数时，可化简为

$$\begin{aligned}\bar{P}_{\mathrm{FA}} &= k \frac{N!}{k!(N-k)!} \frac{(k-1)!(\alpha_{\mathrm{OS}}+N-k)!}{(\alpha_{\mathrm{OS}}+N)!} \\ &= \frac{N!(\alpha_{\mathrm{OS}}+N-k)!}{(N-k)!(\alpha_{\mathrm{OS}}+N)!}, \quad \alpha_{\mathrm{OS}} \text{ 为整数}\end{aligned} \tag{6.168}$$

图 6.29 给出了以 α_{OS} 为自变量的 $\bar{P}_{\mathrm{FA}}$ 函数曲线，并给出了对应于两个 OS 参考窗的函数曲线，参考窗分别取为 $N=20$ 和 $N=50$。在第一种情况下，选择了第 $k=15$ 个有序统计量来计算阈值，而第二种选择了第 $k=37$ 个。这样的曲线可以用来决定在给定 $\bar{P}_{\mathrm{FA}}$ 和 OS CFAR 参考窗结构情况下的阈值乘积因子。例如，取 $N=20$，$k=15$，对应阈值乘积因子 $\alpha_{\mathrm{OS}}=6.857$ 时，平均虚警概率 $\bar{P}_{\mathrm{FA}}=10^{-3}$。

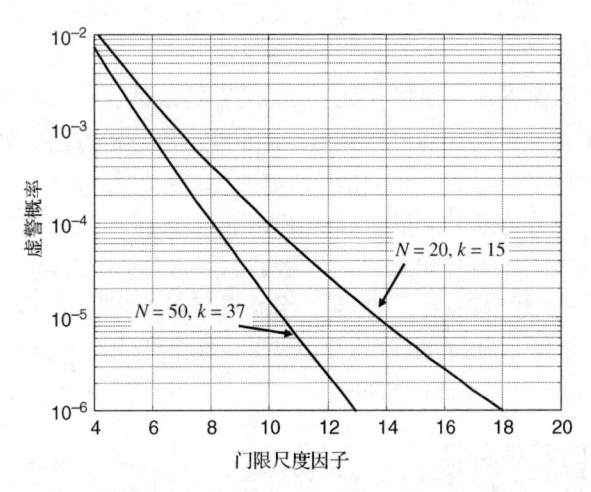

图 6.29　有序统计 CFAR 检测时，以阈值尺度因子 α_{OS} 为自变量的 $\bar{P}_{\mathrm{FA}}$ 函数曲线，所用的有序统计量近似为 $0.75N$

图 6.30 给出了用 OS CFAR 方法处理同前面一样数据时的性能，其中参考单元数仍为 $N=20$，选择了第 $k=15$ 个有序统计量用于阈值的计算。采用有序统计的方法取代平均估计的方法来进行 CFAR 处理，使得检测器对于由紧邻目标引起的遮蔽效应极不敏感，前提是被干扰目标污染的参考单元数不能大于 $N-k$ 个。在这个例子中，两个紧邻的目标可以较容易地检测到。尽管图 6.30 的处理中也使用了保护单元，但事实上是否使用保护单元对于 OS CFAR 来说不太重要，这是因为即使目标散布在多个单元内也不会影响排序过程。参考窗长度以及有序统计量 k 的选择方法对于杂波边缘处 CFAR 处理的影响见文献 Rohling(1983)。若 $k \leqslant N/2$，则在杂波边缘处会出现较多的虚警，因此，k 的取值一般满足 $N/2 < k < N$ 的条件。通常，k 的取值在 $0.75N$ 附近(Nathanson, 1991)。

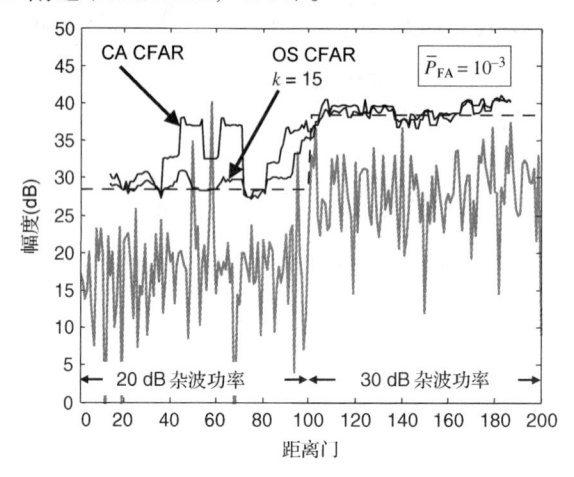

图 6.30 单元平均 CFAR 和有序统计 CFAR 的对比，所用数据同图 6.27

为了分析 OS CFAR 的恒虚警损失，需要先决定在给定平均检测概率 $\bar{P}_D$ 和平均虚警概率 $\bar{P}_{FA}$ 下所需的信噪比，并且将这个值与理想阈值下的值，或均匀干扰条件下 CA CFAR 的对应值进行比较。假设待检单元内所含目标为 Swerling 1 或 Swerling 2 型(回波幅度服从瑞利分布)，重复上述的分析过程，则可得平均检测概率仍可用式(6.167)的形式表示，但是 α_{SO} 须用下式代替(Levanon, 1988)：

$$\alpha_{OS}^D = \frac{\alpha_{OS}}{1+\bar{\chi}} \tag{6.169}$$

其中，$\bar{\chi}$ 表示目标的平均信噪比。通过改变 α_{SO} 或 α_{SO}^D 的取值，可以画出 $\bar{P}_D$ 关于 $\bar{P}_{FA}$ 的函数曲线，从而得到 CFAR 损失。文献 Blake(1988)给出了另一种分析方法。当不存在干扰目标效应时，OS CFAR 比 CA CFAR 多出一个小的附加损失。该损失大小与 k 和 N 均有关，但一般在 0.3~0.5 dB 区间内。如果存在干扰目标，OS CFAR 的恒虚警损失的增加很缓慢，直到干扰目标数目超过了 $N-k$，即舍弃的高序单元数。作为对比，CA CFAR 的恒虚警损失，由于处理中对干扰功率估计过高而迅速增大(Blake, 1988)。因此，存在干扰目标影响时，OS CFAR 的损失低于 CA CFAR 的损失。有关 OS CFAR 的其他性能，包括非相干积累效应及其在韦布尔杂波背景下的表现见文献 Shor 和 Levanon(1991)。

6.5.7 有关 CFAR 的其他问题

"自适应 CFAR"是指一类发展中的 CFAR 算法，致力于提高 CFAR 在非均匀杂波背景条件下的性能[①]。一般地,此类算法摈弃了固定的参考窗结构(即前后参考子窗各分配一半参考单元数),而大多改为利用统计测试来决定参考单元代表了一种还是两种杂波,即检验参考单元内数据是否是均匀的。若杂波非均匀,则该类算法不仅估计每类杂波的统计特性,同时也对杂波分布变化的单元进行估计(因此可以清楚哪种杂波作用于待检单元内可能的目标)。

文献 Finn(1986)给出了用于非均匀杂波背景下的自适应 CFAR 的基本方法。该算法建立一个包括待检单元在内的,由 N 个参考单元组成的窗,并且窗跨越两个不同分布杂波区。杂波边缘假定发生在样本 M 和 $M+1$ 之间,然而,M 是未知的。初始假设杂波也是平方律检波后服从指数分布。令 $\sigma_{w1}^2(M)$ 代表对形成第一杂波区的样本 1 到 M 取平均而得到的 σ_w^2 的估计值,$\sigma_{w2}^2(M)$ 是形成第二杂波区的第 $M+1$ 个样本到第 N 个样本的均值。算法从 $M=1$ 开始计算 $\sigma_{w1}^2(1)$,$\sigma_{w1}^2(1)$ 只是单元 1 的样本均值,同时计算 $N-1$ 个单元的样本均值 $\sigma_{w2}^2(1)$。当取 $M=2,\cdots,N-1$ 时,重复上述计算过程。因此,对于 $N-1$ 个可能的临界单元,分别计算得到了一对样本均值序列 $\sigma_{w1}^2(M)$ 和 $\sigma_{w2}^2(M)$。

接下来是选取最可能的临界单元 M_t。该临界点的最大似然估计就是使得下面的对数似然函数最大化的 M 值(Finn,1986):

$$\ln \ell(M) = -\{M \ln \sigma_{w1}^2(M) - (N-M) \ln \sigma_{w2}^2(M)\} \tag{6.170}$$

一旦找到 M_t 值,就同时确定了待检单元是位于第一个还是第二个杂波区域。此后可以由使用适当平均估计算法和合适参考单元数的标准平均单元 CFAR 进行 CFAR 阈值计算。例如,如果待检单元位于第一个杂波区,则用这种方法最终得到的阈值将是由以下两个参数确定的:

$$\begin{aligned} \alpha &= M_t(\overline{P}_{FA}^{-1/M_t} - 1) \\ \hat{T} &= \alpha \sigma_{w1}^2(M_t) \end{aligned} \tag{6.171}$$

事实上,当待检单元位于弱杂波区时,这个处理过程实际等效于 SOCA CFAR 算法;当待检单元位于强杂波区时,则等效于 GOCA CFAR 算法(假设估计的临界单元位置正确)。

前面讨论的基本自适应 CFAR 处理方法不适用于全部杂波满足一致性的情况。因此,可以先做一个似然函数计算的比较处理,即设 $M = M_t$,计算式(6.170)的似然值 $\ln \Lambda(M_t)$,再将其与一致杂波条件下的量 $\ln \ell(0) = -\ln \sigma_{w2}^2(0) = -N \ln \sigma_{w2}^2$ 进行比较,如果 $\ln \Lambda(0) > \ln \Lambda(M_t)$,则认为杂波是一致均匀的,此时可以使用传统的 CA CFAR 来处理。

即使杂波存在两个区域的假设成立,但临界单元 M_t 的估计也很可能并不正确。如果目标实际上位于弱杂波区域,但被错误地估计为位于强杂波区,则算法必然使用强杂波的统计特性计算阈值;因此,强杂波遮蔽目标的可能性增加。反之,如果目标位于强杂波区,但被错误地估计为位于弱杂波区,则会使用后者的统计特性计算阈值,得到的阈值就会偏低。尽管此时的目标检测概率得到了提高,但是虚警概率也上升了,并且可能上升得极其迅速。为此,改进自适应 CFAR 算法,使其判决逻辑倾向于目标位于强杂波区域。虽然这样在某种程度上增强了遮蔽效应,却避免了虚警率大幅提升这一常见却很严重的问题(Finn,1986)。

当然,CA CFAR 的许多改进方法可以应用到自适应 CFAR 处理中。通过先计算每个杂波

[①] 这个术语是不合时宜的,因为所有的 CFAR 都是自适应的,它们从所测量的数据中估计检测阈值。"自适应 CFAR"是针对那些能够根据数据特征的情况自动选择一个或多个参数的估算算法的情况。

区域的样本均值和方差，自适应 CFAR 也可以用来处理对数正态分布或韦布尔分布的杂波背景下的目标检测。在估计相关的参数前，对每个区域的数据进行所谓的审核。除了单元平均，还可以使用有序统计方法计算阈值。各种各样的扩展算法都可以在文献中找到，这些算法是基于自适应的概念，但是使用了不同的统计估计器和判决逻辑。

本章到目前为止所有的讨论，都基于干扰的幅度为瑞利分布或功率为指数分布，当主要的干扰是高斯噪声时，无论是来自于低电平的接收机噪声还是高电平的人为干扰，此假设模型是合适的。此时，仅需要求出一个参数，即平均功率，就可以完全确定干扰的 PDF。然而，如第 2 章所讨论的，许多类型的杂波建模需要用到更复杂的 PDF，例如对数正态或韦布尔概率密度。这些函数是两个参数的分布（这点区别于指数 PDF），需要估计得到均值和方差（或者等效的参数，如斜率）才能确定其表达式。尤其是需要描述 CFAR 处理过程的时候，阈值控制机制必须基于这两个参数的估计。

文献 Schleher(1977) 给出了一个 CFAR 算法用于对数正态杂波背景的例子。接收机为对数检波器，因此检波后的数据样本 $\{x_i\}$ 为正态分布。相应的 CFAR 处理就是传统的应用于对数检波数据的单元平均方法。计算阈值的方法为

$$\hat{\mu} = \frac{1}{N}\sum_{i=1}^{N} x_i$$
$$\hat{s} = \sqrt{\frac{1}{N}\sum_{i=1}^{N}(x_i - \hat{\mu})^2} \qquad (6.172)$$
$$\hat{T} = \hat{\mu} + \alpha\hat{s}$$

很明显，该 CFAR 阈值计算可以和先前讨论的基于 CA CFAR 的许多改进扩展结合起来，如 SOCA、GOCA 方法或审核律。

因为需要计算两个参数，所以两个参数的分布杂波背景下的 CFAR 损失高于指数分布背景下的损失，并且，该 CFAR 损失可以相当大，尤其是参考单元数较少时。例如，设平均检测概率为 0.9，平均虚警概率为 10^{-6}，且参考单元数取为 32 个，则使用式(6.172)的 CFAR 损失在对数正态杂波背景下近似为 13 dB(Schleher, 1977)。由图 6.21 可知，在指数分布杂波背景下，在同样参数下的传统 CFAR 处理损失在 1 dB 以下。

同样的计算过程可以用在韦布尔杂波背景下计算 CFAR 阈值，当然具体的 α 值和对数正态杂波下的不同。有两种韦布尔检测器，即对数 t 检测器和另一种基于韦布尔参数的最大似然估计的方法，这两种方法被指出等效于式(6.172)的方法(Gandhi 等, 1995)。

有序统计 CFAR 类算法也被提出用于两个参数杂波背景下的 CFAR 检测。其中一种算法在前后参考子窗内结合了 OS CFAR 的最大逻辑来估计干扰均值，然后再使用单一参数的式(6.154)来计算阈值。由于没有对 PDF 的第二个参数斜率进行直接或暗含的估计，所以阈值乘积因子 α 一定会是该参数的函数，这实际上表明了斜率参数必须已知才能获得正确的阈值。性能分析结果再次表明选择大约第 $0.75N$ 个有序统计量 k 可获得最佳的对干扰目标和对斜率大小不确定性的抑制性能(Rifkin, 1994)。

第 5 章讨论了在静止地杂波不是很强的情况下，地基固定雷达检测慢速或静止目标的杂波匹配技术。在每个距离-角度单元上将测得的杂波反射率乘以一个数值因子，即可获得该单元对应的阈值。而杂波的测量可以通过简单的一阶递归滤波器得到，该滤波器的数学形式为

$$\hat{x}[n] = (1-\gamma)\hat{x}[n-1] + \gamma x[n] \tag{6.173}$$

其中，$\hat{x}[n]$ 为 n 时刻的杂波反射率估计（通常 n 表示雷达对观测区域的某次完整扫描）；$x[n]$ 为 n 时刻的杂波的当前测量值；因子 γ 是控制上次测量值对当前测量值影响的权值。将上式分别应用于每个感兴趣的距离-角度单元，每个单元的检测阈值为

$$\hat{T}[n] = \alpha \hat{x}[n-1] \tag{6.174}$$

注意到，检测当前单元内是否含有目标的阈值，是基于前次扫描得到的对应单元的杂波反射率进行估计的，而没有包括当前单元的数据，这是因为如果当前单元包含目标，则会影响对杂波的估计，抬高检测阈值，从而可能导致所谓的自我遮蔽效应。即使考虑到这个问题，当存在慢速动目标占据多个图单元时，产生的自遮蔽效应还会导致几个 dB 的 CFAR 损失（Lops 和 Orsini，1989）。如果目标占据了一定数目的图单元，且单元数接近于形成杂波图的总共扫描次数，则雷达也会完全丧失对目标的检测能力。

一阶差分式（6.173）对应于一个无限冲激响应（IIR）滤波器，冲激响应函数为

$$h[n] = \gamma(1-\gamma)^n u[n] \tag{6.175}$$

其中，$u[n]$ 是单位阶跃函数。因此，该滤波器的输出也能表示为输入与 $h[n]$ 的卷积，即

$$\hat{x}[n] = x[n] * h[n] = \gamma \sum_{m=0}^{\infty} (1-\gamma)^m x[n-m] \tag{6.176}$$

上式表明，类似于 CA CFAR，这里阈值的计算也是基于对杂波测量值的平均，但有几个重要的不同点。在 CA CFAR 里，杂波采样值取自于同一个脉冲或驻留时间，以及在空间位置、多普勒，或者空间位置和多普勒上邻接待检单元的单元，用这些来估计干扰杂波的功率电平。为了使邻接单元的数据样本可以用于对待检单元杂波进行估计，则必须假设杂波在空间上是均匀的。先前讨论的各种 CA CFAR 的改进算法全是由实际环境不能完全满足该假设的事实所激发的。在杂波匹配中，阈值计算是基于待检单元之前时刻的多次杂波采样值的。因此，杂波图方法不要求杂波空间均匀，但需要在时间上是均匀的，即统计平稳。然而，上述分析的正确性要求两种 CFAR 算法中的杂波采样之间是不相关的（对于 CA CFAR 是空间和多普勒不相关，对于杂波图 CFAR 是时间不相关），并且，式（6.176）表明杂波图方法的阈值是基于之前时刻数据的无限加权和，不同于 CA CFAR 及其改进算法的有限和。

使用有限个之前时刻数据的简单平均来估计杂波图检测阈值也是可以实现的。有一种动目标检测（MTD）算法使用的就是 8 次扫描的平均，对应 32 s 的时间数据序列（Skolnik，2001）。此时，CA CFAR 的分析也适用于杂波图算法。然而，为了计算简洁，最常使用的还是由式（6.173）所表示的递归滤波器。文献 Nitzberg（1986）推导了当使用递归方法计算检测阈值时的平均检测概率和平均虚警概率，即

$$\bar{P}_{\mathrm{FA}} = \prod_{m=0}^{\infty} \{1 + \alpha\gamma(1-\gamma)^m\}^{-1} \tag{6.177}$$

$$\bar{P}_{\mathrm{D}} = \prod_{m=0}^{\infty} \left\{1 + \frac{\alpha}{1+\bar{\chi}}\gamma(1-\gamma)^m\right\}^{-1} \tag{6.178}$$

这两个公式在实际中收敛较慢，文献 Levanon（1988）在此基础上研究得到了一个收敛更快速的改进算法。同样，也可通过变化 α，画出平均检测概率对平均虚警概率的曲线，然后将这

些曲线与干扰精确已知时的进行比较，即可以得到 CFAR 损失的大小。实际上，设 $\gamma = 0$ 即为理想情况。γ 的值每上升 0.2，CFAR 损失近似增加 3 dB。CFAR 损失的近似表达式为 (Taylor, 1990)

$$\text{损失(dB)} = -5.5\log_{10}\overline{P}_{FA}\left(1+\frac{2}{\gamma}\right)^{-1} \qquad (6.179)$$

上式的精度是有限的，尤其对于大的 γ 值，但是对于粗略计算还是有用的。MTD 的另外一种实现方法是使用如前所述的递归滤波器，其反馈系数选为 $\gamma = 7/8$ (Nathanson, 1991)。对于早期 MTD 处理中使用的定点处理机，最好选择参数 γ 是分母为 2 的幂的一个合理数值，因为这样除以分母(此处是 8)的计算，就可以由一个简单的二进制数右移位操作来实现。

一些杂波图 CFAR 系统在某个方位上利用多个距离单元，组成一个更大的图单元。这就可以在这些小块距离单元上，利用任何一种标准 CFAR 处理方法来提高图单元杂波估计的精度。单元平均或者有序统计 CFAR 中的任一个，均可用来对这些小块距离单元中的杂波功率进行估计。并且，根据背景噪声环境的不同，基本的单元平均或有序统计方法，可以利用先前讨论的用于传统 CFAR 的任何一种技术进行扩展。这些技术包括审核法、设置保护单元、选小或选大检测器、对数检测器，以及两个参数的估计算法(Lops, 1996; Conte 和 Lops, 1997)。

到目前为止所讨论的 CFAR 处理机，为了计算检测阈值(或阈值乘积因子)，均假设干扰噪声服从某一种具体的 PDF 形式。例如，式(6.134)和计算阈值乘积因子 α 的式(6.135)，就是在假设平方律检波后的纯干扰数据样本服从指数分布的条件下获得的。如果主要的干扰源是噪声，则上述假设的局限并不是太明显。然而，若系统工作在受限杂波背景下，或当主要杂波在各种类型杂波、噪声以及人为干扰之间不停变化的时候，那么这种基于特定干扰分布模型的阈值设定算法，会在占主要地位的干扰 PDF 轮换的时候发生较大的误差。为此，不依赖于特定的干扰 PDF 的阈值设定算法受到了重视。这类算法称为分布自由的 CFAR 算法或非参量 CFAR (DF CFAR)。

从发展过程来看，DF CFAR 算法总是基于二级"双阈值"方法，其第一级阈值将在原始数据域计算转换成二元检测/不检测的判决。在多个脉冲或多次扫描上重复这个判决，具体分辨单元各自的检测判决结果利用 6.4 节所讨论的 "M/N" 的准则进行处理。因为此时数据是二元的，且与输入的 PDF 无关，所以以第一级输出的 PDF 是二项式形式的。文献 Barrett(1987) 讨论了基于这个思想的 4 种变形方法，其中的 2 种方法，即"双阈值检测器"及"有序秩检测器"，在第一级均使用传统的单元平均或有序统计 CFAR，确定一个明确的平均虚警概率值 $\overline{P}_{FA}$，因此需要用到干扰 PDF 的先验知识来确定第一级阈值。也正因为如此，这些并不是真正意义上的所谓分布自由的算法。

"改进的双阈值检测器"使用一个反馈电路，取代第一级确定性计算得到的阈值，该反馈电路在第一级输出处监测 $\overline{P}_{FA}$，进而调节阈值以逼近期望的平均虚警概率。尽管这个方法需要使用大量的数据来估计实际的 $\overline{P}_{FA}$ 值，但却能处理任何分布类型的输入数据。在秩和双量化器中，第一级处理不对数据进行实质上的设定阈值处理，仅是计算待检单元相对参考单元的秩，并且将相应的秩数，而不是二元检测/不检测的判决，传给第二级处理。第二级将这个秩在多个脉冲或多次扫描的基础上进行积累，得到一个随机变量，且该变量的分布特性仅仅依赖于来自多个脉冲或多次扫描的样本间的相关性(Barrett, 1987)。对这个变量进行两个参数的 CA CFAR 处理，即可获得最终的检测结果。

最新的算法由文献 Sarma 和 Tufts(2001)给出，也是基于秩排序思想。假设 N 个参考单元样本序列为 $\{y_i\}$，其第 k 个有序统计量为 $y_{(k)}$，$y_{(k)}$ 的 PDF 由式(6.163)给出。所谓的覆盖范围参数 C 定义为某个参考单元样本值大于 $y_{(k)}$ 的概率，所以有 $0 \leq C \leq 1$。因为累积分布函数 $P_{y_i}(y)$ 是 y_i 小于某个值 y 的概率，其服从

$$C = 1 - P_{y_i}(y_{(k)}) \tag{6.180}$$

C 的 PDF 为

$$P_C(C) = k \binom{N}{k} (1-C)^{k-1} C^{N-k} \tag{6.181}$$

此外，C 的数学期望值为

$$E\{C\} = \int_0^1 C \cdot p_C(C) \mathrm{d}C = \frac{N+1-k}{N+1} \tag{6.182}$$

现在假设一个系统使用参考单元数据的第 k 个关于秩的有序统计量，作为待检单元的检测阈值。这点区别于传统的 OS CFAR 算法，后者将第 k 个有序统计量乘以一个因子后作为检测阈值，而该因子 α_{OS} 为干扰 PDF 的函数。如果使用 $y_{(k)}$ 作为阈值，就不再需要计算任何阈值乘积因子 α。此时，C 就是虚警概率。式(6.181)和式(6.182)表明 C 的 PDF 以及它的期望值 $\overline{C} = \overline{P}_{\mathrm{FA}}$ 均不依赖于原始数据 $\{y_i\}$ 的 PDF。所以，这样的检测器是真正的所谓分布自由的 CFAR 检测器。

上述 DF CFAR 检测器的一个局限是仅能获得一些特定的平均虚警概率 $\overline{P}_{\mathrm{FA}}$ 的离散值，并且与参考单元数目有关。当 k 由 1 变到 N 时，由式(6.182)给出的 $\overline{P}_{\mathrm{FA}}$ 可取到一系列的离散值。显然，当 $k=N$ 时取得最小值，为

$$\overline{P}_{\mathrm{FAmin}} = \frac{1}{N+1} \tag{6.183}$$

上式又表明了这个算法的另一个局限性，即为获得较小的 $\overline{P}_{\mathrm{FAmin}}$，$N$ 的值需要很大。更贴近实际的说法是，实际中，对参考窗口 N 值的限制使得该方法的平均虚警率相对较高。对于给定的 N，虚警概率的设计值 $\overline{P}_{\mathrm{FAd}}$ 必须不小于 $\overline{P}_{\mathrm{FAmin}}$。假设这个条件得到了满足，则排序的结果被用作阈值，其能够获得最大接近但不超过 $\overline{P}_{\mathrm{FAmin}}$ 的 P_{FA}。对应的秩为

$$k = \left[(N+1)(1 - \overline{P}_{\mathrm{FAd}})\right] \tag{6.184}$$

尽管虚警概率不依赖于干扰的 PDF(即干扰的分布)，但检测概率与之有关。对于指数分布的干扰和 Swerling 1 型目标，使用 DF CFAR 算法的平均检测概率可表示为(Sarma 和 Tufts, 2001)

$$\overline{P}_{\mathrm{D}} = \prod_{i=0}^{k-1} \frac{N-i}{N-i+(1+\gamma)^{-1}} \tag{6.185}$$

类似于其他 CFAR 检测器，式(6.184)和式(6.185)可用于计算 DF CFAR 检测器的 CFAR 损失。DF CFAR 检测器的 CFAR 损失超过 CA CFAR 损失的部分在目标为 Swerling 1 模型时，通常小于 0.4 dB。

6.6 虚警概率的系统级控制

从本章可以得出结论,为了获得良好的检测性能(高 $\overline{P}_\mathrm{D}$,低 $\overline{P}_\mathrm{FA}$),在进行检测处理时,要求 SIR 在 15 dB 或更高量级上。目标的 RCS 一定,SIR 则由雷达作用距离方程体现出来的基本雷达系统设计参数所决定,如发射功率、天线增益、工作频率以及噪声系数等。此外,本书其他章所讨论的许多雷达信号处理技术,如匹配滤波、脉冲压缩、MTI、脉冲多普勒处理,以及空-时二维自适应处理等,它们的基本目标就是在进行检测处理前提高 SIR。一旦 SIR 已最大化,那么无论使用固定阈值还是自适应阈值,检测器的实际阈值就决定了,从而虚警概率也就决定了,所以 SIR 决定雷达的检测概率。

在某些情况下,无论怎样雷达的检测概率仍是低于要求值。这时,只能降低检测阈值,即提高了 $\overline{P}_\mathrm{D}$,但是也提高了 $\overline{P}_\mathrm{FA}$。此时,为了将 $\overline{P}_\mathrm{FA}$ 减小到可接受的水平,则需要在整个雷达系统处理的其他环节上使用相关的技术。文献 Nathanson(1991)讨论了几个可供选择的方法,这些方法的适用性取决于使用的具体系统。如果存在人为干扰,则可以在检测处理前使用天线旁瓣相消器,进一步提高 SIR(假设更高级的处理技术仍未实用,如 STAP)。信号检波后,在某些系统中可以使用杂波图技术,抑制由固定离散杂波或已知射频干扰源引入的虚警。若真实目标可以预计会扩展到不止一个距离、方位或多普勒单元里,则明显仅占据了一个单元的检测结果可以在检测后被当成虚警丢弃,这样就降低了系统的平均虚警概率 $\overline{P}_\mathrm{FA}$。最后,可以对一个明确检测到的目标进行跟踪,以确定其在多次扫描内均重现。如果未重现,则可将其当成虚警丢弃;如果重现,利用多次波束扫面可以得到其运动学参数。如果该目标突破了速度或加速度的可能区间,则可以认为这也是一次虚警,这很可能是由电子对抗引起的,至此就可以放弃这次跟踪处理了。总之,全系统的虚警率控制事实上可以扩展到系统的各个环节。

参考文献

Albersheim, W. J., "Closed-Form Approximation to Robertson's Detection Characteristics," *Proceedings of IEEE*, vol. 69, no. 7, p. 839, Jul. 1981.

Barrett, C. R., Jr., "Adaptive Thresholding and Automatic Detection," Chap. 12 in J. L. Eaves and E. K. Reedy (eds.), *Principles of Modern Radar*. Van Nostrand Reinhold, New York, 1987.

Blake, S., "OS-CFAR Theory for Multiple Targets and Nonuniform Clutter," *IEEE Transactions on Aerospace and Electronic Systems*, vol. AES-24, no. 6, pp. 785–790, Nov. 1988.

Cantrell, P. E., and A. K. Ojha, "Comparison of Generalized Q-function Algorithms," *IEEE Transactions on Information Theory*, vol. IT-33, no. 4, pp. 591–596, Jul. 1987.

Conte, E., and M. Lops, "Clutter-Map CFAR Detection for Range-Spread Targets in Non-Gaussian Clutter, Part I: System Design," *IEEE Transactions on Aerospace and Electronic Systems*, vol. AES-33, no. 2, pp. 432–442, Apr. 1997.

Di Vito, A., and G. Moretti, "Probability of False Alarm in CA-CFAR Device Downstream From Linear-law Detector," *Electronics Letters*, vol. 25, no. 5, pp. 1692–1693, Dec. 1989.

DiFranco, J. V., and W. L. Rubin, *Radar Detection*. Artech House, Dedham, MA, 1980.

Finn, H. M., "A CFAR Design for a Window Spanning Two Clutter Fields," *IEEE Transactions on Aerospace and Electronic Systems*, vol. AES-22, no. 2, pp. 155–169, Mar. 1986.

Gandhi, P. P., E. Cardona, and L. Baker, "CFAR Signal Detection in Nonhomogeneous Weibull Clutter and Interference," *Record of the IEEE International Radar Conference*, pp. 583–588, 1995.

Gradshteyn, I. S., and I. M. Ryzhik, *Tables of Integrals, Series, and Products*, A. Jeffrey (ed.). Academic Press, New York, 1980.

Hansen, V. G., and H. R. Ward, "Detection Performance of the Cell-Averaging LOG/CFAR Receiver," *IEEE Transactions On Aerospace and Electronic Systems*, vol. AES-8, no. 5, pp. 648–652, Sep. 1972.

Hansen, V. G., and J. H. Sawyers, "Detectability Loss Due to 'Greatest Of Selection in a Cell-Averaging CFAR," *IEEE Transactions on Aerospace and Electronic Systems*, vol. AES-16, no. 1, pp. 115–118, Jan. 1980.

Hmam, H., "Approximating the SNR Value in Detection Problems," *IEEE Transactions on Aerospace and Electronic Systems*, vol. AES-39, no. 4, pp. 1446–1452, Oct. 2003.

IEEE Standard Radar Definitions. IEEE Std. 686-2008, Institute of Electrical and Electronics Engineers, 2008.

Johnson, D. H., and D. E. Dudgeon, *Array Signal Processing*. Prentice Hall, Englewood Cliffs, NJ, 1993.

Kay, S. M., *Fundamentals of Statistical Signal Processing, Vol. I: Estimation Theory*. Prentice Hall, Upper Saddle River, NJ, 1993.

Kay, S. M., *Fundamentals of Statistical Signal Processing, Vol. II: Detection Theory*. Prentice Hall, Upper Saddle River, NJ, 1998.

Keel, B. M., "Constant False Alarm Rate Detectors", Chap. 16 in M. A. Richards, J. A. Scheer, and W. A. Holm (eds.), *Principles of Modern Radar: Basic Principles*. SciTech Publishing, 2010.

Levanon, N., *Radar Principles*. Wiley, New York, 1988.

Lops, M., "Hybrid Clutter-Map/L-CFAR Procedure for Clutter Rejection in Nonhomogeneous Environment," *IEE Proceedings of Radar, Sonar, and Navigation*, vol. 143, no. 4, pp. 239–245, Aug. 1996.

Lops, M., and M. Orsini, "Scan-by-Scan Averaging CFAR," *IEE Proceedings*, Part F, vol. 136, no. 6, pp. 249–253, Dec. 1989.

Meyer, D. P., and H. A. Mayer, *Radar Target Detection*. Academic Press, New York, 1973.

Nathanson, F. E., (with J. P. Reilly and M. N. Cohen), *Radar Design Principles*, 2d ed. McGraw-Hill, New York, 1991.

Nitzberg, R., "Clutter Map CFAR Analysis," *IEEE Transactions on Aerospace and Electronic Systems*, vol. AES-22, no. 4, pp. 419–421, Jul. 1986.

Novak, L. M., "Radar Target Detection and Map-Matching Algorithm Studies," *IEEE Transactions on Aerospace and Electronic Systems*, vol. AES-16, no. 5, pp. 620–625, Sep. 1980.

Olver, F. W. J., et al., editors,, *NIST Handbook of Mathematical Functions*. National Institute of Standards and Technology, U.S. Dept. of Commerce, and Cambridge University Press, 2010.

Pace, P. E., and I. L. Taylor, "False Alarm Analysis of the Envelope Detection GO-CFAR Processor," *IEEE Transactions on Aerospace and Electronic Systems*, vol. AES-30, no. 3, pp. 848–864, Jul. 1994.

Raghavan, R. S., "Analysis of CA-CFAR Processors for Linear-Law Detection," *IEEE Transactions on Aerospace and Electronic Systems*, vol. AES-28, no. 3, pp. 661–665, Jul. 1992.

Rifkin, R., "Analysis of CFAR Performance in Weibull Clutter," *IEEE Transactions on Aerospace and Electronic Systems*, vol. AES-30, no. 2, pp. 315–329, Apr. 1994.

Ritcey J. A., "Performance Analysis of the Censored Mean-Level Detector," *IEEE Transactions on Aerospace and Electronic Systems*, vol. AES-22, no. 4, pp. 443–454, Jul. 1986.

Ritcey, J. A., and J. L. Hines, "Performance of Max-Mean-Level Detector with and without Censoring," *IEEE Transactions on Aerospace and Electronic Systems*, vol. AES-25, no. 2, pp. 213–223, Mar. 1989.

Rohling, H., "Radar CFAR Thresholding in Clutter and Multiple Target Situations," *IEEE Transactions on Aerospace and Electronic Systems*, vol. AES-19, no. 4, pp. 608–620, Jul. 1983.

Robertson, G. H., "Operating Characteristic for a Linear Detector of CW Signals in Narrow Band Gaussian Noise," *Bell System Technical Journal*, vol. 46, no. 4, pp. 755–774, Apr. 1967.

Sarma, A., and D. W. Tufts, "Robust Adaptive Threshold for Control of False Alarms," *IEEE Signal Processing Letters*, vol. 8, no. 9, pp. 261–263, Sep. 2001.

Schleher, D. C., "Harbor Surveillance Radar Detection Performance," *IEEE Journal of Oceanic Engineering*, vol. OE-2, no. 4, pp. 318–325, Oct. 1977.

Shnidman, D. A., "Binary Integration for Swerling Target Fluctuations," *IEEE Transactions on Aerospace and Electronic Systems*, vol. AES-34, no. 3, pp. 1043–1053, Jul. 1998.

Shnidman, D. A., "Determination of Required SNR Values," *IEEE Transactions on Aerospace and Electronic Systems*, vol. AES-38, no. 3, pp. 1059–1064, Jul. 2002.

Shor, M., and N. Levanon, "Performance of Order Statistics CFAR," *IEEE Transactions on Aerospace and Electronic Systems*, vol. AES-27, no. 2, pp. 214–224, Mar. 1991.

Skolnik, M. I., *Introduction to Radar Systems*, 3d ed. McGraw-Hill, New York, 2001.

Smith, M. E., and P. K. Varshney, "Intelligent CFAR Processor Based on Data Variability," *IEEE Transactions on Aerospace and Electronic Systems*, vol. AES-36, no. 3, pp. 837–847, Jul. 2000.

Taylor, J. W., "Receivers," Chap. 3 in M. Skolnik (ed.), *Radar Handbook*, 2d ed. McGraw-Hill, New York, 1990.

Tufts, D. W., and A. J. Cann, "On Albersheim's Detection Equation," *IEEE Transactions on Aerospace and Electronic Systems*, vol. AES-19, no. 4, pp. 643–646, Jul. 1983.

Van Cao, T.-T., "A CFAR Thresholding Approach Based on Test Cell Statistics," *Proceedings of the 2004 IEEE Radar Conference*, pp. 349–354, Apr. 26–29, 2004.

Van Trees, H. L., *Detection, Estimation, and Modulation Theory, Part I: Detection, Estimation, and Linear Modulation Theory*. Wiley, New York, 1968.

Weiner, M. A., "Binary Integration of Fluctuating Targets," *IEEE Transactions on Aerospace and Electronic Systems*, vol. AES-27, no. 1, pp. 11–17, Jan. 1991.

Weiss, M., "Analysis of Some Modified Cell-Averaging CFAR Processors in Multiple-Target Situations," *IEEE Transactions on Aerospace and Electronic Systems*, vol. AES-18, no. 1, pp. 102–114, Jan. 1982.

习题

1. 对于一个检测问题，在假设 H_0 下，信号 x 的 PDF 为 $p_x(x|H_0) = \alpha \cdot \exp(-x/a), 0 \leq x \leq \infty$；在假设 H_1 下，信号 x 的 PDF 为 $p_x(x|H_1) = \beta \cdot \exp(-x/\beta), 0 \leq x \leq \infty$，其中 $\beta > \alpha$。那么似然比和对数似然比分别是多少？

2. 在均匀（非高斯）白噪声时，常数 $A=0.5$ 的奈曼-皮尔逊检测问题，噪声 $w[n]$ 的 PDF 为
$$p_w(w) = \begin{cases} 1, & -0.5 < w < +0.5 \\ 0, & \text{其他} \end{cases}$$
所测量的信号为 $x[n]$。在假设 H_0（只有噪声）时，$x[n] = w[n]$，在假设 H_1 下，$x[n] = A + w[n]$。

   a. 在一个图中，画出每个假设下的 $x[n]$ 的 PDF、$p_x(x|H_0)$ 和 $p_x(x|H_1)$，并且标出所有重要的值。

   b. 这个问题的似然比 $\Lambda(x)$ 是多少（非对数似然比或似然比检测）？这个可能要在不止一个区间内写出表达式。比如，"$\Lambda(x)$=表达式 1，$a < x < b$"。

   c. 忽略 b 中的似然比，假设选 $x \underset{H_0}{\overset{H_1}{\gtrless}} T$ 作为检测测试，分别画出 P_{FA} 和 T，P_D 和 T 的关系曲线，其中 T 为 $-1.5 \sim 1.5$。标出所有重要的值。

   习题 3～习题 6 是一组相关的关于 m，σ_w^2 和 T 的变化，对实常数高斯噪声例子检测和虚警性能影响的习题。

第 6 章 检测基础原理

3. 对于零均值实值高斯噪声中的实常数检测。设噪声方差 $\sigma_w^2 = 2$，样本数 $N = 1$，常数 $m = 4$。在这种情况下信噪比 χ 是多少？画出 $p(y|H_0)$ 和 $p(y|H_1)$，为坐标轴标上合适的数值。写出似然比和对数似然比，并简化表达式。

4. 同上题的参数值，假设 $P_{FA} = 0.01$，那么要求的阈值 T 是多少？P_D 的值为多少？查表或者运用 MATLAB 计算可能需要的函数的值，比如 erf(·)，erfc(·)，erf^{-1}(·) 或 erfc^{-1}(·)。

5. 假设习题 3 中的 m 增加使 SNR 达到原来的两倍，$\sigma_w^2 = 2$，$N = 1$ 不变，那么 m 应变为多少？用新的 m 画出 $p(y|H_0)$ 和。如果上题所求的阈值 T 不变，那么 P_{FA} 改变，变为多少？同样 P_D 变为多少？

6. 如果 m 仍旧为 4，但是减小噪声方差 $\sigma_w^2 = 1$，$N = 1$ 不变，那么信噪比 χ 是多少？根据新的 m 和 σ_w^2 画出和 $p(y|H_1)$，并标明分布。如果阈值仍旧是习题 4 和习题 5 的值，那么 P_{FA} 和 P_D 是多少？

7. 对于在复高斯噪声中常数的检测。设总的噪声方差 $\sigma_w^2 = 2$，样本数 $N = 1$，$m = 4$，这种情况下信噪比 χ 是多少？假设 $P_D = 0.01$，那么阈值 T 为多少？P_D 又是多少？查表或者运用 MATLAB 计算可能需要的函数的值，比如，erfc(·)，erf^{-1}(·) 或 erfc^{-1}(·)。

8. 计算在零均值复杂高斯噪声的情况下，常数的阈值 T 和检测概率 P_D，但是相位未知。假设 $m = 4$，$\sigma_w^2 = 2$，$N = 1$，$P_{FA} = 0.01$ 不变。在这里有必要对 Marcum Q 函数 Q_M 进行数值估计，可以利用 MATLAB 中信号处理工具箱或通信系统工具箱中的 marcumq.m 函数。

9. 运用 Albersheim 方程，估计达到 $P_{FA} = 0.01$，P_D 和前面所求相同时的单采样信噪比 χ_1，和上题中的实际 SNR 做比较。

10. 运用 Shnidman 方程重做上题。

11. 重新整理 Albersheim 方程，推导出一套关于 P_D、N 和单脉冲 SNR(dB) χ_1 的 P_{FA} 公式。

12. 使用 Shnidman 方程，估计以 dB 为单位的单脉冲的信噪比 χ_1，以达到在 $N=10$ 的样本的非相干积累情况下，使 $P_{FA} = 10^{-8}$，$P_D = 0.9$。对 4 种 Swering 的情况和非起伏情形都进行计算。图 6.14 可以用来检查结果。

    习题 13 到 16 是一组比较相干和非相干积累测量的效率，说明如何计算非相干积累增益的习题。

13. 信号加噪声的 N 个样本的相干积累产生线性刻度的积累增益。也就是说，如果单采样 y_i 的 SNR 为 χ，那么 $z = \sum_{i=1}^{N} y_i$ 的 SNR 是 $N\chi$。在习题 13~习题 16 中，作为例子，Albersheim 方程将用于研究非相干积累的相对效率。在这些习题中，假设 $P_D = 0.9$，$P_{FA} = 10^{-6}$，并用线性检测器，以基于单采样的检测开始。用 Albersheim 方程确定满足上述情况的单采样的 SNR χ_1。

14. 现在考虑 100 个样本的非相干积累，达到和上题相同的 P_D 和 P_{FA}。那么每个单独的样本有更小的 SNR。再次用 Albersheim 方程确定每一个脉冲需要达到要求的检测性能的 SNR。

15. 现在考虑 100 个脉冲的相干积累。那么这时每个脉冲的信噪比 χ_c 该是多少才能使相干积累的 SNR 和习题 13 的 χ_1 相同？

16. 最后，非相干积累增益为 χ_1 和 χ_{nc} 的比值。求 α 使得 $\chi_1/\chi_{nc}=N^\alpha$。对于在相同样本的积累下获得更高的增益，是相干积累更有效率，还是非相干积累？

17. 对于 $M=3$, $N=5$ 的二元积累，确定所需的 P_D 和 P_{FA}，使得累积概率为 $P_{CFA}=10^{-8}$，$P_{CD}=0.99$。小概率近似可以用来解决 P_{FA}，但是求 P_D 需要一些试验和错误的数值。P_D 的估计应精确到小数点后两位（提示：正确答案的范围为 $0.87 \le P_D \le 0.92$）。

18. 在功率 $\sigma_w^2=1$ 的复高斯噪声中的非起伏目标的单个非相干检测样本，被用作目标存在的测试。使用平方律检测器，假定干扰功率已知，那么达到 $P_{FA}=10^{-4}$ 时的阈值 T 的理想值是多少？如果 SNR 为 $\chi=10\,\text{dB}$，那么 P_D 是多少？MATLAB 和习题 8 中提到的计算机函数或者他们的等式需要用来估计 Q_M 函数。

19. 现在假设该干扰电平是未知的，那么 CA CFAR 将被用来执行检测测试。选 $N=30$ 个参考单元，此时阈值因子 α 是多少，才能使平均虚警概率 $\overline{P}_{FA}$ 保持在 10^{-4}。结果表明，如果 SNR 为 $\chi=10\,\text{dB}$，那么在理想阈值情况下，P_D 的值为 0.616。设 SNR 仍旧是 $\chi=10\,\text{dB}$，那么用 CA CFAR 时，平均检测概率 $\overline{P}_D$ 会是多少？

20. 假设用奈曼-皮尔逊准则设计的标准阈值检测器的阈值为 $P_{FA}=10^{-6}$。如果干扰功率电平增加了 6 dB，那么 P_{FA} 会变为多少？

21. 某个检测器设计的平均虚警概率为 $\overline{P}_{FA}=10^{-8}$，当用理想奈曼-皮尔逊阈值时，为达到 $\overline{P}_D=0.9$，信噪比 χ_∞ 是多少(dB)？当用 $N=16$ 个参考单元的 CA CFAR 时，信噪比 χ_N 是多少(dB)？这时的 CFAR 损失是多少(dB)？

22. 考虑单个干扰目标的 CA CFAR（"目标遮蔽"问题）。假设 CUT 中感兴趣目标的信噪比 χ 是 15 dB。如果干扰的信噪比 χ_i 是 10 dB，那么近似的"目标遮蔽损失"是多少 dB？当 χ_i 为 15 dB 时呢？假设平均单元数目为 $N=20$。计算结果并展示所有工作。图 6.23 可以作为近似的对照结果。

23. 考虑 $N=20$，阈值因子 $\alpha_{OS}=10$ 的指数分布干扰的有序统计 CFAR。计算有序统计 $k=15$, 16, …, 20 时的平均虚警概率 $\overline{P}_{FA}$。

24. 对于上题的 $k=15$ 时的 OS-CFAR，在检测和虚警性能没有严重恶化的前提下，能够在前后窗中容忍多少个异常值（例如存在其他目标）？

第7章　测量与跟踪

前面几章，距离、角度和多普勒频移的分辨率是由时间和空间带宽以及雷达波形的持续时间确定的。但是这些维度上的定位精度又如何呢？为了弄清这个问题，考虑当雷达系统在角度上扫描，经过一个孤立的点目标时，在给定距离单元上雷达接收机的输出。假设相对于天线扫描速率，雷达的脉冲重复频率足够高，那么角度采样点在空间上是非常靠近的。如果没有噪声，我们测量到的输出电压将与天线的双程电压方向图成正比，如图 7.1(a)所示，图中显示了一个 $sinc^2$ 函数的双程电压方向图和一个线性探测器的输出。通过找到峰值输出电压对应的角度就可以确定目标的角度位置。因此，目标角度的定位精度比角度分辨率要高得多。

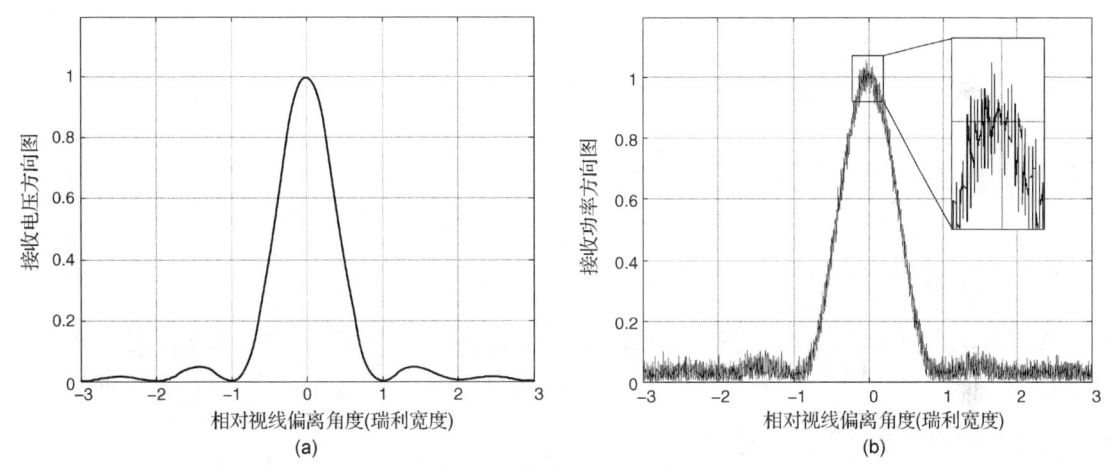

图 7.1　对单点目标进行角度扫描的接收电压方向图示意图。(a)无噪声，(b)30 dB 信噪比。方向图放大区域在视线方向周围

现在再来讨论存在接收机噪声的情况。接收机的输出将包括经过天线方向图调制(加权)的目标回波及噪声。由于噪声的影响，观测到的峰值将偏离目标的真实位置，如图 7.1(b)所示。这次实现中峰值的确切位置(见局部放大图)在-0.033 倍的瑞利宽度处，噪声的方差越大，就更可能偏离无噪声时的测量值。

由于噪声的影响，测量的峰值是一个随机变量。如果峰值测量在噪声中重复多次，就可以估计观测随机变量的概率密度函数(PDF)。图 7.2 给出了两幅图，分别是在信号经过检测器前加入了对应于不同峰值信噪比的复高斯噪声的条件下，所观测到的峰值的直方图。黑色的曲线是与仿真数据具有相同方差的零均值高斯 PDF。在图 7.2(b)中，信噪比较图 7.2(a)中低 20 dB(功率相差大约 100 倍)，导致了较低信噪比时更宽的角误差分布。在这个例子中，图 7.2(b)中分布的方差是图 7.2(a)中的 9.54 倍。这个因子近似是信噪比变化 100 倍的平方根。

由加性噪声确定的测量精度极限是本章的主要重点，但噪声并不是测量精度的唯一制约。其他制约测量精度的因素还包括采样密度、目标反射起伏、杂波和有源干扰等其他干扰源，以及硬件限制等。例如，扫描天线接收的功率仅在由雷达脉冲重复频率和天线扫描速率所确定的离散角度上测量，而不是前边例子中的密集采样点。在搜索模式下，在一个波束宽度内

可能仅有一到两个目标，这种情况下峰值估计量是不适用的，因为它没有利用多个样本去平均噪声的影响。稍后，将考虑更加实用的估计量。

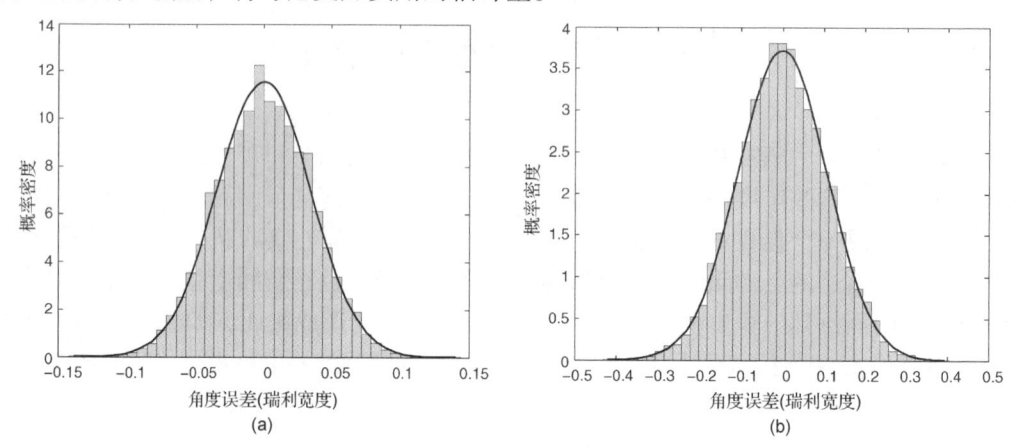

图 7.2 用峰值功率方法获得的角度误差柱状图。(a)视线方向 30 dB 信噪比；(b)视线方向 10 dB 信噪比。较小的信噪比导致较大的角度误差宽度

7.1 估计量

7.1.1 估计量的性质

假设有一个矢量包含 N 个测量数据样本 $\boldsymbol{x} = \{x_i, i = 0, \cdots, N-1\}$，它与未知确定参数 Θ 有关。Θ 可以是目标角度、延时(等价于距离)或多普勒频移的真值。估计量 $f(\boldsymbol{x})$ 是一种从数据 $\boldsymbol{x}$ 中计算 Θ 的估计值 $\hat{\Theta}$ 的算法，即

$$\hat{\Theta} = f(\boldsymbol{x}) \tag{7.1}$$

如果数据是含噪的，那么 $\hat{\Theta}$ 将会是一个随机变量，具有特定的 PDF 和矩。由于不同的估计量的质量也是不同的，因此需要讨论一个好的估计量应该具有哪些性质。

在回答这个问题之前，需要定义两个重要的指标，即准确度和精度，从而度量估计量的性能。图 7.3 以靶标射击为例，直观地给出了这两个指标。左边靶上的命中大致在靶心的周围，但是分布较为分散。由于平均位置接近靶心，因此可以说这组射击展现了好的准确度。然而，由于它们分布得较开，所以又可以说它们具有差的精度。在中间的靶上，命中是紧密成簇的，但是它们的中心距离靶心较远。这些命中是精确的但是并不准确。在右边的靶上，命中既紧密成簇，又以靶心为中心，因此它们既准确又精确。

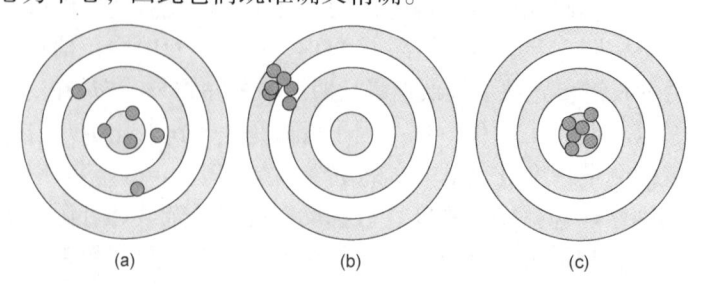

图 7.3 精度和准确度的区别。(a)击中目标，准确但不精确；(b)精确但不准确；(c)既精确又准确

为了更正式地描述这些概念，定义参数 Θ 的估计量 $\hat{\Theta}$ 的准确度为估计量的偏差，即估计量的均值与参数真值之差的期望，则

$$\text{准确度} = B_{\hat{\Theta}}(\Theta) \equiv E\{\hat{\Theta}\} - \Theta = E(\hat{\Theta} - \Theta) \tag{7.2}$$

精度定义为估计量的标准差

$$\text{精度} \equiv \sigma_{\hat{\Theta}} = E\left\{\sqrt{(\hat{\Theta} - \overline{\hat{\Theta}})^2}\right\} \tag{7.3}$$

这里，变量上边的横线也表示取均值。在大多数情况下，使用 $\hat{\Theta}$ 的方差 $\sigma_{\hat{\Theta}}^2$（精度的平方）更为方便。

我们希望估计量具有的 3 个性质是无偏性、一致性和最小方差性。前两个性质的定义为

$$\begin{aligned} E\{\hat{\Theta}\} &= \Theta \quad \text{(无偏性)} \\ \lim_{N \to \infty} \{\sigma_{\hat{\Theta}}^2\} &\to 0 \quad \text{(一致性)} \end{aligned} \tag{7.4}$$

无偏性表明估计与参数真值"在平均意义下"相等。一致性表明，随着用于估计参数的数据样本个数的增加，精度将会得到改善并且渐近到 0（理想精度）。第三个性质，最小方差性，是所有可能的无偏估计量的目标，应当选择具有最小方差（最佳精度）的一个。符合这些要求的估计量称为最小方差无偏（MVU）估计量。

作为这些性质的一个例子，考虑一个简单的估计问题。数据 x 是一个加性平稳高斯白噪声中的实常数 A 的 N 个独立观测样本，即

$$x[n] = A + w[n], \quad w[n] \sim N(0, \sigma_w^2) \Rightarrow x[n] \sim N(A, \sigma_w^2) \tag{7.5}$$

目标是从含噪数据中估计常数 A。在这个例子中，A 就是与测量数据 $\boldsymbol{x} = [x[0], x[1], \cdots, x[N-1]]^T$ 有关的参数 Θ。一个显而易见的估计量是样本的均值，即

$$\begin{aligned} \hat{A} &= f(\boldsymbol{x}) = \frac{1}{N} \sum_{n=0}^{N-1} x[n] \\ &= \frac{1}{N} \sum_{n=0}^{N-1} (A + w[n]) = A + \frac{1}{N} \sum_{n=0}^{N-1} w[n] \end{aligned} \tag{7.6}$$

显然该估计是无偏的，即

$$E\{\hat{A}\} = E\left\{A + \frac{1}{N}\sum_{i=0}^{N-1} w[n]\right\} = A + \frac{1}{N}\sum_{i=0}^{N-1} E\{w[n]\} = A \tag{7.7}$$

通过计算 $\hat{A}$ 的方差来考察其一致性，即

$$\begin{aligned} \sigma_{\hat{A}}^2 &= E\{(\hat{A} - \overline{\hat{A}})^2\} = E\{(\hat{A} - A)^2\} = E\left\{\left(\frac{1}{N}\sum_{m=0}^{N-1} w[m]\right)\left(\frac{1}{N}\sum_{n=0}^{N-1} w[n]\right)\right\} \\ &= \frac{1}{N^2} E\left\{\sum_{m=0}^{N-1}\sum_{n=0}^{N-1} w[m]w[n]\right\} = \frac{1}{N^2} \sum_{m=0}^{N-1}\sum_{n=0}^{N-1} E\{w[m]w[n]\} \end{aligned} \tag{7.8}$$

由于噪声样本彼此之间是独立的，$E\{w[m]w[n]\} = E\{w[m]\} \cdot E\{w[n]\}$。因为噪声是白的，所以 $w[n]$ 的均值必为 0。因而，当 $m \neq n$ 时，$E\{w[m]w[n]\} = 0$；而当 $m = n$ 时，则为 σ_w^2。后一种情况在两重求和中发生了 N 次。式(7.8)可简化为

$$\sigma_{\hat{A}}^2 = \frac{1}{N^2}(N\sigma_w^2) = \frac{\sigma_w^2}{N} \Rightarrow \lim_{N\to\infty} \sigma_{\hat{A}}^2 = 0 \tag{7.9}$$

因此样本平均估计量也具有一致性。

7.1.2 克拉美罗下界

式(7.9)给出了样本均值估计量的方差，但它是否具有最小方差？这个问题由著名的克拉美罗下界(Cramer-Rao Lower Bound, CRLB)来回答。将 x 在给定 Θ 的条件下的联合 PDF 表示为 $p_x(x|\Theta)$。CRLB 表明 Θ 的任何无偏估计量 $\hat{\Theta}$ 的方差的下界为

$$\sigma_{\hat{\Theta}}^2 \geq \frac{1}{\mathrm{E}\left[\{\partial \ln[p_x(x|\Theta)]/\partial\Theta\}^2\right]} \tag{7.10}$$

另一种形式的 CRLB 也较为常见。如果 $p_x(x|\Theta)$ 二阶可导，并且遵循某些其他宽松的正则条件，那么 CRLB 可改写为

$$\sigma_{\hat{\Theta}}^2 \geq \frac{-1}{\mathrm{E}\left[\partial^2 \ln\{p_x(x|\Theta)\}/\partial\Theta^2\right]} \tag{7.11}$$

可根据方便性选择式(7.10)或式(7.11)。CRLB 的推导在附录 A 中给出，同时也将其扩展到了多参数以及复数数据和参数的情况。CRLB 也可推广到有偏估计量中，但是在这里无偏的情况就足够了。

由于样本均值估计量是无偏的，因此可以用 CRLB 来估计其方差。$\Theta = A$，那么需要的概率密度函数 $p_x(x|\Theta)$ 为

$$p_x(x|A) = \prod_{n=0}^{N-1} \frac{1}{\sqrt{2\pi\sigma_w^2}} \exp[-(x[n]-A)^2/2\sigma_w^2] \tag{7.12}$$

考虑式(7.10)中给出的 CRLB 形式，$\ln\{p_x(x|A)\}$ 关于 A 的偏导为

$$\begin{aligned}\frac{\partial}{\partial A}\ln\{p_x(x|A)\} &= \frac{\partial}{\partial A}\left\{-\frac{N}{2}\ln(2\pi\sigma_w^2) - \sum_{n=0}^{N-1}(x[n]-A)^2/2\sigma_w^2\right\} \\ &= 2\sum_{n=0}^{N-1}(x[n]-A)/2\sigma_w^2 = \frac{1}{\sigma_w^2}\sum_{n=0}^{N-1}(x[n]-A) \\ &= \frac{1}{\sigma_w^2}\sum_{n=0}^{N-1}w[n]\end{aligned} \tag{7.13}$$

该量的平方的期望为

$$\begin{aligned}\mathrm{E}\left[\left(\frac{\partial}{\partial A}\ln\{p_x(x|A)\}\right)^2\right] &= \mathrm{E}\left(\frac{1}{\sigma_w^2}\sum_{n=0}^{N-1}w[n]\right)^2 = \frac{1}{\sigma_w^4}\mathrm{E}\left[\left(\sum_{m=0}^{N-1}w[m]\right)\left(\sum_{n=0}^{N-1}w[n]\right)\right] \\ &= \frac{1}{\sigma_w^4}\mathrm{E}\left[\sum_{n=0}^{N-1}w^2[n]\right] = \frac{1}{\sigma_w^4}(N\sigma_w^2) = \frac{N}{\sigma_w^2}\end{aligned} \tag{7.14}$$

式中，第二行是由于白噪声的交叉乘积项的期望为零而得到的。最后，将该式代入式(7.10)中，得到 CRLB 为

$$\sigma_{\hat{A}}^2 \geq \frac{\sigma_w^2}{N} \tag{7.15}$$

第7章 测量与跟踪

这与式(7.9)中样本均值估计量的方差相同。该 CRLB 确保样本均值估计量在所有无偏估计量中具有最小方差。一个无偏估计量的方差能取到 CRLB，则称之为有效估计量。

在信号中加入加性高斯白噪声的情况十分重要，值得进一步关注。假设测量数据矢量 **x** 是由 N 个实值信号加上噪声样本组成的，即

$$x[n] = s[n;\Theta] + w[n], \quad n = 0, \cdots, N-1 \tag{7.16}$$

其中，Θ 是待估计的参数；$w[n]$ 的方差为 σ_w^2。以下结果在附录 A 中有推导，通过将式(7.11)应用于 x 的 PDF，可得

$$\sigma_{\hat{\Theta}}^2 \geq \frac{\sigma_w^2}{\sum_{n=0}^{N-1}\left(\dfrac{\partial s[n;\Theta]}{\partial \Theta}\right)^2} \quad \text{(实信号中加入加性高斯白噪声)} \tag{7.17}$$

以加性高斯白噪声中常数的估计为例，其中 $\Theta = A$，信号 $s(n;\Theta) = s(n;A) = A$，因而 $\partial s(n;\Theta)/\partial\Theta = \partial A/\partial A = 1$，又一次得到(7.15)中的结果。

如果信号和噪声都是复值的，待估计的参数是实值，那么 CRLB 就变为(见附录 A)

$$\sigma_{\hat{\Theta}}^2 \geq \frac{\sigma_w^2}{2\sum_{i=0}^{N-1}\left|\dfrac{\partial s[n;\Theta]}{\partial \Theta}\right|^2} \quad \text{(复信号中加入加性高斯白噪声，实参数)} \tag{7.18}$$

式中，分母的因子 2 很重要，意味着实值 CRLB 并不是复值 CRLB 的一种特殊情况。相反，由于因子 2，复值 CRLB 相对更小。

当待估计的参数是复数时，可以把它当成两个实参数处理，$\Theta = \Theta_R + j\Theta_I$，式(7.18)分别给出了实部和虚部的 CRLB，容易看出，复参数 Θ 的方差是 Θ_R，Θ_I 的方差之和(见习题 9)。复参数 Θ 的 CRLB 是由两个 CRLB 求和，因此，同样可以由式(7.17)和式(7.18)得到。

7.1.3 CRLB 和信噪比

CRLB 和信噪比(SNR)的关系可以通过向信号中加入加性高斯白噪声的情况得出。可以把依赖于某些实参数 Θ（可以不是幅度）的复样本信号 $s[n]$，写成它的幅度的实峰值 A 与在峰值处为 1 的归一化函数 $\tilde{s}[n]$ 的乘积，即

$$s[n] = A \cdot \tilde{s}[n] \tag{7.19}$$

含噪信号 $x[n] = s[n] + w[n]$ 的峰值 SNR 是 $\chi = A^2/\sigma_w^2$。假设感兴趣的参数 Θ 不是 A，则

$$\left|\frac{\partial s[n]}{\partial \Theta}\right|^2 = A^2 \left|\frac{\partial \tilde{s}[n]}{\partial \Theta}\right|^2 \tag{7.20}$$

式(7.18)可改写成

$$\sigma_{\hat{\Theta}}^2 \geq \frac{\sigma_w^2}{2A^2 \sum_{n=0}^{N-1}\left|\dfrac{\partial \tilde{s}[n]}{\partial \Theta}\right|^2} \tag{7.21}$$

$\sum_{n=0}^{N-1}|\partial \tilde{s}[n]/\partial\Theta|^2$ 的值取决于信号形状 $\tilde{s}$，对于一个给定信号，取某个标量 k，因此式(7.21)可以改写为

$$\sigma_{\hat{\Theta}}^2 \geq \begin{cases} \dfrac{1}{2k\chi} & \text{(复信号)} \\ \dfrac{1}{k\chi} & \text{(实信号)} \end{cases} \tag{7.22}$$

上式的第二行的结果是由于从式(7.17)开始的实信号的情况。上式表明，CRLB 与 SNR 成反比，比例常数取决于 $\tilde{s}$ 关于 Θ 的变化率。波形随 Θ 改变越快，CRLB 越小。

当感兴趣的参数是峰值幅度 A 时，则需要分开处理。当 $\Theta = A$，有

$$\frac{\partial s[n]}{\partial A} = \frac{\partial (A \cdot \tilde{s}[n])}{\partial A} = \tilde{s}[n] \tag{7.23}$$

CRLB 为

$$\sigma_{\hat{A}}^2 \geq \frac{\sigma_w^2}{2\sum_{n=0}^{N-1}|\tilde{s}[n]|^2} = \frac{\sigma_w^2}{2E_{\tilde{s}}} = \frac{1}{2(E_{\tilde{s}}/\sigma_w^2)} \tag{7.24}$$

式中，分母的求和项被认为是 $\tilde{s}$ 的能量，从而可知 CRLB 是归一化信号的能量信噪比倒数的一半[①]。然而在估计幅度时，相对于幅度估计的绝对方差，更感兴趣的是相对于幅度真值的估计方差。归一化幅度估计方差的 CRLB 与式(7.24)一样，差别在于其中的能量为归一化信号 s 的能量，具体结果(也包含了实信号幅度估计的 CRLB)如下：

$$\sigma_{\hat{A}/A}^2 \geq \begin{cases} \dfrac{1}{2(E_s/\sigma_w^2)} & \text{(复信号)} \\ \dfrac{1}{(E_s/\sigma_w^2)} & \text{(实信号)} \end{cases} \tag{7.25}$$

7.1.4 最大似然估计量

CRLB 给出了一个无偏估计量的最小方差。附录 A 中将会讨论，并不是总能找到满足最小方差的无偏估计量。当数据可以建模为关于参数 Θ 的线性函数加上高斯白噪声时，可以通过直接的方式得到 MVU 的估计量，这样也可以进一步保证效率。而在其他情况下，则可能不得不接受一个次最优估计量。文献 Kay(1993)对经典谱估计的技术体系和可获得的结果进行了深入的讨论。

最大似然估计(MLE，也可称为极大似然估计量或极大似然估计器)是目前用来获得实用估计器的最常用方法，原因罗列如下。

- 对于大多数问题，甚至是很复杂的问题，都可以通过简单的步骤找到 MLE。
- 虽然一般情况下 MLE 不是 MVU 估计量，但当数据的样本数 $N \to \infty$，MLE 是渐近无偏的，且十分有效，而此时 $\hat{\Theta}$ 的 PDF 服从高斯分布。
- 如果一个有效估计量实际存在，最大似然过程将能得到它。
- 函数 $\Phi = g(\Theta)$ 关于 Θ 的最大似然估计，可以通过对 $\hat{\Theta}$ 使用相同的函数得到，即 $\hat{\Phi} = g(\hat{\Theta})$。
- 最后，当无法获得闭式表达式时，有多种数值方法可用来找到 MLE。

[①] 能量信噪比的定义在第 4 章中。

Θ 的 MLE 就是使得问题似然函数最大的估计量 $\hat{\Theta}$。似然函数是给定 Θ 的情况下，数据 x 的 PDF，但同时也可以看成固定 x 情况下 Θ 的函数（见附录 A），即

$$\hat{\Theta} = \arg\max_{\Theta}\{\ell(\Theta|\boldsymbol{x})\} = \arg\max_{\Theta}\{p_x(\boldsymbol{x}|\Theta)\} \tag{7.26}$$

最大化只能是在 Θ 允许的取值范围内，例如，参数是某些信号的能量，则有 $\Theta \geq 0$。请注意，最大化的单调递增似然函数与最大化可能性本身一样。当数据独立同分布，且噪声服从高斯分布时，通常情况下似然函数是 N 个标量概率密度函数的乘积，其中每个标量都含有指数项。因此，通常求似然函数对数形式的最大值，因为这样可以极大地简化代数形式，即

$$\hat{\Theta} = \arg\max_{\Theta}\{\ln[\ell(\Theta|\boldsymbol{x})]\} = \arg\max_{\Theta}\{\ln[p_x(\boldsymbol{x}|\Theta)]\} \tag{7.27}$$

为了举例说明步骤，再次考虑在实常数中添加实高斯白噪声的情况，取 N 个样本数据。PDF 是 N 维联合高斯分布，似然方程为

$$\ell(A|\boldsymbol{x}) = \frac{1}{(2\pi\sigma_w^2)^{N/2}}\exp\left[-\frac{1}{2\sigma_w^2}\sum_{n=0}^{N-1}(x[n]-A)^2\right] \tag{7.28}$$

似然方程的对数形式为

$$\ln[\ell(A|\boldsymbol{x})] = -\frac{1}{2\sigma_w^2}\sum_{n=0}^{N-1}(x[n]-A)^2 - \frac{N}{2}\ln(2\pi\sigma_w^2) \tag{7.29}$$

将上式对 A 求偏导数，并令结果等于 0 来得到最大值点，则

$$\begin{aligned}\frac{\partial}{\partial A}\{\ln[\ell(A|\boldsymbol{x})]\} &= \frac{1}{\sigma_w^2}\sum_{n=0}^{N-1}(x[n]-A) = \frac{1}{\sigma_w^2}\left(-NA + \sum_{n=0}^{N-1}x[n]\right) = 0 \quad \Rightarrow \\ \hat{A} &= \frac{1}{N}\sum_{n=0}^{N-1}x[n]\end{aligned} \tag{7.30}$$

这里的 MLE 是样本平均估计量，前面已知样本平均估计量是无偏的，并且能到达 CRLB，因此 MLE 的确得到了有效的估计量。

7.2 距离、多普勒、角度估计量

7.2.1 距离估计量

7.2.1.1 时延和距离估计的 CRLB

将一个由复值发射信号 $s_t(t)$ 的回波和复加性高斯白噪声 $w_r(t)$ 叠加的复值连续信号 $x_r(t)$ 作为雷达接收机的输入信号，其中噪声的功率谱密度为 $\sigma_{w_r}^2$ W/Hz。回波信号被未知时间 t_0 延迟，组成了接收信号部分 $s_r(t-t_0) = \alpha s_t(t-t_0)$，其中 α 是复标量，大小代表由雷达距离方程所带来的衰减，相位代表大小未知的 $-4\pi R/\lambda$ rad 相移。假设解调器已经去除了载波，所以 $x_r(t)$ 在基带上，接收机输入信号为 $x_r(t) = s_r(t-t_0) + w_r(t)$，如图 7.4 所示。目的是估计未知的实参数 $\Theta = t_0$，用估计得到的结果乘以 $c/2$，就可以得到相应的目标距离 R_0。

假定脉冲信号 $s_t(t)$ 脉宽为 τ，有效带宽限制到 β Hz，因此测量到的回波信号为 $s_r(t-t_0)$。雷达接收机的频率响应可以看成范围在 $-\beta/2 \sim \beta/2$ Hz 的单位增益带通滤波器，这样，输

出的脉冲回波部分与输入脉冲基本一样，完全匹配的输出噪声功率为 $\sigma_{w_r}^2 \beta$ W，即输出噪声信号 $w_o(t)$ 的方差。因此，接收机的输出信号为 $x_o(t) = s_r(t-t_0) + w_o(t)$。

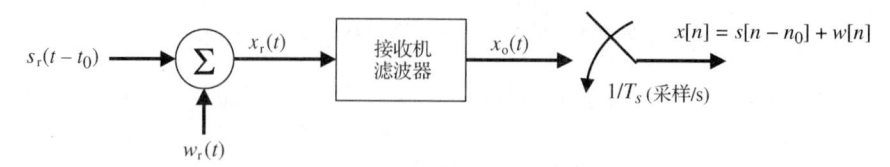

```
s_r(t-t_0) ──→ Σ ──x_r(t)──→ 接收机滤波器 ──x_o(t)──→ /  ──→ x[n] = s[n-n_0] + w[n]
               ↑                                    1/T_s (采样/s)
             w_r(t)
```

图 7.4 时延和距离估计的接收机模型

接收机输出信号以 β（采样/s）的奈奎斯特频率产生观测数据 $x[n] = s[n-n_0] + w[t]$，其中 $n_0 \approx t_0/T_s$，$T_s = 1/\beta$ 是采样时间间隔。感兴趣的最大时延是 T，这可能就是雷达的脉冲重复间隔，假定单脉冲通过匹配滤波器的输出持续时间为 $T > 2\tau$，$N = [T/T_s]$ 是覆盖最大感兴趣时间间隔所需要的总样本数，$M = [\tau/T_s]$ 是覆盖信号持续时间 τ 所需要的样本数。令 n_0 是接收脉冲中的第一个样本，因此，$n_0 T_s \approx t_0$，离散数据为

$$x[n] = \begin{cases} w[n], & 0 \leq n \leq n_0 - 1 \\ s_i(nT_s - t_0) + w[n] \equiv s[n-n_0] + w[n], & n_0 \leq n \leq n_0 + M - 1 \\ w[n], & n_0 + M \leq n \leq N - 1 \end{cases} \quad (7.31)$$

样本噪声是白噪声（见附录 A）。样本噪声功率谱密度和 $w[n]$ 的方差为 $\sigma_w^2 = \sigma_{w_o}^2 = \sigma_{w_r}^2 \beta$。

在讨论具体的估计量之前，先考虑这里的 CRLB，由式(7.18)可知，复信号在复加性高斯白噪声下的 CRLB 为

$$\sigma_{\hat{t}_0}^2 \geq \frac{\sigma_w^2}{2\sum_{n=0}^{N-1}\left|\frac{\partial s[n;t_0]}{\partial t_0}\right|^2} = \frac{\sigma_w^2}{2\sum_{n=0}^{N-1}\left|\frac{\partial s[nT_s - t_0]}{\partial t_0}\right|^2} = \frac{\sigma_w^2}{2\sum_{n=n_0}^{n_0+M-1}\left|\frac{\partial s[nT_s - t_0]}{\partial t_0}\right|^2}$$

$$= \frac{\sigma_w^2}{2\sum_{n=n_0}^{n_0+M-1}\left|\frac{ds(t)}{dt}\right|_{t=nT_s-t_0}^2} = \frac{\sigma_w^2}{2\sum_{n=0}^{M-1}\left|\frac{ds(t)}{dt}\right|_{t=nT_s+n_0T_s-t_0}^2} \approx \frac{\sigma_w^2}{2\sum_{n=0}^{M-1}\left|\frac{ds(t)}{dt}\right|_{t=nT_s}^2} \quad (7.32)$$

式中，最后一步用到了 $n_0 T_s \approx t_0$。$f(t)$ 的积分可以用矩形法求和近似，即 $\int_0^\tau f(t)dt \approx \sum_{n=0}^{\lfloor \tau/T_s \rfloor} f(nT_s) \cdot T_s$，将此方法应用到上式中，并有 $T_s = 1/\beta$，可以得到复信号情况下的时延估计 CRLB 为

$$\sigma_{\hat{t}_0}^2 \geq \frac{\sigma_w^2}{\frac{2}{T_s}\int_0^\tau\left|\frac{ds(t)}{dt}\right|^2 dt} = \frac{\sigma_w^2/\beta}{2\int_0^\tau\left|\frac{ds(t)}{dt}\right|^2 dt} = \frac{\sigma_{w_r}^2}{2\int_0^\tau\left|\frac{ds(t)}{dt}\right|^2 dt} \quad \text{（复信号）} \quad (7.33)$$

上式可以以一种更好的形式揭示波形带宽的作用。$s(t)$ 的均方根(RMS)带宽定义为

$$\beta_{\text{rms}} = \sqrt{\frac{\int_{-\infty}^{\infty} F^2 |S(F)|^2 dF}{\int_{-\infty}^{\infty} |S(F)|^2 dF}} \quad \text{Hz} \quad (7.34)$$

由傅里叶变换的微分性质可以得到，$ds(t)/dt$ 的傅里叶变换为 $j2\pi F \cdot S(F)$，结合帕塞瓦尔定理，

分子可以用 $(1/4\pi^2)\int |ds(t)/dt|^2 dt$ 代替，因此

$$\beta_{\text{rms}}^2 = \frac{\dfrac{1}{4\pi^2}\int_0^\tau \left|\dfrac{ds(t)}{dt}\right|^2 dt}{\int_0^\tau |s(t)|^2 dt} = \frac{1}{4\pi^2 E_s}\int_0^\tau \left|\dfrac{ds(t)}{dt}\right|^2 dt \tag{7.35}$$

式中，分母中的积分等于 $s(t)$ 的能量 E_s，式(7.33)可以改写为

$$\sigma_{\hat{t}_0}^2 \geq \frac{\sigma_{w_r}^2}{8\pi^2 E_s \beta_{\text{rms}}^2} = \frac{1}{8\pi^2 (E_s/\sigma_{w_r}^2)\beta_{\text{rms}}^2} \quad \text{s}^2 \quad (\text{复信号}) \tag{7.36}$$

$$\sigma_{\hat{R}_0}^2 \geq \frac{(\Delta R_{\text{rms}})^2}{8\pi^2 (E_s/\sigma_w^2)} \quad \text{m}^2$$

式中，第一行表明当均方信号带宽或者能量信噪比 $E_s/\sigma_{w_r}^2$ 增大时，时延估计量的精度(标准差)有更低的下界。第二行是将时延方差乘以 $(c/2)^2$，并定义 $\Delta R_{\text{rms}} = c/2\beta_{\text{rms}}$，其精度正比于 RMS 距离分辨率除以能量信噪比的平方根。

RMS 带宽并不常用于信号处理，如果一个给定波形的 RMS 带宽存在，则正比于常见的度量瑞利带宽和 3 dB 带宽。例如，一个矩形频谱的瑞利带宽和 3 dB 带宽就是谱宽 β，则由式(7.34)可以很容易计算得到 RMS 带宽为 $\beta/\sqrt{12}\approx 0.29\beta$。对于矩形脉冲，RMS 带宽不一定存在，因为式(7.34)中的积分不收敛(见习题 23)。

7.2.1.2 实际的距离估计器

以上结论给出了时延和距离估计器的最小方差，但并没有给出如何得到估计量，更不用说是否达到 CRLB。基于前面几章的内容，可以想到两种方法，第一种是通过检测接收到的脉冲超过某个阈值的位置来估计时延，第二种是找到匹配滤波器输出峰值出现的时延位置。而本章的结论是从搜索 MLE 开始的。

式(7.31)中的信号模型表明，适当的似然函数对于只有噪声的样本是一个零均值复高斯随机变量的 PDF，而对于信号加噪声的样本是一个非零均值的复高斯随机变量的 PDF。由于噪声是独立同分布的，最终的联合似然函数为

$$\begin{aligned}
\ell(n_0 \mid \boldsymbol{x}) = p_x(\boldsymbol{x} \mid n_0) &= \left\{\prod_{n=0}^{n_0-1}\frac{1}{\sqrt{2\pi\sigma_w^2}}\exp\left[-\frac{1}{2\sigma_w^2}|x[n]|^2\right]\right\}\cdot \\
&\quad \left\{\prod_{n=n_0}^{n_0+M-1}\frac{1}{\sqrt{2\pi\sigma_w^2}}\exp\left[-\frac{1}{2\sigma_w^2}|x[n]-s[n-n_0]|^2\right]\right\}\cdot \\
&\quad \left\{\prod_{n=n_0+M}^{N-1}\frac{1}{\sqrt{2\pi\sigma_w^2}}\exp\left[-\frac{1}{2\sigma_w^2}|x[n]|^2\right]\right\} \\
&= \frac{1}{(2\pi\sigma_w^2)^{N/2}}\exp\left[-\frac{1}{2\sigma_w^2}\sum_{n=0}^{N-1}|x[n]|^2\right]\cdot \\
&\quad \left\{\prod_{n=n_0}^{n_0+M-1}\exp\left[-\frac{1}{2\sigma_w^2}\left(-2\operatorname{Re}\{x[n]s^*[n-n_0]\}+|s[n-n_0]|^2\right)\right]\right\}
\end{aligned} \tag{7.37}$$

式中，由于 n_0 只出现在最后一行的指数部分里，所以对于 n_0，最大化 $\ell(n_0 \mid \boldsymbol{x})$ 等同于最小化这个指数部分，这部分可以改写为

$$\exp\left[-\frac{1}{2\sigma_w^2}\sum_{n=n_0}^{n_0+M-1}\left(-2\operatorname{Re}\{x[n]s^*[n-n_0]\}+|s(n-n_0)|^2\right)\right] \tag{7.38}$$

令 $n' = n - n_0$，包含 $|s|^2$ 的求和可看成 $\sum_{n'=0}^{M-1}|s[n']|^2 = E_s$，并不依赖于 n_0。因此，关于 n_0 最小化上式的指数部分，可以简化成最大化 $\operatorname{Re}\left\{\sum_{n=n_0}^{n_0+M-1}x[n]s^*[n-n_0]\right\}$。又因为在求和区间外 $s(n-n_0)$ 为零，所以求和部分与 $z[n_0] = \sum_{n=-\infty}^{\infty}x[n]s^*[n-n_0]$ 是相同的，$z[n_0]$ 可简单地看成冲激响应 $h[n] = s^*[-n]$ 的(因果)匹配滤波器的输入为 $x[n]$ 时所得到的输出。n_0 的 MLE 为

$$\hat{n}_0 = \arg\max_{n_0}\left\{\operatorname{Re}\left[\sum_{n=-\infty}^{\infty}x[n]s^*[n-n_0]\right]\right\} = \arg\max_{n_0}\{z[n_0]\} \tag{7.39}$$

上式表明了时延的最大似然估计的获得方法，即将接收端的样本数据通过一个与接收波形匹配的匹配滤波器，然后找到最大输出实部所对应的样本点即可。为进一步解释这个结果，回顾式 $x[n] = s[n-n_0] + w[n]$，再求式(7.39)中的估计量 $\hat{n}_0$，可得

$$\operatorname{Re}\left\{\sum_{n=-\infty}^{\infty}x[n]s^*[n-\hat{n}_0]\right\} = \operatorname{Re}\left\{\left[\sum_{n=-\infty}^{\infty}s[n-n_0]s^*[n-\hat{n}_0] + w[n]s^*[n-\hat{n}_0]\right]\right\} \tag{7.40}$$

当 $\hat{n}_0$ 等于真实延迟 n_0 时，上式变为

$$\operatorname{Re}\left\{\sum_{n=-\infty}^{\infty}x[n]s^*[n-\hat{n}_0]\right\}\bigg|_{\hat{n}_0=n_0} = \operatorname{Re}\left\{\left[\sum_{n=-\infty}^{\infty}|s[n-n_0]|^2 + w[n]s^*[n-n_0]\right]\right\}$$

$$= E_s + \operatorname{Re}\left\{\sum_{n=-\infty}^{\infty}w[n]s^*[n-n_0]\right\} \tag{7.41}$$

上式表明，在真实的时延处，输出包括来自回波信号的实值部分加上噪声滤波后的实部部分。这与第 4 章中波形匹配滤波器的讨论是一致的，匹配滤波器在目标回波的时间延迟处产生输出峰值(如果采用合理的冲激响应滤波器，目标回波在时延 T_M 处增大)，并且此时信噪比是最大的。因此在没有噪声的时候，式(7.39)的估计准则可以准确获得时延 n_0。噪声的存在将会扰乱真实峰值的位置，为由 CRLB 量化的时延估计带来不确定性。尽管如此，当信噪比足够高时，匹配滤波的输出将在 $n = n_0$ 处取得最大值或者接近最大值，并且大部分情况是实值，因此时延估计仍有较好的精度。接下来将讨论信噪比不是很高时，其他效应的影响。

这里的分析假定接收脉冲 $s_r(t)$ 已知，且用来确定匹配滤波器。然而实际上只有发射脉冲 $s_t(t)$ 已知，因此匹配滤波器的冲激响应取 $h[n] = s_t^*(-nT_s) = s[n]/\alpha$，差别在于复标量 α。α 的大小没有意义，因为它同时作用到信号和噪声上，不会影响到最大值点的位置。然而 α 的相位是双向传播相移 $-4\pi R/\lambda$，必须考虑成一个在 $[-\pi,\pi]$ 的均匀分布，这仅影响到式(7.41)中的信号 $x[n]$。因此，旋转式(7.41)中的信号能量 E_s，使之变成未知的非实值数 $E_{\tilde{s}} = E_s/\alpha$，这时，$\operatorname{Re}\{\cdot\}$ 运算符不再合适。实际中，会稍微改变式(7.39)以得到最终的时延估计准则，即

$$\hat{n}_0 = \arg\max_{n_0}\left\{\left|\sum_{n=-\infty}^{\infty} x(n)s^*[n-n_0]\right|\right\} = \arg\max_{n_0}\left\{\left\|(x*h)[n]\right\|_{n=n_0}\right\} \quad (7.42)$$

图 7.5 在图 7.4 基础上增加了匹配滤波器和幅度最大化框图。

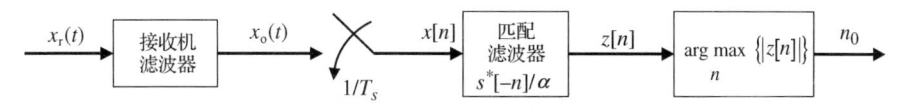

图 7.5 时延和距离估计的最大似然估计器

由第 4 章可知，匹配滤波器输出的峰值信噪比等于输入信号能量比上输入噪声的功率谱密度，$\chi_{\text{out}} = E_s / \sigma_{w_i}^2$。因此式(7.36)可以改写为

$$\sigma_{\hat{t}_0}^2 \geq \frac{1}{8\pi^2 \chi_{\text{out}} \beta_{\text{rms}}^2} \quad \text{s}^2 \quad (\text{复信号}) \quad (7.43)$$

上式是在假定包含信号是复值的情况下得到的，另一种情况是在复噪声中包含实信号。如果信号和噪声都是实值(见附录 A)，那么从式(7.32)开始，CRLB 将变成原来的两倍。这样式(7.43)可以替换为

$$\sigma_{\hat{t}_0}^2 \geq \frac{1}{4\pi^2 \chi_{\text{out}} \beta_{\text{rms}}^2} \quad \text{s}^2 \quad (\text{实信号}) \quad (7.44)$$

在相干雷达中，通常对复值情况感兴趣。

应用于离散情况时，有一个等价的式子，以样本为单位，式(7.43)变成

$$\sigma_{\hat{n}_0}^2 \geq \frac{1}{8\pi^2 \chi_{\text{out}} \beta_{\text{rms}}^2 T_s^2} \quad \text{样本数}^2 \quad (\text{复信号}) \quad (7.45)$$

用波浪线来表示离散时间的变量以区分连续时间变量，两者对应的量，如样本信号能量、噪声功率谱密度、匹配滤波器的输出信噪比、RMS 带宽等有如下关系：

$$E_s = \int_{-\infty}^{\infty} |s(t)|^2 \, dt \approx T_s \sum_{-\infty}^{\infty} |s(nT_s)|^2 = T_s \sum_{-\infty}^{\infty} |s[n]|^2 = T_s \tilde{E}_s \quad \Rightarrow \quad \tilde{E}_s = \frac{1}{T_s} E_s$$

$$\sigma_{\tilde{w}}^2 = \frac{1}{T_s} \sigma_{w_r}^2 \quad (\text{采样对频谱的影响}) \quad (7.46)$$

$$\Rightarrow \quad \tilde{\chi}_{\text{out}} = \tilde{E}_s / \sigma_{\tilde{w}}^2 = E_s / \sigma_{w_r}^2 = \chi_{\text{out}}$$

$$\tilde{\beta}_{\text{rms}} = T_s \beta_{\text{rms}} \quad (\text{在一个样本周期内转化为归一化频率})$$

将这些变换应用到式(7.45)，并考虑等价的实值情况，则有

$$\sigma_{\hat{n}_0}^2 \geq \frac{1}{4\pi^2 \tilde{\chi}_{\text{out}} \tilde{\beta}_{\text{rms}}^2} \quad \text{样本数}^2 \quad (\text{实信号})$$

$$\sigma_{\hat{n}_0}^2 \geq \frac{1}{8\pi^2 \tilde{\chi}_{\text{out}} \tilde{\beta}_{\text{rms}}^2} \quad \text{样本数}^2 \quad (\text{复信号}) \quad (7.47)$$

可以看出，上式与式(7.43)、式(7.44)具有相同的形式。

作为例子，考虑时间带宽积为 $\beta\tau = 100$ 的复线性调频脉冲。由于频谱近似为矩形，由前面的内容可知 $\beta_{\text{rms}} \approx \beta/\sqrt{12}$。信号以 20 倍奈奎斯特带宽 β 进行采样，采用如此高的采样率是测量

峰值位置误差的必要条件,这是因为峰值位置误差仅仅是脉冲宽度的很小一部分。数据记录 $T=2\tau$ s(匹配滤波器输出的持续时间)。图 7.6 中的灰色圆圈的纵坐标为观测峰值位置误差的精度(标准差)[①],并归一化到瑞利时间分辨率 $\Delta t=1/\beta$ s,横坐标是匹配滤波器的输出信噪比。精度由 1000 组随机试验估计得出,在 20 dB 信噪比时,精度大概是 4%的瑞利时间分辨率。

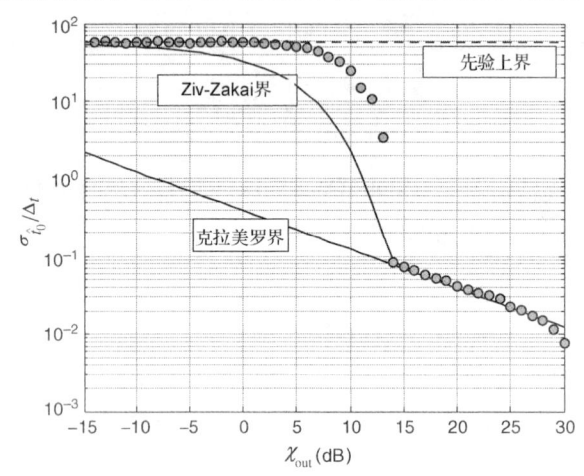

图 7.6 针对复线性调频脉冲信号加复噪声信号,各种界的仿真时延最大似然估计量精度性能对比结果

同时图 7.6 中还显示了式(7.43)中得到的 CRLB,对于 16 dB 或者更大的信噪比,观测精度与 CRLB 十分接近[②],证实了在较大信噪比时,输出峰值实际就是最小方差估计量。然而当信噪比低于 16 dB 时,估计效果远差于 CRLB 所描述的。由此可以得到启发,对于时延而言,为使最大似然估计有好的性能,必须要求匹配滤波器的输出峰值高于输出的噪声水平。输出峰值位置处的峰值信噪比为 $E_s/\sigma_{w_i}^2$。较大的 $E_s/\sigma_{w_i}^2$,如 20 dB 或者更大,可以确保匹配滤波器输出的信号部分的峰值远高于噪声峰值,使得输出峰值,即时延的最大似然估计就位于信号峰值处,或者以很高的概率与信号峰值接近。对于较小的 $E_s/\sigma_{w_i}^2$,如 0 dB 或者更小,信号加上噪声的峰值并不比噪声的波动大,峰值输出很可能以相同的概率出现在 $(0,N-1)$ 个样本或 $(0,T)$ s 区间上完整输出信号的任意位置。这时匹配滤波器峰值不包含任何信息。时延估计方差的上限变为简单的 $N^2/12$ 样本数^2 的先验上界(低信噪比),即等于 $N^2T_s^2/12=T^2/12$ s^2,这个结果可以应用在实信号中,也可以用在复信号中,以图 7.6 为例,其中记录时长 T 仅为 $2\tau=200\Delta t$,精度 σ_{t_0} 大约为 58 倍的线性调频(LFM)时间分辨率,或者说 58%的脉宽,其中 $\beta\tau=100$。对于 $100\tau=10\,000\Delta t$,精度将被限制成 2890 倍的分辨率!

如果跟踪门和其他先验信息可以限制时延可能的范围,低信噪比的误差也可以得到限制。很早提出的"相关性能估计"(Scarbrough 等,1983;Ianniello,1982)就尝试着将高信噪比时的 CRLB 性能界,与低信噪比时的先验上界结合,以得到一个对估计量性能更完整的描述。一些有关其他估计量的界也在文献中有推导,用以扩展 CRLB。在文献 Bell 等(1997)提出的特定形式下,Ziv-Zakai 界(ZZB)可以用于时延估计,由这里定义的信噪比和 erfc(•) 可以得到:

[①] 在本图以及本章后续估计方差或者精度图中,纵坐标的值为估计误差的方差或者标准差,而不是估计量本身。结果是一致的,只是计算和绘制误差方差具有仿真的优势。
[②] 测量精度在 SNR=29 和 30 dB 降到 CRLB 以下,这是因为仿真时的采样密度不精确以至于不能有效测量如此小的变化。

$$\sigma_{\hat{t}_0}^2 \geq \frac{T^2}{12}\mathrm{erfc}\left(\sqrt{\frac{\chi_{\mathrm{out}}}{2}}\right) + \frac{1}{8\pi^2 \chi_{\mathrm{out}} \beta_{\mathrm{rms}}^2}\Gamma\left(\frac{3}{2},\frac{\chi_{\mathrm{out}}}{2\sqrt{2}}\right) \quad \text{(复信号)}$$
$$\sigma_{\hat{t}_0}^2 \geq \frac{T^2}{12}\mathrm{erfc}\left(\sqrt{\frac{\chi_{\mathrm{out}}}{4}}\right) + \frac{1}{4\pi^2 \chi_{\mathrm{out}} \beta_{\mathrm{rms}}^2}\Gamma\left(\frac{3}{2},\frac{\chi_{\mathrm{out}}}{4\sqrt{2}}\right) \quad \text{(实信号)}$$
(7.48)

其中，erfc(•) 是第 6 章中定义的误差补函数；Γ(•,•) 是不完整伽马函数[①]。在图 7.4 中也有 ZZB，ZZB 在高信噪比时与 CRLB 相近，在低信噪比时与先验上界接近，因此比单独 CRLB 能更好地表现可实现精度。韦斯-温思坦分析提供了另外一组联合先验信息和 CRLB 的边界，同时也能为两者之间的过渡区提供更紧凑的边界(Weiss，1986)。

将式(7.48)与式(7.43)、式(7.44)进行对比，并且根据之前对先验界的讨论，可以将式(7.48)改写为

$$\sigma_{\hat{t}_0}^2 \geq \mathrm{APB}\cdot\mathrm{erfc}\left(\sqrt{\frac{\chi_{\mathrm{out}}}{2}}\right) + \mathrm{CRLB}\cdot\Gamma\left(\frac{3}{2},\frac{\chi_{\mathrm{out}}}{2\sqrt{2}}\right) \quad \text{(复信号)}$$
$$\sigma_{\hat{t}_0}^2 \geq \mathrm{APB}\cdot\mathrm{erfc}\left(\sqrt{\frac{\chi_{\mathrm{out}}}{4}}\right) + \mathrm{CRLB}\cdot\Gamma\left(\frac{3}{2},\frac{\chi_{\mathrm{out}}}{4\sqrt{2}}\right) \quad \text{(实信号)}$$
(7.49)

其中，APB 和 CRLB 分别是是合适的先验界和克拉美罗界；erfc(•) 和 Γ(•) 是在两个界中转换的权重，在下一节利用这个结果可以很快得到用来估计正弦参数的 ZZB。

图 7.7 对比了两个不同波形的时延精度和它们的 CRLB。其中，灰色的曲线和克拉美罗界对应的是前面提到的 $\beta\tau=100$ 的复 LFM 脉冲，黑色的曲线和克拉美罗界对应的是复相移随机确定的实值梯形脉冲，并且该脉冲的上升和下降时间占脉冲时长的 20%(见图 7.9)，LMF 波形的 RMS 带宽是梯形脉冲的 49.1 倍。两种情况中的噪声都是复值的。两种情形都归一化到同样的脉宽，并使得 LFM 脉冲归一化的方差为图 7.6 中的 1%。从而允许两种波形的直接对比。为了不弄乱图没有给出 ZZB。在高信噪比区域给定信噪比的情况下，由于具有更高的 RMS 宽度，LFM 信号能够达到的精度比梯形脉冲高出 50 多倍。

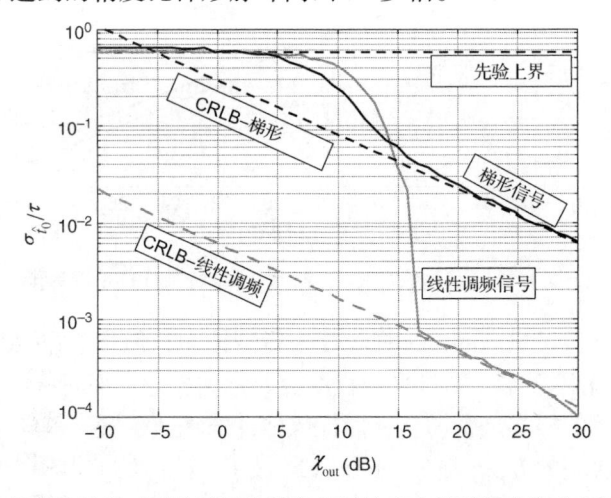

图 7.7　最大似然估计的时延估计量误差在相同长度实梯形脉冲信号和复线性调频脉冲信号加复噪声情况下的对比结果。线性调频脉冲信号的时间带宽积为 100

[①] 该公式中这两个函数的定义与 MATLAB 中的一致。

在高信噪比时没有考虑到的另一个限制因素是时延轴的量化。在有效信噪比处，MLE 确定了离散情况目标时延为 n_0，等价连续的情况下目标时延为 n_0T_s。即便 n_0 处是滤波器输出信号部分样本幅度最大的，隐含的时间估计 n_0T_s 仍在真实峰值位置 t_0 的 $\pm T_s/2$ 波动。将该差异建模成独立同分布的误差源从而得到一个较低的采样界，即误差方差界是 1/12 样本数 ^{2} 或者 $T_s^2/12$ s^2。通常情况下这会比 CRLB 大，除非数据是过采样的或者估计量是模拟(时间连续)实现的。假设匹配滤波器的输出是 k_{os} 倍奈奎斯特频率过采样的，$T_s = 1/k_{os}\beta$，则实信号或复信号的时延估计量方差的采样界为

$$\sigma_{\hat{t}_0}^2 \geq \frac{1}{12k_{os}^2\beta^2} \quad \text{s}^2 \tag{7.50}$$

令上式分别与式(7.43)、式(7.44)相等，可以得到在实值情况下达到 CRLB 所需要的过采样因子 $k_{os} = \pi(\beta_{rms}/\beta)\sqrt{\chi_{out}/3}$，复值情况下为 $k_{os} = \pi(\beta_{rms}/\beta)\sqrt{2\chi_{out}/3}$，对于复值 LFM 波形在 20 dB 信噪比所需要的过采样因子是 7.4，30 dB 信噪比时为 23.4。

图 7.8 用了与图 7.6 一样的复 LFM 脉冲、似然函数、对时间分辨率的归一化来说明这种影响。匹配滤波器输出以因子 $k_{os} = 2.5$ 过采样，因此精度的采样界(SB)为 $0.116/\beta = 0.116T_s$。分析表明(图示也能表明)在 $\chi_{out} > 10.1$ dB 时，SB 大于 CRLB，从图中还可以看出在这个例子里，直到 $\chi_{out} > 14$ dB 时，SB 才大于 ZZB。在这个信噪比区间上，标记了"未插值"灰色的 MLE 曲线与 SB 的曲线十分接近。

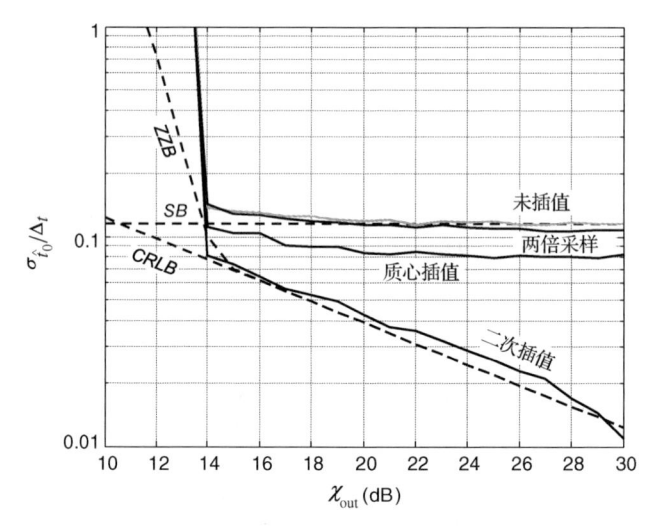

图 7.8　采样率限制和插值技术对高信噪比时延估计量误差的影响

时延测量精度可以通过更高的过采样程度来得到提高，但是要在 20 dB 以上的信噪比中达到 CRLB 所需要的采样频率，则过采样程度会非常大，如上面看到的一样。另一种常见的方法是对测量峰值附近的样本进行插值，以提取估计的峰值位置，就如第 3 章~第 5 章中所讨论的用来减少跨越误差的方法一样。对于 LFM 波形，匹配滤波器输出的信号部分的峰值与 sinc 函数十分相似，因此在峰值 $t = t_0$ 附近可以近似为抛物线。将匹配滤波器输出的大小表示为 $y(t)$，其峰值出现在 t_0 时刻。而实际测量到的最大值在样本 n_0，对应到时间为 n_0T_s。定义 $y[n_0] = y_0$，则相邻的两个样本值分别为 $y[n_0-1] = y_{-1}$，$y[n_0+1] = y_{+1}$。真实峰值在 $t_0 = (n_0 + \Delta n)T_s$，其中 Δn 是一个 $-1 \sim 1$ 之间的小数。确定在时刻 $(n_0-1)T_s$，n_0T_s，$(n_0+1)T_s$ 分

别经过 y_{-1}，y_0，y_{+1} 的二次方程的系数很简单但比较冗杂。把方程对 Δn 求偏导并令其等于 0，就可以找到峰值位置的 Δn，时延 t_0 的估计结果为

$$\Delta n = \frac{1}{2} \cdot \frac{y_{+1} - y_{-1}}{2y_0 - y_{-1} - y_{+1}}$$
$$\hat{t}_0 = (n_0 + \Delta n)T_s \tag{7.51}$$

图 7.8 中标有"二次插值"的曲线表明，对粗采样数据使用该技术可以得到"采边界"曲线。差值能够在仅仅 2.5 倍过采样的情况下使精度可达到至少 30 dB，更加接近 CRLB。

这里也可以用其他插值方法，比如，取峰值以及与其相邻最近的两个峰值的质心，即

$$n_0 + \Delta n = \frac{\sum_{n=n_0-1}^{n_0+1} n \cdot y[n]}{\sum_{n=n_0-1}^{n_0+1} y[n]} = \frac{(n_0-1)y_{-1} + n_0 y_0 + (n_0+1)y_{+1}}{y_{-1} + y_0 + y_{+1}} \tag{7.52}$$

质心插值的结果也显示在图 7.8 中，质心插值能将精度改善到 SB 之下，但无法达到 CRLB。图中另一个估计量是两样本估计量，该估计量只用到了峰值样本和与其相邻两个样本中较大的样本 (Macleod，1998)

$$n_0 + \Delta n = n_0 + \mathrm{sgn}(y_{+1} - y_{-1}) \left[\frac{\max(y_{+1}, y_{-1})}{y_0 + \max(y_{+1}, y_{-1})} \right] \tag{7.53}$$

其中，sgn(·) 是符号函数或者正负号函数。如图 7.8 所示，在数据不含噪声时两样本估计量十分精确，但在含噪声数据中就不那么有效。

在使用峰值插值时，有许多额外的问题需要考虑。例如，当为了控制距离副瓣给数据加窗(将改变峰的形状)，或者当对复值数据插值而不再是对实值信号插值，这时，抛物线插值的系数都应当做适当的修改，以获得最佳效果(Agrež，2002；Lyons，2011；Jacobsen 和 Kootsookos，2007)。此外，内插的质量和不同插值方法之间的效果通常随过采样率有较大的变化。另一个方面，这些方法都假定孤立峰值不会受附近其他峰值影响。同时，在估计中的大部分插值都是非线性且有偏的，尽管在高信噪比时偏差通常很小，插值还是很有效的。总之，插值过程可以有效改善精度，但必须谨慎选择，并针对不同的数据获取方案优化实施细节。

另一种常使用近似矩形脉冲延时估计方法的是前沿阈值检测器。这是一种对接收机输出幅度进行操作的非相干的方法，仅适用于高信噪比的情况。考虑一个矩形脉冲通过一个标称上带宽为 β Hz 的接收滤波器，滤波器的输出可以近似为如图 7.9(a) 所示的一个上升时间为 $t_r \approx 1/\beta$ s 的梯形脉冲。在高信噪比的情况下，时延可以通过测量接收的噪声脉冲首次超过幅度阈值(如峰值幅度的一半)的时间来估计。对于滤波脉冲而言，滤波噪声的引入将会扰乱超过阈值的时间。

观察图 7.9(a) 中无噪声和有噪声情况下的输出脉冲，噪声的相关间隔与脉冲上升时间 $t_r = \alpha \tau$ 近似相等，其中 α 为其占整个脉宽的比例，这里 $\alpha = 0.2$。这个形状是由持续时间为 $(1-2\alpha)\tau$ 的矩形脉冲与滤波器的矩形冲激响应(时宽为 $\alpha\tau$ s)卷积得到的，因此带宽近似为 $1/\alpha\tau$ Hz。

假定没有噪声时的时间阈值是 t_0。从图 7.9(b) 中幅度阈值(峰值的一半)位置附近的区域可以看出，噪声脉冲和不含噪声脉冲的斜率相近，因此时间阈值的变化 δt 和 t_0 处的噪声幅度有如下近似关系：

$$\frac{|n(t_0)|}{\delta t} = \frac{A}{t_r} = \frac{A}{a\tau} \quad \Rightarrow \quad \delta t = \frac{a\tau}{A}|n(t_0)| \tag{7.54}$$

如果假定估计的偏差很小,则时延估计的均方误差(MSE) $\mathrm{E}\{(\delta t)^2\}$ 可以作为另一个估计量延迟误差的方差,即

$$\sigma_{\delta t}^2 \approx \frac{\alpha^2 \tau^2}{A^2}\sigma_w^2 = \frac{\alpha^2 \tau^2}{\chi_{\mathrm{out}}} \tag{7.55}$$

上式称为均方误差界,信噪比 χ_{out} 为峰值输出电压信噪比 A^2/σ_w^2,因为这里没有使用匹配滤波器,所以使用信噪比比使用波形能量信噪比更为合适。

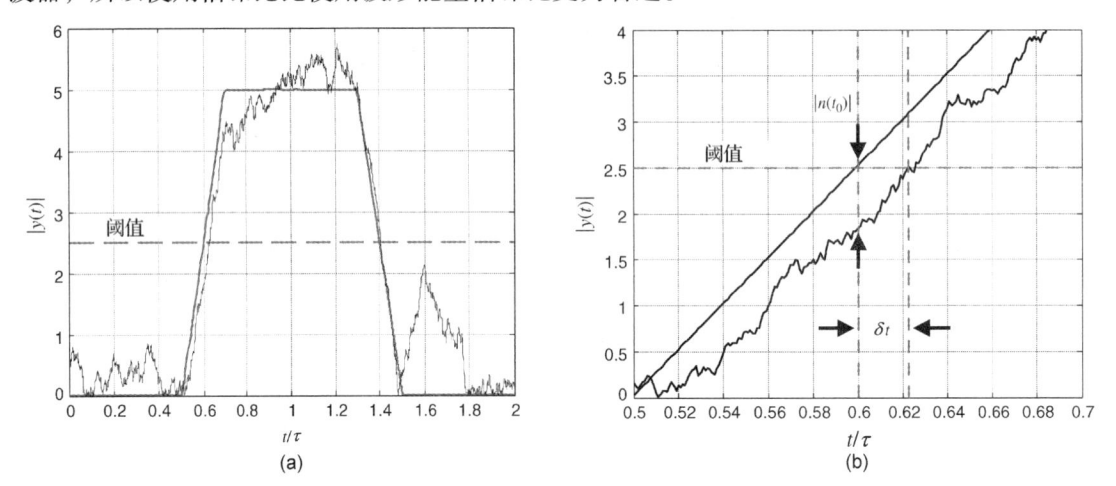

图 7.9 梯形脉冲信号的前沿检测。(a)上升时间 t_r=脉冲长度 τ 的 20%的梯形脉冲信号,阈值设在没有噪声时脉冲峰值幅度的 50%处;(b)没有噪声和噪声存在时脉冲信号与阈值相交的时间阈值

比较式(7.43)时延估计量的 MSE 界和一般复信号的 CRLB,可以得到(见习题 22)梯形脉冲的 RMS 带宽为 $1/\pi\tau\sqrt{2\alpha(1-4\alpha/3)}$,这意味着复值 CRLB 的精度和 MSE 界的精度之间的比例因子为 $\sqrt{(1-4\alpha/3)/4\alpha}$,随 α 在 0.1(几乎为矩形脉冲)~0.5(三角脉冲)之间取值而发生变化,具体可由 1.47 取到 0.41。所以有些时候 CRLB 比 MSE 界大(对于这些例子中 $\alpha=0.2$ 的情况,两者几乎相等,MSE 比 CRLB 略小,大概是 96%的 CRLB)。由于 CRLB 是无偏估计量的最小方差,所以前沿估计量肯定是有偏的。这点可以通过阈值时间的 PDF 得到证实。用此处的记号方式方式重新表示,在估计时间 t_0 时的 MSE 和偏差为(Bar-David 和 Anaton,1981)

$$\mathrm{E}\{(\delta t)^2\} = \frac{\alpha^2 \tau^2}{\chi_{\mathrm{out}}}, \quad \mathrm{E}\{\delta t\} = -\frac{\alpha\tau}{\chi_{\mathrm{out}}} \tag{7.56}$$

MSE 与式(7.55)中的 MSE 界猜想一致。上式证实了估计是有偏的,并且在较高信噪比时偏差渐趋于 0。

图 7.10 所示为 $\alpha=0.1$ 时,阈值为无噪峰值幅度的一半的仿真前沿估计量的精度,其被归一化到脉冲宽度 τ。总数据记录长度为 3τ s。同时显示了式(7.55)的先验界、MSE 界、和 CRLB。在 20 dB 或者更高信噪比时,前沿估计接近 MSE 界。由前面的讨论可以知道,在较小的 α 时,MSE 界比 CRLB 小。灰色的实线是这个问题的最大似然估计量,它与 CRLB 接近但是无法取到 MSE 界。

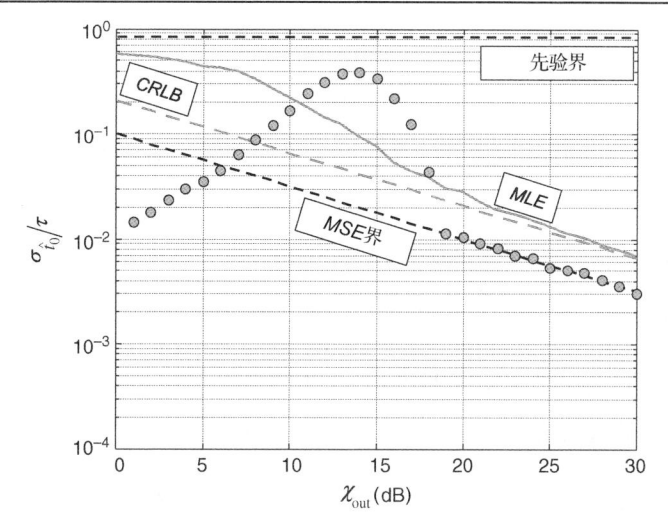

图 7.10 梯形信号前沿检测的时延估计量误差。圆圈代表前沿估计量。实灰线是最大似然估计量

在低信噪比时，CRLB 和 MSE 界都不会使用，因为这个时候先验界将成为主导。图 7.10 显示先验界并不能控制前沿估计量在低信噪比时的表现，当信噪比减小到 20 dB 以下时，在前几个样本前沿估计量方差开始上升，然后迅速下降。这种情况的出现是因为在低信噪比时，记录数据的前几个时刻的单噪声就有可能超过幅度阈值，而不是在真实的峰值位置。到达时间一直被认为离开始的数据很近，可是这个估计具有严重的偏差，但由于变化很小，因此方差也很小。如果回波的位置能够通过跟踪回路近似得到，那么这种反常的情况就可以忽略。改变阈值的大小也会改变过渡到 CRLB 限制性能处的信噪比。例如，随着阈值升高，数据的驼峰就会向左移几个 dB。这点很明显，然而这个估计量只适合高信噪比情况。

另一类常见的时延估计和距离估计方法是多种分裂波门或迟早波门方法。这类方法尝试找到一个时延，在这个时延两侧的有限窗能量近似相等。作为一个例子，矩形脉冲的匹配滤波输出是一个三角波。如果估计时延与三角波中心位置相同，那么在一个脉冲长度内带噪声的三角形电压波形（或者平方）的前向求和与后向求和很可能是几乎相等的。有关这个想法的多种实现方法的分析见文献 Peebles(1998)。

7.2.2 多普勒信号估计

7.2.2.1 正弦曲线参数的 CRLB

在能量为 σ_w^2 的加性复高斯白噪声 $w[n]$ 中，均匀采样的复值正弦信号 $s[n]$ 用归一化周期频率可表示为

$$\begin{aligned} x[n] &= s[n] + w[n] \\ &= A\exp[j(2\pi f_0 n + \phi)] + w[n] \\ &= \tilde{A}\exp(j2\pi f_0 n) + w[n], \quad 0 \leqslant n \leqslant N-1 \end{aligned} \quad (7.57)$$

其中，$\tilde{A} = A\exp(j\phi)$ 是正弦信号的复幅度。该表达式对于径向速度恒定的目标（多普勒频移）所产生的慢时间信号是个很好的模型。在这里信噪比为 $\chi = A^2/\sigma_w^2$。

有 3 个需要同时估计的参数 A，f_0，ϕ，因此，为得到每个参数的 CRLB，需要计算附录 A〔式(A.84)〕中的费舍尔信息矩阵。矩阵的元素 (i, j) 为

$$[\mathbf{I}(\boldsymbol{\Theta})_{ij}] = \frac{2}{\sigma_w^2} \text{Re} \left\{ \sum_{n=0}^{N-1} \left[\frac{\partial s[n;\boldsymbol{\Theta}]}{\partial \Theta_i} \right]^* \left[\frac{\partial s[n;\boldsymbol{\Theta}]}{\partial \Theta_j} \right] \right\} \tag{7.58}$$

其中，$\boldsymbol{\Theta}$ 为三元参数矢量 $[A, f_0, \phi]^T$，计算所需要的偏导数很容易获得：

$$\frac{\partial s[n;\boldsymbol{\Theta}]}{\partial A} = \frac{\partial}{\partial A}\{A\exp[j(2\pi f_0 n + \phi)]\} = \exp[j(2\pi f_0 n + \phi)]$$

$$\frac{\partial s[n;\boldsymbol{\Theta}]}{\partial f_0} = j2\pi n A \exp[j(2\pi f_0 n + \phi)] \tag{7.59}$$

$$\frac{\partial s[n;\boldsymbol{\Theta}]}{\partial \phi} = jA\exp[j(2\pi f_0 n + \phi)]$$

根据式(7.58)，$\mathbf{I}(\boldsymbol{\Theta})$ 的 (1,1) 元素为

$$[\mathbf{I}(\boldsymbol{\Theta})]_{11} = \frac{2}{\sigma_w^2} \text{Re} \left\{ \sum_{n=0}^{N-1} \left[\frac{\partial s[n;\boldsymbol{\Theta}]}{\partial A} \right]^* \left[\frac{\partial s[n;\boldsymbol{\Theta}]}{\partial A} \right] \right\}$$

$$= \frac{2}{\sigma_w^2} \sum_{n=0}^{N-1} \left| \frac{\partial s[n;\boldsymbol{\Theta}]}{\partial A} \right|^2 = \frac{2}{\sigma_w^2} \sum_{n=0}^{N-1} \left| e^{j(2\pi f_0 n + \phi)} \right|^2 = \frac{2N}{\sigma_w^2} \tag{7.60}$$

易知，(1,2),(1,3),(2,1),(3,1) 元素都为 0，这是因为式(7.58)中有 Re(·) 运算符，而对 f_0、ϕ 的偏导都是虚数。其他元素可以很容易地从式(7.59)得出，则完整的复矩阵为

$$[\mathbf{I}(\boldsymbol{\Theta})]_{i,j} = \frac{2}{\sigma_w^2} \begin{bmatrix} N & 0 & 0 \\ 0 & A^2 \sum_n (2\pi n)^2 & A^2 \sum_n 2\pi n \\ 0 & A^2 \sum_n 2\pi n & NA^2 \end{bmatrix}$$

$$= \frac{2}{\sigma_w^2} \begin{bmatrix} N & 0 & 0 \\ 0 & 4\pi^2 A^2 \frac{N(N-1)(2N-1)}{6} & \pi A^2 N(N-1) \\ 0 & \pi A^2 N(N-1) & NA^2 \end{bmatrix} \tag{7.61}$$

最后一步用到了

$$\sum_{n=0}^{N-1} n = \frac{N(N-1)}{2}, \quad \sum_{n=0}^{N-1} n^2 = \frac{N(N-1)(2N-1)}{6} \tag{7.62}$$

$\mathbf{I}(\boldsymbol{\Theta})^{-1}$ 对角元素分别对应 3 个参数的 CRLB。计算很简单，所以在此直接给出结果为

$$\sigma_{\hat{A}}^2 \geq \frac{\sigma_w^2}{2N} \longrightarrow \sigma_{\hat{A}/A}^2 \geq \frac{\sigma_w^2}{2NA^2} = \frac{1}{2N\chi}$$

$$\sigma_{\hat{f}_0}^2 \geq \frac{6}{(2\pi)^2 \chi N(N^2-1)} \xrightarrow{N \text{取大值}} \frac{6}{(2\pi)^2 N^3 \chi} \tag{7.63}$$

$$\sigma_{\hat{\phi}}^2 \geq \frac{2N-1}{\chi N(N+1)} \xrightarrow{N \text{取大值}} \frac{2}{N\chi}$$

通常情况下，频率和相位的 CRLB 与信噪比成反比。幅度的 CRLB 不遵从此规律，但是如果是对式(7.62)中的相对幅度 $\hat{A}/A = \sigma_w^2/2N\chi$，则幅度的 CRLB 与信噪比成反比。"大 N" 近似表明其是精确的，对于 $N \geq 10$（频率）和 $N \geq 13$（相位）而言，其精度控制在 10% 以内。有趣的是，可以看到幅度和相位的 CRLB 以近似 $1/N$ 衰减，随着数据量的增多，频率的 CRLB 以更快的 $1/N^3$ 速率衰减。

频率 CRLB 的另外两种形式值得提一下。以 Hz 为单位的频率 $F_0 = f_0 / T_s$，其中 T_s 是感兴趣的采样间隔。数据持续时间是 NT_s，因此离散时间傅里叶变换(DTFT)的频率分辨率以 Hz 为单位，可表示为 $\Delta F = 1/NT_s$，将这些应用到式(7.63)的渐近形式中，则

$$\sigma_{\hat{F}_0}^2 \geqslant \frac{6}{(2\pi)^2 N^3 T_s^2 \chi} = \frac{6(\Delta F)^2}{(2\pi)^2 N \chi} \tag{7.64}$$

上式表明，频率估计量 CRLB 的改善量 N^3 很大程度上暗含着频率精度的改善，这产生了 N^2 项。而剩下的因子 N 则代表着由于相干积累所带来的信噪比改善，这部分改善在相位和幅度的 CRLB 中也可以看到。

具有多个同时未知的参数，会导致 CRLB 比仅有一个参数未知时更大。费舍尔信息矩阵非零的对角元素体现了这种参数之间的相互作用。对于正弦参数估计问题(见习题 30)，如果其他两个参数已知，剩下未知参数的 CRLB 将等于式(7.63)的结果，或者更为严格。特别地，在大 N 限制的情况下，幅度的 CRLB 将是相同的，而频率和相位的 CRLB 将分别降低为 1/4。

7.2.2.2 正弦参数的最大似然估计

下一步是讨论正弦参数的最大似然估计。这需要关于所有 3 个参数的最大似然函数，即

$$\ell(A, \phi, f_0 \mid \boldsymbol{x}) = \ell(\tilde{A}, f_0 \mid \boldsymbol{x}) = \frac{1}{(\pi \sigma_w^2)^N} \exp\left[-\frac{1}{\sigma_w^2} \sum_{n=0}^{N-1} \left|x[n] - \tilde{A}\exp(\mathrm{j}2\pi f_0 n)\right|^2\right] \tag{7.65}$$

为了方便，在上式再次引入了复幅度 $\tilde{A}$。等价为对下面的指数项最小：

$$J(\tilde{A}, f_0) \equiv \sum_{n=0}^{N-1}\left|x[n] - \tilde{A}\exp(\mathrm{j}2\pi f_0 n)\right|^2 \tag{7.66}$$

先假定 f_0 已知，对 J 关于 $\tilde{A} = \tilde{A}_R + \mathrm{j}\tilde{A}_I$ 求最小。对 $\tilde{A}_R$ 的偏导($x[n]$ 和 $\exp(\mathrm{j}2\pi f_0 n)$ 保持复值形式)为

$$\begin{aligned}\frac{\partial J}{\partial \tilde{A}_R} &= \sum_{n=0}^{N-1} \frac{\partial}{\partial \tilde{A}_R}\left\{[x[n] - (\tilde{A}_R + \mathrm{j}\tilde{A}_I)\mathrm{e}^{\mathrm{j}2\pi f_0 n}] \cdot [x^*[n] - (\tilde{A}_R - \mathrm{j}\tilde{A}_I)\mathrm{e}^{-\mathrm{j}2\pi f_0 n}]\right\} \\ &= \sum_{n=0}^{N-1}\left\{[x[n] - (\tilde{A}_R + \mathrm{j}\tilde{A}_I)\mathrm{e}^{\mathrm{j}2\pi f_0 n}][-\mathrm{e}^{-2\pi f_0 n}] + \cdots [x^*[n] - (\tilde{A}_R - \mathrm{j}\tilde{A}_I)\mathrm{e}^{-\mathrm{j}2\pi f_0 n}][-\mathrm{e}^{\mathrm{j}2\pi f_0 n}]\right\}\end{aligned} \tag{7.67}$$

令(7.67)等于 0，则有

$$0 = \frac{\partial J}{\partial \tilde{A}_R} = \sum_{n=0}^{N-1}\left\{2\tilde{A}_R - x[n]\mathrm{e}^{-\mathrm{j}2\pi f_0 n} - x^*[n]\mathrm{e}^{\mathrm{j}2\pi f_0 n}\right\} = 2N\tilde{A}_R - \sum_{n=0}^{N-1} 2\,\mathrm{Re}\left\{x[n]\mathrm{e}^{-\mathrm{j}2\pi f_0 n}\right\} \tag{7.68}$$

最后，求 $\tilde{A}_I$ 的最小值存在类似的过程(见习题 32)：

$$\begin{aligned}\hat{\tilde{A}}_R &= \mathrm{Re}\left\{\frac{1}{N}\sum_{n=0}^{N-1} x[n]\mathrm{e}^{-\mathrm{j}2\pi f_0 n}\right\} \\ \hat{\tilde{A}}_I &= \mathrm{Im}\left\{\frac{1}{N}\sum_{n=0}^{N-1} x[n]\mathrm{e}^{-\mathrm{j}2\pi f_0 n}\right\}\end{aligned} \Rightarrow \hat{\tilde{A}} = \frac{1}{N}\sum_{n=0}^{N-1} x[n]\mathrm{e}^{-\mathrm{j}2\pi f_0 n} \tag{7.69}$$

其中，$\hat{\tilde{A}}$ 表示 $\tilde{A}$ 的估计值，假设参数 f_0 确实已知，那么 $\tilde{A}$ 的最大似然估计就是数据的 DTFT 在 f_0 处的值，这一结果非常敏感。

然而如果 f_0 未知，那么 J 还需关于 f_0 求最小。将式(7.66)中定义的 J 展开为

$$J(\tilde{A}, f_0) = \sum_{n=0}^{N-1}\left[x[n] - \hat{\tilde{A}}\exp(j2\pi f_0 n)\right]\left[x^*[n] - \hat{\tilde{A}}^*\exp(j2\pi f_0 n)\right]$$

$$= \sum_{n=0}^{N-1}|x[n]|^2 - \hat{\tilde{A}}^*\sum_{n=0}^{N-1}x[n]e^{-j2\pi f_0 n} - \hat{\tilde{A}}\sum_{n=0}^{N-1}x^*[n]e^{+j2\pi f_0 n} + \sum_{n=0}^{N-1}\left|\hat{\tilde{A}}\right|^2 \quad (7.70)$$

中间两项的求和为 $N\hat{\tilde{A}}$, $N\hat{\tilde{A}}^*$〔见式(7.69)〕,可以简化为

$$J(\tilde{A}, f_0) = \sum_{n=0}^{N-1}|x[n]|^2 - N\left|\hat{\tilde{A}}\right|^2 = \sum_{n=0}^{N-1}|x[n]|^2 - \frac{1}{N}\left|\sum_{n=0}^{N-1}x[n]e^{-j2\pi f_0 n}\right|^2 \quad (7.71)$$

上式的第一项与 f_0 无关,最小化 J 等同于最大化第二项,即最大化数据 DTFT 的模值平方[①]。$\hat{f}_0$ 是通过计算数据的 DTFT,并在其中找到使 DTFT 模值平方最大的频率得到的。

总结一下,在一个复正弦信号中加入复高斯白噪声的情况下,幅度、频率、相位的最大似然估计可以通过如下顺序操作。

1. 计算数据 $x(n)$ 的离散时间傅里叶变换 $X(f)$。
2. $\hat{f}_0$ 是 DTFT 模值的峰值出现的位置 $\hat{f}_0 = \underset{f}{\arg\max}\left\{|X(f)|^2\right\}$。
3. 复幅度的最大似然估计是 $X(f)$ 在 $\hat{f}_0$ 处大小的 $1/N$ 倍,$\hat{\tilde{A}} = X(\hat{f}_0)/N$,幅度和相位的最大似然估计 $\hat{A}$ 和 $\hat{\phi}$ 是 $\hat{\tilde{A}}$ 的大小和角度。

图 7.11 至图 7.13,分别给出了频率、相位、相对幅度的最大似然估计误差随信噪比的变化。这 3 幅图都是由基于样本长度为 $M=40$,频率和初相随机的复正弦基于 DFT 的 MLE 仿真得到的结果。为了在显示的信噪比范围有足够高的采样界,对于频率和相位估计用长度为 $K=1000$ 的 DFT,对于幅度估计取 $K=80$。与距离估计一样,这 3 种情况的测量精度只在信噪比相当高时才遵循 CRLB。当信噪比较低时,信号几乎全是噪声,估计中先验界占主导。在高信噪比时,精度则由基于样本密度的采样界限制。

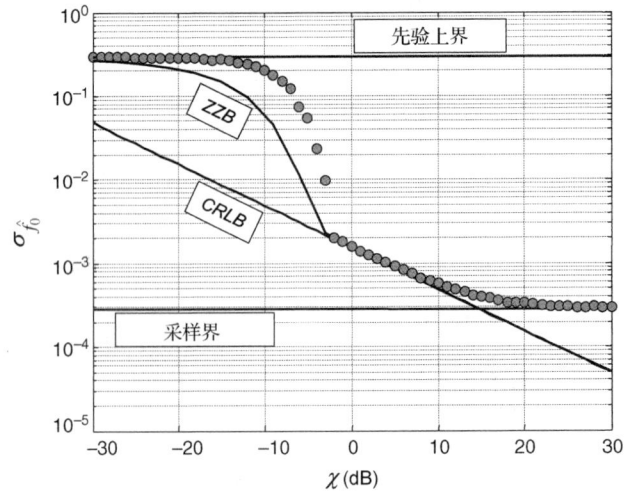

图 7.11 仿真的最大似然归一化频率估计量误差性能分析。对 $M=40$ 时间采样的正弦信号做了 $K=1000$ 点 DFT

[①] 该函数还经常被称为数据 $x[n]$ 的周期图。

第 7 章 测量与跟踪

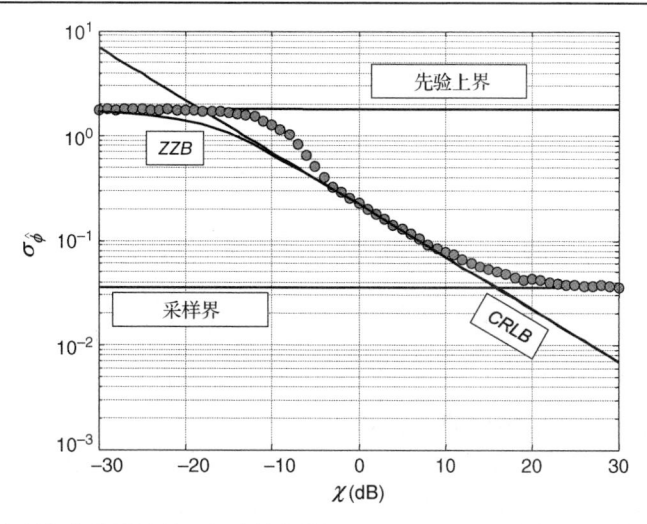

图 7.12 仿真的最大似然相位估计量误差(rad)性能分析。对 $M=40$ 时间采样的正弦信号做了 $K=1000$ 点 DFT

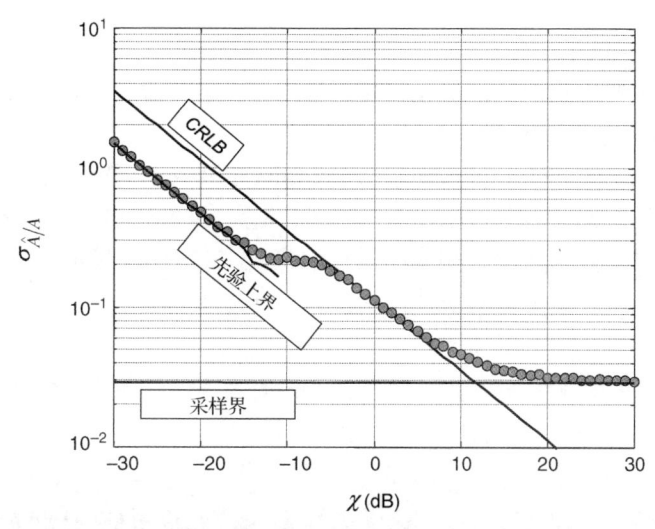

图 7.13 仿真的最大似然相对幅度估计量误差性能分析。对 $M=40$ 时间采样的正弦信号做了 $K=80$ 点 DFT

在低信噪比时，信号峰值将被噪声淹没，因此频率的最大似然估计将简单地变成噪声 DFT 的峰值位置。峰值将等概率地出现在归一化频率区间$[-0.5,0.5]$内的任何地方。将估计的归一化频率$\hat{f}_0$看成在该区间的一个均匀随机变量。方差的先验界为$1/12$，精度是其平方根$1/\sqrt{12}$。类似地，在 DFT 峰值处的相位均匀分布在$[-\pi,\pi]$，因此相位精度的先验界为$2\pi/\sqrt{12}$。

为了得到幅度的先验界，$x[n]$的K点 DFT 的每个采样，都是方差为σ_w^2的复高斯白噪声中M个样本乘上权值旋转因子$\exp(-j2\pi k/K)$的和。因为这些权值的模值都是一样的，所以，DFT 采样是方差为$M\sigma_w^2$的复高斯白噪声；DFT 采样点的模值是方差为$(1-\pi/4)M\sigma_w^2/2$，且满足瑞利分布的随机变量。而最大似然估计是 DFT 乘以$1/M$，则方差变为$(1-\pi/4)\sigma_w^2/2M$。最大似然估计量是K点 DFT 采样的最大值，因此最大似然估计量的方差也是K点 DFT 最大值的方差。定义 DFT 采样模值的 PDF 为$p_{|X|}(|X|)$，相应的累积分布函数为$P_{|X|}(|X|)$。对于复高斯白噪声的大规模 DFT，则有

$$p_{|X|}(|X|) = \frac{2M|X|}{\sigma_w^2} \exp\left[-\frac{M|X|^2}{\sigma_w^2}\right], \quad |X| > 0$$

$$P_{|X|}(|X|) = 1 - \exp\left[-\frac{M|X|^2}{\sigma_w^2}\right], \quad |X| > 0 \tag{7.72}$$

令 z 为 M 点输入信号的 K 点 DFT 的最大值，则 $|X|$ 的 N 个独立样本最大值的 PDF 为

$$p_z(z) = N \cdot P_{|X|}(|X|)\left[p_{|X|}(|X|)\right]^{N-1} \tag{7.73}$$

可将式(7.72)代入式(7.73)，计算 $p_z(z)$。可惜的是，无法得到 z 的方差的简单表达式，但是可以用数值的方法来估计幅度精度的先验界。

当 $K = M$ 时，DFT 样本是不相关的。当 $K > M$ 时，很容易看出 DFT 样本是相关的，即便输入是白噪声（见习题 33）。实际上当 $K > M$ 时，有效的独立样本数仍近似为 M。因此，要得到最大似然估计量的 PDF 在较低信噪比时的一个较好的估计，应该令式(7.73)中的 $N = M$，而与 K 的大小无关。

图 7.11～图 7.13 中的信噪比是输入正弦数据的信噪比。3 个参数的先验界是用来控制输入信噪比低于 -10 dB 时的情况的。40 点 DFT 序列的积累增益为 $10\log_{10}(40) = 16$ dB，相对应的 $M = 40$ 时，积累后的信噪比增加了大约 6 dB[①]。

当信噪比足够高，而 DFT 长度相对较短时，DFT 频率采样间隔限制了 3 个参数估计量的精度。最明显的是频率估计量精度的采样界。对于 K 点 DFT 样本，归一化频率轴循环样本间的间隔为 $1/K$。而对于高信噪比，频率的量化则变成主导因素。频率误差可以看成间隔宽度 $1/K$ 上的均匀随机变量，因此频率估计量精度的采样界为 $1/\sqrt{12}K$。这也在图 7.11 有显示。

幅度相位估计量在高信噪比时的误差是由频率估计量误差所引起。回顾一下，对类似式(7.57)中频率为 f_0，初相为 ϕ_0 的正弦信号，在没有噪声的情况下 M 点 DTFT 为

$$X(f) = Ae^{j\phi_0}\frac{\sin(2\pi f_0 M/2)}{\sin(2\pi f_0/2)}\exp[-j\pi f(M-1)] \tag{7.74}$$

当在真实频率 f_0 进行估计时，$X(f_0) = MA\exp(j\phi_0)$。除以 M 可使 $X(f_0)$ 的大小和相位变成原来正弦信号的幅度和相位。然而如果 DTFT 是在频率 $f_0 + \delta f$ 处估计，则将测得不同的幅度和相位。在较高信噪比时，δf 的范围是 $\pm 1/2K$（一个 DFT 相位采样间隔），导致的相位变化范围是 $\mp\pi(M-1)/2K$，对应幅度则为 $-A[M - \sin(\pi M/2K)/\sin(\pi/2k)]/M$。相位误差应该在相位间隔内均匀分布，因为相位误差是频率误差的线性映射。但这对于幅度误差并不适用，因为，当 K 相对 M 较大时，幅度误差可以近似为幅度间隔上的均匀分布。相位和幅度估计量精度的采样界分别为 $\pi(M-1)/K\sqrt{12}$，$A[M - \sin(\pi M/2K)/\sin(\pi/2K)]/(M\sqrt{12})$，相对幅度精度界为 $[M - \sin(\pi M/2K)/\sin(\pi/2K)]/(M\sqrt{12})$。

正弦频率估计问题和该问题的最大似然估计，在本质上与时延的最大似然估计很相似，都需要在噪声中找到一个相对较窄的脉冲峰值。式(7.49)的广义 ZZB 也可以用在这里。与频率最大似然估计量 χ_{out} 等价的为 $M\chi$，ZZB 计算的时候用到了这点。之前计算的频率估计

[①] 然而先验上界是用在信噪比比较高时的频率和相位绘图中，不适合用来绘制模值准确性，这是因为在信噪比高时必要的计算导致结果不稳定。

量的 CRLB 和先验界分别在图 7.11 和图 7.12 上有显示，而图 7.13 中没有显示，这是因为在幅度估计问题中，式(7.49)中的加权函数 erfc(·) 和 Γ(·) 中的个别变量对 CRLB 和先验上界之间的过渡带匹配得不太好。

类似于时延估计，可以用插值法提高精度，以在高信噪比时超过采样界。实际上，有很多插值法主要是为了频率估计量而研究出来的。一旦获得了改进的频率估计量，上面用来估计采样边界的逻辑同样可以用于推导出改进的相位和幅度估计量。图 7.14 展现了 $M=40$，$K=120$ 情况下的二次插值的结果。所有的参数估计精度都有重大改善。两样本插值和质心插值未显示出来，因为与图 7.8 中的时延估计情形类似，这两种方法对精度改善很小。这两种插值对于较粗的采样更为有效，例如当 $K=M$，但是这时二次插值也能得到更好的结果。所有之前讨论过的关于加窗、实数据与复数据、过采样率、插值带来的偏差的注意事项都可以用于正弦参数估计。

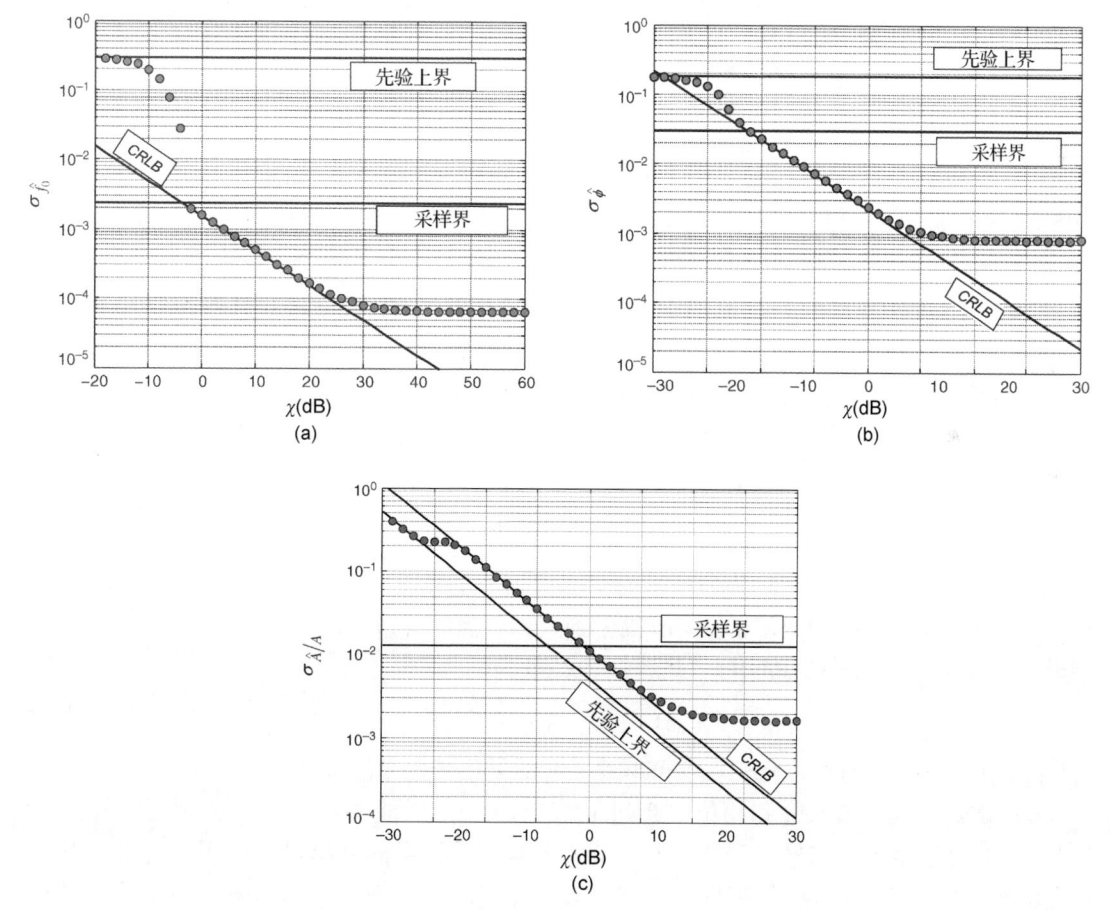

图 7.14　二次插值方法提高了准确性。$K=120$ 点 DFT 并且 $M=40$。
(a)归一化频率；(b)相位(rad)；(c)相对幅度

7.2.3　角度估计量

为了在三维空间和多普勒频移中定位目标位置，还需要估计的参数是俯仰角和方位角。这里考虑一个角的估计量就可以了，但得出的结果两个都适用。有两种与雷达天线定向有关的估计目标角度的方法。第一种在多个天线相位中心采用相位测量的方法，本质上是相位干涉法。第二种在天线波束控制或者波瓣转换的过程中使用多个幅度测量。如何选择这两种方法取决于可用天线的种类和数据采集的方式。有一些技术混合使用了这两种基本方法。

7.2.3.1 基于相位的角度测量

考虑图 7.15 所示的水平方向上的均匀线阵，每一个灰色的三角形代表着具有独立接收机的天线相位中心，这可以代表相控阵天线的子阵或者独立的阵元。相位中心数最少是 2 个，距离间隔为 d。一个波长为 λ（频率为 $\Omega = 2\pi/\lambda$ rad/s）的电磁平面波，以与阵列法线成 θ rad 的入射角到达阵列。图中还画出了在传播方向上相距 λ m 的相邻两个平面相位波前。

假设等相位波前在时刻 t 到达相位中心 0。波前需要沿传播方向传播 $d\sin\theta$ m，以到达相位中心 1，需要花费时间 $d\sin\theta/c$ s。如果在相位中心 0 获得的电压信号是 $\bar{y}_0(t) = A\exp\{j[\Omega t + \phi]\}$ 的形式，则在相位中心 1 处信号为 $\bar{y}_1(t) = A\exp\{j[\Omega(t - d\sin\theta/c) + \phi]\}$，更为一般地，在第 n 个相位中心的信号为

$$\bar{y}_n(t) = A\exp\{j[\Omega(t - nd\sin\theta/c) + \phi_0]\}, \quad 0 \leq n \leq N-1 \tag{7.75}$$

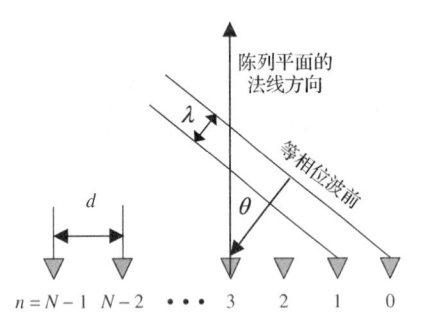

图 7.15 平面波对等距线阵的影响

现在考虑时刻 $t = t_0$ 时，在每个相位中心测得的 N 组电压样本，并将样本排成一个列矢量 y，即

$$\begin{aligned} y[n] &\equiv \bar{y}_n(t_0) = A\exp\{j[\Omega(t_0 - nd\sin\theta/c) + \phi_0]\} \\ &= \hat{A}\exp(-j\Omega nd\sin\theta/c), \quad n = 0, \cdots, N-1 \\ &= \hat{A}\exp(-j2\pi nd\sin\theta/\lambda) \end{aligned} \tag{7.76}$$

$$y = [y[0], y[1], \cdots, y[N-1]]^T$$

空间相位历程矢量 y 称为到达阵列信号的空间快拍。定义归一化空间频率 $k_\theta \equiv 2\pi d\sin\theta/\lambda$，其中，$k_\theta$ 是空间频率（其单位为 rad/m）投影到阵列平面的分量（$(2\pi/\lambda)\sin\theta$）乘以阵列采样间隔（阵元间距 d），单位是 rad/采样。则空间快拍变为

$$y = \hat{A}[1 \quad e^{-jk_\theta} \quad \cdots \quad e^{-j(N-1)k_\theta}]^T \tag{7.77}$$

上式表明快拍是对具有归一化弧度空间频率 $-k_\theta$ 的复正弦信号的采样。

假设雷达工作的波长 λ 和相位中心间距 d 已知，如果能够测量到 k_θ，则可以得到入射角 θ；由于快拍是正弦信号的采样，上一节关于频率估计量的结果可以应用在这里。用归一化弧度频率替代式 (7.63) 中的周期频率 f_0，对于在复高斯白噪声中的一组空间快拍，估计 k_θ 的 CRLB 为

$$\sigma_{k_\theta}^2 \geq \frac{6}{\chi N(N^2-1)} \xrightarrow{N\text{取大值}} \frac{6}{N^3\chi} \tag{7.78}$$

入射角的 CRLB 可以通过附录 A.3.2 的参数变换规则得到。严格地讲，需要一个更为一般的规则，以估计变换后的矢量参数 (Kay, 1993)。然而，在正弦参数估计问题中，为了通过 k_θ 的 CRLB 得到 θ 的 CRLB，只需要用到式 (A.71) 中标量变换的情况。定义 $\alpha = \lambda/2\pi d$，将其作为中间量来简化书写，即

$$\sigma_{\hat{\theta}}^2 \geq \left[\frac{\partial \theta}{\partial k_\theta}\right]^2 \sigma_{\hat{k}_\theta}^2 = \left[\frac{\partial}{\partial k_\theta}\arcsin(\alpha k_\theta)\right]^2 \sigma_{\hat{k}_\theta}^2$$

$$= \frac{\alpha^2}{1-(\alpha k_\theta)^2}\sigma_{\hat{k}_\theta}^2 = \frac{\alpha^2}{1-\sin^2\theta}\sigma_{\hat{k}_\theta}^2 = \frac{\alpha^2}{\cos^2\theta}\sigma_{\hat{k}_\theta}^2$$

$$= \frac{\lambda^2}{(2\pi)^2 d^2 \cos^2\theta}\sigma_{\hat{k}_\theta}^2 \tag{7.79}$$

结合式(7.78)和式(7.79)，可以得到入射角的 CRLB 为

$$\sigma_{\hat{\theta}}^2 \geq \frac{6\lambda^2}{(2\pi)^2 d^2 \cos^2\theta \chi N(N^2-1)} \xrightarrow{N\text{取大值}} \frac{6\lambda^2}{(2\pi)^2 d^2 \cos^2\theta \chi N^3} \tag{7.80}$$

注意准确度取决于入射角。尤其注意当信号从法线到达阵列($\theta=0$)时，估计具有最好的精度；从阵列末端入射($\theta=\pm\pi/2$)时，入射角估计精度为无穷大。这种情况下，估计方差满足式(7.78)条件的 k_θ 并不难。然而，当自变量趋向于±1 时，映射 $\theta=\arcsin(\lambda k_\theta/2\pi d)$ 对 k_θ 的导数趋于无穷大，因此有限的 k_θ 精度变换到 θ 中也可以变得任意大。

实际中，入射角及其精度不可能不受约束。忽略信号从天线后面到达的情况，入射角必须在区间$[-\pi/2,\pi/2]$内。最坏情况的方差为 $\pi^2/12$，这也是低信噪比情况下的先验界。

稍做代换，式(7.80)可以变为更有用的形式。首先，定义阵列长度为 $D=(N-1)d$。然后回忆起从法线方向到阵列平面的 3 dB 带宽为 $k\lambda/d$，其中 k 可以从 0.89 取到 2 或 3，具体由控制副瓣的孔径加权决定。对于一个电子扫描阵列天线，由于阵列长度在视线 θ 上的有效长度缩短为 $D\cos\theta$，与阵列法线方向成 θ 夹角的视线方向的 3 dB 波束宽度变成 $\theta_3=k\lambda/D\cos\theta$。最后，注意到 χ 是一个独立相位中心的 SNR，相参积累后的信噪比 $\chi_{\text{out}}=N\chi$，有了这些替换，式(7.80)变为

$$\sigma_{\hat{\theta}}^2 \geq \frac{6\theta_3^2}{(2\pi)^2 \chi_{\text{out}}\left(\dfrac{N+1}{N-1}\right)k^2} \xrightarrow{N\text{取大值}} \frac{6\theta_3^2}{(2\pi)^2 \chi_{\text{out}} k^2} \tag{7.81}$$

上式表明，入射角估计精度($\sigma_{\hat{\theta}}^2$ 的平方根)与角分辨率存在一个分数的关系，该关系由积累信噪比决定而与入射角无关。然而，需要记住的是，θ_3 取决于到达角度。对于端扫式入射角精度，理论上仍然不受限制，因为波束宽度 $k\lambda/D\cos\theta$ 理论上不受限制。实际上波束宽度限制在 π rad(如果考虑到阵列后面的信号，则是 2π rad)之下，估计限制在 $\pm\pi/2$。

图 7.16 给出了关于最小 3 dB 波束宽度(入射角为 $\theta=0°$)的精度界，此时 $k=1.34$，$d=5\lambda$(意味着是子阵列天线)，$N=10$，单一子阵 SNR 为 0 dB，因此积累后的 SNR 为 10 dB。在这种情况下最小 3 dB 波束宽度为 $k\lambda/(N-1)d\approx 30$ mrad 或者 $1.7°$。信号到达方向在阵列法线 $\pm 55°$ 范围内的，精度优于最小 3 dB 波束宽度的 2/10。低 SNR 时，精度界为 $\sqrt{\pi^2/12}\approx 0.9$ rad 或者 $52°$，这是最小波束宽度的 30.6 倍，也远超出图 7.16 的范围。

如果相位中心间隔 $d>\lambda/2$，那么将达不到第 3 章的奈奎斯特空间采样标准。这就是每个相位中心都是多元素子阵列时的情况。在这种情况下，对于某个入射角范围，$|k_\theta|>\pi$，会导致部分阵列天线方向图产生混叠(栅瓣)，使得 θ 的估计发生模糊。例如当 $d=2\lambda$，入射角为 $0°$、$\pm 30°$、$\pm 90°$ 时，对应的 k_θ 为 0、$\pm 2\pi$ 和 $\pm 4\pi$ 都等价于 $k_\theta=0$。如果 $\hat{k}_\theta=0$，入射角可以是这

5个中的任意一个。如果不能消除模糊的影响，可以对子阵的部分模糊旁瓣进行抑制，以达到减轻模糊的效果。更详细的内容见文献 Bailey(2010)。

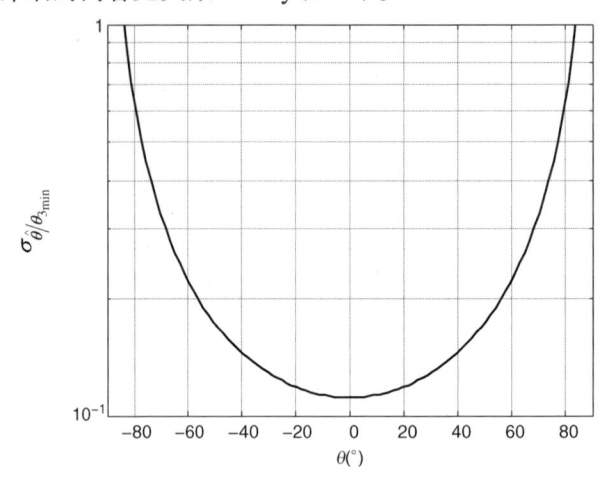

图 7.16　用子阵天线测量得到的到达角相对准确性的 CRLB

7.2.3.2　基于天线扫描的角度测量

考虑图 7.17 所示的情况，雷达天线以某根轴线指向角 θ_0。假设雷达报告在某个位置检测到目标，可以暂时假定目标角度为 θ_0，如图 7.17(a)所示，但实际上目标可能如图 7.17(b)所示，在角度 $\theta_0 + \delta\theta$ 上。可以合理地假定 $\delta\theta$ 在 $\pm\theta_3/2$ 范围内，以使目标在主波束内，并且有足够高的 SNR，可以被检测到。但还是需要一种方法确定目标在主波束内的位置，以得到比波束宽度更好的精度。

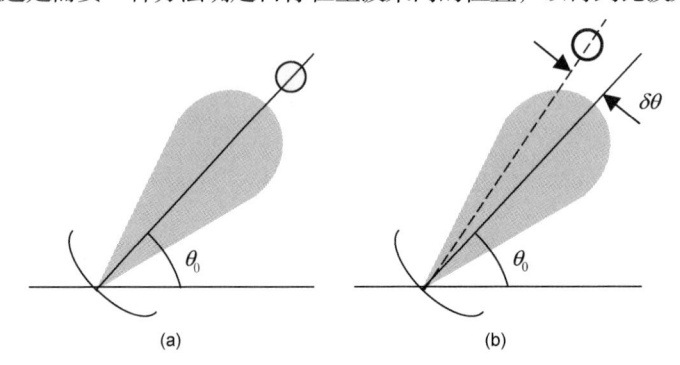

图 7.17　天线增益方向图对接收目标回波幅度的影响。(a)目标在天线视线方向；(b)目标远离视线方向

当我们认识到由于在视线方向和偏离视线方向上双程天线方向图的不同增益导致的目标回波强度(功率或者电压)的不同就可以很容易地解决上述问题。假设一个目标在雷达指向角 θ_0 时被检测到，图 7.18 所示的过程如下所述。首先，天线向指向方向的一侧移动 $\Delta\theta$ rad，测量目标回波幅度。然后，将天线向原来指向方向的另一侧移动 $\Delta\theta$ rad，再次测量目标回波幅度。机械扫描或者电子扫描都可以，只要特定天线是合适的即可。应该限制偏移 $\Delta\theta$ 的大小，以使目标大多数情况下留在主瓣内，这个问题将在稍后进行稍微详细的讨论。

通过测量目标幅度随角度变化的曲线，可以确定目标方向相对初始视轴方向的角度。以图 7.18(a)为例，目标在原始指向方向的左侧。当天线逆时针旋转时，目标接近指向方向，因此能获得更高的天线增益，得到更高的幅度测量结果。当天线顺时针旋转时，天线指向远离目标，因此得到较小的幅度测量。这种测量模式表明目标肯定在原来指向方向的逆时针方向，如图 7.18(b) 所示。有了天线方向图的知识，并利用相对幅度的分析，可以确定目标的角度。需要明确，当目标在指向方向的顺时针方向时，两个测量图应该颠倒，如果目标刚好在指向方向上，则两次测量将得到相同的幅度。

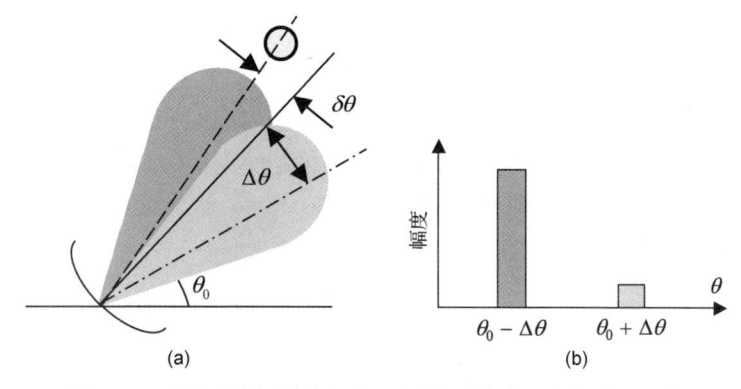

图 7.18　时序天线扫描的概念。(a) 从天线安置在标称上的视线方向获得的新目标测量；(b) 幅度测量结果对比

使得多次测量的目标强度在指向角上有一定偏置角，并分析结果预测目标角度的过程称为天线扫描。当测量如上所述是按时间顺序的，则称为时序天线扫描。或者，天线可一次性形成多个波束，在笛卡儿坐标系里提供对应于初始中心波束和成对的正交偏移波束的多个输出信号。这种天线称为单脉冲天线，因为他们可以在单个脉冲上形成目标角度测量所需要的所有信号。单脉冲天线的简单介绍见文献 Bailey(2010)。对于单脉冲雷达的深入讨论，包括多种不同的天线结构和处理方法见文献 Sherman(1984)。

本质上，同样的方法可以用于分析时序和单脉冲两束波束扫描的有偏性和精度。有一个很重要的建模细节就是偏移波束和原始波束的方向图，除了瞄准线的方向不同，其他是不是完全一样。这取决于天线的种类和扫描机制，如果偏移波束通过的是传统的机械摆动天线，则所有的波束形状都是一样的。如果一个相控阵是通过电扫来形成偏移波束，则波束形状就不一样，因为随着扫描角偏离法线方向，天线方向图会展宽，所以单脉冲天线通常形成相同的偏移波束，然后通过求和得到非偏移波束，因此非偏移方向图和偏移方向图不一样。在这个分析里，假定和方向图是由两个形状相同的偏移波束形成，且偏移波束是用单脉冲或时序波束扫描方法得到的。所获得的结果仍然普遍适用于其他设计，虽然一些细节可能会改变。文献 Sherman(1984) 和 Howard(2008) 提供了更多有关系统波束扫描天线方向图的信息。

假定一个距离单元内只包含一个感兴趣点目标，将图 7.18(a) 中的两个波束解调并匹配滤波后的电压复幅度表示为 v_L、v_R，符号 L、R 分别表示天线相对于标称指向角顺时针(R)、逆时针(L)移动 $\Delta\theta$ rad。为不失一般性，天线标称指向角可以设为 $\theta_0 = 0$。

暂时不考虑噪声和目标波动的影响。将波束顺时针偏移 $\Delta\theta$ 的单向天线电压方向图表示为 $G(\theta - \Delta\theta)$，将 $\theta = \Delta\theta$ 时的瞄准线上的增益归一化为 $G(0) = 1$。双向"右"电压方向图为 $G^2(\theta - \Delta\theta)$，类似的双向"左"电压方向图为 $G^2(\theta + \Delta\theta)$。当目标位于相对原始指向方向 $\delta\theta$ 角时，目标 L 和 R 回波电压的复幅度分别为 $v_R = A\exp(j\phi)G^2(\delta\theta - \Delta\theta)$ 和 $v_L = A\exp(j\phi)G^2(\delta\theta + \Delta\theta)$。另一个重要的建模细节是，对于一个静止非波动的点目标，在没有噪声时，v_L、v_R 的相位是否相同。结果取决于天线的设计，例如在非单脉冲的情况下，取决于形成偏移波束的扫描机制。在这里的分析中，假定对于不含噪声的单一非波动点目标，它们是相等的。这是很多设计期望的结果，虽然实际中并不总能实现。

到目前为止最常见的利用 v_L、v_R 的方法是从计算接收电压的和与差开始的。"左减右"的差信号为

$$v_\Delta(\delta\theta|\Delta\theta) = v_L - v_R = A\exp(j\phi)[G^2(\delta\theta + \Delta\theta) - G^2(\delta\theta - \Delta\theta)]$$
$$\equiv A\exp(j\phi)G_\Delta^2(\delta\theta|\Delta\theta) \tag{7.82}$$

由于这不仅仅取决于目标角度位置，还取决于幅度，所以定义和信号为

$$v_\Sigma(\delta\theta|\Delta\theta) = v_L + v_R = A\exp(j\phi)[G^2(\delta\theta + \Delta\theta) + G^2(\delta\theta - \Delta\theta)]$$
$$\equiv A\exp(j\phi)G_\Sigma^2(\delta\theta|\Delta\theta) \tag{7.83}$$

差和信号的比例与目标幅度无关，即

$$v_{\Delta/\Sigma}(\delta\theta|\Delta\theta) = \frac{v_L - v_R}{v_L + v_R} = \frac{G_\Delta^2(\delta\theta|\Delta\theta)}{G_\Sigma^2(\delta\theta|\Delta\theta)} \equiv G_{\Delta/\Sigma}^2(\delta\theta|\Delta\theta) \tag{7.84}$$

这 3 个电压中的参数 $(\delta\theta|\Delta\theta)$ 强调了电压既取决于相对原有视轴的目标位置，也取决于波束扫描系统中的偏移角。为了简便起见，这些参数通常会在本节后面的部分中舍弃。

图 7.19 给出了具有 sinc^2 形式的基本双程电压天线方向图的主瓣。图 7.19(a) 给出了向原始瞄准线 $\theta = 0$ 两侧移动 25% 的瑞利波束宽度的 L 和 R 方向图的中间部分。图 7.19(b) 给出了差方向图 $G_\Delta^2 = L - R$，而图 7.19(c) 给出了和方向图 $G_\Sigma^2 = L + R$，图 7.19(d) 给出了式 (7.84) 中 $G_{\Delta/\Sigma}^2$ 的方向图。

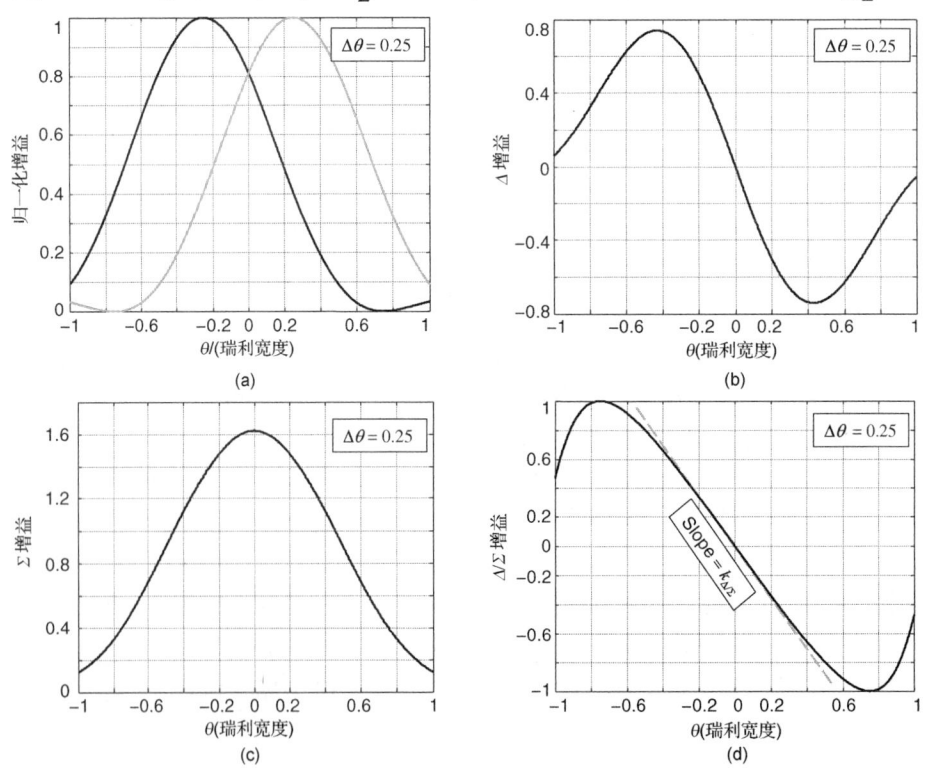

图 7.19 时序天线扫描双程电压方向图。(a) 图 7.1(a) 天线方向图 $G^2(\theta)$ 分别向左向右移动 $\Delta\theta = 0.25$ 瑞利宽度；(b) $G_\Delta^2 = L - R$ 差波束方向图；(c) $G_\Sigma^2 = L + R$ 和波束方向图；(d) 归一化的差波束方向图 $G_{\Delta/\Sigma}^2$。灰虚线是中心区域的线性近似，斜率为 $k_{\Delta/\Sigma}$

注意到归一化差方向图在中间 40%的角区域内，或者原天线主瓣内是近似线性的。这启发了一个用来估计相对原有视轴的目标角度 $\delta\theta$ 的简单算法。对于一个给定的天线，差和比例的方向图 $G^2_{\Delta/\Sigma}$ 可以测量，它的中心部分近似为斜率是 $k_{\Delta/\Sigma}$ 的直线 $G^2_{\Delta/\Sigma}(\theta) \approx k_{\Delta/\Sigma} \cdot \theta$，如图 7.19(d)中的灰色虚线所示。当一个目标被检测到，波束扫描的测量结果 v_L 和 v_R 也就得到了，计算 $v_{\Delta/\Sigma}$，则目标角度位置估计为

$$\hat{\theta} = \theta_0 + \widehat{\delta\theta} = \theta_0 + \frac{1}{k_{\Delta/\Sigma}} \cdot v_{\Delta/\Sigma} \tag{7.85}$$

其中，θ_0 是和方向图的视轴角，也是差方向图的奇对称轴。

假定原本不含噪声的 v_L、v_R 被方差为 σ_w^2 的独立同分布的复高斯白噪声样本污染了。由于 v_Δ、v_Σ 分别为 v_L、v_R 的差与和，因此都被方差为 $2\sigma_w^2$ 的噪声污染。电压差和比例为

$$\frac{v_\Delta + n_\Delta}{v_\Sigma + n_\Sigma} \approx \frac{v_\Delta + n_\Delta}{v_\Sigma} = v_{\Delta/\Sigma} + \frac{n_\Delta}{v_\Sigma} \tag{7.86}$$

式中，第二步假定信噪比很高，所以有 $v_\Sigma \gg n_\Sigma$。假设 v_L、v_R 相位相同意味着 v_Δ、v_Σ 的相位具有相同的值，那么 $v_{\Delta/\Sigma}$ 是实值的。因此，在理想情况下，目标角信息完全包含在差和比例的实部中，虚部仅含噪声。因此，估计算法可修改为最后的形式，即

$$\hat{\theta} = \theta_0 + \widehat{\delta\theta} = \theta_0 + \frac{1}{k_{\Delta/\Sigma}} \cdot \text{Re}(v_{\Delta/\Sigma}) \tag{7.87}$$

这是实际中最常用的形式。

虽然这种估计方法似乎是合理的，但其只是启发式的方法。还有一个更为系统的方法可以再次导出角估计的 CRLB 和给定测量 v_L、v_R 的 MLE。先从 CRLB 开始，信号 v_L、v_R 是均值非零(由于目标部分)的独立复高斯信号，由于 L 和 R 的天线权重不同，因此它们的均值不一样，但是方差都是 σ_w^2。差电压与和电压 v_Δ、v_Σ 同样是均值非零的复高斯信号，均值大小不一样，方差同为 $2\sigma_w^2$。目标角度 $\delta\theta$ 为实数，应用到式(7.18)中，由于偏移不同，v_L、v_R 的方向图也不同，因此需要稍微扩展，结果为

$$\sigma^2_{\widehat{\delta\theta}} \geq \frac{\sigma_w^2}{2A^2 \left\{ \left| \frac{\partial G^2(\theta + \Delta\theta)}{\partial \theta} \right|^2 + \left| \frac{\partial G^2(\theta - \Delta\theta)}{\partial \theta} \right|^2 \right\}}$$

$$= \frac{1}{2\chi \left\{ \left| \frac{\partial G^2(\theta + \Delta\theta)}{\partial \theta} \right|^2 + \left| \frac{\partial G^2(\theta - \Delta\theta)}{\partial \theta} \right|^2 \right\}} \tag{7.88}$$

再进一步扩展，则需要假设一个特定的天线方向图。

MLE 的推导较难。关于左右信号相对相位的多种假设，如是否积累多个采样等的多种结果见文献 Hofstetter 和 DeLong(1969)。对于这里假设的简单例子，$\delta\theta$ 的 MLE $\widehat{\delta\theta}$ 满足：

$$\frac{G^2(\widehat{\delta\theta} + \Delta\theta)}{G^2(\widehat{\delta\theta} - \Delta\theta)} = \frac{v_L}{v_R} \tag{7.89}$$

即 $\delta\theta$ 的值使得左右偏移方向图的比例与此角度时测得的左右电压比例相等。经过简单的代数运算，就可根据和差电压和方向图来重新表述 $\widehat{\delta\theta}$，即

$$\frac{G^2(\widehat{\delta\theta}+\Delta\theta)-G^2(\widehat{\delta\theta}-\Delta\theta)}{G^2(\widehat{\delta\theta}+\Delta\theta)+G^2(\widehat{\delta\theta}-\Delta\theta)}=\frac{v_L-v_R}{v_L+v_R} \Rightarrow G^2_{\Delta/\Sigma}(\widehat{\delta\theta}\,|\,\Delta\theta)=\mathrm{Re}(v_{\Delta/\Sigma}) \tag{7.90}$$

因为差和比例在理想情况下是实值,所以在该式的最后一步添加了 Re(·) 运算符,存在噪声的差和比例的虚部可以忽略。如果差方向图中间部分线性近似如图 7.19(d) 所示,$G^2_{\Delta/\Sigma}(\theta)\approx k_{\Delta/\Sigma}\cdot\theta$,那么 $\widehat{\delta\theta}=v_{\Delta/\Sigma}/k_{\Delta/\Sigma}$ 和式(7.87)是实际目标角度的 MLE。

式(7.89)说明目标角度可以基于 v_L、v_R 的比例,而不是 v_Δ、v_Σ 的比例得到。这是有可能的,但是一般不这样做,因为要用到的方向图 $G^2_{L/R}(\theta\,|\,\Delta\theta)\equiv G^2(\delta\theta+\Delta\theta)/G^2(\delta\theta-\Delta\theta)$ 线性效果不如 $G^2_{\Delta/\Sigma}$ 好,而且在 $\theta=0$ 时不具有对称性,在更大的 θ 范围也不适用。该方向图如图 7.20 所示,使用类似于前面的 sinc² 天线基本方向图,有 ±0.25 波束宽度的偏移。

确定估计量〔式(7.90)〕的均值和偏差需要电压比例 $v_{\Delta/\Sigma}$ 的 PDF。在文献 Kanter(1977)中有推导,推导很困难并且得不到一个易于处理的结果。结果表明,MLE 给出了一个有偏的形式 $v_{\Delta/\Sigma}\exp(-\chi)$,对于任何 SNR,靠近 θ_0 的目标偏差很小,并且对于任何目标角度,偏差随 SNR 增大而迅速减小。只要 SNR 能提供保证质量的跟踪,SNR 大小并不重要。

MLE 的方差理论上是无限的,但简单的近似适用于主要感兴趣的高 SNR 情况。再次假定不含噪声的 v_Δ、v_Σ 被方差为 $2\sigma_w^2$ 的独立同分布的复高斯白噪声样本 n_Δ、n_Σ 污染了,估计 $v_{\Delta/\Sigma}$ 的误差为

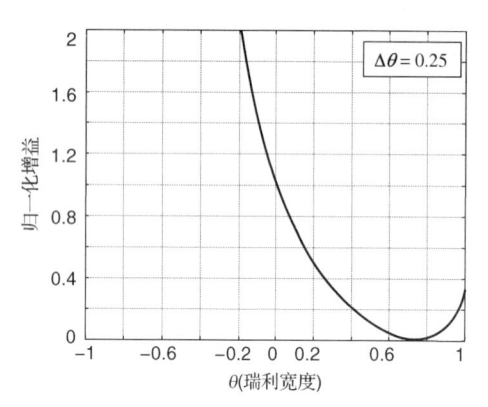

图 7.20 对于同一个天线,图 7.19 中左方向图除右方向图比值归一化方向图

$$\begin{aligned}\varepsilon_{\Delta/\Sigma}&=\frac{v_\Delta+n_\Delta}{v_\Sigma+n_\Sigma}-\frac{v_\Delta}{v_\Sigma}=\frac{n_\Delta-v_{\Delta/\Sigma}n_\Sigma}{v_\Sigma+n_\Sigma}\\&\approx\frac{n_\Delta-v_{\Delta/\Sigma}n_\Sigma}{v_\Sigma}=\frac{n_\Delta}{v_\Sigma}-v_{\Delta/\Sigma}\frac{n_\Sigma}{v_\Sigma}\end{aligned} \tag{7.91}$$

式中,v_Σ 代表不含噪声时测量的信号,因此只有 n_Δ、n_Σ 是随机项。

由于噪声部分是零均值的,$\varepsilon_{\Delta/\Sigma}$ 的均值在这里也为 0,方差为

$$\begin{aligned}\mathrm{var}(\varepsilon_{\Delta/\Sigma})&=\overline{\varepsilon^2_{\Delta/\Sigma}}=\frac{\overline{n^2_\Delta}}{|v_\Sigma|^2}+v^2_{\Delta/\Sigma}\frac{\overline{n^2_\Sigma}}{v^2_\Sigma}\\&=\frac{2\sigma_w^2}{|v_\Sigma|^2}(1+v^2_{\Delta/\Sigma})=\frac{1}{\chi_\Sigma}(1+v^2_{\Delta/\Sigma})\end{aligned} \tag{7.92}$$

其中,和通道的 SNR 定义为 $\chi_\Sigma\equiv|v_\Sigma|^2/2\sigma_w^2$。理想天线扫描角估计器选取 $v_{\Delta/\Sigma}$ 的实部,它包含了所有目标能量和仅一半的噪声能量。误差实部期望方差为

$$\mathrm{var}(\mathrm{Re}\{\varepsilon_{\Delta/\Sigma}\})=\frac{1}{2\chi_\Sigma}(1+v^2_{\Delta/\Sigma})=\frac{1}{2\chi_\Sigma}(1+k^2_{\Delta/\Sigma}\cdot\theta^2) \tag{7.93}$$

这是 $v_{\Delta/\Sigma}$ 方差的天线波瓣测角方法的下界。角误差的方差可能是直接关注的重点,由 $v_{\Delta/\Sigma}=$

$G_{\Delta/\Sigma}^2(\theta) \approx k_{\Delta/\Sigma} \cdot \theta$ 得出 $\varepsilon_\theta = \varepsilon_{\Delta/\Sigma}/k_{\Delta/\Sigma}$。式(7.93)可以变为以 rad 表示的角精度的天线波瓣测角方法的下界，即

$$\text{var}(\text{Re}\{\varepsilon_\theta\}) = \frac{1}{2k_{\Delta/\Sigma}^2 \cdot \chi_\Sigma}(1 + k_{\Delta/\Sigma}^2 \cdot \theta^2)$$

$$= \frac{\theta_3^2}{2k_m^2 \cdot \chi_\Sigma}\left(1 + k_m^2 \cdot \left(\frac{\theta}{\theta_3}\right)^2\right) \quad (7.94)$$

上式正是期望的结果。第二行中差和比例的归一化斜率 $k_m \equiv k_{\Delta/\Sigma}\theta_3$ 已经介绍过了。k_m 或者类似的定义在很多常见的参考书中使用，这里此定义是为了方便对比。一些用来说明 L 和 R 是不相等的噪声能量或相关噪声(可能由于有干扰)的对式(7.94)的扩展式和高阶近似见文献 Sherman(1984)。

式(7.94)对于高 SNR 误差统计是个合理的模型，然而由于计算比例问题，误差可能会变得很大。在没有噪声时，v_L、v_R 是同相的，但如果存在显著噪声，则 v_L、v_R 的相对相位可以取任意值。当 v_L、v_R 大小几乎相等，相位相差 $180°$ 时，v_Σ 将变得非常小，v_Δ 则不会。比例电压 $v_{\Delta/\Sigma}$ 可以变得很大，导致了角估计范围 $\pm\pi/2$ 以外的巨大异常值；反之，则导致了大的方差误差。这与之前提到的理论 PDF 的方差为无穷大相一致。

可以通过上述几种技术中的一种基本消除过大的角度误差，例如对 $v_{\Delta/\Sigma}$ 的大小限幅或者简单的舍弃超出限制的测量结果。这个限制可以基于和方向图的波束宽度，或者差和比例方向图线性区域的宽度。

图 7.21 显示了以 sinc^2 做天线方向图时，在用式(7.87)估计目标角度的仿真中获得的精度。图 7.21(a) 显示了当波束偏移 ± 0.2 瑞利波束宽度，真实目标角度偏离标称上的视轴 $+0.1$ 瑞利波束宽度时，精度随 SNR 的变化。图中同时还显示了式(7.94)的波束扫描界、式(7.88)的 CRLB，以及区间 $\pm\pi/2$ 内的均匀随机相位的先验界。注意到波束扫描界和 CRLB 很接近，略小于 CRLB，这可能仅仅是因为估计量是有偏的。

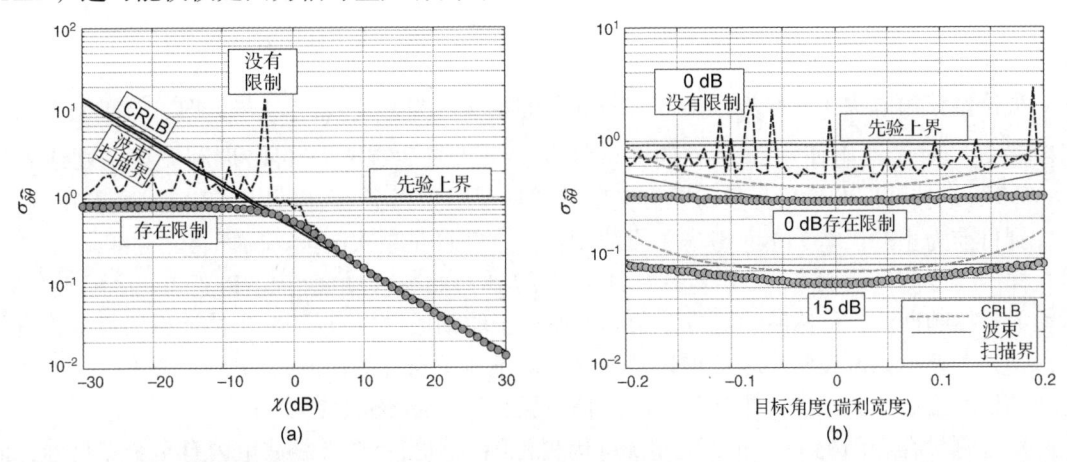

图 7.21 天线扫描角度估计精度。(a)精度与 SNR 的关系；(b)精度与目标角度的关系详见文中的描述

图 7.21 中，两条曲线表示仿真精度，虚线表示不对 $v_{\Delta/\Sigma}$ 大小限幅时得到的结果，灰色的点则表示当 $v_{\Delta/\Sigma}$ 限制在对应波束偏移角 20 倍大小的范围内(很松的条件)的结果。当赋予更多一致性时，这足以使得角度估计在低 SNR 时更为接近先验界。这两条曲线在高 SNR 时与波束扫描界和 CRLB 都很接近。

图 7.21(b)是精度随目标角度变化的图,并显示了 SNR 分别为 0 dB 和 15 dB 时的多种界。对于 0 dB 情况,展示了 $v_{\Delta/\Sigma}$ 测量有截断和没截断时的结果。而 15 dB 情况下的波束扫描界被数据所遮挡。可以再次看出,波束扫描界比 CRLB 稍微小一点,该图表明,在目标角度越大时,二者差距越大;而在低 SNR 和大角度时,二者都不是特别的相近。

在选择偏移角时应在精度和视轴附近的线性区域宽度折中。式(7.94)显示了差和比例斜率对估计精度的影响。由于通常会有 $k_{\Delta/\Sigma} \cdot \theta \approx v_{\Delta/\Sigma} < 1$,所以角度测量精度的主要部分是与差和比例斜率成反比的 $1/(k_{\Delta/\Sigma} \cdot \sqrt{2\chi_\Sigma})$。因此,对于给定的 SNR,更大的斜率会得到更好的精度。对于给定的基本偏移天线方向图 $G^2(\theta \pm \Delta\theta)$,如果偏移角 $\Delta\theta$ 增加,则斜率也会增加。另一方面,较大的斜率会使得在视轴附近的 $G^2_{\Delta/\Sigma}$ 近似线性部分角区域变小。此外,如果偏移角太大,和方向图在视轴附近的增益和精度都将变得很差。增益衰减减小 χ_Σ,精度降低。所有这些影响在显示不同偏移角的和方向图和归一化差方向图的图 7.22 中很明显。

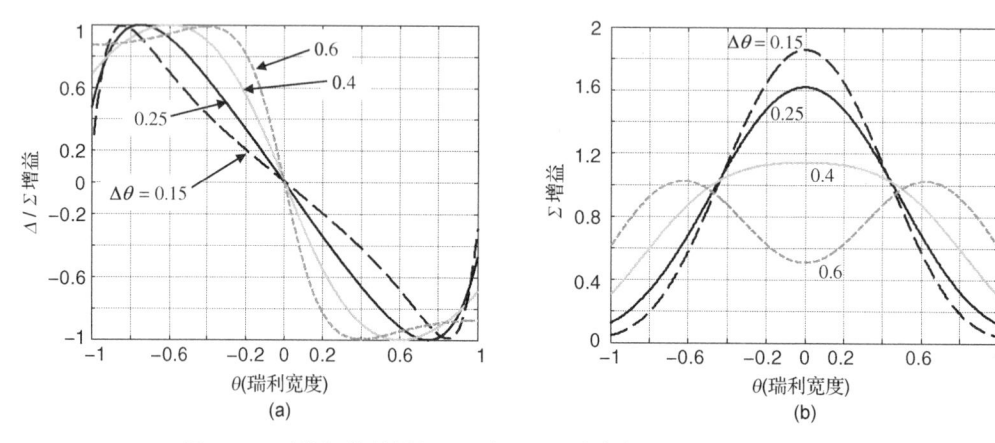

图 7.22 天线扫描斜视角 $\Delta\theta$ 对和、差波束方向图的影响。(a)归一化差波束方向图 $G^2_{\Delta/\Sigma}(\theta)$;(b)和波束方向图 $G^2_\Sigma(\theta)$

最佳偏移角取决于天线方向图和"最佳"的定义。当 $k_{\Delta/\Sigma} \cdot \sqrt{2\chi_\Sigma}$ 最大时,视轴附近的角精度最好。对于这里使用 sinc^2 方向图的情况,最大发生在 $\Delta\theta = 0.42$ 瑞利波束宽度或者约 $0.65\theta_3$ 时。最佳精度的代价是使得差方向图的线性范围相当窄,大概只有 ± 0.15 瑞利波束宽度。

到目前为止的误差分析只考虑了无波动目标,并且是单次测量。简而言之,如果对 N 个独立样本角度测量值取平均,误差方差将减小 $1/N$ 倍。目标波动使得 SNR 变成一个随机变量。对相关目标的回波,目标波动对方差的影响取决于波动模型以及低 SNR 估计返回值是否有阈值,结果方差由阈值设定决定该增还是该减。对不相关目标的回波,当 N 足够大时,方差与无波动情况接近。关于这两个问题的更多信息见文献 Sherman(1984)。

角度测量存在的另一个重要误差源称为目标闪烁。当一个天线波束内有多个点目标,或者具有多个散射点的目标时,就会发生回波起伏。考虑一个跟踪天线波束内的两个目标,它们分别在相对视轴 θ_1、θ_2 处。通过叠加,信道 L 和信道 R 输出、和与差信道的输出,是各个输出的复数和。在没有噪声时,如前所述,$v_{\Sigma 1}$ 与 $v_{\Delta 1}$ 同相,$v_{\Sigma 2}$ 与 $v_{\Delta 2}$ 同相。然而一般情况下,$v_{\Sigma 1}$ 与 $v_{\Sigma 2}$ 的幅度、相位均不相等。令 $v_{\Sigma 2} = \alpha v_{\Sigma 1}$,其中 $\alpha = \rho \exp(j\phi)$ 为复标量。假定在线性斜率区域有 $v_{\Delta 1} = k_{\Delta/\Sigma} v_{\Sigma 1} \theta_1$ 和 $v_{\Delta 2} = k_{\Delta/\Sigma} v_{\Sigma 2} \theta_2 = \alpha k_{\Delta/\Sigma} v_{\Sigma 1} \theta_2$,则角估计变为

$$\hat{\theta} = \text{Re}\left\{\frac{1}{k_{\Delta/\Sigma}} \frac{v_{\Delta1} + v_{\Delta2}}{v_{\Sigma1} + v_{\Sigma2}}\right\} \tag{7.95}$$

$$= \text{Re}\left\{\frac{\theta_1 + \alpha\theta_2}{1+\alpha}\right\} = \frac{\theta_1 + (\theta_1 + \theta_2)\rho\cos\phi + \rho^2\theta_2}{1 + 2\rho\cos\phi + \rho^2}$$

理想情况下，$\hat{\theta}$ 始终在 θ_1 和 θ_2 之间，当 $\rho = 1$ 时，位于两者的中点，比任何其他 ρ 值都更接近两目标中最强的那个。

从式(7.95)容易看出，实际上，当 $\rho \to 0$ 或 ∞ 时，$\hat{\theta} \to \theta_1$ 或 θ_2，与之相关的目标1(或2)相对另一个起主导作用。当 $\rho = 1$ 时，意味着两样本等强度，$\hat{\theta}$ 是两个角度的均值 $(\theta_1 + \theta_2)/2$。然而对于 α 的某些取值，$\hat{\theta}$ 可以在 θ_1 至 θ_2 角度区间外取值。问题出现在当 ϕ 趋于 $180°$，ρ 趋于 1 时（见习题37）。图 7.23 所示的是 $\theta_1 = -2°$，$\theta_2 = -1°$ 时的角估计 $\hat{\theta}$。两条灰色的虚线标明了这两个角，希望 $\hat{\theta}$ 在两条虚线之间。该图证实了当 $\rho = 1$ 时，角度估计量等于采样平均值，当合适的 ρ 较大程度背离 1 时角度估计量趋向于 θ_1 (比如，$\rho = 0.1$) 或者 θ_2 (比如，$\rho = 10$)。然而当 ϕ 趋于 $180°$，ρ 相当接近于 1 时，$\hat{\theta}$ 可以远超出 θ_1 和 θ_2。如果这两个散射点是一个目标上的两个散射中心，那么意味着入射角估计值将会超出目标范围，ρ 越趋于 1 而不等于 1 时，误差越大。在这个例子里，如果 $\rho = 1.1$，$\hat{\theta}$ 为 $9°$，则超出 θ_2 $10°$，超出均值 $10.5°$。

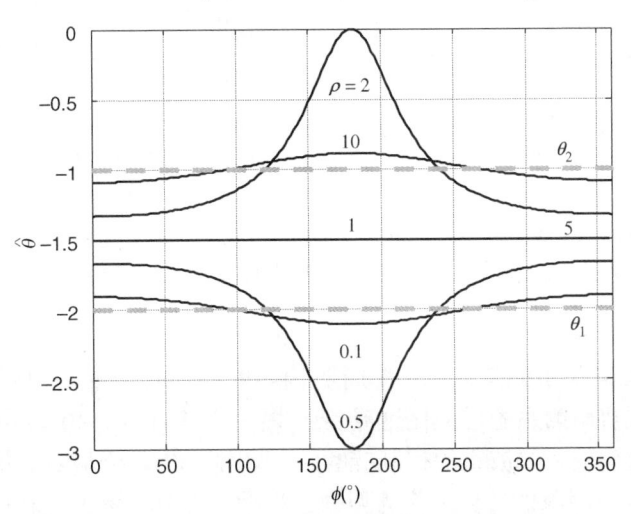

图 7.23 两个不能分辨的散射点的估计角度

真实的复杂目标有多个散射点，并不仅仅只有两个。统计分析表明，根据经验，存在目标闪烁时，$\hat{\theta}$ 的标准偏差的形式为

$$\sigma_{\hat{\theta}_{\text{glint}}} \approx k\theta_w = k\frac{L_w}{R} \tag{7.96}$$

其中，θ_w 是从雷达上看到的目标角宽度；比例因子 k 在 0.15～0.35 间变化。如果从雷达上看到的目标宽度为 L_w，换成角度则是 $\theta_w = L_w/R$。回波起伏误差因而变成距离的函数。回波起伏和噪声对精度的综合影响，是通过方差相加或者等效地对两者精度之和求均方根。由于回波起伏误差随距离增加而减小，而噪声误差由于 SNR 的原因随距离增加而增加，所以二者结合，可以找到对于一个给定系统总体误差最小的最佳距离。

目前为止,对波束扫描的角测量的讨论停留在一维上,但是角度跟踪需要目标位置两个角,即方位角和俯仰角的估计。单脉冲天线提供两个平面上的差异输出,而连续波束扫描天线通常也可以产生在两个平面上偏移的角度。在每个平面上处理过程相同。

另一种二维角度跟踪的方法是圆锥扫描。在该技术中,与反射器天线轴线偏移的天线馈电围绕该轴机械地旋转,产生不断绕天线标称视轴的偏移波束。图7.24(a)显示了在旋转过程中不同位置产生的一系列波束。图中还显示了两个点目标,一个在旋转的偏移波束(圆锥扫描旋转角度为90°)的中心线垂直放置,另一个更接近视轴(1/10 的中心线半径),圆锥扫描旋转角度为225°。通过幅度变化估计偏移角需要双向电压天线方向图(见习题38)。

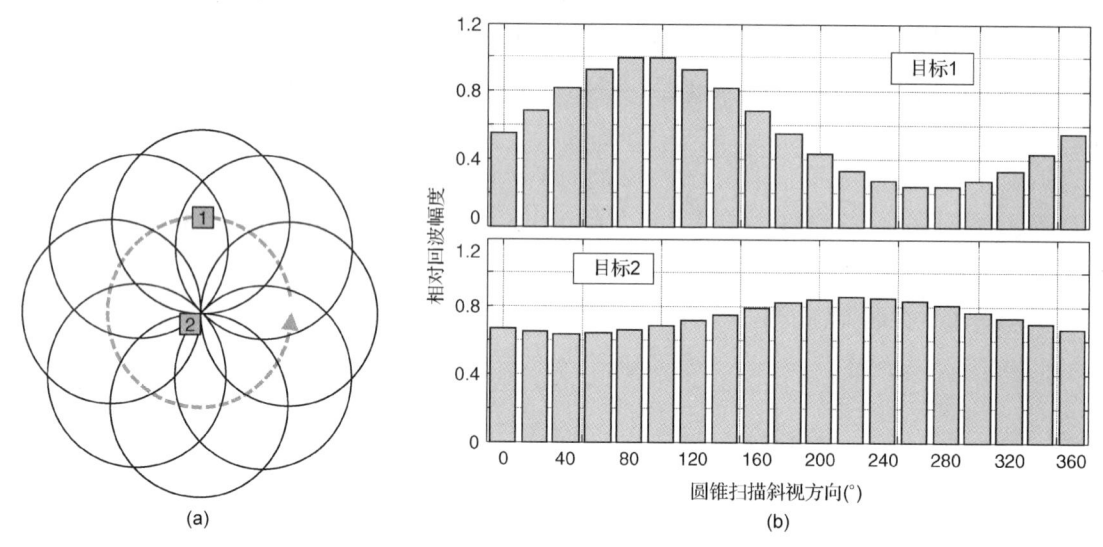

图7.24 圆锥扫描。(a)8 个波束位置在一个连续圆锥扫描,灰虚线显示了波束中心的位置,逆时针旋转方向,该图中包含两个目标;(b)两个目标的相对接收信号幅度

多脉冲可以使旋转角度和偏移角度具有更好的精度,旋转一圈的脉冲数取决于旋转速率和雷达的 PRF。图 7.24 显示的是在下一个周期(第 19 个脉冲)开始之前截取的以 18 个脉冲为周期的情况,然而现实中的系统可能比这或多或少。

到目前为止所讨论的天线波束的控制技术,主要用于跟踪雷达或多功能雷达的跟踪模式。而扫描搜索雷达也可使用角估计算法作为搜索过程的一部分。考虑旋转搜索雷达,当波束到达目标,目标可能在多个连续波束位置被检测到如图 7.25(a)所示,得到的相对功率测量值 $P[n]$ 可能与图 7.25(b)类似。测量的中心为

$$C_P = \frac{\sum_{n=n_1}^{n_2} n \cdot P[n]}{\sum_{n=n_1}^{n_2} P[n]} \tag{7.97}$$

对于测量功率和显示的波束指数,$C_P = 2.16$。该值可以转化为基于角度指向和间隔测量的入射角估计。这个基本思想其他的变化,如设定阈值、加权求重心与分裂栅距离跟踪方法很相似,具体见文献 Blair 等(2010)。

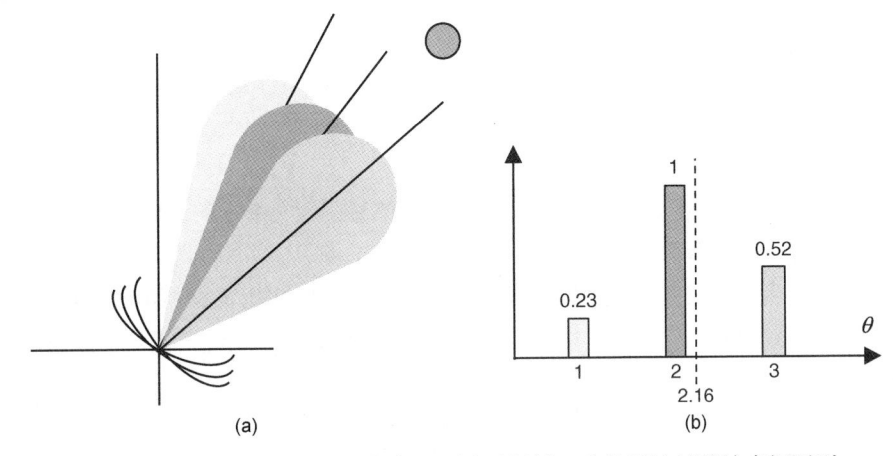

图 7.25　求扫描雷达角度测量的质心。(a)目标被三个位置连续的波束探测到；
(b)每个位置接收到的信号功率相对强度以及三个波束的质心位置

7.3　跟踪导论

对目标坐标(距离、角度和多普勒频移)的测量都是对其真实值的估计，而且测量的过程会受到噪声的影响，因此估计具有相关联的不确定性。通过将一系列时间估计和关于目标运动的假设(希望是合理的)相结合，以提高关于目标坐标的时间估计，可以得到更多的信息。目标的真实坐标称为状态。状态通常包括每个空间坐标的速度，有时还包括加速度，可能还包括目标的其他方面，如相对于雷达的姿态。通常情况下状态是由实值组成的。跟踪是基于噪声测量环境，找到任何时刻目标状态在某种意义上的最佳估计的过程。

除了测量噪声，还有几个问题给跟踪带来困难。虚警使得跟踪从真实的目标轨迹偏离。漏检测使得跟踪过程的不确定性增大。如果多个目标在邻近的区域，则未分辨的测量结果或者交叉路径使得很难将新的测量数据和正确的轨迹联系起来。另外，雷达测量位置是在球坐标系中测量相对于天线视轴的位置，然而，通常更希望在相对于雷达位置的笛卡儿坐标系，或者在一个固定的参考系，如以地心为中心的坐标系中跟踪目标。两个坐标系间的非线性变换使得过程更为复杂。

跟踪这个课题本身有很多完整的教材，因此这里仅对基础问题进行讨论。书中大量借用了文献 Kay(1993)的理论，相当简单的序贯最小二乘估计想法最先得到了发展，接着雷达跟踪常用的 α-β 滤波器被启发性地提出。序贯最小二乘估计器和 α-β 滤波器共享一种相似的预测-矫正结构。卡尔曼滤波器是动态系统的最佳序贯最小二乘估计器，推导过程所需的大量细节可在其他书中见到，卡尔曼滤波器的结构被认为是一个简单序贯最小二乘估计问题的泛化，而 α-β 滤波器则是一个特例。

两份很好的用来简单介绍跟踪在雷达中具体应用的参考资料是文献 Blair(2010)和 Ehrman(2013)。另一个很好的教程是文献 Mahafza(2008)。更深入的雷达的具体处理方法参见文献 Bar-Shalom 和 Fortmann(1988)和 Blackman(1986)。

7.3.1　序贯最小二乘估计

考虑取决于某个参数 Θ 的确定的一维数据序列 $x[n]$。假设可以得到 $x[n]$ 的 N 个可能的扰

动的观测值 $z[n]$，扰动可以是数据中的加性噪声，也可能是其他原因，如数据模型不够准确造成的。对于给定的 $z[n]$，$n=0,1,\cdots,N-1$，Θ 的最小二乘估计量 $\hat{\Theta}$ 定义为使下式最小的 Θ：

$$\varepsilon^2(\Theta) = \sum_{n=0}^{N-1}(z[n]-x[n])^2 \tag{7.98}$$

ε^2 通过 $x[n]$ 与 Θ 相关。如果 $x[n]=\Theta$，令 ε^2 对 Θ 求偏导，以使得 ε^2 最小，可以得到样本均值是总体最小二乘估计量(见习题 39)。

感兴趣的是线性最小二乘估计问题，假定数据 x 和 Θ 线性相关，$x[n]=f[n]\cdot\Theta$，$f[n]$ 是某个已知的系统函数(也可以是个常数)。将这个模型应用于式(7.98)，并使 ε^2 最小，可以得到(见习题 40)

$$\hat{\Theta} = \frac{\sum_{n=0}^{N-1}z[n]f[n]}{\sum_{n=0}^{N-1}f^2[n]} \tag{7.99}$$

最小误差为

$$\begin{aligned}\varepsilon^2(\hat{\Theta}) &= \sum_{n=0}^{N-1}\left(z[n]-\hat{\Theta}f[n]\right)^2 \\ &= \sum_{n=0}^{N-1}z[n]\left(z[n]-\hat{\Theta}f[n]\right)-\hat{\Theta}\sum_{n=0}^{N-1}f[n]\left(z[n]-\hat{\Theta}f[n]\right) \\ &= \sum_{n=0}^{N-1}z^2[n]-\hat{\Theta}\sum_{n=0}^{N-1}f[n]z[n]\end{aligned} \tag{7.100}$$

式中，因为第二步的第二个求和为 0，所以得出最后一步，这个过程可以将式(7.99)中的 $\hat{\Theta}$ 代入求和证明。

举一个简单的例子，考虑一个标量常数 A 的最小二乘估计。对于所有的 n，有 $f[n]=1$ 使得观测值 $z[n]$ 是 A 的扰动测量。$\Theta=A$，根据式(7.99)，可得最小二乘估计是样本均值 $\hat{A}=\sum_{n=0}^{N-1}z[n]/N$。

到目前为止所描述的过程称为批处理。所有的测量被收集起来，参数估计在单次计算中得到。而在跟踪中，新的测量值能够在常见的基下得到，并且数据到达时就可以更新目标参数的估计，而不用等到所有数据(如果有的话)被收集起来。关于这点，序贯最小二乘估计可以做到。

继续上面对常数进行估计的例子，令 $\hat{A}[N-1]$ 是基于到时间 $N-1$ 为止的所有观测值 $z[n]$ 的估计，$\hat{A}[N-1]=\sum_{n=0}^{N-1}z[n]/N$。这样可以得到新的测量值 $z[N]$。则 A 的新最小二乘估计为

$$\begin{aligned}\hat{A}[N] &= \frac{1}{N+1}\sum_{n=0}^{N}z[n] \\ &= \frac{N}{N+1}\hat{A}[N-1]+\frac{1}{N+1}z[N] \\ &= \hat{A}[N-1]+\frac{1}{N+1}(z[N]-\hat{A}[N-1])\end{aligned} \tag{7.101}$$

该估计可以通过式(7.101)的第二行或者第三行的形式递归得出。第三行的形式相当有趣，更

新的估计量是前一个估计量加上一个修正项，这个修正项基于前一个估计量和新的观测值的差值。修正项的权值随时间减小，因为随着时间的延续前边的估计集成了更多的数据。

这个问题的最小二乘估计量也可以采取递归更新，即

$$\varepsilon^2(\hat{A}|N) = \sum_{n=0}^{N}(z[n] - \hat{A}[N])^2$$

$$= \sum_{n=0}^{N-1}[z[n] - \hat{A}[N-1]] - \frac{1}{N+1}(z[N] - \hat{A}[N-1])^2 + (z[N] - \hat{A}[N])^2$$

$$= \varepsilon^2(\hat{A}|N-1) - \frac{2}{N+1}\sum_{n=0}^{N-1}(z[n] - \hat{A}[N-1])(z[N] - \hat{A}[N-1]) + \cdots + \quad (7.102)$$

$$\frac{N}{(N+1)^2}(z[N] - \hat{A}[N-1])^2 + (z[N] - \hat{A}[N])^2$$

$$= \varepsilon^2(\hat{A}|N-1) + \frac{N}{N+1}(z[N] - \hat{A}[N-1])^2$$

上式的最后一行用到了 $\sum_{n=0}^{N-1}(z[n] - \hat{A}[N-1])$ 等于零。最小二乘估计随时间增大，因为随着获得的数据越来越多，误差平方项也在增多。

关于观测 $z[n]$ 时的扰动特性的假设还没有给出，但如果要继续下去，现在就要假设观测值是参数 Θ 的线性函数加上高斯白噪声，即 $z[n] = f[n] \cdot \Theta + w[n]$。特别地，对于在噪声中估计常数的问题有 $z[n] = A + w[n]$。

序贯最小二乘估计的一个有用的扩展方法是在计算均方误差时加入权值。这对于高斯白噪声中的常数模型加权是合适的，如果噪声样本都是不相关的，就可能有时变的方差 $\sigma^2[n]$。将式(7.98)中均方误差的第 n 项权值选为 $w_n = 1/\sigma^2[n]$，这样选择可以使噪声小的测量有更大的权值，有了这些，估计量 $\hat{A}$ 的方差为

$$\text{var}(\hat{A}[N]) = \frac{1}{\sum_{n=0}^{N} w_n} = \frac{1}{\sum_{n=0}^{N}(1/\sigma^2[n])} \quad (7.103)$$

这个问题的更新估计为

$$\hat{A}[N] = \hat{A}[N-1] + \frac{1/\sigma_N^2}{\sum_{n=0}^{N}(1/\sigma^2[n])}(z[N] - \hat{A}[N-1]) \quad (7.104)$$

$$= \hat{A}[N-1] + K[N](z[N] - \hat{A}[N-1])$$

其中，增益为

$$K[N] = \frac{1/\sigma^2[N]}{\sum_{n=0}^{N}(1/\sigma^2[n])} = \frac{\text{var}(\hat{A}[N-1])}{\text{var}(\hat{A}[N-1]) + \sigma^2[N]} \quad (7.105)$$

于是有

$$\text{var}(\hat{A}[N]) = (1 - K[N])\text{var}(\hat{A}[N-1]) \quad (7.106)$$

最后，最小二乘估计可以以如下形式进行更新：

$$\varepsilon^2(\hat{A}|N) = \varepsilon^2(\hat{A}|N-1) + \frac{(z[N] - \hat{A}[N-1])^2}{\text{var}(\hat{A}[N-1]) + \sigma^2[n]} \tag{7.107}$$

式(7.104)~式(7.107)定义了在功率不稳定的高斯白噪声中的常数序列最小二乘估计。式(7.104)、式(7.105)是式(7.101)的推广，式(7.107)是式(7.102)的推广。

要执行这个估计，需要指定初始值 $\hat{A}[0]$ 和 $\text{var}(\hat{A}[0])$。迭代的初始化可以令 $\hat{A}[0] = z[0]$，将其看成是基于一次测量的 A 的最大似然估计。初始化方差可以令 $\text{var}(\hat{A}[0]) = \sigma^2[0]$，意味着初始噪声功率已知。依次按式(7.105)、式(7.104)和式(7.106)的顺序进行训练，时间步长 $N=1$，重复此过程。如果 $\sigma^2[0]$ 估计未知，则 $\text{var}(\hat{A}[0])$ 可以取一个大的值，这有效地说明对初始值 $\hat{A}[0]$ 不是很有信心，因此在估计量里给它加上一个很小的权值。这使得 $N=1$ 时，$K[1] \approx 1$，$\hat{A}[1] \approx z[1]$，继续下去可以减小估计方差。另一种方法是，同时处理前几次观测值以获得估计值 $\hat{A}$ 和 $\text{var}(\hat{A})$，然后切换到序贯估计量进行后续更新。

图 7.26 说明了 $A=10$ 时，序列最小二乘对于所有的 N 都有 $\sigma^2[N] = \sigma^2 = 1$，$\hat{A}[0] = z[0]$ 和 $\text{var}(\hat{A}[0]) = 1$。在这种情况下很容易看出(见习题 41)，$K[N] = 1/(N+1)$，$\text{var}(\hat{A}[N]) = \sigma^2/(N+1) = 1/(N+1)$。图 7.26(a)显示了增益、估计方差随时间步进数 N 的变化，这条曲线覆盖了另外一条曲线，图 7.26(b)显示了 $A=10$ 的真实估计值 $\hat{A}[N]$。

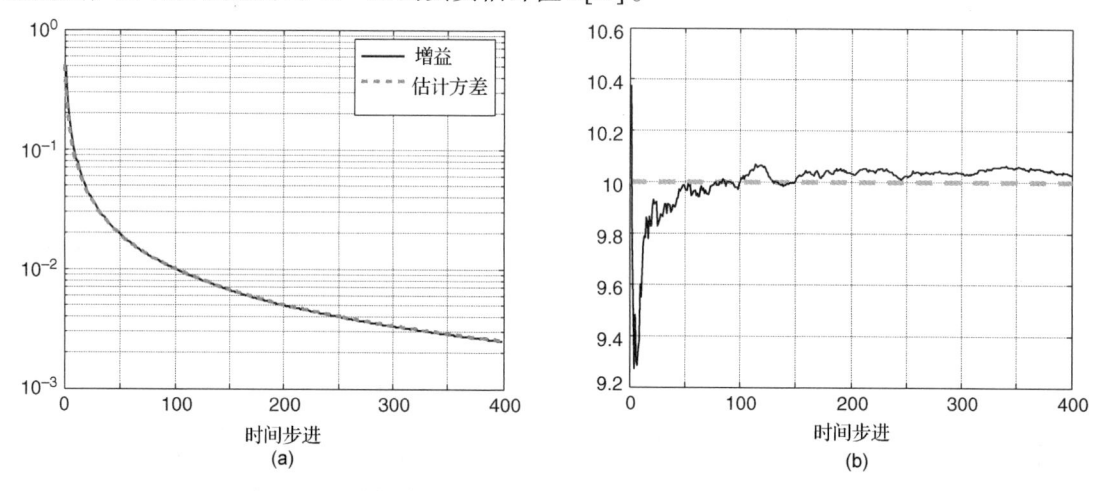

图 7.26 具有恒定方差的加性高斯白噪声情况下的常数的序贯
最小二乘估计。(a)增益和方差估计器；(b)估计值

图 7.27 给出了类似的例子，不同的是这里噪声功率随时间变化。特别的是这里使用相同的随机噪声样本序列，除了需要把 80 步到 160 步的噪声样本乘以 10(方差增加 100 倍)，240 步到 320 步噪声样本乘以 $\sqrt{1/10}$ (方差减少 10 倍)。式(7.105)表明噪声方差的突然增加会减小增益；反之，噪声方差的减小会增加增益。这些影响在图 7.27(a)中非常明显。在估计增益较低的时段内，估计方差变化很小，尤其是新的数据由于噪声太大被弃用。从 161 步到 239 步数据中的噪声恢复原来的值，增益增加，估计方差继续减小。在第 240 步，数据中方差减小，增益增加使得估计方差减小得更快。图 7.26(b)显示了真实的估计值，在 80 步到 160 步间，增益减小估计值变化也很小；数据在 161 步到 239 步变得很活跃，在 240 步当增益变小时又变得很平稳。

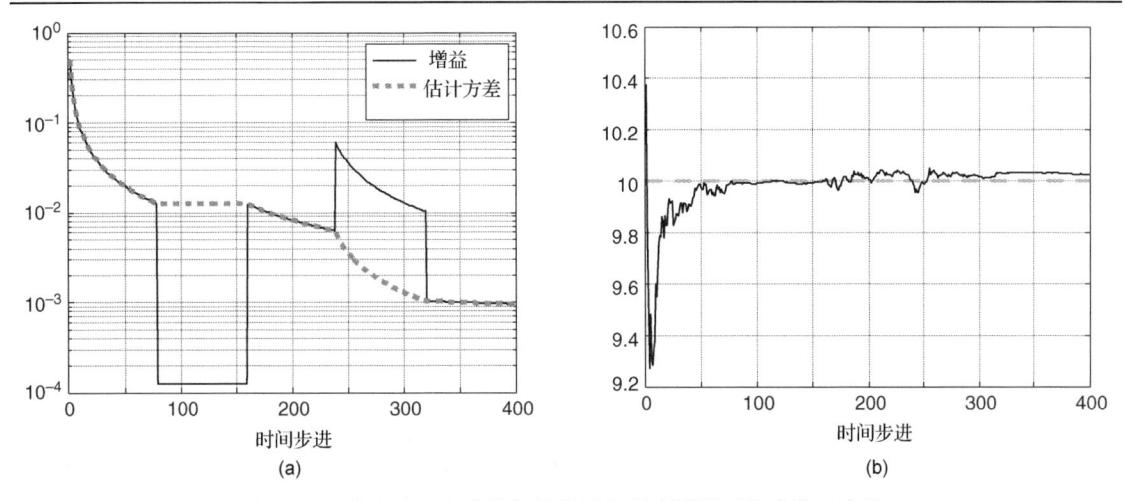

图 7.27 具有时变方差的加性高斯白噪声情况下的常数的序贯
最小二乘估计。(a)增益和方差估计器; (b)估计值

对 $P\times1$ 维矢量参数的序贯最小二乘估计的推广为

$$\hat{\boldsymbol{\Theta}}[n] = \hat{\boldsymbol{\Theta}}[n-1] + \boldsymbol{k}[n](z[n] - \boldsymbol{f}^{\mathrm{T}}[n]\hat{\boldsymbol{\Theta}}[n-1])$$
$$\boldsymbol{k}[n] = \frac{\boldsymbol{M}[n-1]\boldsymbol{f}[n]}{\boldsymbol{f}^{\mathrm{T}}[n]\boldsymbol{M}[n-1]\boldsymbol{f}[n] + \sigma^2[n]} \tag{7.108}$$
$$\boldsymbol{M}[n] = (\boldsymbol{I} - \boldsymbol{k}[n]\boldsymbol{f}^{\mathrm{T}}[n])\boldsymbol{M}[n-1]$$

其中,$\boldsymbol{M}$ 是估计量 $\hat{\boldsymbol{\Theta}}$ 的 $P\times P$ 协方差矩阵。随着符号 $n\to N$, 可得 $\hat{\boldsymbol{\Theta}}\to\hat{A}$, $\boldsymbol{f}\to 1$, $\boldsymbol{k}[n]\to K[n]$, $\boldsymbol{M}[n]\to\mathrm{var}(\hat{A}[N])$, 式(7.108)、式(7.104)和式(7.106)之间的相似性是显然的。与之前的标量例子类似,初始化选择令 $\hat{\boldsymbol{\Theta}}[0]=0$, $\boldsymbol{M}[0]=\kappa\boldsymbol{I}$, 其中 κ 取某个较大的值,可以有效地削弱初始协方差的估计。

7.3.2 α-β 滤波器

跟踪滤波容易被看成一个估计问题。雷达在离散时间 t_n 进行带噪的坐标测量。跟踪滤波有两个目的:平滑测量数据以改善时刻 n 的坐标估计;然后根据平滑的估计,预测目标在 t_{n+1} 时刻的位置准备下一次测量。在雷达跟踪领域常用的滤波器有 α-β 滤波器、α-β-γ 滤波器、卡尔曼滤波器、扩展卡尔曼滤波器。这些都与之前描述的序列最小二乘法密切相关,如"粒子过滤器"这样的新技术也不断出现。

迄今为止,给出的序贯最小二乘估计结果的另外两个推广,对于制定跟踪滤波有效的序贯估计步骤很重要。第一种目标模型是动态的,即在原来速度恒定、加速度恒定的运动模型基础上将目标参数(位置,速度等)改为随时间变化。另一个更为根本的推广是将给定时间的目标参数,建模成一个具有先验 PDF 的随机变量而不再是确定的数。实际中关于时间的目标参数是随机过程的一次实现,而不是一组确定的时间序列。这个方法允许目标模型中存在不确定性。估计量的目的是为了在数据和参数的联合 PDF 之上,最小化估计和真值之间误差平方的期望。该模型方法称为贝叶斯估计,与目前为止所考虑的经典估计略有不同。在任一观点中,数据 z 都是随机的,通常是测量中加性噪声引起的。在经典的估计中,目标参数不是随机变量,而在贝叶斯估计中则是。更多的讨论和示例在原理上的差异见文献 Kay(1993)。

在说明序贯贝叶斯最小二乘估计一般性的解法之前，考虑用最简单常用的跟踪滤波器 α-β 滤波器在单一的 x 维上跟踪目标。α-β 滤波器是为恒速目标设计的，将目标在时刻 n 的位置和速度表示为 $x[n]$ 和 $\dot{x}[n]$，一个真正的恒速模型为

$$x[n] = x[n-1] + \dot{x}[n-1]T \tag{7.109}$$

其中，T 是两次跟踪更新时间的间隔①。在实际中，加入一个方差为 σ_u^2 的过程噪声 $u[n]$ 是很有用的，这使得目标可以由于机动而偏离理想的匀速运动，但也可以由于湍流或侧风对飞机造成同样的影响。过程噪声不是测量噪声，而是目标状态演化模型的一部分。一种典型的模型是将 $u[n]$ 作为每两步间的分段常数加速度。常数加速度对于位置和速度的影响可以更加完善"常速度"模型，即

$$x[n] = x[n-1] + T\dot{x}[n-1] + \frac{T^2}{2}u[n] \tag{7.110}$$

$$\dot{x}[n] = \dot{x}[n-1] + Tu[n]$$

只有目标位置的观测值是可以得到的测量值，即

$$z[n] = x[n] + w[n] \tag{7.111}$$

其中，$w[n]$ 是方差为 σ_w^2 的测量噪声。噪声 $u[n]$ 和 $w[n]$ 通常建模成零均值的独立高斯白噪声过程。

首先定义如下一些估计量。

$\hat{x}[n|n-1]$　　已知时刻 n–1 以前的所有测量数据，预测时刻 n 时的位置。时刻 n 的测量值 $z[n]$ 并不包含在内。

$\hat{x}[n|n]$　　已知时刻 n 以前所有的数据，估计时刻 n 时的（平滑或修正的）位置。这是基于新信息 $z[n]$ 的更新估计量。

$\hat{\dot{x}}[n|n-1]$　　已知时刻 n–1 以前的所有测量数据，预测时刻 n 时的速度。

$\hat{\dot{x}}[n|n]$　　已知时刻 n 以前所有的数据，估计时刻 n 时的速度。

α-β 滤波器方程可以分为两个阶段，预测阶段和新息阶段。预测阶段用 n–1 时刻以前的所有数据和假定的运动模型，预测目标在时刻 n 时的位置。新息阶段用时刻 n 时新的测量 $z[n]$ 修正和平滑预测。具体的方程如下所示。

预测阶段：

$$\hat{x}[n|n-1] = \hat{x}[n-1|n-1] + T \cdot \hat{\dot{x}}[n-1|n-1]$$

$$\hat{\dot{x}}[n|n-1] = \hat{\dot{x}}[n-1|n-1]$$

修正阶段：

$$e[n] = z[n] - \hat{x}[n|n-1]$$

$$\hat{x}[n|n] = \hat{x}[n|n-1] + \alpha \cdot e[n]$$

$$= (1-\alpha)\hat{x}[n|n-1] + \alpha \cdot z[n] \tag{7.112}$$

$$\hat{\dot{x}}[n|n] = \hat{\dot{x}}[n|n-1] + \beta \frac{e[n]}{T}$$

$$= (1-\beta)\hat{\dot{x}}[n|n-1] + \beta \left(\frac{z[n] - \hat{x}[n-1|n-1]}{T} \right)$$

---

① 此处假设恒定的更新间隔，但是其结论可以推广到非恒定更新间隔情况。

在预测阶段第一个方程很明显有常速度的假设。注意到 $\hat{x}[n|n]$ 的修正方程的第一行与序贯最小二乘估计的式 (7.104) 有相同的结构,以常数增益 α 代替更一般的时变增益 $K[n]$。一个典型实用的收集到前两个测量值 $z[0]$、$z[1]$ 后的初始化为

$$\hat{x}[1|1] = z[1]$$
$$\hat{\dot{x}}[1|1] = (z[1] - z[0])/T \tag{7.113}$$

从 $n=2$ 开始迭代式 (7.112)。

$e[n]$ 称为残差或者新息,代表了新的测量值 $z[n]$ 带来的可用信息。式 (7.112) 后两个方程的第二行明确了 α 和 β 的作用。α 是更新目标位置过程中分配给新数据的相对权值,α 取值越小,分配给预测的权值越大,分配给新数据的权值越小,当新数据中的噪声较高时,这样比较合适。在更新速度时,β 起类似的作用,虽然在新数据项有些不同。

图 7.28 说明了 α-β 滤波器在一维的情形,目标在时刻 $n=0$ 开始,在 $n=0,\cdots,30$ 时刻,从 $x=1000$ m 处以速度 $\dot{x}=50$ m/s 朝 x 正方向移动。对于剩下的 9 步,目标以恒定的速率减速,使得在 $n=39$ 时,速度刚好为零。目标在 $n=69$ 时,停留在 $x=2750$ m, $\dot{x}=0$ m/s。虽然减速违反了严格的常速度模型,但却可以在式 (7.110) 中引入加速度过程噪声。

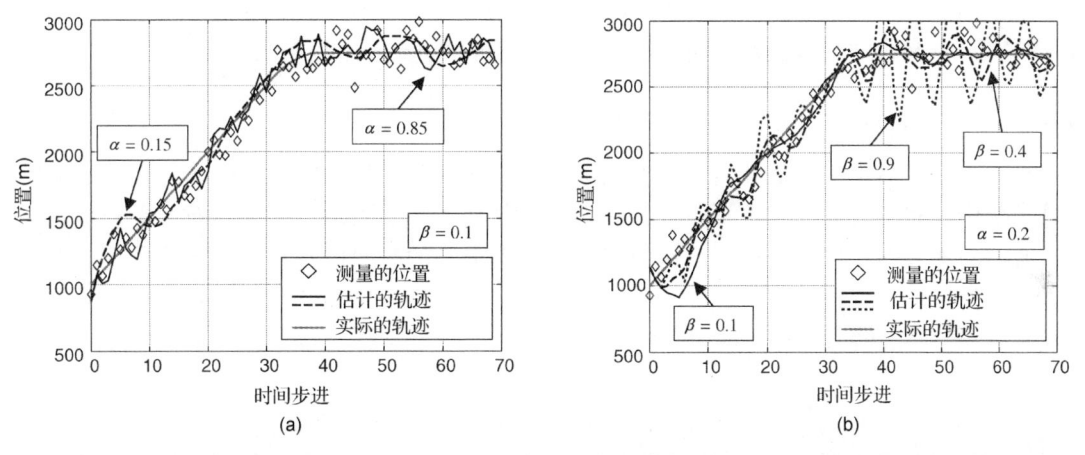

图 7.28 用 α-β 滤波器实现一维目标跟踪。(a) α 的变化对位置估计的影响;(b) β 的变化对位置估计的影响

图 7.28(a) 中的含噪测量值 $z[n]$ 是菱形标记,真实位置是背景中的灰色线条,测量噪声是固定的 $\sigma_w = 100$ m 的加性高斯白噪声。滤波器初始化为 $\hat{x}[1|1] = z[0]$,$\hat{\dot{x}}[1|1] = (z[1] - z[0])/T$。图中,黑色的虚线是 $\alpha = 0.15$,$\beta = 0.1$ 时获得的平滑的跟踪 $\hat{x}[n|n]$,黑色实线则是 $\beta = 0.1$,$\alpha = 0.85$ 时的情况。如同预期,小的 α 弱化了即时测量在预测中的作用,能够产生更加平滑的跟踪,但却需要更长的时间修正偏差。大的 α 更多的强调即时测量,会产生一个更嘈杂的平滑跟踪,但是修正的更快。

图 7.29(b) 是 $\alpha = 0.2$ 时,β 对位置估计的影响。较小的 β 取值更强调前一个速度估计,使速度估计更加平滑,导出了更平滑的跟踪。而更大的 β 基于更新,更强调速度估计。再结合一个相当小的 α,会使得位置估计是振荡的结果,这通常是不允许的。虽然这里没有显示,但是 β 越大,速度估计越不平滑。

将 α-β 滤波器表示成状态空间的表达式很有用,定义一维跟踪状态矢量为 $x[n] = [x[n] \quad \dot{x}[n]]^T$,则目标运动测量模型式 (7.110),式 (7.111) 变为

$$\begin{aligned}
\boldsymbol{x}[n] &= \boldsymbol{F} \cdot \boldsymbol{x}[n-1] + \boldsymbol{g} \cdot u[n] \\
&= \begin{bmatrix} 1 & T \\ 0 & 1 \end{bmatrix} \boldsymbol{x}[n-1] + \begin{bmatrix} T^2/2 \\ T \end{bmatrix} u[n] \\
z[n] &= \boldsymbol{h}^{\mathrm{T}} \boldsymbol{x}[n] + w[n] \\
&= \begin{bmatrix} 1 \\ 0 \end{bmatrix}^{\mathrm{T}} \boldsymbol{x}[n] + w[n]
\end{aligned} \quad (7.114)$$

滤波器方程〔式(7.112)〕变为以下形式。

预测阶段：

$$\hat{\boldsymbol{x}}[n|n-1] = \boldsymbol{F} \cdot \hat{\boldsymbol{x}}[n-1|n-1]$$

修正阶段：

$$\begin{aligned}
\hat{\boldsymbol{x}}[n|n] &= \hat{\boldsymbol{x}}[n|n-1] + \boldsymbol{k}(z[n] - \boldsymbol{h} \cdot \hat{\boldsymbol{x}}[n|n-1]) \\
&= \hat{\boldsymbol{x}}[n|n-1] + \begin{bmatrix} \alpha \\ \beta/T \end{bmatrix} (z[n] - \boldsymbol{h} \cdot \hat{\boldsymbol{x}}[n|n-1])
\end{aligned} \quad (7.115)$$

在这些方程中，z，u，w 都是标量，$\boldsymbol{x}$，$\boldsymbol{h}$，$\boldsymbol{v}$，$\hat{\boldsymbol{x}}$，$\boldsymbol{g}$，$\boldsymbol{k}$ 都是 $P \times 1$ 矢向量。$\boldsymbol{F}$ 是 $P \times P$ 阶矩阵。可以再次发现式(7.115)修正阶段的第一行与式(7.108)的修正运算类似。

7.3.3 卡尔曼滤波

相对于序贯最小二乘估计器，α-β 滤波器中新的部分是估计阶段，引入了根据运动模型随时间变化的状态变量，而不再是高斯白噪声常数例子中的固定不变。然而，它仍然是一个固定增益的滤波器。可以通过引入使每步均方误差最小的时变增益，使得序贯最小二乘估计扩展到动目标的动态模型，这就是卡尔曼滤波器。卡尔曼推导细节超出本书的范围，对于标量观测值卡尔曼滤波方程如下所示。

运动观测模型：

$$\begin{aligned}
\boldsymbol{x}[n] &= \boldsymbol{F} \cdot \boldsymbol{x}[n-1] + \boldsymbol{g} \cdot u[n] \\
z[n] &= \boldsymbol{h}^{\mathrm{T}}[n] \cdot \boldsymbol{x}[n] + w[n]
\end{aligned} \quad (7.116)$$

预测与预测的均方误差：

$$\hat{\boldsymbol{x}}[n|n-1] = \boldsymbol{F} \cdot \hat{\boldsymbol{x}}[n-1|n-1]$$
$$\boldsymbol{M}[n|n-1] = \boldsymbol{F} \cdot \boldsymbol{M}[n-1|n-1] \cdot \boldsymbol{F}^{\mathrm{T}} + \boldsymbol{g} \cdot \boldsymbol{g}^{\mathrm{T}} \sigma_u^2$$

卡尔曼增益：

$$\boldsymbol{k}[n] = \frac{\boldsymbol{M}[n|n-1]\boldsymbol{h}[n]}{\sigma_w^2 + \boldsymbol{h}^{\mathrm{T}}[n]\boldsymbol{M}[n|n-1]\boldsymbol{h}[n]}$$

修正和估计的均方误差：

$$\hat{\boldsymbol{x}}[n|n] = \hat{\boldsymbol{x}}[n|n-1] + \boldsymbol{k}[n](z[n] - \boldsymbol{h}^{\mathrm{T}}[n]\hat{\boldsymbol{x}}[n|n-1])$$
$$\boldsymbol{M}[n|n] = (\boldsymbol{I} - \boldsymbol{k}[n]\boldsymbol{h}^{\mathrm{T}}[n])\boldsymbol{M}[n|n-1]$$

除了时变增益，卡尔曼滤波器允许 $\boldsymbol{h}$ 变化，使得时变观测噪声得以存在。$\boldsymbol{M}$ 是描述预测和修正信号均方误差的 $P \times P$ 阶矩阵。滤波器可以通过选择 $\hat{\boldsymbol{x}}[0|0] = \boldsymbol{0}$，$\boldsymbol{M}[0|0] = \kappa \boldsymbol{I}$（$\kappa$ 是某个大值）开始初始化。或者也可以选择与上面描述的 α-β 滤波器一样的过程，再附加上为 $\boldsymbol{M}$ 设置初始值的步骤，即

$$\hat{x}[0|0] = \begin{bmatrix} z[0] \\ 0 \end{bmatrix}, \quad \hat{x}[1|1] = \begin{bmatrix} z[1] \\ (z[1]-z[0])/T \end{bmatrix}$$
$$M[1|1] = \begin{bmatrix} \sigma_w^2 & \sigma_w^2/T \\ \sigma_w^2/T & 2\sigma_w^2/T^2 \end{bmatrix} \tag{7.117}$$

这样选择 M 是因为对于任何时刻 n，$z[n]$ 的方差都是 σ_w^2，但是对于不同的时刻 n，$z[n]$ 的取值是不相关的。计算 $\hat{x}[1|1]$ 的相关矩阵就可以得到如上所示的 $M[1|1]$。

卡尔曼滤波器的标量观测值有许多有趣的性质，具体包括以下部分。

- 运算时不需要矩阵求逆，但是不适用于批处理估计。
- 卡尔曼滤波器是时变线性滤波器。
- 卡尔曼滤波器以均方误差矩阵的形式给出了性能矩阵 $M[n|n]$。此外，类似于卡尔曼增益 $k[n]$，性能矩阵的计算也不依赖于真实观测，因此可以预先计算出来。M 在控制关联上很有用，下一节将进行讨论。
- 卡尔曼滤波器与非动态序贯估计和 α-β 滤波器有相同的预测-估计结构。
- 如果过程噪声 u、w 是平稳的，卡尔曼滤波器会渐进趋于稳定状态，此时变成时不变线性滤波器，也可以看成白化滤波器。
- 后面将会看到，α-β 滤波器是稳定状态卡尔曼滤波器的一种特殊情况。
- 如果将系统模型扩展成 F、g、σ_w^2 时变的情况，应用的卡尔曼方程还是一样的，从而能适应不同的变量迭代次数、跳过迭代以及其他复杂情况。

上面的方程用于标量观测值，即一维测量值。通常情况下目标跟踪需要两到三个维度的位置测量。卡尔曼滤波器可以推广到允许 $M\times 1$ 维矢量观测值 $z[n]$ 和 $R\times 1$ 维矢量的过程噪声 $u[n]$。具体的方程如下所示。

运动观测模型：
$$x[n] = F \cdot x[n-1] + G \cdot u[n]$$
$$z[n] = H[n] \cdot x[n] + w[n]$$

预测和预测均方误差：
$$\hat{x}[n|n-1] = F \cdot \hat{x}[n-1|n-1]$$
$$M[n|n-1] = F \cdot M[n-1|n-1] \cdot F^{\mathrm{T}} + GS_u G^{\mathrm{T}}$$

卡尔曼增益：
$$K[n] = M[n|n-1]H^{\mathrm{T}}[n](S_w[n] + H[n]M[n|n-1]H^{\mathrm{T}}[n])^{-1}$$

修正和估计均方误差：
$$\hat{x}[n|n] = \hat{x}[n|n-1] + K[n](z[n] - H[n]\hat{x}[n|n-1])$$
$$M[n|n] = (I - K[n]H[n])M[n|n-1] \tag{7.118}$$

其中，F、M 是 $P\times P$ 阶矩阵；G 是 $P\times R$ 阶；H 是 $M\times P$ 阶；K 是 $M\times P$ 阶；x 和 $\hat{x}$ 都是 $P\times 1$ 阶；z 和 w 都是 $M\times 1$ 阶矩阵；S_u、S_w 分别是噪声过程 u、w 的 $R\times R$ 阶和 $M\times M$ 阶协方差矩阵，且噪声过程是零均值、不相关的相互独立的高斯分布。前面所列出的性质依然适用，除了在计算 K 时要求逆矩阵。

回到式(7.116)标量观测值的情况，卡尔曼滤波器将会随时间逐渐趋近于增益 k 为常数的稳定状态。预测均方误差 $M[n|n-1]$ 和平滑估计均方误差 $M[n|n]$ 也将趋于常数，前者比后者大一点。稳态的增益值可以由跟踪指数 Γ（Kalata，1984）决定，又称为机动性指数，即

$$\Gamma \equiv \frac{\sigma_u T^2}{\sigma_w} \tag{7.119}$$

Γ 是对由加速度噪声引起的目标位置不确定性的度量，其中加速度噪声是由测量噪声引起的。对于这里一维坐标的情况，卡尔曼滤波器的稳定增益 $k = [k_x \quad k_{\dot{x}}]$ 满足：

$$\Gamma^2 = \frac{k_{\dot{x}}^2}{1 - k_x} \tag{7.120}$$
$$k_{\dot{x}} = 2(2 - k_x) - 4\sqrt{1 - k_x}$$

对于给定的 Γ，可以利用上面的方程解出 k_x，$k_{\dot{x}}$ (Blair, 2010)，即

$$k_x = -\frac{\Gamma^2}{8} - \Gamma + \frac{1}{8}(\Gamma + 4)\sqrt{\Gamma^2 + 8\Gamma}$$
$$k_{\dot{x}} = +\frac{\Gamma^2}{4} + \Gamma - \frac{1}{4}\Gamma\sqrt{\Gamma^2 + 8\Gamma} \tag{7.121}$$

通过将增益矢量固定为 $k = [\alpha \quad \beta/T]^T$，不难看出 α-β 滤波器是卡尔曼滤波器的一种特殊情况。通常利用稳态卡尔曼滤波器来选择 α、β，即 $\alpha = k_x$，$\beta = k_{\dot{x}}T$。

图 7.29 和图 7.30 显示了一个与图 7.28 相似的例子。卡尔曼滤波器根据式(7.117)初始化，并将同样的样本经过 α-β 滤波器。过程噪声标准差设为 $\sigma_v^2 = a^2/2$，其中 a 是最大加速度（在这里是 -5.5566 m/s²），标准差的结果是 $\sigma_v = 3.93$ m/s²。根据式(7.121)，取 $\alpha = 0.2443$，$\beta = 0.0342$。

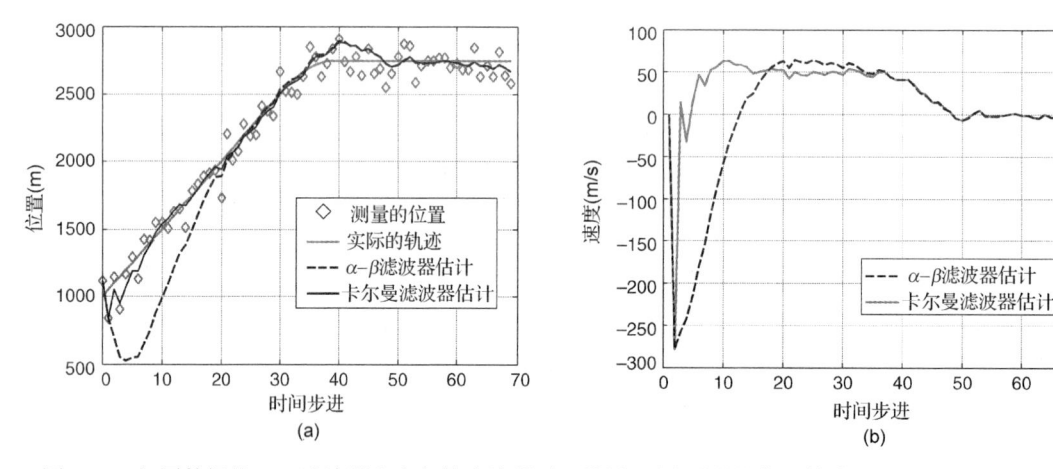

图 7.29 相同数据的 α-β 滤波器和卡尔曼滤波器对比结果。(a) 平滑的位置估计；(b) 平滑的速度估计

图 7.29(a)对比了两个滤波器的平滑轨迹估计，图 7.29(b)显示了速度估计。由于初始化的作用，这两个滤波器在前两个点上都准确地跟踪到了测量值。选择这个例子是为了强调 α-β 滤波器固定增益的劣势。前两个样本产生的初始速度估计与真实速度差很多，因此 α-β 估计在前 20 步有很大的位置误差。卡尔曼滤波器的变化的增益则使恢复更快，有更小的误差。这同样可以在速度估计中看出来，速度估计能在合适的区域跟踪正确的值 50 或 0。然而，卡尔曼滤波器比 α-β 滤波器收敛到初始速度 50 m/s 要快。如果在另一个随机实现中，用前两个观测值得到一个与真实值更接近的速度估计，那么这两个滤波器的结果就会更加接近。

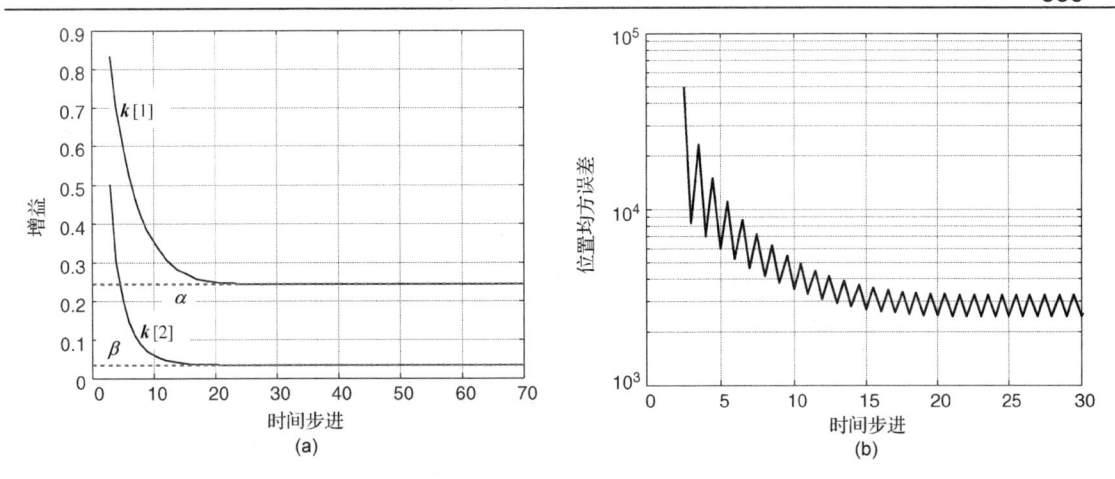

图 7.30 (a) 图 7.29 例子中 α-β 滤波器和卡尔曼滤波器增益；(b) 卡尔曼滤波器位置估计的均方误差 $M[1|1]$

如图 7.30(a) 中可以看到的，在第 20 步时，卡尔曼增益已经达到了稳定状态。固定增益 α、β 的选择都是匹配稳态值的，因此这两个滤波器在这个点之后的走势几乎一样，包括第 31 到第 39 步的目标减速时期的过冲和恢复。图 7.30(b) 显示了卡尔曼滤波计算的位置估计的方差 $M[1|1]$ 的变化，需要前 30 步以获得稳态走势。半整数指数显示的是预测均方误差的值 $M[n|n-1]$，整数指数显示的是平滑后的均方误差 $M[n|n]$，与预计的一样，均方误差在预测阶段增加，而在加入新数据的修正阶段减小。

卡尔曼滤波器在第 31 到第 39 步下降得并不比 α-β 滤波器快，这一点可以通过联合多个对于不同目标动态的滤波器进行补救。这样做有一种流行的方法称为交互多模型（IMM）。多模型技术同时运行多个跟踪滤波器，每个滤波器都代表不同目标动态的不同过程噪声方差。每步中模型产生的最小更新用于更新轨迹，IMM 是多目标技术中重要的一种技术，试图分配每个模型的相对概率，并融合轨迹更新。IMM 和其他一些方法的介绍见文献 Ehrman(2013)。

类似于 α，β 的选择在 α-β 滤波器折中平滑和收敛时间的过程中起重要作用，过程噪声的方差 σ_v^2 在卡尔曼滤波器中也很重要。图 7.31 用类似于前面过程的一个例子，说明了对位置增益 $k[1] = k_x$ 的影响。当 σ_v^2 增大时，稳态增益增加，滤波器收敛加快，这导致了不太平滑但适应性更强，就与 α-β 滤波器中 α 增加的影响相同。过程噪声方差的选择见文献 Blair(2012)。

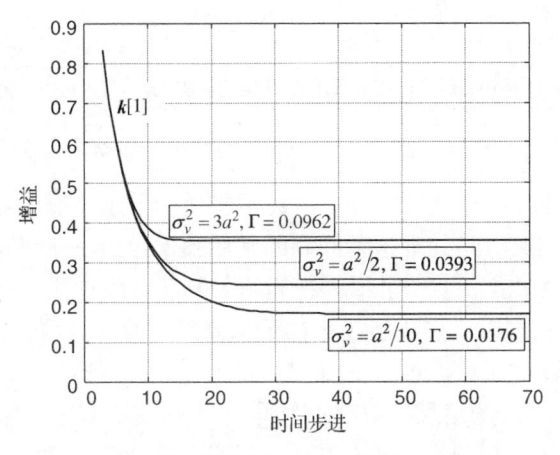

图 7.31 处理噪声方差对位置增益的影响

一种称为增益规划的技术可以在不使用更复杂的卡尔曼滤波时,改善 α-β 滤波器开始时的性能。令 α_{ss},β_{ss} 为由式(7.121)的稳态卡尔曼滤波增益得到的 α,β 的稳定值。与固定高斯白噪声中的常数最小二乘估计的增益 $1/(N+1)$ 类似(见图 7.26 和习题 42),常速度目标模型的位置和速度的最小二乘估计增益,是数据样本数 n 的函数,可以在稳态值到达后再计算和使用(Blair, 2010),即

$$\alpha[n] = \max\left\{\frac{2(2n+1)}{(n+1)(n+2)}, \alpha_{ss}\right\}$$
$$\beta[n] = \max\left\{\frac{6}{(n+1)(n+2)}, \beta_{ss}\right\} \tag{7.122}$$

注意到 $\alpha[n]$ 近似正比于 $1/n$,类似于前面的序贯最小二乘分析,$\beta[n]$ 近似正比于 $1/n^2$。

卡尔曼滤波器是目标动态、传感器观测值均为线性的模型。如第 1 章指出的,许多雷达自然地在关于天线范围、方位 θ、俯仰角 ϕ 的修正球坐标系中测量三维目标位置。一些雷达,特别是平面相控阵系统,会测量距离和正弦空间坐标的两个位置 u 和 v,其中,$u = \cos\phi \cdot \cos\theta$,$v = \cos\phi \cdot \sin\theta$ 是天线中心到目标的方向余弦。另一方面,通常是在以雷达系统为参考的稳定的 x-y-z 笛卡儿坐标系,或以地心为中心这样的固定坐标系中跟踪目标。因为球坐标到笛卡儿坐标的变换是非线性的,所以观测方程、状态方程,或者这两者都可能是非线性的。

考虑雷达仅测量极坐标距离 R 和方位角 θ 的二维情况。若要以笛卡儿坐标 x、y 跟踪目标,那么状态矢量 $\boldsymbol{x} = [x \quad y]^T$,在第 n 步雷达的噪声测量为

$$\hat{R}(n) = R[n] + w_R[n] = \sqrt{x^2[n] + y^2[n]} + w_R[n]$$
$$\hat{\theta}[n] = \theta[n] + w_\theta[n] = \arctan(y[n]/x[n]) + w_\theta[n] \tag{7.123}$$

很明显测量矢量 $\boldsymbol{z} = [\hat{R} \quad \hat{\theta}]^T$ 不能写成状态方程的线性函数,而是 $\boldsymbol{z} = \boldsymbol{F} \cdot \boldsymbol{x} + \boldsymbol{w}$,所以卡尔曼滤波器不能用于到目前为止所描述的情形。

假如目标是在一个更自然的极坐标系中被跟踪会怎样?在这种情况下,测量函数是线性的,假定目标以常速度 v_x、v_y 运动,不考虑过程噪声。在 x-y 坐标系上的目标运动满足:

$$x[n] = x[n-1] + v_x T$$
$$y[n] = y[n-1] + v_y T \tag{7.124}$$

距离为

$$R[n] = \sqrt{x^2[n-1] + y^2[n-1] + 2v_x T x[n-1] + 2v_y T y[n-1] + (v_x^2 + v_y^2)T^2}$$
$$= \sqrt{R^2[n-1] + 2R[n-1]T\{v_x \cos(\theta[n-1]) + v_y \sin(\theta[n-1])\} + (v_x^2 + v_y^2)T^2} \tag{7.125}$$

这时状态更新方程是 R 和 θ 的非线性方程,因此不能使用卡尔曼滤波器。

扩展卡尔曼滤波器(EKF)是处理这种问题的常用技术。EKF 的基本思想是在当前状态估计附近线性化一个非线性状态更新方程,并在当前预测状态附近线性化一个非线性观测方程。然后,线性卡尔曼滤波就可以应用于所产生的近似系统方程。这是一个在状态估计进化的每一步不断重复的动态线性化过程。虽然 EKF 不具有最佳性,但却是一种常用的技术,是许多扩展的基础。更多关于 EFK 的信息可以在本节开头引用的文献中找到。

已经有很多其他方法被提出以解决非线性贝叶斯估计问题,如,不敏卡尔曼滤波器、粒

子滤波器、非线性递归滤波器、批处理过滤方法，以及福克-普朗克方程的数值解。关于它们的原理、优缺点的概况见文献 Daum(2005)。

7.3.4 跟踪周期

跟踪滤波只是图 7.32 描绘的整体目标跟踪周期中的一个要素。雷达在每个 CPI(或驻留时间)都会产生一组新的探测信号。这里的"探测"通常由距离、角度，可能还有速度表示的位置估计，每个维度上的测量误差估计，以及时间戳等组成。其他一些要素，例如探测时对信干比的估计等也可能包含在其中。由于每次可能有多个目标被检测和跟踪，所以第一步是关联探测信号与已有轨迹，即得出哪些探测信号是由正在跟踪的目标引发的，从而用正确的探测信号更新轨迹。在多目标情况下，这是个艰巨的任务。在考虑过跟踪周期的其他要素后，再讨论这种情况。

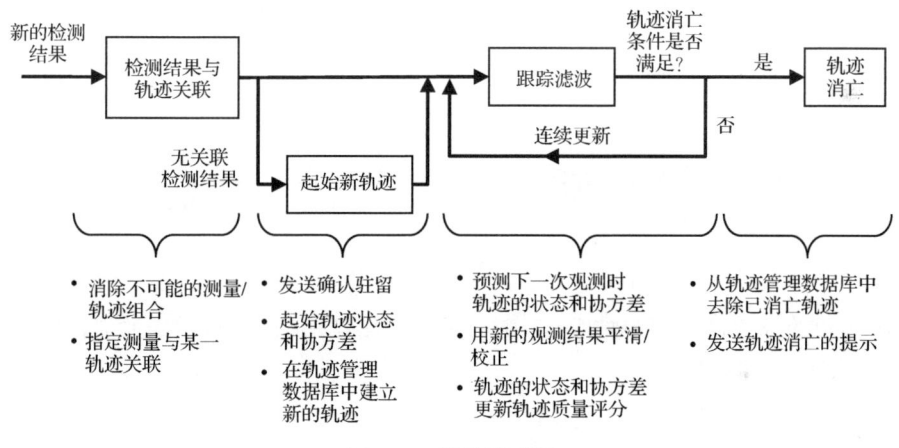

图 7.32 跟踪流程图

任何不能与轨迹关联上的探测信号都可能是新目标的候选，因此，要送到跟踪初始化进程中。电扫雷达通常发射一个确认的 CPI(或驻留时间)，以验证探测并确认不是虚警。而这对旋转雷达通常是不实际的。在每种情况下，都会在接下来的 N 个驻留时间上应用 M/N 逻辑，以决定是否将一个临时轨迹定性为一条确认轨迹。也可以在该函数中应用更复杂的序贯概率分析或检测模式识别(Blackman, 1986)。一旦新的轨迹建立，就会被输入到雷达数据库中，并利用对所使用的跟踪滤波器合适的初始化步骤建立轨迹的初始状态和协方差。

与轨迹关联的测量数据，接下来被传递到目标的跟踪滤波器。滤波器首先预测当前测量时间的状态，然后用基于新测量的新息平滑状态。跟踪质量分数经常由每条轨迹每次关联的测量-预测距离衡量，由协方差归一化。如果分数超出了预先设定的上界，则表明关联错误，或是目标模型很差。如果落到下界以下，则表明目标模型过程噪声太大。

如果移动到雷达测量范围之外，则轨迹最终必须舍弃。对于一个漏检测，跟踪滤波器可以用一个简单的不带修正的更新来平滑轨迹，或者使用更长的更新时间 T 重新计算最后探测的更新。实际中，跟踪滤波器允许对少数的漏检测平滑，然而，未能关联新探测和数量更新较少的轨迹，都会引发轨迹删除。有一种比根据漏检测数设定硬阈值更复杂的方法，可以应用序贯概率技术或阈值控制跟踪质量指标。当一条轨迹删除时，轨迹数据库也要更新。同时，还会发送一个有关的提示给跟踪数据使用者的用户终端。

在讨论数据关联阶段前,有必要介绍下统计距离的思想。图 7.33 显示了与预测值 $x=30$ 可能关联上的两个测量值的统计。其中,一个为均值 $\mu_{x1}=20$,标准差 $\sigma_{x1}=5$;另一个为 $\mu_{x2}=50$,$\sigma_{x2}=20$。哪一个与预测值更为接近并用来平滑预测?μ_{x1} 与预测值相差 10 个单位,而 μ_{x2} 相差 20 个单位。然而,第一个测量离预测值差 $d_1=\mu_{x1}/\sigma_{x1}=2$ 个标准差,而第二个相差 $d_2=\mu_{x2}/\sigma_{x1}=1$ 个标准差,预测值 30 出现在第一个测量分布的可能性比出现在第二个的可能性要小。因此认为第二个测量在统计上更接近轨迹,应该与轨迹关联。

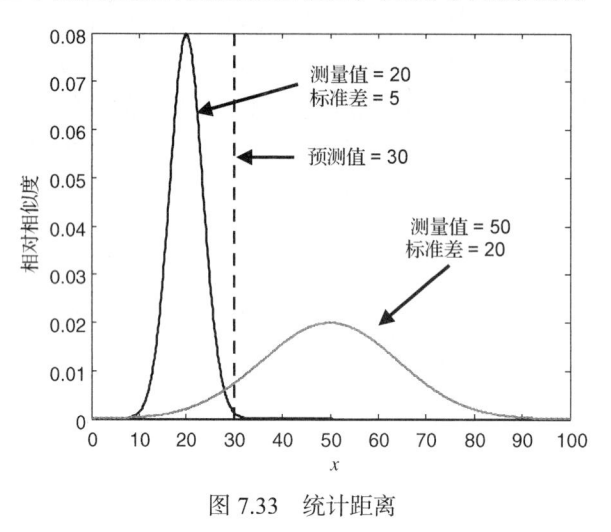

图 7.33 统计距离

将这个简单的计算推广到多维跟踪,即将马氏距离 $d_M[n]$ 用到卡尔曼滤波器的观测矢量的新息 $i[n]$ 中,具体计算式为

$$\begin{aligned} i[n] &= z[n] - H[n]\hat{x}[n\,|\,n-1] \\ S_i[n] &= S_w[n] + H[n]M[n\,|\,n-1]H^T[n] \\ d_M^2[n] &= i^T[n](S_i[n])^{-1}i[n] \end{aligned} \quad (7.126)$$

在标量观测的情况下,退化为前面用过的启发式测量,$d_M[n]=i[n]/\sigma_i[n]$。注意到 $S_i[n]$ 的表达式是式(7.118)中卡尔曼滤波增益计算的分母,是测量协方差 $S_w[n]$ 与状态预测值 $M[n\,|\,n-1]$ 通过 $H[n]$ 观测的协方差的和。

另一个距离测量是假设预测和测量源于相同目标的对数似然估计,假设是高斯统计,则

$$\ln \Lambda = \frac{1}{2}\ln[2\pi \det(S_i)] + \frac{1}{2}i^T S_i^{-1} i = \frac{1}{2}\ln[2\pi \det(S_i)] + \frac{1}{2}d_M \quad (7.127)$$

其中,为了符号清晰,暂时舍弃时间指标 n。对于新轨迹,更新次数较少时会有较大的协方差,从而使新轨迹更容易丢失,采用式(7.127)给出的度量函数可以更加稳健地克服这一问题(Ehrman,2013)。对于大的协方差,确定项使 Λ 变大,从而减少了这一现象。

考虑在多维空间的任意协方差矩阵 S,假定 $P\times P$ 阶协方差矩阵 S 的特征向量为 $\{e_p\}$,对应的特征值为 $\{\lambda_p\}$,假设是高斯统计,则这描述了 P 维联合 PDF 函数。由于 S 是对称的,所以特征向量将相互正交。描述 PDF 标准差的表面是个椭圆体,椭圆在 $\{e_p\}$ 方向上的半轴长度是 $\{\sqrt{\lambda_p}\}$。图 7.34(a)举了 $P=2$ 维的例子,图 7.34(b)是预测状态的协方差椭圆和对应的不同的两种检测测量的概念图。新息是连接预测和与之相关联的测量的矢量,测量和轨迹预测之

间的统计距离取决于两者的协方差椭圆体的方向和大小。在这个例子中,两个测量都在预测 $z_1[n]$ 的 $1-\sigma$ 椭圆内,而不是 $z_2[n]$ 的 $1-\sigma$ 椭圆内。因此,$z_1[n]$ 在统计上比 $z_2[n]$ 离 $\hat{x}[n|n-1]$ 更近。马氏距离可以规范此计算。

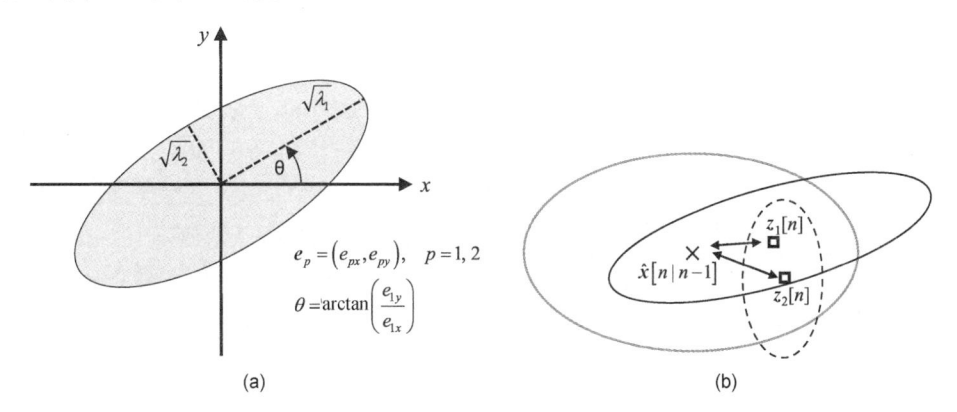

图 7.34 (a) 由二维协方差矩阵的特征结构定义的二维椭圆;
(b) 测量的协方差椭圆以及预测值确定的统计距离

统计距离的思想对于发展跟踪周期的关联探测阶段的波门和分配的算法很重要。在不同场景中运行的不同类别的雷达,在给定时间有少于(有时非常少)、等于或多于轨迹数的探测。决定哪个探测用于哪条轨迹更新的第一步通常是设立波门,旨在拒绝非常难以置信的配对,以减少在分配过程中必须考虑的组合数。波门拒绝任何测量值超过轨迹更新的某个阈值距离的配对,但把这个距离内任何测量作为潜在有效的测量。通常方法有球形波门、矩形波门以及椭圆波门。

球形波门:

$$\sqrt{(x_p - x_m)^2 + (y_p - y_m)^2 + (z_p - z_m)^2} < d_{\text{spherical}}$$

矩形波门:

$$|R_p - R_m| < d_R, \quad \text{或者} \quad \begin{aligned} |x_p - x_m| &< d_x \\ |y_p - y_m| &< d_y \\ |z_p - z_m| &< d_z \end{aligned} \quad (7.128)$$

椭圆波门:

$$\ln \Lambda < d_{\text{statistical}}$$

其中,x、y、z 是状态矢量 x 的 3 个空间组成部分;R 是距离;下标 m、p 表示测量值和预测值。阈值通常是分层的。监测空间可以分为多个区域,以使得落在一个区域的测量不需要对其他区域的轨迹进行测试。类似地,也可以将同一区域内的轨迹分成相互排斥的分区,减少需要对比的数量。下一个步骤通常是比较粗糙,但计算效率高的矩形门。雷达只在距离或 3 个空间坐标上有门。最后,当使用马氏距离或对数似然时,可以得到更严格的椭圆形门。

数据关联的最后一个重要步骤是在设立轨迹的门后,分配候选探测信号。这个过程由构建测量-跟踪代价矩阵开始。矩阵的元素是分配特定的测量到特定轨迹的统计成本的衡量。通常是式(7.127)的负的对数似然。使用多种算法中的一种,通过代价矩阵来决定最终的分配。常用的算法包括如下算法。

- 最近邻(NN)。给每条轨迹分配最低的代价测量，独立于其他的轨迹。因此，在某些情况下，一个测量值可以用于更新多条轨迹。通常的一种修改方法是，当一个测量分配给一条轨迹时，就不再考虑这个测量值，以使它不能再分配给另一条轨迹。
- 最强邻(SN)。给每条轨迹分配最高 SNR 的验证测量，类似于 NN，同一测量值可以分配给多条轨迹，除非修改成不允许分配给多条轨迹。
- 全局最近邻(GNN)。按总的代价最小分配轨迹，每个测量值只能分配到一条轨迹(或不分配)。
- 拍卖方法。这些全局最优方法通常情况下，在每一步中都会将预测与最近的两个或者更多的测量进行比较。竞价过程将最近的测量值分配给每条轨迹。允许部分测量值重新分配，以调整基于现在得到的分配的代价。有一种流行且计算高效的方法是 JVC 算法(Malkoff, 1997)。
- 概率数据关联(PDA)。用候选数据的加权和更新轨迹，权值基于估计中给定测量值正确的概率，并且与似然函数有关。

图 7.35(a)是保持两条轨迹，但同时有 3 个测量值落在波门内的代价矩阵的例子。每个格子中的数字代表对应分配代价函数的对数似然。代价矩阵中包括，一列代表轨迹未更新的概率，以及一行代表测量值未分配给轨迹的概率。图 7.35(b)显示了一个简单的 NN 分配的结果。在这个例子中，测量值 1 分别以相对代价 5 和 10 分配给了轨迹 1 和 2。测量值 2 和 3 分配给 "无"，即不使用，因为轨迹 1 和 2 已经分配了。这些测量值可以用于初始化新的轨迹。这组分配的总代价为 $5+10+20+20=55$，但是两条轨迹使用了相同的测量值更新。

		测量			
		1	2	3	无
轨迹	1	5	10	15	20
	2	10	30	25	20
	无	20	20	20	∞

(a)

		测量			
		1	2	3	无
轨迹	1	5	10	15	20
	2	10	30	25	20
	无	20	20	20	∞

(b)

		测量			
		1	2	3	无
轨迹	1	5	10	15	20
	2	10	30	25	20
	无	20	20	20	∞

(c)

		测量			
		1	2	3	无
轨迹	1	5	10	15	20
	2	10	30	25	20
	无	20	20	20	∞

(d)

图 7.35　(a)轨迹测量分配的代价矩阵；(b)一般的 NN 法结果，代价为 55；
(c)修正 NN 法分配，代价为 65；(d)GNN 算法，代价为 40

修正 NN 法避免了一旦测量值分配给一个轨迹，就不再对其进行考虑的问题。应用该方法，并从轨迹 1 分配测量值 1 给轨迹 1 开始，这样测量值 1 就不能再分配给其他轨迹。没有测量值分到轨迹 2，意味着轨迹平滑到下一次测量值更新。测量值 3 又一次不使用。这样做的结果在图 7.35(c)中显示，出现了更高的代价 65，但此时同样的测量值不能分配到多个轨迹。最后 GNN 算法将 7.35(c)方案中的测量值 2 分配给轨迹 1，测量值 1 分配给轨迹 2，测量值 3 同样不使用，得到的总代价为 40，低于序贯 NN 法，同时又不需要二次使用测量值 1。JVC 算法能得到同样的方案。

跟踪，特别是多目标场景下的跟踪是目前相关领域的研究热点。当分配代价相差不大时，特征辅助跟踪可对目标幅度、姿态或图像信息，如高距离分辨剖面图的估计增加决策变量。特别是在密集情况下，多假设跟踪方法可以用于提高轨迹完整性。这些技术的介绍解释和参考见文献 Ehrman(2013)。

参考文献

Agrež, D., "Weighted Multipoint Interpolated DFT to Improve Amplitude Estimation of Multifrequency Signal," *IEEE Trans. Instrumentation and Measurement*, vol. 51, no. 2, pp. 287–292, Apr. 2002.

Bailey, C. D., "Radar Antennas," Chap. 9 in M. A. Richards, J. A. Scheer, and W. A. Holm (eds.), *Principles of Modern Radar: Basic Principles*. SciTech Publishing, 2010.

Bar-David, I., and D. Anaton, "Leading Edge Estimation Errors," *IEEE Trans. Aerospace and Electronic Systems*, vol. AES-17, no. 4, pp. 579–584, Jul. 1981.

Bar-Shalom, Y., and T. E. Fortmann, *Tracking and Data Association*. Academic Press, Orlando, Florida, 1988.

Bell, K. L. et al., "Extended Ziv-Zakai Lower Bound for Vector Parameter Estimation," *IEEE Trans. Information Theory*, vol. 43, no. 2, pp. 624–637, Mar. 1997.

Blackman, S. S., *Multiple-Target Tracking with Radar Applications*. Artech House, Dedham, Massachusetts, 1986.

Blair, W. D., "Radar Tracking Algorithms," Chap. 19 in M. A. Richards, J. A. Scheer, and W. A. Holm (eds.), *Principles of Modern Radar: Basic Principles*. SciTech Publishing, 2010.

Blair, W. D., "Design of Nearly Constant Velocity Filters for Radar Tracking of Maneuvering Targets," *Proceedings IEEE 2012 Radar Conference*, pp. 1008–1013, 2012.

Blair, W. D., M. A. Richards, and D. G. Long, "Radar Measurements," Chap. 18 in M. A. Richards, J. A. Scheer, and W. A. Holm (eds.), *Principles of Modern Radar: Basic Principles*. SciTech Publishing, 2010.

Daum, F., "Nonlinear Filters: Beyond the Kalman Filter," *IEEE Aerospace and Electronic Systems Magazine*, vol. 20, no. 8, Part 2: Tutorials II, pp. 57–69, 2005.

Ehrman, L. M., "Multitarget, Multisensor Tracking," Chap. 15 in W. L. Melvin and J. A. Scheer (eds.), *Principles of Modern Radar: Advanced Topics*. SciTech Publishing, 2013.

Hofstetter, E. M., and D. F. DeLong, Jr., "Detection and Estimation in an Amplitude-Comparison Monopulse Radar," *IEEE Trans. Information Theory*, vol. IT-15, no. 1, pp. 22–30, Jan. 1969.

Howard, D. D., "Tracking Radar," Chap. 9 in M. I. Skolnik (ed.), *Radar Handbook*, 3d ed. McGraw-Hill, New York, 2008.

Ianniello, J. P., "Time Delay Estimation via Cross-Correlation in the Presence of Large Estimation Errors," *IEEE Trans. Acoustics, Speech, and Signal Processing*, vol. ASSP-30, no. 6, pp. 998–1003, Dec. 1982.

Jacobsen, E., and P. Kootsookos, "Fast, Accurate Frequency Estimators," *IEEE Signal Processing Magazine*, pp. 123–125, May 2007.

Kalata, P. R., "The Tracking Index: A Generalized Parameter for α-β and α-β-γ Target Trackers," *IEEE Trans. Aerospace and Electronic Systems*, vol. AES-20, no. 2, pp. 174–182, Nov. 1984.

Kanter, I., "The Probability Density Function of the Monopulse Ratio for N Looks at a Combination of Constant and Rayleigh Targets," *IEEE Trans. Information Theory*, vol. IT-23, no. 5, pp. 643–648, Sep. 1977.

Kay, S. M., *Fundamentals of Statistical Signal Processing, Vol. 1: Estimation Theory*. Prentice-Hall, Upper Saddle River, New Jersey, 1993.

Lyons, R. G., *Understanding Digital Signal Processing*, 3d ed., Sec. 13.15. Prentice-Hall, New York, 2011.

Macleod, M. D., "Fast Nearly ML Estimation of the Parameters of Real or Complex Single Tones or Resolved Multiple Tones," *IEEE Trans. Signal Processing*, vol. 46, no. 1, pp. 141–148, Jan. 1998.

Mahafza, B. R., *Radar Systems Analysis and Design Using MATLAB*, 3d ed. Chapman and Hall/CRC Press, 2008.

Malkoff, D. B., "Evaluation of the Jonker-Volgenant-Castanon (JVC) Assignment Algorithm for Track Association," *Proc. SPIE 3068, Signal Processing, Sensor Fusion, and Target Recognition VI*, pp. 228–239, Jul. 28, 1997.

Peebles, P. Z., Jr., *Radar Principles*. Wiley, New York, 1998.

Rife, D. C., and R. R. Boorstyn, "Single-Tone Parameter Estimation from Discrete-Time Observations," *IEEE Trans. Information Theory* vol. IT-20, no. 5, pp. 591–598, Sep. 1974.

Scarbrough, K., R. J. Tremblay, and G. C. Carter, "Performance Predictions for Coherent and Incoherent Processing Techniques of Time Delay Estimation," *IEEE Trans. Acoustics, Speech, and Signal Processing*, vol. ASSP-31, no. 5, pp. 1191–1196, Oct. 1983.

Sherman, S. M., *Monopulse Principles and Techniques*. Artech House, Norwood, Massachusetts 1984.

Weiss, A. J., "Composite Bound on Arrival Time Estimation Errors," *IEEE Trans. Aerospace and Electronic Systems*, vol. AES-22, no. 6, pp. 751–756, Nov. 1986.

习题

1. 从式(7.17)给出的加性高斯白噪声情况下的 CRLB 的特殊形式开始，重新推导针对加性高斯白噪声的实常数问题的式(7.15)的 CRLB。

2. 用转换参数的 CRLB(见附录 A)和式(7.15)确定信号能量 A^2 的 CRLB。

3. 由于样本均值是在加性高斯白噪声中的常数 A 的一个有效估计，似乎 A^2 的一个有效估计可能是样本均值的平方，$\widehat{A^2} = (\hat{A})^2 = \left(\sum_{n=0}^{N-1} x[n]\right)^2$。证明尽管这个估计量针对 A 是有效的，但此估计量仍然是一个无效估计。提示：考虑估计量的偏差。

4. 证明当 $N \to \infty$ 时，上题的估计量变得有效。提示：注意 $\hat{A}$ 是均值为 A，方差为 σ_w^2/N 的高斯分布，并使用已知瞬时高斯随机变量的结果。

5. 判断在高斯白噪声的实常数问题中，另一个由 $x^2[n]$ 的样本均值形成的能量估计 $\widehat{A^2} = (1/N)\sum_{n=0}^{N-1} x^2[n]$ 是否有效。如果不是，是不是渐进有效？

6. 假定已知实值信号 $x[n] = A\cos(2\pi f_0 n + \phi) + w[n]$ 的 N 个样本，其中 $w[n]$ 是方差为 σ_w^2 的独立同分布的高斯白噪声，从式(7.17)开始，找到 A 的估计量 $\hat{A}$ 的方差 $\sigma_{\hat{A}}^2$ 的 CRLB。提示 1：$\cos^2(2\pi f_0 n + \phi) = \frac{1}{2} + \frac{1}{2}\cos(4\pi f_0 + 2\phi)$。提示 2：假定 $f_0 \ne 0$ 或 $\pi/2$，并且 N "足够大"。此时可以证明 $\sum_{n=0}^{N-1} \cos(4\pi f_0 + 2\phi) \approx 0$。

7. 考虑复信号 $x[n] = s[n] + w[n]$，$w[n]$ 是方差为 σ_w^2 的独立同分布的复高斯白噪声，$s[n]$ 是 Swerling 2 目标复回波序列，这意味着它也是方差为 σ_s^2 的独立同分布的复高斯分布。写出 $x[n]$ 的 N 样本联合 PDF 函数。利用此结果和式(7.11)，得出信号能量 σ_s^2 估计的 CRLB。

第 7 章 测量与跟踪

8. 证明如果用式(7.10)的 CRLB 形式，上题将会得到相同的结果。提示：使用服从 $N(0,\sigma^2)$ 分布的随机变量的矩的标准结果。

9. 证明复参数 $\Theta = \Theta_R + j\Theta_I$ 的方差等于实部、虚部方差之和，即 $\sigma_\Theta^2 = \sigma_{\Theta_R}^2 + \sigma_{\Theta_I}^2$。

10. 从式(7.17)开始，证明式(7.22)(第二行)实值信号的形式。

11. 考虑信号 $x[n] = s[n;\theta] + w[n] = Ar^n + w[n]$，$n = 0,\cdots,N-1$。$w[n]$ 是方差为 σ_w^2 的高斯白噪声。已知衰减率 $r > 0$，所有的信号和参数是实值的。找出估计 A 的 CRLB。利用几何求和公式 $\sum_{n=0}^{N-1} \alpha^n = (1-\alpha^N)/(1-\alpha)$ 得到一个闭式的结果。

12. 当 $r \to 1$ 时，上题中的数据模型就变成了在高斯白噪声中的常数模型。证明当 $r \to 1$ 时，这个问题的 CRLB 接近于在加性高斯白噪声中的常数的 CRLB。

13. 找出习题 11 中数据的对数似然函数，噪声为高斯白噪声，对于给定的 n，信号部分 Ar^n 是个非随机的常数，写出单一样本 $x[n]$ 的 PDF。然后写出 N 样本的联合 PDF，并取自然对数得到对数似然函数。

14. 找出习题 11 情况下 A 的最大似然估计量。为此，找到 A 的一个值 $\hat{A}$，使得上题中的对数似然函数最大。给出几何和的闭式结果。

15. 证明上题中 A 的最大似然估计是无偏的。

16. 对于习题 11 中同样的信号模型，假定 A 已知，r 未知。找出估计 r 的 CRLB。提示：在此题中不需要(不推荐)将几何和或者类似项写成闭式，可以保留成求和形式。

17. 考虑信号模型 $x[n] = A + Bn + w[n]$，$n = 0,\cdots,N-1$。$w[n]$ 是方差为 σ_w^2 的高斯白噪声。所有的信号和参数都是实值的，找到与数据拟合的直线相应的 A、B。找出这个问题的费舍尔信息矩阵〔见式(7.58)或附录 A〕。恒等式(7.62)可能会有用。

18. 找出上题的斜率 B 和截距 A 的 CRLB，当数据数量 N 增大时，哪个参数估计提高的更快？下列等式可能会用到：

$$\sum_{n=0}^{N-1} n = \frac{N(N-1)}{2}, \quad \sum_{n=0}^{N-1} n^2 = \frac{N(N-1)(2N-1)}{6}, \quad \begin{bmatrix} a & b \\ c & d \end{bmatrix}^{-1} = \frac{1}{ad-bc}\begin{bmatrix} d & -b \\ -c & a \end{bmatrix}$$

19. 假定 N 个独立同分布的样本是一个服从高斯 PDF 的随机过程，则

$$p_x(x;\mu) = \frac{1}{\sqrt{2\pi}}\exp\left[-\frac{1}{2}(x-\mu)^2\right]$$

其中，μ 是未知参数。找出 μ 的最大似然估计量。

20. 找出指数 PDF 中的参数 λ 的最大似然估计量

$$p_x(x;\lambda) = \begin{cases} \lambda\exp(-\lambda x), & x > 0 \\ 0, & x < 0 \end{cases}$$

讨论与随机变量 x 均值相关的估计量如何有这个 PDF。

21. 利用式(7.34)的定义，计算如下所示的理想低通频谱 $S(F)$ 的 RMS 带宽。

$$S(F) = \begin{cases} 1, & -B/2 < F < B/2 \\ 0, & \text{其他} \end{cases}$$

22. 计算下面定义的时域中的梯形脉冲的 RMS 带宽。

$$s(t) = \begin{cases} t/\alpha\tau, & 0 \leqslant t \leqslant \alpha\tau \\ 1, & \alpha\tau \leqslant t \leqslant (1-\alpha)\tau \\ (1-t/\tau)/\alpha, & (1-\alpha)\tau \leqslant t \leqslant \tau \\ 0, & 其他 \end{cases}$$

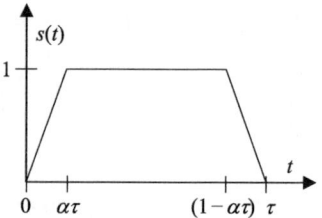

提示：用式(7.35)代替式(7.34)。时间延迟估计精度如何随脉冲边缘的陡度而变化？

23. 利用上题的结果证明矩形脉冲的 RMS 带宽是无界的。
24. 证明，当未知的增益和相位 α 加到数据中，即 $x[n] \to \alpha x[n]$，式(7.42)的时延估计不变。
25. 考虑使用大时间带宽积(大于 100)的线性调频脉冲的相干(因此是复值信号)雷达。满足时延估计精度为 5%的时间瑞利分辨率需要的最小信噪比是多少？图 7.6 可以近似地检验这个结果。如果带宽为 $\beta = 60$ MHz，距离估计精度是多少 m？
26. 假定复时延最大似然估计匹配滤波器的输出，以因子 $k_{os} = 10$ 过采样。输出信噪比 χ_{out} 是多少时，采样界才会变成测量精度的限制因素？假设脉冲是大时间带宽积的线性调频脉冲，因此 $\beta_{rms} \approx \beta/\sqrt{12}$。
27. 时延最大似然估计在 $n_0 = 14$ 处有峰值 $y_0 = 22.47$。两个相邻的输出样本，在样本 13 处 $y_{-1} = 21.42$，在样本 15 处 $y_{+1} = 16.47$。这个数据的信噪比是 $\chi_{out} = 30$ dB。在没有噪声时，真实峰值位置在样本 13.8 处，利用式(7.51)～式(7.53)的技术估计峰值位置 $n_0 + \Delta n$，并进行比较。
28. 证明多参数复正弦估计的费舍尔信息矩阵式(7.58)的 (1, 2) 和 (1, 3) 元素为 0。
29. 证明式(7.63)的 CRLB 可以通过详尽计算式(7.61)中 $I(\Theta)$ 的逆矩阵的对角元素得到。
30. 假定幅度相位已知，计算在加性高斯白噪声中的复正弦频率估计的 CRLB。证明当 N 较大时，这个 CRLB 要比式(7.63)中 3 个参数都未知情况下 CRLB 小 1/4。
31. 如果复正弦参数估计的精度如下所示，那么所需的最小输入信噪比 χ 是多少 dB？在每种情况下，分别给出 $N = 40$，$N = 400$ 时的信噪比。

    a. 相对幅度为 10%；
    b. 归一化频率为每个样本 0.001 周期/采样；
    c. 相位为 0.01 rad (0.573°)。

    有些结果可以通过图 7.11～图 7.13 得到近似检验。

32. 证明式(7.69)中给出的 $\widehat{A_l}$ 的结果。
33. 假设 $w[n]$ 是方差为 σ_w^2 的复高斯白噪声过程的 M 样本，$W[k]$ 是其 K 点 DFT。计算两个任意的 DFT 样本 $W[k_1]$ 和 $W[k_2]$，作为 M 和 K 的函数的相关函数 $E\{W[k_1]W^*[k_2]\}$。利用结果证明当 $K > M$ 时，两个不同的 DFT 样本 ($k_1 \neq k_2$) 相关；如果 $K = M$ 则不相关。
34. 考虑 $d = \lambda/2$，$N = 10$ 的相控阵雷达的到达角估计，当真实入射角 $\theta = 0°$ 和 $\theta = 45°$ 时，入射角估计精度为 1°所需的信噪比 χ 是多少？重复 $N = 100$ 的情况。
35. 若以相控阵雷达 3 dB 带宽的 10%为精度，综合信噪比 χ_{out} 需要是多少？当阵列有 $N = 10$ 个元素等价输入，信噪比 χ 是多少？当 $N = 100$ 时又是多少？
36. 根据式(7.89)中 L 和 R 信号的最大似然估计，推导根据式(7.90)的 Σ、Δ 信号给出的基于天线扫描的角测量。

37. 证明在式(7.95)中，$\rho \to 0$ 时的角估计 $\hat{\theta} \to \theta_1$，$\rho \to \infty$ 时的角估计 $\hat{\theta} \to \theta_2$。给出 $\phi = 180°$，$\rho = 1+\varepsilon$ 时 $\hat{\theta}$ 的表达式。证明当 ε 很小时，$\hat{\theta}$ 已经远超过 $[\theta_1, \theta_2]$ 的范围。

38. 假设将圆锥扫描跟踪系统的双向天线方向图建模成圆对称高斯形状，$E^2(\theta) = G \cdot \exp(-\theta^2/\theta_0^2)$，其中 θ 是从任何方向偏移视轴的角位移。假设圆锥扫描的视轴轨迹与转动中心方向图存在 3 dB 方向图点数的距离，也就是近似偏离视轴 $\theta_s = 0.59\theta_0$ rad。推导出扫描过程中目标的最大和最小回波幅度 $G_{\max}$、$G_{\min}$ 处的角位移的估计表达式，以及 θ_s 的估计表达式。忽略噪声，并假定最大响应和最小响应旋转相差 $180°$。$\theta_i < \theta_0$，$\theta_i > \theta_0$ 两种情况都要考虑。

39. 证明当估计量 $\hat{\Theta}$ 取数据 $z[n]$ 样本均值时，$\varepsilon^2(\Theta)$ 最小。

40. 证明当估计量 $\hat{\Theta}$ 取式(7.99)的数据 $z[n]$ 加权的样本均值时，式(7.98)的 $\varepsilon^2(\Theta)$ 在线性模型中最小。

41. 利用图 7.26 中的初始条件，证明序贯最小二乘估计增益和方差满足：
$$K[N] = 1/(N+1), \quad \mathrm{var}(\hat{A}[N]) = 1/(N+1)$$

42. 利用 α-β 滤波器中定义的 F，g，h，并假定过程噪声和观测噪声方差分别为 $\sigma_u^2 = 1$，$\sigma_w^2 = 5$，计算 $n = 2, \cdots, 6$ 时，预测均方误差 $M[n|n]$ 和卡尔曼增益 $k[n]$，按照式(7.117)进行初始化，并令 $T = 1$。MATLAB 或其他的计算工具可用于辅助计算。

43. $T = 1$ 时，上题的跟踪指数是多少？稳态的卡尔曼增益是多少？上题计算的增益会收敛到这个值吗？

44. 假定两个实值随机变量 x_1、x_2 是联合高斯分布，但是相互独立，均值都为零，方差分别为 $\sigma_{x_1}^2 = 1$，$\sigma_{x_2}^2 = 3$。随机矢量 $\boldsymbol{x} = [x_1 \ x_2]^\mathrm{T}$ 的协方差矩阵 $\boldsymbol{S}$ 是多少？考虑随机过程生成的 $\boldsymbol{x}$ 测量样本由矢量 $\boldsymbol{y} = [1 \ 1]^\mathrm{T}$ 表示。由于 $\boldsymbol{x}$ 的均值是 $[0 \ 0]^\mathrm{T}$，新息 $\boldsymbol{i} = \boldsymbol{y} - \bar{\boldsymbol{x}} = \boldsymbol{y}$，用下面 3 种距离衡量 $\boldsymbol{y}$ 和 $\boldsymbol{x}$ 的距离(即 $\boldsymbol{i}$ 的"长度")。

    a. 欧氏距离；
    b. 马氏距离 d_M；
    c. 对数似然 $\ln \Lambda$〔式(7.127)〕。
    解释为什么取特定的相对值，即为什么一个最大，一个最小。

45. 考虑图 7.35(c) 中的跟踪-测量法，使用修正的最近邻算法，当一个测量值分配给一条轨迹就不再予以考虑。将测量值首先分配给轨迹 2，重新计算这种情况。结果是一样的吗？

第 8 章 合成孔径成像技术

雷达刚被提出来的时候就具备两个基本功能，检测和跟踪。二维和进一步的三维高分辨雷达成像技术也已经被集成到这些功能当中。二维高分辨雷达成像技术通常称为合成孔径雷达（SAR）。绝大多数情况下，SAR 被用来对地面固定场景目标进行成像，因此，SAR 处理的目标指的是地杂波。雷达图像的民用领域包括：地图绘制、土地资源使用情况分析、海洋学、林业、农业、自然灾害预测等（Henderson 和 Lewis，1998）。同样，军事领域也有众多应用，如战场侦察、预警、作战效果评估、地面目标分类和识别，以及导航，等等。SAR 图像一般来自于机载和星载平台，其分辨率从几十米到几英寸不等。

图 8.1(a) 是一幅 Ku 波段 SAR 图像的例子，由美国圣地亚国家实验室录取于 20 世纪 90 年代中期，该图像可实现几十千米距离幅宽的 3 m 分辨率。图 8.1(b) 是一幅相同场景的光学航拍图像。细致观察便可发现同一场景对应的雷达图像和可见光图像有许多类似的地方，同样也存在很多明显的差异。图 8.2 是另一幅 SAR 图像的例子，对应的场景是美国华盛顿特区的国会山区域。

图 8.1 美国 Albuquerque 机场的光学航拍照片和 SAR 图像的对比。(a) Ku 波段（15 GHz），3 m 分辨率的 SAR 图像；(b) 航拍图像（由美国圣地亚国家实验室授权使用）

尽管 SAR 图像的质量令人满意，但是，作为观察者，在对场景图像进行分析和理解的时候，更倾向于使用光学照片。图 8.1(b) 的原始图像是彩色的，虽然印刷出来是黑白的。然而，SAR 图像却是黑白的，这源于 SAR 测量的是目标的标量反射系数[1]。光学照片的分辨率较 SAR

---

[1] 伪彩 SAR 图像通常是合成同一场景的不同极化或者不同波段的多幅雷达图像而得到的。

图像要高。并且，SAR 图像会表现出来一种颗粒状的斑点，常称为"盐粒"噪声，这种现象是相干成像系统所特有的(例如全息图)，却不会出现在由非相干处理所得到的光学图像上。通过认真观察两种不同的图像，不难揭示一些会影响图像分析的图像表现形式之间的区别。例如，在图 8.1(b)光学图像的中下部有一片混凝土铺设的区域，其中有 3 个矩形的建筑物；且混凝土表现为亮色，建筑物表现为暗色。在 SAR 图像中，颜色对比恰好相反，并且在图像底部的建筑物的轮廓模糊不清。另外，在光学照片上中部和右侧的跑道末端处的彩色条纹是清晰可见的，但在 SAR 图像中完全看不到。

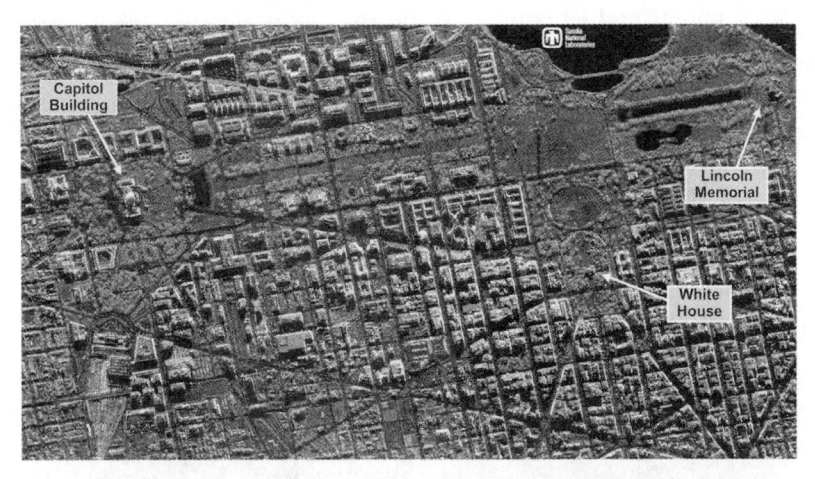

图 8.2　美国华盛顿特区国会山区域的合成孔径雷达图像(由美国圣地亚国家实验室授权使用)

那么，为何 SAR 仍具有吸引力？如果在一个多云的夜晚再对图 8.1 的两幅图像进行对比，答案就会很明了了。此时，光学照片将是一片漆黑，这是由于云层的阻挡使得地面不可见；而即使没有云层，在夜晚太阳光也无法照射到地面上。但 SAR 不会受到影响，因为 SAR 系统可以主动发射电磁波照射地面场景，不依靠太阳光线，且电磁波可以以很少的衰减穿过云层或者其他天气现象。因此，雷达可以提供一种全天候、全天时的监视。图 8.3 比较了航天飞机录取的一幅光学图像和一幅 SAR 图像，对应场景为美国纽约曼哈顿和长岛地区。两幅图像的录取时间均为 1994 年 4 月的凌晨 3 点，但不是同一天，航天飞机的轨道高度大约在 223 km。图 8.3 的下部是由 SIR-C(shuttle imaging radar-C)仪器录取的 3 个不同波段的雷达数据合成的 SAR 图像[1]。图 8.3 的上部是一幅纽约曼哈顿和长岛地区的光学照片。图中多边形轮廓标出了 SAR 图像大概的成像范围。雷达图像显示了长岛的全部轮廓，而光学照片仅仅能显示出凌晨 3 点可以被太阳光照射到的区域，即不包括长岛北部的边缘区域。

文献 Sherwin(1962)和 Wiley(1985)对 SAR 的发展历史做过简洁的描述。SAR 的概念第一次得到阐述和论证，是 1951 年由美国古特异公司的 Carl Wiley 完成的。在 1965 年 Wiley 撰写的专利中涉及的技术，现在可以划归为多普勒波束锐化(DBS)(见 8.3.1 节)。自此以后，SAR 经历了几次重大的技术发展阶段。20 世纪 50 年代末到 60 年代初，发展了如今称为条带式 SAR 的原始概念以及其技术实现。在当时还没有应用摩尔定律的年代，SAR 数据被记录在光学胶片上，成像处理是利用极其精密的光学处理系统来完成的(Cutrona, 1966; Brown 和 Porcello, 1969;

---

[1] 这幅图像是伪彩图像经过再次灰度量化以后的灰度图。原始伪彩 SAR 图像的红色对应于水平极化发射且水平极化接收(HH)的 L 波段数据，绿色对应于水平极化发射垂直极化接收(HV)的 L 波段数据，蓝色对应于 HV 极化方式的 C 波段数据。

Harger，1970；Ausherman，1980；Elachi，1988）。20世纪60年代见证了聚束SAR的发展，这项技术的发展主要归功于美国密歇根环境研究所的Jack Walker（Ausherman等，1984）[①]。在20世纪70年代，SAR的数字成像处理技术得到了发展（Kirk，1975），与此同时，距离-多普勒算法（Wu，1982）极大地提高了SAR所能获得的分辨率和图像尺寸。同在20世纪70年代，美国伊利诺伊大学的David Munson公开发表了聚束式SAR与计算机辅助X射线断层摄影术（CAT扫描）特定形式之间的联系（Munson等，1983）。通过对SAR算法早期发展采用的距离-多普勒分析观点的技术突破，并引入其他领域的技术，例如X射线断层摄影术领域和地震勘探领域的技术，SAR成像的算法性能得到了扩展（Munson和Visentin，1989；Cafforio等，1991）。其中，Munson的工作是最早的。

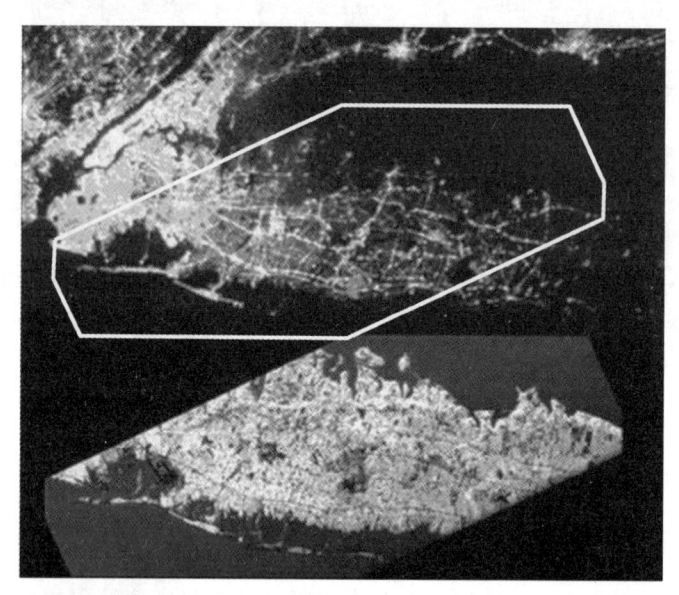

图8.3 美国纽约曼哈顿区和长岛地区的光学（上）与SAR图像（下）对比，图像由航天飞机录取于凌晨3点（由美国NASA JPL实验室授权使用）

SAR是两种现代雷达信号处理技术中最早发展的一个（另一个为空-时二维自适应处理，第9章介绍），本章将给出导论性的概述。自从20世纪90年代中期开始，陆续有不少关于SAR方面的优秀书籍面世（Curlander和McDonough，1991；Carrara等，1995；Jakowatz等，1996；Soumekh，1999；Franceschetti和Lanari，1999；Cumming和Wong，2005）。如今，简明介绍性的参考可在 *Principles of Modern Radar*（Showman，2010；Showman，2013；Cook，2013；Richards，2013）系列丛书中有关SAR的章节里查阅。为了更深入地讨论SAR处理，读者可以先参考这些书。本章将从两方面，即合成天线孔径和多普勒分辨对SAR的概念进行启发式概述。在此基础上，不难推导出描述SAR分辨率、波束覆盖范围、采样带宽要求，以及SAR数据本质特点的一些基本公式。然后，SAR成像所需要的信号处理将以更直接的方式给出，即先介绍基本的SAR数据模型，再引入3种最常用的SAR成像算法。最后，将介绍基于干涉SAR技术的三维成像概念。

[①] 其后的部分工作由Veridian公司、General Dynamics公司，以及现在的Lockheed Martin公司完成。

8.1 合成孔径雷达基础

8.1.1 雷达横向分辨率

为了达到实用标准，雷达图像必须为它预期的用途提供足够的分辨率。分辨率需求从几十米到几分之一米不等。此外，相应的分辨率必须在距离维和横向维均得到满足，这是因为对于绝大多数的应用场合，没有理由使得图像某一维的分辨率高于另一维。最后，整个成像场景的分辨率需要保持一致。对于雷达成像，通过应用第 4 章讨论的脉冲压缩技术，能够相对容易地获得足够高的距离分辨率。但是，相当大小的横向分辨率[①]在实波束成像的传统技术下是不可能得到的。

图 8.4 是工作在前视模式的实波束雷达横向分辨率示意图。其中，雷达天线在方位角度维进行扫描，且方位波束宽度为 θ_{az} rad，因此在距离 R_0 上，雷达方位波束宽度可以较精确地近似为 $R_0 \theta_{az}$ m。横向维指的是与距离维正交的方向。如第 2 章所述，对应一个固定的距离，雷达接收机的输出是方位角度的函数，实质是在距离维平均后的反射率与天线双程幅度方向图的卷积输出。在图 8.4(a)中，两个独立散射点在横向的间隔小于一个波束宽度，因此接收机的输出是这两个散射点的混叠输出响应，即无法直接分辨(见图 2.26)。在图 8.4(b)中，两个散射点的横向间隔大于一个波束宽度，接收机的输出作为扫描角度的函数，其在恰当的距离单元内会出现两个明显的峰值。按照惯例，当两个散射点恰好可以被天线波束区分开的时候，称这两个散射点是可分辨的。假设天线的方位波束较窄，则横向分辨率 ΔCR 可以近似为

$$\Delta \text{CR} = 2R_0 \sin\left(\frac{\theta_{az}}{2}\right) \approx R_0 \theta_{az} \tag{8.1}$$

其中，波束宽度 θ_{az} 通常被取作双程天线波束的 3 dB 宽度，但有时也取瑞利宽度(峰值到第一零点)，或者甚至零点到零点的宽度作为波束宽度。

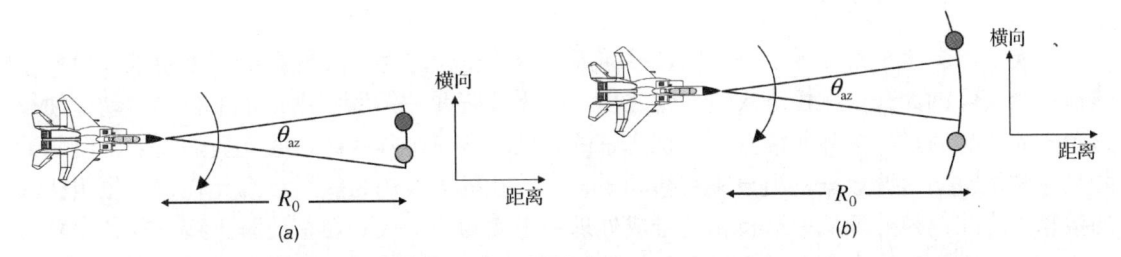

图 8.4　同一距离上的两个散射点的横向分辨情况。(a)横向未能分辨；(b)横向可分辨

第 1 章已经指出，传统雷达天线的方位波束宽度为

$$\theta_{az} = k \frac{\lambda}{D_{az}} \quad \text{rad} \tag{8.2}$$

其中，D_{az} 是天线方位维的尺寸；式中的尺度因子 k 由天线的设计所决定，其取值对于理想的

[①] "横向"指的是正交于雷达距离维的方向，即正交于雷达波束视线方向。它与方位向的区别在于，方位明确地指相对于雷达波束视线的角度偏置，而横向则明确地指在正交笛卡儿坐标系下的偏置。如果雷达工作在正侧视且平台运动不斜行，则横向所指的方向是与雷达平台运动速度相平行的。因此，横向维有时又称为沿航向维。

天线可以小到 0.89，但是对于实际应用的天线，其值大多在 1.2～2.0 之间。一般天线的旁瓣越低，k 值越高。在此，可以认为 k 的值为 1，并为了后续计算推导的紧凑性而忽略这个参数。

由式(8.1)和式(8.2)可得实波束雷达的横向分辨率为

$$\Delta \mathrm{CR}_{\text{real beam}} = \frac{\lambda R}{D_{\text{az}}} \tag{8.3}$$

上式所表示的分辨率对于成像是不可接受的。与距离分辨率不同，横向分辨率在整个场景上不是常数，且与目标所在的距离成正比下降关系。更重要的是，这样的分辨率过于粗糙，以至于该图像没有任何用处。举几个典型的例子：如对于一个工作在 X 波段(10 GHz)且天线横向孔径为 1 m 的机载战术雷达，在 10 km 的距离上只能实现 300 m 的横向分辨率，大体相当于 3 个美式足球场大小。而对于工作在 C 波段(5 GHz)的近地轨道(LEO，海拔 770 km)星载雷达，当其天线横向孔径为 10 m 时，横向分辨率是 4.6 km。显然，用于成像，这些数值太过粗糙。

由式(8.3)容易得出，为了提高横向分辨率，可以降低雷达工作的距离，使用更高的雷达频率，或者采用更大的天线。考虑机载的情况，为了将图 8.1(a)的分辨率从 300 m 提高到 3 m，显然需要两个数量级的变化，对应需要提高雷达频率到 1 THz，或限制雷达的工作距离到 100 m，或增加天线尺寸到 100 m，也可以综合调整这些参数来提高横向分辨率，但是这些参数的变化仍然是很大的，而如此大的变化也是不切实际的。例如，图 8.5 给出了一个 100 m 的相控阵天线和一架普通歼击机的尺寸的大致对比。如此巨大的天线被制造出来并且安装在这架飞机上飞行似乎是不大可能的。

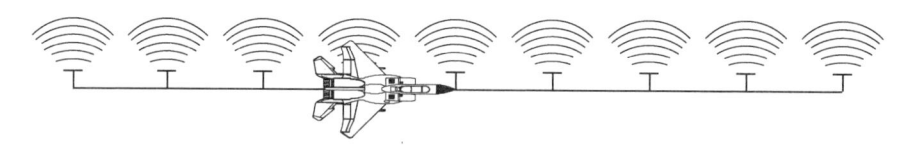

图 8.5　在 10 km 距离上，横向分辨力 3 m 的 X 波段相控阵天线和一架战斗机的相对尺寸对比示意图

8.1.2　合成孔径的观点

事实上，图 8.5 也提示了一种实现横向高分辨的途径。为了满足式(8.3)的要求，可以不建造一个实际的大孔径相控阵天线，代之以一个天线阵元，然后利用雷达平台的移动，使得这个阵元依次通过各个阵元位置来实现完整的阵列。在每个阵元的位置，雷达发射一个脉冲并且接收快时间回波数据。当该阵元移动了整个大孔径天线的长度后，阵元在每个位置接收的数据，将在信号处理机中进行相关合成处理，等效为一个大孔径相控阵天线，其各个阵元在空间上对应于小阵元各个横向录取数据的位置。这个所谓的单一阵元可以是平台上传统的天线。通常，相控阵天线的各个阵元的信号在微波器件中合成，而不是在信号处理机中合成。这个系统通过应用一个单阵元在各个空间位置发收信号，从而"合成"一个大孔径的相控阵天线，所以称之为"合成孔径雷达"(在早先的文献中，称为"合成阵列雷达")。换言之，相控阵天线的数据接收是连续的，一次只有一个阵元收发，并不是所有阵元同时收发。如图 8.6 所示，一部机载雷达沿虚拟阵列的方向，在空间的 4 个不同位置发收数据(当然，该雷达会在更多的空间位置发收数据)。高的距离分辨率是通过脉冲压缩实现的，而单个脉冲对应的快时间采样数据的横向分辨率是不高的，且随距离增加而降低。通过合成处理后，雷达在距离维和横向维均具有了高的分辨率。由于等效的高分辨雷达波束是通过多个脉冲数据合成处理得

第 8 章 合成孔径成像技术

到的，成像场景在相应的数据录取期间应保持不变，以使得每个脉冲对应着同一个场景的回波数据。这再一次强调了 SAR 主要用于对固定场景成像。

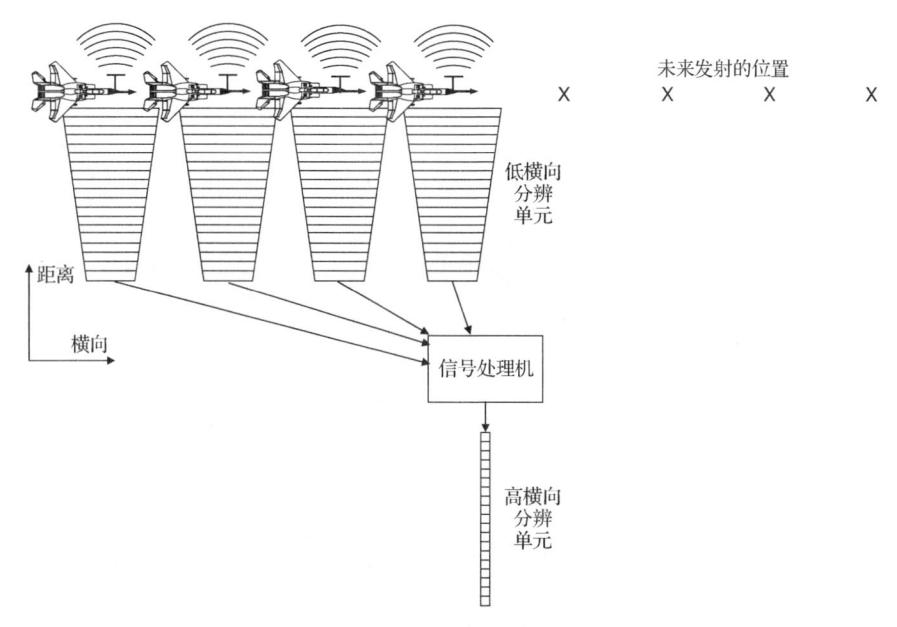

图 8.6　合成孔径处理示意图

实际中，雷达通常不会仅仅为了实现期望的窄波束，而只在对应一个合成孔径长度的航线上录取数据。相反，雷达在飞行中一直工作，沿航线在空间不同的位置，持续录取快时间回波数据序列。为了实现有效的窄波束，需要合成处理一定数量的空间位置的快时间数据，而这个需要的数量决定了有效合成孔径长度 D_{SAR}。合成处理所需的数据量可以用 D_{SAR} 或者对应的孔径时间 T_a 来表示，T_a 和合成孔径长度 D_{SAR} 的关系可以由平台运动速度表示为

$$D_{SAR} = vT_a \tag{8.4}$$

在飞行航迹上，利用一个时间宽度为 T_a s 或者载体飞行距离为 D_{SAR} m 的滑动窗口内收集的数据，可以在方位连续的位置上获得一系列有效的雷达窄波束。在空间每个发收脉冲信号位置，通过信号处理形成一组距离向和横向二维高分辨的距离分辨单元，其单元的中心对应横向的合成孔径中心，如图 8.7 所示[①]。从而，这一系列的距离向分辨单元形成了对场景的二维雷达图像。只要雷达保持这个模式，信号处理机处在数据接收状态，那么系统就可以生成连续的带状图像，就像解开一副长卷轴。

图 8.7 所代表的雷达工作模式称为正侧视条带式 SAR。因为合成孔径是由雷达平台的前向运动形成的，所以合成阵列面自然是垂直于飞行航线的。进而，实际天线方向图的方向是垂直于平台速度矢量方向的，这种构型称为正侧视雷达。在条带式 SAR 中，作为虚拟大天线阵元而使用的实际雷达天线自身并不进行扫描，它固定地指向与机身垂直的方向，即正侧视方向，因此其天线波束随着飞机的前向运动而同时扫过地面。传统的相控技术结合实际天线

---

① 连续的两个合成孔径通常是重叠的，两个孔径之间的偏移范围可从最小一个脉冲位置达到 D_{SAR} 的 50%以上。在图 8.7 中，为清楚起见，所给出的两个孔径是没有重叠的。

的机械控制功能,可以使得 SAR 的天线波束指向一个和速度矢量夹角不等于 90°的任意角度方向,这种模式称为斜视 SAR。为简单起见,本章仅讨论正侧视的情况。

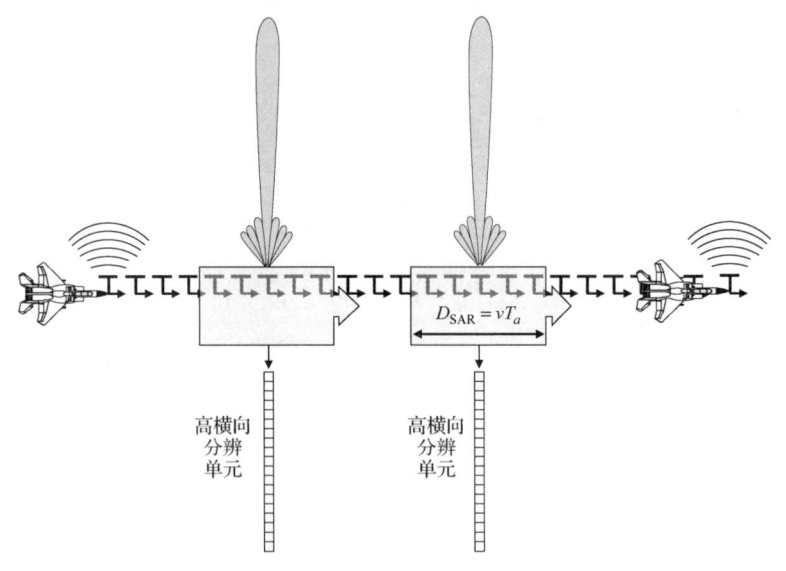

图 8.7 在连续录取的数据中通过滑动的方法可以取出不同的子块数据,从而形成多个合成孔径

对于传统的相控阵天线,所有的阵元是实际存在的,并且在每一脉冲的发射时刻均是工作的,因此,天线的发射相位中心均是在天线的物理结构的中心点。而对于合成孔径阵列情况则不同,在每个时刻只有一个阵元工作;所以在数据收集过程中,发射天线相位中心在合成孔径面上移动。因此,合成阵列的天线方向图和真实孔径阵列天线的方向图存在一定的区别。为了说明这一点,考虑图 8.8 所表示的几何关系,其中一个散射点位于距离阵列中心 R 处,且和阵列面的夹角为 θ。假设距离 R 远大于阵列尺寸,散射点到第 n 个阵元的距离可以合理近似为

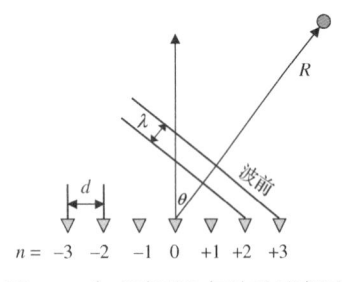

图 8.8 合成阵列几何关系示意图

$$R_n = R - nd\sin\theta \tag{8.5}$$

其中,d 为阵元间距。假设第 n 个阵元发射的信号形式为 $\exp(\mathrm{j}\Omega t)$,忽略尺度因子后,该阵元接收的回波信号为

$$y_n(t) = \exp\left\{\mathrm{j}\Omega\left[t - \frac{2}{c}(R - nd\sin\theta)\right]\right\} \tag{8.6}$$

合成阵列工作时,每个阵元独立发收信号,全部的输出再做合成处理,因而,最终的输出为

$$\begin{aligned} y(t) &= \sum_{n=-M}^{+M} y_n(t) = \sum_{n=-M}^{+M} \exp\left\{\mathrm{j}\Omega\left[t - \frac{2}{c}(R - nd\sin\theta)\right]\right\} \\ &= \mathrm{e}^{\mathrm{j}\Omega t}\mathrm{e}^{-\mathrm{j}4\pi R/\lambda} \sum_{n=-M}^{+M} \exp(\mathrm{j}2\Omega nd\sin\theta/c) \\ &= \mathrm{e}^{\mathrm{j}\Omega t}\mathrm{e}^{-\mathrm{j}4\pi R/\lambda} \left\{\frac{\sin[(2M+1)\Omega d\sin\theta/c]}{\sin(\Omega d\sin\theta/c)}\right\} \end{aligned} \tag{8.7}$$

式中括号里的项是合成阵列的阵列因子，它决定最终接收信号的振幅，进而确定天线双程幅度方向图。瑞利波束宽度取决于方向图峰值点与第一零点的张角，其中第一零点位置的分子中正弦函数的幅角为 π。定义全孔径长度为 $D_{SAR} = (2M+1)d$，则有

$$\sin \theta_{SAR} \approx \theta_{SAR} = \frac{\lambda}{2D_{SAR}} \tag{8.8}$$

作为对比，第1章中式(1.14)所表示的传统相控阵天线的瑞利波束宽度为 $\theta = \lambda/d$。因此，合成阵列的波束宽度是相等孔径尺寸的真实孔径天线的一半。

现在可以推导出合成阵列所能获得的横向分辨率。结合式(8.4)和式(8.8)，可得

$$\Delta CR = R\theta_{SAR} = \frac{\lambda R}{2D_{SAR}} = \frac{\lambda R}{2vT_a} \tag{8.9}$$

作为一个初步的结果，上式将合成处理所使用的数据量(表现为合成孔径时间 T_a 或者孔径尺寸 D_{SAR})与 SAR 横向分辨率联系起来。由式(8.9)可以解出 T_a 或者 D_{SAR}，即

$$T_a = \frac{\lambda R}{2v\Delta CR} \quad \text{或者} \quad D_{SAR} = \frac{\lambda R}{2\Delta CR} \tag{8.10}$$

上式同时还提出了 SAR 信号处理中需要面对的第一个重要难点，即为获得恒定的横向分辨率所需要的合成孔径时间正比于距离。这揭示出，不同的距离单元所需的处理过程各不相同。SAR 成像是一个线性过程，但一般情况下并不是平移不变的。

相对于固定孔径天线，SAR 最主要的优势是其有效孔径长度取决于沿飞行路径上的回波数据量，这些回波数据联合形成了 SAR 图像中的所有像素点。根据式(8.9)，图像的横向分辨率可随 T_a (对应于 D_{SAR})改变。因此，一个雷达使用相同的天线就可以实现不同分辨率模式。例如：表8.1列出了加拿大雷达星-2(RADARSAT-2)星载雷达几种可用的不同分辨率模式。可用的分辨率的变化范围超过30倍，距离幅宽(图像在距离维的深度)变化范围也能达到25倍。从表中可以看出，大多数模式中的距离分辨率等于或者接近于横向分辨率，就像是"方形像素点"。表8.1同时也说明了高分辨率通常只能实现较小的幅宽，意味着更少的地域覆盖率。导致这一点的原因将在8.1.4节讨论。

表8.1 雷达星-2 的分辨率情况

波束模式	距离幅宽(km)	分辨率(m)	
		距离	横向
超细	20	3	3
多视精细	50	8	8
精细全极化	25	12	8
标准全极化	25	25	8
精细	50	8	8
标准	100	25	26
宽测绘带	150	30	26
窄波束扫描 SAR	300	50	50
宽波束扫描 SAR	500	100	100
扩展高分辨	75	18	26
扩展低分辨	170	40	26

注：数据来源于 http://www.asc-csa.gc.ca/eng/sateuites/radarsat2/inf_data.asp。

式(8.10)至少在原理上可以说明，通过使 T_a 或者 D_{SAR} 更大，可以实现任意的高分辨率。

然而，平台上的雷达天线的物理尺寸限制了合成孔径时间所能达到的最大值。如图 8.9 所示，当载机位于左边位置时，目标刚进入到雷达天线主波束内。当载机运动到右边位置时，目标恰好离开了天线主波束的范围。当载机位置不在这个区间内时，目标不在实际波束的照射范围内，并且在这个区间以外所录取的数据，对于这个目标的分辨几乎没有贡献。因此，任意一个散射点仅在一个最大合成孔径长度区间内，才对 SAR 成像所用数据有价值，这个最大孔径长度就是图中所示的载机在两个不同位置间移动的距离，该距离等于实际天线波束在感兴趣的距离上的宽度，也就是 $R\theta_{az}$。对应的最大有效合成孔径时间为 $R\theta_{az}/v$。将此结果代入式(8.9)，且利用式(8.2)(假设 $k=1$)，可得正侧视条带式 SAR 的横向分辨率的下界为

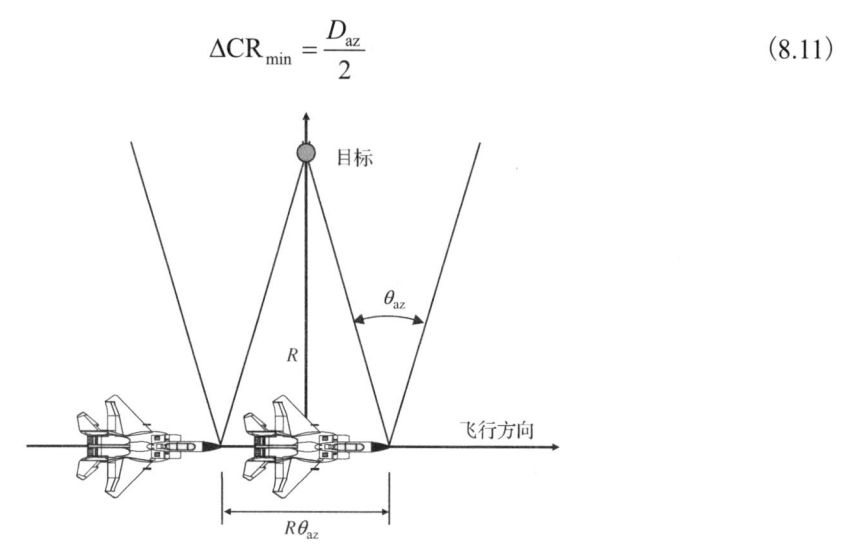

$$\Delta CR_{min} = \frac{D_{az}}{2} \tag{8.11}$$

图 8.9　合成孔径时间受限于天线的实际波束宽度

式(8.11)是一个值得注意的结论，表明条带式 SAR 横向分辨率的下界与距离无关，这恰是成像所期望的结果。更重要的是，这个分辨率远小于式(8.3)所给出的实波束的分辨率。再次考虑前面给出的两个例子，对于机载的情况，横向分辨率的下界不再是 300 m，而是 0.5 m。在星载条件下，横向分辨率的下界由 4.6 km 变为 5 m(实际上，分辨率会因为在信号处理中为了压低旁瓣所加的窗函数而降低 50%~100%)。此外，横向分辨率的下界与信号波长无关。最后，由式(8.11)表明，为了提高图像横向分辨率的下界，应该减小雷达的天线孔径尺寸。很少会遇见提高性能却要求减小天线尺寸的情况，在 SAR 里会出现这种情况，是因为更小的天线尺寸能形成更大的波束宽度 θ_{az}，进而允许更大的最大合成孔径尺寸。当然，减小天线尺寸会降低增益和信噪比，同时也会降低对场景成像的覆盖率。式(8.11)的真正意义在于高的横向分辨率需要的是大的合成孔径，而不是一个大型天线。事实上，在很多情况下，式(8.11)所给出的横向分辨率的下界要优于要求的分辨率大小，这样，合成孔径时间仅取决于所期望获得的分辨率，即式(8.10)所给出的结果。

众多机载 SAR 系统中的主流工作参数是，在 10~50 km 的距离上获得 1~10 m 的分辨率，其载机巡航速度在 100~200 m/s 之间，雷达中心频率在 10~35 GHz 之间。应用式(8.10)，将 ΔCR 作为一个参数，绘出孔径时间与雷达中心频率典型的变化关系，如图 8.10(a)所示。可见，低频高分辨 SAR 需要很长的合成孔径时间，但对于大多数 SAR 系统，主流模式的孔径时间 T_a 一般在几百毫秒到一两秒之间。更高分辨率也有可能实现，只是需要更长的合成孔径时间，如

在 10 GHz 时，大约 10 s 的合成孔径时间能实现 4 英寸的分辨率。对于星载 SAR 系统，雷达中心频率大多在 1～5 GHz 之间，但最新的星载系统的频率能达到 10 GHz。低轨卫星典型的运动速度在 7500 m/s 左右，斜距约为 770 km。图 8.10(b) 重新计算了低轨星载 SAR 的合成孔径时间 T_a。同样，合成孔径时间通常也在几百毫秒到一两秒的量级上。在几秒的长合成孔径时间上，可以实现 1 m 或 2 m 的高分辨率。

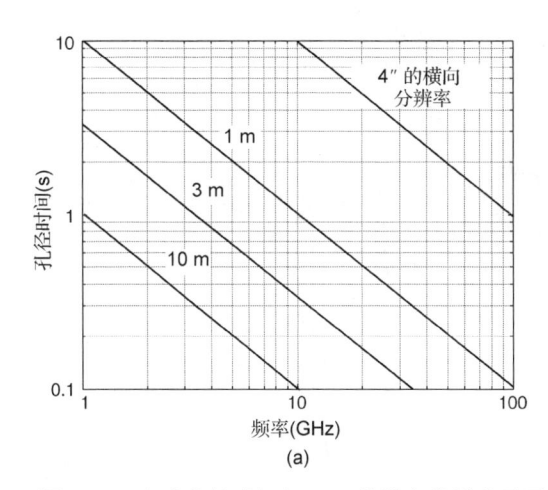

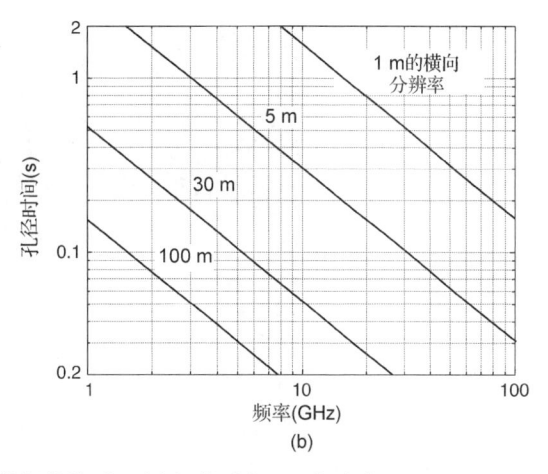

图 8.10 合成孔径时间和 SAR 的横向分辨率及雷达载频的关系。(a) 机载平台，飞行速度 $v=150$ m/s，目标距离 $R=10$ km；(b) 近地轨道的星载平台，速度 $v=7500$ m/s，目标距离 $R=770$ km

尽管式(8.11)所给出的横向分辨率的下界，在很多情况下优于所需的分辨率，但对于一些高分辨率应用，这可能还不够好。解决的方法是构造一个更长的合成孔径。为了使雷达的主波束一直照射到一个固定散射点，必须放弃天线不扫描的约束。当雷达沿合成孔径飞行时，为了保持波束的视线一直指向地面感兴趣区域(ROI)的中心点，天线需要由惯性导航数据进行实时调控。当然，这样可以提高感兴趣区域的分辨率，但却必须牺牲对场景连续条带成像的能力。一旦对 ROI 成像所需要的足量数据录取完毕，天线可以重新指向另一个空间上分开的 ROI。这样的工作模式称为聚束式 SAR，如图 8.11 所示。聚束式 SAR 实际是围绕成像区域转动的，所以聚束式 SAR 的横向分辨率常常用雷达平台穿越整个合成孔径时，雷达波束视线矢量转过的角度 γ 来表示。显然，对于较小的 γ，有 $D_{SAR}=2R\sin(\gamma/2)\approx R\gamma$。将其代入式(8.9)，可得横向分辨率的另一表达式为

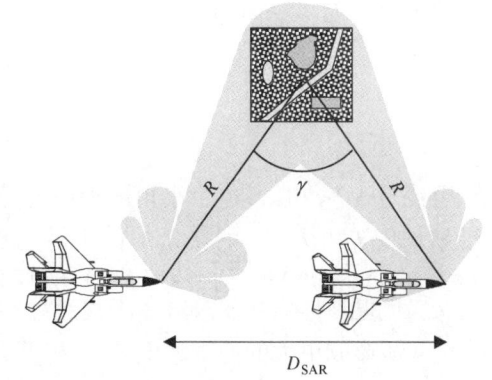

图 8.11 聚束式 SAR 工作示意图

$$\Delta CR = \frac{\lambda}{2\gamma} \tag{8.12}$$

图 8.12 是一幅 1 m 分辨率的聚束式 SAR 图像，对应场景为美国华盛顿特区的五角大楼。该图像清晰地显示出了大楼的 5 个环边的细节，以及单棵树木和周边的道路网络。

图 8.12 美国五角大楼 1 m 分辨率的聚束式 SAR 图像(由美国圣地亚国家实验室授权使用)

8.1.3 多普勒的观点

式(8.9)和式(8.10)所给出的 SAR 横向分辨率的基本公式是从天线基本理论的角度出发推导出来的,也可以从多普勒处理的角度出发推导得到。事实上,后者与 SAR 的原始概念更加一致,对于考虑 SAR 成像处理算法也是一个很好的出发点。它同样可以推广到斜视 SAR。

假设有两个横向间隔为 ΔCR 的散射点,其斜距均为 R。相对于雷达,这两个散射点的张角 $\Delta\theta$ 为

$$\Delta\text{CR} = 2R\sin\left(\frac{\Delta\theta}{2}\right) \approx R \cdot \Delta\theta \quad \Rightarrow \quad \Delta\theta = \frac{\Delta\text{CR}}{R} \tag{8.13}$$

只要满足 $\Delta\theta < 14°$,这个小角度近似的精确度在 1% 以内。在第 3 章已指出,斜视角为 ϕ 时,沿航向间隔 $\Delta\theta$ rad 的张角的两个散射点对应的多普勒频移之差为 $(4\pi/\lambda)\sin(\Delta\theta/2)\sin\phi \approx (2v\Delta\theta/\lambda)\sin\phi$ Hz。结合式(8.13),可得横向间隔为 ΔCR 的两个散射点在斜视角为 ϕ 时的多普勒之差为

$$\Delta F_\text{D} = \frac{2v\Delta\text{CR}\sin\phi}{\lambda R} \tag{8.14}$$

只要多普勒分辨率高于 ΔF_D Hz,对慢时间域的数据进行多普勒分析处理就可以分辨开这两个散射点。如在第 1 章和附录 B 中讨论的,频率分辨率反比于信号的持续时间,即有 $\Delta F = 1/T$。在这里,信号持续时间就是合成孔径时间 T_a。综上所述,只要满足 $T_\text{a} \geq 1/\Delta F_\text{D}$ 的条件,横向间隔为 ΔCR 的两个散射点就可以分辨开来,则有

$$T_\text{a} = \frac{\lambda R}{2v\Delta\text{CR}\sin\phi} \tag{8.15}$$

上式将式(8.10)推广到了斜视模式。在正侧视情况下,$\phi = 90°$,式(8.15)与式(8.10)完全一样。

多普勒的观点也指出了讨论 SAR 成像算法的一个出发点。图 8.13 为正侧视条带式 SAR 的二维示意图①，其中，散射点 P 位于斜距 R_P 处，距离雷达天线的横向距离为 x_P，并且散射点 P 在雷达主波束内。P 与雷达视线中心的夹角为 $\theta_P = \arctan(x_P / R_P) \approx x_P / R_P$，当 $\theta \leq 9.9°$ 时，近似精确度在 1%以内。散射点 P 的回波将会产生多普勒频移。在同一个距离单元 R_P 内，对点 P 的慢时间域回波进行脉冲-多普勒处理，在多普勒频谱 $F_{DP} = (2v/\lambda)\cos\phi_P = (2v/\lambda)\sin\theta_P$ 处会产生一个峰值。在前面各章的讨论中，习惯使用点目标相对于雷达平台前向运动速度矢量的夹角 ϕ_P 作为斜视角，但是这里使用 θ_P 更为直接，即点目标相对于正侧视雷达波束的张角。此时，对应的横向位置 x_P 近似等于斜距 R_P 乘以正侧视偏离角，即

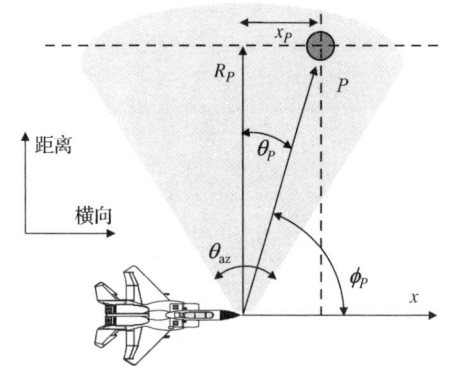

图 8.13 雷达的横向位置和多普勒频移量的关系图

$$x_P = R_P \arcsin\left(\frac{\lambda F_{DP}}{2v}\right) \approx \frac{\lambda R_P F_{DP}}{2v} \tag{8.16}$$

上式给出了从多普勒域到横向位置的映射关系。注意该映射关系和斜距有关，因此，映射关系在距离维是空变的。当距离幅宽占标称范围很小一部分时，有的 SAR 系统仅使用场景中心线对应的距离幅宽，这是因为距离幅宽随场景变化的百分比较小。

SAR 成像之前，先在快/慢时间域录取回波数据，其快时间域的数据覆盖了感兴趣的距离范围，慢时间域的数据对应的孔径时间需要满足期望的横向分辨率。然后，在每个感兴趣的距离单元上计算回波的多普勒谱，将多普勒坐标根据式(8.16)重新映射到横向位置，这样就得到了距离维/横向维的二维图像。如果在每个距离单元上进行多普勒处理所用的慢时间域数据长度相等，即有相同的合成孔径时间，则此特定的 SAR 成像算法称为多普勒波束锐化。相反，倘若所用合成孔径时间随斜距正比增加，从而在距离维上保持恒定的横向分辨率，则此 SAR 成像算法演变成距离-多普勒算法(RD 算法)的一种简单形式。应用这种简单的 RD 算法，场景大小和可获得的分辨率会受到多个因素，主要是距离徙动和二次相位误差的限制。在讨论这些问题之前，有必要先研究一下 SAR 成像的另外几个相关问题。

8.1.4 SAR 的场景覆盖和采样

研究雷达能够成像的地区大小，需要考虑成像的二维场景大小。在条带式 SAR 中，沿航向(轨迹)的图像大小是没有限制的。只要雷达持续录取数据并进行处理，所成的图像在横向会不断地延伸。那么，到底是什么因素决定了 SAR 图像的场景宽度大小(距离延伸)？

从沿航向方向，观察正侧视 SAR 成像模型的一个切面，如图 8.14 所示。其中，雷达波束中心的擦地角为 δ rad。落在雷达俯仰主波束宽度 θ_{el} 范围以外的散射点几乎不产生回波，因此，场景宽度 L_s 的上限取决于雷达俯仰主波束宽度在地平面上的投影大小。此处的几何构型类似于第 2 章所讨论的波束限制的分辨单元大小情况时的模型。故最大的场景宽度为

---
① 这等效于三维场景投影到斜距平面上来观察，其中斜距平面由平台速度矢量和雷达波束视线确定。

$$L_{s_{\max}} = \frac{R\theta_{el}}{\sin\delta} = \frac{R\lambda}{D_{el}\sin\delta} \tag{8.17}$$

通过缩小在快时间域录取数据的距离单元,很容易获得更小的场景宽度。在图 8.14 中,用距离维的采样序列落在俯仰波束范围内示意了实际场景的宽度 L_s,其最大值为 $L_s = L_{\max}$。由于雷达平台以 v m/s 的速度前向运动,且成像的距离场景大小为 L_s,则场景覆盖率为

$$A = vL_s \quad m^2/s \tag{8.18}$$

扫描 SAR 技术可以通过增加距离幅宽来提高区域覆盖率,从而突破俯仰波束宽度的限制,但付出的代价是降低了横向分辨率。天线在两个俯仰角度之间周期性地转换,从而形成两个连续的测绘带。但需要注意的是,要保证足够的时间,以避免两个测绘带出现数据空缺的现象(Cumming 和 Wong,2005)。

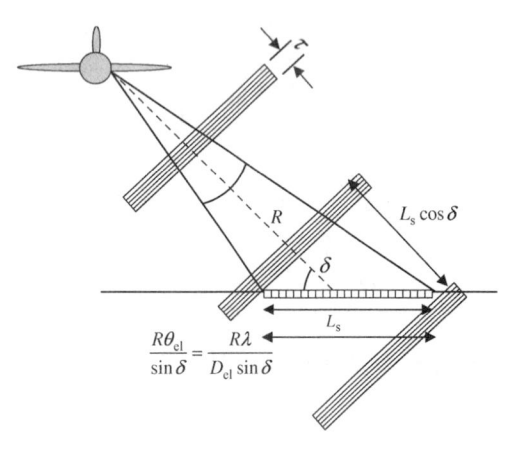

图 8.14 SAR 场景宽度和无模糊距离示意图

为了对整个幅宽为 L_s 的场景进行预期分辨率成像,接收的回波数据必须满足两个条件。第一是必须收到每个脉冲照射到的所有散射点的脉冲回波。任何的模糊现象都会降低模糊散射点的分辨率。第二是避免其他距离带杂波的影响。主波束覆盖区外的杂波通常被认为是微不足道的,因此,第二个条件仅适用于天线波束照射范围之内。此外,不必要求雷达在整个斜距 R 上不存在模糊,但要求前一波束自场景远端的回波信号,必须比后一波束自场景近端的回波信号先到达接收机。

混叠约束要求在接收机打开时,场景近端回来的脉冲前部与场景远端回来的脉冲尾部的接收时间间隔应小于 $T-\tau$。擦地角为 δ rad 时,场景近端与远端之间的延迟差近似等于 $\frac{2}{c}L_s\cos\delta$,所以包括从场景远端回来的脉冲宽度的整体场景回波的持续时间是 $\frac{2}{c}L_s\cos\delta + \tau$。这需要满足(8.19)中的第一个关系式。当测绘带占满天线整个距离足迹时,模糊约束是最严格的。在这种情况下,要求测绘带远端处的杂波尾部,不能与近端的回波头部或下一个脉冲重叠。这个要求体现在式(8.19)的第二个关系式中,并且可以看出相对于混叠约束,模糊约束没有那么严格了。图 8.14 所示的天线波束阴影带为飞行时发射的连续脉冲,其需要足够的间隔以满足模糊约束的要求。在有些(但并不是所有的)SAR 系统中,测绘带宽度要比脉冲宽度大得多,所以上面两个约束中的任意一个都可以导出简化近似后脉冲重复频率的上界,如式(8.19)的第三个关系式。

混叠约束:

$$\frac{2}{c}(L_s\cos\delta) + \tau < T - \tau \quad \Rightarrow \quad PRF < \frac{1}{\frac{2}{c}L_s\cos\delta + 2\tau}$$

距离模糊约束:

$$\frac{2}{c}(L_s\cos\delta) + \tau < T \quad \Rightarrow \quad PRF < \frac{1}{\frac{2}{c}L_s\cos\delta + \tau} \tag{8.19}$$

$L_s \gg c\tau/2$ 时，近似为

$$PRF < \frac{c}{2L_s \cos\delta}$$

因为 PRF 是雷达的慢时间采样率，因此第二个约束条件是 PRF 需要大于多普勒带宽 β_D，这已在第 3 章讨论过。到目前为止，还没有假设 β_D 必须是正侧视的最大多普勒带宽 $2v\theta_{az}/\lambda$〔见式(3.5)〕。β_D 与正侧视 SAR 的横向分辨率有关。分辨率为 ΔCR m 等价于时间分辨率为 $v \cdot \Delta t = \Delta CR/v$ s。不存在加权旁瓣抑制时，时间分辨率是多普勒带宽的倒数，即 $\Delta t = 1/\beta_D$。因此，从横向分辨率的角度出发，PRF 的下界应为

$$PRF \geq \beta_D = \frac{v}{\Delta CR} \tag{8.20}$$

典型的正侧视雷达的多普勒带宽在几十赫到几千赫之间不等，而典型条带式的距离幅宽在几千米到 100 千米之间不等。这些约束条件共同决定了 SAR 脉冲重复频率的大小，通常在几百赫到几千赫之间。因此，SAR 工作在低 PRF 雷达模式。

结合式(8.19)的最后一个公式和式(8.20)，可以得到 PRF 的一个可允许范围为

$$\frac{v}{\Delta CR} < PRF < \frac{c}{2L_s \cos\delta} \tag{8.21}$$

上式是 SAR 处理中几种必要约束条件的基础。由式(8.21)可得，第一个约束条件为

$$\frac{L_s \cos\delta}{\Delta CR} < \frac{c}{2v} \tag{8.22}$$

注意，假定像素单元为方形（$\Delta CR = \Delta R$）时，不等式左手边的数值与距离幅宽上的采样点个数成正比。对于 LEO 卫星和航天飞机，$c/2v$ 的数值在 20 000 的数量级，这会成为一个重要的约束条件。对于机载 SAR，这个数值会更大，在 300 000～750 000 之间，对于 SAR 系统设计来说约束会更小。如果系统已经工作在临界值附近，由式(8.22)可知，为进一步提高分辨率，需要适当地减小距离幅宽和场景覆盖率〔见式(8.17)〕。由此可以看出高分辨率和大场景覆盖之间潜在的矛盾。

现在，假如要获得正侧视条带能实现的最高分辨率，则需要处理全多普勒带宽 $\beta_D = 2v\theta_{az}/\lambda$。由之前的讨论可知，由 $\theta_{az} = \lambda/D_{az}$ 可以得到 $\Delta CR = D_{az}/2$，将其代入式(8.22)，然后重新整理，可以给出条带式距离幅宽的一个上界为

$$L_s \leq \frac{cD_{az}}{4v\cos\delta} \text{ m} \tag{8.23}$$

从上式可以看出，对于一个确定的平台速度，场景宽度受天线的物理宽度所限。同时也表明，更高速平台需要更大的天线来实现预期的场景宽度。这也是星载 SAR 雷达天线比机载 SAR 雷达天线尺寸大的主要原因之一。

将式(8.23)代入式(8.18)，得到对场景覆盖率的近似约束为

$$A \leq \frac{cD_{az}}{4\cos\delta} \text{ m}^2/\text{s} \tag{8.24}$$

注意，尽管 SAR 为达到高分辨率，要求天线在方位向的尺寸要小〔式(8.11)〕，但上式表明高覆盖率需要更长的方位天线，这也再一次反映了之前提到的高分辨率和高覆盖率之间的矛盾。

最后，如果将场景宽度调整为天线的距离足迹，并同时保持最低分辨率，以寻求最大地域覆盖，那么，由式(8.17)和式(8.23)可得

$$D_{az}D_{el} \geq \frac{4vR\lambda}{c\tan\delta} \quad (8.25)$$

这个结果给出了对天线面积的最小要求，即所谓的最小天线面积限制，而不仅仅是宽度。可以看出，星载 SAR 较机载 SAR 必须具备更大的天线，这是因为前者具有更高的运动速度和作用距离。上式还表明较低的雷达频率(RF)需要更大的天线。

式(8.23)和式(8.24)常称为条带式 SAR 的场景宽度限制和成像区域覆盖率方程，而式(8.25)则称为最小天线面积限制。文献 Freeman 等(2000)讨论了这些结论在其他情况下的的扩展和变形。

上述的公式适用于条带式 SAR。也很容易推导出聚束式 SAR 的成像区域覆盖率公式，由式(8.12)可得，聚束式 SAR 为了获得横向分辨率为 ΔCR 的图像，要求雷达天线波束视线转过 $\lambda/2\Delta$CR rad。假定沿直线飞行，则雷达平台必须移动 $\lambda R/2\Delta$CR m，这需要 $\lambda R/2v\Delta$CR s 的时间，而这也就是为获得一幅聚束式 SAR 图像所需要的合成孔径时间。所以，单位时间内可以获得的图像个数 N_{spot} 具有上限，为

$$\begin{aligned} N_{spot} &\leq \frac{2v\Delta CR}{\lambda R} \quad \text{图像/s} \\ &= \frac{7200v\Delta CR}{\lambda R} \quad \text{图像/h} \end{aligned} \quad (8.26)$$

在 SAR 中，PRF 决定了横向采样单位的大小为 $\delta x = vT = v/PRF \leq \Delta CR$，一个像素单元代表发射一个脉冲。如果 PRF 不够高，在 SAR 成像时会导致方位模糊。为了最大限度地减少横向模糊，可以选择最大多普勒带宽 $\beta_D = 2v\theta_{az}/\lambda$ 作为 PRF 的最低要求，即使实际的多普勒带宽会更小。此外，θ_{az} 通常指零点到零点的波束宽度，相比于 3 dB 或者瑞利波束宽度，这会很大程度上增加 PRF 的大小，能增加二倍左右。在其他参数相同的情况下，选择一个比式(8.20)大得多的 PRF，会增加对场景宽度和地域覆盖的限制。

8.2 条带式 SAR 的数据特性

SAR 的复图像最终需要通过一个检测器，以将其转化成适合显示的像素数据。直到此时，SAR 的信号处理系统仍然是线性的(后面可以发现，该系统不是移不变的)。因此，诸如分辨率、旁瓣，以及对复杂多散射点组成的场景的响应等 SAR 的系统特性，可以通过考察该系统对单一散射点的响应获得。根据线性系统分析的命名规则，由单点目标产生的回波数据称为点散射响应或者 SAR 系统的冲激响应。这里更倾向于使用前者，因为后一种名词一般是和线性移不变系统联系在一起的。

8.2.1 条带式 SAR 的成像几何

正侧视条带式 SAR 的数据录取几何关系如图 8.15 所示。所要成像的平面在这里称为地平面，由 x 轴和 y_g 轴确定。y_s 轴定义的是斜距维，由 x 轴和 y_s 轴所确定的平面称为斜距平面。

因为雷达测量回波的延迟时间,所以很自然地是在斜距平面上讨论成像的问题。当然,真实地形的高度是有起伏的,这个问题将在 8.6 节讨论。在此,暂时假设地面场景仅是二维的。

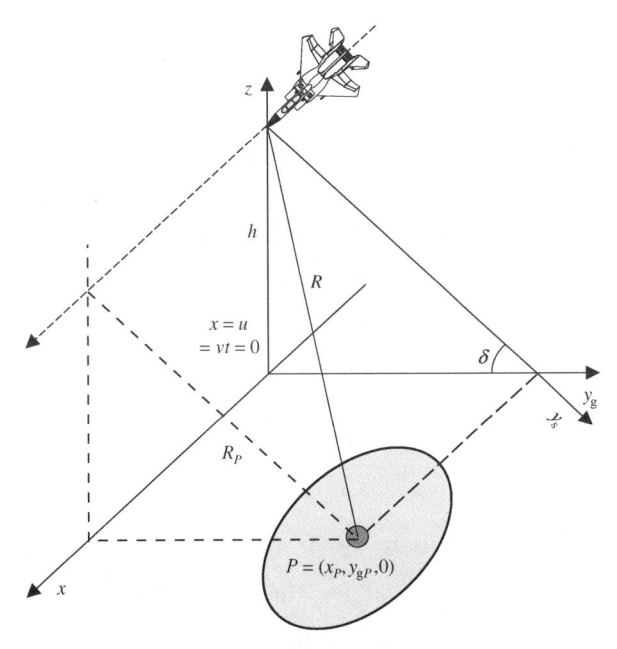

图 8.15　条带式 SAR 的数据录取几何

假设一个正侧视雷达平台以速度 v、高度 h,沿 $+x$ 方向飞行,则天线的相位中心在时间 t 的坐标是 $(u=vt,0,h)$。因此在 $t=0$ 时刻,天线位于坐标原点的上方。散射点 P 位于地平面上,其坐标为 $(x_P, y_{gP}, 0)$。假设在 $t=0$ 时刻,控制雷达天线波束指向,使得散射点 P 位于天线波束照射的中心位置。如果达到预期分辨率所需的合成孔径时间为 T_a s,对应合成孔径大小为 D_{SAR},那么对 P 成像的有效时间范围为 $t \in (-T_a/2, T_a/2)$,对应在 x 轴的平台位置范围为 $u \in (-D_{SAR}/2, D_{SAR}/2)$。这种几何关系意味着,如果 $x_P=0$,那么雷达处于正侧视状态;若 $x_P \neq 0$,则处于斜视状态。图 8.15 给出了雷达斜视成像的情况。

雷达距点目标 P 的欧氏距离可表示为

$$R = R(u) = \sqrt{(u-x_P)^2 + y_{gP}^2 + h^2} = \sqrt{(u-x_P)^2 + R_P^2} = R_P\sqrt{1+\frac{(u-x_P)^2}{R_P^2}} \quad (8.27)$$

上式表明,在雷达沿合成孔径方向运动时,条带式 SAR 对任意一点目标的距离做双曲线变化。同时,该距离的变化形式与点目标的沿航向位置 x_P 无关,也可以说,斜距 $R(u)$ 对 x_P 的依赖仅仅体现在载机和点目标的沿航向相对距离 $(u-x_P)$ 上。更明确地说,如果将横向位置为 x_{P1} 的散射点对应的斜距历程表示为 $R_1(u)$,则对于 $x_{P2} = x_{P1} + \Delta x$ 处的散射点,其斜距历程可以表示为 $R_2(u) = R_1(u-\Delta x)$。相应地,斜距历程随着散射点的最近距离 R_P 或者地距 y_{gP} 变化(地距 y_{gP} 的变化仍是通过 R_P 的变化体现出来的)。

在中低分辨率 SAR 的分析中,往往利用平方根的级数展开公式,即 $\sqrt{1+x} = 1 + \frac{1}{2}x + \frac{1}{8}x^2 + \cdots$ 进一步简化式(8.27)。保留展开式的前两项,得

$$R(u) \approx \left[1 + \frac{(u-x_P)^2}{2R_P^2}\right]R_P = R_P + \frac{(u-x_P)^2}{2R_P}$$
$$= R_P + \frac{u^2}{2R_P} - u\frac{x_P}{R_P} + \frac{x_P^2}{2R_P}$$
(8.28)

上述近似处理的条件是 $|u-x_P|/R_P \ll 1$。由于 $|u-x_P|$ 有意义的最大值为 $D_{SAR}/2$，所以该条件等效为合成孔径远小于标称斜距的长度。式(8.28)表明，斜距历程在雷达录取回波数据时可以近似为做抛物线变化。因为接收的点目标回波相位相对发射脉冲的相位偏移量正比于斜距大小，进一步如果认为接收回波的绝对相位也近似做抛物线变化，则此偏移量可表示为 $\phi = -(4\pi/\lambda)R$。第 4 章已讨论过，即二次相位函数对应于线性调频。线性调频通过扩展发射波形的带宽来获得高的距离分辨率。式(8.28)表明，对于任一散射点的慢时间域回波数据也近似为二次相位调制，并扩展了慢时间域的信号带宽，这使得横向高分辨率成为可能。然而，此处的相位调制是由雷达相对于成像场景的运动而改变的几何关系引入的。

对于横向调频信号，计算类似于线性调频信号时间带宽积的参数是有用的。对一个位于位置 x_P 的固定散射点，接收的回波相位将随雷达天线的位置 u 而变化，且有 $\phi(u) = -(4\pi/\lambda)R(u)$。相位调制对应的瞬时频率可以表示为

$$K_{ui} = \frac{\mathrm{d}\phi(u)}{\mathrm{d}u} = -\frac{4\pi}{\lambda R_P}(u - x_P) \quad \mathrm{rad/m}$$
(8.29)

因为独立变量 u 是由以 m 为单位的空间坐标，而不是以 s 为单位的时间坐标表示，所以式(8.29)表示的瞬时频率为空间频率(又称波数)。当 u 在整个合成孔径长度 D_{SAR} 内变化时，该波数的带宽达到 $(4\pi/\lambda R_P)D_{SAR}$ rad/m，即波矢量每米旋转过 $2D_{SAR}/\lambda R_P$ 周，将之定义为空间带宽 β_u，则所谓的横向调频信号的空间带宽积为

$$\beta_u u = \frac{2D_{SAR}^2}{\lambda R_P}$$
(8.30)

线性调频的线性调频(chirp)信号经过匹配滤波处理后，具有一个时间分辨率，等于信号的持续时间除以时间带宽积。类似地，在 SAR 里，经过适当的处理也应该能得到一个横向分辨率，等于合成孔径长度除以方位调频信号的空间带宽积。注意，合成孔径长度 D_{SAR} 除以式(8.30)所表示的空间带宽积的结果事实上就是式(8.9)。再考虑时间带宽积的结果 $\beta\tau$ 是快时间处理(脉冲压缩)得到的雷达距离方程增益，那么，慢时间(SAR)信号处理增益是慢时间空间带宽积 $\beta_u u$。一个散射点总的信号处理增益 G_{sp} 为乘积 $(\beta\tau)(\beta_u u)$。

合成孔径内雷达到点目标距离的变化称为距离徙动。距离徙动可以分解为两个分量，一个为距离走动 ΔR_w，另一个为距离弯曲 ΔR_c。距离走动是雷达和散射点 P 间的距离在合成孔径起始端和末端的差值，即

$$\Delta R_w = R(-D_{SAR}/2) - R(+D_{SAR}/2)$$
$$= -[(D_{SAR}/2) - (+D_{SAR}/2)]\frac{x_P}{R_P}$$
(8.31)
$$= \frac{D_{SAR}}{R_P}x_P = \frac{vT_a}{R_P}x_P$$

注意上式恰好就是式(8.28)中合成孔径时间内 u 的一阶线性变化项。距离弯曲是 $R(u)$ 的二阶

变化项在合成孔径位置的两个端点取得最大值，即在 $u = \pm D_{SAR}/2$ 时取最大值，而在 $u=0$ 时取得最小值，即

$$\Delta R_c = R(\pm D_{SAR}/2) - R(0) = \frac{D_{SAR}^2}{8R_P} = \frac{v^2 T_a^2}{8R_P} \tag{8.32}$$

距离走动和距离弯曲均与参数 D_{SAR} 或 T_a 和 R_P 有关。如果场景内的合成孔径时间恒定，则走动和弯曲均以 $1/R_P$ 为尺度减小。然而，更多情况下期望获得均匀的横向分辨率，T_a 必须随距离成比例的增加，此时，ΔR_w 在距离维是常数（对于给定的横向位置 x_P），而 ΔR_c 随距离 R_P 增加而成比例的增长。

当且仅当距离徙动量超出一个距离单元的大小时，距离徙动问题才会变得显著。倘若如此，则在不同的慢时间域脉冲上，固定散射点的回波采样值的起始位置会不同，这使得合成数据获得高分辨图像的处理复杂化。但距离走动和弯曲均可以仅仅通过雷达系统已知的参数计算出来，这些参数包括载机速度、孔径时间和场景距离。

8.2.2 条带式 SAR 的回波数据特性

用于 SAR 成像的快/慢时间域的复基带数据组称为二维 SAR 相位历程。图 8.16 显示的是位于 $x_P = 0$，$y_{gP} = 10$ km 的单个散射点目标回波的实部。产生该数据的雷达所在的海拔高度设为 5 km，中心频率为 5 GHz。发射脉冲为一正调频的线性调频（LFM）波形，带宽 $\beta = 10$ MHz，时宽 $\tau = 5$ μs，快时间的采样率为 30 兆采样/s。雷达平台运动速度为 250 m/s，PRF 取为 500 Hz，相应的合成孔径时间 $T_a = 13.5$ s。使用这些参数，所能获得的距离分辨率为 15 m，横向分辨率高达 0.1 m。尽管不是太符合实际，但这个例子可以用来产生一组距离弯曲现象被夸大的回波数据，以展示条带式 SAR 的一些总体特性。

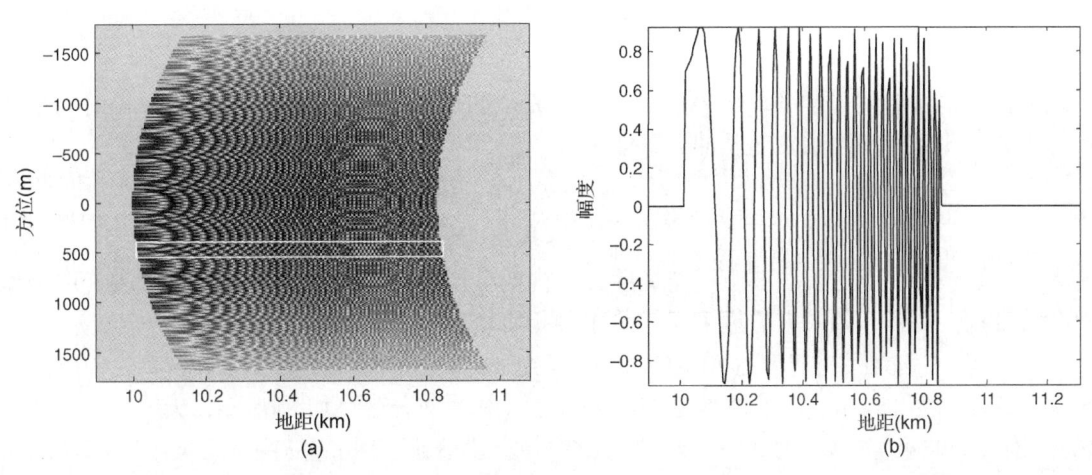

图 8.16　(a) $x_P = 0$，$y_{gP} = 10$ km 处单个散射点回波数据的实部；(b) 方位位置 $u = 500$ m 处的快时间数据切片

图 8.16(a) 是完整的点目标实部二维散射响应图，其距离弯曲明显可见。数据在点散射响应图内的复杂图案反映了线性调频脉冲振幅的变化。整个数据块上，任一快时间域的切片是发射线性调频信号的简单回波。例如，在方位 500 m 的位置用一个窄矩形窗取出一个这样的切片数据，如图 8.16(b) 所示，可以清晰观察到信号是正调频的。除了信号的起始时间和初始

相位不同，所有的快时间域的数据切片是相同的，其中信号起始时间和初相均由沿合成孔径每个慢时间位置的不同斜距值决定。

图 8.17 是图 8.16(a)数据的一个横向切片，对应的地距为 10.4 km。图 8.17(a)为完整横向切片的实部，突出了由天线方向图引起的边缘数据的幅度衰减现象，其发生在散射点位于天线主波束边缘附近时。图 8.17(a)矩形窗中的部分放大如图 8.17(b)所示，由于雷达运动引入的相位调制产生了一个线性调频信号，而该线性调频信号在 $u = x_P$ 处恰好是零频，因此，点散射响应可以近似为一个二维线性调频信号。

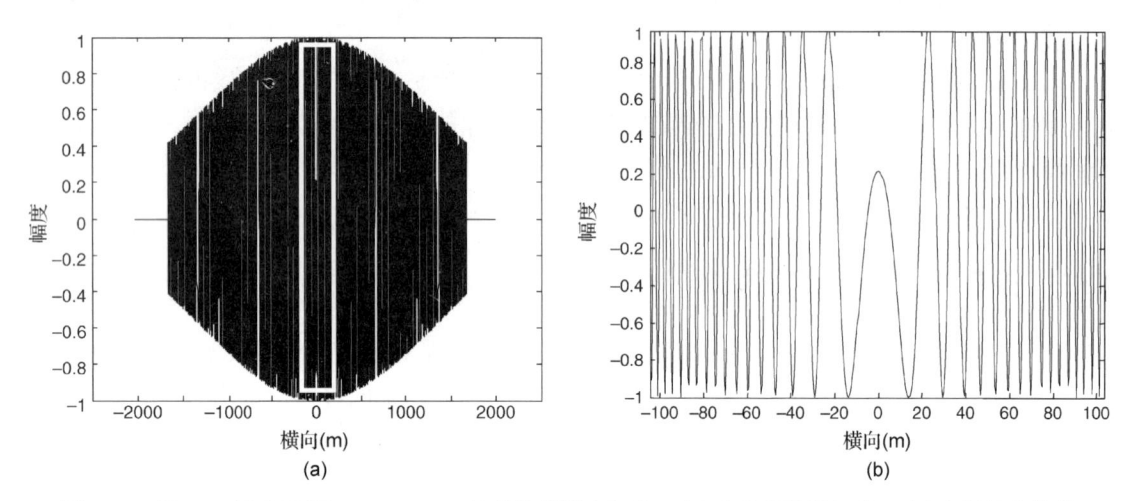

图 8.17　图 8.16(a)中地距 y_{gP} =10.4 km 处的数据横向切片。(a)完整的数据切片；(b)中间放大部分

条带式 SAR 所需要处理的数据块可能是很大的。当距离分辨率为 ΔR，场景宽度为 L_s，发射脉冲时间带宽积为 $\beta\tau$ 时，要求快时间采样数为

$$L = \frac{L_s}{\Delta R} + (\beta\tau - 1) \tag{8.33}$$

上式的前提是快时间采样率取为发射信号带宽 β。如果过采样，L 会相应增加。慢时间采样数等于合成孔径时间内的发射脉冲数，即

$$M = T_a \, PRF = \left(\frac{\lambda R}{2v\Delta CR}\right)\left(\frac{2v\theta_{az}}{\lambda}\right) = \frac{R\theta_{az}}{\Delta CR} \tag{8.34}$$

注意这个结果恰好就是天线波束横向宽度 $R\theta_{az}$ 内的分辨单元个数。上式假设雷达 PRF 取为地面杂波带宽。同样，如果方位过采样，M 也会相应增加。

举个例子，航天飞机载雷达 SIR-C 工作于 L 波段，发射脉冲宽度为 17 μs，带宽为 10 MHz，成像场景幅宽为 15 km，场景距离为 250 km，距离和横向分辨率均为 15 m，天线方位孔径为 10 m，对应的波束宽度 θ_{az} 为 0.03 rad，即 1.72°。在上述参数下，相应的快时间采样数 L =1169，合成孔径内脉冲数 M = 500，图像中的每个像素均对应于如此多采样值。对每个点目标的像由如此多的脉冲数处理得到，这一点将 SAR 和与其相关但更简单的脉冲-多普勒处理技术区分开来。在脉冲-多普勒技术里，一个相关处理间隔(CPI)一般至多含有几十个脉冲数。回到讨论的 SIR-C 的例子来，1170×500 = 585 000 个采样均对一个点目标的像有贡献。如果进行适当的相关积分处理，可以获得高于噪声 57.7 dB 的积分增益。

8.3 条带式 SAR 的成像算法

对于实际成像场景，条带式 SAR 回波数据是由经过加权和移位后的大量点散射响应的复制信号叠加在一起组成的。如前所述，点散射响应函数一般是距离的函数，但是和横向位置无关。任何 SAR 成像算法的目标均是把每个散射点的点散射响应压缩成一个类似脉冲的函数，且得到适当的位置和幅度，处理的示意图如图 8.18 所示。

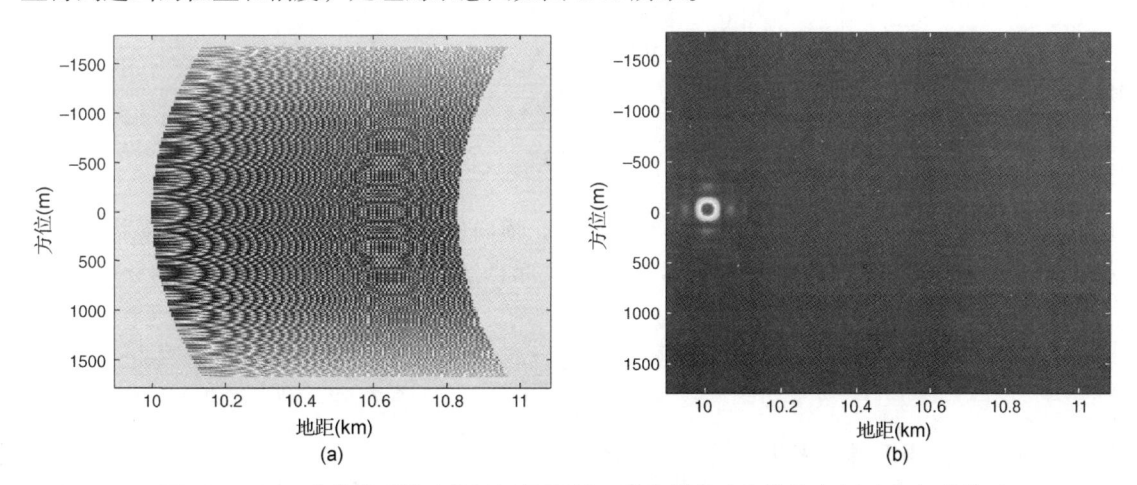

图 8.18 SAR 成像处理算法的目标是将(a)二维点散射响应转换为(b)点目标的像

条带式 SAR 成像算法已经有许多，但是它们的分辨能力、所能成像的场景大小，以及运算复杂度有所区别。一般地，当雷达工作在更低的中心频率和斜视模式下时，为了达到更高的分辨率、更长的场景中心距离和更大的场景大小，需要更精细且运算复杂度高的算法。本节将介绍两种基本的成像算法，即 DBS 和 RD 算法。更复杂的技术，如距离徙动算法(也称为 ω-k 算法)和线性调频变标算法(CS)等有多篇文献(Bamler, 1992; Gough 和 Hawkins, 1997; Franceschetti 和 Lanari, 1999; Soumekh, 1999; Cumming 和 Wong, 2005; Showman, 2013)给出了详细讨论。

8.3.1 多普勒波束锐化

文献 Wiley(1965)所展现的 DBS 技术即为 SAR 的最初形式，即在所有的距离上应用同样的合成孔径时间，以至于最终的横向分辨率正比于距离。DBS 是最简单的 SAR 算法，仅仅适用于相对粗糙的分辨率要求，然而，相对于实波束的横向分辨能力则有了实质性的提高，并且运算复杂度相对较低。

DBS 技术假定点散布响应(PSR)在快时间域由传统的脉冲压缩技术完成距离压缩，这可以使用直接时域卷积、频域快速卷积，或者解线性调频处理(又称去斜处理或 Dechirp 处理)技术实现。忽略旁瓣效应，在雷达位置坐标为 u 时发射的脉冲，经过匹配滤波后，在快时间域的输出可以近似表示为 $A\exp(j\phi)\delta_D(t-2R(u)/c)$，其中 $\delta_D(\cdot)$ 为连续时间单位脉冲函数，电波的双程相位 ϕ 为 $-(4\pi/\lambda)R(u)$，常数 A 表示总的幅度因子。因此，由式(8.28)可得慢时间域的相位历程为

$$\phi(u) \approx -\left(\frac{4\pi}{\lambda}\right)\left(R + \frac{u^2}{2R} - u\frac{x}{R} + \frac{x^2}{2R}\right) \tag{8.35}$$

$$\approx -\left(\frac{4\pi}{\lambda}\right)\left(R - u\frac{x}{R} + \frac{x^2}{2R}\right)$$

式中第二个等式假设 u 的二次相位项可以忽略，这一假设所引起的问题将在 8.3.2 节讨论。为表达简洁，上式中的 x 和 R 的下标 P 均省略。瞬时横向波数 K_u 为

$$K_u = \frac{\mathrm{d}\phi(u)}{\mathrm{d}u} \approx \frac{4\pi}{\lambda}\frac{x}{R} \quad \mathrm{rad/m} \tag{8.36}$$

则

$$x = \frac{\lambda R}{4\pi} K_u \tag{8.37}$$

上式将散射点横向位置同波数联系在一起。此外，横向位置 x 也可以使用时域的多普勒频率表示。将 $u = vt$ 代入式(8.35)，若散射点位于坐标 (x, R) 处，则其时域的多普勒频率 F_D 为 $(1/2\pi)(\mathrm{d}\phi/\mathrm{d}t)$，有

$$x = \frac{\lambda R}{2v} F_D \tag{8.38}$$

上式更加接近于 DBS 这个名称。这点同前面式(8.16)类似。

式(8.38)所代表的成像算法可以用流程图表示，如图 8.19 所示。算法仅需在每个距离单元上进行一次快速傅里叶变换(FFT)操作，然后将坐标变换到距离-横向图像坐标系中即可。通常，在每一维上均须进行加窗操作等旁瓣抑制处理。

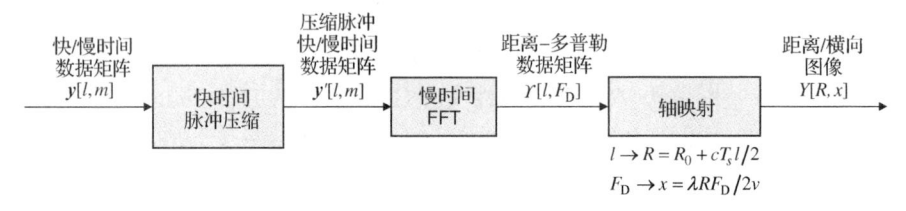

图 8.19 多普勒波束锐化算法流程图

基于一组点目标的仿真数据，应用 DBS 简单成像算法后的结果如图 8.20 所示。DBS 图像的幅度用 dB 表示，仿真的 9 个点目标以 1000 m 为基准间距，在二维场景内均匀分布，其中场景中心参考距离(CRP)为 20 km。雷达位于图像的上方，图像的范围从上至下增加。合成孔径时间为 40 ms，雷达速度为 150 m/s。雷达工作频率为 10 GHz，线性调频脉冲的时宽 $\tau = 5$ μs，带宽 $\beta = 3$ MHz，故发射信号的时间带宽积 $\beta\tau = 15$，PRF=7.5 kHz。因此，图像二维分辨率为 $\Delta R = \Delta CR = 50$ m。坐标变换中，多普勒频率利用式(8.38)变换到横向维，其中 R 等于场景中心标称距离 $R_{\mathrm{CRP}} = 20$ km。由图可见，每个点目标均被很好聚焦，并且距离和横向的旁瓣清晰可分辨。然而，对于偏离方位中心线 ($x = 0$) 的散射点，其所成的像点相对于方位中心线 ($x = 0$) 上的散射点存在远离雷达方向的细微偏移，而这是因为横向位置 $x(x \neq 0)$ 造成偏离方位中心线的散射点的斜距变大。此外，随着距离在斜距平面的增加，散射点列表现出细微的弯曲，这个现象产生的原因是，在对每个距离单位的谱做从多普勒域到横向位置域的

变换时，使用了同一个尺度因子，即对应于 20 km 距离单位的因子。而这个因子对于宽带图像来说过小，对于窄带图像来说又太大。

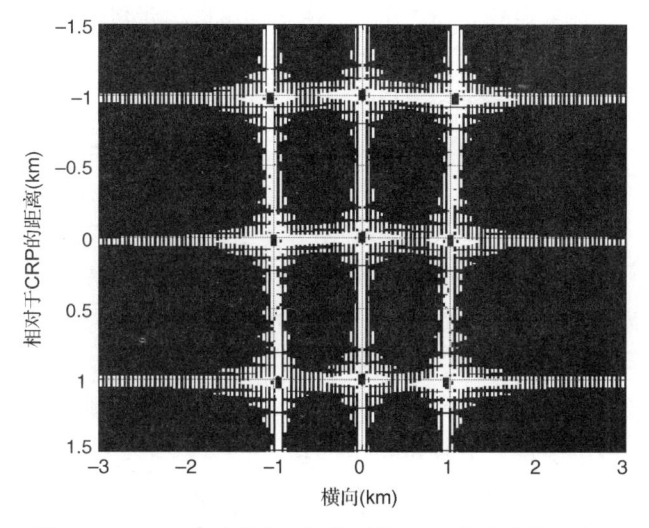

图 8.20 以 dB 表示的点目标阵列的 DBS 仿真成像幅度图

上述几何失真在做完基本的成像处理后，很容易校正。横向位置的偏移可以简单地通过下面方法校正，即在显示图像矩阵每一行的时候更新横向尺度因子，而该尺度由每个距离单元的斜距决定。处理结果如图 8.21(a)所示，其中，所有的散射点均垂直于横向坐标，且在正确的坐标处，即-1，0 或+1 km 处。插值可以让图像符合网格，然而，偏离方位中心线散射点的距离维偏移仍然存在。可以在每个方位单元上逐个计算真实斜距值，即 $R' = \sqrt{R^2 + x^2}$，然后将横向图像数据列移动一个差值，即 $R' - R$ m。并且，对于偏移量不是距离单元整数倍的情况，插值是必须的。图 8.21(b)为进行上述操作后的结果，可见 9 个点目标现在落在了正确坐标位置上。这样，校正过来的点目标横向旁瓣的弯曲恰好反映了原始 DBS 图像应该存在的距离弯曲。

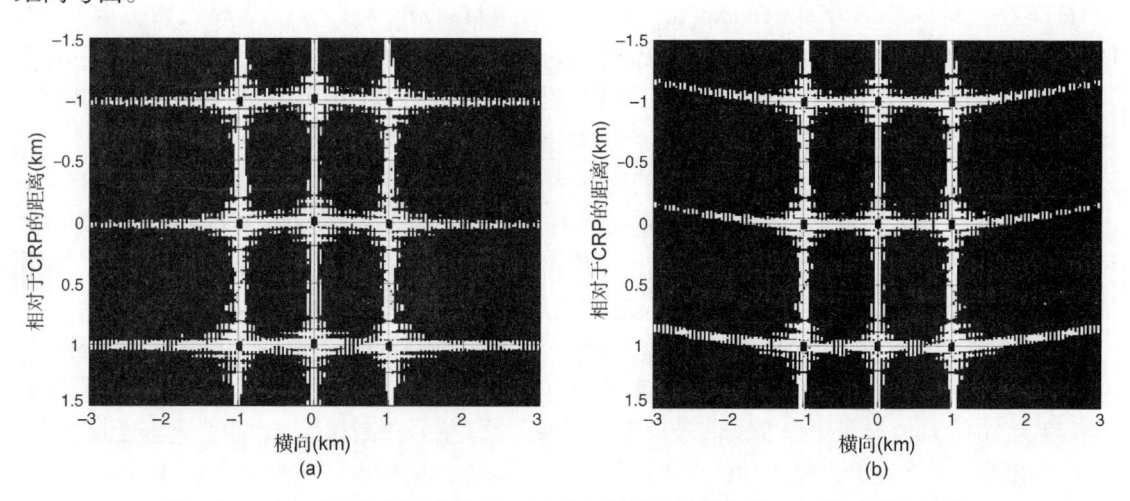

图 8.21 DBS 成像几何失真校正：(a)横向维的反拉伸处理；(b)距离移位处理

DBS 算法假设在整个合成孔径时间内，给定点目标的回波采样均来自于同一距离单元，基于此假设认为，后续的对慢时间域数据的 FFT 操作，可以将全部的该点目标的采样进行积分处理。这个假设在一定条件下成立，即距离走动 ΔR_w 在整个孔径时间内没有超过几分之一（通常取 1/2）个距离单元。考虑到式(8.31)，上述条件可以表示成

$$\Delta R_w = \frac{D_{SAR}}{R} x = \frac{vT_a}{R} x \leqslant \frac{\Delta R}{2} \tag{8.39}$$

将合成孔径时间 T_a 的表达式〔式(8.15)〕代入该式，可得约束条件为

$$x \leqslant \frac{\Delta R \cdot \Delta CR}{\lambda} = \frac{\Delta CR^2}{\lambda} \tag{8.40}$$

其中，最后一步推导做了"正方形像素"的假设，即图像的二维分辨率相等（$\Delta R = \Delta CR$）。式(8.40)限制了 x 的最大值，从而也决定了 DBS 所能处理的场景大小。DBS 处理的全部场景长度为 $2x$，其随分辨率和雷达波长的变化情况如图 8.24 所示。

有时使用多普勒波束锐化比(BSR)来量化 DBS 处理的分辨性能。BSR 定义为实波束的横向分辨率和 DBS 处理的横向分辨率的比值。利用式(8.3)和式(8.9)，该参数可以表示为

$$BSR = \frac{\Delta CR_{real\ beam}}{\Delta CR_{DBS}} = \frac{(\lambda R / D_{az})}{(\lambda R / 2vT_a)} = \frac{2vT_a}{D_{az}} = 2\frac{D_{SAR}}{D_{az}} \tag{8.41}$$

其中，最后一步推导利用了关系式 $D_{SAR} = vT_a$。可见，BSR 恰等于合成孔径和真实天线孔径尺寸比率的两倍。比率因子 2 是因为合成孔径和真实阵列天线的方向图有所差别，具体讨论见 8.1.2 节。

8.3.2 二次相位误差的影响

在式(8.35)的简化过程中，忽略了二次项 $u^2 / 2R$。若保留该项，则将在雷达接收到的慢时间域信号表达式上增加一个二次相位分量。由于 DBS 算法将多普勒频率分量和横向目标位置坐标对应了起来，所以二次相位引入的瞬时频率变化会使得 DBS 处理后的点目标横向响应性能变差。DBS 处理对一个点目标的理想响应函数是一个正弦函数简单的离散时间傅里叶变换（DTFT）。对一个信号 $y[m] = \exp(j\phi_{max} m^2 / M^2)$（$-M \leqslant m \leqslant M$，$\phi_{max}$ 为峰值相位误差）做 DTFT 操作，结果如图 8.22(a)所示。离散信号 $y[m]$ 可以看成一个误差相位序列和一个理想的零频正弦序列（即单位时间序列）的乘积。二次相位误差的增加使得响应函数的主瓣展宽且幅度减小，这在点目标的 DBS 图像中分别相应表现为分辨率变差和像素亮度减弱(Richards, 1993)。注意，当最大相位误差接近 π rad 时，响应函数原先可明确区分的主旁瓣结构完全被破坏。图 8.22(b)重复了这个例子，但是在做 DTFT 操作前，先对数据进行了加窗（汉明窗）处理。由图可见，汉明窗大大减弱了相位误差的影响，即响应增益和分辨率的恶化被减弱了，并且响应函数的整体形状得到了更好的保持。增加的响应鲁棒性是对数据进行加窗操作的另一个好处。

随着二次相位误差的增加，DTFT 处理后的主瓣峰值幅度降低，3 dB 主瓣宽度变宽，图 8.23 给出了该结果。汉明窗对误差影响的缓和效果再次得到显现。图中的输出结果对应的信号采样长度为 101，且性能恶化程度是信号长度的缓变函数。信号序列越短，性能恶化程度越严重。对于给出的例子，将最大二次相位误差限制在 $\pi / 2$ 以内，则相应的主瓣幅度衰减在没有加窗的情况下仍在 1 dB 以下，分辨率下降不到 7%。这表明在该合成孔径时间内，只要未补偿的二次相位误差不超过 $\pi / 2$ rad，就可以忽略其影响。如果期望获得更佳的质量，则可以采用更严格的限制。

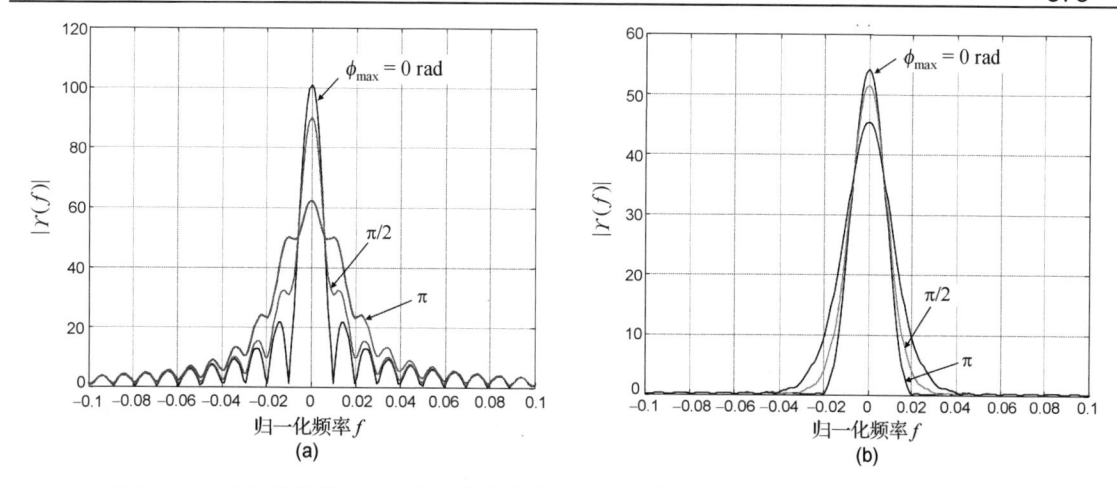

图 8.22 二次相位误差对 101 点正弦信号的 DTFT 变换的影响。(a)未加窗；(b)加汉明窗

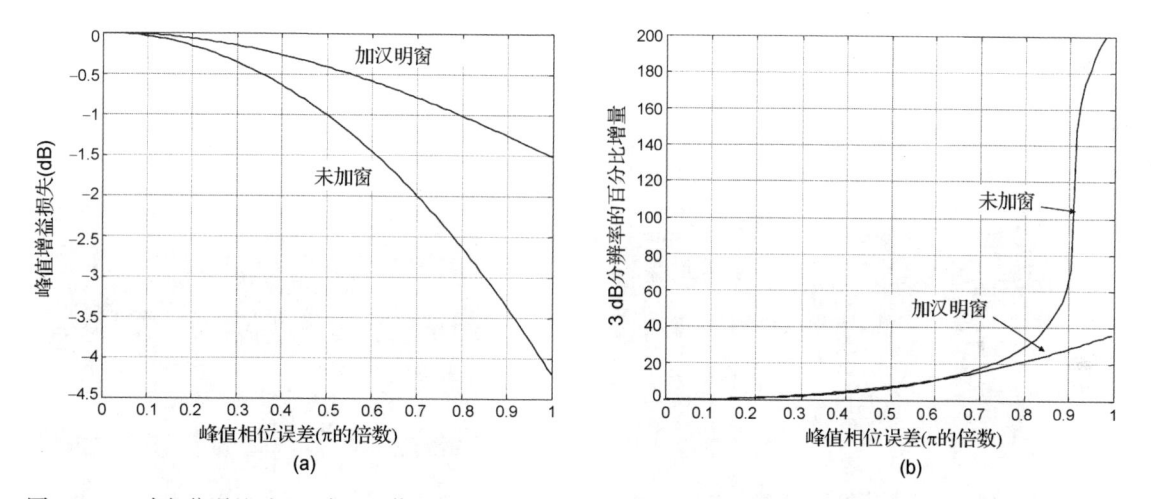

图 8.23 二次相位误差对 101 点正弦信号的 DTFT 变换的影响。(a)峰值的变化；(b) 3 dB 主瓣宽度的百分比变化

现在再回过来讨论式(8.35)中二次项 $u^2/2R$ 可以忽略的假设。显然，该二次项在信号相位 $\phi(u)$ 中引入了一个二次相位项。考虑范围内的 u 的最大值可以表示为 $D_{\mathrm{SAR}}/2 = vT_a/2$，如果将该二次相位约束在 $\pi/2$ 内，则可得

$$\frac{4\pi}{\lambda}\frac{v^2 T_a^2}{8R} \leqslant \frac{\pi}{2} \tag{8.42}$$

代入 $T_a = \lambda R/2v\Delta\mathrm{CR}$，有约束关系式：

$$\Delta\mathrm{CR} \geqslant \frac{1}{2}\sqrt{\lambda R} \tag{8.43}$$

因此，只要满足这个约束条件，则在 DBS 处理中上述二次相位项就可以忽略。图 8.24 分别给出了机载雷达在 4 个场景距离下，式(8.43)的曲线和式(8.40)所表示的 DBS 处理的最大场景长度曲线。综合考虑上述两个做 DBS 处理的约束条件，不难得出结论，DBS 处理在可获得比实波束雷达好得多的分辨力的同时，适用于较大场景长度的中低分辨率要求的场合，并且雷达载频越高越好。

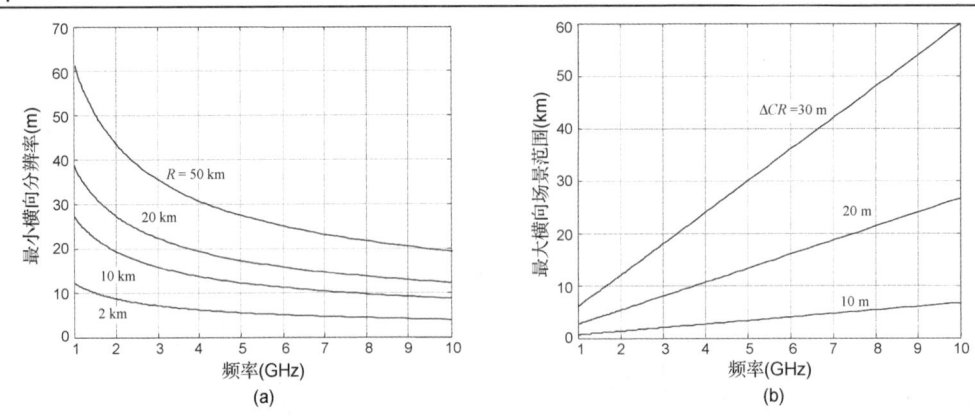

图 8.24 (a) 二次相位误差导致的最小横向分辨率限制；(b) 距离徙动导致的最大横向场景尺度限制

基于 8.3.1 节中仿真使用的点目标阵列，但二维分辨率改为 10 m，则进行 DBS 成像处理后的结果的部分如图 8.25(a) 所示。其中，场景 CRP 为 50 km，而雷达载频仍为 10 GHz。此仿真参数满足了式 (8.40)〔图 8.24(b)〕对距离徙动量的约束条件，但是没能满足式 (8.41)〔图 8.24(a)〕对二次相位误差量的约束条件。慢时间域的二次相位误差项代表了横向波数的线性调频特性。由于横向波数对应于点目标的横向位置，因此点目标响应在横向上会模糊（如同图 8.22 所表示的效果），而距离分辨率则未受影响。

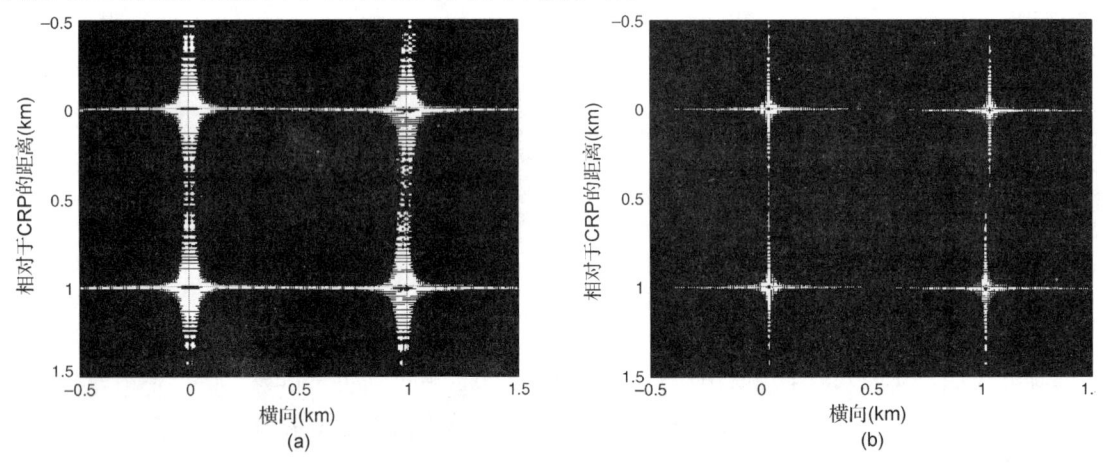

图 8.25 (a) 二次相位误差对 DBS 成像的影响；(b) 方位解线性调频处理的 DBS 成像

上述方位上的响应模糊可以通过补偿数据的二次相位项实现校正。具体实现方法为，对每个方位慢时间数据行乘以一个相位函数，该相位函数同距离单元有关，即不同的距离单元乘以不同的相位函数，则校正函数可以表示为

$$\begin{aligned} y'[l,m] &= y[l,m]\exp\left[\mathrm{j}\left(\frac{4\pi}{\lambda}\right)\left(\frac{u^2}{2R}\right)\right] \\ &= y[l,m]\exp\left\{\mathrm{j}\left(\frac{4\pi}{\lambda}\right)\frac{\left[v\left(m-\frac{M-1}{2}\right)T\right]^2}{2\left(R_0+\frac{c(l-1)T_\mathrm{f}}{2}\right)}\right\} \end{aligned} \quad (8.44)$$

其中，T_f 为快时间域采样时间间隔；T 为慢时间采样时间间隔（PRI）；R_0 为第一个距离单元对应的斜距；M 为慢时间采样数。对上述数据的补偿处理的效果如图 8.25(b) 所示，该补偿处理称为方位解线性调频处理。横向全分辨率得到了恢复。

区别于其他高分辨率的雷达成像模式，由于一般分辨率要求的合成孔径时间较短，DBS 技术常采用主动扫描模式工作（Stimson，1998）。只要感兴趣的区域在合成孔径时间内一直停留在雷达主波束的照射范围内，波束扫描的影响就很小。为了同扫描模式协同，DBS 往往工作在波束斜视下，而不是常用的正侧视。此时，距离走动量较大，必须进行补偿。同时也可以使用一些提高 DBS 处理性能的技术，如使用距离徙动校正（RMC）补偿分数阶距离单元的弯曲，使用二次距离压缩技术（SRC）提高在方位上偏离雷达波束中心较远的目标的聚焦性能。这些扩展的处理技术见文献 Schleher(1991) 和 Showman(2013)。

8.3.3 距离-多普勒算法

随着分辨率要求的提高、场景距离的变大或者雷达载频的变低，距离弯曲和方位二次相位项的影响均会变得更加显著。例如，在场景距离为 50 km，雷达载频为 L 波段（1 GHz），且平台运动速度为 150 m/s 时，计算出距离弯曲量随横向分辨率变化的函数曲线如图 8.26 所示。假设距离分辨率近似等于横向分辨率，当分辨率 $\Delta CR = 50$ m 时，距离弯曲量完全可忽略，即使在 $\Delta CR = 10$ m 时，弯曲量仍不超过 1/5 个距离门。扩展的 DBS 算法对这些场合仍然有效。然而，当分辨率提高到 $\Delta CR = 3$ m 时，弯曲量达到了大约 5 个距离单元（仍认为二维分辨率相同），此时，DBS 算法不再适合做成像处理。为了获得良好聚焦的高分辨雷达图像，需要有一种能够处理具有相当大的距离徙动量和二次相位数据的成像算法。RD 算法就是广泛应用的具备上述能力的一类算法，既能保持二维分离处理的特点，又能利用二维 FFT 实现高效计算。

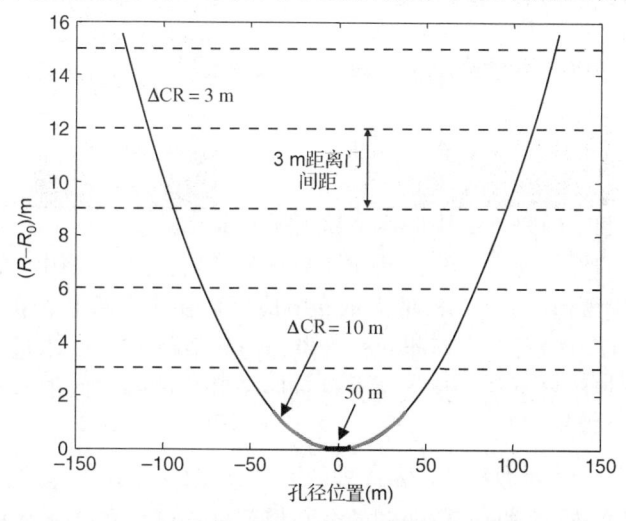

图 8.26 横向分辨率的提高导致距离弯曲量的增加

RD 算法要求先进行距离压缩处理。对于单个点目标，假设发射脉冲时刻雷达位于 u 处，则其回波的快时间匹配滤波器输出是时延为 $2R(u)$ 的窄峰（假设滤波器的时延已被去掉），且其周围有旁瓣。这个输出可以使用对应距离延迟处的一个冲激函数 $\delta_D[t - 2R(u)]$ 来近似。慢时间脉冲序列的回波响应服从式(8.27)的距离徙动曲线。因此，距离压缩后，条带式 SAR 系统对于一个坐标位于 (x, R) 处的目标的响应函数（忽略幅度因子）可以表示为

$$h(u,t;R) = \delta_D(t - R(u)) = \delta_D\left(t - \frac{2}{c}\sqrt{(u-x)^2 + R^2}\right) \quad (8.45)$$

响应函数随不同的 R 而变化，但不随 x 变化，因此，函数的形状与 x 无关，但却和 R 有关。为了推导 RD 算法，先将斜距 R 在标称距离 R_0 处表示成距离步进量 δR 的函数，即

$$\begin{aligned} R(u) &= \sqrt{(u-x)^2 + R^2} = \sqrt{(u-x)^2 + (R_0 + \delta R)^2} \\ &= \sqrt{(u-x)^2 + R_0^2 + 2R_0\delta R + \delta R^2} \\ &\approx \sqrt{(u-x)^2 + R_0^2 + 2R_0\delta R} \end{aligned} \quad (8.46)$$

其中，最后一个等式推导假设 $|\delta R| \ll R_0$，即场景宽度相比雷达至场景近距边的距离很小。定义 $R_x^2 = (u-x)^2 + R_0^2$，则有

$$\begin{aligned} R(u) &= R_x\sqrt{1 + \frac{2R_0\delta R}{R_x^2}} \\ &\approx R_x\left(1 + \frac{R_0\delta R}{R_x^2}\right) = R_x + \frac{R_0\delta R}{R_x} \\ &= R_x + \frac{R_0\delta R}{\sqrt{(u-x)^2 + R_0^2}} \\ &\approx R_x + \delta R = \sqrt{(u-x)^2 + R_0^2} + \delta R \end{aligned} \quad (8.47)$$

其中，倒数第二个等式的推导假设 $|u-x| \ll R_0$（即场景的横向长度与雷达至场景近距边的距离相比很小）成立。将式(8.47)代入式(8.45)，可以得到 RD 算法所使用的点散布响应形式为

$$\begin{aligned} h(u,t;R_0) &\approx \delta_D\left[\left(t - \frac{2}{c}\delta R\right) - \frac{2}{c}\sqrt{(u-x)^2 + R_0^2}\right] \\ &= \delta_D\left[\left(t - \frac{2}{c}R + \frac{2}{c}R_0\right) - \frac{2}{c}\sqrt{(u-x)^2 + R_0^2}\right] \end{aligned} \quad (8.48)$$

不同于一般的点散布响应函数，上述形式不随 x 和 R 变化。

虽然点散布响应的形状与 R_0 有关，但 RD 算法的主要特点是使用一个固定的 R_0 值，通常取到成像场景中心的距离值。式(8.48)的点散布响应函数在该距离上(R_0)可以很好地对散射点进行聚焦。在其他距离上的散射点不能同样聚焦，但如果距离在 R_0 附近变化不大时，则散焦可以忽略。在散焦变得明显之前，最大可允许的距离变化范围可以由聚焦深度来定量，这将在下节讨论。

利用函数 $h^*(-u,-t;R_0)$ 对数据块 $y(u,t)$ 进行二维卷积（又称匹配滤波）运算，就可以得到雷达图像。然而，成像处理通常是通过分别计算 $h(u,t;R_0)$ 和 $y(u,t)$ 的二维傅里叶变换 $H(K_u,\Omega;R_0)$ 和 $Y(K_u,\Omega)$ 而在频率域实现的。利用下式即可获得成像结果：

$$\begin{aligned} f(u,t;R_0) &= F^{-1}\{H^*(K_u,\Omega;R_0)Y(K_u,\Omega)\} \\ f(x,\delta R;R_0) &= f(u,ct/2;R_0) \end{aligned} \quad (8.49)$$

为便于后续讨论，需要有 RD 算法的 SAR 系统传输函数表达式 $H(K_u,\Omega;R_0)$，即 $h(u,t;R_0)$ 的二维傅里叶变换为

$$H(K_u,\Omega;R_0) = \int_{-\infty}^{+\infty}\left(\int_{-\infty}^{+\infty}h(u,t;R_0)\mathrm{e}^{-\mathrm{j}\Omega t}\mathrm{d}t\right)\mathrm{e}^{-\mathrm{j}K_u u}\mathrm{d}u \tag{8.50}$$

其中，K_u 表示以 rad/m 为单位的波数；Ω 表示以 rad/s 为单位的时间频率。由式(8.48)计算快时间变量 t 的傅里叶变换得到中间结果为 H_t，H_t 表示关于时间 t 的转换关系，则

$$H_t(K_u,\Omega;R_0) = \int_{-\infty}^{+\infty}\exp\left\{-\mathrm{j}[K_u u + \Omega(\delta R + \sqrt{(u-x)^2 + R_0^2})]\right\}\mathrm{d}u \tag{8.51}$$

慢时间域的傅里叶变换的计算可以利用驻定相位原理来完成(Bamler，1992；Raney，1992)。二维 PSR 的计算结果为

$$\begin{aligned}H(K_u,\Omega;R_0) &= \sqrt{\frac{\pi c R_0}{\mathrm{j}\Omega}}\exp\left\{+\mathrm{j}R_0\left[\frac{2\Omega}{c} - \sqrt{\left(\frac{2\Omega}{c}\right)^2 - K_u^2}\right]\right\} \\ &\approx A\exp\left\{+\mathrm{j}R_0\left[\frac{2\Omega}{c} - \sqrt{\left(\frac{2\Omega}{c}\right)^2 - K_u^2}\right]\right\}\end{aligned} \tag{8.52}$$

式中，最后一步推导利用了这样的事实，即大多数 SAR 系统，即便在高分辨的条件下，仍是满足窄带条件的。快时间频率 Ω 在有限范围内变化(变化范围通常小于载波的 10%)，因此幅度因子在脉冲时间内可以认为是常数。

RD 算法流程图如图 8.27 所示。RD 算法的主要优点在于，它可以处理整个场景的数据〔当满足条件场景幅宽相对于场景至雷达的距离很小时，如式(8.46)所示〕，并且可以完成对距离徙动和二次相位的补偿，同时也利用了二维 FFT 运算的高效率。尽管上述 RD 算法是在波数/时间频率域完成处理工作的，但称这类成像方法为距离-多普勒算法的原因仍不清晰。事实上，距离-多普勒算法的名称来自于利用了式(8.52)另一种简化形式的成像方法。

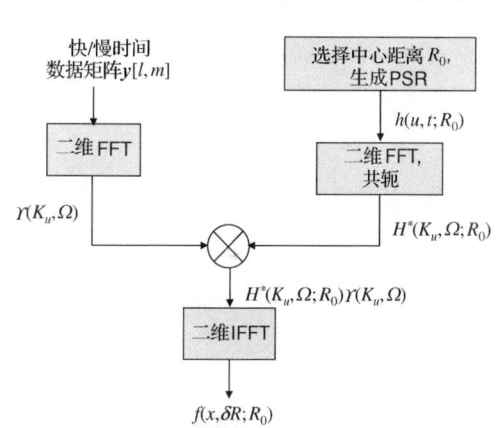

图 8.27 距离-多普勒算法的处理流程图

假设 $2\Omega/c \gg K_u$，利用二项式展开后，H 的复指数项的幅角可以简化为

$$\begin{aligned}R_0\left(\frac{2\Omega}{c} - \sqrt{\left(\frac{2\Omega}{c}\right)^2 - K_u^2}\right) &= R_0\left(\frac{2\Omega}{c} - \frac{2\Omega}{c}\sqrt{1 - \frac{K_u^2}{(2\Omega/c)^2}}\right) \\ &\approx R_0\left[\frac{2\Omega}{c} - \frac{2\Omega}{c}\left(1 - \frac{K_u^2}{2(2\Omega/c)^2}\right)\right] = \frac{cK_u^2 R_0}{4\Omega}\end{aligned} \tag{8.53}$$

再一次说明，即使是高分辨率 SAR 系统，也工作在窄带条件下，这是因为发射信号带宽 $\Delta\Omega$ 远小于雷达载频 Ω_0。利用 $\Delta\Omega \ll \Omega_0$，并将 Ω 在 Ω_0 处展开，进一步化简式(8.53)为

$$\begin{aligned}\frac{cK_u^2 R_0}{4\Omega} = \frac{cK_u^2 R_0}{4(\Omega_0 + \Delta\Omega)} &= \frac{cK_u^2 R_0}{4\Omega_0(1 + \Delta\Omega/\Omega_0)} \\ &\approx \frac{cK_u^2 R_0}{4\Omega_0}\left(1 - \frac{\Delta\Omega}{\Omega_0}\right) = \frac{cK_u^2 R_0}{4\Omega_0} - \frac{cK_u^2 R_0}{4\Omega_0^2}\Delta\Omega\end{aligned} \tag{8.54}$$

为了获得上式第二行的第一个表达式，将 $(1+\Delta\Omega/\Omega_0)^{-1}$ 项展开为二次级数且保留前面两项，则简化后的传输函数为

$$H(K_u, \Delta\Omega; R_0, \Omega_0) \approx A\exp\left(\mathrm{j}\frac{cK_u^2 R_0}{4\Omega_0}\right)\exp\left(-\mathrm{j}\frac{cK_u^2 R_0}{4\Omega_0^2}\Delta\Omega\right) \quad (8.55)$$

简化传输函数式(8.55)清晰地表明了 RD 算法做横向压缩处理所需要的两步操作。对于一个给定的横向波数 K_u，式(8.55)的第二个指数项是 $\Delta\Omega$ 的线性相位函数，在快时间域对应 $cK_u^2 R_0/4\Omega_0^2$ s 的时移。数据域的这个时延揭示了 PSR 存在距离弯曲。因为这个时延是 K_u 的作用，而不是 u 本身的，所以，它必须要用在一个慢时间的离散傅里叶变换之后，也就是距离-多普勒数据中。另一个相位项可以补偿掉慢时间域数据的二次相位调制，本质上就是对慢时间域数据进行线性调频信号的脉冲压缩处理。图 8.28 是距离-多普勒算法的示意图，从第一步原始快慢时间域的数据矩阵开始，直到最后一步获得目标点散布函数，从概念上表明了每一步操作对数据的影响。

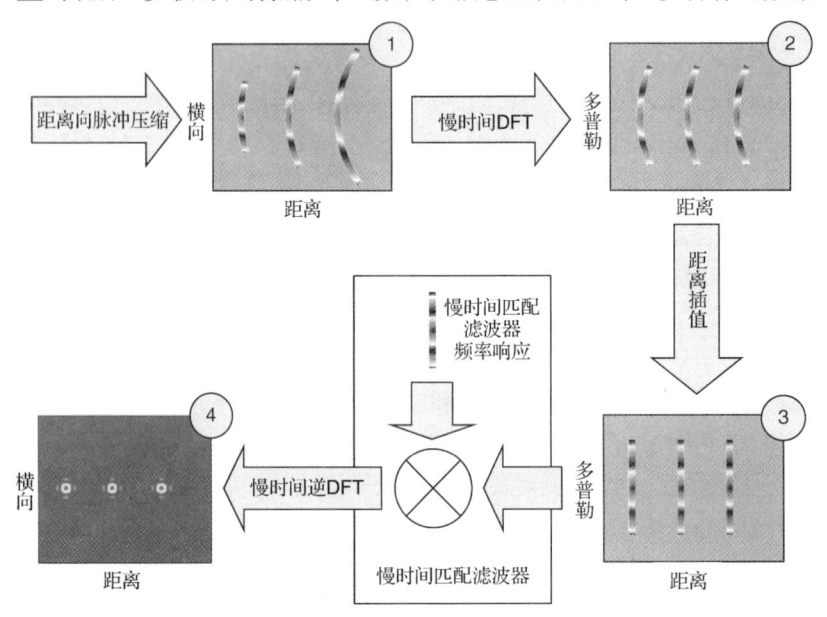

图 8.28 经典距离-多普勒算法的处理顺序及结果的示意图

快时间域插值可以通过在频率域乘以一个线性相位来实现，或者在快时间域进行直接数据移位操作或插值完成。后者是在一维(快时间域或者称距离域)进行时域处理，而在另一维进行频域(方位波数)处理，距离-多普勒算法由此得名。

图 8.29 通过两个仿真场景给出了 RD 算法的性能，成像处理使用的是式(8.52)所表示的未简化的点散布响应函数。图 8.29(a)中，仿真的点目标位于一个 50 m×50 m 的区域内，场景至雷达的距离为 7.5 km，雷达工作在 X 波段(9.5 GHz)。两个维度均达到了 0.5 m 的高分辨，同时，由于雷达工作频率较高，且与成像场景大小相比，雷达到场景距离较远，所以得到良好聚焦的图像并不困难。如图所示，5 个点目标均得到良好聚焦，并且在整个场景内没有明显性能下降的迹象。图 8.29(b)中，尽管二维分辨率的要求均降到了 1 m，但由于成像场景较大(100 m×100 m)，雷达到场景的距离较小(4.1 km)，更重要的是雷达工作频率降到了 L 波段(1.5 GHz)以下，其成像处理更具挑战性。除分辨率要求降低之外，上述所有因素均使得距离弯曲在距离维的空间变形更严重。尽管相对于图 8.29(a)，其旁瓣分布差别明显，但图 8.29(b)

中的场景中心参考线上的点目标仍能得到良好聚焦。然而,当点目标偏离场景中心参考线较远时,横向分辨性能会下降。

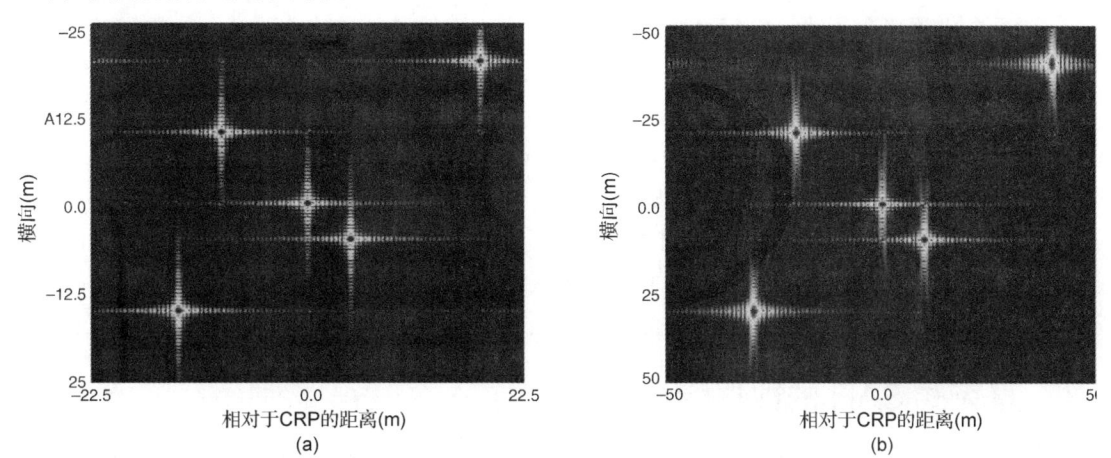

图 8.29 以 dB 表示的对点目标阵列的距离-多普勒算法成像的幅度图。(a) X 波段的小场景远距离成像结果;(b) L 波段的大场景近距离成像结果(由佐治亚理工学院的 Gregory A. Showman 博士授权使用)

8.3.4 聚焦深度

作为条带式 SAR 的点散布响应函数的精确表达式,式(8.45)具有距离空变的特性。RD 算法以参考距离 R_0 为基准,将点散布响应函数进行了线性化处理。然而,如果用来处理幅宽足够大的场景时,则点散布响应函数随距离 R 的空变性会严重到不得不考虑的地步,此时如果忽略这个变化将会导致距参考距离 R_0 越远的目标的聚焦性能越差。后来的成像算法就充分考虑了点散布响应随距离的空变性,如距离徙动算法(Bamler,1992;Gough 和 Hawkins,1997),本书对此不做深入讨论。另一种处理方法是将整个须处理的场景在距离维分割成 N 个子块,分别以距离 R_{01},…,R_{0N} 为中心参考距离。点散布响应函数在每个参考距离上进行更新,从而在每个子块上分别进行 RD 算法的成像处理,再将所得子图像进行距离维的拼接就得到了最终的完整图像。RD 算法所能处理且无明显聚焦性能恶化的场景距离维分块大小称为聚焦深度(DOF)。

偏离 R_0 一定距离后,在整个合成孔径时间内的距离弯曲将发生本质变化(即聚焦性能恶化到不可接受的程度),而 DOF 就由这个距离偏移量决定。SAR 成像处理可以接受的弯曲量通常取为 $\lambda/8$,则双程量为 $\lambda/4$,对应的相位差为 $\pi/2$ rad。从 8.3.2 节可知,将二次相位误差限制在这个数值之内,对正弦曲线离散傅里叶变换(DFT)只会产生很小的影响。只要消除主要的二次相位,该模型就可以用于横向匹配滤波。

式(8.32)给出了距离弯曲公式,关于距离变量对其求导,可得单位距离对应的弯曲变化量,令其等于单程允许的弯曲量 $\lambda/8$,给出在距离上的最大偏移量为(见习题 20)

$$\delta R_{\max} = \frac{\lambda R_0^2}{D_{\text{SAR}}^2} = \frac{\lambda R_0^2}{(vT_a)^2} \tag{8.56}$$

由于在 R_0 的两侧都会有距离偏移量,所以 DOF 为两倍的偏移量,即

$$DOF = 2\delta R_{\max} = \frac{2\lambda R_0^2}{D_{\text{SAR}}^2} = \frac{2\lambda R_0^2}{(vT_a)^2} = \frac{8(\Delta CR)^2}{\lambda} \tag{8.57}$$

假设成像场景宽度为 10 km，且雷达工作在 X 波段（10 GHz），横向分辨率为 3 m，可计算得聚焦深度为 2.4 km。此时若要使用 RD 算法进行成像处理，则要求将整个场景在距离上划分成 4 个或更多的子块，在每个数据块上更新聚焦用的点散布响应函数。如果雷达工作频率在 L 波段（1 GHz），横向分辨率为 1 m，则聚焦深度仅为 240 m，相应的距离分块至少 42 个，需要在距离维分割成如此多的子块说明，RD 算法不再适用于此参数下的成像处理，可以使用更高级的距离徙动算法（RMA）取代它。从另一角度来看图 8.29 中两组参数下的 SAR 成像例子，图 8.29(a) 参数下的 DOF 为 63.33 m，即 ±31.67 m，这超过了最远散射点距离中心点的最大距离 20 m，所以所有的散射点都得到了很好的聚焦。而图 8.29(b) 中的聚焦深度为 40 m，即 ±20 m，它仅仅是最远散射点距离中心点的最大距离（大约 40 m）的一半，距离中心 20 m 以外的散射点在横向就会明显变得模糊。

8.4 聚束式 SAR 的数据特性

聚束式 SAR 工作的示意图如图 8.11 所示。许多聚束式 SAR 系统对其所使用的线性调频波进行解线性调频（stretch）处理。假设一个线性调频信号在 $[-\tau/2, +\tau/2]$ s 时间内扫过的频率区间为 $[F_0 - \beta/2, F_0 + \beta/2]$ Hz，将第 4 章的式(4.110)使用本章的参数符号来表示，则相对场景中心 R_0 距离为 $\delta R_i = c\delta t_i/2$ 的所有散射点经过位于位置 u 处的雷达接收后，再进行解线性调频混频处理后的回波信号输出可写为

$$\begin{aligned} y(t) &= \sum_i \tilde{\rho}_i \exp\left(-\mathrm{j}\frac{4\pi P_i}{\lambda}\right) \exp\left(-\mathrm{j}2\pi\frac{\beta}{\tau}\delta t_i(t-t_0)\right) \exp\left(\mathrm{j}\pi\frac{\beta}{\tau}(\delta t_i)^2\right) \\ &= \mathrm{e}^{-\mathrm{j}4\pi R_0/\lambda} \sum_i \tilde{\rho}_i \exp\left[-\mathrm{j}\left(\Omega_0 + 2\pi\frac{\beta}{\tau}(t-t_0)\right)\delta t_i\right] \exp\left(\mathrm{j}\pi\frac{\beta}{\tau}(\delta t_i)^2\right) \end{aligned} \quad (8.58)$$

其中，$t_0 = 2R_0/c$；$\tilde{\rho}_i$ 是位于距离 $R_0 + \delta R_i$ 处的第 i 个散射点回波的复散射系数[①]。将上式推广成关于散射点的连续函数形式，得

$$y(t) = w(t)\mathrm{e}^{-\mathrm{j}4\pi R_0/\lambda} \int_{-\infty}^{+\infty} \tilde{\rho}(\delta t) \exp\left[-\mathrm{j}\left(\Omega_0 + 2\pi\frac{\beta}{\tau}(t-t_0)\right)\delta t\right] \exp\left(\mathrm{j}\pi\frac{\beta}{\tau}(\delta t)^2\right) \mathrm{d}(\delta t) \quad (8.59)$$

式中，$w(t)$ 是一个矩形窗函数，将数据范围限制在进行解线性调频混频处理时所用的参考线性调频信号的持续时间内，具体为

$$w(t) = \begin{cases} 1, & t_0 - \dfrac{L_s}{C} - \dfrac{\tau}{2} \leq t \leq t_0 + \dfrac{L_s}{C} + \dfrac{\tau}{2} \\ 0, & \text{其他} \end{cases} \quad (8.60)$$

而 $\tilde{\rho}(\delta t)$ 的傅里叶变换为

$$\tilde{P}(\Omega) = \int_{-\infty}^{+\infty} \tilde{\rho}(\delta t) \exp(-\mathrm{j}\Omega\delta t) \mathrm{d}(\delta t) \quad (8.61)$$

比较式(8.61)和式(8.59)，并且加入式(8.60)的时间限制，得

$$y(t) = w(t)\mathrm{e}^{-\mathrm{j}4\pi R_0/\lambda} \tilde{P}\left(\Omega_0 + \frac{2\pi\beta}{\tau}(t-t_0)\right), \quad t_0 - \frac{L_s}{c} - \frac{\tau}{2} \leq t \leq t_0 + \frac{L_s}{c} + \frac{\tau}{2} \quad (8.62)$$

[①] $\tilde{\rho}_i$ 也包括距离维加权和其他雷达作用距离方程决定的系数，见 2.7 节。

条件是剩余视频相位(RVP)项 $\exp[j\pi\beta(\delta t)^2/\tau]$ 可以忽略不计，此条件在后面还会进行讨论。从上式可知，在线性调频信号的解线性调频过程中，当混频器输出的时域电压数值实质上是回波复距离像 $\tilde{\rho}(\delta t)$ 的傅里叶变换 $\tilde{P}(\Omega)$ 时，则时域和频域可以相互转换。换句话说，线性调频解调器对于反射率分布扮演了一个频谱分析仪的角色。

对于窗函数所允许的 t 的最大值与最小值，$\tilde{P}(\cdot)$ 的幅角决定了频谱分析仪评估得到的频率范围。转换成周期的频率单位，其结果为

$$y(t) = \tilde{P}(F), \quad F \in F_0 \pm \left(1 + \frac{L_s}{(c\tau/2)}\right)\frac{\beta}{2}$$
$$\approx \tilde{P}(F), \quad F \in F_0 \pm \frac{\beta}{2}$$
(8.63)

式中，第二行假设 $L_s \ll c\tau/2$ 成立，即信号穿越场景幅宽的时间远远小于发射脉冲持续时间，解线性调频处理的系统通常被设计成这样。上式揭示了一个重要的结论，解线性调频混频器的时域输出实质上就是回波距离的复距离像 $\tilde{\rho}(\delta t)$ 在频率区间 $[F_0 - \beta/2, F_0 + \beta/2]$ 上的傅里叶变换 $\tilde{P}(F)$。直观上看，这个结果令人感到满意，因为这个频率区间恰好就是发射线性调频信号扫过的频带。

$\tilde{P}(F)$ 可以通过尺度变换转入波数域，单位 rad/m，尺度转换关系为 $F \to cK_R/4\pi$。利用 $\Delta R = c/2\beta$，混频输出的波数区间可表示为 $K_R \in (4\pi/\lambda_0) \pm (\pi/\Delta R)$。单个脉冲回波经过解线性调频处理器后的部分距离包络谱 $\tilde{P}(F)$ 或 $\tilde{P}(K_R)$ 的示意图如图 8.30 所示。

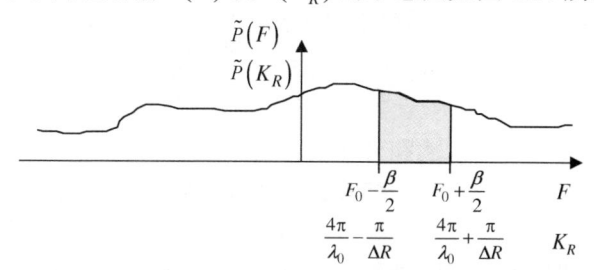

图 8.30 解线性调频处理后的部分距离带宽，可以用时间频域或波数域单位表示

$\tilde{\rho}(\delta t)$ 是二维场景的众多散射点投影成的一维复距离像，这一点已在 2.7.3 节做过说明，此概念可以用示意图 8.31 表示。时延为 $t_0 + \delta t_0$ 的场景等距线上的所有散射点目标的复后向散射系数积分，投影到距离维所形成的复距离像 $\tilde{\rho}(\delta t_0)$ 的对应时刻也是 $t_0 + \delta t_0$。再次以 CRP 做参考，设其对应的距离为 $R_0 = ct_0/2$。如果波束覆盖区域的宽度远小于此距离，即 $R_0\theta_{az} \ll R_0$，则等距离线上所有散射点的积分路径近似为直线(即认为不存在距离弯曲)。这样，复后向散射系数以每条等距线为路径积分，表现出来的形式就是一种投影关系，从地形学的角度看，也就是一个二维的场景投影成一个一维函数。

建立如图 8.32 所示的两个坐标系，其中以 (p_θ, q_θ) 表征的坐标系，是由 (u, R) 坐标系旋转 θ rad 形成的。两坐标系间的转换关系为

$$u = p_\theta \cos\theta - q_\theta \sin\theta$$
$$R = p_\theta \sin\theta + q_\theta \cos\theta$$
(8.64)

场景的二维复后向散射系数分布函数 $\rho'(u, R)$ 投影成一维横向平均散射距离像 $\tilde{\rho}_\theta(p_\theta)$ 的过程定义为

$$\tilde{\rho}_\theta(p_\theta) = \int_{-\infty}^{+\infty} \rho'(p_\theta \cos\theta - q_\theta \sin\theta, p_\theta \sin\theta + q_\theta \cos\theta) \mathrm{d}q_\theta \tag{8.65}$$

傅里叶分析的投影切片理论表明，此投影的一维傅里叶变换事实上就是原始分布函数 $\rho'(u,R)$ 的二维傅里叶变换的一个切片 (Dudgeon 和 Mersereau，1984)，即有

$$\int_{-\infty}^{+\infty} \tilde{\rho}_\theta(p_\theta) \mathrm{e}^{-\mathrm{j}p_\theta U} \mathrm{d}p_\theta = P'(U\cos\theta, U\sin\theta) \tag{8.66}$$

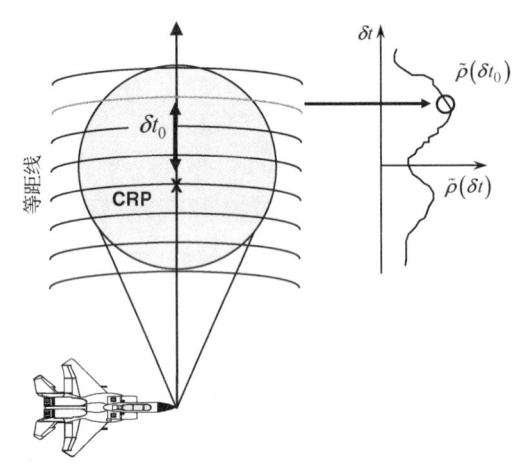

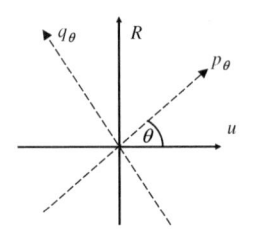

图 8.31　二维 SAR 场景投影成角度维平均后的一维距离像　　图 8.32　定义二维投影所用坐标系

图 8.33 给出了聚束式 SAR 以解线性调频处理的方式，录取回波和投影切片理论的因果关系示意图。左侧的场景 $\rho'(u,R)$ 代表了一小块地形，其地貌可能包括道路、建筑、树木和小湖。右侧的示意图为用波数单位表示的场景复散射系数分布函数的傅里叶变换 $P'(K_u, K_R)$。雷达波束总是从一定的角度观测场景，雷达和天线实际上将二维场景设计成一维函数，线性调频波和解调处理是一维函数光谱的一部分。接收机解线性调频后输出的是，场景复散射系数分布函数沿此角度方向的傅里叶变换，如右侧示意图所示。由于接收机带宽是有限的，所以实际测量得到的仅是一部分切片数据，如图 8.33 中以高亮显示的部分 (也可参考图 8.30)。

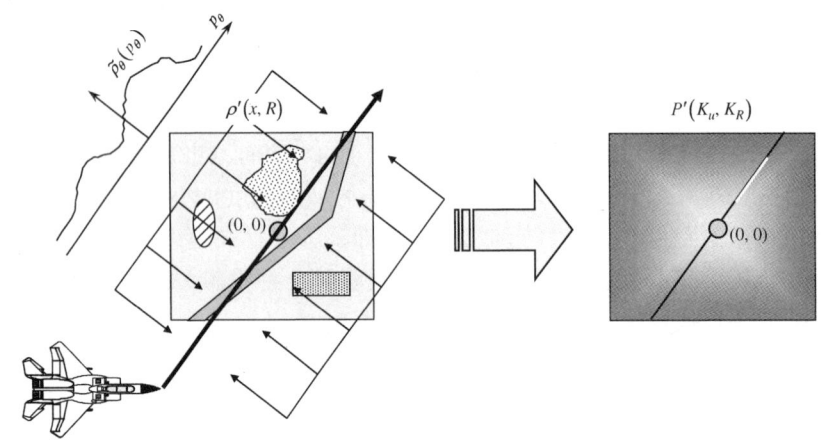

图 8.33　聚束式 SAR 数据录取模型

当雷达载机沿合成孔径方向运动时，不断地发射脉冲信号，同时控制天线指向，使得波束中心一直指向感兴趣区域的中心。接收到的脉冲回波分别在不同的视角方向录取了 $\rho'(u,R)$

的投影值，也就是在与此相同视角的 $P'(K_u, K_R)$ 的一段切片。因此，雷达是在一个环形区域内通过一组脉冲录取了场景复散射系数分布函数的二维谱。聚束式 SAR 数据存储模型如图 8.34 所示。此圆环数据支撑区的径向范围为 $4\pi\beta/c$ rad/m，即 $2\beta/c$ 周/m，因此正如期望的，所得距离分辨率为 $(2\beta/c)^{-1} = \Delta R$ m。圆环域在中心 $K_R = 4\pi/\lambda_0$ 处的横向宽度为 $(4\pi/\lambda_0)\gamma$ rad/m，因此横向分辨率为 $\lambda/2\gamma$，与预期相符。但是，需要注意回波谱数据记录在以 (K_u, K_R) 所表示的极坐标网格上，而不是常用的笛卡儿坐标，因此，这种方式录取的数据称为极坐标格式数据。

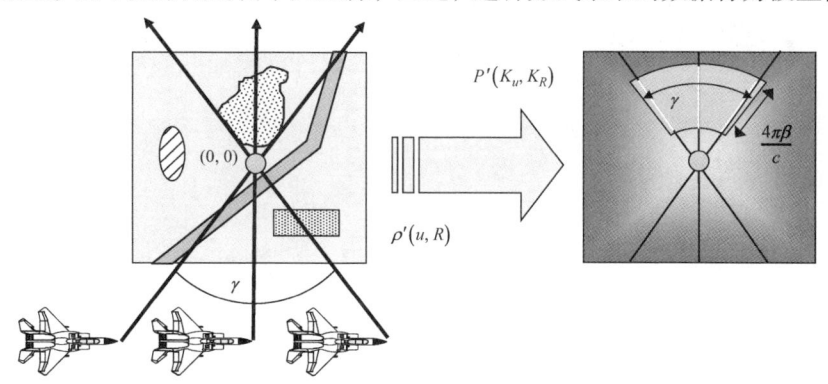

图 8.34 聚束式 SAR 数据录取实际是在傅里叶空间对角度旋转形成区域的映射

一个值得讨论的问题是重建场景图像所需要的投影切片的个数，而这个问题的答案决定了雷达系统所需的 PRF。假设最终所得图像 $\rho'(u, R)$ 的尺寸为 L_u m×L_s m（横向×距离），为了所得图像不出现混叠，奈奎斯特采样定理要求对 $P'(K_u, K_R)$ 的采样间隔在 K_u 维不大于 $1/L_u$ 周/m，即 $2\pi/L_u$ rad/m；在 K_R 维不大于 $1/L_s$ 周/m，即 $2\pi/L_s$ rad/m。先考虑沿 K_u 维的情况，以圆环数据支撑区的中心（$K_u = 4\pi/\lambda_0$）为例分析，$2\pi/L_u$ 的采样间距对应的角度维的切片间隔为 $\lambda_0/2L_u$ rad，从而为了张开整个圆环数据支撑区的对应角度所需要的数据切片的个数为

$$N_\gamma = \frac{\gamma}{\lambda_0/2L_u} = L_u\left(\frac{2\gamma}{\lambda_0}\right) = \frac{L_u}{\Delta CR} \tag{8.67}$$

事实上就是场景的横向分辨单元个数。雷达平台在切片间移动的线性距离和采样时间间隔为

$$\Delta u = R_0 \frac{\lambda_0}{2L_u} \quad \Rightarrow \quad \text{PRI} = \frac{\lambda_0 R_0}{2vL_u} \tag{8.68}$$

如果 L_u 能够取得天线方位波束所能覆盖的最大尺寸，即 $R_0\theta_{az} = R_0\lambda_0/D_{az}$，则雷达平台在发射脉冲间隔期间运动的距离为 $D_{az}/2$，同时也是条带式 SAR 避免多普勒模糊所需要的最小距离。如之前解释的那样，在条带式 SAR 和聚束式 SAR 中，更高的横向采样率通常被用来尽可能地减小模糊。

需要的距离维采样数（即每个发射脉冲经过解线性调频混频输出后的时间采样数），就是 K_R 维的圆环长度除以采样间隔所得的径向采样数，从而得到距离维的距离单元个数为

$$N_R = \frac{(4\pi\beta/c)}{(2\pi/L_s)} = \frac{L_s}{\Delta R} \tag{8.69}$$

因为解线性调频混频输出描述的是场景二维傅里叶变换的各个切片，所以，径向波数 K_R 维的采样间隔 $1/L_R$ 给出的就是解线性调频处理输出采样点的时间间隔 Δt，利用从时间域到波数域的映射关系 $K_u = (4\pi\beta/c\tau)t$，可得

$$\Delta t = \frac{c\tau}{4\pi\beta}\frac{2\pi}{L_R} = \frac{c\tau}{2\beta L_R} \tag{8.70}$$

需要引起重视的是，这里使用的聚束式 SAR 回波数据模型采用了一定的假设，即发射的是线性调频信号且采用解线性调频接收机。此外，在推导上面的公式时，也假设了两个条件成立：第一个条件是式(8.59)中的 RVP 项可以忽略；第二个是在将解线性调频处理后的输出 $\tilde{\rho}(\delta t)$ 建模成投影量 $\tilde{\rho}_\theta(p_\theta)$ 时，认为等距线上的距离弯曲可以忽略。当成像场景不太大时，上述两个条件均可以得到满足。存在等距线弯曲而引入的限制条件为

$$L_u < 2\Delta \mathrm{CR}\sqrt{\frac{2R_0}{\lambda}} \tag{8.71}$$

而由于 RVP 项引入的限制为

$$L_u < \frac{2\Delta \mathrm{CR} \cdot F_0}{\sqrt{\beta/\tau}} \tag{8.72}$$

以上两个公式见文献 Jakowatz 等(1996，附录 B)。图 8.35 显示了当 $R_0 = 10$ km，$\tau = 10$ μs 且 $\beta/\tau = 0.75$ MHz/μs 时的这两个限制条件。不难看出，由于 RVP 项引入的限制条件是相当宽松的，而由等距线弯曲引入的限制约束性较大。

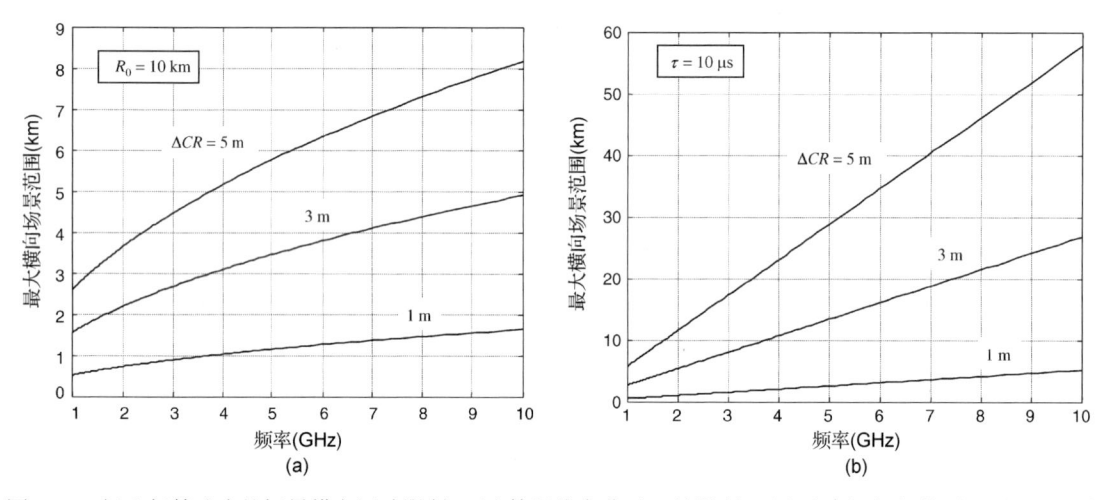

图 8.35 极坐标算法中的场景横向尺寸限制。(a)等距线弯曲引入的限制；(b)残余视频相位误差引入的限制

8.5 聚束式 SAR 的极坐标格式成像算法

基于此前给出的聚束式 SAR 的回波数据模型，聚束式 SAR 的基本成像算法是相当直接的，即为了得到场景的二维复散射系数分布函数 $\rho'(u,R)$，对所录取的二维谱数据 $P'(K_u,K_R)$ 进行逆傅里叶变换即可。然而，传统的离散逆傅里叶变换(IDFT)要求谱数据在矩形网格上分布，而实际录取的聚束式 SAR 数据分布在极坐标网格上。因此，在进行 IDFT 操作前，需要将回波数据从极坐标格式插值映射到矩形坐标网格上。在实际处理中往往对插值后的数据在两个维度上均做加窗处理，以降低最终图像的旁瓣效应。图 8.36 是极坐标格式算法(PFA)的实现流程图。

第 8 章 合成孔径成像技术

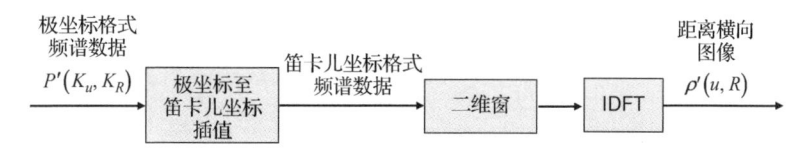

```
极坐标格式
频谱数据                              笛卡儿坐标格式                              距离横向
                  ┌──────────┐        频谱数据    ┌──────┐         ┌──────┐      图像
P'(K_u, K_R)  →   │极坐标至   │    →              │二维窗 │    →    │ IDFT │  →  ρ'(u, R)
                  │笛卡儿坐标 │                   └──────┘         └──────┘
                  │插值      │
                  └──────────┘
```

图 8.36　聚束式 SAR 的极坐标成像算法实现框图

PFA 算法的关键步骤是对傅里叶域数据的极坐标至笛卡儿坐标的插值处理。尽管二维插值在理论上是理想的，但为简单起见，处理中更倾向于使用二维分离方法，即在每一维分别进行一维插值来实现。实际中常采用两种方法。但无论哪种方法均要求先根据成像场景的大小和分辨率要求，在圆环数据支撑区中确定一块矩形区域，当然这个矩形区域要包括在已有的圆环数据支撑区内。图 8.37(a) 所示的第一种插值方法更常用。具体步骤为，先将极坐标格式的复谱数据沿径向插值到图中间所表示的"楔形"(keystone)网格上。经过此处理后，数据在 K_R 维均匀分布，但在 K_u 维还不是均匀分布的。在 K_u 维再进行一次一维插值操作，将数据插值到期望的矩形网格上。当然，原理上，雷达系统可以改变每个回波脉冲解线性调频处理后的数据采样率，再以"楔形"网格格式直接录取数据，但这要求对采样率的控制非常精确。

(a) 径向-keystone 插值方法

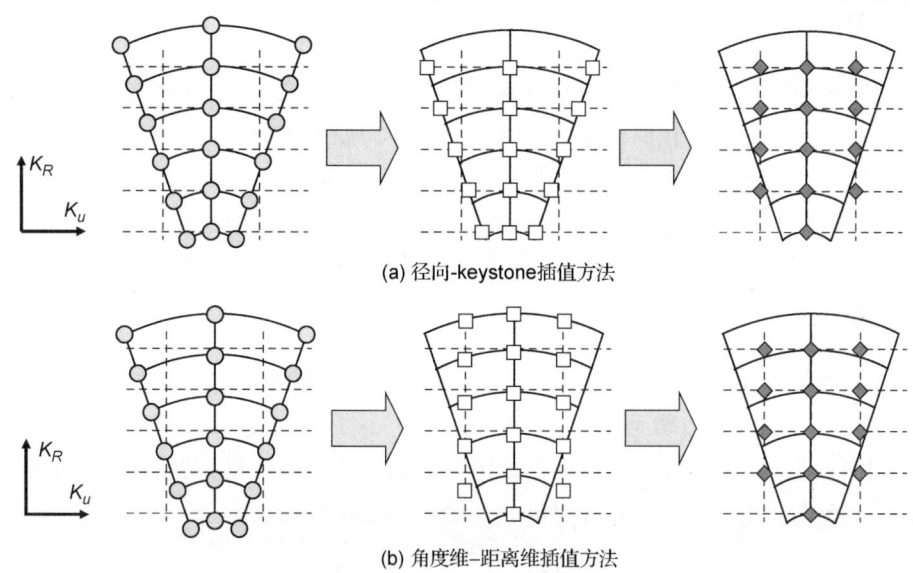

(b) 角度维–距离维插值方法

图 8.37　可分离的极坐标到笛卡儿角坐标的两种插值方法

如图 8.37(b) 所示的第二种插值方法是，先在极坐标系中沿等径向距离线插值，以使得数据在 K_u 维均匀分布。然后对过渡网格上的数据再进行 K_R 维的插值，从而得到最终需要的矩形网格数据(Munson 等，1985)。

在径向-keystone 方法中，源于带限数据的特点，插值处理是基于一个可分离的二维 sinc 插值核函数。为了抑制旁瓣并且保证插值核函数是有限长度的，具体实现的时候会在两个维度上对该核函数进行加窗处理。插值核通常在 7～11 阶之间。数据格式转换所需的插值操作，在整体运算量上常接近于做最终成像处理的二维逆傅里叶变换。角度-距离插值方法，在角度维插值使用的是周期 asinc 核函数，而在距离维插值使用的是 sinc 核函数。文献 Munson 等(1985)对几种插值方法进行了比较分析。关于径向-keystone 插值方法的详细讨论见文献 Jakowatz 等(1996，第 3 章)。

射频工作频率越高,包含极坐标二维谱数据的圆环区域在二维空间(K_u, K_R)偏离原点越远。如果分辨率相对较低且信号带宽也比较小,则数据圆环支撑区在距离维和角度维的尺寸均较小。在以上条件得到满足的情况下,极坐标的网格很接近于矩形网格,此时可以避免运算量较大的格式转换插值过程,直接通过二维逆 FFT 操作即可获得 SAR 图像。这样的算法称为矩形格式算法(RFA)。尽管其本质上就是 DBS 算法,但在距离维处理上需要增加一个逆 FFT 操作,把解线性调频接收机的输出变换到快时间域。因此,DBS 成像处理中有关约束条件也适用于 RFA 算法。

尽管许多实际工作的聚束式 SAR 系统使用 PFA 算法,但是其他类型的成像算法也可以应用到聚束式 SAR 中。文献 Carrara 等(1995)讨论了聚束式 SAR 的距离徙动算法和线性调频变标算法(CSA)。尽管运算量较大,但是后向投影(BP)类算法越来越受到重视,这是因为该类算法避免了插值运算(插值误差恰是 PFA 算法中导致图像质量下降的主要原因),并且该方法具有对非直线飞行轨迹成像的能力。BP 方法的讨论见文献 Desai 和 Jenkins(1992),Jakowatz 等(2008),Frey 等(2009)和 Showman(2013)。

8.6 干涉 SAR 技术

SAR 的最新发展之一是利用干涉处理技术,使雷达具有了进行高分辨三维成像的能力,一般称为 IFSAR 或者 InSAR(干涉 SAR)。IFSAR 的基本思想就是用两个偏置天线孔径对同一场景所成的两幅复图像进行处理。这两个孔径可以是存在于同一个天线结构上但物理上分开的接收孔径,此种情况下,一般共用一个发射孔径。另外,IFSAR 也可以基于传统的单天线系统,而通过多次航过获得的复图像来实现干涉处理。文献 Richards(2013)对此有个很好的介绍讨论。

8.6.1 地面高程在 SAR 图像中的表现

利用 SAR 成像算法处理后,得到的是二维复值图像,即每个图像像素同时具有幅度和相位信息。传统的二维 SAR 成像丢弃了所得图像的相位信息,仅仅给出幅度图,而在 IFSAR 中每个像素的相位都得到了保留。因为 SAR 成像处理是一个线性过程,则位于地面坐标(x, y_g)和高度坐标$z = 0$像素的复幅度值$f(x, y_g)$可以看成4个量的乘积,即

$$f(x, y_g) = A \cdot G \cdot e^{-j4\pi R_f(x, y_g)/\lambda} \rho(x, y_g)$$
$$= A \cdot |G| \cdot |\rho(x, y_g)| \cdot \exp\left\{j\left[\phi_G + \phi_\rho(x, y_g) - \frac{4\pi}{\lambda} R_f(x, y_g)\right]\right\} \quad (8.73)$$

式中,ρ 表示像素的复反射系数;复指数项表示雷达至该像素的斜距所引入的相位;G 包括雷达接收机和成像算法的复增益;A 包括了所有由雷达作用距离方程决定的系数;R_f 表示天线相位中心至地面坐标(x, y_g)的距离。因此,该像素对应的相位为

$$\phi_f(x, y_g) = \phi_G + \phi_\rho(x, y_g) - \frac{4\pi}{\lambda} R_f(x, y_g) \quad (8.74)$$

现在考虑图 3.38 所示的两个散射点目标 P1 和 P2,其地距分别为y_{g1}和y_{g2},这两个点目标具有相同的斜距 R,但是 P1 点目标的高度维坐标为$z = h_0$(相对于一个未知的参考平面而言),而 P2 点目标的高度维坐标为$z = h_0 + \Delta h$。这两个点目标通过两个不同的雷达孔径进行观测,

这两个雷达孔径均位于 $z = h_0 + Z$ 高度,并且在水平方向上相隔基线长度为 B 的距离[①]。每个孔径独立地发射相干雷达波,接收回波信号,并最终得到场景的复图像。这两幅复图像分别用 $f(x, y_g)$ 和 $g(x, y_g)$ 表示。基线必须垂直于雷达平台的飞行方向,因此图中雷达的运动方向是向纸内的[②]。由于雷达至场景的距离足够大,入射波的波前可以看成一个平面。如果基线中点至 P1 点目标的波束射线的俯视角为 ψ,则两个孔径的天线相位中心至目标点的距离可近似写为 $B\cos\psi$。结合式(8.74),两个天线相位中心接收到回波信号的相位差为

$$\phi_{fg} = \phi_f - \phi_g \approx -\frac{4\pi}{\lambda} B\cos\psi \tag{8.75}$$

其中,ϕ_{fg} 是干涉相位差(IPD)。

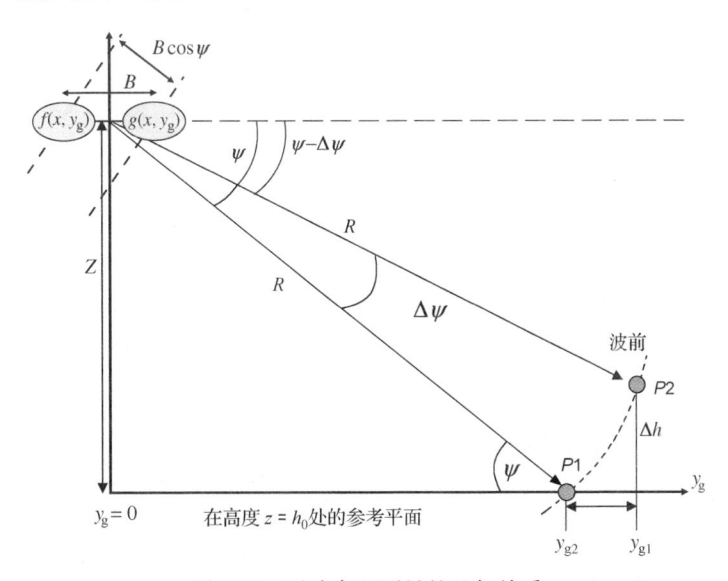

图 8.38 干涉高程测量的几何关系

再来考虑 P2 点目标,其与 P1 点目标具有相同的斜距,但是高度比 P1 点目标高出 Δh。因为雷达通过测量回波的时延来测量斜距,因此来自 P2 点目标和 P1 点目标的回波是无法区分的。假设在斜距 R 处存在一个近似的平面波波前(见图 8.38),则 P2 点目标与 P1 点目标在地面坐标的距离差可近似为

$$y_{g2} - y_{g1} \approx \Delta h \tan\psi \tag{8.76}$$

由于基础的 SAR 图像是二维的,P2 点目标的图像像素对应于地面距离 y_{g1}[③]。具有一定高度的散射点目标所成像素位于错误的地面坐标上的现象称为前视或者混叠,此时该散射点似乎是被移近雷达了。在图 8.38 的构型下,混叠仅发生在距离维上,但雷达若工作在斜视模式下,则距离和横向维均会发生混叠现象(Sullivan,2000;Jakowatz 等,1996)。

由 P1 点目标和 P2 点目标的高度相差 Δh 造成的 IFSAR 基线中心到 P2 点目标和 P1 点目标的俯视角的差异量,可以通过对式(8.75)对俯视角求微分得到,即

[①] 文献 Richards(2013)提到这里的结论可以推广到包括使用一个共用发射孔径和两个接收孔径的雷达,无论是一个还是两个发射机的 IFSAR 情况都是具有很重要的实际意义的。
[②] 这两个孔径也可以在垂直地平面的方向偏置,分析结果类似。
[③] SAR 是基于斜距平面成像的,但显示时通常会再投影到地距平面上。

$$\frac{\mathrm{d}\phi_{fg}}{\mathrm{d}\psi} = \frac{4\pi}{\lambda}B\sin\psi \Rightarrow \Delta\psi = \frac{\lambda}{4\pi B\sin\psi}\Delta\phi_{fg} \tag{8.77}$$

上式表明，干涉相位的变化量 $\Delta\phi_{fg}$ 对应雷达至点目标的俯视角变化量 $\Delta\psi$ rad。为了将俯视角的变化与地面高程变化联系起来，回顾图 8.38。通过两个正三角形可得 $Z = R\sin\psi$ 和 $Z - \Delta h = R\sin(\psi - \Delta\psi)$。消除相同的变量 R 并应用三角恒等式变换，可得

$$Z - \Delta h = \frac{Z\sin(\psi - \Delta\psi)}{\sin\psi} \Rightarrow$$

$$\frac{\Delta h}{Z} = \frac{\sin\psi - \sin(\psi - \Delta\psi)}{\sin\psi} = \frac{2\sin\left(\dfrac{\Delta\psi}{2}\right)\cos\left(\dfrac{2\psi - \Delta\psi}{2}\right)}{\sin\psi} \tag{8.78}$$

假设 $\Delta\psi$ 很小并应用等价无穷小，可近似得到

$$\frac{\Delta h}{Z} = \frac{\Delta\psi}{\tan\psi} \tag{8.79}$$

最后，将式（8.79）代入式（8.77），得到地面点目标高程与参考平面相比发生变化时，相应的干涉相位的变化量(Carrara 等，1995)为

$$\Delta h = \frac{\lambda Z\cot\psi}{4\pi B\sin\psi}\Delta\phi_{fg} \tag{8.80}$$

该式即为 IFSAR 的基本原理公式。

而干涉相位差 $\phi_{fg}(x,y_g)$ 可以写为

$$\phi_{fg}(x,y_g) = \phi_{fg}(x_0,y_{g0}) + \Delta\phi_{fg}(x,y_g) \tag{8.81}$$

将式(8.81)乘以式(8.80)中的尺度因子，有

$$h(x,y_g) = \frac{\lambda Z\cot\psi}{4\pi B\sin\psi}[\phi_{fg}(x_0,y_{g0}) + \Delta\phi_{fg}(x,y_g)] \equiv h_{\text{offset}} + \Delta h(x,y_g) \tag{8.82}$$

因此，给定一个 IPD 分布图 $\phi_{fg}(x,y_g)$，乘以式(8.80)中的尺度因子，可以得到 SAR 图像中每个像素对应的高程分布，但整体可能存在一个未知的偏移。也就是说，使用 IFSAR 技术可以得到随空间位置而变化的相对高程。

式(8.82)描述了在给定俯视角 ψ 附近的高程分布，俯视角 ψ 意味着一个确定的地平面范围。如果地形非常平坦，IPD 将依然随着距离改变，这是因为 ψ 也会随着距离改变。平坦地形条件下，IPD 随距离的变化量称为平地干涉相位差 $\phi_{fg}^{\text{FE}}(x,y_g)$。为了在每个距离单元上得到相对于同一参考水平面的高度，在依比例决定高度之前，必须从测量的 IPD 中减去平地 IPD。

考虑到雷达信号处理机仅能测量复信号虚部和实部比值的反正切函数值，所以得到的也只能是缠绕的干涉相位差 $((\phi_{fg}))_{2\pi}$，这里算术符号 $((\cdot))_{2\pi}$ 表示以 2π 为模。因此，干涉处理得到的 $\Delta\phi_{fg}$ 也以 2π 为模。

IFSAR 干涉处理所需要的两幅同一场景的复图像，可以通过两种方式获得。前面所讨论的就是其中一种，即单航过 IFSAR，此时雷达需要有两个接收孔径接收回波信号，这样使得可以一次航过获得成像所需要的两组数据。这种方法的优点是操作简单，两个孔径的轨迹很

容易对齐,并且没有两次航过的场景去相干问题。双航过 IFSAR 可以使用传统的单天线 SAR, 两次独立地飞过同一场景来实现。此时,两次轨迹要求进行严格的对齐处理,以形成一个固定的基线 B,这对于星载 SAR 比较容易,但对于机载 SAR 却比较困难。双航过 IFSAR 的主要优势是可以较方便地利用现有的传统单天线 SAR 系统。

8.6.2 IFSAR 处理步骤

为得到 IFSAR 的干涉相位图,需要如下几个主要处理步骤。

- 对原始数据进行成像处理以获得两幅独立的 SAR 图像 $f[l,m]$ 和 $g[l,m]$;
- 图像配准;
- 干涉处理获得缠绕的干涉相位图 $((\phi_{fg}[l,m]))_{2\pi}$;
- 对干涉相位图进行平滑处理,减少相位噪声;
- 二维相位解缠绕,从而由 $((\phi_{fg}[l,m]))_{2\pi}$ 获得 $\phi_{fg}[l,m]$;
- 由解缠绕后的 $\phi_{fg}[l,m]$,反演场景高程图 $\Delta h[l,m]$;
- 基于高程信息进行像素位置校正(图像校准),补偿 SAR 图像的混叠现象。

SAR 成像处理可使用任何一种适合场景的成像算法。因为高程测量利用的是两幅图像的同一个像素的相位差,所以必须保证干涉处理是在对应像素之间进行的。两个不同的接收孔径在空间细微的几何偏移,会导致图像间的相对形变,所以干涉处理前需要进行图像配准。有关图像处理的文献给出了较多图像配准方法,其中之一在 IFSAR 处理里较常用,即取出图像中的一系列小块子图像,利用子图像与对应子图像做互相关处理,以得到一个所谓的扭曲函数。这个方法的原理如图 8.39 所示。实际处理中的重采样过程常用较简单的双线性插值来完成。文献 Jakowatz 等(1996)给出了处理的详细过程。如果图像已配准,则很容易计算出缠绕的相位图为

$$((\phi_{fg}[l,m]))_{2\pi} = \arg\{f[l,m]g*[l,m]\} \tag{8.83}$$

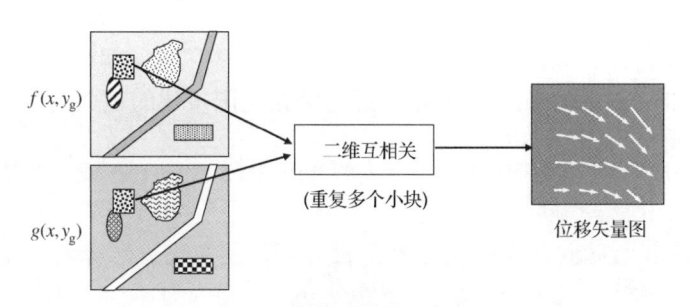

图 8.39 SAR 图像对缠绕函数的产生方法

此时常用局部平均处理来达到对干涉相位图降噪的目的,局部平均一般使用 3×3、5×5 或 7×7 的滑窗,但这样做往往会损失相位图的空间分辨率,最终导致高程图的分辨率损失。

从 $((\phi_{fg}[l,m]))_{2\pi}$ 中恢复 $\phi_{fg}[l,m]$ 的二维相位解缠绕处理是 IFSAR 的核心处理步骤。许多二维信号处理过程可以通过分解成两个一维信号的处理过程来实现,如二维 FFT 运算,但是二维相位解缠绕无法分解为两个分别沿行和列的一维运算。二维解缠绕是一个热点研究领域,文献 Richards(2013)对此做了简短的介绍,文献 Ghiglia 和 Pritt(1998)给出了较全面的讨论。绝大多数解缠绕方法可以归结为路径跟踪的相位解缠绕方法或者最小范数的相位解缠绕方法中的一

种。后者常基于快速变换技术实现。最小范数的相位解缠绕算法的一个例子是离散余弦变换(DCT)方法(Ghiglia 和 Romero, 1994)。这种算法最终得到的解缠绕相位函数具有这样的性质,即可使该函数对应的缠绕相位函数和原始缠绕相位函数得到的两个梯度函数的均方误差最小。

一开始,此算法分别沿距离维(l)和横向维(m)计算原始缠绕相位历程数据的缠绕梯度,利用得到的两个梯度函数求得"引导函数"$d[l,m]$,即

$$\Delta y_g[l,m] \begin{cases} \left(\left(\left((\phi_{fg}[l+1,m])\right)_{2\pi} - \left((\phi_{fg}[l,m])\right)_{2\pi}\right)\right)_{2\pi}, & 0 \leq l \leq L-2, \ 0 \leq m \leq M-1 \\ 0, & \text{其他} \end{cases}$$

$$\Delta x_g[l,m] \begin{cases} \left(\left(\left((\phi_{fg}[l,m+1])\right)_{2\pi} - \left((\phi_{fg}[l,m])\right)_{2\pi}\right)\right)_{2\pi}, & 0 \leq l \leq L-1, \ 0 \leq m \leq M-2 \\ 0, & \text{其他} \end{cases}$$

$$d[l,m] = (\Delta y_g[l,m] - \Delta y_g[l-1,m]) + (\Delta x_g[l,m] - \Delta x_g[l,m-1]) \tag{8.84}$$

将引导函数 $d[l,m]$ 的二维 DCT 记为 $D[k,p]$。对滤波后的 DCT 谱做逆 DCT 变换,得到解缠绕相位的估计值为

$$\hat{\phi}_{fg}[l,m] = \text{DCT}^{-1}\left\{\frac{D[k,p]}{2\left[\cos\left(\frac{\pi k}{M}\right) + \cos\left(\frac{\pi p}{N}\right) - 2\right]}\right\} \tag{8.85}$$

将上式代入式(8.80),即可获得地面高程图 $\Delta h[l,m]$。

采用一座小山的仿真地面场景,简单验证上述算法,起伏场景的轮廓如图 8.40 所示。图中的二维函数是由两个一维汉宁窗函数相乘得到的。通过仿真单航过 IFSAR 数据,最终得到如图 8.41(a)所示的缠绕干涉相位图。此外,在场景中一小块矩形区域的数据中人为地加入噪声,以仿真一小块低反射率或成像质量较差的区域。直接利用式(8.84)和式(8.85)计算得到解缠绕后的干涉相位估计图,如图 8.41(b)所示。即使在带噪区域,解缠绕处理仍是有效的。尽管在带噪区域,高程估计存在误差,但是,解缠绕相位图重建的地面高程还是精确重构了小山的高度轮廓图。

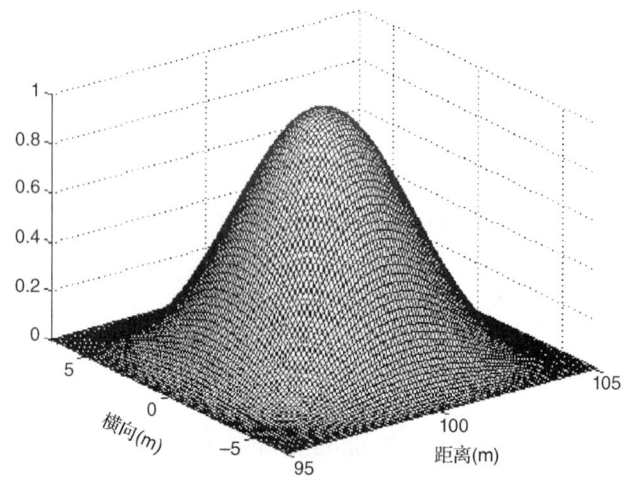

图 8.40 仿真的地形高程图

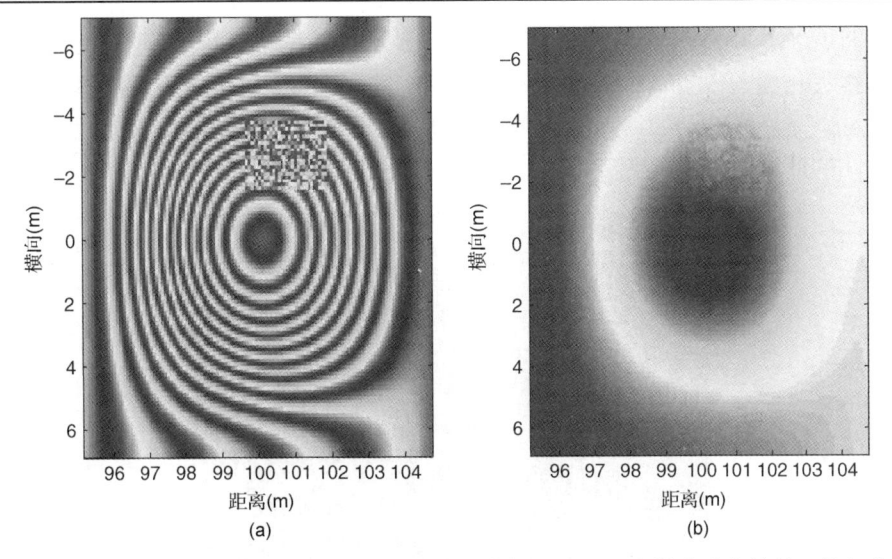

图 8.41 在仿真的地形高程图数据上叠加一小块带噪数据后,基于离散余弦变换的二维相位解缠绕处理实例。(a)缠绕的相位图;(b)估计得到的解缠绕后的相位图(由 Will Bonifant 授权使用)

IFSAR 处理得到的仅是场景的相对高程变化。绝对高程值可以通过很多方法估计得到,其中最常用的简单方法是,利用场景内的已知参考点,由相对已知参考点的高程值很容易得到绝对高程值。另外一种方法类似于常用的解距离和多普勒模糊的多重频法,使用两幅具有不同高程反演尺度因子的干涉相位图,获得不同的高程模糊间隔。具有不同反演尺度因子的多幅图像至少需要由两种不同的方式得到。如果雷达系统发射信号的带宽超出了预期距离分辨率所需的带宽,则快时间域带宽可以一分为二,然后分别在半带宽频域所对应的数据上进行 IFSAR 处理。两组数据的中心波长不同,导致式(8.80)对应的两个高程反演尺度因子不同。如果雷达系统拥有 3 个或 3 个以上的接收孔径,此时可以考虑使用另一种方法得到绝对高程,即利用第一和第二个孔径的数据得到 IFSAR 的一个高程图,利用第一和第三个孔径的数据得到另一个高程图。由于两组基线不同,所以导致式(8.80)也产生两个不同的尺度因子。

IFSAR 处理的最后一步是图像校正,即校正由于 SAR 图像的混叠现象引入的像素点相对真实位置的偏离。对图像中的每个像素点 $f[l,m]$,利用其高程值 $\Delta h[l,m]$ 可以得到该像素在地平面的偏移量 $-\Delta h \tan \psi$。然后,通过重采样(插值),沿雷达波束方向将每个像素移动 $+\Delta h \tan \psi$ 至真实位置[①]。

图 8.42 是位于美国 Ann Arbor 的密歇根大学露天足球场周边区域,经过 IFSAR 高程校正过的一副 SAR 图像。图像的灰度和高度是相关的,颜色越浅代表物体越高。可以清晰地观察到,在二维图像里露天足球场上方的树木比其左方的树木高,以及露天足球场的运动场地明显低于周围的地势。

两张图像 $f[l,m]$ 和 $g[l,m]$ 的相干性是衡量 IFSAR 质量和描述误差来源的一个重要指标。相干性是像素间的相关系数,典型定义为

$$\gamma = \frac{\mathrm{E}\{f \cdot g^*\}}{\sqrt{\mathrm{E}\{|f|^2\} \mathrm{E}\{|g|^2\}}} \tag{8.86}$$

---

① 如果雷达工作在斜视模式下,则图像在横向也存在混叠现象,从而移动校正图像必须在两个维度进行(Jakowatz 等,1996)。

在没有误差的情况下，$|\gamma|=1$，并且对每一个像素有 $\arg\{\gamma\}=\phi_{fg}$。由于附加的噪声、场景时间失相关、基线失相关，以及其他一些因素导致真实的相干性的值是一个随机的变量。总的来说，相干性可以受许多不同的误差因素影响。总的相干性越高，IFSAR 高度估值越准确。一般地，相干性的计算值为 0.6 及以上时，是令人满意的。

图 8.42　位于美国 Ann Arbor 的密歇根大学足球场周边区域，经过 IFSAR 高程校正过的 SAR 图像（由 GDAIS 授权使用）

受热噪声影响的相干性可表述为

$$\gamma_{\text{noise}} = \frac{1}{1+\chi^{-1}} \tag{8.87}$$

上式可以描述热噪声和量子噪声的影响，信噪比（SNR）为 10 dB 时的噪声相关性为 $\chi_{\text{noise}}=0.91$。另一个降低相干性的主要因素是基线失相关，这涉及两个雷达稍微不同的观测角度对给定杂波区域 RCS 的影响。这就是第 2 章介绍的多散射点目标的 RCS 去相关效应。式 (2.62) 中的角度失相关间隔可以用来确定临界垂直基线 $B_{c\perp}$，这会导致两个图像完全失相关（Richards, 2013）。"垂直"表示基线分量垂直视线方向。由于真实的垂直基线 $B_{\perp}$ 产生的临界垂直基线和相干性分别为

$$\gamma_{\text{baseline}} = 1 - \frac{B_{\perp}}{B_{c\perp}}, \quad B_{c\perp} = \frac{\lambda R}{\Delta R \cdot \tan\psi} \tag{8.88}$$

希望设计出的系统满足 $B_{\perp} \ll B_{c\perp}$。

另一个导致失相关的因素是双航过系统的时间失相关，也是星载 IFSAR 中的主要问题。大气状况也会影响 IPD 相干性，在双航过系统中，两次航过电磁波传播路径中的水蒸气量和分布的不同，导致传播路径中的时延不同，进而直接导致相位的不同。例如，下雨这样的天气状况会减小反射的量和 SNR，增加天气混乱的干扰，这些都会影响单航过和双航过系统。

低相干性的影响可以通过平均多视处理来弥补。可以采用许多相同的平均处理技术，例如，对数据进行子带分割，对多个低分辨率 IFSAR 图像求平均，或者对 IPD 做空间平均等，以弥补相干斑噪声（见 8.7.3 节）。

两幅 SAR 图像的相对相位差也可用于其他用途(Richards，2013)。常规的 IFSAR 假设成像场景本身没有任何变化，从而干涉相位差仅由两次不同视角观察到的高度变化量决定。另一个越来越引起研究重视的应用是相干变化检测(CCD)。CCD 比较是沿同样轨迹，但在不同时间录取的数据所成的两幅 SAR 图像，两次录取数据的间隔时间从几分钟到几小时，甚至很多天不等。对于两幅图像中在数据录取间隔时间内复反射率没有变化的像素，其像素间的相关系数接近于 1，而对于间隔时间内有变化的像素，其对应的相关系数则接近于 0。这样，由像素间相关系数所成的图就可以清晰表明所观测区域的动态情况。此外，地形运动检测也可以计算两幅复图像间的相关系数。然而，由于它假设两次数据录取间隔时间内每个像素的复反射率没有变化，因此任何复图像的变化都归结为场景地形高度的变化，且应用中的两次录取数据的间隔时间以天计，甚至以年计。地形运动检测技术已经被用于诸如冰河移动、陆地沉降、火山活动和地震活动等研究中。

8.7 其他考虑

8.7.1 SAR 运动补偿和自聚焦

当雷达平台沿 x 轴的横向位置为 $u = vt$ 时，暗含的假设条件是雷达平台以直线水平航线等速度飞行。实际中，该假设不可能完全满足，尤其对于机载雷达系统，大气湍流、飞机小的机动、航向修正、平台振动，以及天线伺服系统瞬时运动等，类似的效应均会使得雷达天线相位中心偏离理想轨迹。然而，基于式(8.27)或任一种它的近似表达式的 SAR 成像处理算法，在设计过程中却使用了这个假设条件。由于真实斜距历程 $R(u)$ 不同于成像处理算法设计的斜距模型，所以预设的点散布函数不再适用于实际录取的 SAR 数据。这些由于飞行平台偏离理想航线所引入的差别将以相位误差的形式出现在处理过程中。

假设雷达发射的信号波形可以写成 $A\exp(j2\pi Ft)$ 的形式，在某个慢时间时刻，雷达距某个散射点的距离记为 R，则接收的回波为

$$y(t) = A' \exp\left[j2\pi F\left(t - \frac{2R}{c}\right)\right] \tag{8.89}$$

其中，A' 表示雷达作用距离方程决定的所有增益系数。假设雷达天线相位中心由于某种原因偏离理想航线一段距离，记为 ε，则雷达接收的回波变为

$$\tilde{y}(t) = \tilde{A} \exp\left[j2\pi F\left(t - \frac{2(R-\varepsilon)}{c}\right)\right] = \frac{\tilde{A}}{A} \exp\left[-j4\pi \frac{\varepsilon}{\lambda}\right] y(t) \tag{8.90}$$

由于 ε 是个很小的值，所以上式中的幅度比值很接近于单位 1，这样，运动误差的主要影响是对数据的相位扰动。给定脉冲的快时间采样值按照相同的一个相位因子旋转。

因此，运动补偿的任务就是估计出斜距偏离量 ε，然后校正数据的误差相位，即

$$\hat{y}(t) = \exp\left[+j4\pi \frac{\varepsilon}{\lambda}\right] \tilde{y}(t) \approx y(t) \tag{8.91}$$

上述补偿处理的困难是在要求的精度下估计出 ε。$\lambda/4$ m 的误差偏移量(在 X 波段为 0.3 英寸)对应的双程距离变化量为 $\lambda/2$ m，即 180°的相位反转。因此，为了使相位误差的影响降

到最小，轨迹偏移量的估计精度必须达到波长的一个很小比例。有两个因素在某种程度上使此高精度估计的难度有所降低。首先，飞行轨迹的整体偏移无关紧要，此时所有数据均增加同一个复常数，该复常数对聚焦质量没有影响，对聚焦质量有重要影响的仅仅是偏移量的波动。其次，任何一个聚焦好的 SAR 图像像素仅受到合成孔径时间内数据的影响，而大多数 SAR 系统的合成孔径时间量级在几十分之一秒到几秒之间。航线的长期偏移不影响 SAR 图像聚焦[①]。

以相位误差在慢时间域的变化快慢为标准，相位误差总可以被成两类，即高频相位误差和低频相位误差(Lacomme 等，2001)。低频误差的重复频率较合成孔径时间更长，因此，低频误差的任何周期性成分在成像中表现并不明显。高频相位误差被进一步分为确定性误差和类噪声误差两类。其中，确定性误差的周期性结构在合成孔径时间内是明显的。低频误差会产生孔径内的相位调制，同时影响 SAR 的分辨率、增益和点散布函数在横向维的精确度。例如，一个线性相位误差分量在效果上等效于未补偿的多普勒频移，根据式(8.38)，它会使得散射点目标在 SAR 图像上的横向位置发生偏移。而二次相位误差所引入的分辨率和处理增益的损失的例子如图 8.23 和图 8.25(a)所示。相位误差谱的高频分量主要影响点散布函数的波形细节和旁瓣电平。表 8.2 给出了几个重要相位误差源对 SAR 成像的主要影响。

表 8.2 各种相位误差对 SAR 点散布响应函数的影响

相位误差分类	对点散布响应函数的主要影响
低频	
线性	横向偏移
二次	主瓣加宽，幅度损失
立方	主瓣不对称且横向偏移
高频	
确定性周期	离散"成对"高旁瓣
随机	增大旁瓣电平

通过估计雷达平台在每个合成孔径慢时间位置偏离理想航线的误差量 $\varepsilon(u)$，可以校正上述相位误差，而雷达的位置估计可以利用位置测量系统实现，在高分辨场合还可以使用基于回波数据的自聚焦算法。雷达位置估计通过图 8.43 所示的运动补偿系统的部分或全部功能结构实现。飞机或航天器上的惯性导航系统(INS)的数据是对偏离等速直线航线误差量的第一层次的估计，需要指出 INS 的测量是基于雷达平台质心，而不是天线相位中心的。更高精度的系统会在天线上方加装一个惯性测量单元(IMU)(Kennedy，1988a)。IMU 可以更精确地测量到天线相对于机身的运动，而测量的相对运动不仅包括天线正常的扫描，还包括了振动和机身的变形导致的天线位置变化。惯性天线装置也能用于保持天线相位中心的尽可能稳定。如基于雷达多普勒速度估计器和全球定位系统(GPS)等的其他非运动学原理的估计方法，也可以用到雷达运动补偿中。在如图 8.43 的功能构成图中，INS 向 IMU 提供初始姿态的参考数据，而 IMU 数据被送往雷达数据处理器(RDP)进行处理，从而补偿 IMU 和 INS 之间的类杠杆关系的位置偏差。INS 和经过校正的 IMU 位置估计的差值，被输入到卡尔曼传输对齐滤波器，其输出再被反馈到 IMU 来更新其状态。此处的卡尔曼滤波器一般会达到 20 阶。经过更新的

[①] 但是，长期偏移量对 SAR 图像理解也许是很重要的。有时为了攻击或研究的需要，需要对 SAR 图像中检测到的目标或陆地特征进行精确地理定位，此时对雷达平台的绝对位置信息的掌握就是很重要的。

IMU 状态再被输入到运动补偿计算机，后者利用这些数据计算位置误差 ε 及相应的相位校正量。一般运动补偿计算机也产生天线指向控制命令来稳定雷达波束视线。

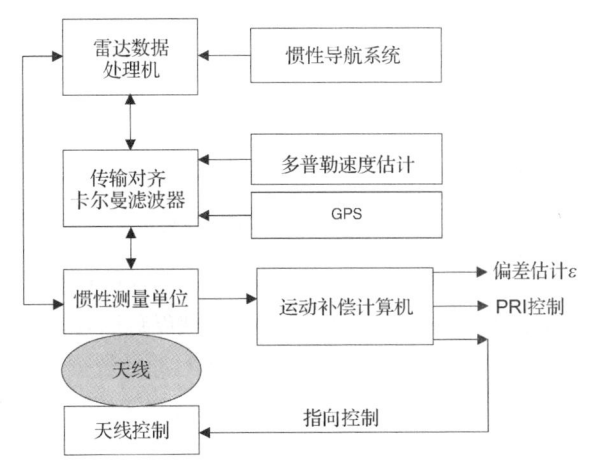

图 8.43 运动补偿模块的一般功能框图

各种 INS/IMU 误差导致的运动补偿的误差是可以预先估算的，表 8.3 就是一个例子 (Kennedy，1988b)。该分析使用的参数为：合成孔径时间为 2 s，平台运动速度为 152 m/s，雷达至场景最近边距为 37 km，重力加速度为 9.8 m/s², 视线加速度为 3 m/s²，这些参数表明在中心频率为 10 GHz 时，横向分辨率为 1.8 m。在这个例子中，总体相位误差为 0.67 rad，远在先前给出的 $\pi/2$ 的标准以下。由于各种误差导致的最终相位误差的加权因子均为 T_a^2/λ，所以当雷达载频增大，尤其当成像分辨率要求提高而加大合成孔径时间时，整体误差会更逼近所允许的误差边界。由于速度误差与距离有关，所以速度误差导致的相位误差(简称速度相位误差)在近距离处表现得更占统治地位；而在远距离处，则是由其他因素引入的相位误差更明显。另外一种基于经纬度方向运动误差的误差分析方法见文献 Lacomme 等(2001)。

表 8.3 运动补偿误差预算

误差源	1σ 值			二次相位误差公式 (rad)	二次相位误差 (rad)
	INS	IMU	和的平方根(RSS)		
横向速度误差 v_e (m/s)	0.24	0.06	0.247	$\dfrac{\pi v v_e T_a^2}{\lambda R_0}$	0.43
LOS 加速计偏差 A_b (μg)	70	80	106.3	$\dfrac{\pi A_b T_a^2}{2\lambda}$	0.22
平台倾斜 α (mrad)	0.2	0.1	0.22	$\dfrac{\pi \alpha a g T_a^2}{2\lambda}$	0.45
轴线加速计比例因子误差 s (PPM)	150	150	212	$\dfrac{\pi s A T_a^2}{2\lambda}$	0.13
总 RSS 二次相位误差(rad)					0.67

注：数据来源于文献 Kennedy(1988b)。

除了估计轨迹位置偏差 ε，运动补偿系统一般还输出另外两种控制信号。第一种用于精确脉冲重复间隔(PRI)调整，这是为了实现沿速度矢量方向，即 x 或者 u 维的均匀采样。该技术使得在高分辨系统中，为获得慢时间域均匀采样而进行的数据插值不再是必需的。第二种控制信号主要应用于斜视或聚束式 SAR，其相对于场景中的一个参考点计算距离走动，然后相应地改变相对脉冲发射时刻到接收机 A/D 采样装置开始快时间采样时刻的时延值,时延值大小的选择目标是使得该参考点的回波数据记录在同一个距离单元(一般是在成像场景的中心)中,其中参考点一般选择场景中心线上的点。此技术称为参考点运动补偿方法,可以有效地降低或完全省掉进行距离走动校正所需的计算量。上述两种技术对接收机控制要求更复杂。

8.7.2 自聚焦

在高分辨 SAR 系统中,前面讨论的运动补偿系统也许提供不了足够精确的相位校正,从而无法获得好的图像质量。自聚焦算法致力于估计出运动补偿后的数据中的剩余相位误差,从而进行补偿以提高图像质量。有几种算法已被提出,想总体了解这些算法,可以见文献 Carrara 等(1995)。两种常用的代表性算法是图像偏移(MD)和相位梯度算法(PGA)。MD 类算法中最基本的一种是针对二次相位误差校正而设计的。该算法将 SAR 原始数据一分为二,即合成孔径的前半段数据和后半段数据,然后分别利用两块数据成像,以得到两幅较低分辨率的图像。如果存在二次相位误差,两幅图像中的峰值点均会偏离正确位置,但偏离的方向在两幅图像中正好相反。对这两幅图像进行互相关处理得到一个峰值,其偏离原点的值直接正比于剩余二次相位误差的大小。此后,用估计出来的相位误差的共轭去补偿整个数据块的相位,再对补偿后的整个数据块进行 SAR 成像处理获得 SAR 图像。这个方法可以补偿高达几十弧度的相位误差。改进的 MD 算法通过将数据分成两个以上的子孔径,可以具有估计更高阶多项式的相位误差项的能力。

对简单 MD 算法的基本分析可以总结如下。假设在一个慢时间域的相位历程序列 $y[m]$ 上叠加一个二次相位误差序列,得

$$y'[m] = y[m]\exp\{j4\alpha[m-(M-1)/2]^2/(M-1)^2\}, \quad 0 \le m \le M-1 \tag{8.92}$$

式中,α 表示二次相位误差的最大值,发生在序列 $y'[m]$ 的两端。为了分析方便,不失一般性地假设 M 为偶数,并定义两个子序列如下:

$$\begin{aligned} y'_1[m] &= y'[m], & 0 \le m \le M/2-1 \\ y'_2[m] &= y'[m+M/2], & 0 \le m \le M/2-1 \end{aligned} \tag{8.93}$$

$y'_1[m]$ 所含的相位误差可以分解成一个关于 $y'_1[m]$ 中点对称的二次分量和一个线性分量,后者其实就是 $y'_1[m]$ 相位曲线上连接头尾采样点的直线。该线性分量可以直截了当地写为

$$\phi_{1\text{lin}}[m] = \alpha - \left(\frac{2}{M-2}\right)\left(1-\frac{1}{(M-1)^2}\right)\alpha m \equiv \alpha - \alpha' m \tag{8.94}$$

类似地,$y'_2[m]$ 的误差相位项也可分解成一个二次分量和一个线性分量,其中,二次分量与 $y'_1[m]$ 的相等,线性分量和 $y'_1[m]$ 的符号相反(见习题 27)。由于这两个序列均是原序列 $y'[m]$ 的一半,所以它们的 DTFT 的形状相似。但线性相位项将使得 $y'_1[m]$ 和 $y'_2[m]$ 的 DTFT 序列分别移动 $-\alpha' K/2\pi$ 和 $+\alpha' K/2\pi$ 个采样单元,其中 K 表示 DFT 的点数。因此,对 $Y'_1[k]$ 和 $Y'_2[k]$ 做互相关操作,将会在 $k_0 = \alpha' K/\pi$ rad 处产生一个尖峰。这样二次相位误差系数 α 可以由产生的谱互相关峰估计得到,即

$$\begin{aligned} \alpha' &= \frac{\pi k_0}{K} \\ \hat{\alpha} &= \left(\frac{M-2}{2}\right)\left(1-\frac{1}{(M-1)^2}\right)^{-1}\alpha' \end{aligned} \tag{8.95}$$

实际中，由于相位误差中的非二次分量和数据中噪声的影响，上式的估计结果不可能十分精确。经过校正后的数据序列可以写为

$$\hat{y}[m] = \hat{y}[m]\exp\{-j4\hat{\alpha}[m-(M-1)/2]^2/(M-1)^2\}, \quad 0 \leq m \leq M-1 \tag{8.96}$$

MD 自聚焦算法在使用时一般进行迭代处理，迭代处理次数在 3～6 次之间。当估计的最大相位误差小于 $\pi/2$ 时（或者其他合适的要求阈值），迭代结束。

图 8.44 利用实测数据演示了 MD 算法的效果。将图 8.44(a) 的原始 SAR 图像经过傅里叶变换，可以得到一个仿真距离压缩相位历程域的 SAR 数据，且在对数据的方位向进行傅里叶变换操作前，图像中的每个像素值都会被添加一个随机相位。然后，在方位向数据中注入一个仿真的二次相位误差，该误差在合成孔径时间内的最大误差达到 5π rad。对此仿真含噪数据进行成像处理，得到严重模糊的 SAR 图像，如图 8.44(b) 所示。图 8.44(c) 是对模糊图像进行自聚焦处理后得到的结果。图 8.44(d) 为原始图像和自聚焦处理后所得图像的差图像。尽管近距离观察可以看到差图像和原始图像之间有一定关联，但是差图像的近似均匀性肯定了相位误差校正的效果。

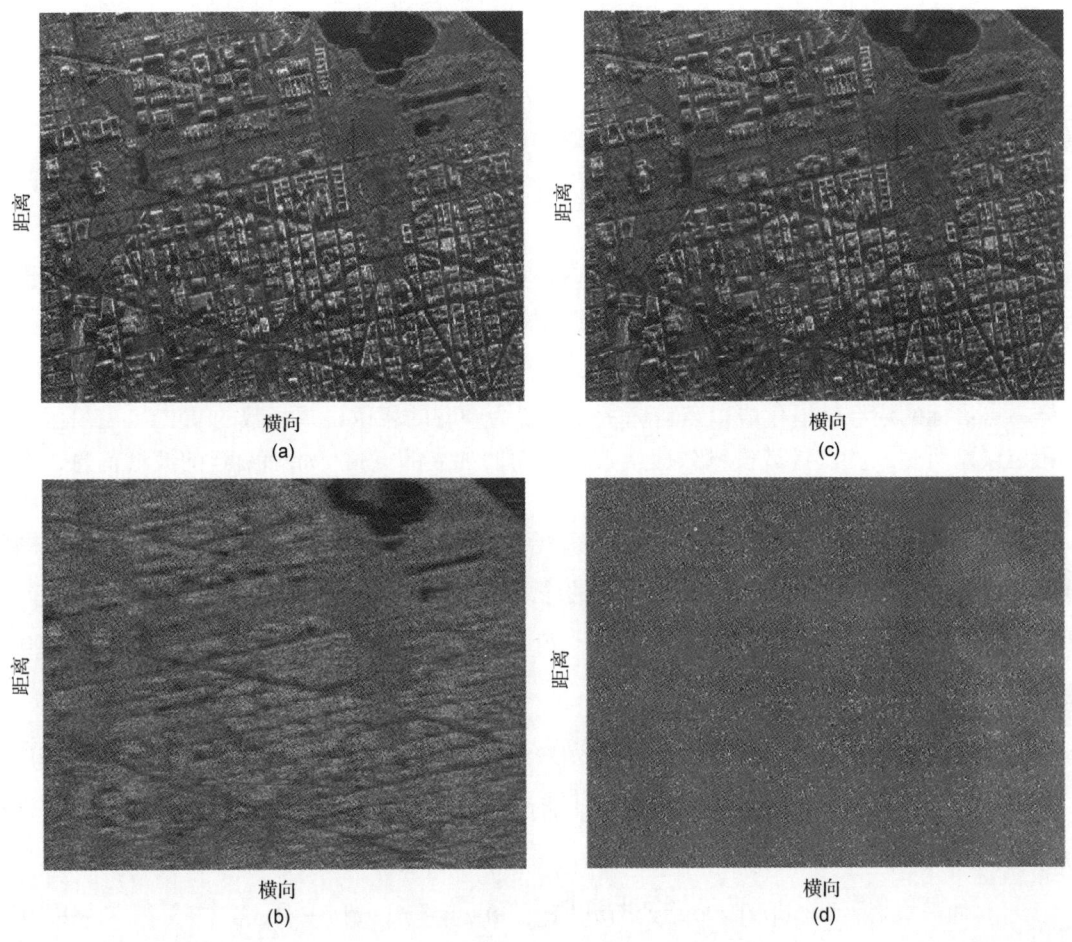

图 8.44 图像偏移自聚焦处理实例。(a) 原始图像；(b) 原始数据中加入仿真的二次相位误差噪声后的成像结果；(c) 图像偏移自聚焦处理后的 SAR 图像；(d) 误差图（原始图像由美国圣地亚国家实验室授权使用）

PGA（Carrara 等，1995；Wahl 等，1994）没有使用相位误差具有多项式形式的假设，所以得到的性能似乎更优，且更具鲁棒性。PGA 利用场景中最强的散射点来估计实际的横向维的

相位函数，再在数据上乘以相应的补偿相位函数。该算法通过对横向维数据进行 FFT 操作，将 SAR 图像变换到 (K_u, R) 域(距离-横向波数域)，从图像中估计相位误差的一阶导数。对此相位误差导数积分，再得到真实的相位误差函数，而后对数据进行相位补偿。类似于 MD 算法，PGA 算法通常也使用迭代方式。

对 PGA 算法的简单分析可以进一步了解其操作过程。PGA 算法假设模糊的复图像的每行数据(对应横向维)中有唯一特显点存在，即该点的能量占绝对地位。考虑任一距离单元，并且假设该距离单元内的特显点位于 $k = k_0$ 处。该距离单元的复图像域数据模型为

$$f[k] = A\delta[k - k_0] + w[k] \tag{8.97}$$

其中，$w[k]$ 是一个随机过程，表示来自其他散射点的杂波。特显点的幅度 A 和横向位置 m_0 随距离门不同而有所变化，但为了表示简洁，省略了表示不同距离单元的下标 l。如果 SAR 成像处理的横向压缩算法，可以近似为距离压缩相位历程数据的傅里叶变换(通过 K 点 DFT 实现)，则忽略杂波后，相应的相位历程数据 $y[m]$ 就是图像横向维的逆傅里叶变换，即有

$$y[m] = \text{IDFT}\{f[k]\} = \frac{A}{K}\exp\left[j\frac{2\pi}{K}k_0 m\right] \tag{8.98}$$

上式表示没有相位误差情况下的相位历程。当存在相位误差 $\phi[m]$ 时，$y[m]$ 被相位误差调制函数 $\exp(j\phi[m])$ 调制为

$$y'[m] = \exp\{j\phi[m]\}y[m] = \frac{A}{K}\exp\left\{j\frac{2\pi}{K}k_0 m\right\}\exp\{j\phi[m]\} \tag{8.99}$$

用 $e[k]$ 表示相位误差调制函数 $\exp(j\phi[m])$ 的 DFT。含有相位误差的相位历程数据的 DFT 即为实际可见的复横向图像切片。应用 DFT 的调制性质，得

$$f'[k] = \text{DFT}\{y'[m]\} = A \cdot e[k - k_0] \tag{8.100}$$

这样，点目标的成像就退化成以点目标所在位置为中心的相位误差函数的 DFT。$e[k]$ 因此成了相位误差所引入的图像域模糊效应函数，从而使独立的点目标带有 $e[k]$ 的波形信息，即带有相位误差函数 $\phi[m]$ 的信息。

PGA 算法从找到 $|f'[k]|$ 的峰值幅度点开始，假设该峰值就在 $k = k_p$ 处。然后，横向图像域切片数据向左圆周移位 k_p 个点，得到新的序列为

$$f'_p[k] = A \cdot E[k - k_0 + k_p] \tag{8.101}$$

相应的 IDFT 为

$$y'_p[m] = \frac{A}{K}\exp\{j\phi[m]\}\exp\{j2\pi(k_0 - k_p)m/K\} \tag{8.102}$$

下一步是估计 $y'_p[m]$ 的相位梯度。一个简单的最大似然估计器为一阶差分(Jakowatz 和 Wahl, 1993)，即

$$\Delta\phi[m] = \arg\{y'_p{}^*[m-1]y'_p[m]\} \approx \phi[m] - \phi[m-1] \tag{8.103}$$

相位误差可以通过对梯度函数进行积分得到，即

$$\hat{\phi}[m] = \begin{cases} 0, & m = 0 \\ \sum_{q=1}^{m}\Delta\phi[q] & \text{其他} \end{cases} \tag{8.104}$$

利用估计得到的补偿相位可以校正原始慢时间域的相位历程数据，即

$$\hat{y}[m] = y'[m]\exp\{-j\hat{\phi}[m]\} \tag{8.105}$$

最后，通过 DFT 回到图像域，就得到了消掉模糊的图像切片，即

$$\hat{f}[k] = \mathrm{DFT}\{\hat{y}[m]\} \tag{8.106}$$

如果得到的 $\hat{\phi}[m]$ 是 $\phi[m]$ 的一个精确估计，则该式 DFT 的结果应为

$$\hat{f}[k] \approx A\delta[k - k_p] \tag{8.107}$$

需要指出，如果模糊效应函数 $e[k]$ 在原点不具有峰值，则 $k_p \neq k_0$，且校正后的图像切片仍会相对真实位置移位 $k_p - k_0$ 个点。这对图像聚焦质量没有影响，但会影响后续的几何定位精度。

由于图像有很多行数据，且每一行均因同一相位误差函数而聚焦恶化，所以，通过单独处理每个距离单元的数据，可以获得各自独立的相位误差估计。对所得误差估计进行距离单元平均操作，可以提高相位估计的信噪比。再次引入距离单元下标 l，完整的相位梯度估计值为

$$\begin{aligned}\Delta\phi[l,m] &= \arg\{y'^*[l,m-1]y'[l,m]\} \\ \Delta\phi[m] &= \sum_{l=1}^{L-1}\Delta\phi[l,m]\end{aligned} \tag{8.108}$$

图 8.45 基于一幅简单的合成图像演示了 PGA 的处理过程。图 8.45(a) 是在高斯白噪声背景下，具有不同幅度和相位的随机散布点目标的简单集合。含有二次、正弦曲线及噪声的相位误差（见图 8.46），叠加到图像数据横向 DFT 后的数据上，而后通过方位维的 IDFT 操作再次获得图像。如图 8.45(b) 所示的加误差后的成像结果在横向维存在严重模糊。应用 PGA 算法得到如图 8.45(c) 所示的校正后的图像。拖尾效应被彻底去除。

然而，仔细观察会发现所有的散射点向左移动了 3 个像素的位置，这是因为使用了特殊的相位误差函数 $\phi[m]$，其对应的模糊效应函数 $e[k]$ 在 $k = 3$，而不是在 $k = 0$ 处具有峰值。因此，在模糊的图像里，每个模糊的散射点的峰值向右移动了 3 个像素位置，即有 $k_p = k_0 + 3$。这就在 PGA 算法估计得到的相位误差函数 $\hat{\phi}[m]$ 上，增加了相当于 +3 像素位置位移的线性相位项。在补偿原始数据的相位时，会发生 −3 像素位置的移动。此效果可以在位置误差图像 8.45(d) 中清楚看到，其显示出了对应每个点目标在位置上分开 3 个像素的成对正负灰度的像素。

上述例子中使用的实际相位误差函数 $\phi[m]$ 如图 8.46 所示，图中同时给出了估计得到的相位误差，及其与实际相位误差的差异。因为这个简单的仿真同算法的假设条件高度匹配，所以处理中 PGA 算法仅须迭代一次。剩余相位误差完全落在了用水平虚线表示的 $\pm\pi/2$ 的范围内。

在处理实测数据中会遇到的一些细节问题在此还没有讨论。如前所述，PGA 算法一般需要迭代。类似于 MD 算法，PGA 算法通常只选择几组能量最强的距离单元数据进行处理。而且，该算法使用窗函数选取一个关于峰值像素对称的部分的横向切片数据。这样做的好处是可以减小噪声以及同一个距离单元内的其他强像素点的影响。选取窗的大小通常取决于模糊效应函数 $e[m]$ 的估计宽度，且其在每次算法迭代中需要更新（Jakowatz 等，1996）。

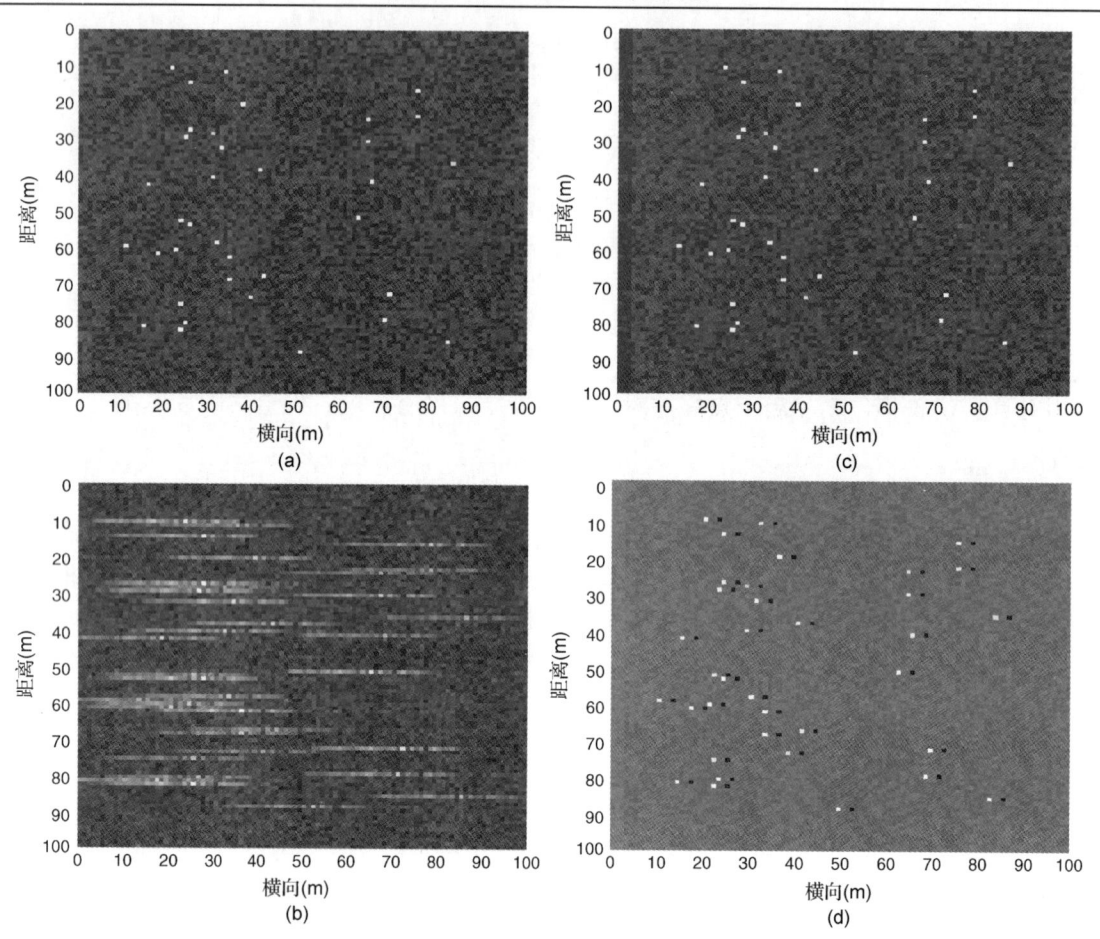

图 8.45 相位梯度自聚焦处理实例。(a)合成的散射点复图像;(b)在方位数据中叠加非多项式相位误差后的成像结果;(c)相位梯度法一次迭代处理后所成图像;(d)表现横向偏置的误差图

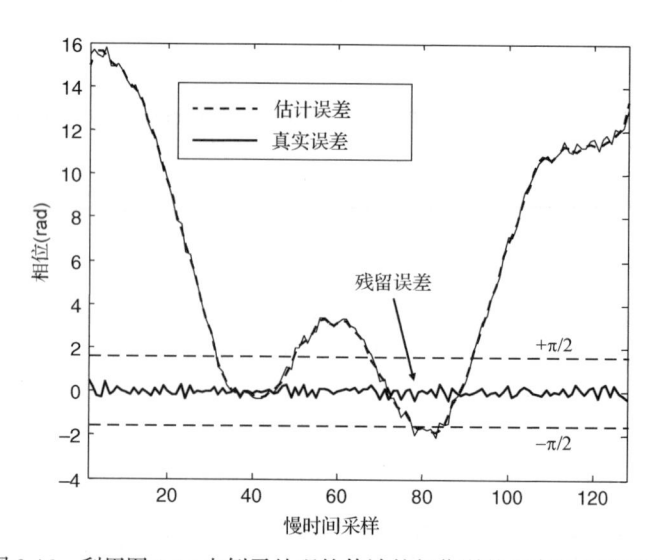

图 8.46 利用图 8.44 中例子处理的估计的相位误差和实际相位误差

8.7.3 相干斑抑制

同其他任何相干成像系统一样，SAR 图像会被相干斑噪声(speckle)污染，而相干斑是命名巧妙的一种乘性噪声。相干斑是在形成 SAR 图像一个像素所需的众多不同散射点子回波相干合成过程中的自然结果。如果雷达接收信号的实部和虚部(对应 I 和 Q 通道)的幅度分布均是高斯的，相位服从均匀分布，且当存在许多散射中心使得满足大数定理的条件时，那么如第 2 章所讨论的，像素的幅度将服从瑞利分布。因此，代表等相后向散射截面积 RCS(平均回波幅度)的地面区域的对应像素可能具有不同的像素幅度值。这样的起伏变化不是因为热噪声、量化噪声，或其他噪声引起的，但是由于对图像质量具有类似噪声的影响，所以称之为"噪声"。

相干斑噪声可以通过各种滤波和平均的方法进行抑制(Oliver 和 Quegan，2004)。最有效的方法之一是将同一场景的多个不相关子图像，或称为多个"视"，进行非相干相加处理。这个处理可以减小像素方差，即减小实际具有相同 RCS 的像素点间的幅度差异。非相干多视可以利用多次通过场景的航行获得。由于大气层的不稳定和有限的导航精度，机载系统很难获得良好对齐的多次航行。对于星载系统，飞行的轨道虽然是预先已知并工作稳定的，但是重复飞行需要大量的时间，以至于获取数据的时间很长。在单次航行中，非相干多视可以利用发射机频率或多极化通道实现。另一种方法充分考虑到在许多条带式 SAR 系统中，实际实现的合成孔径时间大于预期方位分辨率所要求的时间。在这种情况下，慢时间域数据可以分成多个子孔径，每个子孔径时间足够长，可以获得合适分辨率的图像(Cumming 和 Wong，2005)。每个子孔径成像后再非相干叠加。通常，实现相干斑的有效抑制须使用 4~10 个视数。

图 8.47(a) 和图 8.47(b) 验证了通过 10 个仿真视数所获得的图像增强效果。如果无法获得多个视数，则可以通过对高分辨率图像中相邻像素进行平滑滤波的方法，达到抑制相干斑的目的，所得图像的分辨率虽然有所降低，但相干斑可以得到有效抑制，平滑滤波所用的窗可以是 3×3 或 5×5 的，处理效果如图 8.47(c) 所示。图 8.47(d) 是对单视 SAR 图像进行 3×3 加窗的中值滤波处理后的结果。中值滤波方法牺牲的分辨率小于空间平滑处理方法。此外，还有多种自适应滤波及统计类方法可以用于相干斑噪声抑制处理(Oliver 和 Quegan，2004；Richards，2009)。

(a)   (b)

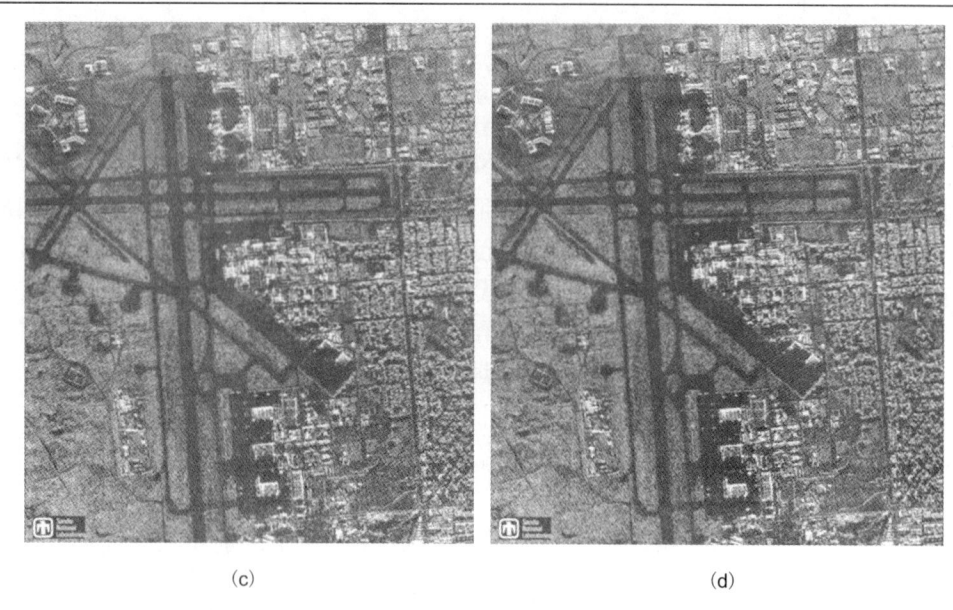

图 8.47 相干斑抑制。(a)自图 8.1(a)的仿真得到的单视含相干斑的 SAR 图像；(b)由 9 视图像非相干相加得到的全分辨率图像；(c)利用 3×3 窗进行空间平滑滤波得到的部分分辨率图像；(d)利用 3×3 窗进行中值滤波得到的图像(原始图像由美国圣地亚国家实验室授权使用)

参考文献

Ausherman, D. A., "Digital vs. Optical Techniques in Synthetic Aperture Radar (SAR) Data Processing," *Optical Engineering*, vol. 19, no. 2, pp. 157–167, Mar./Apr. 1980.

Ausherman, D. A., et al., "Developments in Radar Imaging," *IEEE Transactions on Aerospace & Electronic Systems*, vol. AES-20, no. 4, pp. 363–400, Jul. 1984.

Bamler, R., "A Comparison of Range-Doppler and Wavenumber Domain SAR Focusing Algorithms," *IEEE Transactions on Geoscience and Remote Sensing*, vol. 30, no. 4, pp. 706–713, Jul. 1992.

Brown, W. M., and L. J. Porcello, "An introduction to Synthetic-Aperture Radar," *IEEE Spectrum*, vol. 6, no. 9, pp. 52–62, Sep. 1969.

Cafforio, C., C. Prati, and F. Rocca, "SAR Data Focusing Using Seismic Migration Techniques," *IEEE Transactions on Aerospace & Electronic Systems*, vol. AES-27, no. 2, pp. 194–207, Mar. 1991.

Carrara, W. G., R. S. Goodman, and R. M. Majewski, *Spotlight Synthetic Aperture Radar*. Artech House, Norwood, MA, 1995.

Cook, D. A., "Spotlight Synthetic Aperture Radar," Chap. 6 in W. L. Melvin and J. A. Scheer, (eds.), *Principles of Modern Radar: Advanced Techniques*. SciTech Publishing, 2013.

Cumming, I. G., and F. H. Wong, *Digital Processing of Synthetic Aperture Radar Data*. Artech House, Norwood, MA, 2005.

Curlander, J. C., and R. N. McDonough, *Synthetic Aperture Radar: Systems and Signal Processing*. Wiley, New York, 1991.

Cutrona, L. J. et al., "On the Application of Coherent Optical Processing Techniques to Synthetic-Aperture Radar," *Proceedings of the IEEE*, vol. 54, no. 8, pp. 1026–1032, Aug. 1966.

Desai, M. D., and W. K. Jenkins, "Convolution Backprojection Image Reconstruction for Spotlight Mode Synthetic Aperture Radar," *IEEE Transactions on Image Processing*, vol. 1, no. 4, pp. 505–517, Oct. 1992.

Dudgeon, D. E., and R. M. Mersereau, *Multidimensional Digital Signal Processing*. Prentice Hall, Englewood Cliffs, NJ, 1984.

Elachi, C., *Spaceborne Radar Remote Sensing: Applications and Techniques*. IEEE Press, New York, 1988.

Franceschetti, G., and R. Lanari, *Synthetic Aperture Radar Processing*. CRC Press, New York, 1999.

Freeman, A., et al., "The Myth of the Minimum SAR Antenna Area Constraint," *IEEE Transactions on Geoscience and Remote Sensing*, vol. 38, no. 1, pp. 320–324, Jan. 2000.

Frey, O., C. Magnard, and M. Rüegg, "Focusing of Airborne Synthetic Aperture Radar Data from Highly Nonlinear Flight Tracks," *IEEE Transactions on Aerospace & Electronic Systems*, vol. AES-47, no. 6, pp. 1844–1858, Jun. 2009.

Ghiglia, D. C, and M. D. Pritt, *Two-Dimensional Phase Unwrapping: Theory, Algorithms, and Software*. Wiley, New York, 1998.

Ghiglia, D. C., and L. A. Romero, "Robust Two-dimensional Weighted and Unweighted Phase Unwrapping That Uses Fast Transforms and Iterative Methods," *Journal of Optical Society of America*, vol. 11, no. 1, pp. 107–117, Jan. 1994.

Gough, P. T., and D. W. Hawkins, "Unified Framework for Modern Synthetic Aperture Imaging Algorithms," *International Journal of Imaging Systems & Technology*, vol. 8, pp. 343–358, 1997.

Harger, R. O., *Synthetic Aperture Radar Systems: Theory and Design*. Academic Press, New York, 1970.

Henderson, F. M., and A. J. Lewis (eds.), *Manual of Remote Sensing, 3d ed., Vol. 2: Principles and Applications of Imaging Radar*. Wiley, New York 1998.

Jakowatz, C. V., et al., *Spotlight Mode Synthetic Aperture Radar*. Kluwer, Boston, 1996.

Jakowatz, C. V., Jr., and D. E. Wahl, "An Eigenvector Method for Maximum Likelihood Estimation of Phase Errors in SAR Imagery," *Journal of Optical Society of America*, vol. 10, no. 12, pp. 2539–2546, Dec. 1993.

Jakowatz, C. V., Jr., D. E. Wahl, and D. A. Yocky, "Beamforming as a Foundation for Spotlight-Mode SAR Image Formation by Backprojection," *Proceedings SPIE vol. 6970, Algorithms for Synthetic Aperture Radar Imagery XV*, Mar. 2008.

Kennedy, T. A., "The Design of SAR Motion Compensation Systems Incorporating Strapdown Inertial Measurement Units," *Proceedings of the IEEE 1988 National Radar Conference*, pp. 74–78, Apr. 1988a.

Kennedy, T. A., "Strapdown Inertial Measurement Units for Motion Compensation for Synthetic Aperture Radars," *IEEE AESS Magazine*, vol. 3, no. 10, pp. 32–35, Oct. 1988b.

Kirk, J. C., Jr., "Discussion of Digital Processing in Synthetic Aperture Radar," *IEEE Transactions on Aerospace & Electronic Systems*, vol. AES-11, no. 3, pp. 326–337, May 1975.

Lacomme, P., J.-P. Hardange, J.-C. Marchais, and E. Normant, *Air and Spaceborne Radar Systems*. William Andrew Publishing, Norwich, NY, 2001.

Munson, D. C., Jr., J. D. O'Brien, and W. K. Jenkins, "A Tomographic Formulation of Spotlight-Mode Synthetic Aperture Radar," *Proceedings of the IEEE*, vol. 71, no. 8, pp. 917–925, Aug. 1983.

Munson, D. C., Jr., et al., "A Comparison of Algorithms for Polar-to-Cartesian Interpolation in Spotlight Mode SAR," *Proceedings of the IEEE International Conference on Acoustics, Speech, and Signal Processing*, vol. 10, pp. 1364–1367, 1985.

Munson, D. C., Jr., and R. L. Visentin, "A Signal Processing View of Strip-Mapping Synthetic Aperture Radar," *IEEE Transactions on Acoustics, Speech, and Signal Processing*, vol. 27, no. 12, pp. 2131–2147, Dec. 1989.

Oliver, C., and S., Quegan, *Understanding Synthetic Aperture Radar Images*. SciTech Publishing, Raleigh, NC, 2004.

Raney, R. K., "A New and Fundamental Fourier Transform Pair," *Proceedings of IEEE 12th International Geoscience & Remote Sensing Symposium (IGARSS '92)*, pp. 106–107, 26–29 May 1992.

Richards, J. A., *Remote Sensing with Imaging Radar*. Springer, Heidelberg 2009.

Richards, M. A., "Nonlinear Effects in Fourier Transform Processing," Chap. 6 in J. A. Scheer and J. L. Kurtz (eds.), *Coherent Radar Performance Estimation*. Artech House, Norwood, MA, 1993.

Richards, M. A., "Interferometric SAR and Coherent Exploitation," Chap. 8 in W. L. Melvin and J. A. Scheer (eds.), *Principles of Modern Radar: Advanced Techniques*. SciTech Publishing, 2013.

Schleher, D. C., *MTI and Pulsed Doppler Radar*. Artech House, Norwood, MA, 1991.

Sherwin, C. W., J. P. Ruina, and R. D. Rawcliffe, "Some Early Developments in Synthetic Aperture Radar Systems," *IRE Transactions on Military Electronics*, vol. MIL-6, no. 2, pp. 111–115, Apr. 1962.

Showman, G. A., "An Overview of Radar Imaging," Chap. 21 in M. A. Richards, J. A. Scheer, and W. A. Holm (eds.), *Principles of Modern Radar: Basic Principles*. SciTech Publishing, Raleigh, NC, 2010.

Showman, G. A., "Stripmap SAR," Chap. 7 in W. L. Melvin and J. A. Scheer (eds.), *Principles of Modern Radar: Advanced Techniques*. SciTech Publishing, Edison, NJ, 2013.

Stimson, G. W., *Introduction to Airborne Radar*, 2d ed. SciTech Publishing, Mendham, NJ, 1998.

Soumekh, M., *Synthetic Aperture Radar Signal Processing With Matlab Algorithms*. Wiley, New York, 1999.

Sullivan, R. J., *Microwave Radar: Imaging and Advanced Concepts*. Artech House, Norwood, MA, 2000.

Wahl, D. E., P. H. Eichel, D. C. Ghiglia, and C. V. Jakowatz, Jr., "Phase Gradient Autofocus—A Robust Tool for High Resolution SAR Phase Correction," *IEEE Transactions on Aerospace & Electronics Systems*, vol. AES-30, no. 5, pp. 827–835, Jul. 1994.

Wiley, C. A., "Pulsed Doppler Radar Methods and Apparatus," U. S. patent no. 3,196, 436, 1965 (originally filed 1954).

Wiley, C. A., "Synthetic Aperture Radars—A Paradigm for Technology Evolution," *IEEE Transactions on Aerospace & Electronic Systems*, vol. AES-21, pp. 440–443, 1985.

Wu, C., K. Y. Liu, and M. Jin, "Modeling and a Correlation Algorithm for Spaceborne SAR Signals," *IEEE Transactions Aerospace & Electronics Systems*, vol. AES-18, no. 5, pp. 563–574, Sep. 1982.

习题

1. 分别计算距离为 10 km，频率为 10 GHz 的机载雷达，与距离为 770 km，频率为 5 GHz 的星载雷达，在横向分辨率为 0.5 m、5 m、50 m 时的正侧视 SAR 合成孔径长度 D_{SAR} 和孔径时间 T_a。假设飞机飞行的速度为 100 m/s，卫星的速度为 7500 m/s。

2. 分别计算在发射频率为 1 GHz 和 10 GHz 时，为了能够得到横向分辨率 1 m、10 m、100 m 所需要的综合角度 γ，单位为角度(°)。

3. 分别计算波束宽度为 10°，擦地角 δ 为 30°，距离为 10 m、50 km 时的最大的场景宽度 L_s。

4. 计算高度为 770 km 时，为了获得 100 km 的场景宽度所需要的俯仰方向波束宽度。假设擦地角 δ 为 30°并且忽略地球曲率。

5. 假设上题成像雷达平台以 7500 m/s 的速度前向运动，则场景覆盖率为多少 (km²/h)？

6. 对于一个速度为 7500 m/s，擦地角 δ 为 30°的航天器的 SAR，如果需要 100 km 的场景宽度，那么能够获得的最好横向分辨率为多少？如果需要的横向分辨率为 1 m，那么场景宽度最长为多少？假设是正侧视的条带情况。

7. 对于聚束式 SAR，当平台运动速度为 50 m/s，发射频率为 35 GHz，场景距离(standoff

range) 10 km，横向分辨率为 0.25 m 时，求单位时间内可以获得的图像数目上限为多少？假设 10%的时间被用来控制天线。

8. 利用平方根的级数展开式化简得到式(8.28)（最终是 DBS 和 RD 算法）时，需要 $|u-x_P| \ll R_P$，其中"$\ll$"意味着 $|u-x_P| < (R_P/100)$。判断一个分辨率为 $\Delta CR = 10$ m，发射频率为 5 GHz 的航天飞机（高度为 250 km）上的雷达是否满足要求？再判断一个分辨率为 $\Delta CR = 0.25$ m，发射频率为 16 GHz，距离 5 km 的机载雷达是否满足要求？

9. 写出标准的距离走动 ΔR_w 和距离弯曲 ΔR_c 与距离分辨率的比值公式 $\Delta R_w/\Delta R$ 和 $\Delta R_c/\Delta R$。假设是正方形像素，即 $\Delta R = \Delta CR$。如果雷达的分辨率提高 10 倍，那么标准的距离走动 ΔR_w 和距离弯曲 ΔR_c 分别增加多少？

10. 想用 DBS 生成一幅 10 km 的图像，其一边的分辨率为 3 m，发射频率为 10 GHz，场景距离为 10 km。考虑到距离走动和二次相位约束，这些指标能不能达到？假设是正方形像素。

    习题 11～习题 17 在相同的正侧视条带式 SAR 系统中。从简易的角度考虑，将问题看成二维的而不是三维的，所以倾斜的飞机和水平的飞机是相同的。SAR 的目标是对距飞机斜距为 10～20 km 的场景成像，因此场景长度 $L_s = 10$ km。在距离向和横向的分辨率目标是 1.0 m。飞机平直飞行的速度为 150 m/s，雷达工作频率在 Ku 波段（16 GHz），真实的天线的波束宽度 θ_{az} 为 2°。

11. 估计真实天线的方位维的尺寸 D_{az}。提示：它不是由期望的分辨率决定的，所以不一定满足条带式限制 $\Delta CR \geq D_{az}/2$，使用其他提供的信息决定 D_{az} 值。为了获得期望的距离向分辨率，信号带宽 β 需要满足什么条件？

12. 慢时间数据的最大多普勒带宽为多少？由于多普勒带宽，PRF 的范围是什么？由于场景长度，PRF 的范围是什么？

13. 在场景的近边，为了获得期望的横向分辨率 ΔCR，需要的孔径时间 T_a 是多少？在远边呢？相对应的合成孔径长度 D_{SAR} 为多少？

14. 假设信号为时间带宽积 $\beta\tau = 50$ 的线性调频信号，其带宽可以通过习题 11 得到。需要多少距离（快时间）样本来处理整个场景长度？在一个孔径时间内，近边和远边分别能发射多少信号？假设对于数据的多普勒带宽，PRF 和奈奎斯特频率相同。

15. 场景内的一个散射点目标的距离走动为多少？在场景内它是否变化？场景内的一个散射点目标的最大距离弯曲为多少？它是否发生在场景的最近或最远的边上？

16. 系统的自由度（DOF）为多少？用一个单独的点散布响应函数能不能将场景的每处都聚焦得很好？如果不能，那么至少需要多少次场景才能获得好的聚焦？

17. 考虑用 DBS 技术（对于高分辨率可能不是一个好的选择，但是对于手工运算是相对简单的）。假设距离 $R = 15$ km 处的慢时间数据的傅里叶分析（FFT）中，有一个峰值在频谱的 $F_t = 106.7$ Hz 处，产生峰值的散射点的横向位置 x_t 为多少？

18. 一个正侧视成像雷达系统获得的横向分辨率 ΔCR 为 1 m 的图像，雷达是 L 波段（1 GHz）雷达，且其天线的方位维尺寸 D_{az} 为 3 m，安装在飞行速度为 100 m/s 的飞机上，距成像区域的中心距离 50 km。雷达一定要工作在条带式，还是一定要在聚束式，还是都可以？证明你的答案。

19. 不管上题的答案是什么，现在假设上题使用的是聚束式，为了得到 1 m 的横向分辨率，需要视线矢量转过的角度 γ 为多少？孔径长度 D_{SAR} 和孔径时间 T_a 为多少？

20. 用式(8.32)中的距离弯曲推导出式(8.56)，注意式(8.32)中的 R_P 和式(8.56)中的 R_0 代表相同的含义。

21. 式(8.62)的条件是剩余视频相位项(即 RVP 项)忽略不计，因为在被积函数中这是一个二次相位项，如果 δt_i 的绝对值的最大值满足 $\pi(\beta/\tau)(\delta\tau_i)^2 < \pi/4$，则此二次相位的影响可以忽略。假设场景宽度为 L_u(围绕中心参考点 $\pm L_u/2$ 的宽度)，则 δt_i 的绝对值的最大值是 L_u/c，考虑 β 和 τ，试推导出 L_u 的上界。注意：结果将和式(8.72)不同，式(8.72)需要更多的条件，但是结果比较相似。

22. 考虑使用 PFA 的聚束式 SAR 系统。该系统工作在 Ku 波段(16 GHz)，距离 R_0=30 km，并且设计为距离向和横向的分辨率都是 0.2 m，线性调频信号的扫描速率为 $\alpha = \pi(7.5\times 10^{12})$ Hz/s。计算为了使用 PFA，由于二等边相位和剩余相位所需要的场景宽度限制。

23. 假设一个 Ku 波段(16 GHz)的 IFSAR 系统，其高度 Z 为 3 km，标称擦地角 ψ 为 20°，基线长度 B 为 1 m，试问其模糊高度 Δh_{ua} 是多少？(模糊高度 Δh_{ua} 是使干涉相位差为 2π 时的地形高度变化量)

24. 计算当相干系数 γ_{noise} 的值分别为 0.5、0.8 和 0.95 时的 SNR。

25. 计算 C 波段(5 GHz)的低轨卫星星载雷达的临界基线(极限基线) $B_{c\perp}$。雷达距离 R 为 770 km，距离向分辨率为 30 m，擦地角 ψ 为 15°。如果要求相干系数不低于 0.9，那么用来做 IFSAR 处理的两个平行飞行轨道之间的最大间隔为多少？

26. 表 8.2 阐述了在慢时间上的线性相位误差项，导致的散射点在横向上的移位。以一个 10 GHz 的正侧视 SAR 和一个在正侧视方向上距离雷达 5 km 的散射点为例。假设飞行平台的速度为 100 m/s，侧风的存在使飞行平台漂移，导致飞行平台以+5 m/s 的速度沿雷达视线方向向目标散射点移动。假设在没有侧风的情况下，散射点被成像在位置 $x=0$ 处，那么用 DBS 模型处理该问题时，散射点的成像位置 x 是多少？考虑 x 的符号，并指出散射点的位移是在飞行平台的运动方向还是在反方向。

27. 假设式(8.93)中的 $y_2'[m]$ 是 $y_1'[m]$ 的相反数，那么从式(8.94)中可以得到什么？

第9章 波束形成和空-时二维自适应处理导论

第 3 章引入了雷达数据块的概念,用三维图形化描述雷达在一个相参处理时间(CPI)内收集到的回波数据。为了方便说明,本章将图 3.8 中的雷达数据块部分重新表示在图 9.1 中,雷达数据块用 $y[l,m,n]$ 表示,它的 3 个独立坐标轴分别为快时间、慢时间和天线相位中心。截至目前所描述的雷达信号处理,几乎都是针对单个天线相位中心的快时间/慢时间数据矩阵进行操作的,除了第 1 章讨论相控阵天线方向图的阵列权系数以及第 7 章讨论角估计精度时,用到过天线相位中心,几乎没有再涉及雷达数据块的第三维信息。

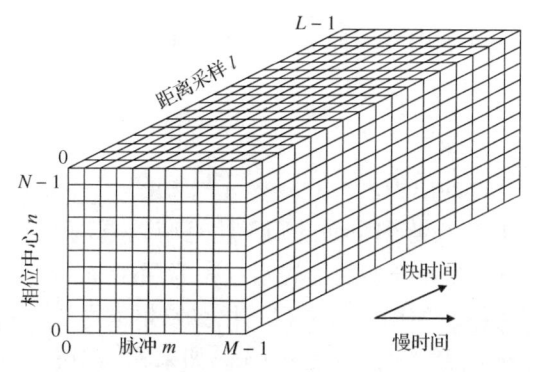

图 9.1 一个 CPI 内雷达数据块的三维图形表示

类似于沿慢时间轴的时域采样可以基于时域多普勒信息,对给定距离单元内的信号进行分析和处理,同样地,沿相位中心轴的采样也可以基于空域频率信息(等效为到达角,AOA),对给定距离单元内的信号进行分析和处理。本章将介绍波束形成和空-时自适应处理(STAP)的基本原理。波束形成是指对来自多个相位中心的数据进行相干联合处理,从而提供对 AOA 的选择性接收,即形成天线波束,并使其指向某一角度方向。STAP 通过对运动雷达平台的时域和空域联合滤波处理,从而最优地把目标从杂波和干扰环境中分离出来。对自适应波束形成和空-时二维自适应处理的介绍可分别见文献 Aalfs(2013)和文献 Melvin(2013)。

9.1 空域滤波

9.1.1 常规波束形成

考虑一个时域波形为 $A\exp(j\Omega t)$ 的单频平面波入射到一维均匀线阵上,如图 9.2 所示。如果此平面波的 AOA 为 θ rad(相对于阵列的法线方向),则第 n 个阵元所接收的信号为

$$\overline{y}_n(t) = Ae^{j[\Omega(t-nd\sin\theta/c)+\phi_0]} \tag{9.1}$$

式中,相位偏移量 ϕ_0 表示第 $n=0$ 个阵元的绝对相位。单个阵元信号在公共时刻 t_0 的采样 $y(n)$ 为

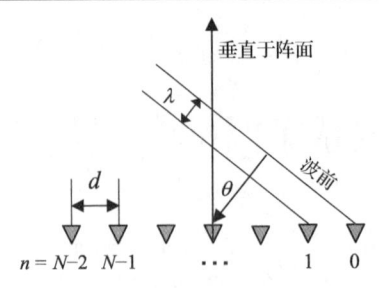

图 9.2 入射到一维均匀线阵的波前

$$y(n) \equiv \overline{y}_n(t_0) = A e^{j[\Omega(t_0 - nd\sin\theta/c) + \phi_0]}$$
$$= \hat{A} e^{-j\Omega nd\sin\theta/c} = \hat{A} e^{-j2\pi nd\sin\theta/\lambda}, \quad n = 0, \cdots, N-1 \tag{9.2}$$

把 N 个阵元的采样排列到一个列矢量中，得到阵列在时刻 t_0 的一次快拍 y，即

$$\begin{aligned} \mathbf{y} &= [y[0] \quad y[1] \quad \cdots \quad y[N-1]]^T \\ &= \hat{A}[1 \quad e^{-j2\pi d\sin\theta/\lambda} \quad \cdots \quad e^{-j2\pi(N-1)d\sin\theta/\lambda}]^T \\ &= \hat{A}[1 \quad e^{-jk_\theta} \quad \cdots \quad e^{-j(N-1)k_\theta}]^T \\ &= \hat{A}\mathbf{a}_s(\theta) \end{aligned} \tag{9.3}$$

式中，$k_\theta \equiv 2\pi d\sin\theta/\lambda$ 为投影在阵列平面的归一化空域频率(单位 rad/采样)；$\mathbf{a}_s(\theta)$ 为空域导向矢量。因此，平面波的 AOA 与阵列面上的空域频率存在一一对应关系。θ 范围为 $\pm\pi$，k_θ 的取值范围为 $\pm 2\pi d/\lambda$。为便于使用，定义归一化空域频率为 $f_\theta \equiv k_\theta$，单位为周/采样。如果阵元间距为 $d = \lambda/2$，那么 k_θ 是 $\pm\pi$，f_θ 是 ± 0.5。如果相位中心对应其子阵列，那么间距将增大，k_θ 和 f_θ 的范围也将扩大。

常规的非自适应波束形成是对阵元信号的加权求和，即 $z = \mathbf{h}^T \mathbf{y}$[①]，$\mathbf{h}$ 为复权矢量，即

$$\mathbf{h} = [h_0 \quad h_1 \quad \cdots \quad h_{N-1}]^T \tag{9.4}$$

对于某些特定情况，$\mathbf{h}$ 具有如下形式：

$$\begin{aligned} \mathbf{h} &= [w_0 \quad w_1 e^{+jk_\theta} \quad \cdots \quad w_{N-1} e^{+j(N-1)k_\theta}]^T \\ &= [w_0 \quad w_1 \quad \cdots \quad w_{N-1}]^T \odot \mathbf{a}_s^*(\theta) \\ &= \mathbf{w} \odot \mathbf{a}_s^*(\theta) \end{aligned} \tag{9.5}$$

式中，符号 $\odot$ 代表两个矢量的哈达玛(Hadamard)积(对应元素相乘)。即假定 $\mathbf{a}$ 和 $\mathbf{b}$ 分别为两个 N 维列矢量，那么 $\mathbf{a}$ 和 $\mathbf{b}$ 的哈达玛积定义为

$$\mathbf{a} \odot \mathbf{b} \equiv [a_0 b_0 \quad a_1 b_1 \quad \cdots \quad a_{N-1} b_{N-1}]^T \tag{9.6}$$

式(9.5)把 $\mathbf{h}$ 表示成两个矢量的哈达玛积的形式：窗矢量 $\mathbf{w}$ 提供旁瓣控制(减少旁瓣)的数据加权，导向矢量 $\mathbf{a}_s(\theta)$ 的共轭提供对来自 θ 方向的信号的最大相干积累。

假定阵列的波束形成权矢量与到达角 θ_0 匹配，即阵列"导向"θ_0 方向，则对于来自 θ 方向的入射波前，波束形成的输出为

[①] 大多数 STAP 文献都以 $z = \mathbf{h}^H \mathbf{y}$ 定义滤波器权矢量。为了与第 5 章讨论的矢量匹配滤波器以及数字信号处理器(DSP)相关文献中卷积的常规定义相一致，这里仍然保留 $z = \mathbf{h}^T \mathbf{y}$ 的约定。因此，这里得到的 $\mathbf{h}$ 与 STAP 文献得到的结果是共轭关系。

$$z(\theta) = \boldsymbol{h}^{\mathrm{T}} \boldsymbol{y} = \hat{A} \sum_{n=0}^{N-1} w_n \mathrm{e}^{-\mathrm{j}(k_\theta - k_{\theta_0})n} \tag{9.7}$$

标量输出 $z(\theta)$ 恰好为权序列 $\{h_n\}$ 的离散傅里叶变换(DFT)，其空域频率的中心偏移到 k_{θ_0} 处，幅度被 $\hat{A}$ 相乘。当所有权系数的幅度 $\{w_n\}=1$ 时，波束形成的输出是以 $\sin\theta$ 为变量的标准 asinc 函数形式，即

$$z(\theta) = \mathrm{e}^{\mathrm{j}(N-1)(\pi d/\lambda)(\sin\theta - \sin\theta_0)} \left\{ \frac{\sin[N(\pi d/\lambda)(\sin\theta - \sin\theta_0)]}{\sin[(\pi d/\lambda)(\sin\theta - \sin\theta_0)]} \right\} \tag{9.8}$$

通常是通过选择适当的窗函数加权矢量 $\boldsymbol{w}$ 来降低天线旁瓣，但这同时也会导致分辨率降低，即会加宽天线主瓣。图 9.3 中分别给出了利用汉明窗加权和未加权情况下的天线方向图，其中，假定天线导向 $\theta_0=30°$，相位中心数目 $N=11$。对于未加窗情况，$\boldsymbol{w}$ 是一个全 1 矢量；对于加窗情况，$\boldsymbol{w}$ 是一个汉明窗函数。在距离和多普勒域加窗对旁瓣的抑制效果相同，减少峰值增益可降低旁瓣，而且主瓣越宽分辨率越低。

式(9.8)的波束形成结果为 $\sin\theta$ 的函数，这是因为空间频率 K_θ 与 $\sin\theta$ 成比例。函数 $u=\sin\theta$ 通常称为正弦空间，这个概念在第 7 章的卡尔曼滤波中提到过[①]。本章涉及的天线方向图的图形均以 θ 代替 u。由图 9.3 可以直观地看到由 u 到 θ 的非线性转变，使得方向图在 $\theta=\pm\pi$ 附近发生失真。

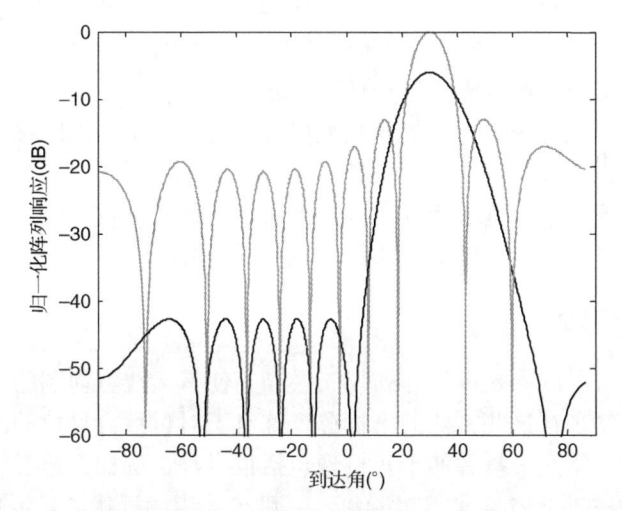

图 9.3 未加窗和加汉明窗情况下的天线方向图(天线相位中心数 $N=11$，导向角为 $\theta_0=30°$)

前面的结果也可以通过空域滤波情况下的匹配滤波器得到，即可以直接利用第 5 章中用于多普勒滤波的矢量匹配滤波器结果。当输入为一个来自到达角 θ 方向的平面波快拍加白噪声时，假设想要使输出 $z(\theta)$ 最大化。数学模型与第 5 章中矢量匹配滤波的数学模型完全相同，因此可以应用第 5 章得到的结果。即

$$\boldsymbol{h} = \kappa \boldsymbol{S}_I^{-1} \boldsymbol{t}^* \tag{9.9}$$

式中，$\boldsymbol{S}_I$ 为 N 个相位中心(阵元)输出的干扰协方差矩阵；$\boldsymbol{t}$ 为期望的目标信号矢量的模型(即信号的导向矢量)；κ 为任意常数。

---

① 不要和变量 u 混淆，u 用于第 8 章中 SAR 的横向平台位置。

如前所述，协方差矩阵为共轭对称矩阵，即 $S_I = S_I^H$。如果目标信号为来自到达角 θ 方向的单频平面波，则目标信号模型 t（一般认为 $\hat{A}$ 没有损失且 $\hat{A}=1$）可精确地表示为式(9.3)中定义的空域导向矢量 $a_s(\theta)$。如果每一阵元的干扰为独立同分布且方差为 σ_w^2 的白噪声，即 $S_I = \sigma_w^2 I$。取 $\kappa = \sigma_w^2$，得到

$$h = a_s^*(\theta) = [1 \quad \mathrm{e}^{+\mathrm{j}k_\theta} \quad \cdots \quad \mathrm{e}^{+\mathrm{j}(N-1)k_\theta}]^\mathrm{T} \tag{9.10}$$

滤波器输出为

$$z(\theta) = h^\mathrm{T} y = \sum_{n=0}^{N-1} y[n]\mathrm{e}^{+\mathrm{j}k_\theta n} = \sum_{n=0}^{N-1} y[n]\mathrm{e}^{-\mathrm{j}\tilde{k}_\theta n} \tag{9.11}$$

从上式可以看出，天线方向图（即空域响应）为数据快拍的离散时间傅里叶变换(DTFT)，$\tilde{k}_\theta \equiv -k_\theta$。如果观测信号 $y[n]$ 为来自到达角 θ_0 平面波的一次快拍，则 y 就是式(9.3)在 $\theta = \theta_0$ 时的形式，$z(\theta)$ 同样也可由式(9.7)得到。当滤波器的导向矢量与实际的目标导向矢量匹配时，输出达到峰值，即 $z(\theta_0)$ 的值最大且正好为 $y[n]$ 幅度的 N 倍。图9.3所示给出了 $z(\theta)$ 随 θ 的变化曲线，即天线归一化增益方向图（未加窗）。波束形成增益 G_{sp} 即为相干增益 N。

注意，虽然快速傅里叶变换(FFT)可以高效地计算给定导向矢量 t 的天线方向图，然而FFT输出的是以 $\tilde{k}_\theta$ 为变量的 z 值，因此还必须翻转以得到以 k_θ 为变量的 z 值。天线方向图是对空域频率 k_θ 进行等间隔采样的结果，对应于对 $\sin\theta$ 进行等间隔采样。因此，对于角度 θ 并不是均匀采样。如果需要得到对角度 θ 等间隔采样的天线方向图，那么 $z(\theta)$ 就必须由 $z(\theta) = h^\mathrm{T} y$ 显式计算得到，并针对每一个到达角计算 y 值和 $z(\theta)$。

数字波束形成使得相位阵列天线具有几大优势能力。一个是同时接收多个波束的能力。同样的快拍数据 y 可以用几个不同的权矢量 h 加权，从而有效地形成指向不同方向的多个接收波束。另一个主要能力是根据干扰环境的特性自适应地计算权值。这使得下面将要介绍的自适应零干扰成为可能。其他增强能力见文献(Aalfs, 2013)。

9.1.2 自适应波束形成

矢量匹配滤波方法可以用来设计阵列权矢量 h，使其天线方向图的零点（通常称为凹口）指向某些方向，以抑制来自这些方向的干扰源。这对于对付敌方释放的破坏雷达性能的干扰源(jammer)非常有用。雷达干扰源的干扰机理包括很多种，例如，通过提高噪声电平以降低信干比(SIR)，在虚假方向产生虚假雷达目标。一种最通用的干扰方式为噪声干扰。噪声干扰器从指定的空、天或地基平台，向被干扰雷达发射一个相对高功率的噪声波形。噪声干扰器的发射波形为一个随机噪声过程，且在整个被干扰雷达的接收机带宽内都是白色的[①]。因此，从雷达的角度看，干扰信号为来自特定到达角方向的白噪声过程。干扰源在目标检测上的干扰的一个主要优势在于它仅仅在一个方向传播，与发射波束和目标回波的双路径传播相反。与目标回波信号的 R^{-4} 衰减不同，干扰源仅有 R^{-2} 的传播衰减，这对减小接收干扰信号十分重要。干扰源的到达角通过形成一个带凹口的波束方向图完成该过程。

在存在白噪声和干扰的情况下，使输出 SIR 最大化的天线方向图仍然由式(9.9)给出。然

---

① 要实现有效干扰就须知道被干扰雷达的频率和带宽。如果干扰机没有雷达所用频段的精确先验信息，也没有通过检测和分析雷达信号而估计出的所用频段，那么干扰机就必须在一个较宽的频带内（超过雷达实际的频带宽度）发射干扰能量。

而，干扰协方差矩阵 S_I 的模型必须进行修改，以包含噪声干扰源。每一阵列相位中心接收的干扰信号的时域波形 $J_n(t)$ 可表示为

$$J_n(t) = \sigma_J w(t) e^{j[\Omega(t-nd\sin\theta/c)+\phi_0]} \tag{9.12}$$

式中，σ_J^2 为干扰信号的功率；$w(t)$ 为单位方差（即方差为 1）的零均值白噪声随机过程。对干扰信号进行一次阵列快拍，得到

$$\begin{aligned} J[n] \equiv J_n(t_0) &= \sigma_J w(t_0) e^{j[\Omega(t_0-nd\sin\theta/c)+\phi_0]} \\ &= \sigma_J \hat{w}(t_0) e^{-j\Omega nd\sin\theta/c} = \sigma_J \hat{w}(t_0) e^{-j2\pi nd\sin\theta/\lambda} \\ &= \sigma_J \hat{w}(t_0) e^{-jk_\theta n} \end{aligned} \tag{9.13}$$

用矢量形式表示，即为

$$\boldsymbol{J} = \sigma_J \hat{w}(t_0) [1 \quad e^{-jk_\theta} \quad \cdots \quad e^{-j(N-1)k_\theta}]^T = \sigma_J \hat{w}(t_0) \boldsymbol{a}_s(\theta) \tag{9.14}$$

干扰信号阵列快拍的协方差矩阵可表示为

$$\begin{aligned} \boldsymbol{S}_J &= E\{\boldsymbol{J}^*\boldsymbol{J}^T\} = \sigma_J^2 E\{|w(t_0)|^2\} \boldsymbol{a}_s^*(\theta) \boldsymbol{a}_s^T(\theta) \\ &= \sigma_J^2 \boldsymbol{a}_s^*(\theta) \boldsymbol{a}_s^T(\theta) \\ &= \sigma_J^2 \begin{bmatrix} 1 & e^{-jk_\theta} & \cdots & e^{-j(N-1)k_\theta} \\ e^{+jk_\theta} & 1 & \cdots & e^{-jK_\theta} & e^{+j(N-2)k_\theta} \\ \vdots & \vdots & \ddots & \vdots \\ e^{+j(N-1)k_\theta} & e^{-j(N-2)k_\theta} & \cdots & 1 \end{bmatrix} \end{aligned} \tag{9.15}$$

显然，S_J 是一个厄米特共轭矩阵，即 $S_J = S_J^H$。还是秩为 1 的半正定矩阵，因为所有列都线性相关，事实上，每一列都是第一列的简单倍数。

对于接收机噪声和 P 个互不相关的干扰信号之和的总干扰协方差矩阵可表示为

$$\boldsymbol{S}_I = \sigma_w^2 \boldsymbol{I} + \sum_{p=0}^{P-1} \boldsymbol{S}_{J_p} \tag{9.16}$$

利用上式的干扰模型，可以使得由式(9.9)得到的匹配滤波器的输出信噪比(SNR)达到最大化。

举个例子，假定天线相位中心数目 $N=16$。两个干扰源同时存在，一个干扰源的 AOA 为 +18°，干扰源信号比(JSR)为+50 dB，另一个干扰源的 AOA 为−33°，JSR 为+30 dB。SNR 为 0 dB 使得阵元水平(任何波束形成之前)上整体 SIR 为−50.04 dB。图 9.4 给出了天线导向为 0°(正侧视)时的波束方向图。图 9.4(a)为利用非自适应方法，即利用 $S_I = \sigma_w^2 \boldsymbol{I}$ 设计波束形成权矢量得到的方向图，是一个标准的天线方向图。图中的两条虚线分别表示两个干扰源的 AOA 方向。尽管两个干扰方向都在旁瓣区，但它们都位于或靠近峰值旁瓣位置。由于干扰源的功率很高，波束形成器的输出中仍然会包含大量干扰源的能量。图 9.4(b)为自适应波束形成的方向图，由式(9.16)的协方差矩阵 S_I 得到波束形成权矢量。自适应波束形成在两个干扰源方向会形成很深的凹口，从而有效消除干扰能量。

最优波束形成获得的 SIR 可以利用式(5.7)的结果进行计算，即

$$SIR = \frac{\boldsymbol{h}^H \boldsymbol{t}^* \boldsymbol{t}^T \boldsymbol{h}}{\boldsymbol{h}^H \boldsymbol{S}_I \boldsymbol{h}} \tag{9.17}$$

对于干扰仅为噪声的情况，$\boldsymbol{S}_I = \sigma_w^2 \boldsymbol{I}$，$\boldsymbol{h} = \boldsymbol{a}_s^*(\theta)$，$\boldsymbol{t} = \hat{A}\boldsymbol{a}_s(\theta)$ 且 $\boldsymbol{a}_s^T(\theta)\boldsymbol{a}_s^*(\theta) = \sum_n |a_{sn}(\theta)|^2$，则式(9.17)变为

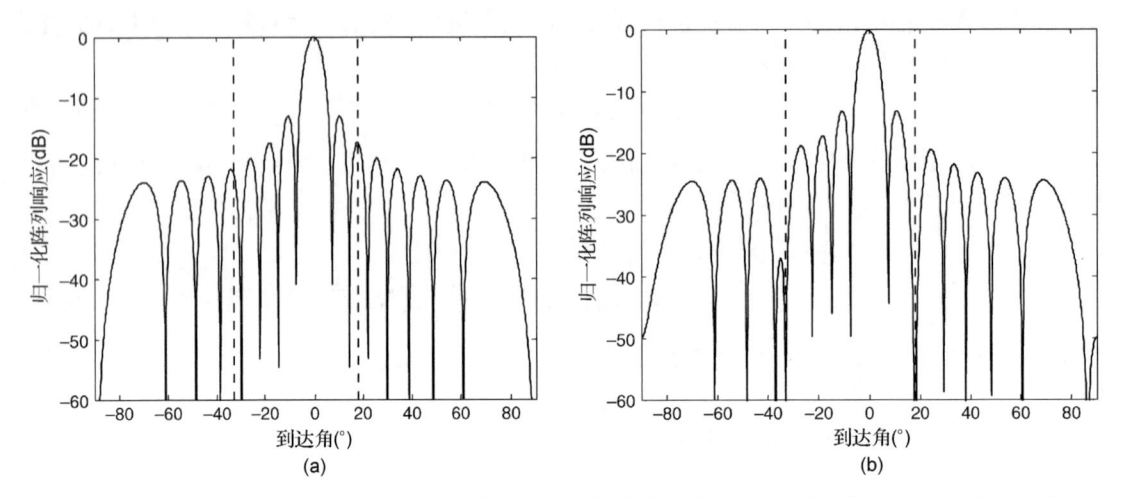

图 9.4 存在两个干扰源情况下的天线方向图，天线相位中心数 $N=16$。(a)非自适应；(b)自适应

$$SIR = \frac{\left(\left|\hat{A}_s\right|^2 \sum_{n=0}^{N-1}\left|a_{sn}(\theta)\right|^2\right)^2}{\sigma_w^2 \left|\hat{A}_s\right|^2 \sum_{n=0}^{N-1}\left|a_{sn}(\theta)\right|^2} = \frac{\left|\hat{A}_s\right|^2 N^2}{\sigma_w^2 N} = N\frac{\left|\hat{A}_s\right|^2}{\sigma_w^2} \qquad (9.18)$$

上式再次表明，相干积累增益 $G_{sp} = N$ 是在白噪声中用 N 单元的快拍获得的，然而对于一个更普遍的干扰环境，增益是式(9.17)的 SIR 除以每个波束形成的 SIR。对于图(9.4)的例子，在不存在干扰源的情况下，干扰就是噪声，因此预波束形成所获得的 SIR 即为单个阵元的 SNR，$\left|\hat{A}_s\right|^2 / \sigma_w^2 = 0$ dB，后波束形成的增益为 16(即 12.04 dB)，SIR 增益也为 $G_{sp} = 12.04$ dB。对于干扰源存在的情况，预波束形成的 SIR 为–50.04 dB，后波束形成的 SIR 为 15.64(即 11.94 dB)，因此得到增益为 61.98 dB。干扰存在时，后波束形成的 SIR 略微减少 0.36 dB，这是由于部分自由度(DOF)被抑制干扰消耗，而没能全部用于对目标信号相干积累。

在期望的目标信号 t 方向上，波束峰值增益的变化可以通过约束 $h^T t = 1$ 来补偿，由此约束得到的波束形成通常称为无失真波束形成。把此约束条件应用于式(9.9)，得到

$$1 = h^T t = (\kappa S_I^{-1} t^*)^T t = \kappa t^T (S_I^{-1})^T t = \kappa t^H (S_I^{-1})^* t \Rightarrow$$
$$\kappa = \frac{1}{t^H (S_I^{-1})^* t}, \quad h = \frac{S_I^{-1} t^*}{t^H (S_I^{-1})^* t} \qquad (9.19)$$

因为 κ 是一个标量，所以它的取值不会影响天线方向图 $z(\theta)$ 的形状，而仅仅向上或向下定标幅度(即按比例增加或减少幅度)，使其满足 $z(\theta_0) = 1$，其中 θ_0 为目标信号 t 的到达角。此方法可以扩展为约束多个到达角方向的波束增益(Van Trees, 2002)。

如果干扰是白噪声，$S_I = \sigma_\omega^2 I$，最优权矢量是导向矢量的比例形式，$h = \kappa t^*$。当干扰不是白噪声时，最优自适应波束形成器可理解为任何一个可分解为 $S_I = V \cdot V$ 形式的目标的协方差矩阵，即 V 是 S_I 的平方根，同样，有 $S_I^{-1} = V^{-1} V^{-1}$，S_I、V 以及它们的逆矩阵均为厄米特共轭矩阵。由此分解和式(9.9)中 $\kappa = 1$ 的情况，可以得到波束形成器的输出结果为

$$\begin{aligned}
z(\theta) &= \boldsymbol{h}^{\mathrm{T}} \boldsymbol{y} = \boldsymbol{t}^{\mathrm{H}} (\boldsymbol{S}_I^{-1})^{\mathrm{T}} \boldsymbol{y} \\
&= \boldsymbol{t}^{\mathrm{H}} [(\boldsymbol{VV})^{-1}]^{\mathrm{T}} \boldsymbol{y} = \boldsymbol{t}^{\mathrm{H}} (\boldsymbol{V}^{-1})^{\mathrm{T}} (\boldsymbol{V}^{-1})^{\mathrm{T}} \boldsymbol{y} \\
&= [\boldsymbol{t}^{\mathrm{T}} (\boldsymbol{V}^{-1})^{\mathrm{H}}] [(\boldsymbol{V}^{-1})^* \boldsymbol{y}] = [(\boldsymbol{V}^{-1})^* \boldsymbol{t}]^{\mathrm{T}} [(\boldsymbol{V}^{-1})^* \boldsymbol{y}] \\
&= \tilde{\boldsymbol{t}}^{\mathrm{T}} \tilde{\boldsymbol{y}}
\end{aligned} \tag{9.20}$$

式中最后一行表明,最优滤波输出可以理解成应用到相似变换数据 $\tilde{\boldsymbol{y}} = (\boldsymbol{V}^{-1})^* \boldsymbol{y}$ 上的变换导向矢量 $\tilde{\boldsymbol{t}} = (\boldsymbol{V}^{-1})^* \boldsymbol{t}$。在上式中,权矢量是发射导向矢量的情况表明在 $\tilde{\boldsymbol{y}}$ 中的干扰是白噪声。

为了更清楚说明上面的情况,当数据仅为干扰时考虑变换数据快拍 $\tilde{\boldsymbol{y}}$。$\tilde{\boldsymbol{y}}$ 的协方差矩阵为

$$\begin{aligned}
\tilde{\boldsymbol{S}}_I &= \mathrm{E}[\tilde{\boldsymbol{y}}^* \tilde{\boldsymbol{y}}^{\mathrm{T}}] = \boldsymbol{V}^{-1} \mathrm{E}[\boldsymbol{y} * \boldsymbol{y}^{\mathrm{T}}] (\boldsymbol{V}^{-1})^{\mathrm{H}} \\
&= \boldsymbol{V}^{-1} \boldsymbol{S}_I (\boldsymbol{V}^{-1})^{\mathrm{H}} = \boldsymbol{V}^{-1} (\boldsymbol{VV}) (\boldsymbol{V}^{-1})^{\mathrm{H}} \\
&= \boldsymbol{V}^{-1} (\boldsymbol{VV}) (\boldsymbol{V}^{-1}) = \boldsymbol{I}
\end{aligned} \tag{9.21}$$

上式表明,用 $(\boldsymbol{V}^{-1})^*$ 白化干扰的方法,可以改变数据快拍。合适的权矢量是类似式(9.20)中发射导向矢量的量度。将初始最优权矢量 $\boldsymbol{h}$ 应用于初始快拍的情形,与数据以白化干扰波方式发射和以导向矢量进行滤波的问题是等价的。

计算自适应权重需要寻找 $\boldsymbol{h} = \boldsymbol{S}_I^{-1} \boldsymbol{t}^*$,这等价于解一个线性系统方程 $\boldsymbol{t}^* = \boldsymbol{S}_I \boldsymbol{h}$,在数值稳定性与效率的考虑下,解这类方程有多种算法。一般地,计算量为 $O(P^3)$,其中 $O(\cdot)$ 代表阶次, $P \equiv MN$ 是方程组的阶次(Arakawa 和 Bond,2008)。

有多少干扰能被消除?对每一个独立的干扰信号 J_p,矢量匹配滤波器选取 $\boldsymbol{h}$ 使其满足 $\boldsymbol{h}^{\mathrm{T}} \boldsymbol{J}_p = 0$ (Guerci,2003)。如果有 P 个干扰源,则会产生 P 个此类约束条件。无失真约束条件 $\boldsymbol{h}^{\mathrm{T}} \boldsymbol{t} = 1$ 作为第 $P+1$ 个约束条件。因此,对于匹配滤波器矢量 $\boldsymbol{h}$ 的 N 个未知数有 $P+1$ 个约束方程,只要 $P+1 \leqslant N$,滤波器矢量 $\boldsymbol{h}$ 的解就存在。因此,一个 N 相位中心天线可以对消最多 $N-1$ 个干扰源。

如果一个干扰源的到达角位于天线方向图的主瓣,则自适应滤波器的性能会严重降低。对于前面的例子,3 dB 波束宽度近似为 $6°$。如果把到达角为 $-33°$ 处的干扰源移到到达角为 $-2°$ 处,并仍然应用式(9.19)的无失真波束形成器,则可以得到图 9.5 所示的天线方向图。可以看出,在两个干扰源方向形成了很深的凹口,但天线波束的峰值偏离了目标的 $0°$ 到达角。虽然无失真约束仍然保证波束增益在 $0°$ 方向为单位 1,但其波束峰值为 +5.15 dB,且到达角位置变为 $\theta = 3.3°$。在此例中,后波束形成的 SIR 增益减少为 3.64(5.61 dB)。

导向矢量单元和最优自适应权重单元通过波长 λ 和空域频率 k_θ 依赖于射频。一个特殊射频的到达角,其导向波束的权重会使得波束导向不同射频中的不同到达角。因为依赖于 λ,一系列单个相位权重就不能消除宽波带内的干扰。通常解决该问题的做法是使用子带。如图 9.6 所示,该方法是将快时间域内的阵列空间数据分成 K 个相对狭窄的子带,根据子带内的有效波长 λ,各个子带分别计算分离的导向矢量和自适应波束形成器,然后将其应用于各数据块。消除干扰后,将去除干扰的子波数据重新合并到全波段,因为分离的每个子波宽度是全波宽度的 $1/K$,快时间域的采样率因此降低。而在单个输出通道中,全波采样率被修复。该技术在多相滤波器组处理中能有效执行(Harris,2004),另一种宽带中干扰消除的方法是在每个空间通道内进行快时间滤波(Aalfs,2013)。

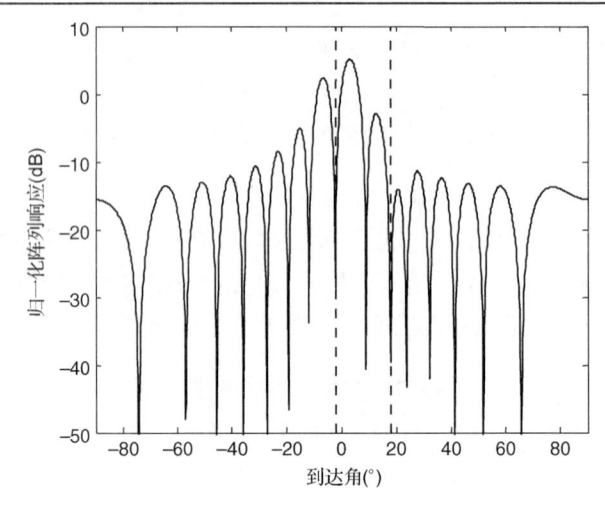

图 9.5 干扰位于天线主瓣时的方向图

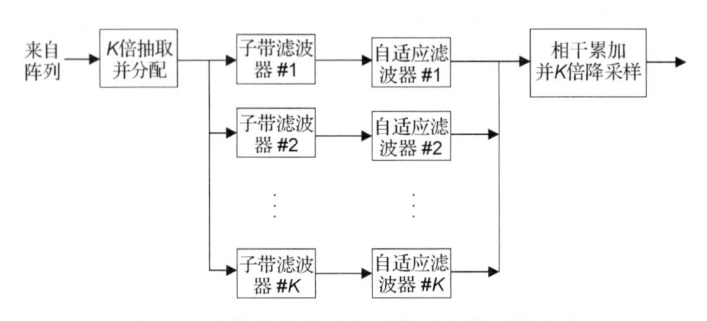

图 9.6 宽带信号自适应干扰消除的子带方法

9.1.3 预处理后的自适应波束形成

至此，前面的讨论都是直接对阵元(天线相位中心)输出信号进行自适应计算(包括计算干扰协方差矩阵和匹配滤波器权矢量)，这种方法称为阵元空间处理。在许多系统中，首先对阵元输出信号执行固定的、常规波束形成，然后再对波束输出进行自适应处理，此方法称为波束空间处理。图 9.3 就是一个固定的、常规波束的例子，如果形成一组此类波束，则可以覆盖整个角度空间。波束空间处理能把干扰能量集中在少数几个甚至一个波束内，从而可以大大减少自适应处理的维数。由于维数与 DOF 之间的立方关系，维数的减少可以大大节省计算量。

波束形成就是对阵元输出信号进行线性组合，如式(9.7)的例子所示。由一个 N 维阵列形成 P 个波束的数学描述为，用一个 $P \times N$ 阶的变换矩阵 T 作用于 $N \times 1$ 维阵列快拍 y，从而得到一个新的 $P \times 1$ 维波束输出矢量 $\tilde{y}$ (Ward, 1994; Melvin, 2013)，即

$$\tilde{y} = Ty \tag{9.22}$$

例如，一组在空域频率 $k_{\theta_0}, k_{\theta_1}, \cdots, k_{\theta_{P-1}}$ 处的传统"DFT 波束"可以由下面的变换矩阵 T 得到：

$$T = \begin{bmatrix} 1 & e^{-jk_{\theta_0}} & e^{-j2k_{\theta_0}} & \cdots & e^{-j(N-1)k_{\theta_0}} \\ 1 & e^{-jk_{\theta_1}} & e^{-j2k_{\theta_1}} & \cdots & e^{-j(N-1)k_{\theta_1}} \\ \vdots & \vdots & \vdots & \ddots & \vdots \\ 1 & e^{-jk_{\theta_{P-1}}} & e^{-j2k_{\theta_{P-1}}} & \cdots & e^{-j(N-1)k_{\theta_{P-1}}} \end{bmatrix} \tag{9.23}$$

如果 $\{k_{\theta_p}\}$ 在区间 $(-\pi,+\pi)$ 内均匀分布，则变换矩阵 T 即为计算阵列快拍的 P 点 DFT。

为了对预处理后的波束数据进行自适应处理，需要把阵元快拍 y 替换为波束快拍 $\tilde{y}$。预处理的变换矩阵对阵列接收到的任何信号都执行变换处理，包括干扰信号，也包括目标信号。此时，新的（即经过预处理的）干扰协方差变为

$$\begin{aligned}\tilde{S}_I &= E\{\tilde{y}^*\tilde{y}^T\} \\ &= E\{(Ty)^*(Ty)^T\} = T^*E\{y^*y^T\}T^T \\ &= T^*S_I T^T\end{aligned} \quad (9.24)$$

自适应权矢量和滤波输出分别为

$$\begin{aligned}\tilde{h} &= \kappa \tilde{S}_I^{-1} \tilde{t}^* \\ \tilde{z}(\theta) &= \tilde{h}^T \tilde{y}\end{aligned} \quad (9.25)$$

式中，$\tilde{t} = Tt$ 为经过变换的目标导向矢量。

下面举例说明波束空间的自适应处理。假定一个形成 $P=16$ 波束的 DFT 矩阵 T 应用于前面例子中的 $N=16$ 均匀线阵。图9.7给出了存在波束变换和不存在波束变换下的自适应权重幅度。这也包括未对旁瓣控制加窗。在不存在变换的情况下，权重的幅度几乎相同，表明所有数据对获得较好的干扰消除结果都很重要。存在变换的情况下，大部分权重的幅度都接近零，表明多数对自适应方向图有较小影响的通道可以被舍弃。图9.8所示为当波束空间权重阈值在最大权重的5%时，存在旁瓣干扰的自适应方向图，对应于图9.7中虚线位置。这样在 $\tilde{h}$ 上对应3/4的阵元都被舍弃，只保留了0、4、13和14。在不存在干扰和干扰为+18°和-33°的情况下，自适应天线方向图都接近图9.4(a)和图9.4(b)使用全部16个DOF的结果。

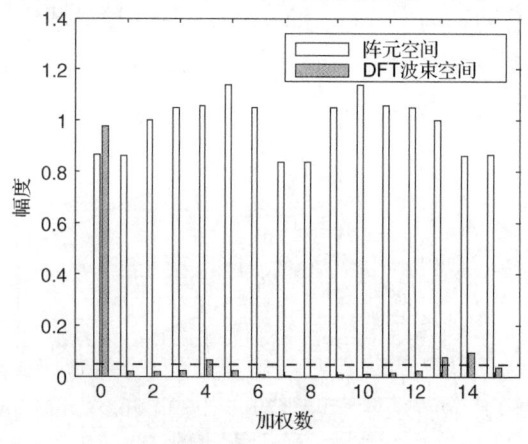

图9.7 阵元空间旁瓣加干扰的自适应权幅值和DFT波束空间处理

波束空间的自适应权系数阈值的计算只需要解一个四阶方程组，而计算基于阵元空间的权系数则需要解一个16阶方程组。权重矢量计算时的计算复杂度因此会下降 $(16/4)^3 = 64$ 倍。波束空间处理需要额外的预处理步骤来计算波束形成变换矩阵 T，但在许多情况下其运算量并不大，尤其当 T 具有一个适于高效计算的结构，如FFT矩阵时。

这里描述的方法可以应用于任意线性变换矩阵 T。其他的例子包括沿角度 θ（而非空域频率 k_θ）均匀采样的波束，或先形成常规波束然后再联合邻近波束实现干扰抑制。此方法也可以推广到控制旁瓣的窗加权处理和增益约束（类似于前面讨论的无失真约束）情况。

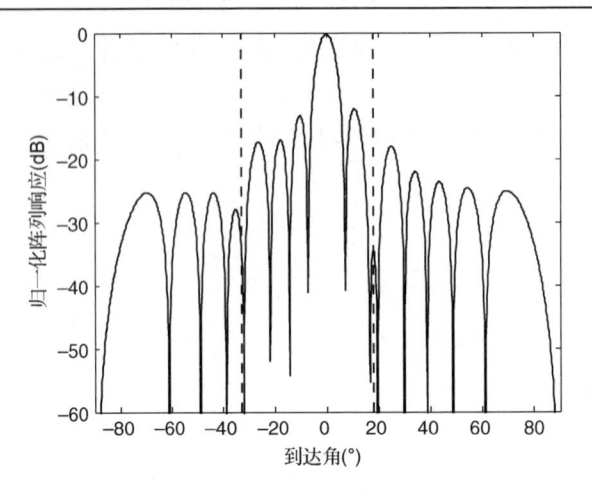

图 9.8 利用 DFT 波束形成预处理的自适应波束方向图〔与图 9.4(b) 比较〕

9.2 空-时信号环境

雷达的多相位中心特性使得沿多普勒域和空域(AOA 域)进行二维滤波成为可能。因此，雷达回波数据的多普勒频移和 AOA 特性，对于描述给定距离单元内的二维数据极其重要。图 9.9 为一个空-时环境的示意图，其中包含噪声、干扰、杂波和动目标信号。接收机噪声在时域和频域都不具有结构，因此在整个角度-多普勒域内表现为一个均匀的噪声平面。正如上一节所述，宽带噪声干扰在空域局限于某一 AOA 附近，而在整个多普勒域则能量均匀散布。这表现在图 9.9 中即为一条沿多普勒轴均匀分布，而在 AOA 域却被局域化为能量脊。由于干扰能量在多普勒域均匀分布，所以抑制干扰必须通过空域滤波。

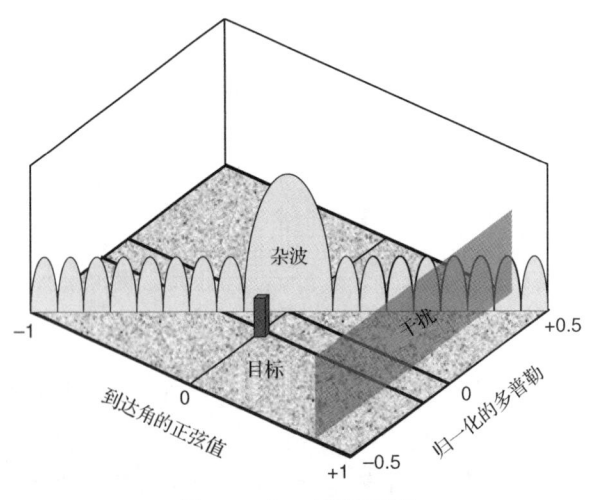

图 9.9 空-时信号环境

分析杂波的特征比较复杂。假定雷达放在一个运动平台上，平台运动速度为 v，雷达工作于正侧视模式[①]，如图 9.10 所示。为了简化分析，忽略了高度维。对于一个给定的距离单元，

---

① 这些结果很容易推广到非正侧视情况，但是为了简化分析本章只考虑正侧视情况。

其总的杂波回波来自于此等距离环内目标位置处的杂波散射点的贡献(如果雷达系统是距离模糊的,则此距离单元的杂波回波来自于多个等距离环内的杂波贡献)。位于雷达正侧视处的杂波散射点的斜视角(与雷达运动速度矢量夹角)为 90°;因此此散射点的多普勒频移为 0。更一般地,对于位于与雷达正侧视方向的夹角为 θ rad 处的杂波散射点,其多普勒频移为 $(2v/\lambda)\sin\theta$ Hz。注意到,同一个多普勒频移对应于两个不同的杂波散射单元(即这两个不同的杂波散射单元会产生同一个多普勒频移),一个位于雷达观测方向,另一个位于雷达后瓣。由于天线的后瓣增益很低,因此后瓣杂波通常被忽略,但是在某些系统中需要考虑它们的影响。如果忽略后瓣杂波,则杂波的多普勒频移和 AOA 有一一对应关系,即

$$F_D = \frac{2v}{\lambda}\sin\theta \quad \text{Hz} \tag{9.26}$$

或归一化形式为

$$f_D = \left(\left(\frac{2vT}{\lambda}\sin\theta\right)\right)_{1.0} \quad \text{周/采样} \tag{9.27}$$

式中,T 为脉冲重复间隔(PRI);由于使用到离散时间傅里叶分析,符号 $((\cdot))_{1.0}$ 表示算术模 1.0 运算。如果地面静止杂波回波的多普勒频率为 F_D Hz,就可以确定其到达角与雷达正侧视方向的夹角为 θ rad。因此,在多普勒-$\sin\theta$ 平面(通常称为空-时平面)上,杂波回波为一条沿对角线的能量脊,如图 9.9 所示。来自不同到达角的地面杂波幅度取决于此方向的天线增益,因此在雷达正视方向附近的杂波幅度最大,而在天线的旁瓣和后瓣区的杂波幅度较小。

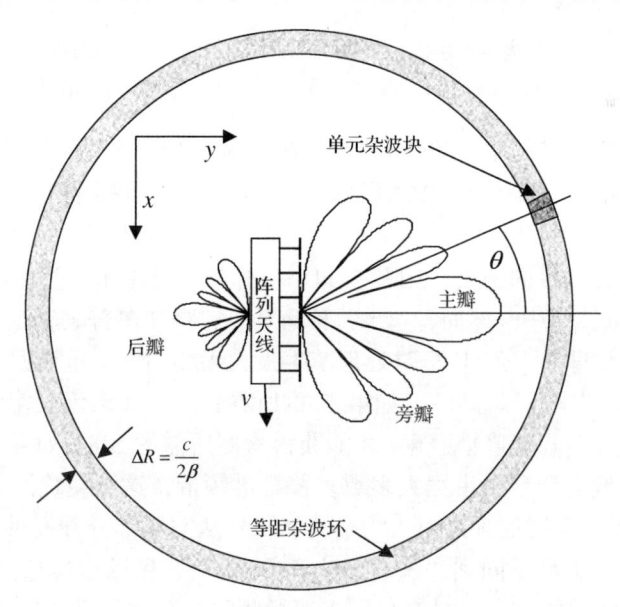

图 9.10 杂波的角度-多普勒关系示意图

式(9.27)可以改写为

$$\omega_D = 2\pi f_D = \left(\left(\frac{2vT}{d}k_\theta\right)\right)_{2\pi} = ((\beta k_\theta))_{2\pi} \quad \text{rad/采样} \tag{9.28}$$

式中,$\beta \equiv 2vT/d$。β 是 (k_θ, ω_D) 坐标下杂波脊的斜率,还可以表示当到达角从 $-\pi$ 变化到 $+\pi$ 时,杂波脊沿多普勒轴跨越 $[-\pi, +\pi]$ rad/采样(或 -0.5 到 $+0.5$ 周期/采样)的次数。

由于 F_D 正比于 $\sin\theta$ 而非 θ，因此杂波脊在多普勒-$\sin\theta$ 平面内为一直线。而如果把坐标轴 $\sin\theta$ 替换为 θ，则杂波脊在到达角趋于 ±180°时较弯曲，这可从图 9.11(a)看出。图 9.11(a)是一个仿真的中频雷达的角度-多普勒二维谱，其中存在两个干扰，其 AOA 分别在-40°和+60°附近。杂波脊在谱中心附近为斜对角直线，而当到达角趋于 ±60°时显著弯曲。而且，离散时间多普勒谱是周期性的，周期为脉冲重复频率(PRF)。因此，如果式(9.26)中 F_D 超过 $PRF/2$，则杂波脊会变得模糊。这种影响如图 9.11(b)所示，图 9.11(b)为一个仿真的低重频的角度-多普勒谱。

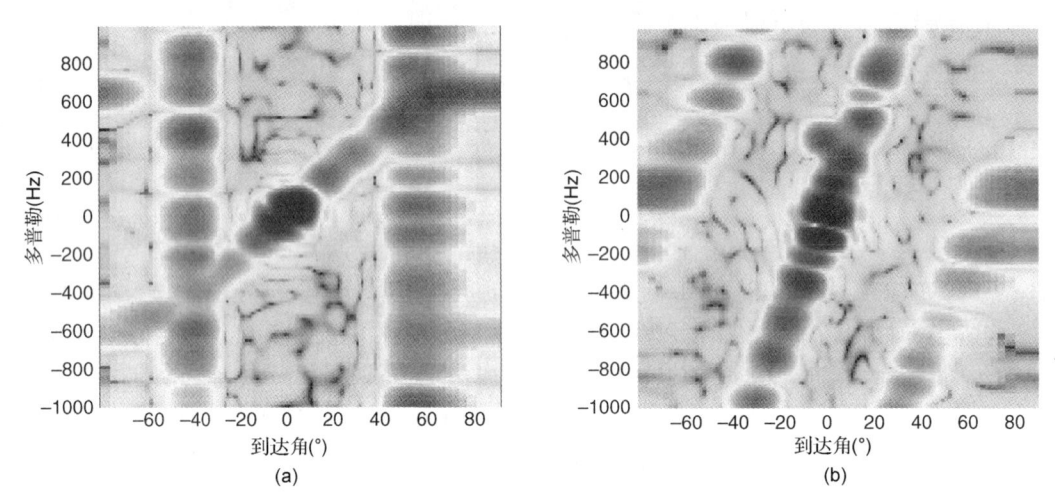

图 9.11　仿真的角度-多普勒二维谱，幅度以 dB 表示。(a)演示杂波脊的弯曲和两个干扰；(b)演示杂波脊的模糊（由佐治亚理工学院的 W. L. Melvin 博士授权使用）

一个(可能的)运动点目标回波的角度-多普勒谱特性不但与平台的运动有关，也与自身的运动有关。假定目标的雷达截面积(RCS)足够小，则只有当目标位于雷达主瓣时才有可能被检测到，同时再假设目标位于雷达正视方向附近的几度范围内(即位于主波束内)，那么目标的多普勒频移取决于总的径向速度。因此，如果目标静止且位于雷达正侧视方向，其多普勒频率为 0，从而落入杂波谱中。然而，如果目标运动，它将在多普勒轴上与杂波谱分离开，如图 9.9 所示。这就是人们为什么对空-时处理产生极大兴趣的一个重要原因，尤其是检测相对低速的地面动目标(即"慢速目标")。如第 5 章所看到的，如果仅仅使用多普勒处理，动目标的多普勒谱必须超过杂波多普勒谱宽，才能获得检测所需的 SIR。如果平台速度很高或天线波束相对较宽，那么地面杂波会占据大多数多普勒谱频带，这会使检测低速地面动目标变得非常困难。图 9.9 表明，空域处理的引入为杂波和目标从空域维分开提供了可能。目标回波的任意多普勒频移都会与来自不同到达角的杂波竞争(即杂波和目标具有相同的多普勒频率)，而基于到达角的空域滤波能够分开具有相同多普勒频移的杂波和目标信号。

9.3　空-时信号建模

STAP 对每个距离单元的联合慢时间/相位中心数据，应用矢量匹配滤波处理。通常假定 STAP 处理之前先进行脉冲压缩处理。雷达数据块沿距离单元 l_0 的二维切片 $y[l_0, m, n]$，称为空-时快拍（或简称为快拍）。把此 $N \times M$ 二维快拍矩阵的所有列堆叠在一起形成一个 $NM \times 1 = P \times 1$ 维列矢量 $\boldsymbol{y}$，即

$$\boldsymbol{y} = \begin{bmatrix} y[l_0,0,0] \\ y[l_0,0,1] \\ \vdots \\ y[l_0,0,N-1] \\ y[l_0,1,0] \\ y[l_0,1,1] \\ \vdots \\ y[l_0,1,N-1] \\ \vdots \\ y[l_0,M-1,0] \\ y[l_0,M-1,1] \\ \vdots \\ y[l_0,M-1,N-1] \end{bmatrix} \quad (9.29)$$

图 9.12 中描绘了这个将某一给定距离单元的数据转化成一个一维矢量的过程。

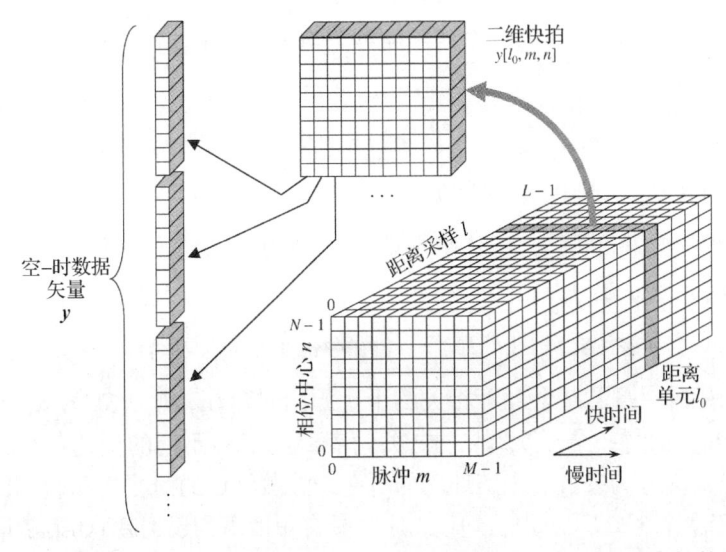

图 9.12 三维数据块、某一距离单元的空-时二维快拍和一维空-时矢量之间的对应关系

接下来，滤波器的权矢量 $\boldsymbol{h}$ 必须利用式(9.9)或式(9.19)进行设计。目标模型矢量 $\boldsymbol{t} = \boldsymbol{t}(f_D, \theta)$ 必须代表来自某一特定多普勒频移 f_{Dt} 和到达角 θ_t 的期望目标信号。定义一个时域导向矢量为

$$\boldsymbol{a}_t(f_{Dt}) = [1 \quad \mathrm{e}^{-\mathrm{j}2\pi f_{Dt}} \quad \cdots \quad \mathrm{e}^{-\mathrm{j}2\pi(M-1)f_{Dt}}]^\mathrm{T} \quad (9.30)$$

此矢量为目标的慢时间序列模型，对应的归一化多普勒频率为 f_{Dt}。对于一个来自多普勒频率 f_{Dt} 和到达角 θ_t 的目标回波的二维快拍矩阵，假定其每一行的时域变化(时域波形)为 $\boldsymbol{a}_t(f_{Dt})$，每一列的空域变化(空域波形)为 $\boldsymbol{a}_s(\theta_t)$。那么，此二维快拍输出是 $\boldsymbol{a}_t$ 和 $\boldsymbol{a}_s$ 的外积形式，即

$$y[l_0, m, n] = \boldsymbol{a}_s(\theta_t)\boldsymbol{a}_t^{\mathrm{T}}(\theta_t)$$
$$= [a_{t0}(f_{\mathrm{D}t})\boldsymbol{a}_s(\theta_t) \quad a_{t1}(f_{\mathrm{D}t})\boldsymbol{a}_s(\theta_t) \quad \cdots \quad a_{t(M-1)}(f_{\mathrm{D}t})\boldsymbol{a}_s(\theta_t)] \tag{9.31}$$

式中，$a_{tm}(f_{\mathrm{D}t})$ 为 $\boldsymbol{a}_t(f_{\mathrm{D}t})$ 的第 m 个元素。把一个空-时二维快拍矩阵进行矢量化(即把其所有列矢量堆叠在一起)的结果，即为期望的空域导向矢量和时域导向矢量的克罗内克(Kronecker)积(Guerci, 2002; Melvin, 2013)：

$$\boldsymbol{t} = \boldsymbol{a}_t(f_{\mathrm{D}t}) \otimes \boldsymbol{a}_s(\theta_t) = \begin{bmatrix} a_{t0}(f_{\mathrm{D}t})\boldsymbol{a}_s(\theta_t) \\ a_{t1}(f_{\mathrm{D}t})\boldsymbol{a}_s(\theta_t) \\ \vdots \\ a_{t(M-1)}(f_{\mathrm{D}t})\boldsymbol{a}_s(\theta_t) \end{bmatrix} \tag{9.32}$$

接下来，对 $P \times P$ 阶的干扰协方差矩阵 $\boldsymbol{S}_I$ 进行建模。干扰包括接收机噪声($\boldsymbol{n}$)、干扰($\boldsymbol{J}$)和杂波($\boldsymbol{c}$)分量之和。假定这3个干扰分量是互不相关的，那么总的干扰协方差矩阵为这3个分量的协方差矩阵之和，即 $\boldsymbol{S}_I = \boldsymbol{S}_n + \boldsymbol{S}_J + \boldsymbol{S}_c$。

接收机噪声通常假定为每一相位中心(阵元)和时间采样都是独立同分布的零均值复高斯白噪声，其协方差矩阵为 $\boldsymbol{S}_n = \sigma_w^2 \boldsymbol{I}_P$，是一个 P 阶单位矩阵。下面考虑一个噪声干扰的情况，其空域矢量由式(9.14)给出，时域矢量的模型为

$$\boldsymbol{a}_{t_J} = [a_{t_J,0} \quad a_{t_J,1} \quad \cdots \quad a_{t_J,(M-1)}]^{\mathrm{T}} \tag{9.33}$$

式中，$\{a_{t_J,m}\}$ 为互不相关的独立同分布的随机变量且具有相同功率 σ_J^2。那么，时域矢量的协方差矩阵为

$$\mathrm{E}\{\boldsymbol{a}_{t_J}^* \boldsymbol{a}_{t_J}^{\mathrm{T}}\} = \sigma_J^2 \boldsymbol{I}_M \tag{9.34}$$

如果干扰的到达角为 θ_{J0}，则其空-时数据矢量为

$$\boldsymbol{J} = \sigma_J^2 \boldsymbol{a}_{t_J} \otimes \boldsymbol{a}_{s_J}(\theta_{J_0}) \tag{9.35}$$

其协方差矩阵(Ward, 1994)为

$$\boldsymbol{S}_J = \mathrm{E}\{\boldsymbol{J}^* \boldsymbol{J}^{\mathrm{T}}\} = \sigma_J^2 \boldsymbol{I}_M \otimes \boldsymbol{a}_{s_J}^*(\theta_{J_0}) \boldsymbol{a}_{s_J}^{\mathrm{T}}(\theta_{J_0}) \tag{9.36}$$

$\boldsymbol{S}_J$ 为一个块对角矩阵。如果 R 个互不相关的干扰源同时存在，则总 $\boldsymbol{S}_J$ 为 R 个如式(9.34)所示的协方差矩阵之和，而每一个干扰源协方差矩阵都具有各自不同的到达角 θ_{JR}。

如前所述，杂波信号为来自等距离环内的所有杂波散射点的回波之和(如果雷达系统是距离模糊的，则对应于多个距离环)，严格地说，应为具有角度平均反射率(如第2章所述)的杂波散射点的积分。然而，在STAP处理中，杂波的积分通常近似为 Q 个杂波块之和(见图9.10)，每一个杂波块所占据的典型角度范围近似等于雷达波束宽度。对于杂波块 q，空-时数据矢量变为

$$\boldsymbol{c}_q = \sigma_{c_q}^2 \boldsymbol{a}_{t_c}(f_{\mathrm{D}cq}) \otimes \boldsymbol{a}_{s_c}(\theta_{c_q}) \tag{9.37}$$

式中，$\sigma_{c_q}^2$ 代表第 q 个杂波块的功率，它取决于雷达距离方程，并且正比于此杂波块所在AOA方向的天线增益 $G(\theta_q)$。杂波块的归一化多普勒频移和AOA之间的关系由式(9.27)给出。总杂波矢量为

$$\boldsymbol{c} = \sum_{q=0}^{Q-1} \boldsymbol{c}_q = \sum_{q=0}^{Q-1} \sigma_{c_q}^2 \boldsymbol{a}_{t_c}(f_{\mathrm{D}cq}) \otimes \boldsymbol{a}_{s_c}(\theta_{cq}) \tag{9.38}$$

杂波协方差矩阵为

$$S_c = \mathrm{E}\{c^* c^\mathrm{T}\} = \sum_{q=0}^{Q-1} \sigma_{c_q}^2 c_q^* c_q^\mathrm{T}$$
$$= \sum_{q=0}^{Q-1} \sigma_{c_q}^2 \left[a_{t_c}^*(f_{D_{cq}}) a_{t_c}^\mathrm{T}(f_{D_{cq}}) \right] \otimes \left[a_{s_c}^*(\theta_{cq}) a_{s_c}^\mathrm{T}(\theta_{cq}) \right] \tag{9.39}$$

此杂波协方差矩阵为一个 $M \times M$ 的块矩阵，其中块矩阵的每个"元素"是来自两个不同 PRI 空间快拍的互协方差。S_c 可以分解(Ward，1994)为

$$\begin{aligned} S_c &= C \Sigma_c C \\ C &= [c_0 \quad c_1 \quad \cdots \quad c_{Q-1}] \\ \Sigma_c &= \mathrm{diag}\left(\left[\sigma_{c_q}^2 \quad \sigma_{c_q}^2 \quad \cdots \quad \sigma_{c_q}^2 \right] \right) \end{aligned} \tag{9.40}$$

前面的讨论都假定杂波在空域维(距离和横向)是不相关的，而在慢时间域具有很好的相关性。假定杂波块分开的距离超过一个分辨单元，杂波块之间互不相关的模型通常是合理的。然而，如第 2 章以及第 5 章在分析多普勒处理时所讨论的，在慢时间的一个 CPI 区间内，任意给定块的杂波回波不能建模为一个慢时间的常数项。对于自然杂波，由于内杂波运动(ICM，通常也称为固有杂波运动)，其反射系数会随时间波动。这是由于风速或波浪(如果杂波区为一水体)引起了散射点的物理移动。雷达系统本身也会带来对回波信号的时域调制，例如天线扫描调制，或脉冲间的系统不稳定性。所有这些反射率的时域波动都会导致杂波功率谱的加宽和时域快拍的去相关。

ICM 的影响很容易集成到式(9.39)的模型中，即对于杂波块 q 的时域快拍 $\sigma_{c_q}^2 a_{t_c}(f_{D_{cq}})$，利用一个时变的幅度 $\sigma_{c_q}^2 \alpha_q$ 替换其常数幅度 $\sigma_{c_q}^2$，其中 α_q 为

$$\alpha_q = [\alpha_{0q} \quad \alpha_{1q} \quad \cdots \quad \alpha_{(M-1)q}]^\mathrm{T} \tag{9.41}$$

时域波动 α_q 的协方差矩阵为 A_q，A_q 是一个 $M \times M$ 阶的托普利兹(Toeplitz)矩阵。则集成 ICM 的第 q 个杂波块的空-时快拍数据矢量为

$$c_q = \sigma_{c_q}^2 [\alpha \cdot a_{t_c}(f_{D_{cq}})] \otimes a_{s_c}(\theta_{cq}) \tag{9.42}$$

相应的杂波协方差矩阵变为

$$S_c = \sum_{q=0}^{Q-1} \sigma_{c_q}^2 [\alpha \cdot a_{t_c}^*(f_{D_{cq}}) a_{t_c}^\mathrm{T}(f_{D_{cq}})] \otimes [a_{s_c}^*(\theta_{cq}) a_{s_c}^\mathrm{T}(\theta_{cq})] \tag{9.43}$$

另一种使用协方差矩阵维对 ICM 建模的方法将在 9.7 节中介绍。

在有关 STAP 的文献中已经给出了杂波数据的各种时域相关模型。其中，在 STAP 仿真中一种广泛使用的模型为 Billingsley 模型(Billingsley，2001)。此模型假设杂波的时域功率谱为一个位于多普勒频率轴原点处的对称指数函数和冲激函数之和，即

$$S_c(F) = \sigma_c^2 \left[\frac{\alpha}{\alpha+1} \delta_D(F) + \frac{1}{\alpha+1} \left(\frac{\beta\lambda}{4} \right) \exp\left(-\frac{\beta\lambda}{2}|F| \right) \right] \tag{9.44}$$

式中，α 为直流分量与交流分量之比；β 为一个主要与风况有关的参数。

相应的自相关函数为

$$s_c(\tau) = \sigma_c^2 \left(\frac{\alpha}{\alpha+1} + \frac{1}{\alpha+1}\frac{(\beta\lambda)^2}{(\beta\lambda)^2 + (4\pi\tau)^2} \right) \tag{9.45}$$

用来确定 α 和 β 的参数值以拟合各种场景杂波的实验数据，取决于杂波地物类型、雷达频率、天气状况，等等。在仿真中，可以利用简单的递归滤波器来实现此模型(Mountcastle，2004)。

9.4 空-时信号处理

9.4.1 最优匹配滤波

对目标距离单元，二维数据快拍的最优空-时处理包括如下步骤。

1. 计算干扰协方差矩阵 S_I。在实际中，S_I 必须由雷达数据进行估计。关于 S_I 的数据估计在 9.4.4 节讨论。
2. 选择需要执行目标测试的某一多普勒频移和 AOA，并利用式(9.32)形成目标的空-时导向矢量 t。
3. 利用式(9.9)或式(9.19)(具体取决于归一化要求)，计算最优滤波器权矢量 h。
4. 形成所检测距离单元的空-时数据矢量 y，如图 9.12 所示，数学形式由式(9.29)描述。
5. 把最优滤波权矢量应用于数据快拍，得到检测统计量 $z = z(f_D, \theta) = h^T y$。

接下来，再对检测统计量执行检测或其他用途，例如角度估计。如果执行检测，通常计算 $|z|$ 或 $|z|^2$，并与一个适当的阈值(利用第 6 章中的技术计算)进行比较。

前面的处理步骤为单个距离单元内的单个多普勒频率和 AOA，计算最优检测统计量(最大 SIR)。因此，对每个感兴趣的多普勒频率和 AOA，以及每个距离单元，必须重复执行上述步骤。当距离单元已定，协方差矩阵就保持不变，因此可以重复使用，但第 2 步到第 5 步对每一个 (f_D, θ) 组合必须重复执行。然而，对于每一个距离单元 S_I 都需要重新计算。一个 CPI 内的脉冲数和天线相位中心数目的乘积，即 $P = MN$，很容易达到几百的数量级。因此上面的处理意味着对每一个多普勒频率-AOA 点和每一个距离单元，都需要解一个由几百个线性方程组成的方程组。

虽然最优权矢量由 $S_I^{-1} t^*$ 给出，但在实际中通常期望对数据进行加窗以减小旁瓣，如图 9.3 中的空域波束形成和第 5 章的多普勒处理情况下对数据的加窗处理。联合的角度-多普勒加窗处理可以包含在滤波器权矢量的计算中，即

$$h = \kappa S_I^{-1} t_w^* \tag{9.46}$$

式中，加窗的目标导向矢量为

$$t_w = (w_f \otimes w_\theta) \cdot t \tag{9.47}$$

其中，w_f 和 w_θ 分别为时域和空域窗矢量。即传统的目标导向矢量 t 被一个空-时窗矢量相乘，此空-时窗矢量为期望的多普勒窗函数和角度窗函数的克罗内克积。

9.4.2 STAP 性能测度

STAP 的二维响应图是一种常用的性能测度，它能够将 STAP 的滤波性能可视化(Ward，1994)。STAP 二维响应图就是在二维坐标 f_D 和 θ 平面内画出 $|z(f_D,\theta)|^2 = |h^T t|^2 = h^H t^* t^T h$ 的函

数值。如果阵列的相位中心均匀分布,且 PRI 为一常数,则 STAP 二维响应图可以由权矢量 h(先把 h 重排成二维快拍形式)的二维 DFT 计算得到,而且还可以应用 FFT 快速计算[1]。然而,角度采样对于 k_θ(而非 θ)是均匀的。如果需要在 f_D 和 θ 坐标平面内显示 STAP 响应,则只需要对 h 的时域维执行一维 FFT 处理,而对于角度维却必须利用一维 DFT 单个计算等间隔 θ 采样处(对于 k_θ 为非均匀采样)的响应值。

图 9.13 给出了理想情况下 STAP 二维响应图的一个例子[2]。此例对应于一个正侧视雷达,射频为 675 MHz,平台速度为 50 m/s,PRF=200 Hz。天线具有 8 个间隔为 $\lambda/2$ m 的相位中心,每个 CPI 包含 8 个脉冲(即 $M=N=8$)。此例中取 $\beta=1.5$。存在两个干扰,分别位于到达角+30°和−44.43°,对应的归一化空域频率分别为+0.25 和−0.35。杂噪比(CNR)为+40 dB,两个干扰的干扰噪声比(JNR)也都为+40 dB。图 9.13(a)表示干扰和杂波能量在角度-多普勒平面(空-时平面)上分布的轨迹。假定目标位于到达角 0° 和归一化多普勒频移 0.2 周期/采样处,得到的 STAP 二维响应如图 9.11(b)所示。STAP 的二维响应图清楚地显示出在两个干扰的 AOA 方向形成两个凹槽,以及沿杂波脊形成三条斜凹槽(由于多普勒模糊)。STAP 二维响应在目标位置处,即到达角 0° 和归一化多普勒频移 0.2 周期/采样处,具有高的峰值增益。由于本例中的数据没有加窗处理,从响应图中明显看出较高的多普勒和空域旁瓣从峰值位置向水平和垂直方向扩展。图 9.14 给出了二维 STAP 响应在目标位置处的多普勒和空域切片,分别称为多普勒响应图和空域响应图(即空域方向图)。从空域方向图中可以看到在干扰方向和杂波方向所形成的凹口,从多普勒响应图中也可以看到杂波处的凹口。

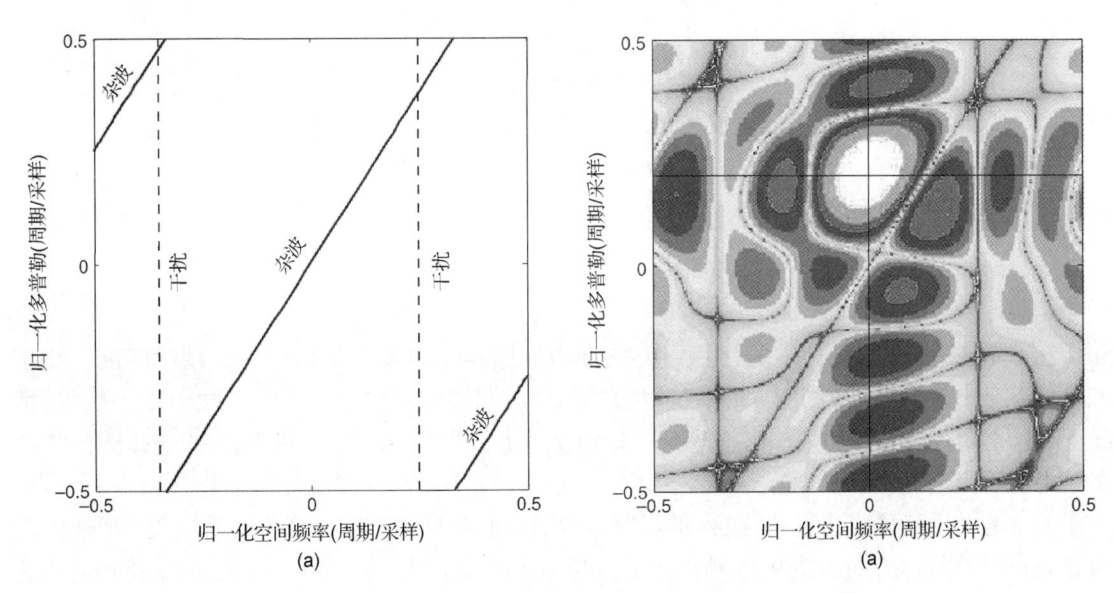

图 9.13 (a)杂波和干扰的能量分布轨迹;(b)STAP 二维响应图

当干扰仅仅为噪声或噪声加杂波和(或)干扰时,另一类重要的 STAP 性能测度涉及 SIR。此类测度包括 SIR 自身和 SIR 损失,SIR 损失定义为杂波加干扰情况下的 SIR 相对于只有噪

---

[1] 注意到 DFT 计算的是 $\tilde{k}_\theta$ 处(而非 k_θ)的响应值。
[2] 图 9.13~图 9.15 是利用 LL_STAP 软件产生的。LL_STAP 是一个用来演示基本 STAP 响应图的 MATLAB 程序,由美国麻省理工大学的林肯实验室(MIT/LL)开发。

声情况下的 SIR 的减少量。每一个测度都是目标的 AOA 和多普勒频率的函数。通常,对于一个固定的 AOA,可以画出测度随多普勒频率变化的函数。

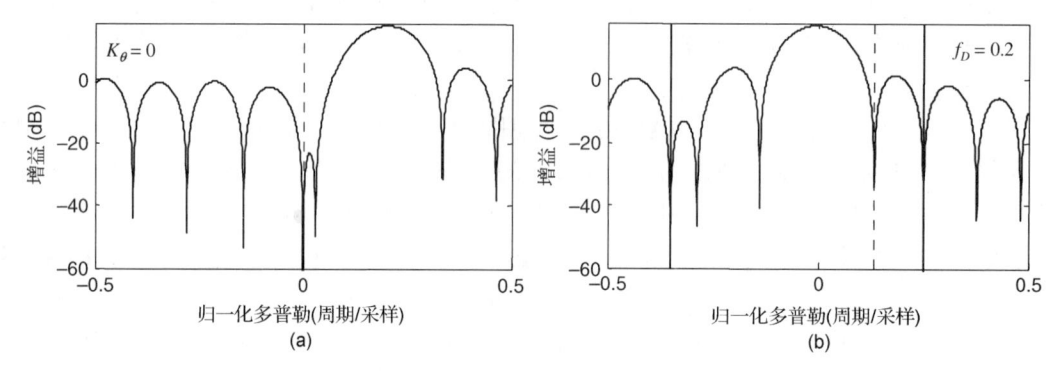

图 9.14 从图 9.13 得到的沿目标位置处 STAP 二维响应切片。
(a)多普勒响应;(b)空域响应,切割线画在图 9.13(b)中

考虑一个目标在单个脉冲和单个相位中心的 SNR 为 χ_t 的情况,即对于空-时快拍的单个采样的 SNR。则 STAP 所获得的最优 SNR 为

$$\chi_0 = MN\chi_t \tag{9.48}$$

系数 MN 表示相干联合 MN 个采样所获得的相干积累增益。根据式(9.17),SIR 为

$$SIR = \frac{h^H t^* t^T h}{h^H S_I h} = \frac{|z|^2}{h^H S_I h} \tag{9.49}$$

根据第 5 章的讨论,当应用最优权矢量时,SIR 变为

$$SIR_{max} = t^T S_I^{-1} t^* \tag{9.50}$$

则 SIR 损失定义为

$$L_{SIR} = \frac{SIR}{\chi_0} \tag{9.51}$$

如果在 STAP 滤波器设计中的目标导向矢量与目标实际的多普勒和 AOA 精确匹配,则把 SIR_{max} 用于式(9.51)中。然而,准最优滤波器的设计同样可以用于上述 L_{SIR} 的定义,在这种情况下,式(9.49)作为 L_{SIR} 的分子。注意到上述定义的 L_{SIR} 为一个小于 1 的数(负的 dB),与 STAP 文献中的习惯定义保持一致。

L_{SIR} 是一个有关多普勒和 AOA 的函数。然而,通常只画出作为多普勒的函数,而假定阵列导向正确的目标方向。图 9.15 给出了 L_{SIR} 与多普勒的关系,对应于图 9.13 的干扰环境。此曲线上的每一点由如下方法获得:假定在相应的多普勒频移处有一目标,然后利用此目标的多普勒频率的匹配导向矢量计算式(9.51)的值。当目标速度远离杂波脊时,例如$|f_D| > 0.3$,SIR 损失达到最小,在曲线的边缘处大约为 0.7 dB。当目标速度接近零多普勒的杂波时,SIR 损失增大,在 $f_D = 0$ 处超过 50 dB。

SIR 损失曲线是另外两种 STAP 性能测度的基础(Ward,1994)。最小可检测速度(MDV)定义为当 SIR 损失达到可接受的阈值时,最靠近杂波凹口的目标速度。最小可检测多普勒(MDD)为 MDV 所对应的绝对或归一化多普勒频移。显然,$\lambda/2$ 与 MDD(绝对频率)的乘积(或

对于归一化频率，则为 $\lambda/2T$ 与 MDV 的乘积)就是 MDV。SIR 损失达到可接受时，所对应的多普勒频移并不要求关于杂波凹口对称。利用归一化频率，分别定义正负 MDD 为

$$\text{MDD}_+ = \min_{f_D}\{f_D, \quad 使得 L_{SIR} \geq L_0, f_D > 0\}$$
$$\text{MDD}_- = \max_{f_D}\{f_D, \quad 使得 L_{SIR} \geq L_0, f_D < 0\} \quad (9.52)$$

式中，L_0 为最大可接受的损失阈值。此定义假定杂波凹口所在的多普勒频率为 $f_D = 0$，可以直接推广到杂波凹口在其他多普勒频率时的情况。于是 MDD 定义为上面的两个偏移量的均值(考虑到 MDD_- 为一负值)，即

$$\text{MDD} = \frac{1}{2}(\text{MDD}_+ - \text{MDD}_-) \quad (9.53)$$

L_0 的选择基于对系统设计的考虑。基于雷达距离方程的考虑，$L_0 = -12$ dB 对应于检测距离减少 50%，而 $L_0 = -5$ dB 对应于检测距离减少 25%。在图 9.15 中，选择了 $L_0 = -3$ dB，由此阈值得到 $\text{MDD}_+ = 0.115$ 和 $\text{MDD}_- = -0.112$，进而得到 $MDD = 0.1135$。

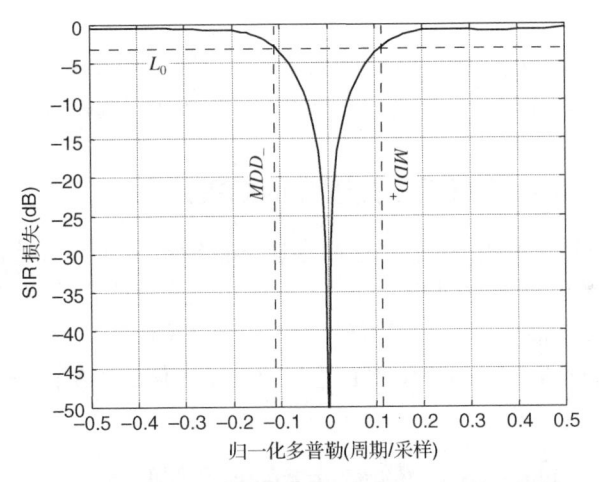

图 9.15　SIR 损失与多普勒的关系(对应于图 9.13 的例子)

另一个与 MDD 有关的性能测度是可用多普勒空间比(UDSF)。UDSF 为 SIR 损失可接受的多普勒空间所占的百分比，即 $L_{SIR} > L_0$ 时，所占的多普勒空间比。UDSF 可以容易地利用归一化频率的 MDD 计算如下：

$$\text{UDSF} = 1 - (\text{MDD}_+ - \text{MDD}_-) = 1 - 2\text{MDD} \quad (9.54)$$

在图 9.15 的例子中，UDSF=0.773，也就是说，多普勒谱空间的 77.3%的范围内其 SIR 损失是可接受的(即 SIR 损失低于一个阈值 L_0)。

作为最后一个例子，对于图 9.11 的两个干扰环境，由其最优 STAP 滤波器得到的空-时二维响应图如图 9.16 所示。对于中重频情况，在两个干扰方向形成两条沿多普勒轴的凹口(对应于干扰能量分布的轨迹)。而且，STAP 处理也能沿杂波轨迹形成一条 S 形的凹口[①]，以充分抑制杂波能量。在 $F_D = 400$ Hz 和 $\theta = 0°$ 坐标附近的峰值响应对应于一个动目标，此目标在原始

---

① 凹口在 $(f_D, \sin\theta)$ 空间中是一条直线。

数据中是看不到的。在目标峰值位置沿多普勒轴和角度轴扩展的两条相互垂直的能量脊,为目标响应的旁瓣。类似地,对于低重频情况,STAP 滤波器仍然可以形成包含 3 个部分的杂波凹槽,以抑制模糊杂波,从而显示出隐藏的目标。

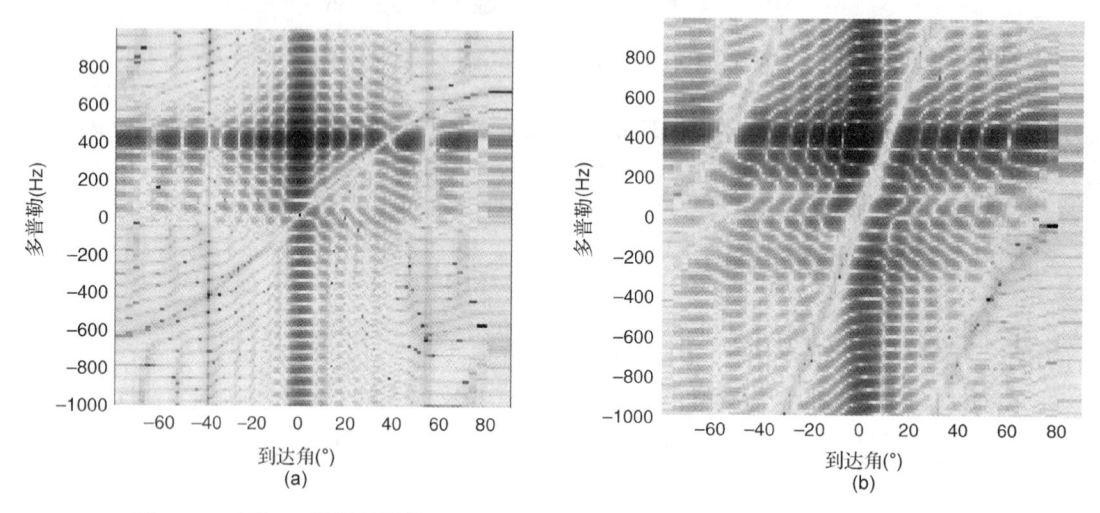

图 9.16 对图 9.9 数据的最优 STAP 处理结果。(a)杂波和两个干扰的中重频情况;(b)模糊杂波的低重频情况(由 GTRL 的 W. L. Melvin 博士授权使用)

9.4.3 STAP 与相位中心偏移天线处理之间的关系

5.7 节讨论运动雷达平台的 GMTI(地面慢速动目标指示)时,介绍了相位中心偏移天线(DPCA)处理技术。类似于 STAP 处理,DPCA 处理也是通过联合处理多个脉冲和多个天线相位中心的数据,以实现杂波对消。为了说明它们之间的联系,考虑利用两个天线相位中心的非自适应 DPCA 处理,即 $N=2$,两相位中心的间距为 d_{pc}。假定时间间隔为 M_s 个脉冲的 DPCA 满足条件,即

$$M_s = \frac{d_{pc}}{2vT} \Rightarrow \beta = \frac{2vT}{d_{pc}} = \frac{1}{M_s} \tag{9.55}$$

因此,空-时快拍的二维矩阵为一个 $2 \times M$ 矩阵,如图 9.17 的上半部分所示,空域序号 $n=0$ 对应于前面的天线相位中心,$n=1$ 对应于后面的天线相位中心。

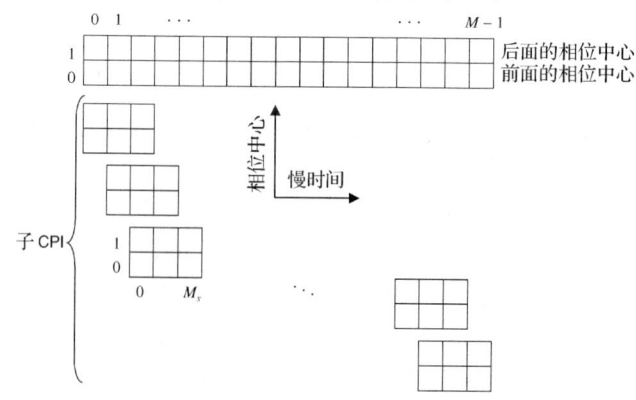

图 9.17 DPCA 处理器的空-时二维快拍示意图以及子 CPI 的分解

第 9 章 波束形成和空-时二维自适应处理导论

非自适应 DPCA 处理器的形式为

$$z[m] = y_f[m] - y_a[m + M_s] \tag{9.56}$$

式中，$y_f[m]$ 和 $y_a[m]$ 分别为前后天线相位中心的输出。因此，非自适应 DPCA 处理只需要一个 "sub-CPI"（子 CPI），即 M_s 个脉冲的时间间隔(即 DPCA 处理器联合处理的两个相邻脉冲之间的间隔)。一个完整的 CPI 快拍包含一系列 $M - M_s$ 个交叠的子 CPI，如图 9.17 的下半部分所示，对应于 $M_s = 2$ 的情况。对于执行式(9.56)的一个子 CPI 所对应的 DPCA 权矢量 h_1，以及整个 CPI 所对应的 DPCA 权矢量 h，用二维形式分别表示在图 9.18 中。

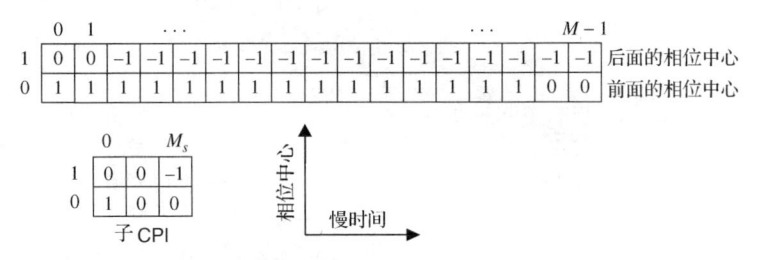

图 9.18 整个 CPI 的 DPCA 权矢量 h 和子 CPI 的 DPCA 权矢量 h_1

利用二维离散函数形式，子 CPI 的 DPCA 权矢量 h_1 可以表达为

$$h_1 \Rightarrow h_1[m, n] = \delta[m, n] - \delta[m + M_s, n - 1] \tag{9.57}$$

由此离散函数的二维 DTFT 得到 DPCA 的二维响应为

$$\begin{aligned} H_1(\omega_D, \tilde{k}_\theta) &= \sum_{m=0}^{M_s-1} \sum_{n=0}^{1} h_1[m, n] e^{-j(m\omega_D + n\tilde{k}_\theta)} \\ &= 1 - \exp[-j(-M_s\omega_D - \tilde{k}_\theta)] \\ &= 1 - \exp[-j(M_s\omega_D + \tilde{k}_\theta)] \\ &= 1 - \exp[j(M_s\omega_D - k_\theta)] \end{aligned} \tag{9.58}$$

注意到此函数在 $\omega_D = k_\theta / M_s = \beta k_\theta$ 处形成零点，这正好对应于式(9.28)的杂波脊所在的位置。图 9.19 给出了 $M_s = 2$ 情况下的 $|H_1(f_D, k_\theta)|$。显然，DPCA 处理器沿杂波脊形成了凹槽。对一个完整 CPI 内的其他所有 sub-CPI 重复执行单个 sub-CPI 的 DPCA 处理，并进行相干积累(例如对滤波输出再执行 DFT 处理)，可以使相干积累因子提高 $M - M_s$ 倍(即相对于子 CPI 的 SNR 提高 $M - M_s$ 倍)。另外，需要注意到，式(9.57)的约束形式不允许对同一脉冲的不同天线相位中心数据进行联合处理，因此 DPCA 处理器不具有空域波束形成能力。这样，DPCA 处理只能对消杂波而不能抑制干扰。

式(9.58)的模型隐含着如下假设：形成 DPCA 相位中心的每一个天线或子阵的方向图都是全向的。一个更加实际的模型应该考虑子阵或天线的方向图。重复上述分析，但是假定每一相位中心的输出都已在空域经过天线或形成相位中心的子阵方向图进行了角度滤波。假定前后相位中心的天线方向图分别用 $E_f(k_\theta)$ 和 $E_a(k_\theta)$ 表示，则式(9.58)可以推广为

$$\begin{aligned} H_1(\omega_D, k_\theta) &= E_f(k_\theta) - E_a(k_\theta) \exp[-j(M_s\omega_D - k_\theta)] \\ &= E_f(k_\theta)\{1 - \exp[-j(M_s\omega_D - k_\theta)]\} \end{aligned} \tag{9.59}$$

式中，最后一步只有当 $E_f(k_\theta) = E_a(k_\theta)$ 时才成立。如果两个波束方向图存在差别，则式(9.59)

的第一行表明在期望的杂波脊位置不会形成凹口。这强调 DPCA 处理要求子阵列的方向图必须严格匹配。

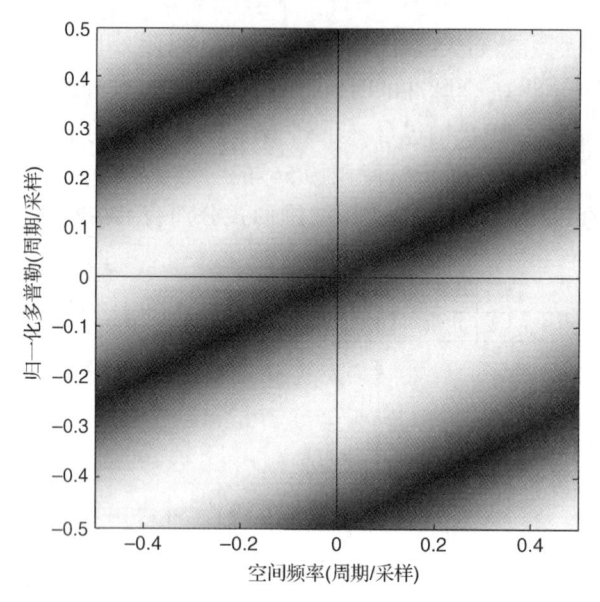

图 9.19　非自适应 DPCA 处理器的二维响应图（$M_s = 2$）

自适应 DPCA 通过应用 5.7.2 节描述的矢量匹配滤波框架，可以改善上述结果。如同非自适应 DPCA，自适应 DPCA 同样禁止联合处理同一脉冲的不同相位中心输出数据的权矢量结构，因此也不具有空域波束形成能力。而且，由于应用的目标模型为 $t = [1 \ 0]^T$，其滤波结果在所有目标多普勒频率取"平均"的意义上是最优的，而不是对任意指定的目标多普勒频率是最优的。

9.4.4　自适应匹配滤波

在第 6 章中，为了设置检测阈值电平需要获得干扰功率信息，同时介绍了恒虚警率（CFAR）技术，用来从雷达数据中估计噪声电平。对于 STAP 处理存在同样的问题，即 STAP 处理需要获得干扰协方差矩阵 S_I，计算最优匹配滤波权矢量 h，并执行匹配滤波处理。同样，假定 S_I 是一个已知的先验量是不现实的，因此 S_I 必须由雷达数据估计得到。

当干扰协方差矩阵 S_I 未知时，一个最普遍应用的 STAP 方法称为采样矩阵逆（SMI）方法（Ward，1994）。此方法类似于单元平均 CFAR。图 9.20 给出了雷达接收的三维数据块，以及其中的某一被检测距离单元（CUT）和与 CUT 邻近的距离单元（称为参考单元）。假定参考单元中的数据是独立同分布的，且与 CUT 中的干扰（包括噪声、杂波以及干扰）具有相同的统计特性，并假定参考单元中不包含任何目标信号[①]，则参考距离单元中的数据可以用来计算 S_I 的样本均值，用 $\hat{S}_I$ 表示。由单个参考单元中的数据计算的协方差矩阵可以表示为

$$\hat{S}_I = y_l^* y^T \tag{9.60}$$

如果有 L_s 个参考单元，则得到的协方差矩阵 S_I 的估计为

[①] 如果需要，可以在 CUT 附近保留几个保护单元，以防止目标信号污染干扰协方差矩阵的估计。

$$\hat{S}_I = \frac{1}{L_s} \sum_{l=1}^{L_s} \hat{S}_l \tag{9.61}$$

需要注意的是，由于干扰协方差矩阵不能精确估计，由 $\hat{S}_I$ 替代 S_I 计算得到的 STAP 滤波权矢量是准最优的。

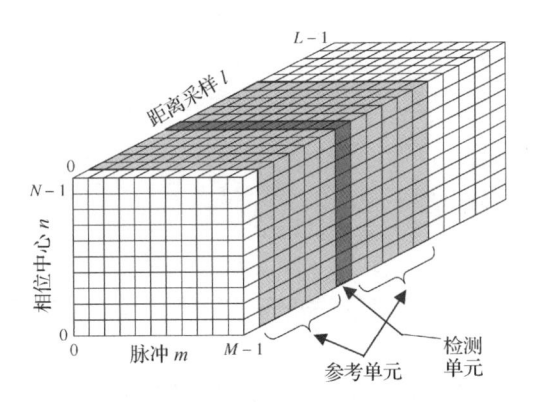

图 9.20　估计干扰协方差矩阵所需的参考单元的选择示意图

由于使用 $\hat{S}_I$（替代 S_I）而导致的 SIR 减少用 L_{CFAR} 表示。根据文献 Reed 等(1974)和 Nitzberg(1984)的分析，L_{CFAR} 为一个 β 分布的随机变量，其期望值为

$$E(L_{\text{CFAR}}) = \frac{L_s + 2 - P}{L_s + 1} \tag{9.62}$$

注意到，正如所定义，$E(L_{\text{CFAR}})$ 的值小于 1（负的 dB）。图 9.21 给出了 $E(L_{\text{CFAR}})$ 随 L_s/P 的变化曲线，L_s/P 为与 DOF 数相关的参考窗的数目（即快拍数）。从图 9.21 的变化曲线可以看出，参考单元的数目必须超过两倍的 STAP 处理器的 DOF 数，以使由于协方差矩阵估计而导致的 SIR 损失 L_{CFAR} 控制在 3 dB 内。如果控制 L_{CFAR} 在 1 dB 内，则要求 $L_s > 5P$。其结论为参考窗的数目应该为空-时快拍矩阵维数的 2～5 倍，称为 Reed-Mallet-Brennan 准则（或 RMB 准则）。此曲线的形状为 P 的一个弱函数。对于图中的例子，$P = 256$，对应于雷达系统的天线相位中心数目 $N = 8$，一个 CPI 内的脉冲数 $M = 32$。上述结论的成立是以假定实际的目标导向矢量与滤波器设计中用到的目标模型矢量 t 精确匹配为前提的，而且没有为了降低旁瓣而对数据做加窗处理。文献 Boroson(1980)和 Kelly(1989)讨论了在目标模型非匹配和加窗情况下的 $E(L_{\text{CFAR}})$〔式(9.62)〕。

一旦干扰协方差矩阵估计出来，STAP 的权矢量就可以按常规的方式进行计算。当应用平方律检测器时，自适应匹配滤波器(AMF)的定标系数 κ (Kelly, 1986; Chen 和 Reed, 1991; Robey 等, 1992)为

$$\kappa = \frac{1}{\sqrt{t^H (\hat{S}_I^{-1})^* t}} \tag{9.63}$$

上式与式(9.19)类似，利用上述定标系数，滤波器的输出变为

$$|z|^2 = \frac{\left| t^H (\hat{S}_I^{-1})^* y \right|^2}{t^H (\hat{S}_I^{-1})^* t} \tag{9.64}$$

可以看出，应用于此检测统计量的阈值检测表现出 CFAR 的特性。而且可以断定，与其他检

测,例如广义似然比检测(Steinhardt 和 Guerci, 2004)相比, AMF 对于训练数据中存在目标的情况更加稳健。

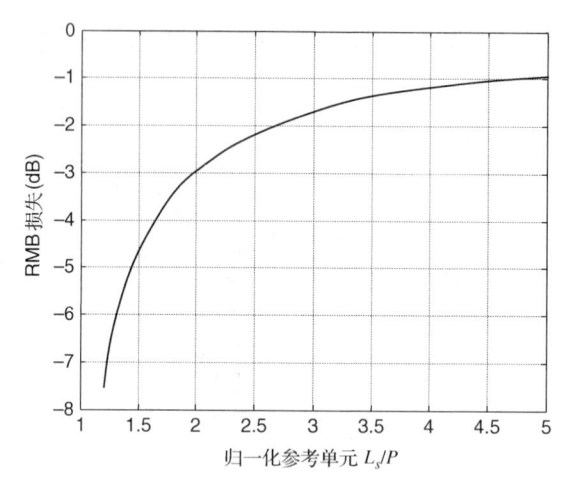

图 9.21 由于协方差矩阵估计而导致 SIR 损失的 RMB 估计, $P = 256$

当使用 SMI 技术时,二维响应图的性能会下降,例如旁瓣升高和主瓣失真,而且当 L_s 相对较小时尤为严重。另外,方向图会随着更新过程不断变化,称之为权抖动。如果 $L_s < P$,$\hat{S}_I$ 会变成一个非奇异矩阵。为了解决这些问题,一种常用的方法是对角加载 SMI,即在估计的协方差矩阵的所有对角线元素上增加一个偏移量(Carlson, 1988),即

$$\hat{S}_I \Rightarrow \hat{S}_I + \varepsilon I \tag{9.65}$$

既然对角加载增加的偏移因子与白噪声协方差矩阵的结构完全相同,那么对角加载的作用就是增加数据的噪声电平。加载因子 ε 通常设置为比实际的噪声电平 σ_w^2 高出 10～30 dB(Kim 等, 1998)。对角加载能够确保 $\hat{S}_I$ 的非奇异性,并减少二维波束响应的失真,但是同时也会减小凹口的深度(Guerci, 2003)。

9.5 降维 STAP

如 9.1.3 节所述,对阵元数据的空域预处理可以用来减少自适应处理方程的维数。此降维方法也可以用在 STAP 处理中。然而,降维处理对于 STAP 尤为重要,这是由于 STAP 的快拍维数非常大,达到几百的量级。而这会使两个问题变得更加恶化。第一个问题是,根据 RMB 准则,如果要把估计协方差矩阵引起的 SIR 损失控制在可接受的范围内,则要求参考距离单元的数目达到 $2P \sim 5P$。对于更加复杂的系统(即更多的相位中心数和更多的 CPI 脉冲数),会需要更长的参考距离单元窗。因此,由于地形变化,训练数据很可能不再满足 SMI 算法中统计一致性的假设。第二个问题是,运算量为 P^3 量级。如果维数减少一半,则运算量减少近似一个量级。同理,如果为了获得更好的性能(例如为了减少跨越损失或协方差矩阵估计损失),而把维数增加一倍,则运算量将增加近似一个量级。

由于 STAP 对二维数据域进行操作,因此预处理既可以在慢时间维执行,也可以在相位中心维(角度域)执行,或两者同时执行。图 9.22 给出了降维 STAP 技术的分类,此分类根据的是预处理的选择(Ward, 1994)。每一类又有很多派生。作为一个例子,图 9.23 给出了一个

特定的波束空间后多普勒类的 STAP 处理器结构。在此 STAP 处理器中，对二维数据分别利用 DFT 处理，得到固定的角度-多普勒单元。对一个给定的目标模型矢量 t，只利用目标的 AOA 和多普勒频率周围的少数几个角度-多普勒单元进行自适应处理，可以类比前面提到的应用 DFT 波束空间预处理的自适应波束形成的例子。波束空间-后多普勒 STAP 处理器结构，能够在角度和多普勒两个维度上对干扰进行隔离，因此可以大大减少 SMI 方程的阶数。典型的实现结构是分别在多普勒和角度维选用 3~5 个单元，因此总共可以提供 9~25 个自由度。

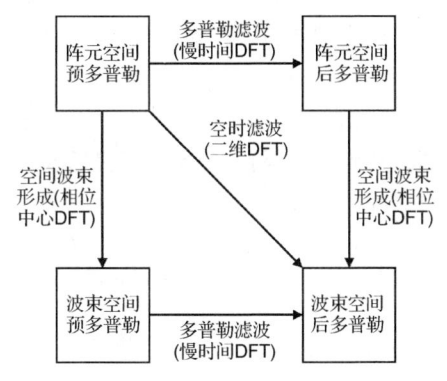

图 9.22　降维 STAP 算法的分类(Ward，1994)

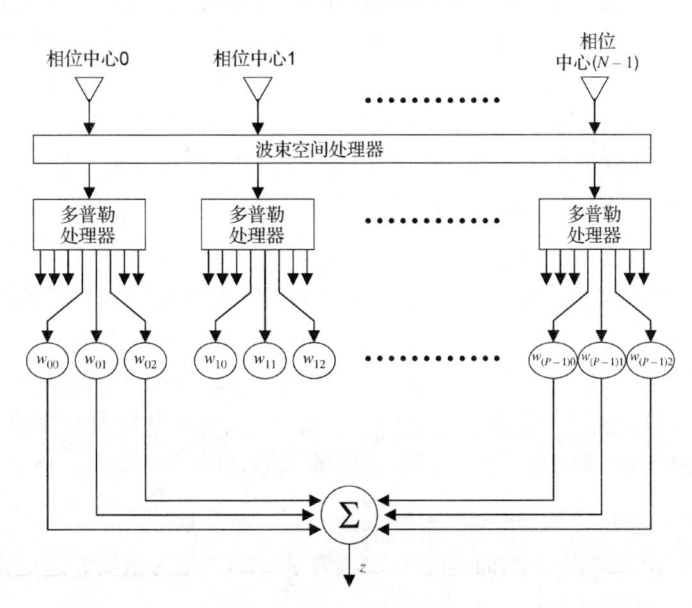

图 9.23　一个特定的波束空间-后多普勒 STAP 处理器结构

9.6　高级 STAP 算法和分析

本章只介绍了一种最基础的 STAP 算法，即基于矢量匹配滤波的 SMI 方法。而对于评估 STAP 性能的测度，也仅仅介绍了自适应方向图和 SIR 测度。对干扰特性和 STAP 算法性能的深入理解，需要分析杂波环境的特征结构(协方差矩阵的特征值分布情况)，超出了本书的范围，但在一些有关 STAP 的专著中进行了详细讨论，如 Klemm(2002)和 Van Trees(2002)，以及 Guerci(2003)。Guerci(2003)书中第 112 页详尽地介绍了用于雷达数据处理的现代 STAP 算法。

高级 STAP 算法的一些思想，来自于对杂波协方差矩阵和干扰源的协方差矩阵是非满秩矩阵的认识。例如，J 个互不相关的干扰源的协方差矩阵(在理想条件下)的秩为 MJ(Guerci，2003)。在理想条件下(无偏航，恒定速度等)，杂波协方差的秩可以由下式进行估计(Brennan 和 Staudaher，1992)：

$$\text{rank}\{\boldsymbol{S}_c\} \approx N + (M-1)\beta \qquad (9.66)$$

式中，β 为杂波脊的斜率，由式(9.28)给出。通常 β 的取值范围为 $0\sim3$，因此杂波秩通常远小于满秩 $P = NM$。因而，杂波和干扰源信号可以用 P 维空间中相对较少的基矢量表示。特征分析提供了一种方便的方法来分解信号分量，定义降维表示，以及分析相应算法的性能。

基于特征分析的 STAP 算法与 SMI 算法有着本质的不同。假定联合的杂波和干扰源协方差矩阵具有 Q 个主特征值(即大特征值)，其余的特征值位于或接近噪声电平。主成分(PC)方法把自适应滤波权矢量作为 Q 个主特征矢量(对应于 Q 个主特征值)的线性组合，其加权系数取决于特征矢量所对应的特征值。主分量技术和类似的子空间投影技术可以获得高质量的二维响应图，而不会像 SMI 技术那样，由于使用估计的协方差矩阵而经常导致旁瓣性能降低。而且，滤波器的权矢量只由 Q 个主特征矢量得到，因此这些算法提供了另一种降维方法，从而可以减少运算量。那些基于把数据投影到低维空间的算法通常称为降秩 STAP(注意与 9.5 节中讨论的降维技术的区别)。

即使经过有效的降维处理，由于误差影响(在 9.7 节讨论)，更主要的是由于杂波场景的物理变化，还是使得参考距离单元窗内数据的非平稳性和不一致性，成为限制 STAP 性能的主要因素。近来，知识辅助的 STAP 处理(KA STAP)成为一个重要研究方向(Weiner 等，1998；Guerci，2002)。KA STAP 试图利用辅助信息源来改善检测单元的干扰协方差矩阵估计。例如，测绘数据可以用来识别参考单元窗内地形类型的改变，公路和其他杂波特性的变化。预处理算法可以从协方差矩阵估计过程中先剔除某些参考单元，从而提供一组统计一致性更好的训练数据，进而可以获得与检测单元的干扰协方差矩阵 $\boldsymbol{S}_I$ 更加一致的协方差矩阵估计 $\hat{\boldsymbol{S}}_I$。图 9.24 给出一个 KA STAP 处理器的高级结构。知识辅助的预处理对数据块进行编辑或修改，以提供一个统计一致性更好的数据块。于是任意常规的 STAP 算法就可以用来对消具有更好特性的杂波。在另一个例子中，数字地形高度测绘图(DTED)连同地形类型测绘图一起，用来预测杂波特性。可以利用已知的会污染部分雷达频带的发射机(例如电视台和无线设备)的数据，将同频带电磁干扰(EMI)识别出来，然后再通过接收机数据的预滤波把电磁干扰去除掉。

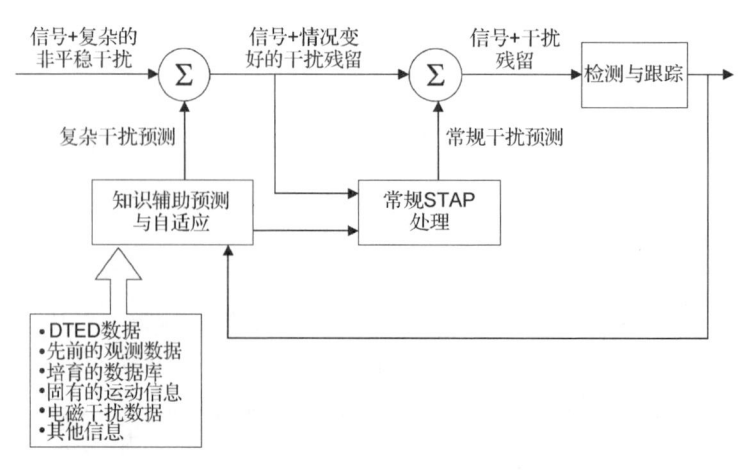

图 9.24 一个知识辅助 STAP 处理器的基本结构(Guerci，2002)

9.7 STAP 限制

如第 5 章所述，MTI 受到几种因素的制约而导致性能降低，这些制约因素有些来自雷达系统内部，有些则来自系统外部。内部因素包括脉冲幅度在脉冲间的变化、振荡器相位漂移、I/Q 通道误差以及天线的扫描调制等。外部因素主要是内杂波运动和杂波的不一致性。

所有这些限制因素同样会降低 STAP 性能，而且由于多相位中心雷达和运动平台会给 STAP 带来更多复杂问题。例如，阵列的 N 个接收通道之间会存在失配。这些失配因素可以进一步分成与角度无关的失配和与角度有关的失配。与角度无关的失配主要是通道的频率响应 $H_n(\Omega)$ 之间的差别。与角度有关的失配来自多种因素，包括阵元位置偏移误差、宽带色散以及阵元之间的互耦等。平台运动影响会带来额外的性能降低，例如，由于平台的偏航角会导致阵面与平台速度矢量的不平行。而且由于自适应权通常不会每个 CPI 都更新，所以运动平台和静止或运动的干扰源之间的空间几何变化（角度变化），会导致干扰移出自适应形成的滤波器凹槽，直到权再一次更新，这种现象称为"权过期"问题。

所有这些影响都会导致干扰协方差矩阵的秩增加，这种现象称为干扰子空间泄漏(ISL)。这是因为秩的扩展意味着干扰子空间的维数增加，而且，秩的增加意味着需要更多的参考距离单元数目（估计子空间）。ISL 影响可以用协方差矩阵锥(CMT)来建模。CMT 是一个 $P \times P$ 阶矩阵 G，它与理想的干扰协方差矩阵进行哈达玛积，可以得到一个秩扩展的协方差矩阵，即

$$\tilde{S}_I = S_I \odot G \tag{9.67}$$

而 G 通常建模为几个分别代表不同 ISL 影响的锥形分量的哈达玛积(Guerci, 2003)，即

$$G = G_0 \odot G_1 \odot \cdots \odot G_{G-1} \tag{9.68}$$

式中，G 为不同 ISL 影响的分量数目。举一个一维 CMT 的例子，在自适应波束形成中，把一个 N 元 CMT 矢量定义为一个 sinc 函数的采样序列(Mailloux, 1995; Zatman, 1995)。将此 CMT 应用到估计的协方差矩阵中，能够加宽合适方向图中的干扰凹口宽度，从而改善由于干扰源的 AOA 变化而导致的"权过期"问题。另举一个空-时二维 STAP 情况下的例子，与角度无关的通道失配，CMT 可以合理地建模为一个全 1 矩阵和一个单位矩阵的加权和(Guerci, 2003)。CMT 也可用于对内杂波运动影响建模。一个基于 Billingsley 模型（前面已经讨论）的 CMT 可以通过对式(9.45)的采样得到，即

$$G(m,n) = s_c(|m-n|T) \tag{9.69}$$

式中，T 为 PRI。

CMI 的应用方法至少有以下两种。第一种是把 CMI 用在式(9.67)中，以改善标准 STAP 算法中的干扰协方差矩阵模型。第二种是通过开发新的算法，充分利用协方差矩阵的结构，包括 CMT 分量，以获得改善的性能。文献 Guerci(2003)给出了许多这样的例子。

如前所述，由于 STAP 需要的参考距离单元的窗较长，所以杂波的非均匀性是一个尤其重要的制约因素。由于杂波的非均匀性而导致的 SIR 损失，对于实际场景可以从 0.1 dB 变化到高达 16 dB(Melvin, 2000)。克服这些损失的途径包括前面描述的用来限制参考窗长度的降维和降秩技术，以及用于改善估计杂波协方差矩阵的数据的统计一致性的知识辅助算法。

参考文献

Aalfs, D.,"Adaptive Digital Beamforming," Chap. 9 in W. L. Melvin and J. A. Scheer (eds.), *Principles of Modern Radar: Advanced Techniques*. SciTech Publishing, Edison, NJ, 2013.

Arakawa, M., and R. A. Bond, "Computational Characteristics of High Performance Embedded Algorithms," Chap. 5 in D. R. Martinez, R. A. Bond, and M. M. Vai (eds.), *High Performance Embedded Computing Handbook: A Systems Perspective*. CRC Press, Boca Raton, FL, 2008.

Billingsley, J. B., *Radar Clutter*. Artech House, Norwood, MA, 2001.

Boroson, D. M., "Sample Size Consideration in Adaptive Arrays," *IEEE Transactions on Aerospace & Electronic Systems*, vol. AES-16, no. 4, pp. 446–451, Jul. 1980.

Brennan, L. E., and F. M. Staudaher, "Subclutter Visibility Demonstration," Technical Report RL-TR-92-21, Adaptive Sensors, 1992.

Carlson, B. D., "Covariance Matrix Estimation Errors and Diagonal Loading in Adaptive Arrays," *IEEE Transactions on Aerospace & Electronic Systems*, vol. AES-24, no. 3, pp. 397–401, Jul. 1988.

Chen, W. S., and I. S. Reed, "A New CFAR Detection Test for Radar," *Digital Signal Processing*, vol. 1, pp. 198–214. Academic Press, New York, 1991.

Guerci, J. R., "Knowledge Aided Sensor Signal Processing and Expert Reasoning," *Proceedings of Knowledge Aided Sensor Signal Processing and Expert Reasoning* (KASSPER) Workshop, Apr. 2002.

Guerci, J. R., *Space-Time Adaptive Processing for Radar*. Artech House, Norwood, MA, 2003.

Harris, F. J., *Multirate Signal Processing for Communication Systems*. Prentice-Hall, New York, 2004.

Kelly, E. J., "An Adaptive Detection Algorithm," *IEEE Aerospace & Electronic Systems Magazine*, vol. 28, no. 1, pp. 115–127, March 1986.

Kelly, E. J., "Performance of an Adaptive Detection Algorithm: Rejection of Unwanted Signals," *IEEE Transactions on Aerospace & Electronic Systems*, vol. AES-25, no. 2, pp. 122–133, Mar. 1989.

Kim, Y. L., Su. U. Pillai, and J. R. Guerci, "Optimal Loading Factor for Minimal Sample Support Space-Time Radar," *Proceedings* of 1998 *IEEE International Conference on Acoustics, Speech, and Signal Processing* (ICASSP), vol. 4, pp. 2505–2508, May 1998.

Klemm, R., *Principles of Space-Time Adaptive Processing*. Institution of Electrical Engineers (IEE), London, 2002.

Mailloux, R. J., "Covariance Matrix Augmentation to Produce Adaptive Array Pattern Troughs," *Electronics Letters*, vol. 31, no. 10, pp. 771–772, 1995.

Melvin, W. L., "Space-Time Adaptive Radar Performance in Heterogeneous Clutter," *IEEE Transactions on Aerospace & Electronic Systems*, vol. AES-36, no. 2, pp. 621–633, Apr. 2000.

Melvin, W. L., "Clutter Suppression using Space-Time Adaptive Processing," Chap. 10 in W. L. Melvin and J. A. Scheer (eds.), *Principles of Modern Radar: Advanced Techniques*. SciTech Publishing, Edison, NJ, 2013.

Mountcastle, P. D., "New Implementation of the Billingsley Clutter Model for GMTI Data Cube Generation," *Proceedings of IEEE 2004 Radar Conference*, pp. 398–401, Apr. 2004.

Nitzberg, R., "Detection Loss of the Sample Matrix Inversion Technique," *IEEE Transactions on Aerospace & Electronic Systems*, vol. AES-26, no. 6, pp. 824–827, Nov. 1984.

Reed, I. S., J. D. Mallet, and L. E. Brennan, "Rapid Convergence Rate in Adaptive Arrays," *IEEE Transactions on Aerospace & Electronic Systems*, vol. AES-10, no. 16, pp. 853–863, Nov. 1974.

Robey, F. C., et al,. "A CFAR Adaptive Matched Filter Detector," *IEEE Transactions on Aerospace & Electronic Systems*, vol. AES-28, no. 1, pp. 208–216, Jan. 1992.

Steinhardt, A., and J. Guerci, "STAP for RADAR: What Works, What Doesn't, and What's in Store," *Proceedings of IEEE Radar Conference*, pp. 469–473, April 2004.

Van Trees, H. L., *Optimum Array Processing: Part IV of Detection, Estimation, and Modulation Theory*. Wiley, New York, 2002.

Ward, J., "Space-Time Adaptive Processing for Airborne Radar," Technical Report 1015, Massachusetts Institute of Technology, Lincoln Laboratory, Dec. 13, 1994.

Weiner, D. D., G. T. Capraro, C. T. Capraro, G. B. Berdan, and M. C. Wicks, "An Approach for Using Known Terrain and Land Feature Data in Estimation of the Clutter Covariance Matrix," *Proceedings of IEEE 1998 National Radar Conference*, pp. 381–386, Dallas, TX, May 1998.

Zatman, M., "Production of Adaptive Array Troughs through Dispersion Synthesis," *Electronics Letters*, vol. 31, no. 25, p. 2141, Dec. 1995.

习题

1. 式(9.8)给出了阵列导向角为 θ_0 时，对应 AOA 的波束形成器响应。令 $d = \alpha\lambda/2$（α 为整数），证明在区间 $(-\pi/2, \pi/2]$ 内，在 α 个不同的到到达角 θ_0 处方向图 $z(\theta)$ 存在峰值。

2. 证明图 9.4 例子中的预波束形成 SIR 为 –50.04 dB。

3. 考虑 $N=2$ 个相位中心的一个自适应波束形成器，其干扰环境由噪声和一个干扰源组成。噪声和干扰源功率分别为 σ_n^2 和 σ_J^2，干扰源的到达角为 θ_J rad，定义噪干比为 $NJR = \sigma_n^2/\sigma_J^2$。通过分解干扰源功率，写出关于 σ_J^2，NJR 和 θ_J 的全部干扰协方差矩阵。

4. 对于上题中提到的波束形成器和干扰环境，计算目标角为 θ_t 时，函数的最优匹配滤波器矢量 h。所有比例因子，例如由矩阵求逆产生的因子可以忽略。$NJR \to 0$（即干扰源为主要干扰）时，求 h 的形式。当 $\theta_t \to \theta_J$ 时，h 的结果又如何？解释结果。

5. 假设上题中 $NJR \to \infty$（干扰环境中主要是噪声），求出该情形下 h 的形式。解释结果。

6. 假设一个二阶($N=2$)自适应波束形成器的干扰协方差矩阵为

$$S_I = \begin{bmatrix} 17 & j8 \\ -j8 & 17 \end{bmatrix}$$

求矩阵平方根 V（$S_I = V \cdot V$）。提示：至少 V 的一个有效形式为

$$V = \begin{bmatrix} a & e^{j\theta} \\ e^{-j\theta} & a \end{bmatrix}$$

根据该信息求出 a 和 θ 的值。（不用假设 V 的一个特殊结构，使用 S_I 的特征值和特征向量系统地求解 V，这里也不涉及 Cholesky 分解）

7. 用式(9.21)第二行的第一种形式计算 $\tilde{S}_I$，证明用变换形式的 V 白化上题的干扰协方差矩阵 S_I 的结果为单位矩阵，可以用 MATLAB 或仿真计算工具进行计算。

8. 概述 (k_θ, ω_D) 坐标下 STAP 的杂波脊。假设系统参数分别为 $v = 150$ m/s，$T = 1$ ms，$d = 0.3$ m，$F_0 = 1$ GHz，计算此情况下杂波脊的斜率 β。为 $T = 0.25$ ms，$d = 0.15$ m 时，斜率又是多少？画出对应 AOA 从 $-\pi$ 到 π 时，k_θ 的脊。

9. 详细给出在较小参数下，即 $M = 3$ 个脉冲和 $N = 2$ 个相位中心时，式(9.32)中的目标导向矢量 t。目标矢量导向角 $\theta_t = 30°$，采样率为 $f_D = 0.25$，假设 $d = \lambda/2$。

10. 考虑工作在 X 波段(10 GHz)下，一个 CPI 中慢时间采样点 $M = 4$，相位中心数 $N = 2$

时的一个小型 STAP 雷达系统，计算天线前视 $\theta_t = 0°$ 直接监测目标和采样率为 $f_{Dt} = 0.25$ 时，归一化多普勒频移的最优匹配滤波器系数。

    a. 目标的时域导向矢量 a_t 是什么？简化结果表达式（即 $e^{j\pi} = -1$）。

    b. 目标的空域导向矢量 a_s 是什么？简化结果表达式。

    c. 完整的目标模型矢量 t 是什么？

11. 重复上题所述的 STAP 系统，假设干扰是功率为 σ_w^2 的白噪声（没有杂波和干扰信号），此时最优波束形成滤波器系数矢量 h 是什么？不要简化或合并常量。

12. 根据 RMB 准则，在习题 10 中的 STAP 系统中应该使用多少个距离单元，来估计干扰协方差矩阵 S_I^{-1}，从而使得失配损失小于 1 dB？应用式(9.62)，相比于经验准则估计其结果精确性如何？

13. 证明在均匀线阵和 PRI 为常量的情况下，当映射到二维函数时，通过均匀步长的 f_D 和 k_θ，计算 STAP 处理器的自适应方向图，与计算权矢量外积的二维 DFT 的平方是等效的。

14. 用 MATLAB 或其他计算工具，计算习题 10 中只有噪声干扰的环境下的自适应方向图和目标参数。令 $\kappa = 1$，并假设多普勒域和角度域均没有使用窗函数进行旁瓣控制，用二维（30×30 或者更大的）DFT 得到详细合理的方向图。

15. 考虑习题 4 中干扰源抑制的最优权矢量以及 $\theta_t = \theta_I$ 的一般情况，也就是为零时的 NJR 函数（NJR 为 0 或者趋于无穷大）。当输入信号为来自角度 θ_I 的干扰源信号时，其输出功率 $|z|^2$ 的期望值为多少？干扰源信号可以用式(9.13)或者式(9.14)调制。

16. 当协方差矩阵加上对角阵 $\varepsilon \cdot \sigma_n^2 I$ 时，重新计算上题中的 $E\{|z|^2\}$，此时来自干扰源的输出能量增加了、减少了还是不变？

附录 A 有关概率论和随机过程的课题

A.1 概率密度函数和似然函数

这里假设读者已经熟悉连续随机变量 x 的概率密度函数(PDF) $p_x(x)$ 的概念。简单介绍就是，概率密度函数描述了变量 x 可能的取值范围和其值在某个特定区间出现的概率。具体来说就是，在区间 $[x_1,x_2]$ 出现的概率为

$$\Pr\{x_1 \leqslant x \leqslant x_2\} = \int_{x_1}^{x_2} p_x(x) \mathrm{d}x \tag{A.1}$$

设 $x_1 = x_0 - \Delta x / 2$ 和 $x_2 = x_0 + \Delta x / 2$，且取极限 $\Delta x \to 0$，结果表明 x 在以 x_0 为中心的小区间上出现的概率为

$$\Pr_{\Delta x \to 0}\left\{x_0 - \frac{\Delta x}{2} \leqslant x \leqslant x_0 + \frac{\Delta x}{2}\right\} \approx p_x(x_0) \cdot \Delta x \tag{A.2}$$

上式表明，在 $x \approx x_0$ 处的概率与其概率密度函数在 x_0 处的值成比例。因此通过概率密度函数不仅可以得到 x 的范围，而且可以得到一次观测变量落在给定值 x 附近的概率。例如，一个在区间[0, 1]均匀分布的概率密度函数表明：概率密度函数描述的随机变量将不会出现比 0 小或是比 1 大的值，但是变量出现在这些限制下的任何小区间上的概率是相等的。另一方面，一个均值为 0、方差为 1 的高斯概率密度函数表明：这样的随机变量的取值可以是任何实数。然而，取值出现在 0 附近的概率要比出现在大于+3 或小于−3 区间的概率要大得多。概率密度函数的对称性也表明出现正值和负值的概率是相等的。

另一个关于式(A.1)在雷达方面的重要性的具体的例子是：计算 x 超过某个阈值 T 的概率，这是一个经常会在检测理论里出现的计算。下面就是 x 在区间 $(T,+\infty)$ 的概率：

$$\Pr\{x > T\} = \int_{T}^{\infty} p_x(x) \mathrm{d}x \tag{A.3}$$

这也经常称为"右手概率"，因为它计算的是右手边区间，即从 $T \sim +\infty$ 的概率密度函数。

概率密度函数的另一鲜为人知的用法是作为似然函数，似然函数是估计理论中一个重要概念。假设有一个均值为 A，方差为 σ^2 的高斯随机变量 x，$x \sim N(x;A,\sigma^2)$ [①]，则其概率密度函数为

$$p_x(x) = \frac{1}{\sqrt{2\pi\sigma^2}} \exp[-(x-A)^2 / 2\sigma^2] \tag{A.4}$$

x 是对一个均值固定为 A 的噪声的测量建模，假设式(A.4)是 x 的概率密度函数的一个已知理想模型，参数 σ^2 已知而 A 未知。假设需从一个样本 x 中估计 A 的值。考虑在已知 σ^2 和观测值 x(例如 $x = 3$)的情况下，画出概率密度函数作为变量 A 的函数。把"似然函数" $\ell(A \mid \sigma^2, x = 3)$ 表示为

---

① 符号"$\sim$"表示服从，符号 $N(x;a,b^2)$ 代表一个均值为 a、方差为 b 的标准正态分布或者高斯分布。

$$\ell(A|\sigma^2, x=3) = p_x(3) = \frac{1}{\sqrt{2\pi\sigma^2}} \exp[-(3-A)^2/2\sigma^2] \tag{A.5}$$

图 A.1(a)给出了 $\sigma^2 =1$ 时，$\ell(A|\sigma^2, x=3)$ 的结果。另外可以发现，似然函数的自变量是 A 而不是 x。x 的值是已经测量出的固定值。该图表明了当 $x=3$ 时，A 最可能的取值是 3。图 A.1(b) 展示了出现这种情况的原因，给出了对于两个不同的 A 值，函数 $p_x(x)$ 随 x 的变化。当 $A=3$ 时，从式(A.2)可以看出，x 的测量值在 3 附近的一个很小的区间 Δx 里的可能性大约是 $p_x(3)\cdot\Delta x = 0.399\cdot\Delta x$。而当 A 取其他值时，这个概率就要小得多。例如，对于 $A=6$，概率密度函数 $p_x(x)$ 向右平移，x 在 3 附近的概率是 $p_x(3)\cdot\Delta x = 0.004\,432\cdot\Delta x$，几乎要比上面的概率低两个数量级。所以可以很清楚地看到，在这个简单的例子里，$x=3$ 时，$A=3$ 可以取得最高的概率，即似然函数的峰值。对于给定的观测值 x，A 的估计可以通过取似然函数的最大值得到，这就是最大似然估计。

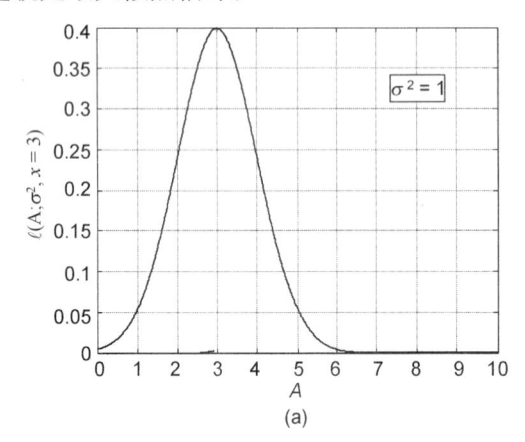

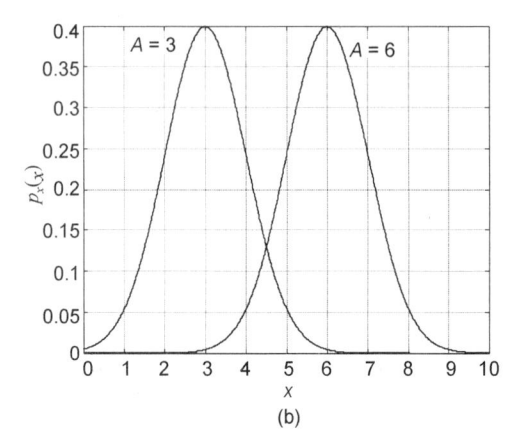

图 A.1 (a)$x=3$，$\sigma^2=1$ 时，式(A.5)的似然函数；(b)$A=3$ 和 $A=6$ 时，x 的概率密度函数

任何单调增加的变换都可以应用到似然函数中，它不会改变使似然函数取最大值的 A 的值。很多问题都能通过使用对数似然函数 $\ln[\ell(\cdot|\cdot)]$ 很方便地解决。继续上面的例子，其对数似然函数为

$$\ln[\ell(A|\sigma^2, x=3)] = \frac{-(3-A)^2}{2\sigma^2} - \frac{1}{2}\ln(2\pi\sigma^2) \tag{A.6}$$

上式对 A 求导数，并令其结果为 0，能够很快再次得到 $A=3$ 是最大似然估计。

A.2 在雷达中重要的概率分布

很多概率分布已经被应用到雷达目标和干涉信号的建模中，并且它们应用的数量和熟练程度正在不断增加，从而能够对观察的现象进行更好的建模。本节将介绍雷达信号处理中最常见的几种概率分布的基本信息。重点介绍用来描述信号功率(幅度平方)、电压或振幅(幅度)，以及雷达接收机输出的复数信号相位的概率密度函数。此外还给出在几种情况下与概率密度函数对应的特征函数，特征函数在计算随机变量求和的概率分布时很有用。关于概率分布在雷达信号建模和其他拓展中的用法以及为了某种目的而做的变形，将会在其他章中适时给出，此处大部分结果都可在文献 Papoulis 和 Pillai(2001)与 Omura 和 Kailath(1965)中找到。

A.2.1 功率分布

A.2.1.1 χ^2、指数、厄兰和伽马分布

在对雷达目标功率信号和干涉信号的建模领域，χ^2 分布已经有很长一段历史了。例如，不同版本的 χ^2 分布的概率密度函数都被用在 Swerling 目标模型和白噪声的标准模型上。厄兰分布的概率密度函数是 χ^2 分布概率密度函数的泛化，伽马分布的概率密度函数是两者的泛化。指数分布的概率密度函数是 χ^2 分布的特殊形式，因此也是伽马分布和厄兰分布的一种特殊情况。这一小节将介绍这 4 种分布的概率密度函数之间的联系。

假设有一个均值为 $\bar{x}$，方差为 σ_x^2 的随机变量 x，则 N 自由度的 χ^2 分布的概率密度函数常见的定义为

$$p_x(x) = \chi^2(x;N) = \begin{cases} \dfrac{x^{N/2-1}}{2^{N/2}\Gamma\left(\dfrac{N}{2}\right)} \exp(-x/2), & x \geq 0 \\ 0, & x < 0 \end{cases} \quad (A.7)$$

式中，用 $\chi^2(x;N)$ 来表示随机变量 x 服从自由度为 N 的 χ^2 分布的概率密度函数。变量 x 的均值和方差分别为

$$\bar{x} = N, \quad \sigma_x^2 = 2N \quad (A.8)$$

N 自由度的 χ^2 分布的概率密度函数在雷达领域中是随机变量 x 的概率密度函数，其中 x 就是 N 个独立的均值为 0，方差为 1 的高斯随机变量的平方和，即

$$x = \sum_{i=1}^{N} x_i^2 \quad (A.9)$$

式中，x_i 是独立同分布的，$x_i \sim N(x;0,1)$。其中 $N = 2$ 和 $N = 4$ 的情况是大家研究的热点，因为他们被应用到 Swerling 模式下的目标 RCS 波动的模型中(见第 2 章)。

考虑对模型进行小的扩展，允许其有任意的均值，这样使得其应用范围更加广泛。回顾之前提到的，对于一个普通的随机变量 x，有线性变换 $y = ax + b$，则新的随机变量 y 的概率密度函数、均值、方差都与 x 有关，它们之间的关系为

$$p_y(y) = \frac{1}{|a|} p_x\left(\frac{y-b}{a}\right)$$
$$\bar{y} = a\bar{x} + b \quad (A.10)$$
$$\sigma_y^2 = |a|^2 \sigma_x^2$$

如果在式(A.9)所有的 x_i 都有不同的非 1 的方差 σ^2，那么新的平方和变量 $x' = \sigma^2 x$，则 x' 的概率密度函数为(代入初始定义中)

$$p_x(x) = \chi^2(x;N,\sigma^2) = \begin{cases} \dfrac{x^{N/2-1}}{(2\sigma^2)^{N/2}\Gamma\left(\dfrac{N}{2}\right)} \exp(-x/2\sigma^2), & x \geq 0 \\ 0, & x < 0 \end{cases} \quad (A.11)$$

其均值和方差分别为

$$\bar{x} = N\sigma^2, \quad \sigma_x^2 = 2N\sigma^4 \tag{A.12}$$

在式(A.11)中的广义 χ^2 分布是两个参数(N 和 σ^2)而不只是一个参数(N)的函数。

图 A.2(a)显示的是 N 取不同值时的 χ^2 概率密度函数。在该图中，潜在高斯随机变量的方差被设置成 $\sigma^2 = 1/N$，从而所有的概率密度函数都有一个共同的均值 $\bar{x} = 1$。可以注意到，当 N 越大，其概率密度函数在形状上越像高斯分布。由此可以得到大量任意分布的随机变量的和。

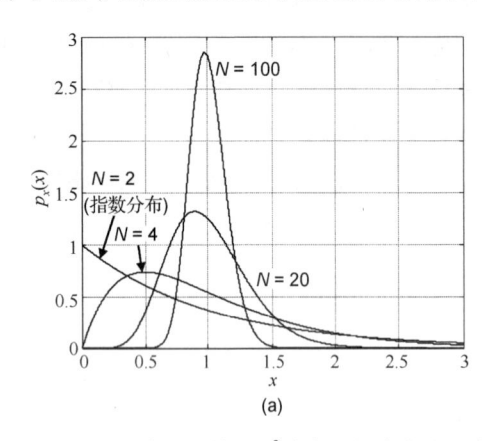

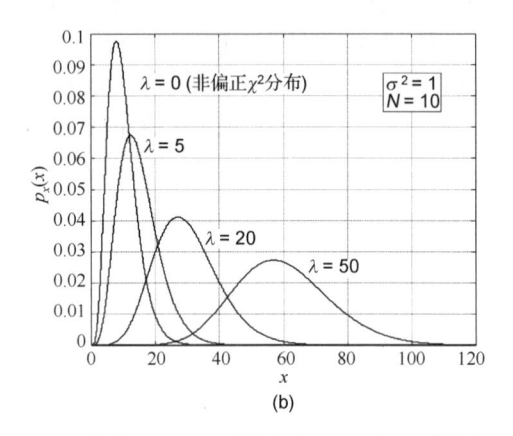

图 A.2 不同中心和偏正 χ^2 分布的概率密度函数图。(a)均值为 1，不同自由度 N 的中心 χ^2 分布的概率密度函数图；(b) $\sigma^2 = 1$，$N=10$，不同非确定性参数 λ 的偏正 χ^2 分布的概率密度函数图

概率密度函数 $p_x(x)$ 的特征函数(CF)定义为

$$C(q) = \int_{-\infty}^{\infty} p_x(x) e^{jqx} dx \tag{A.13}$$

特征函数实质上是概率密度函数的傅里叶变换。而电子工程领域常见的定义是对式(A.13)复数的指数取相反符号。广义 χ^2 分布对应的特征函数为

$$C_{\chi^2}(q) = \frac{1}{(1 - j2\sigma^2 q)^{N/2}} \tag{A.14}$$

均值为 γ 的指数分布 $\mathrm{Exp}(x;\gamma)$ 为

$$p_x(x) = \mathrm{Exp}(x;\gamma) = \begin{cases} \dfrac{1}{\gamma} e^{-x/\gamma}, & x \geq 0 \\ 0, & x < 0 \end{cases} \tag{A.15}$$

则 x 的均值和方差分别为

$$\bar{x} = \gamma, \quad \sigma_x^2 = \gamma^2 \tag{A.16}$$

特征函数为

$$C_{\mathrm{Exp}}(q) = \frac{1}{1 - j\gamma q} \tag{A.17}$$

指数分布是广义 χ^2 分布在 $N = 2$ 时的特殊情况，是一个单参数的分布。为了使指数分布的均值为 γ，必须使 $\gamma = 2\sigma^2$，因此 $\mathrm{Exp}(x;\gamma) = \chi^2(x;2,\gamma/2)$。

在雷达领域，指数分布的概率密度函数经常和相干雷达接收机中的标准噪声模型一起提起。假设 I 和 Q 通道的噪声过程是独立同分布的且服从 $N(x;0,\sigma^2)$，那么复噪声的幅度平方(噪

声功率)就是 I 和 Q 通道的电压的平方和,服从 $\chi^2(x;2,\sigma^2)$。Swerling 1 和 Swerling 2 的目标抖动模型也使用指数分布描述一个具有多个散射点但无强散射点的目标的 RCS 抖动(见第 2 章)。

伽马分布的概率密度函数 $\Gamma(x;\alpha,\beta)$ 是一个更普遍的分布,χ^2 分布和指数分布都是它的特殊情况,但伽马分布可以适用于更大范围的实验数据。它可以表示为

$$p_x(x) = \Gamma(x;\alpha,\beta) = \begin{cases} \dfrac{x^{\alpha-1}}{\beta^\alpha \Gamma(\alpha)} \exp(-x/\beta), & x \geq 0 \\ 0, & x < 0 \end{cases} \quad (A.18)$$

式中,$\Gamma(\cdot)$ 就是普通的伽马函数。x 的均值和方差分别为

$$\bar{x} = \alpha\beta, \quad \sigma_x^2 = \alpha\beta^2 \quad (A.19)$$

伽马概率密度函数的特征函数为

$$C_\Gamma(q) = \frac{1}{(1-j\beta q)^\alpha} \quad (A.20)$$

广义 χ^2 分布与伽马分布的概率密度函数之间的关系是 $\chi^2(x;2,\sigma^2) = \Gamma(x;N/2,2\sigma^2)$。因为 $\text{Exp}(x;\gamma) = \chi^2(x;2,\gamma/2)$,所以有 $\text{Exp}(x;\gamma) = \Gamma(x;1,\gamma)$。

厄兰或厄兰-k 的概率密度函数有时候会在雷达信号建模的时候提到。因为它限制 $\Gamma(x;\alpha,\beta)$ 的 α 为整数 k,所以它处于伽马分布和广义 χ^2 分布之间。参数 β 是任意的,但是对于整数 k 和某个 λ,它通常表示为 $1/\lambda k$ 的形式。在这种情况下,厄兰概率密度函数 $\text{E}(x;k,\lambda) = \Gamma(x;k,1/\lambda k)$ 可以表示为

$$p_x(x) = \text{E}(x;k,\lambda) = \begin{cases} \dfrac{(\lambda k)^k x^{k-1}}{\Gamma(k)} \exp(-\lambda k x), & x \geq 0 \\ 0, & x < 0 \end{cases} \quad (A.21)$$

回顾对于整数 k 有 $\Gamma(k) = (k-1)!$,所以 x 的均值和方差分别为

$$\bar{x} = \frac{1}{\lambda}, \quad \sigma_x^2 = \frac{1}{k\lambda^2} \quad (A.22)$$

特征函数为

$$C_E(q) = \frac{1}{(1-jq/\lambda k)^k} \quad (A.23)$$

A.2.1.2 偏正 χ^2

$\chi^2(x;N,\sigma^2)$ 分布又称为 N 自由度的中心 χ^2 分布。传统的 N 自由度的偏正 χ^2 分布的概率密度函数 $\chi_{\text{nc}}^2(x;N,\lambda)$,描述了具有不同的非零均值,但是方差都为 1 的服从正态分布随机变量的平方和为

$$x = \sum_{i=1}^{N} x_i^2 \quad (A.24)$$

其中,x_i 服从 $N(x;\mu_i,1)$ 分布。其概率密度函数为

$$p_x(x) = \chi_{\text{nc}}^2(x;N,\lambda) = \begin{cases} \dfrac{1}{2}\left(\dfrac{x}{\lambda}\right)^{\frac{N-2}{4}} e^{-(x+\lambda)/2} \cdot I_{\frac{N}{2}-1}(\sqrt{\lambda x}), & x \geq 0 \\ 0, & x < 0 \end{cases} \quad (A.25)$$

式中，偏正参数 λ 定义为

$$\lambda = \sum_{i=1}^{N} \mu_i^2 \tag{A.26}$$

λ 也是均值矢量 $\boldsymbol{\mu} = [\mu_1, \cdots, \mu_N]^T$ 的幅度平方。$I_a(\cdot)$ 是变形的第一类 α 阶贝塞尔函数。

将随机变量 x 进行适度的一般化，即把所有的 x_i 都变成有相同的非 1 方差 σ^2，是非常有用的。具体可以通过因子 σ 缩放 x_i 来实现，所以有 $x_i \sim N(x; \sigma\mu_i, \sigma^2)$。与式(A.24)对应的新的随机变量和偏正参数分别为

$$x' = \sum_{i=1}^{N} x_i'^2 = \sigma^2 \sum_{i=1}^{N} x_i^2 = \sigma^2 x, \quad \lambda' = \sum_{i=1}^{N} (\sigma\mu_i)^2 = \sigma^2 \sum_{i=1}^{N} \mu_i^2 = \sigma^2 \lambda \tag{A.27}$$

把这些缩放应用到式(A.25)中，则广义偏正 χ^2 分布的概率密度函数为

$$p_x(x) = \chi_{\text{nc}}^2(x; N, \lambda, \sigma^2) = \begin{cases} \dfrac{1}{2\sigma^2}\left(\dfrac{x}{\lambda}\right)^{\frac{N-2}{4}} \mathrm{e}^{-(x+\lambda)/2\sigma^2} \cdot I_{\frac{N}{2}-1}\left(\dfrac{\sqrt{\lambda x}}{\sigma^2}\right), & x \geq 0 \\ 0, & x < 0 \end{cases} \tag{A.28}$$

其均值和方差分别为

$$\bar{x} = \sigma^2 N + \lambda, \quad \sigma_x^2 = 2N\sigma^4 + 4\sigma^2\lambda \tag{A.29}$$

特征函数为

$$C_{\chi_{\text{nc}}^2}(q) = \frac{1}{(1 - \mathrm{j}2\sigma^2 q)^{N/2}} \exp\left(\frac{\mathrm{j}2\lambda\sigma^2 q}{1 - \mathrm{j}2\sigma^2 q}\right) \tag{A.30}$$

当 $\lambda = 0$ 时，这个概率密度函数可以简化成(中心) χ^2 分布，当 $N \to \infty$ 时，接近高斯分布。图 A.2(b)给出了固定 $N = 10$，$\sigma^2 = 1$，λ 取各种值时，偏正 χ^2 分布的概率密度函数。当复数据包含恒定分量时，可以用非零均值的偏正 χ^2 分布概率密度函数描述信号的统计特性。

A.2.1.3 韦布尔分布和标准对数分布

当需要更长"拖尾"的概率密度函数时，就会使用韦布尔分布和标准对数分布，这表明：建模的事件大值的出现率比使用上面的分布预测的要高。这些数据经常称为"尖峰"。对小擦地角的海陆杂波的回波建模时，长"拖尾"的概率密度函数是非常普遍的，尤其是在高分辨率、高频率的雷达中更为明显。有时候长"拖尾"的概率密度函数也用于对较高频率、较高分辨率目标回波建模。

韦布尔分布的概率密度函数的一种通用形式为

$$p_x(x) = W(x; \alpha, \beta) = \begin{cases} \dfrac{\alpha}{\beta}\left(\dfrac{x}{\beta}\right)^{\alpha-1} \mathrm{e}^{-(x/\beta)^\alpha}, & x \geq 0 \\ 0, & x < 0 \end{cases} \tag{A.31}$$

x 的均值、中值和方差分别为

$$\bar{x} = \beta\,\Gamma\left(1 + \frac{1}{\alpha}\right), \quad x_{\mathrm{m}} = \beta(\ln 2)^{1/\alpha}, \quad \sigma_x^2 = \beta^2\left\{\Gamma\left(1 + \frac{2}{\alpha}\right) - \Gamma^2\left(1 + \frac{1}{\alpha}\right)\right\} \tag{A.32}$$

韦布尔分布的特征函数为

$$C_W(q) = \sum_{n=0}^{\infty} \frac{(j\beta q)^n}{n!} \Gamma\left(1 + \frac{n}{\alpha}\right) \quad (A.33)$$

式中，参数 α 为"形状参数"；β 为"缩放参数"。当 α 的取值从 1 变化到 2，韦布尔分布的概率密度函数从指数概率密度函数变化到瑞利概率密度函数。然而 α 的取值范围并不只限制在这个范围内，它可以是任意的非负值。图 A.3(a) 给出了当 $x_m = 1$，形状参数取不同值时，韦布尔分布的概率密度函数。

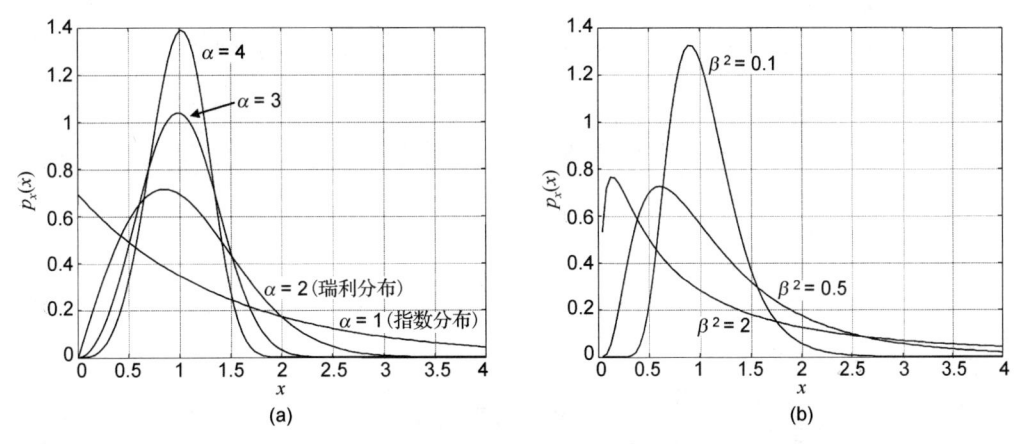

图 A.3 几种长"拖尾"的韦布尔分布和对数正态分布的概率密度函数。(a) 单位中值、形状参数可变的韦布尔分布的概率密度函数；(b) 单位中值、缩放参数可变的对数正态分布的概率密度函数

标准对数概率密度函数表示了一个随机变量，它的对数（以任何数为底）的一般分布为

$$p_x(x) = LN(x; \alpha, \beta) = \frac{1}{\sqrt{2\pi} \cdot \beta x} \exp\left[-\frac{(\ln x - \alpha)^2}{2\beta^2}\right] \quad (A.34)$$

它的均值、中值和方差分别为

$$\bar{x} = e^{\alpha + \beta^2/2}, \quad x_m = e^{\alpha}, \quad \sigma_x^2 = (e^{\beta^2} - 1)e^{2\alpha + \beta^2} \quad (A.35)$$

图 A.3(b) 给出了当 $x_m = 1$，β^2 取不同值时，标准对数的概率密度函数。

A.2.1.4 满足 K 分布的幅度的功率分布

K 分布也用来对尖峰杂波和目标建模。在雷达领域，它们通常是对幅度（电压）而不是功率进行讨论，所以主要的定义和详述推迟到下节讨论。因为功率 x 是幅度 y 的平方，且 y 是非负数，把变换 $p_x(x) = p_y(\sqrt{x})/\sqrt{x}$ 代入式 (A.49)，能够得到随机变量的功率的概率密度函数如下式，其幅度服从 K 分布

$$p_x(x) = \begin{cases} \dfrac{2c^{a+1}}{\Gamma(a)} x^{(a-1)/2} K_{a-1}(2c\sqrt{x}), & x \geq 0 \\ 0, & x < 0 \end{cases} \quad (A.36)$$

下节将介绍用 K 分布来描述形状参数 a 和缩放参数 c。

A2.2 电压分布

假设随机变量 x 表示幅度平方，即复数电压的功率，$y = \sqrt{x}$ 的大小表示复数电压的幅度。

在不知道信号相位的时候，实际的复数电压是不能直接从功率中得到的。然而，我们对幅度更感兴趣，比如，在雷达接收机中使用线性检波器来代替平方律检波器。使用随机变量理论中的标准结果，注意到功率 x 总是非负的，对 x 的概率密度函数进行下面的变换可以得到 y 的概率密度函数为

$$p_y(y) = 2y \cdot p_x(y^2) \tag{A.37}$$

A.2.2.1 瑞利分布

应用这个结果，一个功率服从指数分布的信号的幅度概率密度函数服从瑞利分布，即

$$p_y(y) = R(y;\gamma) = 2y \cdot \mathrm{Exp}(y^2;\gamma) = \begin{cases} \dfrac{2y}{\gamma} \mathrm{e}^{-y^2/\gamma}, & y \geq 0 \\ 0, & y < 0 \end{cases} \tag{A.38}$$

y 的均值和方差分别为

$$\bar{y} = \frac{1}{2}\sqrt{\pi\gamma}, \quad \sigma_y^2 = \left(1 - \frac{\pi}{4}\right)\gamma \tag{A.39}$$

它的特征函数为

$$C_R(q) = \left(1 + \mathrm{j}\frac{\sqrt{\pi\gamma}}{2}q\right)\mathrm{e}^{-\gamma q^2/4} \tag{A.40}$$

A.2.2.2 中心 χ 分布

和指数与 χ^2 分布一样，广义瑞利幅度分布有中心和偏正的 χ 分布之分。对式(A.11)使用式(A.37)中的变换，可以得到中心 χ 分布为

$$p_y(y) = \chi(y;N,\sigma^2) = \begin{cases} \dfrac{2y^{N-1}}{(2\sigma^2)^{N/2}\Gamma\left(\dfrac{N}{2}\right)} \exp(-y^2/2\sigma^2), & y \geq 0 \\ 0, & y < 0 \end{cases} \tag{A.41}$$

随机变量 y 的均值、均值平方和方差分别为

$$\begin{aligned} \bar{y} &= \sqrt{2\sigma^2} \cdot \frac{\Gamma[(N+1)/2]}{\Gamma(N/2)} \\ \overline{y^2} &= 2\sigma^2 \frac{\Gamma(N/2+1)}{\Gamma(N/2)} = N\sigma^2 \\ \sigma_y^2 &= \overline{y^2} - \bar{y}^2 \end{aligned} \tag{A.42}$$

式(A.41)保留了参数 N 和 σ^2，这强调了 N 个服从 $N(x;0,\sigma^2)$ 分布变量的平方和的幅度之间的联系。类似于后面对 K 分布的讨论，χ 分布的概率密度函数也可用于对非平稳瑞利过程的局部均值的经验模型的演变建模。在这种情况下，高斯变量的平方和之间没有特别联系，所以概率密度函数最好表示成更中立的形式，即

$$p_y(y) = \chi(y;a,b) = \begin{cases} \dfrac{2b^{2a}}{\Gamma(a)} y^{2a-1} \exp(-b^2 y^2), & y \geq 0 \\ 0, & y < 0 \end{cases} \tag{A.43}$$

式中，将 a、b 分别用 $b=\sqrt{1/2\sigma^2}$ 和 $a=N/2$ 代替。在这种形式下，a 是形状参数，b 是缩放参数。随机变量 y 的一阶和二阶矩分别为

$$\bar{y}=\frac{1}{b}\cdot\frac{\Gamma(a+1/2)}{\Gamma(a)}, \quad \overline{y^2}=\frac{1}{b^2}\frac{\Gamma(a+1)}{\Gamma(a)}=\frac{a}{b^2}, \quad \sigma_y^2=\overline{y^2}-\bar{y}^2 \tag{A.44}$$

A.2.2.3 偏正 χ 分布

把式(A.37)应用到偏正 χ^2 分布，可以得到偏正 χ 分布的结果，因此偏正 χ 分布表示了 N 个服从 $N(x;\sigma\mu_i,\sigma^2)$ 分布的随机变量的幅度和的概率密度函数（和幅度平方相反）。定义均值矢量的幅度为 $v=\sqrt{\lambda}$，则概率密度函数为

$$p_y(y)=\chi_{\mathrm{nc}}(y;N,v,\sigma^2)=\begin{cases}\dfrac{v}{\sigma^2}\left(\dfrac{y}{v}\right)^{\frac{N}{2}}\mathrm{e}^{-(y^2+v^2)/2\sigma^2}\cdot I_{\frac{N}{2}-1}\left(\dfrac{vy}{\sigma^2}\right), & y\geqslant 0\\ 0, & y<0\end{cases} \tag{A.45}$$

偏正 χ 分布的矩的形式并不简单。随机变量的均值、均值平方和方差分别为

$$\begin{aligned}\bar{y}&=\sqrt{2\sigma^2}\cdot\mathrm{e}^{-v^2/2\sigma^2}\frac{\Gamma[(N+1)/2]}{\Gamma(N/2)}{}_1F_1\left(\frac{N+1}{2},\frac{N}{2},\frac{v^2}{2\sigma^2}\right)\\ \overline{y^2}&=2\sigma^2\mathrm{e}^{-v^2/2\sigma^2}\frac{\Gamma(N/2+1)}{\Gamma(N/2)}{}_1F_1\left(\frac{N}{2}+1,\frac{N}{2},\frac{v^2}{2\sigma^2}\right)=N\sigma^2\mathrm{e}^{-v^2/2\sigma^2}{}_1F_1\left(\frac{N}{2}+1,\frac{N}{2},\frac{v^2}{2\sigma^2}\right)\\ \sigma_y^2&=\overline{y^2}-\bar{y}^2\end{aligned} \tag{A.46}$$

式中，${}_1F_1(\cdot,\cdot,\cdot)$ 是合流超线几何函数①；利用伽马函数中的递推关系 $\Gamma(x+1)=x\Gamma(x)$ 可以得到 $\overline{y^2}$ 的第二种形式。当 $v=0$，$\gamma=2\sigma^2$，$N=2$ 时，偏正 χ 分布退化成瑞利概率分布。

A.2.2.4 莱斯分布

莱斯分布是幅度分布的一种，对应于 $N=2$ 时的广义偏正 χ^2 功率分布。即莱斯分布是 $N=2$ 时的偏正 χ 分布。其概率密度函数为

$$p_y(y)=Ri(y;N,v,\sigma^2)=\chi_{\mathrm{nc}}(y;2,v,\sigma^2)=\begin{cases}\dfrac{y}{\sigma^2}\mathrm{e}^{-(y^2+v^2)/2\sigma^2}\cdot I_0\left(\dfrac{vy}{\sigma^2}\right), & y\geqslant 0\\ 0, & y<0\end{cases} \tag{A.47}$$

随机变量 y 的均值、均值的平方和方差可以将 $N=2$ 代入式(A.46)得到：

$$\begin{aligned}\bar{y}&=\sqrt{2\sigma^2}\cdot\mathrm{e}^{-v^2/2\sigma^2}\Gamma\left(\frac{3}{2}\right){}_1F_1\left(\frac{3}{2},1,\frac{v^2}{2\sigma^2}\right)=\sqrt{\frac{\pi\sigma^2}{2}}\cdot\mathrm{e}^{-v^2/2\sigma^2}{}_1F_1\left(\frac{3}{2},1,\frac{v^2}{2\sigma^2}\right)\\ \overline{y^2}&=2\sigma^2\mathrm{e}^{-v^2/2\sigma^2}{}_1F_1\left(2,1,\frac{v^2}{2\sigma^2}\right), \quad \sigma_y^2=\overline{y^2}-\bar{y}^2\end{aligned} \tag{A.48}$$

使用 $\Gamma(1/2)=\sqrt{\pi}$ 和 $\Gamma(x+1)=x\Gamma(x)$ 可以得到式(A.48)中的 $\bar{y}$ 的第二种表示形式。当 $v=0$ 时，莱斯概率密度函数退化成瑞利概率密度函数。

---

① 合流超线几何函数 ${}_1F_1(\alpha,\beta,x)$ 也称为 Kummer 函数，也可表示为 $M(\alpha,\beta,x)$ (Olver 等，2010)。

A.2.2.5 韦布尔和标准对数分布

使用式(A.37)对韦布尔分布的概率密度函数〔式(A.31)〕进行转换，表明与韦布尔功率的概率密度函数对应的幅度概率密度函数也服从韦布尔分布，只不过需要把对应的参数做相应的调整，即 $\alpha' = 2\alpha$，$\beta' = \sqrt{\beta}$。相应的均值、中值、方差和特征函数也只是把之前的形式用新的参数进行替换。

相似地，把式(A.37)代入式(A.34)，可以得到一个 $\alpha' = \alpha/2$，$\beta' = \beta/2$ 的标准对数分布幅度变量，与之对应的是服从标准对数分布的功率变量。把对应的变量 $\alpha' = \alpha/2$，$\beta' = \beta/2$ 代入式(A.35)，可以得到幅度随机变量新的均值、中值和方差。

A.2.2.6 K 分布

对于雷达信号建模，K 分布是一个相对较新的概念。与标准对数分布和韦布尔的概率密度函数一样，它也经常被用到"尖峰"的海陆杂波的回波建模当中，尤其是对高分辨率雷达，这是由于在高分辨率雷达系统中构成其他概率密度函数基础的假设，即具有各态一致性和稳定的杂波场景，并且场景中每个雷达分辨单元中包含很多散射点的假设不再成立(Watts, 1985)。

K 分布是由两个基本概率密度函数复合而成的"复合概率密度函数"。特别地，信号的幅度假设是服从均值为 z 的瑞利分布的。然而，z 本身是一个服从形状参数为 a、缩放参数为 b 的中心 χ 分布的随机变量，所以幅度 y 的概率密度函数为

$$p_y(y) = \int_0^\infty p_y(y|z) p_z(z) \mathrm{d}z = \begin{cases} \dfrac{4c}{\Gamma(a)}(cy)^a K_{a-1}(2cy), & y \geq 0 \\ 0, & y < 0 \end{cases} \quad (A.49)$$

式中，$K_{a-1}(\cdot)$ 是第二类贝塞尔函数的变形，阶数是 $a-1$；$c = b\sqrt{\pi/4}$。在上式中，$p_y(y|z)$ 是均值为 z 的瑞利概率密度函数，并且 $p_z(z)$ 服从中心 χ 分布。K 分布的一阶矩和二阶矩分别为

$$\overline{y} = \frac{\sqrt{\pi}}{2c} \cdot \frac{\Gamma(a+1/2)}{\Gamma(a)}, \quad \overline{y^2} = \frac{a}{c^2}, \quad \sigma_y^2 = \overline{y^2} - \overline{y}^2 \quad (A.50)$$

A.2.3 雷达中不利的倾向：通过电压分布函数的名字调用功率分布函数

在雷达研究领域有一个很不好的现象，就是经常把一个原本正确的电压的概率密度函数的名字当成功率概率密度函数的使用，事实上，功率是由电压的平方得到的。例如，一个服从指数分布的表示雷达横截面积(RCS)的随机变量，可能会指向服从瑞利分布的 RCS。必须注意这样的引用可能意味着电压服从瑞利分布但是功率服从指数分布。相似的还有，一个服从 $N=2$ 的偏正 χ^2 分布的随机变量可能会指向莱斯分布。

尽管一个随机变量的电压和功率有相同的表达式(虽然参数不同)没有什么错误，但却会使人混淆。正如上面提到的，这种现象会出现在服从 Weibiull 分布和标准对数分布的随机变量中。当开始讨论这些概率密度函数的时候，需要格外注意的是确定问题中的随机变量是对电压建模还是对功率建模。

A.2.4 相位分布

A.2.4.1 均匀分布

均匀分布的概率密度函数 $U(x; x_1, x_2)$ 可以描述一个在有序区间 (x_1, x_2) 等概率取值的随机

变量。它的形式为

$$p_x(x) = U(x; x_1, x_2) = \begin{cases} \dfrac{1}{x_2 - x_1}, & x_1 \leqslant x \leqslant x_2 \\ 0, & \text{其他} \end{cases} \quad (A.51)$$

其中，变量 x 的均值和方差分别为

$$\bar{x} = \frac{1}{2}(x_2 - x_1), \quad \sigma_x^2 = \frac{(x_2 - x_1)^2}{12} \quad (A.52)$$

它的特征函数为

$$C_U(q) = \frac{e^{jx_1 q} - e^{-jx_2 q}}{j(x_2 - x_1)q} = e^{j[(x_2 + x_1)/2]q} \mathrm{sinc}\left[\left(\frac{x_2 - x_1}{2}\right)q\right] \quad (A.53)$$

在雷达领域中最常见的对该均匀分布的概率密度函数的使用，是描述均匀分布在 $[0, 2\pi]$ 弧度区间（以及 $[-\pi, \pi]$ 弧度区间）上的完全随机相位。另外还经常用它描述量化误差（见附录 B）。

A.2.4.2 Tikhonov

Tikhonov 概率密度函数也称 Von Mises 概率密度函数，由文献 Van Trees (1968) 给出，形式为

$$p_x(x; \alpha) = T(x; \alpha) = \begin{cases} \dfrac{1}{2\pi I_0(\alpha)} e^{\alpha \cos(x - \mu)}, & -\pi \leqslant x \leqslant \pi \\ 0, & \text{其他} \end{cases} \quad (A.54)$$

在大多数情况下，认为复数变量 $z = e^{jx}$ 的矩和 x 本身的矩不同。z 的矩称为 x 的循环矩，表示为

$$\bar{z} = \frac{I_1(\alpha)}{I_0(\alpha)} e^{j\mu}, \quad \sigma_z^2 = 1 - \frac{I_1(\alpha)}{I_0(\alpha)} \quad (A.55)$$

其中，$I_0(\cdot)$ 和 $I_1(\cdot)$ 分别为第一类零阶、一阶贝塞尔函数的变形。x 自身的均值是 $\bar{z}$ 的幅角，即

$$\bar{x} = \mu \quad (A.56)$$

Tikhonov 分布可以提供一系列适合对相位和相位误差建模的概率密度函数，包括从 $\alpha = 0$ 时的均匀分布概率密度函数到 $\alpha \to \infty$ 时在边界范围内 μ 的非随机相位。这些概率密度函数是在区间 $[-\pi, \pi]$ 上定义的，并且在区间上的积分是 1，所以对于相位就是严格有效的概率密度函数。另外由于余弦函数的周期性，区间长度为 2π（如 $0 \sim 2\pi$）的任意积分都具有相同的形式。图 A.4 给出了 $\mu = 0$，参数 α 取不同值时的 Tikhonov 分布的概率密度函数。

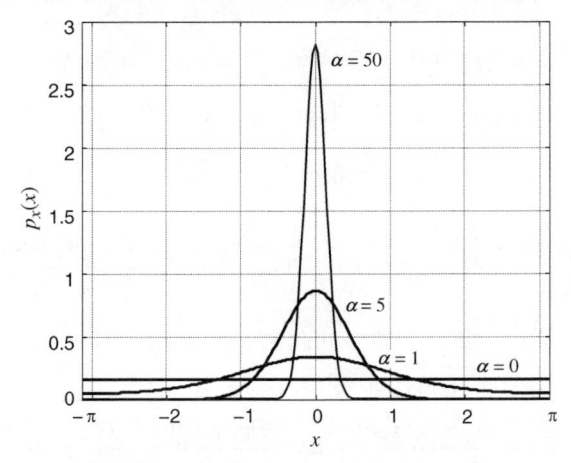

图 A.4 $\mu = 0$ 时相位服从 Tikhonov 分布的概率密度函数

A.3 评估量和克拉美罗下界

假设观测信号 $y(t)$ 是目标信号 $s(t)$ 和噪声信号 $w(t)$ 的和，即

$$y(t) = s(t) + w(t) \tag{A.57}$$

$y(t)$ 是一个或者多个参数 Θ_i 的函数。例如，这些参数可能是时延、幅度、多普勒频移或者目标的入射角。一旦目标被检测到，雷达接下来需要估计这些参数。在很多情况下，估计值可能会被当成跟踪算法的输入，因此这些估计的质量是很重要的。

假设对 $y(t)$ 进行多次采样（脉冲内或者是多个脉冲），得到 N 个观测值的矢量，即

$$\boldsymbol{y} = \{y_1, y_2, \cdots, y_N\} \tag{A.58}$$

现在定义一个参数 Θ_i 的估计量 f 作为某个函数或过程，从数据 $\boldsymbol{y}$ 可以得到其估计值 $\hat{\Theta}_i$，即

$$\hat{\Theta}_i = f(\boldsymbol{y}) \tag{A.59}$$

因为 $\boldsymbol{y}$ 是随机的，因此估计 $\hat{\Theta}_i$ 也是一个随机变量，有自己的带有均值和方差的概率密度函数。估计量的准确性是误差的均值，即 $\mathrm{E}\{\hat{\Theta}_i - \Theta_i\}$，即有偏估计。估计量的精度就是标准偏差 $\sigma_{\hat{\Theta}_i}$。

估计器的两个期望的性质分别是无偏性和一致性。用公式表示即为

$$\begin{aligned} \mathrm{E}\{\hat{\Theta}_i\} &= \Theta_i \quad \text{（无偏性）} \\ \lim_{N \to \infty} \left\{\sigma_{\hat{\Theta}_i}^2\right\} &\to 0 \quad \text{（一致性）} \end{aligned} \tag{A.60}$$

本书只考虑无偏的评估量。所以问题的关键变成了评估值方差有多大或是有多小，以及它对数据大小 N 的敏感程度。在本节中得到的实值单参数克拉美罗下界(CRLB)见文献(Peebles, 1998)，其他结果见文献(Kay, 1993)。

A.3.1 CRLB 和评估量方差

CRLB 是一个有名的并且十分重要的概念，它可以建立一个方差最小的无偏估计量。任何特别的无偏估计量都必须有一个不小于 CRLB 的最小方差(精度的平方)，并且无偏估计量的质量是由它实际的方差与 CRLB 的接近程度来评判的。一个无偏的并且接近 CRLB 的估计量才是有效的。

假设有一个只依赖于标量参数 Θ 的信号。对于指定 Θ 的实际值，用观测值 $\boldsymbol{y}$ 的 N 维联合概率密度函数来表示，记为 $p_y(\boldsymbol{y}|\Theta)$。无偏估计量需要的假设条件是

$$\mathrm{E}\{\hat{\Theta} - \Theta\} = \int \cdots \int (\hat{\Theta} - \Theta) p_y(\boldsymbol{y}|\Theta) \mathrm{d}\boldsymbol{y} = 0 \tag{A.61}$$

使用莱布尼兹积分法则，求上式关于 Θ 的偏导数，即

$$\frac{\partial \mathrm{E}\{\hat{\Theta} - \Theta\}}{\partial \Theta} = \int \cdots \int (\hat{\Theta} - \Theta) \frac{\partial p(\boldsymbol{y}|\Theta)}{\partial \Theta} \mathrm{d}\boldsymbol{y} - \underbrace{\int \cdots \int p_y(\boldsymbol{y}|\Theta) \mathrm{d}\boldsymbol{y}}_{=1} = 0 \tag{A.62}$$

第二个多重积分等于 1，因为它仅仅只有一个被积函数 $p_y(\boldsymbol{y}|\Theta)$，且任何有效的概率密度函数的积分值均为 1。也可以发现对于任何函数 $g(\boldsymbol{y}, \Theta)$，有

$$\frac{\partial}{\partial \Theta} \ln\{g(\boldsymbol{y}, \Theta)\} = \frac{1}{g(\boldsymbol{y}, \Theta)} \frac{\partial g(\boldsymbol{y}, \Theta)}{\partial \Theta} \Rightarrow \frac{\partial g(\boldsymbol{y}, \Theta)}{\partial \Theta} = \left[\frac{\partial}{\partial \Theta} \ln\{g(\boldsymbol{y}, \Theta)\}\right] g(\boldsymbol{y}, \Theta) \tag{A.63}$$

将式(A.63)代入式(A.62)，可以得到

$$\int \cdots \int (\hat{\Theta} - \Theta) \frac{\partial \ln\{p_y(\mathbf{y}|\Theta)\}}{\partial \Theta} p_y(\mathbf{y}|\Theta) \mathrm{d}\mathbf{y} = 1 \tag{A.64}$$

这个关系式是无偏估计量假设的结果。

对式(A.64)可以使用施瓦兹不等式的积分形式。第 4 章讨论匹配滤波器的时候，使用的是单变量的形式，其多变量的形式为

$$\left\{\int \cdots \int A(\mathbf{y})B(\mathbf{y})\mathrm{d}\mathbf{y}\right\}^2 \leq \int \cdots \int A^2(\mathbf{y})\mathrm{d}\mathbf{y} \cdot \int \cdots \int B^2(\mathbf{y})\mathrm{d}\mathbf{y} \tag{A.65}$$

当且仅当对于某个标量 α 有 $A(\mathbf{y}) = \alpha B(\mathbf{y})$ 时，等式成立。令

$$A(\mathbf{y}) = (\hat{\Theta} - \Theta)\sqrt{p_y(\mathbf{y}|\Theta)}, \quad B(\mathbf{y}) = \frac{\partial \ln\{p(\mathbf{y}|\Theta)\}}{\partial \Theta}\sqrt{p_y(\mathbf{y}|\Theta)} \tag{A.66}$$

可以得到：

$$\left\{\int \cdots \int (\hat{\Theta} - \Theta) \frac{\partial \ln\{p_y(\mathbf{y}|\Theta)\}}{\partial \Theta} p_y(\mathbf{y}|\Theta) \mathrm{d}\mathbf{y}\right\}^2 \leq$$
$$\int \cdots \int (\hat{\Theta} - \Theta)^2 p_y(\mathbf{y}|\Theta) \mathrm{d}\mathbf{y} \cdot \int \cdots \int \left[\frac{\partial \ln\{p_y(\mathbf{y}|\Theta)\}}{\partial \Theta}\right]^2 p_y(\mathbf{y}|\Theta) \mathrm{d}\mathbf{y} \tag{A.67}$$

利用式(A.64)可以得到式(A.67)的等号左边为 1。等号右边的第一个多重积分就是估计量方差 $\sigma_{\hat{\Theta}}^2$，而第二个多重积分被定义为 $\mathrm{E}\{\partial \ln\{p_y(\mathbf{y}|\Theta)\}/\partial \Theta\}^2$。利用这些关系式，并重新整理式(A.67)，可以得到 CRLB 为

$$\sigma_{\hat{\Theta}}^2 \geq \frac{1}{\mathrm{E}[\{\partial \ln\{p_y(\mathbf{y}|\Theta)\}/\partial \Theta\}^2]} \tag{A.68}$$

CRLB 的另一种替换形式是很常见的。如果 $p_y(\mathbf{y}|\Theta)$ 是二阶可微的，并满足一些其他简单的正则条件，则可以得到

$$\mathrm{E}\left[\left\{\frac{\partial \ln\{p_y(\mathbf{y}|\Theta)\}}{\partial \Theta}\right\}^2\right] = -\mathrm{E}\left[\frac{\partial^2 \ln\{p_y(\mathbf{y}|\Theta)\}}{\partial \Theta^2}\right] \tag{A.69}$$

由此，可以得到另一种形式的 CRLB 为

$$\sigma_{\hat{\Theta}}^2 \geq \frac{1}{-\mathrm{E}[\partial^2 \ln\{p_y(\mathbf{y}|\Theta)\}/\partial \Theta^2]} \tag{A.70}$$

选择式(A.70)还是式(A.68)视处理问题方便而定，具体依赖于函数 $\ln\{p_y(\mathbf{y}|\Theta)\}$ 的形式。

式(A.70)的分母称为数据 $\mathbf{x}$ 的费舍尔信息 $I(\Theta)$。因此 CRLB 就是 $I(\Theta)$ 的倒数。费舍尔信息表明对数似然函数对于具有大曲率参数 Θ 的信号，将会有一个很小的方差 $\sigma_{\hat{\Theta}}^2$。

考虑 $I(\Theta)$ 指向了关于独立同分布样本的一次感兴趣的观测。假定 N 个依赖于参数 Θ 的随机变量的独立同分布的观测值 y_i 是可用的。对于一次观察有 $I(\Theta) = -\mathrm{E}[\partial^2 \ln\{p(y|\Theta)\}/\partial \Theta^2]$，因为 N 次观测是独立同分布的，$p_y(\mathbf{y}|\Theta) = [p_y(y|\Theta)]^N$，所以 $I(\Theta)$ 变大 N 倍，即 $-\mathrm{E}[\partial^2 \ln\{[p_y(y|\Theta)]^N\}/\partial \Theta^2] = -N\mathrm{E}[\partial^2 \ln\{p_y(y|\Theta)\}/\partial \Theta^2]$。因此，对于 N 次独立同分布观测的 CRLB 是一次观测的 $1/N$。

A.3.2 变换参数的CRLB

如果在某个评估问题中对于特定参数 Θ 的 CRLB 是已知的，则很容易得到与之相关的参数 $\Phi = g(\Theta)$ 的 CRLB，其中，g 是某个函数。所以结果为

$$\sigma_{\hat{\Phi}}^2 = \left(\frac{\partial g(\Theta)}{\partial \Theta}\right)^2 \sigma_{\hat{\Theta}}^2 \tag{A.71}$$

一个很简单的例子，如果估计时延 t_0 的 CRLB 是已知的，与之相关的距离 $R_0 = c \cdot t_0 / 2$ 的 CRLB 是 $\sigma_{\hat{R}_0}^2 = (c/2)^2 \sigma_{\hat{t}_0}^2$。

容易得知，如果对于 Θ 的估计器是有效的，那么事实上并不能保证 Φ 的评估器也是有效的；然而如果变换 g 是仿射变换（线性变换的平移），则估计量还是有效的。甚至在非线性变换的情况下，变换后的估计量也将会是近似有效的。例如：当 $N \to \infty$，它还是有效的。

A.3.3 在加性高斯白噪声下的信号

对于信号中包含加性高斯白噪声这种最常见的情况，CRLB 有一种特殊形式。假设测量矢量 y 是 N 个实信号加噪声的采样，即

$$y[n] = s[n;\Theta] + w[n], \quad n = 0,\cdots,N-1 \tag{A.72}$$

式中，Θ 是待估的实值参数；$w[n]$ 的方差是 σ_w^2。因为噪声是白色高斯的，所以概率密度函数 $p_y(y|\Theta)$ 是多维的实值高斯函数，即

$$p_y(y|\Theta) = \frac{1}{(2\pi\sigma_w^2)^{N/2}} \exp\left\{\frac{-1}{2\sigma_w^2}\sum_{n=0}^{N-1}(y[n]-s[n;\Theta])^2\right\} \tag{A.73}$$

所以有

$$\ln\{p_y(y|\Theta)\} = -\frac{N}{2}(2\pi\sigma_w^2) - \frac{1}{2\sigma_w^2}\sum_{n=0}^{N-1}(y[n]-s[n;\Theta])^2 \tag{A.74}$$

对于参数 Θ 未知的 $\ln\{p_y(y|\Theta)\}$，其一阶和二阶偏导为

$$\begin{aligned}\frac{\partial[\ln\{p_y(y|\Theta)\}]}{\partial \Theta} &= \frac{1}{\sigma_w^2}\sum_{n=0}^{N-1}(y[n]-s[n;\Theta])\frac{\partial s[n;\Theta]}{\partial \Theta} \\ \frac{\partial^2[\ln\{p_y(y|\Theta)\}]}{\partial \Theta^2} &= \frac{1}{\sigma_w^2}\left\{\sum_{n=0}^{N-1}(y[n]-s[n;\Theta])\frac{\partial^2 s[n;\Theta]}{\partial \Theta^2} - \left(\frac{\partial s[n;\Theta]}{\partial \Theta}\right)^2\right\}\end{aligned} \tag{A.75}$$

二阶偏导的期望值为

$$E\left\{\frac{\partial^2[\ln\{p_y(y|\Theta)\}]}{\partial \Theta^2}\right\} = \frac{-1}{\sigma_w^2}\sum_{n=0}^{N-1}\left(\frac{\partial s[n;\Theta]}{\partial \Theta}\right)^2 \tag{A.76}$$

得到这个结果是因为表达式 $(y[n]-s[n;\Theta])$ 就是噪声 $w[n]$，其均值为 0。最后，把式(A.76)代入式(A.70)，可以得到在实数高斯白噪声下的实信号的 CRLB 为

$$\sigma_{\hat{\Theta}}^2 \geq \frac{\sigma_w^2}{\sum_{n=0}^{N-1}\left(\frac{\partial s[n;\Theta]}{\partial \Theta}\right)^2} \quad \text{(在实数加性高斯白噪声下的实信号)} \tag{A.77}$$

上式的分母表明,对参数 Θ 值的变化(导数很大)更敏感的信号,将会有更小的方差 $\sigma_{\hat{\Theta}}^2$,这表明高分辨系统中感兴趣的参数的精度会比低分辨系统更高。关于这一点,在第 9 章说得更清楚。

A.3.4 在加性高斯白噪声下的多参数信号

通过定义一个矢量参数 Θ,CRLB 可以泛化,以描述多个同时发生的单参数的估计量。例如,希望能同时对加性高斯白噪声下的信号幅度、频率和初始相位进行估计。依赖于一个实值参数矢量 Θ 的信号 x 的费舍尔信息现在变成了一个 $N \times N$ 的矩阵,即

$$[\boldsymbol{I}(\boldsymbol{\Theta})]_{ij} = -\mathrm{E}\left[\frac{\partial^2 \ln p_x(\boldsymbol{x}|\boldsymbol{\Theta}|)}{\partial \Theta_i \partial \Theta_j}\right] \quad (A.78)$$

矢量参数的 CRLB 表明任何 Θ 的估计 $\hat{\Theta}$ 的协方差矩阵必须满足:

$$\boldsymbol{C}_{\hat{\Theta}} - \boldsymbol{I}^{-1}(\boldsymbol{\Theta}) \geq \boldsymbol{0} \quad (A.79)$$

式中,"$\geq \boldsymbol{0}$" 表示式子的左边部分是半正定矩阵。特别地,矩阵的对角线元素满足:

$$\sigma_{\hat{\Theta}_i}^2 \geq [\boldsymbol{I}^{-1}(\boldsymbol{\Theta})]_{ii} \quad (A.80)$$

如果信号 x 有一个均值矢量为 $\boldsymbol{\mu}$,广义协方差矩阵为 $\boldsymbol{C}_x$(非必须为白噪声)的高斯概率密度函数,$\boldsymbol{\mu}$ 和 $\boldsymbol{C}_x$ 都可能依赖于一个实值的参数矢量 $\boldsymbol{\Theta}$,那么根据文献 Kay(1993,第 3 章),费舍尔信息矩阵为

$$[\boldsymbol{I}(\boldsymbol{\Theta})]_{ij} = \frac{1}{2}\mathrm{tr}\left[\boldsymbol{C}_x^{-1}(\boldsymbol{\Theta})\frac{\partial \boldsymbol{C}_x(\boldsymbol{\Theta})}{\partial \Theta_i}\boldsymbol{C}_x^{-1}(\boldsymbol{\Theta})\frac{\partial \boldsymbol{C}_x(\boldsymbol{\Theta})}{\partial \Theta_j}\right] + \left[\frac{\partial \boldsymbol{\mu}(\boldsymbol{\Theta})}{\partial \Theta_i}\right]^{\mathrm{T}}\boldsymbol{C}_x^{-1}(\boldsymbol{\Theta})\left[\frac{\partial \boldsymbol{\mu}(\boldsymbol{\Theta})}{\partial \Theta_j}\right] \quad (A.81)$$

其中

$$[\boldsymbol{C}_x(\boldsymbol{\Theta})]_{ij} = \mathrm{E}[(x_i - \overline{x}_i)(x_j - \overline{x}_j)]$$

$$\frac{\partial \boldsymbol{\mu}(\boldsymbol{\Theta})}{\partial \Theta_i} = \left[\frac{\partial [\boldsymbol{\mu}(\boldsymbol{\Theta})]_0}{\partial \Theta_i} \quad \frac{\partial [\boldsymbol{\mu}(\boldsymbol{\Theta})]_1}{\partial \Theta_i} \quad \cdots \quad \frac{\partial [\boldsymbol{\mu}(\boldsymbol{\Theta})]_{N-1}}{\partial \Theta_i}\right]$$

$$\frac{\partial \boldsymbol{C}_x(\boldsymbol{\Theta})}{\partial \Theta_i} = \begin{bmatrix} \frac{\partial [\boldsymbol{C}_x(\boldsymbol{\Theta})]_{0,0}}{\partial \Theta_i} & \frac{\partial [\boldsymbol{C}_x(\boldsymbol{\Theta})]_{0,1}}{\partial \Theta_i} & \cdots & \frac{\partial [\boldsymbol{C}_x(\boldsymbol{\Theta})]_{0,N-1}}{\partial \Theta_i} \\ \frac{\partial [\boldsymbol{C}_x(\boldsymbol{\Theta})]_{1,0}}{\partial \Theta_i} & \frac{\partial [\boldsymbol{C}_x(\boldsymbol{\Theta})]_{1,1}}{\partial \Theta_i} & \cdots & \frac{\partial [\boldsymbol{C}_x(\boldsymbol{\Theta})]_{1,N-1}}{\partial \Theta_i} \\ \vdots & \vdots & \ddots & \vdots \\ \frac{\partial [\boldsymbol{C}_x(\boldsymbol{\Theta})]_{N-1,0}}{\partial \Theta_i} & \frac{\partial [\boldsymbol{C}_x(\boldsymbol{\Theta})]_{N-1,1}}{\partial \Theta_i} & \cdots & \frac{\partial [\boldsymbol{C}_x(\boldsymbol{\Theta})]_{N-1,N-1}}{\partial \Theta_i} \end{bmatrix} \quad (A.82)$$

考虑信号通常的加性限制条件,即信号的形式可以表示为 $x = s(\boldsymbol{\Theta}) + w$,其中 $s = [s[0;\boldsymbol{\Theta}] \; s[1;\boldsymbol{\Theta}] \; \cdots \; s[N-1;\boldsymbol{\Theta}]]^{\mathrm{T}}$ 是实数且确定的,并且 w 是零均值的协方差矩阵为 $\boldsymbol{C}_w = \sigma_w^2 \boldsymbol{I}$ 的独立同分布实值高斯噪声。那么变量 x 服从均值为 $\boldsymbol{\mu} = s$ 的协方差 $\boldsymbol{C}_x = \boldsymbol{C}_w$ 的高斯分布。此外,对于大多数问题来说,协方差矩阵 $\boldsymbol{C}_x$ 和 $\boldsymbol{C}_w$ 与变量 $\hat{\boldsymbol{\Theta}}$ 相互独立,所以式(A.81)可以简化为[①]

---

① 噪声的方差 σ_w^2 为估计参数的情况除外。

$$[I(\boldsymbol{\Theta})]_{ij} = \frac{1}{\sigma_w^2} \left[\frac{\partial s(\boldsymbol{\Theta})}{\partial \Theta_i} \right]^T \cdot \left[\frac{\partial s(\boldsymbol{\Theta})}{\partial \Theta_j} \right] \quad\quad\quad (A.83)$$

$$= \frac{1}{\sigma_w^2} \sum_{n=0}^{N-1} \frac{\partial s[n;\boldsymbol{\Theta}]}{\partial \Theta_i} \frac{\partial s[n;\boldsymbol{\Theta}]}{\partial \Theta_j} \quad \text{(在实数加性高斯白噪声下的实信号,多参数)}$$

A.3.5 在加性高斯白噪声下的复数信号和参数

在信号和噪声都是复数,且感兴趣的参数是实数或复数的情况下,可以得到与上面相似的结果。有一种得到所需结果的方式是,定义一个关于复数变量的复函数的导数。多种方法都可以得到这一结果,但是所有方法都会产生一些不可预料的结果。例如,如果 Θ 是一个复数变量,在文献 Kay(1993) 中使用这一定义,得到的结果是 $\partial(|\Theta|^2)/\partial\Theta = \Theta^*$ 和 $\partial\Theta^*/\partial\Theta = 0$。

另一种处理方式就是把复数参数看成两个实数参数,$\Theta_R = \text{Re}(\Theta)$ 和 $\Theta_I = \text{Im}(\Theta)$。这种方式允许 Θ 中实数和复数同时存在,且原来的运算依然适用。这两种方法,如果使用正确,则会产生同样的结果。在这里使用第二种方法。

就概率密度函数而言,在单变量的情况下的式(A.68)和式(A.70),或者在多变量情况下的式(A.78)和式(A.80)依然适用。对于一个在复数加性高斯白噪声下,依赖于实数参数矢量 $\boldsymbol{\Theta}$ 的复数信号,费舍尔信息矩阵可以表示(Kay,1993,第15章)为

$$[I(\boldsymbol{\Theta})]_{ij} = \frac{2}{\sigma_w^2} \text{Re}\left\{ \left[\frac{\partial s(\boldsymbol{\Theta})}{\partial \Theta_i}\right]^H \cdot \left[\frac{\partial s(\boldsymbol{\Theta})}{\partial \Theta_j}\right] \right\} = \frac{2}{\sigma_w^2} \text{Re}\left\{ \sum_{n=0}^{N-1} \left[\frac{\partial s[n;\boldsymbol{\Theta}]}{\partial \Theta_i}\right]^* \left[\frac{\partial s[n;\boldsymbol{\Theta}]}{\partial \Theta_j}\right] \right\} \quad (A.84)$$

因为 $\boldsymbol{\Theta}$ 是实数,所以有 $\partial s^*[n;\boldsymbol{\Theta}]/\partial \Theta_i = [\partial s[n;\boldsymbol{\Theta}]/\partial \Theta_i]^*$。对角线元素可以当成式(A.77)实数情况下的单参数,即

$$[I(\boldsymbol{\Theta})]_{ii} = \frac{2}{\sigma_w^2} \sum_{n=0}^{N-1} \left| \frac{\partial s[n;\boldsymbol{\Theta}]}{\partial \Theta_i} \right|^2 \quad \text{(在复数加性高斯白噪声下的复信号,实参数)} \quad (A.85)$$

单个参数的 CRLB 依然可以通过式(A.80)得到。

把式(A.84)和式(A.85)分别与式(A.83)做对比,可以发现在加性高斯白噪声下,信号为复数情况下的 CRLB 和在实数情况下的 CRLB 有着一样的通式,但是要比实数情况小 1/2。因此实数情况下的 CRLB 不是复数情况下的特例。

因为把复数参数 Θ 看成两个实数参数 Θ_R 和 Θ_I,所以这产生关于 Θ_R 和 Θ_I 的两个 CRLB。然而,人们重点关注的是参数 Θ 的 CRLB,但是很容易可以发现它们之间满足 $\sigma_\Theta^2 = \sigma_{\Theta_R}^2 + \sigma_{\Theta_I}^2$,所以 Θ 的 CRLB 就是 Θ_R 和 Θ_I 的 CRLB 的简单相加。

A.3.6 寻找最小方差估计器

式(A.68)或者式(A.70)给出了无偏估计量的最小方差。很明显,假如我们知道如何构造一个方差最小的估计量,这当然是最好的,但并不总是可行的,而实际上在存在方差最小的估计量的条件下,弄清楚其所采用的形式是可行的。当施瓦兹不等式的等式条件满足时,就可以得到最小的方差。对于式(A.66),当满足下面的等式时,将会得到最小方差:

$$A(\boldsymbol{x}) = (\hat{\Theta} - \Theta)\sqrt{p_x(\boldsymbol{x}|\Theta)} = \alpha \frac{\partial \ln\{p(\boldsymbol{x}|\Theta)\}}{\partial \Theta} \sqrt{p_x(\boldsymbol{x}|\Theta)} = B(\boldsymbol{x}) \quad (A.86)$$

所以某个 α 的评估量采用的形式为

$$\hat{\Theta} = \Theta + \alpha \frac{\partial \ln\{p_x(\boldsymbol{x}|\Theta)\}}{\partial \Theta} \tag{A.87}$$

这个评估量有一个很严重的问题,即当评估 $\hat{\Theta}$ 的时候要求知道 Θ 的真实值。很显然,如果这个量是已知的,就没必要去估计它了。在很多的情况下(并不是所有的情况),这个问题可以通过正确选择标量 α 而得到解决。

为了明确该问题,7.1 节有一个例子,在连续脉冲加性高斯白噪声下一个均值为 A 的评估量 $\hat{A}$ 有最小的方差。使用式(7.13)的中间结果可发现,在式(A.87)中(A 的估计)和 x_i 之间的关系是确定的,结果为

$$\hat{A} = A + \alpha \left\{ \frac{1}{\sigma_w^2} \sum_{i=0}^{N-1}(x_i - A) \right\} = \left(1 - \frac{\alpha N}{\sigma_w^2}\right) A + \frac{\alpha}{\sigma_w^2} \sum_{i=0}^{N-1} x_i \tag{A.88}$$

在推导的过程中注意到,对于任意的取值,α 的评估量都是真正无偏的,即

$$E\{\hat{A}\} = A + \frac{\alpha}{\sigma_\omega^2} \left\{ \sum_{i=0}^{N-1} E\{x_i - A\} \right\} = A \tag{A.89}$$

通过选择 $\alpha = \sigma_w^2 / N$,可以去除 $\hat{A}$ 对 A 的依赖,得到无偏最小方差评估量为

$$\hat{A} = \frac{1}{N} \sum_{i=0}^{N-1} x_i \tag{A.90}$$

注意到对 α 取值的要求,实际上就是这个问题的 CRLB。事实上 $\alpha = I^{-1}(\Theta)$ 是正确的,所以 CRLB 可以更精确地表示为

$$\hat{\Theta} = \Theta + \frac{1}{I(\Theta)} \frac{\partial \ln\{p_x(\boldsymbol{x}|\Theta)\}}{\partial \Theta} \tag{A.91}$$

上式可以被泛化为矢量参数的形式。则最小的方差评估量的形式必须为

$$\hat{\boldsymbol{\Theta}} = \boldsymbol{\Theta} + \boldsymbol{I}^{-1}(\boldsymbol{\Theta}) \frac{\partial \ln\{p_x(\boldsymbol{x}|\boldsymbol{\Theta})\}}{\partial \boldsymbol{\Theta}} \tag{A.92}$$

式(A.91)和式(A.92)是存在最小方差评估量的充分和必要条件。因此如果一个评估量满足这些条件(如果可以找到的话),那么它就是有效的。

A.4 在线性系统中的随机信号

对随机信号进行严格定义很困难(Papoulis 和 Pillai,2001)。对于本书来说,将随机信号定义如下已足够:一个连续或者离散的随机信号 $x(t)$ 或 $x[n]$,它在每个时刻 t 或者 n 的取值都是一个随机变量。如果对于每个 t 或者 n,随机变量的概率密度函数是相同的,那么这个随机变量就是固定的。在这里关心的问题是线性移不变系统(LSI)的响应,就像一个关于随机信号的特征滤波器一样。下面的讨论将使用离散信号的形式,但是所有的结果可以很方便地转换成连续信号的情况。

A.4.1 相关函数

为了方便,一个固定随机过程 x 的均值可以表示为 $E\{x\}$、m_x 或 $\bar{x}$。两个复数随机信号 $x[n]$ 和 $y[n]$ 之间的(随机的)互相关函数被定义为

$$s_{xy}[k] = E\{x[n]y^*[n+k]\} \tag{A.93}$$

变量 k 称为相关延迟，这个定义和附录 B 中描述的确定自相关函数非常相似，不同的是这里的期望是随机的而不是固定的。

当 $y=x$ 时，即 x 和自己相关，可以得到 x 的自相关函数为

$$s_x[k] = \mathrm{E}\{x[n]x^*[n+k]\} \tag{A.94}$$

标准的自相关函数定义为

$$\rho_{xx}[k] = \frac{1}{s_x[0]} s_x[k] \tag{A.95}$$

自相关函数有几个有用的性质。当延迟为 0 时，可以得到 x 的平均功率为

$$s_x[0] = \mathrm{E}\{x[n]x^*[n]\} = \mathrm{E}\{|x[n]|^2\} \tag{A.96}$$

s_x 具有对称性，即

$$s_x[-k] = s_x^*[k] \tag{A.97}$$

还具有"形状特性"，即

$$|s_x[k]| \leqslant s_x[0] \tag{A.98}$$

在很多感兴趣的问题上，其极限存在，即

$$\lim_{k \to \infty} \{s_x[k]\} = |m_x|^2 \tag{A.99}$$

形状特性表明自相关函数在零位延迟点的时候总是得到最大值。在延迟取其他值的时候，也可以得到相同的幅度，但是不会超过这个值。这也意味着，标准化的自相关函数在零位延迟的时候有最大值 1，延迟取其他值的时候其值在边界为 ±1 的区间内。无限循环的正弦曲线信号是一个在其他延迟而不是零位延迟(尤其是在取整数周期的延迟)时，自相关函数的幅值取得最大值的例子。仅仅当采样信号在延时变大的时候趋于不相关，极限存在的性质才可能适用。这对于大多数感兴趣的信号都是正确的。但是无限的正弦曲线是一个没有这个特性的采样信号的例子。如果一个信号在延迟变大的时候是去相关的，那么其自相关函数的极限是过程均值的平方。对于零均值的随机过程，这就意味着其自相关函数必须退化为 0。

A.4.2 相关和线性估计

一个经常会遇到的问题是，通过随机变量 x 的测量来估计随机变量 y。例如，在样本 n_2 中的随机过程的估计依赖于其在样本 n_1 中的情况。寻找最小均方误差估计量的常见方法就是估计 $\hat{y}$，使其均方误差最小化，即

$$\xi = \mathrm{E}\{(y - \hat{y})^2\} \tag{A.100}$$

现在只考虑实值变量，为了方便往往限制估计量是线性的，所以 $\hat{y}$ 的形式为

$$\hat{y} = ax + b \tag{A.101}$$

确定一个估计量就是去确定常数 a 和 b 的问题。因为 a 和 b 可以通过求解线性方程组得到，并且它们只依赖于 x 和 y 的二阶矩，而更普遍的估计量需要知道 x 和 y 的联合概率密度函数的先验知识，这一般是不可能提前知道的，所以线性评估量是很方便的。

最小均方误差的线性估计量可以通过联合式(A.101)和式(A.100)得到，然后令与 a、b 相关的变量 ξ 的导数为 0，来求 ξ 的最小值，用期望和偏导数的记号来表示就是：

附录 A 有关概率论和随机过程的课题

$$\frac{\partial \xi}{\partial a} = -2\mathrm{E}\{xy\} + 2a\mathrm{E}\{x^2\} + 2b\mathrm{E}\{x\} = 0$$
$$\frac{\partial \xi}{\partial b} = -2\mathrm{E}\{y\} + 2a\mathrm{E}\{x\} + 2b = 0$$
(A.102)

首先求解第二个等式，可以很方便地得到 b 的值，然后将 b 的值再代入第一个等式，就可以得到 a 的值。得到的结果(使用上横线表示期望值)为

$$a = \frac{\overline{xy} - \overline{x} \cdot \overline{y}}{\sigma_x^2}, \quad b = \overline{y} - a\overline{x}$$
(A.103)

a 的结果让人联想到两个随机变量 x 和 y 的标准相关系数的定义，即

$$\rho_{xy} = \frac{\mathrm{E}\{(x-\overline{x})(y-\overline{y})\}}{\sigma_x \cdot \sigma_y} = \frac{\overline{xy} - \overline{x} \cdot \overline{y}}{\sigma_x \cdot \sigma_y}$$
(A.104)

因此有 $a = (\sigma_y / \sigma_x)\rho_{xy}$，联合这些结果，可以给出最小均方误差线性估计量的表达式为

$$\hat{y} = \rho_{xy} \frac{\sigma_y}{\sigma_x}(x - \overline{x}) + \overline{y}$$
(A.105)

现在来考虑两个很实用的极限情况，上面可以看出，有 $|\rho_{xy}|^2 \leqslant 1$ (Hayes，1996)。如果 x 和 y 是不相关的，那么 $\rho_{xy} = 0$，且 $\hat{y} = \overline{y}$。不相关表示，已知的 x 不能给出关于 y 的任何信息，所以最好的线性估计就是猜测 y 的均值。在相反的极端情况下，假设 $\rho_{xy} = 1$，表示 x 和 y 高度相关。在这种情况下，通过在 y 均值中加入 x 的方差，即把 y 的均值除以 x 和 y 的标准差，就可以得到 y 的最好的线性估计。

一个重要的例子是，当 x 和 y 是一个随机过程的不同时刻的采样时，即 $x = w[n]$，$y = w[n+k]$。如果随机过程是稳定的，那么有 $\sigma_x = \sigma_y$，且 ρ_{xy} 是标准自相关函数在延迟时刻 m 的取值。则式(A.105)变为

$$\widehat{w[n+k]} = \rho_w[k](w[n] - \overline{w}) + \overline{w} = \rho_w[k]w[n] + (1 - \rho_w[k])\overline{w}$$
(A.106)

如果 ρ_w 在延迟 m 处的采样值是 0，那么 $w[n+k]$ 的最小均方误差估计量就是 w 的均值。如果 $\rho_w[k] = 1$，那么 $w[n+k]$ 的最小均方误差估计量就是 $w[n]$。因此，标准自相关函数的较大取值表示后期采样值会靠近当前采样值，但一个小的取值并不表明后期采样值一定和当前采样值不同，而是表明不能通过当前值来预测后期的值。

A.4.3 功率谱

一个随机过程的功率谱密度(或者功率谱)是其自相关函数的傅里叶变换(离散情况下为 DTFT)，即

$$S_x(\omega) = F\{s_x[k]\}$$
(A.107)

它的特性包括：

$$\mathrm{E}\{|x|^2\} = s_x[0] = \frac{1}{2\pi}\int_{-\pi}^{\pi} S_x(\omega)\mathrm{d}\omega$$
$$S_x^*(\omega) = S_x(\omega)$$
$$S_x(-\omega) = S_x(\omega) \quad \text{如果 } x[n] \text{ 为实数}$$
$$S_x(\omega) \geqslant 0$$
(A.108)

第一个特性是从帕塞瓦尔定理中得到的,它表明随机过程的平均功率是其功率谱密度(PSD)的积分,这常用来解释功率谱密度的概念。第二个特性表明,即使当 x 是复数时,其 PSD 也是实值的。第三个特性表明,如果 x 是实数,则其 PSD 关于原点对称。第四个特性表明其 PSD 是非负的,同时也表明 PSD 与功率和频率测量结果这两者之间对应关系的一致性。后三个特性也可以从确定信号的傅里叶变换的幅度平方得以证实。

A.4.4 白噪声

白噪声是有特殊自相关函数的随机信号(离散形式),即

$$s_x[k] = \sigma_x^2 \delta[k] \tag{A.109}$$

式中,$\delta[k]$ 是离散脉冲函数。从式(A.107)可以得到白噪声的 PSD 为

$$S_x(\omega) = \sigma_x^2 \tag{A.110}$$

因此白噪声的 PSD 对于所有频率,都是一个常数。这正是"白噪声"名字的由来,这和白光中包含所有可见颜色(波长或频率)的概念是相似的。

白噪声必然是零均值的。为了证明这一点,假设 x 有一个非零均值 m_x,那么 x 可以写成零均值 $\tilde{x}$ 和非零均值 m_x 的和的形式,即 $x = \tilde{x} + m_x$,其自相关函数为

$$s_x[k] = s_{\tilde{x}}[k] + |m_x|^2 \tag{A.111}$$

在 s_x 中的常数将会导致在 $S_x(\omega)$ 中有一个冲激 $2\pi|m_x|^2 \delta_D(\omega)$,式中 $\delta_D(\omega)$ 是连续变量的狄拉克冲激函数。得到的概率密度函数不可能对所有的 ω 都是常数,所以 x 不可能是白噪声。

A.4.5 随机信号对线性移不变系统的响应

假设一个随机信号 $x[n]$ 通过一个线性移不变系统,用冲激响应 $h[n]$ 和频率响应 $H[\omega]$ 来表示系统特性。那么信号的特点,如均值或功率谱,是怎么改变的?

输出 $y[n]$ 由卷积和的形式给出:

$$y[n] = \sum_{n=-\infty}^{\infty} h[l]x[n-l] \tag{A.112}$$

y 的均值 m_y 为

$$m_y = E\left\{\sum_{n=-\infty}^{\infty} h[l]x[n-l]\right\} = \sum_{n=-\infty}^{\infty} h[l]E\{x[n-l]\} = m_x \sum_{n=-\infty}^{\infty} h[l] = m_x H(0) \tag{A.113}$$

如果把 m_x 当成 x 的直流分量,那么 y 的直流分量就是 m_x 乘以 x 在直流时的频率响应。

y 的自相关函数为

$$\begin{aligned} s_y[k] &= E\{y[n]y^*[n+k]\} = E\left\{\left(\sum_{l=-\infty}^{\infty} h[l]x[n-l]\right)\left(\sum_{m=-\infty}^{\infty} h^*[m]x^*[n+k-m]\right)\right\} \\ &= \sum_{l=-\infty}^{\infty} h[l] \sum_{m=-\infty}^{\infty} h^*[m]E\{x[n-l]x^*[n+k-m]\} = \sum_{l=-\infty}^{\infty} h[l] \sum_{m=-\infty}^{\infty} h^*[m]s_x[k-m+l] \end{aligned} \tag{A.114}$$

令 $p = m - l$,则有

$$s_y[k] = \sum_{l=-\infty}^{\infty} h[l] \sum_{p=-\infty}^{\infty} h^*[l+p] s_x[k-p] = \sum_{p=-\infty}^{\infty} \left(\sum_{l=-\infty}^{\infty} h[l] h^*[l+p] \right) s_x[k-p]$$
$$= \sum_{p=-\infty}^{\infty} s_h[p] s_x[k-p] = s_h[k] * s_x[k] \tag{A.115}$$

输出自相关函数是输入信号的随机(变量)自相关,与线性移不变系统冲激响应的确定自相关的乘积。功率谱之间的关系满足:

$$S_y(\omega) = S_h(\omega) \cdot S_x(\omega) = |H(\omega)|^2 S_x(\omega) \tag{A.116}$$

输出的随机信号的功率可以从式(A.96),式(A.108)和式(A.116)中得到,即

$$\mathrm{E}\{|y[n]|^2\} = s_y[0] = \frac{1}{2\pi} \int_{-\pi}^{\pi} S_y(\omega) d\omega = \frac{1}{2\pi} \int_{-\pi}^{\pi} |H(\omega)|^2 S_x(\omega) d\omega \tag{A.117}$$

大家特别关注输入是白噪声的情况。如果 $x[n]$ 是功率为 σ_x^2,自相关函数为 $\sigma_x^2 \delta[k]$ 的白噪声信号,那么 $y[n]$ 的自相关函数为

$$s_y[k] = s_h[k] * s_x[k] = s_h[k] * \sigma_x^2 \delta[k] = \sigma_x^2 s_h[k] \tag{A.118}$$

所以输出的功率可以化简为

$$\sigma_y^2 = s_y[0] = \sigma_x^2 s_h[0] = \sigma_x^2 \left(\sum_{n=-\infty}^{\infty} |h[n]|^2 \right) \tag{A.119}$$

这里可以得出一个重要的结果,如果线性移不变系统的输入是白随机信号,则输出将不再是白色的(假设系统是非平稳的,$h[n] \neq \delta[n]$)。这将会在下面的例子中进行解释说明。

假设 $h[n]$ 是四点平均器的冲激响应,对于 $n = 0,1,2,3$ 有 $h[n] = 1$,n 为其他值时,$h[n] = 0$。令 $x[n]$ 是 $\sigma_x^2 = 1$ 的高斯白噪声的 100 个样本,让信号通过一个平均滤波器,可以得到 $y[n]$。在滤波器的输入和输出,计算随机数据的标准自相关函数和 PSD。因为输入是随机的,所以这些函数也是随机的。实验重复了 100 次,计算的自相关函数和 PSD 的不同样本的平均值的结果如图 A.5 所示。图 A.5(a) 给出了平均输入的自相关函数,这是理想幅度标准化脉冲的理想近似。图 A.5(b) 给出了 PSD 的平均采样,这是理论白噪声谱的很好近似。图 A.5(c) 给出了输出标准自相关函数的平均,非常符合理论的结果,即 $s_h[k]$。最后,图 A.5(d) 表明输出的 PSD 非常符合期望的结果 $S_h(\omega) = |H(\omega)|^2$。

另外一个例子是,功率谱密度为 σ_x^2 的连续时间白噪声信号,通过一个增益为 1,带宽为 B Hz(截止频率为 $\pm B/2$ Hz)的理想低通滤波器,将会得到一个只在 $\pm B/2$ Hz 范围内是白噪声的 PSD。其自相关函数为

$$s_y(t) = \sigma_x^2 \frac{\sin(\pi B t)}{\pi t} = \sigma_x^2 B \,\mathrm{sinc}(Bt) \tag{A.120}$$

式中,sinc 函数定义为 $\mathrm{sinc}(z) = \sin(\pi z)/\pi z$,过滤后的噪声还是零均值的,但不再是白噪声。然而,它的带宽有限(B Hz),输出噪声的自相关函数在延时为 $1/B$ s 的整数倍时为 0。因此,对滤波后的噪声,以奈奎斯特频率 B 为采样率进行采样,得到的离散时间序列,彼此之间是不相关的,所以离散时间的自相关函数是 $\sigma_y^2 = \sigma_x^2 B \delta[k]$,因此采样的噪声是白色的。过采样将会使噪声的自相关函数是 sinc 函数,PSD 因此是带宽受限的,这在一定程度上是标准频率的缩放。

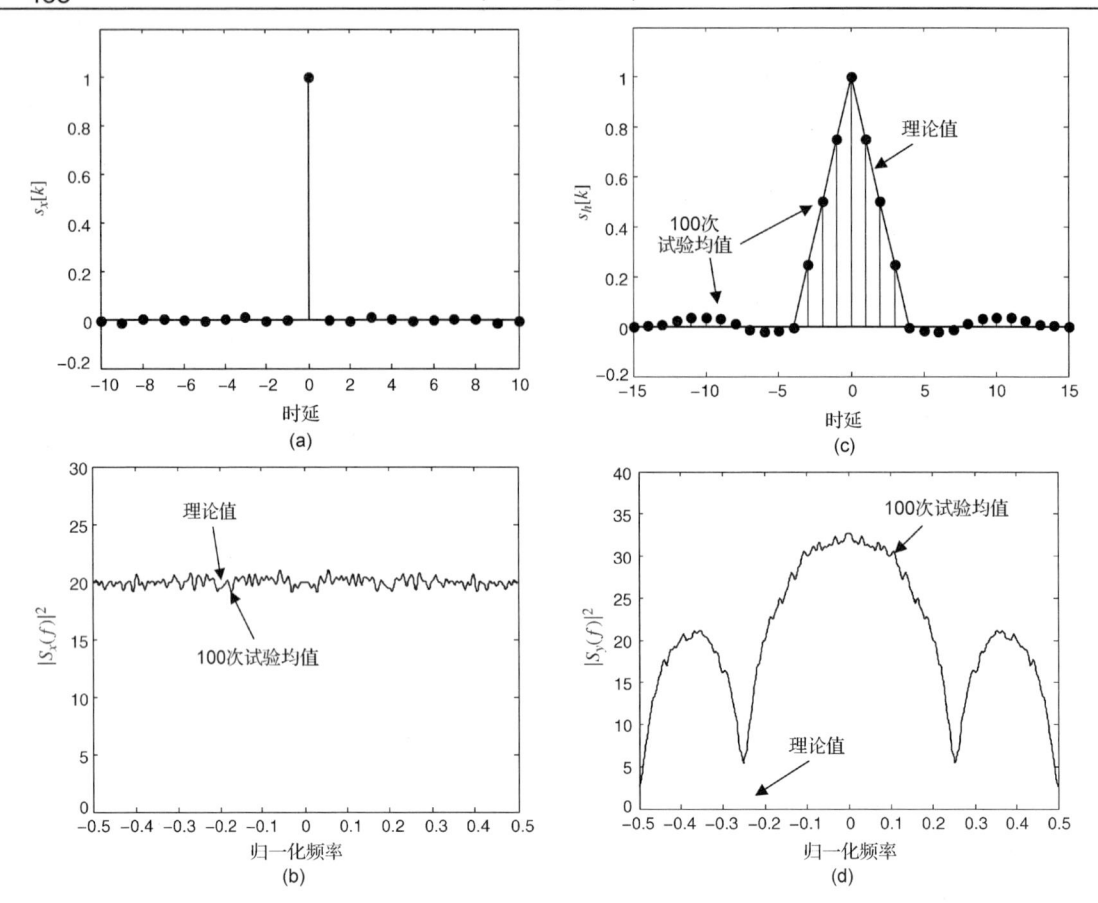

图 A.5 四点均值滤波器对 100 点采样白噪声的影响。该图显示的是 100 个采样点的结果。(a)归一化的输入自相关函数 $s_x[k]$；(b)输入的功率谱密度 $S_x(f)$ 和理想白噪声的功率谱密度；(c)归一化的输出自相关 $s_y[k]$ 及理想的结果 $s_h[k]$；(d)输出的功率谱密度 $S_y(f)$ 以及理想的结果 $S_h(f)=|H(f)|^2$

参考文献

Hayes, M. H., *Statistical Digital Signal Processing and Modeling*. Wiley, New York, 1996.

Kay, S. M., *Fundamentals of Statistical Signal Processing, Vol. 1: Estimation Theory*. Prentice-Hall, Upper Saddle River, New Jersey, 1993.

Olver, F. W. J., D. W. Lozier, R. F. Boisvert, and C. W. Clard (eds.), *NIST Handbook of Mathematical Functions*. Cambridge University Press, New York, 2010.

Omura, J., and T. Kailath, "Some Useful Probability Distributions," Technical Report 7050-6, Stanford Electronics Laboratories, Sep. 1965. Available as free downloadable PDF from the U.S. Defense Technical Information Center at www.dtic.mil as report AD747128.

Papoulis, A., and S. U. Pillai, *Probability, Random Variables and Stochastic Processes*. McGraw-Hill, New York, 2001.

Peebles, P. Z., Jr., *Radar Principles*. Wiley, New York, 1998.

Van Trees, H. L., *Detection, Estimation, and Modulation Theory, Part 1*. Wiley, New York, 1968, p. 338.

Watts, S., "Radar Detection Prediction in Sea Clutter Using the Compound *K*-Distribution Model," *IEE Proceedings*, vol. 132, pt. F, no. 7, pp. 613–620, Dec. 1985.

附录 B 有关数字信号处理的几个课题

一些基本的概念和信号处理的手段，总是多次直接或间接地出现在雷达信号处理的过程中。本章将从其他应用领域中很少被关注的方面，讨论一些经常遇到的概念和信号处理的手段。

B.1 傅里叶变换

与其他信号处理领域一样，傅里叶变换被广泛用于雷达信号处理。信号的频域表示往往可以区分期望信号和干扰。多普勒频移是频域中一种至关重要的现象。在一些雷达系统，尤其是成像雷达系统中，雷达数据与最终需求产品之间的关系就是傅里叶变换。

傅里叶变换同时适用于连续信号和离散信号。信号 $x(u)$ 是关于连续变量的函数，这一表示的形式称为信号域[①]。它的傅里叶变换 $x(\Omega)$ 可以表示为

$$X(\Omega) = \int_{-\infty}^{\infty} x(u) e^{-j\Omega u} du, \quad \Omega \in (-\infty, \infty) \tag{B.1}$$

上式称为变换域。逆变换为

$$x(u) = \frac{1}{2\pi} \int_{-\infty}^{\infty} X(\Omega) e^{+j\Omega u} d\Omega, \quad u \in (-\infty, \infty) \tag{B.2}$$

式(B.1)和式(B.2)中，Ω 的单位为 u 的单位时间内的 rad。例如，$u = t$，u 的单位为 s，则 Ω 通常表示角频率，其单位为 rad/s；如果 u 的单位为空间单位 m，则 Ω 表示空间角频率，其单位为 rad/m。

采用周期变量 $F = \Omega / 2\pi$ 表示的等效变换对为

$$X(F) = \int_{-\infty}^{\infty} x(u) e^{-j2\pi F u} du, \quad F \in (-\infty, \infty) \tag{B.3}$$

$$x(u) = \int_{-\infty}^{\infty} X(F) e^{+j2\pi F u} dF, \quad u \in (-\infty, \infty) \tag{B.4}$$

如果信号域的变量为时间 ($u = t$)，那么 F 的单位为周期/s 或者 Hz。Ω 和 F 有时称为模拟频率，这是因为它们常用来表示具有连续变量的信号。

介绍傅里叶变换及其性质的书有很多，最经典的是 Papoulis(1987) 和 Bracewell(1999)。其中前者使用了弧度频率表示法，而后者使用了周期频率。

在雷达方面的一个重要应用是固定频率的复指数脉冲信号的傅里叶变换，定义为

$$x(t) = \begin{cases} A \exp(j\Omega_0 t), & -\tau/2 \leq t \leq \tau/2 \\ 0, & \text{其他} \end{cases} \tag{B.5}$$

将式(B.5)代入式(B.1)，得到

[①] 为了统一阐述时间、频率和空间采样以及保持通用性，本部分阐述的采样信号被认为是信号域的函数，而信号的傅里叶变换被认为是傅里叶域的函数。

$$X(\Omega) = \int_{-\tau/2}^{+\tau/2} A e^{+j\Omega_0 t} e^{-j\Omega t} dt = A \int_{-\tau/2}^{+\tau/2} e^{-j(\Omega-\Omega_0)t} dt \qquad (B.6)$$

$$= \frac{A}{j(\Omega-\Omega_0)} \{e^{+j(\Omega-\Omega_0)\frac{\tau}{2}} - e^{-j(\Omega-\Omega_0)\frac{\tau}{2}}\}$$

利用欧拉公式，得到

$$X(\Omega) = \frac{2A}{(\Omega-\Omega_0)} \sin\left[(\Omega-\Omega_0)\frac{\tau}{2}\right]$$

$$= A\tau \frac{\sin[\pi\tau(F-F_0)]}{\pi\tau(F-F_0)} \equiv A\tau \operatorname{sinc}[\tau(F-F_0)] \qquad (B.7)$$

式中，$\operatorname{sinc}(z) \equiv \sin(\pi z)/\pi z$，同 MATLAB 中关于 sinc 函数的定义一致。这一函数的主要特征如图 B.1 所示，其中 $F_0 = 5$ MHz，$\tau = 1$ μs。峰值在 $F = F_0$ 处出现，且为 $A\tau$。从式(B.7)可以很容易看出，瑞利宽度(峰值到第一零点)为 $1/\tau$ Hz。同样可看出，3 dB 宽度为 $0.89/\tau$ Hz，最大副瓣(第一个负的峰)的峰值与主瓣峰值之比为 -13.26 dB。

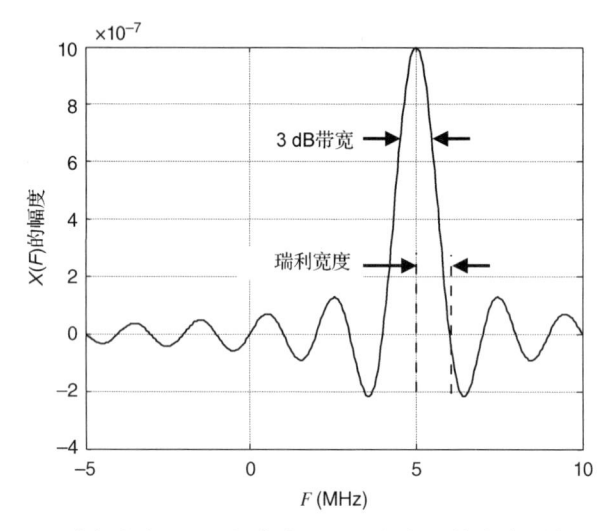

图 B.1 一个长度为 1 μs，频率为 5 MHz 的复指数脉冲的傅里叶变换

信号傅里叶变换的存在性讨论见文献 Bracewel(1999)。通常可以假设所研究信号的傅里叶变换都是存在的，并且信号和它的傅里叶变换之间为一一对应的关系。

傅里叶变换对于连续信号的一些分析很重要，特别是在那些需要确定系统采样率的情况下，但是大部分的实际处理都是针对离散变量信号的。下面有两组离散变量信号的傅里叶变换。类似于连续变量信号的傅里叶变换，离散变量信号 $x[n]$ 的傅里叶变换对[①]为

$$X(\omega) = \sum_{n=-\infty}^{\infty} x[n] e^{-j\omega n}, \quad \omega \in (-\pi, \pi] \qquad (B.8)$$

$$x[n] = \frac{1}{2\pi} \int_{-\pi}^{\pi} X(\omega) e^{+j\omega n} d\omega, \quad n \in (-\infty, \infty) \qquad (B.9)$$

---

① 在数字信号处理文献中，最常采用的惯例是离散信号用方括号包含自变量，连续信号用圆括号包含自变量。因此 $x(u)$ 是一个连续变量的函数，而 $x[n]$ 是一个离散变量的函数。

其中，n 为信号的采样点；ω 是单位为 rad/采样（不是 rad/s 或 rad/m）的连续频率变量[①]。ω 和 f 有时称为数字频率，这是因为它们所对应的信号是离散的。它们还称为标准化频率，见 B.2 节。

采用标准化周期频率 $f = \omega/2\pi$ 表示的傅里叶变换对可以表示为

$$X(f) = \sum_{n=-\infty}^{\infty} x[n]\mathrm{e}^{-\mathrm{j}2\pi fn}, \quad f \in (-0.5, 0.5] \tag{B.10}$$

$$x[n] = \int_{-0.5}^{0.5} X(f)\mathrm{e}^{+\mathrm{j}2\pi fn}\mathrm{d}f, \quad n \in (-\infty, \infty) \tag{B.11}$$

$X(\omega)$ 或 $X(f)$ 称为 $x(n)$ 的离散时间傅里叶变换（DTFT）。很容易可以看出，$X(\omega)$ 为关于 ω 的连续变量，周期为 2π rad/采样，即 DTFT 以 2π rad/采样不断重复。因此，尽管这一变换是对所有 ω 定义的，但是只有主周期 $-\pi \leq \omega \leq \pi$ 需要分析和讨论。同样，$X(f)$ 的主周期区间为 $-0.5 \leq f \leq 0.5$ 周期/采样。DTFT 的性质在诸多现代数字信号处理的书籍中都有讨论，例如文献 Oppenheim 和 Schafer（2010）。

类似于连续时间的情况，需要讨论采样后的固定频率复指数信号的 DTFT。定义采样后的信号为

$$x[n] = A\mathrm{e}^{\mathrm{j}\omega_0 n}, \quad 0 \leq n \leq N-1 \tag{B.12}$$

可以得到一个非常类似于式（B.7）的结果：

$$\begin{aligned} X(\omega) &= A\frac{\sin[(\omega-\omega_0)N/2]}{\sin[(\omega-\omega_0)/2]}\mathrm{e}^{-\mathrm{j}(\omega-\omega_0)(N-1)/2} \\ X(f) &= A\frac{\sin[\pi(f-f_0)N]}{\sin[\pi(f-f_0)]}\mathrm{e}^{-\mathrm{j}\pi(f-f_0)(N-1)} \end{aligned} \tag{B.13}$$

$f_0 = 0.285$，$N = 20$，$A = 1$ 对应的结果如图 B.2(a) 和图 B.2(b) 中实曲线所示。观察式（B.13）和图 B.2 可以发现，DTFT 的结果与式（B.7）的 sinc 函数对应的结果非常接近，特别是在主瓣附近。图中的副瓣并不向两侧无限制地衰减，这是因为 DTFT 在频域具有周期特性。式（B.13）中的相位项产生是由于信号的中心并没有与零点对齐。如果 N 是奇数，并且中心对齐，则相位项就不会存在。

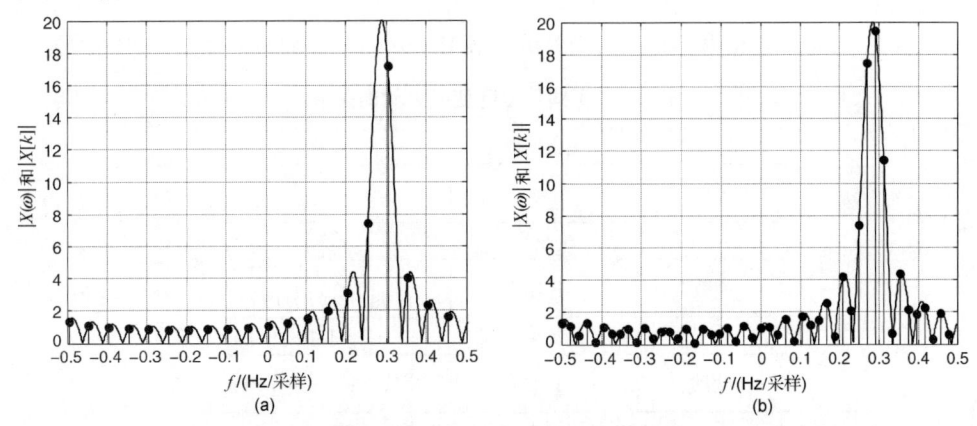

图 B.2 用离散傅里叶变换实现对 20 点的复正弦信号离散时间傅里叶变换的采样。(a) $K=20$ 点离散傅里叶变换；(b) $K=48$ 点离散傅里叶变换

[①] 在数字信号处理文献中，另一个常采用的惯例是用大写字母变量表示模拟频率（F 或者 Ω，单位为 Hz 或者 rad/s，如果自变量代表的是时间），用小写字母变量表示数字频率变量（f 或者 ω）。一些数字信号处理文献中认为信号域标号 n 的单位是 1，因此 f 或 ω 的单位是 Hz 或者 rad。本文倾向于认为 n 的单位为采样，如此 f 和 ω 的单位为 Hz/采样或者 rad/采样。

尽管 DTFT 很适合对离散信号进行数学分析，但是 $X(\omega)$ 和 $X(f)$ 并不适合于数字信号处理器的计算和操作，因为频率 ω 和 f 的取值和范围是连续的。因此，需要一种有限的、离散的频率。离散傅里叶变换(DFT，区别于 DTFT)是一种可计算的，适用于有限长的离散变量信号。N 点的信号 $x[n]$ 的 K 点 DFT 及其反变换[①]为

$$X[k] = \sum_{n=0}^{N-1} x[n] e^{-j2\pi nk/K}, \quad k \in [0, K-1] \tag{B.14}$$

$$x[n] = \frac{1}{N} \sum_{k=0}^{N-1} X[k] e^{+j2\pi k/K}, \quad n \in [0, K-1] \tag{B.15}$$

通过观察发现，N 个采样点序列 $x[n]$ 的离散傅里叶变换 $X[k]$，即是 $X(\omega)$ 或 $X(f)$ 的等间隔采样序列。其中，K 频率采样在区间 $\omega[0, 2\pi)$ 或区间 $f[0, 1)$ 上是均匀分布的，即

$$X[k] = X(\omega)\bigg|_{\omega = \frac{2\pi}{K}k} = X(f)\bigg|_{f = \frac{1}{K}k}, \quad k \in [0, K-1] \tag{B.16}$$

由于 DTFT 是周期的，所以 DFT 也是周期的，周期为 K。

通常在绘制信号的频谱图时，将零频至于中心。由于 DTFT 的周期性，DFT 在区间 $f \in (0.5, 1]$ 和 $f \in (-0.5, 0]$ 对应的值相同。因此 DFT 结果的上半部分($k \geq \lceil K/2 \rceil$)通常画在前边，另一半画在后边[②]。

图 B.2 分析了 DTFT 和 DFT 的区别，采用的信号为 20 点的复指数脉冲信号，频率为 $f_0 = 0.285$。图中，实曲线表示 DTFT 在区间 $f \in (-0.5, 0.5]$ 内的结果，小圆点表示 DFT 数据按照上文中讨论的方法重排之后的结果。图 B.2(a)为 20 点 DFT 的结果，对 DTFT 结果的采样在较大的程度上错过了主瓣真正的位置和峰值，并且对副瓣的形状也刻画得很粗糙。图 B.2(b)为 48 点 DFT 的结果。DTFT 的结果并没有改变，因为其同 $x[n]$ 有关。DFT 的点数越多，相当于对 DTFT 结果的采样点数越稠密。继续增大 DFT 的点数，DTFT 的结果将会得到非常精确的刻画。

到目前为止，讨论了 3 种形式的傅里叶变换：原始的"模拟"傅里叶变换、DTFT 和 DFT。大部分读者会想到快速傅里叶变换(FFT)。这并不是另一种形式的傅里叶变换，而是计算 DFT 的一种高效算法(Oppenheim 和 Schafer, 2010)。表 B.1 总结了各种傅里叶变换之间的关系。

表 B.1 不同傅里叶变换之间的关系

信号变量	变换变量	变换
连续	连续	傅里叶变换(FT)
时域采样		
离散	连续	离散时间傅里叶变换(DTFT)
频域采样		
离散	离散	离散傅里叶变换(DFT)
DFT的快速算法		
离散	离散	快速傅里叶变换(FFT)

[①] 公式(B.14)和(B.15)中的定义与大部分数字信号处理文献中的不同，不同之处在于大部分参考文献定义离散傅里叶变换时 $K=N$，并且引入"补零"的思想来说明离散傅里叶变换频域采样点数比信号采样点数多的原因。本文倾向于在定义中区分 K 和 N。

[②] MATLAB 中的函数 fftshift 可以精确地将函数 fft 的输出结果进行再排序，以方便制图。

B.2 采样、量化和 A/D 转换器

这本书讨论的主题为雷达信号的数字化处理。数字化的信号指的是离散的信号，信号的离散化可以通过两种独立的方法进行。而这两种方法都是将信号表示在数字处理器中所不可或缺的。第一个判定标准为，信号是离散变量而非连续变量的函数，一个离散变量表示一维信号，两个变量表示二维信号，依次类推。大部分离散信号是通过对具有实际物理意义的连续变量采样得到的，采样通常是等间隔的。一个典型应用就是对天线的发射和接收机产生的连续时间的电压信号进行采样所得到的离散时间信号。采样的函数和空间位置同样很重要。离散化的表示，可以使处理器能够表示一组有限长序列的值。

第二个判定标准是信号取值的量化。对于连续变化信号的采样可以出现无限多可能的取值。量化可以使连续的幅值变为一组有限的取值，由此每一个采样点的值都可以用处理器中有限个比特表示。量化取值可表示的范围由取值的比特位数和编码方式决定。图 B.3 分析了连续信号、采样后的信号、量化后的信号和数字（采样和量化）信号间的区别。

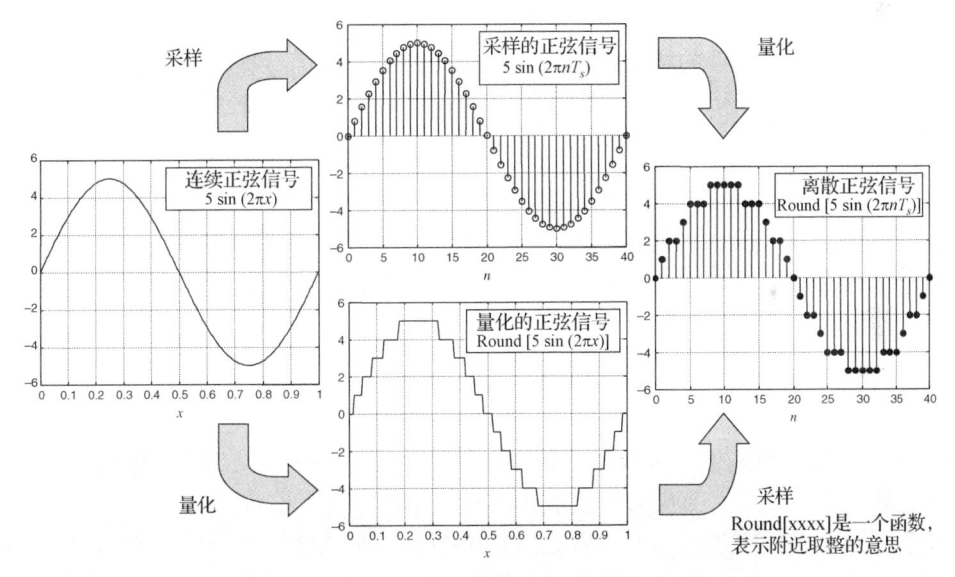

图 B.3 连续信号、采样、量化和离散信号之间的关系

B.2.1 采样

关于得到离散信号的最基本的问题是，"多少个采样点才是足够的？"即如何选择采样间隔。奈奎斯特采样定理提供了一个答案。该定理表明，如果信号 $x(u)$ 的傅里叶变换 $X(F)$ 在傅里叶域具有有限的频率取值范围 β_F（同样可表示为 β_Ω），通过适当的插值操作，这一信号就能通过它的一系列采样值恢复，采样间隔为

$$T_s < \frac{1}{\beta_F} = \frac{2\pi}{\beta_\Omega} \tag{B.17}$$

也就是说，采样频率 $F_s = 1/T_s$ 必须满足下面这一简单的关系：

$$F_s > \beta_F \tag{B.18}$$

上式将应用于脉冲回波信号的采样、多普勒处理,以及相控阵天线的目标检测。

奈奎斯特采样定理非常容易得到。下文所提到的相关细节均可见文献 Oppenheim 和 Schafer(2010)。首先,对信号 $x(u)$ 的采样是通过对其乘以无限长的狄拉克脉冲串实现的,即

$$x_s(u) = x(u)\left(\sum_{n=-\infty}^{+\infty} \delta_D(u - nT_s)\right) \tag{B.19}$$

T_s 为采样间隔,单位与 u 相同。例如,若这一独立变量是时间,即 $u = t$,则 T_s 的单位为 s。这样采样后的信号 $x_s(u)$ 就有了其对应的傅里叶变换,即

$$X_s(F) = \frac{1}{T_s}\sum_{k=-\infty}^{+\infty} X\left(F - \frac{k}{T_s}\right) = \frac{1}{T_s}\sum_{n=-\infty}^{+\infty} X(F - kF_s) \tag{B.20}$$

其中,$F_s = 1/T_s$ 为采样频率。上式揭示了关于采样的一个十分重要的现象:采样后信号的频谱是原信号频谱在频率上以 F_s 为间隔的无限复制构成的。这一傅里叶域重复出现的现象,是由于对信号在常规采样的基础上进行二次采样造成的。因为傅里叶的正反变换是可逆的,故该现象同样会出现在逆变换中。若对傅里叶域的信号进行采样,则原本的信号域中也会出现周期性的重复。

这种对信号在一个域中采样会造成其在另一个域中的重复的现象,是傅里叶分析自身的性质,与奈奎斯特采样定理的相关理论无关。同样说明,对信号在时域乘以一个正弦信号,可以使信号在频域发生平移,详细内容在第 3 章有关正交信号的理论中讨论。

周期重复出现的现象同样出现在对离散变量信号进行抽取后。给定信号 $x[n]$ 以及其离散时间傅里叶变换 $X(f)$。定义对 $x[n]$ 重采样后的信号为

$$y[n] = x[nM], \quad -\infty < n < +\infty, \quad M \text{ 为整数} \tag{B.21}$$

通过对信号 $x[n]$ 的 M 倍抽取后得到 $y[n]$。由文献 Oppenheim 和 Schafer(2010)可知,$x[n]$ 和 $y[n]$ 的 DTFT 的关系为

$$Y(f) = \frac{1}{M}\sum_{k=0}^{M-1} X\left(\frac{f-k}{M}\right) \tag{B.22}$$

式中,相加的次数是有限的,这是由于 DTFT 已经造成了谱的重复出现。这其实就是对原谱放缩后周期重复,与对连续变量信号的采样类似。

回顾奈奎斯特采样定理,下一步就是对比模拟信号和数字信号,以及它们的谱。离散时间信号可以通过对采样后的数据进行恢复,得到

$$x[n] = x(nT_s), \quad n \in (-\infty, +\infty) \tag{B.23}$$

由式(B.8)或式(B.10),可计算得到 $x[n]$ 的 DTFT,$X_s(F)$ 可表示为原谱的"数字"频率放缩,即

$$X(f) = \frac{1}{T_s}\sum_{k=-\infty}^{+\infty} X((f+k)F_s) \tag{B.24}$$

对比式(B.20)和式(B.24),模拟频率和数字频率之间的比例关系为 $F = fF_s$,因此有

$$f = \frac{F}{F_s} = FT_s$$
$$\omega = 2\pi\frac{F}{F_s} = \Omega T_s \tag{B.25}$$

上式揭示了模拟频率和数字频率之间的关系。第一种形式 $f = F/F_s$,这也是 ω 和 f 称为标准频率的原因。f 的单位为标准单位 Hz,ω 对应为 rad。接着,通过对式(B.16)和式(B.25)进行

组合,可以看出,对于连续变量,K 点离散傅里叶变换的频率采样位置等价于 $k/KT_s = (k/K)F_s$ 或 $2\pi k/KT_s = 2\pi(k/K)F_s$,$k$ 为离散傅里叶变换的采样点数,取值范围为 $0 \sim K-1$。

图 B.4 分析了 DTFT 后的谱 $X(f)$ 与原始谱 $X(F)$ 之间的关系,以及采样造成的频谱的重复效应。$X(F)$ 如图 B.4(a)所示,$X(F)$ 并不是带限的,其中心频点也不在零点。因为 $x(u)$ 的取值可能为复数,所以 $X(F)$ 也不满足中心对称。图 B.4(b)显示了模拟信号谱 $X_s(F)$ 的重复出现,图 B.4(c)则说明了 $X(f)$ 和 $X(\omega)$ 的关系。可以看出 $X(f)$ 以 1 为周期,$X(\omega)$ 以 2π 为周期,这是离散信号频谱造成的。

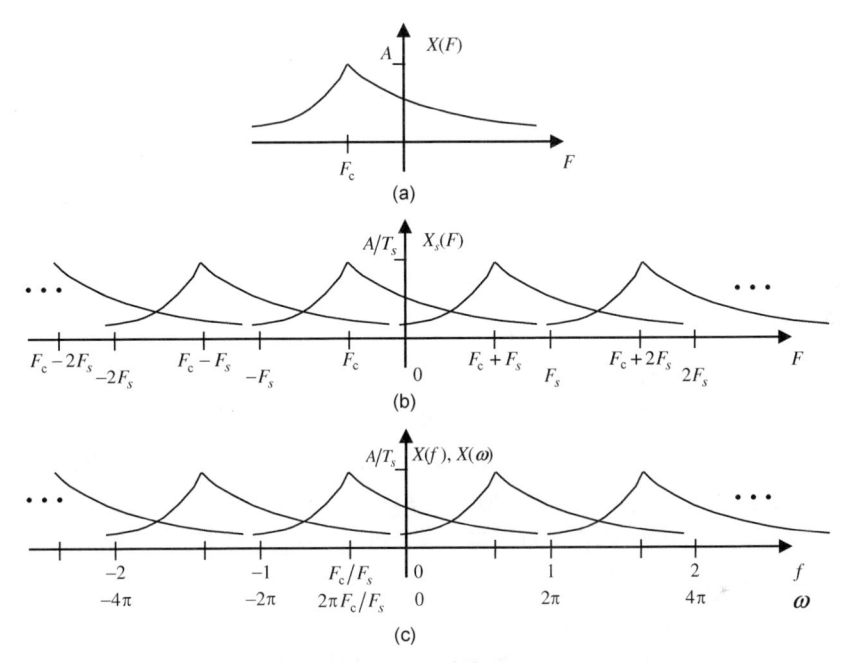

图 B.4 采样信号的频谱复制现象以及频谱之间的关系。(a)原始信号的非带限频谱 $X(F)$;
(b)采样信号的频谱 $X_s(F)$;(c)采样数据的离散时间傅里叶变换 $X(F)$ 或者 $X(\omega)$

奈奎斯特采样定理的成立依赖于信号和它的傅里叶变换——对应的关系。因此,重构原始谱 $X(F)$ 就相当于重构原始信号 $x(u)$。图 B.4 显示了重构信号所必须具备的条件,即重复出现的谱之间不能重叠。如果周期出现的频谱之间相互不重叠,则采样信号可以通过一个线性移不变系统(一个滤波器),该系统的频率响应仅选择周期频谱中原点处的频谱。系统的输出就一定是原始信号。

这一思想涉及两种情况,其一为原始信号,另一个为采样率。首先 $x(u)$ 一定要是带限信号,假设带宽为 β_F,则

$$X(F) \equiv 0, \quad F < F_c - \frac{\beta_F}{2} \text{ 和 } F > F_c + \frac{\beta_F}{2} \tag{B.26}$$

其中,F_c 是 $X(F)$ 支撑区的中心。如果不满足信号带限的条件,那么不管如何选择采样率,信号的谱总是会发生重叠。假设 $x(u)$ 是带限的,那么采样率必须足够大,以使采样后的谱之间不互相重叠。图 B.5 为带限信号的谱以及采样后对应的频谱。通过观察发现,需要满足的条件为 $F_c + \beta_F/2 < F_c + F_s - \beta_F/2$,即 $F_s > \beta_F$,正是式(B.18)中的关系。

如果原始信号 $x(u)$ 是带限的,则意味着它的谱中心在 $F_c = 0$ 处,那么 $X(F)$ 的支撑区为

$(-\beta_F/2, \beta_F/2)$。这样,式(B.18)揭示了采样率需要大于最大频率两倍这一关系。更进一步,式(B.18)反应了更直接、更通用的关系,即采样率要大于信号的总带宽。这一定律更加适用于非基带信号。

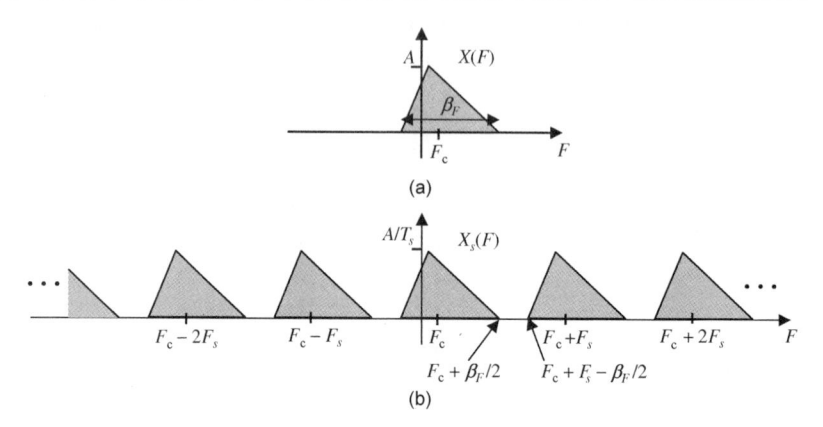

图 B.5　带限信号奈奎斯特采样要求的示意图。(a)原信号的带限频谱 $X(F)$;(b)采样后信号的频谱 $X_s(F)$

在推导奈奎斯特采样定理的过程中,并没有事先假设信号 $x(u)$ 的取值为实数。这一定理对实信号和复信号都适用。对于带宽为 β_F 的复信号,根据奈奎斯特采样定理,每秒至少采 β_F 个复数点,等价于每秒采 $2\beta_F$ 个实数点。

推导的过程中,同样没有假设原始信号的谱位于基带,即 $F=0$。频谱可以沿频率轴任意平移,而不会对采样率产生影响,只有带宽与采样率相关。如果原始信号的频谱中心不在零点,那么周期延拓后的频谱中心也都不必位于零点,除非采样率、频谱带宽和频谱平移之间保持一种适当的关系。总之,为了方便处理,希望频谱的信息支撑区〔图 B.5(a)中的灰色部分〕最后要以原点为中心。

奈奎斯特采样定理并不仅仅适用于对时域信号采样,同样可用于对频域信号和空域信号采样。例如,如果对频域信号采样,则其对应的时域信号就会发生周期延拓。同样,如果时域延拓后的信号范围有限且相互不重叠,则说明对频域信号的采样是合理的。这将用于第 3 章计算多普勒谱的 DFT 点数的估计中。

B.2.2　量化

数值的二进制表示总体上可分为定点和浮点两类。在定点情况下,b 位的二进制数可以表示为 2^b 个不同但均匀分布的数[①]。在浮点情况下,总的 b 位中的 e 位被用于表示指数,剩余的 $m=b-e$ 位被用于表示定点部分。在这里,定点数的表示是最主要的,也是大部分模数(A/D)转换器的输出形式。

这 2^b 个不同的二进制数表示的具体定点数数值,是由具体的编码算法和量化间隔 Δ 决定的。对于二进制字值的每次增大或减小,量化步长就是输入电压值的变化。因此,量化后的数值是输出的二进制数乘以 Δ。

两种最常用的编码方式为符号-幅度编码和二的补余编码。在符号幅度编码方式下,二进制数的最高位代表采样数据的符号,通常 0 代表正数,1 代表负数。剩下的 $b-1$ 位代表数值的

---

① "非线性量化"经常用在一些应用中,它是用非均匀间距的输出电压的值进行量化。在雷达中,线性量化(采用恒定间距)是量化标准。

大小。因此，符号-幅度表示法可以表示数值的范围为 $(-2^{b-1}-1)\Delta$ 到 $(+2^{b-1}-1)\Delta$。注意，数值 0 对应两个编码，即+0 和-0。

二的补余编码是一种更复杂的编码方式，更适用于数字化的算法逻辑。在二的补余编码中，0 只对应一个编码。剩余的编码将可以多表示一个负数，因此，这种编码方式的数值表示范围为 $-2^{b-1}\Delta$ 到 $(+2^{b-1}-1)\Delta$。对于任意 b 位的二进制数，这两种表示方法的取值范围并无太大差异。更详细的内容见文献 Ercegovac 和 Lang (2003)。

Δ 和 b 的取值取决于期望的信号量化噪声比(SQNR)和动态范围，同样受制于模数转换器的技术。首先考虑量化间隔 Δ。量化的过程使模拟的数值变为给定的量化后的值。量化前和量化后的数值之间存在量化误差。尽管这一误差函数是由输入和模数转换器的参数决定的，但是这一函数通常过于复杂，因为被当成采样值之间非相关且与原始非量化信号独立的随机变量。假定采用取整的方式，每个点的量化误差范围为 $\pm\Delta/2$，同样假设在输出范围内的各处误差都是相同的，则可以认为量化误差受到动态范围内均匀的随机噪声调制，量化噪声的功率为 $\sigma_q^2 = \Delta^2/12$。

为了选择 Δ，设想一个模数转换器的输入为白噪声，功率为 σ_n^2。理想情况下，噪声的输出功率与输入功率相同，这样量化噪声就可以被忽略。令量化间隔 $\Delta = \alpha \cdot \sigma_n$，$\alpha$ 为任意给定的数。在 A/D 输出端，由于量化噪声存在，噪声功率会增加，增大倍数如下：

$$\frac{\sigma_n^2 + \sigma_q^2}{\sigma_n^2} = 1 + \frac{\Delta^2/12}{\sigma_n^2} = 1 + \frac{\alpha^2}{12} \tag{B.27}$$

图 B.6 给出了噪声能量与 α 之间的关系。α 在 1.76 以下时，造成的噪声在 1 dB 以下。通常情况下，α 取值在 0.25~0.5 可确保接收机噪声保留 1~2 位最低有效位。这样就使与噪声水平相同或比噪声水平低的微弱信号能够通过相干积累再次被增强，而不是被压制。

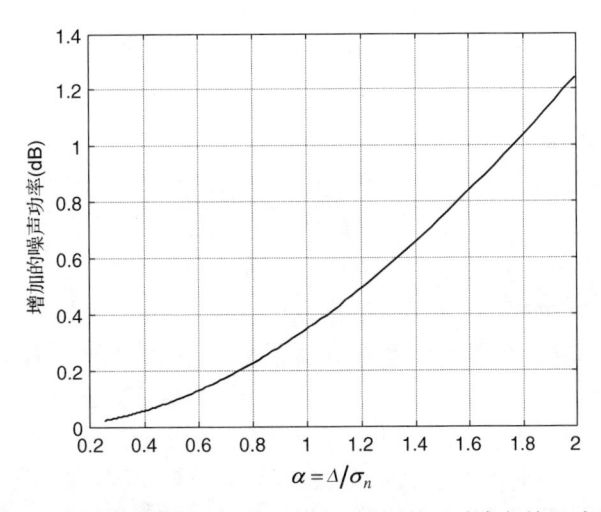

图 B.6　针对带输入噪声的模数转换器，量化步长对输出功率与输入功率比值的影响

更详尽的分析见文献(McClellan 和 Purdy, 1978)，其中讨论了 Δ 过大或过小所造成的饱和或下溢效应。通常情况下，Δ 取值在输入噪声标准差的 1/4~1/2 之间，这样容易得到好的输出结果。

现在考虑 b 的选取。这有关于模数转换器的动态范围。动态范围的一种定义形式为，可表示的最大幅值与最小的非零幅值之比。对于二的补余编码方式，可以 dB 形式线性地表示为

$$DR = \frac{2^{b-1}\Delta}{\Delta} = 2^{b-1} \tag{B.28}$$

$$DR(dB) = 20\log_{10}(2^{b-1}) = (b-1)20\log_{10}(2) = 6.02b - 6.02$$

对于符号-幅值的量化方式，当 b 取值较大时，$DR = 2^{b-1} - 1 \approx 2^{b-1}$，式(B.28)依然成立。这一结果说明 A/D 转换器的输出位数每提高一位，动态范围增加 6 dB。60 dB 的动态范围需要 11 位。

如果将输入信号看成方差为 σ_s^2 的随机信号，则可以得到另一种动态范围的表示方法。将没有饱和(下溢)的输入信号最大值表示为 k。对于一个服从高斯分布的信号，k 的取值通常为 3~4，因此饱和的概率很小。令之与最大可表示的值相等，同时考虑 $\Delta = \alpha\sigma_n$，可以得到

$$k\sigma_s = 2^{b-1}\Delta = 2^{b-1}\alpha\sigma_n \tag{B.29}$$

定义输入信号与噪声之比为 $SNR_{IN} = \sigma_s^2 / \sigma_n^2$，代入式(B.29)，并以 dB 形式表示为

$$SNR_{IN} = \frac{2^{2b-2}\alpha^2}{k^2} \Rightarrow SNR_{IN}(dB) = 6.02b - 20\log_{10}\left(\frac{2k}{\alpha}\right) \tag{B.30}$$

解出所需要的位数为

$$b = \left\lceil \frac{SNR_{IN}(dB) + 20\log_{10}(2k/\alpha)}{6.02} \right\rceil \tag{B.31}$$

上式给出了在给定 SNR 条件下，量化信号在没有明显饱和的情况下所需的位数。一组典型的值是 $\alpha = 0.5$，$k = 4$，这时上式分子中的第二项为 24.08 dB；$\alpha = 1$，$k = 3$ 时，该值为 15.56 dB。在第一种情况下，在给定 SNR 条件下，若输入为 0 dB，则需要 4 位。如果输入 SNR 达到 10 dB，则需要 6 位。

值得注意的是，这个分析说明 A/D 转换器对输入信号的位数有一定的要求。对于相干累加、匹配滤波和 DFT 所造成的计算量增加，对动态范围是没有影响的。如果一个模数转换操作得到了关于要素 N 的相干累加，那么混合点的数字计算需要额外的 $\log_2 N$ 点数来代表操作结果没有溢出。

另一个经常被提到的标准指标为 SQNR。这是 A/D 转换器输入能量和量化噪声之间的比值。对于服从高斯分布的信号，信号的输入功率为 σ_s^2。利用式(B.29)中的第一个关系和 $\sigma_q^2 = \Delta^2 / 12$，并转化为 dB，可以得到

$$\frac{\sigma_s^2}{\sigma_q^2} = \frac{(2^{b-1}\Delta/k)^2}{\Delta^2/12} = \frac{12 \cdot 2^{2b-2}}{k^2} \Rightarrow \tag{B.32}$$

$$SQNR(dB) = 6.02b - 20\log_{10}(k) - 4.77$$

与动态范围类似，SQNR 的提升同样为每位 6 dB。

一旦数据被量化，就必须面对定点表示和浮点表示之间的选择。通常，浮点表示需要更多的数字逻辑，因此更慢且耗费较多的功率。但是，浮点数更适应于精确的算法，且不易发生数值的上溢或下溢。早期的雷达数字信号处理器应用的多为定点算法，至少在先期一些计算集中的步骤中是这样，因为这样更快。但越来越多的现代系统使用浮点处理算法，这是由于数字处理器能力的迅猛发展，使采用预期的算法进行实时信号处理成为可能。当信号处理要求更快的速度和更高的能耗效率时，现场可编程门阵列(FPGA)技术有时会成为另一种选择。

B.2.3 A/D 转换技术

如前所述，在已知接收机输出端信号的瞬时带宽 β_F 时，可由奈奎斯特采样定理计算出采样率，实际中所使用的采样率一般比理论值高 10%到 20%，以兼顾实际信号带宽和抗混叠滤

波器的误差。而输出的位数 b 则由系统要求的最大动态范围和量化噪声决定。除了一些特殊应用场景，信号由奈奎斯特采样定理计算出的最小位数最少为 6 位或者 8 位，当然达到 12 位或更多位对于一些应用场景会更好(Merkel 和 Wilson，2003)。

高分辨率雷达所需要的采样率很高，通常需要每秒几十到几百兆采样，在一些情况下甚至会达到上千兆。数字 I/Q 和 IF 技术的使用，使对非基带信号的采样率需要达到理论值的 2.5~4 倍，使这一问题更加恶化。许多超宽带系统使用一种特殊的线性调频波形处理技术，称为伸缩处理(参见第 4 章)，以减少模数转换处理前模拟信号的带宽，通常会使信号带宽减少一个数量级甚至更多。

通常，在现有 A/D 转换技术的前提下，采样速率越高所能提供的数据位数越少。图 B.7 总结了 2006 年(Waldon，2008)A/D 转换器所能达到的技术指标。图中的量值是有效位数(ENOB)与采样率之比。文献 Walden(1999)指出 ENOB 可由 SQNR 计算得出，此外，还讨论了 A/D 有关的标准和一些参数。这些数据说明，A/D 转换器的采样率每提高 10 个点，字长会降低 2~3 位。通常，8 位的 ENOB，采样速率一般可达到 1 GHz；12 位的 ENOB，采样速率大约可达 100 MHz。这些在大部分雷达应用中是可以实现的。

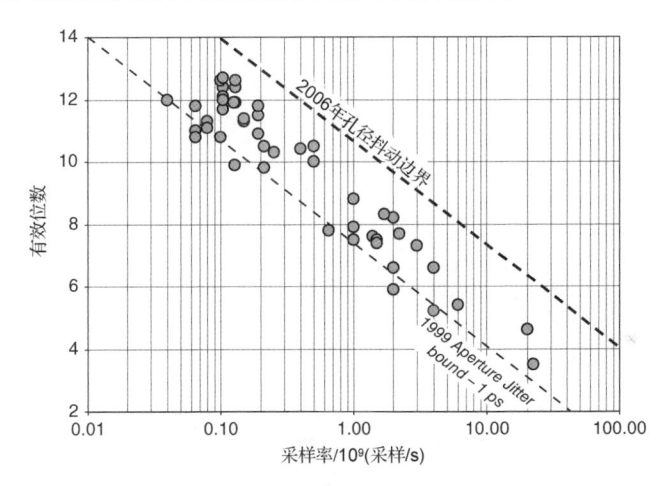

图 B.7 模数转换器的性能(本图数据由 Robert Walden 博士和航空航天公司授权)

B.3 空间频率

空间频率是研究有关波的传播的重要概念，并且可用于空间采样分析和空-时自适应处理。下面简明扼要地介绍一下这一概念，更加详尽的解释见文献 Johnson 和 Dudgeon(1993)。

如图 B.8 所示，假定一列正弦电磁波沿 x 轴正方向传播，波长为 λ，速度为 c。在空间位置 x_0 进行观察，经过时间间隔(周期) $T = \lambda/c$ s，能观察到连续的电磁场峰值，因此，波的瞬时频率为 $F = 1/T = c/\lambda$ Hz 或 $2\pi c/\lambda$ rad/s。

由此同样可以定义空间周期的概念，即在空间固定观察点观察到两个连续波峰所需要的时间。脉冲的空间周期很明显为 λ m，据此，空间频率为 $1/\lambda$ 周/m 或 $2\pi/\lambda$ rad/m。通常，第二个变量称为脉冲的波数，用符号 K 表示[①]。

---

① 大多数雷达和阵列信号处理文献中用小写字母 k 表示空间频率。这里用大写字母 K 表示空间频率，从而可以延续用大写字母代表模拟量而小写字母表示采样间隔归一化的量。

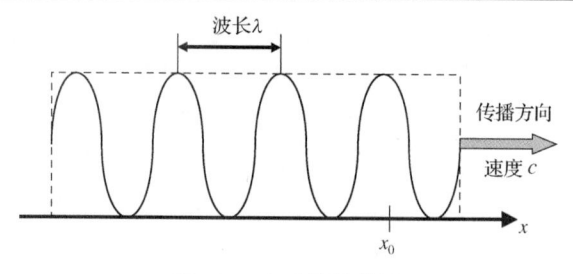

图 B.8 电磁波的传播

因为空间的位置和速度通常为三维变量，故波数也是三维变量。为了简化分析，图 B.8 的二维形式可表示为图 B.9。脉冲在 x-y 坐标系中以一定的角度传播，在其传播方向上，波数依然是 $K = 2\pi/\lambda$。但是，在 +x 轴方向测量时，波数变为 $K_x = (2\pi/\lambda)\sin\theta$，其中 θ 为脉冲关于 y 轴的入射角。类似地，这一信号在 y 轴方向的波数为 $K_y = (2\pi/\lambda)\cos\theta$[①]。注意，当 $\theta \to 0$ 时，x 轴方向的波长趋向于无穷大，因此 $K_x \to 0$。

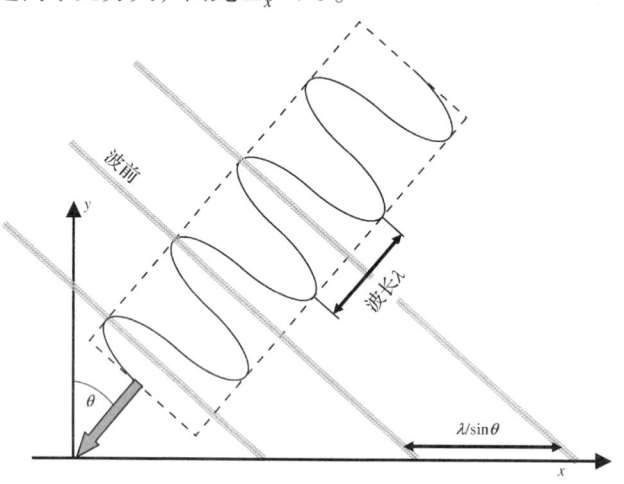

图 B.9 电磁波的传播

三维空间的波数定义将会很容易得到。总的波数与各个方向的分量直接相关，即

$$K = \sqrt{K_x^2 + K_y^2 + K_z^2} \tag{B.33}$$

并且总是等于 $2\pi/\lambda$。可以发现无论向哪个方向传播，其瞬时频率都为 c/λ Hz。

B.4 相关

相关是一种比较信号和参考信号之间相似度的操作。互相关指两个信号之间做相关，自相关指信号同自身做相关。相关经常被定义为概率统计中随机信号的一种性质，或者是对数字信号的一种操作。如果一个随机过程是各态历经的，则这两项指标是紧密相连的(Oppenheim 和 Schafer，2010)。可靠性均值在附录 A 中已讨论过。这里讨论具体的操作过程。

假设信号为 $x[n]$ 和 $y[n]$，进行离散时间傅里叶变换后的形式为 $X(f)$ 和 $Y(f)$，则它们的

---

① 入射角是通过测量电磁波与 y 轴垂直方向(如 x 轴)的夹角获得的，因为这样既方便又符合分析天线方向图的习惯。如果天线孔径在 y 轴，那么入射角 $\theta = 0$ 意味着电磁波垂直于天线孔径传播，即在 x 轴的视线方向传播。

互相关操作定义为

$$s_{xy}[k] = \sum_{n=-\infty}^{+\infty} x[n]y^*[n+k], \quad -\infty < k < +\infty \tag{B.34}$$

记为 $s_{xy}[k] = x \otimes y$。如果 $x[n] = y[n]$，则变为 $x[n]$ 的自相关操作，记为 $s_x[k]$。$s_x[k]$ 的值称为第 k 阶相关延迟。可以很直观地看出，$x[n]$ 和 $y[n]$ 的互相关就是 $x[n]$ 和 $y^*[-n]$ 的卷积。互相关函数的傅里叶变换称为互功率谱，可写为

$$S_{xy}(f) = F\{s_{xy}[k]\} = X(f)Y^*(f) \tag{B.35}$$

自相关函数(ACF)的傅里叶变换通常被称为功率谱或功率谱密度(PSD)。注意到信号 x 的功率谱 S_x 是信号傅里叶变换后幅值的平方，即

$$S_x(f) = F\{s_x[m]\} = X(f)X^*(f) = |X(f)|^2 \tag{B.36}$$

因此，功率谱与信号谱的相位无关。

扩展为二维后的形式为

$$s_{xy}[l,k] = \sum_{m=-\infty}^{+\infty}\sum_{n=-\infty}^{+\infty} x[m,n]y^*[m+l,n+k], \quad -\infty < l,k < +\infty \tag{B.37}$$

$$S_{xy}(f,g) = F\{s_{xy}[l,m]\} = X(f,g)Y^*(f,g) \tag{B.38}$$

图像化的理解，相关就是将两个信号相互重叠；每个采样点的值相乘；并将结果相加得到一个值。两个信号中的一个进行平移并重复上述操作，就可以得到相关序列 $s_{xy}[k]$。这一过程在图 B.10 中加以解释，图中展示了两个函数做互相关的过程。其中，$x[n]$ 在 $0 \leq n \leq M-1$ 时，取值为非零，$y[n]$ 在 $0 \leq n \leq N-1$ 时，取值为非零。注意到相关的结果 $s_{xy}[k]$ 只在 $1-N \leq m \leq M-1$ 时，非零。

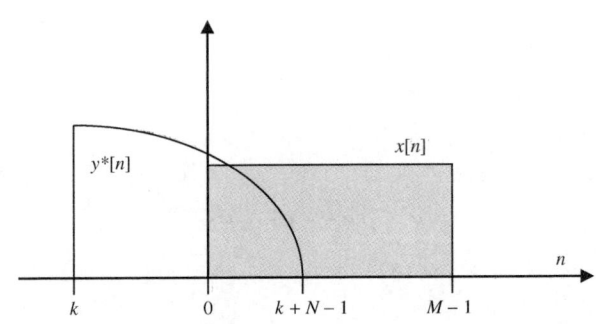

图 B.10 计算确定性的互相关函数 $s_{xy}[k]$

可以很方便地定义标准形式的相关函数为

$$\rho_x[k] \equiv \frac{s_x[k]}{s_x[0]} \tag{B.39}$$

这是互相关的标准形式，二维的自相关和互相关的定义与之类似。

相关函数的性质在许多常见的书籍中都有讲述。这里仅罗列两个重要的性质，且不加证明：

$$s_x[k] \leq s_x[0] \tag{B.40}$$

$$s_{xy}[k] = s_{yx}^*[-k] \tag{B.41}$$

第一个性质说明 ACF 的峰值总是出现在 $k=0$ 处。如图 B.10 所示,当信号与自身相关时,信号自身完全重叠。这样式(B.34)就可以变为特殊的形式,即

$$s_x[0] = \sum_{n=-\infty}^{+\infty} x[n]x^*[n] = \sum_{n=-\infty}^{+\infty} |x[n]|^2 \tag{B.42}$$

注意到 $s_x[0]$ 一定是实数,即便 $x[n]$ 是复数。更进一步,$s_x[0]$ 是 $x[n]$ 的总能量。

第二个性质说明,每个互相关和自相关函数都是中心对称的。根据傅里叶变换的性质,如果相关函数的取值是实数,则功率谱是偶对称的。

零自相关延迟的计算是对信号样本的加权积分。要使相关集合达到最大,需要将采样信号的相位对齐。这就是式(B.42)所做的事情。如果 $x[n]$ 采用 $Ae^{j\phi}$ 的幅值相位表示形式,那么对其乘以 $x^*[n]=Ae^{-j\phi}$,就可以去除其中的相位,如此得到的乘积是正实数并且相位相加。因此,当计算自相关时,零处的取值所占的比重会很大。这一思想有助于理解匹配滤波和合成孔径雷达成像。

图 B.11 分析了相关在雷达信号处理中的一种重要应用,即在噪声中检测和锁定期望信号。图 B.11(a)所示的序列为 $y[n]=2$,$9 \leq n \leq 38$(n 取其他值时为 0),与服从零均值、单位方差高斯分布的随机噪声之和。信号与噪声之比为 6 dB。尽管在图 B.11(a)中能看出,在区间 $9 \leq n \leq 38$ 有 $y[n]$ 存在的些许痕迹,但并不能很明显地将其与噪声区分,不能精确定位,也不能估计它的幅值。观察图 B.11(b)将此信号与 $y[n]$ 做互相关后的结果,可以看出,在 $k=9$ 处出现了一个明显的峰值,说明 $y[n]$ 存在于含噪的信号中,且 $y[n]$ 起始于 $k=9$。因此,相关可被用于在噪声中检测和定位已知信号,即在已知的信号中"寻找"感兴趣的信号。

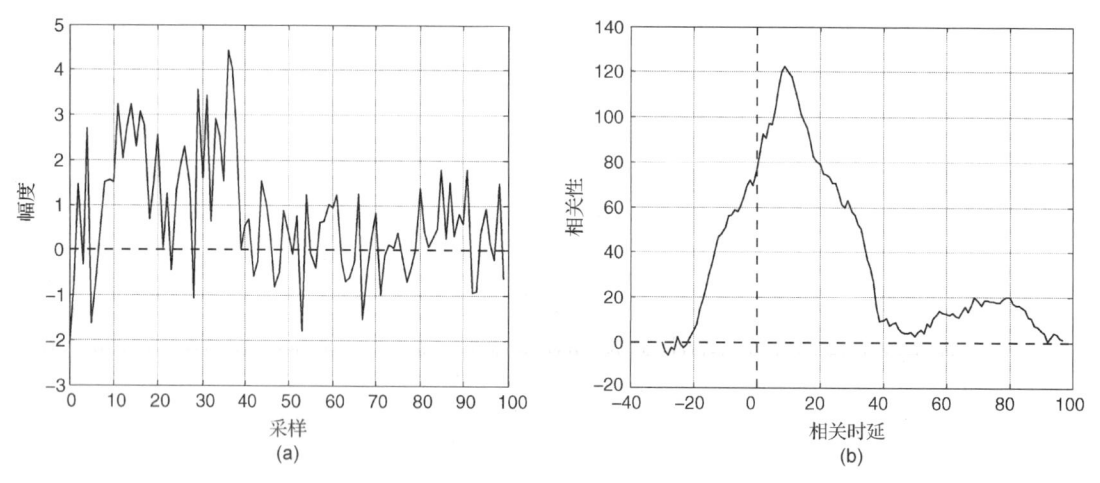

图 B.11 在噪声存在的情况下用互相关函数识别信号。(a)由带噪声的矩形脉冲构成的信号;(b)用参考矩形脉冲信号相关得到结果

B.5 矢量矩阵表示和特征分析

B.5.1 基本定义和操作

有时将一个有限长的信号表示成一个矢量会比表示成序列更合适。即如果 $x[n]$ 定义在 $0 \leq n \leq N-1$ 上,则可以表示成列矢量的形式:

$$x = [x[0] \quad x[1] \quad \cdots \quad x[N-2] \quad x[N-1]]^T \tag{B.43}$$

其中，上标 T 代表矩阵转置。信号矢量通常被表示成列矢量。

许多重要的信号处理操作可以被表示成矩阵矢量形式。其中一个重要的应用就是计算有限冲激响应(FIR)线性滤波器的输出值。假定滤波器的冲激响应可表示为 $h[n]$，$0 \leqslant n \leqslant L-1$，则滤波器的输出可以表示为卷积和的形式：

$$y[n] = \sum_{l=0}^{L-1} h[l]x[n-l] \tag{B.44}$$

可以将系数 $h[l]$ 表示成 L 个元素的列矢量 $\boldsymbol{h}$，即

$$\boldsymbol{h} = [h[0] \quad h[1] \quad \cdots \quad h[L-1]]^T \tag{B.45}$$

定义 L 个元素的矢量 $\boldsymbol{x}_n$ 为 L 个最接近的信号采样点，则

$$\boldsymbol{x}_n = [x[n] \quad x[n-1] \quad \cdots \quad x[n-L+1]]^T \tag{B.46}$$

式(B.44)可以写成矢量内积的形式，即

$$y[n] = \boldsymbol{h}^T \boldsymbol{x}_n \tag{B.47}$$

或者为 $y_n = \boldsymbol{h}^T \boldsymbol{x}_n$。这一形式便于在第 4 章和第 9 章中讨论匹配滤波和阵列处理。

两种特殊形式的矢量相乘在雷达信号处理中非常常用。符号 $\odot$ 表示哈达玛积，该操作令两个矢量中的元素对应相乘。特别地，如果 $\boldsymbol{a}$ 和 $\boldsymbol{b}$ 是两个 N 元素的列矢量，那么 $\boldsymbol{a} \odot \boldsymbol{b}$ 是 N 元素的矢向量，即

$$\boldsymbol{a} \odot \boldsymbol{b} \equiv [a_0 b_0 \quad a_1 b_1 \quad \cdots \quad a_{N-1} b_{N-1}]^T \tag{B.48}$$

克罗内克积的符号为 $\otimes$，是一个矢量中的元素对另一个矢量整体加权后的结果。如果 $\boldsymbol{a}$ 是 M 元素的列矢量，$\boldsymbol{b}$ 是 N 元素的列矢量，那么 $\boldsymbol{a} \otimes \boldsymbol{b}$ 是 MN 元素的列矢量，即

$$\boldsymbol{a} \otimes \boldsymbol{b} \equiv \begin{bmatrix} a_0 \cdot \boldsymbol{b} \\ a_1 \cdot \boldsymbol{b} \\ \vdots \\ a_{M-1} \cdot \boldsymbol{b} \end{bmatrix} \tag{B.49}$$

经常需要计算矢量形式表示的信号的功率或能量。能量 E_x 和功率 P_x 用矢量 $\boldsymbol{x}$ 可分别表示为

$$E_x = \boldsymbol{x}^H \boldsymbol{x} = \sum_{n=0}^{N-1} |x_n|^2, \quad P_x = \frac{1}{N} E_x = \frac{1}{N} \boldsymbol{x}^H \boldsymbol{x} = \frac{1}{N} \sum_{n=0}^{N-1} |x_n|^2 \tag{B.50}$$

其中，上标 H 表示共轭转置。内积 $y = \boldsymbol{h}^T \boldsymbol{x}$ 的能量或功率为

$$E_y = P_y = |y|^2 = y^* \cdot y^T = \boldsymbol{h}^T \boldsymbol{x}^* \boldsymbol{x}^T \boldsymbol{h} \tag{B.51}$$

E_y 和 P_y 是相同的，因为 y 是标量($N=1$)。

对于一个随机矢量 $\boldsymbol{w}$，需要得到它的期望值，才能得到能量和功率的有意义的表达式，即

$$E_w = \mathrm{E}\{\boldsymbol{w}^H \boldsymbol{w}\}, \quad P_x = \frac{1}{N} E_x = \frac{1}{N} \mathrm{E}\{\boldsymbol{w}^H \boldsymbol{w}\} \tag{B.52}$$

功率或能量在滤波后的噪声矢量 $y = \boldsymbol{h}^T \boldsymbol{w}$ 变为

$$E_y = P_y = \mathrm{E}\{h^\mathrm{T} w^* w^\mathrm{T} h\} = h^\mathrm{T} \mathrm{E}\{w^* w^\mathrm{T}\} h = h^\mathrm{T} S_w h \tag{B.53}$$

其中,协方差矩阵 S_w 被定义为外积①,即

$$S_w \equiv \mathrm{E}\{w^* w^\mathrm{T}\} \tag{B.54}$$

协方差矩阵有许多有用的用途。例如,S_w 是共轭对称的,意味着 $S_w = S_w^\mathrm{H}$,并且是托普利兹矩阵(所有对角线上的元素是相同的)。它的逆矩阵 $S_w^{-1} = (S_w^{-1})^\mathrm{H}$ 同样是共轭对称矩阵。一些更重要的性质将在对特征矩阵稍作讨论后加以说明。

式(B.53)的最后一种形式是矩阵二次型的一个例子。共轭对称矩阵 A 关于矢量 x 的二次型的结果是实值标量形式,即

$$Q_A(x) = x^\mathrm{H} A x = \sum_{i=0}^{N-1} \sum_{j=0}^{N-1} x_i^* a_{ij} x_j \tag{B.55}$$

之所以称之为二次型矩阵,是因为 $Q_A(x)$ 是 x 的二阶多项式②。如果 $Q_A(x) > 0$ 对任意 x 都成立,那么 A 为正定的。如果 $Q_A(x) \geq 0$,则 A 为半正定的。矩阵同样可以是非正定或半非正定。一个矩阵如果不具备以上任意一点,则称为不确定。

对于信号 x 和干扰 w,信干比(SIR)就是 $P_x / P_w = E_x / E_w$。如果输入滤波器 h 的是 x 和 w 之和,则输出 y 的 SIR 就是滤波器的信号与式(B.51)和式(B.53)中的噪声之比,可以表示为常见的形式,即

$$SIR = \frac{h^\mathrm{T} x^* x^\mathrm{T} h}{h^\mathrm{T} S_w h} \tag{B.56}$$

B.5.2 基本特征分析

考虑以下用 $N \times N$ 阶矩阵 A 表示的线性系统:

$$Ae = \lambda e \tag{B.57}$$

任意满足这一等式的矢量 e 称为 A 的特征向量,标量 λ 称为对应的特征值。因此对矩阵 A 操作(乘以一个比例系数)时,其特征向量不变。经常会看到特征向量被归一化为统一形式,$\|e\| = 1$。

重新整理式(B.57),得到

$$(A - \lambda I)e = 0 \tag{B.58}$$

为了能使上式表示任意的非零矢量 e,必须满足 $A - \lambda I = 0$,即

$$\det(A - \lambda I) = p(\lambda) = 0 \tag{B.59}$$

特征多项式 $p(\lambda)$ 就是一个 N 阶的关于 λ 的多项式。它的根是 A 的特征值。

下面是一些关于特征值和特征向量的重要性质,包括一些可用于共轭对称矩阵和协方差矩阵的性质。这些性质的证明见文献 Hayes(1996)。

对于任意矩阵 A,有如下一些性质。

- 非零特征向量 e_i 对应于单独的特征值 λ_i,且线性非相关。

---

① 严格来讲,这是一个自相关矩阵。协方差矩阵可以通过干扰的自相关矩阵减去均值获得(Hayes, 1996)。然而在大多数情况下假设干扰是 0 均值的,此时自相关矩阵与协方差矩阵是一致的。而协方差矩阵在雷达领域更常用一些。

② 由于二阶多项式中的每一项都呈现为幅度平方的形式,即 $|x_i|^2$,因此 Q 必须为实数。

- 如果 A 的秩是 M，就有 M 个非零特征值和 $N-M$ 个零特征值。

对于共轭对称矩阵 A（包括协方差矩阵），有如下一些性质。

- A 的特征值是实数。
- 如果 A 是广义平稳过程的协方差矩阵（通常情况下是一个合理的假设），则特征值也是非负的。因此，A 是一个非负正定矩阵。
- 不同特征值对应的特征向量是正交的，$e_i^T e_j = 0$。
- （谱定理）A 可以被分解成有关其特征值和特征向量的形式，即

$$A = V \Lambda V^H = \sum_{i=0}^{N-1} \lambda_i e_i e_i^H \tag{B.60}$$

其中，V 的列为标准化的特征向量；Λ 是对角线为特征值，其余为 0 的矩阵。

- 如果 $B = A + \alpha I$，那么 A 和 B 有相同的特征向量。B 的特征值是 $\lambda_i + \alpha$，其中 λ_i 是 A 的特征值。这一性质在处理信号与白噪声之和的协方差矩阵时非常有用。

B.5.3　白噪声中正弦信号的特征结构

许多雷达中的重要问题都以随机干扰与正弦信号之和为信号模型。例如，多普勒处理、自适应波束形成，以及空-时自适应处理。一些重要类型的算法都取决于这些信号的协方差矩阵的结构。一些重要结果的简单总结会在这里列出，更加完整但依旧简明的解释见文献 Hayes(1996)。

假定长度为 N 的信号 $x[n]$ 是信号 $s[n]$ 和 $w[n]$ 之和，$s[n]$ 由 K 个复正弦信号组成，$w[n]$ 是方差为 σ_w^2 的白噪声，则

$$x[n] = s[n] + w[n] = \sum_{i=0}^{K-1} A_i e^{j\omega_i n} + w[n] \tag{B.61}$$

振幅 A_i 与在 $[-\pi, \pi]$ 上随机分布的相位不相关。频率 ω_i 和振幅 $|A_i|$ 并不是随机的，但却未知。给定一个矢量 x，其中包含 N 个 $x[n]$ 的连续采样点，x 的协方差矩阵就是 s 和 w 的协方差矩阵之和，即

$$S_x = S_s + S_w = \sum_{i=0}^{K-1} P_i \omega_i \omega_i^H + \sigma_w^2 I = \Omega P \Omega + \sigma_w^2 I \tag{B.62}$$

式中，I 是 $N \times N$ 的单位矩阵；$\omega_i = [1 \quad e^{j\omega_i} \quad e^{j2\omega_i} \quad \cdots \quad e^{j(N-1)\omega_i}]^T$；$\Omega = [\omega_0 \quad \cdots \quad \omega_{K-1}]$ 是 K 阶矩阵，$P = \mathrm{diag}\{P_0, P_1, \cdots, P_{K-1}\}$ 是正弦信号功率 $P_i = |A_i|^2$ 的对角化形式。尽管 ω_i 矢量与 S_x 的特征向量并不相等，但它们将会分布在由特征向量隔开的不同空间中，称为信号子空间。剩下的特征向量构成的子空间称为噪声子空间。根据上文所提到的关于协方差矩阵的性质，$N-K$ 维噪声子空间的特征值为 σ_ω^2，K 维信号子空间的特征值为 $\Omega P \Omega$ 与 σ_ω^2 之和。

图 B.12 展示了一个信号的特性，这个信号是由对 5 个单位幅度复正弦信号（该正弦信号满足随机正规化的频率和相位）加单位方差、零均值的复高斯噪声信号的 15 个采样之和构成的。因此 $N=15$，$K=5$。图中，带有圆点的实线代表式(B.62)中协方差矩阵的理论值，方形点表示由 1000 个从带噪声的仿真数据中得到的采样点估算出的值。由仿真值得到的特征值与理论值相符。两种方式都得到 10 个噪声的特征值接近 1，其余的 5 个信号特征值比预期的大。与之相关的特征向量用来定义信号和噪声子空间。

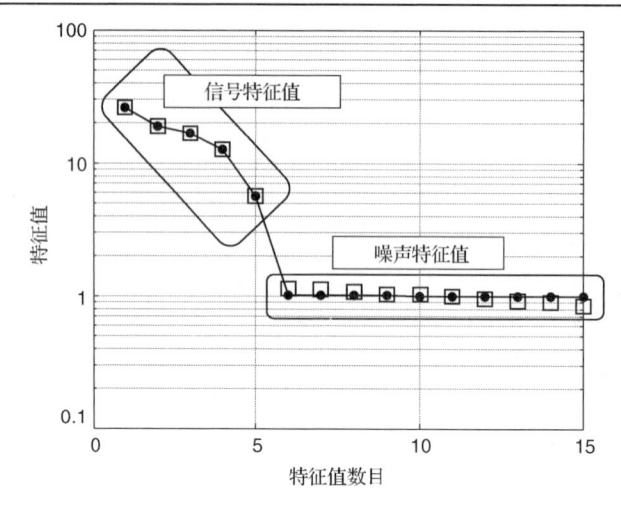

图 B.12 5 个正弦信号加白噪声的理论(圆点)以及仿真(方框)信号和噪声的特征值

B.6 瞬时频率

考虑一个实数或者复数正弦函数信号，有任意的相位函数 $\psi(t)$，$x(t) = A\cos\psi(t)$ 或 $x(t) = A\exp[j\psi(t)]$。这一信号的瞬时频率可以定义为

$$\Omega_i(t) = \frac{d\psi(t)}{dt} \quad \text{rad/s}, \quad F_i(t) = \frac{1}{2\pi}\frac{d\psi(t)}{dt} \quad \text{Hz} \tag{B.63}$$

例如，常见的固定频率正弦信号 $A\cos(2\pi F_0 t)$ 的瞬时频率，如预期所见为 $F_i(t) = F_0$ Hz。注意到固定频率正弦信号的相位函数是时间的线性函数。

瞬时频率有时对于理解更复杂的信号很有用处。假定一个信号有二阶的相位函数 $\psi(t) = \alpha t^2 + \beta t + \chi$，那么它的瞬时频率为 $\Omega_i(t) = \alpha t + \beta$ rad/s。因此，二阶相位的正弦信号的频率随时间线性变化，正如第 4 章中的线性调频脉冲信号。最后一组实例，考虑下面一组正弦信号的瞬时频率：

$$\begin{aligned} x(t) &= A\sin[2\pi F_0 t + \alpha\sin(2\pi\beta t)] \quad \Rightarrow \quad \psi(t) = 2\pi F_0 t + \alpha\sin(2\pi\beta t) \\ F_i(t) &= F_0 + \alpha\beta\cos(2\pi\beta t) \end{aligned} \tag{B.64}$$

这一正弦波信号的频率以 F_0 Hz 为中心，在 $\pm\alpha\beta$ Hz 范围内变化，变化率为 β 周期/s。

B.7 分贝

许多雷达参数通常以分贝(dB)为单位。例如天线增益、雷达截面积(RCS)、SIR 以及副瓣水平。使用分贝作为单位的好处是减少了各种各样的参数单位，因为通常这些参数的变化范围很大。RCS 就是一个很好的例子。雷达中的平均 RCS 在一定角度观测下的取值范围，从 10^{-5} m^2 的昆虫到超过 10^6 m^2 的大型舰船(如航空母舰)不等。这一跨越 11 阶的幅值变量仅为 110 dB，范围从 –50 dB 到 +60 dB。

雷达中的分贝是任意电子信号相关功率的度量标准。例如一个功率为 P W 的信号。表示成分贝即为

$$P(\text{dB}) = 10\log_{10}\left(\frac{P}{P_{\text{ref}}}\right) \tag{B.65}$$

其中，P_{ref} 是参考功率等级。用分贝表示的 P_{dB} 很容易转换回非分贝的单位(通常称为"线性单位")，式(B.65)的逆转换可以表示为

$$P = P_{\text{ref}} \cdot 10^{P_{\text{dB}}/10} \tag{B.66}$$

单位 dB 经常被调整，以反映使用的参考值。例如，若 $P_{\text{ref}} = 1\,\text{mW}$，$P = 100\,\text{mW}$，那么 P 应该被表示为 20 dBm，缩写 dBm 的意思为"1 mW 对应的分贝"。另一个实例就是 dBW 指 1 W 对应的分贝。对于信号处理，信号的绝对单位是不重要的，重要的是其变化的数值。因此，相关值 P_{ref} 通常被归一化，只留下单位 dB，不留其他任何单位。

在电子工程领域，感兴趣的信号通常是电压。根据欧姆定律，电压 V 的功率大小与 V^2 成比例。以伏特为单位的变量在分贝与线性单位之间的转换，具有以下关系：

$$P(\text{dB}) = 10\log_{10}\left(\frac{|V|^2}{|V_{\text{ref}}|^2}\right) = 20\log_{10}\left(\frac{|V|}{|V_{\text{ref}}|}\right) \tag{B.67}$$

$$|V| = |V_{\text{ref}}| \cdot 10^{P_{\text{dB}}/20}$$

使用 $|V|^2$ 而非 V^2，可以适应 V 取值为复数的情况。注意，将分贝转换回线性单位只能恢复出 V 的幅值，因为，复电压信号的相位在转换为分贝时被舍去，当成实电压信号处理了。对于雷达接收机的输出，任意的信号 $x(t)$ 或 $x[n]$，如不加说明都认为是电压。当然也有例外。平方律检波器(第 6 章)的输入信号默认为功率单位，对数检波器输出信号的单位为功率的对数。

除了信号的功率，分贝还经常被用于在雷达系统中描述天线方向图、滤波器的时频关系和 RCS。例如，理想情况下的天线波束调制，第一副瓣的峰值能量与主瓣的峰值能量之比为 0.047，对应为 -13.26 dB。这一值经常出现，例如，恒多普勒目标慢时间 DTFT 的峰值旁瓣比，以及线性调频波形的匹配滤波器与大时间带宽积的峰值旁瓣比。RCS 定义为两个功率密度的值之比(见第 2 章)，因此称为雷达距离方程功率计算中的系数。因为 RCS 的单位为 m^2，用单位分贝表示的 RCS 对应为 $1\,\text{m}^2$，写为 dBm。区别于之前的 dBm，这里的 dB 是相对于 $1\,\text{m}^2$ 的，而之前的 dB 是相对于 1 mW 的，这在使用中通常很容易区分。

将参数表示为分贝形式可以使乘法、除法和指数计算变简单，如下所示：

$$\begin{aligned} z = x \cdot y &\Leftrightarrow z_{\text{dB}} = x_{\text{dB}} + y_{\text{dB}} \\ z = x/y &\Leftrightarrow z_{\text{dB}} = x_{\text{dB}} - y_{\text{dB}} \\ z = x^{\alpha} &\Leftrightarrow z_{\text{dB}} = \alpha \cdot x_{\text{dB}} \end{aligned} \tag{B.68}$$

这些变换形式在方便的手持科学计算器和高速计算机出现之前有很重要的用途，但是对于今天来说就不太重要了。虽然如此，了解一些关键的线性单位和分贝之间的转换关系还是很有用的，具体如表 B.2 所示。

表 B.2 线性与分贝等价的值

分贝值	线性因子	分贝值	线性因子
0	1	10	10
1	≈1.25(1.2589)	10α(如 30，当 $\alpha = 3$)	10^{α}(如 1000，当 $\alpha = 3$)
3	≈2(1.9953)	-10α(-30，当 $\alpha = 3$)	$10^{-\alpha}$(如 0.001，当 $\alpha = 3$)

根据这一表格和分贝的算法性质,可以将任意参数的线性单位取值近似转换为分贝形式,而不必借助于科学计算器。例如,7 dB 所对应的线性单位值为

$$\alpha_{dB} = 7 \text{ dB} = 3 \text{ dB} + 3 \text{ dB} + 1 \text{ dB} \quad \Rightarrow \quad \alpha = 2 \cdot 2 \cdot 1.25 = 5 \tag{B.69}$$

这一计算结果与 7 dB 对应的实际线性单位值 5.0119 非常接近。

参考文献

Bracewell, R. N., *The Fourier Transform and Its Applications*, 3d ed. McGraw-Hill, New York, 1999.

Ercegovac, M., and T. Lang, *Digital Arithmetic*. Morgan-Kauffman, San Francisco, CA, 2003.

Hayes, M. H., *Statistical Digital Signal Processing and Modeling*. Wiley, New York, 1996.

Johnson, D. H., and D. E. Dudgeon, *Array Signal Processing: Concepts and Techniques*. Prentice-Hall, Englewood Cliffs, NJ, 1993.

McClellan, J. H., and R. J., Purdy, "Applications of Digital Signal Processing to Radar," Chap. 5 in *Applications of Digital Signal Processing*, A.V. Oppenheim (ed.). Prentice-Hall, Englewood Cliffs, NJ, 1978.

Merkel, K. G., and A. L., Wilson, "A Survey of High Performance Analog-to-Digital Converters for Defense Space Applications," *Proceedings 2003 IEEE Aerospace Conference*, vol. 5, pp. 2415–2427, Mar. 8–15, 2003.

Oppenheim, A. V., and R. W. Schafer, *Discrete-Time Signal Processing*, 3d ed. Pearson, Englewood Cliffs, NJ, 2010.

Papoulis, A., *The Fourier Integral and Its Applications*, 2d ed. McGraw-Hill, New York, 1987.

Walden, R. H., "Analog-to-Digital Converter Survey and Analysis," *IEEE Journal on Selected Areas in Communications*, vol. 17, no. 4, pp. 539–550, Apr. 1999.

Walden, R. H., "Analog-to-Digital Conversion in the Early 21st Century," in *Encyclopedia of Computer Science and Engineering*, B. Wah (ed.). Wiley, New York, 2008.